Meyers Handbuch
über das Weltall

Meyers Handbücher der großen Wissensgebiete

GESCHICHTE
LITERATUR
MATHEMATIK
MUSIK
TECHNIK
WIRTSCHAFT
WELTALL

Meyers Handbuch über das Weltall

Bearbeitet von
Karl Schaifers und Gerhard Traving

*Mit über 300 teils farbigen
Abbildungen, einem Sternatlas mit 16
dreifarbigen Karten*

5., neu bearbeitete und wesentlich
erweiterte Auflage

Bibliographisches Institut Mannheim/Wien/Zürich
Meyers Lexikonverlag

Alle Rechte vorbehalten.
Nachdruck, auch auszugsweise, verboten.
©Bibliographisches Institut AG, Mannheim 1973
Satz: Zechnersche Buchdruckerei, Speyer
Druck und Einband: Klambt-Druck GmbH, Speyer
Printed in Germany
ISBN 3-411-00940-3
C

VORWORT

zur ersten Auflage

Vom Verlag wurde an uns die Aufgabe herangetragen, ein Nachschlagewerk zu schaffen, das Auskunft über das heutige Wissen, über die Methoden und die Probleme der Erforschung des Weltraums geben soll. – Der Schwierigkeit der gestellten Aufgabe waren wir uns bewußt, sollte doch dieses Buch dem Benutzer in Art eines Lexikons etwaige Fragen beantworten, Begriffe aus Astronomie, Astrophysik und Astronautik erläutern, die Methoden und Ergebnisse der Forschung darstellen sowie andererseits ein geschlossenes Bild der Welt, wie wir sie heute kennen, vermitteln.

Der letzten Aufgabe wegen wurde an einem systematischen Aufbau des Inhaltes festgehalten, wie er aus der geschichtlichen Entwicklung der Astronomie resultiert. Um aber dieses Buch auch als Nachschlagewerk nutzbar zu machen, wurden die einzelnen Kapitel in kurze Abschnitte untergliedert und die Ergebnisse der Forschung in einer größeren Anzahl von Tabellen, Abbildungen und Diagrammen dargestellt. Ferner soll das ausführliche Register das Auffinden bestimmter Zahlen, Definitionen oder Ergebnisse erleichtern.

Alle Größen und Werte wurden in den Maßeinheiten und der Schreibweise der Astronomie und Physik gegeben. So ist der Benutzer dieses Buches in der Lage, die Daten miteinander oder mit Werten aus anderen Quellen zu vergleichen. Etwaige Scheu des Lesers vor physikalischen Größen und Maßeinheiten hoffen wir mit der am Schluß des Buches gegebenen Darstellung der Maßzahlen und Einheiten sowie ihrer Schreibweisen zu überwinden.

Sebastian v. Hoerner

Heidelberg, z. Z. Green Bank, USA

Karl Schaifers

Heidelberg-Königstuhl, 1960, im Sept.

VORWORT

zur fünften Auflage

Zum fünftenmal geht nun dieses Handbuch hinaus und sucht seine Leser. Wiederum wurde es gründlich überarbeitet, wobei jedoch darauf geachtet wurde, den Umfang nicht zu stark zu erweitern. Vergleicht man den jetzt vorliegenden Band mit der ersten Auflage, die vor wenig mehr als einem Jahrzehnt erschienen ist, so wird an der Verlagerung mancher Schwerpunkte und der Aufnahme völlig neuer Themen der rasche Fortschritt der Astronomie deutlich erkennbar. Mit jeder Neuauflage war den Herausgebern eine willkommene Gelegenheit zur Neubearbeitung geboten. Sie wurde diesmal – nicht zuletzt auch bedingt durch das Ausscheiden und das Hinzutreten eines Mitbearbeiters – weitgehend genutzt. Ganze Kapitel wurden neu geschrieben, wobei man jedoch bemüht blieb, die ursprüngliche Konzeption des Buches, eine Ursache für seine weite Verbreitung, beizubehalten.

Da uns im Vorwort die Möglichkeit gegeben ist, den Leser direkt anzusprechen, wollen wir versuchen, ihm hier etwas über den angestrebten Charakter des Handbuches zu sagen, und damit auch über die Art seiner Benutzung, so wie wir sie uns vorstellen.

Es sollte weder ein reines lexikalisches Nachschlagewerk sein, in dem zu einem Stichwort in knappen Sätzen das Wichtigste zu erfahren ist, noch ein Lehrbuch, das systematisch in das Wissensgebäude der Astronomie einführt, und in welchem jeder Abschnitt auf den vorangegangenen aufbaut. In diesem Handbuch sind die einzelnen Kapitel weitgehend unabhängig voneinander, innerhalb der Kapitel werden aber die Einzelfragen in ihrem logischen Zusammenhang behandelt. Gegenüber einem Lexikon ist damit die Zahl der notwendigen Verweise reduziert.

Andererseits werden Verweisungen aber auch nicht vermieden, da an keiner Stelle die Lektüre anderer Kapitel, etwa die der vorangegangenen, vorausgesetzt wird. Das Handbuch ist also weder zum „Nachschlagen" gedacht, noch zum „Durchlesen", sondern vielmehr zum „Nachlesen". Wir glauben damit denjenigen den Weg zu erleichtern, die nicht nach strenger Systematik vorgehen, sondern von interessierenden Einzelfragen zu übergreifenden Zusammenhängen geführt werden. Noch ein Wort zum Grad der Schwierigkeit der Darstellung bzw. der Lektüre:

In der Astronomie wie auch in anderen Wissenschaften werden heute neue Erkenntnisse nur als Resultate schwieriger Beobachtungen, komplizierter Experimente und nicht zuletzt auch umfangreicher numerischer Rechnungen gewonnen. Eine einfache Mitteilbarkeit ohne Mühe auf beiden Seiten kann bei diesen Gegebenheiten schlechterdings nicht erwartet werden. Allein schon eine bloße Information über die Resultate setzt eine vorherige Verständigung voraus. Eine derartige schlichte Mitteilung würde aber immer noch die eigentlichen Schwierigkeiten umgehen, da sie es dem Leser überläßt, selbst oder mit Hilfe anderer herauszufinden, wie die Resultate erhalten wurden, welchen Grad an Sicherheit ihnen zukommt und schließlich, was sie eigentlich bedeuten. Wir haben versucht, die Grundlagen eingehend zu erläutern und die erwähnte Einfachheit der Darstellung zu vermeiden, indem wir die wissenschaftlichen Methoden und ihre Grenzen darstellen und auch theoretische Zusammenhänge behandeln. Dadurch mögen zwar einige Abschnitte etwas kompliziert erscheinen, wir vertrauen jedoch darauf, daß der kritische Leser die Hilfe, die der Text ihm bietet, auch in Anspruch nehmen wird. Immer noch kann jener, welcher im wesentlichen an den Resultaten interessiert ist, die theoretischen Passagen getrost überschlagen.

Schließlich sei noch vermerkt, daß die moderne Astrophysik ohne die gleichzeitige Entwicklung der Physik undenkbar wäre. Eine Behandlung astrophysikalischer Fragen wird also ohne Bezug auf rein physikalische Gesetze nicht möglich sein. Im Rahmen dieses Buches können diese aber nicht auch noch in aller Ausführlichkeit behandelt werden. Die entsprechenden Abschnitte sind sehr knapp gehalten und können eigentlich nicht mehr sein als eine Erinnerung an bereits Bekanntes oder als eine Aufforderung, sich in einem der vielen guten Bücher über die Grundlagen der Physik die entsprechenden Informationen zu holen.

Es sei hier noch unser Dank an die Kollegen gerichtet, die zum Buch beitrugen. Herr Prof. B. Baschek schrieb das Kapitel über „Häufigkeiten der Elemente im Kosmos und ihre Entstehung", Herr Dr. S. Böhme das Kapitel „Das System der astronomischen Konstanten", Herr Dr. T. Lederle erstellte die wesentlich erweiterte „Tabelle der hellen Sterne". Das umfangreiche Kapitel „Künstliche Erdsatelliten, Mondflugkörper und Interplanetare Raumsonden", das bis zur 4. Auflage von Herrn Dr. U. Güntzel-Lingner bearbeitet worden war, mußte, um den Umfang dieser Auflage nicht wesentlich auszuweiten, leider gestrichen werden. Die technischen Entwicklungen in der Weltraumfahrt werden heute in zahlreichen Publikationen dem interessierten

Leser vorgestellt; – die astronomischen Erkenntnisse und Entdeckungen extraterrestrischer Forschung haben wir in den ihnen zukommenden Kapiteln (wie etwa beim Mond, Mars sowie der Röntgen- und Gammaastronomie) behandelt. Das Kapitel „Grundlagen und Probleme des Weltraumflugs" haben wir (in etwas gekürzter Form) im Buch belassen, da hier aufgrund physikalischer und astronomischer Fakten die Möglichkeiten und Grenzen der Astronautik – oft nicht gesehen und erkannt – abgeschätzt werden. Es muß hervorgehoben werden, daß dieses Kapitel und andere wichtige Teile des Buches nach Form und Inhalt auf Dr. S. v. Hoerner, den Mitherausgeber der ersten vier Auflagen zurückgehen.

Viele Leser haben durch Kritik, Vorschläge und Hinweise mit dazu beigetragen, das Handbuch dem gesteckten Ziel näherzubringen. Stellvertretend für diesen großen Kreis sei hier Herr stud. rer. nat. C. Lackner genannt, der noch als Schüler eine umfangreiche Liste mit kritischen Hinweisen erstellte. Ihm und allen anderen möchten wir an dieser Stelle danken.

KARL SCHAIFERS
Landessternwarte Heidelberg-Königstuhl

GERHARD TRAVING
Lehrstuhl für Theoretische Astrophysik
der Universität

Heidelberg
1972, im November

INHALTSVERZEICHNIS

Die Erde als Planet und ihr Mond

Das Sonnensystem

ASTRONOMIE, DIE WISSENSCHAFT VOM WELTALL

Es ist fast unmöglich, die Naturwissenschaften, deren Ziel die Erforschung der uns umgebenden Welt ist, in streng voneinander getrennte Einzelwissenschaften zu unterteilen. Die Wechselbeziehungen sind immer enger geworden, und Grenzen, wie etwa die zwischen Chemie und Molekularbiologie, beginnen sich zu verwischen. So läßt sich heute zwar das Gebiet der Astronomie, die Erforschung der Welt der Himmelskörper noch präzise abgrenzen, ihre Methoden haben sich aber vor allem in den letzten Jahrzehnten dramatisch gewandelt, und schon lange nicht mehr sind die Sternwarten der alleinige Ort astronomischer Forschungsarbeit. Satelliten und Raumsonden, Ballonexperimente, Radioteleskope und Radarstationen, Laboratorien zur Untersuchung der kosmischen Strahlung oder auch zum Nachweis von Gravitationswellen und schließlich etwa Untersuchungen der solaren Neutrinostrahlung durch Experimente in tiefen Bergwerkschächten; all dies gehört genauso zur astronomischen Forschung wie zahllose Rechnungen an großen elektronischen Rechenanlagen.

Alle wurden wir Zeuge der Landung von Menschen auf dem Mond, der ersten Schritte auf einem fremden Himmelskörper. Die unmittelbare wissenschaftliche Ausbeute dieser Ereignisse – soweit sie jetzt zu übersehen sind – mag gemessen am technischen und finanziellen Aufwand vielleicht gering anmuten. Dennoch, diese Schritte haben die Situation des Menschen im Kosmos grundlegend gewandelt, haben die Welt der Himmelskörper, die für ihn bisher unerreichbar und weltenfern der Obhut der Astronomen anvertraut waren, in eine ganz andere Kategorie der Realität gehoben. Nun ist nicht länger der Lichtstrahl der einzige Bote von diesen Welten, der Mensch selbst ist auf dem Weg zu ihnen. Die Konsequenzen sind noch unübersehbar.

Man hat häufig versucht, die Naturwissenschaften in exakte und andere – um das Wort „nicht exakte" zu vermeiden – zu unterteilen. Dies ist allenfalls eine Unterteilung nach dem Grad der Entwicklung des Gebietes, denn es unterliegt keinem Zweifel, daß Naturgesetze, auch die statistischen, in dem Sinne exakt sind, daß sie in mathematische Formeln gefaßt werden können. Sie stellen die Beziehungen her zwischen den verschiedenen meßbaren Eigenschaften der Natur. In der Astronomie gilt das primäre Interesse nicht diesen Naturgesetzen selbst, sondern man bemüht sich, den Zustand und die Entwicklung der Materie im Kosmos durch Beobachtungen festzustellen und

dann mit Hilfe bekannter physikalischer Gesetze zu erklären. Zahlen und Meßwerte haben damit weniger eine Bedeutung an sich, sondern sie sind die Voraussetzung für das Erkennen von Zusammenhängen und das eigentliche Verstehen der Erscheinungen.

Die Möglichkeiten ihrer Nachbardisziplinen, den Gegenstand ihrer Untersuchungen Experimenten zu unterwerfen oder in anderer Form direkt zu
analysieren, sind der Astronomie im allgemeinen verschlossen. Wenn auch
die in der jüngsten Zeit erfolgte Entwicklung von Raumsonden und auch der
bemannte Weltraumflug der Astronomie neue Möglichkeiten für die Erforschung der nächsten Himmelskörper (Mond sowie die Planeten Mars und
Venus) und des interplanetaren Raumes eröffnet haben, wird doch die eigentliche Arbeitsmethode der Astronomie, zumindest für die nahe Zukunft, die
Analyse der aus dem Weltraum kommenden Strahlung bleiben.

Die auf die Erde einfallende Strahlung kann analysiert werden nach

1. der Richtung, aus der sie kommt,
2. nach ihrer Stärke und
3. nach ihrer sonstigen Beschaffenheit
   (Energieverteilung, Polarisation usw.).

Daraus ergeben sich unterschiedliche Beobachtungsaufgaben, für die spezielle
Instrumente und Methoden entwickelt worden sind. So haben sich zahlreiche
Forschungsrichtungen gebildet, deren gegenseitige Zuordnung es dem Laien
erschwert, einen Überblick über die Wissenschaft „Astronomie" zu gewinnen.

Bis in die Mitte des vorigen Jahrhunderts galt das Interesse des Astronomen
fast ausschließlich der Messung der Richtung bzw. der Richtungsänderung
der von den Gestirnen kommenden Strahlung. Dieser Bereich der Forschung
wird heute als klassische Astronomie bezeichnet. Man rechnet dazu: Sphärische Astronomie, Astrometrie, Bahnbestimmung, Himmelsmechanik, astronomische Orts- und Zeitbestimmung sowie die Probleme der Festlegung des
fundamentalen Koordinatensystems. Die wissenschaftlichen Aufgaben dieser
Forschungsrichtung schienen in jahrhundertelanger Arbeit eine endgültige
Lösung gefunden zu haben. Das Erreichte trug sehr zu der sprichwörtlichen
Genauigkeit bei, die man der Astronomie nachsagt. Heute zeigt sich aber, daß
durch technische Entwicklungen, durch neue Fragestellungen, durch Erkenntnis auf anderen Gebieten, scheinbar gelöste Probleme wieder aufgegriffen und
neu diskutiert werden müssen. Atomuhren ermöglichen eine neue Zeitdefi-
nition; sie zeigen, daß der bisher benutzte Zeitmesser – die Rotation der Erde
– nicht gleichförmig genug läuft, sie erlauben eingehende Untersuchungen
über periodische und säkulare Änderungen der Rotationsperiode unseres
Planeten. Satelliten ergeben neue Möglichkeiten einer geodätischen Vermessung unserer Erde; die Satellitengeodäsie kann bereits erste Ergebnisse ver-

buchen, sie wird unter anderem auch zur Frage der Kontinentaltrift und zur Form und Größe des Geoids Aussagen machen können. Raumflugunternehmungen stellen der Himmelsmechanik neue Aufgaben der Bahnbestimmung, die nur mit schnellen Computern lösbar werden. Diese Rechenautomaten machen erst jetzt approximative Lösungen von Vielkörperproblemen möglich. Damit können nicht nur die Bewegungen der Großen Planeten in einer geschlossenen Theorie berechnet werden, sondern es werden erstmals Fragen zur Dynamik in Sternsystemen (Sternhaufen und Assoziationen) einer numerischen Behandlung zugänglich. Das Verhalten von Sternhaufen mit bis zu 500 Sternen wurde bereits untersucht, wobei interessante Fragen zur Entwicklung solcher Sternansammlungen geklärt werden konnten. Zur Deutung von Beobachtungen im Radiofrequenzbereich bedarf es der genauen Kenntnis einiger fundamentaler Größen der Astronomie, die nur aus den Bewegungen der Fixsterne abgeleitet werden können. Es zeigt sich, daß hierfür jedoch die vorliegenden Daten über Koordinaten und Eigenbewegungen der Sterne noch viel zu ungenau sind, vor allem deshalb, weil die exakte Festlegung des fundamentalen Koordinatensystems nocht nicht befriedigend gelöst ist. Da Veränderungen in den Positionen von Sternen, aufgrund der Eigenbewegung (Pekuliarbewegung) eines Sternes oder der Bewegung unseres Sonnensystems unter den umgebenden Sternen, erst über längere Beobachtungszeiträume feststellbar sind, werden Fragen des fundamentalen Koordinatensystems die Astronomie noch jahrzehntelang beschäftigen. Daß von dem Bemühen um diese Probleme auch neue Impulse auf die astronomische Instrumenten- und Meßtechnik ausgehen, versteht sich fast von selbst.

Wegbereiter der astronomischen Forschung waren seit dem Ausgang des vorigen Jahrhunderts die Einführung der Photographie und die späteren Fortschritte in der photographischen Emulsionstechnik. Die informationsspeichernden Eigenschaften der Photoplatte, machte das Erkennen und Messen kleinster Positionsänderungen einzelner Gestirne möglich. Als Folge davon wurde u. a. eine größere Zahl von Kleinen Planeten entdeckt, sonnennahe Sterne erkannt und zahlreiche Fixsternparallaxen (Entfernungen von Sternen) gemessen. Wegen der lichtintegrierenden Wirkung der photographischen Schicht wurden überdies exaktere Messungen der Helligkeiten und Helligkeitsänderungen von Sternen möglich. Die spektralen Eigenschaften der Photoemulsionen gestatteten es, mit Hilfe von Farbfiltern die unterschiedlichen Energieverteilungen in der Strahlung einzelner Sterne zu erkennen. Auch die Sternspektroskopie bedient sich heute noch vorzugsweise der photographischen Technik.

Seit der Mitte des vorigen Jahrhunderts begann man sich mehr und mehr den beiden anderen oben genannten Beobachtungsaufgaben, der Messung der

Stärke und der Beschaffenheit der Strahlung, zuzuwenden. Da dazu aus der Physik gebräuchliche Meß- und Untersuchungsmethoden herangezogen wurden, wie die Photometrie und die Spektroskopie, bezeichnete man diese neue Entwicklung als Astrophysik (überhaupt wurde seitdem die Vorsilbe Astro... häufig mit Bezeichnungen für physikalische, auch technische Methoden und Verfahren verknüpft, z. B. Astrophotometrie, Astrospektroskopie, Astrophotographie usw.). Freilich hat der Begriff „Astrophysik", in seinem etwa 100jährigen Gebrauch, manche inhaltliche Änderung erfahren. Die besonders in der ersten Hälfte dieses Jahrhunderts betonte Aufspaltung der Wissenschaft vom Kosmos in Astronomie und Astrophysik sollte aber, angesichts der wechselseitigen Verknüpfung der Methoden und Erkenntnisse der beiden Wissenschaftszweige, nicht mehr aufrechterhalten werden.

Mit Hilfe der genannten, verschiedenartigen Beobachtungen der Sterne wurde es möglich, die für sie charakteristischen Größen, sogenannte Zustandsgrößen (Leuchtkraft, Oberflächentemperatur, Flächenhelligkeit, Radius, Masse, mittlere Dichte, Rotationsgeschwindigkeit und chemische Zusammensetzung) abzuleiten. So gewann man ein Bild von der Vielfalt der möglichen Sterntypen und der Häufigkeit ihres Vorkommens. Die bekannteste Beziehung zwischen zwei Zustandsgrößen, der absoluten Helligkeit (bzw. der Leuchtkraft) und dem Spektraltyp, stellt das Hertzsprung-Russell-Diagramm dar.

Große photometrische und spetroskopische Durchmusterungen des Himmels lieferten reiches Material für statistische Untersuchungen. In diesen werden die Sterne nicht mehr als Einzelindividuen betrachtet, sie liefern nur das Material zur Bestimmung von Verteilungsfunktionen z. B. der räumlichen Dichte, der Geschwindigkeit usw. Diese Funktionen beschreiben jetzt die Bewegung und den Zustand der Materie im Raum. Sie geben an, welcher Bruchteil jeweils in einem bestimmten Raumelement oder einem bestimmten Geschwindigkeitsintervall usw. anzutreffen ist. Der Stellarstatistik und Stellardynamik – wie diese Forschungszweige genannt werden – gelang es jedoch nur unvollkommen, die innere Struktur und die Bewegungsverhältnisse in der weiteren Sonnenumgebung innerhalb unseres Sternsystems, des Milchstraßensystems, zu ergründen. Es zeigte sich nämlich, daß das Licht der Sterne durch Materie im interstellaren Raum einer Absorption unterworfen ist, die besonders in der Hauptebene unseres Sternsystems von Ort zu Ort stark variiert. Dadurch wurde die einfache, globale Reduktion eines großen Beobachtungsmaterials unmöglich gemacht. Detailstudien mußten an ihre Stelle treten.

Die in verschiedenen Erscheinungsformen (Emissions-, Reflexions- und Dunkelnebel) auftretende interstellare Materie macht es der optischen Astronomie unmöglich, in den für die Erforschung der Struktur des Milchstraßensystems wichtigen Gebieten tief genug in den Raum vorzudringen. Erst durch die

Radioastronomie gewann man einen Überblick über den Aufbau unseres Sternsystems. Bis dahin beruhten die wesentlichen Vorstellungen über seine Struktur auf Analogieschlüssen, d. h. auf dem Vergleich mit extragalaktischen Sternsystemen. Heute wissen wir, daß das von der Astronomie gelieferte Beobachtungsmaterial für die Beantwortung von Fragen nach der Spiralstruktur unserer Galaxis – unseres Milchstraßensystems – nicht ausreichend ist. Neue Beobachtungsreihen sind nötig, so etwa Messungen des Polarisationsgrades des Sternlichtes, aus denen Rückschlüsse auf die Größe der im interstellaren Raum erfolgten Absorption gezogen werden können. Erst wenn diese bekannt ist, lassen sich die Entfernungsbestimmungen für die als Spiralarmindikatoren verwendeten Objekte verbessern.

Mit großen Spiegelteleskopen war es in den zwanziger Jahren dieses Jahrhunderts gelungen, einen wesentlichen Schritt in der Messung der Entfernungen der Spiralnebel – oder besser, der extragalaktischen Systeme – voranzukommen. Man erkannte, daß es der Astronomie möglich ist, zwar nicht die ganze Welt, aber doch wesentliche Teile zu überschauen. Fragen der Kosmologie rücken damit aus einem spekulativen in einen in der Natur nachprüfbaren Bereich der Forschung. Gleichzeitig eröffneten sich Einblicke in die vielfältigen Formen und Strukturen von Sternsystemen. Der Kosmologie gelang es, aus der Deutung von Beobachtungsbefunden quantitative Angaben über das Alter, die Größe und die raum-zeitliche Struktur der Welt als Ganzes zu gewinnen. Selbst Fragen der Kosmogonie – der Entwicklungen im Kosmos – können heute von solider Basis aus angegangen und mit Aussicht auf Bestätigung durch Beobachtungen behandelt werden.

Die Vielfalt der Objekte astronomischer Forschung führte zur Entwicklung vieler spezieller Beobachtungsverfahren. Es ist deshalb nur verständlich, daß man dementsprechend von Sonnen- und Planetenphysik, von Stellarastronomie, von galaktischer und extragalaktischer Forschung spricht. Diese Einteilung ließe sich noch wesentlich weiter auffächern, etwa in Meteor-, Kometen- oder gar Sonnenwind-, in Veränderlichen-, Doppelstern- oder Sternhaufenforschung usw. Von allen diesen Teilgebieten sei hier die Sonnenforschung, die Sonnenphysik, besonders herausgestellt. Die Sonne ist der einzige Stern, auf dessen Oberfläche Einzelheiten studiert werden können. Jenes Studium vermittelt Einblicke in den Aufbau von Sternatmosphären und gibt einen Eindruck von der Vielfalt der Phänomene, die unter dem Begriff Sonnenaktivität zusammengefaßt werden. Ihre Deutung ist eines der schwierigsten Sondergebiete der theoretischen Astrophysik. Wegen der gegenüber Sternen um mehrere Zehnerpotenzen intensiveren Sonnenstrahlung ist die Verwendung von spezifischen Instrumenten für die Sonnenforschung möglich. Neben den Sternwarten sind in den letzten Jahrzehnten reine Sonnenobservatorien entstanden. Durch diese Entwicklung hat sich die Sonnenforschung zu einem weitgehend selbständigen Zweig innerhalb der Astronomie entwickelt.

Mit Ausnahme eines Bereichs in der Umgebung des sichtbaren Lichtes und eines Bereichs im Gebiet der Radiofrequenzstrahlung (was erst vor wenigen Jahrzehnten entdeckt wurde) ist die Durchlässigkeit der Erdatmosphäre gleich Null. Nur in diesen zwei Bereichen ist ein „Blick" in den Weltraum möglich. Deshalb spricht man auch von den zwei verbleibenden „Fenstern der Durchlässigkeit" oder, wenn man an die durch sie möglichen astronomischen Beobachtungen denkt, von optischer Astronomie und von Radioastronomie.

Die Radiostrahlung erleidet im interstellaren Raum weit weniger Absorption als sichtbares Licht. Während die Erforschung unserer Galaxis mit optischen Beobachtungen nur in einem verhältnismäßig kleinen Umkreis möglich ist, kann mit Hilfe der Radioastronomie der Bau unseres Milchstraßensystems fast über seine ganze Ausdehnung hin untersucht werden. Es wurde dies insbesondere nach der Entdeckung einer Spektrallinie des neutralen Wasserstoffs bei 21 cm Wellenlänge deutlich. Die Beobachtung dieser Spektrallinie, die neutrale Wasserstoffwolken im interstellaren Raum aussenden, verschafft uns Aufschluß über die Verteilung und Bewegung der interstellaren Materie und damit auch über die innere Struktur unserer Galaxis.

Es zeigte sich ferner, daß die Instrumente der Radioastronomie auch einen größeren Bereich des gesamten Kosmos überblicken können, als es mit Hilfe der optischen Astronomie möglich ist. Ihnen sind Objekte zugänglich, die im Radiofrequenzbereich wesentlich stärker strahlen als im optischen Wellenlängenbereich und die infolgedessen selbst dann noch beobachtet werden können, wenn sie in außerordentlich großer Entfernung stehen. Die Untersuchung derartiger Objekte, wie etwa der in jüngster Zeit entdeckten Quasare, wird – so hat es den Anschein – der Astronomie völlig neue Forschungsbereiche eröffnen.

Im Wellenlängenbereich der Radioastronomie gelang es schließlich durch Aussenden von Strahlungsimpulsen und Empfang der zurückkommenden Echos, d. h. durch Radarmessungen, Vermessungen des Mondes und einiger Planeten vorzunehmen. Diese Radarastronomie lieferte nicht nur die bisher genauesten Entfernungsbestimmungen, sondern ergab auch Aufschlüsse über die Oberflächenbeschaffenheit des Mondes oder über die Atmosphäre der Venus.

Die Entwicklung der Raketen- und Raumfahrttechnik hat durch die Erweiterung der instrumentellen Möglichkeiten der Astronomie noch kaum zu übersehende neue Forschungsgebiete eröffnet. Die Bedeutung des Schrittes von der früheren, an die Basis der Erde gebundenen astronomischen Arbeit zu einer extraterrestrischen Forschung kann nicht überschätzt werden. Nach Überwinden des durch die Atmosphäre begrenzten Ausblicks vom Erdboden kann nun von der durch Ballons, Raketen und Satelliten gewonnenen „Beobachtungsplattform" aus das gesamte elektromagnetische Wellenspektrum der Beobachtung zugänglich gemacht werden. Raumsonden schließlich dienen der direkten Untersuchung des interplanetaren Mediums, der durch das Erdmagnetfeld ungestörten kosmischen Strahlung sowie der Umgebung und Oberflächenstruktur der Planeten. Je nachdem, welche Träger für die Instrumente der extraterrestrischen Forschung benutzt werden, spricht man von Ballon-, Raketen- oder Satellitenastronomie. Erste Resultate etwa in Form von Bildern des Himmels im Gamma-, Röntgen- oder extremen ultravioletten Wellenlängenbereich wurden bereits erhalten; sie zeigen uns neue, bisher nicht gekannte Objekte.

Die Entwicklung elektronischer Rechenanlagen hat in den letzten Jahrzehnten auf dem Gebiet der theoretischen Astronomie und der Astrophysik Arbeiten ermöglicht, an deren Bewältigung früher überhaupt nicht zu denken war. Theorien über die sichtbaren äußeren Schichten der Sterne, über das der Beobachtung nicht zugängliche Sterninnere und damit über die Energieerzeugung in Sternen sowie über die zeitliche Entwicklung von ihnen können jetzt so weit durchgerechnet werden, daß die Resultate dieser Rechnungen durch Beobachtungen nachgeprüft werden können. Weitgehend gelöst werden konnte so z. B. auch das Problem der Sternpulsationen (Cepheiden). Ferner gibt es theoretische Untersuchungen über die Entstehung und Entwicklung von Sternsystemen (Galaxien) und über das Weltall als Ganzes, also über kosmologische Fragestellungen. In jüngster Zeit sind im Zusammenhang mit Problemen der Raumfahrtforschung wieder Fragen, die unser Sonnensystem betreffen, in den Vordergrund theoretischer Untersuchungen getreten, so vor allem die interplanetare Materie, der Sonnenwind, die Kometen und die Atmosphäre der Planeten.

Es dürfte aus allem deutlich erkennbar sein, daß nicht nur die beobachtende und die theoretische Astronomie in dauernder Wechselbeziehung miteinander stehen, sondern daß auch die Astronomie eng mit ihren Nachbarwissenschaften – so etwa der Physik – verflochten ist. Diese sich anbahnende Durchdringung ursprünglich getrennter Disziplinen erscheint unausweichlich. Wenn auch die moderne Forschung von einem Heer von hochspezialisierten Fachwissenschaftlern getragen wird, so haben deren Fragestellungen und Ergebnisse doch Bedeutung über die engen Grenzen des Faches hinaus. Das ist es, was letztlich die Trennung der Disziplinen aufhebt: die universelle Gültigkeit der Naturgesetze und der uns allen gemeinsame Kosmos.

DIE NATUR DER STRAHLUNG

In diesem Abschnitt werden die im Buch verwendeten Begriffe der Strahlungstheorie erläutert und die entsprechenden Größen definiert. Da wir die meisten Informationen über den uns umgebenden Kosmos durch elektromagnetische Strahlung erhalten, muß der Astronom die Gesetze ihrer Entstehung (Emission), die ihrer Ausbreitung und ihrer Vernichtung durch Absorption kennen. Auch sie werden kurz behandelt.

a) Ausbreitung

Die Gesetze der Ausbreitung des Lichtes sind seit langem bekannt. Sie finden ihre Erklärung in der Theorie elektromagnetischer Wellen. Dies sind Wellen, in denen eine elektromagnetische Größe, wie etwa das senkrecht auf der Ausbreitungsrichtung stehende elektrische Feld, eine periodische Funktion von Ort und Zeit ist. Die unterschiedlichen Arten der Strahlung: Radiostrahlung, Wärme- und Lichtstrahlung, Röntgen- und Gammastrahlung wird durch die Anzahl der Schwingungen pro Sekunde, d. h. durch die *Frequenz* v bestimmt. Die Einheit der Frequenz ist 1 Hertz = 1 Schwingung pro Sekunde. Die Frequenz legt auch die Farbe des Lichtes fest. Licht relativ niedriger Schwingungszahl ($v = 4 \cdot 10^{14}\,\mathrm{Hz}$) ruft in unserem Auge den Eindruck roter Farbe hervor. Mit zunehmender Frequenz ändert sich der Farbeindruck über gelb, grün, blau nach violett ($v = 7,5 \cdot 10^{14}\,\mathrm{Hz}$). Über die Darstellung von Größen mit Hilfe von Zehnerpotenzen siehe Seite 735.

Häufig wird anstelle der Frequenz die Wellenlänge λ der Strahlung angegeben. Ihr einfacher Zusammenhang mit der Frequenz v setzt die Kenntnis der Ausbreitungsgeschwindigkeit c des Lichtes voraus. Untersucht man diese Ausbreitung sorgfältiger, so muß man unterscheiden zwischen der Geschwindigkeit, mit welcher sich ein Lichtstrahl, d. h. ein Wellenzug (auch Wellengruppe oder Wellenpaket genannt) ausbreitet (Gruppengeschwindigkeit) und der Geschwindigkeit, mit welcher sich ein Wellenberg oder ein Wellental (allgemeiner ein Punkt konstanter Phase) in einem Wellenzug durch den Raum bewegt (Phasengeschwindigkeit). Gruppen- und Phasengeschwindigkeit können voneinander abweichen. Dann ist die Begrenzung einer Wellengruppe zeitlich variabel. Im allgemeinen liegen beide Geschwindigkeiten nahe beieinander, für das Vakuum sind sie exakt gleich.

Diese Vakuumlichtgeschwindigkeit c ist eine universelle Naturkonstante, auf deren genaue Messung große Anstrengungen verwendet worden sind. Ihr

Wert ist unabhängig von der Bewegung der Lichtquelle oder der des Beobachters. Es gibt keine Signalübermittlung mit höherer Geschwindigkeit. Diese beiden wichtigen physikalischen Gesetze bilden die Grundlage der speziellen Relativitätstheorie.

Verschiedene Bestimmungen der Lichtgeschwindigkeit

Datum	Beobachter	Methode	Ergebnis c [km/sec]
1676	Roemer	Verfinsterung der Jupiter- monde	214 300
1725	Bradley	Aberration	295 000 + 5000
1849	Fizeau	Zahnrad	315 300 + 500
1862	Foucault	rotierende Spiegel	298 600 + 500
1874	Cornu	Zahnrad	300 030 + 200
1881	Young, Forbes	Zahnrad	301 400
1882	Newcomb	rotierende Spiegel	299 860 + 30
1882	Michelson	rotierende Spiegel	299 853 + 60
1929	Karolus, Mittelstaedt	Kerr-Zelle	299 786 + 20
1940	Anderson	Kerr-Zelle	299 776 + 14
1940	Hüttel	Kerr-Zelle	299 771 + 10
1953	Froome	Mikrowellen-Interferometer	299 793.0 + 0.3
1972	*international empfohlener Wert*		299 792.5

Wenn ein Sender elektromagnetischer Wellen der Frequenz ν eine Sekunde strahlt, so hat der zur ersten Schwingung gehörende Wellenberg in dieser Zeit gerade die Strecke c zurückgelegt. Auf dieser Strecke müssen ν Wellenberge liegen, pro Zentimeter also $\bar{\nu} = \nu/c$, $k = 2\pi\bar{\nu}$ ist die sogenannte *Wellenzahl*. Die *Wellenlänge* ist somit $\lambda = 1/\bar{\nu} = c/\nu$. Man übersieht sofort, daß für die hochfrequente optische Strahlung die Wellenlängen sehr klein sein müssen. Im Gegensatz zu den Radiowellen, deren Länge nach Metern oder Zentimetern gemessen wird, ist es deshalb üblich, für optische Strahlungen λ in Å (Ångström, ein Å = 10^{-8} cm), in μm (Mikrometer, ein μm = 10^{-6} m = 10^{-4} cm) oder in nm (Nanometer, 1 nm = 10^{-9} m = 10^{-7} cm) anzugeben. In Materie weicht die Geschwindigkeit des Lichtes c_m vom Vakuumwert c ab. Das Verhältnis beider Phasengeschwindigkeiten ist der *Brechungsquotient (Brechungsindex)* $n = c/c_m$. Für optische Strahlung ist n größer als eins, also c_m kleiner als c. Der Brechungsindex n ist nicht nur vom Material, sondern auch von der Frequenz bzw. der Wellenlänge abhängig.

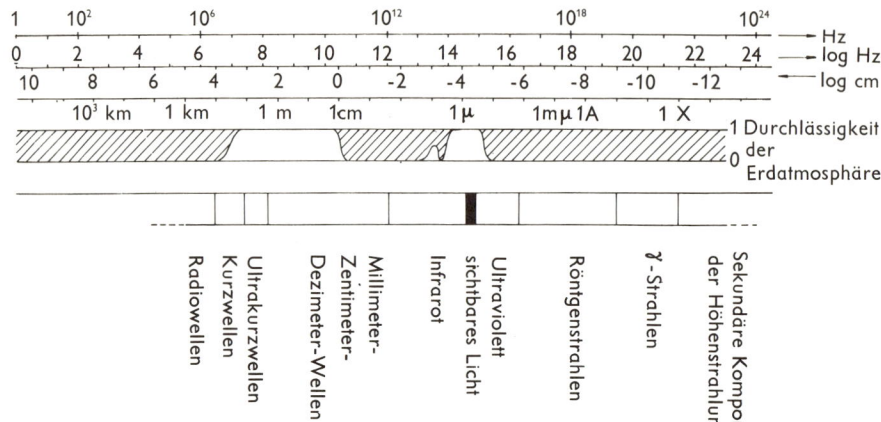

Elektromagnetisches Spektrum

Brechungsindex einiger Stoffe

	Wellenlänge (Å)			
	7608	5893	4861	3968
Wasser	1,329	1,330	1,337	1,343
Jenaer Gläser:				
Bor-Kron BK 1	1,505	1,510	1,516	1,525
Schwer Kron SK 1	1,603	1,610	1,618	1,630
Flint F 3	1,603	1,613	1,625	1,645
Schwer Flint SF 4	1,739	1,755	1,775	1,810

Der Brechungsindex der Luft liegt sehr nahe bei eins. Der Unterschied gegenüber eins, dem Brechungsindex des Vakuums, ist der Dichte der Luft proportional und damit abhängig von Druck und Temperatur.

$$n - 1 = (n_0 - 1) \cdot \frac{P}{760} \cdot \frac{273}{T}.$$

In diese Formel ist der Druck P in mm Quecksilbersäule (Torr) und die Temperatur T in Kelvin $= 273 + {}^\circ$Celsius einzusetzen. Die Wellenlängenabhängigkeit ist gering, für

$\lambda =$	8 000	6 000	5 000	4 000	3 000 Å ist
$10^6 \cdot (n_0 - 1) =$	290	292	293	297	307 .

Ändert sich n, wie etwa in der Erdatmosphäre, stetig mit der Dichte und damit mit der Höhe über dem Erdboden, so werden einfallende Lichtstrahlen gekrümmt, und zwar so, daß die Sterne höher über dem Horizont zu stehen scheinen (atmosphärische Refraktion, s. S. 185).

An Grenzflächen zwischen Substanzen mit verschiedenem Brechungsindex werden Lichtstrahlen gebrochen. Hierauf beruht die Konstruktion aller optischen Instrumente mit Bauelementen, durch die das Licht hindurchtritt (dioptrische Elemente), wie Linsen, Prismen usw.

Bei vorgeschriebener Frequenz ändert sich mit der Phasengeschwindigkeit natürlich auch die Wellenlänge. Die in Tabellen angegebenen Wellenlängen beziehen sich durchweg auf die Vakuumlichtgeschwindigkeit, gelegentlich auch auf Luft unter genau spezifizierten Bedingungen.

Nicht immer muß c_m kleiner sein als die Vakuumlichtgeschwindigkeit c. Für Radiowellen ebenso wie für Röntgenstrahlung ist das Gegenteil die Regel. Hier ist die Phasengeschwindigkeit c_m größer als c, also n kleiner als eins. Der Brechungsindex kann schließlich auch negativ sein. In einem derartigen Medium ist eine Wellenausbreitung unmöglich; die Strahlung würde reflektiert.

Eine für den Astronomen außerordentlich wichtige Eigenschaft des Lichtes wird fast als Selbstverständlichkeit hingenommen: die geradlinige Ausbreitung (in Räumen mit konstantem Brechungsindex). Die gerade Linie, die kürzeste Verbindung zwischen zwei Punkten, läßt sich in der Natur nur durch Lichtstrahlen realisieren. Auf dieser Geradlinigkeit beruht das Prinzip aller Vermessungen. Sie macht Positionsastronomie überhaupt erst möglich. Auch dann, wenn über sehr große Distanzen (Radius der Welt) oder in sehr starken Schwerefeldern (Umgebung massereicher Sterne) der Begriff der geraden Linie verallgemeinert werden muß, bilden die Lichtstrahlen immer noch die kürzeste Verbindung zwischen zwei Punkten (geodätische Linie).

Durch die Beugung, die immer auftritt, wenn Strahlen – etwa durch eine Blende – seitlich begrenzt werden, wird das Prinzip der geradlinigen Ausbreitung des Lichtes in seiner Gültigkeit eingeschränkt. Die Beugung ist eine direkte Folge der Wellenstruktur der Strahlung. Diese Wellen haben die Eigenschaft, Hindernisse zu umfließen, so lange diese klein sind gegenüber der Wellenlänge. Einen Rundfunksender kann man beispielsweise noch empfangen, wenn zwischen ihm und der Empfangsantenne ein großes Gebäude steht. Dieses Umfließen wird geringer, wenn der Quotient λ/d (d = Dimension des Hindernisses) abnimmt. Das gleiche Gebäude würde den Empfang eines UKW-Senders eventuell schon beeinträchtigen. Für die noch kürzeren Wellenlängen des Lichtes gelten in diesem Beispiel die Gesetze der „Strahlenoptik": Das Gebäude wirft einen Schatten; die Wellennatur des Lichtes tritt nicht mehr in Erscheinung. Der Einfluß der Beugung des Lichtes ist also abhängig von dem Verhältnis der Wellenlängen zur Größe des Hindernisses.

Aus der Theorie elektromagnetischer Wellen folgt, daß die Beugung an einem Hindernis und die an einer gleichgeformten Öffnung in einem sonst undurchsichtigen Schirm einander entsprechen (Babinetsches Theorem).

Besonders einfach und für den Astronomen wichtig ist die Beugung an einer Blende, etwa der kreisförmigen Eintrittsöffnung eines Fernrohres. Um sie zu erklären betrachten wir die Wellenflächen. Das sind Flächen, auf denen zu einem Zeitpunkt die elektrische Feldstärke in der Lichtwelle etwa ihren maximalen Wert hat. Die Ausbreitungsrichtung der Strahlung steht immer senkrecht auf diesen Flächen. Die Wellenflächen legen also die Ausbreitungsrichtung fest, und diese Festlegung kann nur so genau geschehen, wie sich die Orientierung der Wellenflächen ermitteln läßt. Diese Genauigkeit ist aber eingeschränkt, wenn die seitliche Ausdehnung der Wellenflächen (so z. B. durch die Eintrittsblende des Instruments) begrenzt wird. An einem unendlich kleinen Ausschnitt aus der Wellenfläche, einem Punkt, ist ihre Orientierung unerkennbar. Ist die Breite endlich und gleich d, so kann sie nur mit einem Fehler λ/d bestimmt werden. Für ein Teleskop mit kreisförmiger Blende (Durchmesser D) bedeutet diese unvermeidbare Einschränkung der Genauigkeit, daß das Licht eines Sternes nicht in einem scharfen Bildpunkt vereinigt wird, sondern in einem Beugungsscheibchen (Beugungsbild nullter Ordnung), in welchem die Helligkeit von der Mitte stetig nach außen hin abfällt und für den Winkelabstand $1,22\ \lambda/D$ schließlich verschwindet. Wie häufig üblich wird hier der Winkel im Bogenmaß (rad) angegeben. Zur Umrechnung in Bogengrad ist er mit $180/\pi$ zu multiplizieren. Aus der zuerst von Airy durchgerechneten Theorie der Beugung an einer kreisförmigen Öffnung folgt, daß das Beugungsbild nullter Ordnung von Beugungsringen abnehmender Helligkeit umgeben ist.

Im Gegensatz zu Schallwellen, in denen die Richtung der Schwingung (in der Materie) mit der Ausbreitungsrichtung übereinstimmt (longitudinale Wellen), stehen in den elektromagnetischen Wellen die Felder senkrecht auf der Ausbreitungsrichtung (transversale Wellen), sie liegen also in den Wellenflächen, in denen noch beliebige Orientierungen möglich sind. In natürlichem Licht (thermische Strahlung, s. S. 38) sind die Richtungen der Felder nach dem Gesetz des Zufalls (statistisch) verteilt. Eine derartige Strahlung nennt man unpolarisiert. Liegt das Feld dagegen immer in einer Richtung – die Synchrotronstrahlung (s. S. 40) ist ein Beispiel hierfür –, so ist die Strahlung linear polarisiert. Durch Überlagerung von Licht mit verschiedenen Polarisationsrichtungen entsteht elliptisch oder auch zirkular polarisiertes Licht. Der Polarisationsgrad gibt an, wie groß in einem Gemisch mit natürlichem Licht der Anteil polarisierter Strahlung ist. Durch bevorzugte Absorption von Licht einer bestimmten Polarisationsrichtung kann ursprünglich

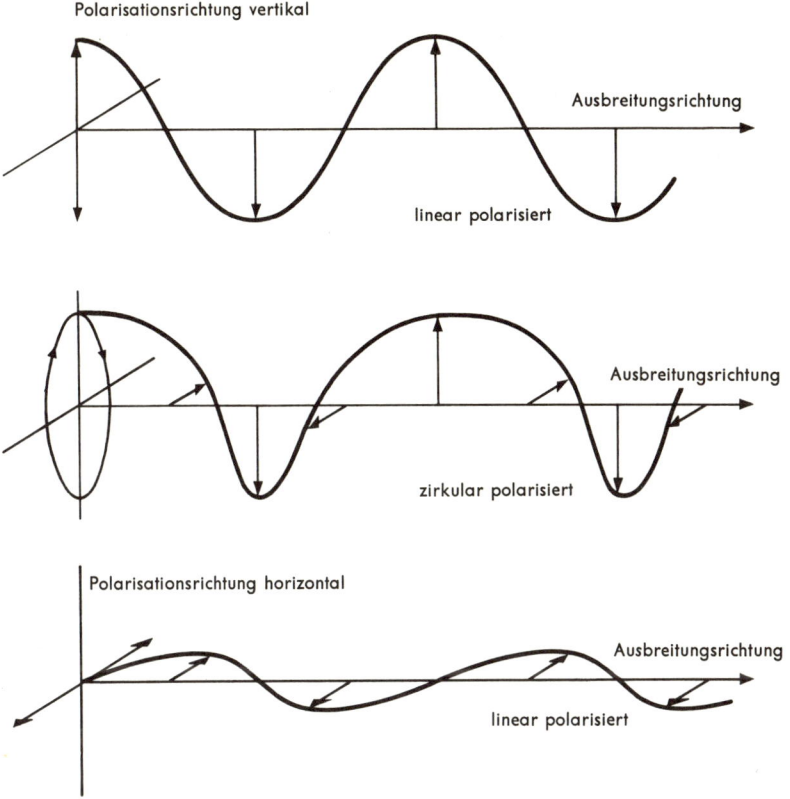

Polarisationsrichtung vertikal

Ausbreitungsrichtung

linear polarisiert

Ausbreitungsrichtung

zirkular polarisiert

Polarisationsrichtung horizontal

Ausbreitungsrichtung

linear polarisiert

Polarisiertes Licht

natürliches Licht teilweise polarisiert werden. – Die schwache Polarisation des Sternenlichtes ist durch Absorption an teilweise ausgerichteten länglichen Staubkörnern zu erklären.

Unter der *Stärke der Strahlung*, die mit der Amplitude, d. h. den Maximalwerten der Feldstärken der elektromagnetischen Welle zusammenhängt, soll hier der Energiefluß pro Flächeneinheit verstanden werden. Dieser sogenannte *Strahlungsstrom* verringert sich mit zunehmendem Abstand r von der Quelle. In einem Raum, in welchem keine Energie verlorengeht, muß durch alle gedachten Kugelschalen, welche eine punktförmige Quelle umgeben, stets die gleiche Energie fließen. Da die Größe der Kugelfläche mit r^2 wächst, ist dies nur dann möglich, wenn der Energiefluß pro Flächeneinheit mit $1/r^2$ abnimmt. Dieses Gesetz der Abnahme der Strahlungsstärke mit dem Quadrat des Abstandes wird in der Astronomie ausgiebig verwendet, um aus den Helligkeiten der Sterne auf ihre Entfernung zu schließen.

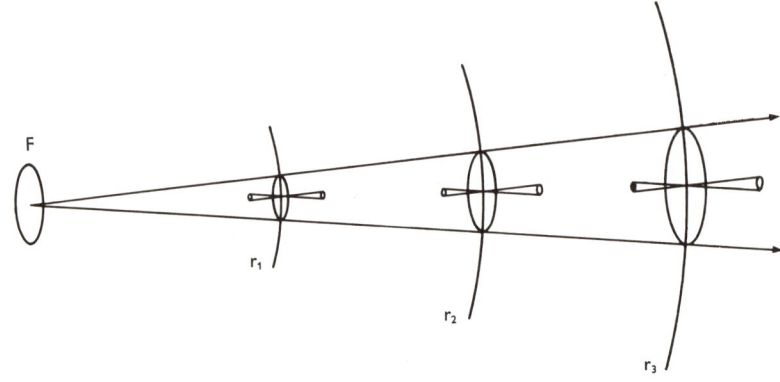

Zum Begriff der Stärke der Strahlung (Strahlungsstrom)

Der Energiefluß im Strahlungskegel ist unabhängig von der Entfernung r zur Quelle. Da die Größe der Flächenelemente auf den Kugelschalen mit dem Quadrat des Abstandes wächst, entfällt auf die Flächeneinheit (cm²) ein Anteil, der mit $1/r^2$ abnimmt. Dieser Anteil ist die Stärke der Strahlung, der Strahlungsstrom.

Anderseits ist der Raumwinkel, unter dem die Quelle F von den verschiedenen Kugelschalen aus erscheint, ebenfalls proportional zu $1/r^2$. Strahlungsstrom und Raumwinkel der Quelle nehmen also nach dem gleichen Entfernungsgesetz ab. Damit ist die Intensität der Stahlung, der auf den Raumwinkel bezogene Energiefluß unabhängig von der Entfernung zur Quelle.

Häufig begegnet man dem Begriff der *Intensität einer Strahlung*. In der Literatur wird diese Bezeichnung leider für zwei verschiedene Größen verwendet. Wird in der Astronomie von der Intensität einer Sternstrahlung gesprochen, die mit der beobachtbaren Helligkeit des Sternes zusammenhängt, so ist ein Energiefluß pro Flächeneinheit gemeint, also der Strahlungsstrom. In der physikalischen und der astrophysikalischen Literatur bedeutet Intensität dagegen den Energiefluß pro Flächen- und Raumwinkeleinheit. Sie ist unabhängig von der Entfernung der Lichtquelle. Dem Strahlungsstrom entspricht in der Sprache der Lichttechnik die Beleuchtungsstärke (gemessen in Lux), der Intensität die Flächenhelligkeit oder die Leuchtdichte (gemessen in Stilb).

Die in der Natur vorkommende Strahlung ist in der Regel ein Gemisch aus Wellen aller möglichen Frequenzen. Läßt man weißes Licht beispielsweise durch ein Glasprisma fallen, so wird der Lichtstrahl in einen Fächer von Strahlen verschiedener Farbe, d. h. verschiedener Frequenz (oder Wellenlänge) zerlegt. Ein derartig nach Frequenzen zerlegtes Strahlungsgemisch nennt man ein *Spektrum*. In ihm ist zu erkennen, ob und wie stark die Strahlung einer bestimmten Frequenz im Gemisch enthalten ist. Etwas präziser gesagt ist das Spektrum (Intensitätsspektrum) die Verteilungsfunktion der monochromatischen Intensitäten. Die Darstellung einer solchen Verteilungsfunktion ist verschieden, je nachdem ob man sie über der Frequenz- oder der Wellenlängenskala aufträgt.

Die Bezeichnung Spektrum wird häufig auch für andere Verteilungsfunktionen übernommen. Man spricht von einem Energiespektrum, wenn man etwa die Verteilungsfunktion der kinetischen Energien der Atome eines Gases meint, oder die Verteilungsfunktion der Teilchenenergien in der kosmischen Strahlung. Verteilungsfunktionen der Massen, etwa in einem Isotopengemisch, werden auch als Massenspektrum bezeichnet.

Das Spektrum elektromagnetischer Strahlung ist durch die relativen Häufigkeiten der Emissions- und die der eventuellen Absorptionsprozesse in der Quelle bestimmt (s. S. 38). Aus dem Spektrum kann damit auf die Häufigkeit derartiger Prozesse in den äußersten Schichten eines weit entfernten Sternes geschlossen werden. Die Interpretation von Spektren, d. h. die Ermittlung des physikalischen Zustandes und eventuell auch der chemischen Zusammensetzung der Strahlungsquellen im Kosmos ist eine der Hauptaufgaben der Astrophysik.

Das Spektrum bleibt bei der Ausbreitung der Strahlung im leeren Raum ungeändert, da der Effekt der geometrischen Verdünnung für alle Frequenzen gleich groß ist. Leider wird jedoch im Raum zwischen den Sternen, der mit interstellarer Materie (Gas und Staub) von sehr geringer Dichte erfüllt ist, die Strahlung in verschiedenen Frequenzen verschieden stark, d. h. selektiv absorbiert. Dadurch wird das Spektrum der Sterne verändert. So absorbiert z. B. der interstellare Staub (s. S. 501) im kurzwelligen blauen Licht stärker als im langwelligen roten. Infolgedessen erscheinen uns sonst gleichartige Sterne um so roter, je größer die Entfernung ist. Zwar wird durch diese selektive Absorption die Interpretation der Sternspektren erschwert, dafür gewinnt man aber auch einige Informationen über den Zustand der interstellaren Materie, in diesem Fall etwa über die Natur (Körnchengröße usw.) des Staubes.

Nur dann, wenn Quelle und Beobachter relativ zueinander ruhen, stimmen die Frequenzen, in denen die Strahlung emittiert wird, und denjenigen, in denen sie beobachtet wird, miteinander überein. Im allgemeinen Fall, d. h. bei Relativbewegungen zwischen Quelle und Beobachter gibt es Frequenzunterschiede, die unter der Bezeichnung *Dopplereffekt* bekannt sind. Eine einfache anschauliche Erklärung des Dopplereffekts, die für unsere Zwecke genügt, und übernommen werden kann, ist im Bereich der Akustik möglich: Wir denken zunächst Schallquelle und Beobachter ruhend. Die Quelle sendet pro Sekunde ν Wellen aus. Es entsteht ein Feld von Schallwellen der Wellenlänge $\lambda = c/\nu$. Dieses Wellenfeld bewegt sich am Beobachter mit der Schallgeschwindigkeit c vorüber. Damit passieren ihn pro Sekunde $v = c/\lambda$ Wellen. Er mißt also an seinem Ort wieder Schwingungen der ungeänderten Frequenz $v = c/\lambda$. Bewegt sich jedoch der Beobachter, nähert er sich etwa der Quelle mit der Geschwindigkeit v, so passieren ihn pro Sekunde

$$v' = (c + v)/\lambda$$

Wellen. Die Frequenz ist für ihn also um den Betrag

$$\Delta v = v' - v = \frac{v}{\lambda} = \frac{v}{c} v$$

vergrößert, die Wellenlänge entsprechend verringert

$$\Delta\lambda = \frac{v}{c} \lambda \,.$$

Bewegt sich der Beobachter von der Quelle fort, so ist $- v$ an die Stelle von $+ v$ zu setzen. Es kehrt sich also das Vorzeichen des Dopplereffektes um. Für den Fall einer bewegten Schallquelle und eines ruhenden Beobachters wird man ein etwas anderes Resultat erhalten.

Eine exakte Ableitung der Dopplereffekte für elektromagnetische Strahlung und der ebenfalls auf Relativbewegung zurückzuführenden Richtungsänderungen der Aberration, kann nur im Rahmen der speziellen Relativitätstheorie gegeben werden. Sie ergibt, daß Bewegung des Beobachters und Bewegung der Quelle ununterscheidbar sind und daß die Dopplerverschiebungen der Frequenzen bzw. der Wellenlängen gut durch unsere Formeln dargestellt werden, sofern nur v klein gegenüber der Lichtgeschwindigkeit ist. Wächst also der Abstand der Quelle (positive Radialgeschwindigkeit im Sprachgebrauch der Astronomie), so nimmt die Frequenz ab, es vergrößert sich die Wellenlänge. Bei Annäherung (negativer Radialgeschwindigkeit) gilt das Umgekehrte.

In der Astronomie wird von der Dopplerformel ausgiebiger Gebrauch gemacht. Dopplerverschiebungen erlauben die Messung von Radialgeschwindigkeiten der Strahlungsquellen oder auch die Messung von Sternrotationen (weil die Radialgeschwindigkeiten für die verschiedenen Teile eines rotierenden Sternes verschieden sind). Auch die ungefähre Größe von geordneten Gasströmungen oder ungeordneten Bewegungen (Turbulenz) in einer Sternatmosphäre können so bestimmt werden.

b) Strahlung und Materie
Die physikalischen Gesetze der Wechselwirkung von Licht und Materie erlauben es, aus den Eigenschaften der Strahlung, vor allem aus dem Spektrum, auf die physikalischen Bedingungen in der Lichtquelle und eventuell auch auf ihre chemische Zusammensetzung zu schließen.

Die drei wichtigsten Prozesse sind:

Emission   = Abgabe von Energie aus der Materie an das Strahlungsfeld,
Absorption = Aufnahme von Energie aus dem Strahlungsfeld und
Streuung   = Wechselwirkung, die eine Richtungsänderung der Strahlung zur Folge hat.

Lichtstreuung

Es gibt sehr verschiedene Formen der *Lichtstreuung*. Ihnen allen liegt jedoch ein gemeinsames Prinzip zugrunde: Ladungsträger, z. B. Elektronen, werden von der einfallenden Lichtwelle zum Mitschwingen angeregt und werden dadurch zur Quelle der sekundären, gestreuten Strahlung. Besonders einfach ist die Theorie der Lichtstreuung an freien Elektronen. Dieser Prozeß ist z. B. in den Atmosphären heißer Sterne von Bedeutung. An den Luftmolekülen in der Erdatmosphäre gestreutes Sonnenlicht ist die Ursache des hellen blauen Tageshimmels. Der Lichtstreuung an den Wassertröpfchen im Nebel oder in den Wolken liegt das gleiche Schema zugrunde wie der Streuung an den feineren Staubteilchen im interstellaren Medium. Allerdings wird im interstellaren Staub ein nicht unerheblicher Anteil des Lichtes auch absorbiert.

Absorption

Mit der Erforschung der Gesetze der *Absorption* und *Emission* von Strahlung durch Planck, Einstein, Bohr u. a. wurden zu Beginn dieses Jahrhunderts die Grundlagen der modernen Physik gelegt. Ausgangspunkt war Plancks Entdeckung, daß Energie nicht in beliebig kleinen Mengen zwischen der Materie und dem Strahlungsfeld ausgetauscht werden kann, sondern daß dieser Austausch in Elementarprozessen erfolgt, wobei jeweils die Energie

$$E = h\nu$$

übertragen wird. Die Konstante

$$h = 6.625 \cdot 10^{-27} \text{erg} \cdot \text{sec},$$

welche die Beziehung zwischen Energie und Frequenz herstellt, ist eine universelle Naturkonstante, das Plancksche Wirkungsquantum.

Man kann nach einem zuerst von Einstein vorgeschlagenen Bild das Strahlungsfeld auch als ein Gas von Photonen (Lichtkorpuskeln) auffassen. Diese Photonen bewegen sich im Vakuum mit Lichtgeschwindigkeit, ihre Energie ist $h\nu$, ihre Bewegungsgröße (Impuls) $h\nu/c$. Die Zahl der Photonen wird durch Absorptionsprozesse verringert, durch Emissionsprozesse vermehrt. Hierbei, ebenso wie bei der Streuung, wird der Impuls durch Photonenstoß auf Materie übertragen. Damit übt das Photonengas einen Druck aus, den Strahlungsdruck.

Absorptionsprozesse in der Frequenz v können nur dann stattfinden, wenn die Materie in der Lage ist, die vom Strahlungsfeld angebotenen Energiebeträge der Größe hv aufzunehmen. Freie Atome und Moleküle in Gasen können in der Regel nur ganz bestimmte Energiebeträge, entsprechend diskreten Frequenzen v bzw. Wellenlängen λ (genauer, in schmalen Bereichen um die Frequenz v bzw. die Wellenlänge λ), aufnehmen oder abgeben. Die Wellenlängen dieser Spektrallinien sind jeweils für bestimmte Atome charakteristisch.

Niels Bohr hat als erster dieses Verhalten der Materie durch sein Atommodell gedeutet. Seine Vorstellung ist, daß negativ geladene Elektronen in der Elektronenhülle des Atoms einen positiv geladenen Atomkern umkreisen wie Planeten die Sonne. Von den unendlich vielen möglichen Bahnen, auf denen sich elektrische Anziehung und Zentrifugalkraft die Waage halten, wird durch eine aus der Quantentheorie folgende Bedingung eine Schar von „erlaubten" Bahnen ausgewählt. Zu jeder dieser erlaubten Bahnen (bzw. zu jeder Bahnkonfiguration, falls es sich um mehrere Elektronen handelt), die durch soge-

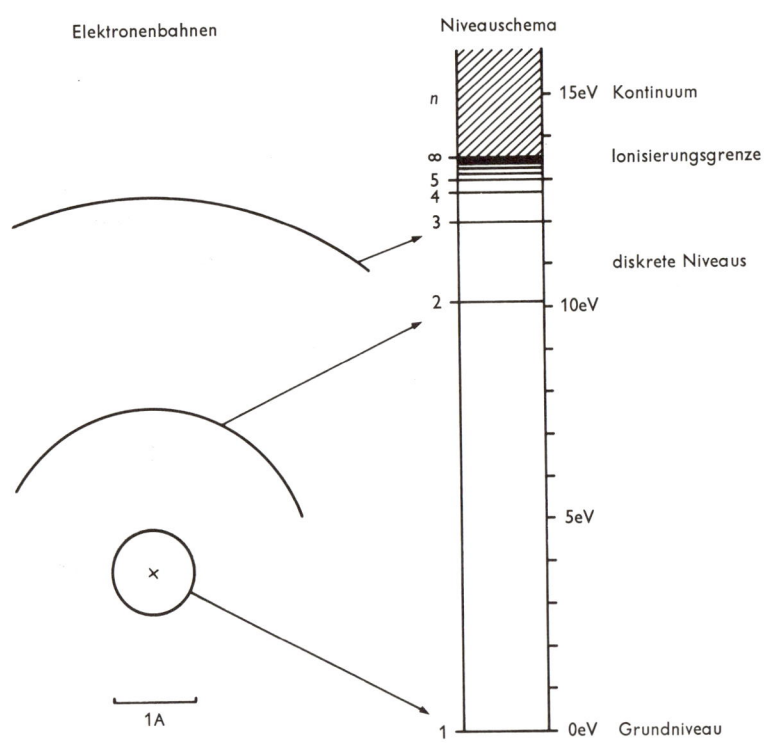

Das Bohrsche Modell eines Wasserstoffatoms

nannte Quantenzahlen klassifiziert ist, gehört ein zugeordneter Energiewert (Niveau). Die Größe der Energiebeträge, die Gruppierung der Niveaus zu Termen und noch höheren Einheiten und die Zuordnung von Quantenzahlen wird im Rahmen der Atomphysik behandelt und erfordert den Apparat der Quantenmechanik.

Beim Übergang zwischen zwei Niveaus wird nun Licht in einer Spektrallinie absorbiert, wenn das Ausgangsniveau das tiefere der beiden kombinierenden Niveaus ist, das Atom also Energie aufnimmt. Im umgekehrten Fall wird Strahlung in der Spektrallinie emittiert. Die Linie selbst wird durch Angabe der Quantenzahlen (hier *m* und *n*) der kombinierenden Niveaus gekennzeichnet.

$$E_m - E_n = h\nu \, .$$

Überschreitet die Energie des Atoms die Ionisationsenergie, so ist das äußere Elektron nicht mehr gebunden. Das Atom wird ionisiert, d. h., es entsteht ein freies Elektron, für welches jetzt ein Kontinuum von Energiezuständen zugelassen ist. Ist ein Gas also ionisiert, oder ist die Frequenz der Strahlung hoch genug, so daß $h\nu$ größer ist als die Ionisierungsenergie, so kann die Materie ein Kontinuum von Strahlung absorbieren.

Tabelle zur Umrechnung von Energien

$$1 \; \text{erg} = 6{,}242 \cdot 10^{11} \; \text{eV} = h \cdot 1{,}510 \cdot 10^{26} \text{Hz} = k \cdot 7{,}245 \; \cdot 10^{15} \; \text{K}$$

$$1{,}602 \cdot 10^{-12} \text{erg} = 1 \qquad \text{eV} = h \cdot 2{,}419 \cdot 10^{14} \text{Hz} = k \cdot 1{,}1610 \cdot 10^4 \; \text{K}$$

$$6{,}624 \cdot 10^{-27} \text{erg} = 4{,}135 \cdot 10^{-15} \text{eV} = h \cdot 1 \qquad \text{Hz} = k \cdot 4{,}799 \; \cdot 10^{-11} \text{K}$$

$$1{,}380 \cdot 10^{-15} \text{erg} = 8{,}616 \cdot 10^{-5} \; \text{eV} = h \cdot 2{,}084 \cdot 10^{10} \text{Hz} = k \cdot 1 \qquad \text{K}$$

$$10^7 \text{erg} = 1 \; \text{Wattsekunde}$$

Beispielsweise entspricht der Ionisierungsenergie 13,595 eV des Wasserstoffs eine Frequenz 3,288 · 10^{15} Hz (siehe obige Umrechnungstabelle für Energien), und dieser wegen der Beziehung $\lambda = c/\nu$ eine Wellenlänge von 911,8 Å. Für alle kürzeren Wellen absorbiert atomarer Wasserstoff. Daher ist z. B. der von einem sehr verdünnten Wasserstoffgas erfüllte interstellare Raum für die kurzwelligere Strahlung der Sterne praktisch undurchlässig. Während bei Atomen die Energieniveaus noch relativ weit getrennt sind, gibt es bei Molekülen sehr gleichmäßige Folgen dicht liegender Energiezustände, die auf Schwingungen der Atome im Molekülverband und auf Rotationen der Moleküle zurückzuführen sind. In Molekülspektren treten infolgedessen

Sequenzen von nah benachbarten Spektrallinien auf. Sie werden als Banden bezeichnet und sind an den kleinen und konstanten Frequenzdifferenzen zwischen benachbarten Linien meist leicht zu erkennen.

In festen Substanzen und in Flüssigkeiten sind die diskreten Energiestufen der Atome durch deren Wechselwirkung untereinander zu breiten Bändern entartet. Feste Körper sind daher in der Lage, ein Kontinuum zu absorbieren oder zu emittieren.

Die Absorption (wie auch die Emission) eines Photons ist ein Elementarprozeß, der nicht als solcher vorhersagbar ist. Es sind nur statistische Aussagen über die Absorptionswahrscheinlichkeit möglich. Sie wächst mit der Stärke des Strahlungsfeldes und ist im übrigen proportional zur sogenannten Übergangswahrscheinlichkeit, die eine Eigenschaft des Atoms ist und die für jede Spektrallinie einen charakteristischen Wert hat. Die Kenntnis möglichst vieler Übergangswahrscheinlichkeiten ist für die Spektroskopie von großer Bedeutung; so hat man auf ihre experimentelle oder theoretische Bestimmung viel Mühe verwendet. Man kann Übergangswahrscheinlichkeiten auch durch Absorptionsquerschnitte oder, was dasselbe ist, durch atomare Absorptionskoeffizienten darstellen. Jedes Photon, das auf diesen Querschnitt trifft, wird absorbiert. Solche Querschnitte sind sehr klein. Da Atome ungefähr 10^{-8} cm groß sind, werden ihre geometrischen Querschnitte von der Größenordnung 10^{-16} cm^2 sein. Tatsächlich sind auch die Absorptionsquerschnitte für kontinuierliche Absorption von etwa dieser Größenordnung häufig auch noch kleiner. Nur in Spektrallinien können die Absorptionsquerschnitte merklich größer werden. Aus thermodynamischen Gründen sind die Maximalwerte etwa gleich dem Quadrat der Wellenlänge der Strahlung, also für sichtbares Licht ungefähr 10^{-9} cm^2.

Aus der anschaulichen Bedeutung des Absorptionskoeffizienten (pro Teilchen) folgt, daß die Zahl der in einem Lichtstrahl fließenden Photonen beim Durchtritt durch eine wenig absorbierende Schicht verringert wird um die Zahl der auf die Absorptionsquerschnitte auftreffenden Photonen, die absorbiert werden. Diese ist aber gleich $N_0 \cdot n \cdot q \cdot s$, wenn N_0 die Zahl der (pro cm^2 und pro sec) einfallenden Photonen, n die Zahl der Absorber pro cm^3, q ihr Absorptionsquerschnitt und s die Dicke der Schicht ist. Eine entsprechende Verringerung erfährt auch die Intensität des Lichtstrahles. Es ist also das Verhältnis von eintretender zur durchtretenden Intensität in der Frequenz ν

$$I_{\nu,s}/I_{\nu,0} = 1 - n\,q\,s = 1 - k_\nu s .$$

Mit $k_\nu = n \cdot q$ ist der Absorptionskoeffizient pro cm^3 in der Frequenz ν bezeichnet. Legt man mehrere derartige dünne Schichten hintereinander, so ist das Verhältnis von der in die erste Schicht eintretenden zu der aus der

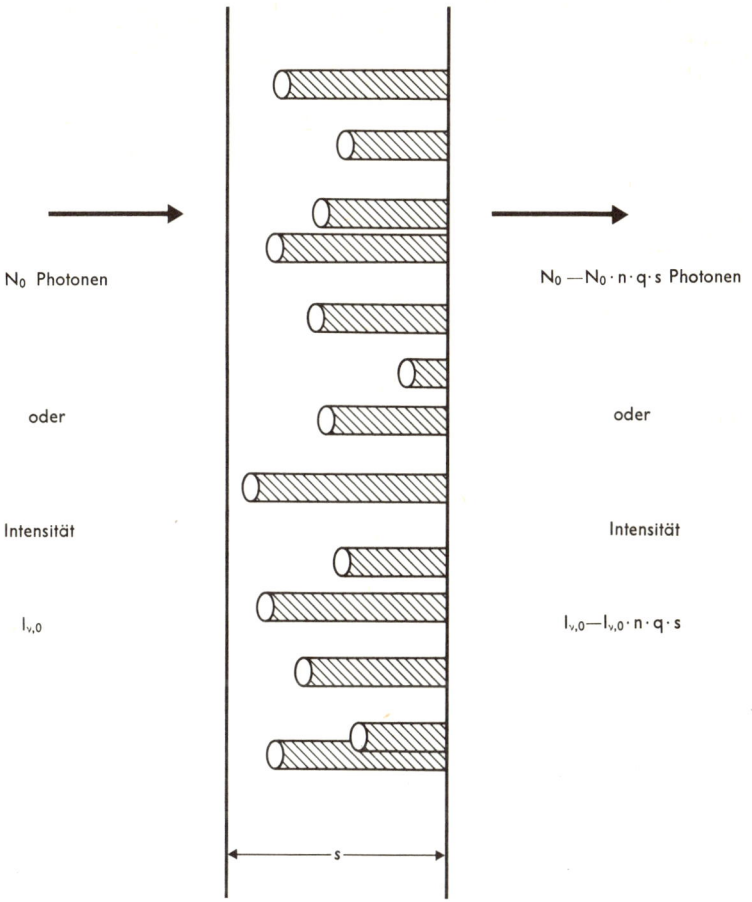

N_0 Photonen

oder

Intensität

$I_{v,0}$

$N_0 - N_0 \cdot n \cdot q \cdot s$ Photonen

oder

Intensität

$I_{v,0} - I_{v,0} \cdot n \cdot q \cdot s$

Absorption in dünner Schicht

Querschnitt der „Schatten" : q, Anzahl der den „Schatten" werfenden Atome pro cm³ : n , pro cm² : $n \cdot s$ Schattenfläche pro cm² : $n \cdot q \cdot s$

letzten Schicht austretenden Intensität gleich dem Produkt der Verhältnisse für die einzelnen Schichten, wobei sich die Intensitäten der Strahlung zwischen den Schichten herausheben. Aus diesen Überlegungen ergibt sich schließlich das Gesetz

$$I_{v,\, \tau_v}/I_{v,0} = \mathrm{e}^{-k_v x} = \mathrm{e}^{-\tau_v}$$

wenn x die gesamte Dicke aller Schichten ist. $\mathrm{e} = 2{,}71828$ ist die Basis der natürlichen Logarithmen. $\tau_v = k_v \cdot x$ nennt man die optische Dicke der Schicht. Sie ist gleich der Summe der optischen Dicken der einzelnen Elementarschichten. Wenn der Absorptionskoeffizient auf dem Weg des Lichtstrahls variabel ist, so muß τ_ν als Summe (Integral) über die Teilbeträge längs des Weges x berechnet werden.

Dieses Gesetz der exponentiellen Abnahme der Intensität, das sich auch wie folgt schreiben läßt

$$\log I_{\nu,\ \tau_\nu} = \log I_{\nu,0} - 0{,}4343 \cdot \tau_\nu \,,$$

beherrscht alle Probleme der Lichtausbreitung in absorbierenden Medien.

Als Beispiel wenden wir dieses Absorptionsgesetz an auf die Abschätzung der Absorption durch interstellaren Staub. Wegen der Unsicherheit der zu machenden Annahmen können wir hierbei auf jede genauere Rechnung verzichten. Es kommt also nur auf die Größenordnung an. Die Teilchen des interstellaren Staubes sind etwa 10^{-5} cm groß und haben damit bei einer Dichte eins eine Masse von rund 10^{-15} g. Ihr Absorptionsquerschnitt ist in brauchbarer Näherung gleich ihrem geometrischen Querschnitt, also von der Größenordnung 10^{-10} cm^2. In der galaktischen Ebene (s. S. 501) ist die Dichte des Staubanteils etwa um einen Faktor hundert geringer als die des interstellaren Gases, und damit etwa 10^{-26} g/cm^3. So kommt etwa ein Staubkorn auf 10^{11} cm^3, also auf einen Würfel von rund 50 Meter Kantenlänge. Der Absorptionskoeffizient pro cm^3 ist damit $n \cdot q = 10^{-11}$ cm$^{-3} \cdot 10^{-10}$ cm$^2 = 10^{-21}$ cm^{-1}. Die optische Dicke pro Parsec (s. S. 370, 1 pc $= 3{,}08 \cdot 10^{18}$ cm) ist dann $3 \cdot 10^{18}$ cm $\cdot 10^{-21}$ cm$^{-1} = 3 \cdot 10^{-3}$. Dies würde nach unseren Formeln eine fast unmerkliche Lichtabschwächung um etwa 1/1000 bedeuten. Über eine Distanz von einem Kiloparsec jedoch ist die optische Dicke gleich drei, und damit wäre die Intensität der Sternstrahlung um einen Faktor 20 gegenüber dem Wert geschwächt, den sie ohne Absorption haben würde. Die wirklichen Verhältnisse liegen etwas günstiger. Man findet in der galaktischen Ebene im Mittel pro Kiloparsec eine Schwächung um einen Faktor 6. Aber auch dann noch ist z. B. das galaktische Zentrum in einer Entfernung von rund 10 kpc wegen des interstellaren Staubes im sichtbaren Spektralbereich unbeobachtbar.

Absorption in der Erdatmosphäre

Die Möglichkeiten astronomischer Beobachtungen von der Erdoberfläche werden durch Absorptionen in der Erdatmosphäre stark eingeschränkt. In weiten Spektralbereichen ist sie undurchsichtig.

Die Photonen der Röntgen- und der kurzwelligen UV-Strahlung haben genügend Energie, um die O_2 und N_2 Moleküle der Luft zu ionisieren; sie werden also absorbiert, und damit kann diese Strahlung die Erdoberfläche nicht erreichen. Im längerwelligen UV bis etwa zur Hartley-Bande unterhalb

3000 Å wird Strahlung in etwa 25 bis 50 km Höhe durch eine geringfügige Beimengung von O_3 (Ozon) nahezu vollständig absorbiert. Dieses Ozon, dessen Menge unter Bedingungen in Meereshöhe nur einer etwa 3 mm dicken Schicht entspricht, entsteht unter dem Einfluß der Sonnenstrahlung. Im Wellenlängenbereich des sichtbaren Lichtes wird die Durchsichtigkeit vor allem durch Streuung an Luftmolekülen und an Staub und Wassertröpfchen verringert. Bei Messungen von Sternhelligkeiten ist die dadurch bedingte Abschwächung des Sternenlichtes (Extinktion) zu berücksichtigen. Sie nimmt mit kürzeren Wellenlängen zu und ist im übrigen von der Höhe des Sternes über dem Horizont abhängig. Je tiefer der Stern steht, um so schräger durchsetzt der Sehstrahl die Atmosphäre und um so größer ist die Extinktion. Im Infraroten begrenzt die Bandenabsorption des Wasserdampfes bei 4,5 μm die Beobachtungsmöglichkeiten. Eine Lücke zwischen 9 bis 11 μm gestattet nochmals einen Ausblick. Nach längeren Wellenlängen hin folgt nur ein Bereich völliger Undurchsichtigkeit. Erst bei 8 mm Wellenlänge beginnt die Erdatmosphäre wieder durchsichtig zu werden, und zwischen 3 cm und 10 m ist sie nahezu vollständig durchlässig. Dies gilt auch, abgesehen von den kürzesten Wellenlängen, für Wolken.

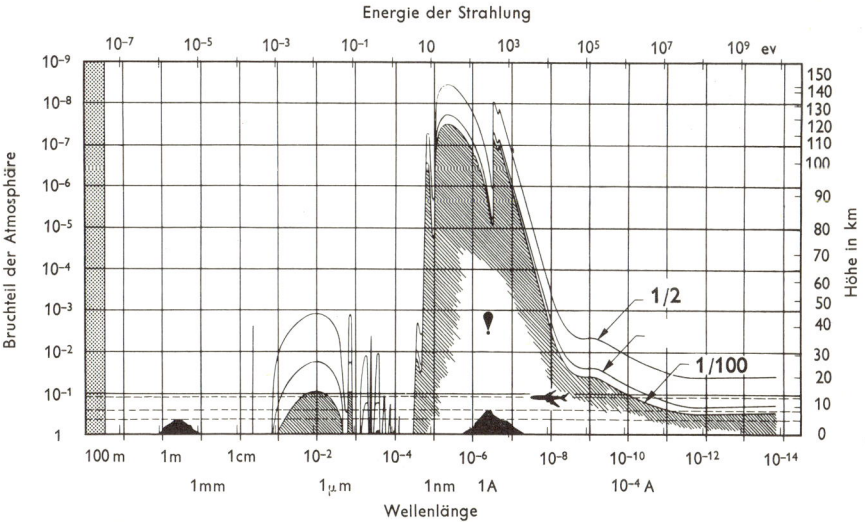

Die Durchlässigkeit der Erdatmosphäre für elektromagnetische Strahlung. Die drei Kurvenzüge markieren die Bruchteile der Erdatmosphäre, die jeweils noch $^1/_2$, $^1/_{10}$ und $^1/_{100}$ der einfallenden Strahlungsintensität durchlassen; die rechte Ordinaten-Skala gibt die zugehörigen Höhen über dem Erdboden an. Die ungefähren Grenzen von Ballonaufstiegen und Flugzeug-Flügen sowie der höchste Berg der Erde und die gegenwärtig höchste ständige Sternwarte (auf dem Chacaltaya auf den Hawaii-Inseln) sind ebenfalls eingetragen

Bei rund 30 m Wellenlänge sinkt die Durchlässigkeit wieder ab, da nun der Brechungsindex in den elektrisch leitenden Schichten der Ionosphäre (D-Schicht in etwa 80 km Höhe, E-Schicht in 120–180 km Höhe und F_1- bzw. F_2-Schicht in 300 und 500 km Höhe; s. S. 178) gegen null geht. Damit wird eine Wellenausbreitung unmöglich; die Schichten beginnen zu reflektieren. Für Wellenlängen über 100 m ist die Reflexion vollständig und jeder Ausblick in den Weltraum verwehrt.

Es verbleiben also nur zwei Bereiche hoher Durchlässigkeit: in der Umgebung des sichtbaren Lichtes (die Empfindlichkeitsfunktion der Augen entspricht ziemlich gut diesem Bereich) und im Bereich der kürzeren Radiowellen. Man spricht daher von den zwei „Fenstern der Durchlässigkeit" im Spektrum der Wellenlängen. Nur durch diese beiden Fenster können wir von der Erde aus die Strahlung der Himmelskörper beobachten. Dementsprechend unterteilt man in optische Astronomie und Radioastronomie.

Erst durch die Weltraumforschung, durch Beobachtungen von Plattformen außerhalb der Erdatmosphäre wird uns ein sehr viel breiteres Spektrum der elektromagnetischen Strahlung der Gestirne und der interstellaren Materie zugänglich. Man hat die Benennung nach den benutzten Wellenlängenbereichen beibehalten, so spricht man z. B. von Röntgenastronomie.

Emission

Unter Emission verstehen wir den der Absorption entgegengesetzten Prozeß, bei welchem Materie Energie an das Strahlungsfeld abgibt, bei dem also Photonen erzeugt werden. Zwischen Absorption und Emission besteht ein enger und universeller Zusammenhang. Er ist unabhängig von der Art der Materie. Nur in den Frequenzen, in denen die Materie zu absorbieren vermag, kann sie auch emittieren. Im übrigen ist das Verhältnis der Häufigkeit der Absorptionsprozesse zu jener der Emissionsprozesse nur abhängig von der Energiedichte im Strahlungsfeld und von der Temperatur der Materie. Wichtig ist dabei das Verhältnis von kT, der durch Multiplikation mit der Boltzmannkonstanten $k = 1{,}380 \cdot 10^{-16}$ erg/Grad auf Energieeinheiten umgerechneten absoluten Temperatur (s. S. 33, Tabelle zur Umrechnung von Energien), zur Energie der Lichtquanten $h\nu$. Es gibt zu jeder Temperatur ein Strahlungsfeld, bei dem sich in allen Frequenzen ein Gleichgewicht zwischen Emission und Absorption einstellt. Es ist dies das berühmte, durch die Kirchhoff-Planck-Funktion

$$B_\nu = \frac{2h\nu^3}{c^2} \left(e^{\frac{h\nu}{kT}} - 1 \right)^{-1} \quad [\text{erg cm}^{-2} H_z^{-1} \text{ sec}^{-1} \text{ ster}^{-1}]$$

dargestellte Hohlraumstrahlungsfeld. Die Bezeichnung deutet darauf hin, daß sich dieses Strahlungsfeld in einem Hohlraum, dessen Wandung die Temperatur T hat, einstellt. Durch eine kleine Öffnung, die das Strahlungsfeld kaum beeinflußt, kann die Hohlraumstrahlung austreten und untersucht werden. Man findet eine Intensität, die für niedrige Frequenzen ($h\nu \ll kT$) mit der zweiten Potenz der Frequenz anwächst, bei $h\nu \sim 3\,kT$ ein Maximum durchläuft und die mit weiter steigenden Frequenzen schließlich sehr rasch abfällt. Berechnet man für das Maximum der Intensitätsverteilungskurven die Frequenzen (bzw. die Wellenlängen) etwas genauer, so findet man für B_ν das sogenannte Wiensche Verschiebungsgesetz:

$$T \cdot \lambda(I_{max}) = 0{,}51 \text{ cm} \cdot \text{Grad}.$$

Das Produkt aus Temperatur und Wellenlänge des Maximums ist also konstant. Die bekannte Tatsache, daß mit wachsender Temperatur die Farbe eines glühenden Körpers von Rot über Gelb zum hellen Weiß wechselt, beruht mit auf dieser Verschiebung.

In Übereinstimmung mit der Theorie findet man für die Gesamtausstrahlung

$$B = 5{,}67 \cdot 10^{-5} \cdot T^4 \text{ erg cm}^{-2} \text{ sec}^{-1}$$

(Stefan-Boltzmannsches Strahlungsgesetz). Die Energieabstrahlung wächst also sehr rasch mit der Temperatur (bei Verdopplung von T auf den 16fachen Betrag)!

Ist die Stärke des Strahlungsfeldes in der Frequenz ν größer als die zur Temperatur der Materie T gehörende Hohlraumstrahlung, so überwiegen die Absorptionsprozesse, im umgekehrten Fall die Emissionsprozesse. Wenn also Atome in einer Spektrallinie absorbieren und dabei einen Übergang von einem tieferen in ein höheres Energieniveau vollziehen, so können sie in dieser Spektrallinie auch emittieren, wenn sich bei hinreichend hoher Temperatur genügend Atome im oberen Niveau befinden. Die berühmten Versuche von Kirchhoff und Bunsen, durch welche die Spektralanalyse begründet wurde, finden so ihre Erklärung.

Übergänge zwischen zwei Energieniveaus sind jedoch nicht nur durch Absorption oder Emission von Photonen möglich, sie können auch durch Stöße mit freien Elektronen oder durch Stöße der Atome untereinander bewirkt werden. In dichten Gasen und bei hohen Temperaturen sind dies sogar die häufigeren Prozesse. Stellt sich unter ihrem Einfluß ein Gleichgewicht ein, bei dem auch die höheren Energiestufen und das Kontinuum der freien Elektronen teilweise besetzt sind, so nennt man die sich hieraus ergebende Emission die „thermische Emission" oder „thermische Strahlung" der Materie. Die Abstrahlung eines glühenden Festkörpers oder eines glühenden Gases, etwa die eines Lichtbogens, ist in diesem Sinne thermisch, d. h. durch die Temperatur bedingt.

Hiervon zu unterscheiden ist die „nicht-thermische Strahlung". Wird durch irgendeinen Kunstgriff in einem Gas nur ein höherer Energiezustand der Atome angeregt, d. h. merklich besetzt, nicht aber die anderen, auch nicht die Zustände hoher kinetischer Energie, so wird dieses kalte Gas nichtsdestoweniger in einer oder in einer Reihe von Spektrallinien leuchten. Diese Strahlung, die das Resultat selektiver Besetzungen ist, nennt man „nicht-thermisch". Aus unserer täglichen Umgebung kennen wir viele Beispiele nicht-thermischer Strahlung, so etwa das Leuchten der Fernsehbildröhre oder der Neonreklame (kaltes Licht). Das Nordlicht sei als eine in der Natur vorkommende, nicht-thermische Strahlung erwähnt.

Während in der optischen Astronomie vorwiegend thermische Strahlung beobachtet wird, überwiegen in der Radioastronomie nicht-thermische Quellen. Von den hierbei wirkenden Mechanismen ist der Prozeß der Synchrotronstrahlung bei weitem der wichtigste. Nach den Gesetzen der klassischen Elektrodynamik strahlt jede elektrische Ladung, die beschleunigt oder abgebremst wird, elektromagnetische Wellen aus. So entsteht beispielsweise die Röntgenbremsstrahlung dadurch, daß in der Antikathode einer Röntgenröhre schnelle Elektronen plötzlich abgebremst werden, also eine starke negative Beschleunigung erfahren. Im Kosmos sind es relativistische Elektronen, welche die Synchrotronstrahlung emittieren. Die Geschwindigkeit dieser Elektronen ist nahezu gleich der Lichtgeschwindigkeit, ihre Energie infolgedessen groß gegenüber der Ruhenergie $m_0 c^2 = 0,511 \cdot 10^6$ eV . Die Beschleunigung erfahren sie hier in Magnetfeldern, wie sie im Weltraum weit verbreitet vorkommen. In diesen Magnetfeldern beschreiben die Elektronen kreis- oder spiralförmige Bahnen, auf denen sie jeweils zum Kreismittelpunkt hin bzw. zur Achse der Spirale hin, also quer zur Bewegungsrichtung beschleunigt werden. Aufgrund von Effekten, die von der hohen Geschwindigkeit des Elektrons relativ zum Beobachter herrühren und die nur im Rahmen der Relativitätstheorie begründet werden können, wird dabei die elektromagnetische Strahlung fast ausschließlich in Richtung der Bewegung abgestrahlt. Diese Art der Strahlung kann im Laboratorium an einem Teilchenbeschleuniger, einem Elektronensynchrotron, beobachtet werden. Sie ist vollständig linear polarisiert.

Ein relativistisches Elektron der Energie E (in eV) strahlt ein kontinuierliches Spektrum aus, wobei die Gesamtausstrahlung (Energieabgabe pro Zeiteinheit) gegeben ist durch

$$Q = 6,2 \cdot 10^{-27} H^2 E^2 \text{ erg} \cdot \text{sec}^{-1}.$$

H ist die in Gauß gemessene Stärke des senkrecht auf der Bewegungsrichtung stehenden Magnetfeldes. Die Gesamtabstrahlung wächst also mit dem Quadrat der Feldstärke und mit dem Quadrat der Energie.

In dem kontinuierlichen Spektrum, das von einem einzelnen relativistischen Elektron ausgesendet wird, liegt das Maximum der Intensität bei

$$\nu_{max} = 5{,}36 \cdot 10^{-6} \cdot H \cdot E^2 \, .$$

Man sieht also, daß die abgestrahlten Frequenzen um so höher liegen, je größer das Magnetfeld ist und je größer die Energie der Elektronen ist. Wegen ihrer hohen Energieabgabe sind jedoch energiereiche Elektronen, die etwa im optischen Frequenzbereich strahlen würden, sehr kurzlebig.

Wirken viele Elektronen unterschiedlicher Energien zusammen, so überträgt sich die Energieverteilung $N(E)$ der Elektronen auf das Intensitätsspektrum $I(\nu)$ der Synchrotronstrahlung. Gilt für die Elektronen ein Potenzgesetz $N(E) \sim E^{-g}$, wie wir es (mit $g \approx 2{,}4$) von der Energieverteilung in der kosmischen Ultrastrahlung her kennen, so folgt für den interessierenden Frequenzbereich

$$I(\nu) \sim \nu^{-\alpha} \, ,$$

wobei der Spektralindex α den Wert $\alpha = (g-1)/2$ annimmt. Diese Abnahme der Intensität der Strahlung nach höheren Frequenzen ist ebenso wie die Polarisation ein Indiz für Synchrotronstrahlung. – Snychrotronstrahlung ist eine typisch nicht-thermische Strahlung. Die Zustände hoher kinetischer Energie der Elektronen sind stark übersetzt. Diese Übersetzung kann weder durch thermische Stöße noch durch Absorption von Energie aus dem Strahlungsfeld erklärt werden. Die Elektronen gewinnen vielmehr mit hoher Wahrscheinlichkeit ihre Energie – wie die Ultrastrahlungsteilchen – durch Beschleunigung in makroskopischen Feldern, wobei die Einzelheiten der wirksamen Mechanismen allerdings noch weitgehend ungeklärt sind.

INSTRUMENTE

Bis vor einigen Jahren waren die optischen Instrumente der Astronomie die größten, die überhaupt für Forschungszwecke entwickelt und gebaut wurden. Erst in den letzten Jahrzehnten erstellte Anlagen und Geräte der Atomkernforschung haben weit größere Ausmaße. Aber schon verlangen neue Zweige astronomischer Forschung einen noch größeren technischen, materiellen und finanziellen Aufwand; es sei an die großen Spiegel der Radioastronomie oder an die Satelliten- und Raumsonden zur Erforschung des Weltraums und der benachbarten Planeten erinnert.

Waren früher die Kuppeln mit den in ihnen aufgestellten Fernrohren das Kennzeichen einer Sternwarte, so gleichen heute die „Astronomischen Institute" mehr einer physikalischen Forschungsstätte; ja vielfach sind ihre astrophysikalischen, elektronischen oder Strahlungs-Laboratorien von den Arbeitsstätten in physikalischen Instituten nicht zu unterscheiden. Die Instrumente der optischen und der Radio-Astronomie aber stehen weit ab unserer Städte, u. U. in einem anderen Land mit günstigerem Klima, oder gar in einem anderen Erdteil, um von dort aus hier nicht erreichbare Himmelsabschnitte (die Südhemisphäre) zu erschließen.

Wenn wir von einigen speziellen Aufgaben, wie etwa der Materiesammlung und Untersuchung durch Raumsonden absehen, dann sind astronomische, astrophysikalische und radioastronomische Instrumente, gleich ob vom Erdboden oder von Raumsonden aus eingesetzt, Sammler, Analysatoren und Empfänger für die von kosmischen „Lichtquellen" zu uns gelangende Strahlung. Diesen Instrumenten sind folgende Elemente gemeinsam:

a) Die Strahlung wird gesammelt. Dazu dienen Systeme aus Linsen oder Spiegeln.

b) Die Strahlung wird einem Analysator (Filter, Spektrograph usw.) zugeführt, der u. U. nur den für die Untersuchung interessierenden Teil der Strahlung zum Strahlungsempfänger gelangen läßt.

c) Der Strahlungsempfänger, der wegen seiner spektralen Empfindlichkeit auch selbst selektierend wirken kann, registriert quantitativ oder auch qualitativ die ankommende Strahlung. Als Empfänger dienen: Auge, Photoplatte, lichtelektrische Zellen, Zählrohre, Thermoelemente, Radioempfänger usw. Meist können die verschiedenen Strahlungsempfänger wahlweise am gleichen sammelnden System verwendet werden.

Die Kuppel des 200-inch-Hale-Teleskops auf dem Mount Palomar. Noch ist dieses 1948 in Dienst gestellte Teleskop des Hale Observatoriums mit einem Spiegeldurchmesser von 5 Meter das größte optische Instrument. Ein 6-m-Teleskop ist im Nordkaukasus im Bau (siehe S. 66).

Die Zeichnung von R. W. Porter veranschaulicht den Bau des 5-m-Hale-Teleskops. Gegenüber: Gesamtansicht des Instruments; sie läßt gut die hufeisenförmige Montierung erkennen. Dem Beobachter ist der Primärfokus des 5-m-Spiegels in einer im Tubus aufgehängten Kabine zugänglich.

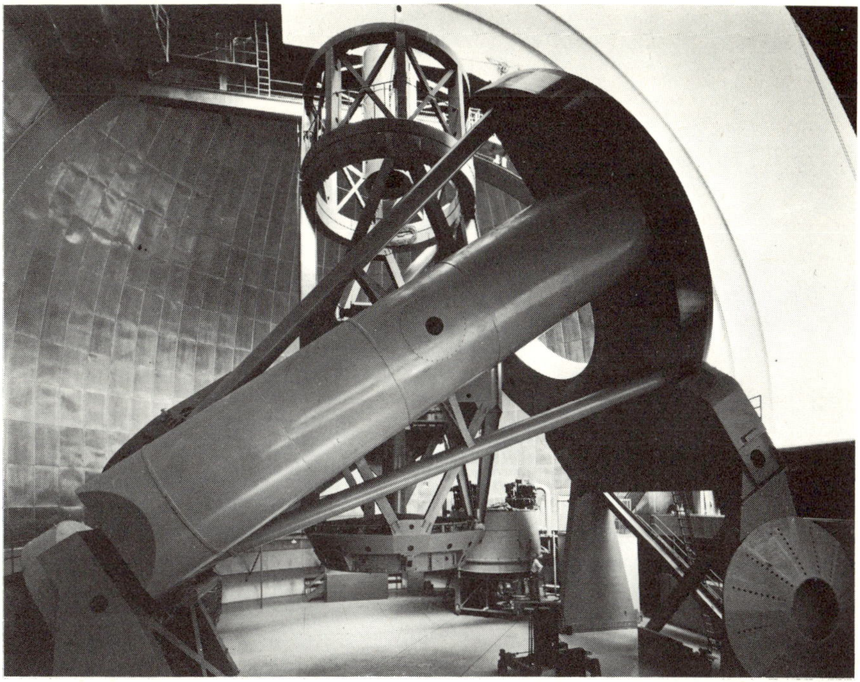

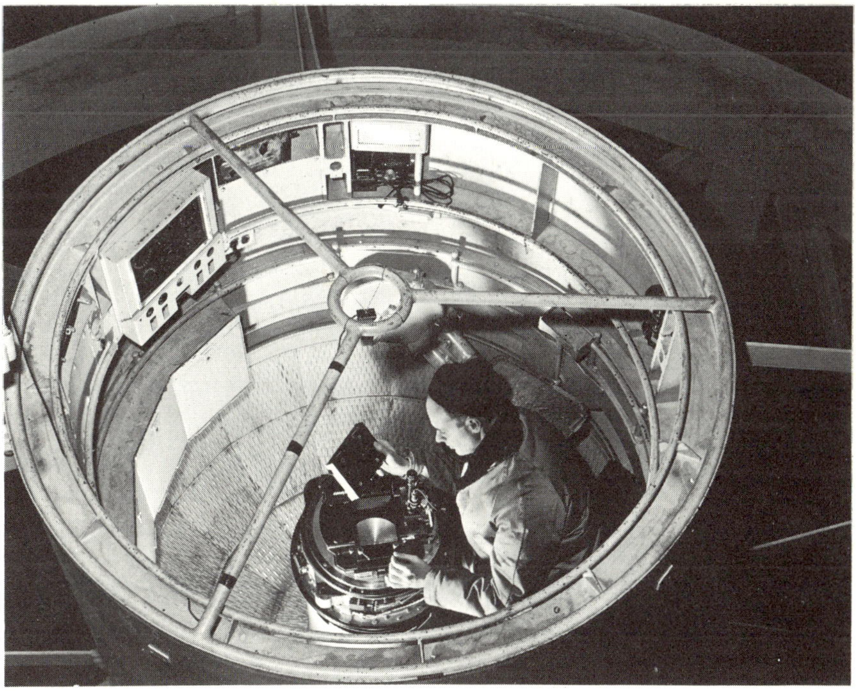

d) Es bedarf meist eines mehr oder weniger großen Aufwands um sammelndes System und Strahlungsempfänger innerhalb der durch die Wellenlänge der zu untersuchenden Strahlung bedingten Toleranz zusammenzuhalten und um diese Geräte auf bestimmte Punkte des Himmelsgewölbes einzustellen. Rohr und Montierung übernehmen diese Aufgabe beim klassischen astronomischen Instrument, dem Fernrohr, während Nachführvorrichtungen, Uhrwerk oder aber etwa Steuerrakete beim Satelliten, dafür sorgen, daß das sammelnde System seine Richtung im Raum, also zu dem zu beobachtenden Objekt hin, beibehält.

e) Sammelndes System, Strahlungsempfänger, Montierung und Nachführvorrichtung werden meist, um vor Witterungseinflüssen geschützt zu sein, in Kuppeln aufgestellt.

f) Neben dem eigentlichen Instrument bedarf es zum Betrieb der astronomischen Großgeräte spezieller Arbeitsräume, wie Dunkelkammern, Laboratorien, Meßräume mit den verschiedensten Auswertgeräten, etwa Mikrometer, Photometer, Spektren- und Koordinatenmeßgeräten usw., aber auch Werkstätten für die mechanische und auch elektronische Wartung, Bibliothek, Archive, Arbeitszimmer für die Wissenschaftler, kurzum eines „Astronomischen Instituts", einer „Sternwarte".

1. Optische Systeme

a) Refraktoren

Früher bezeichnete man alle Linsenfernrohre als Refraktoren. Heute ist dieser Name nur noch für langbrennweitige zweilinsige Instrumente in Gebrauch. *Strahlengang:* Das von einer Lichtquelle (einem Stern) kommende parallele Strahlenbündel trifft auf das Objektiv. Zur Abschwächung des einfachen Linsen anhaftenden Farbfehlers (chromatische Aberration) sind diese Objektive aus einer Kron- und Flintglaslinse zusammengesetzt (Achromate). Das Objektiv entwirft ein reelles Bild des Objekts in der Brennebene. Dieses Bild kann durch eine Lupe (Okular, meist auch aus mehreren Linsen bestehend) mit dem Auge betrachtet werden (visueller Refraktor) oder in der Brennebene von einem anderen Strahlungsempfänger, etwa einer Photoplatte, aufgenommen werden (photographischer Refraktor).

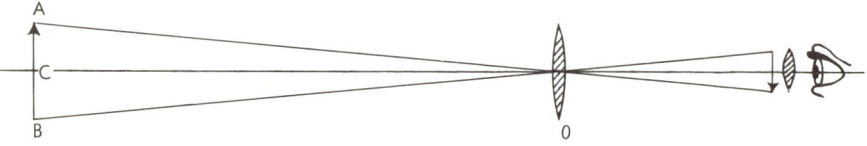

Strahlengang im astronomischen Fernrohr

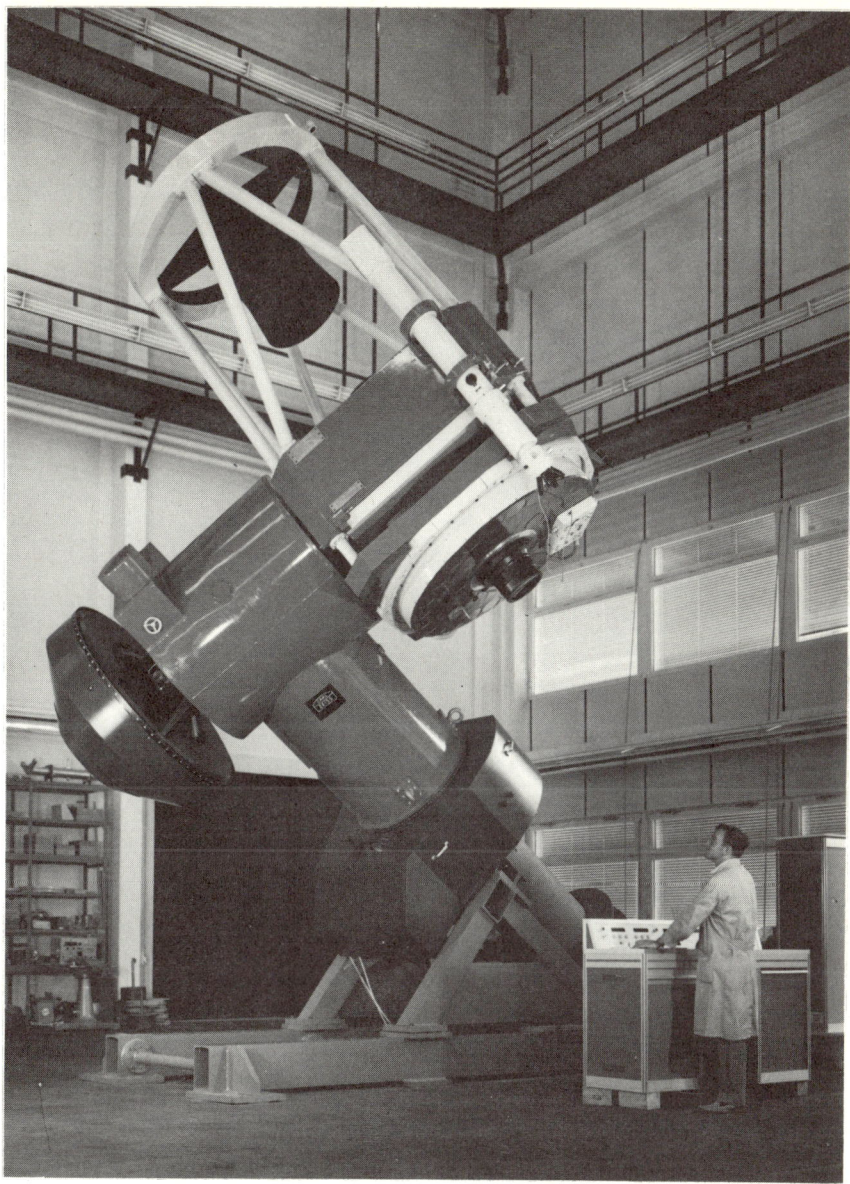

Das 1.23-m-Teleskop des Max-Planck-Instituts für Astronomie Heidelberg-Königstuhl in der Astro-Montagehalle der Firma Carl Zeiss, Oberkochen. Das Instrument wird in dem deutsch-spanischen Astronomie-Zentrum (Nordhemisphären-Observatorium des MPI's für Astronomie) in der Sierra de los Filabres (etwa 60 km von Almeria) auf dem Calar Alto in 2170 m N. N. seine Aufstellung finden.

Die Vergrößerung bei einem visuellen Refraktor kann bestimmt werden aus dem Verhältnis von Objektiv-Brennweite zu Okular-Brennweite. Sie ist nur bei der Betrachtung flächenhafter Objekte von Bedeutung (Mond, Planeten, Nebeln) und kann wegen der atmosphärischen Luftunruhe im allgemeinen nicht über das 700- bis 1000fache gesteigert werden. Sterne bleiben in einem idealen optischen System auch bei starker Vergrößerung punktförmig. Die beobachteten „Sternscheibchen" beruhen in der Hauptsache auf Fehlern im optischen System (chromatische und sphärische Aberration) sowie Beugung, Diffraktion genannt, an der umrandenden Fassung des Objektivs.

Je größer die Öffnung eines photographischen Refraktors ist, um so näher beieinanderliegende Bildpunkte können noch getrennt werden (etwa Doppelsterne). Die Brennweite allein bestimmt den Abbildungsmaßstab in der Brennebene.

Für astronomische Instrumente ist ihre Empfindlichkeit (Lichtstärke) von Bedeutung. Die Intensität eines von dem Objektiv in der Brennebene entworfenen Bildes wächst bei Punkthelligkeiten (Sternen) mit dem Quadrat der Öffnung, bei Flächenhelligkeiten (Mond, Planeten, Nebeln) mit dem Quadrat des Öffnungsverhältnisses. Unter Öffnungsverhältnis versteht man das Verhältnis zwischen freiem Objektivdurchmesser (Öffnung) und Brennweite. Dieses Verhältnis liegt bei den Refraktoren meist um $1:15$ bis $1:20$.

Linsen können nicht bis zu beliebigen Größen hergestellt werden, sie deformieren unter ihrem eigenen Gewicht. Die in der Tabelle genannten großen Instrumente (freie Öffnung > 80 cm) wurden alle noch im vorigen Jahrhundert erstellt. Heute werden Refraktoren nur noch für spezielle Aufgaben der Astrometrie sowie der Planeten- und Sonnenforschung eingesetzt. – Da der Farbfehler, die Chromatische Aberration, durch Verwendung zweier oder mehrerer Objektivlinsen nur für einen Farbbereich, etwa dem visuellen oder photographischen Bereich, korrigiert werden kann, sind Refraktoren im allgemeinen Einsatz den Reflektoren, die frei von Farbfehlern sind, unterlegen.

Einige größere **Refraktoren** (freie Öffnung $\geqslant 60$ cm)

Es bedeutet: D = Deutsche Montierung
PA = Polachsen-Montierung
ER = Englische Rahmen-Montierung
V = Objektiv visuell korrigiert
P = Objektiv photographisch korrigiert

Ort (Sternwarte)	Mon-tie-rung	freie Öffnung [cm]	Brenn-weite [cm]	Inbe-trieb-nahme	Bemerkungen
Athen	D	63	912	1957	V
Babelsberg	D	65	1 045	1915	V
Belgrad	D	65	1 050	1930	V
Bloemfontein	D	69	1 220	1926	V
Cape Town	PA	61	680	1901	P
Charlottesville	D	66	995	1883	V
Flagstaff (Lowell Obs.)	D	61	980	1896	V
Hamburg-Bergedorf	D	60	906	1914	2 Objekte V und P austauschbar
Herstmonceux	ER	71	850	1894	V
Herstmonceux	D	66	680	1897	P
Johannesburg	D	67	1 080	1925	V
Lembang (Bosscha Obs.)	ER	2 × 60	1 075	1928	Doppelrefraktor mit gemeinsamem Rohr; P und V
Meudon	D	83	1 620	1893	Doppelrefraktor
	D	62	1 590	1893	auf gleicher Mon-tierung, V und P
Mill Hill (London Univ.)	D	60	690	1939	P
Mount Hamilton (Lick Obs.)	D	91	1 760	1888	V
Mount Stromlo	EA	66	1 096	1953	P
Nizza	D	76	1 794	1886	V
Pic du Midi	ER	60	1 822	1943	V
Pittsburgh	D	76	1 410	1914	P
Potsdam	D	80	1 200	1899	P
Pulkowo	D	65	1 041	1957	V
Santiago	D	60	1 070	1925	P
Stockholm	D	60	810	1931	P
Swarthmore (Sproul Obs.)	D	61	1 093	1911	V
Tokio	D	65	1 020	1930	P
Washington (U. S. Naval Obs.)	D	66	990	1873	V
Wien	D	67	1 058	1880	V
Williams Bay (Yerkes Obs.)	D	102	1 940	1897	V

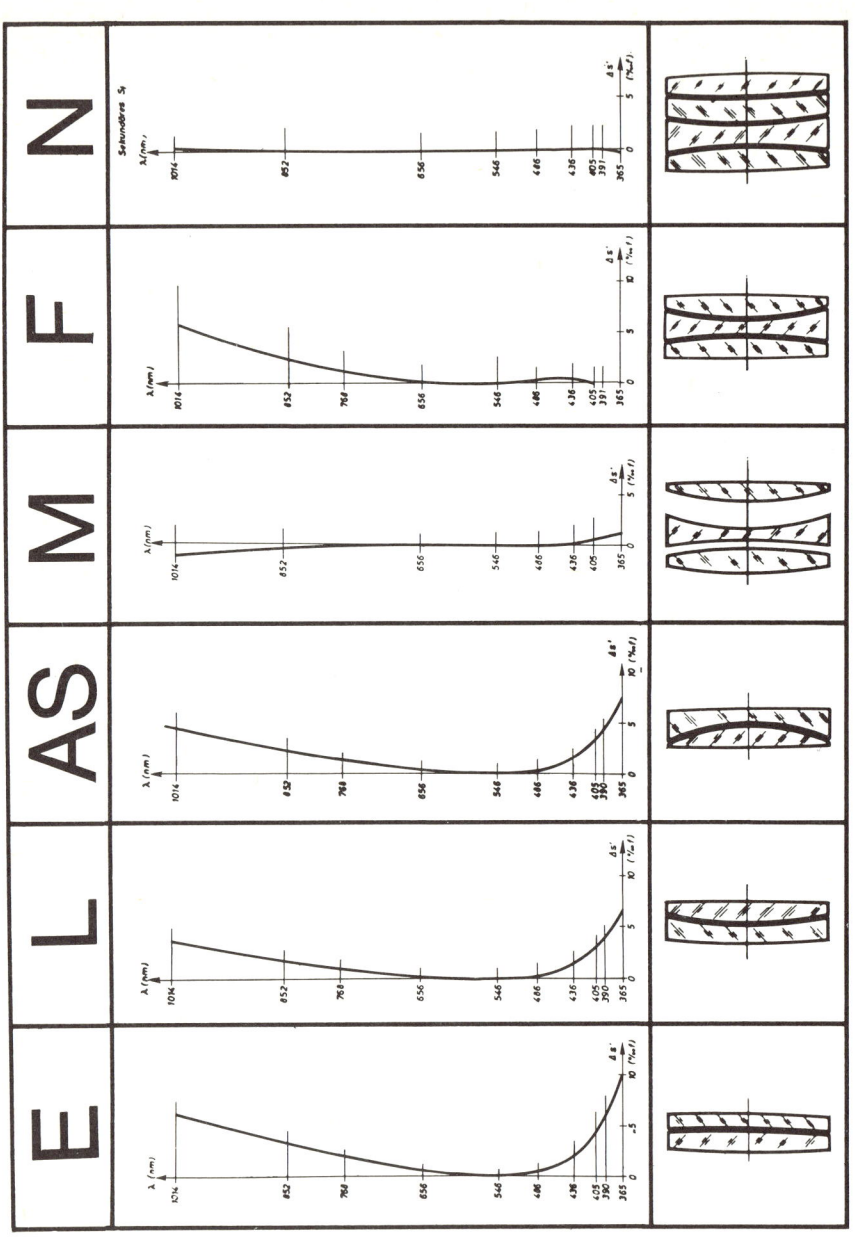

b) Astrographen

Der Astrograph dient zur photographischen Aufnahme eines größeren Sternfeldes. Dazu bedarf es Instrumente mit großem Öffnungsverhältnis, d. h. Instrumente großer Lichtstärke und mit großem Gesichtsfeld. Dies bedingt erhöhte Anforderungen an das optische System. Die Objektive müssen möglichst frei sein von den Bildfehlern der Koma, des Astigmatismus und der Bildfeldwölbung. Eine restlose Beseitigung dieser Fehler läßt sich nicht erreichen, sie können jedoch durch Verwendung mehrerer Linsen stark gemindert werden. Ferner kommt es sehr auf die Auswahl der Glassorten an, da hinreichend große, gut lichtdurchlässige, spannungs- und schlierenfreie Objektivscheiben erforderlich sind. Das Öffnungsverhältnis liegt bei diesen „Weitwinkelinstrumenten" zwischen 1:4 bis 1:7.

Die photographischen Astrographenplatten haben Formate bis 30×30 cm, das abgebildete Feld hat bei diesen Formaten einen Durchmesser von etwa $10°$ ($= 20$ Vollmondbreiten).

Astrographen werden häufig als Zwillingsinstrumente ausgeführt, sei es, um für Kontrollzwecke zwei gleichartige Aufnahmen machen zu können oder um zwei gleichzeitige Aufnahmen in verschiedenen Wellenlängenbereichen zu erhalten.

Einige größere Astrographen (freie Öffnungen ⩾ 40 cm)

Es bedeutet: D = Deutsche Montierung
PA = Polachsenmontierung
ZE = Zeiss-Entlastungsmontierung
G = Gabelmontierung
EA = Englische Achsen-Montierung
ER = Englische Rahmen-Montierung

Bildunterschrift zur Abbildung auf Seite 50:

Refraktor-Objektive: Die Kurven zeigen die Verbesserungen, die in der Korrektur der chromatischen Aberration in den letzten Jahren mit Hilfe elektronischer Rechenanlagen bei den L-, M-, N-Objektiven gegenüber den „Klassischen" Objektiven E, AS, F erzielt worden sind

Ort (Sternwarte)	Montierung	freie Öffnung [cm]	Brennweite [cm]	Feldgröße	Inbetriebnahme
Cambridge (USA)	G	41	210	$5°5 \times 7°$	1910
Castel Gandolfo (Specola Vaticana)	ZE	40	200	$8° \times 8°$	1936
Hartebeespoort (Leiden-Südstat.)	EA	2×40	225	$7°5 \times 7°5$	1952
Heidelberg-Königstuhl	EA	2×40	203	$6° \times 8°$ $8° \times 8°$	1900
Krim	PA	2×40	160	$10° \times 10°$	1949
Moskau	PA	40	160	$10° \times 10°$	
Mt. Hamilton (Lick Obs.)	EA	2×51	375	$6° \times 6°$	1947
Nanking	EA	2×40	200		1963
Nizza	PA	2×40	200	$6° \times 8°$	1933
Peking	EA	2×40	300		1963
Sonneberg	D	40	190	$8°7 \times 8°7$	1960
	PA	40	160	$10°3 \times 10°3$	1961
Stockholm	PA	40	198	$8° \times 8°$	1931
Uccle	ZE	2×40	201	$8° \times 8°$	1934

Wird vor das Astrographenobjektiv ein Prisma gesetzt (Objektivprisma), dann erhält man von jedem abgebildeten Stern ein kleines Spektrum. Mit einer Aufnahme kann man auf diese Weise Tausende von Sternspektren zu Klassifizierungszwecken erhalten. Die an solche Objektivprismen zu stellenden Anforderungen, wie absolute Schlierenfreiheit des Glases und Planheit der Flächen, sind sehr hoch.

Astrographen — noch zu Anfang dieses Jahrhunderts für große Durchmusterungen des Himmels ein vielbenutzter Instrumententyp — werden heute, da sie als Linseninstrumente eine Korrektion nur für einen eng begrenzten Spektralbereich haben, nur noch für spezielle Aufgaben der Astrometrie eingesetzt. Der Schmidt-Spiegel mit seinen viel größeren Einsatzmöglichkeiten und seinen besseren Abbildungsqualitäten hat den Astrographen abgelöst. — Refraktoren und Astrographen werden aber noch heute von Amateurastronomen mit Erfolg eingesetzt.

Astrographenobjektive und Okulartypen

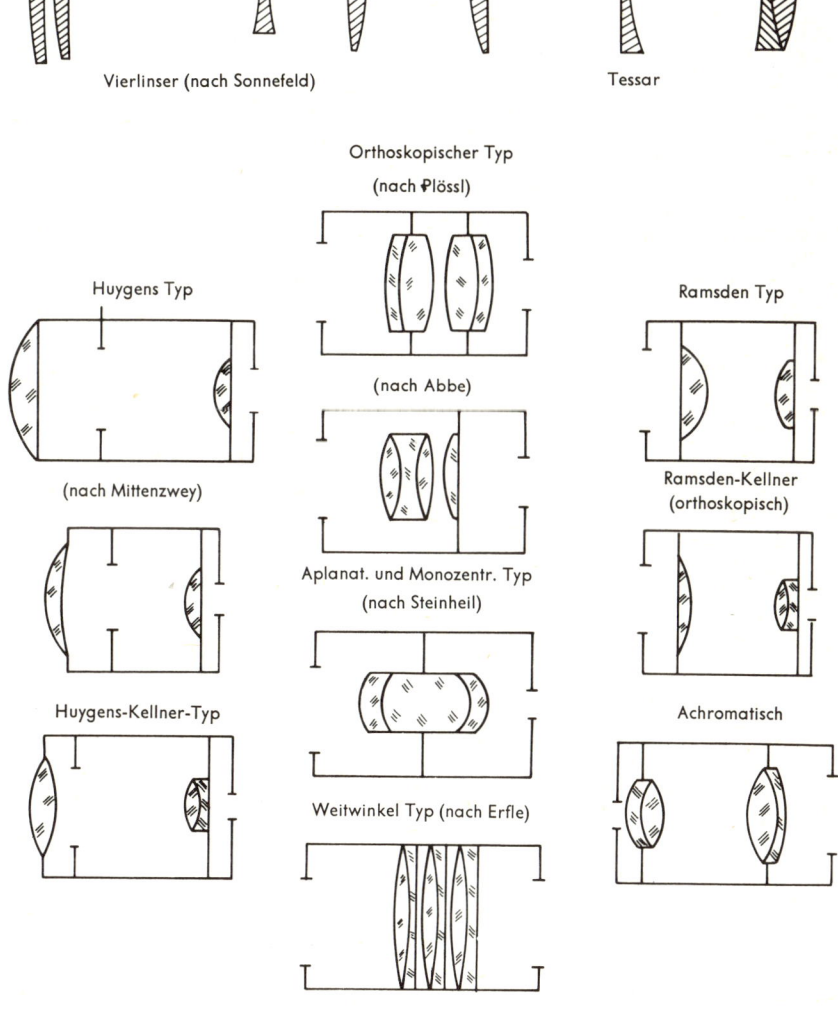

Petzval-Objektiv

Triplet-Objektiv

Vierlinser (nach Sonnefeld)

Tessar

Orthoskopischer Typ
(nach Plössl)

Huygens Typ

Ramsden Typ

(nach Abbe)

(nach Mittenzwey)

Ramsden-Kellner
(orthoskopisch)

Aplanat. und Monozentr. Typ
(nach Steinheil)

Huygens-Kellner-Typ

Achromatisch

Weitwinkel Typ (nach Erfle)

53

c) Instrumente zur Sonnenbeobachtung

Schon eine rußgeschwärzte Glasplatte gestattet, die Sonnenscheibe zu betrachten. Größere Sonnenflecken können auf diese Weise bereits gesehen werden. — Am Okularende kleiner Fernrohre angebrachte Sonnengläser, stark absorbierende Filter, ermöglichen einen Blick zur Sonne. Diese Methode findet in der Hauptsache dann Anwendung, wenn der Ort der Sonne für Zwecke der Zeit- und geographischen Ortsbestimmung genau gemessen werden muß. — Bringt man in einigem Abstand vom Okularende eines astronomischen Fernrohrs einen Projektionsschirm an, so kann man auf ihm das Bild der Sonne auffangen und gegebenenfalls dort nachzeichnen, um Zahl, Lage und Wanderung von Sonnenflecken zu verfolgen.

Ein bereits seit längerer Zeit übliches Verfahren der Sonnenbeobachtung ist die Erzeugung monochromatischer Sonnenbilder mit dem Spektroheliographen oder dem Spektrohelioskop. Dies geschieht nach folgendem Prinzip: Das von einem Objektiv erzeugte Sonnenbild wird über den Eintrittsspalt eines Monochromators geführt, der auf eine bestimmte Spektrallinie eingestellt wird. Hinter dem Austrittsspalt bewegt sich mit gleicher Geschwindigkeit wie das Sonnenbild eine photographische Platte, auf der dann das gewünschte monochromatische Bild entsteht, etwa im Licht der Wasserstofflinie H_α oder im Licht der K-Linie des ionisierten Calciums. — In der Praxis hat dieses Prinzip manche Abwandlung und verschiedene optische und technische Ausführungen erfahren. Heute werden an fast allen Sonnenforschungsobservatorien solche Instrumente zur laufenden Überwachung der Vorgänge auf der Sonnenoberfläche benutzt.

Die äußeren Teile der Sonnenatmosphäre, die Protuberanzen und die Korona (s. S. 299), konnten bis vor einigen Jahrzehnten jedoch nur während der 2–3 Minuten dauernden Sonnenfinsternis beobachtet werden. Da die Flächenhelligkeit der Sonnenscheibe etwa eine Million Mal größer ist als die Helligkeit der inneren Korona, schien es völlig ausgeschlossen, diese für die astrophysikalische Untersuchung der Sonne so wichtigen Beobachtungen außerhalb der Finsternisse, während der der Mond die helle Sonnenscheibe abblendet (s. S. 142), durchzuführen. 1931 gelang es dann B. Lyot mit einer von ihm geschaffenen optischen Anordnung, die Korona bei vollem Sonnenlicht sichtbar zu machen. Seitdem sind solche *Koronographen*, wie man das Lyotsche optische System nennt, an vielen speziell der Sonnenforschung dienenden Observatorien gebaut worden.

Strahlengang: Die Schwierigkeiten der Beobachtung liegen in der Beseitigung des atmosphärischen und instrumentellen Streulichtes. In normalen optischen Systemen ist die am Sonnenrand herrschende Leuchtdichte des Streulichtes

Der kuppellose Coudé-Refraktor zur Sonnenbeobachtung auf der Außenstation (Capri, Italien) des Fraunhofer Instituts für Sonnenforschung Freiburg i. Br. Eine Kuppel oder Schutzbauten würden aufgrund ihrer verschieden starken Erwärmung das teleskopische Sonnenbild durch Luftturbulenz verschlechtern.

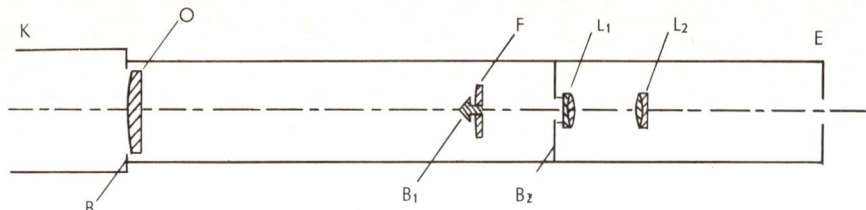

Schematischer Aufbau des Koronographen

K = Schutzkappe, O = Objektiv, B = Eintrittsblende, B_1 = Kegelblende, B_2 = Irisblende, F = Feldlinse, L_1 u. L_2 = Linsensystem, E = Empfänger (Auge, Photoplatte, Spektrographenspalt)

noch um tausendmal stärker als die der zu beobachtenden Erscheinungen. Es muß alles getan werden, um Streulicht zu vermeiden.

Das Objektiv besteht aus einer einfachen Linse (ohne Trübungen und Bläschen) mit bester Politur. Um etwaigen Staub, der Streulicht erzeugen würde, auf dem Objektiv schnell beseitigen zu können, muß die Linse leicht aus ihrer Fassung zu nehmen sein. Eine lange Schutzkappe, die innen mit einem staubbindenden Überzug versehen ist, sorgt weiterhin dafür, daß der Staubniederschlag gering bleibt. Um das durch Beugung an der Eintrittsblende entstehende Streulicht auszuschalten, wird das von dem Objektiv erzeugte Sonnenbild auf eine kegelförmige, verspiegelte Blende abgebildet. Diese deckt ferner, gleichsam als Ersatz für den Mond bei Sonnenfinsternissen, die Sonnenscheibe ab und wirft das Photosphärenlicht seitlich hinaus. Die Kegelblende ist in eine Feldlinse eingesetzt, die das Objektiv auf eine Irisblende (Blende aus Lamellen, die es gestatten, kontinuierlich veränderliche Blendenöffnungen zu schaffen) abbildet. Durch ein Linsensystem wird endlich die Kegelblende und damit das primäre Bild der Sonnenumgebung vergrößert in die Bildebene abgebildet.

Um das atmosphärische Streulicht kleinzuhalten, wird im Licht einer langwelligen Spektrallinie (etwa der Wasserstofflinie H_α oder der grünen Koronalinie [$\lambda = 5303$ Å]) beobachtet. Deshalb wird in den parallelen Lichtweg des Linsensystems ein entsprechendes Filter eingeschaltet. In der Bildebene kann nun das Bild direkt mit dem Auge oder mit einer photographischen Platte aufgenommen werden; auch kann hier der Spalt eines Spektrographen in die Bildebene gebracht werden. Durch Filmaufnahmen mit Zeitrafferanordnung können die Strömungsvorgänge in den Protuberanzen in eindrucksvoller Weise sichtbar gemacht werden. Koronographen müssen in größeren Meeres-

Sonnenobservatorium Kitt Peak

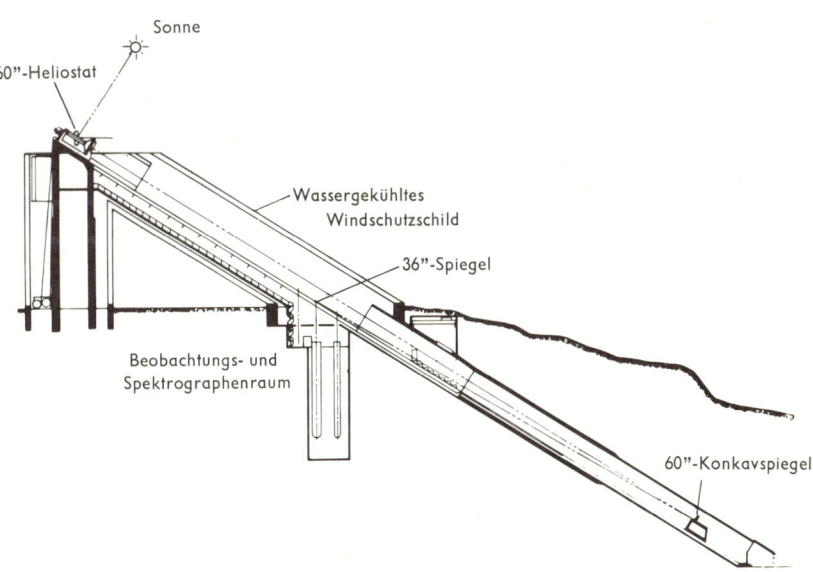

Sonne

60"-Heliostat

Wassergekühltes
Windschutzschild

36"-Spiegel

Beobachtungs- und
Spektrographenraum

60"-Konkavspiegel

Das 60-inch-Sonnenteleskop des Kitt Peak bei Tucson in Arizona, USA. Ein Spiegel auf der Spitze des Turms (Heliostat) wirft das Sonnenbild in einen schrägen, zum Teil unterirdisch angelegten, etwa 100 m langen Schacht. Der abbildende Teleskopspiegel erzeugt über einen Umlenkspiegel ein Sonnenbild von 80 cm Durchmesser im Beobachtungsraum. Hier können auch durch Ausblenden mit einem Spalt einzelne besondere Details auf der Sonnenoberfläche mit Spektrographen untersucht werden.

höhen aufgestellt werden, um so über der Obergrenze der atmosphärischen Dunstschicht zu sein.

Zum Beobachten der Protuberanzen — auch an nicht besonders günstigen Standorten — sind von Amateuren im letzten Jahrzehnt nach dem Lyotschen Prinzip sehr leistungsfähige kleine Instrumente entwickelt und gebaut worden.

Einige größere Instrumente zur Sonnenbeobachtung

Es bedeutet:

E = Äquatorial aufgestelltes Instrument
H = Horizontalsystem
T = Turmteleskop
Refl. = Reflektor (Spiegel-System)
Refr. = Refraktor (Linsen-System)
Kor. = Koronograph
Mag. = Magnetograph
Sp. = Spektrograph
Shg. = Spektroheliograph

Ort (Observatorium)	Typ	Coel.-Spiegel-$\emptyset$ [cm]*	Optik	freie Öffnung [cm]	Brenn-weite [cm]	Zu-behör
Climax (High Altitude Obs.)	E	—	Refr.	41	1 040	Kor.
Freiburg im Breisgau (Schauinsland)	T	55/55	Refl.	30	1 600	Sp.,Mag.
(Anacapri)	E	—	Refr.	35	3 500	Sp.,Mag.
Göttingen (Hainberg)	T	65/65	Refl.	45	2 400	Sp.
(Orselina)	E	—	Refl.	45	2 400	Sp.,Mag.
Kitt Peak	T	200	Refl.	150	9 150	Sp., Shg., Mag.
Krim (Astrophy. Obs.)	T	65/50	Refl.	40	3 500	Sp., Shg., Mag.
Mt. Wilson	H	76/61	Refl.	61	1 830	Sp.
	T	51/41	Refr.	30	4 570	Sp.,Mag.
Potsdam	T	60/60	Refr.	60	1 406	Sp.
Rom (M. Mario)	T	67/63	Refr.	45	2 800	Sp.

* Coelostaten sind Hilfsspiegel

d) Reflektoren

Für Instrumente von 1 m Öffnung und darüber können nur noch Hohlspiegel benutzt werden. Das Bild entsteht durch Zurückwerfen (Reflexion) des Lichtes von einem konkaven Spiegel. Aus diesem zunächst einfachen optischen Prinzip sind im Laufe der Zeit eine ganze Anzahl von untereinander ziemlich verschiedenen Instrumententypen entwickelt worden. Die Vorteile von Spiegeln gegenüber Linsen liegen einmal im Fehlen jeglicher Farbabweichungen, da die Reflexionsrichtung unabhängig von der Farbe des Lichtes ist. Zum anderen wird bei Spiegeln nur eine Fläche optisch bearbeitet, die verwendete Spiegelscheibe muß nur spannungs- und blasenfrei, nicht aber, wie bei Objektiven, auch noch schlierenfrei sein und gute Durchsicht haben.

Um beste Strahlenvereinigung zu erzielen, muß der Spiegel parabolisch geschliffen sein, da jedem Kugelspiegel (sphärischen Spiegel) notwendig der Fehler der sphärischen Aberration anhaftet. Die Nachteile der klassischen Spiegelteleskope mit Parabolspiegel, die bis vor wenigen Jahren ausschließlich als größere Instrumente gebaut und eingesetzt wurden, liegen in der Tatsache, daß sie auch bei bester Strahlenvereinigung in der optischen Achse, also in der Mitte des Gesichtsfelds, schon bei geringem Abstand von dieser Achse aber merkbare Bildfehler aufweisen, insbesondere die sogenannte Koma. Dieser Bildfehler bewirkt ein halbmond- oder kometenartiges Aussehen der sonst runden Sternbildchen.

Die begrenzte optische Leistung dieser Systeme war wohlbekannt und regte zu vielen Arbeiten mit dem Ziel einer Verbesserung dieser klassischen Systeme an. Neben dem komafreien Spiegelteleskop nach B. Schmidt (s. S. 67) hat nur eine weitere Entwicklung, das Ritschey-Chrétien-System, praktische Bedeutung erlangt. Ritschey hatte dieses modifizierte Cassegrain-System bereits 1927 vorgeschlagen. 1934 wurde erstmals ein Großteleskop dieses Typs für das US-Naval-Observatory gebaut, aber erst in jüngster Zeit folgten diesem — wohl wegen der enormen Schwierigkeiten in der Realisierung der optischen Flächen — einige weitere Telskope, bzw. es werden jetzt solche Ritschey-Chrétien-Systeme für einige im Bau oder in der Planung befindliche Großteleskope vorgesehen.

Beim Ritschey-Chrétien-System werden die Flächen des Haupt- und Fangspiegels weiter deformiert und zusätzlich durch Einfügen von Korrektionslinsen das zur Beobachtung ausnutzbare Feld wesentlich vergrößert.

Eine weitere Entwicklung in der Glastechnik hat in den letzten Jahren zu einer wesentlichen Steigerung der Bildqualität für Großteleskope geführt. Durch den neuen Werkstoff „Glaskeramik" (unter den Firmennamen Zerodur und Cervit bekannt geworden) können jetzt Spiegelscheiben mit einem thermischen Ausdehnungskoeffizienten von $0 \pm 15 \cdot 10^{-7}$ pro Grad Celsius hergestellt werden. Das vielbenutzte Glas Duran bzw. Pyrex hat einen Ausdehnungskoeffizienten von $30 \cdot 10^{-7}$ pro °C (d. h., ein Duranstab von 1 m Länge wird bei 10° Temperaturerhöhung um 0,03 mm länger); Quarz, aus dem noch in der Mitte der 60er Jahre große Spiegelrohlinge gefertigt wurden, hat einen Ausdehnungskoeffizienten von $6 \cdot 10^{-7}$ pro Celsiusgrad. — Aus Glaskeramik hergestellte Spiegel halten also ihre hohe für die Bildgüte maßgebende Flächengenauigkeit trotz größerer Temperaturschwankungen während einer Beobachtungsnacht bei. — Die Flächengenauigkeit bei Spiegelflächen muß mindestens um den Faktor 4 größer sein als bei Linsen.

Strahlengang: Das optische Prinzip der Spiegelteleskope ist einfach. Das von einer Lichtquelle kommende parallele Strahlenbündel trifft auf den Konkavspiegel und wird im Brennpunkt, der in der Mitte zwischen Spiegeloberfläche und dem Krümmungsmittelpunkt des Spiegels liegt, vereinigt. Es kann an dieser Stelle, also im *Haupt-* oder *Primärfokus*, entweder visuell oder mit einem anderen Strahlungsempfänger aufgenommen werden, denn es ist ebenso wie bei der Brechung durch Linsen ein umgekehrtes reelles Bild des Objekts. Da das Bild auf der gleichen Seite des Spiegels liegt wie das Objekt, treten bei der Konstruktion von Spiegelteleskopen gewisse technische Schwierigkeiten auf. Bei großen Spiegelteleskopen wird der Primärfokus dadurch zugänglich, daß es dem Beobachter möglich ist, in einer Fokuskabine direkt im Teleskoprohr die Brennebene des Hauptspiegels zu erreichen. Dies ist aber nur bei den größten Teleskopen möglich. Andere Fokalsysteme haben den Zweck, die Bildebene dem Strahlungsempfänger gut zugänglich zu machen bzw. auch die Brennweite des Hauptspiegels zu vergrößern.

Die verschiedenen vorgeschlagenen Systeme haben alle den einen Zweck, die Bildebene dem Strahlungsempfänger gut zugänglich zu machen.

Die älteste Bauweise ist die nach Gregory; sie unterscheidet sich von dem nachstehend beschriebenen Cassegrain-Fokus nur durch die Lage des Fangspiegels. Dieser liegt, bei der heute nur noch sehr selten verwendeten Bauart, hinter dem Brennpunkt, weshalb der Nebenspiegel konkav geschliffen sein muß. — Bei dem von Herschel vorgeschlagenen System ist der Hauptspiegel gegen die optische Achse geneigt, so daß das Bild am oberen Rohrrand durch ein Okular betrachtet werden kann.

Heute sind vorwiegend folgende Bauarten vorherrschend:

seitlicher Newton-Fokus: Die Lichtstrahlen werden vor ihrer Vereinigung im Brennpunkt durch einen unter 45° gegen die Achse des Teleskops geneigten Planspiegel um 90° abgelenkt und der Vereinigungspunkt der Strahlen seitlich aus dem Rohr herausverlegt.

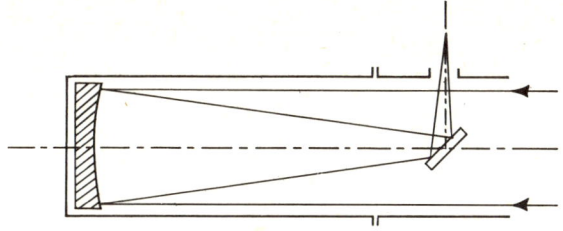

Cassegrain-Fokus : Die Strahlen treffen vor ihrer Vereinigung im Brennpunkt auf einen Konvexspiegel, der sich in der optischen Achse am Rohrende befindet. Dieser Nebenspiegel ist so geschliffen, daß die Strahlen erst zu einem Bild vereinigt werden, nachdem sie durch eine Durchbohrung in der Mitte des Hauptspiegels getreten sind. Man erreicht dadurch eine Verlängerung der Brennweite des Hauptspiegels etwa um den Faktor 3. Das Teleskop ist dadurch kürzer, zudem gewinnt man eine günstige Stelle, um einen Spektrographen anzusetzen.

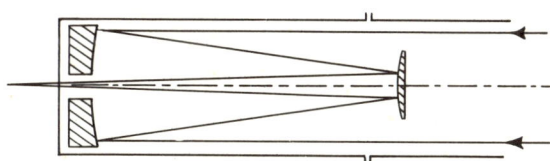

seitlicher Cassegrain-Fokus (Fokus nach Nasmyth): Will man eine Durchbohrung des Hauptspiegels vermeiden, so kann (ähnlich wie beim Newton-Fokus) durch einen ebenen Fangspiegel der Cassegrain-Fokus seitlich neben das Rohr verlegt werden. Liegt dieser Fangspiegel im Schnittpunkt der Rektaszensions- und Deklinationsachse, so läßt sich die Strahlung durch die hohle Rektaszensionsachse zu einem festaufgestellten Strahlungsempfänger lenken; man spricht dann von einem *Coudé-Fokus.*

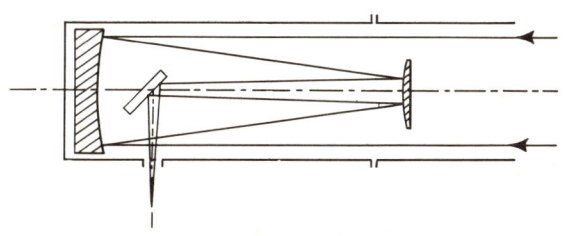

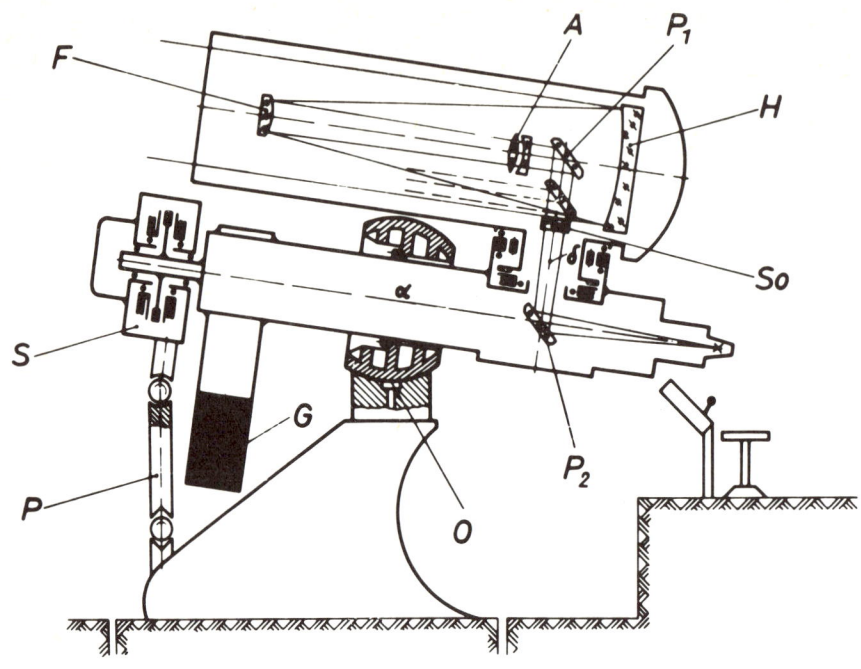

1-m-Reflektor (schematisch) für eine südamerikanische Sternwarte, ausgeführt von der Firma Carl Zeiss, Oberkochen (1962). Das Spiegelsystem ist ein modifiziertes Cassegrain-Coudé-System mit einer Gesamtbrennweite von 21 m. Um das nutzbare Bildfeld zu vergrößern, wurde hinter dem Fangspiegel (F) ein sogenanntes afokales System (A) eingeführt, wodurch der Bilddurchmesser auf 23 Bogenminuten vergrößert wird. Dabei ergibt sich der Vorteil, daß der Hauptspiegel (H) sphärisch ausgeführt werden kann. Es bedeutet: P_1 und P_2 = Planspiegel (Coudé-Spiegel), So = Sucherobjektiv, δ = Deklinationsachse, α = Stundenachse, O = Öldrucklager, S = Stundenantrieb, P = Pendelstütze, G = Gegengewicht für Stundenachse.

Einige Reflektoren (freie Öffnung $\geqslant$ 150 cm)

Es bedeutet: EA = Englische Achsen-Montierung
ER = Englische Rahmen-Montierung
G = Gabelmontierung
Cas = Cassegrainfokus
Cou = Coudéfokus
NCas = Nasmythfokus
New = Newtonfokus
Pr = Primärfokus
R.-C. = Ritschey-Chrêtien-System

Ort (Sternwarte)	Montierung	freie Öffnung [cm]	Fokus	Brennweite [cm]	Inbetriebnahme
Bloemfontein (Boyden Stat.)	EA	152	New	790	1930
Bosque Alegre	G	154	New	760	1941
			NCas	3 150	
Cambridge (USA)	G	154	New	800	1934
			Cas	3 100	
Flagstaff	EA	175	Cas	3 100	1961
Flagstaff	G	155	Pr	1 500	1964
Fort Davis	EA	208	Pr	812	1939
(McDonald Obs.)			Cas	2 800	
			Cou	4 000	
Heluan	EA	188	New	914	1963
			Cas	3 400	
			Cou	5 600	
Herstmonceux	G	250	Pr.-R.-C.	747	1967
			Cas	3 490	
			Cou	8 000	
Kitt Peak	G	213	Cas	1 620	1963
			Cou	6 400	
Krim	G	264	Pr	1 000	1961
			Cas	4 300	
			NCas	4 100	
			Cou	10 500	
Mitterschöpfl	G	150	Cas	2 250	1971
(Univ.-Sternwarte Wien)			Cou	4 500	
			R.-C.	1 250	
Mount Chikurin	EA	188	New	920	1960
(Okayama Obs.)			Cas	3 390	
			Cou	5 430	
Mount Hamilton (Lick Obs.)	G	305	Pr	1 525	1959
Mount Palomar	ER	508	Pr	1 676	1948
(Hale Obs.)			Cas	8 100	
			Cou	15 200	
Mount Stromlo	EA	188	New	915	1955
			Cas	3 380	
			Cou	5 640	

Ort (Sternwarte)	Mon-tierung	freie Öffnung [cm]	Fokus	Brenn-weite [cm]	In-betrieb-nahme
Mount Wilson (Hale Obs.)	ER	254	New	1 290	1917
			NCas	4 100	
			Cou	7 600	
Mount Wilson (Hale Obs.)	G	152	New	760	1908
			NCas	2 450	
Pretoria (Radcliffe Obs.)	EA	188	New	915	1948
			Cas	3 400	
			Cou	5 300	
Richmond Hill	EA	188	New	915	1935
			Cas	3 390	
Saint Michel (l'Observatoire de Haute Provence)	EA	193	New	960	1958
			Cas	2 850	
			Cou	5 700	
Tautenburg (Karl-Schwarzschild* Obs.)	G	134/200	Pr	400	1960
		200	Cas	2 100	
			Cou	9 200	
Victoria	EA	185	New	920	1918
			Cas	3 300	

* wahlweise als Schmidt oder als Reflektor.

Nach Jahren einer gewissen Stagnation im Teleskopbau wurden in der Mitte der 60er Jahre eine größere Anzahl von neuen Großteleskopen geplant. Die folgende Tabelle gibt eine Zusammenstellung der bekannt gewordenen Teleskopprojekte (Stand Mitte 1971). Einige dieser Projekte sind inzwischen schon weit gediehen, d. h., mit der Inbetriebnahme der Teleskope kann noch in den Jahren 1972/73 gerechnet werden. Für andere Projekte sind noch Bauzeiten von 6 bis 8 Jahren nötig. So wurde z. B. für das 3,50-m-Teleskop des Max-Planck-Instituts für Astronomie in Heidelberg im März 1972 der Spiegelrohling (Gewicht: 27 t, aus Zerodur) gegossen; eines der 2,20-m-Teleskope des gleichen Instituts ist bereits in einer fortgeschrittenen Fertigungsphase, während für das zweite Instrument gleichen Typs erst die Optik in der Bearbeitung ist. — Das eine oder andere der aufgeführten Projekte wird u. U. auch aus finanziellen oder anderen Schwierigkeiten nicht zur Ausführung gelangen. Bei einem Vergleich dieser mit der vorangehenden Tabelle fällt auf, daß die Träger neuer Teleskopprojekte meist nicht mehr einzelne Institute bzw. Sternwarten, sondern nationale oder gar internationale Zusammenschlüsse

Für das Max-Planck-Institut für Astronomie sind weitere Großteleskope im Bau (siehe S. 66). Hier der Spiegelguß einer. Spiegelscheibe für ein 3.5-m-Teleskop bei den Jenaer Glaswerken Schott & Gen. i n Mainz. Die Spiegelscheibe wird aus einem neuen glaskeramischen Werkstoff, Zerodur, gefertigt. Dieser Werkstoff hat – in den in Frage kommenden Temperaturbereichen – praktisch keine Wärmeausdehnung.

von mehreren Instituten oder Forschungsgesellschaften sind. Es zeigt sich ferner, daß im zunehmenden Maße nur noch wenige Standorte auf der Erde für den Betrieb solcher Teleskope in Frage kommen; dabei wird die Südhalbkugel der Erde, da bisher für die Erforschung des Südhimmels nur wenige Instrumente zur Verfügung standen, bevorzugt als Standort neuer Sternwarten gewählt.

Geplante oder im Bau befindliche Großteleskop-Projekte

geplanter Spiegeldurchmesser	Träger des Projekts	vorgesehener Standort
6.00 m (236'')	Akademie der Wissenschaften der UdSSR	Selenchuk, Nord-Kaukasus, UdSSR
4.01 m (158'')	Association of Universities for Research in Astronomy (AURA), USA	Kitt Peak, Arizona, USA
4.01 m (158'')	AURA	Cerro Tololo, Chile
3.99 m (157'')	Group of six Western Canadian Universities (WESTAR) Kanada	Mount Kobau, British Columbia, Kanada
3.90 m (153'')	Anglo-Australian Telescop Project	Coonabarabran, New South Wales, Australien
3.66 m (144'')	European Southern Observatory (ESO)	La Silla, Chile
3.60 m (142'')	Institut National d'Astronomie et de Géophysique, Frankreich	Spanien? Mexiko?
3.50 m (138'')	Max-Planck-Institut für Astronomie, Heidelberg	Südwestafrika oder Spanien
3.50 m (138'')	Observatorio Astronomico Nationale, Italien	Italien
2.54 m (100'')	Carnegie Institution of Washington, USA	Cerro Las Campanas, Chile
2.20 m (86'') ⎱	Max-Planck-Institut für Astronomie, Heidelberg	Spanien
2.20 m (86'') ⎰		Südwestafrika oder Chile
2.15 m (84'')	La Plata Observatorium Argentinien	San Juan, Argentinien

e) Komafreie Spiegelteleskope *(Schmidt-Spiegel)*

Die Nachteile der Reflektoren, schon in geringem Abstand von der optischen Achse die störende Koma zu zeigen, vermeidet die Spiegelanordnung, die der Optiker Bernhard Schmidt im Jahre 1931 an der Hamburger Sternwarte erfand. Er ging von der Überlegung aus, daß ein sphärischer Spiegel, dessen Öffnungsblendenebene durch den Krümmungsmittelpunkt der Spiegelfläche

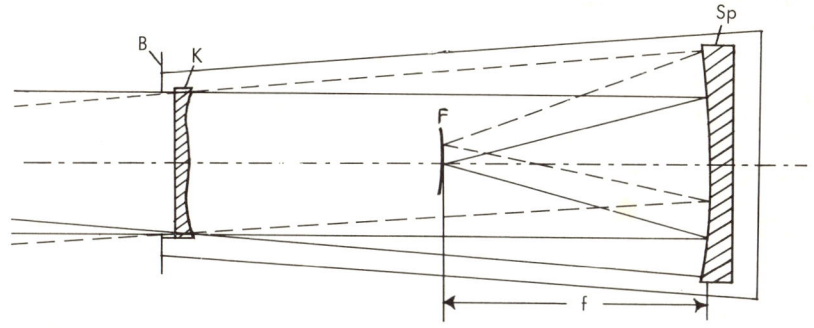

Komafreier Spiegel nach B. Schmidt
B = Öffnungsblende, K = Korrektionsplatte, Sp = sphärischer Spiegel,
f = Brennweite, F = Fokalfläche

geht, ein von Bildfehlern der Koma und des Astigmatismus völlig freies Bild gibt; denn jede Einfallsrichtung durch den Krümmungsmittelpunkt ist gleichberechtigt. Nach diesem Prinzip sind komafreie Spiegelsysteme, auch Schmidt-Spiegel genannt, in den letzten Jahrzehnten häufig gebaut worden und haben inzwischen bemerkenswerte Abwandlungen für verschiedene spezielle Aufgaben astronomisch-astrophysikalischer Forschung erfahren.

Strahlengang: Im Krümmungsmittelpunkt eines Kugelspiegels, also in doppelter Brennweite, befindet sich eine sogenannte Korrektionsplatte, welche die Aufgabe hat, die einem sphärischen Spiegel anhaftende sphärische Aberration zu beheben. Da die Randstrahlen eines Kugelspiegels eine kürzere Schnittweite haben als die Zentralstrahlen, muß durch die Korrektionsplatte die Schnittweite der Randstrahlen relativ zu der der Zentralstrahlen verlängert werden. Man kann zeigen, daß es eine ganze Folge von verschiedenen asphärischen Flächen gibt, die die auftretenden sphärischen Abweichungen beheben können. Man wählt unter diesen Flächen diejenige aus, die die kleinsten Farbfehler hervorbringt. Dazu muß diese Fläche in der Mitte eine konvexe Wölbung und nach dem Rand zu eine konkave Erhebung haben, dazwischen liegt eine neutrale Zone. — Die Genialität von B. Schmidt lag nicht nur im Erkennen der richtigen Flächenform, sondern vor allem in der optisch-technischen Realisation solcher Flächen. — Nach dem Durchdringen der Korrektionsplatte treffen die Strahlen auf den sphärischen Spiegel und werden auf eine zur Spiegelfläche konzentrische Kugelfläche, die Bildfläche, deren Radius gleich der Brennweite ist, reflektiert. Der Strahlungsempfänger, hier ausschließlich die photographische Platte, befindet sich also in der Mitte des Rohres. Wegen der Bildfeldwölbung muß die Platte über eine Kalotte gebogen werden, oder man benutzt leicht zu durchbiegende Filme. Um zu vermeiden, daß eine Abschattung schräg einfallender Strahlenbündel und damit ein Helligkeitsabfall im Gesichtsfeld eintritt, muß der Spiegel bedeutend größer sein als die Korrektionsplatte. Gewöhnlich hat der Durchmesser des Spiegels die 1,5fache Größe der Korrektionsplatte. Bei einem so dimensionierten Schmidt-Spiegel wird bei einem Öffnungsverhältnis von 1:2 noch ein 10° großes Gesichtsfeld vignettefrei abgebildet.

Der Schmidt-Spiegel hat in seiner ursprünglichen Form noch zwei wesentliche Nachteile. Das ist einmal die große Baulänge vom Doppelten der Brennweite und zum andern die Notwendigkeit, die Aufnahmen auf gekrümmtem Film machen zu müssen, der in einer besonderen Kassette dem Krümmungsradius der Fokalfläche angepaßt wird. Schon B. Schmidt gab eine Möglichkeit zur Ebnung des Gesichtsfeldes an, und zwar durch Einführen einer plankonvexen Linse unmittelbar vor der nun ebenen photographischen Platte.

Schmidtkameras (freie Öffnung ⩾ 60 cm)

Es bedeutet: EA = Englische Achsen-Montierung
ER = Englische Rahmen-Montierung
G = Gabelmontierung
ZE = Zeiss-Entlastungsmontierung

Ort (Sternwarte)	Montierung	freie Öffnung d. Korrektions-Platte/Spiegeldurchmesser [cm]	Brennweite [cm]	Feldgröße	Inbetriebnahme
Ann Arbor	EA	61/91	214	5° × 5°	1950
Asiago	ER	65/92	215	9°	1964
Bjurakan	G	100/150	213	4° × 4°	1961
Bloemfontein	EA	81/90	303	4°8	1950
Budapest	G	60/90	180	5°	1963

Ort (Sternwarte)	Montierung	freie Öffnung d. Korrektions-Platte/Spiegeldurchmesser [cm]	Brennweite [cm]	Feldgröße	Inbetriebnahme
Castel Gandolfo (Specola Vaticana)	G	64/98	240	$4°5 \times 4°5$	1961
Cleveland	EA	61/91	214	$5°2$	1957
Gran Sasso	G	65/95	190	$5°$	1959
Hamburg-Bergedorf	G	80/120	240	$5°5 \times 5°5$	1955
Jena[1]	G	60/90	180	$5° \times 5°$	1963
		90	1 350		
La Sila (ESO)	G	100/150	307	$6°5 \times 6°5$	1972
Mount Palomar (Hale Obs.)	G	122/183	307	$6°5 \times 6°5$	1948
Peking[1]	G	60/90	180	$5° \times 5°$	1963
		90	1 350		
Stockholm		65/100	300	$7° \times 7°$	1964
Tautenburg (Karl-Schwarzschild[2] Obs.)	G	134/200	400	$3°4 \times 3°4$	1960
		200	2 100 (Cas)		
			9 200 (Cou)		
Tonantzintla	EA	66/76	217	$5° \times 5°$	1948
Torun[1]	G	60/90	180	$5° \times 5°$	1962
		90	1 350		
Uccle[1]	ZE	84/120	210	$5° \times 5°$	1958
		120	1 200		
Uppsala	G	100/135	300	$4°5 \times 4°5$	1964

[1] = wahlweise als Schmidt oder Reflektor
[2] = wahlweise als Schmidt oder Reflektor im Cassegrain- oder Coudé-Fokus

Eine Reihe von weiteren komafreien Systemen sind inzwischen vorgeschlagen und auch gebaut worden. Der Russe Maksutow benutzte an Stelle der Korrektionsplatte eine stark durchgebogene Meniskuslinse zur Beseitigung der sphärischen Aberration des Hauptspiegels. Maksutow-Systeme wurden in der Sowjetunion vielfach gebaut. Von J. G. Baker und Hendrix wurden Schmidt-Kameras mit „gefaltetem" Lichtweg ganz in Glas konstruiert und so Öffnungsverhältnisse bis 1 : 0.3 erzielt. Solche Kameras werden für Aufnahmen von Spektren des Nachthimmels und von schwachen diffusen Nebeln in der Milch-

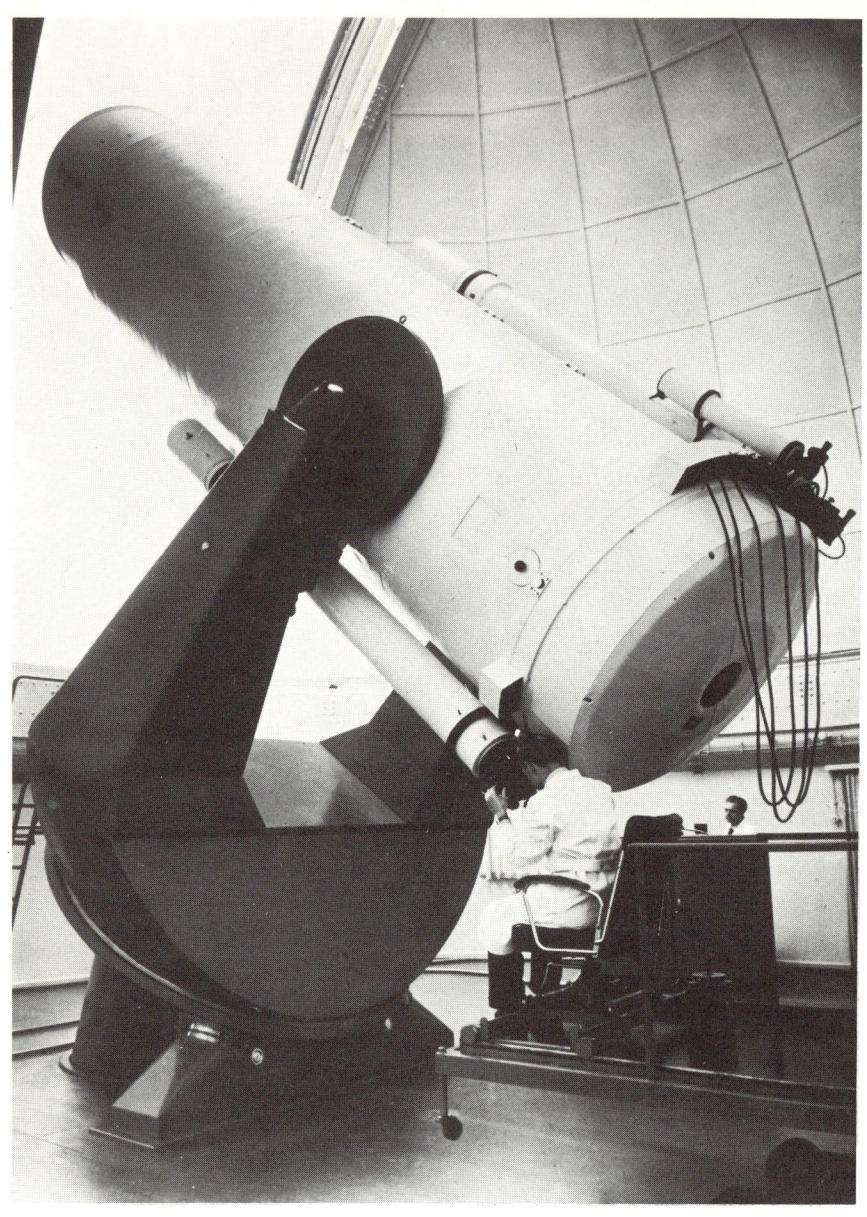

Großer Schmidt-Spiegel der Hamburger Sternwarte. Auch dieses Instrument wird – mit einer neuen Montierung versehen – an dem im Aufbau befindllichen Nordhemisphären-Observatorium des MPI für Astronomie in der Sierra de los Filabres günstigere Arbeitsbedingungen erhalten.

straße benutzt. Von Baker stammen auch besondere Konstruktionen zur Aufnahme von Meteoren und zur Beobachtung und Überwachung von künstlichen Satelliten und Raumfahrzeugen.

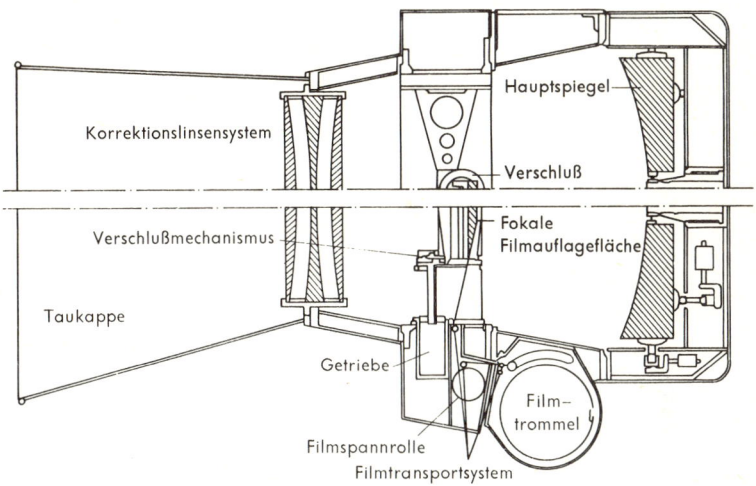

Eine Baker-Nunn-Kamera im Schnitt

2. Optische Strahlungsempfänger

Da die einzelnen Strahlungsempfänger nur für begrenzte Wellenlängenbereiche empfindlich sind, bedarf es zur Untersuchung des gesamten Spektrums der von den Himmelskörpern ausgesandten Strahlung verschiedener Empfänger.

Vergleich von Strahlungsempfängern

Empfänger	wirksame Empfängersubstanz	Hauptempfindlichkeitsbereich	langwellige Grenze	erreichbare Grenzgröße mit 1-m-Sp.
Auge	Zäpfchen	5100–6100 Å	7600 Å	15 mag
	Stäbchen	4700–5500 Å	7000 Å	
Photogr. Platte	Ag u. Ag_2S in AgBr	2000–6500 Å	1.1 μ	19 mag
Alkalizelle	KH–Ag	3800–4800 Å	6000 Å	10 mag
	$Cs–Cs_2O–Ag$	6000–8700 Å	1.3 μ	10 mag

Empfänger	wirksame Empfänger-substanz	Haupt-empfindlich-keitsbereich	lang-wellige Grenze	erreichbare Grenzgröße mit 1-m-Sp.
Photomultiplier (SEV)	[SbCs$_3$]–Cs	3600–6000 Å	7000 Å	15 mag
Lichtzählrohr	Al	2200–2900 Å	3000 Å	—
Widerstandszelle	Se	0.7–0.8 μ	1.1 μ	8 mag
	PbS	0.8–2.8 μ	3.5 μ	4 mag
Thermoelement	Ruß, Platin-	keine Wellen-	—	5 mag
Bolometer	mohr, dünne	längenab-	—	—
Radiometer	Metallschicht	hängigkeit	—	6 mag
Radioempfänger	—	1 cm–20 m	—	—

a) Das Auge

Die lichtempfindlichen Organe des Auges sind die in der Netzhaut gelegenen Zäpfchen und Stäbchen. Die Zäpfchen vermitteln neben einer Helligkeitsempfindung auch den Farbeindruck. Ihre größte Dichte ist in der Mitte der Netzhaut, der Netzhautgrube oder Fovea centralis; im peripheren Teil der Netzhaut kommen sie nur vereinzelt vor. – Die Stäbchen haben keine Farbempfindlichkeit, sie sind in der Netzhautgrube nicht vorhanden, nehmen aber nach den äußeren Teilen der Netzhaut hin stark zu und beherrschen diese fast ausschließlich.

Zahl der Zäpfchen und Stäbchen

Gesamtzahl der Zäpfchen	5–10 Millionen
Dichte der Zäpfchen in der Netzhautgrube	15 000 pro mm^2
Abstand der Zäpfchen in der Netzhautgrube	3 μ
Gesamtzahl der Stäbchen	ca. 100 Millionen

Eine der bemerkenswertesten Eigenschaften des Auges ist seine Fähigkeit, sich der jeweiligen Helligkeit anzupassen.

Leistung und Anpassungsfähigkeit des Auges

Schwächste wahrnehmbare Leuchtdichte	10^{-5} asb	7–8 mm Pupillendurchm.
Größte Leuchtdichte ohne Blenderscheinung	10^5 asb	2 mm Pupillendurchm.

Bei Tagsehen – Leuchtdichte über   100   asb   arbeiten nur die Zäpfchen

Bei Nachtsehen – Leuchtdichte   1/100 asb   arbeiten nur die Stäbchen

Bei Dämmerungssehen   arbeiten beide lichtempfindlichen Organe

Anpassungszeit (Adaptionszeit) $\begin{cases} \text{von hell nach dunkel ca. 60 Min.} \\ \text{von dunkel nach hell ca. 3 Min.} \end{cases}$

Empfindlichkeitsschwelle für das dunkeladaptierte Auge $5 \cdot 10^{-14}$ Lumen

dieser Wert entspricht einem Stern   8.0 mag

am Ort des Auges herrscht dann eine Beleuchtung von 10^{-9} Lux

dabei fallen in das Auge rund   100 Lichtquanten pro sec

Spektrale Maximalempfindlichkeit bei   5130 Å

Energieempfindlichkeit $4 \cdot 10^{-10}$ erg/sec

Schwellenwert bei aufgehellter
   Umgebung (Nachthimmel)   5.5 mag

Meßgenauigkeit durch Vergleich zweier Lichtquellen:

   von Flächenhelligkeiten   1% = 0.01 mag

   von Punkthelligkeiten (Sterne)   10% = 0.10 mag

Spektrale Empfindlichkeit des Auges

in Prozent des Maximalwertes, für die Zäpfchen (Z) und Stäbchen (St)

λ	Z	St	λ	Z	St	λ	Z	St	λ	Z	St
4000	0.04	1.85	5000	32.3	90.0	6000	63.1	4.9	7000	0.41	0.0105
4200	0.40	7.6	5200	71.0	96.0	6200	38.1	1.75	7200	0.105	—
4400	2.30	21.2	5400	95.4	68.0	6400	17.5	0.575	7400	0.025	—
4600	6.0	40.6	5600	99.5	35.0	6600	6.1	0.170	7600	0.006	—
4800	13.9	65.0	5800	87.0	14.0	6800	1.7	0.044			

Grenzgröße bei visueller Beobachtung

	Öffnung des Instrument [cm]	Vergrößerung				
		7×	20×	50×	100×	200×
Nachtglas 7×50	5	9$\overset{m}{.}$4				
Sucher	6	10$\overset{m}{.}$7				
Kleiner Refraktor	15	11$\overset{m}{.}$7	12$\overset{m}{.}$7	13$\overset{m}{.}$4	14$\overset{m}{.}$2	
Mittlerer Refraktor	30		13$\overset{m}{.}$5	14$\overset{m}{.}$2	14$\overset{m}{.}$9	
Großer Refraktor	60			14$\overset{m}{.}$9	15$\overset{m}{.}$7	
Spiegelteleskop	150				16$\overset{m}{.}$7	

Die hier angegebenen Grenzgrößen können nur als Richtwerte gelten. Es ist zu bemerken, daß die Grenzgröße bei visueller Beobachtung stark von der instrumentellen Vergrößerung abhängig ist, weil die äußerste Leistung nur bei dunkelem Himmelsgrund erreicht wird. Infolge der Wirkung der Luftunruhe (s. S. 184) bringen Vergrößerungen über $100 \times$ im allgemeinen keinen Gewinn mehr.

b) Die photographische Platte

Die Fortschritte in der Astronomie und Astrophysik im letzten Jahrhundert sind mit der Einführung der photographischen Beobachtungsverfahren eng verknüpft. Durch die Trennung zwischen Beobachtung und nachträglicher Auswertung lassen sich die durch das Wetter gebotenen Beobachtungsmöglichkeiten besser nutzen. Die akkumulierende Wirkung des photographischen Prozesses gestattet, zu lichtschwächeren Objekten vorzudringen. Die durch Farbstoffe (Sensibilisatoren) bewirkte Verschiebung des spektralen Empfindlichkeitsbereichs der photographischen Schichten ermöglicht Beobachtungen bis ins Infrarote, also jenseits des sichtbaren Lichts.

Struktur der photographischen Schicht

Lichtempfindliche Elemente	Bromsilber-Körner (AgBr)
Bindemittel	Gelatine
Durchmesser der AgBr-Körner bei hochempfindlichen Schichten	ca. 1μ
Kornoberfläche	10^{-8} cm^2
Abstand der einzelnen Körner	ca. 1μ
Anzahl der Kornschichten auf einer Platte	20 bis 40
Gesamtzahl der Körner pro cm^2	10^8 bis 10^9
Anzahl der AgBr-Moleküle in einem Korn	$2 \cdot 10^9$
Spektrale Empfindlichkeit der unsensibilisierten AgBr-Körner	4600 Å
Anzahl der Farbstoffmoleküle pro Korn bei sensibilisierten Schichten	10^5 bis 10^6

Spektrale Empfindlichkeit

Durch Auftragen einer einmolekularen Schicht bestimmter Farbstoffe, Sensibilisatoren genannt, können die Bromsilber-Körner für die Strahlung über

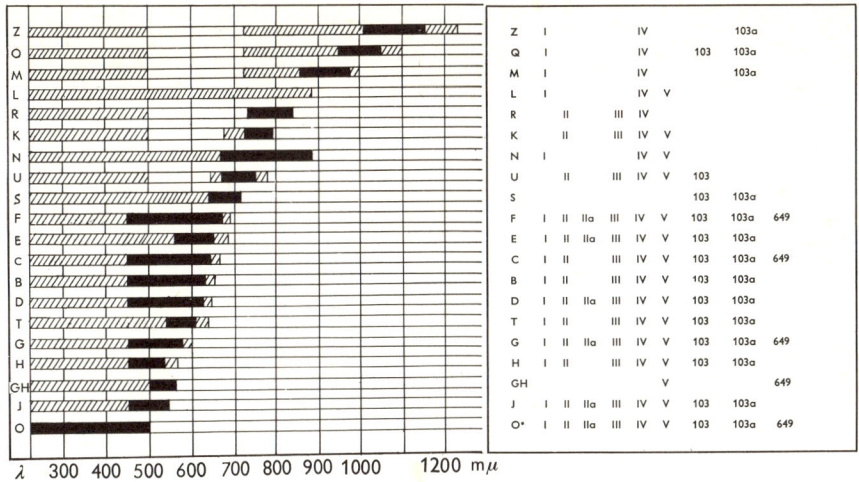

Mögliche Sensibilisierungstypen von Kodak-Platten

5000 Å hinaus lichtempfindlich gemacht werden. Die Farbstoffmoleküle dienen dabei lediglich als Energieüberträger an das Bromsilber, ohne selbst eine photochemische Zersetzung zu erfahren.

Die vorangehende graphische Darstellung gibt eine Übersicht über das Fabrikationsprogramm der Eastman Kodak Company, USA. Diese „Spectroscopic"-Platten und Filme reichen von den unsensibilisierten Blauplatten bis zum Infrarotmaterial mit einer Sensibilisierung bis 1.2 μ. Die einzelnen Sensibilisationstypen sind in sechs verschiedenen Emulsionstypen erhältlich. Die Emulsionen unterscheiden sich durch ihre Lichtempfindlichkeit, ihren Kontrast und ihr Auflösungsvermögen, so daß mit diesen mehr als 100 Plattentypen praktisch jeder Wunsch der wissenschaftlichen Photographie befriedigt werden kann. Für astronomische Zwecke wurden besonders die Typen 103a und IIa entwickelt, die für Aufnahmen kleiner Intensitäten bei langen Belichtungszeiten bestimmt sind.

Auflösungsvermögen und Empfindlichkeit

Der Aufbau der photographischen Schicht aus einzelnen Körnern beschränkt notwendigerweise die Abbildungstreue kleinster Flächenelemente, mit denen man es ja immer bei astronomischen und astrophysikalischen Aufnahmen zu tun hat. Mit wachsender Korngröße nimmt die Abbildungstreue ab. Andererseits steigt mit wachsender Korngröße die Empfindlichkeit der photographischen Schicht. Als rohes Maß für die Abbildungstreue benutzt man das

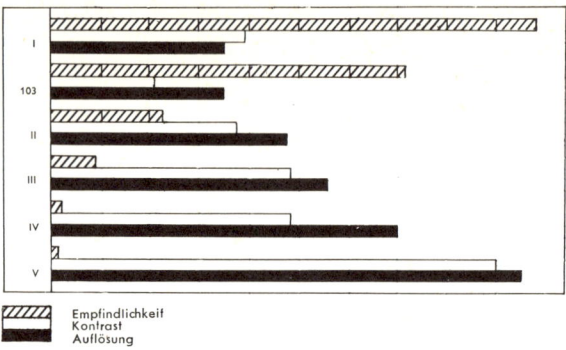

Empfindlichkeit, Kontrast und Auflösung von Kodak-Emulsionen

Auflösungsvermögen, welches angibt, wieviel Linien pro Millimeter eines Strichrasters unter günstigen Bedingungen noch gerade aufgelöst werden können. — Das Auflösungsvermögen liegt bei hochempfindlichen Schichten bei etwa 50 Strich/mm, bei geringerer Empfindlichkeit der Schicht bei 120 Strich/mm.

Die Zahlen können naturgemäß nur einen groben Anhaltspunkt geben. Die erreichbare Grenzgröße ist nicht nur von dem Aufnahmematerial, sondern auch von den äußeren Gegebenheiten abhängig, wie Durchsicht und Ruhe der Luft sowie von der Helligkeit des Himmelsuntergrundes.

Grenzgröße photographischer Aufnahmen bei verschiedener Belichtungszeit
(D = Durchmesser des Instruments)

D mm	Expositionszeit:	10^{min} mag	30^{min} mag	100^{min} mag
200		14.0	15.0	16.0
400		15.5	16.5	17.5
1 000		17.5	18.5	19.5
2 500		19.5	20.5	21.5
5 000		21.0	22.0	23.0

c) Photozellen, Photomultiplier, Bildwandler und andere Strahlungsempfänger

Lichtelektrische Empfänger wurden erst in neuerer Zeit in die astronomische Beobachtungstechnik eingeführt. Sie ergaben wesentliche Genauigkeitssteigerungen in der Sternphotometrie. Diese Empfänger, deren Entwicklung

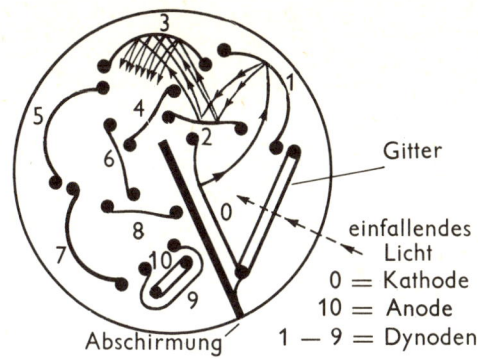

Elektrodenanordnung im Multiplier Typ RCA 931-A (schematisch)

durch die Bedürfnisse der Tonfilm- und Fernsehtechnik vorangetrieben wurde, beruhen auf der Nutzung des äußeren lichtelektrischen Effekts, d. h., in einem Vakuumgefäß werden von einem geeigneten Material, meist einer besonders präparierten Alkalimetallschicht, unter Einwirkung einer auffallenden Wellenstrahlung Elektronen emittiert. Je nach verwendetem Metall erreicht man die maximale Elektronenausbeute bei einer Bestrahlung mit ultraviolettem oder blauem Licht. Durch Kombination der Schichten und geeignete Wahl der Schichtdicken sowie der Kathodenunterlagen gelang es, die Empfindlichkeit auch für rotes Licht zu steigern. — Die durch absorbierte Lichtquanten ausgelösten Photoelektronen werden durch ein an die Zelle angelegtes elektrisches Feld zur Anode gesaugt. Der dadurch fließende Photostrom kann dann durch Galvanometer, Elektrometer oder mit Hilfe von Verstärkern gemessen werden.

Zur Verstärkung des Photostroms benutzt man heute die Photomultiplier oder Sekundärelektronenvervielfacher (SEV). Die durch ein Lichtquant herausgeschlagenen Elektronen werden in der gleichen Zelle unter Ausnutzung einer Sekundärelektronenemission an Elektroden, den sogenannten Dynoden, vervielfacht. Die Dynoden sind auf besondere Weise bearbeitet, so daß jedes mit genügender Energie auf sie auffallende Elektron im Mittel mehr als ein sekundäres Elektron auslöst. Der zunächst schwache Photostrom, von der Größenordnung 10^{-13} bis 10^{-15} A wird so durch einen sich kaskadenähnlich verstärkenden Elektronenstrom bis zum 10^6fachen verstärkt.

Von verschiedenen Forschern sind in den letzten Jahrzehnten eine Reihe anderer Geräte in die Astrophotometrie eingeführt worden. Dies sind Lichtzählrohre, Bildwandler (ursprünglich für Fernsehzwecke entwickelt), Sperrschichtzellen und Widerstandszellen. Auch thermische Empfänger, in denen die absorbierte Strahlung zur Erwärmung des Meßelements benutzt wird, sind für spezielle Aufgaben mit Erfolg eingesetzt worden.

Grenzgröße bei photoelektrischer Photometrie mit SEV
(D = Durchmesser des Instruments)

D	Grenzgröße
mm	mag
200	12.5
500	15.0
1 000	17.5
2 500	21.0

3. Montierungen, Nachführung und Kuppeln

Um ein Fernrohr auf jeden Punkt des Himmels richten zu können, bedarf es einer entsprechenden Aufstellung, einer zweckmäßigen Montierung des Instrumentes. Zwei senkrecht aufeinanderstehende Drehachsen gestatten eine Bewegung nach allen Richtungen und Höhen. Terrestrische Fernrohre, Aussichtsfernrohre oder geodätische Meßinstrumente haben ein Achsensystem, dessen eine Achse vertikal und dessen andere horizontal steht. Diese Art der Aufstellung bezeichnet man als azimutal und das entsprechende Fernrohrstativ als azimutale Montierung.

Will man mit einem solcherart montierten Fernrohr die Gestirne betrachten, so muß man wegen des täglichen Umschwungs des Himmelsgewölbes die Fernrohreinstellung ständig auf den beiden Achsen ändern, denn die tägliche Bewegung der Sterne verläuft mehr oder weniger geneigt zu dem azimutalen Bewegungssystem des terrestrischen Fernrohrs.

Neigt man nun die vertikale Achse derartig, daß sie mit der Drehachse des Himmelsgewölbes zusammenfällt, d. h. so, daß sie auf den Himmelspol zeigt und damit parallel zur Erdachse liegt, dann entfällt ein Nachstellen auf der zweiten Achse. Man sagt, das Instrument ist parallaktisch montiert. Die auf den Pol weisende Achse nennt man Pol-, auch Stunden- oder Rektaszensionsachse; nur sie wird zeitlich der Sternbewegung nachgeführt, der mit ihr verbundene Teilkreis gibt den Stundenwinkel des Gestirns an. Die zweite Achse wird Deklinationsachse genannt (vgl. Koordinatensysteme, S.117). Die Abbildungen zeigen die Grundformen der heute gebräuchlichen parallaktischen Montierungen. Jede dieser Aufstellungsarten hat Vor- und Nachteile, und es bedarf bei einem Instrumentenneubau jeweils einer eingehenden Untersuchung, welche Montierung für ebendieses Instrument die zweckmäßigste ist.

Meridiankreis der Sternwarte Heidelberg-Königstuhl. Diese Instrumente dienen zur genauen Ortsbestimmung an der Sphäre. Das Fernrohr ist nur in der Meridianebene (Nord-Südebene) schwenkbar. Mit einer genauen Uhr (Chronograph) wird der zeitliche Durchgang eines Objekts durch diese Ebene registriert (Rektaszensionsbestimmung); gleichzeitig wird die zweite Koordinate (Deklination) durch eine Winkelmessung mit einem sehr genau geteilten Kreis, der photographisch abgelesen wird, ermittelt.

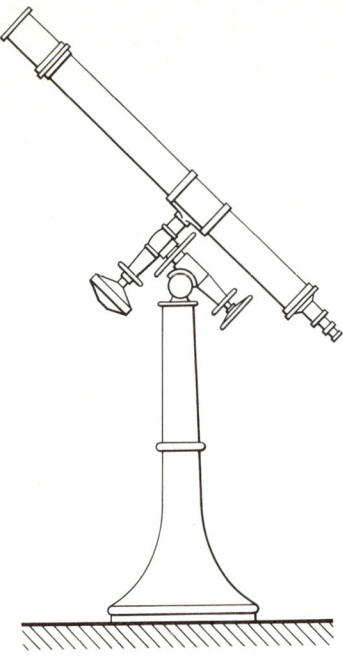

Deutsche Montierung

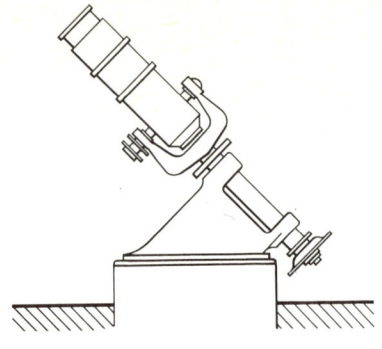

Gabelmontierung

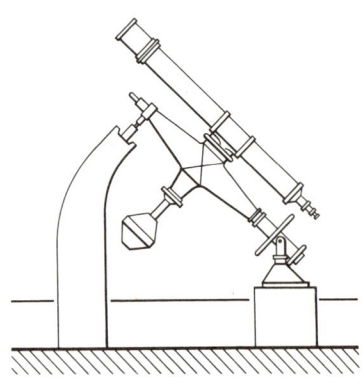

Englische Achsenmontierung

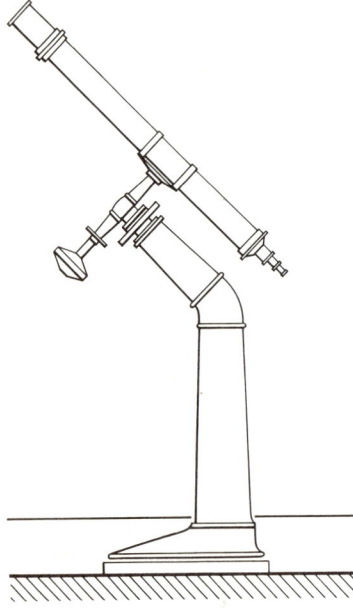

Knicksäulenmontierung nach Zeiss

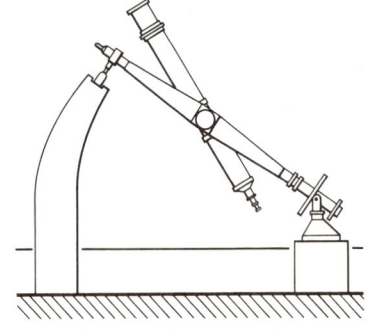

Englische Rahmenmontierung

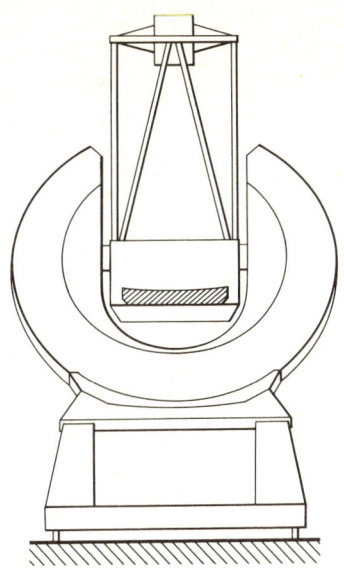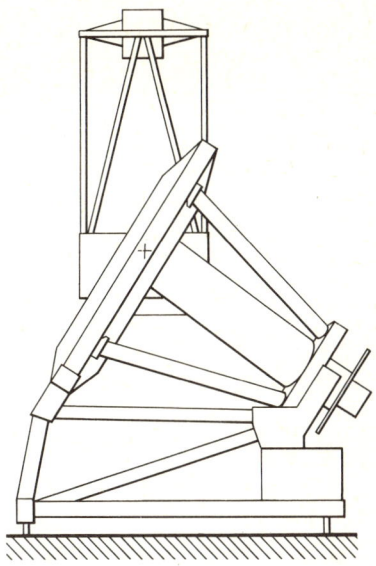

Hufeisenmontierung; Ansicht von Norden und von Westen

Ein wichtiger Teil jeder Montierung ist außerdem noch der Stundenantrieb, der der Stundenachse in 24 Sternzeitstunden (s. S.124) eine volle Umdrehung erteilt und somit das Instrument der täglichen Bewegung des Himmelsgewölbes automatisch nachführt. Diese Antriebe müssen vollkommen gleichmäßig laufen und dürfen keine ruckweisen Bewegungen zeigen. Man verwendet Zentrifugalregulatoren oder Synchronmotore, deren Lauf durch eine Uhr kontrolliert wird.

Für viele Zwecke ist die automatische Nachführung noch nicht genau genug. Neben dem Hauptrohr ist deshalb noch ein visuelles Fernrohr (das Leitrohr) angebracht, mit dem der Beobachter ständig die richtige Nachführung durch einen auf einem Fadenkreuz gehaltenen Stern kontrolliert. Etwaige Abweichungen müssen mit Hilfe einer mechanischen oder elektrischen Feinbewegung korrigiert werden. Da die meist langbrennweitigen Leitrohre nur ein kleines Gesichtsfeld haben, ist noch ein kurzbrennweitiges visuelles Rohr als Sucher vorhanden.

Bei großen Instrumenten bedarf es ferner noch entsprechender Hebebühnen oder beweglicher Podeste, um dem Beobachter den Zugang zu den Beobachtungsstellen in jeder Lage des Instruments zu ermöglichen.

Um die Instrumente vor Witterungseinflüssen zu schützen, sind diese in Kuppeln oder Beobachtungshäusern mit abfahrbaren Dächern untergebracht. Kuppeln mit einem zu öffnenden breiten Spalt, der durch Drehen der Kuppel in jede Richtung gebracht werden kann, wird im allgemeinen der Vorzug gegeben. Diese gewähren beim Beobachten noch genügend Schutz gegen böige Winde, die u. U. größere Instrumente zum Vibrieren bringen können.

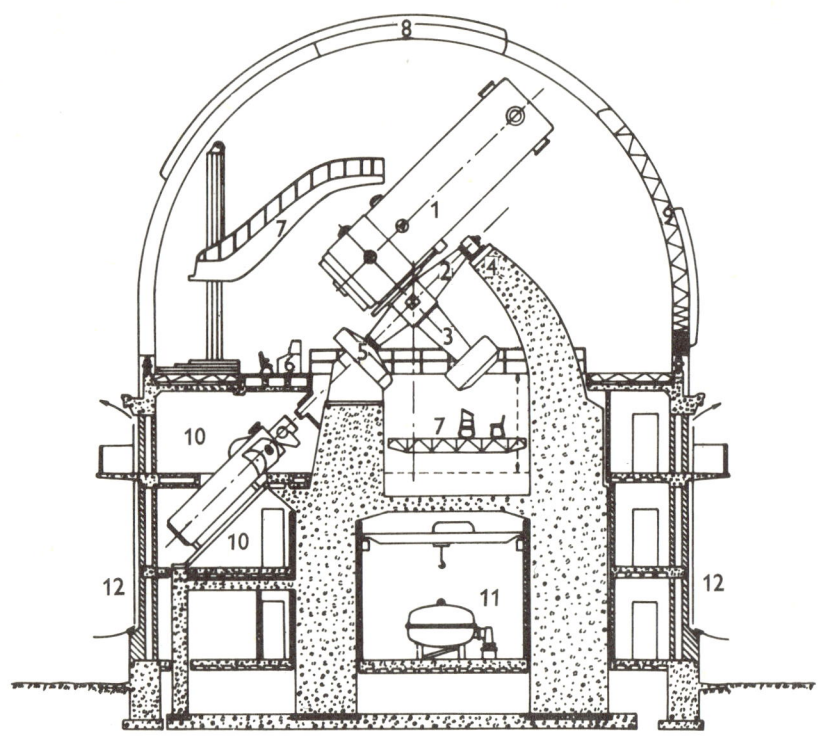

Aufstellung des 2-m-Spiegels des französischen Observatoriums de Haute Provence

1. 2-m-Spiegelteleskop
2. Polachse
3. Deklinationsachse mit Gegengewicht
4. Nordlager der englischen Montierung
5. Südlager mit Antrieb
6. Schalt- und Bedienungspult
7. in Höhe verstellbare Beobachtungsbühnen
8. Kuppel mit Spaltschieber
9. Spaltjalousie
10. Spektrographenraum mit großem Spektrographen im Coudé-Fokus
11. Raum mit Hochvakuumanlage zur Aluminisierung des Spiegels
12. Außenverkleidung zur thermischen Isolierung des Gebäudes

Die hoch in den Anden, auf dem Berg La Silla in der Atacama-Wüste in Chile, gelegene Sternwarte von ESO (European Southern Observatory), das gemeinsame Werk der Astronomen Belgiens, Dänemarks, Frankreichs, der Bundesrepublik Deutschland, der Niederlande und Schwedens. Die Luftaufnahme zeigt den südlichen Teil des Observatoriums.

4. Instrumente der Radioastronomie

a) Die Intensität der Strahlung

Die auf die Erde einfallende Radiostrahlung ist äußerst schwach, und zu ihrer Beobachtung sind sehr große Antennen und extrem leistungsfähige Verstärker notwendig. Die folgenden beiden Tabellen geben einen Vergleich der Intensitäten von Radiostrahlung und Lichtstrahlung für verschiedene Objekte. Die weitaus meisten Objekte senden sehr viel mehr Energie in Form von Licht als in Form von Radiostrahlung. Eine Ausnahme bilden einige „besondere Galaxien", wie z. B. die Radioquelle Cyg A.

Wäre die Sonne so weit entfernt wie die nächsten Sterne, so wäre sie auch mit bloßem Auge noch ein heller Stern (1. Größe); ihre Radiostrahlung dagegen wäre nicht zu beobachten, sie wäre 100 000mal schwächer als die gegenwärtige Beobachtungsgrenze. — Wir wollen hier die Frage, ob es sich bei den in den 60er Jahren entdeckten „Quasistellaren Objekten", den Quasaren oder auch Quasars, um Riesensterne oder um extragalaktische Objekte, etwa Sternsysteme am Rande der beobachtbaren Welt handelt, übergehen (s. S. 631). — Die in unserem Milchstraßensystem bekannten Radioquellen sind Wolken interstellarer Materie, die stärksten Strahler sind zumeist die schnell expandierenden Gashüllen ehemaliger Supernovae (s. S. 420).

Von weitem betrachtet dürfte die Milchstraße als ganzes etwa ebenso stark strahlen wie der Andromedanebel, sowohl in der Radiostrahlung als auch im optischen Licht. — Die optische Helligkeit des Andromedanebels wäre noch in der 3000fachen Entfernung zu messen, seine Radiostrahlung jedoch nur in der 8fachen Entfernung. Für „normale Galaxien" reicht somit gegenwärtig die optische Astronomie rund 400mal weiter in den Raum hinaus als die Radioastronomie. Demgegenüber liegt die Bedeutung der Radioastronomie im wesentlichen in drei Dingen: geringe Absorption, besondere Galaxien, Beobachtung von Molekülen im Interstellaren Raum.

Radiostrahlung erleidet weit weniger *Absorption* als optisches Licht. Während die optische Astronomie auf klare Nächte angewiesen ist (etwa 70 klare Nächte pro Jahr in Heidelberg!), sind viele radioastronomische Beobachtungen Tag und Nacht und bei jedem Wetter möglich. — Durch die interstellare Absorption ist die optische Beobachtung, innerhalb der Ebene des Milchstraßensystems, auf einen Umkreis von 1 bis 2 kpc Radius beschränkt; mit Hilfe der Radioastronomie dagegen konnte der Aufbau des Milchstraßensystems über fast seine gesamte Ausdehnung hinweg erforscht werden (s. S. 514): Lage des galaktischen Zentrums, Form der Spiralarme, Rotation des Milchstraßensystems.

Einige *besondere Galaxien* sind extrem starke Radioquellen. Doch sind sie viel seltener als die normalen Galaxien, und so sind auch die nächsten noch sehr weit entfernt. Auf photographischen Aufnahmen geben sie gelegentlich zu der Vermutung Anlaß, daß zwei Spiralnebel sich gerade in einem Zusammenstoß befinden, doch diese Vorstellung wurde im Laufe der letzten Jahre aufgegeben, weil an den meisten inzwischen identifizierten Radiagalaxien — wie diese „besonderen Galaxien" wegen ihrer intensiven Radiofrequenzstrahlung auch genannt werden — nichts zu finden war, was nach „Kollision" von Galaxien ausschaute. Man nimmt heute vielmehr an, daß die Ursache der intensiven Radiostrahlung in internen Vorgängen der Galaxien selbst zu suchen ist.

Integraler Energiestrom
(alle Wellenlängen)

	auf gesamte Erdoberfläche	pro Quadratmeter	Anzahl Photonen pro
	Watt	Watt/m²	sec u. m²
Licht (mit Ultraviolett u. Infrarot)			
Sonne	$1.8 \cdot 10^{17}$	$1.4 \cdot 10^{3}$	
hellster Stern (Sirius)	$1.1 \cdot 10^{7}$	$8.4 \cdot 10^{-8}$	
Andromedanebel	$4.2 \cdot 10^{4}$	$3.3 \cdot 10^{-10}$	
Cyg A	$1.8 \cdot 10^{-1}$	$1.4 \cdot 10^{-15}$	
schwächste Objekte (m=22)	$4.6 \cdot 10^{-3}$	$3.6 \cdot 10^{-17}$	92
Himmelshintergrund (1 Quadratgrad)	$8.6 \cdot 10^{4}$	$6.8 \cdot 10^{-10}$	
Radiostrahlung (3 cm bis 30 m)			
Sonne, ungestört	$1.6 \cdot 10^{4}$	$1.3 \cdot 10^{-10}$	
Sonne, Strahlungsausbruch	$5 \cdot 10^{5}$	$4 \cdot 10^{-9}$	
hellste galaktische Quelle (Cas A)	$2.0 \cdot 10^{1}$	$1.6 \cdot 10^{-13}$	
hellste extragal. Quelle (Cyg A)	$1.4 \cdot 10^{1}$	$1.1 \cdot 10^{-13}$	
Andromedanebel	$2.4 \cdot 10^{-1}$	$1.9 \cdot 10^{-15}$	
schwächste Objekte ($2 \cdot 10^{-26}$ W/m² Hz bei 160 MHz)	$3.5 \cdot 10^{-3}$	$2.7 \cdot 10^{-17}$	$1.4 \cdot 10^{7}$
Himmelshintergrund (1 Quadratgrad)	$1.7 \cdot 10^{-3}$	$1.3 \cdot 10^{-17}$	

Das 100-m-Radioteleskop des Max-Planck-Instituts für Radioastronomie Bonn in einem nicht weiter bebauten einsamen Eifeltal bei Effelsberg. Dieses Instrument ist zur Zeit das größte frei schwenkbare Radioteleskop.

Die Azimuttürme haben eine Höhe von 50 m; der Reflektor hat eine Auffangfläche von 8000 m², er ist so konstruiert, daß er in allen Lagen nur wenig mehr als 1 mm von der idealen Parabolform abweicht; damit ist das Instrument etwa bis 1 cm Wellenlänge verwendbar.

Eine der stärksten Radioquellen ist die Quelle A im Sternbild Cygnus (Cyg A); ihre Radiostrahlung wäre fast eine Million mal stärker als die des Andromedanebels, wenn beide in gleicher Entfernung stünden, ihre optischen Helligkeiten jedoch wären fast gleich. Cyg A ist rund 500 Millionen Parsec entfernt. Cyg A sendet etwa 80mal mehr Energie in der Radiostrahlung als im optischen Licht, und da die Beobachtungsgrenzen für Licht und Radiostrahlung gegenwärtig etwa gleich sind, so kann man radioastronomisch wesentlich weiter in den Raum blicken als optisch. Zur Behandlung kosmologischer Fragen ist die Radioastronomie daher besonders geeignet. — Die Quasare werden, da sie u. U. in extrem großen Entfernungen stehen, erstmals Aussagen über die Entwicklung und die Struktur der Welt als Ganzes ermöglichen (s. S. 646).

Schließlich hat die Radioastronomie noch große *Entwicklungsmöglichkeiten* vor sich, mehr als die optische Astronomie. Die optische Astronomie ist bereits an einer ersten prinzipiellen Grenze angelangt. Durch die *Luftunruhe* szintillieren (flackern) die Sternbilder über einen Bereich von etwa einer Bogensekunde Radius. In einem Kreis von 1″ Radius liefert aber die Helligkeit des Nachthimmels ebensoviel Energie wie ein Stern 22. Größe. Dieser „Störpegel" des Hintergrundlichtes macht somit die Beobachtung wesentlich schwächerer Sterne oder Nebel unmöglich, auch mit dem größten Fernrohr und längsten Belichtungszeiten. Da die Hintergrundstrahlung für Radiostrahlung um mehrere Zehnerpotenzen geringer ist, so sind wir hier von dieser Grenze noch weit entfernt.

Könnten wir in Zukunft optische Fernrohre außerhalb der Erdatmosphäre betreiben (Satelliten, Mond), so würde diese erste Grenze der optischen Astronomie wegfallen. Dafür kommt jedoch dann bald eine zweite prinzipielle Grenze durch die geringe *Anzahl der Photonen*. Die Tabelle auf Seite 85 zeigt für die schwächsten Objekte die Anzahl der einfallenden Photonen pro Sekunde und Quadratmeter. Im optischen Bereich sind es nur 92, im Radiobereich 14 Millionen. Dies liegt daran, daß die Energie eines Photons mit der Wellenlänge abnimmt (s. S. 33), so daß Radiostrahlung von 10 cm Wellenlänge 200 000 mal mehr Photonen enthält als Licht gleicher Intensität. — Die äußerste Grenze der Empfindlichkeit würde dadurch erreicht, daß man die einzelnen Photonen abzählt. Nun fallen aber die Photonen statistisch unregelmäßig ein; um z. B. eine Genauigkeit von 1% zu erreichen, muß man mindestens 10 000 Photonen abwarten. Innerhalb vernünftiger Beobachtungszeiten lassen sich somit, auch außerhalb der Erdatmosphäre, keine um viele Größenklassen schwächeren Sterne oder Nebel mehr optisch beobachten, während die Radioastronomie auch von dieser Grenze noch weit entfernt ist.

Verhältnis der Licht- zur Radiostrahlung

	Licht/Radio
Sonne	$1.1 \cdot 10^{13}$
Andromedanebel	$1.8 \cdot 10^{5}$
Cyg A	$1.3 \cdot 10^{-2}$
Himmelshintergrund	$5.2 \cdot 10^{7}$

b) Antennen

Es ist die Aufgabe der Antenne, die einfallende Strahlung aufzufangen und dem Verstärker zu übergeben. Da diese Strahlung äußerst schwach ist, muß die Antenne eine möglichst große *effektive Fläche* besitzen (zum Verstärker gehende Leistung = Intensität der Strahlung $\times$ effektive Fläche der Antenne). Außerdem muß man aber auch die Position einer Quelle möglichst genau messen können, und man muß sie von benachbarten Quellen trennen können; dafür braucht die Antenne ein möglichst hohes *Auflösungsvermögen*. Dies kann dadurch erreicht werden, daß man einzelne Teile einer Antennenanlage über eine größere *Basis* verteilt (Strahlbreite der Richtwirkung = Wellenlänge/Basislänge).

Der Dipol

Das Grundelement der Antenne ist der einzelne Dipol. Er besteht aus einem Stab, der in der Mitte unterbrochen ist. An den Enden dieser Unterbrechung setzen die Zuleitungen zum Verstärker an.

Die Empfangsleistung des Dipols hängt von zwei Dingen ab: vom Verhältnis der Dipollänge zur Wellenlänge und von der Richtung der Strahlung. Die Leistung hat ein Maximum, wenn der Dipol gerade halb so lang ist wie die Wellenlänge ($\mathbf{l} = \lambda/2$); dies Maximum ist um so höher und schärfer, je dünner die Stäbe des Dipols sind. Weitere, geringere Maxima folgen bei $\mathbf{l} = \lambda, {}^{3}/_{2}\lambda, 2\lambda$, usw. — Die Empfangsleistung ist gleich Null für Strahlung, die aus Richtung der Achse des Dipols kommt, und sie ist am größten für Strahlung senkrecht zur Achse.

Die effektive Fläche eines Halbwellen-Dipols ist im Maximum etwa $\lambda^{2}/8$. Um eine große Fläche zu erreichen, gibt es zwei Möglichkeiten: Entweder man schaltet viele Dipole zu einer Dipolzeile zusammen, oder man benutzt eine große reflektierende Fläche, die alle auf sie fallende Strahlung einem einzelnen Dipol zuschickt. Diese beiden Prinzipien lassen sich auch in vieler Weise kombinieren.

Dipolzeilen

Eine größere Anzahl einzelner Dipole D sind in einer horizontalen Zeile angeordnet. Über die *Phasenschieber* P und die Fußpunkte F sind sie mit einer gemeinsamen *Speiseleitung* L verbunden, die zum Verstärker V führt. Der gegenseitige Abstand der Dipole beträgt eine Wellenlänge.

Befände sich die zu beobachtende Strahlungsquelle genau im Zenit, so wären die bei den Dipolen D_1 und D_2 ankommenden Wellenzüge genau „in Phase", d. h., alle Wellenberge kämen gleichzeitig bei den beiden Dipolen an.— Ist dagegen die Quelle um den Winkel α vom Zenit entfernt, so tritt bei D_1 eine *Phasenverschiebung* Δ auf; die Wellen würden jetzt in der Speiseleitung gegeneinander arbeiten statt sich zu addieren. Diese Phasenverschiebung muß durch einen Phasenschieber P_1 so kompensiert werden, daß die Wellenzüge bei den beiden Fußpunkten F_1 und F_2 gerade wieder in Phase sind.

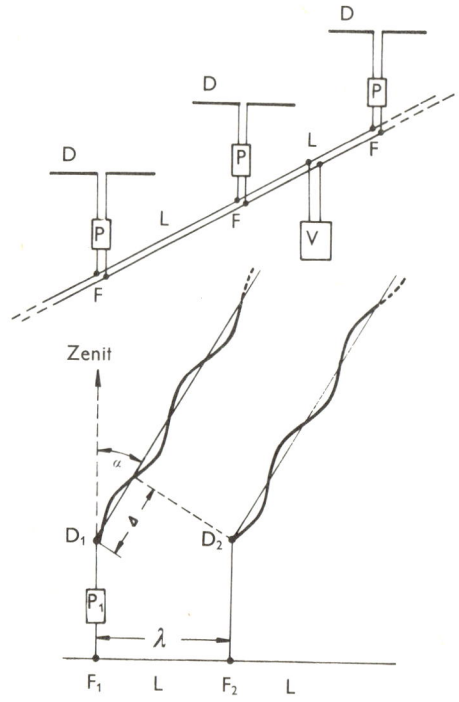

Umgekehrt bedeutet dies: Beobachtet man bei einer Wellenlänge λ, und erzeugt der Phasenschieber die Verschiebung Δ, so kann nur Strahlung aus dem Winkel α empfangen werden, nicht aber von anderen Richtungen. Diese *Richtwirkung* oder Bündelung der Dipolzeile ist um so stärker, je mehr Dipole sie enthält. Eine einzelne Dipolzeile bündelt den Strahl*) in Form eines flachen Fächers: Verläuft die Zeile z. B. von Nord nach Süd, so hat der Strahl eine große Breite in Ostwestrichtung, aber eine geringe Dicke in Nordsüdrichtung Indem man mehrere parallele Zeilen über Phasenschieber miteinander zu einem *Dipolfeld* verbindet, kann man nun auch noch die Breite des Fächers verkürzen und eine starke Bündelung auch in dieser Richtung erreichen. – Durch Veränderung aller Phasenschieber kann man dem Strahl jede gewünschte Richtung geben, ihn z. B. auch der Umdrehung des Himmels folgen lassen.

Dipolzeilen und -felder haben den großen Vorteil relativ geringer Kosten, da sich alles zu ebener Erde befindet und nichts bewegt werden muß. Demgegenüber stehen drei Einschränkungen: Erstens kommen nur längere Wellenlängen in Frage, meist 1–2 Meter, da für eine bestimmte effektive Fläche die Anzahl der benötigten Dipole und Phasenschieber mit $1/\lambda^2$ geht und für kürzere λ unrentabel groß würde. Da sich die Größe der erzeugten Phasenverschiebung nur auf eine ganz bestimmte Wellenlänge bezieht, so kann zweitens mit einem einmal gebauten Dipolfeld nur bei einer bestimmten Wellenlänge beobachtet werden, und drittens nur mit sehr geringer Bandbreite, was die Empfindlichkeit der Anlage herabsetzt.

Reflektoren (Spiegel)

Der Reflektor hat die Aufgabe, die aus einer bestimmten Richtung einfallende Strahlung zu fokussieren (zu bündeln). Im Fokus (Brennpunkt) ist die *Speisung* (engl. feed) angebracht, die die Strahlung auffängt und zum Verstärker gibt. Um Strahlung aus verschiedenen Richtungen beobachten zu können, muß die reflektierende Fläche schwenkbar sein, und um genau zu fokussieren, muß sie genauer sein als $^{1}/_{10}$ der Wellenlänge. Um Gewicht und Material zu

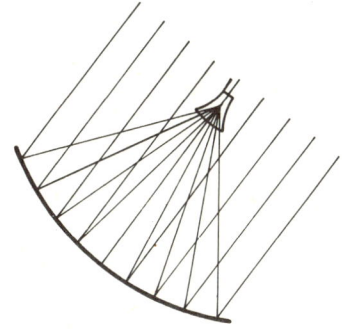

---

*) Da für Senden und Empfangen gleiche Gesetze gelten, so spricht man auch beim Empfangen vom „Strahl" der Antenne, von Strahlrichtung und Strahlbreite.

sparen, verwendet man oft Maschendraht mit einer Maschenweite von $\lambda/_{10}$ oder geringer.

Der am meisten verwendete Typ ist der runde *Parabolspiegel*, für ihn gelten hier die gleichen Gesetze wie für optische Reflektoren (s. S. 59). Strahlen, die parallel zur Achse einfallen, werden in einem Punkt fokussiert. Die hier montierte Speisung muß eine solche Richtwirkung haben, daß sie nur die Strahlung aus Richtung der reflektierenden Fläche auffängt, nicht dagegen die direkte Strahlung des Himmels oder Erdbodens. In Analogie zum Sendebetrieb spricht man auch beim Empfang von der „Ausleuchtung" der Antennenfläche durch die „Speisung".

Als Speisung verwendet man oft einen Dipol mit dahinterliegender Reflektorplatte, oder, für stärker gebündelte Ausleuchtung, eine kleine Hornantenne in Form eines gestreckten Hornes oder Trichters.

Bei der Richtwirkung der gesamten Anlage gilt für die Breite des Hauptstrahles etwa (je nach Art der Ausleuchtung)

Strahlbreite = Wellenlänge / Antennendurchmessser.

Bei voller Ausleuchtung der Reflektorfläche durch die Speisung würden schwächere Nebenstrahlen den Hauptstrahl ringförmig umgeben, doch lassen sich diese Nebenstrahlen weitgehend unterdrücken, wenn die Ausleuchtung zum Rand der Fläche hin abklingt.

Der Hauptvorteil parabolischer Spiegel ist ihr einfaches Prinzip der Fokussierung sowie ihre Verwendbarkeit für jede beliebige Wellenlänge (oberhalb einer Genauigkeitsgrenze) und Bandbreite. Strahlung jeder Wellenlänge ist im Fokus automatisch in Phase. Ihr Nachteil ist der hohe Preis. Um ein großes Paraboloid frei in jede Richtung schwenken zu können, ohne daß eines seiner Teile um mehr als $\lambda/10$ im Wind schwankt oder durchhängt, muß ein sehr hoher konstruktiver Aufwand getrieben werden.

Die *Montierungen* sind teils parallaktisch, teils azimutal (s. S. 78). Je größer der Spiegel ist, um so mehr neigt man aus Preisgründen zur azimutalen Montierung. Bei den größten Instrumenten liegt zu ebener Erde ein geschlossener, runder Schienenkreis. Auf diesen Schienen stehen zwei Türme einander gegenüber, die eine waagerechte Achse tragen. An dieser Achse ist der Spiegel montiert. Das im Jahre 1966 gegründete Max-Planck-Institut für Radioastronomie in Bonn hat ein großes Radioteleskop dieser Art von 100 m Spiegeldurchmesser gebaut (s. S. 86). Dieses Instrument wird wohl längere Zeit das größte Teleskop dieser Bauart bleiben, da der Bau eines Spiegels von 183 m in Sugar Grove (Virginia, USA) eingestellt wurde. Wegen der hohen Kosten für ein allseitig bewegliches Instrument kann man auch auf die Beweglichkeit in einer Richtung verzichten. Die zwei Türme stehen dann

Radioteleskop der Universitätssternwarte Bonn auf dem Stockert in der Eifel. Der Parabolspiegel aus perforiertem Aluminiumblech hat einen Durchmesser von 25 m. In dem pyramidenartigen Unterbau befinden sich nicht nur der Antrieb für den 20 t schweren Spiegel, sondern auch die Empfangsanlagen sowie eine Anzahl von Arbeitsräumen.

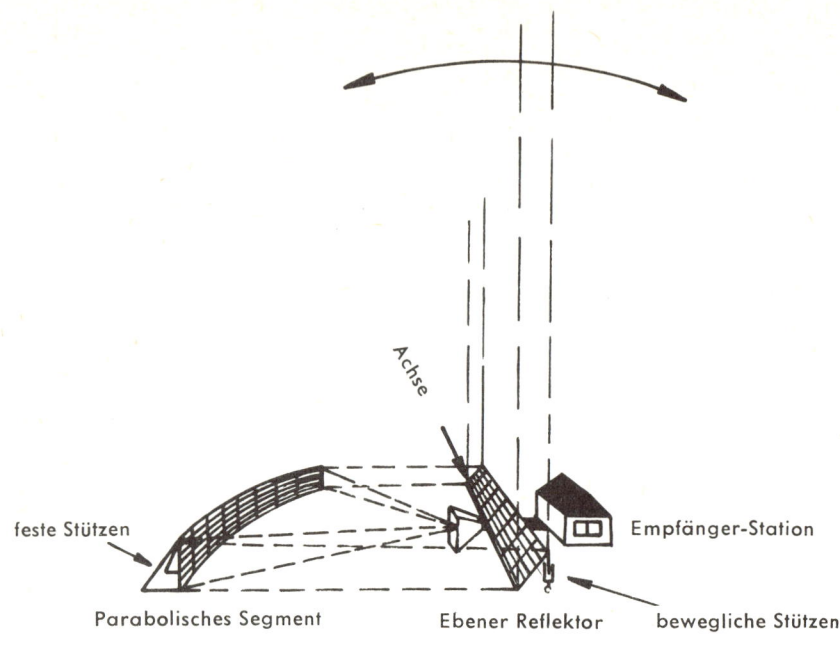

feste Stützen — Empfänger-Station

Parabolisches Segment — Ebener Reflektor — bewegliche Stützen

Achse

in Ostwestrichtung fest verankert, und der Spiegel kann nur in Nordsüd-richtung um seine Achse gedreht werden, genau wie ein Meridiankreis (s. S.79). Da man hiermit einer Radioquelle bei ihrem täglichen Umlauf nicht folgen kann, sondern nur ihren Durchgang durch den Meridian beobachtet, nennt man diese Bauart ein *Transitinstrument* (lat. transire = hindurchgehen). Das größte Instrument dieser Art, ein Spiegel von 92 m Durchmesser, steht in Green Bank (West Virginia, USA).

Gibt man dem Parabolspiegel keine runde, sondern eine langgestreckte Form, so erhält man ein *parabolisches Segment*. Der Strahl der Richtwirkung hat dann die Form eines flachen Fächers, jedoch mit gleicher Querschnittsfläche wie bei einem runden Parabolspiegel von gleicher Oberfläche. In Delaware, Ohio, wurde ein großer Spiegel nach eben diesem Prinzip gebaut. Auf die ebene Erde denke man sich eine große Parabel gezeichnet. Senkrecht auf dieser Parabel steht ein schmales parabolisches Segment. Diesem Segment steht in einigem Abstand ein ebenso schmaler, ebener Reflektor gegenüber, der um eine waagerechte Achse drehbar ist. Diese Achse verläuft in Ostwestrichtung. Vor der Mitte dieses zweiten Reflektors, im Brennpunkt der Parabel, ist die Speisung angebracht: eine Hornantenne, deren Querschnitt die Form eines schmalen, aufrecht stehenden Rechteckes hat. Die Speisung leuchtet das para-

Das große Radioteleskop von Nancy (Frankreich). Oben der sphärische Reflektor von 300 m Länge und einer Höhe von 35 m. Unten der ebene bewegliche Reflektor, aus zehn Elementen zusammengesetzt.

bolische Segment aus. — Diese Anlage ist ein Transitinstrument, denn durch die Drehung des zweiten Reflektors kann der Meridian überstrichen werden. Die einfallende Strahlung wird von dem zweiten Reflektor waagerecht reflektiert, das parabolische Segment reflektiert sie (ebenfalls waagerecht) zurück und fokussiert sie dabei. Im Fokus wird sie von der Speisung aufgefangen und geht zum Verstärker. — Bei dieser Bauart hat man zwar zusätzlich eine zweite Reflektorfläche, doch sind keinerlei hohe Strukturen nötig, und die einzige Achse kann über ihre ganze Länge hinweg an beliebig vielen Punkten unterstützt werden, so daß sich doch eine relativ billige Bauart ergibt.

Außer den Parabolspiegeln werden gelegentlich auch *sphärische Spiegel* verwendet. Die Innenfläche einer Hohlkugel fokussiert allerdings nicht alle parallelen Strahlen in einen Punkt, doch läßt sich dies auf zwei Weisen korrigieren: durch kontinuierliche Phasenverschiebung in einer Linienspeisung, oder durch einen zweiten, kleineren Zusatzspiegel geeigneter Form. — Der sphärische Spiegel bietet den Vorteil, daß man bei *feststehendem* Spiegel, nur durch Schwenkung der Speisung um den Kugelmittelpunkt, die Strahlrichtung verändern kann, ohne daß die Art des Fokus sich verändert. In Arecibo, Puerto Rico, wurde ein über 300 m großer Spiegel (in einem runden, kesselartigen Tal) nach diesem Prinzip gebaut.

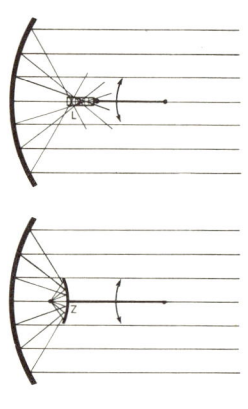

Sphärischer Spiegel
L = Linienspeisung   Z = Zusatzspiegel

Kombinierte Antennen

Das Prinzip des einzelnen Dipols plus großem Spiegel läßt sich mit dem Prinzip der Dipolzeile auf zwei Weisen kombinieren. Beim *parabolischen Zylinder* haben wir eine Dipolzeile, die in der Brennlinie des Zylinders angebracht ist. Der Zylinder ist um eine waagerechte Längsachse schwenkbar, und außerdem läßt sich der Strahl durch Phasenschieber um eine dazu senkrechte Achse drehen. — Bei einem Transitinstrument ist der Zylinder fest (nicht schwenkbar) in einem länglichen Tal eingebaut.

Die andere Möglichkeit der Kombination ist die *Spiegelzeile*: Eine Anzahl mittelgroßer, frei schwenkbarer Parabolspiegel ist in einer langen Zeile angeordnet und durch Phasenschieber mit der Speiseleitung verbunden.

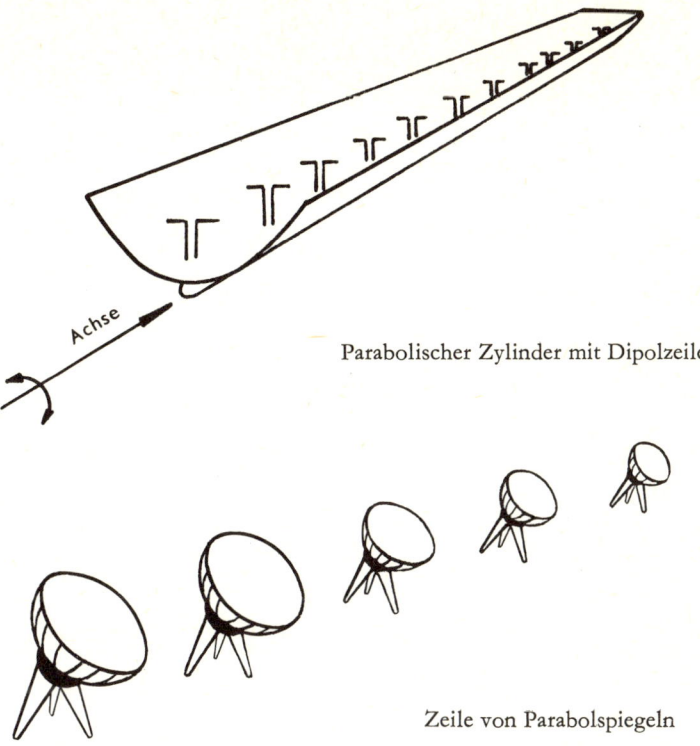

Parabolischer Zylinder mit Dipolzeile

Zeile von Parabolspiegeln

Erhöhtes Auflösungsvermögen

Das Auflösungsvermögen gibt an, wie nahe sich zwei Quellen aneinander befinden dürfen, wenn sie noch als getrennt wahrgenommen werden sollen. Dieser nächste Abstand ist etwa gleich der Strahlbreite. Für runde Spiegel gilt dabei

$$\text{Strahlbreite} = \frac{\text{Wellenlänge der Strahlung}}{\text{Durchmesser des Spiegels}}.$$

Die gleiche Formel gilt auch in der optischen Astronomie. Ein Fernrohr von 1 m Durchmesser z. B. hat für sichtbares Licht (abgesehen von der Luftunruhe) ein Auflösungsvermögen von etwa $^1/_{10}$ Bogensekunde. Beobachtet man dagegen Radiostrahlung von 5 cm Wellenlänge, so wäre für ein gleichgutes Auflösungsvermögen ein Spiegel von 100 km Durchmesser nötig. Und ein Spiegel von 50 m Durchmesser hat für 5 cm Wellenlänge nur ein Auflösungsvermögen von rund 3 Bogenminuten (etwa wie das menschliche Auge). — Wie diese Beispiele zeigen, ist das Auflösungsvermögen eines der dringlichsten Probleme der Radioastronomie. Um die Strahlbreite herabzusetzen, muß man entweder die Wellenlänge verkleinern, oder den Durchmesser erhöhen. Man kann aber die Wellenlänge nicht beliebig verkleinern, einmal, weil von etwa 3 cm abwärts die atmosphärischen Störungen (s. S. 37) stark einsetzen, weiterhin, weil die Radioquellen bei kürzeren Wellenlängen schwächer strahlen, und außerdem müßten alle Spiegeloberflächen dann sehr genau sein und daher entsprechend teuer. — Zur Erhöhung des Auflösungsvermögens kann man den Durchmesser künstlich erhöhen, ohne die Fläche zu vergrößern, indem man die Fläche in einzelne Teile unterteilt und diese Teile über eine größere *Basis* ausbreitet und in geeigneter Weise miteinander verbindet. Dies kann auf drei verschiedene Arten geschehen:

Interferometer

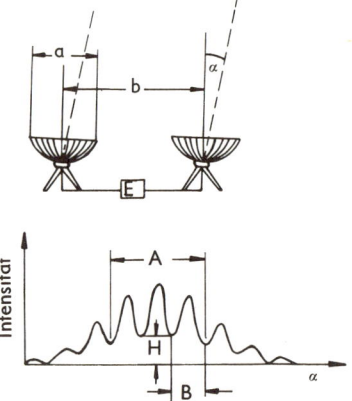

Zwei Spiegel (Durchmesser a) werden in einigem Abstand (Basis b) aufgestellt, auf den gleichen Punkt des Himmels gerichtet, und mit einem gemeinsamen Empfänger E verbunden. Läuft, mit der Rotation des Himmels, eine Radioquelle durch den Richtpunkt, so ergibt sich die hier gezeichnete *Interferenzkurve*. Ihre Gesamtbreite ist etwa $A = \lambda/a$, und die Abstände der Interferenzstreifen betragen etwa $B = \lambda/b$. Reichen die Streifen bis zur Nullinie herunter, so ist die Quelle praktisch punktförmig; reichen sie nur bis zur Höhe H, so ist diese ein Maß für den Durchmesser der Quelle. — Aus der Lage des höchsten Streifens läßt sich der Ort der Quelle genau berechnen.

Mills Cross

Das von B. Y. Mills in Australien gebaute Interferometer besteht aus einem waagerecht liegenden Kreuz aus zwei Dipolzeilen von je 460 m Länge. Durch einen Phasenschalter P werden die Beiträge der zwei Zeilen immer abwechselnd einmal in Phase und einmal gegen Phase addiert und die jeweilige Summe dem Verstärker E zugeleitet. Nach der Gleichrichtung werden diese beiden Summen voneinander abgezogen und die Differenz ist schließlich das Meßergebnis. Auf diese Weise erhält man einen Strahl, der gerade ebenso schmal ist, als würde eine große Antenne vom Durchmesser b verwendet.

Die Dipolzeile Z 1 liefert, für sich allein, einen fächerförmigen Strahl S 1, der in der Skizze im Querschnitt gezeichnet ist. Die Dipolzeile Z 2 liefert den Strahl S 2. Befindet sich eine Quelle im Ort x, so wird sie überhaupt nicht empfangen. Befindet sie sich im Ort y, so wird sie mit gleicher Stärke empfangen, unabhängig davon, ob nun S 1 und S 2 in Phase oder gegen Phase geschaltet sind, da y nur in einem der beiden Strahlen liegt. Es ergibt sich somit die Differenz Null. Nur wenn die Quelle im Ort z liegt, erhält man eine Differenz als Meßergebnis, denn in Phase addieren sich die Beiträge der beiden Strahlen, gegen Phase löschen sie sich aus.

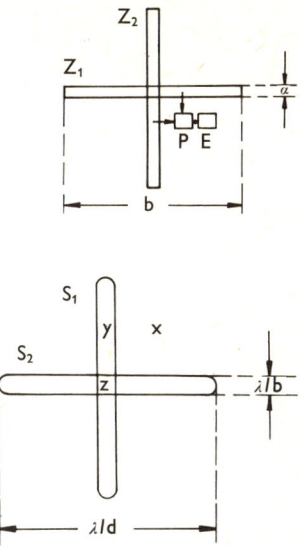

Antennen-Synthese

Zwei Spiegel sind auf zwei zueinander senkrechten Schienensträngen fahrbar montiert. In jeder Stellung der Spiegel hat man somit ein Interferometer und

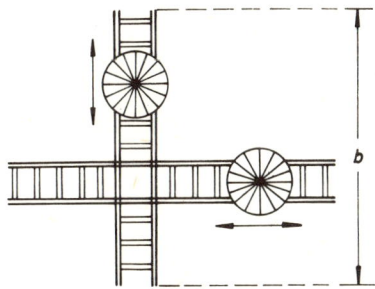

erhält eine Interferenzkurve. Man beobachtet nun in sehr vielen verschiedenen Stellungen der Spiegel, hebt alle zugehörigen Interferenzkurven auf und wertet sie dann alle zusammen (in einer schnellen elektronischen Rechenmaschine) aus. Dies ergibt die gleiche Auflösung, als hätte man mit einer großen Antenne vom Durchmesser b beobachtet. Die Auswertung ergibt nachträglich eine Art Zusammensetzung (Synthese) der einzelnen Spiegelstellungen zu einer großen Antenne.

Voll bewegliche Parabolspiegel

Observatorium	Durch-messer [m]	λ_{min} [cm]	max. Win-kelauf-lösung	Jahr der Inbetrieb-nahme
MPIfR Bonn (Effelsberg),	100	5	2'	
BRD	80	2	1	1971
NRAO (Greenbank) USA[1]	91.5	10	4.5	1971 Umbau
Nuffield RAO (Jodrell Bank) Mk I, Engl.	76.3	10	5.4	1971 Umbau
JPL (Goldstone) USA	64	3	2.0	1967
CSIRO (Parkes) Austral.	64	4	2.6	1970 Umbau
NRC (Algonquin Park), Can	45.7	1.4	1.5	1966
Stanford USA	45.7			
NRAO (Greenbank) USA	42.7	2	1.9	1966
Owens Valley, USA	39.6	1.2	1.3	1969
Nuffield RAO (Jodrell Bank) Mk II, Engl.	38 × 25	6	7 × 9	
MIT (Haystack) USA	36.6	1.5	1.7	1968 Umbau
Vermillion Riv. Obs. USA	36.6			
NRL Washington USA	26.0	1.0	1.6	
Hat Creek, USA	26.0	1.0	1.6	
Lebedev Phys. Inst. (Serpukhov) USSR				
Krim Astrophys. Obs. UdSSR	22	0.8	1.7	1966
NRAO Kitt Peak, USA	11	0.2	0.75	1967

[1] Transitteleskop, nur in Höhe beweglich.

Sonderkonstruktionen mit voll ausgelegter Aperturfläche

Observatorium	Dimen-sionen [m]	λ [cm]	Typ
Arecibo, Puerto Rico	305 m	> 30	fester sphärischer Refl.
Vermillion River Obs. USA	183 × 122	75	festes Zylinderparabol
Ohio State Wesleyan RAO, USA	103.8 × 21.4		vertikal. Parabolsp. mit planem Zusatz-reflektor

Observatorium	Dimensionen [m]	λ [cm]	Typ
Nancay, Frankreich	300 × 35		vertikal. Parabolsp. mit planem Zusatzreflektor
Ootacamund, Indien	530 × 30	92	bewegl. Zylinderparabol in NS Richtung äquatoreal mon.
Pulkovo, USSR	105 × 3	3	parabolförmiger Sektor

Große Radiointerferometer

Observatorium	Beschreibung	λ [cm]	Auflösgenauigkeit
Bologna, Italien	Kreuzantenne Zylinderparabol. EW 595 × 30 m, NS 320 × 30 m	73.5	4.2 × 6′
Cambridge, Engl. 1 mile Teleskop	Syntheseteleskop, 3 Parabolsp. 18.3 m ⌀, 2 fest, 1 fahrbar 732 m Schiene	6 21 75	7″.5 23 80
1/2 mile Teleskop	Syntheseteleskop, 2 Parabolsp. 9 m ⌀, 1 fest, 1 fahrbar, 732 m Schiene	21	47″
Chris-Kreuz, Fleurs b. Sydney, Australien	Syntheseteleskop, 2 × 32 Parabolsp. 5.7 m ⌀, 4 Parabolsp. 13.6 m ⌀, NS 800 m, EW 800 m	21	40″

Observatorium	Beschreibung	λ [cm]	Auflösgenauigkeit
Culgoora, NSW, Australien	96 Parabolsp. 11.75 m ⌀, auf Kreis von 3 km ⌀, Syntheseteleskop	3.85	3'.5
NRAO Greenbank, USA	Synthesetel. 3.26 m Parabolsp. Basislänge 2700 m	21 11 3.7	13" 7" 2".5
Molonglo b. Hoskinstown, Australien	Kreuzantenne Zylinderparabol. NS 1580 × 12.8 m EW 1575 × 11.6 m	73.5 270	2'.8 10'
Owens Valley, USA	Synthesetel. 2 Parabolsp. 27.5 m ⌀, 1 Parabolsp. 39.6 m Basis: EW 490 + 1000 m, NS 490 m	3 11 18 21 32	13"
Stanford, USA	Synthesetel. 5 Parabolsp. 18.3 m ⌀, Basis: EW 206 m	2.8	17"
Westerbork, Niederl.	Synthesetelesk. aus 12 Parabolsp. 25 m ⌀, davon 10 fest, 2 fahrbar Basis: 1638 m, davon 198 m Schiene	21 6	22" 8

Anmerkung: Antennen vom Typ des Mills Cross oder der meisten Interferometer arbeiten nur bei einer ganz bestimmten Wellenlänge. Parabolspiegel dagegen können bei beliebiger Wellenlänge oberhalb einer bestimmten Grenze arbeiten, die durch die Genauigkeit der Spiegelfläche gegeben ist.

Very-long-baseline-Interferometer

Das konventionelle Interferometer (s. S. 98), in dem die empfangenen Signale während der Beobachtung in einem für beide Radiospiegel gemeinsamen Empfänger, auch Korrelator genannt, zur Interferenz gebracht werden, kann nicht über beliebig große Basisstrecken betrieben werden. Da an die elektrischen Verbindungswege zwischen den beiden Interferometerspiegeln sehr hohe Ansprüche bezüglich ihrer Phasenstabilität gestellt werden müssen, lassen sich Kabelverbindungen nur über wenige Kilometer Länge technisch realisieren. Verbindungen zwischen großen Reflektoren auf dem Funkwege aufzubauen scheiterten an den umweltbedingten Funkstörungen. Deshalb verzichtete man bei den Very-long-baseline-Interferometern ganz auf eine direkte elektrische Verbindung. Man läßt zwei große Radioteleskope unabhängig voneinander – wie Einzelinstrumente –, aber zur gleichen Zeit, das gleiche Objekt beobachten. Die empfangenen Signale werden auf Magnetband aufgezeichnet und so für eine spätere Analyse gespeichert. Eine Interferenz der von einer Radioquelle empfangenen Signale im Korrelator, dies ist in diesem Fall ein großer, schneller Computer, ist aber nur zu erreichen, wenn die Laufzeit für die Signale vom Objekt über die beiden Teleskopspiegel bis zum Korrelator so genau übereinstimmen, daß die Fehler kleiner als der reziproke Wert der Bandbreite der Beobachtungsfrequenz ist. Um solche genauen Synchronisationen von Signalen im Korrelator zu erreichen, müssen auf den Magnetbändern Zeitmarken mitgespeichert werden, die in der benötigten Präzision nur von Atomuhren geliefert werden können. Atomstandards liefern zwar sehr konstante Zeitmarken, aber diese sind ja keine absoluten Zeitzeichen. So müssen die einzelnen Atomstandard-Zeitmarken über die örtlichen Zeitdienste einander zugeordnet werden, d. h. aber, es müssen Zeitvergleiche über Kontinente hinweg genauer als auf 1 Nanosekunde durchgeführt werden.

Trotz dieser großen Schwierigkeit gelang es in den letzten Jahren zahlreiche solcher Very-long-baseline-Interferometerverbindungen zwischen großen Radioteleskopen auf der Erde zu verwirklichen. Die dabei erreichte längste Basisstrecke wurde zwischen einem Teleskop in Green Bank (USA) und dem Radioteleskop in Parkes (Australien) hergestellt. Die Basislänge betrug 95 Prozent des Erddurchmessers. Positionen am Himmel lassen sich dabei auf etwa 0.001 Bogensekunden ermitteln und Entfernungen auf der Erde – zwischen den in verschiedenen Kontinenten stehenden Teleskopspiegeln – genauer als auf 10 Zentimeter bestimmen, übrigens eine Möglichkeit, schon in wenigen Jahren exakte Angaben über die Kontinentaltrift zu erhalten.

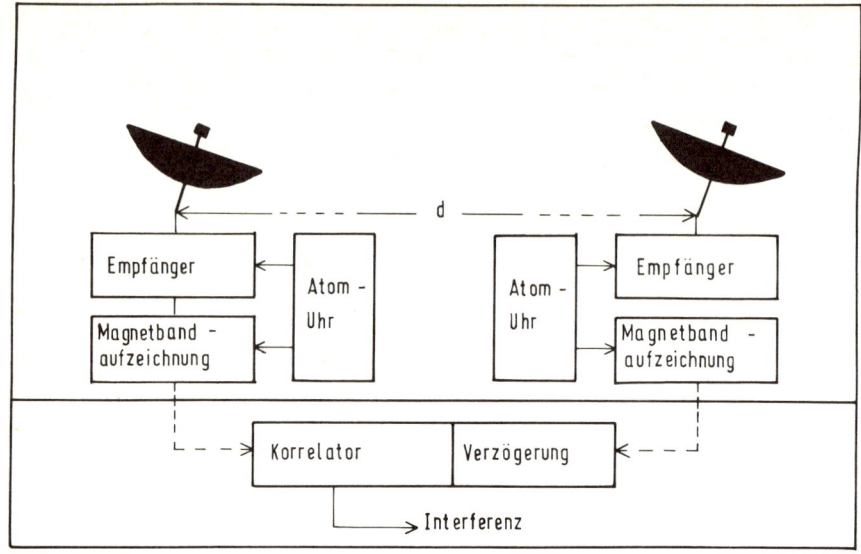

Schema eines Very-long-baseline-Interferometers

Very-large-arrey

Eine Weiterentwicklung der Antennensyntese (s. S. 99) bringt die seit mehreren Jahren von Radioastronomen in den USA geforderte Antennenanlage, ein Interferometer aus 27 Einzelantennen, die in der Form eines Ypsilons angeordnet werden sollen. Die Ausdehnung und Größe einer solchen Anlage wird deutlich an der Tatsache, daß nach einem ebenen Gelände von 35 km Ausdehnung zum Aufbau für dieses Very-large-arrey gesucht wird. Die Y-Form der Antennenanordnung gestattet, durch Ausnutzung der Erdrotation während einer Beobachtungszeit von 8–12 Stunden die Wirkung einer Parabolantenne gleichen Durchmessers zu simulieren.

c) Empfänger

Eine extrem große Verstärkung zu erreichen, ist kein Problem: man schaltet eine entsprechende Anzahl einzelner Verstärkerstufen hintereinander. Die eigentlichen Probleme sind die beiden folgenden. Erstens erzeugt bereits die erste Verstärkerstufe ein gewisses Maß an Rauschen (Eingangsrauschen), ihren *Störpegel*, der nun von allen folgenden Verstärkerstufen genauso verstärkt wird, wie das zu messende Signal. Dieses Rauschen kommt letzten Endes durch die „Teilchenstruktur" des elektrischen Stromes (einzelne Elektronen) und setzt sich aus zwei Anteilen zusammen: Widerstandsrauschen und Röhrenrauschen. Dabei ist entscheidend, daß auch ohne Signal im normalen Verstärker bereits ein „Ruhestrom" fließen muß; die vielen Elektronen des Ruhestromes treffen in ungleichmäßigen, statistisch verteilten Abständen ein und erzeugen somit eine Schwankung, ein Rauschen.

Zweitens läßt sich die Empfindlichkeit dadurch steigern, daß man von dem zu messenden Strom einen dem Störpegel entsprechenden Strom abzieht, so daß nur das Signal übrigbleibt (genauer gesagt, Signal + Schwankung des Störpegels). Da man jedoch alle zu messenden Ströme wegen ihrer extrem geringen Stärke erst immer über einige Zeit aufsummieren muß (*Integrationszeit*), so benötigt man Verstärker, die während dieser Zeit ihren Verstärkungsgrad nicht verändern. Das zweite Problem ist somit die *Konstanz* (Stabilität) des Verstärkers. Es sind hierfür Verstärker gebaut worden mit einer Konstanz bis zu 1:10000.

Es kommt also darauf an, Verstärker mit hoher Konstanz und vor allem mit äußerst geringem Eingangsrauschen zu bauen. Die verschiedenen Durchführungen können hier nur kurz beschrieben werden.

Der direkte Empfänger

In den Anfängen der Radioastronomie wurden nur direkte Empfänger benutzt. Hierbei handelt es sich um normale Superhet-Empfänger mit hoher Stabilität und möglichst kleinem Rauschen. Einer Batterie wird ein Gleichstrom entnommen, der mit dem Ausgang des Verstärkers verglichen wird, die Differenz wird gemessen. Der Batteriestrom wird vor der Messung so einreguliert, daß er gerade gleich dem Eigenrauschen des Verstärkers ist.

Eine Abart dieses Types wird zur Beobachtung der 21-cm-Linie benutzt. Man arbeitet hier mit einem Verstärker, der zwei Kanäle für zwei etwas verschiedene Frequenzen hat. Den einen Kanal stimmt man auf die zu beobachtende Frequenz dieser Linie ab, den anderen Kanal auf eine benachbarte Frequenz. Hinter der Verstärkung bildet man die Differenz beider Ausgänge und erhält somit die Intensität der Linie allein, befreit vom Eingangsrauschen des Verstärkers und auch von der kontinuierlichen Strahlung der Radioquelle.

Dicke-Empfänger

Bei dem von R. H. Dicke 1946 entwickelten Empfänger wird zwischen Antenne und Empfänger ein Schalter eingebaut, der den Empfänger in regelmäßigem Takt mehrfach pro Sekunde abwechselnd mit der Antenne oder mit einem einfachen Widerstand gleicher Ohmzahl verbindet. Hinter dem Ausgang des Empfängers ist ein „Synchron-Detektor" geschaltet, der das im

Schaltertakt pulsierende Signal von dem nicht pulsierenden Eingangsrauschen abtrennt. Da der Schalter schnell genug wechselt, braucht der Empfänger nicht so extrem konstant zu sein wie beim direkten Empfänger.

Die Leistung des Signales und des Rauschens wird oft als Temperatur (in der international eingeführten Einheit K = Grad Kelvin) gemessen. Wäre die Antenne auf eine große, warme Fläche dieser Temperatur gerichtet, so würde die Strahlung dieser Fläche die gleiche Leistung im Empfänger erzeugen wie die zu messende Leistung.

Beim Dicke-Empfänger ist das Eingangsrauschen zwar abgetrennt, doch verbleibt auch hier ein gewisser Störpegel durch die statistischen Schwankungen des Eingangsrauschens. Dieser Störpegel kann auf zwei Arten verkleinert werden: durch hohe Bandbreite und durch lange Beobachtungszeit (Integrationszeit). — Nennen wir T_0 die Temperatur des Eingangsrauschens, B die Bandbreite des Empfängers und t die Integrationszeit, so beträgt die Temperatur T_D des Störpegels beim Dicke-Empfänger:

$$T_D = 0.7 \, \frac{T_0}{\sqrt{Bt}}.$$

Die Integrationszeiten betragen meist einige Sekunden bis Minuten, die Bandbreiten meist einige Promille bis wenige Prozent der Beobachtungsfrequenz. Bei Dipolzeilen, Antennenzeilen und Interferometern muß, bei stark geneigtem Strahl, das Verhältnis von Bandbreite zu Beobachtungsfrequenz klein sein gegenüber dem Verhältnis von Wellenlänge zu Basis.

Extrem rauscharme Verstärker

Beim Dicke-Verstärker ist das Eingangsrauschen auf die bestmögliche Weise vom Signal abgetrennt. Eine weitere Verbesserung des trotzdem verbleibenden Störpegels ist dann nur noch dadurch zu erreichen, daß man das Eingangsrauschen selbst verkleinert. Dies ist äußerst wichtig für kurze Wellenlängen, weil hier das Eingangsrauschen des Verstärkers größer ist als alle anderen Störungen. Bei langen Wellenlängen dagegen ist die Hintergrundstrahlung der Milchstraße weit höher als das Rauschen des Verstärkers, so daß eine Verbesserung des Verstärkers nichts hilft. Zur Veranschaulichung zeigt die Tabelle auf S.107 die verschiedenen Beiträge zum gesamten Störpegel.

Aus dieser Tabelle sieht man, daß der Störpegel für Wellenlängen über 3 m fast nur durch die Hintergrundstrahlung der Milchstraße bestimmt ist, während unterhalb von 1 m das Eingangsrauschen (bei Verstärkern mit Radioröhren) alles andere weit überwiegt. Für die Entdeckung und Beobachtung der fernsten Quellen sind aber gerade die kurzen Wellenlängen besonders wichtig (z. B. wegen des größeren Auflösungsvermögens), und so sind in den letzten Jahren zwei Typen von Verstärkern entwickelt worden, deren erste Stufe ein extrem geringes Eingangsrauschen hat.

Der erste Typ heißt *Maser* (microwave amplification by stimulated emission of radiation, Kurzwellenverstärkung durch angeregte Emission von Strahlung). Man bringt eine paramagnetische Substanz (meist Rubin- oder Saphirkristalle)

Die einzelnen Rauschtemperaturen

Frequenz	Wellenlänge	Rauschtemperaturen			Summe
		Strahlung der Milchstraße	Strahlung der Erdatmosphäre	Eingangsrauschen bei normalem Röhrenempfänger	
MHz	m	Grad absolut			
10	30	200 000			200 000
15	20	73 000			73 000
20	15	36 000			36 000
30	10	12 800		180	13 000
100	3	630		250	880
300	1	41		350	391
1 000	.3	2.0	3.8	540	546
3 000	.1	.12	4.0	900	904
10 000	.03		8.5	1 650	1 660
15 000	.02		16	2 300	2 320
20 000	.015		40	3 000	3 040
30 000	.010		100	5 000	5 100

in ein starkes Magnetfeld. Dann gibt es ganz bestimmte Energiestufen, die die Elektronen des Kristalles besetzen können. Ein Elektron kann in drei Weisen seine Energiestufe wechseln: Erstens kann es durch Absorption eines Photons bestimmter Energie (bestimmter Frequenz) von einem niedrigeren Niveau auf ein höheres angehoben werden, zweitens kann es unter Abstrahlung eines Photons auf ein niedrigeres Niveau von selbst herunterfallen (spontane Emission), drittens kann dies Herunterfallen auch durch den Vorbeiflug eines Photons angeregt werden (angeregte Emission).

Die angeregte Emission ist somit eine *Verstärkung* der einfallenden Photonen. Damit diese Verstärkung nutzbar ist, müssen zwei Bedingungen erfüllt sein: Erstens muß für die Frequenz der einfallenden Photonen die angeregte Emission größer sein als ihre Absorption (Verstärkungsgrad größer als Eins), zweitens muß die spontane Emission bei dieser Frequenz möglichst klein sein (geringer Ruhestrom, geringes Rauschen).

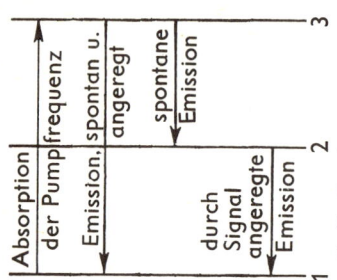

Die nebenstehende Skizze zeigt drei Energieniveaus. Niveau 1 ist der unterste oder Grundzustand der Elektronen. Durch starke Einstrahlung von Photonen der „Pumpfrequenz" (E_3–E_1) werden die Elektronen von Niveau 1 nach Niveau 3 angehoben, die dann größtenteils spontan oder angeregt wieder nach Niveau 1 herunterfallen; bei starker Pumpstrahlung sind im Mittel stets gerade ebenso viele Elektronen in 1 wie in 3. Ein gewisser Anteil fällt jedoch spontan von 3 nach 2. Es läßt sich nun so einrichten, daß der spontane Abfall von 2 nach 1 etwas länger dauert, als die anderen Übergänge, so daß das Niveau 2 am stärksten von allen drei Niveaus besetzt ist. Dann wird die Verstärkung der Signalphotonen durch angeregte Emission (von 2 nach 1) sehr stark.

Dieser Mechanismus funktioniert nur bei extrem niedrigen Temperaturen, und zur Kühlung benutzt man flüssiges Helium (etwa 1 K = —272°C). Theoretisch ließe sich damit das Eingangsrauschen des Verstärkers bis auf etwa 1 K herunterdrücken.

Ein zweiter Typ von Verstärker mit sehr geringem Eingangsrauschen ist der *parametrische Verstärker*, auch Mavar genannt. Zur Veranschaulichung seiner Arbeitsweise stellen wir uns einen Schwingkreis aus Spule und Kondensator vor, der durch ein schwaches Signal der geeigneten Frequenz zu schwachem Schwingen angeregt ist. Würden wir nun die Platten des Kondensators immer dann etwas einander nähern, wenn die Schwingung durch ihren Nullpunkt geht, und sie wieder auseinander bewegen, wenn die Schwingung ein Maximum oder Minimum hat, so würden wir die Schwingung damit wesentlich verstärken. Nun kann man zwar die Platten eines Kondensators nicht mit der Frequenz von Radiowellen hin und her bewegen, aber wenn man seine Kapazität auf elektrische Weise zu schnellen Veränderungen bringt, so hätte dies den gleichen Erfolg wie eine Bewegung der Platten.

Es gibt sehr viel verschiedene Arten der Durchführung, eine davon ist die folgende. Man nimmt eine Silizium-Diode und legt eine hohe Spannung in Sperrrichtung an. Es fließt kein Strom, und die Diode wirkt wie ein Kondensator;

die Kapazität dieses Kondensators jedoch ist von der Höhe der angelegten Spannung abhängig. Man variiert diese Sperrspannung mit der doppelten Meßfrequenz, und hat damit gerade die gewünschte Veränderung der Kapazität und somit die Verstärkung für Signale der Meßfrequenz erreicht. Eines der größten Probleme beim parametrischen Verstärker ist seine oft recht ungenügende Konstanz, doch läßt sich dies, wenn auch mit recht großem Aufwand, lösen. Die bisher gebauten Verstärker haben ein Eingangsrauschen von 50 bis 150 K. Sie sind also zur Zeit fast ebenso gut wie Maser, sind jedoch billiger und einfacher zu handhaben. Welche Sorte von Verstärker in Zukunft die meisten Aussichten hat, ist noch nicht abzusehen. Vermutlich wird man zunächst mit Masern auf tiefste Rauschtemperaturen kommen.

d) Leistungsfähigkeit

Die Leistungsfähigkeit einer Empfangsanlage — eines Radioteleskopes — ist durch zwei Dinge gegeben: Empfindlichkeit und Auflösungsvermögen. Für die *Empfindlichkeitsgrenze* einer Anlage, auch *Helligkeitsgrenze* genannt, kann man angeben, wie stark eine Radioquelle sein muß (ihre „scheinbare Helligkeit" im Radiobereich), um gerade noch meßbar zu sein. Die Stärke oder scheinbare Helligkeit einer Quelle wird als Flußdichte ihrer Strahlung gemessen, in der Einheit W/m²Hz, d. h. in Watt (Strahlungsleistung) pro Quadratmeter (Auffangfläche der Antenne) und pro Hertz (Bandbreite des Empfängers). — Da die schwachen Quellen häufiger sind als die starken, kann man die Empfindlichkeitsgrenze einer Anlage auch durch die Anzahl pro Raumwinkel der noch meßbaren Quellen angeben, z. B. in der Einheit „Anzahl/sterad" (Steradian ist die meist benutzte Einheit des Raumwinkels; die gesamte Kugelfläche hat 4π = 12,566 sterad, und 1 sterad = 3282,8 Quadratgrad). Für diese zweite Art der Angabe muß allerdings die Häufigkeit der Quellen als Funktion ihrer Helligkeit bekannt sein, und die Helligkeit als Funktion der Wellenlänge.

Für die *Auflösungsgrenze* einer Anlage kann man ihre Strahlbreite (s. S.   ) angeben, oder die Anzahl von Quellen pro Raumwinkel, die noch einwandfrei auflösbar ist, wobei jedoch der störende Einfluß der vielen schwachen Hintergrundsquellen zu berücksichtigen ist.

Die Tabelle S.110 zeigt als Beispiel die Leistungsfähigkeit eines runden Spiegels von 50 m Durchmesser. Für die Berechnung der kleinsten Flußdichte S_m wurden folgende Werte angenommen: Summe der Rauschtemperaturen für Röhrenempfänger nach der Tabelle auf Seite 107, Eingangsrauschen eines guten zukünftigen Masers = 20 K; Bandbreite = 5% der Beobachtungsfrequenz, Integrationszeit = 10 sec (s. S. 105); effektive Auffangfläche = 70% der Antennenfläche; Signal-Rausch-Verhältnis = 5 (20% Meßgenauigkeit);

Beobachtungsgrenzen eines Parabolspiegels von 50 m Durchmesser

	Helligkeitsgrenze				Auflösungsgrenze	
λ	S_m		N_m		β	N_a
	Röhrenempfänger	Maser 20 K	Röhrenempfänger	Maser 20 K		
m	10^{-26} W/m²Hz		Anzahl/sterad			Anzahl/ sterad
30	32000		0.008		41°.3	0.033
20	1300		0.46		27°.5	0.074
15	200		5.6		20°.6	0.13
10	31		56.0		13°.8	0.30
3	0.88	0.64	2900	4500	4°.1	3.3
1	0.22	0.035	5900	96000	1°.38	30
0.3	0.17	0.0080	2100	200000	24′.8	330
0.1	0.16	0.0044	590	140000	8′.3	3000
0.03	0.22	0.0037	89	40000	2′.48	33000
0.02	0.48	0.0072	17	9100	1′.65	74000
0.015	1.5	0.030	2.1	770	1′.24	130000
0.012	5.2	0.16	0.26	46	1′.00	205000
0.010	15.0	0.32	0.044	12	49″.5	300000

λ = Wellenlänge,

S_m = kleinste meßbare Flußdichte (scheinbare Radio-Helligkeit),

N_m = Anzahl pro Raumwinkel der noch meßbaren Quellen,

β = Strahlbreite der Richtwirkung der Antenne,

N_a = Anzahl pro Raumwinkel der noch auflösbaren (vom Hintergrund gut trennbaren) Quellen,

sterad = Steradian, Einheit des Raumwinkels (3282,8 Quadratgrad).

ferner wurde auch die Begrenzung des beobachtbaren Spektrums bei sehr langen und sehr kurzen Wellenlängen berücksichtigt: atmosphärische Absorption, menschliche Störungen und langsame Szintillation. — Für die Berechnung von N_m, der Anzahl noch meßbarer Quellen pro Raumwinkel, wurde angenommen: Anzahl der vorhandenen Quellen proportional zu $S^{-1.5}$, Flußdichte S proportional zu $\lambda^{0.8}$, Normierung durch den Dritten Cambridge-Katalog. Für die Berechnung der Auflösungsgrenze, N_a, wurde festgelegt, daß die Unsicherheit der Hintergrundstrahlung 20% der zu messenden Strahlung nicht überschreiten soll.

Beobachtet man mit einem Parabolspiegel von 50 m Durchmesser bei einer bestimmten Wellenlänge λ, so kann man der obigen Tabelle die beiden Zahlen N_m und N_a entnehmen; die kleinere der beiden ist dann die *Beobachtungsgrenze* und gibt die wirklich beobachtbare Anzahl von Quellen pro Raumwinkel an.

Für Antennen anderer Gestalt lassen sich die Werte der Tabelle leicht umrechnen (Auffangfläche $1/4\,\pi\,a^2$, Basis b; a und b in Meter gemessen):

Größe	zu multiplizieren mit
S_m	$(50\ \mathrm{m}/a)^2$
N_m	$(a/50\ \mathrm{m})^3$
β	$50\ \mathrm{m}/b$
N_a	$(b/50\ \mathrm{m})^2$

Der runde Parabolspiegel hat seine höchste Beobachtungsgrenze bei relativ kurzen Wellenlängen, und zwar um so kürzer, je größer der Spiegel ist, siehe die folgende Tabelle. In Praxis ist es jedoch extrem schwierig (und somit teuer), große bewegliche Flächen von hoher Stabilität zu bauen, und die Oberfläche eines Spiegels muß immer genauer sein als etwa 1/10 der Wellenlänge. Andererseits lassen sich die beachtlichen Vorteile eines Masers nur dann voll ausnutzen, wenn man bei kurzen Wellenlängen beobachtet.

Wellenlänge λ_0, bei der ein runder Spiegel vom Durchmesser a gerade die höchste Beobachtungsgrenze N_b ergibt

	Röhrenempfänger		Maser 20 K	
a	λ_0	N_b	λ_0	N_b
m	cm	Anzahl/sterad	cm	Anzahl/sterad
16	24	26	4.0	1 000
25	22	85	3.5	3 000
40	19	290	3.1	10 000
63	16	930	2.8	30 000
100	14	3 200	2.6	91 000
160	12	10 500	2.4	270 000
250	10	34 000	2.2	750 000

Aufnahme des Sternhimmels in Richtung zum Himmelspol mit feststehender Kamera bei 3stündiger Belichtungszeit (Aufn. H. Vehrenberg).

ASTRONOMIE IM TÄGLICHEN LEBEN

Normalerweise kommt es uns kaum zum Bewußtsein, daß der Ablauf unseres Lebens ganz einschneidend durch kosmische Vorgänge und Abläufe geregelt und gemessen wird. Tag und Nacht, Monat und Jahr, Sommer und Winter bestimmen unseren Lebenslauf. Die Energie der Sonne, ihre der Erde seit Millionen von Jahren zugestrahlte Wärme ermöglicht jedoch erst Leben auf diesem Planeten.

Es ist verständlich, daß der Mensch schon in der Vorzeit diese Abhängigkeit von dem kosmischen Geschehen erkannte, wahrscheinlich in viel stärkerem Maße als wir heute. Beobachtend und deutend versuchte er den Ablauf zu begreifen. Da ihm dies nicht gelang, personifizierte er die Gestirne und überließ sich der Macht der Götter.

Unkenntnis der wahren Zusammenhänge konnte eine astrologische Schicksaldeutung entstehen lassen. Unkenntnis ist auch heute noch oft der Grund für das Festhalten mancher Menschen an astrologischen Vorstellungen und Vorhersagen.

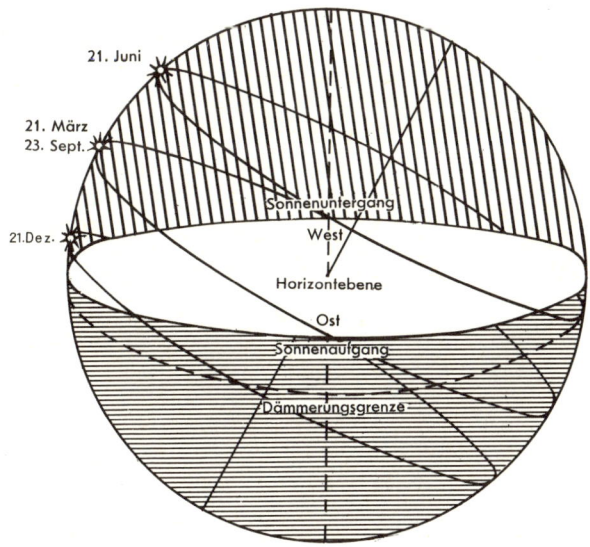

Die scheinbare Sonnenbahn zu Beginn der Jahreszeiten

1. Auf- und Untergang der Sonne

Die Sonne geht morgens am östlichen Himmel auf und abends am westlichen unter. Auf- und Untergang der Sonne erfolgen aber nicht immer an der gleichen Stelle des Horizontes.

Am Tag des Frühlingsanfangs (21. März) bzw. des Herbstanfangs (23. September) geht die Sonne genau im Osten auf und im Westen unter. An allen anderen Tagen des Sommerhalbjahres aber geht die Sonne nördlich vom Ostpunkt auf und dementsprechend nördlich des Westpunktes unter. Ihren größten Abstand vom Ost- bzw. Westpunkt erreicht die Sonne am Tag der Sommersonnenwende (22. Juni). Von diesem Tag an nimmt der Abstand zwischen Ostpunkt und Aufgangspunkt der Sonne, die Morgenweite, wieder ab, bis am Tage des Herbstanfangs die Sonne wieder genau im Osten aufgeht. Im Winterhalbjahr liegen die Aufgangspunkte der Sonne alle südlich des Ostpunktes und die Untergangspunkte entsprechend südlich des Westpunktes. Am Tag der Wintersonnenwende (22. Dezember) hat die Sonne ihren größten südlichen Abstand vom Ost- bzw. Westpunkt erreicht.

Der Abstand der Sonne vom Ost- oder Westpunkt, die Morgen- oder Abendweite, ist für ein und denselben Tag nicht für alle Orte gleich, sondern er ändert sich mit der geographischen Breite. Je höher die geographische Breite eines Ortes ist, um so größer ist die Morgen- oder Abendweite.

Tageslänge des längsten und kürzesten Tages des Jahres

Geographische Breite	längster Tag	kürzester Tag	Unterschied
0° (Äquator)	12^h 0^m	12^h 0^m	0^h 0^m
5°	12^h 17^m	11^h 43^m	0^h 34^m
10°	12^h 35^m	11^h 25^m	1^h 10^m
15°	12^h 53^m	11^h 7^m	1^h 46^m
20°	13^h 13^m	10^h 17^m	2^h 56^m
25°	13^h 33^m	10^h 27^m	3^h 6^m
30°	13^h 56^m	10^h 4^m	3^h 52^m
35°	14^h 21^m	9^h 39^m	4^h 42^m
40°	14^h 51^m	9^h 9^m	5^h 42^m
45°	15^h 26^m	8^h 34^m	6^h 52^m
50°	16^h 9^m	7^h 51^m	8^h 18^m
55°	17^h 6^m	6^h 54^m	10^h 12^m
60°	18^h 30^m	5^h 30^m	13^h 0^m
66° 33′ (Polarkreis)	24^h Tag	24^h Nacht	
70°	Tag = 65 Tage	Nacht = 60 Tage	
80°	Tag = 134 Tage	Nacht = 127 Tage	
90° (Pol)	Tag = 186 Tage	Nacht = 179 Tage	

Dementsprechend ändert sich mit der geographischen Breite auch die Dauer von Tag und Nacht.

Diese Zahlen gelten für die nördlichen Breiten sowie für den Mittelpunkt der Sonne und den Meereshorizont ohne Berücksichtigung der Strahlenbrechung in der Erdatmosphäre, der Refraktion (s. S. 185).

Wird die Strahlenbrechung in der Erdatmosphäre, die Refraktion, mit berücksichtigt, so erhält man folgende Tabelle der mittleren möglichen Sonnenscheindauer in unseren geographischen Breiten.

Mittlere Sonnenscheindauer für den kürzesten und längsten Tag

Nördl. geogr. Breite	22. Dez.	22. Juni	Unterschied
47°	8^h 26^m	15^h 50^m	7^h 24^m
48°	8^h 18^m	15^h 59^m	7^h 41^m
49°	8^h 9^m	16^h 8^m	7^h 59^m
50°	8^h 0^m	16^h 18^m	8^h 18^m
51°	7^h 50^m	16^h 29^m	8^h 39^m
52°	7^h 40^m	16^h 40^m	9^h 0^m
53°	7^h 29^m	16^h 52^m	9^h 23^m

Mittlere mögliche Sonnenscheindauer in Stunden für die einzelnen Monate

Monat	47°	48°	49°	50°	51°	52°	53°
Januar	276	273	269	265	261	256	251
Februar	286	284	282	280	278	275	273
März	367	366	366	366	366	365	365
April	406	407	409	411	412	414	416
Mai.	464	468	471	475	479	483	488
Juni	473	477	482	486	491	497	503
Juli.	478	482	486	491	495	500	505
August	439	441	444	447	449	452	455
September.	376	377	378	378	379	379	380
Oktober.	337	335	334	333	331	330	328
November.	281	277	274	271	268	264	260
Dezember	264	260	257	251	246	241	235

In Schaltjahren sind die Februarwerte um 10 Stunden größer.

In einem gewöhnlichen Jahr erhält man für die geographische Breite von 50° eine mittlere mögliche Sonnenscheindauer von 4454 Stunden. Da die Stundenzahl des Jahres 8766 beträgt, ergibt sich im Mittel 4313 als jährliche Zahl der Stunden ohne Sonne. Alle diese Zahlen gelten für den Meereshorizont.

Dauer der bürgerlichen Dämmerung für die Mitte des Monats (in Minuten)

geographische Breite φ	Januar	Februar	März	April	Mai	Juni	Juli	August	September	Oktober	November	Dezember
42°	33	31	30	31	34	36	35	32	30	30	32	33
43°	33	31	30	31	35	37	36	32	30	30	33	34
44°	34	32	31	32	35	38	37	33	31	31	33	35
45°	35	32	31	33	36	39	38	34	32	32	34	35
46°	35	33	32	33	37	40	38	35	32	32	34	36
47°	36	34	32	34	38	41	39	36	33	34	35	37
48°	37	34	33	35	39	43	41	36	33	34	36	38
49°	38	35	34	36	40	44	42	37	34	34	37	39
50°	39	36	34	36	41	45	43	38	35	35	38	40
51°	40	37	35	37	43	47	44	39	36	36	39	42

Dauer der astronomischen Dämmerung für den ersten Tag des Monats

Monat $\diagdown$ φ	0°	10°	20°	30°	40°	50°	60°
Januar	1^h16^m	1^h16^m	1^h20^m	1^h27^m	1^h39^m	2^h01^m	2^h48^m
Februar	1 13	1 14	1 17	1 23	1 34	1 54	2 30
März	1 10	1 11	1 14	1 21	1 31	1 49	2 21
April	1 10	1 11	1 15	1 22	1 34	1 55	2 41
Mai	1 12	1 14	1 19	1 28	1 45	2 21	—
Juni	1 15	1 18	1 24	1 36	2 00	3 45	—
Juli	1 16	1 19	1 25	1 38	2 04	—	—
August	1 14	1 16	1 21	1 32	1 51	2 41	—
September	1 11	1 12	1 17	1 24	1 37	2 03	3 08
Oktober	1 10	1 11	1 14	1 21	1 32	1 50	2 25
November	1 12	1 12	1 16	1 22	1 33	1 52	2 26
Dezember	1 15	1 15	1 19	1 26	1 37	1 59	2 50

Der Übergang vom Tag zur Nacht, bzw. von der Nacht zum Tag, erfolgt nicht plötzlich, sondern es treten eine Reihe von Dämmerungserscheinungen auf. Auch der Übergang vom Tag- zum Nachthimmel ist nicht stetig, vielmehr beobachtet man einzelne Unstetigkeitsstellen in Gestalt von Dämmerungsbögen. Diese entstehen durch Reflexion der Strahlen der unter dem Horizont stehenden Sonne an verschieden hohen Unstetigkeitsschichten der Atmosphäre. Der erste oder auch leuchtende Dämmerungsbogen verschwindet am

Horizont, bzw. taucht auf, wenn die Sonne einen Stand von 8° unter dem Horizont erreicht hat. Man bezeichnet diesen Zeitpunkt als Ende, bzw. Beginn, der bürgerlichen Dämmerung. Die Schichtgrenze, die diesen leuchtenden Dämmerungsbogen verursacht, liegt bei etwa 11 bis 12 km Höhe und ist die Grenze zur Stratosphäre, die sogenannte Tropopause. — Bei einem Sonnenstand von 17° bis 18° unter dem Horizont sinkt der zweite oder auch Hauptdämmerungsbogen unter den Westhorizont, bzw. erscheint dieser Dämmerungsbogen am Morgen am Osthorizont. Dieser Zeitpunkt ist das Ende oder der Beginn der astronomischen Dämmerung. Zwischen deren Ende und Beginn herrscht vollkommene Dunkelheit, so daß in dieser Zeit die mit bloßem Auge sichtbaren Sterne beobachtbar sind. Trotzdem kann man bei einem Sonnenstand von 24° unter dem Horizont noch das Verschwinden eines Nachdämmerungsbogens beobachten. Die diese Dämmerungserscheinungen verursachenden Schichtgrenzen in der Atmosphäre liegen etwa bei 60 km (Stratopause) und bei 130 km Höhe. Selbst nach Abschluß dieser Erscheinungen ist die ganze Nacht über noch ein mehr oder weniger starkes Nachthimmelslicht vorhanden, dessen wechselnde Intensität dem aufmerksamen Beobachter auffällt. — Die Dauer der Dämmerung wird bestimmt durch die Steilheit der scheinbaren Sonnenbahn zum Horizont. Deshalb dauert in den tropischen Zonen die Dämmerung nur kurze Zeit, weil dort die Sonnenbahn sehr steil auf dem Horizont steht. Neben der geographischen Breite des Beobachtungsorts (φ) bestimmt noch die jeweilige Deklination der Sonne die Länge der Dämmerungserscheinungen. So steht die Sonne zur Sommersonnenwende in unseren Breiten selbst um Mitternacht nur so wenig unter dem Nordhorizont, daß die ganze Nacht über Dämmerung ist.

Es läßt sich aus der Erfahrung heraus eine mittlere Zeitdauer angeben, die nach Sonnenuntergang verstrichen sein muß, bevor in der Nähe des Zenits Sterne einer bestimmten Größe zu sehen sind.

Sichtbarkeit der Sterne nach Sonnenuntergang

Sterne der Größe	1	2	3	4	5	6 mag
Zeit nach Sonnenuntergang:	8	18	32	45	60	80 Min.

Die Zahlen gelten selbstverständlich für mondlose Nächte und vollkommen klaren Himmel. Sie sind als unterste Grenze aufzufassen, vor welcher die Sterne der betreffenden Größe nicht sichtbar werden.

2. Koordinatensysteme

Eine Untersuchung der Verteilung oder der Bewegung der Gestirne an der Himmelssphäre setzt eine Festlegung des Ortes der einzelnen Objekte an der

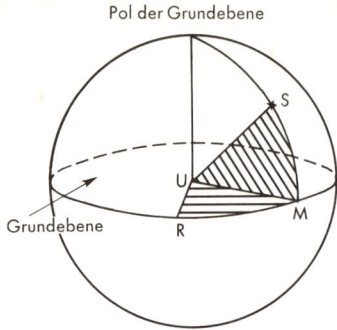

Himmelskugel voraus. Da die Beobachtung unmittelbar nur die Richtung gibt, die Entfernung der Gestirne meist nicht bekannt oder für bestimmte Aufgaben nicht von Wichtigkeit ist, genügt es, den Ort durch zwei Winkel anzugeben, die von festgelegten Richtpunkten auf Großkreisen gemessen werden. Diese Art der Ortsangabe eines Gestirns in Polarkoordinaten ist den in der Astronomie gebräuchlichen Koordinatensystemen gemeinsam. Lediglich nach Aufgabenstellung werden verschiedene Ausgangspunkte der Zählung auf verschiedenen Grundkreisen eingeführt, also der Aufgabe gemäße Koordinatensysteme gewählt.

Um die Richtung eines Punktes S an der Sphäre vom Ursprungspunkt U aus zu bestimmen, wählt man eine Ebene als Grundebene und in dem Großkreis, den diese an der Sphäre ausschneidet, einen Punkt als Richtpunkt R. Die

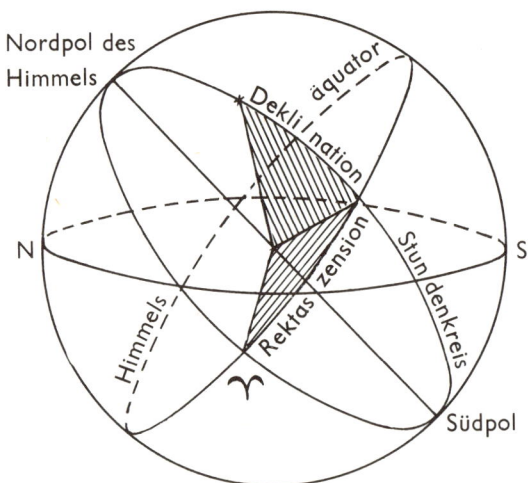

Äquatoriales Koordinatensystem

Die gebräuchlichen astronomischen Koordinatensysteme

Grundkreis und Pole	Ausgangspunkt und Richtung der Zählung	Zählung zw. Grundkreis und Pol	Name der Koordinaten und Abkürzung	
Horizont-System:				
Horizont	Südpunkt	Horizont	Azimut	A
Zenit	über Westen	zum Zenit	Höhe	h
Nadir	im Bogenmaß	$0°$ bis $+90°$, auch $90° - h = z$ gebräuchlich	Zenitdistanz	z
Festes Äquator-System :				
Himmelsäquator	Meridian	Äquator	Stundenwinkel	t
Nord- u. Südpol	über Westen im Zeitmaß	zu den Polen $0°$ bis $\pm 90°$	Deklination	δ
Bewegtes Äquator-System :				
Himmelsäquator	Frühlingspunkt	Äquator	Rektaszension	
Nord- u. Südpol	entgegen der tägl. Bewegung im Zeitmaß	zu den Polen $0°$ bis $\pm 90°$	α oder AR Deklination	δ
Ekliptikales System :				
Ekliptik;	Frühlingspunkt in	Ekliptik	ekliptikale Lange	λ
ihr Nord- u. Südpol	wachsender Rekt- aszension im Bogenmaß	zu den Polen $0°$ bis $\pm 90°$	Breite	β
Altes galaktisches System :				
Mittellinie der Milchstraße;	Schnittpunkt des Grundkreises mit	Milchstraßen- ebene	galaktische Länge	l^{I}
ihr Nord- u. Südpol	dem Himmelsäqua- tor in wachsender Rekt. im Bogenmaß	zu den Polen $0°$ bis $\pm 90°$	Breite	b^{I}
Neues galaktisches System :				
Mittellinie der Milchstraße;	galaktisches Zen- trum in wach-	Milchstraßen- ebene	galaktische Länge	l^{II}
ihr Nord- u. Südpol	sender Rekt. im Bogenmaß	zu den Polen $0°$ bis $\pm 90°$	Breite	b^{II}

Lage des Punktes S ist dann eindeutig durch zwei Winkel bestimmt, nämlich den Winkel SUM, den die Richtung nach S mit der Grundebene bildet, und den Winkel RUM, den eine senkrecht zur Grundebene durch S gelegte Ebene mit der Richtung zum Punkt R einschließt. Die Winkel werden durch die ihnen entsprechenden Kreisbogen RM und SM gemessen.

Auf dieser Grundlage kann man durch Angabe der Grundkreisebene, des Richtpunktes auf ihr und durch Festlegen der Zählung der Winkel entsprechende Koordinatensysteme definieren.

Im Augenblick sind zwei etwas verschiedene galaktische Koordinatensysteme in Gebrauch, die durch die Bezeichnungen l^I b^I und l^{II} b^{II} unterschieden werden. Das alte System beruht im wesentlichen auf einer optischen Festlegung der Mittellinie der Milchstraße, während das neue System, eingeführt auf Beschluß der Internationalen Astronomischen Union (IAU), auf radioastronomischen Untersuchungen unseres Sternsystems hin festgesetzt worden ist. Der Unterschied in der Lage des alten zum neuen galaktischen Äquator ist nicht sehr groß, wie man aus den Koordinaten für den galaktischen Pol ersieht.

Äquatoriale Koordinaten des galaktischen Pols

$$\text{Altes System:} \quad \alpha \ (1950) \ = \quad 12^h \ 42^m.5$$
$$\delta \ (1950) \ = \ + \ 27°.7$$
$$\text{Neues System:} \ \alpha \ (1950) \ = \quad 12^h \ 49^m$$
$$\delta \ (1950) \ = \ + \ 27°.4$$

Hingegen weichen die galaktischen Längenangaben zwischen altem und neuem System um etwa $32°.5$ voneinander ab, da der Nullpunkt der Längenzählung verschoben wurde, so daß er nun mit der Richtung zum galaktischen Zentrum ($\alpha = 17^h \ 42^m.4$, $\delta = -28° \ 55'$ für 1950) zusammenfällt. Es ist also in grober Näherung:

$$l^{II} \approx l^I \ + \ 32°.5$$

Exakt können die in den einzelnen Systemen gemessenen Koordinaten mit den Formeln der sphärischen Trigonometrie in andere Systeme transformiert werden. Dazu ist die Kenntnis der Lage des Grundkreis-Poles des einen im anderen System nötig. Allgemein gibt man die Koordinaten der Pole im äquatorialen Koordinatensystem an. Zenit und Polhöhe sind vom jeweiligen Beobachtungsort abhängig. Der Pol der Ekliptik liegt $23° \ 27'$ (Schiefe der Ekliptik) vom Nordpol des Äquator-Systems im Sternbild Draco (Drache). Die Pole der beiden galaktischen Koordinatensysteme wurden oben schon gegeben. Zur oft durchzuführenden Umwandlung von äquatorialen in galaktische Koordinaten bedient man sich meist entsprechender Tafeln oder Nommogramme, bei größeren Rechenarbeiten selbstverständlich Computern.

Eine – freilich nicht sehr genaue – Umrechnung einer Position vom Äquator- ins galaktische System (natürlich auch umgekehrt) gestatten die auf den folgenden Seiten gegebenen Diagramme.

Neben den sechs Polarkoordinatensystemen werden für spezielle Aufgaben vielfach auch rechtwinklige Koordinatensysteme mit rechtwinklig einander zugeordneten X-, Y-, Z-Achsen benutzt. Je nach Lage des Ursprungspunktes des Systems spricht man von geozentrischen Systemen, heliozentrischen Systemen oder baryzentrischen Systemen (Ursprung im Schwerpunkt mehrerer Himmelskörper liegend).

Bogen- und Zeitmaß

An der Sphäre können Winkel im Bogenmaß (in Winkelgraden) oder im Zeitmaß (Stunden, Minuten) angegeben werden. Je nach Zweckmäßigkeit wird die eine oder andere Angabe benutzt.

Voller Kreis	=	24^h				Stunde
		1^h	=	60^m		Minute
				1^m	= 60^s	Sekunde
Voller Kreis	=	24^h	=	1440^m	= 86400^s	

Voller Kreis	=	$360°$				Winkelgrad
		$1°$	=	$60'$		Bogenminute
				$1'$	= $60''$	Bogensekunde
Voller Kreis	=	$360°$	=	$21600'$	= $1296000''$	

Zeitmaß	=	Bogenmaß	
24^h	=	$360°$	
1^h	=	$15°$	
4^m	=	$1°$	
1^m	=		$15'$
4^s	=		$1'$
1^s	=		$15''$

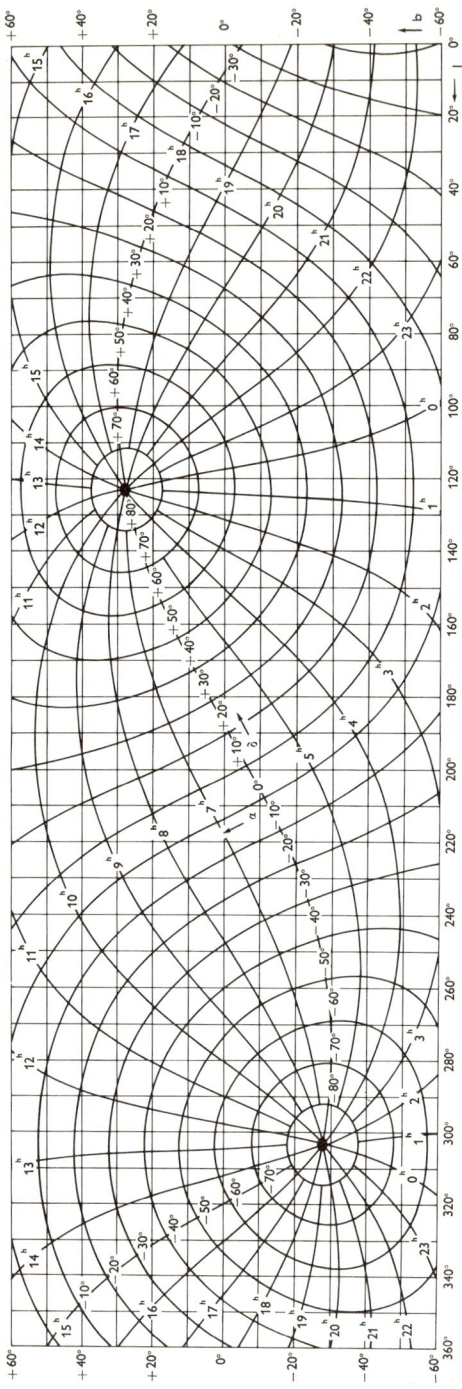

Rechtwinkliges Netz 1^II, b^II; Kurvenschar α, δ für die Epoche 1950.0

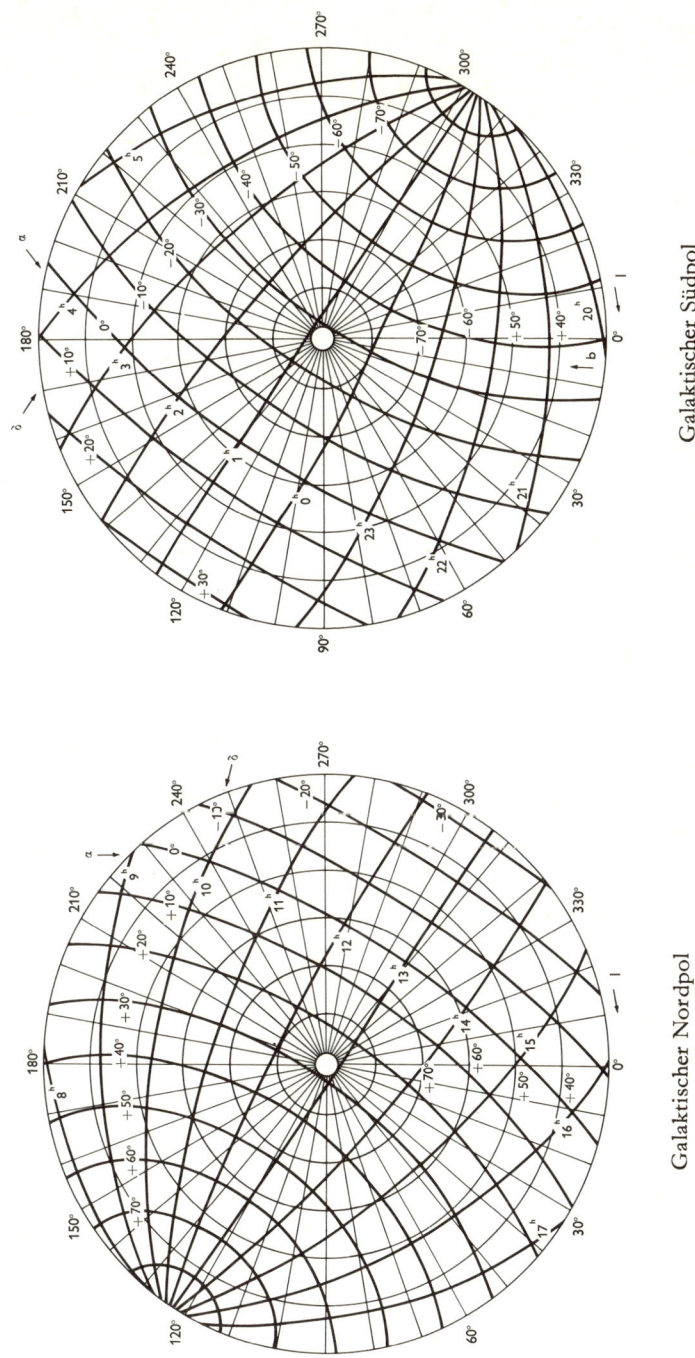

Galaktischer Südpol

Galaktischer Nordpol

123

3. Die tägliche scheinbare Drehung des Himmelsgewölbes

Infolge der Rotation der Erde um ihre Achse in der Richtung von West nach Ost scheint sich der Himmel mit seinen Gestirnen in entgegengesetzter Richtung, also von Ost nach West zu drehen. Die Sterne durchlaufen dabei parallele Kreise. — Als Aufgang eines Gestirns bezeichnet man den Moment seines Erscheinens am östlichen Horizont und als Untergang sein Verschwinden am westlichen Horizont. Der Bogen des Horizonts zwischen dem Aufgangs- bzw. Untergangspunkt eines Gestirns und dem Ost- bzw. Westpunkt des Himmels nennt man die Morgen- bzw. Abendweite des Gestirns. Jedes Gestirn passiert während einer vollen, 24stündigen scheinbaren Drehung des Himmelsgewölbes zweimal den Meridian; einmal beim Übergang von der östlichen auf die westliche und 12 Stunden später beim Übergang von der westlichen auf die östliche Himmelshalbkugel. Obere Kulmination nennt man den ersten Meridiandurchgang und untere Kulmination den zweiten Durchgang.

Den Bogen der Kreisbahn vom Aufgangspunkt bis zum Untergangspunkt eines Gestirns bezeichnet man als seinen Tagbogen. Die Lage des Tagbogens zum Horizont hängt von der geographischen Breite des Beobachtungsortes ab. An den Erdpolen (90° geogr. Breite) verläuft die tägliche Bewegung eines Gestirns, also sein Tagbogen, parallel zum Horizont. Die Sterne der einen Himmelshalbkugel sind ständig über dem Horizont, die der anderen stets unter dem Horizont und deshalb für den Beobachter dort nie sichtbar. Der Tagbogen der Gestirne steht für einen Beobachter am Erdäquator stets senkrecht auf dem Horizont; alle Sterne stehen gleichlang über wie unter dem Horizont. In allen anderen geographischen Breiten liegt der Tagbogen schräg zur Horizontebene. Dabei wird ein Teil, und zwar der dem Pol nahestehender Sterne, der Zirkumpolarsterne, nicht unter den Horizont sinken. Der andere Teil wird je nach seiner Deklination (siehe Seite 118) einen mehr oder weniger weiten Tagbogen über den Himmel beschreiben.

Wie lange ein Gestirn bei bekannter Deklination über dem Horizont ist, also wie groß der Tagbogen eines Gestirns ist, kann der vorstehenden Tabelle entnommen werden.

In der Tabelle ist der halbe Tagbogen, also die Zeit vom Aufgang eines Gestirns bis zu seiner oberen Kulmination bzw. von seiner oberen Kulmination bis zum Untergang angegeben, und zwar für verschiedene Werte der geographischen Breite φ.

4. Die Zeit

Als Einheit zur Zeitmessung bietet sich uns die tägliche scheinbare Umdrehung des Sternhimmels oder eines Himmelskörpers an, etwa die der Sonne. Beginn und Ende einer vollen Umdrehung werden dadurch gegeben, daß eine feste Marke auf der Erde und ein vereinbarter Punkt am Himmel in eine Richtung fallen. Als feste Marke wählt man den Ortsmeridian und als Fixpunkt an der Sphäre zweckmäßig den Frühlingspunkt als Ausgangspunkt der Rektaszensionszählung (s. S. 119) oder die Sonne. Beide Punkte liegen zwar nicht fest, aber

Halber Tagbogen

δ \ φ	+44°	+46°	+48°	+50°	+52°	+54°	+56°
°	h m	h m	h m	h m	h m	h m	h m
−30	3 48.9	3 37.9	3 25.7	3 11.8	2 55.8	2 36.9	2 13.5
29	3 54.9	3 44.5	3 33.0	3 20.1	3 5.3	2 48.0	2 27.1
28	4 0.7	3 50.9	3 40.1	3 28.0	3 14.2	2 58.3	2 39.4
27	4 6.2	3 57.0	3 46.9	3 35.5	3 22.7	3 8.0	2 50.8
26	4 11.7	4 3.0	3 53.4	3 42.8	3 30.8	3 17.2	3 1.4
25	4 16.9	4 8.7	3 59.7	3 49.7	3 38.6	3 25.9	3 11.3
24	4 22.0	4 14.3	4 5.8	3 56.5	3 46.0	3 34.3	3 20.8
23	4 27.0	4 19.7	4 11.8	4 3.0	3 53.2	3 42.3	3 29.8
22	4 31.9	4 25.0	4 17.5	4 9.3	4 0.2	3 50.0	3 38.4
21	4 36.7	4 30.2	4 23.2	4 15.4	4 6.9	3 57.4	3 46.6
−20	4 41.3	4 35.3	4 28.7	4 21.4	4 13.5	4 4.6	3 54.6
19	4 45.9	4 40.2	4 34.0	4 27.3	4 19.9	4 11.6	4 2.3
18	4 50.4	4 45.1	4 39.3	4 33.0	4 26.1	4 18.4	4 9.8
17	4 54.9	4 49.9	4 44.5	4 38.6	4 32.1	4 25.0	4 17.0
16	4 59.2	4 54.6	4 49.5	4 44.1	4 38.1	4 31.5	4 24.1
15	5 3.5	4 59.2	4 54.5	4 49.5	4 43.9	4 37.8	4 31.0
14	5 7.7	5 3.7	4 59.5	4 54.8	4 49.7	4 44.1	4 37.8
13	5 11.9	5 8.2	5 4.3	5 0.0	4 55.3	4 50.2	4 44.5
12	5 16.0	5 12.6	5 9.0	5 5.1	5 0.9	4 56.2	4 51.0
11	5 20.1	5 17.0	5 13.7	5 10.2	5 6.4	5 2.1	4 57.4
−10	5 24.1	5 21.4	5 18.4	5 15.2	5 11.8	5 7.9	5 3.7
9	5 28.1	5 25.7	5 23.0	5 20.2	5 17.1	5 13.7	5 10.0
8	5 32.1	5 29.9	5 27.6	5 25.1	5 22.4	5 19.5	5 16.2
7	5 36.0	5 34.2	5 32.2	5 30.0	5 27.7	5 25.1	5 22.3
6	5 40.0	5 38.4	5 36.7	5 34.9	5 32.9	5 30.7	5 28.4
5	5 43.9	5 42.6	5 41.2	5 39.7	5 38.1	5 36.3	5 34.4
4	5 47.8	5 46.8	5 45.7	5 44.5	5 43.3	5 41.9	5 40.4
3	5 51.6	5 50.9	5 50.1	5 49.3	5 48.4	5 47.4	5 46.3
2	5 55.5	5 55.1	5 54.6	5 54.1	5 53.5	5 52.9	5 52.3
− 1	5 59.4	5 59.2	5 59.0	5 58.9	5 58.7	5 58.4	5 58.2
0	6 3.2	6 3.4	6 3.5	6 3.6	6 3.8	6 4.0	6 4.2

δ \ φ	$+44°$	$+46°$	$+48°$	$+50°$	$+52°$	$+54°$	$+56°$
0	6 3.2	6 3.4	6 3.5	6 3.6	6 3.8	6 4.0	6 4.2
+ 1	6 7.1	6 7.5	6 7.9	6 8.4	6 8.9	6 9.5	6 10.1
2	6 11.0	6 11.6	6 12.4	6 13.2	6 14.0	6 15.0	6 16.0
3	6 14.8	6 15.8	6 16.8	6 18.0	6 19.2	6 20.5	6 22.0
4	6 18.7	6 20.0	6 21.3	6 22.8	6 24.4	6 26.1	6 28.0
5	6 22.6	6 24.2	6 25.8	6 27.6	6 29.6	6 31.7	6 34.0
6	6 26.6	6 28.4	6 30.4	6 32.5	6 34.8	6 37.3	6 40.1
7	6 30.5	6 32.6	6 34.9	6 37.4	6 40.0	6 43.0	6 46.2
8	6 34.5	6 36.9	6 39.5	6 42.3	6 45.3	6 48.7	6 52.4
9	6 38.5	6 41.2	6 44.1	6 47.3	6 50.7	6 54.5	6 58.7
10	6 42.5	6 45.6	6 48.8	6 52.3	6 56.1	7 0.3	7 5.0
+11	6 46.6	6 49.9	6 53.5	6 57.4	7 1.6	7 6.3	7 11.4
12	6 50.8	6 54.4	6 58.3	7 2.5	7 7.2	7 12.3	7 18.0
13	6 54.9	6 58.9	7 3.1	7 7.8	7 12.8	7 18.4	7 24.6
14	6 59.2	7 3.4	7 8.0	7 13.1	7 18.6	7 24.6	7 31.4
15	7 3.5	7 8.1	7 13.0	7 18.5	7 24.4	7 31.0	7 38.3
16	7 7.8	7 12.7	7 18.1	7 23.9	7 30.4	7 37.5	7 45.4
17	7 12.2	7 17.5	7 23.3	7 29.5	7 36.5	7 44.1	7 52.7
18	7 16.7	7 22.4	7 28.5	7 35.3	7 42.7	7 50.9	8 0.2
19	7 21.3	7 27.4	7 33.9	7 41.1	7 49.1	7 57.9	8 7.9
20	7 26.0	7 32.4	7 39.4	7 47.1	7 55.6	8 5.2	8 15.9
+21	7 30.8	7 37.6	7 45.1	7 53.3	8 2.4	8 12.6	8 24.2
22	7 35.7	7 42.9	7 50.9	7 59.6	8 9.4	8 20.3	8 32.8
23	7 40.7	7 48.4	7 56.8	8 6.1	8 16.6	8 28.3	8 41.9
24	7 45.8	7 54.0	8 2.9	8 12.9	8 24.0	8 36.7	8 51.4
25	7 51.1	7 59.8	8 9.3	8 19.9	8 31.8	8 45.5	9 1.4
26	7 56.5	8 5.7	8 15.8	8 27.1	8 40.0	8 54.7	9 12.1
27	8 2.1	8 11.8	8 22.6	8 34.7	8 48.5	9 4.4	9 23.5
28	8 7.9	8 18.2	8 29.7	8 42.6	8 57.5	9 14.8	9 35.9
29	8 13.9	8 24.8	8 37.1	8 51.0	9 7.0	9 26.0	9 49.6
+30	8 20.1	8 31.7	8 44.8	8 59.7	9 17.2	9 38.2	10 5.1

ihre Bewegungen (durch Präzession und Nutation, s. S. 170) können genau kontrolliert werden. Die Sonne bewegt sich mit ungleichförmiger Geschwindigkeit in einer gegen den Äquator geneigten Ebene, der Ekliptik. Deshalb eignet sie sich nicht gut als Zeitmarke. Um diese Schwierigkeit zu eliminieren, führt man für die Zeitmessung eine fiktive „mittlere Sonne" ein, d. h., man läßt im Äquator eine gedachte Sonne mit einer mittleren Geschwindigkeit in derselben

Zeit wie die wahre Sonne umlaufen, wobei mittlere und wahre Sonne zur selben Zeit durch den Frühlingspunkt gehen.

Je nach dem Fixpunkt an der Sphäre, dem Frühlingspunkt oder der Sonne unterscheidet man verschiedene Zeiten:

Sterntag: die Zeit zwischen zwei aufeinanderfolgenden oberen Durchgängen (Kulminationen) des Frühlingspunktes durch den Meridian;

Sternzeit: Stundenwinkel des Frühlingspunktes;

mittlerer Sonnentag: die Zeit zwischen zwei aufeinanderfolgenden unteren Kulminationen der mittleren Sonne;

mittlere Sonnenzeit: Stundenwinkel der mittleren Sonne $+ 12^h$;

wahre Sonnenzeit: Stundenwinkel der wahren Sonne.

Der mittlere Sonnentag wird aus technischen Gründen von der unteren Kulmination aus gerechnet, also von Mitternacht an.

Da die wahre Sonne wegen ihrer ungleichförmigen Bewegung einmal schneller und ein anderes Mal langsamer gegenüber der fiktiven mittleren Sonne umläuft, entstehen Unterschiede zwischen mittlerer Sonnenzeit und wahrer Sonnenzeit. Diese Unterschiede werden als Zeitgleichung bezeichnet:

Zeitgleichung = wahre Zeit minus mittlere Zeit.

Zeitgleichung

(Die Werte sind von Jahr zu Jahr etwas verändert.)

Januar	1	$- 3^m\ 26^s$	Juli	10	$- 5^m\ 3^s$
	11	$- 7^m\ 51^s$		20	$- 6^m\ 8^s$
	21	$- 11^m\ 19^s$		30	$- 6^m\ 17^s$
	31	$- 13^m\ 31^s$	August	9	$- 5^m\ 28^s$
Februar	10	$- 14^m\ 23^s$		19	$- 3^m\ 40^s$
	20	$- 13^m\ 57^s$		29	$- 1^m\ 3^s$
März	2	$- 12^m\ 24^s$	September	8	$+ 2^m\ 8^s$
	12	$- 10^m\ 2^s$		18	$+ 5^m\ 38^s$
	22	$- 7^m\ 10^s$		28	$+ 9^m\ 7^s$
April	1	$- 4^m\ 6^s$	Oktober	8	$+ 12^m\ 14^s$
	11	$- 1^m\ 13^s$		18	$+ 14^m\ 39^s$
	21	$+ 1^m\ 12^s$		28	$+ 16^m\ 5^s$
Mai	1	$+ 2^m\ 55^s$	November	7	$+ 16^m\ 15^s$
	11	$+ 3^m\ 45^s$		17	$+ 15^m\ 4^s$
	21	$+ 3^m\ 38^s$		27	$+ 12^m\ 29^s$
	31	$+ 2^m\ 38^s$	Dezember	7	$+ 8^m\ 42^s$
Juni	10	$+ 0^m\ 56^s$		17	$+ 4^m\ 5^s$
	20	$- 1^m\ 11^s$		27	$- 0^m\ 53^s$
	30	$- 3^m\ 17^s$	Januar	6	$- 5^m\ 38^s$

Maximum: Februar 12 ($- 14^m\ 24^s$), Minimum: November 3 ($+16^m\ 21^s$)

Die mittlere Sonne rückt, relativ zum Frühlingspunkt, täglich um 0.99 Winkel-grade von Westen nach Osten im Äquator weiter. Der mittlere Sonnentag ist deshalb um die entsprechende Zeitspanne, nämlich 3^m $56^s,55$ länger als der Sterntag. Es ist also:

ein Sterntag = 0.99727 mittlere Sonnentage,
ein mittlerer Sonnentag = 1.00274 Sterntage.

Sternzeit und mittlere bzw. wahre Sonnenzeit sind ihrer Definition nach Orts-zeiten, weil der Stundenwinkel vom Ortsmeridian aus gezählt wird. Der Unterschied zwischen zwei an verschiedenen Orten nach Ortszeit gehenden Uhren ist gleich dem geographischen Längenunterschied dieser beiden Orte. Um die Störungen des bürgerlichen Lebens, die durch den Wechsel der Zeit von Ort zu Ort entstehen würden, zu beseitigen, hat man Zonenzeiten einge-führt. Diese Zonenzeiten unterscheiden sich meist um volle Stunden. Im astronomischen Gebrauch wird die Ortszeit des geographischen Nullmeridians (Meridian von Greenwich) *Universal-* oder *Weltzeit* genannt.

Weltzeituhr

Die wahre Zeit (Ortszeit) unterscheidet sich von Längengrad zu Längengrad um 4 Min. Da dies das bürgerliche Leben sehr stören würde, haben fast alle Länder eine gesetzliche Zeit eingeführt, die sich der Tageshelligkeit für ihr Gebiet gut anpaßt. Eine ganze Reihe von Ländern haben während des Som-merhalbjahres Sommerzeit (S), den Stundenzahlen der nachstehenden Tabelle ist dann 1 Stunde zuzuzählen.

Wenn es in Deutschland 12^h mittags ist, ist es in folgenden Ländern

0^h Alaska westl. 162°, Aleuten, Samoa;

1^h *(Alaska Standard Time)* in Teilen von Alaska;

2^h in Teilen von Alaska;

3^h *(Pacific Standard Time)* Alaska (Ost), Kanada (Brit. Columbia) (S), Mexiko (Niederkalifornien nördl. 28°), USA (pazif. Küste) (S);

4^h *(Mountain Standard Time)* Mexiko (pazif. Küste), westliche Zentral-staaten der USA (S);

5^h *(Central Standard Time)* Costa Rica, El Salvador, Guatemala, Hondu-ras, Kanada (Manitoba) (S), Mexiko (bis auf westliche Teile), Nica-ragua (S), Zentralstaaten der USA (S);

6h   (*Eastern Standard Time*) Brasilien (West), Chile, Dominikanische Republik, Ecuador, Haiti, Kanada (Ontario und Quebec West) (S), Kolumbien, Kuba, Panama, Peru, USA (atlant. Küste einschl. Florida) (S);

6h 30m Venezuela;

7h   (*Atlantic Standard Time*) Kanada (atlant. Küste) (S), Küstenzone der USA, Bermudas, Puerto Rico, Bolivien, Brasilien (Mitte), Paraguay;

7h 30m Labrador (S), Neufundland (S);

8h   Argentinien, Brasilien (Ost), Grönland (Westküste), Uruguay;

9h   Azoren (S), Grönland (Ostküste), Kapverdische Inseln;

10h   Island (S), Kanarische Inseln, Madeira (S).

11h   (*Westeuropäische Zeit*) ehem. Französisch-Westafrika, Ghana, Großbritannien (S), Irland (S), Marokko (S), Portugal (S), Sierra Leone;

12h   (*Mitteleuropäische Zeit*) außer Deutschland auch Albanien, Algerien, Angola, Belgien, Dänemark, Frankreich, ehem. Französisch-Äquatorialafrika, Italien, Jugoslawien, Kongo (westl.), Niederlande, Nigeria, Norwegen, Österreich, Polen (S), Schweden, Schweiz, Tschechoslowakei, Tunesien, Ungarn (S);

13h   (*Osteuropäische Zeit*) Betschuanaland, Bulgarien, Finnland, Griechenland, Israel, Jordanien, Kongo (östl.), Libanon, Libyen, Moçambique, Njassaland, Rumänien, Republik Südafrika, Sudan, Türkei, Vereinigte Arabische Republik (S), Zypern;

14h   (*Moskauer Zeit*) Aden, Äthiopien, Irak, Jemen, Kenia, Madagaskar, Somalia, Tanganjika, UdSSR bis 40° östl. Länge, Uganda;

14h 30m Iran;

15h   Maskarenen, Oman, UdSSR 40° bis 52° 30′ ö. L.;

15h 30m Afghanistan;

16h   Pakistan (westl.), UdSSR 52° 30′ bis 67° 30′ ö. L.;

16h 30m Indien;

17h   China 82° 30′ bis 97° 30′ ö. L., Pakistan (östl.), UdSSR 67° 30′ bis 82° 30′ ö. L.;

17h 30m Birma, Nordsumatra;

18h   China 97° 30′ bis 112° 30′ ö. L., Südsumatra, Thailand, UdSSR 82° 30′ bis 97° 30′ ö. L., Vietnam;

18h 30m (*Javazeit*) Borneo, Java;

19h   (*Chinesische Küstenzeit* oder *Celebeszeit*) Celebes, China 112° 30′ bis 127° 30′ ö. L., Hongkong (S), Philippinen, Taiwan, Timor, UdSSR 97° 30′ bis 112° 30′ ö. L., Westaustralien;

19h 30m Nordostchina (etwa 120° bis 135° ö. L.);

20^h *(Japanische Zeit)* Japan, UdSSR 112° 30′ bis 127° 30′ ö. L.;

20^{h}30^m *(Südaustralische Zeit)* Südaustralien, Australien Nordterritorium, West-Neuguinea;

21^h *(Ostaustralische Zeit)* Australien (östl.), Neuguinea (brit.), UdSSR 127° 30′ bis 142° 30′ ö. L. (Wladiwostok);

22^h UdSSR 142° 30′ bis 157° 30′;

23^h *(Neuseelandzeit)* Neuseeland, UdSSR 157° 30′ bis 172° 30′ ö. L. mit Kamtschatka;

24^h UdSSR östl. 172° 30′;

Astronomische Beobachtungen, durchgeführt mit modernen Zeitmeßgeräten, wie Quarz- oder Atomuhren, ergaben, daß die oben gegebene Definition der mittleren Sonnenzeit den heutigen Genauigkeitsanforderungen nicht genügt. Säkulare und periodische Schwankungen der Erdrotation bedingen zu verschiedenen Zeiten verschiedene Zeitlängen. So beträgt die durch Gezeitenreibung bewirkte ständige, um einen konstanten Betrag zunehmende Vergrößerung der Tageslänge in zwei aufeinanderfolgenden Tagen rund $4.5 \cdot 10^{-8}$ sec; im Jahrhundert sind dies 0.00164 sec. Die durch Fluktuationen verursachten Schwankungen in den einzelnen Tageslängen liegen in der Größenordnung von 0.001 sec. Deshalb bedient man sich heute einer definitionsgemäß gleichförmigen Zeit, der sogenannten *Ephemeridenzeit*. Durch theoretische, aus den Planetenbewegungen abgeleitete Beziehungen kann die beobachtete und durch Zeitsignale allgemein verbreitete Zeit in diese gleichförmige Zeit umgerechnet werden. Als Zeiteinheit gilt heute die Sekunde, die laut Definition festgesetzt ist als 31556925.975^{ster} Teil des tropischen Jahres 1900 Jan. 0 12^h Ephemeridenzeit.

Diese Zeiteinheit ist aber nur indirekt verfügbar, sie wird aus einem Vergleich der beobachteten scheinbaren Örter der Sonne und des Mondes mit den auf Grund der Himmelsmechanik berechneten Örtern, also den Ephemeriden von Sonne und Mond, erhalten. Der Definition nach ist die Ephemeridenzeit eine in Bezug auf die Gesetze der Himmelsmechanik streng gleichförmig ablaufende Zeit. Gegen die Sonnenzeit ergibt sich eine von Jahr zu Jahr sich ändernde Zeitkorrektion: Δ t = *Ephemeridenzeit* minus *mittlere Sonnenzeit;* sie beträgt zum Beispiel für 1973.0: Δ t = + 43^{s}1 (extrapolierter Wert). – Eine genaue Bestimmung der Korrektion ist immer erst nachträglich aus den Beobachtungen der nächsten Jahre abzuleiten.

Ebenso ist die Weltzeit heute eine durch theoretische Definition festgesetzte Zeit, die sich um etwa 0^{s}1 vor 1972 und 1^{s}0 nach 1972 von der mittleren Sonnenzeit Greenwich unterscheidet.

Zonenzeitkarte (schematisch)

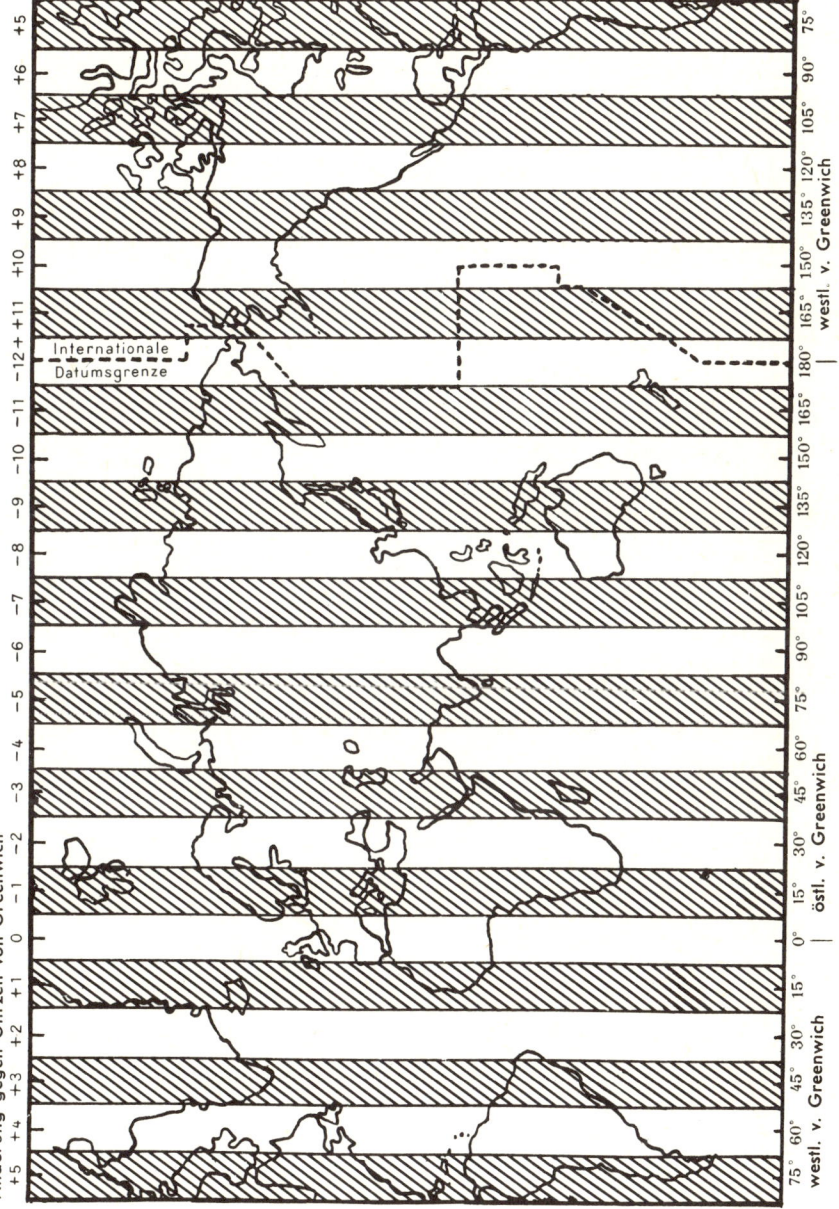

Im Mikrowellengebiet übersteigt aber die Meßgenauigkeit von Schwingungszahlen, Frequenzen, die „astronomische" Genauigkeit beträchtlich. Deshalb ist der Wunsch der Physiker verständlich, über eine Zeiteinheit zu verfügen, deren Genauigkeit und Reproduzierbarkeit von der Größenordnung ihrer Meßgenauigkeit ist. Elektronisch lassen sich heute Frequenzen von der Größenordnung $10 \cdot 10^9$ Hz (10 Milliarden Hertz) miteinander vergleichen. Es ist deshalb möglich, als Normale Vorgänge im Atom zu benutzen, bei denen elektromagnetische Strahlung im Mikrowellengebiet emittiert wird.

Die Ephemeridenzeit ist jüngst durch die Atomsekunde als neue Zeiteinheit abgelöst worden; damit wurde eine physikalisch bestimmte Zeiteinheit definiert. Im System der Ephemeridenzeit wurde die Frequenz (Schwingungen pro Ephemeridensekunde) einer Spektrallinie, und zwar der Linie eines Hyperfein-Übergangs des Caesium-133-Atoms, auf 9 192 631 770.0 Hz festgelegt. Die „Atomsekunde" dauert also 9 192 631 770 Schwingungen der „Caesium-Strahlung", sie entspricht innerhalb gewisser Grenzen der früher gültigen Ephemeridensekunde. Durch das Aneinanderfügen von Atomsekunden und ihren Vielfachen, d. h. Minuten und Stunden, gelangt man zu einer Atomzeit-Skala, die sich gegenüber der astronomisch definierten und bestimmten Weltzeit dadurch auszeichnet, daß sie um mehrere Größenordnungen gleichförmiger ist. Die Atomzeit wurde auch als gültige Zeitskala für das öffentliche Leben eingeführt. Zwischen Atomzeit und astronomisch festgelegter Weltzeit treten aber kleine „Skalensprünge" auf, die je nach Bedarf durch sogenannte Schaltsekunden berichtigt werden. Erstmals wurde eine solche Schaltsekunde am 30. Juni 1972 eingelegt.

Die geographische Lage eines Ortes auf der Erde kann astronomisch oder geodätisch bestimmt werden. Die geodätisch bestimmten Punkte werden aber an astronomisch bestimmte angeschlossen, so ist die Genauigkeit einer absoluten Ortsbestimmung von der Genauigkeit einer astronomischen Messung abhängig.

$$\text{Genauigkeit einer Breitenbestimmung} \pm 0\rlap{.}''02 = \pm 0.6 \text{ m}$$
$$\text{Genauigkeit einer Längenbestimmung} \pm 0\rlap{.}^s008 = \pm 3.7 \text{ m}$$

Die nachstehende Tabelle gibt neben der geographischen Länge und Breite die Abweichung der mitteleuroäpischen Zeit von der Ortszeit im Sinne:

$$\text{Abweichung} = \text{MEZ} \quad \text{minus} \quad \text{Ortszeit.}$$

Beispiel: Um wieviel Uhr (MEZ) ist der wahre Mittag, d. h., kulminiert die Sonne am 2. März in Mannheim?

Durch Anbringen der Zeitgleichung an die wahre Sonnenzeit gehen wir zur mittleren Sonnenzeit über. Laut Definition ist der wahre Mittag um 0^h wahrer Sonnenzeit. Die Zeitgleichung beträgt für den 2. März nach der Tabelle auf Seite 127 — $12^m 24^s$.

*Geographische Längen, Breiten und Abweichungen der mitteleuropäischen Zeit
von den Ortszeiten*
(Die geographischen Längen zählen von Greenwich.)

Ort	östl. Länge	nördl. Breite	MEZ-Ortszeit	Ort	östl. Länge	nördl. Breite	MEZ-Ortszeit
Aachen	6.1°	50.8°	+ 36^m	Darmstadt	8.7°	49.9°	+ 25^m
Ahlen	7.9°	51.8°	+ 28^m	Delmenhorst	8.6°	53.1°	+ 25^m
Altena	7.7°	51.3°	+ 29^m	Dessau	12.2°	51.8°	+ 11^m
Amberg	11.9°	49.4°	+ 13^m	Detmold	8.9°	51.9°	+ 25^m
Ansbach	10.6°	49.3°	+ 18^m	Dinslaken	6.7°	51.6°	+ 33^m
Apolda	11.5°	51.0°	+ 14^m	Dortmund	7.5°	51.5°	+ 30^m
Arnstadt	10.9°	50.8°	+ 16^m	Dresden	13.7°	51.1°	+ 5^m
Aschaffenburg	9.1°	50.0°	+ 23^m	Duisburg	6.8°	51.4°	+ 33^m
Aschersleben	11.5°	51.8°	+ 14^m	Düren	6.5°	50.8°	+ 34^m
Augsburg	10.9°	48.4°	+ 16^m	Düsseldorf	6.8°	51.2°	+ 33^m
Baden-Baden	8.2°	48.8°	+ 27^m	Eberswalde	13.8°	52.8°	+ 5^m
Bd.Godesberg	7.2°	50.7°	+ 31^m	Eisenach	10.3°	51.0°	+ 19^m
Bd.Homburg	8.6°	50.2°	+ 26^m	Eisleben	11.5°	51.5°	+ 14^m
Bd.Kreuznach	7.9°	49.8°	+ 29^m	Elmshorn	9.7°	53.8°	+ 21^m
Bamberg	10.9°	49.9°	+ 16^m	Emden	7.2°	53.4°	+ 31^m
Bayreuth	11.6°	49.9°	+ 14^m	Erfurt	11.0°	51.0°	+ 16^m
Bg. Gladbach	7.1°	51.0°	+ 31^m	Erlangen	11.0°	49.6°	+ 16^m
Berlin	13.4°	52.5°	+ 6^m	Eschweiler	6.3°	50.8°	+ 35^m
Bernburg	11.8°	51.8°	+ 13^m	Essen	7.0°	51.5°	+ 32^m
Bielefeld	8.5°	52.0°	+ 26^m	Eßlingen	9.3°	48.7°	+ 23^m
Bocholt	6.6°	51.8°	+ 34^m	Flensburg	9.4°	54.8°	+ 22^m
Bochum	7.2°	51.5°	+ 31^m	Forst (Laus.)	14.6°	51.7°	+ 1^m
Bonn	7.1°	50.7°	+ 32^m	Frankfurt (M)	8.7°	50.1°	+ 25^m
Bottrop	6.9°	51.5°	+ 32^m	Frankfurt (O)	14.6°	52.3°	+ 2^m
Brandenburg	12.6°	52.4°	+ 10^m	Freiburg (Br.)	7.9°	48.0°	+ 29^m
Braunschwg.	10.5°	52.3°	+ 18^m	Fulda	9.7°	50.6°	+ 21^m
Bremen	8.8°	53.1°	+ 25^m	Fürth	11.0°	49.5°	+ 16^m
Bremerhaven	8.6°	53.5°	+ 26^m	Gelsenkirchen	7.1°	51.5°	+ 32^m
Brühl	6.9°	50.8°	+ 32^m	Gera	12.1°	50.9°	+ 12^m
Castr.-Rauxel	7.3°	51.5°	+ 31^m	Gevelsberg	7.3°	51.3°	+ 31^m
Celle	10.1°	52.6°	+ 20^m	Gießen	8.7°	50.6°	+ 25^m
Chemnitz	12.9°	50.8°	+ 8^m	Gladbeck	7.0°	51.6°	+ 32^m
Coburg	11.0°	50.3°	+ 16^m	Göppingen	9.7°	48.7°	+ 21^m
Cottbus	14.3°	51.8°	+ 3^m	Görlitz	15.0°	51.2°	0^m
Cuxhaven	8.7°	53.9°	+ 25^m	Goslar	10.4°	51.9°	+ 18^m

133

Geographische Längen, Breiten und Abweichungen der mitteleuropäischen Zeit
von den Ortszeiten
(Die geographischen Längen zählen von Greenwich.)

Ort	östl. Länge	nördl. Breite	MEZ-Ortszeit	Ort	östl. Länge	nördl. Breite	MEZ-Ortszeit
Gotha	10.7°	50.9°	+ 17m	Koblenz	7.6°	50.4°	+ 30m
Göttingen	9.9°	51.5°	+ 20m	Köln	7.0°	50.9°	+ 32m
Greifswald	13.4°	54.1°	+ 6m	Konstanz	9.2°	47.7°	+ 23m
Greiz	12.2°	50.7°	+ 11m	Köthen	12.0°	51.8°	+ 12m
Gummersbach	7.6°	51.0°	+ 30m	Krefeld	6.6°	51.3°	+ 34m
Güstrow	12.2°	53.8°	+ 11m	Landshut	12.2°	48.5°	+ 11m
Gütersloh	8.4°	51.9°	+ 26m	Leipzig	12.4°	51.3°	+ 10m
Hagen	7.5°	51.4°	+ 30m	Leverkusen	7.0°	51.0°	+ 32m
Halberstadt	11.0°	51.9°	+ 16m	Lippstadt	8.3°	51.7°	+ 27m
Halle (Saale)	12.0°	51.5°	+ 12m	Lübeck	10.7°	53.9°	+ 17m
Hamburg	10.0°	53.6°	+ 20m	Lüdenscheid	7.6°	51.2°	+ 29m
Hameln	9.4°	52.1°	+ 23m	Ludwigsburg	9.2°	48.9°	+ 23m
Hamm	7.8°	51.7°	+ 29m	Ludwigsh.Rh.	8.4°	49.5°	+ 26m
Hanau	8.9°	50.1°	+ 24m	Lüneburg	10.4°	53.2°	+ 18m
Hannover	9.7°	52.4°	+ 21m	Lünen	7.5°	51.6°	+ 30m
Heidelberg	8.7°	49.4°	+ 25m	Magdeburg	11.6°	52.1°	+ 13m
Heidenheim	10.2°	48.7°	+ 19m	Mainz	8.3°	50.0°	+ 27m
Heilbronn	9.2°	49.1°	+ 23m	Mannheim	8.5°	49.5°	+ 26m
Helmstedt	11.0°	52.2°	+ 16m	Marburg	8.8°	50.8°	+ 25m
Herford	8.7°	52.1°	+ 25m	Marl	7.1°	51.4°	+ 32m
Herne	7.2°	51.5°	+ 31m	Meiningen	10.4°	50.6°	+ 18m
Herten	7.1°	51.4°	+ 31m	Merseburg	12.0°	51.4°	+ 12m
Hildesheim	9.9°	52.2°	+ 20m	Minden	8.9°	52.3°	+ 24m
Hof	11.9°	50.3°	+ 12m	Mönchen-			
Homberg	6.9°	51.3°	+ 32m	gladbach	6.4°	51.2°	+ 34m
Hürth	6.9°	50.8°	+ 32m	Moers	6.6°	51.5°	+ 33m
Ingolstadt	11.4°	48.8°	+ 14m	Mühlhaus.Th.	10.5°	51.2°	+ 18m
Iserlohn	7.7°	51.4°	+ 29m	Mülheim (R.)	6.9°	51.4°	+ 32m
Itzehoe	9.5°	53.9°	+ 22m	München	11.6°	48.1°	+ 14m
Jena	11.6°	50.9°	+ 14m	Münster	7.6°	52.0°	+ 30m
Kaiserslautern	7.8°	49.4°	+ 29m	Naumburg (S)	11.8°	51.2°	+ 13m
Karlsruhe	8.4°	49.0°	+ 26m	Neumünster	10.0°	54.1°	+ 20m
Kassel	9.5°	51.3°	+ 22m	Neuß (Rhein)	6.7°	51.2°	+ 33m
Kempten	10.3°	47.7°	+ 19m	Neustadt (W)	8.1°	49.4°	+ 27m
Kiel	10.1°	54.3°	+ 19m	Neustrelitz	13.1°	53.4°	+ 8m

Geographische Längen, Breiten und Abweichungen der mitteleuropäischen Zeit
von den Ortszeiten
(Die geographischen Längen zählen von Greenwich.)

Ort	östl. Länge	nördl. Breite	MEZ- Ortszeit	Ort	östl. Länge	nördl. Breite	MEZ- Ortszeit
Nordenham	8.5°	53.5°	+ 26ᵐ	Schwerin	11.4°	53.6°	+ 14ᵐ
Nordhausen	10.8°	51.5°	+ 17ᵐ	Siegen	8.0°	50.9°	+ 28ᵐ
Nordhorn	7.1°	52.4°	+ 32ᵐ	Soest	8.1°	51.6°	+ 28ᵐ
Nürnberg	11.1°	49.5°	+ 16ᵐ	Solingen	7.1°	51.2°	+ 32ᵐ
Oberhausen	6.9°	51.5°	+ 33ᵐ	Speyer	8.4°	49.3°	+ 26ᵐ
Offenbach	8.8°	50.1°	+ 25ᵐ	Stade	9.5°	53.6°	+ 22ᵐ
Oldenburg	8.2°	53.1°	+ 27ᵐ	Stendal	11.9°	52.6°	+ 13ᵐ
Osnabrück	8.0°	52.3°	+ 28ᵐ	Stettin	14.6°	53.4°	+ 2ᵐ
Paderborn	8.8°	51.7°	+ 25ᵐ	Stolberg (Rhl.)	6.2°	50.8°	+ 35ᵐ
Passau	13.5°	48.6°	+ 6ᵐ	Stralsund	13.1°	54.3°	+ 8ᵐ
Pforzheim	8.7°	48.9°	+ 25ᵐ	Straubing	12.6°	48.9°	+ 10ᵐ
Pirmasens	7.6°	49.2°	+ 29ᵐ	Stuttgart	9.2°	48.8°	+ 23ᵐ
Plauen	12.1°	50.5°	+ 11ᵐ	Trier	6.6°	49.8°	+ 33ᵐ
Porz	7.1°	50.8°	+ 32ᵐ	Tübingen	9.1°	48.5°	+ 24ᵐ
Potsdam	13.1°	52.4°	+ 8ᵐ	Ulm	10.0°	48.4°	+ 20ᵐ
Quedlinburg	11.1°	51.8°	+ 15ᵐ	Velbert	7.0°	51.3°	+ 32ᵐ
Recklinghausen	7.2°	51.6°	+ 31ᵐ	Viersen	6.4°	51.3°	+ 34ᵐ
Regensburg	12.1°	49.0°	+ 12ᵐ	Völklingen	6.9°	49.3°	+ 33ᵐ
Remscheid	7.2°	51.2°	+ 31ᵐ	Wanne-Eickel	7.2°	51.5°	+ 31ᵐ
Rendsburg	9.7°	54.3°	+ 21ᵐ	Wattenscheid	7.1°	51.5°	+ 31ᵐ
Reutlingen	9.2°	48.5°	+ 23ᵐ	Weiden	12.2°	49.7°	+ 11ᵐ
Rheine	7.4°	52.3°	+ 30ᵐ	Weimar	11.3°	51.0°	+ 15ᵐ
Rheinhausen	6.7°	51.4°	+ 33ᵐ	Weißenfels	12.0°	51.2°	+ 12ᵐ
Rheydt	6.5°	51.2°	+ 34ᵐ	Wiesbaden	8.2°	50.1°	+ 27ᵐ
Rosenheim	12.1°	47.9°	+ 11ᵐ	Wilhelmshaven	8.1°	53.5°	+ 28ᵐ
Rostock	12.1°	54.1°	+ 11ᵐ	Wismar	11.5°	53.9°	+ 14ᵐ
Saarbrücken	7.0°	49.2°	+ 32ᵐ	Witten (Ruhr)	7.3°	51.4°	+ 31ᵐ
Saarlouis	6.8°	49.3°	+ 33ᵐ	Wittenberg	12.6°	51.9°	+ 9ᵐ
Salzgitter	10.4°	52.0°	+ 16ᵐ	Wittenberge	11.8°	53.0°	+ 13ᵐ
St. Ingbert	7.1°	49.3°	+ 32ᵐ	Wolfenbüttel	10.5°	52.2°	+ 18ᵐ
Schleswig	9.6°	54.5°	+ 22ᵐ	Worms	8.4°	49.6°	+ 27ᵐ
Schönebeck	11.7°	52.0°	+ 13ᵐ	Wuppertal	7.1°	51.3°	+ 31ᵐ
Schw. Gmünd	9.8°	48.8°	+ 21ᵐ	Würzburg	9.9°	49.8°	+ 20ᵐ
Schweinfurt	10.2°	50.0°	+ 19ᵐ	Zeitz	12.1°	51.1°	+ 11ᵐ
Schwelm	7.3°	51.3°	+ 31ᵐ	Zwickau	12.5°	50.7°	+ 10ᵐ

Wir erhalten also:

$$0^h + 12^m\ 24^s = \text{mittlere Sonnenzeit} + 12^h = 12^h\ 12^m\ 24^s.$$

Die mittlere Sonnenzeit ist (wie die wahre Sonnenzeit) noch Ortszeit. Wir verwandeln sie mit Hilfe der Angaben der vorhergehenden Tabelle in mitteleuropäische Zeit.

Wollten wir diese Umwandlung in aller Strenge durchführen, so müßte die geographische Länge unseres Standortes genau bekannt sein. Schon eine Ortsveränderung um ca. 300 m nach Ost oder West bedingt in unseren Breiten eine Abweichung von 1^s.

Nach den Angaben auf Seite 134 beträgt die Abweichung der mitteleuropäischen Zeit von der Ortszeit für Mannheim $+ 26^m$; es ist also:

Ortszeit $+$ Abweichung $=$ MEZ
$12^h\ 12^m$ $+$ 26^m $=$ $12^h\ 38^m$.

Der wahre Mittag ist am 2. März in Mannheim also erst um $12^h\ 38^m$.

5. Scheinbare Bewegung der Sonne an der Sphäre

Beobachten wir den Stand der Sonne unter den Sternen (etwa durch Distanzmessung zwischen der Sonne und hellen Sternen), so stellen wir fest, daß die Sonne täglich unter den Sternen ihren Ort verändert. Am Tag des Frühlingsanfangs (21. März) schneidet die Sonne auf ihrer scheinbaren Bahn den Himmelsäquator. Dieser Schnittpunkt zwischen der Sonnenbahn, der Ekliptik, und dem Äquator bezeichnet man als Frühlingspunkt; dort beginnt die Zählung der Rektaszension im äquatorialen und der Länge im ekliptikalen Koordinatensystem (s. S. 117).

Die Sonne hat also am 21. März im Frühlingspunkt die Rektaszension $\alpha = 0^h$ und die Länge $\lambda = 0°$. Da dieser Punkt auf dem Äquator liegt, beträgt auch die Deklination $\delta = 0°$. Im Laufe des Frühjahrs nehmen nun die Rektaszension und die Länge zu und erreichen am Tag des Sommeranfangs, der Sommersonnenwende $\alpha = 6^h$, $\lambda = 90°$, $\delta = + 23°\ 27'$. Die Sonne hat die Rektaszension bzw. die ekliptikale Länge von 12^h oder $180°$ am Herbstanfang im Herbstpunkt. Ihre Deklination beträgt wieder $\delta = 0°$, sie wandert über den Äquator und ihre Deklinationen werden nun negativ. Zur Wintersonnenwende (22. Dezember) hat die Sonne ihre größte negative Deklination von $\delta = - 23°\ 27'$ erreicht; es ist dann $\alpha = 18^h$, $\lambda = 270°$. Am Tag der Frühlings-Tagundnachtgleiche ist die Sonne wieder am Frühlingspunkt angekommen, sie hat somit ihren Jahreslauf durch ihre scheinbare Bahn vollendet.

Genaue Messungen zeigen, daß die täglichen Änderungen der ekliptikalen Sonnenlänge nicht gleichmäßig verlaufen.

Tägliche Änderung der Sonnenlänge

Durchschnittliche tägliche Änderung der Länge . = 59'.135
Maximaler Wert (Anfang Januar) . . . . = 61'
Minimaler Wert (Mitte Juli) . . . . = 57'

Ebenso ändert sich der scheinbare Durchmesser der Sonnenscheibe. Er ist am größten Anfang Januar zur Zeit der schnellsten Sonnenbewegung und am kleinsten Mitte Juli. Der Unterschied zwischen größtem und kleinstem scheinbaren Sonnendurchmesser beträgt 1' 04''.

Scheinbarer Sonnendurchmesser

Tag		scheinbarer Durchmesser:	Tag		scheinbarer Durchmesser:
Januar	1	32' 35''	Juli	20	31' 32''
	21	32' 33''	August	9	31' 36''
Februar	10	32' 28''		29	31' 44''
März	2	32' 19''	September	18	31' 54''
	22	32' 09''	Oktober	8	32' 04''
April	11	31' 58''		28	32' 15''
Mai	1	31' 47''	November	17	32' 25''
	21	31' 39''	Dezember	7	32' 32''
Juni	10	31' 33''		27	32' 35''
	30	31' 31''	Januar	6	32' 35''

Die täglichen Änderungen der ekliptikalen Sonnenlänge und die scheinbare Änderung des Sonnendurchmessers erklären sich dadurch, daß die Erdbahn um die Sonne eine Ellipse ist. Anfang Januar geht die Erde durch den sonnennächsten, Mitte Juli durch den sonnenfernsten Punkt ihrer Bahn (s. Keplersche Gesetze, S. 214).

Im Laufe eines Jahres wandert die Sonne durch die Sternbilder des Tierkreises (Zodiakus). Diese Tierkreis-Sternbilder haben den gleichen Namen wie die Tierkreiszeichen, dürfen aber nicht mit diesen verwechselt werden.

Ausdehnung der Sternbilder des Tierkreises

Sternbild	ekliptikale Länge			Sternbild	ekliptikale Länge		
Widder	26°	—	50°	Waage	214°	—	239°
Stier	50°	—	89°	Skorpion	239°	—	265°
Zwillinge	89°	—	119°	Schütze	265°	—	301°
Krebs	119°	—	139°	Steinbock	301°	—	329°
Löwe	139°	—	174°	Wassermann . . .	329°	—	351°
Jungfrau	174°	—	214°	Fische	351°	—	26°

Neben der Einteilung der Ekliptik in 360 Grad ist noch eine Einteilung in 12 Teile zu je 30 Grad gebräuchlich. Einen solchen Teil nennt man ein „Zeichen der Ekliptik". Diese Tierkreiszeichen liegen am Sternhimmel ein Stück westlich von dem Tierkreis-Sternbild gleichen Namens. Da die Sonne in ihrer scheinbaren Jahresbahn um die Erde von Westen nach Osten fortschreitet, durchläuft sie ein bestimmtes Tierkreisbild im Durchschnitt etwa einen Monat später als das Tierkreiszeichen gleichen Namens.

Zeichen des Tierkreises und Längen ihrer Anfangspunkte in der Ekliptik

Zeichen des Tierkreises		Anfangspunkt
deutsch	latein.	in der Ekliptik
♈ Widder	Aries	0°
♉ Stier	Taurus	30°
♊ Zwillinge	Gemini	60°
♋ Krebs	Cancer	90°
♌ Löwe	Leo	120°
♍ Jungfrau	Virgo	150°
♎ Waage	Libra	180°
♏ Skorpion	Scorpius	210°
♐ Schütze	Sagittarius	240°
♑ Steinbock	Capricornus	270°
♒ Wassermann	Aquarius	300°
♓ Fische	Pisces	330°

Am 21. März und am 23. September (Äquinoktien) haben in unseren Breiten Tag und Nacht die gleiche Länge. Am 22. Juni und am 22. Dezember (Solstitien), am längsten und am kürzesten Tag des Jahres, beträgt der Unterschied in der Sonnenscheindauer etwa 8 Stunden (s. S. 115). Die Sonne hat am Frühlings- und Herbstanfang die Deklination $\delta = 0°$. Am Tag der Sommer- bzw. Wintersonnenwende beträgt ihre Deklination $\delta = \pm 23° 27'$. Da die Lage des Himmelsäquators über dem Horizont von der geographischen Breite des Beobachtungsortes abhängig und für ein und denselben Ort immer gleich ist, erreicht also die Sonne zu verschiedenen Zeiten unterschiedliche Höhen über dem Horizont. Dieser Unterschied der Höhe, der zwischen den beiden Extremwerten rund 47° ausmacht, bedingt einen verschieden schrägen Einfall der Sonnenstrahlen auf die Erde und damit die Jahreszeiten.

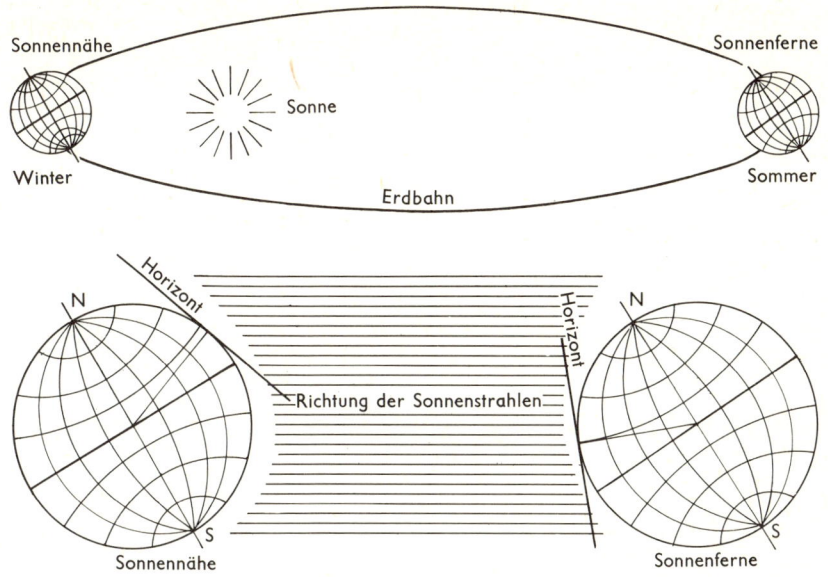

Stellung der Erde zur Sonne im Sommer und Winter

Eine Gegenüberstellung der Dauer der einzelnen Jahreszeiten auf der Nord-
halbkugel der Erde zeigt, daß diese nicht gleich lang sind:

	Länge:
Frühling	92 Tage 19 Stunden
Sommer.	93 Tage 15 Stunden
zusammen:	186 Tage 10 Stunden
Herbst	89 Tage 19 Stunden
Winter	89 Tage 0 Stunde
zusammen:	178 Tage 19 Stunden
Unterschied zwischen Sommer- und Winterhalbjahr:	7 Tage 14 Stunden

Auch diese Erscheinung ist, ebenso wie die unterschiedliche tägliche Änderung der Sonnenlänge, durch die Bewegung der Erde um die Sonne zu erklären, deren sphärisches Abbild der scheinbare jährliche Sonnenlauf ist
(s. S. 137).

6. Lauf und Bewegung des Mondes

Die Bewegung des Mondes unter den Sternen erfolgt mit ungleichförmiger
Geschwindigkeit, und zwar bewegt sich der Mond im Mittel täglich 13° 11' in
östlicher Richtung am Himmel weiter. Seine scheinbare Bahn an der Sphäre

ist nahezu ein größter Kreis, der im Mittel um 5° 8′ gegen die Ekliptik geneigt ist. Die Schnittpunkte der Mondbahn mit der Ekliptik werden Knoten genannt. Den Punkt, an dem der Mond von der Südseite zur Nordseite der Ekliptik überwechselt, nennt man den aufsteigenden, den anderen den absteigenden Knoten. Die Knoten liegen nicht fest, sondern wandern jährlich um 19°3 rückläufig in der Ekliptik, so daß in 18.6 Jahren der ganze Kreis einmal durchlaufen wird. Diese Knotenbewegung verursacht eine fortlaufende Änderung der Lage der Mondbahn an der Sphäre. Die beiden Extremlagen der Bahn treten ein, wenn der aufsteigende bzw. der absteigende Knoten mit dem Frühlingspunkt zusammenfällt. Der Unterschied beträgt für einen gegebenen Beobachtungsort zwischen den beiden Lagen 11°2 in Höhe.

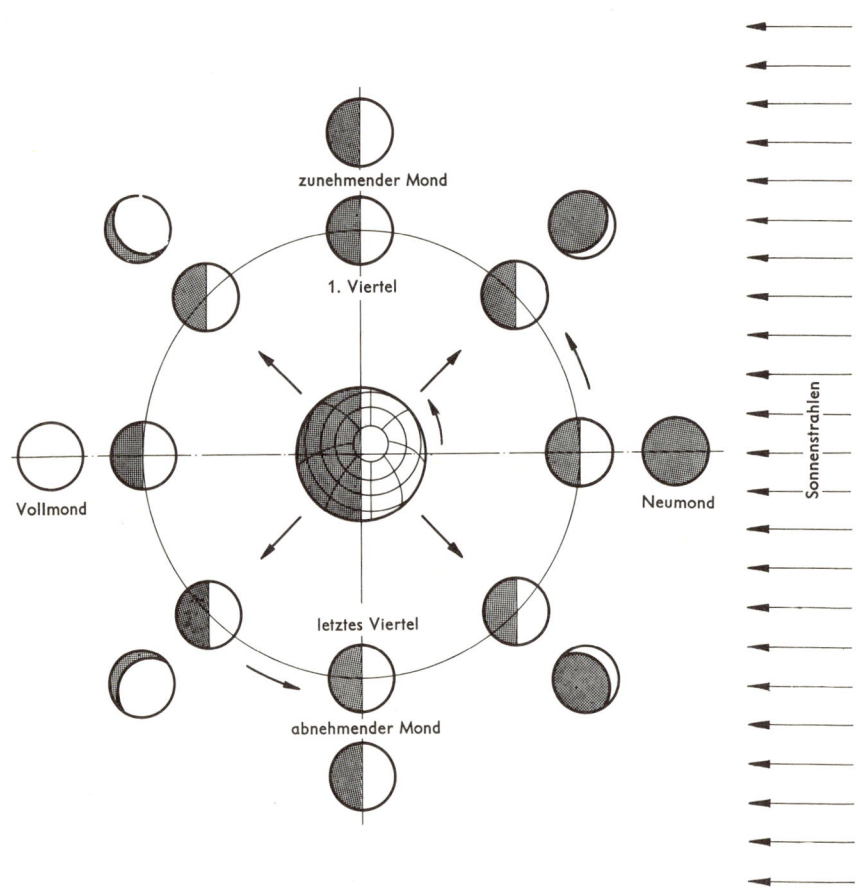

Zur Erklärung der Phasen des Mondes: der Mondlauf im Anblick von Norden auf die Mondbahnebene. Im äußeren Ring die Mondphasen von der Erde aus gesehen.

Die auffälligsten, mit dem Mond verbundenen Erscheinungen sind seine Lichtphasen. Da der Mond kein eigenes Leuchten besitzt, sondern lediglich von der Sonne angestrahlt wird, sind die Mondphasen abhängig von der Stellung dieser beiden Himmelskörper zueinander. Man bezeichnet die Stellungen zweier Himmelskörper, in diesem Fall also von Sonne und Mond, entsprechend dem Unterschied ihrer ekliptikalen Längen als Konstellationen. Ein vollständiger Ablauf aller Phasen wird Lunation genannt.

Konstellationen

Name	ekliptikaler Längenunterschied	Mondphasen
Konjunktion	0°	Neumond
Opposition	180°	Vollmond
Quadratur	90°	erstes bzw. letztes Viertel

Die Trennlinie zwischen beleuchtetem und unbeleuchtetem Teil der Mondscheibe nennt man Terminator; er ist im ersten und letzten Viertel eine gerade Linie, zu den anderen Phasen eine Halbellipse. Die Verbindungslinie zwischen den beiden Enden des Terminators steht senkrecht auf der Linie Sonne–Mond. Vergegenwärtigt man sich die Stellung Sonne – Mond, so sieht man, daß der zunehmende Mond nur am Abendhimmel, der abnehmende Mond nur am Morgenhimmel stehen kann.

Ebenso wie der scheinbare Sonnendurchmesser schwankt der scheinbare Monddurchmesser zwischen den Werten 29,4 und 33,6; der mittlere scheinbare Durchmesser beträgt 31′ 3″. Die bei Mondaufgang oder -untergang zu beobachtende starke Vergrößerung der Mondscheibe ist reine optische Täuschung, wie durch Messen leicht festgestellt werden kann.

Die Bewegung und der Phasenwechsel des Mondes haben zu der Zeiteinteilung nach Mondumläufen, nach Monaten, geführt. Je nach den Meßpunkten sind verschiedene Monatslängen in Gebrauch.

Länge und Definition des Monats

Definition	Monatslänge

Tropischer Monat :

Zeitintervall, in dem die ekliptikale Länge
des Mondes um 360° wächst $\qquad$ $27^\text{d}3216 = 27^\text{d}\ 7^\text{h}\ 43^\text{m}\ 4^\text{s}7$

Siderischer Monat:

Zeitintervall eines Bahnumlaufs des Mondes, gemessen an den Sternen $\quad\quad 27^d3217 = 27^d \; 7^h \; 43^m \; 11^s5$

Synodischer Monat:

Zeitintervall von Neumond zu Neumond $\quad 29^d5306 = 29^d \; 12^h \; 44^m \; 2^s8$

Drakonitischer Monat:

Zeitintervall zwischen zwei aufeinander-folgenden Durchgängen durch den auf-steigenden Knoten $\quad\quad 27^d2122 = 27^d \; 5^h \; 5^m \; 35^s7$

Anomalistischer Monat:

Zeitintervall zwischen zwei Durchgängen des Mondes durch sein Perigäum, d. h. den der Erde nächsten Punkt seiner Bahn $\quad 27^d5546 = 27^d \; 13^h \; 18^m \; 33^s1$

7. Finsternisse

Sonnen- und Mondfinsternisse sind rein geometrisch optische Phänomene. Stehen für einen Beobachtungsort Mond und Sonne in einer Visierlinie, so tritt für diesen Ort eine Sonnenfinsternis ein. Tritt die Erde zwischen die gerade Verbindungslinie von Sonne–Mond, so wird der Mond durch den Schatten der Erdkugel gehen, wir erleben dann eine Mondfinsternis. Die Mondbahn ist gegen die Ekliptik um 5° 8′ geneigt, eine Sonnen- ebenso wie eine Mondfinsternis kann deshalb nur eintreten, wenn der Mond in der Nähe seines aufsteigenden oder absteigenden Knotens (s. S. 140) steht. Da ferner Sonne, Mond und Erde in einer Linie stehen müssen, d. h. der Mond zur Sonne in Konjunktion oder in Opposition, so treten Sonnenfinsternisse nur bei Neumond, Mondfinsternisse nur bei Vollmond auf.

Der scheinbare Monddurchmesser ist nicht zu allen Zeiten größer als der scheinbare Sonnendurchmesser (s. S. 137). So kann die Sonne durch den Mond so bedeckt werden, daß von ihr noch ein ringförmiger Saum sichtbar ist. Man spricht in diesem Fall von einer ringförmigen Sonnenfinsternis. Teil- oder partielle Sonnenfinsternisse nennt man solche, bei denen nur eine teilweise Bedeckung durch den Mond eintritt. Wegen des geringen Unter-schieds der scheinbaren Durchmesser von Sonne und Mond und wegen des Distanzunterschieds Sonne–Erde bzw. Mond–Erde tritt eine totale Sonnen-

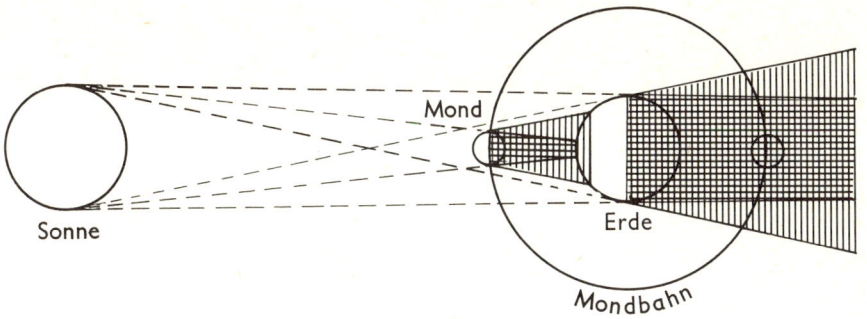

Sonnen- und Mondfinsternis
(nicht maßstäblich)

finsternis nur für eine schmale Zone auf der Erde ein. Für Beobachtungsorte außerhalb dieser Totalitätszone ist die Finsternis nur mehr oder weniger partiell. Auch beim Mond ist eine teilweise oder partielle Verfinsterung möglich.

Sonnen- und Mondfinsternisse von 1950 bis 1980

p = partielle, r = ringförmige, t = totale Finsternis
(die Tage sind nach Weltzeit angegeben)

Jahr	Sonnenfinsternisse		Mondfinsternisse	
	Tag	Art	Tag	Art
1950	18. März	r	2. April	t
	12. September	t	26. September	t
1951	7. März	r	—	
	1. September	r	—	
1952	25. Februar	t	11. Februar	p
	20. August	r	5. August	p
1953	14. Februar	p	29. Januar	t
	11. Juli	p	26. Juli	t
	9. August	p	—	
1954	5. Januar	r	19. Januar	t
	30. Juni	t	16. Juli	p
	25. Dezember	r		
1955	20. Juni	t	29. November	p
	14. Dezember	r	—	
1956	8. Juni	t	24. Mai	p
	2. Dezember	p	18. November	t

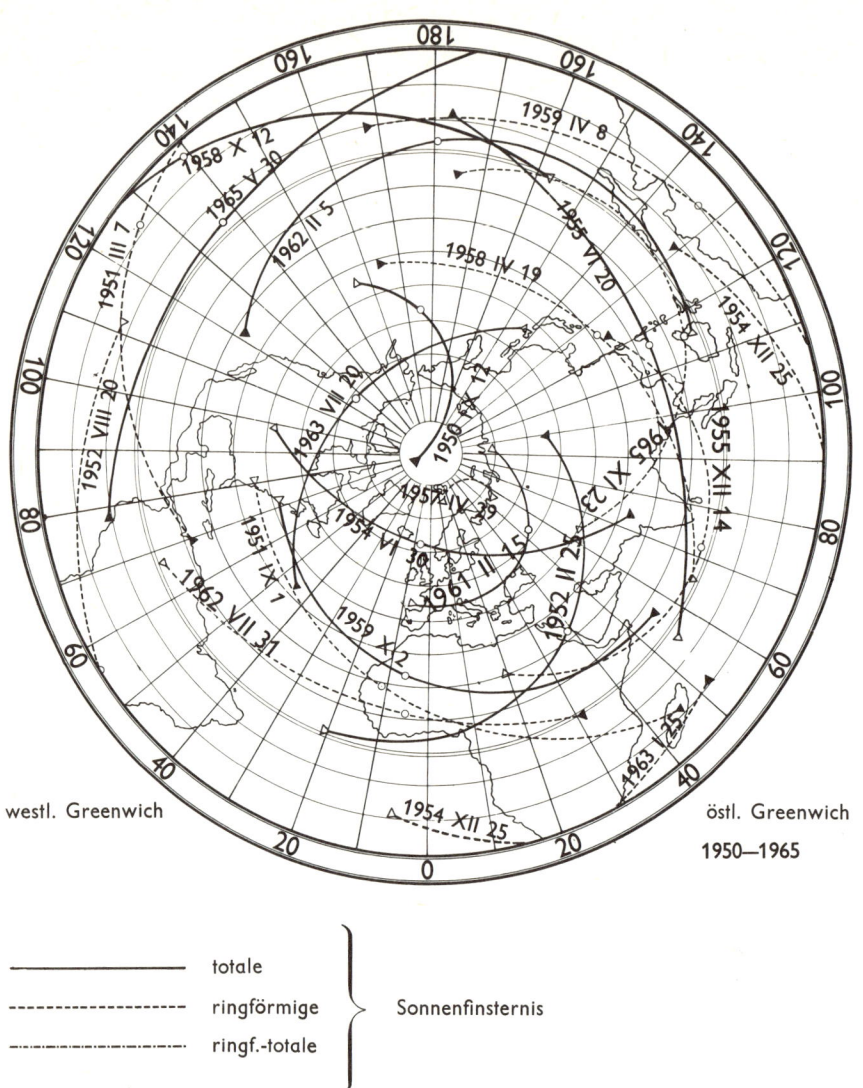

westl. Greenwich   östl. Greenwich

1950—1965

─────────────	totale	
-------------------	ringförmige	} Sonnenfinsternis
─·──·──·──·──·──	ringf.-totale	

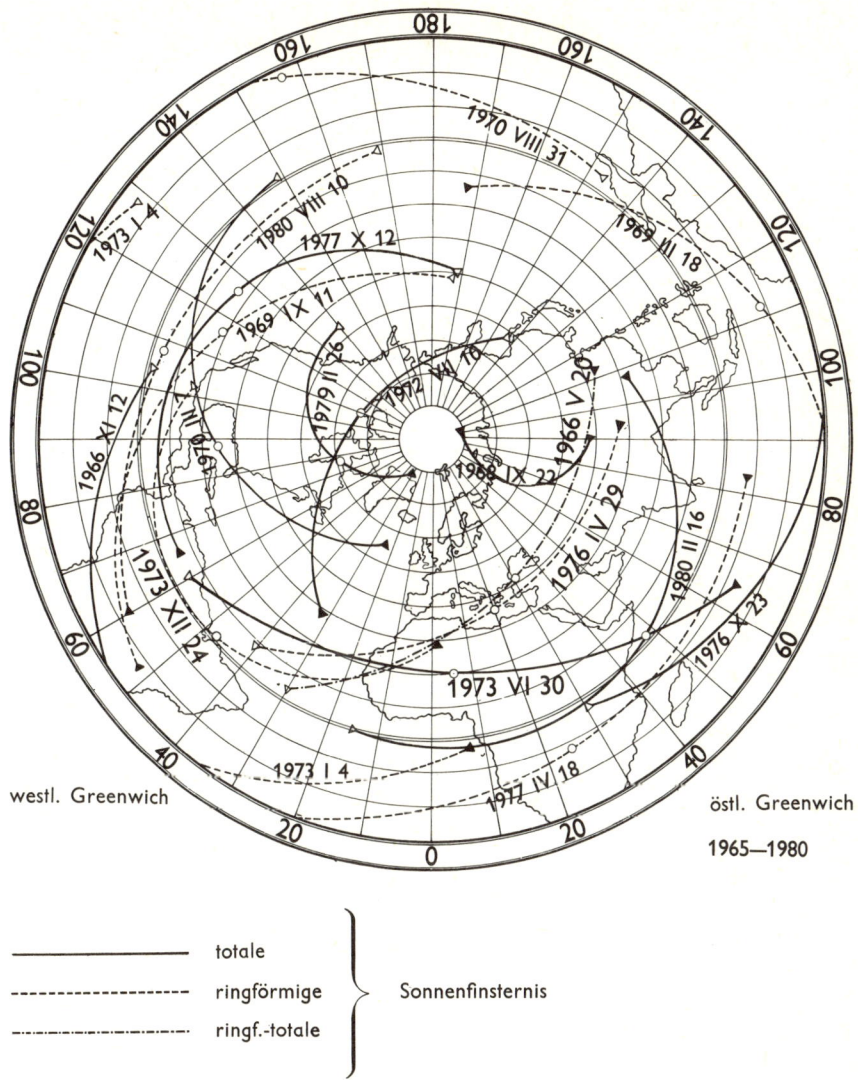

westl. Greenwich

östl. Greenwich

1965—1980

———————— totale

--------------------- ringförmige   } Sonnenfinsternis

—·—·—·—·—·—·— ringf.-totale

Totale und ringförmige Sonnenfinsternisse in Deutschland

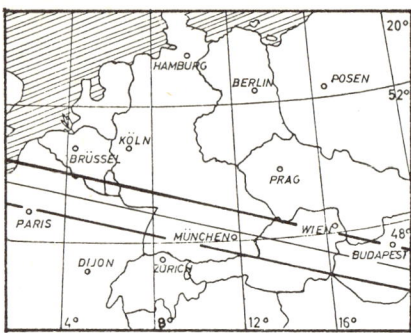 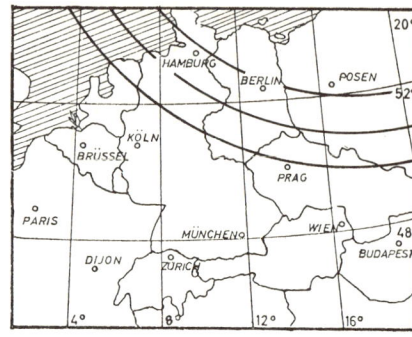

11. 8. 1999

Totale Sonnenfinsternis; 11.24^h — 11.48^h
Dauer über 2 Minuten

23. 7. 2093

Ringförmige Sonnenfinsternis; 13.36^h — 14.00^h
Dauer über 5 Minuten

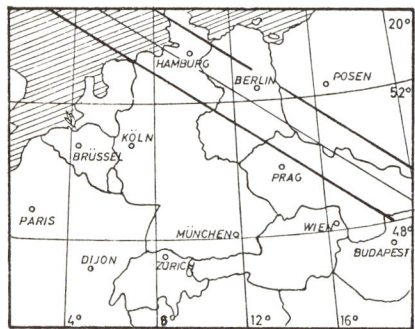 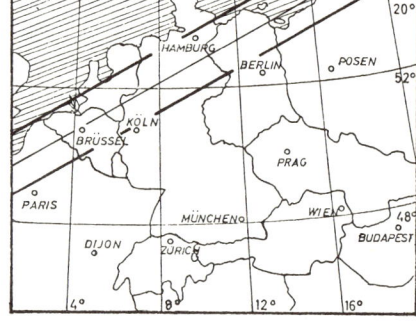

7. 10. 2135

Totale Sonnenfinsternis; 8.35^h
Dauer 3 Minuten; die Sonne steht sehr tief.

25. 5. 2142

Totale Sonnenfinsternis; 10.00^h — 10.12^h
Dauer über 3 Minuten

Immer wieder wird die Frage nach den nächsten, in Mitteleuropa sichtbaren totalen Sonnenfinsternissen gestellt. Die vier Karten geben Auskunft über den Verlauf der Totalitätszonen, jedoch dürfte für den Leser nur die Finsternis vom 11. 8. 1999 noch von Interesse sein.

	Sonnenfinsternisse		Mondfinsternisse	
Jahr	Tag	Art	Tag	Art
1957	29. April	r	13. Mai	t
	23. Oktober	p	7. November	t
1958	19. April	r	3. Mai	p
	12. Oktober	t	—	
1959	8. April	r	24. März	p
	2. Oktober	t	—	
1960	27. März	p	13. März	t
	20. September	p	5. September	t
1961	15. Februar	t	2. März	p
	11. August	r	26. August	t
1962	5. Februar	t	—	
	31. Juli	r	—	
1963	25. Januar	r	6. Juli	p
	20. Juli	t	30. Dezember	t
1964	14. Januar	p	25. Juni	t
	10. Juni	p	19. Dezember	t
	9. Juli	p	—	
	4. Dezember	p	—	
1965	30. Mai	t	14. Juni	p
	23. November	r	—	
1966	20. Mai	r–t	—	
	12. November	t	—	
1967	9. Mai	p	24. April	t
	2. November	t	18. Oktober	t
1968	28. März	p	13. April	t
	22. September	t	6. Oktober	t
1969	18. März	r	—	
	11. September	r	—	
1970	7. März	t	21. Februar	p
	31. August	r	17. August	p
1971	25. Februar	p	10. Februar	t
	22. Juli	p	6. August	t
	20. August	p	—	
1972	16. Januar	r	30. Januar	t
	10. Juli	t	26. Juli	p

Jahr	Sonnenfinsternisse Tag	Art	Mondfinsternisse Tag	Art
1973	4. Januar	r	10. Dezember	p
	30. Juni	t	—	
	24. Dezember	r	—	
1974	20. Juni	t	4. Juni	p
	13. Dezember	p	29. November	t
1975	11. Mai	p	25. Mai	t
	3. November	p	18. November	t
1976	29. April	r	13. Mai	p
	23. Oktober	t	—	
1977	18. April	r	4. April	p
	12. Oktober	t	—	
1978	7. April	p	24. März	t
	2. Oktober	p	16. September	t
1979	26. Februar	t	13. März	p
	22. August	r	6. September	t
1980	16. Februar	t	—	
	10. August	r	—	

8. Kalender

Zur Überbrückung größerer Zeiträume dient als Maßeinheit das Jahr. Als *siderisches Jahr* bezeichnet man das Zeitintervall zwischen zwei einander folgenden Durchgängen der Sonne durch denselben Punkt der Ekliptik. Seine Länge beträgt 365.2564 mittlere Sonnentage. In der astronomischen Praxis rechnet man meist mit *tropischen Jahren*. Das tropische Jahr ist definiert als die Zeit zwischen zwei Durchgängen der mittleren Sonne durch den Frühlingspunkt. Durch die rückläufige Bewegung des Frühlingspunktes in der Ekliptik (s. S. 171) ist das tropische Jahr etwas kürzer als das siderische Jahr, es hat 365.2422 mittlere Sonnentage.

Für unsere bürgerliche Zeitrechnung wurde durch die Gregorianische Kalenderreform (1582) die Länge des Jahres auf 365.2425 mittlere Sonnentage festgesetzt. Der Ausgleich der Tagesbruchteile erfolgt durch Einschieben von Schalttagen. Schaltjahre sind alle Jahre, deren zwei letzten Zahlen durch 4 teilbar sind; z. B. 1956, 1960, 1964. Diese Regel beseitigt aber den Fehler gegenüber der wahren Länge des tropischen Jahres nicht restlos. Dies wird erst durch die Bestimmung erreicht, daß alle 400 Jahre drei Schaltjahre auszufallen haben, und zwar die Schalttage der Säkularjahre, deren Einheit nicht durch 4 teilbar ist, also die Jahre 1700, 1800 und 1900 sind keine Schaltjahre.

Das Jahr 2000 ist wieder ein Schaltjahr. Auch mit dieser Schaltregel sind noch nicht alle Abweichungen beseitigt, aber die verbleibenden Fehlerreste wachsen erst in 3333 Jahren auf einen Tag an.

a) Christliche Zeit- und Festtagsrechnung
Ausgangspunkt unserer Zeitrechnung ist nach Vorschlag des Abtes Dionysius Exiguus im Jahre 525 die Zählung der Jahre nach Christi Geburt. Vermutlich liegt aber dieser Anfangspunkt unserer Jahreszählung 4 bis 7 Jahre später als das wirkliche Geburtsjahr Christi.

Im Gegensatz zum Weihnachtsfest, am 25. Dez., sind Ostern und damit Christi Himmelfahrt und Pfingsten „bewegliche" Feste. Das Konzil von Nizäa (325 n. Chr.) beschloß, daß das Osterfest am ersten Sonntag nach dem Vollmond gefeiert wird, der dem Frühlingsanfang (Frühlings-Tagundnachtgleiche) folgt. Demnach sind der 22. März und der 25. April die äußersten Daten, auf welche Ostern fallen kann. Pfingsten wird am 50. Tag nach Ostern gefeiert.

Gaußsche Formel zur Berechnung des Osterfestes

Bezeichnet man die Jahreszahl mit J und die Divisionsreste von

$$\frac{J}{19} \text{ mit a;} \quad \frac{J}{4} \text{ mit b;} \quad \frac{J}{7} \text{ mit c;} \quad \frac{19a + M}{30} \text{ mit d;}$$

$$\frac{2b + 4c + 6d + N}{7} \text{ mit e,}$$

so fällt Ostern auf den

$$(22 + d + c)^{ten} \text{ März oder } (d + e - 9)^{ten} \text{ April,}$$

wenn man für M und N die folgenden Zahlenwerte einsetzt:

	M =	N =
1582 bis 1699	22	2
1700 — 1799	23	3
1800 — 1899	23	4
1900 — 2099	24	5
2100 — 2199	24	6.

Es ist weiter zu beachten, daß an Stelle des 26. April stets der 19. April zu setzen ist, an Stelle des 25. April aber nur dann der 18. April, wenn d = 28 und a größer als 10 ist.

Beispiel: Wann ist Ostern 1962?

1962 : 19 = 103; Rest 5 = a
1962 : 4 = 490; Rest 2 = b
1962 : 7 = 280; Rest 2 = c
(19 · 5 + 24) : 30 = 3; Rest 29 = d
(2 · 2 + 4 · 2 + 6 · 29 + 5) : 7 = 27; Rest 2 = e

Ostern fällt auf den: (29 + 2 — 9) = 22. April 1962.

Datum des Osterfestes in den Jahren 1930 bis 1989

1930	20. April	1950	9. April	1970	29. März
31	5. April	51	25. März	71	11. April
32	27. März	52	13. April	72	2. April
33	16. April	53	5. April	73	22. April
34	1. April	54	18. April	74	14. April
35	21. April	55	10. April	75	30. März
36	12. April	56	1. April	76	18. April
37	28. März	57	21. April	77	10. April
38	17. April	58	6. April	78	26. März
39	9. April	59	29. März	79	15. April
1940	24. März	1960	17. April	1980	6. April
41	13. April	61	2. April	81	19. April
42	5. April	62	22. April	82	11. April
43	25. April	63	14. April	83	3. April
44	9. April	64	29. März	84	22. April
45	1. April	65	18. April	85	7. April
46	21. April	66	10. April	86	30. März
47	6. April	67	26. März	87	19. April
48	28. März	68	14. April	88	3. April
49	17. April	69	6. April	89	26. März

b) Kalenderreform

Trotz seiner mathematischen Richtigkeit ist der Gregorianische Kalender in einem Punkt nicht befriedigend. Die siebentägige Woche ist nicht ganzzahlig in der Anzahl der Tage eines Jahres enthalten. Dadurch fällt das gleiche Datum jedes Jahr immer wieder auf einen anderen Wochentag. Ferner sind durch die verschiedenen Monatslängen die Vierteljahre nicht gleich lang, was in der Statistik immer wieder zu Schwierigkeiten führt.

Ein Vorschlag sieht vor, das Jahr zu 364 Tagen, d. h. 52 Wochen zu zählen. Der 365. Tag zählt nicht als Arbeitstag, erhält keine Wochenbezeichnung, sondern soll „Silvester" genannt werden. Ebenso soll in Schaltjahren der 366. Tag als „Johannistag" eingeführt werden. Jeder erste Monat eines Vierteljahres hat 31 Tage, alle anderen Monate grundsätzlich 30 Tage. Wird nun dieser Reformvorschlag in einem Jahr eingeführt, in dem der 1. Januar auf einen Sonntag fällt, dann wird jeder erste Tag eines Vierteljahres ebenfalls auf einen Sonntag fallen und auf ein bestimmtes Datum im Jahr fällt stets derselbe Wochentag. Die beweglichen kirchlichen Feste müßten in einem solchen Kalender natürlich festgelegt werden.

c) Kalender der Juden und Mohammedaner

Der Kalender der Juden und Mohammedaner beruht auf dem Mondjahr. Da nach 29½ Tagen die gleiche Mondphase wiederkehrt (s. S. 141), hat das Mondjahr mit 12 Monaten eine Länge von 354 Tagen.

Kalender der Juden

Ausgangspunkt ist die Jahreszählung „nach Erschaffung der Welt", die auf Grund theologischer Studien auf das Jahr 3761 v. Chr. festgelegt wurde. Eine etwas umständliche Schaltregel beseitigt im jüdischen Kalender die Unterschiede zwischen reinen Mondjahren und Jahreszeitwechsel (Lunisolarjahre).

Jahresformen:	abg. Gem.	= abgekürztes Gemeinjahr von 353 Tagen,
	ord. Gem.	= ordentliches Gemeinjahr von 354 Tagen,
	üb. Gem.	= überzähliges Gemeinjahr von 355 Tagen,
	abg. Sch.	= abgekürztes Schaltjahr von 383 Tagen,
	ord. Sch.	= ordentliches Schaltjahr von 384 Tagen,
	üb. Sch.	= überzähliges Schaltjahr von 385 Tagen.

Jahresform und Jahresanfang (Tischri 1)
für die Jahre 5710 bis 5740 (1949 bis 1979)

Jahr	Form	gregor. Datum des Jahresanfangs	Jahr	Form	gregor. Datum des Jahresanfangs
5710	abg. Gem.	24. September 1949	5725	üb. Sch.	7. September 1964
11	ord. Sch.	12. September 50	26	abg. Gem.	27. September 65
12	üb. Gem.	1. Oktober 51	27	üb. Sch.	15. September 66
13	üb. Gem.	20. September 52	28	ord. Gem.	5. Oktober 67
14	abg. Sch.	10. September 53	29	üb. Gem.	23. September 68
15	ord. Gem.	28. September 54	5730	abg. Sch.	13. September 1969
16	üb. Gem.	17. September 55	31	ord. Gem.	1. Oktober 70
17	üb. Sch.	6. September 56	32	üb. Gem.	20. September 71
18	ord. Gem.	26. September 57	33	abg. Sch.	9. September 72
19	abg. Sch.	15. September 58	34	üb. Gem.	27. September 73
5720	üb. Gem.	3. Oktober 1959	35	ord. Gem.	17. September 74
21	ord. Gem.	22. September 60	36	üb. Gem.	6. September 75
22	abg. Sch.	11. September 61	37	abg. Gem.	25. September 76
23	üb. Gem.	29. September 62	38	ord. Sch.	13. September 77
24	ord. Gem.	19. September 63	39	üb. Gem.	2. Oktober 78
			5740	üb. Gem.	22. September 79

Einteilung der Jahre

Monat	Gemeinjahr			Schaltjahr		
	abgek.	ord.	überz.	abgek.	ord.	überz.
Tischri	30^d	30^d	30^d	30^d	30^d	30^d
Marcheschwan	29^d	29^d	30^d	29^d	29^d	30^d
Kislev	29^d	30^d	30^d	29^d	30^d	30^d
Tebet	29^d	29^d	29^d	29^d	29^d	29^d
Schebat	30^d	30^d	30^d	30^d	30^d	30^d
Adar	29^d	29^d	29^d	30^d	30^d	30^d
Veadar	—	—	—	29^d	29^d	29^d
Nisan	30^d	30^d	30^d	30^d	30^d	30^d
Ijar	29^d	29^d	29^d	29^d	29^d	29^d
Sivan	30^d	30^d	30^d	30^d	30^d	30^d
Thamuz	29^d	29^d	29^d	29^d	29^d	29^d
Ab	30^d	30^d	30^d	30^d	30^d	30^d
Elul	29^d	29^d	29^d	29^d	29^d	29^d
	353^d	354^d	355^d	383^d	384^d	385^d

Kalender der Mohammedaner

Die Mohammedaner zählen ihre reinen „Mondjahre" von der Flucht Mohammeds nach Medina an. Nach unserer Zeitrechnung entspricht dieser Anfangspunkt dem Jahre 622 n. Chr.

Jahresformen: Gem. = Gemeinjahr von 354 Tagen,
Sch. = Schaltjahr von 355 Tagen.

Jahresform und Jahresanfang (Moharrem 1)
für die Jahre 1370 bis 1399 (1950 bis 1978)

Jahr	Form	greg. Datum des Jahresanfangs		Jahr	Form	greg. Datum des Jahresanfangs	
1370	Gem.	13. Oktober	1950	79	Sch.	7. Juli	59
71	Sch.	2. Oktober	51	1380	Gem.	26. Juni	1960
72	Gem.	21. September	52	81	Gem.	15. Juni	61
73	Gem.	10. September	53	82	Sch.	4. Juni	62
74	Sch.	30. August	54	83	Gem.	25. Mai	63
75	Gem.	20. August	55	84	Gem.	13. Mai	64
76	Sch.	8. August	56	1385	Sch.	2. Mai	1965
77	Gem.	29. Juli	57	86	Gem.	22. April	66
78	Gem.	18. Juli	58	87	Sch.	11. April	67

Jahr	Form	greg. Datum des Jahresanfangs		Jahr	Form	greg. Datum des Jahresanfangs	
88	Gem.	31. März	68	94	Gem.	25. Januar	74
89	Gem.	20. März	69	95	Gem.	14. Januar	75
1390	Sch.	9. März	1970	96	Sch.	3. Januar	76
91	Gem.	27. Februar	71	97	Gem.	23. Dezember	76
92	Gem.	16. Februar	72	98	Sch.	12. Dezember	77
93	Sch.	4. Februar	73	99	Gem.	2. Dezember	78

Einteilung der Jahre

Monat	Gemeinjahr Tage	Schaltjahr Tage
Moharrem	30	30
Safar	29	29
Rebî-el-awwel.	30	30
Rebî-el-accher.	29	29
Dschemâdi-el-awwel	30	30
Dschemâdi-el-accher	29	29
Redscheb.	30	29
Schabân	29	30
Ramadân.	30	30
Schewwâl	29	29
Dsû'l-kade	30	30
Dsû'l-hedsche	29	30
	354	355

d) Julianisches Datum

Außer der Zeiteinteilung in Jahre ist in der Astronomie ein System durchlaufender Tageszählung in Gebrauch, die sogenannte „Julianische Periode" nach einem Vorschlag von Joseph Justus Scaliger (1581). Der Anfangspunkt dieser Tageszählung ist der mittlere Mittag am 1. Jan. 4713 v. Chr. (der die Ordnungszahl 0 erhielt). Als „Julianisches Datum" (J. D.) bezeichnet man die Anzahl der seit diesem Moment verflossenen mittleren Sonnentage. Stunden, Minuten und Sekunden werden in dieser Zählung in Dezimalteilen des Tages ausgedrückt, wobei der Beginn des Tages, abweichend von der sonstigen Praxis, auf den mittleren Mittag von Greenwich (Weltzeit) gelegt wird.

Das Julianische Datum ermöglicht die mühelose Berechnung von Zeitintervallen, während man sonst bei Benutzung der üblichen Daten die ungleiche Länge der Jahre und Monate berücksichtigen muß. Auch läßt sich aus dem

Julianischen Datum leicht der Wochentag bestimmen. Man dividiert dazu das J. D. durch 7; ist der Rest 0, so handelt es sich um einen Montag, ist er 1, um einen Dienstag usw.

Das Julianische Datum erhält man durch Addition der Zahlenwerte der Tabellen a) und b). Die Stunden, Minuten und Sekunden können aus der Tabelle c) in Dezimalteile des Tages umgerechnet werden, sie werden dem Julianischen Datum als Dezimalstellen beigefügt. Um die Unterschiede zwischen gemeinen und Schaltjahren zu beseitigen, rechnet man das Jahr, mit dem 1. März beginnend, und zählt die Monate Januar und Februar zu den vorhergehenden Jahresziffern.

Tab. a) *Anzahl der im Mittag eines jeden Jahrestages seit dem Mittag des 1. März*
verflossenen Tage

Monats-tag	März	April	Mai	Juni	Juli	Aug.	Sept.	Okt.	Nov.	Dez.	Jan.	Febr.
1	0	31	61	92	122	153	184	214	245	275	306	337
2	1	32	62	93	123	154	185	215	246	276	307	338
3	2	33	63	94	124	155	186	216	247	277	308	339
4	3	34	64	95	125	156	187	217	248	278	309	340
5	4	35	65	96	126	157	188	218	249	279	310	341
6	5	36	66	97	127	158	189	219	250	280	311	342
7	6	37	67	98	128	159	190	220	251	281	312	343
8	7	38	68	99	129	160	191	221	252	282	313	344
9	8	39	69	100	130	161	192	222	253	283	314	345
10	9	40	70	101	131	162	193	223	254	284	315	346
11	10	41	71	102	132	163	194	224	255	285	316	347
12	11	42	72	103	133	164	195	225	256	286	317	348
13	12	43	73	104	134	165	196	226	257	287	318	349
14	13	44	74	105	135	166	197	227	258	288	319	350
15	14	45	75	106	136	167	198	228	259	289	320	351
16	15	46	76	107	137	168	199	229	260	290	321	352
17	16	47	77	108	138	169	200	230	261	291	322	353
18	17	48	78	109	139	170	201	231	262	292	323	354
19	18	49	79	110	140	171	202	232	263	293	324	355
20	19	50	80	111	141	172	203	233	264	294	325	356
21	20	51	81	112	142	173	204	234	265	295	326	357
22	21	52	82	113	143	174	205	235	266	296	327	358
23	22	53	83	114	144	175	206	236	267	297	328	359

Monats-tag	März	April	Mai	Juni	Juli	Aug.	Sept.	Okt.	Nov.	Dez.	Jan.	Febr.
24	23	54	84	115	145	176	207	237	268	298	329	360
25	24	55	85	116	146	177	208	238	269	299	330	361
26	25	56	86	117	147	178	209	239	270	300	331	362
27	26	57	87	118	148	179	210	240	271	301	332	363
28	27	58	88	119	149	180	211	241	272	302	333	364
29	28	59	89	120	150	181	212	242	273	303	334	365
30	29	60	90	121	151	182	213	243	274	304	335	
31	30		91		152	183		244		305	336	

Tab. b) *Anzahl der im Mittag des 1. März der Jahre 1800 bis 2000 n. Chr. seit Anfang der Julianischen Periode verflossenen Tage*

Jahr	J. D.	Jahr	J. D.	Jahr	J. D.	Jahr	J. D.
1800	2378556	1820	2385861	1840	2393166	1860	2400471
01	78921	21	86226	41	93531	61	00836
02	79286	22	86591	42	93896	62	01201
03	79651	23	86956	43	94261	63	01566
04	80017	24	87322	44	94627	64	01932
05	80382	25	87687	45	94992	65	02297
06	80747	26	88052	46	95357	66	02662
07	81112	27	88417	47	95722	67	03027
08	81478	28	88783	48	96088	68	03393
09	81843	29	89148	49	96453	69	03758
1810	2382208	1830	2389513	1850	2396818	1870	2404123
11	82573	31	89878	51	97183	71	04488
12	82939	32	90244	52	97549	72	04854
13	83304	33	90609	53	97914	73	05219
14	83669	34	90974	54	98279	74	05584
15	84034	35	91339	55	98644	75	05949
16	84400	36	91705	56	99010	76	06315
17	84765	37	92070	57	99375	77	06680
18	85130	38	92435	58	2399740	78	07045
19	85495	39	92800	59	2400105	79	07410

Jahr	J. D.	Jahr	J. D.	Jahr	J. D.	Jahr	J. D
1880	2407776	1910	2418732	1940	2429690	1970	2440647
81	08141	11	19097	41	30055	71	41012
82	08506	12	19463	42	30420	72	41378
83	08871	13	19828	43	30785	73	41743
84	09237	14	20193	44	31151	74	42108
85	09602	15	20558	45	31516	75	42473
86	09967	16	20924	46	31881	76	42839
87	10332	17	21289	47	32246	77	43204
88	10698	18	21654	48	32612	78	43569
89	11063	19	22019	49	32977	79	43934

Jahr	J. D.	Jahr	J. D.	Jahr	J. D.	Jahr	J. D
1890	2411428	1920	2422385	1950	2433342	1980	2444300
91	11793	21	22750	51	33707	81	44665
92	12159	22	23115	52	34073	82	45030
93	12524	23	23480	53	34438	83	45395
94	12889	24	23846	54	34803	84	45761
95	13254	25	24211	55	35168	85	46126
96	13620	26	24576	56	35534	86	46491
97	13985	27	24941	57	35899	87	46856
98	14350	28	25307	58	36264	88	47222
1899	14715	29	25672	59	36629	89	47587

Jahr	J. D.	Jahr	J. D.	Jahr	J. D.	Jahr	J. D
1900	2415080	1930	2426037	1960	2436995	1990	2447952
01	15445	31	26402	61	37360	91	48317
02	15810	32	26768	62	37725	92	48683
03	16175	33	27133	63	38090	93	49048
04	16541	34	27498	64	38456	94	49413
05	16906	35	27863	65	38821	95	49778
06	17271	36	28229	66	39186	96	50144
07	17636	37	28594	67	39551	97	50509
08	18002	38	28959	68	39917	98	50874
09	18367	39	29324	69	40282	1999	51239
						2000	2451605

Tab. c) *Tafel zur Verwandlung der Stunden, Minuten und Sekunden*
in Dezimalteile des Tages

h	Tag	h	Tag	m	Tag	s	Tag
1	0.04167	13	0.54167	1	0.00069	1	0.00001
2	0.08333	14	0.58333	2	0.00139	2	0.00002
3	0.12500	15	0.62500	3	0.00208	3	0.00003
4	0.16667	16	0.66667	4	0.00278	4	0.00005
5	0.20833	17	0.70833	5	0.00347	5	0.00006
6	0.25000	18	0.75000	6	0.00417	6	0.00007
7	0.29167	19	0.79167	7	0.00486	7	0.00008
8	0.33333	20	0.83333	8	0.00556	8	0.00009
9	0.37500	21	0.87500	9	0.00625	9	0.00009
10	0.41667	22	0.91667	10	0.00694	10	0.00010
11	0.45833	23	0.95833	20	0.01389	20	0.00023
12	0.50000	24	1.00000	30	0.02083	30	0.00035
				40	0.02778	40	0.00046
				50	0.03472	50	0.00058

Tab. d): *Tafel zur Verwandlung der Dezimalteile des Tages*
in Stunden, Minuten und Sekunden

Tag	h	m	Tag	h	m	s	Tag	m	s	Tag	m	s
0.1	2	24	0.01	0	14	24	0.001	1	25	0.0001	0	9
0.2	4	48	0.02	0	28	48	0.002	2	53	0.0002		17
0.3	7	12	0.03	0	43	12	0.003	4	19	0.0003		26
0.4	9	36	0.04	0	57	36	0.004	5	46	0.0004		35
0.5	12	0	0.05	1	12	0	0.005	7	12	0.0005		43
0.6	14	24	0.06	1	26	24	0.006	8	38	0.0006		52
0.7	16	48	0.07	1	40	48	0.007	10	5	0.0007	1	0
0.8	19	12	0.08	1	55	12	0.008	11	31	0.0008		9
0.9	21	36	0.09	2	9	36	0.009	12	58	0.0009		18
1.0	24	0	0.10	2	24	0	0.010	14	24	0.0010		26

e) Modifizierte Julianische Tage

Dem Julianischem Datum, wie vorstehend dargestellt, haften für die Gegenwart einige Umständlichkeiten an, so vor allem der Übergang von einem Julianischen Tag zum nächsten um 12^h Weltzeit (ursprünglich eingeführt um in
der nächtlichen Beobachtungszeit keinen Tagessprung zu haben). So wurde
von der Smithsonian Institution im Internationalen Geophysikalischen Jahr

(1957/58) ein „Modifiziertes Julianisches Datum" (M.J.D.) eingeführt, das sich in der Raumfahrt besonders schnell durchsetzte.

Zum „Nullpunkt" wurde der 17. Nov. 1858, $0^h\ 00^m\ 00^s$ Weltzeit gewählt. Dieser Zeitpunkt ist identisch mit dem Julianischen Datum

24 00 000.5 J.D. Es gilt also:

24 00 000.5 J.D. = 00 000.0 M.J.D.

Zu beachten ist, daß der Tagesbeginn nicht mehr wie im Julianischen Datum der mittlere Mittag von Greenwich, also 12^h Weltzeit (UT), sondern 0^h Weltzeit ist.

Die M.J.D. können leicht aus den vorstehenden Tabellen für das Julianische Datum entnommen werden; man muß lediglich in Tab. b) berücksichtigen, daß die Tageszählung dort um 12^h UT beginnt. Für die M.J.D. zum 1. März eines jeden Jahres, 0^h UT, ist also die angegebene Julianische Tagesnummer um 1 zu vermindern, ferner die 24 00 000 in Abzug zu bringen. Mit Tab. a) kann die jeweilige Tagesnummer und mit Tab. c) die Bruchteile des Tages errechnet werden.

DIE ERDE ALS PLANET UND IHR MOND

1. Die Erde als Planet

Die Erforschung der physikalischen Zustände der Erde und der auf ihr ablaufenden Vorgänge sowie der Einwirkungen anderer Himmelskörper, insbesondere der Sonne und des Mondes, sind Aufgabe der *Geophysik*. Diese Wissenschaft steht selbständig neben der Astronomie und der Astrophysik und liegt an sich außerhalb unserer Betrachtungen. Folgende Gründe sind jedoch für den Astronomen bestimmend, sich mit den Ergebnissen geophysikalischer Forschung zu befassen:

Die Erde ist ein Planet, ein Körper des Sonnensystems und somit ebenfalls Gegenstand astronomisch-astrophysikalischer Forschung. Die Nachbarplaneten haben sehr wahrscheinlich eine gleiche Entstehungsgeschichte wie unsere Erde. Ihr chemischer und physikalischer Aufbau wird unserer Erde sehr ähnlich sein, zumindest glaubt man dies für unsere Nachbarplaneten Venus und Mars annehmen zu können. Physikalische Vorgänge und Erscheinungen, die wir von der Erde her kennen, werden auf ihnen auftreten und wirksam sein. Zudem läßt sich keine scharfe Grenze zwischen Erde und umgebendem interplanetarem Raum ziehen. Die Übergänge von der Erdatmosphäre zum „leeren Raum" sind fließend, und ebenso geht geophysikalische Forschung unmerklich in astrophysikalische Forschung über.

Für den Astronomen ist die Erde vorerst noch die Beobachtungsplattform im Raum. Alle seine Beobachtungen sind aber durch die auf ihr herrschenden Gegebenheiten, wie etwa die Strahlenbrechung und die Absorption des Lichtes in der Atmosphäre, beeinträchtigt. Erst genaue Kenntnis der irdischen Verhältnisse gestatten eine Reduktion, eine Befreiung der gewonnenen Beobachtungswerte von diesen Einflüssen. Diese reduzierten Meßwerte geben erst eine gültige Aussage über astrophysikalische Zustände.

Entsprechend diesen zwei für den Astronomen maßgebenden Gesichtspunkten wird hier nur eine gewisse Auswahl geophysikalischer Forschungsergebnisse aufgeführt; ebenso kann nicht auf die Erkenntnisse der anderen Wissenschaften, wie Geodäsie, Geologie, Geographie, Geochemie, Mineralogie u. a. eingegangen werden, wiewohl alle diese Zweige naturwissenschaftlicher Forschung ihren Beitrag zu einem Gesamtbild unserer Erde liefern.

a) Dimensionen der Erde

Die Erde hat in erster Annäherung die Gestalt einer Kugel. Wird die Annäherung weitergetrieben, so muß der Erde die Gestalt eines abgeplatteten Rotationsellipsoids zugeschrieben werden. Dieser Figur ist gegenüber der Kugel auch aus physikalischen Gründen (nämlich wegen der Rotation um eine Achse) der Vorzug zu geben. — In aller Strenge ist der Erdkörper nicht durch eine einfache geometrische Figur wiederzugeben, denn neben geometrische müssen physikalische Messungen (Schweremessungen) treten, die schließlich dazu führen, von der Erdfigur als dem Geoid zu sprechen.

Die Bestimmungen der Erdfigur beruhen zunächst auf trigonometrischen Messungen. So konnte schon der Grieche Eratosthenes (276 bis 195 v. Chr.) durch Messen des Meridianbogens zwischen Alexandria und Syene den Erdumfang bestimmen; der erhaltene Wert war um weniger als 1% fehlerhaft. Von historischem Interesse ist die auf Beschluß der französischen Nationalversammlung vom 26. 3. 1791 zur Schaffung eines feststehenden, jederzeit reproduzierbaren Maßes angeordnete Erdvermessung, die in den Jahren 1792 bis 1798 von Méchain und Delambre durchgeführt wurde. Aus dieser Messung ging das Meter als 10 000 000. Teil des Erdquadranten hervor. Diese Vermessung ergab aber eine nach den heutigen Werten zu kleine Abplattung und einen zu kleinen Wert für den Meridianquadranten, der — unter Zugrundelegung der aus jener Gradmessung hergeleiteten Länge Geines Meters — nach den Dimensionen des Erdellipsoids von Bessel 10 000 856 m, nach denen von Hayford 10 002 286 m groß ist.

Heute definiert man das Meter nach dem Platin-Iridium-Stab, der in Paris aufbewahrt wird, durch die reproduzierbare Größe der Wellenlänge einer bestimmten Spektrallinie. Zuerst benutzte man dazu die rote Cadmiumlinie; seit Oktober 1960 ist das Meter als die Länge von 1 650 763,73 Wellenlängen der orangeroten Strahlung des zum Leuchten gebrachten Edelgases Krypton 86 festgelegt.

Bestimmungen der Erdfigur

Autor	Jahr	Äquator-Halbmesser in m	Polar-Halbmesser in m	Abplattung
Everest	1830	6 377 276	6 356 075	300.80
Bessel	1841	6 377 482	6 356 163	299.15
Clarke	1866	6 378 298	6 356 676	294.98
Clarke	1880	6 378 341	6 356 607	293.47
Hayford	1909	6 378 388	6 356 909	297.00
Heiskannen	1929	6 378 400	6 357 010	298.2
Jeffreys	1948	6 378 099	6 356 631	297.10

In Madrid hat i. J. 1924 die Internationale Union für Geodäsie und Geophysik ein dem Hayfordschen Ellipsoid sehr ähnliches Rotationsellipsoid als „Internationales Ellipsoid" angenommen.

Internationales Ellipsoid

Äquatorradius . . . . .a	=	6 378 388 m (genau)
Polradius . . . . .b	=	6 356 911.946 128 m
Abplattung . . . . (a − b)/a	=	1 : 297 (genau)
a − b	=	21 476.053 872 m
Mittlerer Radius. . . . . . . (a + a + b)/3	=	6 371 229.315 m
Radius der oberflächengleichen Kugel . . .	=	6 371 227.709 m
Radius der volumengleichen Kugel	=	6 371 221.266 m
Äquatorquadrant	=	10 019 148.441 m
Meridianquadrant	=	10 002 288.299 m
Äquatorgrad	=	111 323.872 m
Mittlerer Meridiangrad	=	111 136.537 m
Oberfläche	=	510 100 933.5 km²
Volumen	=	1 083 319 780 000 km³

Die Länge eines Längen- und Breitengrades in km

Geogr. Breite	Länge 1°	Breite 1°	geogr. Breite	Länge 1°	Breite 1°
0°	111.3239	110.5756	50°	71.6992	111.2427
10°	109.6437	110.6125	60°	55.8028	111.4255
20°	104.6514	110.7124	70°	38.1885	111.5737
30°	96.4904	110.8633	80°	19.3945	111.6691
40°	85.3977	111.0475	89°	1.9494	111.6999

Masse und Dichte

Erdmasse	=	$(5.977 \pm 0.004) \cdot 10^{27}$ g
Erdmasse × Gravitationskonstante . . .	=	$3.9863 \cdot 10^{20}$ cm³ sec⁻²
Mittlere Erddichte	=	5.517 ± 0.004 g cm⁻³

Masse und Dichte der einzelnen Erdschalen

	Dicke km	Volumen ×10²⁷cm³	mittl.Dichte g · cm⁻³	Masse ×10²⁷g	Masse %
Atmosphäre . . .	—	—	—	0.000005	0.00009
Hydrosphäre . . . ca.	3.80	0.00137	1.03	0.00141	0.024
Erdkruste	30	0.015	2.8	0.043	0.7
Erdmantel . . .	2870	0.892	4.5	4.056	67.8
Erdkern	3471	0.175	10.7	1.876	31.5

Schwerebeschleunigung

Einheit der Schwerebeschleunigung, der „Schwere", ist das nach Galilei benannte Gal = [cm sec^{-2}].

Normalschwere in 45° geograph. Breite . . . . = 980.629 Gal

Normalschwere am Äquator . . . . = 978.049 Gal

Normalschwere am Pol . . . . = 983.221 Gal

Arithmetisches Mittel von Äquator- und Polschwere . . . = 980.635 Gal

Gravitation an der Oberfläche der nicht rotierenden,
volumen- und massengleichen Kugel . . . . = 982.037 Gal

Erdoberfläche

Landfläche . . . . = 1.48 · 10^{18} cm^2

Ozeanfläche . . . . = 3.63 · 10^{18} cm^2

Mittlere Landerhebung. . . . . . = 825 m

Mittlere Ozeantiefe . . . . = 3770 m

Masse der Ozeane . . . . = 1.42 · 10^{24} g

Verteilung von Land und Wasser zwischen den Breitengraden

Geograph. Breite	Nordhemisphäre				Südhemisphäre			
	Wasser × 10^6 km^2	Land × 10^6 km^2	Wasser %	Land %	Wasser × 10^6 km^2	Land × 10^6 km^2	Wasser %	Land %
90°–75°	7.266	1.496	82.9	17.1	0.522	8.239	6.0	94.0
75°–60°	9.993	15.652	38.9	61.1	19.721	5.924	76.9	23.1
60°–45°	17.540	23.137	43.0	57.0	40.087	0.590	98.3	1.7
45°–30°	29.246	23.586	55.4	44.6	48.698	4.734	91.0	9.0
30°–15°	40.082	21.261	65.4	34.6	47.035	14.308	76.8	23.2
15°– 0°	50.568	15.149	77.0	23.0	50.901	14.816	77.4	22.6
Zusammen:	154.695	100.281	60.7	39.3	206.364	48.611	80.9	19.1

b) Aufbau und geologische Entwicklung des Erdkörpers

Nach den gegenwärtigen Kenntnissen besteht die Erde im wesentlichen aus Eisen, Magnesium, Silicium und Sauerstoff. Sie ist nicht homogen, sondern in Schalen aufgebaut. Der Erdkern, mit einem Radius von 3470 km, ist sicherlich in seinen oberen Schichten flüssig oder gasförmig; er hat eine Dichte von über 10 g cm^{-3}, einen Druck von mehr als 1.3 · 10^6 at, eine Temperatur von etwa 3500 K und eine nahezu metallische elektrische Leitfähigkeit. In den oberen Schichten dieses Erdkerns ist sicherlich der Ursprung des Erdmagnetfeldes zu suchen. — Der über dem Kern liegende Erdmantel, zwischen 50 und 2900 km Tiefe, ist fest, aber plastisch deformierbar. Er hat in 400 bis 1000 km Tiefe eine charakteristische Übergangsschicht. — Die Erdkruste, die in etwa 20 bis 50 km Tiefe durch die sogenannte Mohorovičic-

Schicht abgeschlossen wird, hat wahrscheinlich die ausgeprägteste Struktur. In einem Becken östlich der Osterinseln im Pazifischen Ozean wurde eine Erdkrustendicke von nur 2 km festgestellt. Normalerweise beträgt die Dicke der Kruste unter den Ozeanen ca. 5 km, unter den Kontinenten ca. 30 km. Eine weitere dünne Erdkruste wurde im „Cayman-Graben" im westlichen Karibischen Meer, zwischen Kuba, Haiti und Südamerika, gemessen.

Schichten des Erdinnern

Schicht	Tiefe in km	
A	0– 33	Erdkruste: unter Kontinenten und Ozeanen verschieden stark;
B	33– 410	äußerer Erdmantel: fest;
C	410–1 000	Übergangsschicht: fest, Änderung des Kristallsystems;
D′	1 000–2 700	innerer Erdmantel: fest;
D″	2 700–2 900	Übergangsschicht: fest, Existenz noch umstritten;
E	2 900–5 060	äußerer Erdkern: gasförmig oder flüssig, nicht fest;
F	5 060–5 270	Übergangsschicht;
G	5 270–6 370	innerer Erdkern: fest.

Die Schichtgrenzen sind im allgemeinen genauer als 1 % der Tiefe bestimmt.

Die Existenz des Erdkerns ist gesichert. Jedoch gibt es Gebiete, in denen der Erdkern weniger als 2 900 km tief liegt, und andere, in denen er tiefer liegt. Es ist bemerkenswert, daß diese Erdkern-Undulation eine ähnliche geographische Struktur aufweist wie die Geoid-Undulation und wie die Quell- und Sinkgebiete des erdmagnetischen Nichtdipolfeldes (Restmagnetfeld nach Abzug des erdmagnetischen Dipolfeldes). Die beim Nichtdipolfeld festgestellte Westwärtswanderung scheint auch von der Erdkern-Undulation ausgeführt zu werden, und zwar um 18° pro 100 Jahre ($\approx$ 0.03 cm sec^{-1} am Äquator des Erdkerns).

Verlauf von Dichte und Druck im Erdinnern

Tiefe km	Dichte g cm^{-3}	Druck 10^{12}dyn cm^{-2}	Tiefe km	Dichte g cm^{-3}	Druck 10^{12} dyn cm^{-2}
33	3.32	0.009	1 000	4.68	0.39
100	3.38	0.031	1 400	4.91	0.58
200	3.47	0.065	1 800	5.13	0.78
400	3.63	0.136	2 200	5.34	0.99
600	4.13	0.213	2 600	5.54	1.20
800	4.49	0.30	2 900	5.68	1.37
			Grenze zwischen Erdmantel u. Kern		

11 *

Fortsetzung der Tabelle S. 166

Zeitalter	Formation		Abteilung	**Geologische** Zeitdauer in Mill. Jahren
Erdneuzeit (Känozoikum)	Quartär		Holozän (Alluvium) ——————— Pleistozän (Diluvium)	1
	Tertiär	Jungtertiär	Pliozän Miozän	60
		Alttertiär	Oligozän Eozän Paleozän	
Erdmittelalter (Mesozoikum)	Kreide		Obere Kreide Untere Kreide	65
	Jura		Malm (Weißer Jura) Dogger (Brauner Jura) Lias (Schwarzer Jura)	45
	Trias		Keuper Muschelkalk Buntsandstein	30
Erdaltertum (Paläozoikum)	Perm		Zechstein Rotliegendes	45
	Karbon		Oberkarbon (Produktives K.) Unterkarbon (Kulm)	80
	Devon		Oberdevon Mitteldevon Unterdevon	50
	Silur (Gotlandium)			50
	Ordovizium			90
	Kambrium		Oberkambrium Mittelkambrium Unterkambrium	100
Erdfrühzeit (Präkambrium)	Algonkium		Jungalgonkium Altalgonkium	2500
	Archaikum			
Erdurzeit Azoikum				

Formationstabelle

Vorgänge in und auf der Erdrinde	Entwicklung der Lebewesen
Abschmelzen der Gletscher, Feinmodellierung der heutigen Landschaftsformen.	Pflanzen- u. Tierwelt der Gegenwart, Herausbildung von Haustieren.
Ausklingen des tertiären Vulkanismus, mehrere Eiszeiten mit warmen Zwischenzeiten. Abschluß der Heraushebung der Mittelgebirge.	Höhlenbär, Mammut, Nashorn, Wisent, Rentier, Schneehase, Eisfuchs, Hirsche, Erstes gesichertes Auftreten der Menschen.
Höhepunkt u. Abklingen der alpidischen Faltung (Pyrenäen, Alpen, Karpaten, Apennin, Kaukasus, zentralasiat. Hochgebirgsketten, Kordilleren); starker Vulkanismus. Bildung großer Braunkohlenlager.	Vorherrschen der Blütenpflanzen (Palmen, Kastanien) und Nacktsamer (Koniferen); zahlreiche Vögel u. Insekten, Schildkröten, Schlangen. Schnelle Entwicklung der Säugetiere. Erste Hominiden.
Starke alpidische Faltung (Felsengebirge, Anden, Kernzone der Alpen). Vorherrscher des Meeres.	Riesensaurier u. Ammoniten sterben aus. Erste Blütenpflanzen.
Große Meeresüberflutungen; beginnende Auffaltung der Rocky Mountains.	Erste Vögel, Ammoniten, Belemniten. Vorherrschen gewaltiger Saurier.
Häufiger Wechsel von Land und Meer. Entstehung der alpidischen Geosynklinale. Starker Vulkanismus auf der Südhalbkugel. Bildung von kleineren Salzlagern.	Fische u. Amphibien. Nacktsamer, Kalkalgen. Reptilien (Saurier) herrschen vor; erste Säugetiere treten auf. Ammoniten.
Ausklingen der variskischen Gebirgsbildung, starker Vulkanismus. Auf der Nordhalbkugel wüstenhaftes Klima und Entstehung mächtiger Salzlager; auf der Südhalbkugel Vereisungen.	Nadelbäume breiten sich aus. Auftreten zahlreicher hochentwickelter Reptilien. Trilobiten sterben aus. Rückentwicklung der Amphibien.
Variskische Gebirgsbildung (Eurasien u. N-Amerika). Bildung großer Kohlenlager, Eindringen starker, vorwiegend granitischer Schmelzflüsse in die Erdkruste (Erze). Eiszeit (Gondwania).	Reichhaltige Pflanzen- u. Tierwelt. Bärlappgewächse, Schachtelhalme, Farne, erste Nadelhölzer, erste geflügelte Insekten, Spinnen, Krebse, Korallen. Erste Reptilien.
Starke Überflutung des Festlandes. Entstehung der variskischen Geosynklinale; starker Vulkanismus.	Knochen- u. Knorpelfische, erste Insekten, Korallen, Muscheln, Schnecken, Goniatiten. Grapotolithen sterben aus.
Beginnende Auffaltung der Appalachen. Kaledonische Gebirgsbildung (Norwegen, Schottland)	Korallen entwickeln großen Formenreichtum; erste primitive Landpflanzen.
Lebhafter Vulkanismus und starke Krustenbewegungen.	Graptolithen, Seeigel, Muscheln. Erste Wirbeltiere (Panzerfische).
Weiteres Vordringen des Meeres, Entstehung der kaledonischen Geosynklinale. Magmatismus.	Trilobiten, erste Korallen, Kopf- u. Armfüßler, Spinnen, Krebse, Ringelwürmer.
Eiszeiten. Laurentische (Archaikum) und algonkische Gebirgsbildung, Entstehung der Urkontinente und Urozeane.	Algenreste seit Archaikum. Niedere Wirbellose seit Jungalgonkium.
Entstehung der Erde	

Fortsetzung der Tabelle von Seite 163

Tiefe	Dichte	Druck	Tiefe	Dichte	Druck
km	g cm^{-3}	10^{12}dyn cm^{-2}	km	g cm^{-3}	10^{12} dyn cm^{-2}
2900	9.43	1.37	Grenze zwischen äuß. u. inn. Kern		
3000	9.57	1.47	5120	16.80	3.27
3400	10.11	1.85	5200	16.85	3.32
3800	10.56	2.22	5600	17.05	3.50
4200	10.94	2.57	6000	17.16	3.61
4600	11.27	2.88	6371	17.20	3.64
5120	14.20	3.27			

Die Temperatur im Erdinnern

Für die Bestimmung der Temperatur im Innern der Erde bieten sich folgende Methoden:

I. die Berechnung mit Hilfe der elektrischen Leitfähigkeit;

II. die Berechnung der adiabatischen Gradienten aus der Geschwindigkeit der Erdbebenwellen;

III. die Extrapolation der Schmelzpunkttemperatur aus den bekannten Daten bei gewöhnlichen Drücken.

Tiefe	Temperatur in K bestimmt nach Methode		
km	I.	II.	III.
100	—	1780	—
200	—	1850	—
300	—	1900	—
410	—	2000	—
600	—	2100	—
800	—	2200	—
1000	2250	2250	—
1400	2500	2400	—
1800	2600	2500	—
2200	2700	2600	—
2600	2800	2750	—
2900	2900	2800	—
. . . .			
5120	—	—	3650
5700	—	—	3720
6000	—	—	3730
6370	—	—	3740

Die chemische Zusammensetzung des Erdkörpers

Auf begründete Annahmen hin kann man Zahlen über die chemische Zusammensetzung der Erde angeben. Dabei geht man u. a. von folgenden Hypothesen aus:

I. Die Mineralien des Erdmantels werden in der Hauptsache sein:
   Peridotit $MgFeSiO_4$ Enstatit $(Mg)_2 [Si_2O_6]$
   Hornblende $[Ca (MgFe)_3] Si_4 O_{12}$ Diallag $(CaMg) [Si_2O_6]$

II. Der äußere Erdkern (Schicht E) ist eine Hochdruckmodifikation des Materials des unteren Erdmantels (Schicht D').

III. Der innere Erdkern ist chemisch verschieden von der übrigen Materie, aus der sich die Erde zusammensetzt. Man muß dort metallisches Eisen, legiert mit Nickel, annehmen.

So gewonnene Abschätzungen werden mit anderweitigen Werten über Elementenhäufigkeit im Kosmos verglichen, wobei man zu folgenden Zahlen kommt (vgl. auch S. 576):

Relative Häufigkeit der Elemente

Vorkommen	Sauer-stoff O	Sili-cium Si	Ma-gnesium Mg	Eisen Fe	Schwe-fel S	Alu-minium Al	Cal-cium Ca	Na-trium Na	Nickel Ni
Steinmeteorite	344	100	93	71	10	8	6	5	5
Erdkruste	295	100	9	9	—	31	9	13	—
Erde	380	100	150	135	18	4	3	1	10
Sterne, Pop. I	2140	100	130	32	32	8	6	4	2
Kosmos	2150	100	91	60	38	9	5	4	3

In der Erde und in den Meteoriten fehlen offenbar die leicht flüchtigen Elemente wie Wasserstoff, die Edelgase, Stickstoff, ein großer Teil von Kohlenstoff, Schwefel und auch Sauerstoff. Da die Planeten Venus und Mars mit der Erde allem Anschein nach eine gleiche durchschnittliche chemische Zusammensetzung haben (Merkur dürfte mehr metallisches Eisen, überschläglich etwa 60%, enthalten), scheint das Fehlen der leicht flüchtigen Elemente auf einen Entgasungsprozeß bei ihrer Entstehung hinzudeuten, von dem die Entgasung der Kometen vielleicht ein schwaches Abbild ist.

Die ältesten Gesteine der Erdkruste haben ein Alter von fast $3 \cdot 10^9$ Jahren, während das Alter der Erde zu $4.5 \cdot 10^9$ Jahren angesetzt wird. Man muß wohl annehmen, daß vor $3 \cdot 10^9$ Jahren ein Differenzierungsprozeß begonnen hat, der die an radioaktiven Metallen reicheren und leichter schmelzbaren Mineralien mehr in die Nähe der Erdoberfläche transportierte. Damit begann wohl die Bildung der Erdkruste.

c) Erdrotation

Der gleichmäßige Vorgang der Erdrotation dient der Astronomie zur Zeitmessung (s. S. 124). Dabei wird von der Voraussetzung ausgegangen, daß die Umdrehung der Erde um ihre Achse mit gleichförmiger Geschwindigkeit erfolgt. Wie aber erst in neuerer Zeit erkannt wurde, ist dies nicht der Fall. Die Rotationsgeschwindigkeit der Erde ist nicht konstant, sondern unterliegt kleinen zeitlichen, unregelmäßigen und periodischen Veränderungen. Als Grund für diese Änderungen der Rotationsgeschwindigkeit sind vor allem die drei folgenden Ursachen erkannt worden:

1. die Gezeitenreibung, d. h. die durch Ebbe und Flut bewirkte Verlagerung der Wassermassen der Ozeane, die zu einer konstanten Bremsung der Rotationsgeschwindigkeit führt;
2. Verlagerungen im Erdinnern, die zu unregelmäßigen Bremsungen oder Beschleunigungen der Rotationsgeschwindigkeit Anlaß geben;
3. jahreszeitliche, meteorologisch bedingte Verlagerungen auf der Erdoberfläche, die Schwankungen der Rotationsgeschwindigkeit mit Jahresgang bewirken.

Die Änderungen der Rotationszeit der Erde, die sich in Veränderungen unseres Zeitmaßes widerspiegeln, sind aber nur mit Uhren höchster Konstanz über lange Zeiträume feststellbar und nachweisbar. Die ersten Ergebnisse wurden mit Quarzuhren gewonnen, aber erst die in jüngster Zeit entwickelten Atomuhren dürften in absehbarer Zeit noch genauere quantitative Werte liefern.

d) Polbewegung

Genaue Ortsbestimmungen auf der Erde und an der Sphäre setzen eine Kenntnis über die momentane Lage der Grundebene des Koordinatensystems voraus. Über Jahrzehnte gehende Untersuchungen haben aber ergeben, daß der Durchstoßpunkt der Rotationsachse der Erde, also der Erdpol, nicht absolut festliegt, sondern ständig wandert. Entsprechend variiert auch die Lage des Erdäquators, der Grundebene unseres Koordinatensystems (s. S. 117). Um erhaltene Messungen auf die wahre Pol- bzw. Äquatorlage reduzieren zu können, wird durch die Observatorien des „Internationalen Breitendienstes" die Bewegung der Polachse der Erde laufend verfolgt.

Die festgestellten Polverlagerungen kann man in zwei Komponenten aufspalten, in die säkularen Polwanderungen und in die periodische Polbewegung (Breitenschwankung). Die letztere ist recht gut bekannt. Sie zeigt eine spiralige Bahn des Rotationspols mit einer Umlaufzeit von etwa $1\frac{1}{4}$ Jahren und einer Abweichung von meist nicht mehr als 10 m von der Mittellage.

Zahlen zur Rotations- und Bahnbewegung der Erde

Verhältnis mittlerer Sonnentag zu Rotationsperiode. . . .	1.00274
Rotationsdauer in mittlerer Sonnenzeit	$0^{d}99727$
	$= 23^{h}56^{m}4^{s}099$
Rotationsgeschwindigkeit am Äquator	$465.12 \ \overset{\cdot\cdot}{m} \ sec^{-1}$
Zentrifugalbeschleunigung am Äquator	$-3.39 \ cm \ sec^{-2}$
Länge des tropischen Jahres	
(Frühlingspunkt – Frühlingspunkt)	$365^{d}24220$
Länge des siderischen Jahres	
(Fixstern – Fixstern)	$365^{d}25636$
Länge des anomalistischen Jahres	
(Perihel – Perihel)	$365^{d}25964$
Mittlere Bahngeschwindigkeit der Erde	$29.8 \ km \ sec^{-1}$
Mittlere Zentripedalbeschleunigung	$0.594 \ cm \ sec^{-2}$
Entfernung der Erde von der Sonne	
im Perihel	$147 \ \cdot 10^{6} \ km$
mittlere Entfernung	$149.6 \cdot 10^{6} \ km$
im Aphel	$152 \ \cdot 10^{6} \ km$

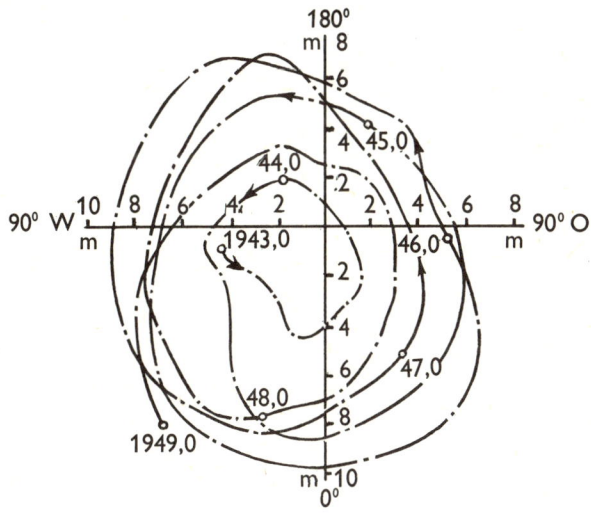

Bahn des nördlichen Rotationspols in den Jahren 1943–1949

Observatorien des „Internationalen Breitendienstes"
(Alle Observatorien liegen auf 39° 8′ nördl. geograph. Breite)

Station	geogr. Länge	Beob.-Periode
Carloforte (Italien)	— 8° 19′	1899—1943; 1946—
⎧Tschardjui (UdSSR)	⎧— 63 29	1899—1909
⎪	⎩— 63 35	1909—1919
⎩Kitab	— 66 35	1930—
Mizusawa (Japan)	—141 8	1899—
Ukiah ⎤	+125 13	1899—
Cincinnati ⎬ (USA)	+ 84 25	1899—1916
Gaithersburg⎦	+ 77 12	1899—1915; 1932—

e) Präzession und Nutation

Unter den Begriffen Präzession und Nutation faßt man alle Drehbewegungen der Erdachse zusammen, die dieser durch äußere Kräfte aufgezwungen werden. Wirksam sind die Gravitationskräfte des Mondes, der Sonne und in geringerem Maß die Wirkung der Planeten.

Die Erde kann als ein Kreisel angesehen werden. Da aber der Erdkörper nicht ideale Kugelgestalt besitzt und zudem die Masseverteilung im Erdinnern nicht gleichmäßig ist, wirken die Anziehungskräfte von Mond, Sonne und Planeten nicht auf alle Teile gleich ein, d. h., die resultierende Anziehungskraft greift nicht im Schwerpunkt der Erde an. Diese Kräfte versuchen vielmehr, die Erdachse aufzurichten, die ja gegen die Hauptebene des Sonnensystems, gegen die Ekliptik, geneigt ist. Die Erdachse folgt, entsprechend dem Verhalten eines Kreisels, dieser Kraft nicht, sondern sie bewegt sich auf einer Kegelfläche um den Pol der Ekliptik mit von Norden aus im Uhrzeigersinn erfolgender Drehung, wobei diese Kegelfläche in 25 800 Jahren einmal umschrieben wird. Dieser Zeitraum von annähernd 26 000 Jahren wird als platonisches Jahr bezeichnet. Durch Überlagerungen der Gravitationskräfte von Mond und Sonne werden dieser Bewegung noch Schwankungen mit einer Periode von 19 Jahren aufgeprägt. Dieses periodische Glied der Drehbewegung wird langperiodische Nutation genannt.

Die auf die Erdachse einwirkenden Gravitationskräfte führen so zu einer Verlagerung der Rotationsachse im Raum und dementsprechend des Äquators, der Grundebene des astronomischen Koordinatensystems, an der Sphäre. Der Einfluß der Planeten auf die Bahnbewegung der Erde verändert zudem

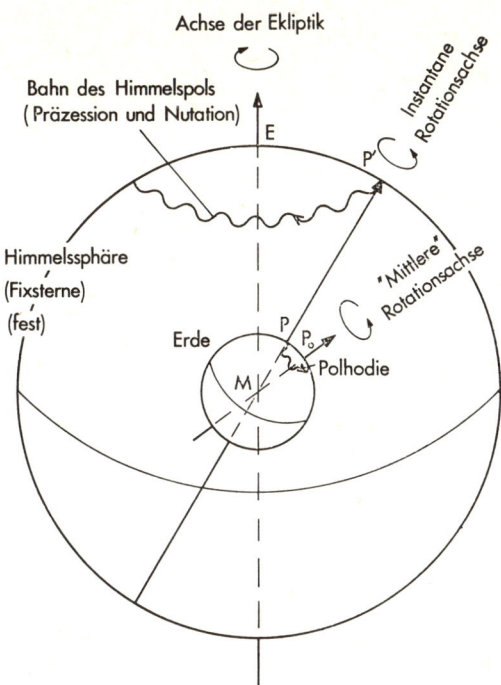

Rotation der Erde: Der Himmelspol P' beschreibt an der Sphäre um den Ekliptikpol E einen von kleinen Wellen überlagerten Kreis (Präzession und Nutation). Der instantane Rotationspol P beschreibt auf der Erdoberfläche um einen mittleren Pol P_0 eine komplizierte Bahn, die Polhodie.

noch die Lage der Ekliptik, so daß eine ständige Wanderung des Schnittpunktes Äquator–Ekliptik eintritt, des Frühlingspunktes also, von dem alle Zählungen der astronomischen Koordinaten ausgehen (s. auch S. 119). Man spricht hierbei von der Präzession.

Für die Positionsastronomie ist die genaue Kenntnis der Koordinatenänderungen mit der Zeit unbedingte Voraussetzung. Die sphärische Astronomie stellt den entsprechenden Formalismus zur Lösung der durch die Präzession aufgeworfenen Probleme bereit.

Eine geschlossene theoretische Lösung mit Hilfe der Kreiseltheorie der Physik ist aber wegen der Unkenntnis über die Masseverteilung im Erdinnern nicht möglich, so daß aus empirischen Befunden wichtige Zahlenwerte abgeleitet werden müssen, was der Natur nach nur annäherungsweise möglich ist. Die in der Astronomie übliche Aufspaltung der Gesamter-

Fortsetzung S. 174

Genäherte 10jährige Präzession in Rektaszension für nördliche Deklination in Zeitsekunden

α\ δ°	0	+10	+20	+30	+40	+50	+60	+70	+75	+80	+82	+84	+86	+88
0ʰ	+31	+31	+31	+31	+31	+31	+31	+31	+31	+31	+31	+31	+31	+31
1	+31	+31	+32	+33	+34	+35	+37	+40	+44	+51	+56	+64	+80	+130
2	+31	+31	+33	+35	+37	+39	+43	+50	+56	+69	+79	+95	+127	+222
3	+31	+32	+34	+36	+39	+42	+47	+58	+67	+85	+98	+121	+166	+301
4	+31	+33	+35	+37	+41	+45	+51	+63	+74	+97	+113	+141	+196	+362
5	+31	+33	+36	+38	+42	+46	+53	+67	+79	+104	+123	+153	+215	+400
6	+31	+33	+36	+38	+42	+47	+54	+67	+81	+107	+126	+158	+222	+414
7	+31	+33	+36	+38	+42	+46	+53	+67	+79	+104	+123	+153	+215	+400
8	+31	+33	+35	+38	+41	+45	+51	+63	+74	+97	+113	+141	+196	+362
9	+31	+33	+34	+36	+39	+42	+47	+55	+66	+85	+98	+121	+166	+301
10	+31	+32	+33	+35	+37	+39	+43	+49	+56	+69	+79	+95	+127	+222
11	+31	+32	+32	+33	+34	+35	+37	+41	+44	+51	+56	+64	+80	+130
12	+31	+31	+31	+31	+31	+31	+31	+31	+31	+31	+31	+31	+31	+31
13	+31	+30	+30	+29	+28	+27	+24	+21	+18	+11	+ 6	− 2	− 18	− 68
14	+31	+30	+28	+27	+25	+23	+19	+13	+ 6	+ 7	− 17	− 33	− 65	−160
15	+31	+29	+27	+25	+23	+20	+14	+ 5	− 4	− 23	− 34	− 59	−104	−239
16	+31	+29	+27	+24	+21	+17	+11	− 1	− 12	− 35	− 51	− 79	−134	−300
17	+31	+29	+26	+24	+20	+15	+ 9	− 4	− 17	− 42	− 61	− 91	−153	−338
18	+31	+29	+26	+23	+20	+15	+ 8	− 6	− 19	− 45	− 64	− 96	−160	−352
19	+31	+29	+26	+23	+20	+15	+ 9	− 5	− 17	− 42	− 61	− 91	−153	−338
20	+31	+29	+27	+23	+20	+17	+11	− 1	− 12	− 35	− 51	− 79	−134	−300
21	+31	+29	+28	+25	+23	+20	+15	+ 5	− 4	− 23	− 36	− 59	−104	−239
22	+31	+30	+29	+27	+25	+23	+19	+12	+ 6	+ 7	− 17	− 33	− 65	−160
23	+31	+30	+30	+29	+28	+27	+25	+22	+18	+11	+ 6	− 2	− 18	− 68

Geänderte 10jährige Präzession in Rektaszension für südliche Deklination in Zeitsekunden

$\alpha^h \backslash \delta°$	0	—10	—20	—30	—40	—50	—60	—70	—75	—80	—82	—84	—86	—88
0ʰ	+31	+31	+31	+31	+31	+31	+31	+31	+31	+31	+31	+31	+31	+31
1	+31	+30	+30	+29	+28	+27	+25	+22	+18	+11	+6	—2	—18	—68
2	+31	+30	+29	+27	+25	+23	+19	+13	+6	—7	—17	—33	—65	—160
3	+31	+29	+28	+25	+23	+20	+15	+5	—4	—23	—36	—59	—104	—239
4	+31	+29	+27	+24	+21	+17	+11	—1	—12	—35	—51	—79	—134	—300
5	+31	+29	+26	+24	+20	+16	+9	—5	—17	—42	—61	—91	—153	—338
6	+31	+29	+26	+23	+20	+15	+8	—7	—19	—45	—64	—96	—160	—352
7	+31	+29	+26	+24	+20	+16	+9	—4	—17	—42	—61	—91	—153	—338
8	+31	+29	+27	+25	+23	+17	+11	—1	—12	—35	—51	—79	—134	—300
9	+31	+29	+28	+26	+24	+19	+15	+5	—4	—23	—36	—59	—104	—239
10	+31	+30	+29	+27	+26	+23	+19	+13	+6	—7	—17	—33	—65	—160
11	+31	+30	+30	+29	+29	+27	+25	+21	+18	+11	+6	—2	—18	—68
12	+31	+31	+31	+31	+31	+31	+31	+31	+31	+31	+31	+31	+31	—31
13	+31	+32	+32	+33	+33	+35	+37	+41	+44	+51	+56	+64	+80	+130
14	+31	+32	+33	+35	+36	+39	+43	+49	+56	+69	+79	+95	+127	+222
15	+31	+33	+34	+36	+38	+42	+47	+55	+66	+85	+98	+121	+166	+301
16	+31	+33	+35	+38	+41	+45	+51	+63	+74	+97	+113	+141	+196	+362
17	+31	+33	+36	+38	+42	+46	+53	+67	+79	+104	+123	+153	+215	+400
18	+31	+33	+36	+39	+42	+47	+54	+67	+81	+107	+126	+158	+222	+414
19	+31	+33	+36	+39	+42	+46	+53	+67	+79	+104	+123	+153	+215	+402
20	+31	+33	+35	+38	+41	+43	+51	+63	+74	+97	+113	+141	+196	+362
21	+31	+33	+34	+37	+39	+42	+47	+57	+66	+85	+98	+121	+166	+301
22	+31	+32	+33	+36	+37	+39	+43	+49	+56	+69	+79	+95	+127	+222
23	+31	+32	+32	+33	+34	+35	+37	+40	+44	+51	+56	+64	+80	+130

Genäherte 10jährige Präzession für Deklination in Bogensekunden

α	0ᵐ	10ᵐ	20ᵐ	30ᵐ	40ᵐ	50ᵐ	60ᵐ
h	″	″	″	″	″	″	″
0	+ 200	+ 200	+ 200	+ 199	+ 197	+ 196	+ 194
1	+ 194	+ 191	+ 188	+ 185	+ 182	+ 178	+ 174
2	+ 174	+ 169	+ 164	+ 159	+ 154	+ 148	+ 142
3	+ 142	+ 135	+ 129	+ 122	+ 115	+ 108	+ 100
4	+ 100	+ 93	+ 85	+ 77	+ 69	+ 60	+ 52
5	+ 52	+ 43	+ 35	+ 26	+ 17	+ 9	± 0
6	± 0	− 9	− 17	− 26	− 35	− 43	− 52
7	− 52	− 60	− 69	− 77	− 85	− 93	− 100
8	− 100	− 108	− 115	− 122	− 129	− 135	− 142
9	− 142	− 148	− 154	− 159	− 164	− 169	− 174
10	− 174	− 178	− 182	− 185	− 188	− 191	− 194
11	− 194	− 196	− 197	− 199	− 200	− 200	− 200
12	− 200	− 200	− 200	− 200	− 197	− 196	− 194
13	− 194	− 191	− 188	− 185	− 182	− 178	− 174
14	− 174	− 169	− 164	− 159	− 154	− 148	− 142
15	− 142	− 135	− 129	− 122	− 115	− 108	− 100
16	− 100	− 93	− 85	− 77	− 69	− 60	− 52
17	− 52	− 43	− 35	− 26	− 17	− 9	± 0
18	± 0	+ 9	+ 17	+ 26	+ 35	+ 43	+ 52
19	+ 52	+ 60	+ 69	+ 77	+ 85	+ 93	+ 100
20	+ 100	+ 108	+ 115	+ 122	+ 129	+ 135	+ 142
21	+ 142	+ 148	+ 154	+ 159	+ 164	+ 169	+ 147
22	+ 147	+ 178	+ 182	+ 185	+ 188	+ 191	+ 194
23	+ 194	+ 196	+ 197	+ 199	+ 200	+ 200	+ 200
24	+ 200						

scheinung der Drehbewegung der Erdachse in einen periodischen und einen säkularen Teil, in Nutation und allgemeine Präzession sowie die Aufspaltung der letzteren in die Lunisolarpräzession und in die Präzession durch die Planeten hat formale Gründe.

Astronomische Positionsmessungen an der Sphäre werden wesentlich erschwert durch die Drehbewegungen der Erdachse. Die in einem Koordinatensystem an der Sphäre gemessenen Winkel gelten zuerst nur für den Augenblick der Messung, für die Epoche der Beobachtung. Da die Äquatorebene und die Ekliptik als Grundebenen für die astronomischen Koordinatensysteme

Zahlenwerte der Präzession und Nutation

	pro Jahr
Lunisolarpräzession in Länge = durch Mond und Sonne verursachte Präzession	50″37
davon allein durch den Mond	∼30″
durch die Planeten verursachte Planetarische Präzession in Rektaszension.	0″12
aus der Relativitätstheorie abgeleitete Geodätische Präzession .	0″02

Allgemeine Präzession in Länge
= Lunisolar- minus Planetenpräzession · cos ε . . . . . .   50″26

Schiefe der Ekliptik (ε). . . . .   23° 27′ 8″26

Änderung der Schiefe, gegenwärtig . . . .   0″47

mögliche Extremwerte für die Schiefe der Ekliptik in einem   21° 55′
Zeitraum von rund 40 000 Jahren . . . .   24° 18′

Präzessionskonstante (nach der Definition von Newcomb)
Lunisolarpräzession/cos ε. . . . .   54″91

Die periodischen Schwankungen der Präzession, in der Hauptsache hervorgerufen durch den Mond, werden zusammengefaßt unter dem Begriff der Nutation

Nutationskonstante = Koeffizient des Hauptgliedes der Nutation
in Schiefe. . . . .   9″21

(Die angegebenen Werte gelten alle für 1900.0)

gelten, der Schnittpunkt dieser beiden Ebenen (Frühlingspunkt) aber als Ausgangspunkt der Koordinatenzählung benutzt wird, ändern sich durch die Bewegungen der Präzession und Nutation die Koordinaten eines Gestirns laufend. Diese Koordinatenänderungen, die nichts mit Bewegungen der Gestirne zu tun haben, sondern durch die Verlagerungen der Fundamentalebenen des Koordinatensystems hervorgerufen werden, müssen bei einer genauen Positionsbestimmung eines Gestirns mitberücksichtigt werden. Deshalb müssen gegebene Positionen grundsätzlich eine Angabe enthalten, auf welche Lage der Fundamentalebenen, d. h. auf welchen Frühlingspunkt (Äquinoktialpunkt), sich die Koordinaten beziehen, bzw. für welches Äquinoktium sie gelten. Nach den in der sphärischen Astronomie gegebenen Formeln ist es dann möglich, die Koordinaten von dem Zeitpunkt ihrer Gültigkeit auf einen anderen vergangenen, gegenwärtigen oder zukünftigen Zeitpunkt umzurechnen.

Die Umrechnung von Gestirnsörtern von einem gegebenen Äquinoktium auf ein anderes ist eine der häufigsten Rechenaufgaben der Beobachtungspraxis. Die hier gegebenen Tafeln sollen eine überschlägliche, für die meisten Fälle ausreichende Berechnung der durch die Präzession hervorgerufenen Koordinatenänderungen für nicht zu große Zeitintervalle ermöglichen. Die in der Tabelle gegebenen Zahlenwerte sind naturgemäß für höhere Deklinationen ungenauer als für äquatornahe Zonen.

f) Erdatmosphäre

Die feste Erdkugel ist von einem Gasmantel, von Luft, umgeben. Luft besteht aus einer mechanischen Mischung verschiedener Gase, die immer im gleichen Verhältnis zueinander stehen. Nur ein geringer Anteil wird von Gasen gestellt, deren Menge zeitlichen und örtlichen Schwankungen unterworfen ist. Zu diesen letztgenannten Gasen gehört der Wasserdampf, das einzige Gas, das auch in festen oder flüssigen Aggregatzustand übergehen kann. Je nach Menge des Wasserdampfes ändert sich der Anteil der übrigen Gase etwas an der Zusammensetzung der Luft. — Folgende konstante Anteile der verschiedenen Gase an der Zusammensetzung der Luft werden angegeben:

Zusammensetzung trockener Luft

Gas	chemisches Symbol	Volumprozente
Stickstoff............	N_2	78.084
Sauerstoff	O_2	20.946
Kohlendioxid	CO_2	0.033
Argon	Ar	0.934
Neon	Ne	$18.18 \cdot 10^{-6}$
Helium	He^4	$5.24 \cdot 10^{-6}$
Helium-Isotop	He^3	$6.55 \cdot 10^{-12}$
Krypton	Kr	$1.14 \cdot 10^{-6}$
Xenon	Xe	$0.087 \cdot 10^{-6}$
Wasserstoff..........	H_2	$0.5 \cdot 10^{-6}$
Methan	CH_4	$2 \cdot 10^{-6}$
Stickstoffoxydul	N_2O	$0.5 \cdot 10^{-6}$

Unsicher ist noch, wie weit H_2, CH_4 und N_2O zu den nichtvariablen Bestandteilen der Luft zu rechnen sind. Zu den Gasen, deren Mengen in der Atmosphäre zeitlichen und örtlichen Schwankungen unterworfen sind, gehören vor allem das Ozon (O_3), Ammoniak (NH_3), Kohlenmonoxid (CO), Schwefeldioxid (SO_2) und Stickstoffdioxid (NO_2). Außer dem Ozon handelt es sich bei den anderen Verbindungen in der Hauptsache um industrielle Abgase. Die Zusammensetzung der Luft bleibt etwa bis in 15 km Höhe gleich. Darüber hinaus nimmt der Heliumgehalt auf Kosten des Sauerstoffs etwas zu. Diese Feststellungen gelten für Mitteleuropa, denn für andere geographische Breiten ergeben sich etwas abweichende Werte. Wichtig ist weiterhin noch die Beobachtung, daß in Höhen von 15 bis 30 km der Gehalt an Ozon, das am Erdboden nur in verschwindender Menge vorhanden ist, stark ansteigt und bei einer Höhe von 25 km ein Maximum erreicht. Diese Feststellung ist ebenso wie das Vorhandensein von Kohlensäure und Wasserdampf für den Strahlungshaushalt der Atmosphäre von großer Bedeutung. Über die Zusammensetzung der Luft in Höhen über 30 km weiß man noch relativ wenig. Unsere Kenntnisse dieser Schichten sind einerseits indirekte Schlüsse aus dem Studium von Leuchtvorgängen und Echolotungen mittels Funkwellen, andererseits die ersten sporadischen Ergebnisse direkter Untersuchungen mit Raketen und Satelliten.

Bezeichnung der atmosphärischen Schichten

Sphären	Schichten	obere Schicht-grenzen	Höhe in km	Temperatur Unter-, Ober-grenze	
Exosphäre			über 1000	(2000)	
Suprasphäre			400–1000	> 1000	
Ionosphäre	F-Schicht		150–400	1000	
auch	E-Schicht		80–150	—70	+50
Thermosphäre	(D-Schicht)				
Stratosphäre	Obere Mischungsschicht	Stratopause	50–80	+50	—70
	Warme Schicht		35–50	—50	+50
	Isotherme Schicht		12–35	—55	—50
Troposphäre	Tropopausen-Schicht	Tropopause	8–12	—40	—55
	Advektions-Schicht		2–8	+10	—40
	Grundschicht	Peplopause	0.002–2		
	Bodenschicht		0–0.002		

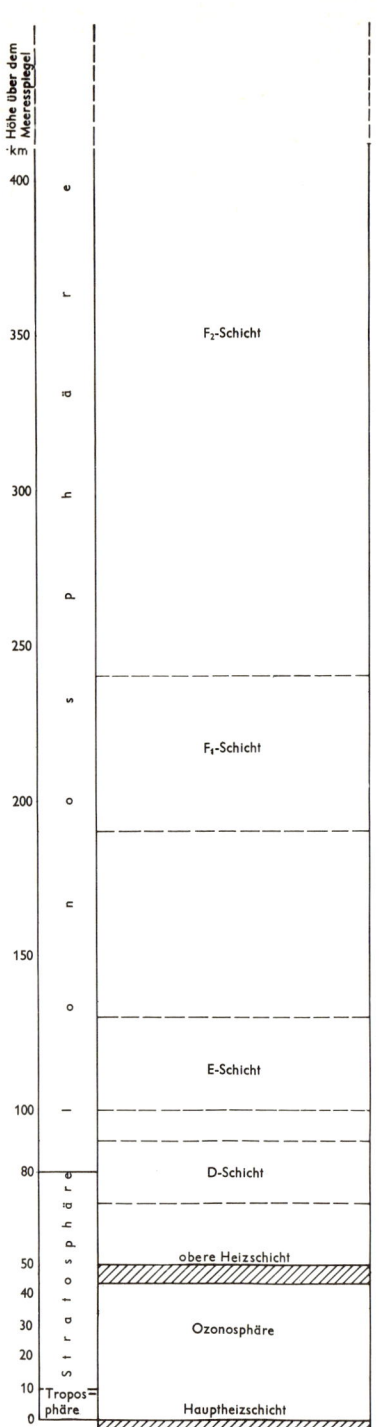

Stockwerke und Schichten der

Erdatmosphäre

Daten über die Erdatmosphäre

Normaltemperatur	T_0	$= 0°\,C = 273.16\,K = 32°\,F$
Normaldruck	P_0	$= 760\,mm\,Hg = \;1013.246\,mb$ (Millibar)
Normalschwere	g_0	$= 980.665\,cm\,sec^{-2}$
Dichte der Luft	ϱ_0	$= 0.001\,292\,8\,g\,cm^{-3}$
Molekulargewicht	M_0	$= 28.970$
Mittlere Molekularmasse		$= 4.810 \cdot 10^{-23}\,g$
Spezifische Wärme	c_p	$= 0.2403\,cal\,g^{-1}°\,C^{-1}$
	c_v	$= 0.1715\,cal\,g^{-1}°\,C^{-1}$
Moleküle pro cm^3	N	$= 2.688 \cdot 10^{19}$
Mittlere freie Weglänge		$= 6.98 \cdot 10^{-6}\,cm$
Masse der Atmosphäre pro cm^2 .		$= 1035\,g$
Gesamtmasse der Atmosphäre . .		$= 5.30 \cdot 10^{21}\,g$
Adiabatischer Temperaturgradient		$= 9.77°\,C$ pro km
Mittlerer Temperaturgradient in der Troposphäre		$= 6.5°\,C$ pro km

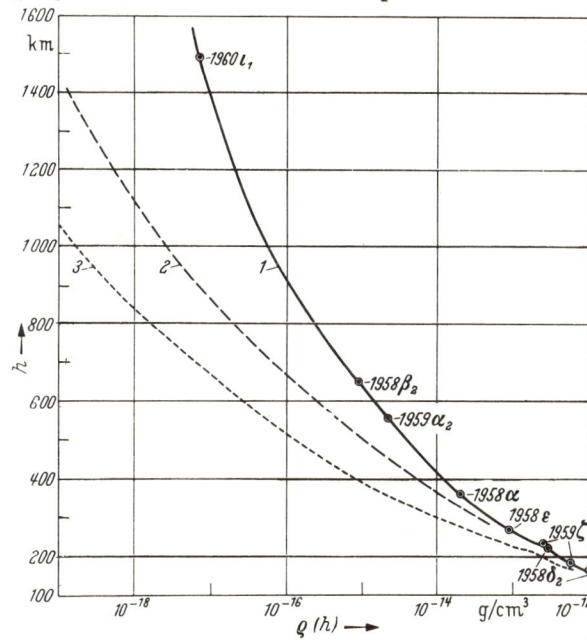

Die Luftdichte in der irdischen Ionosphäre und Exosphäre (nach H. K. Paetzold)

Kurve 1: Normiert auf eine solare im 10-cm-Gebiet liegende Radioemission von $200 \cdot 10^{-22}$ W/m² Hz, auf den täglichen Höchstwert um 14^h Ortszeit und auf den Mittelwert des jährlichen Effekts.

Kurve 2: Normiert auf den nächtlichen Tiefstwert um 4^h Ortszeit, sonst wie Kurve 1.

Kurve 3: Normiert auf den Minimalwert der solaren Aktivität und des jährlichen Effekts sowie auf den nächtlichen Tiefstwert.

Verlauf von Druck, Temperatur und Dichte in der Erdatmosphäre
bei steigender Höhe

(Die Werte sind mittels Raketen gewonnen worden.)

Höhe km	Druck mb	Temp. K	Dichte g cm^{-3}	Anzahl d. Moleküle cm^{-3}	freie Weglänge cm
0	1013	288	$1.22 \cdot 10^{-3}$	$2.55 \cdot 10^{19}$	$7.4 \cdot 10^{-6}$
1	899	281	$1.11 \cdot 10^{-3}$	$2.31 \cdot 10^{19}$	$8.1 \cdot 10^{-6}$
2	795	275	$1.01 \cdot 10^{-3}$	$2.10 \cdot 10^{19}$	$8.9 \cdot 10^{-6}$
3	701	268	$9.1 \cdot 10^{-4}$	$1.89 \cdot 10^{19}$	$9.9 \cdot 10^{-6}$
4	616	262	$8.2 \cdot 10^{-4}$	$1.70 \cdot 10^{19}$	$1.1 \cdot 10^{-5}$
6	472	249	$6.6 \cdot 10^{-4}$	$1.37 \cdot 10^{19}$	$1.4 \cdot 10^{-5}$
8	356	236	$5.2 \cdot 10^{-4}$	$1.09 \cdot 10^{19}$	$1.7 \cdot 10^{-5}$
10	264	223	$4.1 \cdot 10^{-4}$	$8.6 \cdot 10^{18}$	$2.2 \cdot 10^{-5}$
15	121	214	$1.93 \cdot 10^{-4}$	$4.0 \cdot 10^{18}$	$4.6 \cdot 10^{-5}$
20	56	214	$8.9 \cdot 10^{-5}$	$1.85 \cdot 10^{18}$	$1.0 \cdot 10^{-4}$
30	12	225	$1.90 \cdot 10^{-5}$	$3.9 \cdot 10^{17}$	$4.8 \cdot 10^{-4}$
40	2.9	268	$3.9 \cdot 10^{-6}$	$7.6 \cdot 10^{16}$	$2.4 \cdot 10^{-3}$
50	0.97	276	$1.15 \cdot 10^{-6}$	$2.4 \cdot 10^{16}$	$8.5 \cdot 10^{-3}$
60	0.28	260	$3.9 \cdot 10^{-7}$	$7.7 \cdot 10^{15}$	0.025
70	0.08	219	$1.1 \cdot 10^{-7}$	$2.5 \cdot 10^{15}$	0.09
80	0.014	205	$2.7 \cdot 10^{-8}$	$5.0 \cdot 10^{14}$	0.41
100	$5.8 \cdot 10^{-4}$	230	$8.8 \cdot 10^{-10}$	$1.8 \cdot 10^{13}$	9
120	$6 \cdot 10^{-5}$	300	$5.6 \cdot 10^{-11}$	$1.8 \cdot 10^{12}$	130
150	$5 \cdot 10^{-6}$	450	$3.2 \cdot 10^{-12}$	$9 \cdot 10^{10}$	$1.8 \cdot 10^{3}$
200	$5 \cdot 10^{-7}$	700	$1.6 \cdot 10^{-13}$	$5 \cdot 10^{9}$	$3 \cdot 10^{4}$
250	$9 \cdot 10^{-8}$	800	$3 \cdot 10^{-14}$	$8 \cdot 10^{8}$	$3 \cdot 10^{5}$

In neuester Zeit konnten mit Hilfe von Satelliten auch Werte über die Luftdichte in der Ionosphäre und Exosphäre gewonnen werden. Man beobachtete
selbst noch in Höhen von 1 500 km bei dem Ballonsateliten Echo 1 Bahn-
störungen bzw. Änderungen der Satellitenbahn, die nur durch eine Abbremsung auf Grund von Reibung an den dort noch vorhandenen Luftmolekülen
erklärbar waren. Eine genaue Analyse der Abnahme der großen Halbachse der
Satellitenbahn ergab zudem noch eine beträchtliche Schwankung der Dichte
der irdischen Hochatmosphäre. Die maßgeblichsten Einflüsse dürften die folgenden sein:

1. Der Einfluß der variablen solaren UV-Strahlung, der sich nämlich in einer engen Korrelation zu der Sonnenfleckenrelativzahl (s. S. 306) und auch zu der solaren Radiostrahlung im Dezimeter-Wellengebiet zeigt; verbunden damit ist ein starker Tag-Nacht-Effekt.

2. Der Einfluß von stark einfallenden Korpuskularwolken, die selbst in 200 km Höhe die Luftdichte noch um $20\,{}^0/_0$ ansteigen lassen können.

3. Der Einfluß eines jährlichen Effekts, der ein Minimum im Mai–August und ein Maximum im September–April aufweist. Die Ursache ist noch wenig geklärt; eine plausible Annahme scheint diejenige zu sein, daß die interplanetare Materie etwas exzentrisch zum Sonnenmittelpunkt angeordnet ist.

g) Einfluß der Erdatmosphäre auf astronomische und astrophysikalische Beobachtungen

Die von den Gestirnen ausgehende Strahlung muß, bevor sie in die Beobachtungsinstrumente einfällt, die Erdatmosphäre durchsetzen. Die Atmosphäre ist aber kein absolut durchsichtiges, sondern ein trübes Medium, für Strahlung bestimmter Wellenlängen sogar undurchsichtig. Dementsprechend erleidet die einfallende Strahlung eine Abschwächung oder wird sogar vollkommen absorbiert. — Auf den Lichtstrahl wirkt ferner die Luftunruhe, die turbulente Strömung innerhalb der Atmosphäre ein. Dies führt zu kurzperiodischen Richtungs- und Helligkeitsschwankungen, die zu dem allgemein bekannten Glitzern und Funkeln der Sterne Anlaß geben. — Weiterhin erfährt der von den Gestirnen kommende Lichtstrahl bei seinem Durchgang durch die Erdatmosphäre eine Ablenkung, analog der aus der Optik bekannten Strahlenbrechung in Medien wechselnder Dichte. Diese drei Einwirkungen der irdischen Atmosphäre auf einen von außen kommenden Strahl bezeichnet man als *Extinktion, Szintillation* und *astronomische Refraktion*.

Die Extinktion

Die Schwächung eines von einem Himmelskörper kommenden Lichtstrahls hängt einmal von der Länge des durch die Erdatmosphäre gehenden Lichtwegs ab, zum anderen von der Wellenlänge des Lichtes, in dem beobachtet wird. Die Länge des Lichtwegs, in Einheiten der Luftmasse im Zenit gegeben, ist eine Funktion der Zenitdistanz. Um Helligkeiten von Gestirnen miteinander vergleichen zu können, müssen diese auf gleichlange Lichtwege reduziert werden, d. h., an jede Messung ist eine Reduktion auf die Luftmasse im Zenit anzubringen.

Luftmasse und Zenitreduktion in Abhängigkeit von der Zenitdistanz
ζ = Zenitdistanz, M = Luftmasse, E = Zenitreduktion für visuelle
Helligkeiten

ζ	M	E	ζ	M	E
0°	1.000	0.00	62	2.123	0.26
10	1.015	0.00	64	2.274	0.30
20	1.064	0.01	66	2.447	0.34
25	1.103	0.02	68	2.654	0.39
30	1.154	0.03	70	2.904	0.45
35	1.220	0.04	72	3.209	0.52
40	1.304	0.06	74	3.588	0.60
45	1.413	0.09	76	4.075	0.71
50	1.553	0.12	78	4.716	0.83
52	1.621	0.14	80	5.60	0.99
54	1.698	0.16	82	6.88	1.19
56	1.784	0.18	84	8.90	1.52
58	1.882	0.20	86	12.44	2.12
60	1.995	0.23	87	15.36	2.61

Zur Berechnung der Leuchtkräfte der Sterne (s. S. 382) bedarf es einer weiteren Reduktion auf den leeren Raum, d. h. auf den Wert, den die Helligkeit annehmen würde, wenn keine Abschwächung der Strahlung durch die Erdatmosphäre erfolgen würde. An die obigen Extinktionswerte wären in diesem Fall nochmals 0.23 Größenklassen (für visuelle Helligkeit) anzubringen.

Die Reduktionsbeträge wegen Extinktion sind mitunter starken Schwankungen unterworfen, denn die Durchsicht an einem Beobachtungsort kann selbst innerhalb einer Nacht stark variieren und nicht nur von der Zenitdistanz, sondern auch noch von der Himmelsrichtung, also vom Azimut (s. S. 119), abhängig sein. Die örtlichen Gegebenheiten, u. a. die Meereshöhe des Beobachtungsorts, wirken stark auf die jeweiligen Extinktionsbeträge, so daß diese für jede Sternwarte aus Beobachtungen gesondert zu bestimmen sind. Bei Präzisionsmessungen ist u. U. die Bestimmung der Extinktion gleichzeitig mit der Messung nötig.

Die Lichtabschwächung in der Atmosphäre hat drei Ursachen:

    a) die *Bandenabsorption* in den atmosphärischen Gasen,
    b) die *Rayleighsche Streuung* an den Luftmolekülen,
    c) die *Streuung* an den kolloidalen Partikeln der Luft.

Die Absorptionsbanden liegen in der Hauptsache außerhalb des visuellen Spektralbereichs. Sie engen vor allem die Beobachtungsmöglichkeiten nach dem Ultravioletten und dem Infraroten hin ein (vgl. S. 36).
Die Rayleighsche Streuung an den Molekülen der Luft ist, unabhängig von etwaigen zusätzlichen Trübungen, immer vorhanden. Sie bewirkt die Blaufärbung des Taghimmels. Zudem ist sie stark abhängig von der Wellenlänge des Lichts, man sagt, sie ist selektiv wirkend, wie die Tabelle zeigt. Diese Tabelle gilt für einen Bodenluftdruck von 760 mm bei senkrecht durchsetzendem Lichtstrahl, also für den Zenit oder die Luftmasse 1.

Zenitextinktion durch Rayleighsche Streuung

Wellenlänge	Absorption in Größenklassen	Wellenlänge	Absorption in Größenklassen
3000 Å	1.237	5500 Å	0.099
3500 Å	0.642	6000 Å	0.070
4000 Å	0.367	7000 Å	0.037
4500 Å	0.226	8000 Å	0.022
5000 Å	0.146	10000 Å	0.009

Der variable Anteil der Extinktion wird von dem atmosphärischen Dunst verursacht. Kleinste, kolloidale Partikeln mit Durchmessern von 0.1 bis 0.5 μ bewirken eine selektive, d. h. von der Wellenlänge abhängige Streuung. Größere Teilchen, wie Staub, Ruß und Wassertropfen führen zu einer wellenlängenunabhängigen Abschwächung des Sternlichts.

Zenitextinktion durch Dunststreuung

Wellenlänge [Å]	Absorption in Größenklassen beim Trübungskoeffizient von			
	0.01	0.05	0.10	0.20
3 000	0.052	0.260	0.520	1.040
3 500	0.041	0.207	0.415	0.830
4 000	0.036	0.179	0.357	0.714
4 500	0.031	0.153	0.307	0.614
5 000	0.027	0.133	0.267	0.534
5 500	0.024	0.118	0.236	0.471
6 000	0.021	0.105	0.211	0.421
7 000	0.017	0.087	0.173	0.345
8 000	0.015	0.073	0.145	0.290
10 000	0.011	0.055	0.109	0.217

Der Trübungskoeffizient ist ein Maß für die Trübung. E entspricht etwa 0.01 = einer Trübung im Hochgebirge, 0.05 = sehr klar, 0.10 = leicht getrübt, 0.20 = starke Trübung.

Die Szintillation

Die Lufthülle der Erde ist niemals in Ruhe, sondern immer in turbulenter Bewegung. Dadurch schwankt der Brechungsindex der Luft von Ort zu Ort und von Augenblick zu Augenblick. Durch diese dauernde Variation des Brechungsindexes erleidet ein von einem Gestirn kommender Lichtstrahl eine ständig wechselnde Ablenkung. Die Größe der Luftschlieren, der Turbulenzelemente der Luft, die diese Szintillation hervorrufen, beträgt einige Zentimeter bis Dezimeter.

Mit bloßem Auge ist die Ortsszintillation nicht feststellbar, sie zeigt sich aber bei Beobachtungen an kleinen und mittleren Fernrohren in der Zitterbewegung des fokalen Sternscheibchens. Je nach Stärke der Luftunruhe schwankt das „Zitterscheibchen" um 0.5 bis 10 Bogensekunden um seine Mittellage; dies führt dann bei photographischen Aufnahmen zu verwaschenen Sternscheibchen auf der Platte. Die Stärke der Luftunruhe begrenzt die Beobachtungsmöglichkeiten, denn feinere Einzelheiten als die von der Größe des Zitterscheibchens verschwinden durch die Zitterbewegung des Objekts im Fernrohr. Dies ist besonders bei Beobachtungen des Mondes, der Sonne und der Planeten zu berücksichtigen, aber auch bei Doppelsternbeobachtungen oder bei Spektralaufnahmen mit spaltlosen Spektrographen (Objektivprismen).

Bei Teleskopen mit großer und sehr großer Öffnung zeigt sich die Wirkung der Richtungsszintillation jedoch anders. Durch ein Nebeneinanderlagern der von verschiedenen Luftschlieren abgelenkten Bilder erhält man beim visuellen Beobachten ein „Sternscheibchen", das einen ebenso großen Bereich ausfüllt, wie ihn das vom kleinen Fernrohr erzeugte Sternbild zeitlich nacheinander überstreicht; also ein Bild, das dem integrierten photographischen Bild im kleinen Instrument entspricht. Die Schlierenbildung, die Ursache für die Richtungsszintillation ist, muß man zu einem beträchtlichen Teil in der näheren Umgebung der Teleskope selbst suchen, etwa in der Erwärmung des Gebäudes und in Temperaturunterschieden zwischen Beobachtungsraum- und Außentemperatur. An großen Instrumenten und deren Kuppeln werden deshalb manche Vorrichtungen zur thermischen Isolierung (um Erwärmungen über Tag zu vermeiden) bzw. zum schnellen Temperaturausgleich zwischen innen und außen getroffen.

Neben der Ortsszintillation beobachten wir, auch mit bloßem Auge, eine Helligkeitsszintillation. Die Helligkeitsschwankungen gehen bis zu kurzzeitigem völligem Verschwinden der Beleuchtung durch den Stern an einzelnen Stellen.

Die vom Stern einfallende Strahlung wird durch die Luftunruhe quasi moduliert, in Wechsellicht verwandelt. — In der Nähe des Horizontes wird neben der Helligkeitsschwankung noch eine Farbschwankung des Sternlichtes beobachtet. — Der von Laien wegen seines Glitzerns und Funkelns der Sterne oft gerühmte „schöne Nachthimmel" macht wegen seiner starken Luftunruhe manche astronomische Beobachtung unmöglich.

Die astronomische Refraktion

Der Brechungsindex der Luft ist wie bei anderen optischen Medien wellenlängen-, temperatur- und dichteabhängig.

Brechungsindex der Luft bei 760 mm Hg und 0° C

Wellenlänge:	2800	3000	4000	5000	6000	7000	8000 Å
Brech.-Index: 1.000	3111	3077	2984	2944	2923	2910	2902

Brechungsindex der Luft für die Wellenlänge 6000 Å

Temperatur:		— 60	— 30	0	+ 30° C
Druck:	760 mm	1.000 375	1.000 325	1.000 292	1.000 263
	1000 mb	370	324	289	260
	500 mb	159	139	124	112
	50 mb	016	014	012	011

Wegen der vorhandenen vertikalen Dichteabnahme und der dementsprechenden Änderung des Brechungsindexes der Luft wird ein von außen kommender Lichtstrahl so gebrochen und abgelenkt, daß er eine zur Erdoberfläche konkav gekrümmte Bahn beschreibt. Da das Auge ein Objekt in der gradlinigen rückwärtigen Verlängerung der Richtung sieht, aus welcher der Strahl ins Auge kommt, erscheint ein Stern durch die Strahlenbrechung gehoben. Um den wahren Ort eines Gestirns zu bestimmen, muß an die beobachtete Zenitdistanz eine Korrektion angebracht werden. Diese Korrektion bezeichnet man als *astronomische Refraktion*. Sie gibt an, um wieviel ein Stern bei beobachteter Zenitdistanz über seinen wahren Ort durch die Strahlenbrechung gehoben erscheint; sie bezeichnet also den Winkel zwischen dem an der Grenze der Atmosphäre auftreffenden Lichtstrahl und der ins Auge gelangenden Strahlenrichtung.

Bis zu einer Zenitdistanz von 80° ist die Refraktion praktisch unabhängig von der Konstitution der Atmosphäre. Nähert man sich weiter dem Horizont, so gewinnt der vertikale Aufbau der Atmosphäre, vor allem die Temperaturschichtung, entscheidende Bedeutung.

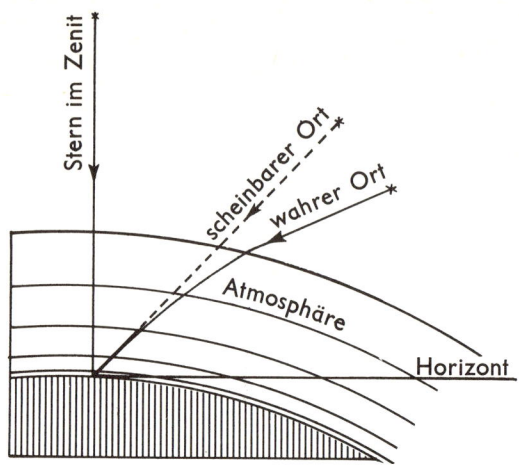

Astronomische Refraktion

Astronomische Refraktion bei 760 mm Hg und 0° C

beobachtete Zenitdistanz	Refraktion	beobachtete Zenitdistanz	Refraktion
0°	0′ 00″	70°	2′ 45″
10°	0′ 11″	75°	3′ 42″
20°	0′ 22″	80°	5′ 31″
30°	0′ 35″	85°	10′ 15″
40°	0′ 51″	88°	19′ 7″
50°	1′ 11″	89°	25′ 36″
60°	1′ 45″	90°	36′ 38″

2. Der Erdmond

a) Entfernung, Bahn und Größe:

Mittlere Entfernung von der Erde	384 403 km
Mittlere Entfernung von der Erde (in Erdhalbmessern) . .	60.33
Mittlere Entfernung von der Erde (in astr. Einheiten) . .	0.002 571 AE
Größte Entfernung von der Erde.	406 740 km
Kleinste Entfernung von der Erde	356 410 km
Mittlere Exzentrizität der Mondbahn	0.0549
Neigung der Bahn gegen die Ekliptik	5° 8′ 43″4
Neigung des Mondäquators gegen die Ekliptik.	1° 31′ 22″

Siderische Umlaufzeit . . . . 27.321 66 mittlere Tage
Tropische Umlaufzeit . . . . 27.321 58 mittlere Tage
Anomalistische Umlaufzeit . . . . 27.554 55 mittlere Tage
Drakonitische Umlaufzeit . . . . 27.212 22 mittlere Tage
Synodische Umlaufzeit . . . . 29.530 59 mittlere Tage
Umlaufzeit des Knotens . . . . 18.613 4 tropische Jahre
Umlaufzeit des Perigäums . . . . 8.847 9 tropische Jahre
(Definition der Umlaufszeiten s. S. 141)

Scheinbarer Halbmesser (bei mittlerer Entfernung von der Erde) $15' \, 32''\!.58$
Wahrer Halbmesser. . . . . . . 1738.0 km = 0.272 Erdhalbmesser
Umfang. . . . . 10920 km = 0.272 Erdumfang
Oberfläche . . . . $3.796 \cdot 10^7$ km^2 = 0.0744 Erdoberfläche
Volumen . . . . $2.199 \cdot 10^{10}$ km^3 = 0.0203 Erdvolumen
Masse. . . . . $7.350 \cdot 10^{25}$ g = 1/81.53 Erdmasse
Mittlere Dichte. . . . . . . 3.341 g cm^{-3} = 0.606 Erddichte
Schwerebeschleunigung
an der Oberfläche . . . . 161.93 cm sec^{-2} = $^1\!/_6$ Erdschwerkraft
Entweichgeschwindigkeit
an der Oberfläche . . . . 2.38 km/sec

Mittlere Albedo 0.07
Oberflächentemperatur
bei Vollmond ca. $+ 120\,°C$
bei Neumond ca. $- 130\,°C$

Zur Orientierung auf dem Mond bedient man sich, wie auf der Erde, eines Gradnetzes. Der Null- oder Hauptmeridian verläuft durch die Mitte der sichtbaren Mondscheibe von oben nach unten, verbindet also die beiden Pole. Er wird in der Mitte vom Äquator geschnitten, der den Ost- und Westpunkt miteinander verbindet. Da die Himmelsrichtungen entsprechend dem Bild, das der Mond im umkehrenden astronomischen Fernrohr bietet, gerechnet werden, liegt der Nordpol unten, der Südpol oben, der Westpunkt links und der Ostpunkt rechts. Neuerdings werden Karten für astronautische Zwecke genau wie Erdkarten orientiert; d. h. N oben, S unten, W links, O rechts.

b) Mondbahn und Mondbewegung

Der Mond bewegt sich auf einer elliptischen Bahn um die Erde. Jedoch läßt sich diese Bewegung mit den Keplerschen Gesetzen nur sehr ungenügend beschreiben, da das System Erde–Mond den starken Störungen der Sonne unterliegt. Deshalb ist die Theorie der Mondbewegung eines der schwierigsten himmelsmechanischen Probleme. Nun liegen aber für die Bewegung des Mondes um die Erde lange Beobachtungsreihen und ausgedehnte theoretische Untersuchungen vor, die uns zudem gute Grundlagen für die Erforschung der zeitlichen Veränderungen in den Elementen der Mondbahn liefern. Zu langperiodischen Änderungen der Bahnelemente, die Periodenlänge von vielen Tausenden, ja sogar von Millionen Jahren haben, treten säkulare, d. h. zeitlich dauernd fortschreitende Änderungen, durch Gezeitenkräfte im System, die eine ständige Zunahme des mittleren Abstandes Erde–Mond bewirken. So können heute aus Studien über die Bewegung des Mondes, d. h. über die Veränderung der Mondbahnelemente, Fragen nach der Vergangenheit und Zukunft des Erde-Mondsystems mit Erfolg angegangen werden.

Man ist geneigt anzunehmen, daß die Bahn des Mondes, da er um die Erde und mit dieser um die Sonne kreist, eine Schlangen- oder Wellenlinie sei. Oft wird dies so vereinfacht dargestellt. Da aber der Fall des System Erde–Mond zur Sonne etwa doppelt so groß ist, als der Fall des Mondes zur Erde, ist die Mondbahn, auf die Sonne bezogen, d. h. im Planetensystem betrachtet, immer konkav zur Sonne hin gekrümmt. Lediglich die Stärke der Krümmung variiert, je nachdem ob bei Vollmond der Fall des Mondes zur Erde zu dem Fall Mond plus Erde zur Sonne addiert oder bei Neumond der Fall des Mondes von dem des Erd-Mondsystems subtrahiert werden muß.

Wie bei allen Himmelskörpern, die in elliptischen Bahnen umlaufen, schwankt die „wahre" Bahngeschwindigkeit um eine „mittlere" Geschwindigkeit. Dieser Effekt, der bei dem System Erde–Sonne als Zeitgleichung bekannt ist (s. S. 127), wird in der Bewegung des Mondes als Große Ungleichheit bezeichnet. Die mittlere Bahngeschwindigkeit des Mondes wird einem fiktiven „mittlerem Mond" zugeschrieben, der in einer mittleren Entfernung, d. h. mit der ihr zugehörigen mittleren großen Halbachse a auf einer Kreisbahn, umläuft. Der momentane Abstand des Mondes von der Erde ändert sich natürlich aber von Tag zu Tag und schwankt, wegen der exzentrischen Bahn des Mondes, während eines Umlaufs um die Extremwerte $a(1 - e)$ und $a(1 + e)$, wobei e die Exzentrizität der Bahnellipse bedeutet (siehe die Daten in obiger Tabelle). Der so verständliche Effekt der Großen Ungleichheit, auch Mittelpunktgleichung genannt, also die Abweichung zwischen wahrer und mittlerer Bewegung, kann einen maximalen Wert von 6° 17.′3 annehmen. – Andere Änderungen und Schwankungen in der Bewegung des Mondes werden diesem einmal als Störungen durch die Sonne, bzw. durch die Bewegung der Erde um die Sonne, aufgezwungen, zum anderen aber verursacht auch durch die im System Erde-Mond nicht zu vernachlässigenden Effekte, die von Figur und Masseverteilung des Erdkörpers ausgehen. Die Zahl der Störungen in der Bewegung des Mondes gehen in die Hunderte.

Zu nennen sind u. a. zwei Änderungen der räumlichen Lage der Mondbahn: Das Rückwärtsschreiten der Knoten (das sind die beiden Schnittpunkte der Mondbahn mit der Ekliptik) in 18.6 Jahren um 360° und ferner die bald rechtläufige bald rückläufige, im ganzen gesehen aber rechtläufige Bewegung der Apsidenlinie der Mondbahnellipse, d. h. die vom Frühlingspunkt längs der Ekliptik bis zum aufsteigenden Knoten, von dort aus längs der Bahn bis zum Perigäum (der Erdnähe) gezählte „Länge des Perigäums" durchläuft in 8.85 Jahren alle Werte von 0° bis 360°. Als Folge dieser Bewegung der Apsidenlinie ist die Anomalistische Umlaufszeit 5 bis 6 Stunden länger als die Siderische. Der in obiger Tabelle angegebene Wert der durchschnittlichen Anomalistischen Umlaufszeit kann aber wegen der Unregelmäßigkeit der Bewegung der Apsidenlinie von einem zum anderenmal zwischen 25 und 29 Tagen variieren.

Folgende wichtigen Störungen auf die Bewegung des Mondes sollen noch aufgeführt werden:

Als Evektion wird eine periodische Störung der oben erklärten Großen Ungleichheit bezeichnet. Diese Störwirkung beruht auf der gegenseitigen unterschiedlichen Stellung von Sonne, Mond und Apsidenlinie der Mondbahn. Sie erreicht ihren größten Wert von $\pm$ 1° 16' 26", wenn die Elongation des Mondes von der Sonne und die Elongation des Periäums von der Sonne aus zusammen $\pm$ 90° betragen. Die Periode dieser Störung beträgt 31.8 Tage. Betrag und Periode der Evektion war schon Ptolemäus bekannt.

Die Variation, eine von Tycho Brahe entdeckte und von I. Newton erklärte Störung, bewirkt eine Beschleunigung bzw. eine Abbremsung des Mondes in seiner Bahn mit halbmonatiger Periode. Ihr maximaler Wert beträgt 39' 30". Die jährliche Ungleichheit (Amplitude $\pm$ 11' 11") und die Säkulare Akzeleration sind auf die Exzentrizität bzw. auf die säkulare Abnahme der Exzentrizität der Erdbahn zurückzuführen. Der im letzteren Fall gefundene Effekt von 8" pro 100 Jahre weicht vom theoretischen Wert 6" pro 100 Jahre ab; vermutlich geht die Differenz von 2" pro 100 Jahre auf eine Änderung des Zeitmaßes, also eine Verlangsamung der Erdrotation.

Neben der beschriebenen Bewegung des Mondes in seiner Bahn führt er eine Rotationsbewegung um seine Achse aus. Er wendet während seines Bahnumlaufs der Erde immer die gleiche Seite zu, so daß seine Rotationszeit gleich der mittleren Siderischen Umlaufszeit von 27.32… Tagen ist. Da aber die Bewegung des Mondes in seiner elliptischen Bahn ungleichmäßig ist, die Rotation aber gleichmäßig erfolgt, kann ein Beobachter auf der Erde, wenn der Mond im Perigäum seiner Bahn steht mehr von der rechten Mondseite, wenn er im Apogäum steht mehr von der linken Seite erblicken. Dieser Effekt wird als „Libration in Länge" bezeichnet. Eine „Libration in Breite" kommt dadurch zustande, daß die Rotationsachse des Mondes nicht senkrecht auf seiner Ebene steht. So kann man im Laufe eines Monats mal über den Nordpol, mal über den Südpol des Mondes hinwegsehen. Ein weiterer kleiner Beitrag zu diesen Effekten der Libration liefert die sogenannte „Parallaktische Libration". Durch diese drei Librationseffekte können wir von der Erde aus etwa 59% der Oberfläche des Erdmondes einsehen.

Die Wechselwirkungen zwischen Erde–Mond–Sonne sind verschiedener Natur, wie etwa die Effekte der Lunisolar-Präzession (s. S. 174) und der Nutation (s. S. 170), die Bewegung des Erde-Mondsystems um ihren gemeinsamen Schwerpunkt, die Gezeiten (Ebbe und Flut) und die Gezeitenreibung mit ihren Einflüssen auf unser Zeitmaß (s. S. 168) bis hin zu den Finsternissen (s. S. 142). Über die auffälligste mit dem Mond verbundene Erscheinung für den irdischen Beobachter, über die Lichtphasen des Mondes, wurde bereits an anderer Stelle berichtet (s. S. 139 ff).

c) Morphologie der Mondoberfläche (nach Beobachtungen von der Erde aus)

Da der Mond keine nachweisbare Atmosphäre besitzt (s. S. 207) kann seine Oberfläche von der Erde aus unbehindert betrachtet werden. Seit Galilei als erster ein Fernrohr gegen den Himmel richtete ist der Mond Forschungsobjekt. Der erdgebundenen Mondbeobachtung waren jedoch naturgegebene Grenzen gesetzt, so ist es verständlich, daß die mit viel Eifer, besonders auch von Amateurastronomen, betriebene Selenographie (Mondkunde) ihren Höhepunkt bereits im vorigen Jahrhundert überschritten hatte. Es war zu Anfang dieses Jahrhunderts recht still um die Erforschung des Mondes geworden, es gab nur noch einige wenige Forscher, die sich mit dem Mond als Forschungsgegenstand beschäftigten. Erst die sich aus der Entwicklung der Raumfahrt ergebenden Möglichkeiten rückten den Mond – als erstes extraterrestrisches Ziel – wieder in den Interessenbereich der Forschung. Hinzu kam ferner die schnelle Entwicklung und der Einsatz von radarastronomischen und radioastronomischen Methoden, die neue Erkenntnisse über die Oberflächenstrukturen des Mondes erbrachten.

Von der Erde aus sind Details der Bodenformen bis zur Größe von 200 m – bei besten Beobachtungsverhältnissen bis etwa 100 m Durchmesser – und Erhebungen von einigen Metern zu erkennen. Die selenographischen Karten stellen die Mondoberfläche etwa mit der gleichen Genauigkeit dar, wie geographische Karten mit dem Maßstab 1:5 000 000 die Erde. Höhepunkt der kartographischen Darstellung der Mondoberfläche ist wohl die aufgrund von visuellen Beobachtungen erstellte Mondkarte von Philipp Fauth, die den Mond im Maßstab 1:1 000 000 (Kartendurchmesser der Mondscheibe 3,5 m) darstellte. Der Abschluß der erdgebundenen Mondforschung mit konventionellen

Methoden war die Erstellung eines großen photographischen Mondatlasses durch G. P. Kuiper (erschienen 1960); er basiert auf den besten Mondaufnahmen der großen nordamerikanischen Sternwarten und des Höhenobservatoriums Pic du Midi und stellt den Mond ebenfalls im Maßstab 1:1000000 dar. Der Mond besitzt Bodenformen, die kein Analogon (Gleichartiges) auf der Erde haben, andere Strukturen wiederum lassen sich mit solchen aus der irdischen Geologie bekannten Erscheinungen beschreiben oder gleichsetzen. Beide Elemente werden mit aus der Geographie entlehnten Begriffen bezeichnet, wie etwa Meere, Gebirge, Seen, Sümpfe und Krater; jedoch ist die Terminologie nicht einheitlich, vielmehr wurden diese Begriffe, je nach Ausgangspunkt, vorgefaßter Meinung, nach Geschmack oder auch nach Zeitmode oft genug ohne Rücksicht auf den sonstigen Gebrauch gewählt, benutzt oder neu eingeführt. Die meisten Benennungen bringen außerdem ein genetisches Moment in die Nomenklatur, das eine geologische Deutung der Formation unbewußt – oder bewußt – in bestimmte Richtungen lenkt.

Als großräumige Strukturen auf der Mondoberfläche fallen einmal die relativ hellen, hochliegenden, auch inselartig vorkommenden Flächen auf; sie sind für gewöhnlich deutlich reliefiert. Diese Gebiete werden Terrae (Einzahl: Terra) genannt. Dieses lateinische Wort darf aber nur als rein deskreptiver Begriff aufgefaßt werden und nicht ohne weiteres mit „Land, Festland oder gar Kontinent" übersetzt werden, genau so wenig wie die zweiten großräumigen Strukturen, die Maria (Einzahl: Mare), nicht mit irdischen Meeren oder Ozeanen gleichgesetzt werden können. Maria sind relativ dunkle und tiefliegende Areale auf der Mondoberfläche ohne auffällige Reliefs, oft völlig eben erscheinend. Diese beiden Großstrukturen sind als helle und dunkle Flächen mit bloßem Auge auf der Mondscheibe erkennbar.
Die Maria tragen zum Teil recht romantische Namen, während die Terrae mit Gebirgsnamen, die aus der irdischen Geographie entlehnt sind, bzw. mit Namen von mehr oder weniger bekannten Namen von Männern der Wissenschaftsgeschichte benannt werden.
Das größte Mare ist der Oceanus Procellarum mit einer Ausdehnung von ca. $5 \cdot 10^6$ km²; dann folgt das Mare Nubium mit einer Fläche von $1 \cdot 10^6$ km² und das Mare Imbrium mit $0.9 \cdot 10^6$ km². Die anderen Maria haben eine Größe zwischen 1 und $4 \cdot 10^5$ km².

Man unterscheidet zwischen echten Maria (z. B. das Mare Imbrium), dies sind beckenförmige, tiefliegende Areale, von Terrarändern umgeben und überhöht, meist gegen diese scharf abgegrenzt und den epi-terra Maria (Schelfmeere), deren Abgrenzung gegen die Terra-Umrandung einen allmählichen Übergang zeigen (z. B. Mare Nubium). Typische Terra-Elemente, wie Riffe, Berge

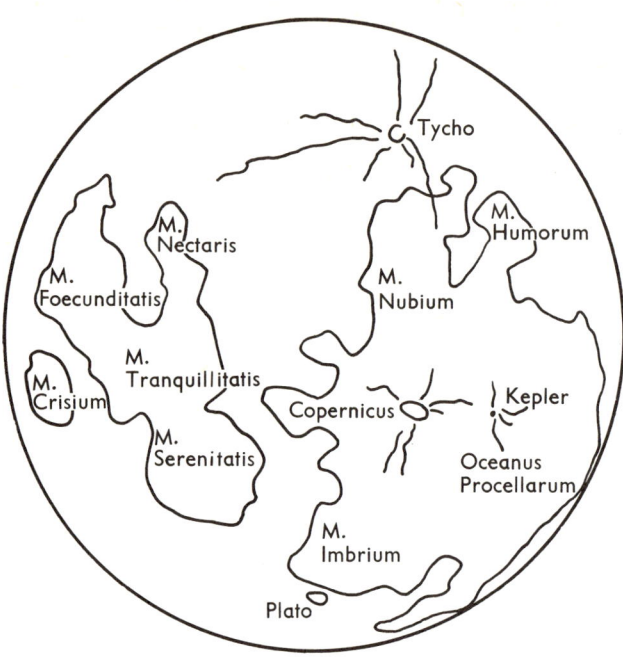

Karte zur ersten Orientierung auf der Mondoberfläche
(Norden ist unten)

Lateinische und deutsche Namen der Mondmeere

Mare Australe . . . . Südmeer

Mare Crisium . . . . Kritisches Meer

Mare Foecunditatis . . . . Fruchtbares Meer

Mare Frigoris. . . . . Kaltes Meer

Mare Humorum. . . . . Feuchtes Meer

Mare Imbrium . . . . Regenmeer

Mare Nectaris. . . . . Nektarmeer

Mare Nubium . . . . Wolkenmeer

Mare Serenitatis. . . . . Heiteres Meer

Mare Tranquillitatis . . . . Ruhiges Meer

Mare Vaporum . . . . Dampfendes Meer

Oceanus Procellarum . . . . . . Stürmischer Ozean

Sinus Medii . . . . Zentralbucht

Eine Aufnahme unseres Planeten Erde aus Apollo 11 auf dem Weg zum Mond, in einer Entfernung von ca. 200000 km gewonnen. Sie zeigt neben den hellen Wolkenfeldern größere Gebiete von Afrika, die Arabische Halbinsel, den Nahen Osten, Italien, Spanien und das Mittelmeer.

Die Photographie aus einem Raumschiff ermöglicht Bilder des Mondes, wie er sich nie dem von der Erde aus beobachtenden Astronomen zeigt. Diese Aufnahme des fast voll beleuchteten Mondes zeigt die scharfen Kontraste zwischen zerklüfteten Kraterlandschaften und den Maria. Rechts im Bild Gebiete der Mondrückseite. Unten rechts am Rand der große dunkle Krater Ziolkowsky (s. auch S. 196). Man beachte auch die hellen Strahlen, die von zwei Kratern der Mondrückseite ausgehen.

Verkleinerte Abbildung eines Blattes
der Fauthschen Mondkarte.
Südlicher Teil des Mondes mit
Clavius und Tycho. Die Lageskizze
erleichtert das Auffinden.

Labels in the Lageskizze: Schömberger, Manzinus, Curtius, Moretus, Casatus, Blancanus, Zach, Jacobi, Lilius, Clavius, Cuvier, Maginus, Maurolycus, Stöfler, Orontius, Tycho

Südliche Region des Mondes mit Mare Nubium. Entsprechend dem astronomischen Brauch wird hier der Mond wie in einem astronomischen Fernrohr wiedergegeben, d. h. Süden oben, Norden unten. Die Krater am unteren Bildrand sind Ptolemäus, Alphonsus und Albategnius. Die großen Ringgebirge und Krater zum Südpol-Gebiet des Mondes hin sind durch Vergleich mit der nebenstehenden Mondkarte zu identifizieren.

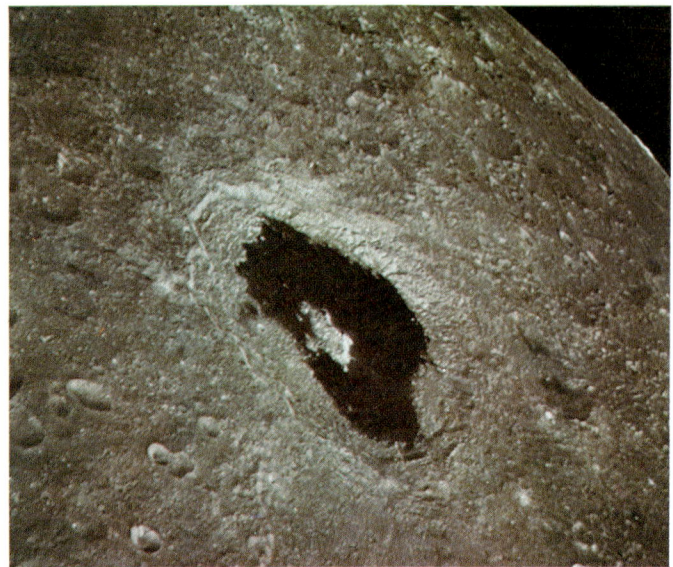

Wohl die interessanteste Formation der Mondrückseite, der Krater Ziolkowsky, benannt nach dem russischen Weltraumpionier. Der wohl durch einen großen Meteoriten-Einschlag im hellen Terra-Gebiet entstandene Krater ist mit dunkler Lava vollgelaufen.

Eine typische Landschaft der Mondrückseite, aufgenommen von den Astronauten von Apollo 11 aus der Mondumlaufbahn. Sie zeigt den großen Krater IAU 308 (Bildmitte) mit einem Durchmesser von ca. 80 km.

In den Morgenstunden des 21. Juli 1969 (MEZ) betraten erstmals Menschen einen anderen Himmelskörper, unseren Erdmond, im Mare Tranquilitatis.

Eine Aufnahme der Apollo 12-Astronauten zeigt wie schwierig es auf dem Mond ist aufgrund der ganz anderen Beleuchtungsverhältnisse Größen und Entfernungen zu schätzen. Der hier photographierte Hügel hat etwa die Größe eines Ameisenhaufens. Im Vordergrund eine kleine, wohl durch Meteoriteneinschlag entstandene Mulde, in der von kleinen Gesteinsbrocken übersäten Ebene des Oceanus Procellarum.

Nord-Ost-Quadrant des Mondes. Aufnahme mit dem 100-inch-Hooker-Teleskop.

Zwei Geräte zur direkten Erforschung des Mondes. Im Vordergrund die 1967 auf dem Mond weich ge-
landete Sonde Surveyor 3; dahinter das Mondlandefahrzeug Apollo 12. Die Aufnahme wurde am 20.
November von 1969 Charles Conrad und Alan Bean gewonnen.

Mikroskopaufnahme der wichtigsten Bestandteile des Mondstaubs. Die Körner haben Durchmesser zwischen 0,25 und 0,5 mm. Man erkennt mehrere runde bis längliche Glaskörper, Bruchstücke verschieden gefärbter Gläser, Feldspat (weiß, Bildmitte unten), Pyroxen (darüber), grobkörnigen und feinkörnigen Basalten.

Ein kleiner Gesteinsbrocken auf der Mondoberfläche. Solche Gesteinsproben wurden zahlreich von den Astronauten der Apollo-Unternehmungen eingesammelt und zur Untersuchung zur Erde gebracht. Auch diese Aufnahme zeigt deutlich die scharfen Gegensätze von Licht und Schatten, wie sie durch das Fehlen einer Atmosphäre hervorgerufen werden.

Mondgebiet zwischen den Kratern Tycho und Ptolemäus, rechts unten das Mare Nubium (Wolkenmeer).
Man vergleiche das Gebiet unten links auf dieser Aufnahme mit der auf der Seite 195; dort ist die
gleiche Gegend zu sehen. Aufnahme mit dem 2,5-m-Spiegelteleskop des Mt.-Wilson-Observatoriums.

oder Krater, ragen bei diesen letzteren über die Oberfläche hinaus und nehmen an Zahl zu den Terra hin zu. Auf der Nord-Halbkugel der Vorderseite des Mondes bemerkt man eine Tiefenzone der Kruste, in der sich mehrere echte, beckenförmige Maria aneinanderreihen (Mare Imbrium, Mare Serenitatis, Mare Crisium); diese Zone wird als „Maregürtel" bezeichnet. – Die echten Mare-becken und auch die ihnen anhängenden Schelfmeere liegen ausnahmslos unterhalb des mittleren Mondniveaus, so kann für das Mare Imbrium eine maximale „Tiefe" von 6000 m, für das Mare Nectaris eine solche bis zu 5000 m unterhalb dem mittleren Krustenniveau (Bezugsnull) angegeben werden.

In den Maria trifft man auf auffallende Gebilde, die sogenannten Bergadern, die entfernt den hervortretenden Adern auf dem Handrücken ähneln. Es sind entweder symmetrisch-zweiseitig geböschte, flache, relativ schmale, dammar-tige Aufwölbungen der Mareoberfläche, die in ihrer Längsstreckung teilweise gradlinig, zumeist jedoch Flußläufen ähnlich, leicht geschlängelt verlaufen. Leicht erkennbar im Fernrohr sind sie nur bei seitlicher Beleuchtung, also bei einem Verlauf in Meridianrichtung, während sie bei reiner Ost-West-Er-streckung infolge ihrer Flachheit wegen des fehlenden Schattenwurfs nahezu unsichtbar bleiben. Ein weiteres – besonders in jüngster Zeit – viel diskutiertes Strukturelement der Maria sind die sogenannten Beulen (engl. domes) auch Kuppeln genannt. Es sind niedrige Kuppeln von mehr oder minder kreis-förmigem Grundriß, die sich trotz gleichartigem Gesteinsmaterial klar von ihrer ebenen Umgebung abheben. Sie treten meist in kleineren oder größeren Gruppen auf und sind nur bei günstiger Beleuchtung, bei flachem Lichtein-fall, mit Sicherheit auszumachen. Die in den Terrae auftretenden Rundformen fehlen in den echten Maria fast vollkommen, jedoch treten in ihnen die (siehe unten) kleinen, muldenförmigen Flach-Kraterchen zahlreich auf.

Die Terrae sind – wie wir nun aus den zahlreichen Aufnahmen der Mond-sonden und von den Apollo-Mannschaften wissen – das beherrschende groß-räumige Strukturelement der Mondrückseite. Von dort greift ein zusammen-hängendes Stück über den Südpol hinweg und bildet auf der Vorderseite den gelegentlich sogenannten „Südkontinent"; er stößt bis über die Mitte der Mondscheibe nach Norden vor. Auf der Nord-Halbkugel der Mondvorder-seite scheinen nur noch Reste der ursprünglichen Terrakruste vorhanden zu sein, man hat den Eindruck als ob die „Lavamare" in sie „eingebrochen" sind. Die Reste des wohl ursprünglich geschlossenen Terra-Areals treten in Form der 650 km langen Apenninen, die sich im Kaukasus und den Alpen fortsetzen, in Erscheinung.
Eine für die Terrae auffällige Formation sind die mit dem Terminus „Krater" bezeichneten Gebilde. Moderne Mondkarten zeigen etwa 33000 solcher Kra-

tergebilde auf der Vorderseite des Mondes. Sie werden nach Vorschlag des italienischen Jesuitenpaters Riccioli (1659) nach Astronomen und Naturforschern benannt. Übrigens wird dieser Brauch auch bei den auf der Rückseite des Mondes lokalisierten Formationen beibehalten. – Will man nur eine deskriptive, nicht genetische Einteilung der „Krater" geben, so muß man von ihrer Größe und Form ausgehen. Unter den Kleinstkratern – ihre Durchmesser liegen unter einem Kilometer – unterscheidet man solche ohne Zentralkegel und ohne Umwallung, auch Lochkrater genannt. Die Gebilde von 1 bis etwa 10 km Durchmesser zeigen meist eine geschlossene Umwallung und in ihrer Mitte einen Zentralberg oder Bergkegel. Mittlere Rundgebilde, von 10 bis 100 km Durchmesser, zeigen eine mehr oder weniger ausgeprägte Umwallung und flachen Boden; Ringgebirge werden sie meist genannt. Ihre Ränder und auch ihr flacher Boden werden oft von wesentlich kleineren Kraterchen gesäumt bzw. bedeckt. Die ganz großen Rundbauten der Mondoberfläche, mit Durchmessern über 100 km, werden Wallebenen genannt. Sie unterscheiden sich nur in ihrer Größe von den vorgenannten Ringgebirgen.

Lineare Strukturelemente sind die sogenannten Rillen, Spalten, Klüfte, Täler und Verwerfungen, die, da die Mondoberfläche wohl nie unter der erodierenden Wirkung von Wasser gestanden ist, sicherlich tektonischen Ursprungs sind. Als Rillen werden grabenförmige, nicht tiefe, schmale Rinnen mit glatten Rändern, verschiedenen Profilen und geradem, geknicktem oder auch gar flußartigem Verlauf bezeichnet. Ihre Breiten liegen bei 1 km, ihre Längen können mehrere hundert Kilometer erreichen. Sie sind häufig von zahlreichen Kleinstkratern besetzt und begleitet. – Als Spalte oder Klüfte benennt man Einschnitte bei denen – im Gegensatz zu den Rillen – ein Boden nicht erkennbar ist. Es kann sich bei ihnen also um klaffende oder geschlossene Risse im unter Spannung stehenden Gestein handeln.Da auch bei ihnen eine Säumung mit Kleinstkratern anzutreffen ist, deutet dies auf einen tektonischen bzw. vulkanischen Ursprung. Stehen die Gesteinsschichten entlang einer Spalte zu beiden Seiten verschieden hoch, liegen also Geländestufen vor, so bezeichnet man diese, in Analogie zu irdischen „Sprüngen" im geologischen Sinne als Verwerfungen.

Lunare Täler – bekannt ist das lunare „Alpental" – sind breite, lange, gerade, steilbegrenzte Rinnen mit breitem, flachem Boden, durch den sich, wie z. B. im Alpental, gar eine flußbettähnliche Rille meanderförmig hindurchschlängelt. Nach der hier abgegrenzten Terminologie ist das sogenannte Schröters-Tal bei den Ringgebirgen Aristarch und Herodot als Rille anzusprechen. Das sogenannte Rheita-Tal erweist sich sogar nur als eine Verschmelzung benachbarter Krater, die so ein Tal vortäuschen.

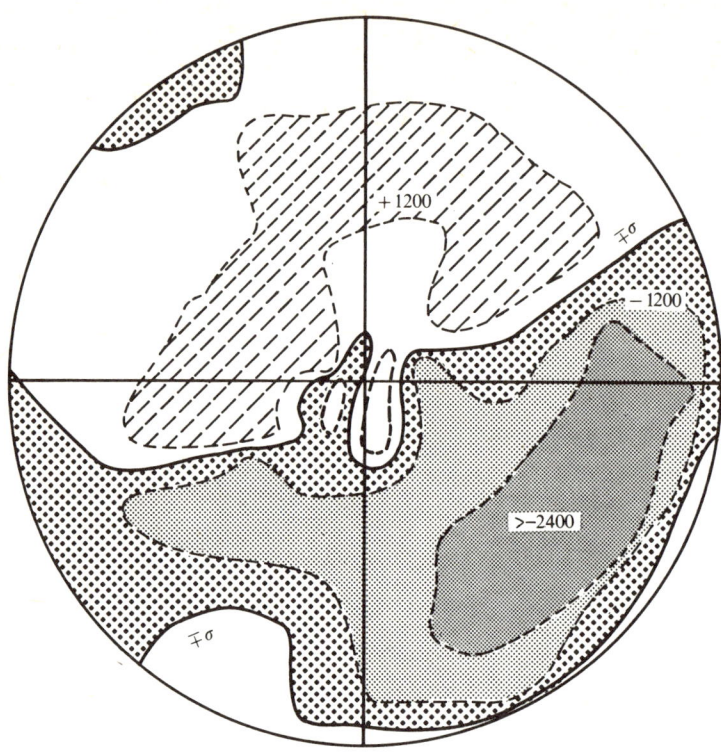

Der erste Versuch einer Höhenschichten-Karte der Mondvorderseite, erstellt von J. Franz 1899. Die Tiefen in drei Stufen gepunktet; Höhen: 0–1200 m weiß, > 1200 m schräg gestrichelt.

Die Bestimmung von Höhen und Tiefen der Berge und Täler auf der Mondoberfläche bereitet im Prinzip keine großen Schwierigkeiten. Man mißt die Schattenlängen der Erhebungen bzw. Vertiefungen bei bekanntem Sonnenstand über der entsprechenden Mondgegend. Jedoch fehlt auf dem Mond eine einheitliche Bezugsebene für Höhenmessungen, dem Meeresspiegel auf der Erde entsprechend, so daß nur die Höhe gegen das Niveau der unmittelbaren Umgebung bestimmt werden kann. – Weitere Methoden zur Höhenmessung sind einmal die Radarmethode, die nur auf einen relativ kleinen Bereich in der Mitte der Mondscheibe anwendbar ist; ferner eine photometrische Methode, die in der Nähe der Terminators – das ist die während einer Lunation über die Mondscheibe wandernde Lichtgrenze – es gestattet aus den sich ändernden Helligkeitsunterschieden den Neigungswinkel des Geländes und so durch Summierung Höhenunterschiede zu bestimmten.

In der ersten von J. Franz (1899) herausgegebenen Höhenschichtkarte wählte dieser als Nullniveau die mittlere Höhe der Gegenden um die beiden Mond-

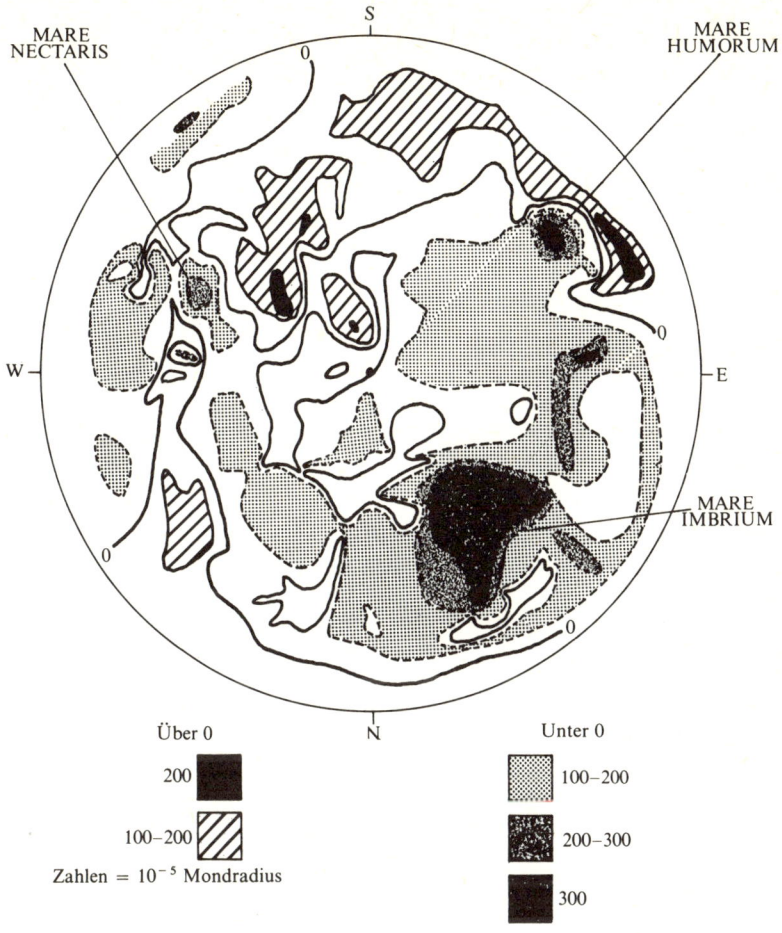

Die von R. Baldwin (1961) erstellte „contour maps" der Vorderseite des Mondes in vereinfachter Wiedergabe.

pole. In modernen Bearbeitungen wird meist von einer mittleren Mondkugel mit vorgegebenen Radius ausgegangen. Im Prinzip ist die Wahl des Nullniveaus nicht von so großer Bedeutung, vielmehr tragen die unvermeidlichen Abrundungsfehler bei Anschlüssen über die ganze Mondscheibe dazu bei, daß das Problem einer Mond-Höhenschichtkarte noch nicht voll befriedigend gelöst ist. Auch zeigen sich immer noch zwischen einzelnen Höhen, die von verschiedenen Beobachtern gemessen wurden, sehr große, ja bis zu einigen tausend Metern gehende Differenzen, so daß die bei den Meerestiefen und hier für Berghöhen gegebenen Werte mit gebotener Vorsicht aufzunehmen sind.

Einige Mondgebirge

Höhe über Umgebung
m

Karpaten	2 900
Pyrenäen	3 000
Alpen	3 900
Altai	4 000
Wallebene des Kraters Kopernikus	4 000
Apenninen	5 500
Kaukasus	5 900
Massiv am Nordrand des Ringgebirges Curtius	8 000
höchste gemessene Erhebung	11 350

Auf zwei lunare Phänomene, die noch nicht völlig geklärt sind, sie noch ein-gegangen. Dies sind einmal die hellen Strahlen bzw. Strahlensysteme, die unabhängig von Terra und Mare über beide hinwegziehen und bei hochste-hender Sonne, d. h. bei Vollmond, besonders gut sichtbar sind. Es handelt sich um zweidimensionale Gebilde und nicht um Landschaftselemente im strengen Sinne, denn sie werfen keine Schatten. Im typischen Fall gehen die hellen Strahlen von einem Zentrum, einem „Strahlenkrater", aus. Von den etwa 60 gezählten Strahlenkrater der Mondvorderseite sind wohl Kopernikus und Tycho die auffälligsten. Von letzterem System kann man einen Strahl, mehrere Kilometer breit, über eine Länge von 1 800 km verfolgen. – Auch am Mondrand lassen sich ebenfalls helle Strahlen erkennen, deren Ausgangszen-tren auf der uns abgewandten Mondseite liegen. – Ohne Zweifel handelt es sich bei den Strahlen um Material dessen Albedo (Rückstrahlvermögen) höher ist als das der Umgebung, und es scheint aus den Strahlenkratern ausgeworfen. Die Frage, ob dieser Auswurf durch Vulkanismus oder durch den Einschlag (Impact) eines Meteoriten hervorgerufen, ist auch heute noch Streitpunkt der Mondforscher (s. S. 211).

Ein anderes Phänomen, das in den letzten Jahren stärkere Beachtung gefun-den hat, sind die sporadischen Leuchterscheinungen. In der Literatur sind sie als sogenannte „Lunar Events" oder als „Moonblinks" eingegangen. Seit mehr als zweihundert Jahren wird über solche Erscheinungen berichtet. Sie wurden aber erst beachtet als zweifelsfreie Beobachtungen durch bekannte Wissenschaftler im Krater Alphonsus und Aristarch vorlagen. Eine Klärung dieser Leuchterscheinungen wird ebenfalls zur Entscheidung des Streits über die Enstehung der Mondkrater beitragen.

d) Mondforschung (nach dem ersten Mondlandeunternehmen)

Mondoberfläche

In den Morgenstunden des 21. Juli 1969 (MEZ) betraten erstmals Menschen den Erdmond im Mare Tranquilitatis. Das Gelände war von kleinen und größeren Felsbrocken und Blöcken übersät. Durch die Bremsraketen der Landefähre wurden Staub und Sand aufgewirbelt, der sich nach dem Aufsetzen auf der Oberfläche aber schnell wieder absetzte. Nach ihrem Ausstieg gaben die Astronauten ihre ersten Eindrücke über den Mondboden mit „am ehesten mit Zementpulver und Basaltgestein vergleichbar" wieder. Die Farbe der Oberfläche erschien kreidig-grau mit bräunlichem Schimmer, solange die Blickrichtung mit der Richtung der Sonnenstrahlen zusammenfiel. Senkrecht zur Lichtrichtung wirkte die Oberfläche aschgrau. Auf sehr nahe Entfernung erinnerte die Bodenfarbe an Graphit oder Holzkohle. Ähnliche Beschreibungen gaben auch die später gelandeten Apollo-Mannschaften von der Mondober‐fläche.

Wie am Fernsehschirm auf der Erde verfolgbar, variierte die Tiefe der Schuheindrücke im Mondstaub beträchtlich. An manchen Stellen konnte man ein Einsinken der Astronauten von 10 Zentimetern und mehr in das lockere und staubige Oberflächenmaterial beobachten. Im allgemeinen zeigten in Bohrrohren zur Erde mitgebrachte Tiefenproben vier Abschnitte. Die oberste Schicht, etwa 3 mm dick, bestand aus losem, hellgrauem bis bräunlichgrauem Staub. Die nächste Schicht, 6 mm dick und dunkelgrau, war etwas verkrustet. Die dritte Schicht, 5 bis 15 cm dick, dunkelgrau bis kakaobraun, zeigte leichte Kohäsion. Die vierte Schicht, bis zum Ende der verschieden weit eingetriebenen Bohrproben, war der dritten Schicht ähnlich, doch war sie wesentlich fester und sehr schwer zu durchdringen. Der Mond war von einer – wahrscheinlich mehrere Meter dicken – Trümmer- und Schuttschicht bedeckt.

Die Masse diese Lunar-Regoliths besteht aus feinen, kleinen Teilchen, dem sogenannten Mondstaub, in dem viele Gesteinsbrocken und Bruchstücke eingebettet liegen. Diese Felsbruchstücke zeigen mannigfaltige Formen, hauptsächlich sind sie aber abgerundet bis rund; aber auch kantige Bruchstücke sind vorhanden, wobei die eckigen und kantigen Bruchflächen meist nach unten und teils in feinem Staub eingebettet lagen.

Die zur Erde gebrachten Proben – es war nach fünf Mondflügen über 250 kg Material – können eingeteilt werden in:

a) feinkörnige bis mittelkörnige, blasige, kristalline, magmatische Gesteinsbrocken;

b) Breccien, die aus Bruchstücken verschiedenen Gesteins bestehen und durch feinen „Mondstaub" zusammengebacken sind;

c) Mondstaub, dazu rechnet man alle jene Teilchen, deren Durchmesser unter 1 cm liegen. Etwa 50 Prozent dieses Materials besteht aus Glaskörnern.

Die Existens eines Erosionsprozesses auf der Mondoberfläche war schon auf Grund von Aufnahmen, gewonnen mit Ranger-, Orbiter- und Surveyer-Sonden vermutet worden. Diese Erosion – verursacht durch die Partikelstrahlung des Sonnenwinds, ferner durch Mikrometeorite bis hin zum Einschlag mittelgroßer bis großer Meteorite – hat bewirkt, daß die Mondoberfläche mit einer mehrere Meter dicken Trümmerschuttschicht bedeckt ist. Diese Schuttschicht ist übersät mit Kraterchen von wenigen Zentimetern bis zu Kratern von 10 bis 100 Metern Durchmesser.

Während die ersten Apollo-Unternehmungen in Maria-Gebiete führten, wurde durch die Apollo-15-Mannschaft erstmals ein Landeplatz an einem Übergang zwischen Mare und Terra angesteuert. Von dieser Landestelle am Fuße des Apenninen-Gebirges aus konnte eine interessante Mondformation, die 350 bis 400 m tiefe Hadley-Rille, aufgesucht werden. Über die Entstehung solcher Formationen konnten keine gesicherten Aussagen gemacht werden. Erstmals wurde aber bei dieser Exkursion eine deutliche horizontale Schichtung der Lava in der Rille, aber auch an den gegenüberliegenden Berghängen beobachtet, die fast an die Schichtung irdischer Kalkfelsen erinnerte. Die Herkunft dieser Schichtung läßt sich vielleicht aus dem wiederholten Überfließen der erkalteten Mondoberfläche durch heiße Lava erklären.

Gesteine und Mineralien des Mondes

Die von den Astronauten (auch die von einer sowjetischen unbemannten Sonde) zur Erde gebrachten Gesteins-, Staub- und Sandproben können drei Gesteinsarten zugeordnet werden. Es sind dies einmal die irdischen Basalten sehr ähnlichen lunaren Basalte, Gestein von schwarzer bis grauer Farbe, das Gestein der Mariae (Dichte: 3.30 g/cm^3). Die Mineralien dieses lunaren Gesteins unterscheiden sich leicht von denen irdischen Gesteins durch ihre Verarmung an volatilen (d. h. leicht flüchtigen) Elementen, wie H_2O, Na, K, Ca, Rb, Cl, Br, Zn, Te, Hg, Cd, Ge, Pb; hingegen findet man eine Anreicherung von FeO, Ti, U und Th. Ihre mineralischen Hauptbestandteile sind Feldspat, Pyroxen und Ilmenit, ferner kommen als Nebenbestandteile mehr oder weniger selten Cristobalit, Olivin, Apatit, Pseudobrookit, Spinell, Troilit und metallisches Eisen vor. Dieses basaltische Gestein ist, ähnlich dem irdischen, durch Kristallisation aus flüssigem Magma entstanden. Einige Basalte enthalten runde Blasen, ein Anzeichen dafür, daß das Magma flüchtige Bestandteile enthielt und an der Mondoberfläche oder in geringer Tiefe, d. h. unter vulkanischen oder subvulkanischen Bedingungen, erstarrte.

Mondmineralien und ihre chemische Zusammensetzung

Feldspat: (Aluminium Silikat):

$K\,Al\,Si_3\,O_8$ Orthoklas
$Na\,Al\,Si_3\,O_8$ Plagioklas
$Ca\,Al_2Si_2\,O_8$

Anorthosit: Plagioklas mit Quarz
(Fast weißer Feldspat)

Olivin: $(Mg_2, Fe_2)\,SiO_4$

Ilmenit: $FeTiO_3$

Tranquillitit: Fe-Ti-Zr; Si-Ca-Y

Pyroxen: $(Mg, Fe, Ca)\,Si_3O_8$; $(Fe, Li, Mg, Mn, Ca)\,Si_2O_6$

Prozentuale Häufigkeiten einiger Verbindungen auf dem Mond verglichen mit Häufigkeiten in irdischen Basalten

	Mond			Erde	
	Apollo 11	*Apollo 12*	*Apollo 14*	*Basalt I*	*Basalt II*
$Si\,O_2$	41	45	48	50	50
$Ti\,O_2$	10	4	2	1	1
$Al_2\,O_3$	11	10	19	17	16
$Fe_2\,O_3$	—	—	—	3	3
$Fe\,O$	19	20	10	7	7
$Mn\,O$	0.2	0.3	0.1	0.2	0.1
$Mg\,O$	7	10	9	8	7
$Ca\,O$	11	10	11	11	12
$Na_2\,O$	0.5	0.4	0.9	3	2
$K_2\,O$	0.2	0.1	0.6	0.2	0.2
$P_2\,O_5$	0.1	0.1	0.3	0.1	0.1

Wahrscheinlich sind die Gesteine der Mondkruste, die in den Terrae-Hochflächen anstehen, die fast weißen Anorthosite (Dichte: 2.81 g/cm³). Diese Gesteine bestehen im wesentlichen aus calcium-reichen Plagioglas, dém Olivin, gelegentlich auch Pyroxen. Auch diese Gesteine sind aus der Schmelze erstarrt.

Zwischen beiden Gesteinsgruppen stehen die alkalireichen und relativ stark radioaktiven Norite (Dichte: 2.98 g/cm³), die sich etwa aus 35% Pyroxen und 65% Feldspat zusammensetzen.

Vergleicht man die in den lunaren Gesteinen vorkommenden chemischen Verbindungen mit denen in irdischem Gestein, so fällt der erhöhte Titangehalt und auch eine gewisse Überhäufigkeit von seltenen Erden (mit Ausnahme des Europiums) im felsigen Hochlandmaterial auf.

Altersbestimmungen an Mondgestein

Zur Altersbestimmung der Mondgesteine benutzt man – wie auch an irdischen Gesteinen – den Zerfall einiger radioaktiver Elemente mit langen Halbwertszeiten. Kalium zerfällt direkt in Argon, Rubidium zu Strontium, während Uran und Thorium bekanntlich erst über etwa ein Dutzend Zwischenstufen in Blei übergeht.

$$K\,40 \xrightarrow[\text{Jahre}]{1,3\cdot10^9} Ar\,40 \qquad Th\,232 \xrightarrow[\text{Jahre}]{1,4\cdot10^{10}} Pb\,208 \qquad U\,238 \xrightarrow[\text{Jahre}]{4,5\cdot10^9} P\,b206$$

$$Rb\,87 \xrightarrow[\text{Jahre}]{5\cdot10^{10}} Sr\,87 \qquad U\,235 \xrightarrow[\text{Jahre}]{7,1\cdot10^8} Pb\,207$$

Radioaktive Elemente mit langen Halbwertszeiten zur Altersbestimmung von Gesteinen

Die Staub- und Sandproben zeigen ein Alter von 4,5 bis 4,7 Milliarden Jahre. Die untersuchten Mondgesteine haben sämtlich ein Alter, das zwischen 3,3 und $4,1 \cdot 10^9$ Jahre liegt. Das bisher jüngste gefundene Gestein, eine Basaltprobe aus dem Mare Imbrium, hat ein Rubidium-Strontium-Alter von $3,30 \pm 0,008 \cdot 10^9$ Jahren. Offenbar fand die letzte Umschmelzung großen Ausmaßes vor 3,5 bis $4 \cdot 10^9$ Jahre statt, doch kann ein großer Teil des Staub- und Sandmaterials der Oberfläche von dieser Umschmelzung nicht betroffen worden sein. Die Auffüllung des Mare Imbrium-Beckens mit Erußmasse aus Lava, die wahrscheinlich vor $3,9 \cdot 10^9$ Jahren begann, zog sich über $600 \cdot 10^6$ Jahre hin.

Seismometrische Messungen

Bei allen Apollo-Unternehmungen wurden von den Mannschaften Seismometer (und eine Anzahl anderer Meßgeräte) installiert. Sie registrierten bisher Hunderte von Mondbeben und auch Meteoriteneinschläge. Die gleichzeitige Vermessung von mehreren Punkten der Mondoberfläche aus ermöglicht die genaue Lokalisierung der Bebenherde, während ein sorgfältiger Vergleich der Signalverläufe die Unterscheidung zwischen echten Mondbeben und Einschlägen gestattet. Der tiefste bisher registrierte Bebenherd liegt in 800 km Tiefe. Alle seismischen Signale auf dem Mond zeichnen sich durch unerwartet langes Schwingen von mehr als einer Stunde Dauer aus.
Die Aufzeichnung der seismischen Wellen, die durch den Aufschlag der ausgedienten Mondfähren hervorgerufen wurden, ergab, daß der Mond ähnlich

wie die Erde eine ausgeprägte Schalenstruktur besitzt. Der sprunghafte Anstieg der Ausbreitungsgeschwindigkeit in bestimmten Tiefen zeigt eine Änderung der chemischen Zusammensetzung des Gesteins an. In der Fra Mauro
Region befindet sich unter einer 25 km dicken Basaltschicht eine 40 km dicke
Schicht aus feldspathaltigem Material, aus dem auch die Hochländer bestehen.
Diese beiden Schichten bilden die Mondkruste. Den in größeren Tiefen
gemessenen Geschwindigkeiten konnte kein gewöhnliches Gestein zugeordnet
werden. Wahrscheinlich liegt durch hohen Druck verändertes Krustengestein
vor. Ein kräftiger Meteoriteneinschlag am 13. Mai 1972 erzeugte seismische
Signale, aus denen auch die Grenze des Mondkerns bestimmt werden konnte.
Sie liegt in etwa 960 km Tiefe.
Die Existenz der Schalenstruktur ist ein Beweis dafür, daß der Mond einmal –
zumindest teilweise – geschmolzen war. Als Energiequelle kommen Einfall
von Materie und Radioaktivität in Frage. Bei der Abkühlung bildeten sich
nacheinander die verschieden zusammengesetzten Schichten, zuerst die
Kruste aus feldspathaltigem Gestein, dann die Noritschicht. Die Oberfläche
wurde später teilweise zugedeckt durch Lavaflüsse, die aus mehreren hundert
Kilometern Tiefe aufgestiegen sind. Infolge weiterer Abkühlung muß der Vulkanismus vor etwa 3 Milliarden Jahren erloschen sein. Ein jüngerer Basalt
wurde bisher noch nicht gefunden.
Heute ist das gesamte Mondinnere mit Sicherheit relativ kalt (unter 1200°C)
und fest. Die seismischen Stationen registrieren zwar 1800 Mondbeben pro
Jahr, die totale seismische Energie ist jedoch eine Milliarde mal kleiner als
bei der Erde. 80% der Energie wird in einem sehr kleinen Bereich (Durchmesser ungefähr 10 km) frei, der in der unerwartet großen Tiefe von 800 km
unter der Mare Humorum – Mare Nubium Region liegt. Diese Beben treten
regelmäßig auf, wenn der Mond das Perigäum durchläuft und werden durch
die Gezeitenkräfte ausgelöst. Wären die Temperaturen im Mondinnern wesentlich höher, dann wäre der Mond in 800 km Tiefe nicht starr genug, um
mechanische Energie zu speichern und in Form von Mondbeben freigeben zu
können. In geringerer Tiefe wäre dann aber eine stärkere seismische Aktivität
zu erwarten.

Zum gegenwärtigen Stand der Mondforschung

Vor den Mondlandungen im Apollo-Programm waren vor allem amerikanische
Forscher sehr optimistisch, die Entstehungsgeschichte unseres Erdtrabanten
und damit wesentliche Fragen der Kosmogonie des Planetensystems durch
eine Landung und die Untersuchung eines „Mondsteins" lösen zu können.
Ferner war man sehr zuversichtlich auch die Frage nach der Entstehung der
Mondformationen entscheiden zu können. Bekanntlich waren vor allem ameri-

kanische Wissenschaftler von einer durch Meteoriteneinschlag entstandenen Kraterbildung (Impact-Hypothese) überzeugt, während europäische Geologen auf vulkanische, analoge Formationen auf der Erde hinwiesen. Aus dem bisher erhaltenen Material läßt sich schließen daß die Mondformationen – ebenso wie die auf der Erde – nicht nur e i n e r Einwirkung ihr Entstehen verdanken. Statt einfacher, eindeutiger Ergebnisse brachte jeder weitere Apollo-Flug neue Fragen und weitere Probleme.

Heute liegt eine solche Fülle von Untersuchungs- und Meßergebnissen vor – und es fallen durch die auf dem Mond installierten automatischen Stationen weitere Meßdaten an –, daß es die Arbeit einer großen Zahl von Wissenschaftlern der verschiedensten Disziplinen über Jahre bedarf, um zu zusammenfassenden Ergebnissen zu kommen.

Mit dem Apollo-17-Flug, der zum Ende des Erscheinungsjahres dieser Auflage geplant ist, wird das so erfolgreiche Apollo-Unternehmen, das erstmals Menschen auf einen anderen Himmelskörper führte, seinen Abschluß finden. Wann dann wieder Menschen – ausgerüstet mit dem Erfahrungswissen von sechs Mondlandungen – unseren Erdtrabanten betreten, kann heute nicht gesagt werden.

DAS SONNENSYSTEM

1. Geozentrisches und heliozentrisches Weltbild

Schon im Altertum hatte man erkannt, daß die Erde die Gestalt einer Kuge haben müsse. Um 200 v. Chr. bestimmte Eratosthenes ihre Größe. Bis zun ausgehenden Mittelalter war man aber noch der durch den Schein gegebener Ansicht, daß die Gestirne und das Himmelsgewölbe mit den Fixsternen die in sich ruhende Erde umkreisten *(geozentrisches Weltbild)*. Die Schwierigkeiten des Verstehens der scheinbaren Planetenbahnen an der Sphäre führten Kopernikus zum Erkennen des wahren Sachverhalts *(heliozentrisches Weltbild)*.

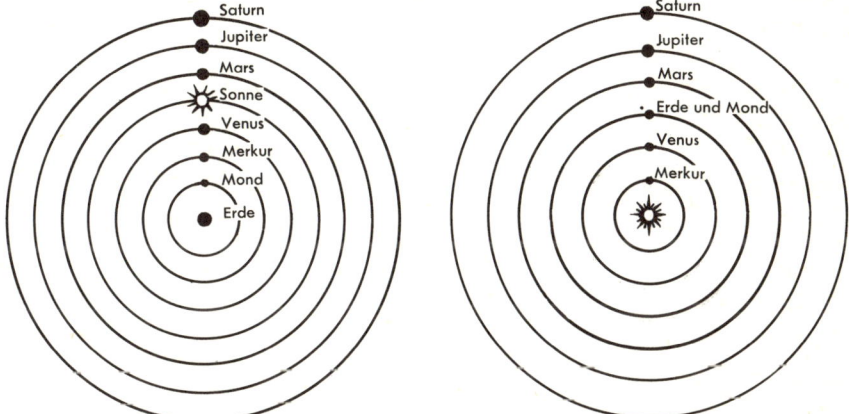

Das ptolemäische und das kopernikanische Weltsystem

Die Hauptgedanken der kopernikanischen Erkenntnis sind folgende:

1. Nicht das Himmelsgewölbe mit den Gestirnen dreht sich in 24 Stunden von Osten nach Westen um die ruhende Erde, sondern die Erde dreht sich in der der Bewegung des Himmels entgegengesetzten Richtung von Westen nach Osten.

2. Nicht die Erde steht im Mittelpunkt eines Systems von Himmelskörpern, sondern die Sonne. Die Erde läuft in einem Jahr in einer kreisähnlichen Bahn um die Sonne und verursacht die jährliche Bewegung der Sonne über den sogenannten Tierkreis. Um die Sonne als Mittelpunkt kreisen die Planeten, nicht aber der Mond; der Fixsternhimmel ruht in sich.

3. Die Rotationsachse der Erde steht nicht senkrecht auf der Bahnebene der Erde um die Sonne, sondern ist gegen diese Ebene geneigt. Ihre Lage im Raum bleibt ständig erhalten.

2. Planetenbewegung

a) Keplersche Gesetze

Johannes Kepler (1571–1630) erkannte in Beobachtungen des Astronomen Tycho Brahe (1546–1601) kinematisch-mathematische Gesetzmäßigkeiten in der Planetenbewegung. Diese Gesetzmäßigkeiten formulierte er in seinen drei berühmten Gesetzen. Die ersten beiden veröffentlichte er 1609 in seinem Werk „Astronomia nova", das dritte in seinen „Harmonices mundi" 1619.

I. Gesetz von der Gestalt der Bahn:
   Die Planetenbahnen sind Ellipsen, in deren einem Brennpunkt die Sonne steht.

II. Gesetz der Fläche:
   Der Brennstrahl des Planeten (Verbindungslinie Planet–Sonne) bestreicht in gleichen Zeiten gleiche Flächen.

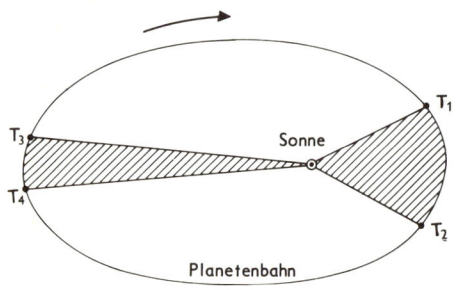

Aus diesem Gesetz folgt, daß sich ein Planet in Sonnenferne (im Aphel) langsamer bewegt als in Sonnennähe (im Perihel). Die beiden schraffierten Ellipsenausschnitte haben gleichen Flächeninhalt. Die verschieden langen Bahnbogen werden in gleicher Zeit durchlaufen.

III. Gesetz der Umlaufzeiten:
   Die Quadrate der Umlaufzeiten zweier Planeten verhalten sich wie die Kuben ihrer großen Bahnachsen.

Mit a_1 und a_2 seien die großen Halbachsen der Bahnen zweier Planeten und mit U_1, U_2 deren Umlaufszeiten bezeichnet, dann ist

$$\frac{U_1^2}{U_2^2} = \frac{a_1^3}{a_2^3}$$

dies gilt aber nur dann, wenn die Planetenmassen gegen die Masse des Zentralkörpers, der Sonne, vernachlässigt werden können.

b) Newtonsches Gravitationsgesetz

Isaac Newton (1643–1727) erkannte etwa um 1666, daß die beobachtete Planetenbewegung nur ein Sonderfall einer allgemeingültigeren Gesetzlichkeit ist, nämlich der Masseanziehung oder Gravitation. Das von ihm aufgestellte Gravitationsgesetz lautet:

Zwei Massepunkte ziehen sich an mit einer Kraft, die dem Produkt der Masse direkt, dem Quadrat ihrer Entfernung indirekt proportional ist.

Sind m_1 und m_2 die sich anziehenden Massen und r deren Entfernung voneinander, so ist die gegenseitige Anziehungskraft k:

$$k = \frac{\gamma \, m_1 \, m_2}{r^2}.$$

γ ist eine universelle, von der Beschaffenheit der beiden Körper unabhängige Naturkonstante, die sogenannte Gravitationskonstante. Sie hat den Betrag

$$\gamma = 6.684 \cdot 10^{-8} \text{ dyn cm}^2 \text{ g}^{-2} \text{ bzw. cm}^3 \text{ g}^{-1} \text{ sec}^{-2}.$$

Aus diesem Newtonschen Gesetz heraus ist die Planetenbewegung dynamisch zu verstehen; d. h. als Wirkung einer Kraft.

Das 3. Keplersche Gesetz kann jetzt für einen einzelnen Planeten von der Masse m geschrieben werden:

$$\frac{a^3}{U^2} = \frac{\gamma}{4\,\pi^2}\,(M + m),$$

wobei M die Masse der Sonne bedeutet.

c) Himmelsmechanik

Die Bestimmung der Bahnelemente eines Planeten bereitet keine theoretischen Schwierigkeiten, wenn zahlreiche über die ganze Bahn verteilte Beobachtungen vorliegen. Bei den Kleinen Planeten oder Kometen ist dies jedoch nicht der Fall. Der Mathematiker Carl Friedrich Gauß (1777–1855) hat gezeigt, wie aus drei vollständigen Positionsbeobachtungen die sechs Bahnelemente zur Bestimmung der Dimension der Bahn und deren Lage im Raum gefunden werden. Die Gleichungen sind jedoch ziemlich schwierig und können nicht streng, sondern nur durch Näherungsverfahren gelöst werden. Eine theoretische Begründung der Bewegungen der Körper des Sonnensystems aus dem Newtonschen Gravitationsgesetz heraus zu liefern ist Aufgabe der Himmelsmechanik. Das Gravitationsgesetz gestattet eine strenge mathematische Lösung der Bewegungsgleichung zweier Himmelskörper umeinander (Zweikörperproblem). Sind mehr als zwei Körper vorhanden, was fast immer im Weltraum gegeben ist, so wirken die anderen Massen störend auf die Keplerbewegung ein. Mehrkörperprobleme lassen sich im allgemeinen nicht mehr in geschlossener mathematischer Form lösen, sondern nur noch durch schrittweise Annäherung.

Definition der Bahnelemente

a, b = Große und kleine Halbachse der Bahn

e = $\sqrt{a^2 - b^2}/a^2$ Numerische Exzentrizität der Bahnellipse

i = Neigung der Bahnebene gegen die Ekliptik

Ω = Länge des aufsteigenden Knotens der Bahn, auf der Ekliptik vom Frühlingspunkt aus gezählt

ω = Abstand des Perihels vom aufsteigenden Knoten

$\tilde{\omega}$ = $\Omega + \omega$, Länge des Perihels in der Bahn; gezählt auf der Ekliptik vom Frühlingspunkt bis zum aufsteigenden Knoten der Bahn, dann in der Bahnebene selbst bis zum Perihel

P = Siderische Umlaufszeit (volle Umlaufszeit um die Sonne in bezug auf die Fixsterne)

S = Synodischer Umlauf (Umlaufszeit in bezug auf die Richtung Sonne — Erde)

n = $2\pi/P$, Mittlere tägliche siderische Bewegung des Planeten

t = Zeit in Tagen seit dem Periheldurchgang

M = $n \cdot t$, Mittlere Anomalie

f = Wahre Anomalie (Winkel zwischen Perihelrichtung und Radiusvektor)

L = $\tilde{\omega} + M$, Mittlere Länge des Planeten in der Bahn, zur Epoche

L' = $\tilde{\omega} + f$, Wahre Länge in der Bahn

$\bar{v}$ = Mittlere Geschwindigkeit in der Bahn

E.Z. = Ephemeridenzeit (s. S. 130)

d) Astronomische Einheit

Die genaue Kenntnis der Astronomischen Einheit (mittlere Entfernung Erde–Sonne) ist von größter Bedeutung, da sie letztlich als Maßstab allen kosmischen Entfernungsangaben zugrunde liegt. Die Tabelle gibt einen Überblick über die vielfältigen Bemühungen, diese fundamentale Größe zu bestimmen (s. S. 218).

Auf Grund der Radarmessungen ist der Wert der Astronomischen Einheit jetzt mit einer etwa um das 100fache größeren Genauigkeit bekannt als aus den himmelsmechanischen Rechnungen. Eine weitere Genauigkeitssteigerung, die für Raumflüge von Bedeutung wäre, scheitert an den ungenauen Kenntnissen der Elemente der Venusbahn, des Venusdurchmessers und des Wertes der Lichtgeschwindigkeit.

Mittlere Bahnelemente der Großen Planeten

für die Epoche 1970 Jan. 0,5 E.Z. bezogen auf Ekliptik und mittl. Äquinoktium der Epoche

Planet	i	Ω	$\tilde{\omega}$	L	e	Gr. Halbachse [AE]	10⁶ km	n	Sich. Umlaufszeit [d]	[a]	S [d]	$\bar{v}$ [km/sec]
Merkur	7° 0′15″.0	47°58′32″.4	76°59′19″.2	47°58′57″.3	0.205 628 5	0.387 099	57.9	14 732″.42	87.969	0.240 85	115.88	47.9
Venus	3°23′39″.6	76°24′35″.0	131° 8′56″.3	265°24′52″.0	.006 787 3	0.723 332	108.2	5 767″.670	224.701	0.615 21	583.92	35.0
Erde	—	—	102°25′28″.0	99°44′32″.1	.016 721 7	1.000 000	149.6	3 548″.193	365.256	1.000 04	—	29.8
Mars	1°50′59″.5	49°19′34″.0	335°30′24″.4	12°40′30″.8	.093 377 3	1.523 691	227.9	1 886″.519	686.980	1.880 89	779.94	24,1
Jupiter	1°18′17″.3	100° 8′43″.9	13°50′21″.6	203°25′11″.3	.048 451 7	5.202 803	778	299″.128	4 332.588	11.862 23	398.88	13.1
Saturn	2°29′22″.1	113°23′41″.2	92°27′37″.4	43° 0′20″.3	.055 647 1	9.538 843	1 427	120″.455	10 759.21	29.457 7	378.09	9.6
Uranus	0°46′23″.2	73°50′50″.4	170°10′23″.9	184°17′24″.6	.047 236 7	19.182 28	2 870	42″.235	30 685.93	84.015 3	369.66	6.8
Neptun	1°46′22″.2	131°26′59″.8	44°21′42″.2	238°55′24″.3	.008 582 4	30.057 08	4 496	21″.532	60 187.64	164.788 3	367.48	5.4
Pluto*	17° 8′23″.6	109°54′32″.4	223° 5′ 0″.2	195°15′28″.8	.253 439 6	39.750 00	5 946	14″.158	—	247.7	366.72	4.7

* Die Werte für Pluto gelten für 1970 Feb. 23. 0ʰ EZ; Ekliptik und Äquinoktium der Epoche.

Bestimmungen der Astronomischen Einheit

Jahr	Beobachter / Berechner	Entfernung in Mill. km	Methode
1672	Cassini/Richer	138.4	Mars-Opposition
1751	Lacaille	129.2	Mars-Opposition
1769	mehrere	151.6	Venus-Durchgang
1873	Galle	148.33	Oppos. d. Kl. Planeten Flora
1874	mehrere	148.78	Venus-Durchgang
1877	Gill	149.85	Mars-Opposition
1882	mehrere	148.18	Venus-Durchgang
1889	Gill	149.509	Oppos. von 3 Kl. Planeten
1900/1901	mehrere	149.403	Eros-Opposition
1904	Küstner	149.51	spektroskop.
1930/1931	mehrere	149.662	Eros-Opposition
1941	Adams	149.4	spektroskop.
1954	Rabe	149.531	Eros-Störung
1958/1961	mehrere	149.531	Venus-Radar
1961	mehrere	149.5658 *)	Venus-Radar
1964		149.600 000	von der IAU angenommener gerundeter Wert

3. Die großen Planeten des Sonnensystems

Die Masseverteilung im Sonnensystem

Körper	Gesamtmasse Erde = 1
Sonne.	333 000
Planeten	447.9
Satelliten	0.12
Planetoiden	0.003
Meteore.	$5 \cdot 10^{-10}$
Gesamtmasse außer Sonne	ca. 448 Erdmassen
	$= 2.678 \cdot 10^{30}$g
	$= 1/743$ Sonnenmasse

Bemerkung zu nebenstehender Tabelle:

Die hier gegebenen Daten und Größen können in einzelnen Fällen von an anderen Stellen gegebenen Werten abweichen. Das bedeutet nicht, daß diese Werte fehlerhaft sind. Bei der Schwierigkeit der Bestimmung etwa des Durchmessers oder der Masse der Planeten, letztere konnte bis vor wenigen

Daten der Planeten

	Merkur	Venus	Erde	Mars	Jupiter	Saturn	Uranus	Neptun	Pluto
mittlere Entfernung von der Sonne in 10⁶ km	57,91	108,21	149,60	227,9	778,3	1 428	2 872	4 498	5 910
mittlere Entfernung von der Sonne in AE	0,387	0,723	1,000	1,524	5,203	9,546	19,20	30,09	39,52
kleinste Entfernung von der Sonne in AE	0,31	0,72	0,98	1,38	4,95	9,01	18,29	29,79	29,7
größte Entfernung von der Sonne in AE	0,47	0,73	1,02	1,67	5,45	10,07	20,07	30,31	49,3
kleinste Entfernung von der Erde in AE	0,53	0,27	—	0,38	3,95	8,00	17,29	28,80	28,7
größte Entfernung von der Erde in AE	1,47	1,73	—	2,67	6,45	11,07	21,07	31,31	50,3
Umfang der Bahn in 10⁶ km	360	680	940	1 400	4 900	9 000	18 000	28 000	37 000
mittlere Umlaufsgeschwindigkeit in km/s	47,8	35,0	29,8	24,1	13,0	9,6	6,8	5,4	4,7
siderische Umlaufszeit in Jahren	0,24	0,62	1,00	1,88	11,86	29,46	84,02	164,79	249,17
Bahnneigung gegen die Ekliptik	7,0°	3,4°	—	1,9°	1,3°	2,5°	0,8°	1,8°	17,1°
Exzentrizität der Bahn	0,206	0,007	0,017	0,093	0,048	0,056	0,046	0,009	0,249
Äquatordurchmesser in km	4 840	12 228	12 742,06	6 770	140 720	116 820	47 100	44 600	(7 000)
Durchmesser in Erddurchmessen	0,380	0,560	1,000	0,531	11,04	9,17	3,70	3,50	—
Abplattung	0	0	1:298,24	1:150	1:15,2	1:10,2	(1:18)	(1:58)	—
reziproke Planetenmasse in Sonnenmassen (1/$M_\odot$, einschließlich Satelliten) konventionelle Werte	6 000 000	408 000	329 390	3 093 500	1 047,355	3 501,6	22 869	19 314	—
neue Werte	5 970 000	408 600	328 899	3 088 000	1 047,39	3 499,7	22 934	(1 812 000)	—
Masse in Erdmassen (ohne Satelliten)	0,0558	0,8148	1,0000	0,1078	317,818	95,112	14,517	17,216	(0,18)
Masse in g	$3,333 \cdot 10^{26}$	$4,870 \cdot 10^{27}$	$5,976 \cdot 10^{27}$	$6,443 \cdot 10^{26}$	$1,8893 \cdot 10^{30}$	$5,684 \cdot 10^{29}$	$8,676 \cdot 10^{28}$	$1,029 \cdot 10^{29}$	—
Volumen in Erdvolumen	0,055	0,834	1,000	0,150	1 347,0	770,5	50,6	42,8	—
Dichte in g/cm³;	5,62	5,05	5,517	3,97	1,30	0,68	1,58	2,22	—
Entweichgeschwindigkeit in km/s	4,29	10,3	11,2	5,03	57,5	33,1	21,6	24,6	—
Fallbeschleunigung am Äquator in cm/s²	380	869	978	372	2 301	906	972	1 347	—
siderische Rotationsperiode	88,0 d	243,09 d	23h 56m 4,01s	24h 37m 22,7s	9h 50m 30,0s	10h 14m	10,8h	15,8h	6,39 d
Neigung des Äquators gegen die Bahnebene	gering	—	23°27'	24°	3°4'	26°44'	98°	29°	—
Albedo	0,06	0,61	0,34	0,15	0,41	0,42	0,45	0,54	(0,16)
größte scheinbare visuelle Helligkeit	−0,2	−4,08	—	−1,94	−2,4	+0,8	+5,8	+7,6	+14,7
Anzahl der Satelliten	—	—	1	2	12	10	5	2	—

Jahren nur aus der von ihnen ausgeübten Gravitationswirkung auf eigene Monde oder auf Nachbarplaneten abgeleitet werden, ist verständlich, daß einzelne neue Ergebnisse, etwa nun durch künstliche Raumsonden gewonnen, wohl sicher zuverlässiger sind (z. B. wurde ein neuer Durchmesserwert für Mars von 6 840 km in aller jüngster Zeit aus Mariner-Aufnahmen abgeleitet), jedoch würde eine direkte Übernahme eines solchen Wertes eine Fülle von laufenden Änderungen auch bei den Nachbarplaneten nach sich ziehen. Ein neues, in sich konsistentes Wertesystem für alle Planeten steht z. Z. zur Diskussion.

Naturgemäß sind die Werte für den erst 1930 entdeckten Planeten Pluto noch sehr unsicher, sie sind deshalb eingeklammert.

Merkur

Wegen seiner großen Sonnennähe ist Merkur nur in der Abend- oder Morgendämmerung beobachtbar. Als innerer Planet kann er nämlich von der Erde aus gesehen sich nur bis zu einer größten Elongation von 28° östlich oder westlich von der Sonne entfernen. Er pendelt zwischen diesen Grenzen mit einer Periode von etwa 116 Tagen. Je nach Stellung der Planeten in ihren Bahnen kann der Abstand Erde – Merkur schwanken zwischen 82 und 217 · 10⁶ km, entsprechend ändert sich auch der scheinbare Winkeldurchmesser Merkurs etwa zwischen 5″ und 15″. Merkur zeigt als innerer Planet einen ausgesprochenen Phasenwechsel.

Die Merkurbahn hat die zweitgrößte Exzentrizität aller Planetenbahnen im Sonnensystem. Sie verändert sich langsam infolge von Störungen. Bekannt ist die von der Allgemeinen Relativitätstheorie geforderte Drehung der Apsidenlinie, der Verbindungslinie zwischen dem Merkur-Perihel und Aphel, die

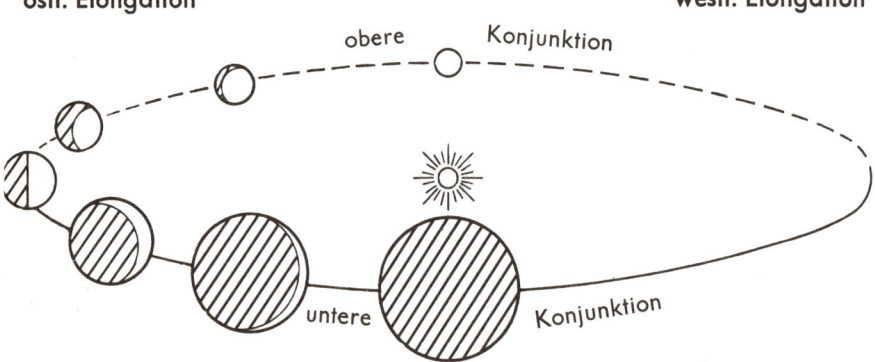

Lichtphasen von Merkur

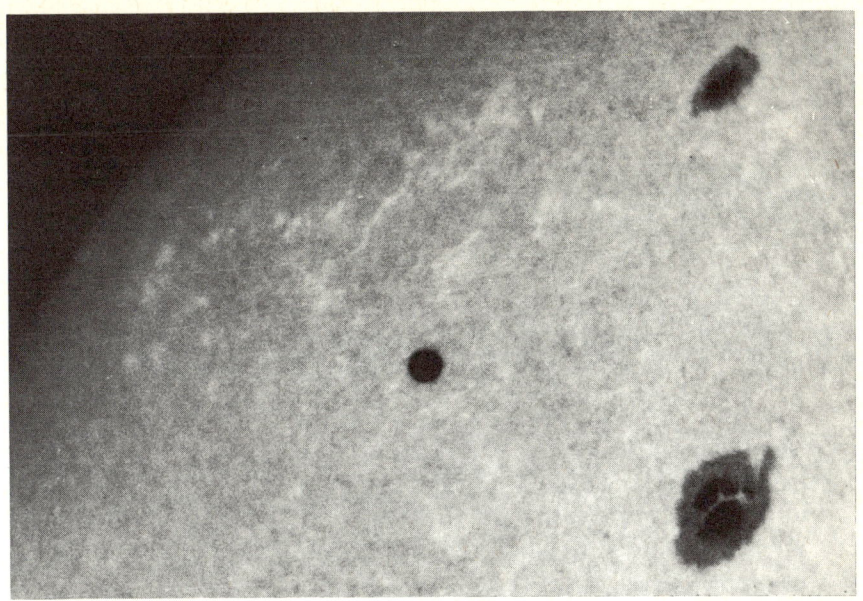

Merkurdurchgang am 9. Mai 1970. Die Aufnahme zeigt die Größe Merkurs zu normalen Sonnenflecken; sie wurde von dem in Sonnenaufnahmen sehr versierten Amateurastronomen G. Nemec, München, mit einem selbstgefertigten Instrument gewonnen (siehe auch S. 309).

Die Sichel des Planeten Venus. Aufnahme mit dem Hale-Teleskop.

bei Merkur um den Betrag von 43″03 pro Jahrhundert größer sein soll als nach der klassischen Mechanik zu erwarten wäre. Der gefundene Wert von 43″11 ist in guter Übereinstimmung mit dem theoretisch zu erwartenden Wert. Dieser Befund gilt als eine der Hauptstützen für die nur an wenigen Fakten beweisbare Allgemeine Relativitätstheorie.

Merkur dürfte wegen seiner geringen Schwerkraft und den auf ihm herrschenden Temperaturen keine oder nur eine sehr dünne Atmosphäre besitzen. Trotz dieser guten Voraussetzungen sind nur ganz wenige Oberflächendetails beobachtbar. Eine exakte Rotationsperiode konnte daraus nicht bestimmt werden; man nahm aus verschiedenen Überlegungen heraus eine mit der Umlaufszeit um die Sonne gebundene Rotation an. Erst die in den letzten Jahren durchgeführten Radarkontakte mit Merkur erbrachten einen Rotationswert von 58,646 Tagen. Rotations- und Umlaufszeit stehen in einem kommensurablen Verhältnis von 2:3, das auf einen Resonanzeffekt zwischen Spinbewegung und Umlaufszeit beruht; die Koppelung erfolgt hierbei durch Drehmomente im System Sonne–Merkur. Dieses Ergebnis über die Rotationsperiode wird nun auch durch kritische Sichtung des optischen Beobachtungsmaterials bestätigt.

Die photometrischen Eigenschaften von Merkur sind ähnlich denen des Erdmondes. Albedo, Phasenfunktion und Polarisationskurven sind mit den Werten des Mondes vergleichbar; man darf daher annehmen, daß die Feinstruktur der Merkuroberfläche im großen und ganzen derjenigen des Mondes gleicht. Die Temperaturen auf der Merkuroberfläche dürften wegen des sich ändernden Abstandes des Planeten von der Sonne sowie der langsamen Rotationsperiode und dem Fehlen einer Atmosphäre in weiten Grenzen schwanken. Zwischen Tag- und Nachtseite wird eine Temperaturdifferenz von 600°, d. h. zwischen den Extremwerten +400 °C und —200 °C angegeben (diese Werte sind jedoch noch nicht gesichert). Die Dichte des Planeten, fast exakt der Erddichte entsprechend, deutet darauf hin, daß der innere Aufbau Merkurs von dem unseres Mondes sehr verschieden ist. Merkur könnte einen Kern aus Eisen-Nickel haben, aber auch seine chemische Zusammensetzung könnte, wegen seiner großen Nähe zur Sonne, von der der anderen Planeten im Sonnensystem verschieden sein.

Venus

Dieser Planet bewegt sich auf einer sehr wenig exzentrischen Ellipse in 224,7 Tagen einmal um die Sonne. Als innerer Planet kann sich Venus, genau wie Merkur, von der Erde aus gesehen nicht weit von der Sonne entfernen. Der größtmögliche Winkelabstand, die größte Elongation, beträgt

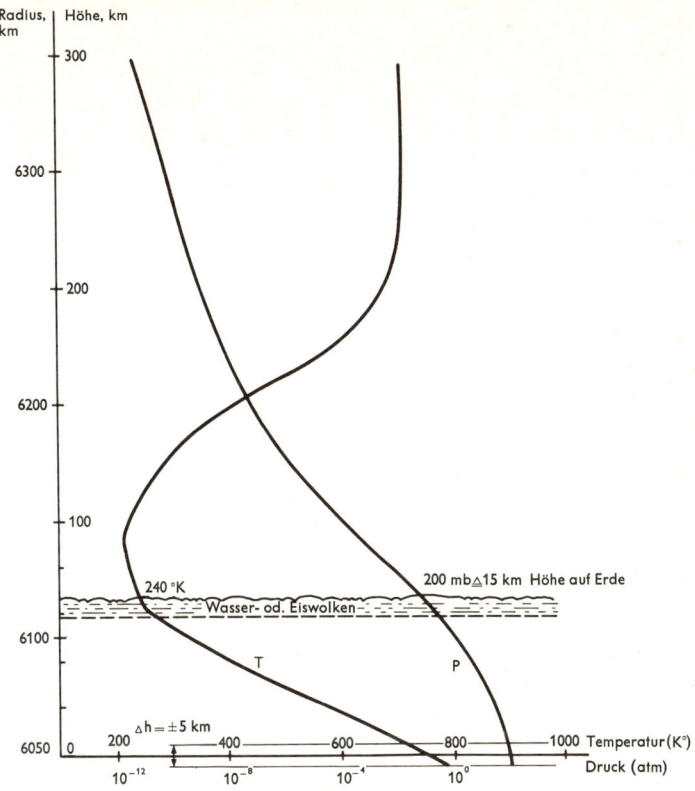

Modell der Venusatmosphäre (nach Avduevsky, Marow, Rozhdestwensky)

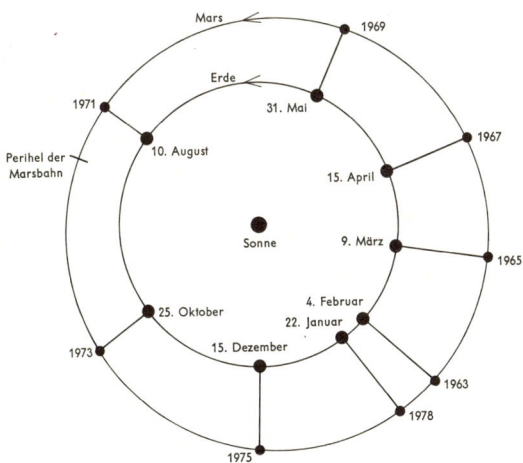

Heliozentrische Bahnen von Erde und Mars. Die Oppositionsstellungen der Jahre 1963 bis 1978 sind in den Bahnen durch Punkte und Verbindungslinien mit den zugehörigen Daten markiert.

47 Grad, jeweils östlich oder westlich der Sonne. Steht Venus westlich der Sonne, so geht sie vor der Sonne am Morgen im Osten auf; der Planet erscheint als Morgenstern. Bei östlicher Elongation läuft die Venus scheinbar hinter der Sonne her, sie geht nach der Sonne im Westen unter und ist deshalb am Abendhimmel als Abendstern zu sehen. Wie Merkur zeigt Venus ebenfalls einen Phasenwechsel. Er ist aber nur im Teleskop feststellbar.

Bis vor wenigen Jahren konnte über die Planetenoberfläche und die den Planeten undurchdringlich einhüllenden Wolken nur wenig gesicherte Angaben gemacht werden. Erst die Mariner- und Venera-Raumsondenexperimente gaben sichere Anhaltspunkte für die Erstellung eines Atmosphärenmodells für Venus. Dabei geht man davon aus, daß Venus eine Kohlendioxid-Atmosphäre besitzt. Die chemische Zusammensetzung der Atmosphäre nach den Raumsondenmessungen wird wie folgt angegeben: Kohlendioxid (CO_2) etwa 93 bis 97 Prozent, 2 bis 5 Prozent Stickstoff (N_2), 0,4 bis 1,1 Prozent Wasserdampf (H_2O) und etwa 0,4 Prozent Sauerstoff (O_2). Nach Messungen durch die Venussonde Verena 7 herrscht an der Oberfläche des Planeten ein Druck von etwa 80 Atmosphären bei einer Temperatur von plus 475 Grad Celsius.

Die die Venusatmosphäre einhüllenden Wolken werden durch Wasserdampfkondensationen gebildet. Die obere Wolkengrenze dürfte zwischen 55 und 60 km über der Planetenoberfläche liegen, bei einer Temperatur um minus 15 Grad Celsius und entsprechendem Druck zwischen 0,2 und 0,3 atm. Die Wolkenschicht aus Wasser- oder Eiswolken kann als einige Kilometer dick angenommen werden. Die durch die Atmosphäre hindurchgegangene Sonnenstrahlung wird vom Boden teils absorbiert, teils als Wärmestrahlung reflektiert. Die Wolkenschicht führt zu einem sogenannten Treibhauseffekt. Nach neuesten Radarmessungen beträgt der Durchmesser der festen Planetenkugel 12 100 km; ferner ist danach die Oberfläche wüstenähnlich und verhältnismäßig glatt und detailarm. Allerdings konnten auch einige Gebiete mit rauheren Formationen entdeckt werden. Das Vorhandensein von Quarz und Quarzverbindungen kann auf Grund elektrischer und thermischer Eigenschaften angenommen werden. Über das Innere des Planeten ist wenig bekannt. Aus den Werten von Masse und spezifischem Gewicht sowie aus kosmologischen Überlegungen kann man vermuten, daß der innere Aufbau von Venus im wesentlichen dem der Erde ähnlich ist. Venus besitzt kein Magnetfeld von größerer Stärke als 10^{-3} Gauß und keinen Strahlungsgürtel. Jedoch zeigen Messungen mit Hilfe von Raumsonden, daß Venus von einer Ionosphäre umgeben ist, d. h. also von einer Schicht von Elektronen und Ionen. Nach diesen Messungen kann die Ionosphäre des Planeten in zwei im Aufbau der Erdionosphäre entsprechende Schichten unterteilt werden: in eine dünne

E-Schicht, und in eine darüberliegende erheblich dickere F_1-Schicht. Die Exosphärenschichten des Planeten, etwa ab 300 km über der Oberfläche, scheinen im wesentlichen aus Helium und Wasserstoffionen zu bestehen.

Die Rotation von Venus um ihre Achse konnte 1964 mit Hilfe von Radarmessungen bestimmt werden. Die Rotation erfolgt retrograd (entgegen dem Rotationssinn der Erde), der Venustag beträgt nach diesen Messungen 116,8 Erdentage.

Aus den nun vorliegenden Meßwerten und Daten kann gefolgert werden, daß Venus kein organisches Leben tragen kann und der Aufenthalt von Menschen dort ohne ungeheuren technischen Aufwand selbst kurzzeitig kaum möglich sein wird.

Mars

Trotz seiner geringen Größe ist Mars wohl der erdähnlichste Planet. Sein Durchmesser ist etwa nur halb so groß als der Erddurchmesser und seine Masse entspricht etwa einem Zehntel der Erdmasse. Der Marstag ist nur ein wenig länger als ein Erdtag (siehe Tabelle S. 219). Das Marsjahr, d. h. die Umlaufzeit von Mars um die Sonne, beträgt 687 Erdtage. Seine Bahn, die etwa eine 5 mal so große Exzentrizität als die Erdbahn besitzt, durchläuft der Planet mit einer mittleren Geschwindigkeit von 24.14 km/sec. Seine Entfernung von der Erde schwankt, je nach Stellung der beiden Planeten in ihren Bahnen, zwischen 2.67 AE ($\sim$ 400 Mill. km) und 0.38 AE ($\sim$ 56 Mill. km, das ist etwa 150 mal so weit wie die Entfernung Erde – Mond). Die Entfernung zur Erde wird besonders klein, wenn Mars während seiner Opposition in der Nähe der Perihels seiner Bahn steht. Solche Periheloppositionen ereignen sich alle 15 bis 17 Jahre (so im September 1956 und im August 1971). Die Distanzänderungen zur Erde bedingen Änderungen des scheinbaren Winkeldurchmessers von Mars zwischen etwa 3 bis 25 Bogensek., damit verbunden ist eine Helligkeitsänderung von 5 Größenklassen.

Die Neigung der Äquatorebene von Mars gegen seine Bahnebene (25° 10′) führt – wie bei der Erde – zu einem Wechsel des Einfallwinkels der Sonnenstrahlen, also zu Jahreszeiten. Auf der Nordhalbkugel des Planeten ist 199 Tage Frühling und 182 Tage Sommer. Wegen der Exzentrizität der Marsbahn, und der dadurch bedingten Änderung der Bahngeschwindigkeit, sind Frühling und Sommer auf der Südhalbkugel von Mars hingegen nur 146 bzw. 160 Tage lang (entsprechend dem Herbst und Winter auf der Nordhalbkugel).

Mars ist – außer der Erde – der einzige Planet bei dem es möglich ist, durch seine vorhandene Atmosphäre auf die feste Oberfläche zu blicken und visuell oder photographisch zahlreiche Oberflächendetails festzustellen. Dies machte ihn wohl zum bevorzugten Beobachtungsobjekt der Planetenbeobachter vor allem unter den Amateurastronomen.

Bei visueller Beobachtung des Mars ist wohl die auffälligste Erscheinung auf seiner Oberfläche die weißen Kappen an seinen Polen, die periodisch, d. h. mit den Jahreszeiten auf dem Planeten, gegen den Äquator wandern bzw. sich zurückziehen. Gegen Ende des Marswinters jeder Hemisphäre erreicht die Ausdehnung dieser Polkappen ihr Maximum. Die Südkappe kann bis auf 60° südl. Breite und die Nordkappe auf 70° nördl. Breite vordringen. Dabei bedecken diese Kappen jeweils ein Gebiet von etwa 10 Millionen Quadratkilometern. Im Frühjahr werden sie schnell kleiner, verschwinden aber auch im Sommer nie ganz. Die Neubildung der Kappen entzieht sich unseren Blicken, denn ab Herbst bilden sich helle Schleier, helle Nebel, über dem ganzen Polgebiet. Diese Wolkendecken lösen sich erst gegen Ende des Winters auf und geben dann die hellen weißen Polkappen frei. Dieser Zyklus wiederholt sich im großen und ganzen Jahr für Jahr, jedoch treten starke Schwankungen in der Größe der Kappen auf. Man versuchte schon nachzuweisen, ob die jeweilige Größe der Polkappen bei Winterende mit der Sonnenfleckenzahl, insbesondere mit dem elfjährigen Zyklus der Sonnenflecken (s. S. 306) korreliert sei, bisher aber ohne Erfolg. Nach Feststellung dieses jahreszeitlichen Verhaltens der Polkappen lag es nahe, in Analogie zur Erde, an ein Abschmelzen einer Schnee- und Eisschicht zu denken. Diese Bereifung bildet sich im Marswinter unter einer Nebeldecke; sie schmilzt nicht, sondern verdampft im Frühjahr, wegen des geringen atmosphärischen Drucks.

Weitere von der Erde aus beobachtbare Details auf der Marsoberfläche sind helle und dunkle Gebiete. Die hellen Gebiete haben eine Albedo von 0.15 bis 0.20 und sind orange bis rötlich gefärbt; sie geben dem Planeten auch die rötliche Gesamtfärbung. Ungefähr drei Viertel der Marsoberfläche ist mit diesen hellen, rötlich gefärbten Gebieten bedeckt, die von J. Herschel als Wüsten angesprochen wurden. Auch hierbei ließ man sich durch den Analogieschluß zur Erde leiten und sah eine Ähnlichkeit mit dem rötlichen Sand unserer irdischen Wüsten. Um 1900 herum konnte sogar eine bereits früher gemachte Beobachtung von gelegentlich auftretenden gelblichen Schleiern als Sand und Sandstürme gedeutet werden. In neuerer Zeit glaubte man in dem Marsstaub (auf Grund von Polarisationsmessungen) das Mineral Limonit $(2 Fe_2O_3 \cdot 3 H_2O)$ erkannt zu haben. Ein anderer Forscher neigt eher dazu (auf Grund von spektroskopischen Untersuchungen im Infraroten) als Marssand das Mineral Felsit anzunehmen. Wenn auch in der genauen Mineralbestimmung noch beträchtliche Unsicherheiten bestehen, so ist doch erwiesen, daß die gelben Schleier, die man über die Marsoberfläche wandern

Marskarte nach Schiaparelli

Zwei Aufnahmen des Planeten Mars (Hale-Observatorium). Links eine Blau-Aufnahme, sie zeigt die obere Atmosphärenschicht des Planeten, die Rot-Aufnahme (rechts) hingegen gibt einen Blick auf die Oberflächenstrukturen von Mars.

11. Aufnahme der Serie von 22 Aufnahmen, die Mariner 4 vom Mars zur Erde funkte; sie zeigt das Gebiet Atlantis zwischen dem Mare Sirenum und dem Mare Cimmerium.

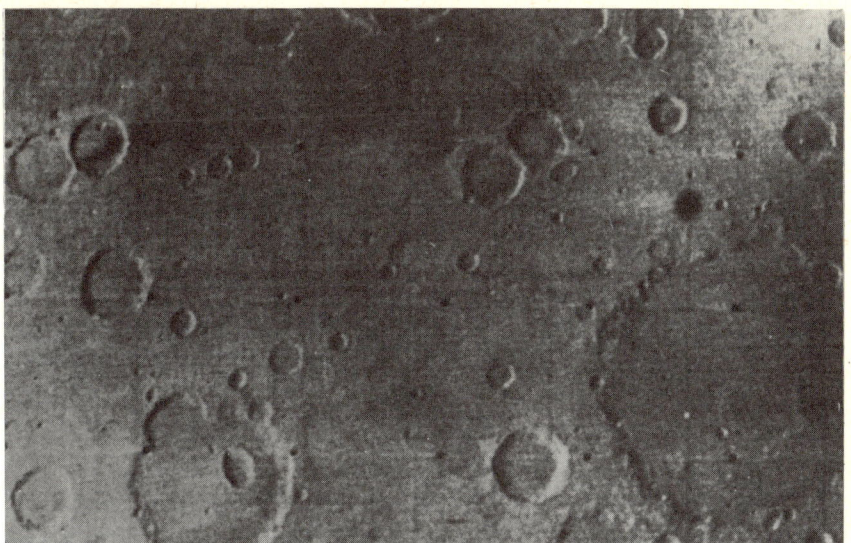

Auch Aufnahmen der Marssonde Mariner 6 zeigen die Oberfläche von Mars mit zahlreichen Kratern übersäht.

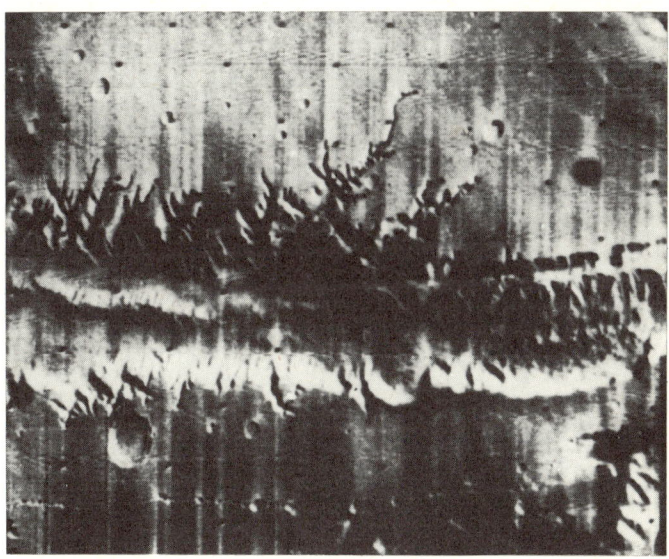

Die Bilder, aufgenommen von Mariner 9, erzwingen eine Revision – der vielleicht vorschnell gefaßten Deutung, – die Oberfläche des Planeten Mars sei „mondähnlich", wie dies allgemein nach den Aufnahmen der Sonden Mariner 4, 6 und 7 ausgesprochen wurde. Die Aufnahme zeigt ein Bruchsystem im Gebiet Tithonius Lacus (südlich des Marsäquators). Auf dieser Aufnahme fallen besonders die verästelten Seitentäler auf der einen Seite und die wohl steiler abfallenden Wände der anderen Seite auf (siehe auch Aufnahme auf S. 230).

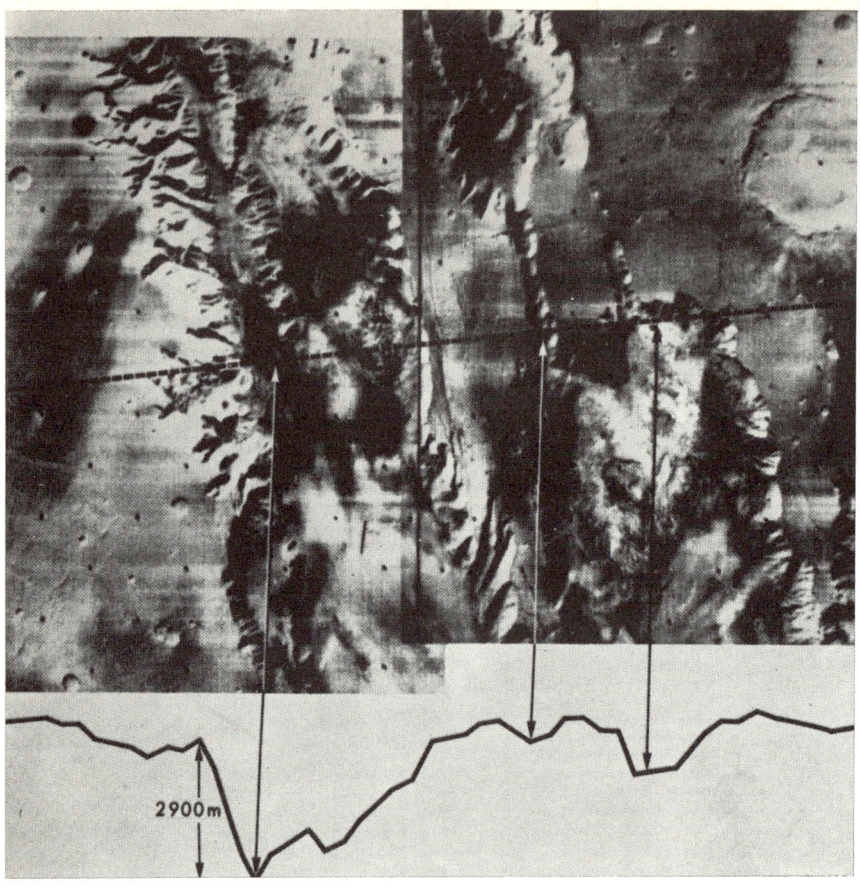

Abschnitt eines fast 4000 km langen Einbruchgrabens von etwa 120 km Breite und – wie die Höhenver-
messung mit Hilfe eines Ultraviolett-Spektrometers entlang der eingezeichneten Linie zeigt – von fast
3 km Tiefe. Diese Tiefenangaben sind inzwischen revidiert worden; sie sind nach neueren Ergebnissen
etwa zu verdoppeln. Diese Formation ist in ihrer Länge und Ausdehnung vergleichbar mit dem kontinen-
talen Bruch- und Grabensystem, das sich vom Toten- durch das Rote Meer bis zu den großen afrikani-
schen Seen, dem Victoria- und Tanganjika-See hinzieht.

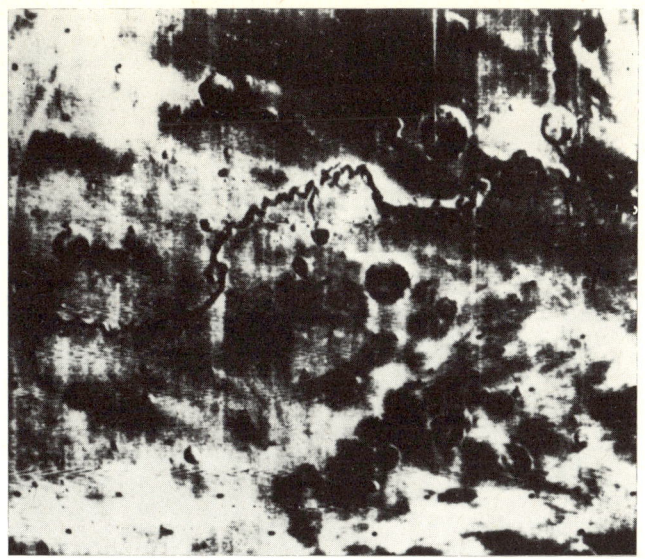

Eine Rille (oder muß man hier schon sagen ein „Fluß") von etwa 5 bis 6 km Breite, die auf eine Länge von ca. 400 km sich durch das Hochland in der Nähe des Mars-Südpols hinzieht. Es fällt schwer, sich solche Erosionsspuren anders als durch Wasser entstanden zu erklären.

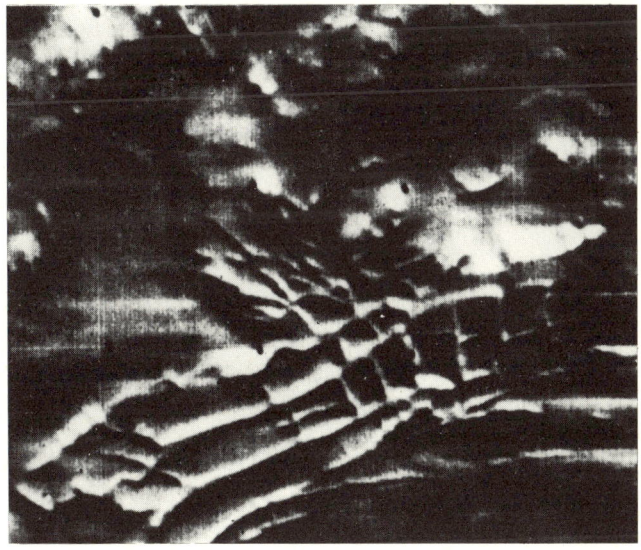

Ebenfalls eine ungewöhnliche Formation in der Nähe des Mars-Südpols. Das Gebiet hat eine Ausdehnung von etwa 42 × 48 km. Wegen der geometrischen Struktur bezeichneten es die die Bilder auswertenden Wissenschaftler als „Ruinen einer Marsmetropole".

Erosionsspuren, die nur erklärbar durch die Wirkung von Wasser sind. Die beiden Aufnahmen vom 28. 2. (oben) und 4. 3. 1972 zeigen Gebiete ebenfalls in der Nähe des Südpols. Die hellen und dunklen Konturen im oberen Bild werden interpretiert als Ablagerungen von Staub oder vulkanischer Asche und wahrscheinlich von CO_2- und H_2O-Eis. Die Strukturen im unteren Bild, rechts vom Krater, werden als „fließende Erosionen" angesprochen.

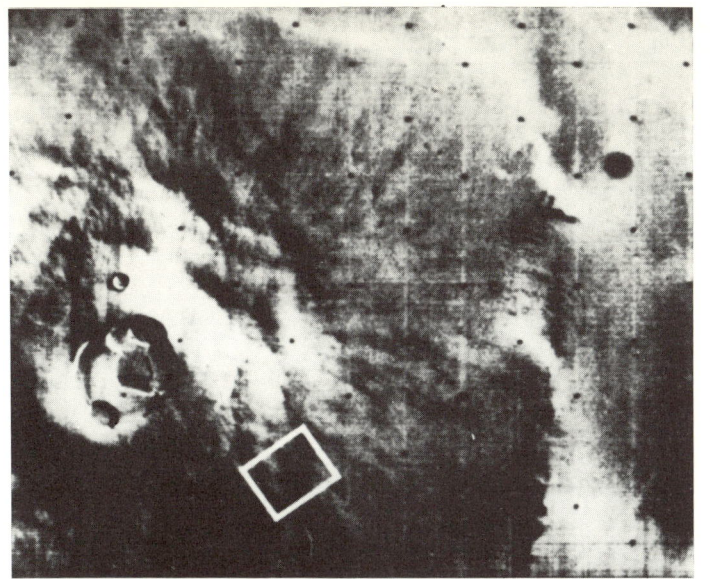

Mit der Weitwinkel- und Telekamera photographierte MARINER 9 am 7. Januar 1972 die Marsregion Nix Olympica. Die Aufnahme links zeigt ein 436 mal 556 km großes Gebiet, von dem ein 43 mal 55 km großer Ausschnitt (weiß umrandetes Rechteck) auf dem rechten Bild vergrößert wiedergegeben ist. In der Geländebeschreibung der NASA-Wissenschaftler heißt es: „Die Kratergruppe auf der Weitwinkelaufnahme scheint ein weites Plateau zu überlagern; die Ränder sind in der oberen Mitte deutlich zu erkennen. Die Fiederstruktur und die vielen länglichen Wulstbildungen und Überlappungen im Telephoto lassen darauf schließen, daß geschmolzene Massen aus dem zentralen Kraterkomplex abflossen. Ein Gebirgszug ist entlang der ganzen Gratlinie aufgerissen. Alle diese Merkmale sind denen von vulkanischen Gebieten auf der Erde ähnlich".

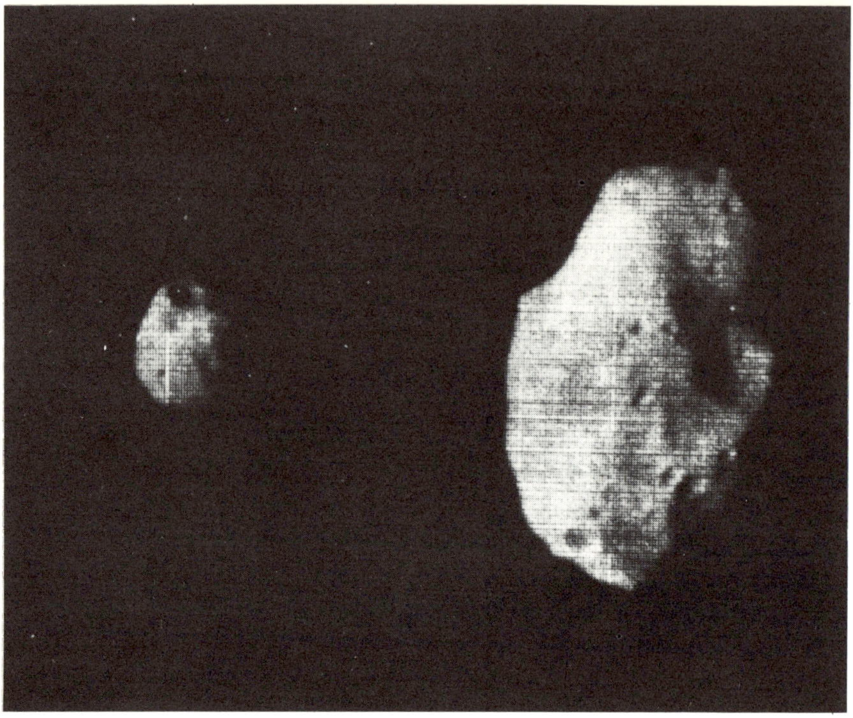

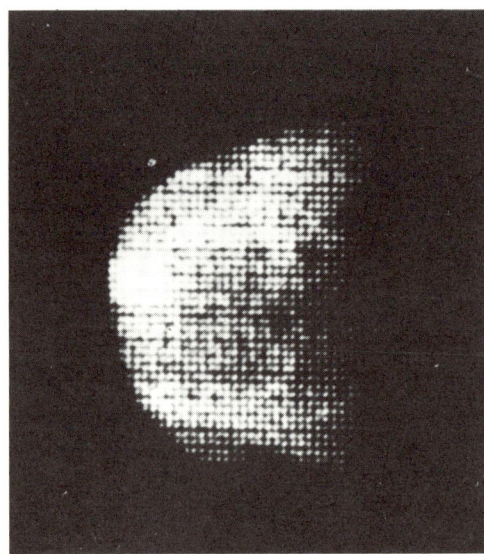

Oben: Erste Nahaufnahme von Phobos, dem inneren Kleinmond des Planeten Mars, übermittelte die amerikanische Sonde MARINER 9. Das Photo links entstand während des 31. Umlaufs von MARINER aus 14 683 km, das andere beim 34. Umlauf aus 5 540 km Entfernung.

Unten: Aufnahme von Deimos, dem kleineren der beiden Marsmonde aus einer Entfernung von ungefähr 8 500 km. Etwa die Hälfte des unregelmäßig geformten Körpers ist beleuchtet. Seine Größe wird mit 8.8 mal 11 Kilometer angegeben. Bisher war Deimos nur in großen Teleskopen als winziger Lichtfleck erkennbar.

sieht, aus Staub bestehen, der sich aus Silikaten zusammensetzt. Neben diesen hellen Wüsten werden auch dunkle Gebiete gesehen. Es handelt sich hier nicht etwa um Wasserflächen wie man naheliegend die Färbung dieser Gebiete erst deutete. Denn offene Wasserflächen, die sich durch Sonnenreflexe bemerkbar machen müßten, wurden nicht beobachtet. Trotzdem werden diese Gebiete – wie auf unserem Mond – als Maria, als Meere angesprochen. Jahreszeitlich beobachtete Farbänderungen in diesen Gebieten wurden als Wechsel im Pflanzenwuchs gedeutet. Man dachte dabei in erster Linie an die Existenz von primitiven Lebensformen, wie Moose, Flechten oder nur von Mikroorganismen, die bei höherer Feuchtigkeit und Wärme die beobachteten Farbänderungen hervorrufen sollten. Aber auch andere Erklärungen für die jahreszeitliche Farbänderung der Maria wurden vorgeschlagen, so etwa das Vorhandensein verschiedener Minerale oder nur verschiedener Korngrößen bestimmter Minerale in den Wüsten und Meeren.

Als ein weiteres, viel diskutiertes, zu mancherlei Spekulationen anlaßgebendes Oberflächendetail, sind die „Marskanäle" anzusehen. Die von Schiaparelli 1877 beobachteten feinen Linien, die sich zu einem Netzwerk „verknüpften", wurden von ihm ‚canali' genannt, was im Italienischen ‚Rinne, Furche' heißt. Unglücklicherweise wurde dieses Wort dann mit ‚Kanäle' übersetzt, was ja ‚künstliche Wasserstraßen' bedeutet. Diese Schiaparellischen Linien können, bis auf wenige Ausnahmen, nicht auf photographischen Aufnahmen von Mars nachgewiesen werden. Auch bei Beobachtungen mit großen Teleskopen verschwinden die in kleineren und mittleren Instrumenten visuell beobachtbaren „Kanäle". Deshalb ist man heute mehr geneigt anzunehmen, daß diese Details Täuschungen des menschlichen Auges seien, das ja dazu neigt nicht mehr vollständig auflösbare Feinstrukturen zu geometrischen Gebilden zusammenzufassen.

Auch Temperaturmessungen konnten von der Erde aus durchgeführt werden; so ergaben thermoelektrische Messungen, die entlang des Zentralmeridians zur Zeit des Spätsommers der Südhalbkugel ausgeführt wurden, folgende Werte:

Mittagstemperatur in der Südpolargegend	—10 bis +10°C,
Mittagstemperatur in der südl. gem. Zone	+10 bis +20°C,
Mittagstemperatur in der Scheibenmitte	+20 bis +30°C,
Mittagstemperatur in der nördl. gem. Zone	+ 5 bis +15°C,
Mittagstemperatur in der Nordpolargegend	—25 bis —40°C.

Bei diesen Temperaturangaben von Coblentz ist darauf zu achten, daß es sich um Tagesmaxima der Bodentemperaturen handelt und nicht um Lufttemperaturen.

Eine große Überraschung brachten die ersten durch eine Raumsonde erhaltenen „Nahaufnahmen" von Mars. Am 14. Juli 1965, nach einem Flug von der Erde zum Mars über ca. 520 Millionen Kilometer, funkte die Marssonde Mariner 4 die bei einem Vorübergang an Mars aufgenommenen 22 Bilder zur Erde. Diese Aufnahmen überdeckten etwa 1 Prozent der gesamten Planetenoberfläche. Sie wurden aus einer Höhe von etwa 13 000 km über Mars gewonnen und zeigten jeweils eine Fläche zwischen 20 000 und 40 000 km². Die kleinsten erkennbaren Einzelheiten lagen im Bereich von 3.2 bis 5 km Durchmesser. Die überraschendste Entdeckung dieses Mariner-Experiments war der Befund, daß die Oberfläche von Mars – ebenso wie unser Mond – von Kratern bedeckt ist. Hatte man bis dahin Mars allgemein als den erdähnlichsten Planeten angesehen, so mußte man nun aufgrund der Funkbilder ihn als mondähnlich ansprechen. Insgesamt konnten auf den Aufnahmen mehr als 70 Krater mit Durchmessern zwischen 5 km und 200 km gezählt werden; wie auf dem Mond fanden sich auch solche mit Zentralbergen. Es sah so aus, als wäre die Zahl der größeren Krater pro Flächeneinheit etwa die gleiche wie auf dem Mond.

Im Jahre 1969 wurde das Mariner-Marssonden-Experiment wiederholt. Mariner 6 und 7 näherten sich dem Planeten bis auf etwa 3 000 km; sie funkten weitere Bilder der Marsoberfläche und wesentliche Informationen über die Marsatmosphäre zur Erde. Auch bei diesen Aufnahmen zeigte sich, daß die Häufigkeitsverteilung der Krater als Funktion des Durchmessers ähnlich der des Erdmonds waren, aber Kratertiefe und der Wechsel zwischen Terra- und Maria-Gebieten, sowie andere Arten von Gebirgszügen und Formationen, zeigten doch, daß die Analogie zwischen Mars und Mond nicht zu weit getrieben werden darf.

Endgültig zeigten aber die Aufnahmen der Mariner-Marssonde 9, die im Gegensatz zu ihren Vorgängerinnen im November 1971 eine Umlaufbahn um Mars erreichte, daß dieser Planet nicht ein mondähnlicher Himmelskörper ist. Auf ihm sind – schon bedingt durch seine Masse, durch das Vorhandensein einer, wenn auch dünnen Atmosphäre sowie möglicherweise anderem inneren Aufbau und tektonischer Aktivität – andere Oberflächenformationen als auf dem Mond entstanden. Wie die hier wiedergegebenen Aufnahmen zeigen, wurden Canyon-ähnliche Einbrüche, meandernde „Flußläufe", Vulkane mit ausgedehnten Lavaströmen und durch Eiserosionen geformte Gebirgszüge gefunden. Wie aus den Bildunterschriften zu entnehmen, können zur Zeit nur Analogieschlüsse über die Entstehung dieser vielfältigen Formationsformen angestellt werden. – Die Marsforschung befindet sich zur Zeit in einer sehr aktiven Phase.

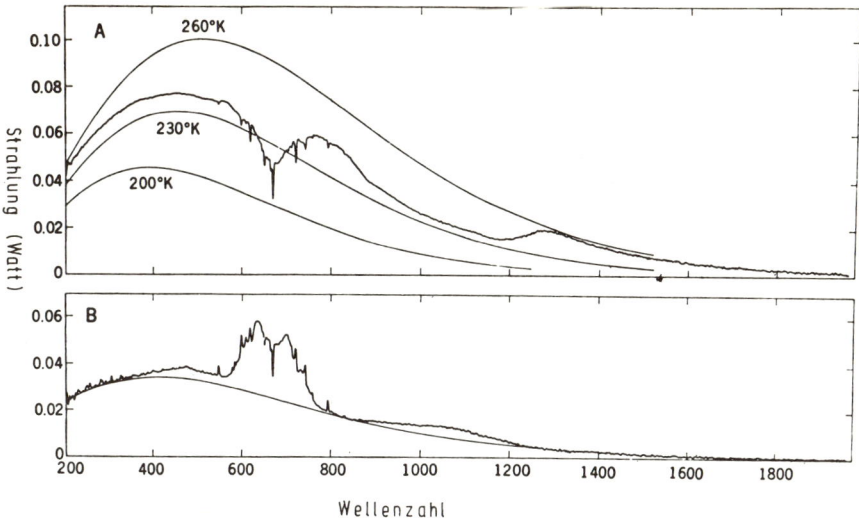

Wellenzahl

Infrarotspektren der Marsoberfläche, erhalten mit dem Spektrometer von Mariner 9, im Wellenlängenintervall von 5 bis 50 μ (entsprechend 2000 bis 200 cm^{-1} in Wellenzahl). Im oberen Teil der Abbildung wird ein Spektrum der Äquatorgegend mit der Strahlung eines Schwarzen Körpers verschieden hoher Temperatur verglichen. Zwischen 600 und 800 cm^{-1} sind ausgeprägte Absorptionsbanden des Kohlendioxids (CO_2) zu beobachten, die durch höherliegende kältere atmosphärische Schichten erzeugt werden. Im unteren Teil ist ein Spektrum der Südpolkappe aufgetragen. Hier treten die CO_2-Banden in Emission auf, was darauf schließen läßt, daß die höher liegenden atmosphärischen Schichten wärmer sind. Die Temperatur der Polkappe ergibt sich zu 140 K (etwa —130°C), was mit gefrorenem CO_2 verträglich ist. Die Linienstruktur zwischen 200 und 400 cm^{-1} ist auf Wasserdampf zurückzuführen.

Auch neue Erkenntnisse über die Marsatmosphäre ergaben sich aus den von Bord der Mariner-Sonden gewonnenen Meßergebnissen. War man vor diesen Experimenten aufgrund von terrestrischen Beobachtungen und theoretischen Überlegungen noch der Meinung die Marsatmosphäre bestünde aus Stickoxiden und die Polkappen seien Niederschlag aus Stickstofftetroxid (N_2O_2), so mußte man aufgrund der Messungen mit Infrarot-Spektrometern nun annehmen, daß die Marsatmosphäre zu etwa 98 Prozent aus Kohlendioxid (CO_2) besteht. Messungen der Temperatur über den südpolaren Regionen ergaben Werte von —130°C, die beinahe exakt der des Sublimationspunktes des Kohlendioxids entsprechen, so daß man heute annimmt, daß die Polkappen von Mars aus einer 10 cm dicken Trockeneisschicht (CO_2) mit vielleicht minimalen Beimengungen von Wasserkristallen bestehen. Ob es auf Mars zu einer Zeit Wasser gegeben hat – die gefundenen „Flußtäler" (siehe S. 231) scheinen dies nahezulegen – ist auch heute noch eine offene Frage; auch die damit zusammenhängende Frage nach Lebensformen auf dem Planeten kann noch nicht beantwortet werden.

Der Atmosphärendruck auf der Marsoberfläche beträgt 6 bis 7 Millibar (entsprechend etwa 5 Torr). Temperaturmessungen der Marinersonden ergaben Werte zwischen $+13$ und $-53°C$, Nachttemperaturen zwischen -53 und $-100°C$. Die mit Infrarotdetektoren im Wellenlängenbereich von 8 bis 40 μ durch die beiden sowjetischen Marssonden 3 und 4 gemessenen Werte von maximal $+15°C$ bestätigen diese Angaben. Darüber hinaus konnte von der Sonde Mars 3 mit Hilfe eines kleinen Radioteleskops bei einer Wellenlänge von 3.5 cm sowohl die Intensität und die Polarisation der Radioemission des Planeten gemessen werden. Es war damit möglich, die Dielektrizitätskonstante und Temperaturen unterhalb der Oberfläche bis in eine Tiefe von ca. 0.5 m zu bestimmen. Gemessen wurden Temperaturen von $-40°C$ in nördlichen Breiten, bis $-70°C$ bei 60° südlicher Breite. Während eines Marstages blieben diese Temperaturen konstant, so daß man auf eine geringe Wärmeleitfähigkeit der Marsoberfläche schließen kann. Die Dichte des Oberflächenmaterials schwankte zwischen 1.2 und 3.5 g cm^{-3}.

Die Erforschung des Planeten Mars mit Raumsonden wird in den nächsten Jahren sicherlich weitere wichtige Ergebnisse und neue Erkenntnisse bringen.

Jupiter

Der Planet Jupiter und die weiteren folgenden Riesenplaneten Saturn, Uranus und Neptun unterscheiden sich wesentlich von den erdähnlichen Planeten Merkur, Venus und Mars. Die Riesenkugel von Jupiter, die die Erde im Durchmesser um das Elffache übertrifft, rotiert in weniger als 10 Stunden um ihre Achse und ist infolgedessen stark abgeplattet. Die Oberfläche ist unter einer dichten Wolkenhülle verborgen, die zahlreiche streifige Strukturen aufweist. Die äußere Atmosphäre enthält Methan, Ammoniak und wahrscheinlich Wasserstoff und Wasser. Die Temperatur beträgt etwa $-130°C$. Zwölf Monde umkreisen den Planeten; die vier größten, von Galilei entdeckt, sind mit einem guten Feldstecher zu sehen; alle übrigen sind sehr kleine Körper.

Durch Zufall wurde Jupiter als unerwartet starker Radiostrahler identifiziert. Radioastronomische Untersuchungen zeigten zwar im cm-Wellenlängenbereich eine rein thermische Radiostrahlung, deren Strahlungstemperatur etwa mit der durch Infrarotmessungen erhaltenen Temperatur übereinstimmt. Im dm-Bereich emittiert Jupiter aber eine unerwartet starke, einigermaßen stetige Strahlung, die bei der Wellenlänge von 70 cm einer Strahlungstemperatur von 50 000 K entspricht. Es muß sich hier um einen nichtthermischen Strahlungsmechanismus handeln. Im m-Wellenlängengebiet beobachtet man kurzzeitig auftretende „Burst" (Strahlungsausbrüche), die nicht viel länger als 1^s dauern, meist sogar kürzer sind. Jedoch kommen sie nicht einzeln an, sondern in „Rudeln" und „Lawinen", die über Minuten bis Stunden beobachtbar sind.

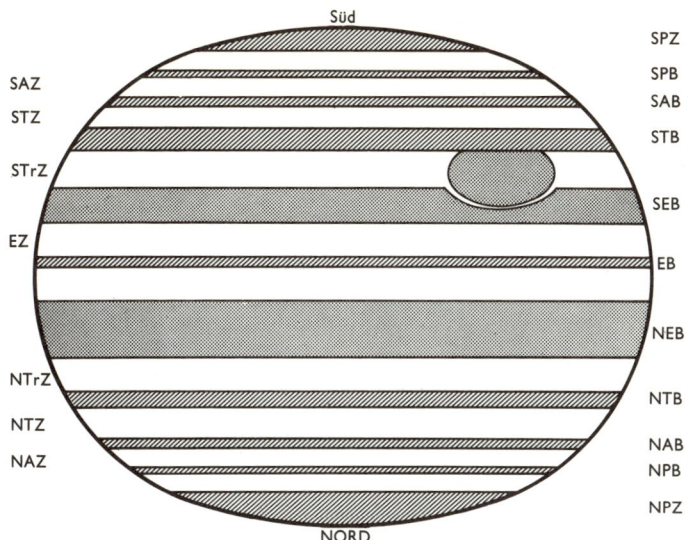

Nomenklatur der Bänder und Zonen auf Jupiter: N = Nord; S = Süd; B = Band (dunkel); Z = Zone (hell); E = äquatorial; Tr = tropisch; T = gemäßigt (temperiert); A = arktisch; P = polar.

— Bestimmte Eigenheiten der Burst dürften mit der Ionosphäre des Planeten in Zusammenhang stehen, jedoch kann bis heute noch keine definitive Angabe über den Strahlungsmechanismus gemacht werden. Wahrscheinlich dürfte aber, vor allem für die Strahlung im dm-Wellenlängenbereich, Synchrotronstrahlung (s. S. 40) angenommen werden; d. h., Jupiter müßte wie die Erde einen van-Allen-Gürtel besitzen (s. S. 181), der ebenso den Planeten in der Äquatorebene als Kreisring hoher Teilchenzahldichte in einer Entfernung von mehreren Jupiterradien umgibt. Die Elektronendichte in diesem Gürtel müßte aber wesentlich höher sein, als im van-Allen-Gürtel der Erde. — Unter der Annahme eines solchen Gürtels um Jupiter weisen weitere radioastronomische Untersuchungen darauf hin, daß die magnetische Achse gegen die Rotationsachse des Planeten um 9° geneigt ist.

Ein Raumflugkörper – Pioneer F – ist zur Zeit auf dem Weg zu Jupiter. Nach einem Vorbeiflug im Dezember 1973 wird er – wenn keine technischen Schwierigkeiten auftreten und wenn er ohne Meteoritentreffer, die ihn zerstören würden, den Planeten erreichen wird – aus der Nähe erhaltene Meßwerte zur Erde funken. Sicherlich werden sich damit für die Jupiterforschung ebenso neue Erkenntnisse und Impulse ergeben, wie dies bei Mars der Fall war. – Übrigens wird die Raumsonde bei ihrem Vorbeiflug am massereichsten Planeten des Sonnensystems so beschleunigt werden, daß sie unser Sonnensystem auf ihrem weiteren Flug verlassen wird.

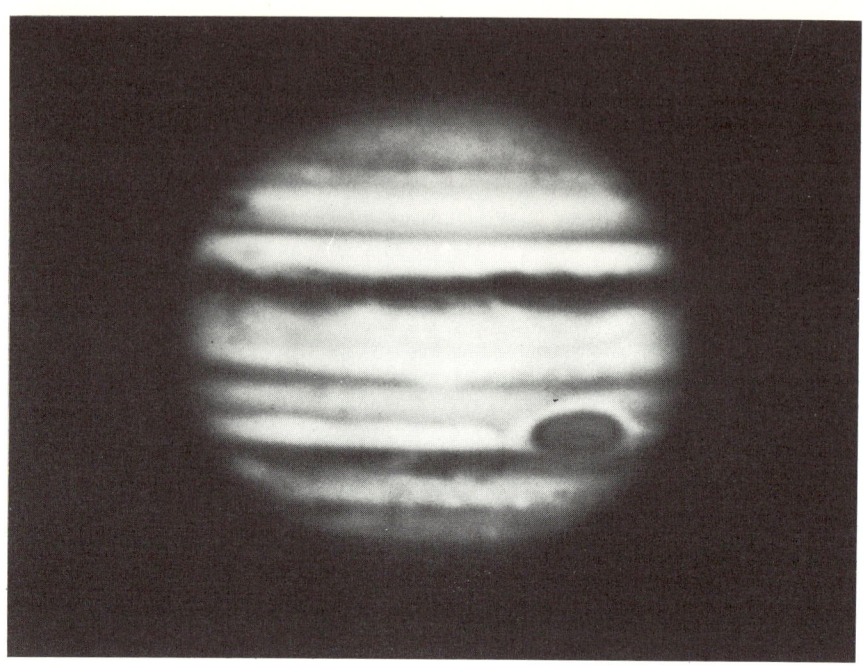

Aufnahme des Planeten Jupiter mit Großem Roten Fleck (GRF). Entsprechend dem Anblick im astronomischen Fernrohr liegt Norden unten.

Nebenstehend:

Ausschnitt aus einem Jupiterspektrum, aufgenommen im Coudé-Fokus des 1.93-cm-Reflektors am französischen Observatorium de Haute Provence. Das Spektrum erstreckt sich über etwa 80 A; oben die breite Hα-Linie bei 6563 A. Einige der waagerechten Linien gehören dem Wassermolekül H_2O an, es sind sogenannte tellurische Linien, also Absorptionslinien der Erdatmosphäre. Die geneigten Linien stammen aus der Jupiteratmosphäre. Die Neigung kommt durch die Rotation des Planeten zustande. Bei dieser Aufnahme lag der Spektrographenspalt in der Äquatorebene der Planetenscheibe, also senkrecht zur Rotationsachse. Die Gebiete der einen Jupiterhälfte bewegen sich auf uns zu, verursachen dabei eine negative Doppelverschiebung der Spektrallinien (Blauverschiebung). Die andere Planetenhälfte bewegt sich von uns weg, hier tritt eine positive Doppelverschiebung (Rotverschiebung) ein. Diese Verschiebungen haben an den Planetenrändern ihr Maximum, sie nehmen dann zur Mitte der Planetenscheibe kontinuierlich bis auf Null ab. Daher sind die aus der Planetenatmosphäre herrührenden Linien schräg gestellt.

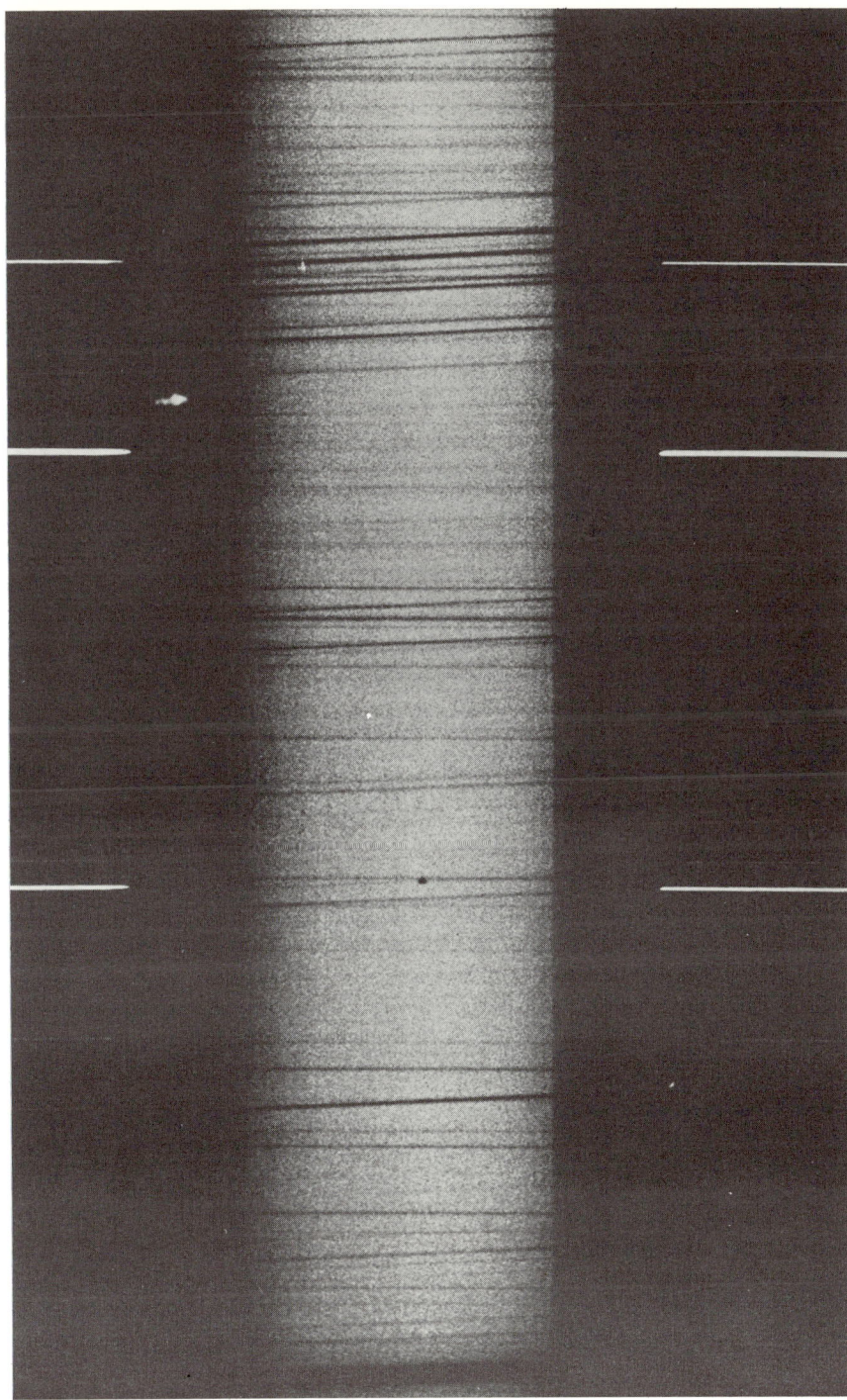

Saturn

Der Planet unterscheidet sich in seiner Größe nur wenig von Jupiter. Auch seine Atmosphäre scheint der Jupiters gleich zu sein. Eine streifige Wolkenstruktur wird beobachtet, sie zeigt aber weniger Einzelheiten als bei Jupiter, wohl der größeren Entfernung des Planeten von der Erde wegen. Auffallend ist der den Saturn freischwebend umgebende Ring. Spektroskopische Beobachtungen zeigen, daß das Ringsystem aus kleinen Partikeln besteht (wahrscheinlich Eiskristallen), die sich alle wie Satelliten auf Keplerbahnen um die Planetenkugel bewegen. Die beiden Lücken, die das Ringsystem in drei (wie Herdringe) ineinanderliegende Ringe teilen, lassen sich als Instabilitätszonen deuten.

Saturn besitzt außer seinem Ring noch 10 Monde. Der größte Satellit, Titan, in der Größe etwa mit Merkur vergleichbar, hat, wie nachgewiesen wurde, eine Atmosphäre aus Methan, deren Temperatur um —180°C liegen dürfte. —

Ringsystem des Saturns

	Halbmesser zwischen den Grenzen
Äußerer A-Ring, hell	$138 \cdot 10^3$ km
Cassinische Teilung, dunkel.	$120 \cdot 10^3$ km
Mittlerer B-Ring, sehr hell	$116 \cdot 10^3$ km
Lücke, dunkel	$90 \cdot 10^3$ km
Innerer C-Ring, schwachleuchtend	$89 \cdot 10^3$ km
	$71 \cdot 10^3$ km
Planetenhalbmesser	$60 \cdot 10^3$ km
Dicke des Ringsystems	<15 km
Masse	$4 \cdot 10^{-5}$ Saturnmasse

Als Ende 1966 das Ringsystem von Saturn fast nicht mehr sichtbar war, weil von der Erde aus direkt auf die Kante des Ringes geschaut wurde, entdeckte der französische Astronom A. Dollfus den 10. Saturnmond. Die ersten Auswertungen ergaben, daß der neuentdeckte Satellit in einer nahezu kreisförmigen, in der Äquatorebene liegenden Bahn, in großer Nähe zu dem Ringsystem umläuft. Er dürfte mitverantwortlich für die Trennungslinien im Saturnringsystem sein.

Planet Saturn mit Ringsystem. Aufnahme mit dem 100-inch-Teleskop des Hale-Observatoriums (Mt. Wilson).

Die Satelliten

Entfernung vom Planeten

Planet		Satellit	10^3 km	10^{-3} AE	bei mittl. Opposition
Erde		Mond	384.4	2.571	—
Mars	1	Phobos	9.4	0.0627	25″
	2	Deimos	23.5	0.1570	1′ 2″
Jupiter	1	Io	421.8	2.8196	2′ 18″
	2	Europa	671.4	4.4862	3′ 40″
	3	Ganymede	1 071	7.1559	5′ 51″
	4	Callisto	1 884	12.5865	10′ 18″
	5		181	1.207	59″
	6		11 500	76.605	1° 2′ 40″
	7		11 750	78.516	1° 4′ 13″
	8		23 500	157.20	2° 8′ 35″
	9		23 700	158	2° 9′
	10		11 750	78.5	1° 3′ 36″
	11		22 500	150.834	2° 3′ 24″
	12		21 000	140	1° 54′
Saturn	1	Mimas	185.7	1.2401	30″
	2	Enceladus	238.2	1.5909	38″
	3	Tethys	294.8	1.9694	48″
	4	Dione	377.7	2.5224	1′ 1″
	5	Rhea	527.5	3.5226	1′ 25″
	6	Titan	1 223	8.1660	3′ 17″
	7	Hyperion	1 484	9.8929	3′ 59″
	8	Japetus	3 563	23.798	9′ 35″
	9	Phoebe	12 950	86.593	34′ 52″
	10	Janus	∼160.1	∼1.07	∼24″
Uranus	1	Ariel	191.8	1.2820	14″
	2	Umbriel	267.3	1.7859	20″
	3	Titania	438.7	2.9303	33″
	4	Oberon	586.6	3.9187	44″
	5	Miranda	130.1	0.87	10″
Neptun	1	Triton	353.6	2.3635	17″
	2	Nereid	6 000 ?	40 ?	5′

der Planeten

siderische Umlaufszeit in Tagen	synodische Umlaufszeit			Radius des Satelliten	Masse 10^{24} g	mittlere vis. Oppositions- Helligkeit
27.321 661	29^d 12^h 44^m		2^{s}8	1 738 km	73.5	—12.7 mag
0.318 910		7 39	26.65	8	—	+11.5
1.262 441	1	6 21	15.68	4		+12.5
1.769 138	1	18 28	35.95	1 660	79	+ 5.5
3.551 181	3	13 17	53.74	1 440	47.8	+ 5.7
7.154 553	7	3 59	35.86	2 470	153	+ 5.1
16.689 018	16	18 5	6.92	2 340	90	+ 6.3
0.498 179		11 57	27.6	80	—	+13.0
250.62	260	0		60	—	+13.7
259.8	276	10		20		+16.2
738.9	631	5		20		+16.2
755	626			11		+17.7
260	276			10		+17.9
696	599			12		+17.5
625	546			10		+18.1
0.942 422		22 37	12.4	260	0.038	+12.1
1.370 218	1	8 53	21.9	300	0.07	+11.7
1.887 802	1	21 18	54.8	600	0.65	+10.6
2.736 916	2	17 42	9.7	650	1.03	+10.7
4.517 503	4	12 27	56.2	900	2.3	+10.0
15.945 452	15	23 15	25	2 500	137	+ 8.3
21.276 665	21	7 39	6	200	0.11	+14
79.330 82	79	22 4	56	600	5	+11
550.45	536	16		150		+14.5
0.749				200 ?		+14
2.520 38	2	12 29	40	300		+15.5
4.144 18	4	3 28	25	200		+16
8.705 88	8	17 0	0	500		+14.0
13.463 26	13	11 15	36	400		+14.2
1.414						+17
5.876 83	5	21 3	27	2 000	150	+13.6
500				150	0.05	+19.5

Uranus

Dieser von F. W. Herschel entdeckte Planet unterscheidet sich durch die Lage seiner Rotationsachse, die fast genau in seiner Bahnebene liegt, von allen anderen Planeten. Seine Temperatur ist wegen seines großen Sonnenabstandes sehr tief. Spektroskopisch konnte freier Wasserstoff in der Atmosphäre nachgewiesen werden.

Neptun

Entdeckt wurde Neptun 1846, nachdem seine Existenz auf Grund der Störungen, die er auf die Bahn von Uranus ausübte, vorhergesagt worden war. Einzelheiten seiner Oberfläche sind infolge seiner großen Entfernung nicht mehr zu erkennen. Er dürfte in seinen physikalischen Eigenschaften Uranus ähnlich sein. Zwei Monde umkreisen den Planeten.

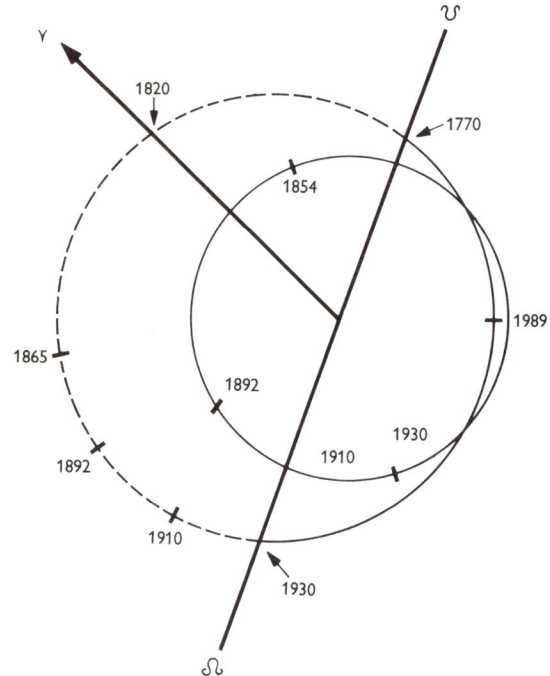

Die Bahnen von Neptun und Pluto um die Sonne. Eingetragen ist die Richtung zum Frühlingspunkt (γ) und die Knotenlinie (Ω-ʊ), ferner die Bahnpositionen beider Planeten für einige ausgewählte Jahre. Der gestrichelte Teil der Plutobahn befindet sich unterhalb, der ausgezogene Teil oberhalb der Zeichenebene.

Pluto

Pluto ist der fernste der bekannten Planeten unseres Sonnensystems. Er wurde 1930 von Tombaugh am Lowell-Observatorium entdeckt, nachdem der Ort des „Transneptun" zuvor von Lowell aus Reststörungen in den Bahnen von Uranus und Neptun, in recht guter Übereinstimmung mit dem tatsächlichen Ort, vorausberechnet worden war.

Pluto hat eine mittlere Entfernung von der Sonne von 39.52 AE. Der Umfang seiner Bahn beträgt 37 Milliarden km, die Umlaufszeit 249,17 Jahre. Die ungewöhnliche Bahn von Pluto, der im Perihel der Sonne sogar etwas näher steht als Neptun, legt die Vermutung nahe, daß es sich bei diesem Planeten um einen ehemaligen Neptunmond handeln könne. Die 1941 abgeleiteten (und vielfach in der Literatur noch angegebenen Massewerte) konnten in jüngster Zeit korrigiert werden. Als Wert für die Plutomasse ergab sich 0.11 $\pm$ 0.02 Erdmassen. Mit einem Wert des Plutodurchmessers von angenommen 6 400 km ergibt der neue Massewert eine mittlere Dichte für den Planeten, die nur wenig niedriger als die mittlere Dichte der Erde ist. Damit ist Pluto zu den erdähnlichen Planeten zu zählen. Aus periodischen Helligkeitsschwankungen glaubt man eine Rotationszeit von 6,39 Tagen ableiten zu können. Wegen der geringen Sonneneinstrahlung, im Mittel nur 1/1600 derjenigen auf der Erde, herrschen tiefe Temperaturen auf der Planetenoberfläche, so daß Pluto keine Atmosphäre besitzen dürfte.

Intermerkurieller Planet, Transpluto

Seit Mitte des vorigen Jahrhunderts bemühte man sich theoretisch, aber auch durch Beobachtungen, insbesondere bei den Sonnenfinsternissen bis in die ersten Jahrzehnte unseres Jahrhunderts, die Existenz eines Planeten zwischen Sonne und Merkur nachzuweisen. Während Leverriers Untersuchungen noch auf ungenügenden Daten über die Merkurbewegung fußten, konnte Newcomb zeigen, daß Merkur unter Berücksichtigung aller bekannten Störungen noch eine Abweichung in seiner Perihelbewegung von 40" im Jahrhundert zeigte. Diese Abweichung war nicht durch eine Anhäufung von Beobachtungsfehlern zu erklären; folglich vermutete Newcomb als störenden Planeten einen bis dahin unentdeckt gebliebenen Körper zwischen Merkur und Sonne, dem man bereits den Namen Vulkan bzw. Vulcanus gab. – Im Jahre 1915 wurde dieses Problem der Merkur-Periheldrehung durch die Allgemeine Relativitätstheorie Einsteins voll geklärt.

Anläßlich der Sonnenfinsternis vom 7. März 1971 überraschte ein amerikanischer Astronom die Fachwelt mit der Meldung nun doch gewichtige Beweise für die Existenz eines intermerkuriellen Planeten gefunden zu haben.

Es scheint aber sehr unwahrscheinlich, daß sich trotz eifrigem Suchen bei früheren Sonnenfinsternissen ein solcher Planet – wenn es sich nicht um einen Planetoiden, einen Kleinplanet, wie sie zu tausenden im Asteroidengürtel anzutreffen sind (siehe S. 249), handelt – der Beobachtung entziehen konnte.

Störungen der Neptun- und Plutobahn führen zu nicht erklärbaren Resten, die verschiedentlich einem möglichen zehnten, transplutonischen Planeten zugeschrieben wurden. Neptun und Pluto konnten seit ihrer Entdeckung noch nicht einmal in einem Umlauf in ihren Bahnen beobachtet werden, so daß die Bahnbestimmung eines hypothetischen Planeten aus ihren Bahndaten, d. h. aus den Störungen eines solchen hypothetischen Planeten auf die Bahnbewegung dieser beiden gestörten Planeten, sehr unsicher sein müssen. Frühere Versuche durch verschiedene Autoren können als gescheitert angesehen werden. 1972 wurde nun eine Arbeit bekannt, in der ein amerikanischer Astronom jedoch ein seit über 2000 Jahren beobachtetes Objekt – den Halleyschen Kometen – zur Bestimmung von Bahndaten eines transplutonischen Planeten benutzte.

Die Perihel-Durchgangszeiten des Halleyschen Kometen zeigen z. T. Residuen von bis zu 100 Tagen. Unter Benutzung der letzten sieben Periheldurchgänge von 1456 bis 1910 gelingt es, durch die Annahme der Existenz eines zehnten Planeten, diese Residuen um 93% zu verringern.

Der hypothetische Planet hat nach diesen Rechnungen eine Masse von 0.0009 Sonnenmassen und ist damit etwa dreimal so schwer wie der Saturn. Die Bahn ist mit einer Exzentrizität von 0.07 nahe kreisförmig mit einer großen Halbachse von etwa 60 AE. Die Umlaufszeit ist daher mit 464 Jahren recht kurz. Der Planet sollte etwa 13. bis 14. Größe haben, wenn seine Albedo und mittlere Dichte mit der des Pluto vergleichbar sind. Eine Entdeckung bei der systematischen Suche des Lowell Observatory 1929–1945 war ausgeschlossen, da die Bahn um 120° (!) gegen die Exliptik geneigt sein sollte. Der Planet hatte damals die Koordinaten $\alpha = 4^h 59^m$, $\delta = +67°13'$ (1946).

Numerische Rechnungen mit einem n-Körper-Programm zeigen, daß der angenommene transplutonische Planet auch die Perihel-Durchgangszeiten der periodischen Kometen Olbers und Pons-Brooks wesentlich besser den Beobachtungen anpaßt. Die säkulare Wirkung auf die großen Planeten wären recht gering und wären nur bei Neptun und Pluto merklich. Die Bahnen der äußeren Planeten sind – wie oben gesagt – jedoch ohnehin noch unsicher.

Es ist sicherlich sehr unwahrscheinlich, daß ein so heller Planet bei den systematischen Durchmusterungen des Himmels nach sonnennahen Sternen, d. h. nach Sternen mit großen Eigenbewegungen (siehe S. 386), „übersehen" worden wäre.

4. Kleine Planeten (Asteroiden, Planetoiden)

Zwischen Mars- und Jupiterbahn bewegt sich eine große Zahl von Kleinkörpern, die sogenannten *Kleinen Planeten* oder *Asteroiden* und *Planetoiden*. Die ersten Entdeckungen solcher Kleinen Planeten wurden zu Anfang des 19. Jahrhunderts gemacht. Sie waren der Beginn eines neuen Forschungszweiges und Ursache für die Entwicklung von neuen Methoden zur Bahnbestimmung durch C. F. Gauß (s. auch S. 215).

Die ersten vier Kleinen Planeten

Name	Entdecker	Jahr der Entdeckung	Durchmesser mikrom.	photometrisch	Masse
Ceres	Piazzi	1801	768 km	677 km	$8.4 \cdot 10^{23}$ g
Pallas	Olbers	1802	492	451	$2.2 \cdot 10^{23}$
Juno	Harding	1804	204	241	$1.3 \cdot 10^{22}$
Vesta	Olbers	1807	392	388	$1.0 \cdot 10^{23}$

Bis zum Ende des 19. Jahrhunderts wurden weitere hundert solcher Asteroide gefunden. Erst als durch Max Wolf in Heidelberg um 1890 die Himmelsphotographie zur Suche nach diesen Himmelskörpern eingesetzt wurde, wuchs ihre Anzahl schnell. Zur Jahreswende 1971/72 waren 1796 Kleine Planeten numeriert, d. h. ihre Bahndaten so gesichert, daß sie jederzeit wieder aufgefunden werden können. Jedoch wurden von diesen nummerierten Kleinen Planeten 16 nur in einer Opposition beobachtet. Viele weitere Entdeckungen gingen wieder verloren, meist durch die Ungunst der Witterung, also durch nicht genügende Positionen zur exakten Bahnbestimmung.

Das Auffinden eines neuen Kleinen Planeten ist heute nicht mehr eine so aufregende Sache wie zu Anfang des 19. Jahrhunderts. Die Arbeiten einiger weniger Spezialisten unter den Astronomen richtet sich mehr auf die Erfassung und Sicherung der bisher gefundenen Asteroiden, wobei eine gewisse Vollständigkeit bis zu einer festgesetzten Grenzhelligkeit angestrebt wird. Andererseits treten heute teils himmelsmechanische, teils astrophysikalische Gesichtspunkte mehr in den Vordergrund.

Die weitaus meisten Kleinen Planeten wurden mit dem Bruce-Teleskop der Landessternwarte Heidelberg-Königstuhl entdeckt. Die Bahn- und Ephemeridenrechnungen (Vorausberechnung von Planetenorten) erfolgt zentral durch das Astronomische Recheninstitut (früher Berlin, jetzt Heidelberg), seit Kriegsende in der Hauptsache durch ein Rechenzentrum in Leningrad/UdSSR.

Für die Himmelsmechanik ist die Erforschung der planetarischen Kleinkörper äußerst fruchtbar gewesen. Die Bahn- und Bewegungszustände der

Planetoiden sind so reichhaltig und mannigfaltig in ihren Erscheinungsformen, daß sie nicht nur der Himmelsmechanik interessante Aufgaben stellen,
sondern auch umgekehrt als Bestätigungen für theoretische Überlegungen
dienen können. Ferner konnten die Kleinen Planeten auch zur Bestimmung
wichtiger astronomischer Konstanten im Sonnensystem herangezogen werden, wie etwa die Bestimmung der Entfernung Sonne – Erde mit Hilfe des
Kleinen Planeten Eros.

Die Störungstheorie der Himmelsmechanik fordert, daß die Umlaufzeiten
zweier Planeten nicht kommensurabel, d. h. nicht im Verhältnis kleiner Zahlen
zueinander stehen dürfen. Wenn anfänglich die Umlaufzeiten in einem ganz-
zahligen kleinen Verhältnis zueinander gestanden haben sollten, dann haben
die Gravitationsstörungen des größeren Planeten auf die Kleinen Planeten
diese Kommensurabilität beseitigt. So hat der größte aller Planeten des Sonnensystems, der Jupiter, die Schar der Kleinen Planeten so geordnet, wie wir sie
heute vorfinden. — Eine Häufigkeitsverteilung der Planetoiden nach ihren
großen Bahnachsen oder, was dasselbe ist, nach ihrer mittleren täglichen
Bewegung, zeigt folgendes Bild:

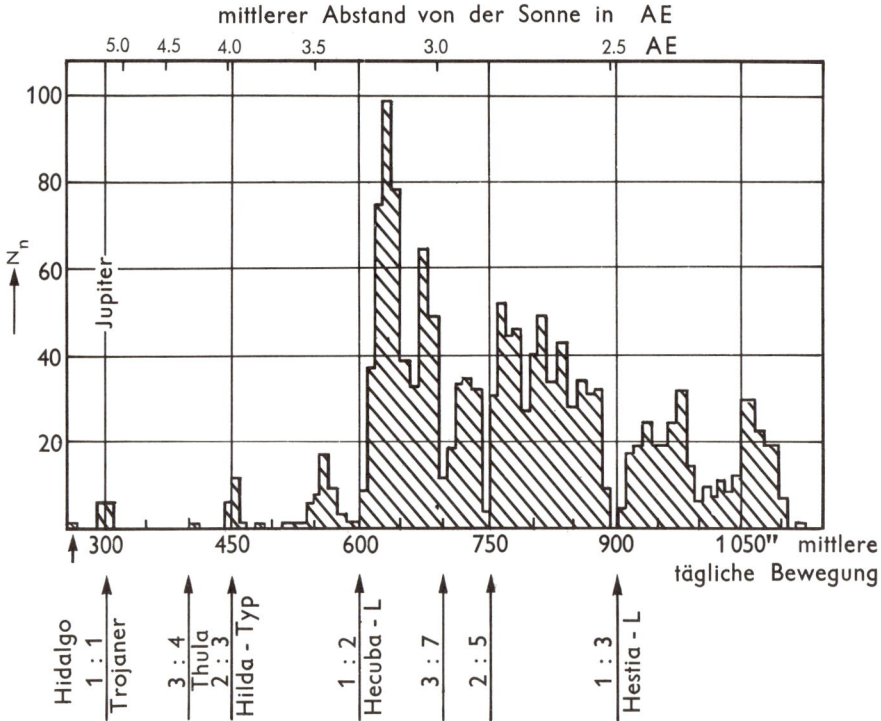

Verteilung der Kleinen Planeten nach ihren großen Bahnachsen

Wie ersichtlich, treten an mehreren Kommensurabilitätsstellen Lücken auf; d. h., es gibt keine Asteroiden, deren Umlaufzeit mit Jupiter in einem durch einen kleinen Bruch ausdrückbaren Verhältnis stehen. Vor allem auffallend ist die Hecuba- und Hestia-Lücke (benannt nach Kleinen Planeten, die in der Nähe dieser Lücken stehen).

Eine Überraschung bildete die Gruppe der Trojaner (so genannt, weil alle Planetoiden Namen aus der Geschichte des trojanischen Krieges tragen). Ihre Umlaufzeit steht zum Planeten Jupiter im kommensurablen Verhältnis 1 : 1, sie haben also die gleiche Umlaufzeit wie Jupiter, bzw. auch gleich große

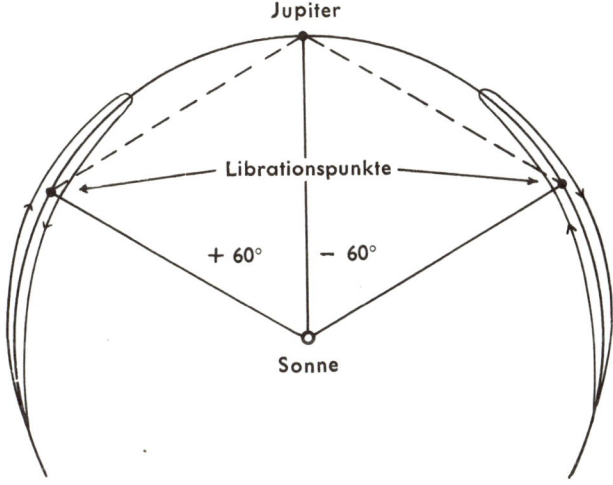

Die Trojaner schwingen in nierenähnlichen Bahnen um die beiden Librationspunkte auf der Bahn des Planeten Jupiter. Die Librationspunkte bilden zusammen mit Jupiter und Sonne zwei gleichseitige Dreiecke.

Bahnachsen (s. 3. Keplersches Gesetz, S. 214). Bei ihrem Auffinden erinnerte man sich eines Sonderfalles des Dreikörperproblems der Himmelsmechanik, das von Lagrange behandelt worden war. Er konnte zeigen, daß nach dem Newtonschen Gravitationsgesetz (s. S. 215) eine Konstellation möglich ist, in der drei Körper stets in den Eckpunkten eines gleichseitigen Dreiecks verharren können, ohne sich dabei erheblich zu stören. Das System Sonne – Jupiter – Trojaner bildet ein solches gleichseitiges Dreieck, wobei sich die Planetoiden in einer heliozentrischen Winkeldistanz von ungefähr 60° von Jupiter in dessen Bahn bewegen. Bisher sind 15 solcher Kleinen Planeten bekannt, vier weitere konnten bisher noch nicht gesichert werden. Allein dreizehn Entdeckungen wurden in Heidelberg gemacht. Eine weitere interessante Anhäufung ist die aus 19 Mitgliedern bestehende *Hilda-Gruppe* bei der Kommensurabilität 2 : 3. Ihr Bestehen ist bis heute noch nicht ganz verständlich.

Die Trojaner

Nr.	Name	mag	i	e	μ	r	ϱ
588	Achilles	16.0	10.3	0.15	298''	+44°	55 km
617	Patroclus	15.8	22.1	0.14	299	—63	60
624	Hector	15.2	18.3	0.02	306	+70	78
659	Nestor	16.3	4.5	0.11	296	+74	48
884	Priamus	16.5	8.9	0.12	298	—82	45
911	Agamemnon	15.4	21.9	0.07	305	+69	70
1143	Odysseus	16.0	3.1	0.09	300	+66	55
1172	Aeneas	16.0	16.7	0.10	300	—76	55
1173	Anchises	16.6	7.0	0.14	308	—45	40
1208	Troilus	16.3	33.7	0.09	303	—60	47
1404	Ajax	16.8	18.1	0.11	302	+85	37
1437	Diomedes	15.8	20.6	0.04	304	+45	61
1583	Antilochus	16.5	28.3	0.05	293	+33	47
1647	Menelaus	18.5	5.6	0.03	299	+71	18
1749	Telemon	18.5	—	—	—	—	—

In der Tabelle ist in Spalte 3 (mag) die photographische Helligkeit zur mittleren Opposition gegeben; unter i die Neigung der Bahn gegen die Ekliptik; unter e die Bahnexzentrizität; die mittlere tägliche Bewegung μ ist in Bogensekunden gegeben, für Jupiter beträgt sie 299''; r ist die Distanz von Jupiter in Grad der Länge für die Epoche 1960 Juni 20; ϱ, der Durchmesser des Planetoiden in Kilometern, wurde auf Grund seiner Helligkeit geschätzt. Der letzte der aufgeführten Trojaner wurde zwar schon 1949 durch K. Reimuth in Heidelberg entdeckt, wegen seiner schwierigen Beobachtbarkeit aber erst 21 Jahre später benannt und numeriert.

Außer diesen bisher genannten Kleinen Planeten sind weitere wegen ihrer Bahnen von besonderem Interesse. Die große Zahl der Planetoiden bewegt sich zwischen Mars und Jupiter. Der Kleine Planet Eros jedoch hat nur eine mittlere Entfernung von 1.46 AE von der Sonne. Seine Bahn läuft also zwischen Erde und Mars. Wegen seiner beträchtlichen Exzentrizität von 0.23 kann er der Erde bis auf 0.15 AE nahe kommen. Die Planetoiden Albert, Alinda und Ganymed haben noch größere Bahnexzentritäten, und zwar zwischen 0.53 und 0.54. Hermes kann sogar bis auf 0.004 AE (das ist die doppelte Mondentfernung) der Erde nahe kommen. Eine andere extreme Bahn hat der Asteroid Hidalgo mit einer kleinsten und größten Sonnenentfernung von 2.0 und 9.4 AE bei einer Exzentrizität von 0.65.

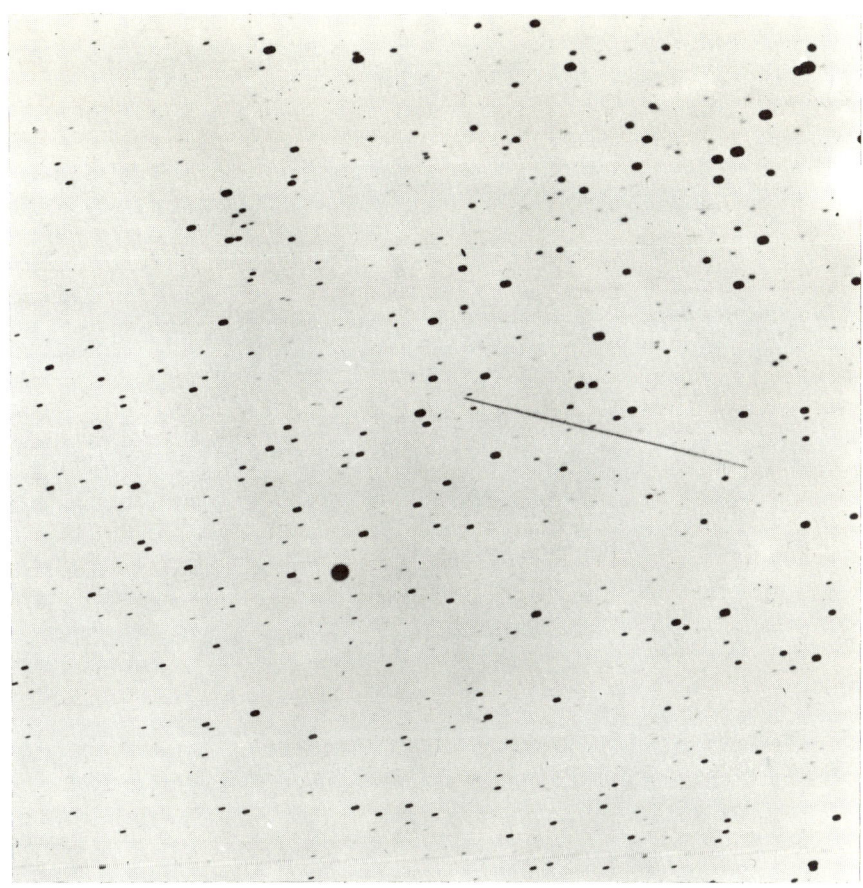

Ausschnitt aus der Entdeckungsaufnahme des kleinen Planeten Hermes, gewonnen mit dem Bruce-Teleskop der Landessternwarte Heidelberg-Königstuhl. Das Instrument wurde nicht exakt der täglichen
Sternbewegung nachgeführt, deshalb sind die Sternscheibchen nicht rund sondern etwas in die Länge
gezogen. Der Planetoid Hermes kann bis auf 0.004 AE (das ist doppelte Mondentfernung!) der Erde nahe
kommen, deshalb auch seine lange Strichspur auf der etwa 2 Stunden exponierten Platte. Auch beachte
man die durch die Optik bedingte Verschlechterung der Bildqualität von der rechten oberen zur linken
unteren Ecke des Ausschnittes.

Astrophysikalische und kosmogonische Fragen im Zusammenhang mit den Kleinen Planeten sind in neuerer Zeit in den Vordergrund getreten. — Nur für die vier erstentdeckten Planetoiden liegen Mikrometermessungen der Durchmesser vor (s. oben). Wahrscheinlich sind alle Durchmessergrößen, von diesen vier großen an, nach unten hin vertreten. Die Frage ist nur, ob die Größen der Asteroidendurchmesser nach unten hin eine feste Grenze haben oder ob etwa ein kontinuierlicher Übergang zu den anderen Kleinkörpern des Sonnensystems, zu den Meteoren und den Teilchen des Zodiakallichts (s. S. 283) besteht. Lichtelektrische photometrische Messungen haben ergeben, daß einige Kleine Planeten einen Lichtwechsel zeigen. Hierbei handelt es sich nicht um die verständliche Ab- und Zunahme der scheinbaren Helligkeit mit der wechselnden Distanz zwischen Sonne – Erde und Planetoid, ferner nicht

Daten einiger kleiner Planeten mit extremen Bahnen

Nr.	Name	mittlere Oppositionshelligkeit $[m_{pg}]$	große Halbachse der Bahn [AE]	Bahnexzentrizität	Bahnneigung gegen die Ekliptik
1566	Icarus	12.4	1.078	0.872	23°0
1620	Geographos	13.4	1.244	0.335	13.3
—*	Hermes	20	1.290	0.474	4.7
433	Eros	11.4	1.458	0.223	10.8
—*	Apollo	19	1.486	0.566	6.4
1221	Amor	20.3	1.922	0.45	11.9
—*	Adonis	21	1.969	0.78	1.5
944	Hidalgo	19.2	5.794	0.65	42.5

Diese drei erdnahen kleinen Planeten erhielten zwar Namen, wurden aber nicht numeriert.

um einen Phaseneffekt, bedingt durch den Einfluß des wechselnden Einstrahl- und Rückstrahlwinkels des von der Sonne kommenden Lichtes. Man hat diesen beobachteten Lichtwechsel als Ausfluß der Rotation eines nicht kugelförmigen, sondern unregelmäßigen Körpers gedeutet.

Eine weitere nur durch Abschätzung zu beantwortende Frage ist die nach der Anzahl und der Gesamtmasse der Kleinen Planeten. W. Baade schätzte die Gesamtzahl der Planetoiden, die in Opposition heller als 19. Größe (phot.) sind, auf 44 000. Nach Stracke beträgt die Mindestmasse der gesamten Planetoiden 1/847 der Erdmasse, also noch nicht einmal 1/10 der Masse des

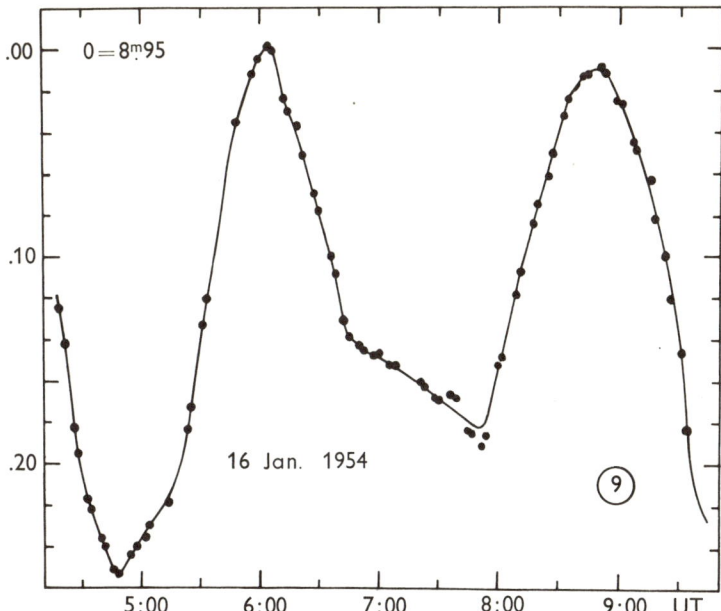

Lichtkurve des Kleinen Planeten Metis. Die Diskontinuität im Nebenminimum deutet auf unregelmäßige Form des rotierenden Körpers hin.

Erdmondes. Andere Autoren (Leverrier, Harzer, Oster) erhielten aus störungstheoretischen Untersuchungen als obere Grenze der Masse des Planetoidensystems Werte zwischen 0.4 und 0.6 Erdmassen. Neueste, noch nicht abgeschlossene Untersuchungen, die von mehreren Sternwarten in Gemeinschaft durchgeführt werden, haben zur Entdeckung von annähernd 2000 Kleinen Planeten in einem $12° \times 18°$ großen Feld entlang der Ekliptik geführt. Photographische Aufnahmen, gewonnen mit dem 48″-Schmidt-Spiegel auf dem Mt. Palomar, führten zu diesen Entdeckungen, wovon die schwächsten entdeckten Kleinen Planeten eine Helligkeit von $20^m 5$ Größe haben. Man hofft, auf Grund dieser Untersuchungen in absehbarer Zeit genauere Werte über die Gesamtmasse der Kleinen Planeten geben zu können.

Früher nahm man an, daß die Kleinen Planeten Bruchstücke eines größeren Planeten seien. Heute neigt man mehr zu der Ansicht, daß diese Kleinkörper gleichzeitig mit den großen Planeten aus dem Urnebel entstanden sind.

5. Die Kometen

In den verflossenen Jahrhunderten galten die Kometen als die auffälligsten und rätselhaftesten Himmelserscheinungen. Ihre veränderliche Gestalt, ihr unerwartetes Auftreten und ihr kurzes Verweilen paßte so gar nicht in die großartige Regelmäßigkeit und Harmonie des gestirnten Himmels. So ist es nicht verwunderlich, daß diese Erscheinungen die Gemüter der Menschen erregten und die Kometen als Unheilbringer und Unheilkünder angesehen wurden. Auch Galilei erkannte noch nicht die wahre Natur dieser Himmelserscheinungen, als er in seiner Schrift „Il Saggiatore" („Der Goldwäger") die wohl auf Aristoteles zurückgehende Behauptung vertrat, Kometen seien hoch über die Erde hinaussteigende „Erdausdünstungen", deren besondere Gestalt durch Beleuchtungseffekte des Sonnenlichtes zustande käme. Er setzte sich einfach über die von Tycho Brahe am Kometen 1577 durchgeführten Parallaxenmessungen (s. S. 369) hinweg, durch die dieser bewies, daß die Kometen nicht der irdischen, sublunaren Sphäre, sondern den „himmlischen Regionen" angehören. Kepler wies in einer Gegenschrift die Behauptungen Galileis zurück und verteidigte die Ergebnisse Tycho Brahes.

Mit der Entdeckung der allgemeinen Gravitation und der Aufstellung des Gravitationsgesetzes durch Newton (s. S. 214) beginnt die wissenschaftliche Erforschung der Kometen. Im 18. und 19. Jahrhundert standen die Bestimmungen der Kometenbahnen, also die himmelsmechanischen Aspekte der Kometenforschung im Vordergrund des allgemeinen Interesses. Mit dem Aufkommen der Photographie und Spektroskopie zu Anfang dieses Jahrhunderts gewannen die astrophysikalischen Probleme im Zusammenhang mit den Kometen immer mehr Bedeutung.

Heute ist es zwar um die Kometenforschung stiller geworden, der Grund dafür ist wohl in der Tatsache zu suchen, daß wir seit 1910 keine große auffällige Erscheinung mehr erlebt haben. Erst in jüngster Zeit erschien wieder ein mittelgroßer Komet am Himmel, nämlich der Komet Arend-Roland, der auch dem weniger interessierten Laien auffiel.

Ein „Riesen"-Komet, wie wir ihn auf Abbildungen aus früheren Jahrhunderten finden, ist uns noch nicht beschert worden. Aus der Statistik der Kometenerscheinungen kann man ersehen, daß solche auch für den Laien sehr eindrucksvollen Erscheinungen nur einmal, höchstens zweimal im Jahrhundert beobachtbar sind. Etwa ein Dutzend mittlere und ein weiteres Dutzend schwache Kometen können im Jahrhundert einige Tage lang mit bloßem Auge gesehen werden. Die weitaus meisten Kometen aber, zur Zeit werden etwa 5 bis 6 Kometen pro Jahr entdeckt, bleiben so schwach, daß sie nur teleskopische Objekte sind.

Nur eine verschwindend kleine Zahl der vorhandenen Kometen wird aber aufgefunden. Bobrovnikoff schätzt die Zahl der Kometen, die innerhalb der Neptunbahn ihr Perihel, also den sonnennächsten Punkt ihrer Bahn, durchlaufen, auf eine Million. Die Bahnen der meisten Kometen reichen weit über das eigentliche Planetensystem hinaus; sie erstrecken sich wahrscheinlich bis zu 1 Parsec. Nach Oort und Woerkom befinden sich gar in einer

Komet 1957 V (= 1957 d) Mrkos. Aufnahme vom 23. 8. 1957 mit dem 48-inch-Schmidt-Spiegel des Hale-Observatoriums (Mt. Palomar). Entfernung des Kometen von der Sonne 0,7 AE, von der Erde 1,1 AE. Man erkennt deutlich die beiden Schweiftypen I (langgestreckter, strukturierter Molekülionenschweif) und Schweiftyp II (diffuser, gekrümmter aus kolloidalen Partikeln bestehender Schweif).

Komet Ikeya (1963 a). Aufnahme mit dem Hamburger Schmidt-Spiegel 36/44/62.5 cm, zeitweilig aufgestellt am Boyden-Observatorium in Bloemfontein/Südafrikanische Union.

Komet Morehouse (1908 c). Aufnahme mit dem 72-cm-Reflektor der Landessternwarte Heidelberg-Königstuhl; Belichtungszeit 10 min, Aufnahme Max Wolf.

Raumkugel vom Halbmesser 150 000 AE (das sind ungefähr 0.75 pc) etwa insgesamt 10^{11} Kometen.

a) Kometenentdeckungen

Die Kometenentdeckungen nehmen seit etwa 1800 zu. Der Grund hierfür ist die zu diesem Zeitpunkt einsetzende systematische Suche nach Kometen und die laufende Überwachung des Himmels. Durch die photographische Himmelsüberwachung werden heute eine bedeutende Zahl teleskopischer Kometen aufgefunden. Diese steigende Zahl macht eine einheitliche Zählung und Benennung notwendig. In der Reihenfolge der Entdeckungen bezeichnet man die Kometen mit der Jahreszahl und einem Buchstaben; also etwa im Jahre 1957 der erstentdeckte mit „Komet 1957a", der zweite mit „Komet 1957b" usw. Nach Festlegung der definitiven Bahnen der einzelnen Kometen werden sie in der Reihenfolge ihrer Periheldurchgänge geordnet, mit römischen Ziffern als „Komet 1957 I", „Komet 1957 II" usw. bezeichnet. Da die Reihenfolge der Entdeckungen eine andere sein kann als die der Periheldurchgänge, braucht der Komet 1957a nicht mit dem Kometen 1957 I identisch zu sein. Ferner ist es noch üblich, der Kometenbezeichnung den oder die Namen der Entdecker beizugeben. So lautet also ein vollständiger Kometenname: Komet 1930 I (= 1930d) Schwassmann-Wachmann 3. Die nachgestellte 3 gibt an, daß es sich um den dritten von diesen Beobachtern entdeckten Kometen handelt.

Kometenentdeckungen nach M. F. Baldet

		Anzahl
2500–2000	vor Chr. Geb.	6
–1500	. . . .	5
–1000	. . . .	6
– 500	. . . .	10
– 0	. . . .	118
0– 500	nach Chr. Geb.	172
–1000	. . . .	207
–1500	. . . .	277
1500–1600	. . . .	77
–1700	. . . .	38
–1800	. . . .	77
1800–1820	. . . .	31
–1840	. . . .	35
–1860	. . . .	82
–1880	. . . .	79
–1900	. . . .	124

Die Kometen werden meist als verschwommenes Nebelfleckchen entdeckt, das sich relativ schnell unter den Sternen bewegt. Der scheinbare Durchmesser dieses Nebelscheibchens nimmt schnell zu, ebenso die scheinbare Helligkeit. Erst zum Zeitpunkt ihrer größten Entwicklung bildet sich bei den meisten Kometen der charakteristische Schweif aus. Bei Fernrohrbeobachtungen erkennt man dann, daß im Zentrum des Kometenkopfes, im Kern, Ausströmungserscheinungen vor sich gehen. Selten sind diese allseitig, sondern sie bevorzugen vielmehr den der Sonne zugekehrten Halbraum. Die ausströmenden Substanzen biegen aber bald in einem Bogen in den Schweif um. Dem Kometenkopf vorgelagert kann man manchmal mehr oder weniger ausgeprägte parabolisch geformte Enveloppen beobachten. Der Schweif, eine diffuse, fächerartig sich verbreiternde Ausströmung, der im allgemeinen von der Sonne weggerichtet ist, kann bei den einzelnen Erscheinungen ganz unterschiedliche scheinbare Längen haben. Bei „Riesen"-Kometen, wie wir in diesem Jahrhundert zwar noch keine erlebt haben, kann der Schweif sich über die ganze sichtbare Himmelshälfte hinziehen und selbst bei Tag noch sichtbar sein. Meist sind die Kometenschweife geradlinig von der Sonne weggerichtet, aber auch gekrümmte Schweife kommen vor, ja es können sogar mehrere solcher Schweife mit verschiedener Richtung und Krümmung gleichzeitig auftreten. Rasche zeitliche Entwicklungen kann man am Kopf und Schweif eines Kometen beobachten, wie eruptivartige Vorgänge im Kopf und Verdichtungen im Schweif. Nach einigen Tagen höchster Aktivität verkürzt sich der Schweif wieder, der Kopf des Kometen verliert an Helligkeit. Nach weiteren Wochen ist der Kopf so lichtschwach geworden, daß er nicht mehr beobachtet werden kann.

Während der kurzen Zeit der Erscheinung eines Kometen richtet sich das Interesse des Beobachters auf drei Punkte:

1. Positionsbestimmungen, Festlegen der scheinbaren Bahn des Kometen an der Sphäre und daraus Berechnung der wahren Bahn im Raum.

2. Bestimmungen der scheinbaren Helligkeit und ihre Reduktion mit Hilfe der aus der Bahnrechnung bekannten Distanzen zwischen Komet und Erde sowie Komet und Sonne.

3. Physische und spektroskopische Beobachtungen, wie Bestimmung der Masse und der Dimensionen, der Bewegung der ausströmenden Materie, der chemischen Zusammensetzung der Materie und der Art der Leuchtvorgänge.

b) Bahnen und Bahnformen der Kometen

Aus meist photographischen Positionsbestimmungen eines Kometen, d. h. aus Bestimmungen seiner Koordinaten durch Anschluß an Sterne, erhält man die scheinbare Bahn an der Sphäre. Aus diesen Örtern werden mit den Methoden der Himmelsmechanik die sechs Bahnelemente und damit die Dimensionen und die Lage der wahren Bahn im Raum berechnet (s. S. 216).

Heute besitzen wir ein reiches Datenmaterial über Kometenbahnen. Eine statistische Untersuchung dieses Materials zeigt, daß die Bahnexzentrizitäten alle nahe 1 sind; die Kometen bewegen sich also, ebenso wie die Planeten, auf Kegelschnitten (wobei eine Bahnexzentrizität kleiner als 1 einer Ellipsen-, eine Exzentrizität gleich 1 einer Parabel- und eine größere Exzentrizität als 1 einer Hyperbelbahn entspricht). Die Bestimmung der Bahnform ist schwierig, da nur aus dem kleinen sonnen- und damit erdnahen Teil der Bahn, der allein der Beobachtung zugänglich ist, auf die Gesamtform geschlossen werden muß.

Zur Beantwortung kosmogonischer Fragen ist aber die Bahnform wichtig. Eine Ellipse ist eine in sich geschlossene Kurve, hingegen kommt eine Parabel oder Hyperbel vom Unendlichen und läuft wieder ins Unendliche zurück. Körper auf Ellipsenbahnen gehören zum Sonnensystem und können sich nicht aus ihm entfernen, sie vollführen in ihm regelmäßige Umläufe. Körper auf Parabel- oder Hyperbelbahnen kommen aus den Tiefen des Raumes und verschwinden wieder in ihnen.

Die vorherrschenden Bahnformen der Kometen sind elliptische Bahnen. Die Kometen gehören also zum Sonnensystem und laufen in mehr oder weniger exzentrischen Ellipsen um die Sonne. Ihre Umlaufzeiten liegen zwischen drei und einigen tausend Jahren. Man hat untersucht, in welchem Maße die großen Körper des Sonnensystems auf die Bahnen der Kometen ändernd einwirken, und dabei festgestellt, daß die Störungen der großen Planeten eine Wandlung der Bahnform bewirken können. Bei einer Rückrechnung ergaben sich für 21 hyperbolische Kometenbahnen in der Nähe des Perihels (= sonnennächster Punkt der Bahn) vor ihrem Vorübergang an den großen Planeten elliptische Bahnen.

Die Kometen gehören somit wohl alle zum Sonnensystem, wenn sie auch, wie ihre Bahndurchmesser zeigen, weit über die Planetenbahnen hinaus in den

Elemente kurzperiodischer Kometen

Nr.	Name	Umlaufzeit in Jahren	beob. Um- läufe	Abstand des Perihels vom aufst. Knoten	Länge des aufst. Knotens	Neigung der Bahn gegen Ekliptik	Perihel- distanz in AE	Exzen- trizität	Aphel- distanz in AE
1	Encke	3ᵃ30	46	185°22	334°72	12°35	0.339	0.8471	4.09
2	Grigg-Skjellerup	4.90	10	356.32	215.41	17.61	0.857	0.7030	4.88
3	Honda-Mrkos-Pajdušáková	5.21	2	184.15	233.09	13.18	0.556	0.8148	5.46
4	Tempel 2	5.25	13	191.03	119.27	12.48	1.364	0.5489	4.68
5	Neujmin 2	5.42	2	193.73	328.00	10.63	1.338	0.5668	4.79
6	Brorsen	5.46	5	14.93	102.27	29.38	0.589	0.8098	5.61
7	Tuttle-Giacobini-Kresák	5.48	4	37.96	165.58	13.76	1.123	0.6390	5.10
8	Tempel-Swift	5.68	4	113.63	290.91	5.44	1.153	0.6378	5.21
9	de Vico-Swift	5.85	3	296.68	49.40	2.96	1.391	0.5716	5.11
10	Tempel 1	5.98	3	159.54	79.70	9.76	1.771	0.4626	4.82
11	Pons-Winnecke	6.29	15	172.01	92.87	22.32	1.230	0.6392	5.53
12	Kopff	6.31	8	161.93	120.88	4.70	1.519	0.5554	5.32
13	Giacobini-Zinner	6.41	7	172.84	196.02	30.90	0.936	0.7289	5.97
14	Forbes	6.42	4	259.71	25.40	4.62	1.544	0.5530	5.36
15	Wolf-Harrington	6.51	3	187.02	254.22	18.47	1.604	0.5399	5.37
16	Schwassmann-Wachmann 2	6.53	6	357.74	126.00	3.72	1.568	0.3828	4.83
17	Biela	6.62	6	223.22	247.28	12.55	0.860	0.7559	6.19

Nr.	Name	Umlaufzeit in Jahren	beob. Umläufe	Abstand des Perihels vom aufst. Knoten	Länge des aufst. Knotens	Neigung der Bahn gegen Ekliptik	Perihel-distanz in AE	Exzentrizität	Aphel-distanz in AE
18	Wirtanen	6.66	3	343.50	86.46	13.38	1.618	0.5433	5.47
19	d'Arrest	6.67	10	174.50	143.60	18.08	1.369	0.6137	5.73
20	Perrine-Mrkos	6.70	4	166.03	240.21	17.75	1.270	0.6428	5.84
21	Reinmuth 2	6.71	3	45.48	296.17	6.99	1.932	0.4568	5.18
22	Brooks 2	6.71	10	197.10	176.89	5.57	1.763	0.5049	5.36
23	Harrington	6.80	2	232.79	119.16	8.68	1.582	0.5592	5.60
24	Arend-Rigaux	6.81	2	328.86	121.61	17.85	1.436	0.6002	5.73
25	Holmes	6.85	3	14.30	332.37	20.82	2.121	0.4123	5.10
26	Johnson	6.86	3	205.92	118.16	13.87	2.247	0.3771	4.97
27	Finlay	6.89	7	321.61	42.05	3.64	1.077	0.7027	6.17
28	Borelly	7.02	7	350.75	76.23	31.08	1.452	0.6039	5.88
29	Daniel	7.09	4	10.97	68.51	20.13	1.661	0.5500	5.72
30	Harrington-Abell	7.24	2	338.29	145.90	16.80	1.784	0.5229	5.70
31	Faye	7.38	15	203.56	199.12	9.09	1.608	0.5757	5.95
32	Whipple	7.46	5	189.98	188.39	10.24	2.471	0.3528	5.16
33	Ashbrook-Jackson	7.50	3	349.08	2.30	12.49	2.324	0.3938	5.34
34	Reinmuth 1	7.65	4	12.93	123.55	8.39	2.026	0.4782	5.74
35	Arend	7.79	2	44.53	357.61	21.65	1.831	0.5340	6.03
36	Oterma	7.88	3	354.87	155.10	3.99	3.387	0.1445	4.53

Nr.	Name	Umlaufzeit in Jahren	beob. Um- läufe	Abstand des Perihels vom aufst. Knoten	Länge des aufst. Knotens	Neigung der Bahn gegen Ekliptik	Perihel- distanz in AE	Exzen- trizität	Aphel- distanz in AE
37	Schaumasse	8.17	6	51.95	86.24	12.01	1.196	0.7054	6.92
38	Wolf 1	8.42	10	161.07	203.90	27.29	2.506	0.3948	5.78
39	Comas-Solá	8.58	5	40.01	62.84	13.44	1.777	0.5761	6.61
40	Väisälä 1	10.45	3	44.44	135.42	11.29	1.741	0.6358	7.82
41	Neujmin 3	10.57	2	147.65	150.68	3.85	1.970	0.5910	7.66
42	Gale	10.81	2	209.81	66.04	11.43	1.150	0.7648	8.70
43	Tuttle	13.60	8	206.96	269.84	54.65	1.022	0.8206	10.38
44	Schwassmann-Wachmann 1	16.10	3	355.82	321.60	9.48	5.537	0.1315	7.21
45	Neujmin 1	17.97	3	346.68	347.17	15.00	1.547	0.7745	12.17
46	Crommelin	27.87	6	196.04	250.36	28.86	0.743	0.9192	17.64
47	Tempel-Tuttle	33.17	2	170.93	232.57	162.69	0.976	0.9054	19.67
48	Stephan-Oterma	38.96	2	358.36	78.58	17.89	1.595	0.8611	21.39
49	Westphal	61.73	2	57.06	347.30	40.87	1.254	0.9197	29.98
50	Olbers	65.56	3	64.63	85.41	44.60	1.178	0.9303	32.65
51	Brorsen-Metcalf	69.05	2	129.50	311.17	19.19	0.484	0.9712	33.18
52	Pons-Brooks	70.85	3	199.02	255.19	74.17	0.773	0.9548	33.47
53	Halley	76.02	29	111.71	57.84	162.21	0.587	0.9673	35.31
54	Herschel-Rigollet	156.04	2	29.29	355.28	64.20	0.748	0.9742	57.22
55	Grigg-Mellish	164.31	2	328.42	189.82	109.83	0.923	0.9692	59.08

Raum vordringen. Wie oben mitgeteilt (s. S. 256) ist ihre Zahl um Größenordnungen größer; denn nur Kometen mit Periheldistanzen, die nicht viel größer als 2 AE sind, können von der Erde aus beobachtet werden. Da die Helligkeit der Kometen stark von ihrer Entfernung zur Sonne und Erde abhängt, können solche mit größeren Periheldistanzen wegen ihrer Lichtschwäche nicht aufgefunden werden.

Unter den Kometenbahnen kommen Bahnen mit allen Werten für die Bahnneigung und die Länge des aufsteigenden Knotens vor. Die Bahnlagen sind also völlig regellos im Raum verteilt. Nur die kurzperiodischen Kometen oder solche mit elliptischen Bahnen mittlerer Exzentrizität und Umlaufzeiten bis zu 200 Jahren zeigen gewisse Häufungspunkte. Die Bahnneigungen haben bei dieser Gruppe eine starke Orientierung zur Ebene der Ekliptik, und die Apheldistanzen (Aphel = sonnenfernster Punkt der Bahn) gruppieren sich um die mittleren Entfernungen der großen Planeten.

Die Himmelsmechanik kann zeigen, daß die Möglichkeit eines „Einfangens" von Kometen durch die Planeten besteht. Die Gravitationswirkung der großen Planeten kann zu einer vollkommenen Bahnumgestaltung führen, so daß wir diesen Kräften die mehrmalige Wiederkehr eines Kometen in kurzen Zeitabständen verdanken. Je nach den Apheldistanzen faßt man die kurzperiodischen Kometen und die einzelnen Planeten zu Kometenfamilien zusammen und spricht von der Jupiterfamilie, der Saturnfamilie usw.

c) Helligkeitsbestimmungen an Kometen

Die Helligkeit eines Kometen wird durch Schätzen, d. h. durch Vergleichen der Kometenhelligkeit mit Sternen bekannter Helligkeit bestimmt. Dies kann mit dem bloßen Auge oder über ein Fernrohr mit Hilfe von Photometern geschehen. Die Schwierigkeit besteht im Vergleich zweier verschiedenartiger Lichtquellen, einmal des punktförmigen Sterns und zum andern des diffusen Nebelfleckchens des Kometen, so daß die Helligkeitsbestimmungen u. U. stark von der Größe des benutzten Instruments abhängig sind. Zu solchen Helligkeitsbestimmungen gehört viel Erfahrung und Übung.

Die erhaltene Helligkeit bezeichnet man als *scheinbare Helligkeit* (s. auch S. 349), d. h., sie wird noch maßgebend bestimmt durch die Distanz des Objektes vom Beobachter. Um Helligkeitsbestimmungen über die Erscheinung eines Kometen miteinander vergleichen zu können, müssen die zu verschiedenen Zeiten und somit in verschiedenen Distanzen gemessenen scheinbaren Helligkeiten auf gleiche Entfernung reduziert werden. Als Einheit der Entfernung benutzt man bei Kometen die Einheitsentfernung des Sonnensystems, eine *Astronomische Einheit* (1 AE). Diese so auf Normalabstand gebrachte Helligkeit bezeichnet man als *absolute Helligkeit*. — Reflektiert die Kometenmaterie nur Sonnenlicht, wie man es etwa annehmen könnte, dann ist die Kometenhelligkeit aber noch abhängig von der Entfernung Komet–Sonne. Berücksichtigt man noch diese Distanz, so spricht man von *reduzierter Helligkeit* des Kometen.

Es sei

h = die Intensität der scheinbaren Helligkeit, $\triangle$ = Distanz Komet–Erde,

H = die Intensität der absoluten Helligkeit, r = Distanz Komet–Sonne.

Dann ist die Beziehung zwischen den Intensitäten der einzelnen Helligkeiten gegeben durch die Formel: $h = H/\triangle^2 \cdot r^2$

Die reduzierte Helligkeit eines Kometen müßte konstant sein, wenn seine Materie lediglich Sonnenlicht reflektierte. Nun zeigen aber Beobachtungen eine starke Zunahme der reduzierten Helligkeiten bei Annäherung des Kometen an die Sonne. Dieser Befund deutet auf ein Eigenleuchten der Kometenmaterie hin. Zudem werden auch plötzliche Lichtausbrüche, die zu einem kurzzeitigen Helligkeitsanstieg führen, beobachtet. Dabei handelt es sich wohl um explosionsartige Vorgänge im Kometenkopf.
In einigen Fällen war es möglich, die Helligkeit des Kometenkerns gesondert zu bestimmen. Dabei zeigte es sich, daß die reduzierte Helligkeit des Kerns konstant blieb; dieser Teil reflektiert also nur Sonnenlicht. Der Anteil dieses Kernlichts beträgt aber in den meisten Fällen nur 10 % des Gesamtlichts des Kometen. Der Hauptanteil des Lichts geht vom diffusen Kometenkopf aus.

d) Spektroskopische Untersuchungen an Kometen

Die quantitativen Untersuchungen des Kometenlichts ergaben, daß im Kopf des Kometen ein Eigenleuchten stattfindet, welches von der Strahlungsintensität des Sonnenlichts abhängt. Erst die qualitativen Untersuchungen, also die Anwendung der Spektralanalyse auf Kometen gaben Befunde über die Art der leuchtenden Materie und über den Mechanismus der Leuchtvorgänge.
Spektroskopische Untersuchungen an Kometen sind nicht leicht durchführbar. Kometen oder gar Teile von ihnen sind recht lichtschwache Objekte, zudem sind uns seit der Entwicklung spektroskopischer Methoden zu Anfang unseres Jahrhunderts große Kometenerscheinungen bisher noch nicht beschert worden. Es bedarf also sehr lichtstarker Spektrographen, um brauchbare Kometenspektren zu erhalten. Besonders lichtstarke spaltlose Spektrographen, sogenannte Objektivprismen (s. S. 353), liefern leider meist ein Spektrum des gesamten Kometen. Die einzelnen Teilgebiete lassen sich schwer ausblenden. Dies ist zwar mit einem Spaltspektrographen möglich,

jedoch kann dieser nur zu Aufnahmen an besonders hellen Kometen benutzt werden. So ist es verständlich, daß bis heute nur einige Dutzend guter Kometen-Spektrogramme vorliegen. Eine Analyse dieses Materials ergab eine Aufspaltung in drei verschiedene Spektrentypen, die in verschiedenen Gebieten des Kometen erzeugt werden. Man muß unterscheiden zwischen den Spektren des Kometenkopfes, es besteht aus dem Spektrum des Kometenkerns und der ihn umgebenden Koma, und dem Spektrum des Kometenschweifs.

Das Spektrum des Kometenkerns

Es wurde schon darauf hingewiesen, daß die reduzierte Helligkeit des Kometenkerns konstant bleibt, der Kern also allem Anschein nach nur Sonnenlicht reflektiert. Die spektroskopischen Befunde bestätigen diesen Sachverhalt. Das Spektrum des Kometenkerns ist identisch mit dem kontinuierlichen Spektrum der Sonne.

Nur in ganz wenigen Fällen ist es bisher gelungen, dieses Kernspektrum rein aufzunehmen, meist wird es von dem Emissions-Banden-Spektrum der Kometenkoma überlagert. Eine saubere Trennung der beiden Spektren ist nur mit einem Spaltspektrographen möglich.

Das Spektrum der Koma

Neben einem schwach ausgebildeten kontinuierlichen Spektrum, das durch Streuung des Sonnenlichts an feinem meteoritischem Staub hervorgerufen wird, beobachtet man Emissionsbanden und -linien verschiedener neutraler Moleküle und Atome wie CN, C_2, C_3, NH, NH_2, CH, OH, Fe, Ni, Na. – Die Moleküle erscheinen zuerst in unmittelbarer Nachbarschaft des Kerns und strömen von dort in alle Richtungen. Die Gasdichten in der Koma sind niedrig. In der Nähe des Kerns findet man 10^{12} bis 10^{14} Moleküle pro cm^3, am äußeren Rand haben sie auf 10^2 bis 10^4 Moleküle pro cm^3 abgenommen.

Gelegentlich beobachtet man expandierende Halos, die durch explosionsartige Gasausbrüche aus dem Kometenkern entstehen. Diese Halos, die mit der relativ niedrigen Geschwindigkeit von 500 m pro sec expandieren, zeigen Bandenspektren der Moleküle CN, C_2 und C_3.

Das Spektrum des Kometenschweifs

Die aus dem Kometenkern expandierenden Gase und auch Staubpartikel werden in die der Sonne entgegengesetzte Richtung getrieben und bilden dann den Schweif der Kometen aus. Die Länge der Schweife ist recht unterschiedlich, was einmal mit der physikalisch-chemischen Zusammensetzung der einzelnen Kometenkerne erklärbar ist, zum anderen aber sicherlich mit der Kometenbahn korreliert ist; d. h. nur kleine Periheldistanzen bringen einem Kometenkern eine ausreichende Erwärmung und ihn damit zur Gasbildung. Es gibt, wie schon früh erkannt, zwei Schweiftypen:

Schweife vom Typ I – die sogenannten Ionenschweife – sind langgestreckt und nur schwach gekrümmt. Diese Schweife bestehen, wie ihre spektroskopische Untersuchung zeigt, ausschließlich aus ionisierten Molekülen, d. h. aus Gasen, die durch den Verlust eines Elektrons elektrisch positiv geladen sind. Beobachtet wurden die ionisierten Moleküle des Kohlenmonoxids (CO^+), des Stickstoffs (N_2^+), des Kohlendioxids (CO_2^+), des Kohlenwasserstoffs (CH^+) und des Hydroxyradikals (OH^+). Von diesen Molekülen ist das einfach ionisierte Kohlenmonoxid am häufigsten vorhanden; andere Molekülionen können natürlich ebenfalls vorhanden sein; ein Nachweis ist aber nicht möglich, da sie keine im beobachtbaren Spektralgebiet auftretenden Emissionsbanden haben.

Schweife vom Typ II – die sogenannten Staubschweife – sind stärker gekrümmt als die Schweife des Typs I, sie sind auch meist kürzer als diese und weisen weniger innere Strukturen auf. Spektroskopisch ist nur ein kontinuierliches Fraunhofer-Spektrum nachweisbar; es treten keinerlei Emissionsbanden ionisierter Gase auf. Diese Schweife bestehen ausschließlich aus mikroskopisch-kleinen Staubteilchen.

Beide Schweiftypen können zusammen, aber auch einzeln auftreten.

Kometenbeobachtungen durch Satelliten und Raketen

1969 gelang es erstmals zwei Kometen außerhalb der Erdatmosphäre im ultravioletten Spektralbereich zu beobachten. Die Aufnahmen der Kometen Tago-Sato-Kosaka (1969g) und des Kometen Bennett (1969i) gelangen mit den Satelliten OAO-2 und OGO-5; die Beobachtungen wurden durch Raketenbeobachtungen der gleichen Kometen ergänzt. – Beide Kometen waren von einer riesigen Wolke aus neutralem Wasserstoffgas umgeben. Die Wasserstoffatome machten sich durch Streuung der solaren Lyman-alpha-Strahlung bemerkbar. Diese Emission bei 1216 Å ist auf der Erde wegen der Absorption der UV-Strahlung durch die Erdatmosphäre (siehe S. 36) nicht beobachtbar. Beim Kometen 1969g scheint die Wolke einen Durchmesser von etwa $1.5 \cdot 10^6$ km gehabt zu haben. Beim Kometen 1969i war sie sogar beinahe zehnmal so groß. (Zum Vergleich sei daran erinnert, daß der Durchmesser der Sonne $1.4 \cdot 10^6$ km beträgt.)

Der Wasserstoffhalo der Kometen weist eine „eiförmige" Gestalt auf; die Wasserstoffatome verhalten sich anders, als die den Kometenkern sphärisch umgebenden und im Visuellen sichtbaren Komamoleküle CN und C_2. Dies ist bedingt durch den weit höheren Strahlungsdruck der Sonnenstrahlung auf die leichteren Wasserstoffatome. L. Biermann hatte schon einige Jahre vor den gemachten Beobachtungen darauf hingewiesen, daß die Kometen eine solche Wasserstoffwolke – entstanden vorwiegend aus der Dissoziation der aus dem Kern verdampfenden Gase – haben müßten.

Die Ursache der Leuchterscheinung

Außer der Leuchterscheinung am Kern, also der Reflexion des Sonnenlichts an der Kernmaterie, konnte über die anderen Leuchtvorgänge bisher nur aus theoretischen Überlegungen gewisse Klarheit erzielt werden. Mehrere Ursachen sind möglich, wie etwa Korpuskularstrahlung, Anregung durch Stöße zwischen den einzelnen Molekülen und auch der Strahlungseinfluß des Sonnenlichts durch *Fluoreszenzanregung*. Nach neueren Untersuchungen muß man zu dem Schluß kommen, daß nur der Einfluß der Sonnenstrahlung für das Leuchten der Kometengase verantwortlich zu machen ist, man spricht von einem *Resonanzleuchten*.

Durch Sonnenstrahlung wird aus dem festen Kern Gas verdampft und zum Resonanzleuchten angeregt. Es wurden Resonanzbanden der Gase: CN, C_2, CO^+, N_2^+ und zwei- und mehratomiger Moleküle wie: CH, OH, NH, CH^+, CH_2 beobachtet. Die Gase werden durch den Strahlungsdruck mit konstanter Beschleunigung in Richtung des verlängerten Radiusvektors in den Raum hinausgetrieben, wobei Geschwindigkeiten im Kometenkopf von etwa 10 km sec^{-1} und am Schweifende von 100 bis 1000 km sec^{-1} auftreten. Dabei setzt an den einzelnen Gasmolekülen eine Dissoziation ein, d. h. eine Aufspaltung in die einzelnen Atome des Moleküls. Das Resonanzleuchten hört damit auf. Durch die unterschiedliche Lebensdauer der verschiedenen Gasmolekülsorten findet eine Entmischung statt. So leuchten im Kopf hauptsächlich die Moleküle des C_2 und CN, während die im geringeren Maße vorhandenen CO^+- und N_2^+-Moleküle wegen ihrer größeren Lebensdauer erst im Schweif in Erscheinung treten.

e) Dimensionen und Massen von Kometen

Bei Angaben von Größen der Kometen muß man ebenfalls streng zwischen den Dimensionen für Kopf, Kern und Schweif unterscheiden. Wegen der Schwierigkeit in der Festlegung der genauen Begrenzung der einzelnen Teile sind alle Bestimmungen mit Unsicherheiten behaftet. Beim Schweif kommt hinzu, daß seine Länge nur dann bestimmt werden kann, wenn seine genaue Lage im Raum bekannt ist.

Schweiflängen einiger großer Kometen

Komet 1811 . . . . Schweiflänge 90 · 10⁶ km
Komet 1843 . . . . Schweiflänge 250 · 10⁶ km
Komet 1858 . . . . Schweiflänge 70 · 10⁶ km
(Halley) 1910 . . . . Schweiflänge 30 · 10⁶ km

Schwächere Kometen, die noch einen ausgebildeten Schweif zeigen, haben eine Schweiflänge von etwa 5 bis 10 · 10⁶ km.
Ebenso ist die Größe des Kometenkopfes je nach Komet verschieden.

Durchmesser einiger Kometenköpfe

Komet		Durchmesser des Kopfes in	
		km	Erddurchmessern
1932 g	Geddes	190 · 10³	14.9
1932 k	Peltier-Whipple	130 · 10³	10.2
1932 m	Brooks	18 · 10³	1.4
1933 a	Peltier	70 · 10³	5.5
1937 f	Finsler	620 · 10³	48.8

Für die zentrale Verdichtung des Kometenkopfes werden Durchmesserwerte von der Größenordnung 2000 km gefunden. Der Durchmesser des eigentlichen Kerns kann nur abgeschätzt werden, und zwar dürfte er etwa 10 km betragen. Andere Autoren geben Größen von 100 bis 1000 km an.
Die Masse eines Kometen ist in der Hauptsache im Kern konzentriert. Die Gase des Kopfes und des Schweifs tragen wenig zur Gesamtmasse bei. Die Massenabschätzungen sind unsicher wegen der nur ungefähr bekannten Größe des Kerns, sie dürften um einige 10^9 g liegen, d. h. etwa das 10^{-11}fache der Erdmasse betragen. Die genannten Werte schwanken zwischen 10^{-19} und 10^{-6} in Einheiten der Erdmasse. Die Gesamtmasse kleiner Kometen liegt etwa zwischen 1000 bis 10000 Tonnen. Andere Autoren kommen auf Grund von Stabilitätsbetrachtungen zu einer unteren Masse von $3 \cdot 10^{13}$ g. Für den Kometen Biela errechnete man eine Masse von $2.5 \cdot 10^{21}$ g. Nach F. L. Whipple besteht der Kern zu $^2/_3$ aus meteoritischem Material und zu $^1/_3$ aus Ammoniak, Methan, Wasser, Kohlenoxid, Kohlendioxid und Zyan in kristallinem Zustand.

f) Die Auflösung von Kometen

Kurzperiodische Kometen zeigen bei ihrer jeweiligen Wiederkehr eine mehr oder weniger starke Abnahme ihrer reduzierten Helligkeiten.
Die Helligkeitsabnahme ist teilweise beträchtlich, ja, sie geht so weit, daß mancher Komet nicht wieder aufgefunden wird. Schneidet die Erde die Bahn eines solchen in Auflösung begriffenen oder schon aufgelösten Kometen, so

Helligkeitsabnahme einiger kurzperiodischer Kometen

Komet	Helligkeitsabnahme in 50 Jahren	Komet	Helligkeitsabnahme in 50 Jahren
Encke	$0\overset{\mathrm{m}}{.}5$	Tempel$_3$-Swift .	$1\overset{\mathrm{m}}{.}8$
Faye	$3\overset{\mathrm{m}}{.}4$	Perrine	$4\overset{\mathrm{m}}{.}9$
D'Arrest . . .	$0\overset{\mathrm{m}}{.}4$	Brooks	$4\overset{\mathrm{m}}{.}5$
Tempel$_2$ . . .	$1\overset{\mathrm{m}}{.}1$	Borrelly	$3\overset{\mathrm{m}}{.}0$
Pons-Winnecke	$0\overset{\mathrm{m}}{.}9$	Kopff	$5\overset{\mathrm{m}}{.}0$
Finlay	$4\overset{\mathrm{m}}{.}4$	Tuttle	$1\overset{\mathrm{m}}{.}1$
Wolf	$3\overset{\mathrm{m}}{.}7$	Giacobini-Zinner	$0\overset{\mathrm{m}}{.}0$

beobachten wir in nicht seltenen Fällen starke Meteorschauer, Sternschnuppen-fälle. Der Zusammenhang zwischen Komet und Meteorfällen konnte einwandfrei festgestellt werden (s. S. 274). Langperiodische Kometen zeigen nicht so schnell Zerfallserscheinungen, da die von den großen Körpern des Sonnensystems auf sie einwirkenden Störungen geringer sind.

Der beobachtete Zerfall von Kometen läßt die Schlußfolgerung zu, daß die Kometen nicht von Anfang an zum Sonnensystem gehört haben. Vielmehr sind sie wohl interstellarer Herkunft, und ihre Zugehörigkeit zum Sonnensystem dürfte von noch nicht allzu großer astronomischer Zeitdauer sein; Abschätzungen ergeben dafür eine Zeit von etwa einer Million Jahren.

6. Meteore und Meteorite

Unter dem Begriff Meteor wurden im vorigen Jahrhundert noch alle vom Himmel fallenden festen und flüssigen Körper verstanden. Dementsprechend unterschied man Feuer- und Wassermeteore (unter letzteren verstand man Regen, Schnee, Graupel und Hagel). Diese Bedeutung des Wortes hat sich noch in der Bezeichnung der Wetterkunde als Meteorologie erhalten. Heute versteht man unter *Meteoren* (Einzahl: das Meteor) nur noch die mit Lichtaussendung verbundenen Erscheinungen, die durch Eindringen kosmischer Kleinkörper in die irdische Lufthülle hervorgebracht werden. Kleine, lichtschwache Meteore werden *Sternschnuppen*, die größeren *Feuerkugeln* genannt. Hingegen bezeichnet man Körper, die die Erscheinungen der Meteore hervorrufen, als *Meteorite*, insbesondere dann, wenn unverdampfte Reste von Feuerkugeln zur Erdoberfläche gelangen und aufgefunden werden.

Entgegen der allgemeinen Ansicht ist das Eindringen der Meteore keine Folge der Anziehungskraft der Erde, sondern vielmehr ein Zusammenstoß zweier in ihrer Bahn einherziehender Himmelskörper; die Erdanziehung verändert lediglich die Bahn des Meteorits ein wenig. Man glaubt heute auf Grund der Bahnformen drei verschiedene Gruppen unterscheiden zu können.

Ein Meteor, so wird die durch einen Meteoriten bei seinem Eindringen in die Erdatmosphäre erzeugte Lichtspur genannt. Man erkennt in der Teleskopaufnahme mehrere Lichtausbrüche.

Einteilung nach kosmischer Herkunft

Typus	Bahn	Beschreibung
Planetarische Meteore	Ellipsen kurzer Umlaufzeit	Dem Planetensystem zugehörige kosmische Kleinkörper, offenbar zwischen den Kleinen Planeten und den Partikeln des Zodiakallichts stehend.
Kometarische Meteore	Ellipsen kurzer bis längerer Umlaufzeit	Kleinkörper aus dem Zerfall von Kometen.
Interstellare Meteore	Parabel- und Hyperbelbahnen	Kleinkörper des interstellaren Raums; ihre Existenz wird von einigen Forschern bezweifelt.

Meteore treten oft nicht als Einzelerscheinung auf. Man beobachtet nicht selten ausgeprägte Meteorschauer, die scheinbar von einem Punkt der Sphäre, dem scheinbaren Ausstrahlungspunkt (Radiant), auszugehen oder herzukommen scheinen. Da solche Meteorschauer mit mehr oder weniger großer Regelmäßigkeit wiederkehren, muß man annehmen, daß ausgedehnte Meteorströme den interplanetaren (zwischen den Planeten liegenden) Raum durchziehen.

Die Beziehungen zwischen Kometen und Meteorströmen sind sicher nachgewiesen. Kometen sind wenig beständige Gebilde. Für ihre Auflösung werden drei Ursachen angegeben:

a) die Unterschiede der Sonnenanziehung auf verschiedene Teile des Kometenkopfs und -kerns;

b) Störungen durch die großen Planeten;

c) Vorgänge im Innern der Kometen.

Diese Ursachen führen zu einer Auflösung und Verteilung der Materie des Kometen über seine Bahn. Selbstverständlich kann der einem Kometen zugehörige Meteorstrom nur beobachtet werden, wenn seine Bahn einen mit der Erdbahn gemeinsamen Punkt hat. Diese Bedingung braucht nicht mit aller Schärfe erfüllt zu sein, denn die Breite der Meteorströme ist in manchen Fällen beträchtlich. Auffallend ist die Tatsache, daß es recht stabile Meteorströme gibt, andere aber sehr labil zu sein scheinen, so daß Vorhersagen auf starke Sternschnuppenfälle nicht immer eingetroffen sind.

C. Hoffmeister hat die Meteorströme, die planetarischen Ursprungs sind und deren scheinbare Radianten am Himmel in der Nähe der Ekliptik liegen, in den sogenannten ekliptikalen Strömen zusammengefaßt. Auf Grund seiner eingehenden Untersuchungen hat er die in den folgenden Tabellen gegebenen Meteorströme nachgewiesen und sie, soweit es möglich war, den kometarischen

und ekliptikalen Strömen zugeordnet sowie sie ferner in permanente und
temporär auftretende Meteorströme aufgeteilt.

Permanente kometarische Ströme

Bezeichnung	Scheinbarer Radiant Rekt.	Dekl.	Datum des Maximums	Dauer	Komet	Beschreibung
Lyriden	273°	+35°	Apr. 22	Apr. 12–24	1861 I	spitzes Max.
Mai-Aquariden	338°	− 1°	Mai 5	Apr. 29–Mai 21	Halley	spitzes Max.
Perseiden	43°	+56°	Aug. 11	Juli 20–Aug. 19	1862 III	spitzes Max.
Orioniden	94°	+16°	Okt. 19	Okt. 11–30	Halley	mäßig spitzes Max.
Leoniden	151°	+21°	Nov. 16	—	1866 I	instabil; Max. z. Z. wenig ausgeprägt

Temporäre Ströme, Komet bekannt

Bezeichnung	Scheinbarer Radiant Rekt.	Dekl.	Datum des Maximums	Dauer	Komet
Juni-Draconiden	211°	+60°	Juni 28	einige Tage	Pons-Winnecke
Aurigiden	86°	+41°	Aug. 31	2 Tage	1911 II Kiess
Okt.-Draconiden	266°	+53°	Okt. 9	einige Stunden	Giacobini-Zinner

Permanente Ströme noch unbekannten Charakters

Bezeichnung	Scheinbarer Radiant Rekt.	Dekl.	Datum des Maximums	Dauer	Beschreibung	Bemerkungen
Hydraiden	184°	−27°	Mrz. 25	Mrz. 12–Apr. 5	Max. flach	erweist sich als Ekliptikalstrom
Cygniden	324°	+51°	Aug. 16	Juli 25–Sep. 8	Max. kaum hervortretend	

Cepheiden	308°	+ 64°	Aug. 18	—	—	wahrsch. Zweig der Cygniden
Velaiden	149°	—51°	Dez. 29	Dez. 5– Jan. 7	Max. äußerst flach
„Quadran- tiden"	227°	+ 46°	Jan. 3	—	Max. spitz

Temporäre Ströme noch unbekannten Charakters

Bezeichnung	Scheinbarer Radiant Rekt. | Dekl.		Datum des Maxi- mums	Dauer	Bemerkungen
Libriden	227°	—28°	Juni 8–9 (1937)	2 Tage	wahrscheinlich Ekliptikalstrom
Corviden	191°	—19°	Juni 27 (1937)	Juni 25– Juli 2	kometarisch
Gruiden	339°	—43°	Sep. 5–6 (1937)	2 Tage	Ekliptikalstrom
Sculptoriden	8°	—26°	Sep. 8	1 Nacht	Zuordnung zweifel- haft
Sep-Perseiden	53°	+ 41°	Sep. 16 (1936)	1 Nacht	kometarisch

Ekliptikale Ströme

Bezeichnung	Scheinbarer Radiant Rekt. | Dekl.		Datum des Maxi- mums	Dauer	Beschreibung
Virginiden	200°	— 6°	Apr. 3	Mrz. 1– Mai 10	Max. kaum ange- deutet
Sco-Sgr- System	270°	—30°	Juni 14	Apr. 20– Juli 30	Max. mäßig hervor- gehoben, Radiant stark streuend
Juli- Aquariden	343°	—17°	Aug. 3	Juli 25– Aug. 10	Max. spitz
Pisciden	0°	+ 4°	Sep. 12	Aug. 16– Okt. 8	Max. sehr flach
Tauriden	58°	+ 21°	Nov. 13	Sep. 24– Dez. 10	Max. mäßig hervor- gehoben
Geminiden	113°	+ 30°	Dez. 12	Dez. 5–19	Max. spitz

Die Benennung der einzelnen Ströme richtet sich jeweils nach dem Sternbild, in dem der scheinbare Radiant liegt (z. B. bei den Virginiden im Sternbild Virgo; s. S. 322).

Beim Eindringen der Meteorite in die hohen Atmosphärenschichten werden uns diese durch Aufleuchten als Meteore sichtbar. Über die Art des Leuchtvorgangs wurden verschiedene Theorien aufgestellt. Bisher ist gesichert, daß das Leuchten nicht, wie man annehmen möchte, durch Reibung des Meteorits an Luftmolekülen erklärt werden kann, da die Luftdichte in den Höhen des Aufleuchtens viel zu gering ist; vielmehr nehmen die Theorien einerseits die Verdichtung (Kompression) der Luft vor den Meteoriten, andererseits Stoßerregung als Ursache für das Aufleuchten an. Eine weitere Unsicherheit besteht in der Unkenntnis der Massen der Meteore. Man kann heute sagen, daß

Höhe des Aufleuchtens und Erlöschens
von Sternschnuppen, Feuerkugeln und Meteoritenfällen

	Höhe des Aufleuchtens	Höhe des Erlöschens
Große Meteore	138.6 km (121 Fälle)	49.7 km (213 Fälle)
Feuerkugeln ohne Donner		60 km (147 Fälle)
Feuerkugeln mit Donner		31 km (57 Fälle)
Meteoritenfälle		22 km (16 Fälle)
Perseiden (nach Weiß)	115 km	88 km
Leoniden (nach Olivier)	124 km	89.5 km
Lyriden (nach Hoffmeister)	—	85 km

ein Meteor 1. Größe (so hell wie die hellsten Sterne des Himmels) eine Masse in den Grenzen zwischen 6 mg und 1.6 g haben wird. Sicherlich werden Untersuchungen mit künstlichen Satelliten hier manche Erkenntnisse bringen.

Abschätzungen der interplanetaren Staubdichte lassen bei einer Annahme über das spezifische Gewicht der Teilchen von 7,5 g/cm^3 auch Angaben über den Masseauffall pro Tag auf die Erde zu. Es ergibt sich:

Masse der Teilchen mit einem Teilchenradius größer als 10^{-2} cm $\approx$ 1,0 t
Masse der Teilchen mit einem Teilchenradius kleiner als 10^{-2} cm $\approx$ 6500 t

Auf Grund von Untersuchungen des Tiefseeschlammes kam man unabhängig auf ein ähnliches Ergebnis, daß also pro Tag mehrere tausend Tonnen meteoritischen Materials auf die Erde fallen müssen.

Meteorite, die unverdampften und aufgefundenen Reste von Feuerkugeln, bieten bisher die einzige Möglichkeit, Materie aus dem Kosmos direkt in unseren irdischen Laboratorien mit mineralogischen, chemischen und physikalischen Methoden zu untersuchen. So erhalten wir Auskunft über die chemische und mineralogische Zusammensetzung der Materie außerhalb unserer Erde, vor allem auch die Möglichkeit einer Altersbestimmung dieser Stoffe. Bisher dürfte Material von 650 beobachteten Fällen sichergestellt sein, aber noch weiteres Untersuchungsmaterial steht uns in den ca. 750 Funden von Meteoriten, deren Niederfall nicht beobachtet wurde, zur Verfügung. Eine Aufteilung von 1059 genauer untersuchten Meteoriten auf die einzelnen Typen gibt die Tabelle.

Die Unterschiede zwischen den beobachteten Meteoritenfällen und -funden erklären sich aus der Tatsache, daß Meteorsteine schnell verwittern und sich nicht sehr von irdischem Material unterscheiden. Somit ist die Wahrschein-

Einzelne Meteoritentypen und ihre Häufigkeit

	Fälle	Funde	insgesamt
Meteorite insgesamt	532	527	1059
Meteorsteine insgesamt.	504	121	625
Achondrite	48	7	55
Chondrite	449	103	552
Siderolithe	7	11	18
Meteoreisen insgesamt	28	406	434
Lithosiderite	2	35	37
Hexaedrite	4	26	30
Oktaedrite	20	297	317
Ataxite.	2	48	50

lichkeit des Auffindens gering. Zur Feststellung der kosmischen Häufigkeit der einzelnen Mineralien können also nur die Meteorite herangezogen werden, deren Niedergang beobachtet wurde.

Die Untersuchungsergebnisse von Meteoriten sind folgende:

a) Es wurde kein Element gefunden, das nicht auch auf der Erde vorhanden ist.

b) Fast sämtliche Elemente des periodischen Systems wurden auch in Meteoriten gefunden. Bisher nicht nachgewiesen sind nur Krypton (Kr), Promethium (Pm), Astatin (At) und Francium (Fr).

c) Aus der Häufigkeit von radioaktiven Isotopen, deren Halbwerts-Zerfallzeiten in der Größenordnung von 10^9 Jahren liegen, kann abgeschätzt werden, daß der Zeitpunkt der Elemententstehung 10^{10} Jahr zurückliegt.

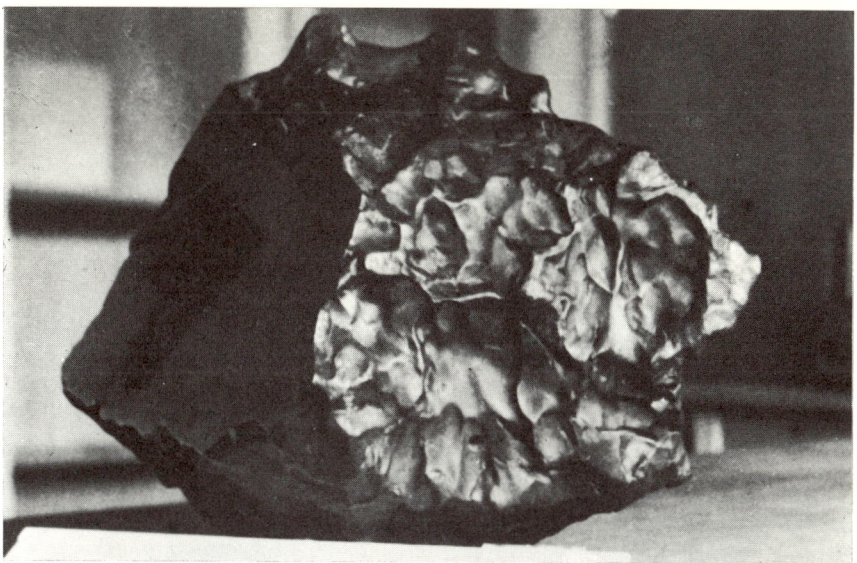

Hauptteil des Eisenmeteoriten von Treysa, Hessen. Sein Fall konnte am 3. April 1916 beobachtet werden. Nach Bahnberechnungen aufgrund der Fallbeobachtungen konnte A. Wegener den Aufschlagspunkt berechnen. Der Meteorit wurde elf Monate später, nach kurzer Suche, am berechneten Ort gefunden. Der Meteorit zeigt die typischen oberflächlichen Ausschmelzerscheinungen.

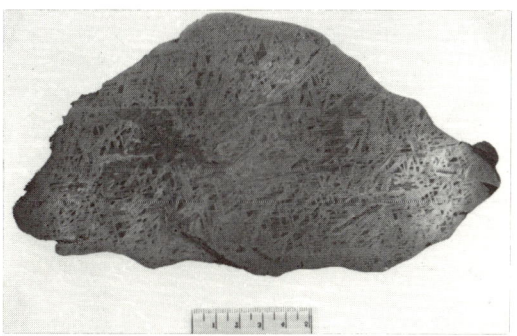

Angeschnittene, angeätzte und polierte Platte des Treysaer Eisenmeteoriten, auf welcher die charakteristischen Widmanstättenschen Figuren zu sehen sind. Die Platte befindet sich im Britischen Museum in London.

Angeschliffene Seite des Steinmeteoriten von Barntrup (gefallen am 28. Mai 1866) mit runden Chondren.

d) Unter gewissen Annahmen kann aus den Tochterprodukten der radioaktiv zerfallenen Isotope, deren mittlere Halbwertszeiten ca. 10^6–10^8 Jahre betragen, die Zeitspanne zwischen dem Ende der Elementsynthese und dem Beginn der Kondensation der Materie bestimmt werden. Bei Chondriten findet man ein Zeitintervall von ca. 100 Millionen Jahren.

e) Die Verfestigung und Bildung größerer Körper kann ebenfalls aus der Elementhäufigkeit langlebiger radioaktiver Isotope bzw. ihrer Tochterprodukte abgeschätzt werden. Für Steinmeteorite ergibt sich so ein Alter von 4 bis 5 Milliarden Jahren.

f) Durch Einwirkungen der kosmischen Strahlung auf die Meteorite finden Kernumwandlungen statt, die durch die umgewandelten und zerlegten Produkte (sogenannte Spallationsprodukte) nachgewiesen werden können. Es zeigt sich, daß einerseits die kosmische Strahlung in den letzten 10^9 Jahren bis auf einen Faktor 2 konstant gewesen sein muß, und andererseits die Bestrahlzeit für Steinmeteorite zwischen 10^6 und 10^8 Jahren, für Eisenmeteorite um 10^8–10^9 Jahre liegt. Da die Bestrahlzeiten durch die kosmische Strahlung viel kleiner als die Entstehungsalter der Meteorite sind, muß man annehmen, daß sie alle ursprünglich größeren Körpern angehörten und erst in „jüngster Zeit" ihre heutige Gestalt erhalten haben.

g) In jüngster Zeit wurden die kohligen Chondrite viel diskutiert. Es ist bisher nicht geklärt, ob die in diesen Meteoriten gefundenen „Formen" und hochmolekularen Verbindungen auf organischem Weg gebildet wurden. Wahrscheinlich handelt es sich aber doch um irdische Verunreinigungen; jedoch ist dies vorerst noch offen.

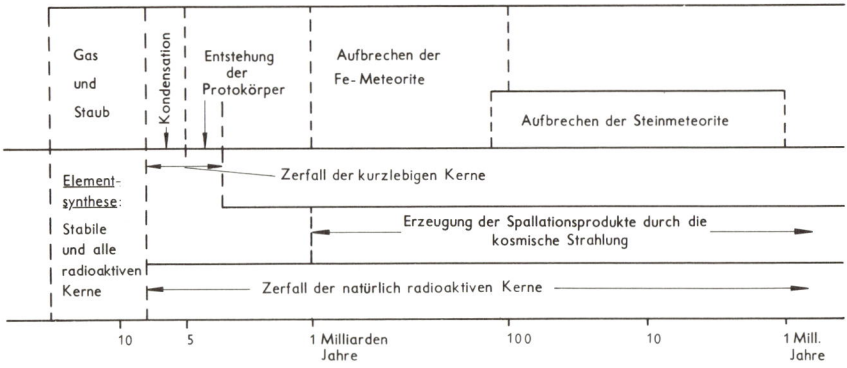

Schematische Darstellung der Geschichte der Meteorite (oben)
und die zeitlichen Isotopenveränderungen (unten)

Einige Meteoritenfunde

Fall- oder Fundort	Falldatum oder Fundjahr	Gewicht in Tonnen
	Steinmeteorite	
Furnas Co, Nebraska	18. 2. 1948	1.073
Long Island, Kansas	1891	0.564
Paragould, Arkansas	17. 2. 1930	0.408
	Eisenmeteorite	
Hoba, Südwestafrika	1920	60
Cape York, Grönland	1895	33 oder 59.5 ?
Bacubirito, Mexiko	1871	27
Willamette, Oregon	1902	14.175
Chupaderos, Mexiko	1852	14.1 u. 6.77

Bisher ist noch kein größerer und schwererer Meteorit als der von Hoba in Südwestafrika gefunden worden. Andererseits sind mehrere kraterähnliche Gebilde bekannt, die nur durch den Aufschlag riesiger Meteorite entstanden sein können. Trotz eifrigen Suchens konnte in keinem Fall der zugehörige Meteorit gefunden werden, sondern nur geringe Mengen meteoritischen Materials. Wie eine Rechnung über die beim Aufschlag eines Riesenmeteorits freiwerdende kinetische Energie zeigt, müssen Meteorite von 100 t und darüber bei einem Aufschlag vollkommen verdampfen. Die Abmessungen der bisher bekanntgewordenen Meteoritenkrater deuten aber darauf hin, daß hier Projektile mit einem Gewicht von weit über 1 000 t niedergegangen sind. Derartig große Meteorite wären auch bestimmt gefunden worden, da sie Gebilde höchst auffälliger Natur wären.

Für den Meteoritenkrater Cañon Diabolo in Arizona liegen Schätzungen über die Größe des Riesenmeteorits vor; sie ergaben: mutmaßlicher Durchmesser 150 m, Gewicht ca. 10 Millionen Tonnen.

Die Zusammenstöße der Erde mit den Riesenmeteoriten, die zur Bildung der unten aufgeführten Krater Anlaß gaben, scheinen alle in vorgeschichtlicher Zeit erfolgt zu sein. Aus neuester Zeit ist der Niedergang eines Riesenmeteorits bekanntgeworden, dessen Niedergangsstelle zwar aufgefunden wurde, jedoch bisher keine morphologischen, meteoritenkraterähnliche Gebilde und auch keinerlei meteoritisches Material irgendwelcher Art. Am 30. Juni 1908 um 0^h 10^m 7^s W. Z. ging am Chushmo, einem Nebenfluß der Steinigen Tunguska, (60° 55′ N, 101° 57′ O) ein Riesenmeteorit nieder. Der Niederfall wurde von

Meteoritenkrater

Ort	entdeckt	Größe Durch- messer	Tiefe	gefundenes meteoritisches Material
Cañon Diabolo, Arizona, USA	—	1295 m	174 m	Meteoreisen Eisenschiefer
Odessa, Texas	1928	162	5½	Meteoreisen
Henbury, Zentralaustralien	1930	198–108 12 weitere Krater	15–18	Meteoreisen Eisenschiefer
Boxhole Station, Zentralaustralien		ca. 175	ca. 16	Meteoreisen
Wolf Creek, Westaustralien	1947	853.5	52	Meteoreisen Eisenschiefer
Dalgaranga, Westaustralien	1910	68.5	4.5	Nickeleisen
Wabar, Südarabien	1932	ca. 100	10.5	Kieselglas
Wüste Rub Al Khali		mehrere Krater		Meteoreisen
Sall, Insel Oesel	—	110	14–16	Meteoreisen
Krater im Nordwesten der Provinz Quebec, Kanada	1950	3600	tiefer als 180 m	bisher kein meteoritisches Material gefunden

Reisenden der Transsibirischen Eisenbahn beobachtet; mehrere Erdbeben-warten registrierten den Aufschlag; die Luftdruckwelle wurde in Südengland und in Potsdam festgestellt. Erst 1927 ging eine Expedition an die Niedergangs-stelle. Die Verwüstungen des Waldbestandes erstreckten sich bis zu 40 km vom Zentrum; die Druckwelle richtete Zerstörungen bis 65 km an. In etwa 15 bis 25 km Entfernung vom Zentrum des Zerstörungsgebietes fand man 1953 zwei kreisrunde Seen von je 100 m Durchmesser. Es muß weiteren Unter-suchungen vorbehalten bleiben, ob sie wirklich Meteoritenkrater sind.

7. Interplanetare Materie und Zodiakallicht

Unter dem Begriff interplanetare Materie ist allgemein alle zwischen den großen Planeten befindliche Materie zu verstehen, also von den Planetoiden, Kometen über die Meteorite bis zu den Atomen des zwischen den Planeten befindlichen Gases hin. In jüngster Zeit wird aber dieser Begriff interplanetare Materie in einem engeren, begrenzteren Sinn verwendet. Man kennzeichnet so vor allem die Materie der Sonnenkorona (siehe Seite 300), die Partikel des Zodiakallichts, fein verteilter meteoritischer Staub (Mikrometeorite), sowie das vorwiegend durch Diffusion aus den Atmosphären der Planeten abgewanderte Gas. In diesem begrenzten Sinn soll hier der Begriff verstanden werden.

Erste Kenntnisse über die Dichte des interplanetaren Mediums, das sich aus einer staub- und einer gasförmigen Komponente zusammensetzt, erhielt man durch Photometrie des an den interplanetaren Partikeln gestreuten Sonnenlichts. Wir beobachten dieses gestreute Sonnenlicht einmal in der Korona und zum anderen im Zodiakallicht. Auf Grund von spektralphotometrischen Untersuchungen bei Sonnenfinsternissen hatte W. Grotian erstmals auf eine staub- und eine gasförmige Komponente in der Sonnenkorona hingewiesen. Die sogenannte (kontinuierliche) K-Korona hat ein streng kontinuierliches Spektrum, das durch Streuung des Sonnenlichts an freien Elektronen entsteht. Dieser Anteil des Koronalichts ist mit dem 11jährigen Sonnenfleckenzyklus (siehe Seite 306) variabel. Zeitlich unveränderlich und der K-Korona überlagert ist die F-Korona (F steht für Fraunhofer). Sie entsteht durch Streuung des Sonnenlichts an interplanetaren Staubteilchen. Eine Trennung des Gesamtkoronalichts in die beiden K- und F-Komponenten ist mit Hilfe von Polarisationsmessungen möglich.

Das Koronalicht geht über in das Zodiakal- oder Tierkreislicht; d. h., der Intensitätsverlauf des Zodiakallichts fügt sich in den Intensitätsabfall des äußeren Koronalichts ein. Während eine Beobachtung der äußeren Korona nur bei totalen Sonnenfinsternissen möglich ist, ist das Zodiakallicht leichter der Beobachtung zugänglich, wenn auch einer exakten photometrischen Untersuchung erhebliche Schwierigkeiten entgegenstehen.

Unter dem Zodiakallicht versteht man die Erhellung des Himmels über der Aufgangs- bzw. Untergangsstelle der Sonne. In den Tropen ist dieses nahezu dreieckige, verwaschen-erhellte Gebiet zu fast allen Zeiten beobachtbar. In unseren Breiten jedoch sieht man das Tierkreislicht (so genannt, weil die Symmetrieebene nahezu in der Ekliptik, dem Tierkreis, griech. Zodiacus, liegt) nur im Frühjahr am Abendhimmel (Abendhauptlicht) und im Herbst am

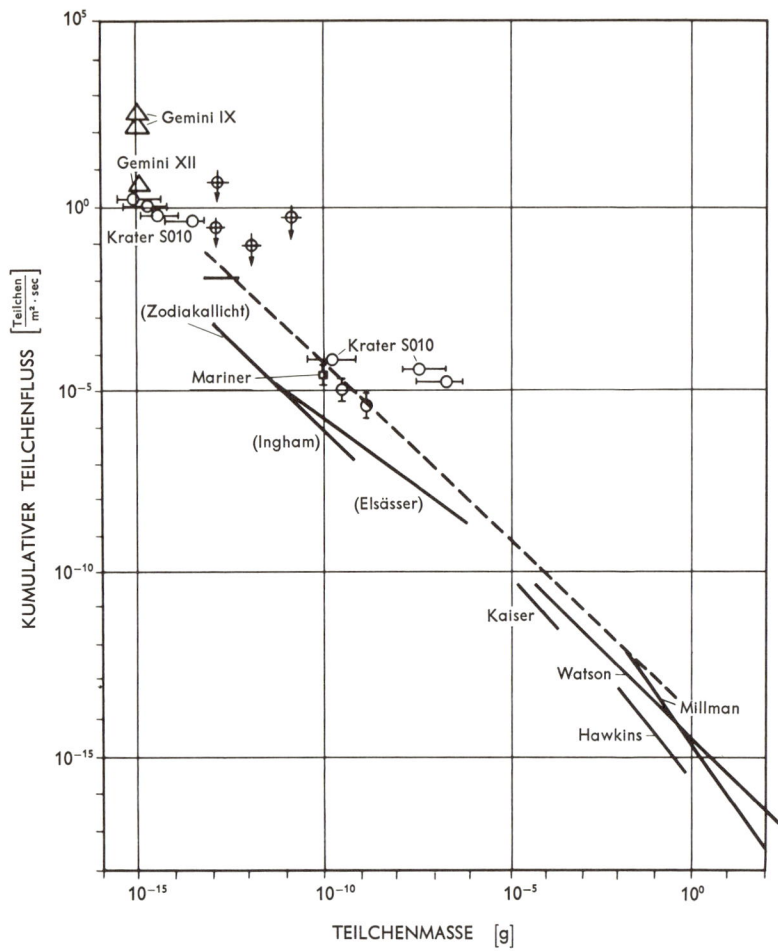

Abhängigkeit der gemessenen Mikrometeoritenhäufigkeit von der Teilchenmasse.
Das (doppelt logarithmische) Diagramm stellt dar, wieviele Mikrometeoriten pro Sekunde durchschnittlich in der Nähe der Erdbahn auf eine quadratmetergroße Auffangfläche treffen. – Das Diagramm zeigt die erheblichen Diskrepanzen zwischen den Meßwerten verschiedener Experimentatoren und den verschiedenen Meßmethoden, jedoch auch die Aussicht eines Anschlusses (gestrichelte Linie) der Mikrometeoriten-Messungen (10^{-8} Gramm und kleiner) an die Meteordaten (größer als 10^{-6} Gramm). Nach R.-H. Gieße. SuW **10**, 261 (1971).

Morgenhimmel (Morgenhauptlicht). Die Gründe für diese beschränkten Beobachtungsmöglichkeiten liegen in der Lage der Ekliptik zu unserem Horizont. Nur in den beiden genannten Jahreszeiten steigt die Ekliptik so steil über dem Horizont auf, daß das Zodiakallicht nicht im Dämmerungslicht untergeht und noch durch die bodennahen Dunstschichten beobachtbar ist.

Die Spitze des Zodiakallichtdreiecks liegt etwa 90° bis 100° von der Sonne entfernt. Eine schmale Lichtbrücke zieht sich von dort weiter entlang des Nachthimmelsbogens der Ekliptik bis zu einer gegenüber der Sonne liegenden Himmelsstelle. Dort erreicht das Zodiakallicht ein sekundäres Helligkeitsmaximum, das als „Gegenschein" bezeichnet wird. Untersuchungen des Zodiakallichts, photometrisch oder spektroskopisch, sind sehr schwierig, da der ganzen Erscheinung das aus verschiedenen Anteilen zusammengesetzte Nachthimmelslicht überlagert ist. Die früher vermuteten zeitlichen Schwankungen des Tierkreislichts scheinen sich nicht zu bestätigen, wahrscheinlich sind sie durch Schwankungen des Nachthimmelslichts (Rekombinationsleuchten der Ionosphäre [das sogenannte Airglow], durch Polarlichter usw.) vorgetäuscht. — Die als visuelle Helligkeit des Zodiakallichts für 40° Elongation (Abstand von der Sonne) angegebenen Werte gehen deshalb auch von 700 bis 1100 Sterne 10. Größe pro Quadratgrad ($10^m/\square°$).

Man nimmt an, daß das Zodiakallicht von einer abgeflachten, die Sonne umgebenden, mit seiner Symmetrieebene in der Ekliptik liegenden Staub- und Gaswolke ausgeht. Die Ableitung der Staub- und Elektronendichte dieser Wolke, aus den Intensitäten des Zodiakallichts, ist schwierig, denn dazu müßten die Gesetzmäßigkeiten der Lichtstreuung und die Natur der interplanetaren Teilchen näher bekannt sein. Für Abschätzungen ist die zugrunde gelegte Streufunktion entscheidend.

Mittlere Dichte und Gesamtmasse des inneren Zodiakallichtkörpers

Autor	Dichte	Masse
van Schewik	$3 \cdot 10^{-19}$ g/cm³	$8 \cdot 10^{20}$ g
van de Hulst	$5 \cdot 10^{-21}$ g/cm³	$6 \cdot 10^{18}$ g
Siedentopf	10^{-22} g/cm³	10^{17} g

H. Elsässer gibt als Gesamtmasse des interplanetaren Staubes innerhalb der Erdbahn etwa $5 \cdot 10^{19}$ g oder das 10^{-8}fache der Erdmasse an.
Die Hauptmasse des interplanetaren Staubes dürfte aus Teilchen mit einem Durchmesser von 0.001 bis 0.1 mm bestehen. (Mit Hilfe von Raketen zur Erde gebrachte Partikel zeigen zum Teil aber auch nicht kugelige, sondern bizarre Formen.)

Das interplanetare Gas wird in erster Linie aus Wasserstoffatomen und -ionen zusammengesetzt sein. In den inneren Teilen des Sonnensystems werden viele freie Elektronen vorhanden sein, da durch die intensive UV-Strahlung der

Sonne die Atome ionisiert sind. Vermutlich fällt die Elektronendichte von der unmittelbaren Sonnenumgebung nach außen hin ab. In Erdnähe dürften noch etwa 400 bis 500 Elektronen pro cm³ vorhanden sein. Bei gleichgroßer Anzahl von ionisierten Wasserstoffatomen entspricht dies einer Gasdichte von etwa 10^{-21} g/cm³.

Im Diagramm (auf S. 284) sind auch die Ergebnisse über Raumsonden-Sammelexperimente von Mikrometeoriten sowie der aus Mondproben abgeleitete Teilchenfluß eingetragen. Die Darstellung ist nicht nur wissenschaftlich, sondern auch technisch äußerst interessant, da sie direkt Auskunft gibt über das Risiko der Kollision eines Raumflugkörpers mit einem Meteoriten in der Nähe der Erdbahn. Ihr entnimmt man z. B., daß die Flußdichte von Teilchen der Masse 1 Gramm und darüber etwa 10^{-15} Partikel pro Quadratmeter und Sekunde beträgt. Anschaulich heißt dies, daß man etwa im statistischen Mittel 10^{15} Sekunden oder 30 Millionen Jahre warten muß, bis eine bestimmte, 1 m² große Fläche – etwa die Wand eines Raumfahrzeugs – von einem Meteorit der Größenordnung getroffen wird. Für Staubkörner von einem Milliardstel Gramm wäre nach diesem Diagramm etwa alle 10^5 Sekunden – das entspricht etwa einem Tag – mit einem Einschlag auf derselben quadratmetergroßen Fläche zu rechnen.

8. Die Sonne

Die Sonne ist ein Stern, und zwar ein Stern durchschnittlicher Größe. Manche Sterne haben 30mal mehr Masse, andere nur 1/30 der Sonnenmasse (s. S. 287). Es gibt Sterne, die 10000mal heller sind als die Sonne, andere sind 10000mal schwächer. Ähnlich ist es auch mit Radius, Dichte, Temperatur und chemischer Zusammensetzung. Jedoch ist die Sonne für uns der einzige Stern, dessen Oberfläche wir in ihren Einzelheiten studieren können. Auch im größten Fernrohr ist kein anderer Stern als Scheibe erkennbar.

a) Die Sonne als Stern

Die Sonne liegt etwa 15 Parsec (pc; 1 pc = 3,262 Lichtjahre = $3,0857 \cdot 10^{18}$ cm) nördlich der Ebene der Milchstraße (s. S. 584) und etwa 8200 pc vom Zentrum des Milchstraßensystems entfernt (rund 2/3 vom Radius des Milchstraßensystems). Zusammen mit den Sternen ihrer Umgebung bewegt sie sich mit 200 bis 260 km/sec auf einer fast kreisförmigen Bahn um das Zentrum unserer Galaxis; ein Umlauf dauert etwa 200 Millionen Jahre. Außerdem bewegt sie sich gegenüber ihrer Umgebung mit 20 km/sec in Richtung des Sternbildes Herkules.

Zustandsgrößen der Sonne

Radius . . . . 696 000 km = 109 Erdradien
Oberfläche. . . . . 6.087 · 10^{12} km² = 11 930 Erdoberflächen
Volumen . . . . 1.412 · 10^{18} km³ = 1 304 000 Erdvolumen

Masse. . . . . 1.98 · 10^{33} g = 333 000 Erdmassen
Mittlere Dichte. . . . . . . 1.41 g/cm⁻³ = 0.26 Erddichte

Entweichgeschwindigkeit an der Oberfläche . . . . . 6.177 · 10^7 cm sec⁻¹
Schwerebeschleunigung an der Oberfläche . . . . . . 2.740 · 10^4 cm sec⁻²

effektive Temperatur . . . . 5 770 K
Energieabstrahlung an der Oberfläche . . . . 6 300 W cm⁻²

Absolute Helligkeit im UBV-System[1]

M_U . . . . 5.51 Mag.
M_B 5.41
M_V 4.79

Scheinbare Helligkeit im UBV-System[1]

U . . . . — 26.06 mag.
B . . . . — 26.16
V . . . . — 26.78
$B - V$ 0.62
$U - B$ 0.10
m_{bol} . . . . — 26.95

Spektraltyp . . . . G2 V
Neigung des Sonnenäquators gegen die Ekliptik . . . 7° 15′ 00″
Siderische Rotationsdauer[2]. . . . . 25^{d}380
Synodische Rotationsdauer[2] . . . . 27^{d}275
Mittlerer tägl. synodischer Rotationswinkel . . . . . 13°199

Von der Erde aus gesehen beträgt der Winkel von
1″ auf der Sonnenoberfläche . . . . 725 km
1′ auf der Sonnenoberfläche . . . . 43 513 km

---

[1] siehe Seite 360

[2] Die Rotationsdauer ist abhängig von der Breite; der Wert gilt für die mittlere Breite der Flecken-zone (∼ 16°).

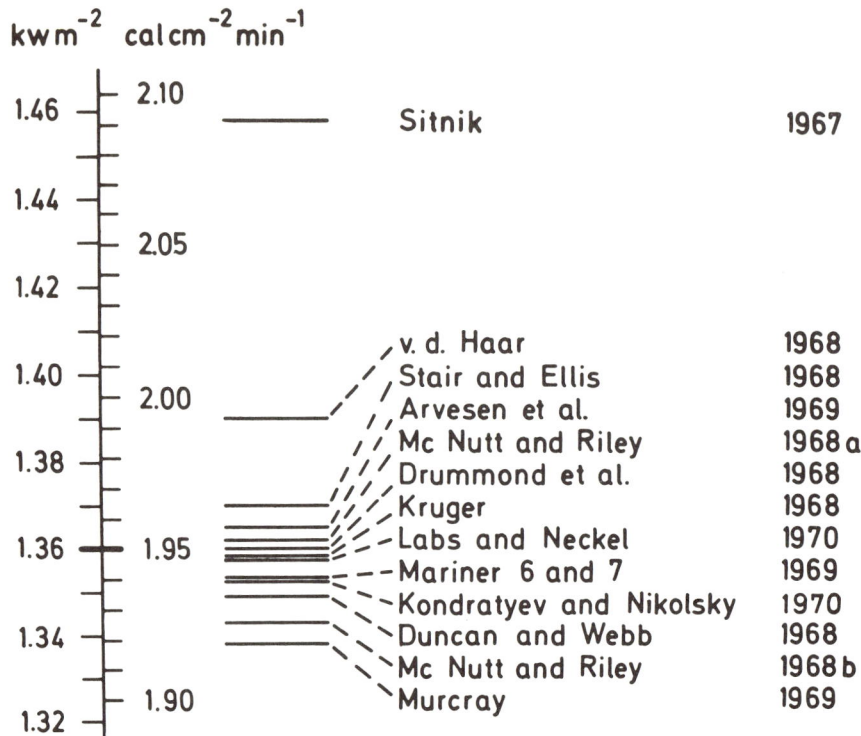

Zusammenstellung verschiedener Messungen der Solarkonstanten.

b) Die Solarkonstante

Die Sonne ist uns so nahe, daß die Stärke ihrer Strahlung, d. h. der gesamte von ihr ausgehende Energiefluß unmittelbar gemessen werden kann. Hierfür wird z. B. das Pyrheliometer verwendet. Es besteht aus einem innen geschwärzten Hohlkörper mit bekannter Wärmekapazität. Durch eine Öffnung kann die Sonnenstrahlung eintreten. Ihre Absorption bewirkt eine Erwärmung, die gemessen und mit der Erwärmung durch eine elektrische Beheizung verglichen wird. Nach Korrektur der Meßresultate zur Berücksichtigung der Absorption in der Erdatmosphäre wird so die Solarkonstante

$$S = 0{,}136 \text{ Watt cm}^{-2} = 1{,}95 \text{ cal min}^{-1} \text{ cm}^{-2}$$

erhalten. Dieser Wert ist durch eine absolute Photometrie des spektral zerlegten Sonnenlichtes gut bestätigt. Rechnet man diesen Energiestrom mit dem r^{-2}-Gesetz vom mittleren Erdbahnradius auf den Sonnenradius um, so findet man für den Energiestrom an der Sonnenoberfläche

$$\pi F = 6300 \text{ Watt cm}^{-2} .$$

Ein schwarzer Körper müßte, damit er die gleiche Gesamtabstrahlung liefert, die Temperatur

$$T_e = 5770 \text{ K}$$

haben. Diese effektive Temperatur T_e ist weniger ein Maß für die Temperaturen in der Sonnenatmosphäre als vielmehr eine Angabe des Energiestromes an der Sonnenoberfläche.

Die physikalischen Verhältnisse in der Erdatmosphäre und damit die Lebensbedingungen auf unserem Planeten werden entscheidend durch den Wert der Solarkonstanten bestimmt. Versuche, säkulare Schwankungen der Solarkonstanten nachzuweisen oder sie mit langfristigen Klimaänderungen in Verbindung zu bringen, haben bisher keine eindeutigen Resultate ergeben.

c) Das Spektrum der Sonne

1815 hat Fraunhofer als erster das Spektrum der Sonnenstrahlung genauer untersucht und dabei die nach ihm benannten dunklen Absorptionslinien entdeckt. Etwa 24000 Absorptionslinien sind heute ausgemessen (Wellenlänge, Stärke der Absorption) und in Tabellen aufgeführt. Ungefähr 75 Prozent von ihnen konnten identifiziert, d. h. einem Element zugeordnet werden.

Aus einer der bekanntesten Registrierungen des Sonnenspektrums, dem Utrechter Sonnenatlas, gibt die Abbildung einen kleinen Ausschnitt. In derartigen Atlanten ist die Intensität in den Fraunhoferlinien in Abhängigkeit von der Wellenlänge dargestellt, bezogen auf die Intensität im linienfreien Kontinuum. Unterhalb von etwa 4500 Å liegen im Sonnenspektrum die Linien allerdings so dicht, daß die Festlegung eines Kontinuums fast unmöglich wird. Aus den in den Atlanten dargestellten Linienprofilen werden wichtige Aufschlüsse über den Aufbau der Sonnenatmosphäre und über die Häufigkeiten der einzelnen chemischen Elemente gewonnen.

Vergleicht man das Sonnenspektrum mit Sternspektren, so zeigt sich, daß die Sonne ein Stern vom Spektraltyp G2V ist. (Vgl. Abschnitt über Spektralklassifikation, S. 351.) Während jedoch bei Sternen nur das Spektrum der Gesamtstrahlung beobachtbar ist, kann wegen der Nähe der Sonne hier auch die Mitte-Rand-Variation des Spektrums untersucht werden. Die Unterschiede sind relativ gering. Normalerweise beziehen sich die Spektren auf die Strahlung aus der Mitte der Sonnenscheibe.

Wie Messungen von Raketen ergaben, sind im extremen UV (etwa unterhalb 1600 Å) Emissionslinien die Regel. Sie entstehen nicht wie die Fraunhoferlinien in der Photosphäre, sondern in höheren Schichten der Sonnenatmosphäre, in der sogenannten Chromosphäre.

Für die Ausmessung der Fraunhoferlinien wurden die Intensitäten im Spektrum auf Kontinuumsintensität bezogen. Sie war die Bezugsgröße, nach deren

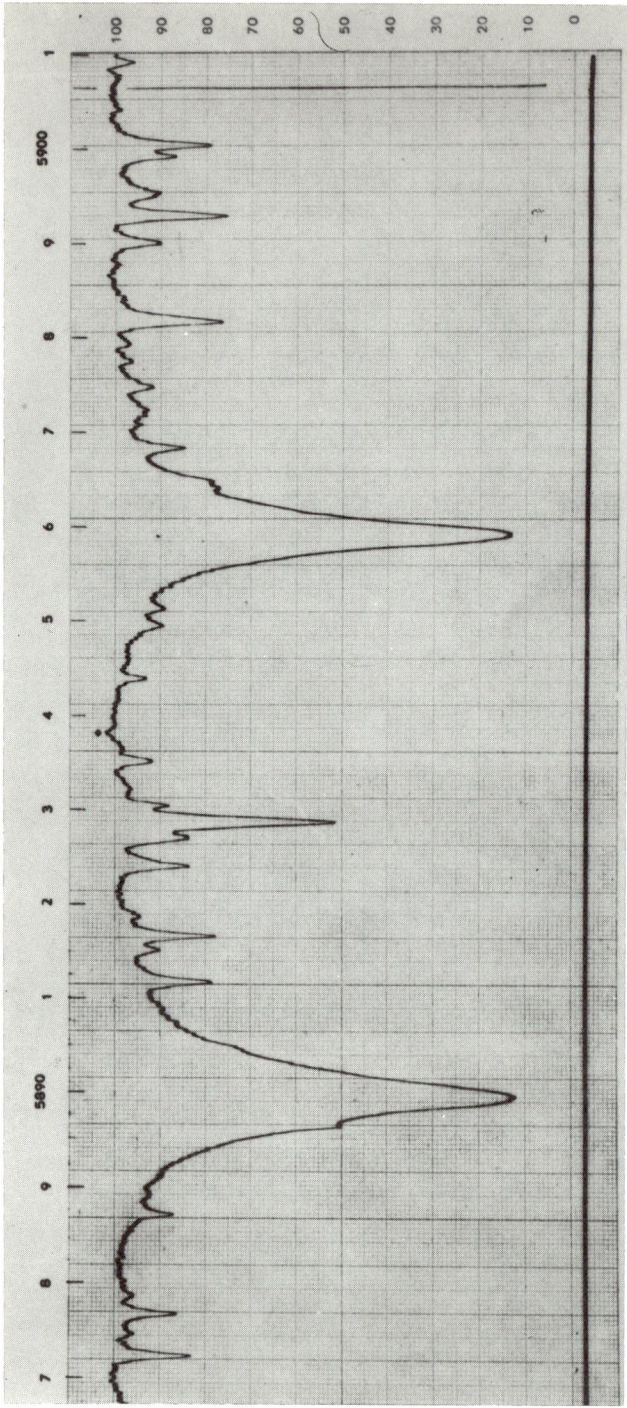

Mikrophotometerkurve des Sonnenspektrums im Bereich der Natrium-D-Linie, die wiederum in zwei Linien aufgespaltet, in NaD₁ und NaD₂ (die beiden tiefen Einsenkungen in der Registrierkurve). Ausschnitt aus dem Utrechter Sonnenatlas.

Energieverteilung im Sonnenspektrum. Eingezeichnet sind eine nach einem Modell erhaltene theoretische Energieverteilungskurve für das Sonnenkontinuum nach H. Holweger (gestrichelt). Die Treppenkurve stellt die tatsächlich gemessenen Intensitäten im Sonnenspektrum dar, gemittelt über jeweils 100 Å, nach Messungen von J. Houtgast, D. Labs, H. Neckel u. a. Diese Kurve liegt im Energieniveau am niedrigsten, weil in die Messungen die Absorption in den Fraunhoferlinien voll eingeht. Die durchgezogene mittlere Kurve gibt die Verbindung zwischen den linienfreien Gebieten im Spektrum: (Quasikontinuum).

Man beachte den steilen Abfall der Energieverteilung im Ultravioletten beim sogenannten Balmersprung und die noch erhebliche Strahlungsleistung der Sonne im Infrarotbereich (nach D. Labs).

Betrag nicht gefragt wurde. Für viele Untersuchungen ist es aber notwendig, die Intensitätsverteilung im Spektrum in absoluten Einheiten zu kennen. Sie wird gemessen durch Vergleich des Sonnenspektrums mit dem Spektrum einer Lichtquelle mit bekannter Energieverteilung, z. B. eines Hohlraumstrahlers oder einer kalibrierten Wolframbandlampe (absolute Spektralphotometrie).

d) Aufbau der Photosphäre

Die Sonne ist kein scharf begrenzter Himmelskörper, sondern eine Gaskugel, in der die Dichte stetig von innen nach außen abnimmt. Man empfängt also Strahlung aus verschieden tiefen Schichten der Sonne. Mit zunehmender Tiefe in der Sonnenatmosphäre wächst jedoch die Dichte und damit der Absorptionskoeffizient der solaren Materie rasch an. So kommt es, daß auf einer Strecke, die sehr klein ist gegenüber dem Sonnenradius, die optische Tiefe (optische Dicke, vgl. S. 35) so groß wird, daß Strahlung aus tiefer liegenden Schichten nicht mehr direkt austreten kann. Wegen dieses raschen Überganges von dünnen, fast vollständig durchsichtigen Schichten zu dichten, praktisch undurchsichtigen Schichten erscheint die Sonne scharf begrenzt.

Die Schichten, deren Strahlung noch direkt beobachtbar ist, nennt man die Sonnenatmosphäre, ihre tieferen Schichten, aus denen der wesentliche Teil der sichtbaren Strahlung stammt, bilden die Photosphäre. Darunter liegt der Bereich, über dessen Zustand es nur theoretische Aussagen und indirekte Informationen gibt, das Sonneninnere. Nach ganz entsprechenden Gesichtspunkten unterscheidet man Sternatmosphären und Sterninneres.

Der Aufbau der Sonnenatmosphäre (wie jeder Sternatmosphäre) ist im wesentlichen festgelegt durch:

a) die Größe des nach außen fließenden Energiestromes πF, der die effektive Temperatur bestimmt

$$\pi F = \sigma T_e^4,$$

b) die Schwerebeschleunigung

$$g = G\,\mathfrak{M}_{\odot}/R^2$$

($G = 6{,}668 \cdot 10^{-8}\,\mathrm{dyn \cdot cm^2 \cdot g^{-2}}$ ist die Gravitationskonstante, $\mathfrak{M}_{\odot} = 1{,}989 \cdot 10^{33}\,\mathrm{g}$ ist die Masse der Sonne und $R = 6{,}9598 \cdot 10^{10}\,\mathrm{cm}$ ihr Radius),

c) die chemische Zusammensetzung.

Es ist möglich, den Aufbau der Sonnenatmosphäre unter Kenntnis von a), b) und c) aus folgenden zwei Grundannahmen zu berechnen:

1) Es herrscht mechanisches (hydrostatisches) Gleichgewicht, d. h., an jedem Ort ist der Druck so groß, daß er das Gewicht der darüber liegenden Materie trägt.

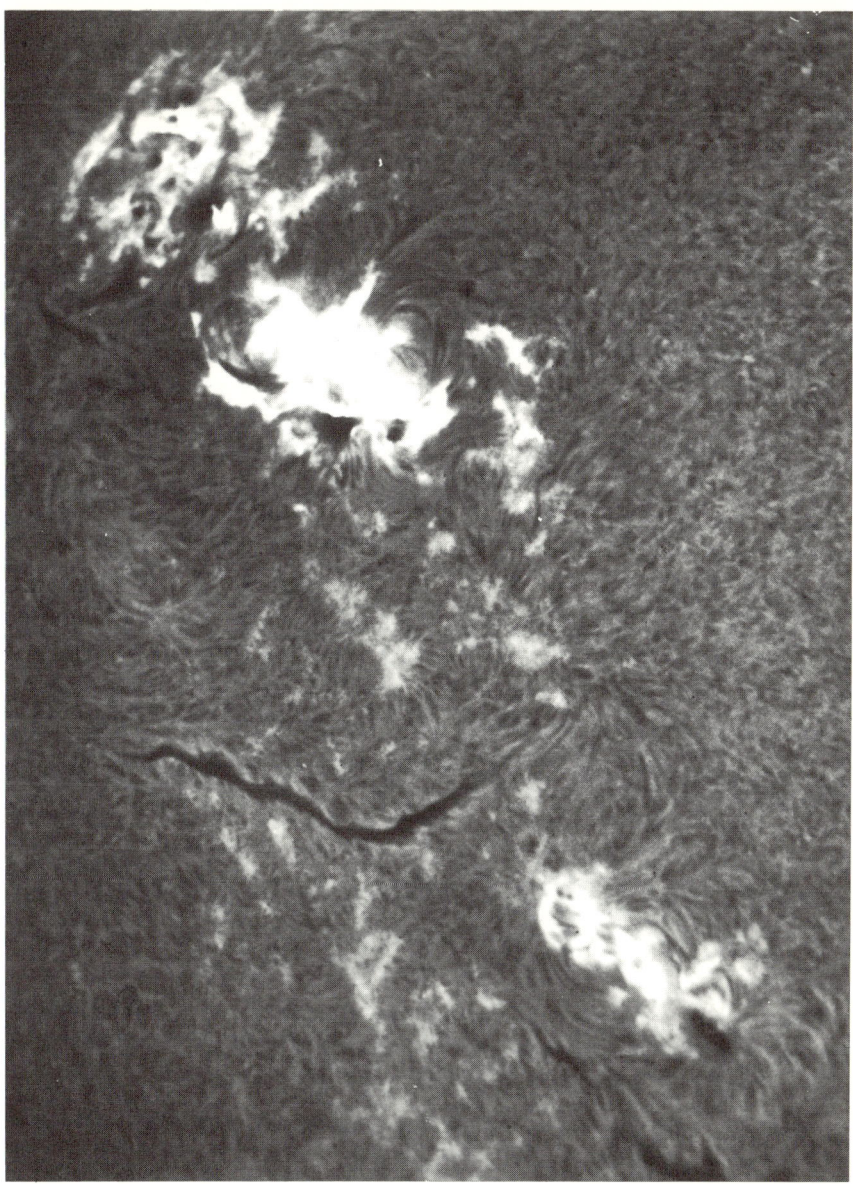

Aufnahme eines Hα-Filtergramms mit der großen Eruption vom 7. Nov. 1956. Aufnahme des Fraunhofer Instituts, Außenstelle Anacapri. Eruptionen oder auch „flares" genannt sind Lichtblitze in der Sonnenchromosphäre, die im Licht der Wasserstofflinie Hα besonders gut sichtbar sind. Die Dauer solcher Eruptionen reicht von wenigen Minuten bis zu etwa einer Stunde; von ihnen gehen neben kurzwelliger Strahlung auch meist Partikelstrahlung aus, die starken Einfluß auf die höhere Erdatmosphäre, die Ionosphäre und das Erdmagnetfeld haben. Die längliche, dunkle Struktur ist ein sogenanntes Filament, eine auf die Sonnenscheibe projizierte Protuberanz.

2) Es herrscht Energiegleichgewicht, d. h., die einem Volumenelement pro Zeiteinheit beispielsweise durch Absorption von Strahlung und andere Prozesse zugeführte Energiemenge muß in der gleichen Zeit auch wieder abgegeben werden.

In einer derartigen Energiebilanz wären zu berücksichtigen: Strahlungstransport, Transport von Energie durch materielle Strömungen (Konvektion) und der in der Regel unbedeutende Transport durch Wärmeleitung. Ob Strahlungstransport oder konvektiver Transport überwiegen, hängt von den speziellen Bedingungen ab.

Konvektive Strömungen sind die Folge einer instabilen Schichtung der Materie. Zufällig aufsteigende Gasmassen bewegen sich in Richtung abnehmenden Druckes, dehnen sich also aus und kühlen sich dabei ab (adiabatische Expansion). Ist diese adiabatische Temperaturabnahme geringer als die Abnahme der mittleren Temperatur in der Umgebung der Gasballen, so erfahren sie einen Auftrieb, der ihre ursprüngliche Bewegung aufrechterhält. Ist die adiabatische Temperaturabnahme dagegen stärker, so wird die aufsteigende Materie dichter als ihre Umgebung, und die Aufwärtsbewegung wird infolgedessen gebremst. Im ersteren Fall ist die Schichtung instabil, im zweiten Fall stabil.

Die tiefen Schichten der Sonnenatmosphäre und das Sonneninnere bis in eine Tiefe von etwa einem zehntel Sonnenradius sind instabil. In ihnen überwiegt der Energietransport durch Konvektion. Der obere Teil der Sonnenatmosphäre ist stabil geschichtet. Hier wird das Energiegleichgewicht fast ausschließlich durch Strahlungsprozesse bestritten (Strahlungsgleichgewicht).

Die Berechnung von Modellatmosphären aufgrund dieser Vorstellungen ist sehr mühsam und kompliziert und erfordert erheblichen numerischen Aufwand. Da zudem die Resultate für Sterne mit linienreichen Spektren wie die Sonne wenig genau sind, stützt man sich bei der Bestimmung des Modells der Sonnenatmosphäre vorwiegend direkt auf Beobachtungen. Man verwendet z. B. die Stärke der Kontinuumsstrahlung in verschiedenen Wellenlängen und ihre Mitte-Rand-Variation, die Mitte-Rand-Variation von ausgesuchten Fraunhoferlinien, das Auftreten von Emissionslinien im extremen UV, die Beobachtung, daß auch normale Fraunhoferlinien bei Sonnenfinsternissen in den kurzen Augenblicken vor oder nach der Totalität als Emissionslinien auftreten (Flash-Spektrum) usw.

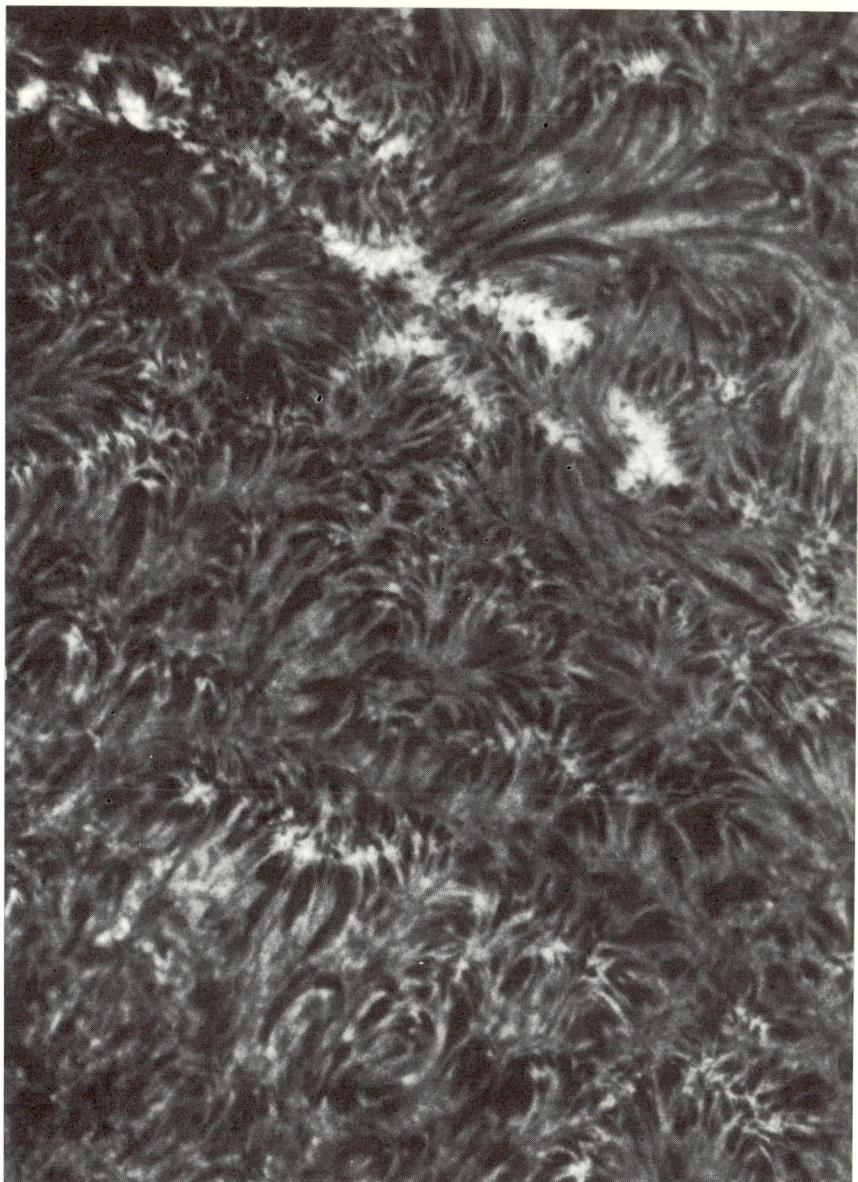

Hα-Filtergramm eines Ausschnitts der Sonnenoberfläche, aufgenommen mit dem kuppellosen Coudé-Refraktor und Lyot-Filter (Durchlaß 0.5 A) des Fraunhofer Instituts, Außenstelle Capri. Hier ein nahezu ungestörtes Gebiet der Sonnenchromosphäre (siehe auch Seite 297).

In der Tabelle ist das Ergebnis solcher Untersuchungen zusammen mit Daten über das Sonneninnere und über die nahe Sonnenumgebung zusammengestellt. Der innere Aufbau der Sonne wird im Zusammenhang mit dem inneren Aufbau der Sterne und ihrer Entwicklung (s. S. 522) behandelt.

e) Granulation

Die Photosphäre erscheint nicht gleichmäßig hell, sondern granuliert; sie ist aus vielen kleinen hellen Granulen zusammengesetzt. Diese haben die Form unregelmäßiger Polygone, die durch das dunklere feine Netzwerk der Intergranula voneinander getrennt sind. Die typische Größe der Granula liegt bei etwa 1000 km. Das Bild der Granulation ist nicht beständig, die Lebenszeit der Granula beträgt etwa 10 Minuten. Es unterliegt heute keinem Zweifel, daß diese Erscheinung auf die Konvektion in der tieferen Photosphäre und den darunter liegenden Schichten zurükzuführen ist und daß wir in den Granula die aufsteigenden heißen Gaswolken sehen. Die Temperaturunterschiede gegenüber der Umgebung betragen etwa 300 Grad. Wie die Beobachtungen zeigen, ist die Konvektion in der Sonne also nicht stationär, die Konvektionszellen ändern sich mit der Zeit. Im Grenzfall sehr kurzlebiger Zellen würde man das Strömungsbild in Verallgemeinerung eines Begriffs aus der Hydrodynamik als Turbulenz bezeichnen. Eine genaue Untersuchung der Größenverteilung der Granula, der Kontraste und der Temperaturdifferenzen ist von erheblichem theoretischen Interesse. Man hat deshalb große Anstrengungen unternommen, die Feinstruktur der Granulation zu beobachten und hierzu u. a. automatisch gesteuerte Fernrohre an großen Ballons verwandt. In den erreichten Höhen von ca. 30 bis 40 km ist die bei diesen Beobachtungen sehr störende Luftunruhe weitgehend ausgeschaltet.

Durch Messung von Dopplerverschiebungen in Spektren, die gleichzeitig ein hohes Winkelauflösungsvermögen hatten, wurde festgestellt, daß die heißeren Granula tatsächlich aufsteigen. Die Geschwindigkeiten liegen bei etwa 2 km/sec, streuen jedoch erheblich. Überraschend war die Entdeckung einer oszillatorischen Vertikalkomponente des Geschwindigkeitsfeldes. Die Atmosphäre führt gedämpfte Schwingungen mit einer Periode von mehreren Minuten aus. Bis zu etwa fünf aufeinanderfolgende Oszillationen konnten verfolgt werden. Schließlich ergab eine Analyse des Geschwindigkeitsfeldes großräumige Strukturen (charakteristische Dimension 40 000 km), die sogenannte Supergranulation. Sie ist in der Horizontalkomponente der Geschwindigkeiten erkennbar. Zwischen ihr und dem chromosphärischen Netz besteht möglicherweise ein Zusammenhang.

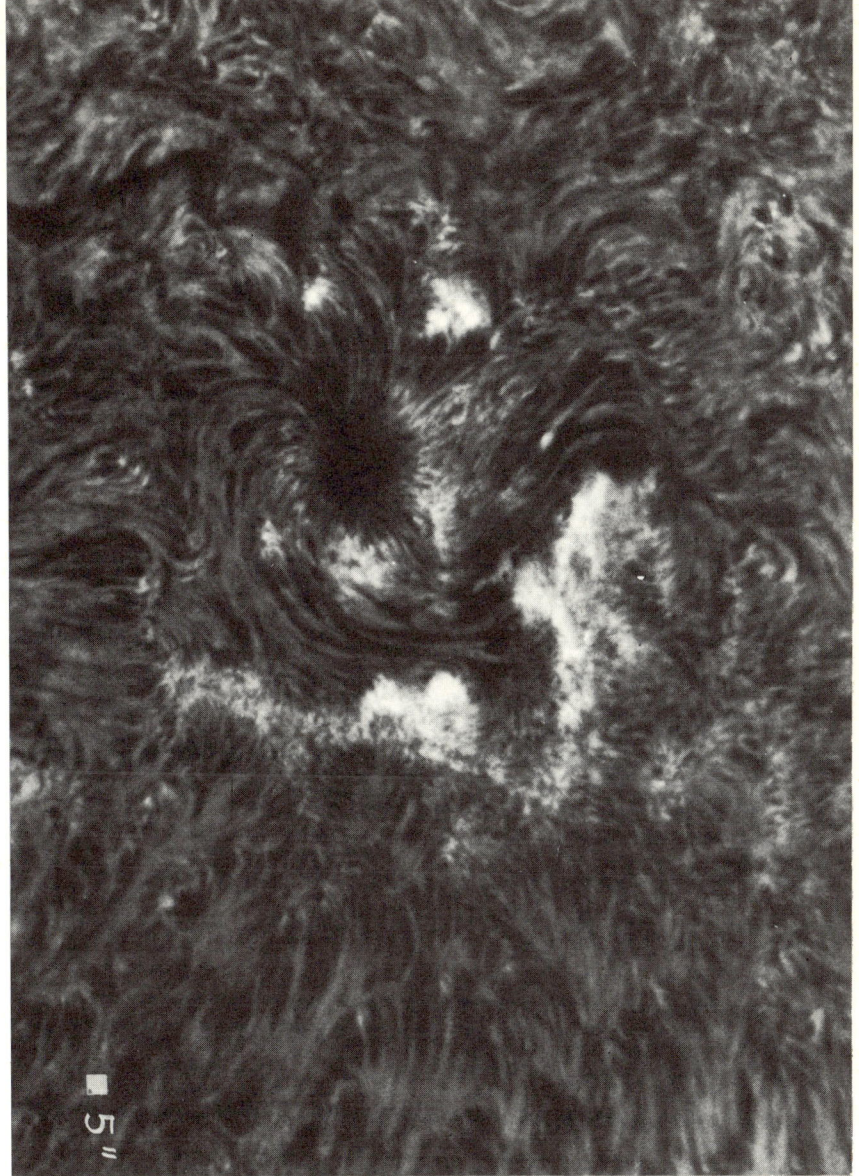

Hier zum Vergleich mit der Abb. auf Seite 295 ein aktives Gebiet der Sonnenchromosphäre, aufgenommen mit dem gleichen Instrument und Filter wie die oben genannte Aufnahme.

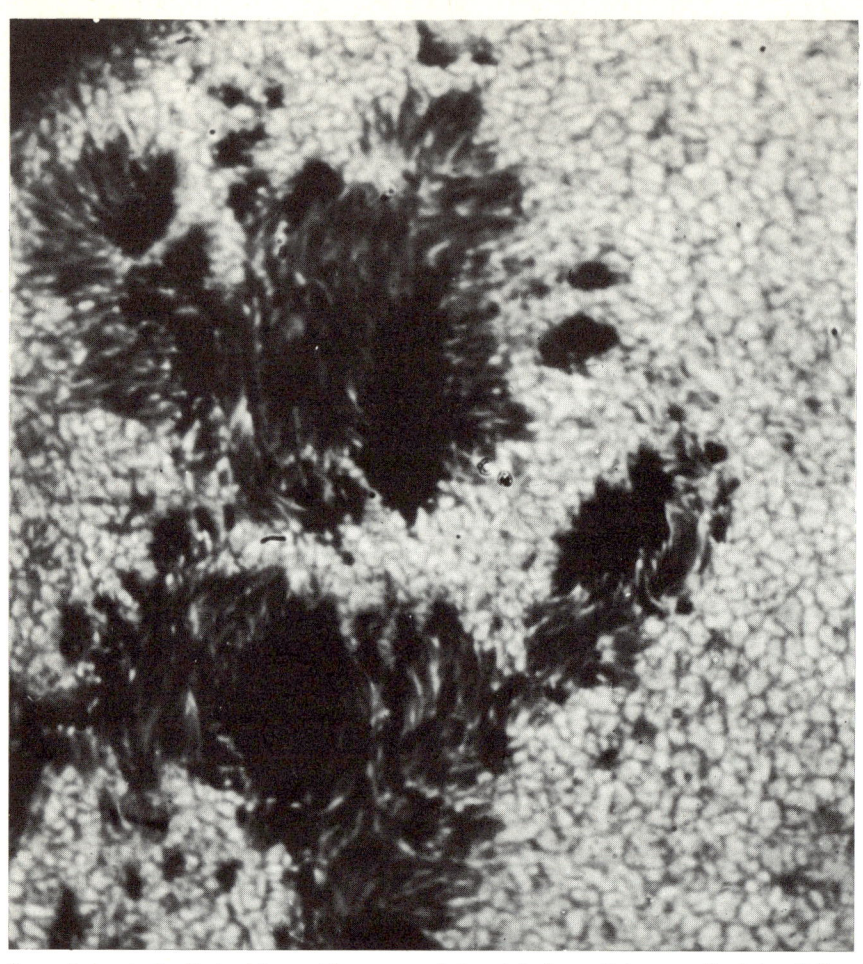

Sonnenflecken in der Photosphäre und Sonnengranulation. Aufnahme mit dem amerikanischen Ballon-teleskop „Statoscop" durch M. Schwarzschild.

Innerer Aufbau, Oberflächenschichten und nahe Umgebung der Sonne

		Abstand vom Mittelpunkt		Druck 10^6 Atmosphären	Temperatur 10^6 Grad	Dichte g/cm^3
		1000 km	$R_\odot$			
Sonnen-inneres	Energieerzeugung (Wasserst.-Helium) Stabile Schichtung Energietransport nach außen durch Strahlungsstrom	0	0	221 000	14.6	134
		28	0.04	200 000	14.2	121
		70	0.10	135 000	12.6	85.5
		139	0.20	45 900	9.35	36.4
		209	0.30	11 600	6.65	12.9
		279	0.40	2 670	4.74	4.13
		348	0.50	605	3.42	1.30
		418	0.60	137	2.49	0.405
		488	0.70	30	1.80	0.124
		556	0.80	6.11	1.28	0.035
Konvek-tions-zone	Instabile Schichtung Energietransport durch Konvektions-strömungen	585	0.84	3.01	1.04	$2 \cdot 10^{-2}$
		627	0.90	0.78	0.605	$9 \cdot 10^{-3}$
		682	0.98	0.011	0.111	$8 \cdot 10^{-4}$
				Atmosphären	Grad	
Photo-sphäre	Schicht, aus der die sichtbare Strahlung stammt	↑ 400 km Schicht-↓ dicke		0.22	9 000	$5 \cdot 10^{-7}$
				0.08	5 800	$2 \cdot 10^{-7}$
				0.006	4 300	$3 \cdot 10^{-8}$
(Sonnen-rand)	Rand der hellen Sonnenscheibe	696	1.00	0.006	4 300	$3 \cdot 10^{-8}$
Chromo-sphäre	Bei Sonnenfinsternis rötlich leuchtende, dünne Schicht	698	1.003		5 000	$1 \cdot 10^{-11}$
		700	1.006		5 000	$7 \cdot 10^{-13}$
		702	1.009		6 300	$1 \cdot 10^{-13}$
		704	1.012		300 000	$2 \cdot 10^{-15}$
Korona	Strahlenförmig weit verteilte, leuchtende Hülle (bei Sonnen-finsternis zu sehen)	716	1.03			$5 \cdot 10^{-16}$
		1392	2.00		$\approx 10^6$	$5 \cdot 10^{-18}$
		2088	3.00			$5 \cdot 10^{-19}$
		2784	4.00			$2 \cdot 10^{-19}$

f) Chromosphäre und Korona

Wie aus der Tabelle (s. S. 299) hervorgeht, liegt über der etwa 400 km dicken Schicht der Photosphäre die Sonnenchromosphäre und schließlich die Sonnenkorona, die sich weit in den interplanetaren Raum hinein erstreckt. Die optische Strahlung aus diesen Gebieten sehr geringer materieller Dichte war früher nur bei totalen Sonnenfinsternissen beobachtbar, also dann, wenn die helle Sonnenscheibe durch den Mond verdeckt ist. Heutzutage können mit besonders streulichtarmen Teleskopen, in denen durch eine Kegelblende das direkte Sonnenbild abgedeckt wird (Koronograph, s. S. 54), die Chromosphäre und die Korona auch unabhängig von Finsternissen beobachtet werden.

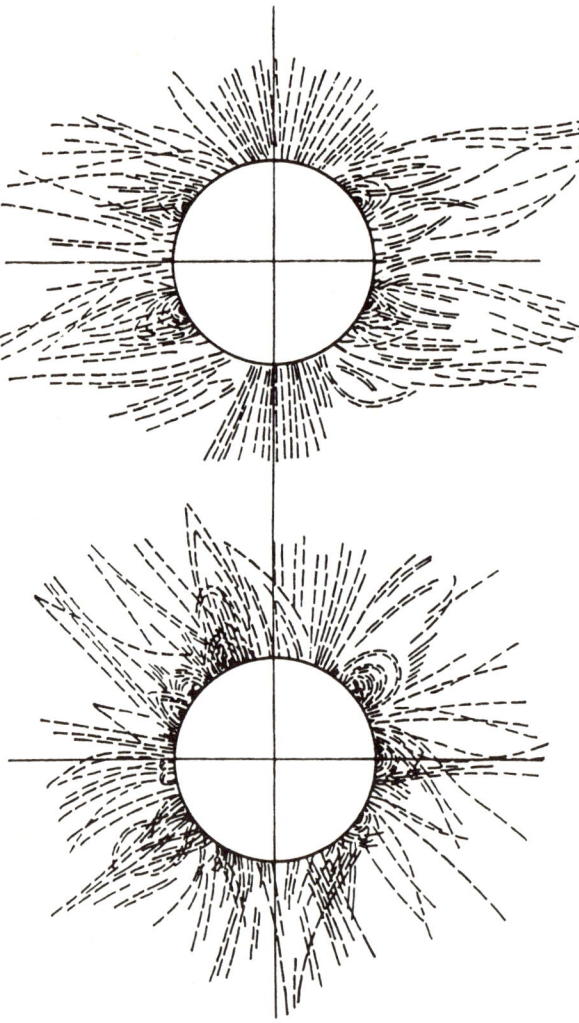

In den Jahren des Fleckenminimums ziehen sich lange Strahlen beiderseits des Äquators hin. An den Polen stehen kurze radiale Strahlen.

Im Maximum des Fleckenzyklus sind die Strahlen der Korona unregelmäßiger und weniger deutlich. Das Gesamtbild der Korona ist runder.

Aufnahme der Sonnenkorona bei der Sonnenfinsternis am 22. September 1968 in Jurgamys, Westsibi-
rien. Aufnahme: Prof. M. Waldmeier, Eidgenössische Sternwarte Zürich.

Man findet, daß die Form der Korona langsamen Veränderungen unterworfen ist, so daß sie zur Zeit minimaler Sonnenaktivität (s. S. 303) am Äquator besonders ausgeprägt, an den Polen dagegen etwas schwächer ausgebildet ist. Zur Zeit des Sonnenfleckenmaximums ist die Korona runder. Als besondere Strukturen fallen die Koronastrahlen ins Auge. In ihnen ist die Materie dichter als in der Umgebung. Die strahlenartige Form ist zweifellos durch Magnetfelder bestimmt.

Die Korona strahlt ein kontinuierliches Spektrum aus, und zwar vorwiegend an freien Elektronen gestreutes Sonnenlicht. Diesem Kontinuum, in dem durch die Dopplereffekte aufgrund der hohen thermischen Geschwindigkeiten der Elektronen alle Fraunhoferlinien verwischt sind, ist eine Reihe von Emissionslinien überlagert. Ihre Deutung war lange Zeit ein Rätsel. Heute wissen wir, daß sie zu hoch ionisierten Elementen gehören. Die wichtigsten Linien sind die rote Koronalinie λ 6374,51 Å FeX, die grüne Koronalinie λ 5302,86 Å FeXIV und die gelbe Koronalinie λ 5694,42 Å CaXV. Aus ihrem Auftreten muß ebenso wie aus der Stärke der thermischen Radiostrahlung auf eine extrem hohe Temperatur der Korona von etwa 1 bis 2 Millionen Grad geschlossen werden. Der Mechanismus der Aufheizung ist in groben Zügen bekannt.

Die Konvektion in der tieferen Photosphäre führt wie erwähnt zu Strömungsgeschwindigkeiten von etwa 1–2 km/sec. Bei derartigen Geschwindigkeiten treten Druckschwankungen auf, von denen aus sich Schallwellen ausbreiten. Ein kleiner Bruchteil der Sonnenenergie gelangt damit in Form von Schallenergie in die höheren Schichten der Sonnenatmosphäre, also in Schichten mit abnehmender Dichte. Man kann nun zeigen, daß sich die Schallwellen dabei aufsteilen und in sogenannte Stoßwellen übergehen. (Ein treffendes Bild ist die Umwandlung der Dünung des Ozeans in Brandungswellen in der Nähe der Küste. Der mit der Höhe abnehmenden Dichte in der Sonnenatmosphäre entspricht in diesem Bild die abnehmende Wassertiefe.) Die Energie wird endlich in Form von Wärme an das Gas in der Korona abgegeben. Auf diese Anlieferung von Energie reagiert das Gas durch Erhöhung der Temperatur, bis durch Abstrahlung, vor allem aber durch Wärmeleitung nach unten zur kühleren Photosphäre der Energiehaushalt der Korona wieder ausgeglichen ist.

In größeren Abständen von der Sonne tritt gegenüber dem an freien Elektronen gestreuten Sonnenlicht (K-Korona) der an Staubteilchen gestreute Anteil deutlicher hervor. In diesem Streulicht können die photosphärischen Fraunhoferlinien wieder beobachtet werden (F-Korona). Es gibt einen stetigen Übergang von der Korona in das interplanetare Medium mit seinem Staubanteil, der für das Zodiakallicht verantwortlich ist.

Die Übergangsschicht zwischen Photosphäre und Korona, die Chromosphäre, ist von sehr komplizierter Struktur. Ihr optisches Spektrum kann in den Augenblicken kurz vor oder nach totalen Sonnenfinsternissen beobachtet werden (Flash-Spektrum). In diesen Spektren erscheinen die stärksten Fraunhofer-linien in Emission. Die Kerne dieser Linien, die Emissionslinien in extremen UV, entstehen in der Chromosphäre ebenso wie die Radiostrahlung im Zentimeterbereich.

Die Chromosphäre ist nicht homogen. In ihren höheren Schichten zeigt sie eine bürstenartige Struktur. Die den Borsten entsprechenden Spicules sind etwa 1000 km dick und etwa 3000 km, gelegentlich bis zu 10000 km, hoch. Ihre mittlere Lebenszeit beträgt 15 Minuten. Sie sind, obgleich heller als ihre Umgebung, kühler als sie. Großräumige Muster, das chromosphärische Netz, sind auf Sonnenaufnahmen in streng monochromatischem Licht erkennbar, wenn die Wellenlänge so gewählt wird, daß sie in den Kern starker Fraunhoferlinien fällt (die H- bzw. K-Linien des Ca II oder H_α des HI). Derartige Spektroheliogramme geben ein Bild der Chromosphäre, auf dem z. B. auch die Erscheinungen der Sonnenaktivität studiert werden können.

g) Sonnenaktivität

Die Granulation der Photosphäre und die chromosphärischen Spicules werden ebenso wie das chromosphärische Netz als Erscheinungen der ungestörten, ruhigen Sonnen angesehen. Sie sind – eventuell mit kleiner Variation in Abhängigkeit von der heliographischen Breite – auf der gesamten Sonnenoberfläche zu finden. Die Phänomene der Sonnenaktivität sind dagegen nicht nur zeitlich variabel, sondern auch räumlich auf sogenannte Aktivitätszentren begrenzt. Diese Aktivitatszentren hängen in der Häufigkeit ihres Auftretens stark von der heliographischen Breite ab.

Sonnenflecke werden durch sehr starke Magnetfelder (einige tausend Gauß) verursacht, die in kleinen Bereichen unterhalb der Photosphäre die Konvektion unterbinden und damit den nach außen fließenden Energiestrom erheblich verringern. Die Sonnenflecke sind daher dunkler als ihre Umgebung. Der Kern, die Umbra, hat eine effektive Temperatur von etwa 4500 K gegenüber 5780 K für die ungestörte Photosphäre. Der Kern ist von der Penumbra, dem Halbschatten, umgeben, deren Helligkeit zwischen der der Umbra und der Photosphäre liegt. Die Durchmesser der Umbren liegen zwischen 2000 und 20000 km, die der Penumbren zwischen 4000 und 50000 km. Sonnenflecken haben eine Tendenz zur Entstehung in Gruppen, die sich meistens innerhalb von einigen Tagen zu bipolaren Gruppen entwickeln. Diese bipolaren Gruppen enthalten neben vielen kleineren Flecken zwei Hauptflecke mit entgegengesetzter magnetischer Polarität. Die beiden Hauptflecke sind meist in Ost-West-Richtung angeordnet, wobei die Polarität des im Sinne der Sonnenrotation vorangehenden Fleckes auf der Nord- und Südhalbkugel der Sonne entgegengesetzt ist. Nach einem Sonnenfleckenzyklus kehren sich die Polaritäten um. Die magnetischen Feldstärken, die durch den Zeemaneffekt der Fraunhoferlinien gemessen werden, beziehen sich auf photosphärische Schichten. Sie liegen für die Zentren der Umbren zwischen 150 und 4000 Gauß und verringern sich auf wenige Gauß am Rande der Penumbren. Die Fleckengruppen durchlaufen eine charakteristische Entwicklung, die eine Einteilung in 9 Klassen (A–J, s. Abb.) möglich macht. Sie haben teilweise eine Lebensdauer von mehr als hundert Tagen, überdauern damit also mehrere Sonnenrationen: Die Magnetfelder sind auch nach dem Verschwinden des Fleckes bzw. der Gruppe noch nachweisbar. Aus der Messung des Dopplereffekts in der Penumbra ergibt sich im photosphärischen Niveau ein Ausströmen der Materie (Evershed-Effekt), dagegen möglicherweise eine Einwärtsströmung in der Chromosphäre.

Die Klassifikation von Sonnenfleckengruppen
(nach Waldmeier)

A: Ein einzelner Fleck oder eine Gruppe von Flecken, ohne Penumbra oder bipolare Struktur.

B: Gruppe von Flecken ohne Penumbra in bipolarer Anordnung.

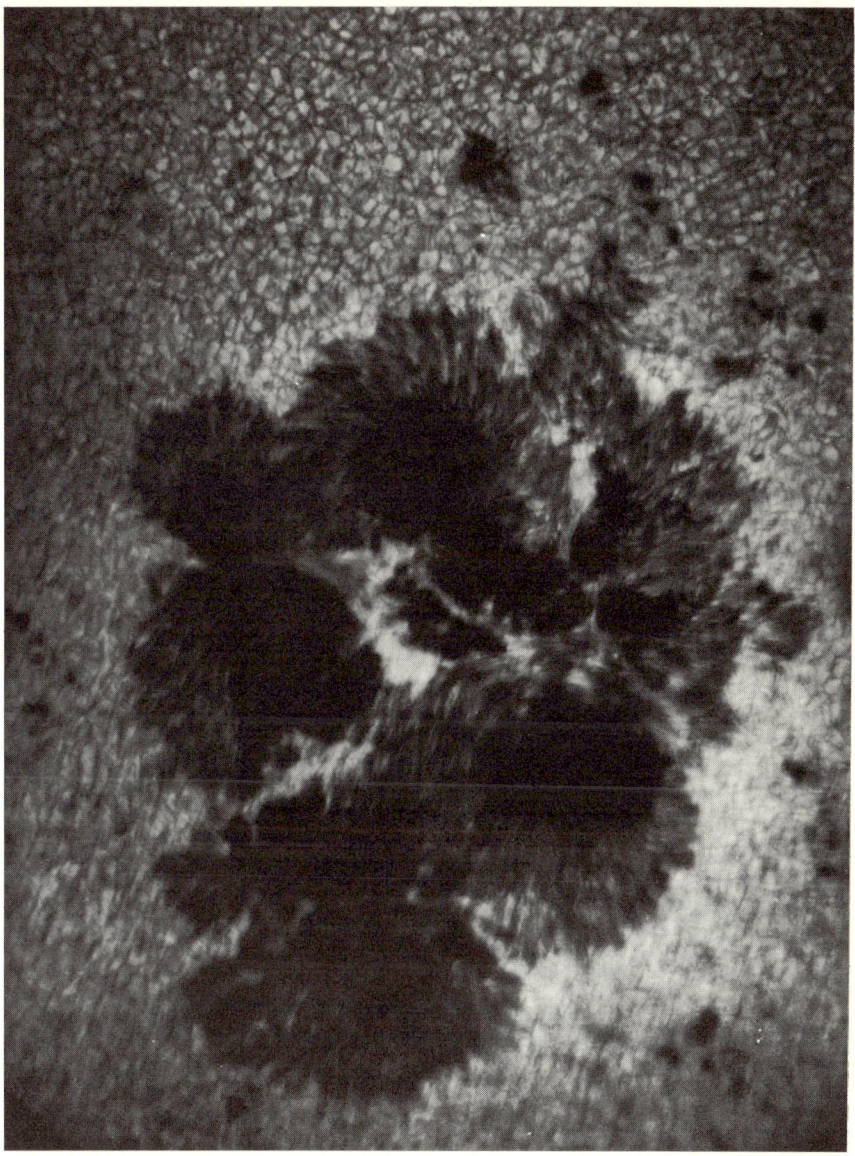

Großer Sonnenfleck mit magnetischen Anomalien, der Anfang August 1972 eine Reihe großer Eruptionen mit ungewöhnlichen interplanetaren Korpuskular-Effekten erzeugte. Im unteren Teil des Bildes sind noch geringfügige Einflüsse des „seeing" erkennbar. Aufnahme: P. N. Brandt, 5. August 1972, 9.20 U. T., mit Vakuum-Reflektor (450/35000 mm) des Fraunhofer Instituts am Observatorium Izaña (Teneriffa) im Rahmen des Projektes JOSO.

C: Bipolare Fleckengruppe, von der der eine Hauptfleck von einer Penumbra umgeben ist.

D: Bipolare Gruppe, deren Hauptflecken eine Penumbra besitzen; mindestens einer der beiden Hauptflecken soll eine einfache Struktur aufweisen. Länge der Gruppe im allgemeinen $< 10°$.

E: Große bipolare Gruppe; die beiden von Penumbra umgebenen Hauptflecken zeigen im allgemeinen eine komplizierte Struktur. Zwischen den Hauptflecken zahlreiche kleinere Flecken. Länge der Gruppe mindestens 10°.

F: Sehr große bipolare oder komplexe Sonnenfleckengruppe; Länge mindestens 15°.

G: Große bipolare Gruppe ohne kleinere Flecken zwischen den beiden Hauptflecken. Länge mindestens 10°.

H: Unipolarer Fleck mit Penumbra; Durchmesser $> 2.5°$.

I: Unipolarer Fleck mit Penumbra; Durchmesser $< 2.5°$.

Die Beispiele der Abbildung und die Erläuterungen gestatten es, die beobachteten Fleckengruppen in diese 9 Klassen einzuteilen.

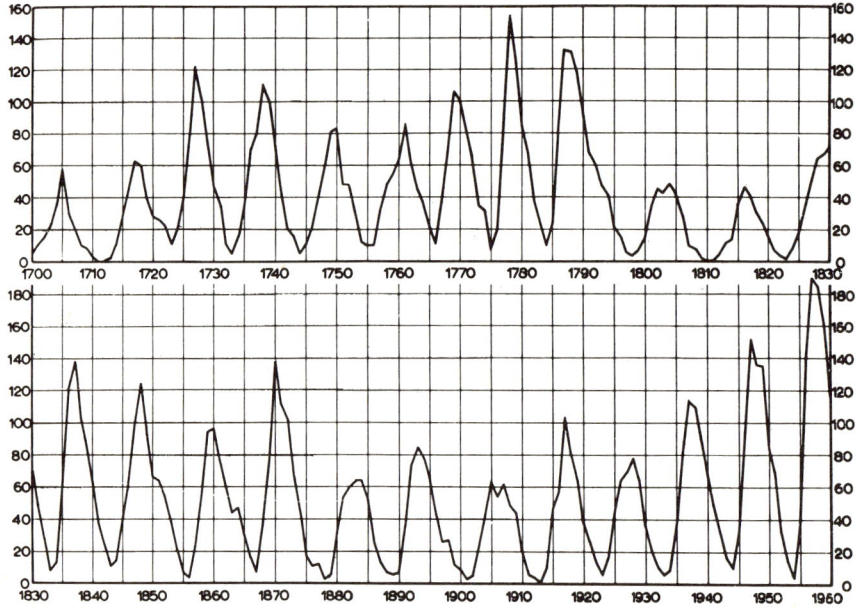

Die Periodizität der Sonnenfleckenrelativzahlen von 1700–1960 (nach Waldmeier)

Das Auftreten der einzelnen Sonnenflecke ist unvorhersagbar. Die Statistik ihrer Häufigkeit ergab eine regelmäßige Periode von 11,07 Jahren, den sogenannten Sonnenfleckenzyklus. Im Maximum des Zyklus sieht man im Durchschnitt etwa 90 Flecken, im Minimum nur etwa 3. Am Anfang (Minimum) eines neuen Zyklus sind die Flecken am häufigsten in etwa $\pm$ 30° heliographischer Breite, später näher am Sonnenäquator.

Die Sonnenflecken sind die am leichtesten beobachtbaren Erscheinungen der aktiven Sonne. Sie werden daher seit langem herangezogen, um ein Maß für die Sonnenaktivität festzulegen, die sogenannte Fleckenrelativzahl R = const. (10 · Zahl der Gruppen + Zahl der Einzelflecke).

Fackeln können im monochromatischen Licht (etwa in H_α oder H und K des Ca II) als helle, 5000 bis 50 000 km große Gebiete auf der ganzen Sonnenscheibe beobachtet werden. Sie treten in Aktivitätszentren und in der Nähe von Sonnenflecken auf und haben eine noch größere Lebensdauer als die Sonnenflecken. Der Zusammenhang zwischen Fackelflächen und bipolaren magnetischen Gebieten (Ausdehnung bis 200 000 km und Feldstärken bis 50 Gauß) ist besonders eng.

Protuberanzen und Filamente sind zwei Bezeichnungen für die gleichen Erscheinungen: relativ kühle ($\approx 10^4$ K) Gaswolken in der umgebenden heißen ($\approx 10^6$ K) Korona. Sie erscheinen am Sonnenrand in Form heller Bögen vor dem dunklen Hintergrund (Protuberanz), vor der Sonnenscheibe sind sie im Lichte von H_α oder anderer starker Fraunhoferlinien als dunkle, fadenförmige Gebilde (Filamente) sichtbar.

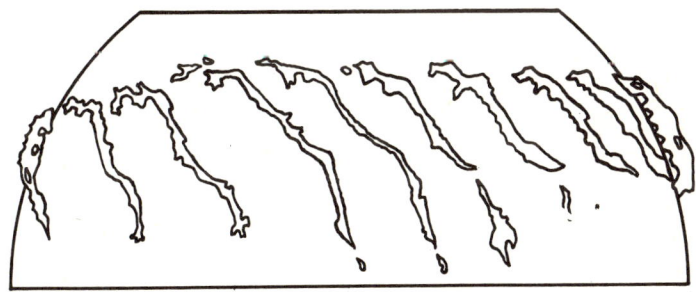

Wanderung einer großen Protuberanz vom Ostrand (links) zum Westrand (rechts) vom 25. 2. bis 10. 3. 1938 (nach M. Waldmeier)

Sie sind sehr flache Gebilde (etwa 5000 km dick) von großer Länge (20 000 bis 200 000 km). Sie erheben sich bis zu etwa 50 000 km über die Photosphäre. Ein Vergleich mit den chromosphärischen Spicules liegt nahe: Die physikalischen Bedingungen – kühlere Kondensationen in flacher oder langgestreckter Form in einer heißen Umgebung – mögen ähnlich sein. Die Größen unterscheiden sich allerdings drastisch.

Protuberanzen (oder Filamente) entstehen immer in Fleckenzonen, oft in der Nähe von Flecken, häufig aber auch isoliert. Fleckennahe Protuberanzen variieren im allgemeinen rasch, während die anderen sich bis auf ein Längenwachstum kaum verändern. Nach einer Lebensdauer von 200–300 Tagen verblassen sie schließlich. Bei ihrer Entstehung sind Filamente meridional orientiert, werden dann aber durch die differentielle Rotation der Sonne langsam in Ost-West-Richtung gedreht. Protuberanzen bilden sich durch Kondensation von Materie aus der Korona, wobei möglicherweise Magnetfelder mitwirken. Die kühlere und damit dichtere Materie in den Protuberanzen wird von den Magnetfeldern getragen oder gleitet an den Feldlinien zur Sonnenoberfläche hinab. Durch derartige Bewegungen leuchtender Gaswolken – ein sehr eindrucksvolles Bild vermittelt die in Zeitraffertechnik durch ein Lyot-H_α-Filter aufgenommenen Protuberanzenfilme – sind Protuberanzen einem ständigen Wandel unterworfen, wobei sich Formen nach dem gleichen Muster reproduzieren können, solange die magnetische Konfiguration erhalten bleibt (ruhende Protuberanz). Bei raschen Änderungen der Feldkonfiguration, wie etwa bei Flares, können Protuberanzen eruptiv werden. Dann werden die glühenden Wasserstoffwolken bis in Höhen über 100 000 km emporgeschleudert, teilweise überschreiten die Geschwindigkeiten sogar die Entweichgeschwindigkeit. *Surges* (Flaresurges) bilden eine besondere Klasse eruptiver Protuberanzen.

Flares (Sonneneruptionen) sind plötzliche Helligkeitsausbrüche, die vor allem in H_α und in den H- und K-Linien des Ca II, seltener auch im Kontinuum beobachtet werden können. Sie treten in Aktivitätsgebieten auf, bevorzugt in solchen mit hohen magnetischen Feldstärken (einige hundert bis tausend Gauß) und komplizierten magnetischen Strukturen. Es gibt eine Tendenz zum wie-

Klassifikation der Flares

Bedeutung	Dauer Min.	Fläche 10^{-6} · Fläche der sichtbaren Sonnenhemisphäre	Breite der H_α Emission in Å	Intensität der Emission im Zentrum von H_α Kontinuumsintensität = 1
1—		100	1,5	0,6
1	4–40	100–250	3	0,8–15
2	10–90	250–600	4,5	1,2–2,0
3	20–150	600–1200	8,0	1,4–2,5
3+	50–430	1200	15,0	2,0–3,0

Sonnenprotuberanzen: Zwei Aufnahmen mit einem selbstgebauten Protuberanzenfernrohr von dem Amateurastronomen G. Nemec, München. Bau- und Arbeitsanleitung zu einem solchen Instrument wurden in der astronomischen Monatszeitschrift „Sterne und Weltraum" veröffentlicht.

derholten Auftreten von Flares in den gleichen aktiven Gebieten. Ein Flare reicht von der Photosphäre bis in die Korona in eine Höhe von etwa 20 000 km. Die Form ist unregelmäßig. Eine Feinstruktur, die oft von den Fackelflächen vorgezeichnet ist, ist beobachtet. Die Horizontalausdehnung der Flares (8000 bis 40 000 km) wird häufig durch die Angabe der Fläche (in Einheiten von 10^{-6} der sichtbaren Sonnenhemisphäre) beschrieben. Die Dauer der Flareerscheinung variiert von wenigen Minuten bis zu einigen Stunden. Typisch ist ein rascher Anstieg der Helligkeit (Flash-Stadium) und ein langsames Abklingen. Die Stärke der Flares wird nach einer Skala der Bedeutung (Importance) geschätzt.

In den großen Flares werden Energiebeträge von etwa 10^{30} bis zu 10^{31} erg freigesetzt. Man nimmt an, daß diese Energien vor dem Flareausbruch in den Magnetfeldern gespeichert war.

Radiobursts (Strahlungsausbrüche im Radiowellenbereich) sind eng mit größeren Flares korreliert. Man unterscheidet anhand ihrer dynamischen Spektren, in denen in einem zweidimensionalen Diagramm die Frequenz der Strahlung als Funktion der Zeit aufgetragen ist, verschiedene Typen von Radiobursts.

Typ III: Strahlungsausbrüche von etwa 10 sec Dauer, die kurz nach dem Flare auftreten, Strahlung in zwei engen, rasch zu niedrigeren Frequenzen driftenden Frequenzbereichen (Grundwelle und erste Harmonische, die häufig aber auch fehlen kann, Frequenzverhältnis etwa 1:2) Deutung: Plasmaschwingungen in der Korona, die durch einen vom Flare ausgehenden Strom schneller Elektronen angeregt werden.

Typ V: Gelegentlich auftretende, kurz dauernde Kontinuumsstrahlung. Wahrscheinlich Synchrotronprozeß.

Typ II: Strahlungsausbrüche längerer Dauer (5–30 min), ebenfalls in zwei Frequenzbereichen (Frequenzverhältnis 1:2), die etwa 200mal langsamer als beim Typ III zu niedrigeren Frequenzen driften. Deutung: Plasmaschwingungen in der Korona, die durch vom Flare ausgehende Stoßwellen angeregt werden.

Typ IV: Teilweise lang andauernde Kontinuumsstrahlung, wahrscheinlich Synchrotronprozeß.

Interferometrische Beobachtungen haben gezeigt, daß die Strahlungsquellen bei Typ III und II Bursts sich durch die Korona nach außen bewegen. Ferner sind, von Raketen und Satelliten aus, bei Flares auch Röntgenstrahlungsausbrüche (Quantenenergie von 10^4 bis 10^6 eV) beobachtet worden. Im Gegensatz zur weicheren Röntgenstrahlung ($\approx 10^3$ eV), die thermischen Ursprungs ist, entsteht die harte Komponente als Bremsstrahlung.

h) Solar-terrestrische Beziehungen

Unter der Bezeichnung fast man eine Gruppe von verschiedenartiger Erscheinungen zusammen, die alle mit starken Strahlungsausbrüchen auf der Sonne, also mit Flares hoher Importance korreliert sind.

Die schon erwähnte Röntgenstrahlung der Flares bewirkt eine plötzliche Erhöhung der Ionisierung in der Ionosphäre. Die D-Schicht sinkt dadurch von etwa 75 km Höhe auf 60 km herab. Dort ist die Absorption von Radiowellen infolge der höheren Dichte stark vergrößert. Die sich daraus ergebenden Störungen des Funkverkehrs sind unter der Bezeichnung Mögel-Dellinger-Effekt bekannt.

Die vom Flare ausgehenden energiereichen Protonen (bis zu 10^{10} eV) können auf der Erde als solare Komponente der kosmischen Ultrastrahlung nachgewiesen werden, wobei die energieärmeren Teilchen wegen der abschirmenden Wirkung des Erdmagnetfeldes nur noch in der Nähe der magnetischen Pole in die Atmosphäre eindringen können. Dort bewirken Protonen bis herab zu etwa 10^3 eV eine zusätzliche Ionisierung der Ionosphäre, die sich als sogenannte Polar Cap Absorption (PCA) der Radiowellen bemerkbar macht. Die PCA tritt einige Stunden nach einer starken Flare auf.

Langsame Protonen und Wolken ionisierter Materie, die sich mit etwa 10 000 km/sec bewegen, ebenso wie eventuelle magneto-hydrodynamische Wellen, verursachen Deformationen des Erdmagnetfeldes, die sich in Schwankungen der Intensität und der Richtung des Feldes an der Erdoberfläche bemerkbar machen.

Derartige erdmagnetische Stürme beginnen etwa 20 bis 30 Stunden nach dem Flare mit einem scharfem Einsatz. Durch die Schwankungen des Erdmagnetfeldes wird gleichzeitig die kosmische Ultrastrahlung moduliert.

Nordlichter stehen in engem Zusammenhang mit magnetischen Stürmen. Man ist heute der Ansicht, daß sie in der Ionosphäre in 100 bis 250 km Höhe durch den Einfall schneller Elektronen entstehen, zum Teil aber auch durch Sekundärelektronen, d. h. durch Elektronen, welche durch Protonenstoß freigesetzt werden. — Starke Flares bilden wegen der energiereichen Korpuskularstrahlung eine Gefahr für den bemannten Raumflug.

DAS SYSTEM DER ASTRONOMISCHEN KONSTANTEN

1. Einführung

Abgrenzung des Themas und der Begriffe

Nach historisch entstandenem und fest eingebürgertem Sprachgebrauch versteht man unter den astronomischen Konstanten jene kleine Gruppe von Konstanten, die notwendig sind, Beobachtungen von Himmelskörpern auszuwerten und zu interpretieren und für diesen Zweck den Ephemeriden in den Jahrbüchern zugrunde liegen. Die meisten von ihnen sind deshalb naturgemäß mit Dimension, Figur, Gravitationsfeld und Bewegung der Erde verknüpft. Diese Größen sind nicht alle unabhängig voneinander; zwischen einigen unter ihnen bestehen mathematische Beziehungen. Man kann somit einige — die fundamentalen Konstanten — so auswählen, daß innerhalb dieser jede von der anderen unabhängig ist und die übrigen — die abgeleiteten Konstanten — sich aus den fundamentalen berechnen lassen, ohne Beobachtungen für sie benutzen zu müssen. (Abweichungen der beobachteten Werte können dann zur Entdeckung und Untersuchung systematischer Fehler dienen.) Das Bestehen der Konsistenzbeziehungen ist einer der Gründe, von einem System der Konstanten zu sprechen. Ein anderer Grund dafür ist folgender: In der Astrometrie wird keine Größe direkt gemessen, sondern aus den Abweichungen passend angestellter Beobachtungen von einer Ephemeride erschlossen; da einerseits weite astronomische Arbeitsgebiete in Zusammenhang miteinander stehen und auch die Ephemeriden in den Jahrbüchern nicht unabhängig voneinander sind, ist (jedenfalls im Prinzip) anzustreben, daß die Zahlenwerte für die allen Ephemeriden zugrunde liegenden Größen dieselben sind und somit die beobachteten Widersprüche gegen irgendeine der Ephemeriden auf demselben System astronomischer Konstanten beruhen.

Die Formulierung des Systems besteht in der Aufgabe, bestimmte Konstanten als fundamentale und die übrigen als abgeleitete festzulegen, die Beziehungen zwischen ihnen aufzustellen und jeder Konstante bei Berücksichtigung der Konsistenzrelationen einen Zahlenwert beizulegen. Die Auswahl der fundamentalen Konstanten ist nicht eindeutig. Es ist nicht notwendig, daß diese direkt bestimmt werden können; wichtig ist nur, daß sie scharf definiert sind und die theoretischen Beziehungen möglichst einfach werden.

Bemerkungen zum konventionellen System

Das konventionelle System der astronomischen Konstanten, welches nach internationaler Vereinbarung den Ephemeriden der Jahrbücher zugrunde liegt, beruht auf Beobachtungen des vergangenen Jahrhunderts (einige der wichtigsten Konstanten sind auf einer Konferenz in Paris 1896 festgelegt worden). Es ist außerdem nicht in sich widerspruchsfrei; so sind beispielsweise die Werte $8''\!.80$ für die Sonnenparallaxe $\pi_\odot$ und $20''\!.47$ für die Aberrationskonstante k nicht miteinander verträglich; Newcombs Sonnentafeln basieren auf dem Wert $1/329390$ für die Masse des Systems Erde–Mond, zu welchem jedoch die Sonnenparallaxe von $8''\!.79$ gehört. Das konventionelle System ist also reformbedürftig; wegen des Zusammenhangs weiter Gebiete der Astronomie untereinander und mit den Ephemeriden muß die Formulierung eines verbesserten Systems sehr genau überlegt werden, um den großen Arbeitsaufwand zu rechtfertigen und für viele kommende Jahrzehnte auszuschalten, der für die Bearbeitung von Beobachtungsreihen erforderlich ist, die auf verschiedenen Werten für einzelne Konstanten beruhen. Nun sind jedoch aus genaueren Beobachtungen dieses Jahrhunderts verbesserte Werte für die astronomischen Konstanten mehrfach bestimmt worden, konnten seit wenigen Jahren Entfernungen im Sonnensystem mit radartechnischen Methoden viel genauer als bisher gemessen werden und haben Beobachtungen von künstlichen Erdsatelliten eine sichere Vermessung des äußeren Gravitationsfeldes der Erde ermöglicht, so daß die Verbesserung des konventionellen Systems gewagt werden kann. Sie wurde auf dem IAU-Symposium 21 (Astronomische Konstanten, Paris 1963) beschlossen; die Formulierung des neuen Systems, welches so bald als praktisch möglich eingeführt werden soll, wurde einer Arbeitsgruppe übertragen.

2. Vorbereitende Angaben zur Formulierung des Systems

Einheiten

Im astronomischen Maßsystem ist die Einheit der Zeit der Ephemeridentag (d) zu 86400 Ephemeridensekunden (sec); die Ephemeridensekunde ist durch die Festsetzung definiert (s. S. 130): Das tropische Jahr zur Epoche 1900 Jan. $0\overset{d}{.}5$ enthält 31 556 925.97474 sec (diese Zahl ist eine absolute, d. h. ein für allemal festgelegte Konstante).

Die Einheit der Masse ist die Masse der Sonne.

Die Einheit der Länge ist die astronomische Einheit (A E). Sie ist als diejenige Entfernungseinheit definiert, in welcher die große Halbachse a einer ungestörten („Keplerschen") elliptischen Bahn gemäß dem 3. Keplerschen Gesetz $n^2 a^3 = k^2 (1 + m)$ (n und m mittlere siderische Bewegung und Masse des Planeten) mit dem festen Wert für die Gaußsche Konstante

$$k = 0.01720\ 20989\ 50000\ (A E)^{3/2}/d \cdot S^{1/2}$$

auszudrücken ist. Sie kann beschrieben (nicht definiert) werden als Radius desjenigen Kreises um die Sonne („Gaußsche Bahn"), auf welchem ein masseloser Körper einen siderischen Umlauf in $2\pi/k$ Ephemeridentagen vollendet. k ist ebenfalls eine absolute Konstante.

Bezeichnungen

G	Gravitationskonstante in $m^3\,g^{-1}\,sec^{-2}$
S, E, M	Masse der Sonne, der Erde, des Mondes in g
$e = \sin\varnothing$	Exzentrizität der Erdbahn
$n_\odot$, $n_{\mathbb{C}}$	siderische mittlere Bewegung der Sonne, des Mondes in (radian)/sec
A	1 AE in m
$a_{\mathbb{C}}$	gestörte mittlere Entfernung Erde – Mond in m
$N_\odot^{-3} = \bar{a}_\odot$	Keplersche mittlere Entfernung Erde – Sonne in AE; definiert durch $n_\odot^2\,A^3 = N_\odot G(S+E+M)$
$a_\odot$	gestörte mittlere Entfernung Erde – Sonne in AE
$N_{\mathbb{C}}^{-3} = \bar{a}_{\mathbb{C}}/a_{\mathbb{C}}$	Quotient aus Keplerscher und gestörter mittlerer Entfernung Erde – Mond; definiert durch $n_{\mathbb{C}}^2\,a_{\mathbb{C}}^3 = N_{\mathbb{C}} G(E+M)$.

Figur und Schwerefeld der Erde

Daten über die Figur der Erde — Radius R des Erdäquators (Georadius) und Abplattung f — sind für die Astronomie vor allem notwendig, um die von der Erdoberfläche aus gemachten Beobachtungen auf den Erdmittelpunkt zu reduzieren, also den parallaktischen Effekt zwischen topo- und geozentrischen Koordinaten des Objekts zu berechnen; R geht deshalb auch in die Definition der Sonnen- und Mondparallaxe ein.

Die Bewegung des Mondes und die der künstlichen Erdsatelliten wird vom äußeren Gravitationsfeld der Erde beherrscht. Der maßgebende Parameter ist die Größe GE. Wegen der Abweichung der Erdfigur von der Kugelgestalt muß die Veränderlichkeit des Potentials von der geozentrischen Breite berücksichtigt werden, was mit Hilfe bestimmt definierter Formfaktoren geschieht. Dieser Problemkreis ist mathematisch recht kompliziert und soll hier nicht dargestellt werden. Es sei nur erwähnt, daß es vorzuziehen ist, statt der Abplattung f den Formfaktor J_2 als astronomische Konstante einzuführen, und daß neuerdings statt der Abplattung f = 1/297 des Internationalen Ellipsoids der aus genaueren Messungen abgeleitete Wert 1/298.3 benutzt wird.

Entfernungen und Geschwindigkeiten im Sonnensystem

Die AE, in welcher die Entfernungen und (rechtwinkligen) Koordinaten der Planeten in den Tafeln und Jahrbüchern angegeben sind, ist mathematisch über den der Gaußschen Konstante zugewiesenen Wert definiert. Es ist noch nötig, sie als Vielfaches $\overset{\text{.}}{A}$ von 1 m oder des Georadius auszudrücken; jenes wird direkt durch Radarmessungen (bis jetzt vorwiegend an Venus), dieses durch Bestimmung der Sonnenparallaxe $\pi_\odot$ gewonnen.

Die mittlere Entfernung Erde – Sonne ist nur näherungsweise gleich 1 AE. Setzt man in die oben angegebene Form des 3. Keplerschen Gesetzes für n und m die beobachteten Werte $n_\odot$ und (E+M)/S ein, so erhält man die Keplersche (ungestörte) mittlere Entfernung $\overline{a}_\odot$ Erde – Sonne in AE. Diese Keplersche Bahn wird noch durch die Gravitationswirkung der anderen Planeten modifiziert, und die wirkliche mittlere Entfernung Erde – Sonne ist eine Größe $a_\odot$, welche von den angenommenen Massenwerten abhängt und von Newcomb berechnet worden ist.

Das Verhältnis der mittleren Geschwindigkeit der Erde zur Lichtgeschwindigkeit ist die Aberrationskonstante k; in ihre Definition gehen die Größen $a_\odot$ und e = sin $\varnothing$ ein. Einfacher zu definieren ist eine Hilfsgröße $\mathbf{K}$, das Verhältnis der mittleren Geschwindigkeit eines Körpers in einer Gaußschen Bahn zur Lichtgeschwindigkeit; k selbst erhält man dann aus $\mathbf{K}$ durch Multiplikation mit einem genügend genau bekannten Faktor oder, für den überhaupt in Frage kommenden Bereich, durch Addition einer Konstanten (= 0.″00291). Die Aberrationskonstante ist astrometrisch sehr schwierig frei von systematischen Fehlern zu bestimmen.

Konstanten des Systems Erde – Mond

Wie bei der Erde hat man auch beim Mond zwischen der Keplerschen (ungestörten) und der gestörten mittleren Entfernung $\overline{a}_{\mathbb{C}}$ bzw. $a_{\mathbb{C}}$ Erde – Mond zu unterscheiden; das Verhältnis $\overline{a}_{\mathbb{C}}/a_{\mathbb{C}}$ ist von E. W. Brown berechnet worden. Der Wert von $a_{\mathbb{C}}$ wird sehr genau aus Radarmessungen gewonnen, der Fehler dieser Größe ($\approx$ 1 km) ist die Unsicherheit im Wert für den Mondradius. Die Bewegung der Erde um das Baryzentrum (d. i. der Schwerpunkt des Systems Erde – Mond) erzeugt Verschiebungen in den geozentrischen Örtern eines Planeten oder Erdsatelliten und ein periodisches Glied in der Sonnenlänge, aus denen die Konstante L der Mondgleichung abgeleitet werden kann. L ist eine Funktion der Mondmasse und dient dazu, den Wert von μ = M/E zu bestimmen.

Die analytische Entwicklung der Mondlänge enthält ein Glied mit monatlicher Periode, die parallaktische Ungleichheit, aus dessen Koeffizienten P bei bekannten Werten für M/E und $a_{\mathbb{C}}$, die Sonnenparallaxe (oder A) bestimmt werden kann.

Rotation der Erde

Die Fundamentalebenen Äquator und Ekliptik, welche den Ortsbestimmungen an der Sphäre zugrunde liegen, haben keine feste Lage im Raum. Infolge der Gravitationswirkung von Sonne, Mond und Planeten bewegt sich die Rotationsachse der Erde (der Pol des Äquators) um den Pol der Ekliptik und erfährt die Erdbahn (die Ekliptik) Änderungen ihrer Lage; beide Erscheinungen werden unter den Namen Präzession (säkulare Änderungen) und Nutation (periodische Änderungen) zusammengefaßt. Die charakteristischen Größen sind die allgemeine Präzession in Länge und die Nutationskonstante; sie hängen in komplizierter und bis jetzt nicht erfaßbarer Weise von der Struktur des Erdkörpers ab und müssen deshalb als fundamentale, aus Beobachtungen abzuleitende Konstanten betrachtet werden. Mit Rücksicht auf die noch bestehende Unsicherheit in den Bestimmungen, und weil ein kleiner Fehler keine schwerwiegenden Folgen hat, sollen nach einem Beschluß auf dem IAU-Symposium 21 die konventionellen Werte vorläufig nicht geändert werden.

3. Formulierung des Systems

Von kleinen noch möglichen Abänderungen abgesehen wird das IAU-System der astronomischen Konstanten folgendermaßen formuliert werden:

Fundamentale Konstanten

$\bar{k}$ = k/86400 Gaußsche Konstante in $(AE)^{3/2}/sec \cdot S^{1/2}$

c Lichtgeschwindigkeit in m/sec

R Äquatorradius des Referenzellipsoids für die Erde (Georadius) in m

A Anzahl der Meter in 1 AE

GE geozentrische Gravitationskonstante in m^3/sec^2

μ = M/E Masse des Mondes in Einheiten der Masse der Erde

p allgemeine Präzession in Länge pro tropisches Jahrhundert für 1900

N Nutationskonstante für 1900.

Abgeleitete Konstanten

$\pi_\odot$ Sonnenparallaxe
= (radian)" arc sin (R/A)

τ Lichtzeit (Anzahl von Lichtsekunden in 1 AE)
= A/c = (radian)" R/(c $\pi_\odot$)

k   Aberrationskonstante

$$= (\text{radian})'' \frac{n_\odot \, A \, a_\odot \sec \varnothing}{c} = (\text{radian})''^2 \frac{Rn_\odot \, a_\odot \sec \varnothing}{c \, \pi_\odot}$$

$$= \mathbf{K} \frac{n_\odot}{\overline{k}} a_\odot \sec \varnothing \ \text{ mit } \mathbf{K} = (\text{radian})'' \, \overline{k} \, \frac{A}{c}$$

GS   heliozentrische Gravitationskonstante in m³/sec²

$$= \overline{k}^2 \, A^3$$

S/E   Verhältnis von Sonnen- zu Erdmasse

$$= (GS)/(GE)$$

$a_{(\!(}$ gestörte mittlere Entfernung Erde – Mond in m

$$= \left(\frac{N_{(\!(} \, (GE) \, (1 + \mu)}{n_{(\!(}^2} \right)^{1/3}$$

$\sin \pi_{(\!(}$ Konstante des Sinus der Mondparallaxe

$$= (\text{radian})'' \, R/a_{(\!(}$$

L   Konstante der Mondgleichung

$$= (\text{radian})'' \, \frac{\mu}{1 + \mu} \, \frac{a_{(\!(}}{A} = (\text{radian})'' \, \frac{\mu}{1 + \mu} \, \frac{\pi_\odot}{\sin \pi_{(\!(}}$$

P   Koeffizient des Hauptgliedes der parallaktischen Ungleichheit des Mondes

$$= 49\,853\rlap{.}{''}2 \, \frac{1 - \mu}{1 + \mu} \, \frac{a_{(\!(}}{A} = 49\,853\rlap{.}{''}2 \, \frac{1 - \mu}{1 + \mu} \, \frac{\pi_\odot}{\sin \pi_{(\!(}}.$$

Beziehungen

$\mathbf{K} \, c/A = (\text{radian})'' \, \overline{k}$ (absolute Konstante)   (1)

$\mathbf{k} \, c/A = (\text{radian})'' \, n_\odot \, a_\odot \sec \varnothing$ (2.1)

$\mathbf{k} c \, \pi_\odot = (\text{radian})''^2 \, Rn_\odot \, a_\odot \sec \varnothing$ (2.2)

$$\sin \pi_{(\!(} = (\text{radian})'' \, R \left(\frac{n_{(\!(}^2}{N_{(\!(} \, (GE) \, (1 + \mu)} \right)^{1/3} \tag{3}$$

$$\frac{(GE) \, (1 + \mu)}{a_{(\!(}^3} = \frac{n_{(\!(}^2}{N_{(\!(}} \tag{4}$$

$$\frac{S}{E + M} \left(\frac{A}{a_{(\!(}} \right)^{-3} = \frac{S}{E + M} \left(\frac{\sin \pi_{(\!(}}{\pi_\odot} \right)^{-3} = N_{(\!(} \, \frac{\overline{k}^2}{n_{(\!(}^2} \tag{5}$$

$$\frac{S + E + M}{E + M} \left(\frac{A}{a_{(\!(}} \right)^{-3} = \frac{S + E + M}{E + M} \left(\frac{\sin \pi_{(\!(}}{\pi_\odot} \right)^{-3} = \frac{N_{(\!(}}{N_\odot} \, \frac{n_\odot^2}{n_{(\!(}^2} \tag{6}$$

$$\frac{S + E + M}{E} = \frac{n_{\odot}^2\, A^3}{N_{\odot}\,(GE)} = \frac{n_{\odot}^2\, R^3}{N_{\odot}\,(GE)} \left(\frac{(\text{radian})''}{\pi_{\odot}}\right)^3 \tag{7}$$

$$P = \frac{49\,853''2}{(\text{radian})''}\, L\,(\mu^{-1} - 1) \tag{8}$$

Zahlenwerte

Aus

$$(\text{radian})'' = 206\,264''806\,247$$
$$\overline{k} = 0.00000\,01990\,98367\,47685 \qquad (\text{absolute Konstante})$$
$$n_{\odot} = 3548''19\,280\,994/d \qquad (p = 5025''64)$$
$$= 0.00000\,01990\,98659\,42970\ \text{radian/sec}$$
$$n_{\mathbb{C}} = 47434''8898991/d \qquad (p = 5025''64)$$
$$= 0.00000\,26616\,99489\,00308\ \text{radian/sec}$$
$$\overline{a}_{\odot} = 1.00000\,00359$$
$$(S/(E + M) = 328900)$$
$$a_{\odot} = 1.00000\,0234$$
$$\overline{a}_{\mathbb{C}}/a_{\mathbb{C}} = 1.00090\,76812$$
$$N_{\odot} = 0.99999\,98923$$
$$N_{\mathbb{C}} = 0.99728\,18924$$
$$\sec\varnothing = 1.00014\,03282$$

erhält man

$$\mathbf{K}\,c/A = 0''04106\,69861\,91726 \qquad (\text{absolute Konstante})$$
$$\mathbf{k}\,c/A = 0''04107\,28189$$
$$GE\,(1 + \mu)\,a_{\mathbb{C}}^{-3} = 0.00000\,00000\,07103\,95348$$
$$\frac{S}{E + M}\left(\frac{A}{a_{\mathbb{C}}}\right)^{-3} = 0.00558\,00140\,08172$$
$$\mathbf{k}/\mathbf{K} = 1.00014\,20286$$
$$\mathbf{k} = \mathbf{K} + 0''00291$$

und mit

$$R = 6\,378\,165\ \text{m}$$
$$a_{\mathbb{C}} = 384\,400\,000\ \text{m}:$$
$$\sin\pi_{\mathbb{C}} = 3422''4531$$
$$\mathbf{k}\,c\,\pi_{\odot} = 54\,035\,030$$
$$1 + \mu^{-1} = 60.26812\,\pi_{\odot}/L$$
$$P = 14.56651\,\pi_{\odot}\,\frac{1 - \mu}{1 + \mu} = 0.2416951\,L\,(\mu^{-1} - 1).$$

Geozentrische Gravitationskonstante

$a_{\mathbb{C}}$ (km)	GE $(1 + \mu) \cdot 10^{-12}$
384398	403.499933
384399	403.503082
384400	403.506231
384401	403.509380
384402	403.512529

Zusammengehörige Werte einiger Konstanten

(für

$$R = 6\,378\,165 \text{ m}$$
$$a_{\mathbb{C}} = 384\,400\,000 \text{ m}$$
$$c = 299\,792\,500 \text{ m/sec}$$
$$GE = 398.60336 \cdot 10^{12} \text{ m}^3/\text{sec}^2$$
$$\mu^{-1} = 81.30)$$

$A \cdot 10^{-7}$	$GS \cdot 10^{-13}$	$\dfrac{S}{E}$	$\dfrac{S}{E + M}$	τ	K	k	$\pi_{\odot}$
14950	13245214	332291	328253	498^{s}67825	20″47921	20″48212	8″79994
14956	13261168	332691	328648	498^{s}87839	20″48743	20″49034	8″79641
14962	13277134	333091	329044	499^{s}07853	20″49565	20″49856	8″79288
14968	13293114	333492	329440	499^{s}27867	20″50387	20″50678	8″78936

Vorläufiges System

Aus neueren Bestimmungen kann man das folgende vorläufige System astronomischer Konstanten konstruieren; in der letzten Spalte sind die konventionellen Werte angegeben.

Fundamentale Konstanten:		Konventionelle Werte:
$c = 299\,792\,500$ m/sec		299 792 500
$R = 6\,378\,165$ m		6 378 388
$A = 149\,598 \cdot 10^6$ m		—
$GE = 398.60336 \cdot 10^{12}$ m^3/sec^2		—
$\mu^{-1} = 81.30$		81.53
$p = 5025''64$		5025″64
N = 9″21		9″21

Abgeleitete Konstanten:

$\pi_{\odot} = 8''794175$		8″80
$\tau = 499^s005145$		498^{s}58
K = 20″492637		—
k = 20″495548		20″47
$GS = 132.7127842 \cdot 10^{18}$ m^3/sec^2		—

$$S/E = 332\,944.47 \qquad\qquad 333\,432$$
$$S/(E + M) = 328\,899 \qquad\qquad 329\,390$$
$$a_{\mathbb{C}} = 384\,400\,000 \text{ m} \qquad\qquad —$$
$$\sin \pi_{\mathbb{C}} = 3\,422\rlap{.}''4531 \qquad\qquad 3\,422\rlap{.}''54$$
$$L = 6\rlap{.}''4400 \qquad\qquad 6\rlap{.}''425$$
$$P = 124\rlap{.}''9874 \qquad\qquad 125\rlap{.}''154$$

4. Bemerkungen zu anderen astronomischen Konstanten

Der Begriff astronomische Konstanten in seiner wörtlichen Bedeutung umfaßt noch viele andere Größen, wie z. B. Dimensionen, Figur und Bahnelemente der Planeten und Monde; zwischen ihnen bestehen aber kaum theoretische Beziehungen, und außerdem sind die Arbeitsgebiete, in denen sie gebraucht werden, praktisch unabhängig voneinander. Die einzigen Konstanten, die man dem System anfügen könnte, sind die Massen der großen Planeten und ihrer Monde; für einige dieser Werte bestehen aber noch größere Unsicherheiten, andererseits sind Unterschiede dieser Zahlen in den Theorien der einzelnen Planeten nicht von weitreichender schädlicher Wirkung.

STELLARASTRONOMIE

Die Sonne steht uns unvergleichlich näher als alle anderen Sterne. So kommt es, daß die Erforschung der Sonne und des Sonnensystems sehr ins Detail gehen kann und daß die Ergebnisse, von denen die wichtigsten im vorangehenden Abschnitt zusammengefaßt sind, für uns eine unmittelbare Bedeutung haben. Eine rasche Entwicklung verschiedenartiger, spezieller Beobachtungstechniken (Spezialinstrumente für die Sonnenbeobachtung, Raumsonden, die weiche Landung von Meßgeräten auf dem Mond und Planeten, Radarmessungen usw.) charakterisieren diesen Bereich der Astronomie ebenso wie die zunehmend komplizierter werdenden Theorien, die entwickelt werden, um die vielen beobachteten Einzelheiten zu deuten.

Dies alles ist jedoch nur ein Teilbereich der Astronomie, und die gewonnenen Kenntnisse sind notwendigerweise speziell und unvollständig. Bevor nicht die Mannigfaltigkeit der Sterne, die Verschiedenheiten ihrer Zustandsgrößen bekannt sind, wissen wir nicht, welche Eigenschaften der Sonne typisch sind und welche sich mehr aus Zufälligkeiten, die etwa aus der Vorgeschichte des Sonnensystems, ergeben. Bevor nicht die Struktur des großartigen Sternsystems, dem wir angehören, des Milchstraßensystems, aufgehellt ist, vermögen wir nicht zu beurteilen, welche Stellung unsere Sonne mit ihrem Planetensystem in ihm einnimmt.

Der Schritt vom Sonnensystem in die Welt der Fixsterne bedeutet, wegen der großen Entfernung dieser Objekte und ihrer damit verbundenen geringen scheinbaren Helligkeit, einen Verzicht auf viele Beobachtungsmöglichkeiten. Die Resultate werden gleichsam pauschaler. So können z. B. nicht mehr die Mitte-Rand-Variation der Sternstrahlung oder gar feinere Strukturen auf den Sternoberflächen erfaßt werden, den meßbar ist nur noch die über die ganze Scheibe (die selber nicht beobachtbar ist) gemittelte Strahlung. Diesem Verlust an Detailkenntnissen steht die größere Allgemeinheit der Probleme der Stellarastronomie gegenüber. Fragen nach Alter und Entwicklung der verschiedenen Sterne oder des gesamten Milchstraßensystems, das Problem der Entstehung der Elemente, Untersuchungen der Natur von Röntgen- und Radiostrahlungsquellen usw. gehörten in den Bereich der Stellarastronomie.

1. Sternbilder, Sternnamen und die Benennung heller Objekte

Betrachtet man den Sternhimmel in der Absicht, Ordnung in die Vielfalt der Erscheinungen zu bringen, so bemerkt man neben der verschiedenen Helligkeit der Sterne gewisse auffällige Konstellationen heller Sterne, die sich zu geometrischen Figuren, zu Bildern, ergänzen und verbinden lassen, wie etwa das Viereck des „Großen Bären", bei uns auch „Großer Wagen" genannt. — Schon in frühgeschichtlichen Kulturkreisen, etwa in China, bei den Assyrern und Babyloniern, dürften so die ersten Zusammenfassungen zu Sternbildern erfolgt sein. Spätere Kulturvölker wie etwa die Griechen, dann die Araber setzten diesen Brauch fort und überlieferten uns die Einteilung des Himmels in Sternbilder. Da Priesteramt und „Himmelskunde" in einer Person vereint waren, ist die mythologische Namensgebung für die Sternbilder verständlich, obwohl dieser Einteilung des Himmels von vornherein ein ordnender und praktischer Sinn zugrunde lag. Wie sollte man auch den Ort eines Objekts, etwa eines Kometen, anders angeben als durch die Nennung einer Himmelsregion; denn die Angabe einer Himmelsrichtung ist ja wegen des täglichen Umschwungs des Himmelsgewölbes nur dann eindeutig, wenn gleichzeitig die Beobachtungszeit mitgeteilt wird.

Heute wird der genaue Ort eines Objekts durch zwei Koordinaten eines eindeutig definierten Koordinatensystems festgelegt (s. S. 118). Trotzdem hat sich die Einteilung des Himmels in Sternbilder erhalten; denn eine grobe Ortsangabe am Himmel wird auch weiterhin durch das entsprechende Sternbild gegeben; so haben auffallende Objekte einen Namen, der aus der Artbezeichnung in Verbindung mit dem Sternbild gebildet ist, in dem sie stehen (Orionnebel, Andromedanebel, Ringnebel in der Leier).

Die folgende Aufstellung gibt sämtliche 89 Sternbildnamen in der international üblichen lateinischen Benennung, ferner die oft gebrauchten Abkürzungen und die entsprechenden deutschen Namen. Die römischen Zahlen hinter den Namen verweisen auf die einzelnen Karten des Himmelsatlasses.

Verzeichnis der Sternbilder

Name	Abkürzung	deutsche Bezeichnung	Fläche (°)²	zu finden auf Sternkarte
Andromeda	And	Andromeda	722	VI VIII
Antila	Ant	Luftpumpe	239	II IV
Apus	Aps	Paradiesvogel	206	IV VII
Aquarius	Aqr	Wassermann	980	V VIII
Aquilla	Aql	Adler	652	V
Ara	Ara	Altar	237	IV VII
Aries	Ari	Widder	441	VIII
Auriga	Aur	Fuhrmann	657	I III VI IX
Bootes	Boo	Bärenhüter	907	II III
Caelum	Cae	Grabstichel	125	IV VII IX

Name	Abkürzung	deutsche Bezeichnung	Fläche (°)²	zu finden auf Sternkarte
Camelopardalis	Cam	Giraffe	757	III VI
Cancer	Cnc	Krebs	506	I II III
Canes Venatici	CVn	Jagdhunde	465	II III
Canis Maior	CMa	Großer Hund	380	I IV VII IX
Canis Minor	CMi	Kleiner Hund	183	I IX
Capricornus	Cap	Steinbock	414	V VIII
Carina	Car	Kiel des Schiffes	494	IV VII
Cassiopeia	Cas	Kassiopeia	598	III VI
Centaurus	Cen	Zentaur	1 060	II IV
Cepheus	Cep	Cepheus	588	III VI
Cetus	Cet	Walfisch	1 231	VIII
Chamaeleon	Cha	Chamäleon	132	IV VII
Circinus	Cir	Zirkel	93	IV VII
Columba	Col	Taube	270	I IV VII IX
Coma Berinices	Com	Haar der Berenice	386	II III
Corona Australis	CrA	Südliche Krone	128	IV V VII
Corona Borealis	CrB	Nördliche Krone	179	II III V
Corvus	Crv	Rabe	184	II
Crater	Crt	Becher	282	II
Crux	Cru	Kreuz (des Südens)	68	IV
Cygnus	Cyg	Schwan	804	III V VI VIII
Delphinus	Del	Delphin	189	V
Dorado	Dor	Schwertfisch	179	IV VII
Draco	Dra	Drache	1 083	III VI
Equuleus	Equ	Füllen	72	V
Eridanus	Eri	Fluß Eridanus	1 138	VII VIII IX
Fornax	For	Chemischer Ofen	398	VII VIII
Gemini	Gem	Zwillinge	514	I III VI IX
Grus	Gru	Kranich	366	V VII VIII
Hercules	Her	Herkules	1 225	III V VI
Horologium	Hor	Pendeluhr	249	IV VII
Hydra	Hya	Weibliche oder Nördliche Wasserschlange	1 303	I II IV
Hydrus	Hyi	Männliche oder Südliche Wasserschlange	243	IV VII
Indus	Ind	Inder	294	IV VII
Lacerta	Lac	Eidechse	201	V VI VIII
Leo	Leo	Löwe	947	II
Leo Minor	LMi	Kleiner Löwe	232	II III

Name	Abkürzung	deutsche Bezeichnung	Fläche (°)²	zu finden auf Sternkarte
Lepus	Lep	Hase	290	I IX
Libra	Lib	Waage	538	II V
Lupus	Lup	Wolf	334	II IV V
Lynx	Lyn	Luchs	545	I III VI
Lyra	Lyr	Leier	286	III V VI
Mensa	Men	Tafelberg	153	IV VII
Microscopium	Mic	Mikroskop	210	V VII
Monoceros	Mon	Einhorn	482	I IX
Musca	Mus	Fliege	138	IV VII
Norma	Nor	Winkelmaß	165	IV VII
Octans	Oct	Oktant	291	IV VII
Ophiuchus	Oph	Schlangenträger	948	V
Orion	Ori	Orion	594	I IX
Pavo	Pav	Pfau	378	IV VII
Pegasus	Peg	Pegasus	1 121	V VI VIII
Perseus	Per	Perseus	615	III VI VIII IX
Phoenix	Phe	Phönix	469	VII
Pictor	Pic	Malerstaffelei	247	IV VII
Pisces	Psc	Fische	889	VI VIII
Pisces Austrinus	PsA	Südlicher Fisch	245	V VII VIII
Puppis	Pup	Hinterteil des Schiffes	673	I IV VII IX
Pyxis	Pyx	Schiffskompaß	221	I II IV
Reticulum	Ret	Netz	114	IV VII
Sagitta	Sge	Pfeil	80	V
Sagittarius	Sgr	Schütze	867	IV V VII
Scorpius	Sco	Skorpion	497	IV V VII
Sculptor	Scl	Bildhauerwerkstatt	475	VII VIII
Scutum	Sct	Sobieskischer Schild	109	V
Serpens (Caput) ⎫ Serpens (Cauda) ⎭	Ser	(Kopf der) ⎫ (Schwanz der) ⎭ Schlange	429 208	V
Sextans	Sex	Sextant	314	II
Taurus	Tau	Stier	797	VIII IX
Telescopium	Tel	Fernrohr	252	IV VII
Triangulum	Tri	Dreieck	132	VI VIII
Triangulum Australe	TrA	Südliches Dreieck	110	IV VII
Tucana	Tuc	Tukan	295	IV VII
Ursa Maior	UMa	Großer Bär	1 280	II III VI

Name	Abkürzung	deutsche Bezeichnung	Fläche $(°)^2$	zu finden auf Sternkarte
Ursa Minor	UMi	Kleiner Bär	256	III VI
Vela	Vel	Segel des Schiffes	500	I II IV
Virgo	Vir	Jungfrau	1 294	II
Volans	Vol	Fliegender Fisch	141	IV VII
Vulpecula	Vul	Fuchs	268	V

Neben den Sternbildnamen waren früher auch vielfach Eigennamen für helle Sterne in Gebrauch. Heute sind nur noch die Namen für einige helle Sterne allgemein bekannt. Meist sind diese Namen arabischen Ursprungs. Sie sind in der Tabelle der hellen Sterne (s. S. 441) mit angeführt.

Auf Vorschlag von Bayer, zu Anfang des 17. Jahrhunderts, wurde später für die hellen Sterne ein einheitliches Benennungssystem eingeführt, und zwar mit Hilfe der kleinen griechischen Buchstaben und der Sternbildnamen, wobei die Buchstabenfolge $α$, $β$, $γ$, $δ$ ungefähr auch die Helligkeitsfolge innerhalb des Sternbildes bezeichnet. Reichen die griechischen Buchstaben nicht aus, so folgen auf sie die kleinen lateinischen. Allgemein ist dieses System bis zu den Sternen etwa der 4. Größe durchgeführt worden.

Griechisches Alphabet (kleine Buchstaben)

$α$	Alpha	$η$	Eta	$ν$	Nü	$τ$	Tau
$β$	Beta	$ϑ$	Theta	$ξ$	Xi	$υ$	Ypsilon
$γ$	Gamma	$ι$	Jota	o	Omikron	$φ$	Phi
$δ$	Delta	$κ$	Kappa	$π$	Pi	$χ$	Chi
$ε$	Epsilon	$λ$	Lambda	$ϱ$	Rho	$ψ$	Psi
$ζ$	Zeta	$μ$	Mü	$σ$	Sigma	$ω$	Omega

Die große Zahl der schwächeren oder gar teleskopischen Sterne werden vielfach durch ihre Nummern in einem Sternkatalog bezeichnet; in diesen werden nicht nur die Ortskoordinaten im äquatorialen Koordinatensystem, also Rektaszension und Deklination, sondern auch die Helligkeit gegeben (s. S. 349). In der Hauptsache werden die Sternnummern aus zwei Katalogen zur Bezeichnung von Sternen benutzt. Einmal die aus dem Henry-Draper-Katalog (siehe S. 354), der nach wachsender Rektaszension geordnet und laufend durchnumeriert 225 300 Sterne bis etwa zur 9. Größe enthält, zum anderen die Durchmusterungs-Kataloge der Bonner und der Córdoba-Durchmusterung.

Auf diese Kataloge und auf das auf ihnen beruhende Benennungssystem muß näher eingegangen werden. — Um 1855 begann F. W. Argelander (1799–1875) an der Bonner Sternwarte mit der genäherten Ortsbestimmung aller Sterne zwischen dem Nordpol des Himmels und —2° Deklination. Der nach sieben Jahren (mit insgesamt 625 Beobachtungsnächten) vollendete Katalog enthält 324 198 Sterne, darunter sämtliche bis zur 9. Größe und viele bis zur 10. Größe. Sein Mitarbeiter und Nachfolger Schönfeld setzte dieses Werk bis zur Deklination von —23° fort. Im Unterschied zu Argelanders *Bonner Durchmusterung* wird dieser Katalog *Südliche Bonner Durchmusterung* genannt, er enthält weitere 133 659 Sterne. Thome in Córdoba (Argentinien) unternahm die Ausdehnung der Durchmusterung nach Süden. Bis zu seinem Tod, 1908, war der Himmel bis —52° bearbeitet, und die genäherten Örter von 489 827 Sternen bis zur 10. Größe bestimmt. Aus noch nicht bearbeitetem Beobachtungsmaterial und solchem von anderen Beobachtern wurde das Werk bis zum Südpol hin vollendet. Die Gesamtzahl der in Córdoba beobachteten Sterne stieg damit auf rund 580 000. — Die Kataloge sind so angelegt, daß jeweils eine Deklinationszone von 1° Breite nach wachsender Rektaszension aufgeführt ist. Die Numerierung erfolgt in jeder Zone gesondert. Bei Bezeichnung eines Sterns gibt man die Deklinationszone in Grad und die laufende Nummer in dieser Zone an.

Beispiel für die verschiedenen Benennungen eines Sterns

Bezeichnung nach Bayer . . . α Ori
Name . . . . Beteigeuze
Koordinaten . . . . AR (α) $5^h52^m27.822$; Dekl (δ) $+7°23'58\rlap{.}''00$
                                      (1950)
Nr. in der Bonner Durchm. . . BD $+7°1055$
Nr. im Henry-Draper-Kat. . . HD 39801

Ganz ähnlich wie bei Sternen, ist auch die Benennung eines nichtsternartigen leuchtenden Objekts an der Sphäre, etwa von Sternhaufen, „Nebeln" und Sternsystemen. Erst seit neuerer Zeit ist die wahre Natur der einzelnen Objekte, wie etwa der Spiralnebel, bekannt. Deshalb enthalten frühere Kataloge ein Gemisch der verschiedensten „Nebeltypen"; die Angabe einer Katalognummer besagt also nichts über die Art des Objekts. — In Gebrauch sind in erster Linie drei Kataloge. Zuerst die von Charles Messier (1730—1817) aufgestellte Nebelliste, die 103 Objektnummern enthält. 5 Objekte konnten später nicht aufgefunden bzw. eindeutig identifiziert werden — Messiers Angaben erwiesen sich als fehlerhaft. Neben dieser Liste ist der von A. J. Dreyer be-

(Fortsetzung S. 345)

Ausschnitt aus: Uranographia sive astorum descriptio 20 tabulis aeneis incisa folio, Berolini (1801), von Johann Elert Bode, dem Direktor der Berliner Sternwarte. Er wurde bekannt durch sein Werk „Anleitung zur Kenntnis des gestirnten Himmels" und durch die sogenannte Titius-Bodesche Reihe.

Einige Erläuterungen zum Gebrauch des Himmelsatlas

Auf acht Kartenblättern ist die gesamte Sphäre dargestellt. Von unserem mitteleuropäischen Standort aus können wir aber nur die Nordhemisphäre und die äquatornahen Sterne der südlichen Hemisphäre sehen. Die Südpol-Kalotte (Karte IV und VII) kann nur erfaßt werden, wenn unser Beobachtungsort südlich des Erdäquators liegt. — Die Karten sind so geordnet, daß sie den Abend-Sternhimmel zu den einzelnen Jahreszeiten zeigen. Hält man die Karten mit Blick nach Süden vor sich, so entspricht dem geschauten Himmelsabschnitt das jeweilige Kartenbild. Für einen Beobachter auf der Nordhalbkugel der Erde liegt Osten auf der Karte links, Westen rechts (seitenverkehrt gegenüber einer Landkarte).

Es ist zu finden:

Frühlings-Sternhimmel, April/Mai gegen 22^h auf Tafel II, III, IV
Sommer-Sternhimmel, Juli/August gegen 22^h auf Tafel V
Herbst-Sternhimmel, Oktober/November gegen 22^h auf Tafel VI, VII, VIII
Winter-Sternhimmel, Januar/Februar gegen 22^h auf Tafel I, IX

Die „scheinbare tägliche Bewegung" des Himmelsgewölbes läßt scheinbar den Meridian (Nord-Süd-Linie) von West nach Ost durch das Kartenbild wandern; deshalb schlage man auch, vor allem bei zeitlichen Abweichungen von der gegebenen Einteilung, die Anschlußkarten auf, die jeweils am Rande durch eine rote römische Ziffer angegeben sind.

Die Planeten sind in den Sternkarten selbstverständlich nicht eingezeichnet, da sie ja ständig ihren Ort unter den Sternen ändern. Um das Auffinden dieser Objekte zu erleichtern, ist die scheinbare Bahn der Sonne unter den Sternen, die Ekliptik ´s. S. 119), in die Karten eingezeichnet worden. Die Planeten stehen immer in der Nähe dieser Bahn. – Ferner ist der galaktische Äquator, die Grundebene des galaktischen Koordinatensystems, eingezeichnet.

Die hellen Sterne sind in den Karten mit kleinen griechischen Buchstaben benannt. Über dieses Benennungssystem lese man auf Seite 321 ff. nach. Dort stehen auch die lateinischen und deutschen Namen der Sternbilder und eine Angabe, auf welcher Karte das betreffende Sternbild aufzusuchen ist.

Für Sterne geringerer scheinbarer Helligkeit (s. S. 360) werden die Flamsteedschen Nummern angeführt. Bei einigen Sternen in den beiden Nordpol-Karten werden auch die durch ein $\mathfrak{H}$ gekennzeichneten Hevelschen Zahlen gegeben. Bei Nebeln, Sternhaufen und Spiralnebeln bezeichnen die Zahlen mit einem vorgestellten M die Nummern im Katalog von Messier, die anderen Zahlen geben die NGC-Nummern (aus dem „New General Catalogue" von Dreyer).

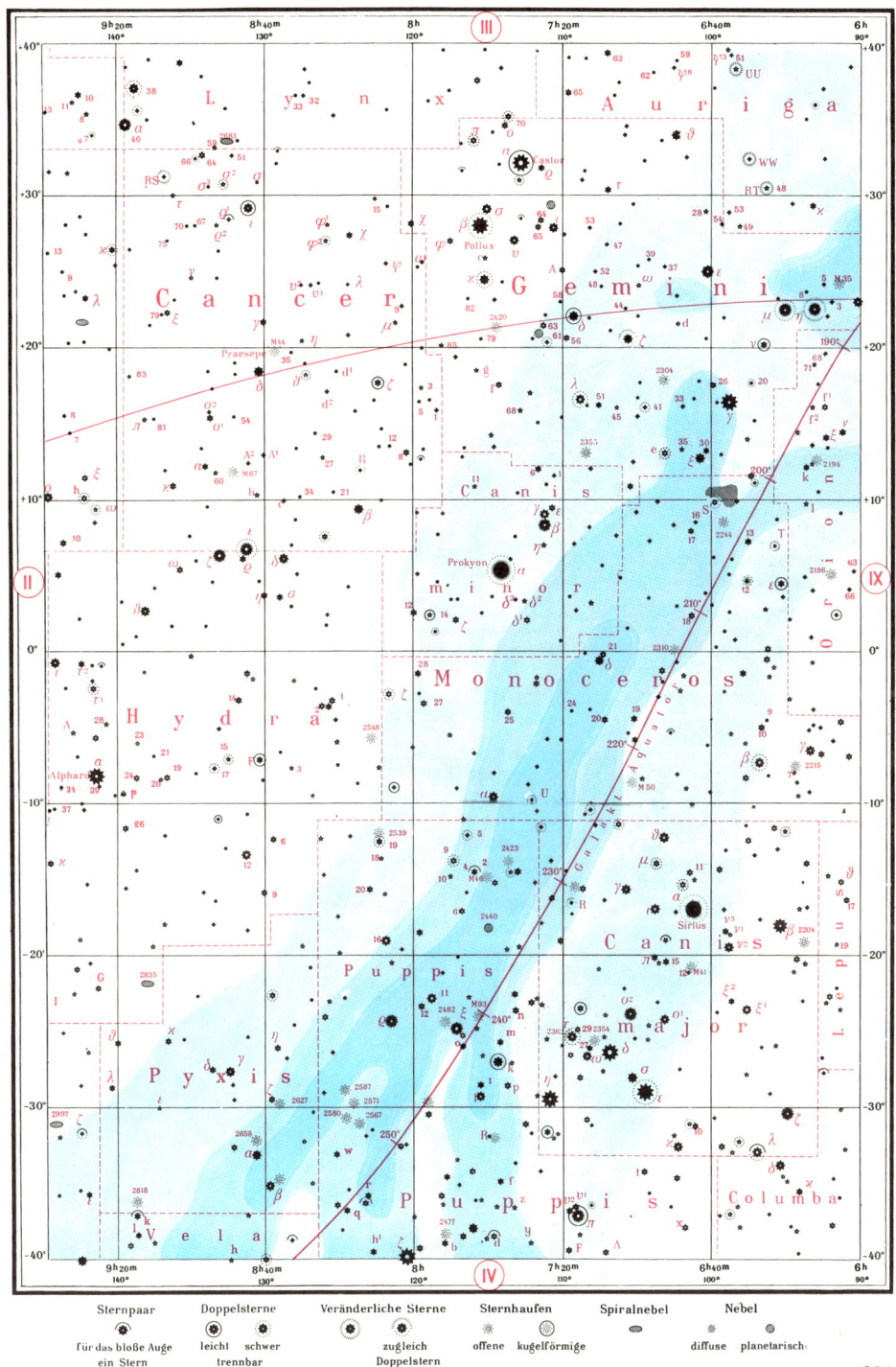

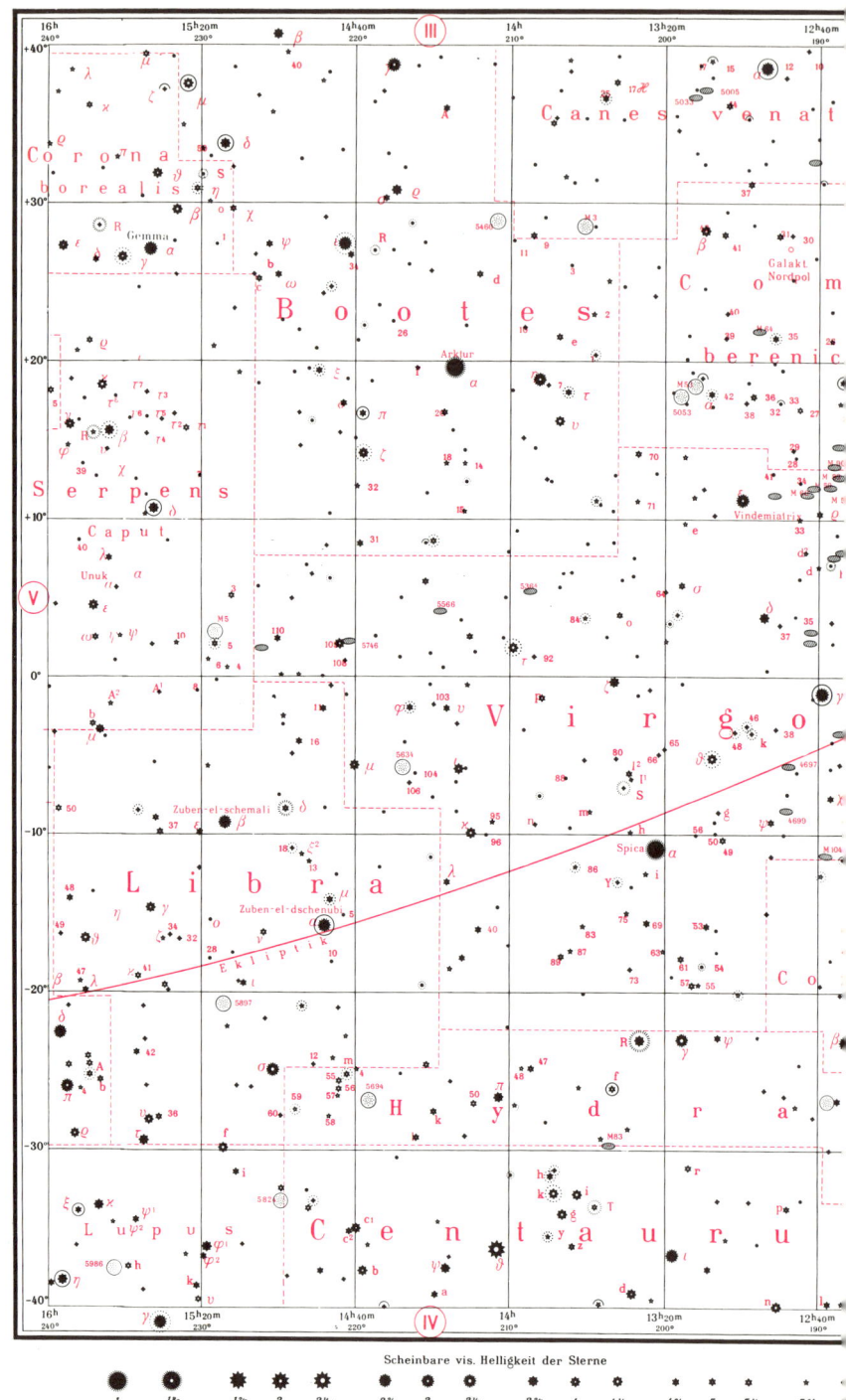

Scheinbare vis. Helligkeit der Sterne

1	1¹·₃	1²·₃	2	2½	2²·₃	3	3½	3²·₃	4	4½	4²·₃	5	5½	5²·₃
1. mag		2. mag			3. mag			4. mag			5. mag			6.

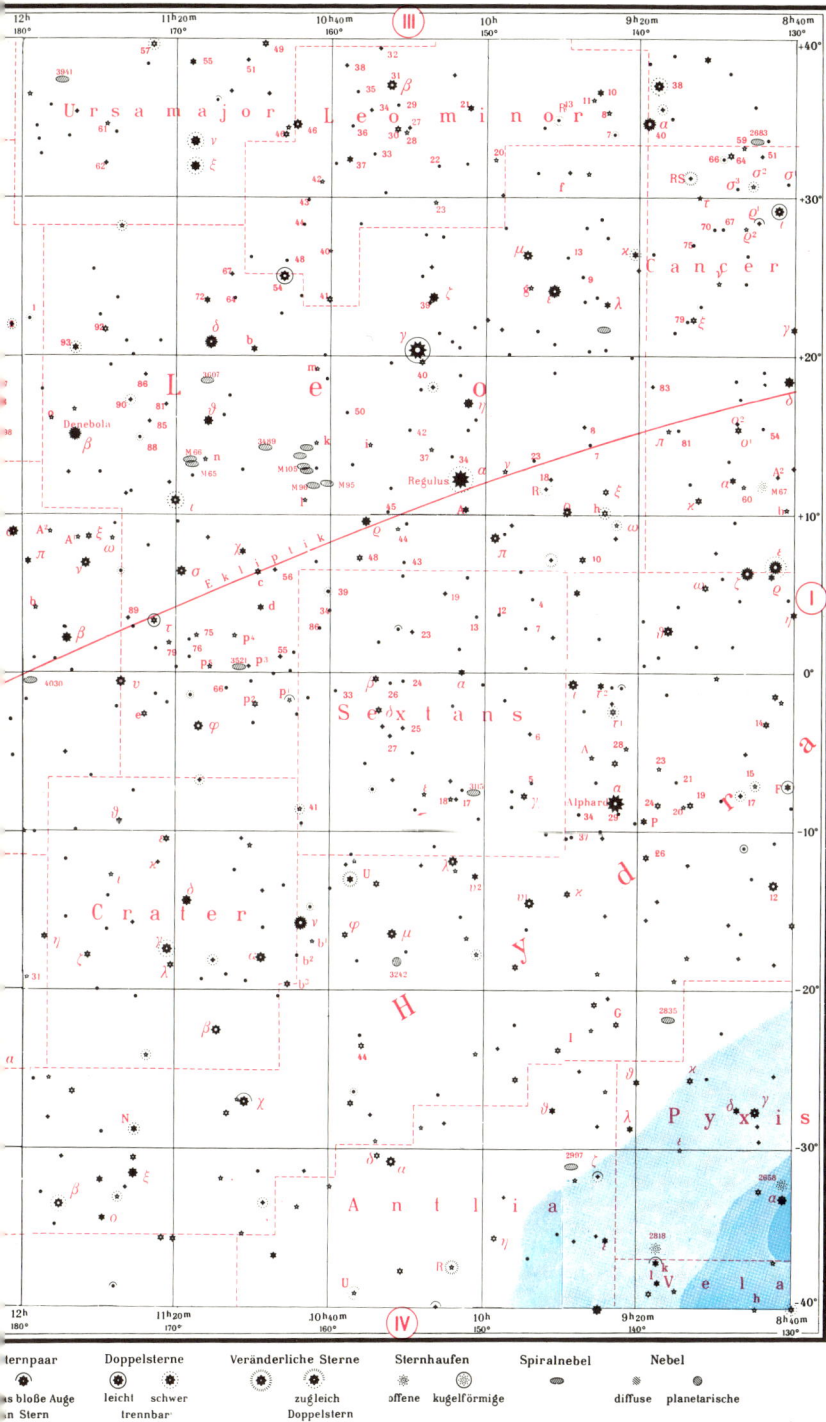

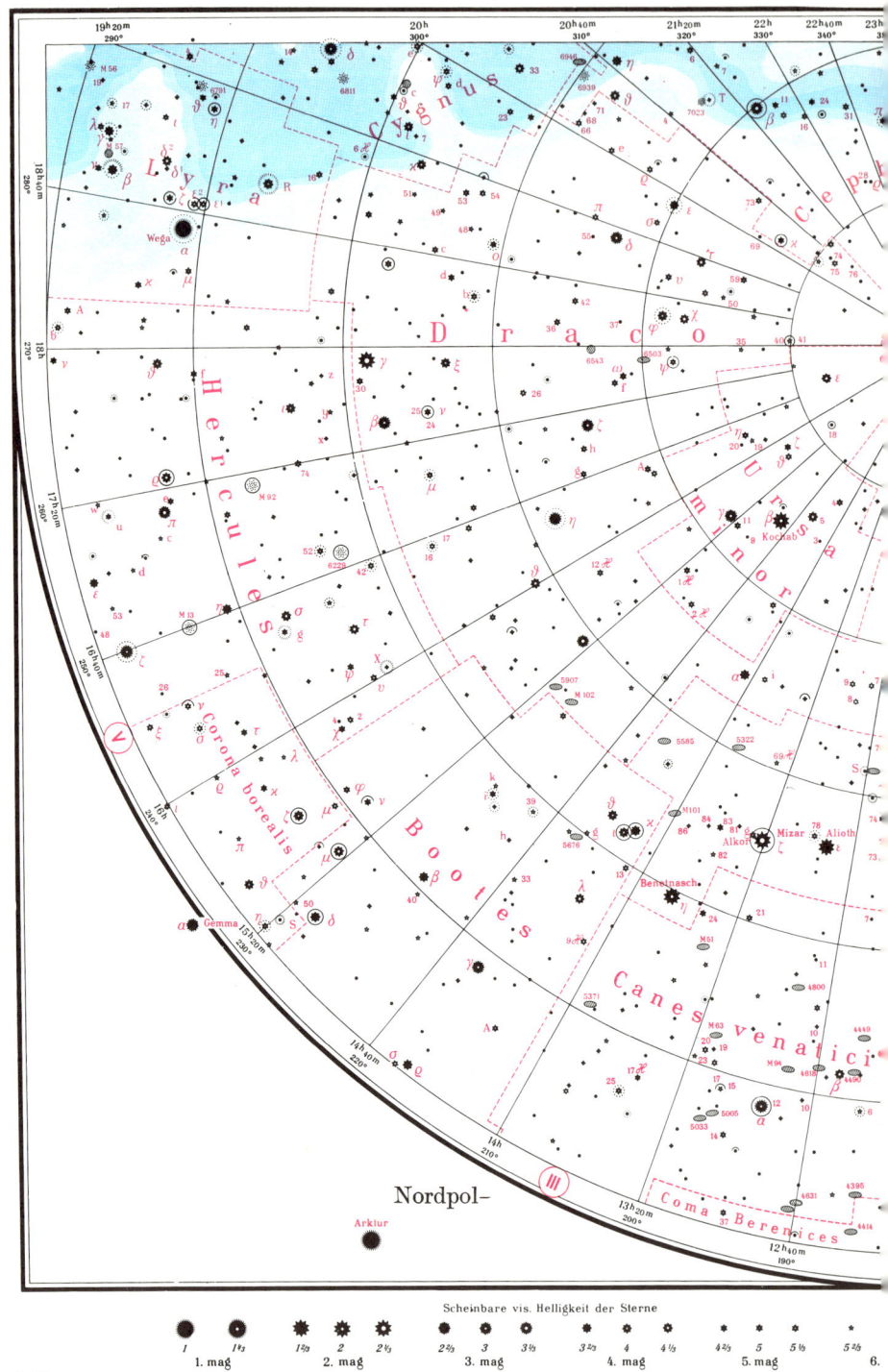

Scheinbare vis. Helligkeit der Sterne

1	1½	1⅔	2	2½	2⅔	3	3½	3⅔	4	4½	4⅔	5	5½	5⅔
1. mag		2. mag			3. mag			4. mag			5. mag			6.

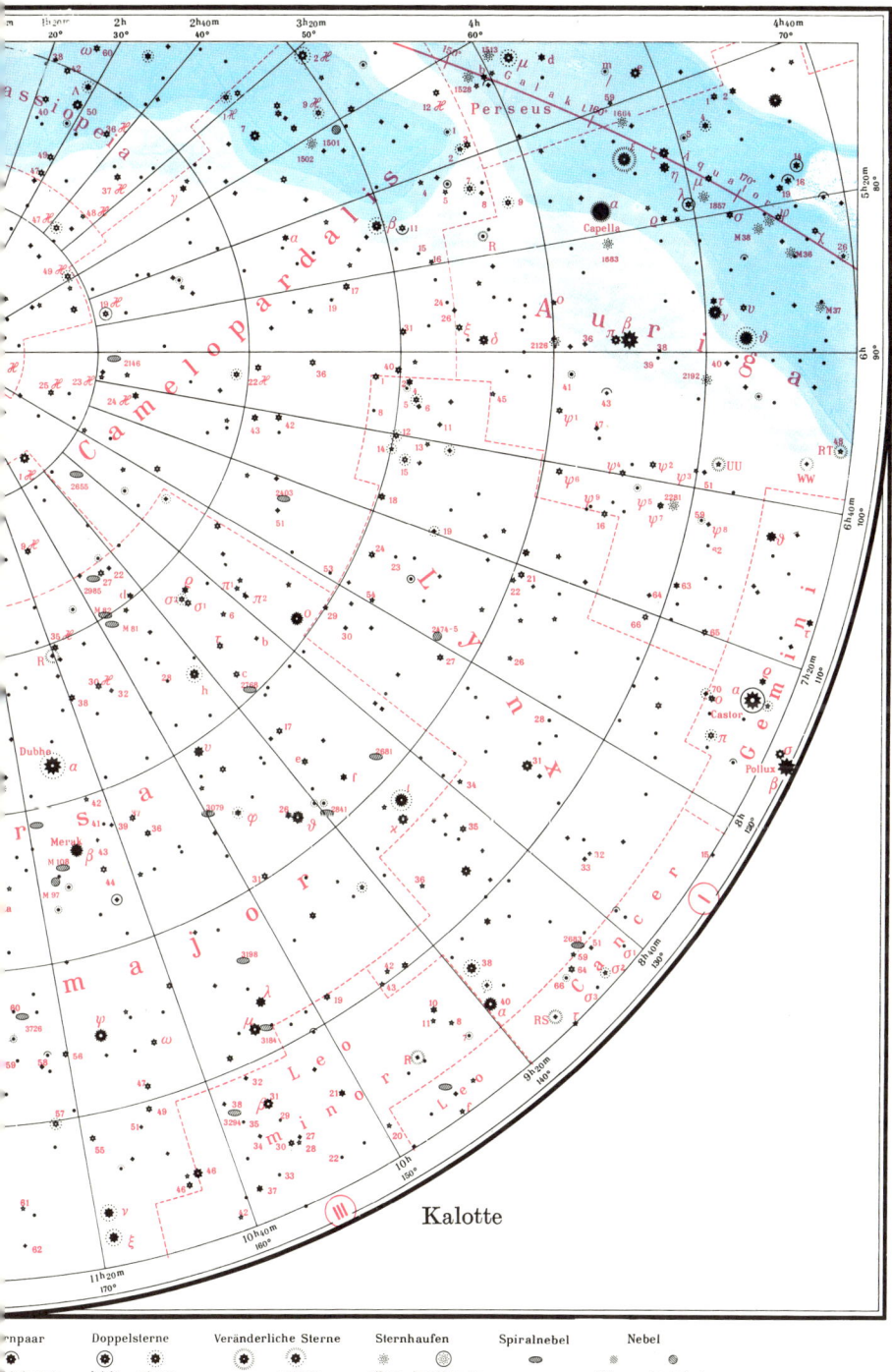

Kalotte

rnpaar	Doppelsterne		Veränderliche Sterne		Sternhaufen		Spiralnebel	Nebel	
bloße Auge	leicht	schwer		zugleich	offene	kugelförmige		diffuse	planetarische
Stern		trennbar		Doppelstern					

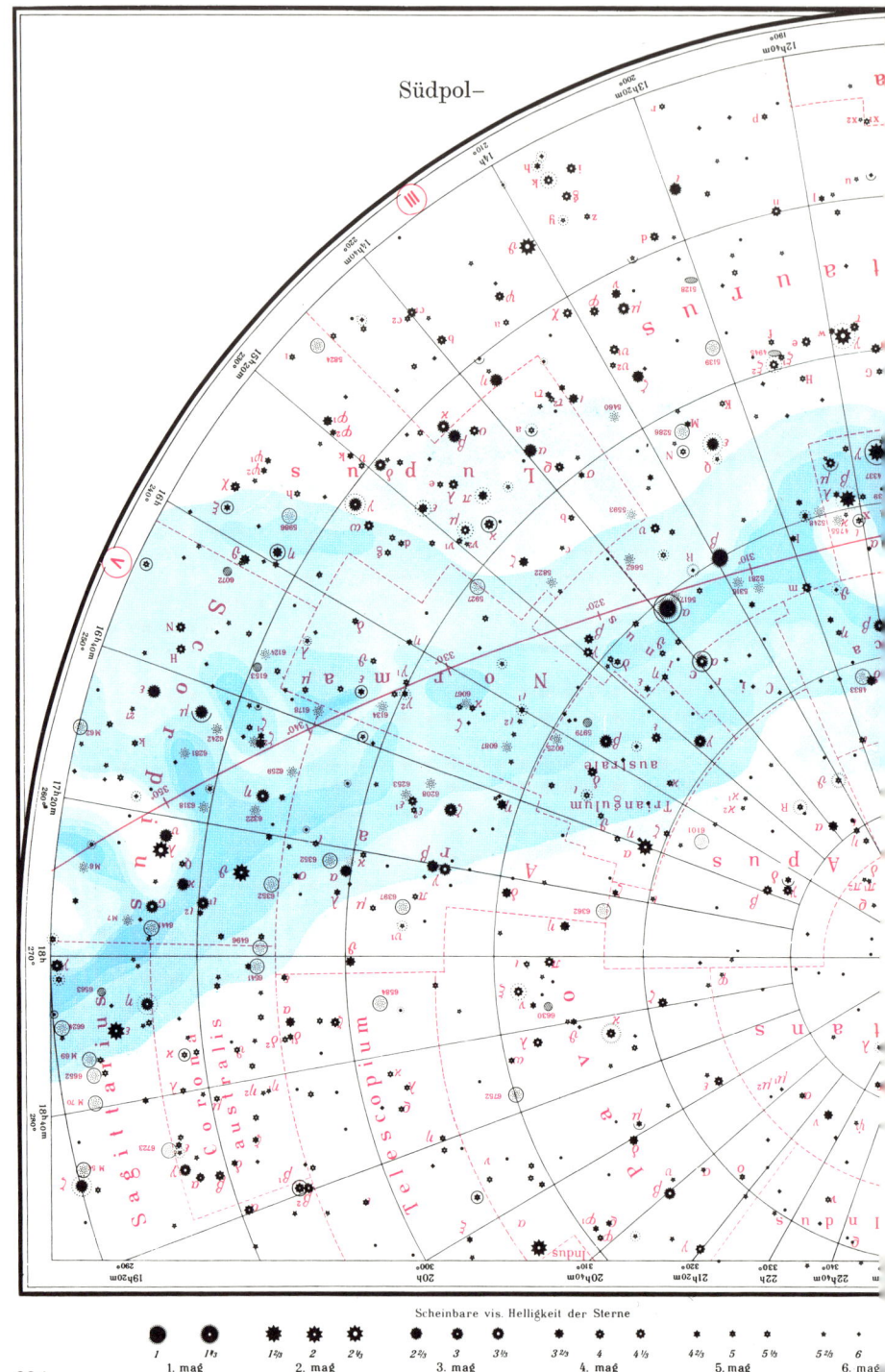

Südpol–

Scheinbar vis. Helligkeit der Sterne

1. mag   2. mag   3. mag   4. mag   5. mag   6. mag

Kalotte

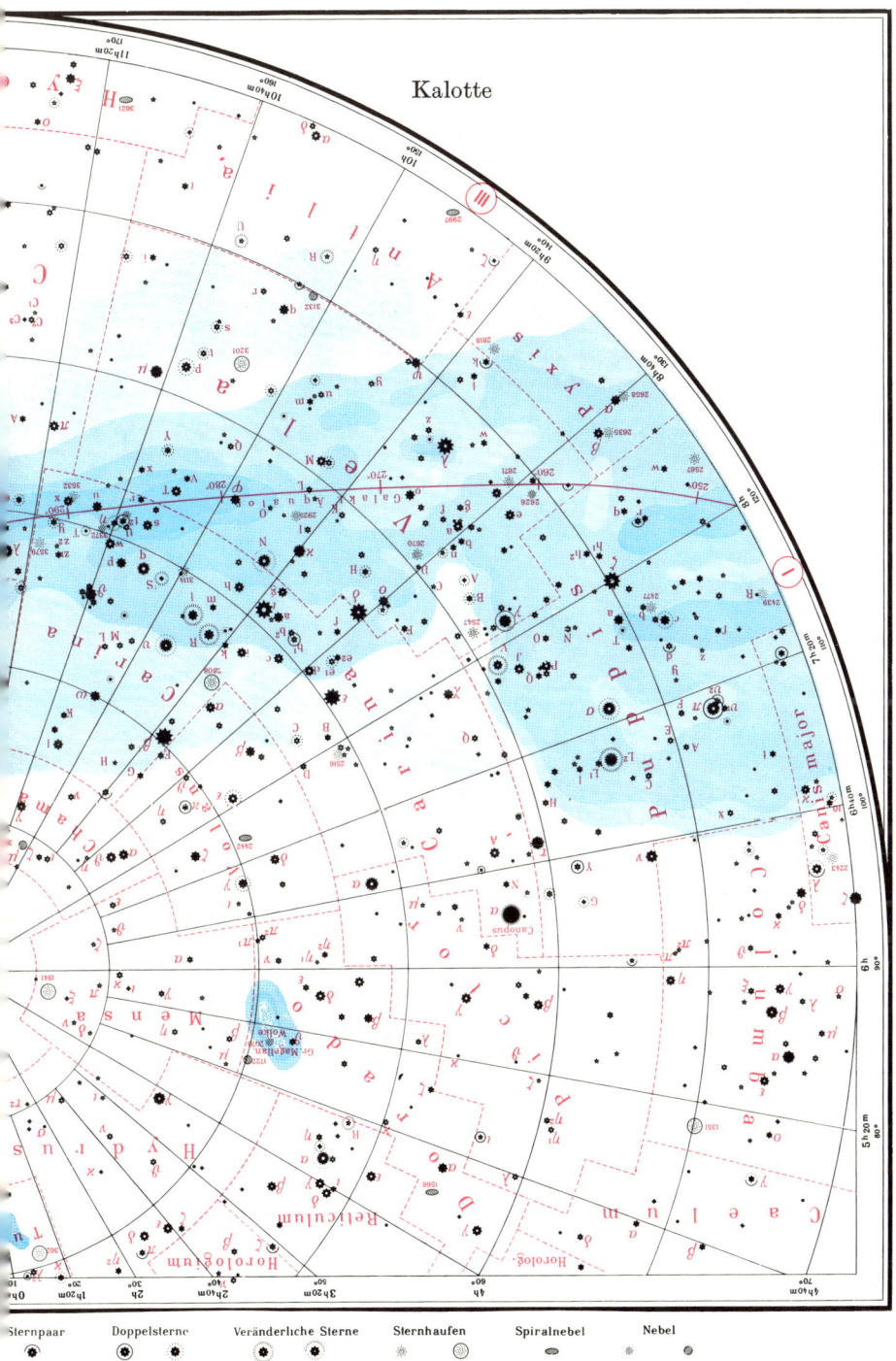

Sternpaar   Doppelsterne   Veränderliche Sterne   Sternhaufen   Spiralnebel   Nebel

as bloße Auge   leicht   schwer   zugleich   offene   kugelförmige   diffuse   planetarische

ein Stern   trennbar   Doppelstern

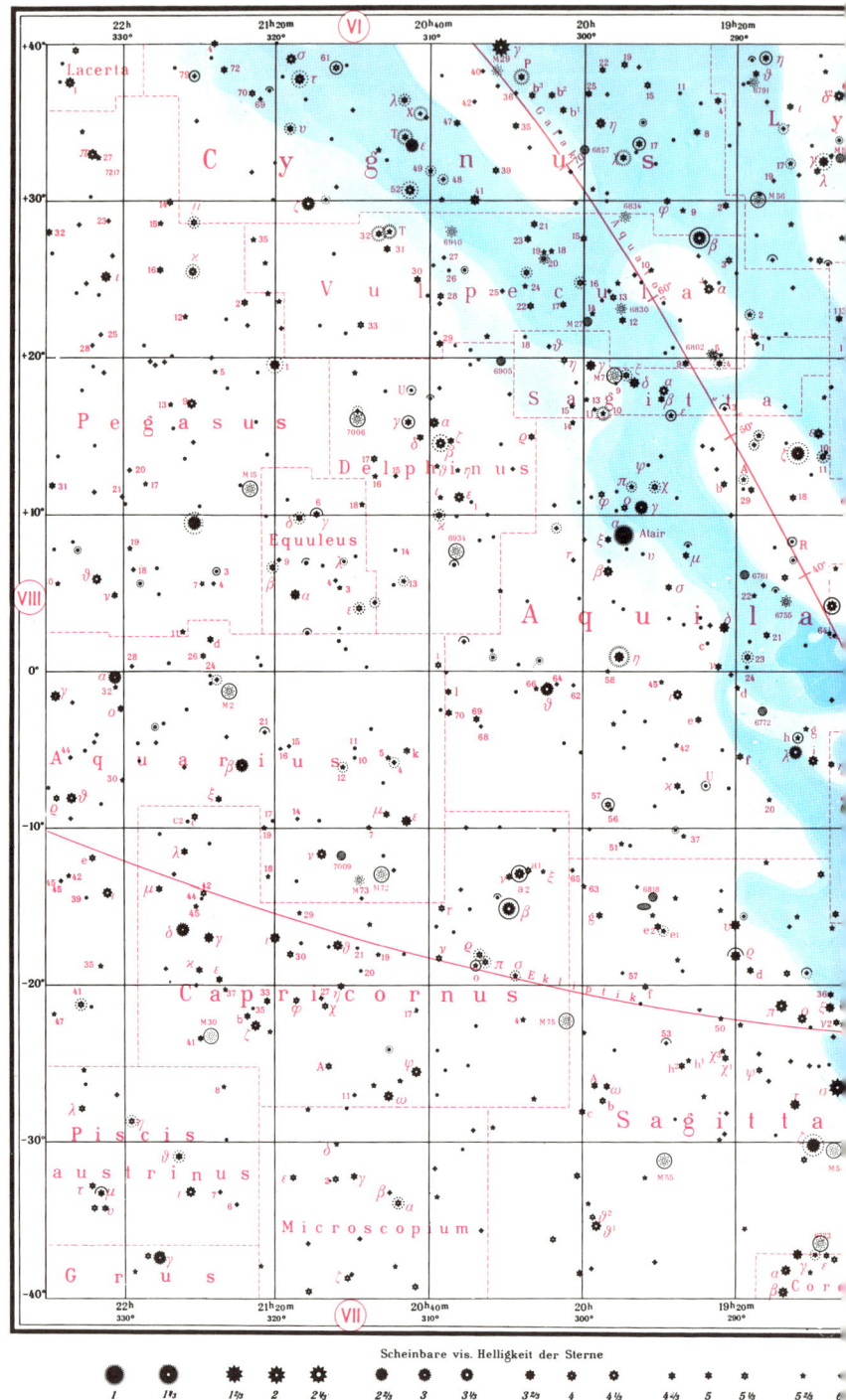

Scheinbare vis. Helligkeit der Sterne

1	1½	1½	2	2½	2½	3	3½	3⅔	4	4½	4½	5	5½	5¾
1. mag		2. mag			3. mag			4. mag			5. mag			6.

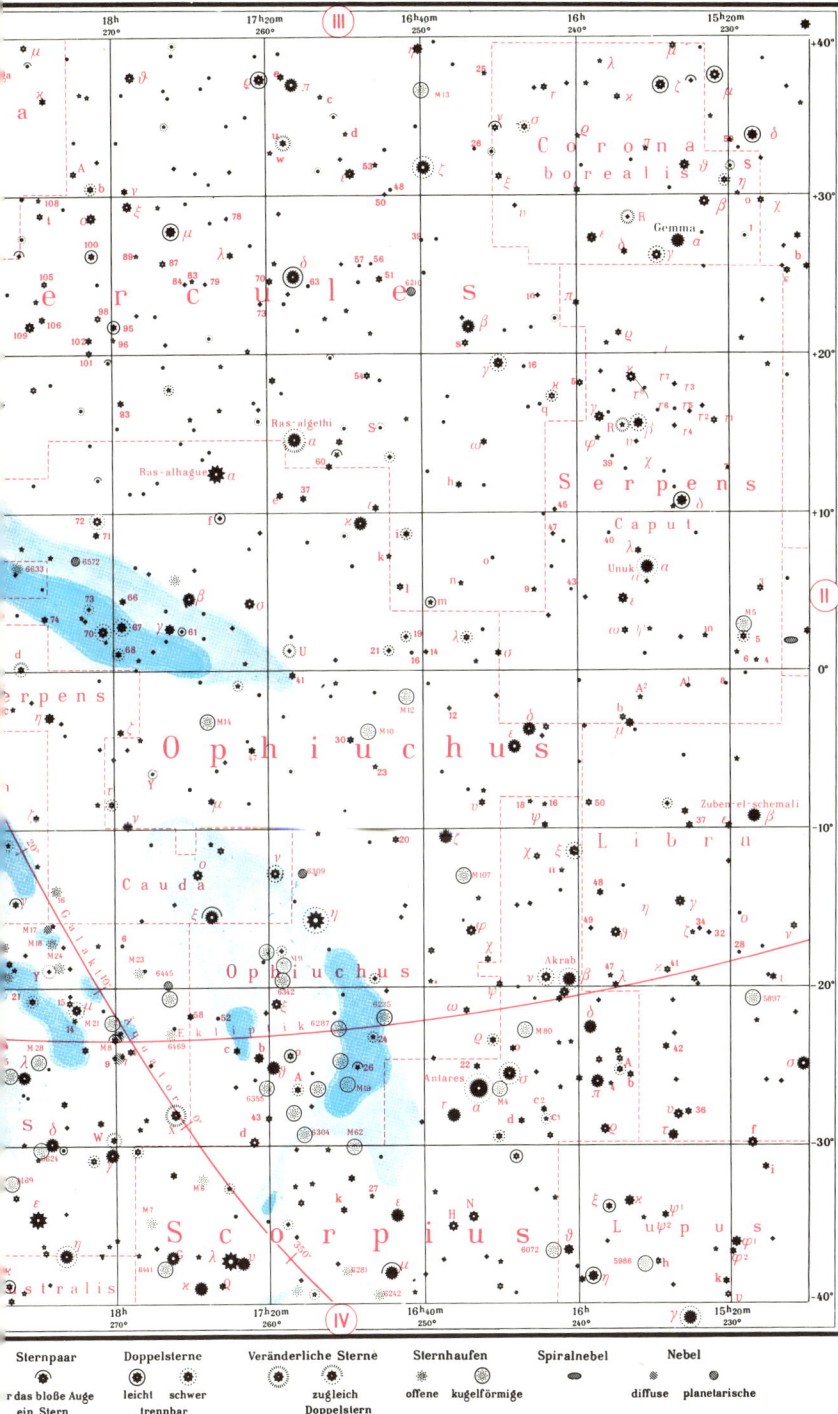

Sternpaar   Doppelsterne   Veränderliche Sterne   Sternhaufen   Spiralnebel   Nebel

r das bloße Auge   leicht   schwer   zugleich   offene   kugelförmige   diffuse   planetarische
ein Stern   trennbar   Doppelstern

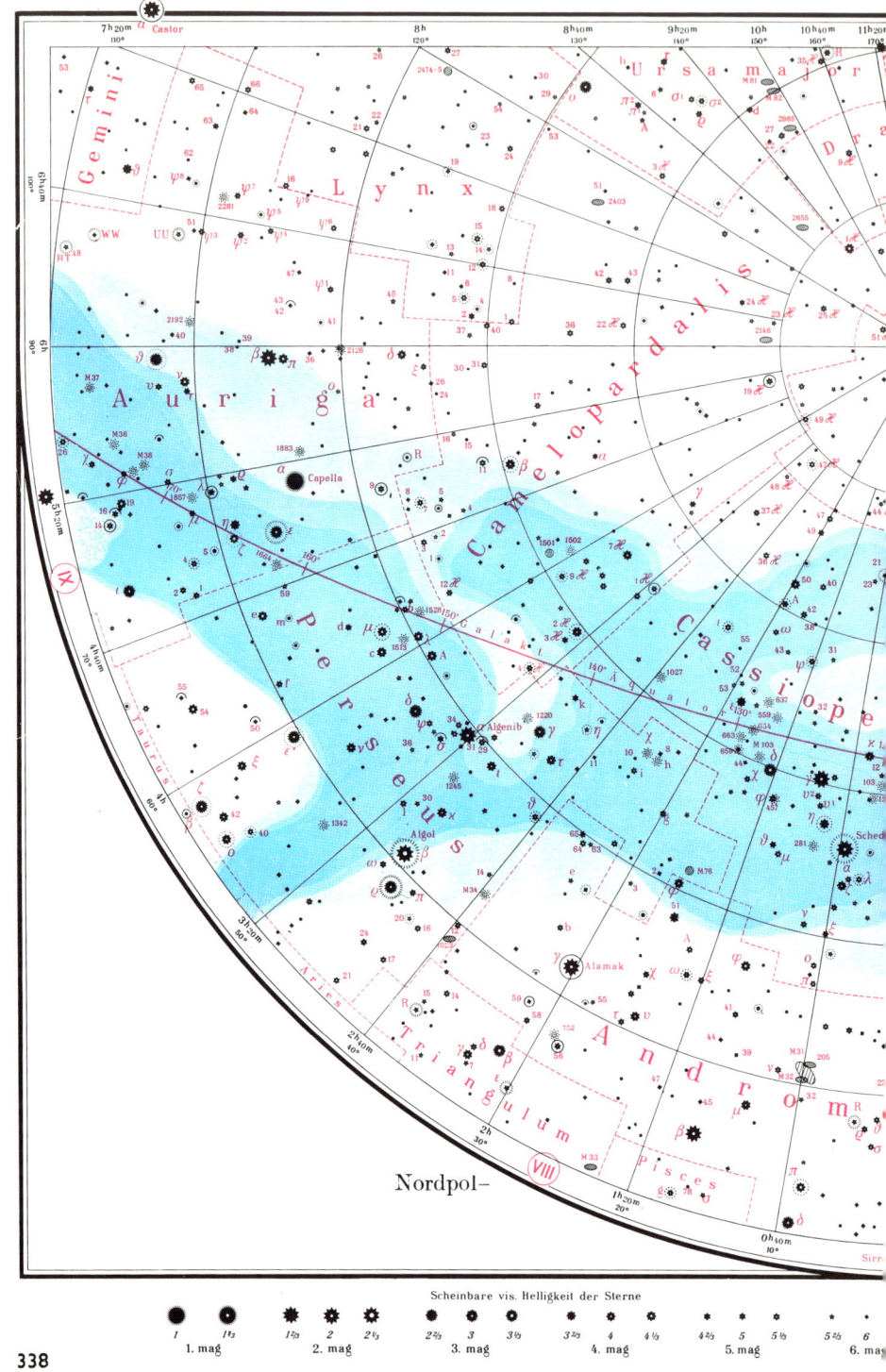

Nordpol–

Scheinbare vis. Helligkeit der Sterne

1. mag 2. mag 3. mag 4. mag 5. mag 6. mag

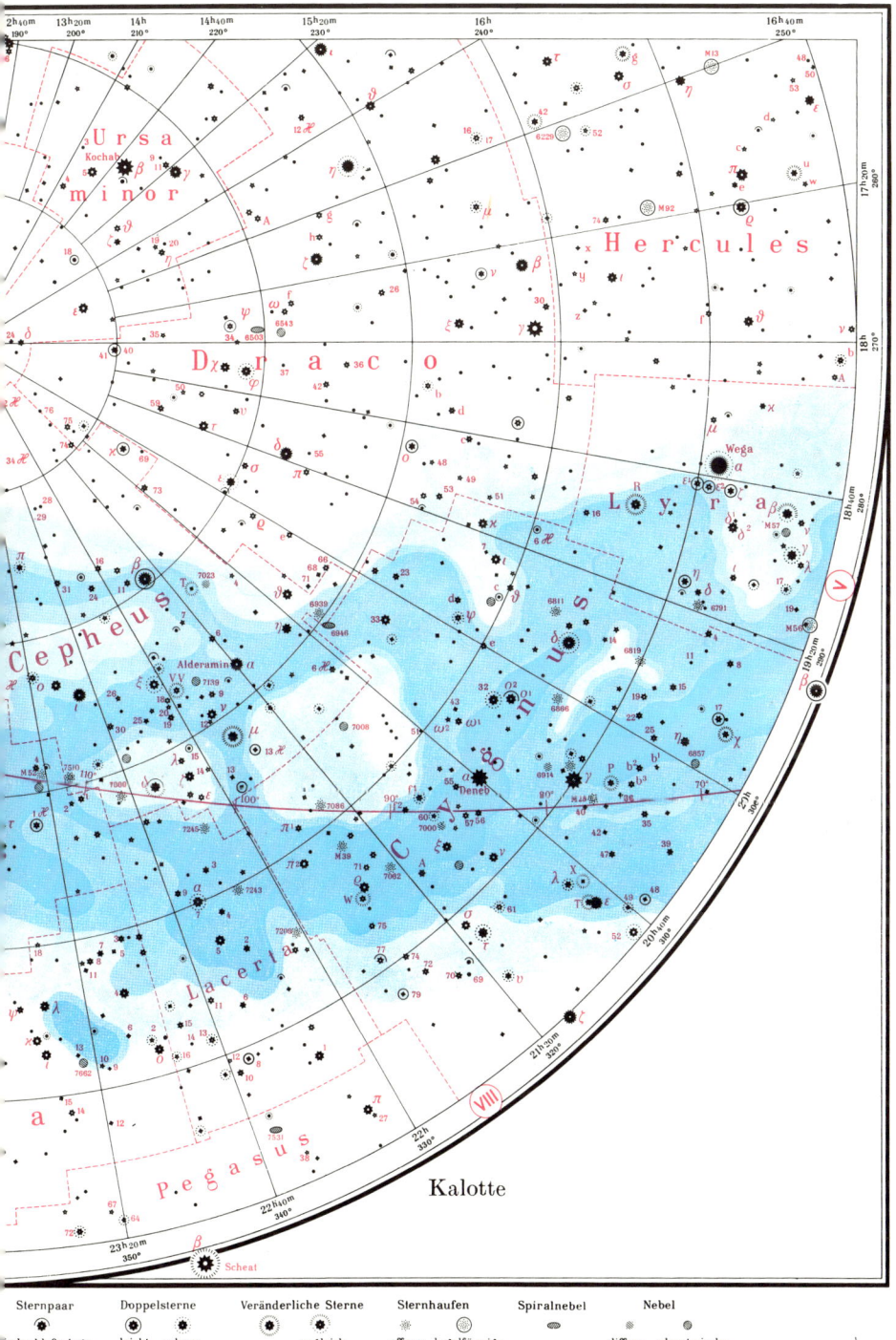

Kalotte

Sternpaar	Doppelsterne		Veränderliche Sterne	Sternhaufen		Spiralnebel	Nebel	
ür das bloße Auge	leicht	schwer	zugleich	offene	kugelförmige		diffuse	planetarische
ein Stern		trennbar	Doppelstern					

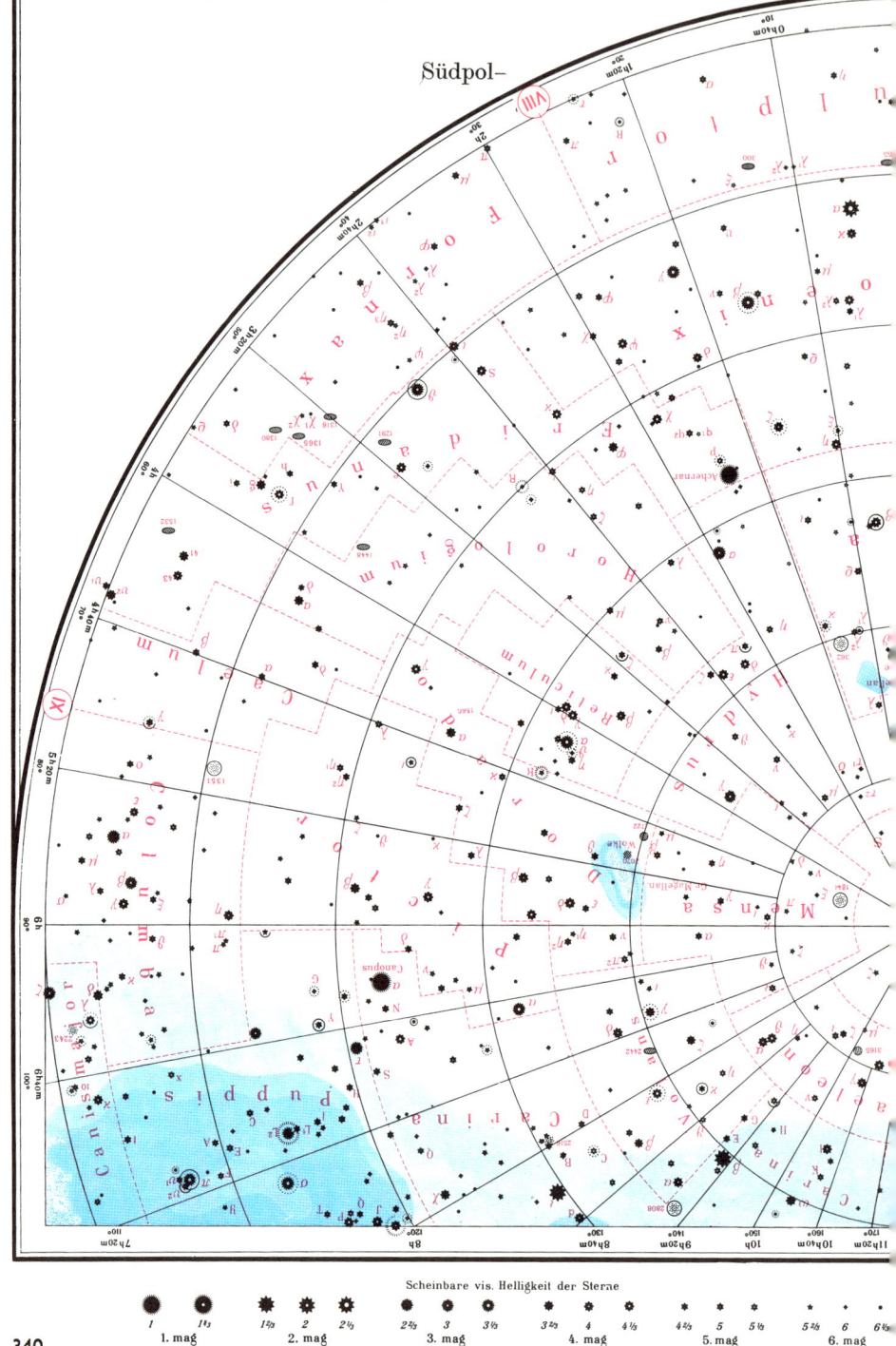

Südpol–

Scheinbare vis. Helligkeit der Sterne

1 1½   1⅔ 2 2½   2⅔ 3 3½   3⅔ 4 4½   4⅔ 5 5½   5⅔ 6 6½
1. mag   2. mag   3. mag   4. mag   5. mag   6. mag

Kalotte

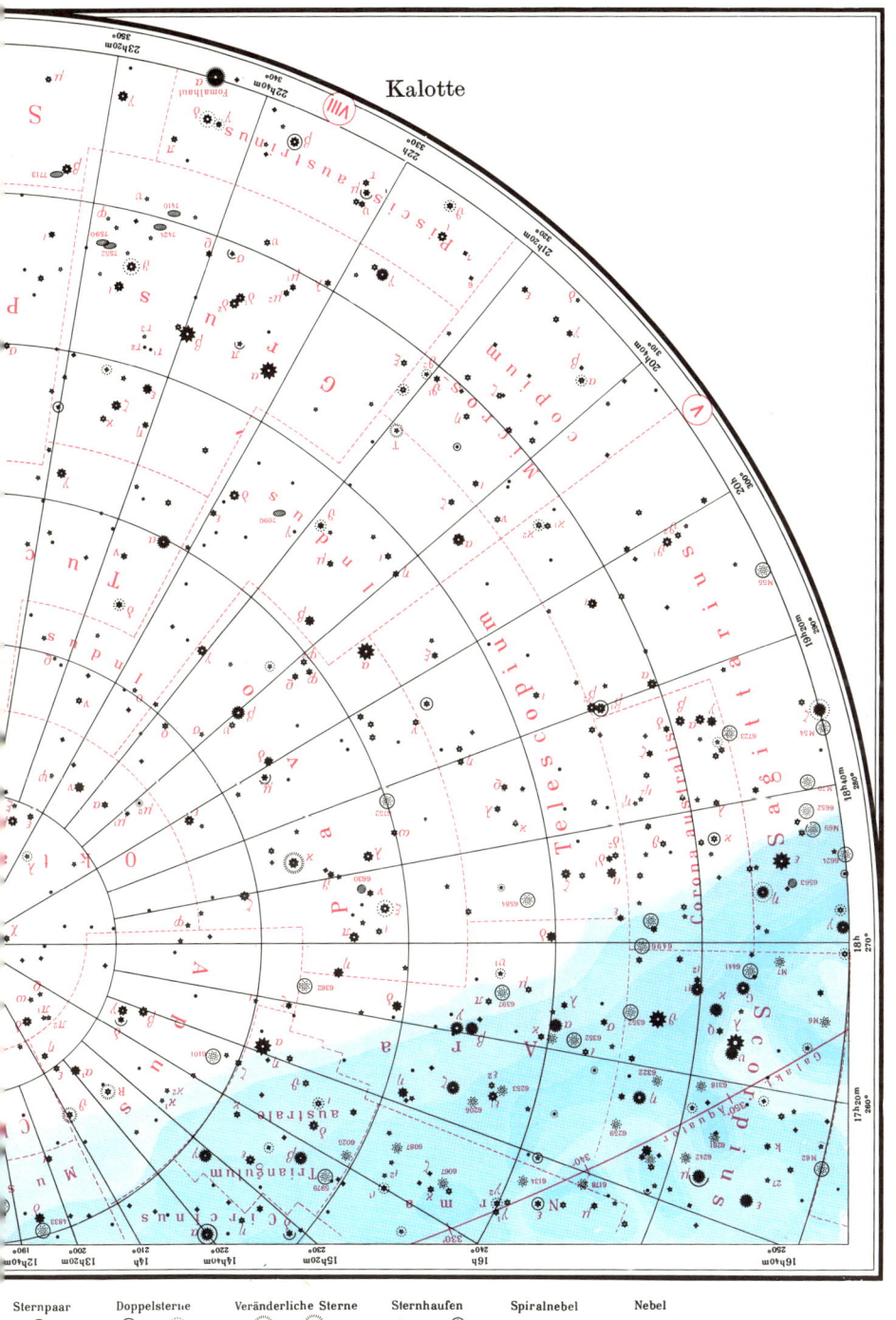

Sternpaar

für das bloße Auge
ein Stern

Doppelsterne

leicht   schwer
trennbar

Veränderliche Sterne

zugleich
Doppelstern

Sternhaufen

offene   kugelförmige

Spiralnebel

Nebel

diffuse   planetarische

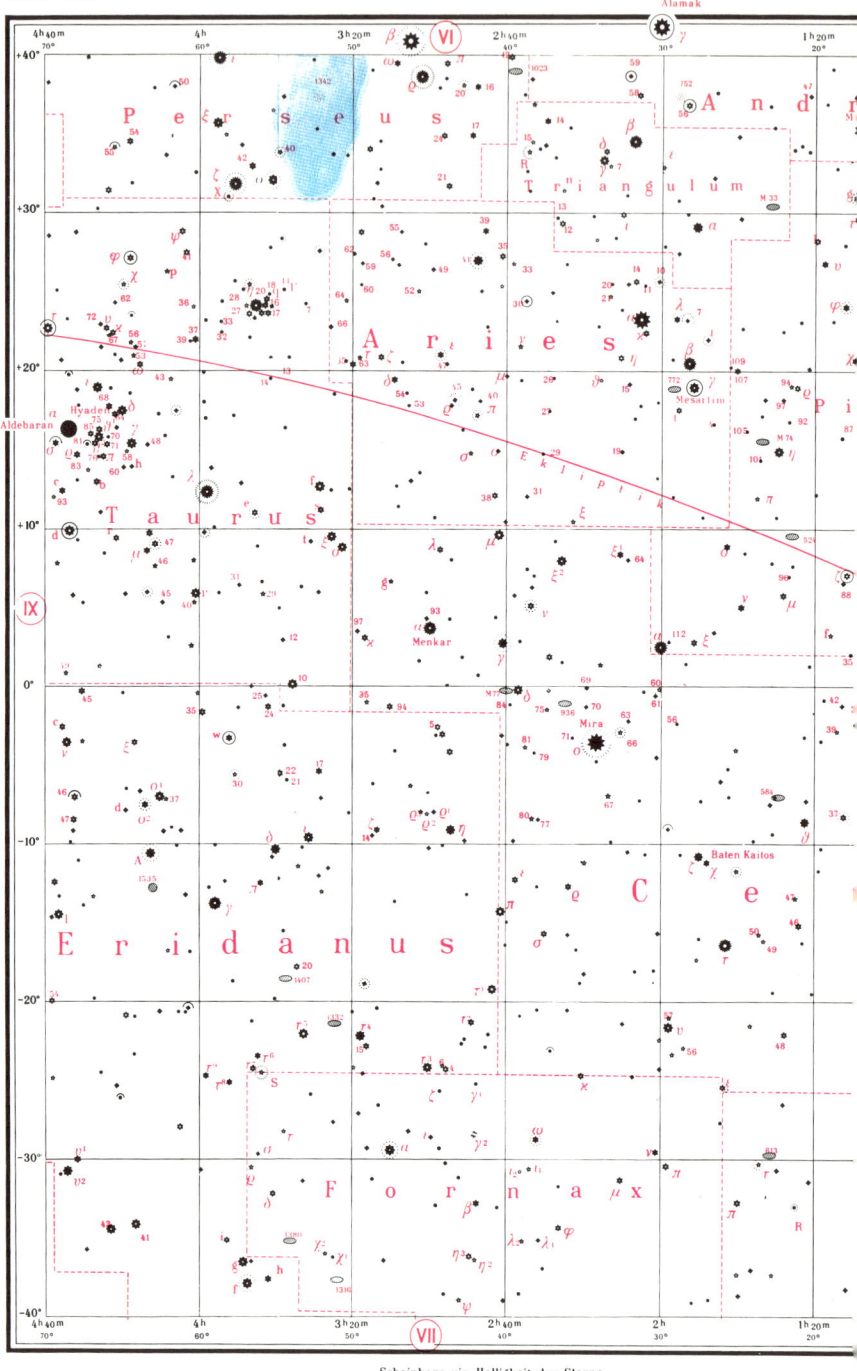

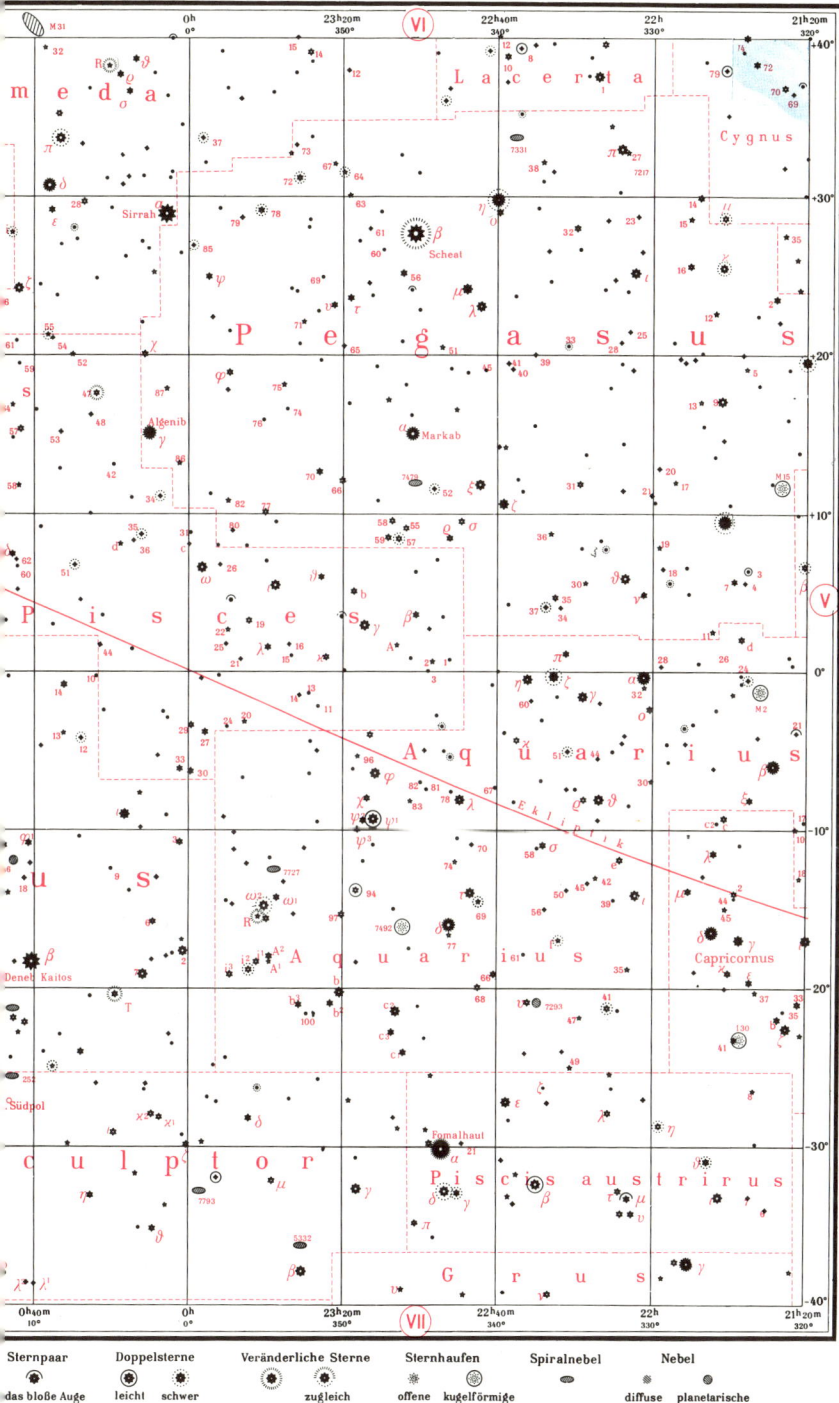

Sternpaar	Doppelsterne		Veränderliche Sterne		Sternhaufen		Spiralnebel	Nebel	
das bloße Auge	leicht	schwer		zugleich	offene	kugelförmige		diffuse	planetarische
ein Stern		trennbar		Doppelstern					

Tafel IX

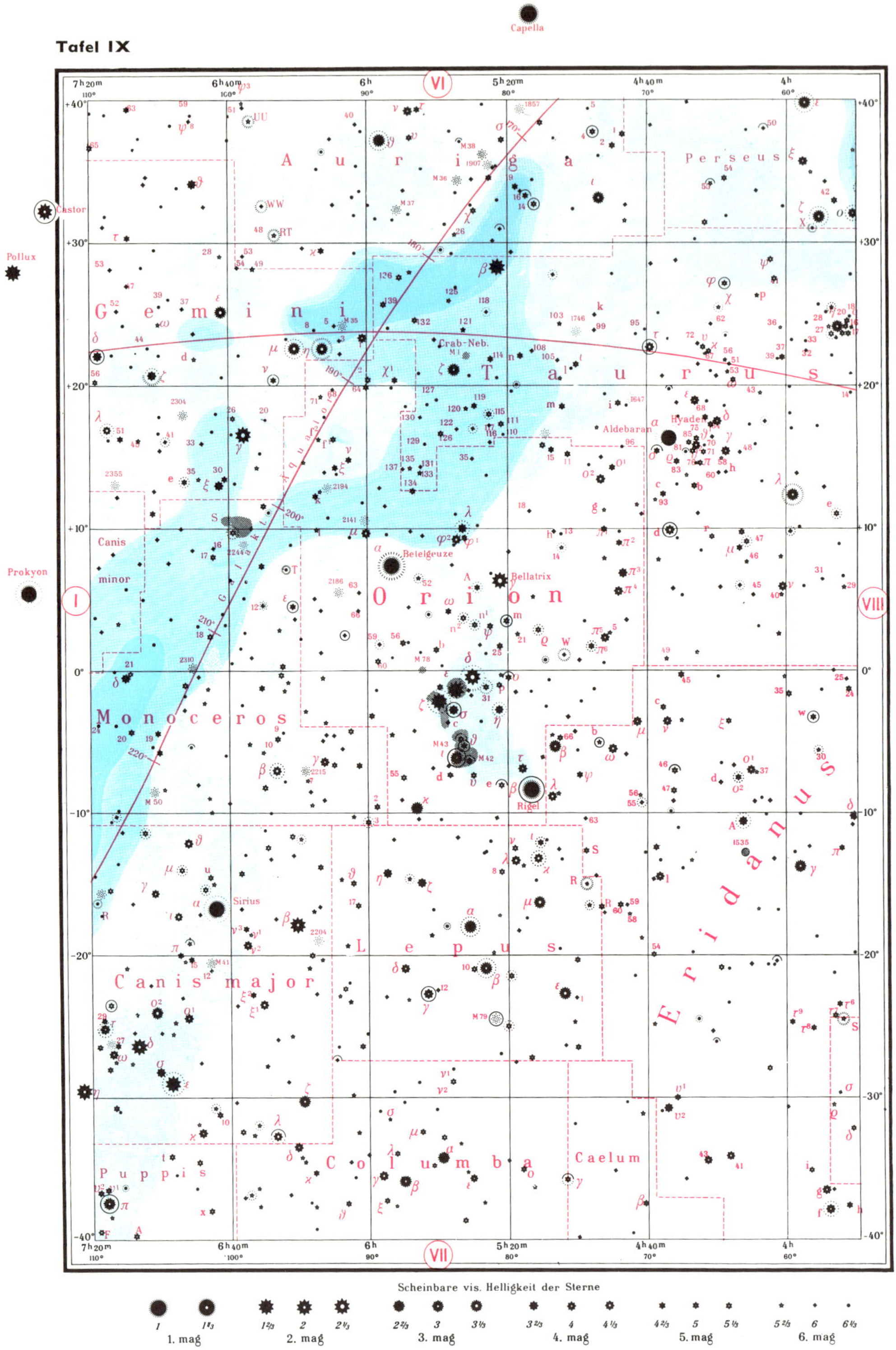

Scheinbare vis. Helligkeit der Sterne

1	1⅓	1⅔	2	2⅓	2⅔	3	3½	3⅔	4	4½	4⅔	5	5½	5⅔	6	6½
1. mag		2. mag			3. mag			4. mag			5. mag			6. mag		

Capella

Castor

Pollux

Prokyon

Auriga

Perseus

Gemini

Taurus

Crab-Neb.

Aldebaran

Hyaden

Canis minor

Beteigeuze

Bellatrix

Orion

Eridanus

Monoceros

Sirius

Lepus

Canis major

Rigel

Puppis

Columba

Caelum

arbeitete Katalog mit über 6000 „Nebeln" und Sternhaufen in Gebrauch, der New General Catalogue of Nebulae and Clusters (NGC). Auch ein Nachtrag zum NGC, der Index-Catalogue (IC), wird zur Bezeichnung von Objekten benutzt.

Messier-Nebelliste

M	NGC Nr.	Koordinaten (Äquinoktium 1950)		Art des Objekts
1	1952	5^h31^m	$+ 22°.0$	Crabnebel
2	7089	21 31	$- 01.1$	Kugelhaufen
3	5272	13 40	$+ 28.6$	Kugelhaufen
4	6121	16 21	$- 26.4$	Kugelhaufen
5	5904	15 16	$+ 02.3$	Kugelhaufen
6	6405	17 37	$- 32.2$	offener Haufen
7	6475	17 51	$- 34.8$	offener Haufen
8	6523	18 01	$- 24.4$	diffuser Nebel
9	6333	17 16	$- 18.5$	Kugelhaufen
10	6254	16 55	$- 04.0$	Kugelhaufen
11	6705	18 48	$- 06.3$	offener Haufen
12	6218	16 45	$- 01.8$	Kugelhaufen
13	6205	16 40	$+ 36.6$	Kugelhaufen
14	6402	17 35	$- 03.2$	Kugelhaufen
15	7078	21 27	$+ 11.9$	Kugelhaufen
16	6611	18 16	13.8	offener Haufen
17	6618	18 18	$- 16.2$	diffuser Nebel (Omeganebel)
18	6613	18 17	$- 17.1$	offener Haufen
19	6273	17 00	$- 26.2$	Kugelhaufen
20	6514	17 59	$- 23.0$	diffuser Nebel (Trifidnebel)
21	6531	18 02	$- 22.5$	offener Haufen
22	6656	18 33	$- 23.9$	Kugelhaufen
23	6494	17 54	$- 19.0$	offener Haufen
24	6603	18 16	$- 18.4$	offener Haufen
25	IC 4725	18 29	$- 19.3$	offener Haufen
26	6694	18 43	$- 09.4$	offener Haufen
27	6853	19 58	$+ 22.6$	planetar. Nebel (Dumbbelnebel)
28	6626	18 22	$- 24.9$	Kugelhaufen
29	6913	20 22	$+ 38.4$	offener Haufen
30	7099	21 38	$- 23.4$	Kugelhaufen
31	224	0 40	$+ 41.0$	Galaxis (Andromedanebel)
32	221	0 40	$+ 40.6$	Galaxis

M	NGC Nr.	Koordinaten (Äquinoktium 1950)		Art des Objekts
33	598	1 31	+ 30.4	Galaxis
34	1039	2 39	+ 42.6	offener Haufen
35	2168	6 06	+ 24.3	offener Haufen
36	1960	5 33	+ 34.1	offener Haufen
37	2099	5 49	+ 32.5	offener Haufen
38	1912	5 25	+ 35.8	offener Haufen
39	7092	21 30	+ 48.2	offener Haufen
41	2287	6 45	− 20.7	offener Haufen
42	1976	5 33	− 05.4	diffuser Nebel (Orionnebel)
43	1982	5 33	− 05.3	diffuser Nebel
44	2632	8 37	+ 20.2	offener Haufen (Praesepe)
45	—	3 45	+ 24.0	Plejaden
46	2437	7 40	− 14.7	offener Haufen
49	4472	12 28	+ 08.3	Galaxis
50	2323	7 01	− 08.3	offener Haufen
51	5194	13 28	+ 47.4	Galaxis
52	7654	23 22	+ 61.3	Sternhaufen
53	5024	13 11	+ 18.4	Kugelhaufen
54	6715	18 52	− 30.6	Kugelhaufen
55	6809	19 37	− 31.1	Kugelhaufen
56	6779	19 15	+ 30.1	Kugelhaufen
57	6720	18 52	+ 32.9	planetarischer Nebel (Ringnebel in der Leier)
58	4579	12 35	+ 12.1	Galaxis
59	4621	12 39	+ 11.9	Galaxis
60	4649	12 41	+ 11.8	Galaxis
61	4303	12 19	+ 04.8	Galaxis
62	6266	16 58	− 30.1	Kugelhaufen
63	5055	13 14	+ 42.3	Galaxis
64	4826	12 54	+ 21.8	Galaxis
65	3623	11 16	+ 13.4	Galaxis
66	3627	11 18	+ 13.3	Galaxis
67	2682	8 48	+ 12.0	offener Haufen
68	4590	12 37	− 26.5	Kugelhaufen
69	6637	18 28	− 32.4	Kugelhaufen
70	6681	18 40	− 32.3	Kugelhaufen
71	6838	19 52	+ 18.6	offener Haufen

M	NGC Nr.	Koordinaten (Äquinoktium 1950)		Art des Objekts
72	6981	20 51	− 12.7	Kugelhaufen
73	6994	20 56	− 12.8	offener Haufen
74	628	1 34	+ 15.5	Galaxis
75	6864	20 03	− 22.1	Kugelhaufen
76	650	1 39	+ 51.3	planetarischer Nebel
77	1068	2 40	− 00.2	Galaxis
78	2068	5 44	00.0	diffuser Nebel
79	1904	5 22	− 24.6	Kugelhaufen
80	6093	16 14	− 22.9	Kugelhaufen
81	3031	9 51	+ 69.3	Galaxis
82	3034	9 51	+ 69.9	Galaxis
83	5236	13 34	− 29.6	Galaxis
84	4374	12 23	+ 13.2	Galaxis
85	4382	12 23	+ 18.5	Galaxis
86	4406	12 24	+ 13.2	Galaxis
87	4486	12 28	+ 12.7	Galaxis
88	4501	12 29	+ 14.7	Galaxis
89	4552	12 33	+ 12.8	Galaxis
90	4569	12 34	+ 13.5	Galaxis
92	6341	17 16	+ 43.2	Kugelhaufen
93	2447	7 43	− 23.8	offener Haufen
94	4736	12 49	+ 41.4	Galaxis
95	3351	10 41	+ 12.0	Galaxis
96	3368	10 44	+ 12.1	Galaxis
97	3587	11 12	+ 55.3	planetarischer Nebel
98	4192	12 11	+ 15.2	Galaxis
99	4254	12 16	+ 14.7	Galaxis
100	4321	12 20	+ 16.1	Galaxis
101	5457	14 01	+ 54.6	Galaxis
103	581	1 30	+ 60.5	offener Haufen

2. Sternkarten

Die oben genannte Bonner- und Córdoba-Durchmusterung bekommt ihren eigentlichen Wert erst durch ein beigegebenes Kartenwerk. So ist die nördliche Hemisphäre des Himmels, also die von Argelander bearbeitete Bonner Durchmusterung, in 40 Kartenblättern im Format 68 × 46 cm dargestellt. Alle in dem Katalog der Durchmusterung aufgeführten Sterne sind auf ihnen nach ihrer Lage am Himmel durch kleine kreisrunde Scheibchen eingezeichnet, deren Durchmesser entsprechend den scheinbaren Helligkeiten gestuft sind. Eine Beschriftung, etwa Sternbildnamen oder Sternnamen, ist nicht angebracht worden, lediglich ein Gradnetz, geteilt nach Zeit und Grad, also in den Koordinaten: Rektaszension und Deklination. Die Bezeichnung der einzelnen Objekte ist nicht nötig, da die Karten nur zum Gebrauch für Wissenschaftler bestimmt sind. Zur ersten Orientierung am Himmel sind die Karten der Durchmusterung zu groß und unübersichtlich. Seit Jahrzehnten wird dafür von Freunden der Himmelskunde, aber auch von Fachastronomen ein Himmelsatlas benutzt, der alle mit bloßem Auge sichtbaren Sterne enthält. Von R. Schurig 1886 entworfen, hat dieser Atlas durch P. Götz weitere 6 Auflagen erfahren. Die 8. Auflage des *Schurig-Götz*, wie dieses Kartenwerk allgemein genannt wird, erschien neubearbeitet von K. Schaifers im Verlag Bibliographisches Institut; hier sind die einzelnen Karten verkleinert wiedergegeben. In seinem alten handlichen Format ist dieser Himmelsatlas ebenfalls erhältlich.

Die Erweiterung eines Kartenwerks mit schwächeren Sternen, als sie die Durchmusterungen erfassen, konnte nicht mehr kartographisch erfolgen. Der Heidelberger Astronom Max Wolf zeigte den Weg auf, über photographische Himmelsaufnahmen zu weiterreichenden, für die Forschung nötigen Kartenwerken zu gelangen. Seine „Kartenblätter", die sogenannten *Wolf-Palisa-Karten*, sind Reproduktionen von Sternfeldaufnahmen. Sie stellen eine große Leistung astronomischer und photographischer Technik dar. Leider erfassen sie nicht den ganzen bei uns sichtbaren Sternhimmel.

Eine weitere Steigerung zu den schwachen Sternen hin brachte der mit dem 48-inch-Schmidt-Spiegel auf dem Mt. Palomar aufgenommene *Sky Survey*. Aufnahmen in 935 Feldern geben ein photographisches Abbild des Himmels vom Nordpol bis zur südlichen Deklination von $-33°$. Jedes Himmelsareal wurde zweimal aufgenommen, und zwar auf einer „Blau-Platte" (Kodak 103a –O) und auf einer „Rot-Platte" (Kodak 103a –E; siehe S. 75); d. h. einmal im Licht der Wellenlängen 3500 bis 5000 Å und zum anderen zwischen 6200 und 6700 Å. Auf den Blau-Platten wurden die Sterne bis zur Grenzgröße von 21^m1 und auf den Rot-Platten bis 20^m0 erfaßt. Durch photographische Kopien wurde dieses Werk vervielfältigt und dient nun an den Sternwarten als wertvolles Hilfsmittel für die Forschung.

Hier muß noch auf zwei Kartenwerke hingewiesen werden, die, von dem Amateurastronomen Hans Vehrenberg photographisch erstellt, in einheitlicher Konzeption den gesamten Himmel, d. h. die nördliche und südliche Hemisphäre, bis zu einer Grenzgröße von etwa 14^m5 darstellen. Vor allem sein *Atlas Stellarum* wird — solange eine Ausdehnung des „Sky Survey" auf den Südhimmel noch nicht abgeschlossen ist — ein wertvolles Hilfsmittel der Forschung sein.

Für spezielle Zwecke der Forschung sind weitere Kartenwerke geschaffen worden, auf die hier aber nicht näher eingegangen werden soll.

3. Die scheinbaren Helligkeiten

Schon bei einer flüchtigen Betrachtung des Sternhimmels fällt auf, daß die Sterne nicht alle gleich hell strahlen. Neben einigen hellen und auffälligen Sternen gewahrt man bei näherem Hinsehen, d. h., wenn das Auge sich genügend an die Dunkelheit gewöhnt hat, wenn es adaptiert ist (s. S. 72), eine große Zahl schwacher und schwächster Lichtpunkte.

Es lag nahe, die Sterne in Helligkeitsklassen oder, wie der eigentliche Fachausdruck lautet, in Größen einzuteilen. Eine solche Einteilung haben schon die Astronomen des Altertums eingeführt, und zwar derart, daß sie die hellsten Sterne als 1. Größe, die nächsthellen als 2. Größe und so fort bezeichneten bis zu den schwächsten, mit bloßem Auge noch sichtbaren, die in dieser Skala der 6. Größe angehörten. Nach Erfindung des Fernrohrs wurde dieses System der Größenklassen übernommen und zu den teleskopischen Sternen weiter fortgesetzt. Da diese Einordnung der Helligkeiten auf Schätzungen beruhte, zeigte sich dann im vorigen Jahrhundert ein starkes Auseinandergehen der Systeme einzelner Beobachter. Um Ergebnisse verschiedener Forscher vergleichbar zu machen, war eine Vereinheitlichung des Maßsystems unerläßlich. Andererseits wollte man aber auch nicht grundsätzlich das alte Helligkeitssystem, das sich fest eingebürgert hatte, aufgeben.

1859 wurde von Weber und Fechner das sogenannte „psychophysische Grundgesetz" aufgefunden; dieses besagt, daß Empfindungen den Logarithmen der Reize proportional sind. Die von Pogson zur gleichen Zeit vorgeschlagene und allgemein angenommene Definition der Größenklassen stellt einen speziellen formelmäßigen Ausdruck dieses Gesetzes dar.

Wenn man mit m die Größe (als Maß für die Empfindung) und mit I die Intensität des Sternlichts (als Maß des Reizes) bezeichnet, dann ist die Beziehung zwischen der Helligkeitsdifferenz zweier Sterne in Größenklassen und dem Intensitätsverhältnis I_1/I_2:

$$m_1 - m_2 = -2.5 \lg \left(\frac{I_1}{I_2} \right)$$

oder umgekehrt:

$$\frac{I_1}{I_2} = \left(\frac{1}{2.512}\right)^{m_1-m_2} = 10^{-0.4\ (m_1-m_2)}$$

Die Intensitäten zweier aufeinanderfolgender Größen verhalten sich also wie 1:2.512. Die Konstante der Definitionsgleichung wurde von Pogson so gewählt, daß der Logarithmus der Konstanten eine möglichst einfache Zahl ergab. Andererseits entsprach diese Konstante etwa der der alten Photometrien, so daß diese ihren Wert behielten.

Größen und Intensitäten

(für Sterne 0. Größe wurde die Intensität gleich 1 gesetzt)

Helligkeit		Intensität
0. Größe	=	1
1. Größe	=	0.398
2. Größe	=	0.158
3. Größe	=	0.063
4. Größe	=	0.025
5. Größe	=	0.010
10. Größe	=	0.0001
15. Größe	=	0.000001
20. Größe	=	0.00000001

Der Intensitätsunterschied zwischen einem Stern 0. Größe und den schwächsten auf Photoplatten noch wahrnehmbaren beträgt also 1:100 Millionen. Die obigen Gleichungen geben nur eine Definition der Helligkeitsskala. Zu einem Maßsystem gehört aber noch eine genaue Festlegung des Nullpunktes oder des Eichpunktes der Zählung. Dazu benutzte man den Polarstern (α UMi = Polaris), dem man definitorisch eine Helligkeit von 2.12 Größen zuordnete. (Später stellte sich leider heraus, daß dieser Stern in seiner Helligkeit etwas veränderlich ist.) — Nun gibt es hellere Sterne am Himmel als α UMi, ja sogar um mehr als 2.12 Größenklassen hellere. Diesen Sternen mußten in konsequenter Weiterführung der Helligkeitsskala negative Helligkeitswerte gegeben werden, so etwa Sirius -1^m6 (Größe bzw. Größenklasse wird durch hochgestelltes ^{m} oder die Abkürzung mag = magnitudo gekennzeichnet). Das System der scheinbaren Helligkeiten war ursprünglich nur für visuelle Beobachtungen aufgestellt und festgelegt worden. Als man versuchte, Helligkeiten aus photographischen Aufnahmen zu bestimmen, stellte man fest, daß gewisse Sterne auf der photographischen Platte heller, andere schwächer sind, als sie nach der visuellen Helligkeitsbestimmung sein müßten. So schuf man neben dem visuellen System ein photographisches Helligkeitssystem.

Da eine Helligkeitsbestimmung mit absoluten Methoden sehr schwierig und zeitraubend ist, legte man das Helligkeitssystem durch entsprechend helle Sterne in einer Sequenz von den hellsten bis zu den schwächsten am Himmel fest, so daß eine Bestimmung von Sternhelligkeiten möglich ist durch ein Einschätzen bzw. Einmessen in diese Skala. Diese fundamentale Helligkeitsskala wurde um den „Nullpunkt-Stern", also um den Pol, herumgelegt und wird als *Polsequenz* bezeichnet.

Neben der Polsequenz gibt es heute eine ganze Reihe guter Helligkeitskataloge. Insgesamt sind die Helligkeiten (phot. oder vis.) von etwa 500 000 Sternen bis zur Größe 19^m bekannt, vollständig jedoch nur bis 9^m.

Scheinbare Helligkeiten in lichttechnischen Einheiten

1 Lux . . . . — . . . . . . entspricht $m_{vis} = -14^m.18$

1 Lux . . . . — . . . . . . entspricht $m_{phot} = -12^m.06$

103 000 Lux gleich vis. Helligkeit der Sonne . . . . $= -26^m.73$

134 500 Lux gleich vis. Hellig. d. S. außerh. d. Erdatmosph. . $= -27^m.01$

0.241 Lux gleich vis. Helligkeit des Vollmondes . . . . $= -12^m.63$

1 intern. Kerze in   0.35 km Entfernung entspricht $m_{vis} = -1^m.5$ (Sirius)

1 intern. Kerze in   11.2   km Entfernung entspricht $m_{vis} = \quad 6^m.0$

1 intern. Kerze in 11 200   km Entfernung entspricht $m_{vis} = \quad 21^m$

4. Spektralklassen

Die ersten Untersuchungen über Sternspektren hat zu Beginn des 19. Jahrhunderts Fraunhofer durchgeführt. Er entdeckte die nach ihm benannten dunklen Absorptionslinien im kontinuierlichen Spektrum (siehe Seite 32) der Sonne und einiger heller Sterne. Etwa 100 Jahre sind vergangen, seit Kirchhoff und Bunsen bemerkten, daß diese Absorptionslinien zusammenfallen mit Linien, die von glühenden Gasen emittiert werden. Sie konnten je nach den Bedingungen des Experiments im Laboratorium die gleiche Linie in Emission oder in Absorption beobachten und fanden, daß diese Linien für bestimmte chemische Elemente charakteristisch sind. Damit war die Spektralanalyse begründet und gleichzeitig nachgewiesen, daß die Materie, aus der die Sterne aufgebaut sind, aus den bekannten chemischen Elementen besteht, daß es also keine prinzipiellen Unterschiede zwischen „kosmischer" und „irdischer" Materie gibt. Mit diesen grundlegenden Entdeckungen war neben der Astronomie eine neue Wissenschaft entstanden, die Astrophysik.

Zwei verschiedene Anordnungen werden zur Spektroskopie der Sterne benutzt: Spaltspektrographen und Astrographen mit Objektivprisma.

a) Spaltspektrograph

Das vom Stern kommende Licht wird in einem Teleskop gesammelt und zu einem Bild des Sternes (Beugungsscheibchen) vereinigt. Dieses Bild liegt auf dem Eintrittsspalt eines Spektrographen. Der Spektrograph besteht im wesentlichen aus drei optischen Bauelementen: einem Kollimator, der das durch den Spalt fallende Licht auffängt und die auseinanderlaufenden Lichtstrahlen parallel macht, einem dispergierenden Element (Prisma oder Beugungsgitter), welches das Bündel paralleler Strahlen je nach der Wellenlänge der Strahlung in verschiedene Richtungen ablenkt, und einem Kameraobjektiv, welches diese Strahlen verschiedener Richtung zu einer Folge von Bildpunkten vereinigt (siehe Abb.). Der Strahlungsempfänger (photographische Platte oder photoelektrischer Empfänger) registriert dann die Intensität der Strahlung in den einzelnen Wellenlängen. Während in Spektrographen älterer Bauart Kollimator und Kameraobjektiv aus Linsensystemen (evtl. aus dem UV-durchlässigen Quarz) aufgebaut waren und ein Prisma verwendet wurde, bevor-

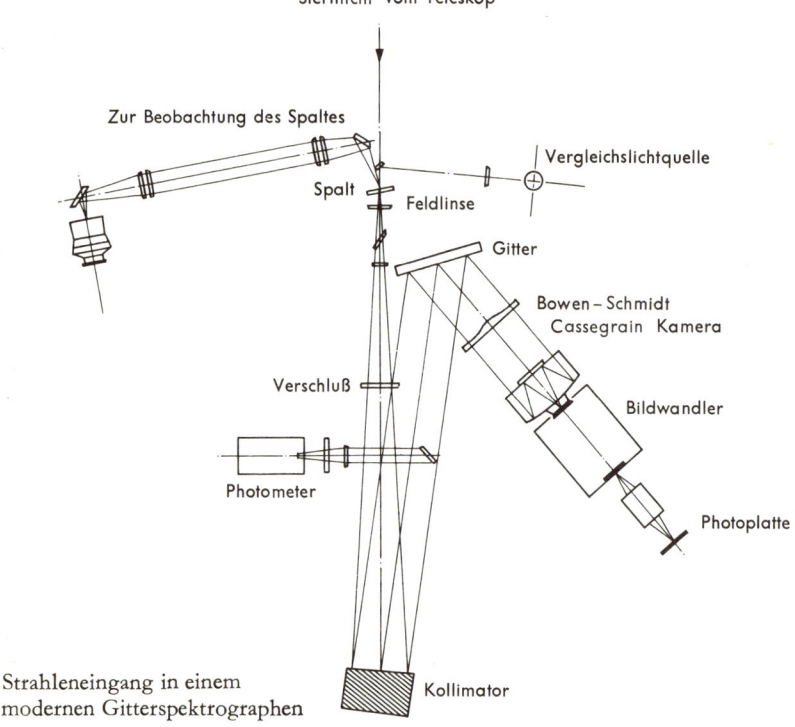

Strahleneingang in einem
modernen Gitterspektrographen

zugt man heute Spiegeloptik – für die Kamera oft ein Schmidt-System – und Gitter als dispergierende Elemente.

Zwei wichtige Daten charakterisieren die Leistungsfähigkeit eines Spektrographen: einerseits die Lineardispersion, d. h. die Angabe, wieviele Å (Wellenlängenunterschied) auf 1 mm im Spektrum kommen, und andererseits die sogenannte Lichtstärke, d. h. eine Angabe über die Helligkeit des Spektrums, bezogen auf das durch den Spalt eintretende Licht. Leider nimmt mit hoher Lineardispersion (etwa 1 Å/mm wird heute erreicht) die Lichtstärke ab. Es ist günstig, die Spektrographen möglichst groß zu bauen. Ihre Größe wird vor allem durch die Dimension der noch herstellbaren Gitter begrenzt. Das Auflösungsvermögen eines Spektrographen wird durch die Lineardispersion und durch das lineare Auflösungsvermögen des Empfängers, etwa das der photographischen Platte, bestimmt (vorausgesetzt, daß der Eintrittsspalt hinreichend eng ist). Trennt beispielsweise eine hochempfindliche photographische Platte noch 50 Linien pro Millimeter, so ist bei einer Lineardispersion von 5 Å/mm das Auflösungsvermögen 5 Å/mm: 50/mm = 0,1 Å. Es werden also Linien, die 0,1 Å auseinanderliegen, noch getrennt. Die photographische Aufnahme von Spektren heller Sterne erfordert Belichtungszeiten zwischen einigen Minuten und einer Stunde. Bei schwachen Sternen und hohen Dispersionen sind Belichtungszeiten von mehreren Stunden keine Seltenheit. Die Verwendung elektronischer Bildwandler hat eine Steigerung der Empfindlichkeit um etwa einen Faktor 10 gebracht.

In Spektren hoher Dispersion können so viele Einzelheiten untersucht werden, daß ihre Auswertung und theoretische Interpretation oft eine monatelange Arbeit bedeutet. Aber auch das Aufnahmeverfahren ist langwierig: mit einer Belichtung wird immer nur das Spektrum eines einzigen Sternes gewonnen.

b) Astrograph mit Objektivprisma

Diesen Nachteil vermeidet der zweite Typ astronomischer Spektrographen, er besteht aus einem Astrographen, also einer Kamera (mit Linsen oder Spiegeloptik) zur Aufnahme eines Sternfeldes. Vor die Optik ist ein Prisma gesetzt, meist mit kleinem brechenden Winkel, welches das Sternenlicht je nach der Wellenlänge verschieden stark ablenkt. Anstelle des Bildpunktes des Sternes (in dem die Strahlen aller Wellenlängen vereinigt wurden) entsteht nun ein kurzer Strich, bestehend aus den nebeneinander liegenden monochromatischen Bildpunkten, also ein Spektrum. Anstelle eines Sternfeldes wird also ein Astrograph mit Objektivprisma ein Feld von Sternspektren auf die photographische Platte abbilden. Im Gegensatz zum Spaltspektrographen wird so mit einer einzigen Aufnahme eine große Zahl von Spektren erhalten. Diesem Vorteil stehen einige Nachteile gegenüber: die Dispersionen sind beschränkt; etwa 150–500 Å/mm sind typisch. Bei hohen Dispersionen und bei dichten Sternfeldern besteht Gefahr, daß die Spektren verschiedener Sterne überlappen. Nur Sterne in einem bestimmten Helligkeitsintervall ergeben bei einer Objektivprismenaufnahme gut belichtete Spektren. Schließlich wird – im Gegensatz zu den Spaltspektrographen – die Schärfe der Spektren durch die Luftunruhe beeinträchtigt.

Spalt- und Objektivprismenspektrographen ergänzen sich sehr gut: Während die Spaltspektrographen mit ihren hohen Dispersionen besonders zum Studium individueller Sterne geeignet sind, liegt der Nutzen der Objektivprismenaufnahmen in der Möglichkeit, rasch ein großes Material von Sternspektren mäßiger Auflösung zu erhalten, das für statistische Zwecke und zum Aufsuchen interessanter Objekte geeignet ist. Mit Lineardispersionen von etwa 150 Å/mm lassen sich die charakteristischen Merkmale von Sternspektren erkennen. Es ist dann möglich, die Sterne nach solchen Merkmalen zu klassifizieren.

Nach ersten Ansätzen von Secchi und Vogel hat sich das System der Harvard-Klassifikation dank der Arbeiten von Pickering und Miss Cannon durchgesetzt. Diese Klassifikation ist in dem Henry-Draper-Katalog festgelegt. Die Spektralklassen wurden mit den Buchstaben des Alphabets bezeichnet: A, B, C ...

Bald ergab sich die Notwendigkeit, einige Klassen auszuschließen und die verbleibenden durch Vertauschungen in eine sinnvolle Sequenz zu bringen, die, wie man sehr bald feststellte, eine Sequenz nach abnehmender Oberflächentemperatur war. So entstand eine Reihenfolge von Spektralklassen mit einem stetigen Übergang der spektralen Merkmale des Linienspektrums, aber auch der Energieverteilung im Kontinuum (siehe Seite 291). Diese Sequenz wird durch das folgende Schema dargestellt.

$$\begin{array}{c} \diagup\ C\ (R - N) \\ O - B - A - F - G - K - M \\ \diagdown\ S \end{array}$$

O	Heiße Sterne mit Absorptionen des ionisierten Heliums (He II).
B	Absorptionslinien des neutralen Heliums (He I), bei den späteren Typen der Klasse nimmt die Balmerserie des Wasserstoffs zu.
A	Wasserstoff sehr stark, später abnehmend, dann Zunahme der Calcium-Linien (Ca II).
F	Ca-II-Linien stärker, Abnahme des Wasserstoffs, Auftreten von Metall-Linien.

G	Ca-II-Linien stark, Eisen (Fe) und andere Metall-Linien stark, H-Linien schwächer werdend.
K	Starke Metall-Linien, später Auftreten von Banden des TiO.
M	Sehr rot; Titanoxid-Banden (TiO) entwickeln sich stärker.
C (R, N)	Banden des Zyans (CN), des Kohlenmonoxids (CO) und des Kohlenstoffs (C_2) erscheinen an Stelle der TiO-Banden.
S	Banden des Zirkonoxids (ZrO).

Für die Bezeichnung von Besonderheiten im Spektrum sind noch folgende Zusätze gebräuchlich:

g	Spektrum zeigt Kennzeichen eines Riesensterns, z. B.: g K2.
d	Spektrum zeigt Kennzeichen eines Zwergsterns, z. B.: d K0.
e	Im Spektrum Emissionslinien, z. B.: B0 e.
p	Das Spektrum zeigt irgendwelche Besonderheiten, z. B.: B0 p.

Die Spektralklassen

Q Novae,
P Planetarische Nebel und
W Wolf-Rayet-Sterne (heiße Sterne mit breiten Emissionen)
ordnen sich dieser Sequenz nicht ein.

Die einzelnen mit Buchstaben bezeichneten Spektralklassen werden nochmals durch eine nachgestellte Zahl, die von 0 bis 9 läuft, dezimal unterteilt. – Da das Einordnen von Spektren in die Spektralsequenz durch Schätzen gewisser Linienintensitäten geschieht, sind geringfügige Abweichungen in den Systemen einzelner Beobachter und Observatorien vorhanden; auch werden gewöhnlich nicht alle Spektralunterklassen von 0 bis 9 besetzt.
Morgan, Keenan und Kellman überarbeiteten und verfeinerten die Harvard-Klassifikation. Sie erläuterten ihr System in einem „Atlas of Stellar Spectra" (1943), aus dem die Abbildungen (s. S. 356 ff) entnommen sind. Sie zeigen sechs der insgesamt 55 Atlaskarten, nämlich die Spektralsequenz der Hauptreihensterne. Wichtig an der MKK-Klassifikation, wie sie nach den drei Autoren oft genannt wird, ist, daß die Sterne nicht nur in Anlehnung an die Harvard-Klassifikation nach ihrem Spektraltyp (Temperatur), sondern konsequent auch nach einem davon unabhängigen Parameter, der Leuchtkraft, unterschieden werden. Eine derartige Einteilung ist in der Harvard-Klassifikation durch die Zusätze d (dwarf) und g (giant) bereits angedeutet. Der Einfluß der Leuchtkraft auf das Spektrum ist relativ gering und oft nur schwer erkennbar. Er beruht darauf, daß bei gleichem Spektraltyp die Leuchtkraftunterschiede auf Unterschiede der Größe der leuchtenden Oberfläche zurückzuführen sind

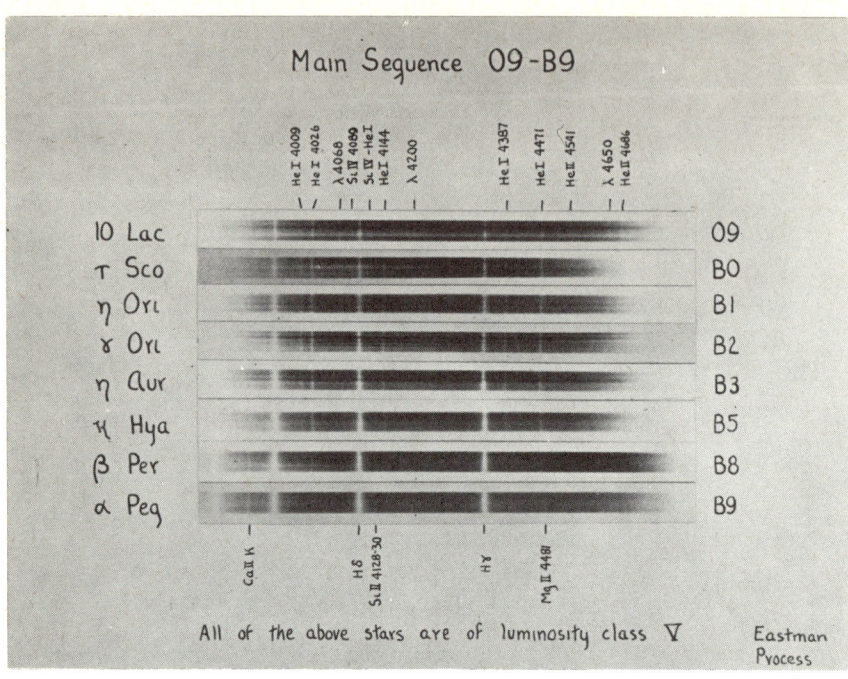

Main Sequence O9-B9

All of the above stars are of luminosity class V

Eastman Process

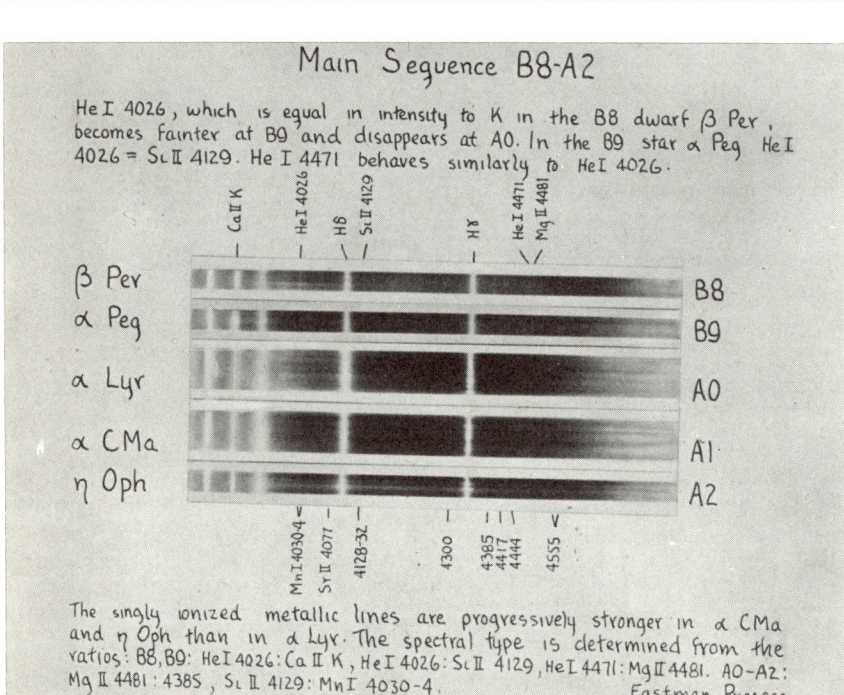

Main Sequence B8-A2

He I 4026, which is equal in intensity to K in the B8 dwarf β Per, becomes fainter at B9 and disappears at A0. In the B9 star α Peg He I 4026 = Sₗ II 4129. He I 4471 behaves similarly to He I 4026.

The singly ionized metallic lines are progressively stronger in α CMa and η Oph than in α Lyr. The spectral type is determined from the ratios: B8, B9: He I 4026 : Ca II K, He I 4026 : Sₗ II 4129, He I 4471 : Mg II 4481. A0-A2: Mg II 4481 : 4385, Sₗ II 4129 : Mn I 4030-4.

Eastman Process

Vier Kartenblätter aus dem „Atlas of Stellar

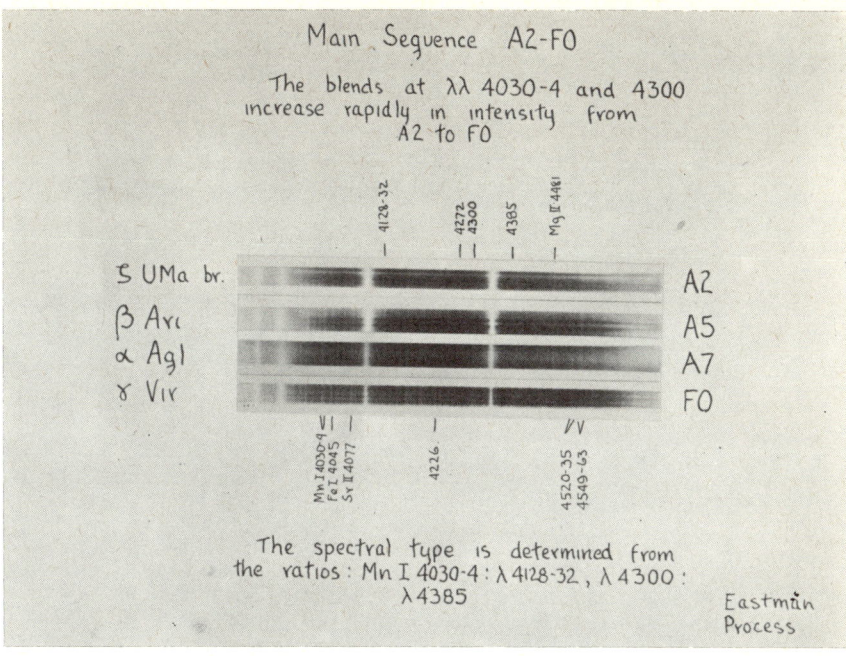

Main Sequence A2-FO

The blends at λλ 4030-4 and 4300 increase rapidly in intensity from A2 to FO

The spectral type is determined from the ratios: Mn I 4030·4 : λ 4128-32 , λ 4300 : λ 4385

Eastmin Process

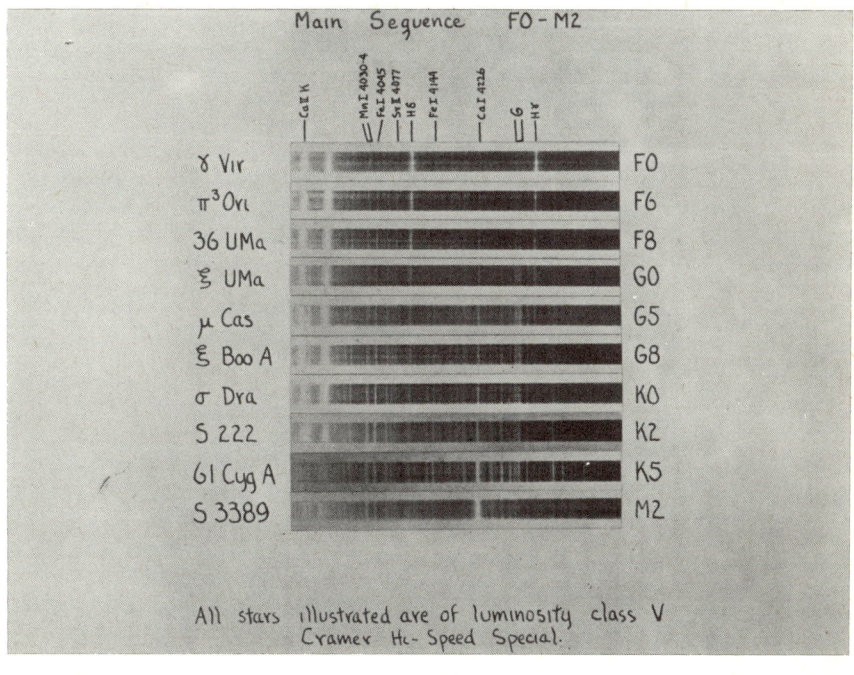

Main Sequence FO-M2

All stars illustrated are of luminosity class V
Cramer Hi- Speed Special.

Spectra" von Morgan, Keenan und Kellman

Luminosity Effects At A0

The H lines become progressively stronger on passing from the supergiant HR 1040 to the main sequence star α Lyrae.

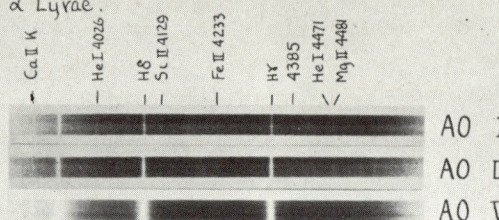

At A0 He I 4026 is faint or absent, and is weaker than Sc II 4129. The lines of Fe II are strengthened in the supergiants.

Eastman Process

The M Giant Sequence

The TiO bands appear at M0 and grow uniformly stronger with advancing type. The fainter TiO bands in the blue region become very strong in the latest M classes. The spectral types are on the Mount Wilson system.

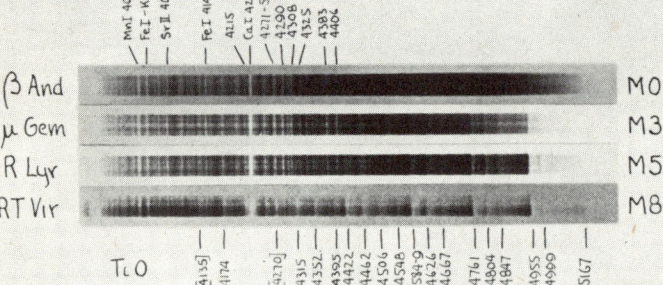

The suppression of the blue-green region by TiO is very marked in the advanced M spectra. In the case of RT Virginis the spectral energy distribution in the region λλ 4000-5000 simulates a star of considerably higher temperature.

Cramer Hi-Speed Special

Weitere Kartenblätter aus dem „Atlas of Stellar Spectra"

und damit auf unterschiedliche Sternradien. Diese bedeuten aber, bei ähnlicher Masse der Sterne, Unterschiede in der Schwerebeschleunigung und damit entsprechende Unterschiede der Gasdichte in der Atmosphäre, die dann in den Spektren an der Schärfe der Spektrallinien und an den Intensitätsverhältnissen gewisser Linien erkennbar werden. Derartige Linien werden als Leuchtkraftindikatoren verwendet.

Leuchtkraftklassen des MKK-Systems

Ia = helle Überriesen
Ib = schwächere Überriesen
II = helle Riesen
III = normale Riesen
IV = Unterriesen
V   = Zwerge, besser Hauptreihensterne.

Die Bedeutung der Leuchtkraftklasseneinteilung wird im Abschnitt 10 besprochen.
Die wichtigsten heute vorliegenden Kataloge mit Spektraltyp-Angaben sind der schon erwähnte Henry-Draper-Catalogue (s. S. 354) mit den Spektraltypen von 225 300 Sternen, seine Erweiterung, die „Extension", mit weiteren 50 000 Sternen, und die Hamburger- und Potsdamer-Spektraldurchmusterung in bestimmten Feldern des Nord- und Südhimmels, die insgesamt etwa 220 000 Sterne umfassen dürften. Für die Sterne der Klassen K, M, C (früher in N und R aufgeteilt) und S liegt noch ein Katalog der Dearborn-Durchmusterung mit rund 44 000 Spektraltypen von Sternen vor. Weitere spezielle Kataloge der Sternwarten Uppsala, Hamburg und des Vatikans geben Spektraltyp-Bestimmungen in ausgewählten Feldern der Milchstraße.
Die Harvard-Spektralklassifikation und auch die des MKK-Atlasses beruhen auf spektralen Kriterien, die im blauen Wellenlängenbereich zwischen 3900 und 4800 Å liegen. Neuerdings wird für die „roten" Sterne der Spektralklassen M, C und S ein Klassifikationsschema benutzt, dessen Kriterien im Spektralbereich 6800 bis 8800 Å, also im nahen Infraroten, auftreten. Wegen der Abnahme der Winkeldispersion eines Glasprismas nach dem Roten und Infraroten hin haben die Spektren nur noch eine lineare Dispersion zwischen 1000 und 5000 Å/mm. Trotzdem ist mit solchen Spektralaufnahmen im Infraroten, die einen Wellenlängenbereich von 2000 Å u. U. in einem Spektrum von nur 0,5 mm Länge abbilden, noch eine sichere Klassifikation möglich.

5. Helligkeits- und Farbsysteme

Bereits im Abschnitt über die scheinbaren Helligkeiten der Sterne wurde bemerkt, daß das System der visuellen Helligkeiten und das System der photographischen Helligkeiten voneinander abweichen. Dies liegt daran, daß einerseits die Wellenlängenabhängigkeit der Empfindlichkeit des Auges und der (nichtsensibilisierten) photographischen Platte nicht miteinander übereinstimmen (vgl. Tabelle S. 71) und daß andererseits die Energieverteilung in den Spektren verschiedener Sterne nicht gleich sind

Es kommt also auf die spektrale Empfindlichkeit der Meßapparatur an. Durch sie wird das photometrische System festgelegt. Jede Helligkeitsangabe eines Objektes am Himmel bedarf also neben dem Zahlenwert und der Angabe des Nullpunktes der Skala noch der Mitteilung der Empfindlichkeitsfunktion, die von der Optik des Instrumentes, den Filtern und dem verwendeten Strahlungsempfänger abhängig ist. Häufig genügt schon die Angabe des Wellenlängenbereiches, in dem die Helligkeit bestimmt wurde, oder sogar nur der Wellenlänge des Schwerpunktes der Empfindlichkeitsfunktion. Diese wird als isophote Wellenlänge bezeichnet und liegt etwa in der Mitte des Empfindlichkeitsbereiches.

Da bei Sternen höherer Temperatur die Strahlung im Blauen und UV stärker ist als die Strahlung im Roten, während bei kühleren Sternen die letztere mehr hervortritt, werden im photographischen System die heißen Sterne heller, im visuellen System, dessen isophote Wellenlänge größer ist, die kühleren Sterne heller erscheinen. Man kann also die Helligkeitsdifferenzen zwischen verschiedenen Systemen als ein generelles Maß für die Farbe und damit für die Energieverteilung im Spektrum verwenden. Eine derartige Differenz wird als Farbindex bezeichnet. Er ist definiert durch die Gleichung

$$\text{Farbindex} = FI = m_{\text{kurzwellig}} - m_{\text{langwellig}} =$$
$$- 2{,}5 \log (I_{\text{kurzwellig}} / I_{\text{langwellig}}) .$$

Durch Farbindizes werden also Intensitätsverhältnisse im kontinuierlichen Spektrum beschrieben.

Die Möglichkeit, durch relativ einfache und genaue photometrische Messungen Informationen über die Energieverteilung in den Spektren der Sterne zu erhalten, hat zur Entwicklung zahlreicher photometrischer Systeme geführt, wobei man sich bemühte, durch geeignete Kombination von Filtern und Strahlungsempfängern Empfindlichkeitsfunktionen zu erzielen, die sich wenig überlappen und welche den gesamten beobachtbaren Spektralbereich möglichst gut überdecken.

Einige der wichtigsten Systeme sind

		isophote Wellenlänge	Farbindex
Photographisches System		4 300 Å	
Visuelles System ersetzt durch das photovisuelle System (gelbempfindliche Platte, Filter)		5 400 Å	Internationaler Farbindex

U	Filter +	3 500 Å	$U - B = m_U - m_B$
B	Photomultiplier	4 350 Å	
V	(Johnson)	5 550 Å	$B - V = m_B - m_V$

R	Filter +	3 730 Å
G	Photographische Platte	4 810 Å
U	(Becker)	6 380 Å

U		3 550 Å
V		4 200 Å
B	Filter +	4 900 Å
G	Photozelle	5 700 Å
R	(Stellbins u.	7 200 Å
I	Whitford)	10 300 Å

Besonders das Johnsonsche UBV-System, das auch durch eine Kombination von Filtern mit entsprechend sensibilisierten photographischen Platten (s. S. 75) realisiert werden kann, hat weite Verbreitung gefunden.

Die Nullpunkte der verschiedenen photometrischen Skalen sind so festgelegt, daß für A0V-Sterne die Helligkeiten in verschiedenen Farben miteinander übereinstimmen. Für diese Sterne ist der Farbindex also null, für heißere Sterne negativ, für kühlere positiv.

Da der spektroskopischen Untersuchung des Sternlichtes mit Objektivprismen Grenzen gesetzt sind, die bei mittleren Instrumenten etwa bei Sternen der 12. Größe liegen (selbst mit sehr großen Schmidt-Spiegeln kann diese Grenze nicht merklich zu den schwächeren Sternen hin verrückt werden), kommt der Farbenindexmethode gerade für schwächere Sterne große Bedeutung zu. Auch bei der Untersuchung dichter Sternhaufen kann nur der Farbenindex zur Bestimmung der stellarstatistischen Verteilung der Haufenmitglieder auf die einzelnen Spektralklassen herangezogen werden, da Spektralaufnahmen wegen der starken gegenseitigen Überdeckungen der einzelnen Spektren meist nicht mehr möglich sind.

Der in obiger Tabelle gegebene Farbenindexwert für die einzelnen Spektralklassen stellt einen Mittelwert für die helleren, also relativ nahen Sterne dar. Der bei einem Stern individuellen bekannten Spektraltyps gemessene Farbenindex kann von diesem Mittel abweichen. Diese Abweichung bezeichnet man als *Farbenexzeß*. Farbenexzeß = FE = individueller FI minus mittlerer FI der zugehörigen Spektralklasse.

Ein Stern mit negativem Farbenexzeß ist also „blauer" als der Mittelwert seiner Spektralklasse und umgekehrt ein Stern mit positivem Farbenexzeß „röter".

In der Regel sind Farbexzesse positiv. Die Ursache hierfür ist die Eigenschaft des interstellaren Staubes, im kurzwelligen Spektralbereich die Sternstrahlung stärker zu absorbieren als im langwelligen Rot. Diese Verfärbung (s. S. 34) wächst mit der interstellaren Absorption und ist damit abhängig von der Richtung und der Entfernung des Sternes.

6. Sterntemperaturen, Bolometrische Helligkeiten

Mit dem Wort „Sterntemperaturen" sind die sogenannten „Oberflächentemperaturen" der Sterne gemeint. Aber auch diese Bezeichnung ist ungenau, da die Sterne nicht im eigentlichen Sinne des Wortes eine Oberfläche haben. Die „Oberfläche" ist vielmehr, wie bereits im Zusammenhang mit der Sonnenatmosphäre (s. S. 299) erörtert, eine Schicht endlicher Dicke, und zwar die Schicht, aus der die Strahlung des Sternes direkt austreten kann. In dieser Schicht der Sternatmosphäre gibt es keine einheitliche Temperatur, sondern (wie in der Erdatmosphäre auch) eine Temperaturschichtung. Die äußeren (höheren) Teile der Atmosphäre sind kühler als die weiter innen gelegenen (tieferen) Schichten. Es kommt hierbei nicht so sehr auf die geometrische Tiefe an (sofern sie nur klein ist gegenüber dem Sternradius) als vielmehr auf die sogenannte optische Tiefe, die durchweg mit τ bezeichnet wird. Dies ist die optische Dicke der über der betreffenden Tiefe liegenden Schicht. Vereinfachend kann man sagen, daß in Schichten mit $\tau < 1$ nach außen gerichtete Strahlung den Stern verläßt und direkt beobachtet werden kann, während alle Strahlung aus Schichten mit $\tau > 1$ im Stern wieder absorbiert wird, also unbeobachtbar ist.

Da die vom Stern ausgehende Strahlung nicht aus einem Medium einheitlicher Temperatur stammt, lassen sich aus dem beobachteten Spektrum alle mög-

Spektraltyp und Farbindex

Leuchtkraftklasse Spektraltyp	Internationaler Farbindex			B — V			U — B		
	V	III	I	V	III	I	V	III	I
O 5	−0,21	—	—	−0,45			−1,2		
B 0	−0,14	—	—	−0,31		−0,21	−1,07		−1,20
B 5	0	—	—	−0,17			−0,56		—
A 0	+0,21	—	—	0		0	0		−0,30
A 5	+0,38		—	+0,16		—	+0,09		—
F 0	+0,50	+0,38	—	+0,30		+0,30	+0,02		+0,26
F 5	+0,59	+0,51	—	+0,45			−0,01		—
G 0	+0,74	+0,77	—	+0,57	+0,65	+0,76	+0,04	+0,30	+0,62
G 5	+0,93	+1,00	—	+0,70	+0,84	+1,06	+0,20	+0,52	+0,86
K 0	+1,21:	+1,23	—	+0,84	+1,06	+1,42	+0,46	+0,90	+1,35
K 5	+1,52:	+1,69:	—	+1,11	+1,40	+1,71	+1,06	+1,60:	+1,73
M 0		+1,86:	—	+1,39	+1,65	+1,94	+1,24	+1,90	+1,75
M 5			—	+1,61	+1,85	+2,15	+1,19		

(Die mit einem Doppelpunkt versehenen Werte sind unsicher)

lichen Temperaturen ableiten, Temperaturen, die für verschiedene Tiefen in der Sternatmosphäre repräsentativ sind. Zu jeder Temperaturangabe gehört also eine Information darüber, wie sie gewonnen wurde.

Besonders einfach und anschaulich ist der Begriff der *effektiven Temperatur*. Diese Größe beschreibt den über alle Frequenzen summierten (integrierten) Strahlungsstrom, also die vom Stern pro cm² und Sekunde abgestrahlte Gesamtenergie. Man ordnet ihr die Temperatur zu, die ein Hohlraum (schwarzer Körper) haben müßte, damit aus ihm durch eine 1 cm² große Öffnung pro Sekunde die gleiche Energiemenge austritt (vgl. Hohlraumstrahlung, S. 38). Direkt beobachtbar ist diese Gesamtstrahlung nur für die Sonne (vgl. Solarkonstante S. 288).

Zur Bestimmung der effektiven Temperatur benötigt man neben der Messung des absoluten Strahlungsstromes im gesamten Spektrum noch die Kenntnis des Raumwinkels, unter dem die Lichtquelle (Sonnen oder Stern) erscheint. Erst damit ist es möglich, den gemessenen Strahlungsstrom mit dem r^{-2}-Gesetz auf den Strahlungsstrom an der Sternoberfläche umzurechnen. Abgesehen von der Sonne hat man aber nur für wenige Sterne eine zuverlässige Kenntnis der Winkelausdehnung. Aus diesen und aus anderen Gründen ist daher die effektive Temperatur nur für die Sonne durch direkte Messungen bestimmbar, für Sterne ist diese Temperatur mehr von theoretischer Bedeutung.

In engem Zusammenhang mit den effektiven Temperaturen stehen die scheinbaren *bolometrischen Helligkeiten* m_b. Hierunter sollen scheinbare Helligkeiten (s. S. 349) verstanden werden, wie sie mit einem nichtselektiven, also für alle Wellenlängen gleich empfindlichen Empfänger gemessen werden. Strahlungsempfänger mit derartigen Eigenschaften stehen in den Radiometern, Bolometern oder Thermoelementen zur Verfügung. Sie sind relativ unempfindlich und eignen sich nur für Messungen an den hellsten Fixsternen. Solche Messungen beziehen leider nicht (wie beabsichtigt) die gesamte Strahlung der Sterne ein, da die interstellare Absorption, so etwa die der H-Atome unterhalb 912 Å, und Absorption in der Erdatmosphäre gewisse Wellenlängenbereiche blockieren (s. S. 36 und S. 182).

Kennt man die Energieverteilung im gesamten Sternspektrum, so kann man visuelle oder photographische Helligkeiten in bolometrische umrechnen. Der Unterschied zwischen der photovisuellen und der bolometrischen Helligkeit wird bolometrische Korrektion BC genannt

$$BC = m_{pv} - m_{bol}.$$

Bei sehr niedrigen Temperaturen, wenn der größte Teil der Energie im Infraroten abgestrahlt wird, und bei sehr hohen Temperaturen, wo der wesentliche Teil des Spektrums im UV liegt, sind die bolometrischen Korrektionen besonders groß. Bei einer Temperatur, bei der das Maximum der Strahlung in den photovisuellen Spektralbereich fällt (für ein Hohlraumstrahlungsfeld bei $T = 6625$ K), nimmt BC einen Minimalwert an. Der Minimalwert dieser Differenz und damit auch der Nullpunkt der bolometrischen Skala kann willkürlich festgelegt werden. Für die hier angegebene Skala wurde BC $= 0$ für F5 V-Sterne gewählt. Damit sind die BC immer positiv.

Bolometrische Korrektionen

Stern	BC	Stern	BC	Stern	BC	Stern	BC
O5 V	4,6	G0 V	0,03	G0 III	0,1	B0 I	3
B0 V	3,0	G5 V	0,10	G5 III	0,3	A0 I	0,7
B5 V	1,6	K0 V	0,20	K0 III	0,6	F0 I	0,2
A0 V	0,68	K5 V	0,58	K5 III	1,0	G0 I	0,3
A5 V	0,30	M0 V	1,20	M0 III	1,7	K0 I	1,0
F0 V	0,10	M5 V	2,10	M5 III	3,0	M0 I	2,5
F5 V	0					M5 I	4,0

Die immer noch großen Unsicherheiten in unserer Kenntnis der Energieverteilung in Sternspektren übertragen sich auf die bolometrischen Korrektionen. Bolometrische Helligkeiten sind also weder gut beobachtbar, noch lassen sie sich genau berechnen.

Den effektiven Temperaturen verwandt sind die sogenannten *Strahlungstemperaturen*. Beide beruhen auf einer Kenntnis des Strahlungsstromes, d. h. des nach außen gerichteten Energiestromes pro cm² in der Sternatmosphäre. Während die effektiven Temperaturen sich auf den gesamten, d. h. über alle Frequenzen summierten (integrierten) Strahlungsstrom beziehen, geben die Strahlungstemperaturen den Energiestrom in einem begrenzten Intervall des Spektrums oder auch den monochromatischen Energiestrom, d. h. den Energiestrom bei einer Wellenlänge (bzw. Frequenz) pro Wellenlängenintervall (bzw. Frequenzintervall) an. Sie sind die Temperaturen, mit denen die Kirchhoff-Planck-Funktion (s. S. 38) die gemessenen Energieströme ergeben würde, also damit gleich den Temperaturen, bei denen die Energieabstrahlung eines Hohlraumes (schwarzen Körpers) in den betreffenden Frequenzintervallen gleich der Strahlung des Sternes ist. Man bezeichnet sie gelegentlich auch als „schwarze Temperatur". Strahlungstemperaturen bedürfen immer der Angabe der Wellenlänge (Frequenz), auf welche sie sich beziehen.

Nur für die Hohlraumstrahlung selber gibt es eine einzige Strahlungstemperatur, die gleich der Temperatur des Hohlraumes ist. Bei der Strahlung eines

Sternes ist die Strahlungstemperatur wellenlängenabhängig. Die Änderungen dieser Temperatur mit der Wellenlänge bildet ein Maß für die Abweichung der Energieverteilung in seinem Spektrum von der Strahlung eines schwarzen Körpers.

Während effektive wie auch Strahlungstemperaturen die absolute Messung der Energieströme und des scheinbaren Sterndurchmessers voraussetzen, gilt dies nicht für die *Farbtemperaturen*. Farbtemperaturen beziehen sich auf ein bestimmtes Wellenlängenintervall und geben die Temperatur an, mit der die Form der Kirchhoff-Planck-Funktion in dem betreffenden Wellenlängenintervall möglichst gut mit der Form der am Stern gemessenen Energieverteilung übereinstimmt. Hier kommt es also nicht auf die Absolutmessung eines

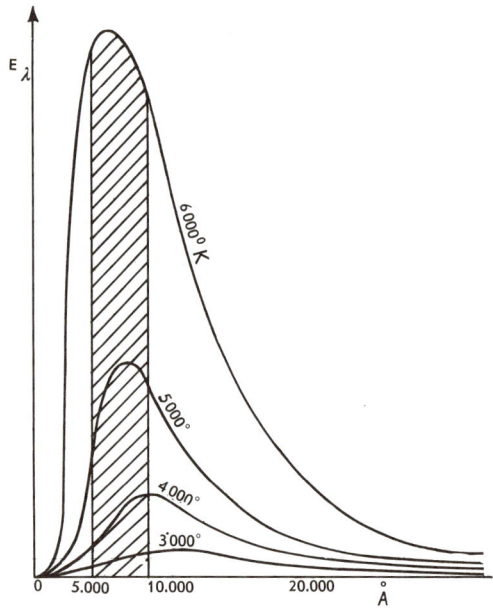

Energieverteilung eines Schwarzen Körpers bei verschiedenen Temperaturen nach dem Planckschen Strahlungsgesetz

Energiestromes an, sondern auf die Messung der Form der Energieverteilungskurve in einem Spektralbereich. Die Farbtemperatur ist dann die Temperatur eines schwarzen Körpers, der im betrachteten Spektralbereich eine möglichst ähnliche Energieverteilung, d. h. eine möglichst gleiche Farbe zeigt. Während also bei effektiven und bei Strahlungstemperaturen letzten Endes Flächenhelligkeiten verglichen werden, werden hier die Farben der Sterne, wie sie etwa in den Farbindizes festgelegt sind, zur Temperaturbestimmung herangezogen.

Auch im Sprachgebrauch des täglichen Lebens unterscheidet man Strahlungs- und Farbtemperaturen. Sagt man z. B., ein Körper glühe dunkelrot, so wird mit dem Wort „dunkel" die Strahlungstemperatur und mit dem Wort „rot" die Farbtemperatur qualitativ beschrieben.

Im Idealfall, der allerdings nur für nahe Sterne gegeben ist, sind die Energieverteilungen im Spektrum nicht durch die interstellare Verfärbung beeinflußt, die Farbtemperaturen also nur durch die Verhältnisse in der Sternatmosphäre bestimmt. Bei entfernteren Sternen mit größerem Farbexzeß (s. S. 362) sind die gemessenen Farbindizes nicht für den Stern typisch und damit natürlich die Farbtemperaturen verfälscht.

Unbeeinflußt von diesen Effekten sind die Ionisations-, Anregungs- und Bandentemperaturen, die alle aus den Stärken von Fraunhoferlinien erschlossen werden.

Ionisationstemperaturen: Man verwendet die Stärken von Linien des selben Elementes in verschiedenen Ionisationsstufen, um die relative Häufigkeit des Vorkommens des Elementes in diesen verschiedenen Ionisationsstufen zu ermitteln. So benutzt man etwa bei O- und frühen B-Sternen Linien des He I und des He II, um das Häufigkeitsverhältnis von ionisiertem zu neutralem Helium zu bestimmen. Dieses Verhältnis hängt von der Elektronendichte und der Temperatur ab. Die Ionisationstemperatur ist die Temperatur, die mit der Sahagleichung, die diese Zusammenhänge beschreibt, die beobachteten Häufigkeitsverhältnisse richtig wiedergibt.

Anregungstemperaturen: Aus den relativen Intensitäten verschiedener Linien des gleichen Elementes kann auf den Grad der Besetzung angeregter Atomzustände (s. S. 2) geschlossen werden. Auch dieser Anregungsgrad ist abhängig von einer Temperatur, der Anregungstemperatur.

Bandentemperatur: Hier handelt es sich um die Bestimmung der Anregungstemperatur für die Anregung der verschiedenen Rotations- und Schwingungszustände von Molekülen. Moleküllinien werden nur in kühleren Sternen beobachtet.

Farbindizes (B — V), Farb-, Strahlungs- und effektive Temperaturen

Spektraltyp	B—V	Farbtemp. bei 4250 Å	Farbtemp. bei 5000 Å	Strahlungstemp. bei 4300 Å	Strahlungstemp. bei 5400 Å	Effektive Temperatur
B0 V	—0,31	39 800 K	33 500 K			33 000 K
B5 V	—0,17	23 400	22 500	14 000 K	13 800 K	16 500
A0 V	0	16 700	15 300	10 900	10 500	10 000
A5 V	+ 0,16	13 000	11 000	8 750	8 800	8 000
F0 V	+ 0,30	9 900	8 950	7 590	7 550	7 200
F5 V	+ 0,45	7 600	7 700	6 860	6 860	6 500
G0 V	+ 0,57			6 610	6 210	5 960
G5 V	+ 0,70			5 460	5 560	5 270
K0 V	+ 0,84			5 120	5 240	4 900
K5 V	+ 1,11			4 460	4 550	4 350
M0 V	+ 1,39			4 150	4 220	4 000
G0 III	+ 0,65		6 000			5 400
G5 III	+ 0,84		5 000			4 700
K0 III	+ 1,06		4 400			4 100
K5 III	+ 1,40		3 700			3 500
M0 III	+ 1,65		3 400			2 900
M5 III	1,85		3 000			
F0 I	+ 0,30					6 400
G0 I	+ 0,76		6 200			5 400
G5 I	+ 1,06		5 300			4 700
K0 I	+ 1,42		4 600			4 000
K5 I	+ 1,71					3 400
M0 I	+ 1,94					2 800

Die möglichen Fehler der Strahlungs- und effektiven Temperaturen sind beträchtlich.

7. Die Entfernungen der Sterne und ihre Bestimmung

Für die Stellarstatistik wie für die Astrophysik ist es gleichermaßen wichtig, genaue Daten über die Entfernung der Sterne zu erhalten. Der eine Wissenschaftszweig bedarf dieser Angaben, um die Verteilung und Bewegung der Sterne im Raum zu untersuchen, der andere, um wichtige Bestimmungsstücke des Zustands der Sterne, wie etwa Radius und Leuchtkraft, ermitteln zu können.

Eine ganze Reihe verschiedener Methoden zur Entfernungsbestimmung der Sterne sind entwickelt worden; sie haben naturgegebene Grenzen ihrer Anwendbarkeit. Manche eignen sich nur für bestimmte Sterngruppen. Teils sind es unabhängige Methoden, teils bedürfen sie einer vorherigen Eichung durch andere Verfahren. Ihre Ergebnisse sind nicht alle gleich gut; manche von ihnen dienen nur ganz speziellen Zwecken, andere liefern nur Mittelwerte für entsprechend ausgewählte Sterngruppen, und einige können nur als grobe Schätzungen aufgefaßt werden.

a) Trigonometrische Parallaxen

Die grundlegende Methode zur Bestimmung der Entfernung oder, wie man auch sagt, der Parallaxe der Sterne ist das auch bei Vermessungen auf der Erde angewandte trigonometrische Verfahren. Aus Winkelmessungen und Messungen der Länge einer Basis werden mit Hilfe von trigonometrischen Rechnungen die Entfernungen eines Objektes ermittelt.

Bei Körpern in Erdnähe, etwa dem Mond, genügen als Meßpunkte bereits zwei in geographischer Breite möglichst weit auseinanderliegende, ungefähr auf gleichem Längengrad liegende Orte auf der Erde. Voraussetzung zur Bestimmung der Äquatorial-Horizontal-Parallaxe des Mondes, wie die so er-

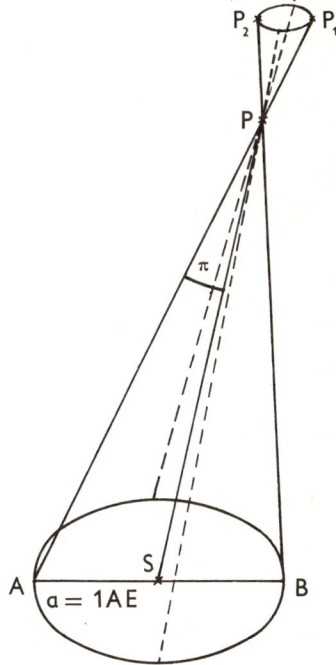

Die Winkelmessungen erfolgen bei der Bestimmung von Fixsternparallaxen in einem Abstand von einem halben Jahr von zwei sich gegenüberliegenden Punkten der Erdbahn aus.

Es sei AB die große Achse der Erdbahn, S die Sonne, P der zu messende Parallaxenstern. Dieser Stern erscheint dem Beobachter von A aus in Richtung P_1, von B aus in Richtung P_2 an der Sphäre. Den Winkel APS $= \pi$ nennt man die Parallaxe des Sterns P. Die Parallaxe eines Sterns ist also der Winkel, unter dem vom Stern aus der Erdbahnhalbmesser erscheint.

Da schon die Parallaxen der nächsten Sterne ausnahmslos unter einer Bogensekunde liegen, sind immer sehr kleine Verschiebungen an der Sphäre zu messen, deren sicherer Messung schnell Grenzen gesetzt sind. Im Durchschnitt liegt der mittlere Fehler der trigonometrischen Parallaxen bei $\pm 0\rlap{.}''03$.

369

mittelte Mondentfernung genannt wird, die auf den Äquatorialhalbmesser der Erde als Basis bezogen ist, ist aber eine genaue Kenntnis der Erdfigur (s. S. 160). Für Fixsterne ist die Erde als Basis zur Entfernungsmessung zu klein, daher benutzt man in diesem Fall den Erdbahnhalbmesser als Basisstrecke.

b) Das Entfernungsmaß

Erscheint von einem Objekt aus der Erdbahnradius unter einem Winkel von 1 Bogensekunde, dann hat dieses Objekt die lineare Entfernung von 1 Parsec (*Parsec*, abgekürzt pc, ist ein Kunstwort gebildet aus Parallaxe und Bogensekunde) Bezeichnet man mit $\triangle$pe, $\triangle$km die Entfernung in Parsec bzw. in Kilometer, dann gilt die Beziehung:

$$\pi'' = \frac{1}{\triangle_{pc}} = 206\,265'' \,\frac{a_{km}}{\triangle_{km}}$$

wobei a = Erdbahnradius = Astronomische Einheit (AE) = $149{,}6 \cdot 10^6$ km ist und der Zahlenfaktor die Anzahl der Bogensekunden angibt für einen Bogen, dessen Länge gleich dem Radius ist.

Folgende Größen lassen sich sofort angeben:

$$
\begin{aligned}
1 \text{ Parsec} \quad &= 206\,265 \text{ AE} \\
&= 3.0857 \cdot 10^{18} \text{ cm} \\
&= 3.262 \text{ Lichtjahre} \\
1 \text{ Kiloparsec (kpc)} \quad &= 1\,000 \quad \text{pc} \\
1 \text{ Megaparsec (Mpc)} &= 1\,000\,000 \text{ pc} = 10^6 \text{ pc.}
\end{aligned}
$$

In der populärwissenschaftlichen Literatur wird vielfach die Entfernung eines Objekts in Lichtjahren angegeben. Das Lichtjahr ist definiert als die Strecke, die ein Lichtstrahl bei einer Geschwindigkeit von ca. 300 000 km/sec in einem Jahr zurücklegt. Dieses Maß dürfte kaum anschaulicher sein als das Parsec. Vielfach wird von Laien dieses Produkt von Geschwindigkeit und Zeit nicht als eine Entfernung erkannt, sondern fälschlich als „Zeit" angesehen. Demnach ist: 1 Lichtjahr (Lj) = 0.3066 pc = $9.4605 \cdot 10^{17}$ cm.

c) Sternstromparallaxen

Unter den nahen, mit der trigonometrischen Parallaxen-Methode erreichbaren Sternen gibt es nur sehr wenige, die den frühen Spektralklassen O bis F angehören. Eine andere geometrische Methode gestattet es aber, wesentlich weiter in den Raum vorzudringen und uns so sichere Daten über die Entfernungen gerade solcher Sterne zu liefern. Dieses Verfahren der sogenannten

Sternstrom-Parallaxen ist aber nur auf eine bestimmte Gruppe von Sternen anwendungsfähig, nämlich auf die Mitglieder von Bewegungssternhaufen (siehe S. 496).

Für sie läßt sich zunächst die Richtung der Bewegung im Raum ermitteln. Unter der Annahme, daß die Sterne einer Bewegungsgruppe sich auf geradlinigen parallelen Bahnen bewegen, müssen ihre scheinbaren Bewegungen an der Sphäre wegen des perspektivischen Effektes auf einen Punkt hin gerichtet sein. Er wird als Flucht- oder Konvergenzpunkt bezeichnet. Durch Verlängerung der beobachteten kleinen Bahnstückchen läßt sich der Ort dieses Konvergenzpunktes an der Sphäre einigermaßen genau festlegen. Nur dann bilden Sterne eine Bewegungsgruppe, wenn sich ein solcher gemeinsamer Konvergenzpunkt finden läßt.

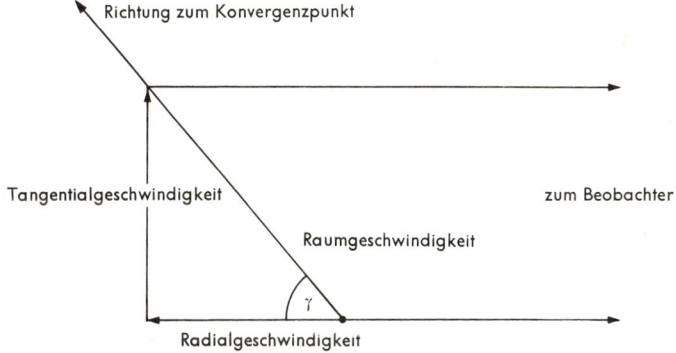

Sternstromparallaxen. γ ist der Winkel zwischen Sternposition und Konvergenzpunkt

Wird jetzt die Radialgeschwindigkeit dieser Sterne (in km/sec) durch Messung des Dopplereffekts in ihren Spektren bestimmt, so kann mit Hilfe des Winkels zwischen der Sternposition und dem Konvergenzpunkt daraus auch die wahre Raumgeschwindigkeit und schließlich auch die Tangentialgeschwindigkeit (ebenfalls in km/sec) berechnet werden. Die in tangentialer Richtung in einem Jahr oder in einem längeren Zeitraum zurückgelegte Strecke ist damit bekannt. Sie bildet jetzt gleichsam die Basis für die Triangulation. Die Messung der jährlichen Eigenbewegung in Bogensekunden pro Jahr liefert den zugehörigen Winkel, den Winkel, unter dem diese Strecke von der Erde aus gesehen erscheint. Da die Basis und damit auch der Winkel linear mit der Zeit anwächst, man also bei genügender Geduld leicht Basislängen erreicht, die erheblich größer sind als eine astronomische Einheit, reichen die Sternstromparallaxen entsprechend weiter in den Raum hinaus. Einige hundert derartige Parallaxen sind bestimmt. Man verdankt ihnen in der Hauptsache sichere Daten über die Entfernungen der Sterne früher Spektralklassen O, B, A und F.

d) Säkulare Parallaxen

Die Sonne bewegt sich mit einer Geschwindigkeit von rund 20 km/sec unter den Sternen auf einen Punkt an der Sphäre zu, den *Apex*, mit den Koordinaten $\alpha = 18^h; \delta = +30°$. Diese Bewegung spiegelt sich in den Sternen der näheren und weiteren Sonnenumgebung wider, und zwar durch eine mehr oder weniger große, scheinbare Bewegung aller Sterne in Richtung zum Gegenpunkt dieser Sonnenbewegung, zum *Antapex*. — Dieser Vorgang wird einem verständlich, wenn man bei einer Autofahrt die seitlich in der Landschaft stehenden Bäume beobachtet. Sie bewegen sich scheinbar alle mehr oder weniger schnell, je nach ihrem Abstand von der Straße, auf den Punkt am Horizont zu, von dem das Auto kam. — Die auf dem gleichen Phänomen beruhende parallaktische Bewegung der Sterne wäre ein sehr gutes und weitreichendes Entfernungskriterium, wenn die Fixsterne (ebenso wie die Bäume) fest an ihrem Platz stünden und nicht, wie es nun einmal der Fall ist, eine individuelle Bewegung im Raum hätten. Diese individuelle Bewegung der Sterne wird Pekuliarbewegung genannt, sie überlagert sich der parallaktischen Bewegung und ist von dieser nicht zu trennen. Deshalb kann der parallaktische Verschiebungseffekt an der Sphäre nicht zur Parallaxenbestimmung bei einzelnen Sternen herangezogen werden. Es lassen sich so vielmehr nur Entfernungen ausgewählter Sterngruppen ermitteln, wie etwa der Sterne einer besimmten Spektralklasse in einem diskreten Helligkeitsbereich. Bei einer solchen statistischen Anwendung muß aber die Annahme gemacht werden, daß die pekuliaren Eigenbewegungen dieser zu untersuchenden Sterngruppe nach Richtung und Größe vollkommen regellos verteilt sind, so daß sie sich im Mittel gegenseitig herausheben. Die nach dieser Methode ermittelten Entfernungen für ausgewählte Sterngruppen nennt man *säkulare Parallaxen*.
Es ist ersichtlich, daß dieses Verfahren der Entfernungsbestimmung versagen muß oder zu falschen Resultaten führt, wenn die Bedingung der vollkommenen Regellosigkeit der Pekuliarbewegungen nicht erfüllt ist, wenn etwa durch Mitglieder eines Bewegungshaufens (s. S. 496), also durch Sterne mit in Betrag und Richtung gleicher Eigenbewegung, die für die Sterngruppe ermittelte parallaktische Bewegung verfälscht wird.

e) Spektroskopische Parallaxen

Spektroskopische Parallaxen beruhen auf dem Gesetz, daß beim Fehlen von Absorption die Stärke der Strahlung mit dem Quadrat des Abstandes abnimmt. Ist die absolute Helligkeit (s. S. 877) eines Sternes bekannt, so kann aus der beobachteten scheinbaren Helligkeit auf den Abstand geschlossen werden. Es handelt sich also um ein photometrisches Verfahren. Die spektroskopischen Methoden haben lediglich den Zweck, mit Hilfe der Feststellung des Spektraltyps und der Leuchtkraftklasse dem Stern die richtige absolute Helligkeit zuzuordnen. Diese absoluten Helligkeiten selber können aber nur gefunden werden, wenn für wenigstens einen Stern aus der betreffenden Spektral- und Leuchtkraftklasse die Entfernung durch eine unabhängige Messung bestimmt ist. Spektroskopische Parallaxen bedürfen also der Eichung. Sie reichen dann aber sehr viel weiter in den Raum hinaus als alle trigonometrischen Methoden. Die Voraussetzung absorptionsfreier Lichtausbreitung ist für große Entfernungen allerdings problematisch. Jedoch kann die Lichtabsorption, die sich aus dem Grad der Verfärbung, also aus dem Farbexzeß (s. S. 362) genähert bestimmen läßt, in gewissem Umfang berücksichtigt werden.

Weitere Entfernungsbestimmungsmethoden werden an anderer Stelle behandelt: dynamische Parallaxen (s. Doppelsterne, S. 472), Parallaxen aus der Perioden-Leuchtkraft-Beziehung der δ-Cephei-Sterne (s. S. 412).

8. Die Bewegung der Sterne

Das Wort Fixsterne bringt zum Ausdruck, daß diese Sterne feste, unveränderliche Positionen an der Sphäre zu haben scheinen. Tatsächlich ist dies nicht der Fall. Fixsterne bewegen sich mit hohen Geschwindigkeiten – gemessen an gewohnten Geschwindigkeiten aus unserer Umwelt – durch den Raum. Lediglich ihre große Entfernung und die Kürze der Zeitspanne, in welcher der Mensch Sternpositionen beobachtet hat, ließen den Eindruck entstehen, Fixsterne stünden nahezu unbeweglich an ihren Plätzen.

Das Studium der Bewegungen der Sterne, der Versuch, über die weitgehend ungeordneten peculiaren Bewegungen der individuellen Sterne hinaus systematische Bewegungen festzustellen (wie etwa die Rotation unseres Sternsystems (s. S. 597)), erfordert ein großes Beobachtungsmaterial über Richtungen und Geschwindigkeiten einzelner Sterne. Dies, d. h. die Erforschung der Kinematik des Sternsystems ist jedoch nur ein erster Schritt. Die Bewegungsvorgänge zu verstehen, d. h. sie unter der Annahme der Gültigkeit der Gesetze der Mechanik, insbesondere des Newtonschen Gravitationsgesetzes auf plausible Ausgangszustände (Anfangsbedingungen) zurückzuführen, ist das eigentliche Ziel. Dies sind die Probleme der Stellardynamik, die als eines der wichtigsten Gebiete der klassischen Astronomie angesehen wird.

Das Beobachtungsmaterial über die Bewegung der Sterne im Raum wird einerseits von der klassischen Astrometrie geliefert (Eigenbewegungen), zum anderen von den spektroskopisch arbeitenden Astronomen (Radialgeschwindig-keiten).

a) Die Raumbewegung

Von S (Sonne bzw. Erde) aus beobachtet man zum Zeitpunkt t_1 einen Stern in der Richtung SA. Dieser Stern bewege sich in der Richtung AB und habe zum Zeitpunkt t_2 den Punkt B im Raum erreicht. Für den Beobachter in S ist die räumliche Bewegung nicht als solche zu erkennen. Für ihn projiziert sich die Raumbewegung AB lediglich als eine Winkelbewegung AC an die Sphäre. Diesen Winkel ASC = μ bezeichnet man, wenn man ihn auf den Zeitraum von einem Jahr bezieht, als die *jährliche Eigenbewegung* des Sterns. Die Projektion der Bewegung auf die Visierlinie, also CB = v, ist das Produkt der *Radialgeschwindigkeit* des Sternes mit dem angenommenen Zeitraum. Die Strecke SA ist die Distanz, die Entfernung des Sterns von der Sonne.

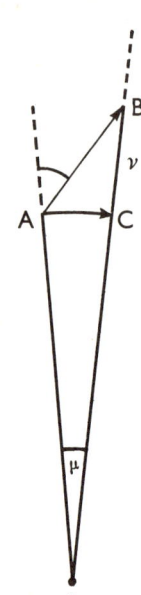

b) Die Eigenbewegung

Ist neben der jährlichen Eigenbewegung μ auch die Entfernung des Sterns, seine Parallaxe π, bekannt, so läßt sich seine tangentiale Geschwindigkeit angeben. Es ist:

$$\mu \ [\text{km/sec}] \ = \ 4.74 \ \frac{\mu''}{\pi''} \ , \ \text{wobei}$$

$$4.74 = \frac{\text{Halbachse der Erdbahn in km}}{\text{Anzahl der Sekunden im Jahr}} = \frac{1.496 \cdot 10^8 \ \text{km}}{3.156 \cdot 10^7 \ \text{sec}} \ \text{ist.}$$

Der Winkel der jährlichen Eigenbewegung ist sehr klein; bei den nicht sehr häufigen Sternen mit großer tangentialer Bewegung beträgt er etwa 0.1 Bogensekunde. Man kann diese Winkelverschiebung an der Sphäre nicht in einer zeitlichen Spanne von einem Jahr messen, vielmehr bedarf es, um sichere Werte zu erhalten, zweier zeitlich möglichst weit auseinander liegender Positionsbeobachtungen. Diese Beobachtungen wurden und werden auch heute noch mit einem Meridiankreis durchgeführt, aber heute gibt man, gerade zur Ableitung von Eigenbewegungen, der photographischen Platte den Vorzug; denn nur so können Fehler durch verschiedene Beobachter und durch die im Laufe der Zeit sich ändernden Beobachtungsverfahren ausgeschlossen werden. Es ist nämlich zu bedenken, daß die Zeitspanne eines Berufslebens selten groß genug ist, um sichere Eigenbewegungen abzuleiten, denn dazu bedarf es etwa einer Epochendifferenz (Zeitdifferenz) von 40–60 Jahren. Die photographische Platte konserviert die Beobachtungen über einen solch langen Zeitraum und gestattet zur gegebenen Zeit eine gleichmäßige Bearbeitung alter und neuer Beobachtungen.

Noch einen großen Vorteil bringt die photographische Platte. Nur mit ihr kann die nötige Massenarbeit geleistet werden, denn in einem Plattenfeld können dann Hunderte von Eigenbewegungen abgeleitet werden. Allerdings müssen die so erhaltenen *(relativen)* Eigenbewegungen noch mit solchen aus zahlreichen Meridiankreis-Beobachtungen bestimmten *fundamentalen* Eigenbewegungen geeicht werden.

Die jährliche Eigenbewegung μ wird in Bogensekunden angegeben. Dazu gehört aber noch eine Angabe über die Richtung an der Sphäre, über den *Positionswinkel* der Eigenbewegung; er wird in Winkelgrad von Norden über Osten gezählt. Eine zweite, weit häufiger geübte Möglichkeit der Angabe der Eigenbewegung ist eine Aufspaltung in zwei Komponenten, und zwar in die beiden Koordinatenrichtungen des äquatorialen Koordinatensystems, in Rektaszension und Deklination (s. S. 118). Die Eigenbewegungskomponenten werden mit μ_α und μ_δ bezeichnet; die Vorzeichen geben dann auch eindeutig die Richtung der tangentialen Bewegung an.

c) Das Fundamental-Koordinatensystem

An dieser Stelle soll noch kurz auf das Fundamental-Koordinatensystem der Astronomie eingegangen werden: Bei Positionsbestimmungen mit dem Meridiankreis gibt es zwei mögliche Wege. Entweder bestimmt der Beobachter selbst die Lage der Äquatorebene und des Frühlingspunktes, also die Ausgangspunkte der Koordinatenzählung (s. S. 119) durch entsprechende Verfahren und vermißt die Sterne in seinem selbsterstellten System. In diesem Fall spricht man von absoluten Positionsbeobachtungen. Die zweite Möglichkeit besteht darin, daß der Beobachter ein System übernimmt, d. h., er vermißt von bekannten Sternpositionen aus, die ihm das Koordinatensystem repräsentieren, andere Sterne oder Objekte; man spricht dann von relativen Positionsbeobachtungen.

Da nun absolute Positionsbeobachtungen, wie alle Messungen, mit „zufälligen Fehlern" behaftet sind, vereinigt man alle vorliegenden guten Beobachtungsreihen und bildet daraus ein „mittleres" System, ein *Fundamentalsystem*. Heute dient als Grundlage für alle relativen Beobachtungen, aber auch für Zeit- und Ortsbestimmungen usw., der vom Astronomischen Recheninstitut in Heidelberg erarbeitete „*Vierte Fundamentalkatalog*" abgekürzt als FK 4. 1535 sogenannte *Fundamentalsterne* repräsentieren das astronomische Koordinatensystem, so wie etwa das geographische Koordinatensystem durch die trigonometrischen Punkte erster Ordnung festgelegt ist. Da sich die Lage der Sterne gegeneinander durch ihre verschiedenen Raumbewegungen ständig ändert, müssen die Eigenbewegungen der Sterne im Katalog ebenfalls gegeben werden. Man nennt sie fundamentale Eigenbewegungen.

d) Die Radialgeschwindigkeit

Während die Bestimmung der tangentialen Bewegungskomponente der Raumbewegung der Sterne ein Arbeitsgebiet der Astrometer ist, wird die andere, in radialer Richtung liegende Komponente von den Spektroskopikern unter den Astronomen ermittelt. Die Bestimmung der Radialgeschwindigkeiten beruht auf der Anwendung des *Dopplerschen Prinzips*.

Bewegt sich eine Lichtquelle auf uns zu oder von uns weg, so tritt eine Verschiebung der Absorptions- oder Emissionslinien (s. S. 31) im Spektrum ein, und zwar gegen die im irdischen Laboratorium festgestellte Nullage dieser Spektrallinien. Diese Verschiebung ist um so stärker, je größer die radiale Geschwindigkeit des Objektes ist. Bezeichnet man mit $\triangle \lambda$ die Verschiebung, mit λ die Nullage der Linie, mit c die Lichtgeschwindigkeit von 300000 km/sec und mit v die Radialgeschwindigkeit, so ist

$$\triangle \lambda = \frac{v}{c} \, \lambda.$$

Man rechnet sie positiv, wenn sich der Stern von uns entfernt; negativ, wenn er sich uns nähert. Statt von einer positiven oder negativen Radialgeschwindigkeit zu sprechen, sagt man auch, die Linie erleidet eine Rot- bzw. eine Blauverschiebung.

Im Gegensatz zu den Eigenbewegungen, die nur durch zwei Positionsbestimmungen in großer zeitlicher Distanz abgeleitet werden können, bedarf es für die Bestimmung der Radialgeschwindigkeit im Prinzip nur einer Beobachtung. Diese muß aber mit einem großen Instrument und einem daran angebrachten Spektrographen mit großer linearer Dispersion durchgeführt werden. Bei Dispersionen von 100 bis 50 Å/mm kann man mit einem mittleren Fehler von etwa $\pm$ 4 km/sec rechnen. Dieser wird kleiner, wenn man, wie in der Praxis üblich, mit einer linearen Dispersion von etwa 10 Å/mm arbeitet und zudem mehrere Aufnahmen zur Ableitung der Radialgeschwindigkeit heranzieht; dann beträgt die Genauigkeit einer Bestimmung etwa $\pm$ 0.5 km/sec. Bei den Eigenbewegungen war es möglich, durch photographische Aufnahmen mit entsprechenden Astrographen (s. S. 51) Werte für Hunderte von Sternen auf einmal abzuleiten. Bei der Bestimmung von Radialgeschwindigkeiten ist dies nicht so ohne weiteres möglich, denn von jedem einzelnen Stern muß ein Spektrum aufgenommen werden. Zudem kann man wegen der benötigten großen Dispersion der Spektren nur die Radialgeschwindigkeit bei hellen Objekten bestimmen. So ist das heute vorliegende Datenmaterial im Vergleich zu den bekannten Eigenbewegungen noch sehr spärlich, dementsprechend fehlt es auch an Angaben über die Raumbewegungen der Sterne.

Häufigkeit der Radialgeschwindigkeiten

km/sec		Anzahl	km/sec		Anzahl
0 bis $\pm$ 10		32%	$\pm$ 40 bis $\pm$ 50		6%
$\pm$ 10	$\pm$ 20	27	$\pm$ 50	$\pm$ 60	2%
$\pm$ 20	$\pm$ 30	19	$> \pm$ 60		4%
$\pm$ 30	$\pm$ 40	10			

Im Katalog der Radialgeschwindigkeiten von R. E. Wilson sind von 15106 Sternen Radialgeschwindigkeiten mit mehr oder weniger großem Fehler gegeben. Bis heute dürften insgesamt von 20000 Sternen Radialgeschwindigkeiten bekannt sein. Vollständigkeit wird bis zu den Sternen 6. Größe erreicht. Von den Sternen der 10. bis 11. Größe sind nur bei etwa 0.06% Sternen Radialgeschwindigkeiten gemessen.

Eine wesentliche Bereicherung des für dynamische Untersuchungen noch spärlichen Materials ist durch die von Ch. Fehrenbach entwickelte Methode zu erwarten. Wie schon K. Schwarzschild gezeigt hatte, sind mit einem normalen Objektivprisma, das zwar mit einer photographischen Aufnahme Hunderte für die Spektralklassifikation brauchbare Spektren liefert, keine Radialgeschwindigkeiten zu bestimmen. Dies liegt daran, daß bei solchen Aufnahmen der Nullpunkt, von dem aus die Verschiebung der Spektrallinien zu messen wäre, nicht definiert ist. Diesen Mangel vermeidet man bei dem von Ch. Fehrenbach vorgeschlagenen Verfahren. Mit einem Geradsichtprisma werden zwei Aufnahmen auf die gleiche Platte gemacht, wobei zwischen ihnen das Prisma um genau 180° gedreht wird. So entstehen von jedem Stern zwei nebeneinander liegende, aber entgegengesetzt orientierte Spektren, von denen jeweils das eine den Nullpunkt für die Ausmessung des anderen liefert. Mit einem derartigen Geradsichtprisma, zusammengesetzt aus Kron- und Flintglasprismen, gelingt es, Radialgeschwindigkeiten mit einem Fehler von etwa $\pm$ 4 km/sec zu bestimmen.

9. Die absoluten Helligkeiten

Die unterschiedlichen, scheinbaren Größen der Sterne (s. S. 349) werden einerseits von ihren verschiedenen Entfernungen (s. S. 368) herrühren, andererseits von Unterschieden des Betrages der in den beobachteten Spektralbereichen abgestrahlten Energie. Diese letztere Größe wird als die Leuchtkraft der Sterne bezeichnet, insbesondere wird dieses Wort für die gesamte, über alle Frequenzen summierte (integrierte) Energieabstrahlung verwendet. Wären die Leuchtkräfte für alle Sterne gleich, so gäben die scheinbaren Helligkeiten ein Maß für die Entfernungen, wären die Entfernungen gleich, so bildeten sie ein direktes Maß für die Leuchtkräfte. Beide Voraussetzungen treffen jedoch nicht zu; die Sterne stehen in unterschiedlichen Entfernungen, und auch ihre Leuchtkräfte unterscheiden sich erheblich.

Um die Leuchtkräfte zu finden, muß man den Einfluß der Entfernungen auf die scheinbaren Helligkeiten eliminieren. Dies ist möglich, da das Gesetz der Helligkeitsabnahme mit der Entfernung bekannt ist. Es lassen sich also scheinbare Helligkeiten umrechnen in Helligkeiten, welche der Stern in einer Einheitsentfernung hätte. Durch Übereinkunft wurde diese auf 10 Parsec festgelegt. Aus der Definition der Größenklassen

$$m = -2,5 \log F + \text{const}$$

und aus dem Gesetz, daß im leeren Raum der Strahlungsstrom F (häufig wird hier die Bezeichnung Strahlungsintensität gebraucht) mit dem Quadrat des Abstandes abnimmt

$$F_r/F_{10} = (10/r)^2$$

folgt die Beziehung

$$M - m = 5 - 5 \log r = 5 + 5 \log \pi''.$$

Hierbei ist mit m die scheinbare Helligkeit (Größe), mit M die sogenannte absolute Helligkeit (absolute Größe), mit r der Abstand in Parsec bzw. mit π'' die Parallaxe des Sternes bezeichnet. Je nach der isophoten Wellenlänge, auf welche sich die scheinbaren Helligkeiten beziehen (s. S. 360), erhält man absolute photographische, visuelle, infrarote oder auch absolute bolometrische Helligkeiten. Die Verbindung zwischen den in Größenklassen angegebenen absoluten Helligkeiten M und den Leuchtkräften der Sterne L (in dem Wellenlängenintervall der Empfindlichkeitsfunktion) liefert die Relation

$$M = -2,5 \log L + \text{const}.$$

Die Größe $m - M$ (scheinbare Helligkeit minus absolute Helligkeit) bezeichnet man als Entfernungsmodul. Einem Modul von $m - M = 0$ mag entspricht demnach eine Entfernung von 10 pc; mit jeder Zunahme des Moduls um 5,0 mag verzehnfacht sich die zugehörige Entfernung. Zur Berechnung der absoluten Helligkeit eines Sternes aus seiner scheinbaren muß also seine Entfernung bzw. die Parallaxe bekannt sein. Umgekehrt kann aber auch aus bekannter absoluter und scheinbarer Helligkeit die Entfernung berechnet werden. Dies wird bei der Methode der spektroskopischen Parallaxen (s. S. 372) getan, bei der aus dem Spektraltyp des Sterns seine absolute Helligkeit abgeleitet wird. – Die wichtigsten Zusammenhänge zwischen Spektraltyp und absoluter Helligkeit werden im nächsten Abschnitt behandelt.

10. Das Hertzsprung-Russell-Diagramm

Der Zustand eines Sternes wird durch die Angabe von Masse, Radius, Spektraltyp, Oberflächentemperatur, Farbindex, Leuchtkraft usw. beschrieben. Diese sogenannten Zustandsgrößen sind teilweise voneinander abhängig. So ist z. B. die Leuchtkraft durch die Oberflächentemperatur und durch die Größe der Oberfläche und damit durch den Radius festgelegt. Für die bolometrische Leuchtkraft gilt z. B. unter Verwendung des Stefan-Boltzmannschen Strahlungsgesetzes

bolometrische Leuchtkraft = Oberfläche · Gesamtabstrahlung pro cm²

$$L_{bol} = 4\pi R^2 \cdot 5,67 \cdot 10^{-5} \cdot T^4 \ [erg/sec^{-1}] \ .$$

Um andere, weniger triviale Relationen zwischen Zustandsgrößen aufzudecken, verwendet man Zustandsdiagramme. Das sind Darstellungen, in welche die Sterne als Bildpunkte eingetragen werden. Deren Koordinaten sind die beobachteten Werte der Zustandsgrößen. Ordnen sich die Bildpunkte auf Linien bzw. in schmalen Bändern, deren Breite durch die Beobachtungsfehler erklärt werden kann, so bedeutet dies, daß zwischen den Zustandsgrößen, also den Koordinaten der Darstellung, ein funktionaler Zusammenhang besteht. Verteilen sich im umgekehrten Fall die Bildpunkte mehr oder weniger gleichmäßig auf die gesamte Fläche des Diagramms, so sind die Zustandsgrößen voneinander unabhängig. Es ist ganz reizvoll, sich derartige Diagramme für einige vertraute Objekte unserer täglichen Umgebung zu konstruieren, so z. B. für Bücher ein Preis-Seitenzahl-Diagramm oder für Autos ein Farb-Geschwindigkeits-Diagramm. An derartigen Beispielen wird deutlich, worauf es ankommt.

Die Dichte der Bildpunkte in einem Zustandsdiagramm, also die Häufigkeit, mit der eine Kombination von Zustandsgrößen, d. h. ihr gemeinsames Auftreten innerhalb einer gewissen Schwankungsbreite, beobachtet wird, hängt ab von der Auswahl der Sterne, die für diese Untersuchung herangezogen werden. Verwenden wir z. B. für ein Diagramm etwa alle dem bloßen Auge sichtbaren Sterne, schließen wir also alle Sterne bis $m_{vis} = 5^m$ ein, dann würden Sterne extrem hoher Leuchtkraft (etwa $M_{vis} = -5$) noch Aufnahme in unser Diagramm finden, wenn sie in 1 000 pc Entfernung stehen (s. S. 378). Helle Sterne ($M_{vis} = 0$) dürften nicht weiter als 100 pc, sonnenähnliche Sterne

($M_{vis} = 5$) nicht weiter als 10 pc entfernt sein. Ganz schwache Objekte ($M_{vis} = 10$) werden nur dann im Diagramm erscheinen, wenn sie sich in unserer unmittelbaren Nachbarschaft ($r < 1$ pc) befinden. Die zu diesen Grenzentfernungen gehörenden Räume und damit die Wahrscheinlichkeiten, daß die Sterne im Diagramm berücksichtigt werden, verhalten sich wie die dritten Potenzen der Abstände, also wie $10^9 : 10^6 : 10^3 : 1$. Das bedeutet also, daß bei dieser Auswahl die absolut hellsten Sterne enorm bevorzugt werden und das Diagramm beherrschen. Eine andere Alternative wäre, alle Sterne bis zu einer gewissen Grenzentfernung aufzunehmen. Dann ist man aber nicht sicher, ob die absolut schwächsten Objekte in dem damit herausgegriffenen Volumen überhaupt vollständig aufgefunden sind und ob die sehr kleine Zahl der absolut hellsten Objekte vermöge irgendeiner zufälligen lokalen Schwankung ihrer Dichten überhaupt repräsentativ ist. Zustandsdiagramme hängen also von der Auswahl der Sterne ab.

Das wichtigste Zustandsdiagramm ist das *Hertzsprung-Russell-Diagramm* (HR-Diagramm bzw. HRD), durch welches die Beziehung zwischen Spektraltyp (Abszisse der Darstellung) und absoluter Helligkeit (Ordinate der Darstellung) untersucht wird. Spektraltyp wie auch die Farbe eines Sternes entsprechen sich weitgehend, da beide Größen in erster Linie durch die „Ober-

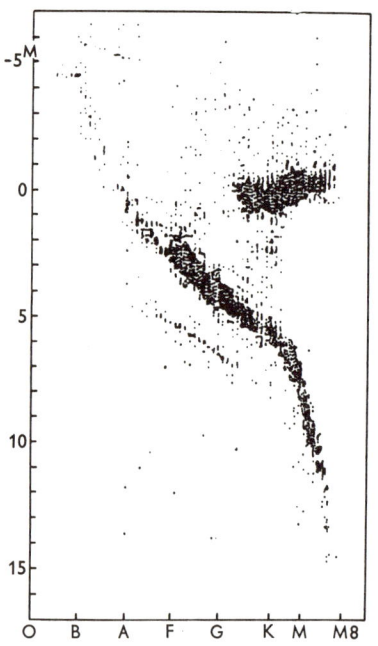

Hertzsprung-Russel-Diagramm
der hellen Sterne.

flächentemperatur" festgelegt sind. Damit kann als Abszissenskala anstelle des Spektraltyps ebensogut die Farbe, etwa der Farbindex B — V, verwendet werden. Die so erhaltenen Farb-Helligkeits-Diagramme (FHD) sind den HR-Diagrammen völlig äquivalent.

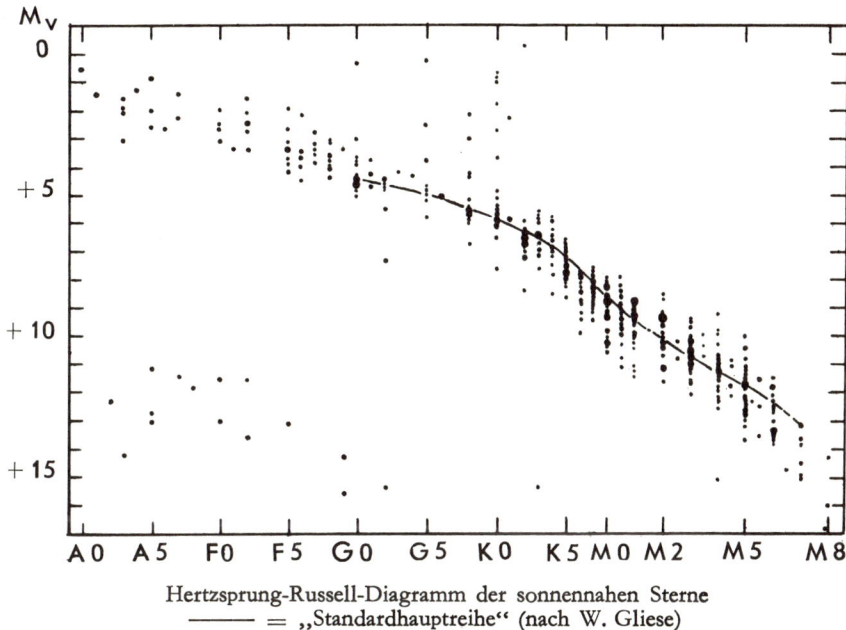

Hertzsprung-Russell-Diagramm der sonnennahen Sterne
—— = „Standardhauptreihe" (nach W. Gliese)

Man sieht an derartigen Diagrammen (vgl. Abb., S. 380, HRD der hellen Sterne und Abb., S. 381, HRD der Sterne bis 10 pc Entfernung) mit einem Blick, daß nicht alle möglichen Kombinationen der Zustandsgrößen vorkommen. Vielmehr ordnen sich die Sterne (genauer die Bildpunkte) in Gruppen und Reihen oder, wie man auch sagt, auf Ästen innerhalb des Diagramms an. Am wichtigsten ist die sich diagonal durch die Darstellung ziehende Hauptreihe oder Hauptsequenz (main sequence). Auf ihr liegen, bezogen auf die Sterne in einem herausgegriffenen Volumen, über 90 Prozent aller Sterne. Von der Hauptreihe zweigt bei dem Spektraltyp F und der absoluten Helligkeit $M_{vis} = 0$ ein zweiter Ast ab, der sich zu späteren Spektraltypen und höheren Leuchtkräften hin erstreckt. Die Sterne dieses Astes haben den gleichen Spektraltyp und damit annähernd die gleiche Temperatur wie die darunter liegenden Hauptreihensterne. Ihre sehr viel größeren Absoluthelligkeiten sind nur dadurch zu erklären, daß ihre Oberflächen und damit ihre Radien größer sind als die der Hauptreihensterne. Sie werden daher als Riesen bzw. Sterne des Riesenastes bezeichnet. Während Hauptreihensterne der

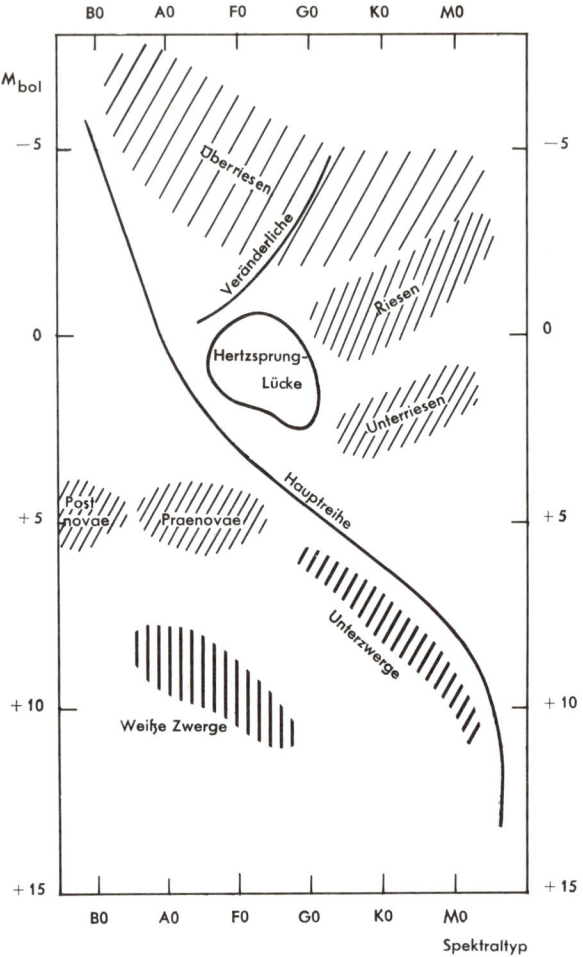

Schematische Darstellung des Hertzsprung-Russell-Diagramms

Leuchtkraftklasse V angehören, werden die Riesen (giants) der Klasse III zugeordnet. Dazwischen liegen verhältnismäßig wenig Objekte der Leuchtkraftklasse IV (subgiants). Oberhalb des Riesenastes findet man, etwas weniger scharf begrenzt, das Gebiet der Überriesen (supergiants). Für sie war in der MKK-Klassifikation eine Abstufung in die Leuchtkraftklassen Ia helle und Ib schwächere Überriesen möglich.

Sehr interessant sind die Objekte unterhalb der Hauptsequenz. Hier gibt es das Gebiet, oder besser die Sequenz der weißen Zwergsterne. Wie aus dem relativ frühen Spektraltyp bzw. der blauen Farbe erkennbar, handelt es sich um heiße Objekte. Die obigen Überlegungen ergeben hier, daß bei hohen Temperaturen die Flächenhelligkeit groß ist und daß bei großer Flächenhelligkeit, aber geringer Leuchtkraft des Gesamtobjekts die Oberfläche und damit der Radius relativ klein sein muß. Führt man sie zahlenmäßig durch, so erhält man Sternradien, die mit denen der Planeten vergleichbar sind. Diese bemerkenswerten, wegen ihrer geringen Leuchtkraft schwer auffindbaren Objekte werden in Abschnitt 14 (s. S.426) gesondert besprochen.

Beziehung zwischen dem Farbenindex B—V und den visuellen absoluten Helligkeiten der Leuchtkraftklassen

B—V	Überriesen		Helle Riesen	Riesen	Unter- riesen	Zwerge	Unter-	Weiße
	Ia	Ib	II	III	IV	V	Zwerge	Zwerge
—0.5				—6.6		—6.5		
—0.4				—6.4		—5.8		
—0.3	—6.7	—6.4	—5.7	—5.2		—3.7		
—0.2	—6.7	—6.2	—4.9	—3.2		—1.6		+10.4
—0.1	—6.8	—5.9	—4.0	—1.7		—0.2		
0.0	—6.8	—5.5	—3.3	—0.5		+0.7		+11.4
0.1	—6.8	—5.2	—2.7	+0.3	+1.0	+1.5		
0.2	—6.8	—5.0	—2.3	+0.9	+1.6	+2.1		+12.4
0.3				+1.5	+2.3	+2.7		
0.4	—6.9	—4.7	—2.0	+1.7	+2.7	+3.3	+4.0	+13.4
0.5				+1.8	+2.9	+4.0	+5.0	
0.6	—6.9	—4.6	—2.0	+1.8	+3.1	+4.6	+5.7	+14.2
0.7				+1.7	+3.3	+5.2	+6.4	
0.8	—7.0	—4.5	—2.0	+1.5	+3.3	+5.8	+6.9	+15.0
0.9				+1.3	+3.2	+6.2	+7.4	
1.0	—7.0	—4.5	—2.0	+1.0	+3.1	+6.7	+7.9	+15.8
1.1				+0.7	+3	+7.0		
1.2		—4.5	—2.1	+0.4	+3	+7.5		
1.3				+0.1		+8.0		
1.4		—4.4	—2.2	0.0		+8.6		
1.5				—0.1		+9.6		
1.6		—4.4	—2.4	—0.2		+12.0		
1.7				—0.3		+16		
1.8		—4.4	—2.4	—0.4				
1.9				—0.5				

Der Zusammenhang zwischen Spektraltyp bzw. Farbindex B — V und absoluter visueller Helligkeit der Sterne verschiedener Leuchtkraftklasse, der bei
der Konstruktion der HRD bzw. der FHD benutzt wird, ist in den Tabellen
auf S. 383 dargestellt.

Beim Vergleich der Abbildungen (S. 380 und S. 381) ist der Effekt der absoluten Helligkeiten an der Überbesetzung des Riesenastes deutlich erkennbar.
Damit stellt sich das Problem, ob etwa auch andere Auswahleffekte das HRD
beeinflussen können. Dies ist tatsächlich der Fall, wie man sofort beim Vergleich des Farben-Helligkeits-Diagrammes des Kugelhaufens M3 mit dem
HRD der hellsten Sterne erkennt. Diese Erkenntnis hat 1952 W. Baade zur
Bildung des Begriffs der *Sternpopulationen* geführt. Eine Sternpopulation, eine
zusammengehörige Gruppe von Sternen, ist, abgesehen von möglichen anderen gemeinsamen Eigenschaften der ihr angehörigen Sterne, ausgezeichnet
durch ein für sie typisches HRD. Damit haben die HR- und FH-Diagramme
eine neue Funktion: Erkennung und Unterscheidung von Sternpopulationen.

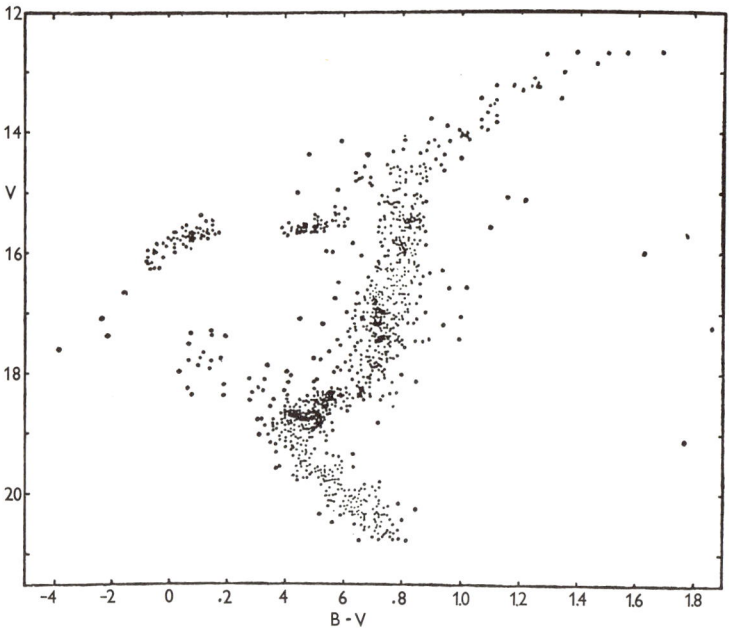

Farben-Helligkeits-Diagramm des Kugelsternhaufens *M 3*. Scheinbare Helligkeiten *V*
über *B–V*. Entfernungsmodul 15^{m}7. Die Haufenveränderlichen gehören in die Lücke
des Horizontalastes bei *V* ≈ 15^{m}7 und *B–V* =0.2 bis 0.4. Da alle Sterne des Kugelhaufens in nahezu gleicher Entfernung stehen, ist der Entfernungsmodul *m–M* konstant.
Solange es nicht auf die absoluten Helligkeiten selber ankommt, sondern nur darauf, daß
die Sterne relativ zueinander richtig eingetragen werden, kann aus diesem Grund als
Ordinatenskala auch die scheinbare Helligkeit verwendet werden

Mit Baade lernte man zwei Sternpopulationen in unserem Milchstraßensystem (s. S. 594) zu unterscheiden, die Population I, der die Sterne in der Scheibe unseres galaktischen Systems und damit auch der größte Teil der Sterne der Sonnenumgebung angehören, und die Population II, der die Sterne eines mehr kugelförmigen Systems, des sogenannten galaktischen Halo angehören. Man hat später gefunden, daß Pop I und Pop II Grenzfälle sind, zwischen denen es einen stetigen Übergang gibt. Die Sterne der Kugelhaufen sind der Pop II zuzurechnen, das FHD des Kugelhaufens M3 ist also ein typisches Pop II-Diagramm. Die entscheidenden Unterschiede zwischen den HR-Diagrammen der Pop I und Pop II sind in der Abbildung (S. 385) dargestellt. Man erkennt (schraffiert) die Hauptsequenz und den Riesenast der Pop I. Die Sterne der Pop II fallen in eine Sequenz, die in dieser Darstellung unterhalb der Hauptsequenz der Pop I liegt, ferner in einen Ast, der in den Bereich der Riesen und Überriesen führt, und in einen zu frühen Spektraltypen führenden sogenannten Horizontalast. Im Horizontalast gibt es die im FHD des M3 besonders schön erkennbare sogenannte Hertzsprunglücke, die im Zusammenhang mit den Pulsationsvariablen (s. S. 404) besprochen wird. Die Hauptsequenz der Pop II ist auch im HRD-Diagramm der hellen Sterne erkennbar. Hier sind also Objekte der Population II beigemischt. Diese Halosterne in der Sonnenumgebung zeichnen sich durch ein besonderes kinematisches Verhalten aus. Sie nehmen nicht wie die anderen Sterne der Sonnenumgebung an der allgemeinen Rotation der Scheibe des Milchstraßensystems teil, sondern

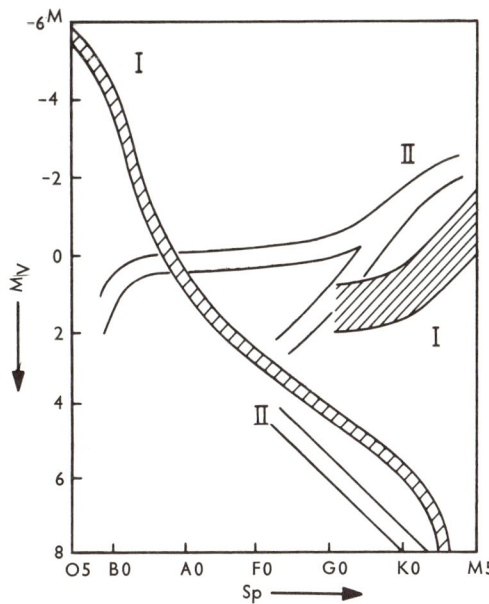

Schematisches Hertzsprung-Russel-Diagramm der beiden Populationen I und II

bewegen sich mit statistisch verteilten Geschwindigkeiten. Gegenüber dem Gros der Pop I Sterne bleiben sie also zurück mit einer mittleren Geschwindigkeit, die unserer Umlaufgeschwindigkeit ($\approx$ 250 km/sec) um das galaktische Zentrum entspricht. Sie werden aufgrund dieser hohen systematischen Geschwindigkeit gegenüber der Sonne als Schnelläufer bezeichnet. Die Schnelläufer in der Sonnenumgebung gehören also der Pop II an.

Was ist der Grund für die unterschiedlichen HR-Diagramme der Pop I und der Pop II? Spektroskopische Untersuchungen zeigen, daß die Populationen sich hinsichtlich der chemischen Zusammensetzung der Sterne unterscheiden (s. S. 578). In Sternen der Pop II sind die schweren Elemente (Metalle) um einen Faktor 10 bis über 100 seltener als in Sternen der Pop I. Dadurch ergeben sich z. B. Unterschiede im inneren Aufbau der Sterne. Dieser Häufigkeitenunterschied hat aber auch zur Folge, daß die Metallinien in Pop II-Sternen systematisch schwächer sind als in Pop I-Sternen. Da aber in erster Linie die Metallinien im Spektralbereich später als A zur Festlegung des Spektraltyps herangezogen werden, werden Sterne der Pop II, bei sonst gleichen Atmosphärenparametern wie z. B. effektive Temperatur, systematisch einem früheren Spektraltyp zugeordnet als Sterne der Pop I. Die unterschiedliche Lage der beiden Hauptsequenzen beruht vorzugsweise auf diesem Effekt.

Schließlich ist noch ein weiterer Gesichtspunkt, unter dem HR-Diagramme zu beurteilen sind, zu besprechen. Sterne sind keine unveränderlichen Gebilde, sie entwickeln sich und verändern dabei ihre Zustandsgrößen. Diese Sternentwicklung (s. S. 532) vollzieht sich (von wenigen Ausnahmen abgesehen) in Zeiträumen, die groß sind gegenüber dem Alter der Menschheit; sie sind also unmerkbar langsam. Dennoch gibt uns die Beobachtung Informationen über Ablauf und Geschwindigkeit der Entwicklung, und zwar eben deshalb, weil sich mit der Entwicklung die Zustandsgrößen und damit die Lage der Bildpunkte im HR-Diagramm ändern. Die Bildpunkte bewegen sich also im Diagramm, und zwar laufen benachbarte Punkte wegen des nahezu gleichen Zustandes der Sterne und der daraus folgenden ähnlichen Entwicklung auf ähnlichen Bahnen. Die Entwicklungsgeschwindigkeit von Sternen in verschiedenen Bereichen des HRD ist nun außerordentlich verschieden. Das ist eine der Hauptursachen für die ungleichförmige Verteilung der Sterne im HR-Diagramm. In den Bereichen, in denen die Sterne lange verweilen, werden sie eher, d. h. in größerer Zahl anzutreffen sein als in Bereichen, in denen sich die Zustandsgrößen rasch ändern. Zur Erläuterung dieses einfachen Gedankens sei an folgendes Beispiel erinnert: Im Straßenverkehr ist ein Verkehrsstau, d. h. ein Abschnitt niedriger Fahrgeschwindigkeit zu erkennen, auch ohne die Geschwindigkeit der Fahrzeuge zu messen, einfach deswegen, weil an derartigen Stellen die Dichte der Fahrzeuge auf der Straße größer ist

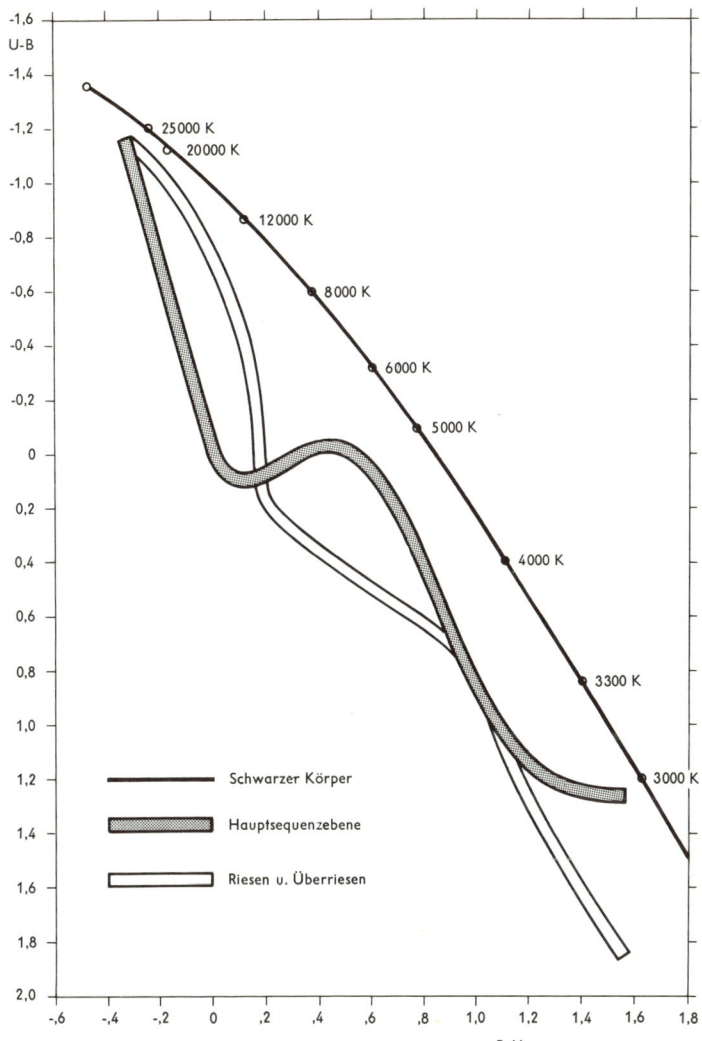

Zweifarbendiagramm, hier speziell U – B / B – V Diagramm

Zweifarbendiagramme, eine weitere Form der Zustandsdiagramme, sind relativ leicht konstruierbar, da sie nur auf der Messung von scheinbaren Helligkeiten beruhen, also nicht die Bestimmung der Entfernung der Objekte erfordern. In ihnen liegen die verschiedenen Sterntypen in unterschiedlichen Bereichen. Die Diagramme können also zu deren Erkennung verwendet werden.

Im Zweifarbendiagramm ergibt die Hohlraumstrahlung die eingezeichnete glatte Kurve. Die Abweichungen der Sterne von dieser Kurve zeigen, daß sie nicht wie schwarze Körper strahlen. Das ausgeprägte Minimum in der Kurve für die Hauptsequenzsterne im Bereich B – V = 0 . . . 0,4 ist vor allem auf die Gebunden-frei-Absorption der angeregten Wasserstoffatome (Balmer-Kontinuum) in den Sternatmosphären zurückzuführen.

als auf den Strecken, die rasch durchfahren werden können. Die Hauptsequenz ist ein solcher Stau auf dem Weg der Sternentwicklung, d. h. ein Bereich, in dem die Sterne in ihrer Entwicklung sehr lange verharren. Verfolgen wir das Beispiel noch etwas weiter, so finden wir, daß die Dichte der Fahrzeuge auf der Straße, abgesehen von der erwähnten Fahrgeschwindigkeit, noch abhängt davon, wann und wo die Fahrzeuge abgefahren sind. Entsprechendes gilt für das HR-Diagramm. Die Zahl der Sterne in einem bestimmten Bereich dieses Diagramms ist also auch noch gegeben durch die Entstehungsrate von Sternen mit solchen Eigenschaften (vor allem Masse und chemische Zusammensetzung), daß sie ihre spätere Entwicklung durch den betrachteten Bereich im HR-Diagramm führt. Diese Sternentstehungsraten sind mit den jeweiligen Aufenthaltsdauern der Sterne in dem betrachteten Bereich zu multiplizieren, um die Besetzungsdichte zu erhalten. Die Entstehungsraten sind dabei in so weit zurückliegenden Zeiträumen zu nehmen, daß die Sterne durch ihre Entwicklung gerade zum gegenwärtigen Zeitpunkt durch den betrachteten Bereich im Diagramm geführt werden.

HR-Diagramme geben also Informationen über Sternentwicklung und Sternentstehungsraten. Sie bilden damit ein wichtiges Hilfsmittel der Kosmogonie. Die Unterschiede der Pop I- und Pop II-Diagramme sind also nicht nur ein Effekt der chemischen Zusammensetzung, sondern sogar in erster Linie darauf zurückzuführen, daß die Sternentstehungsraten sich unterscheiden. Pop II-Sterne sind alt, d. h. alle Sterne dieser Population müssen sich in einer frühen Phase der Entwicklung unseres Milchstraßensystems gebildet haben; ihre Entstehungsrate ist gegenwärtig null. Sterne der Population I sind dagegen jung, sie werden auch heute noch gebildet.

11. Sterndurchmesser, Masse und Dichte, Rotation, Magnetfelder

a) Durchmesser

Die direkte Bestimmung der Durchmesser von Sternen durch Messung der Winkelausdehnung setzt die Kenntnis ihrer Entfernung voraus. Außer bei der Sonne sind derartige Winkelmessungen nur bei wenigen Objekten möglich. Selbst wenn in einigen extrem günstigen Fällen das theoretische Auflösungsvermögen der größten Teleskope ausreichen sollte, das Sternscheibchen sichtbar zu machen, so wären derartige Beobachtungen in der Praxis doch völlig unmöglich, da durch die Inhomogenitäten in der Erdatmosphäre und ihre zeitliche Variation das Bild des Sternes stark aufgebläht und deformiert und in stetiger Bewegung erscheint.

Daß dennoch eine direkte Messung der sehr kleinen Winkelausdehnung der Sterne möglich ist, beruht auf der Abhängigkeit der räumlichen Kohärenz des Lichtes von der Winkelausdehnung der Quelle. Der Grad dieser räumlichen Kohärenz wird gemessen durch die Feststellung der Interferenzfähigkeit zweier in einem gegebenen seitlichen Abstand (Basis) einfallender Strahlen. Mit zunehmendem Abstand der Strahlen nimmt die Interferenzfähigkeit ab, und zwar umso langsamer, je kleiner die Winkelausdehnung der Quelle ist. Die Messung geschieht entweder mit Hilfe direkter Überlagerung der Wellenzüge dieser Strahlung in einem Michelsonschen Sterninterferometer oder durch Messung des korrelierbaren Anteils der Intensitätsschwankungen in den beiden Strahlen, also des Anteils dieser Schwankungen, die in beiden Strahlen gemeinsam auftreten. Während die Messungen mit einem Michelsoninterferometer noch stark durch die Luftunruhe gestört sind und nur für eine Basis bis zu 6 Metern durchgeführt werden konnten, gibt es keine derartigen Beschränkungen für das Korrelationsinterferometer von Hanbury Brown. Ein solches Instrument mit einer Basislänge bis zu 188 Metern befindet sich beim Narrabri Observatorium (Australien).

Mit dem Michelsoninterferometer sind die Durchmesser von rund 10 Sternen, ausnahmslos Riesen und Überriesen, bestimmt worden. Das Korrelationsinterferometer ist besonders für kleinere Sterne mit hoher Flächenhelligkeit geeignet. Mit ihm wurden bisher etwa 15 Sterne frühen Spektraltyps gemessen. Bei der Auswertung von Interferometerbeobachtungen ist zu berücksichtigen, daß die Flächenhelligkeit des Sternscheibchens zum Rande hin abnimmt (Randverdunklung).

Direkte Durchmesserbestimmungen sind für die Aufstellung und Überprüfung der Temperaturskalen der Sterne, d. h. des Zusammenhangs zwischen Sterntemperatur und Spektraltyp wichtig. Die absolute Gesamthelligkeit eines Sternes ist gleich dem Produkt von Flächenhelligkeit $E(\lambda, T)$ mit der sichtbaren Sternoberfläche $\pi \cdot D^2$ (D = Sterndurchmesser). Eine entsprechende Relation gilt für die scheinbaren Helligkeiten und die Winkeldurchmesser, so daß die Kenntnis der Entfernung für die Aufstellung der Temperaturskalen eigentlich entbehrlich ist. Gibt man die absoluten Helligkeiten in Größenklassen an, so erhält man für den Sterndurchmesser D in solaren Einheiten

$$\lg D = 0.2 \, (M_\odot - M) + 0.5 \, (\lg E \, (\lambda, T_\odot) - \lg E \, (\lambda, T)) \, ,$$

wenn mit $E(\lambda, T)$ die Flächenhelligkeiten in den Wellenlängenbereichen bedeuten, auf die sich die absoluten Helligkeiten beziehen. $E(\lambda, T)$ ist vorwiegend durch die Temperatur bestimmt. Werden für die Flächenhelligkeiten die entsprechenden Werte der Kirchhoff-Planck-Funktion eingesetzt, so haben

$T_\odot$ und T die Bedeutung von Strahlungstemperaturen. Auch bolometrische Helligkeiten können verwendet werden. Dann tritt an die Stelle der $E(\lambda, T)$ die von der effektiven Temperatur T_{eff} abhängige Gesamtstrahlung σT_{eff}^4 (Stefan-Boltzmannsches Gesetz, $\sigma = 5{,}7146 \cdot 10^{-5}\,\mathrm{erg} \cdot \mathrm{sec}^{-1} \cdot \mathrm{cm}^{-2} \cdot \mathrm{grad}^{-4}$).

Eine weitere, im Prinzip von der direkten interferometrischen Messung völlig unabhängige Möglichkeit der Bestimmung von Sterndurchmessern eröffnet die Beobachtung des Helligkeitsverlaufs bei Sternbedeckungen. Der den Stern abdeckende Himmelskörper ist dabei entweder selber ein Stern, der als Komponente eines meist engen Doppelsternsystems die andere Komponente zeitweise verdeckt (Bedeckungsveränderliche), oder aber der abdeckende Himmelskörper ist der Mond auf seiner Bahn um die Erde. Wenn auch in beiden Fällen das Prinzip der Messung das gleiche ist, so sind doch wegen der außerordentlich großen geometrischen Unterschiede – im ersteren Fall Abdeckung in der Nähe der Lichtquelle, im letzteren Abdeckung in der Nähe des Beobachters – die Probleme sehr verschieden. Wir wollen sie nacheinander besprechen.

Bei Bedeckungsveränderlichen handelt es sich also um Doppelsternsysteme (s. S. 481), deren Bahnebene so liegt, daß, von der Erde aus gesehen, von Zeit zu Zeit eine Bedeckung der einen Komponente durch die andere, eine Verfinsterung eintreten kann. Solche Bedeckungen können ganz (total) oder teilweise (partiell) erfolgen. Auf jeden Fall wird durch sie die Gesamthelligkeit des Systems verringert. Trägt man diese Gesamthelligkeit über der Zeit auf, so erhält man eine für einen Bedeckungsveränderlichen charakteristische Lichtkurve (s. S. 403). Betrachten wir als Beispiel die zentrale Bedeckung in einem Doppelsternsystem mit einer großen und einer kleinen Komponente, wobei die letztere durch die erstere bedeckt werden soll. Bis zur Zeit t_1 liefern beide Komponenten ihren Beitrag zur Gesamthelligkeit. Dann verschwindet der kleinere Stern hinter dem großen und die Helligkeit nimmt ab bis zum Zeitpunkt t_2, wo die kleinere Komponente vollständig bedeckt ist. Die Helligkeit bleibt dann auf ihrem Minimumwert, bis zur Zeit t_3 der Stern hinter dem anderen wieder hervorzutreten beginnt. Die normale Helligkeit des Systems wird erreicht, wenn der vorher bedeckte Stern wieder ganz frei gegeben ist (t_4). Aus der Lichtkurve ist nicht nur die Zeitdauer der totalen Verfinsterung der kleinen Komponente (Hauptminimum), sondern auch die der partiellen Verfinsterung der großen Komponente (Nebenminimum) und schließlich die Umlaufzeit zu entnehmen. Wird nun spektroskopisch mit Hilfe des Dopplereffekts (s. S. 376) die Bahngeschwindigkeit ermittelt (man erhält sie im linearen Maß, in km/sec), so kann man die während der Dauer der Verfinsterungen zurückgelegten Bahnstücke und damit auch die Durchmesser der Sterne berechnen. In unserem Beispiel erhält man, wenn Kreisbahnen angenommen werden und wenn v die Bahngeschwindigkeit ist

$$v(t_4 - t_1) = D_1 + D_2 \text{ und}$$
$$v(t_3 - t_2) = D_1 - D_2 \, ,$$

und damit sofort die Durchmesser D_1 und D_2 der großen und der kleinen Komponente.

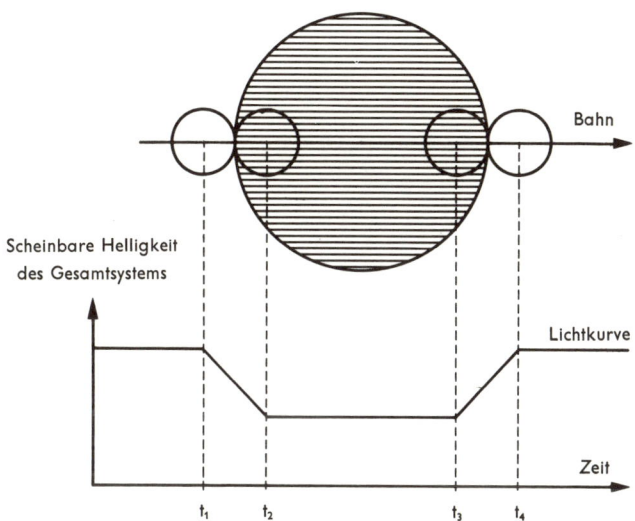

Durchmesserbestimmung bei Bedeckungsveränderlichen

Selbstverständlich gibt es bei den Bedeckungsveränderlichen alle möglichen Abstufungen. So sind im allgemeinen die Bahnebenen etwas gegen die Visionsrichtung geneigt, so daß keine zentrale, ja nicht einmal immer eine totale Bedeckung zustande kommt. Ferner sind stark elliptische Bahnen möglich. Überdies muß die Randverdunklung (s. S. 294) der Komponenten berücksichtigt werden. So liegen die Verhältnisse tatsächlich komplizierter, aber ein prinzipieller Unterschied zu dem oben skizzierten einfachen Fall besteht nicht. Für rund hundert Bedeckungsveränderliche hat man die Durchmesser der Komponenten ableiten können. Die gewonnenen Mittelwerte der Durchmesser für Sterne einzelner Spektralklassen werden in der Tabelle S. 399 gegeben. Einige Extremwerte, die bei Bedeckungsveränderlichen gefunden wurden, sind gesondert zusammengestellt.

Sternbedeckungen durch den Mond sind in der Praxis zur Durchmesserbestimmung wenig verwendet worden. Dies liegt letztlich an den Schwierigkeiten, die sich daraus ergeben, daß von der Erde und vom Mond aus gesehen

Interferometrisch und durch Mondbedeckungen bestimmte Sterndurchmesser

Stern	Spektrum	Winkeldurch-messer in 10^{-3} Bogensek.		Parallaxe in 10^{-3} Bogensek.	Durchmesser D (Sonne $= 1$)
α Boo Arktur	K1 III	22	P	90	26
α Tau Aldebaran	K5 III	20	P	48	45
α Ori Beteigeuze	M2 I	47	P	5	1 000
		34	P		730
β Peg Scheat	M2 I	21	P	15	150
α Her Ras-Algethi	M5 II	30	P	4,7	680
o Cet Mira	M6e III	47	P	13	390
α Sco Antares	M1 Ib	40	P		
μ Gem	M3 III	41	B	19	230
		23	B	21	120
β Cru	B0.5 IV	0,728	K	—	
$\dot{\gamma}$ Ori Bellatrix	B2 III	0,76	K	26	3,1
ε CMa	B2 III	0,81	K	1	87
α Pav	B3 IV	0,80	K	—	
ε Ori	B0 Ia	0,72	K	—	
α Eri Achernar	B5 IV	1,93	K	23	9
α Gru	B5 V	1,02	K	51	2,15
α Leo Regulus	B7 V	1,38	K	39	3,8
β Ori Rigel	B8 Ia	2,69	K	—	
α CMa Sirius	A1 V	6,12	K	375	1,75
α Lyɪ Wega	A0 V	3,47	K	123	3,04
α PsA Foxmalhaut	A3 V	2,09	K	144	1,56
α Car Canopus	F0 Ib–II	6,86	K	18	41
α Aql Altair	A7 IV–V	2,97	K	198	1,6
α CMi Procyon	F5 IV–V	5,71	K	288	2,14

P: Phaseninterferometer (Michelson); K: Korrelationsinterferometer (Hanbury Brown); B: Bedeckung durch den Mond.

der Stern nur eine so sehr kleine Winkelausdehnung hat. Dies hat zur Folge, daß sich der Übergang vom ersten Kontakt der Sternscheibe mit dem Mondrand (t_1) bis zur vollständigen Verfinsterung (t_2) in Millisekunden vollzieht. Die tatsächlichen Helligkeitsänderungen weichen überdies wegen der Beugung des Lichtes am Mondrand stark von dem einfachen Schema ab, wie wir es von den Bedeckungsveränderlichen her kennen. Durch diese Lichtbeugung gibt es eine periodische Änderung der Helligkeit schon vor dem Zeitpunkt t_1 und einen stetigen Abfall der Intensität auch noch nach dem Zeitpunkt t_2. Das Problem ist, aus den Unterschieden zwischen der theoretisch berechneten, allein durch die Beugung bestimmten Lichtkurve für eine Punktquelle und der für den realen Stern gemessenen Lichtkurve, den Durchmesser des Sternscheibchens zu erschließen. Besonders wichtig ist hierfür die Stärke der Intensitätsschwankungen im periodischen Teil der Lichtkurve vor dem Beginn der eigentlichen Bedeckung. Einige auf diese Weise bestimmte Sterndurchmesser sind in die Tabelle auf S. 392 mit aufgenommen.

b) Masse und Dichte

Die Masse von Sternen läßt sich überall dort bestimmen, wo die Wirkungen der Massenanziehung beobachtet werden können, also vor allem bei Doppelsternen der verschiedenen Typen (s. S. 470). Die Bewegungen der Doppelsternkomponenten umeinander folgen den gleichen Gesetzen wie die der Planetenbewegung im Sonnensystem. So sind z. B. die Bahnformen Ellipsen, und es gilt der Flächensatz (s. S. 214). Auch das dritte Keplersche Gesetz behält seine Gültigkeit, allerdings nicht in seiner einfachen Form, da die Masse der einen Komponente nicht mehr gegenüber der Masse der anderen wie die Masse des Planeten gegenüber der Masse der Sonne vernachlässigt werden kann. Man erhält also aus der Messung der Umlaufszeit und der Kenntnis des linearen Abstandes, welche die Messung des Winkelabstandes und die Bestimmung der Entfernung voraussetzt, nach der Formel auf Seite 215 die Summe der Massen der beiden Komponenten. Die Aufteilung dieser Massensumme auf die beiden Sterne setzt entweder eine Kenntnis des Massenverhältnisses voraus oder die Bestimmung der Lage des Schwerpunktes des Doppelsternsystems. Um diesen Schwerpunkt beschreiben die beiden Komponenten Bahnen von gleicher Form, aber unterschiedlicher Größe, so, daß der Schwerpunkt auf der Verbindungslinie der beiden Sterne liegt und ihre jeweiligen Abstände vom Schwerpunkt im umgekehrten Verhältnis der Massen stehen ($r_1/r_2 = m_2/m_1$). Damit ist das Massenverhältnis bekannt.

Auf die im einzelnen auftretenden Schwierigkeiten und die für die verschiedenen Doppelsterntypen entwickelten Methoden soll hier nicht näher eingegangen werden.

Kritische Untersuchungen über alle vorliegenden Daten von Sternmassen für Sterne der Hauptreihe (s. S. 379) führen zu folgendem Ergebnis.

Mittlere Massen von Hauptsequenzsternen der Population I

M_r	M_{bol}	Sp (MK)	$\mathfrak{M}/\mathfrak{M}_\odot$	log $\mathfrak{M}/\mathfrak{M}_\odot$
— 6$^\mathrm{M}$	(— 10$^\mathrm{M}$8)	O 5 V	35	+ 1,54
— 5	— 9,0	O 8 V	23	+ 1,36
— 4	— 7,2	B 0 V	15,5	+ 1,19
— 3	— 5,5	B 1,5 V	10,5	+ 1,02
— 2	— 4,1	B 3 V	7,6	+ 0,88
— 1	— 2,7	B 5 V	5,5	+ 0,74
0	— 1,1	B 8 V	3,8	+ 0,58
+ 1	— 0,2	A 0 V	3,0	+ 0,48
+ 2	+ 1,5	A 5 V	2,1	+ 0,32
+ 3	+ 2,8	F 2 V	1,5	+ 0,19
+ 4	+ 3,9	F 7 V	1,20	+ 0,08
+ 5	+ 4,8	G 4 V	0,97	— 0,01
+ 6	+ 5,7	K 1 V	0,81	— 0,09
+ 7	+ 6,4	K 4 V	0,71	— 0,17
+ 8	+ 7,1	K 6 V	0,58	— 0,24
+ 9	+ 7,7	M 0 V	0,50	— 0,30
+ 10	+ 8,3	M 1,5 V	0,44	— 0,36
+ 11	+ 9,0	M 3 V	0,33	— 0,48
+ 12	+ 9,8	M 5 V	0,23	— 0,64
+ 13	+ 10,5	M 6 V	0,16	— 0,80
+ 14	+ 11,3	M 7 V	0,12	— 0,92
+ 15	(+ 12,0)		0,08	— 1,10
+ 16	(+ 12,7)	M 8 V	0,06	— 1,2
+ 17	(+ 13,5)		0,04	— 1,4
+ 18	(+ 14,2)		0,03	— 1,5
+ 19	(+ 14,8)		0,02	— 1,7

Die eingeklammerten Werte sind von geringerer Sicherheit

Sternmassen im Bereich von über 100 Sonnenmassen bis herunter zu 0,04 Sonnenmassen wurden gefunden. Die überwiegende Zahl aller Sterne liegt im Intervall zwischen 3 und 0,3 Sonnenmassen.

Stellt man die Massenwerte in Abhängigkeit von der Helligkeit graphisch dar, so erhält man das Masse-Helligkeits-Diagramm oder, bei Verwendung der bolometrischen Helligkeiten bzw. der Leuchtkräfte, das Massen-Leuchtkraft-

Diagramm. Man erkennt, daß die Leuchtkräfte L der Sterne mit ihren Massen $\mathfrak{M}$ stark anwachsen, und zwar gilt genähert

$$\log L = \text{const} + 3{,}15 \log \mathfrak{M}.$$

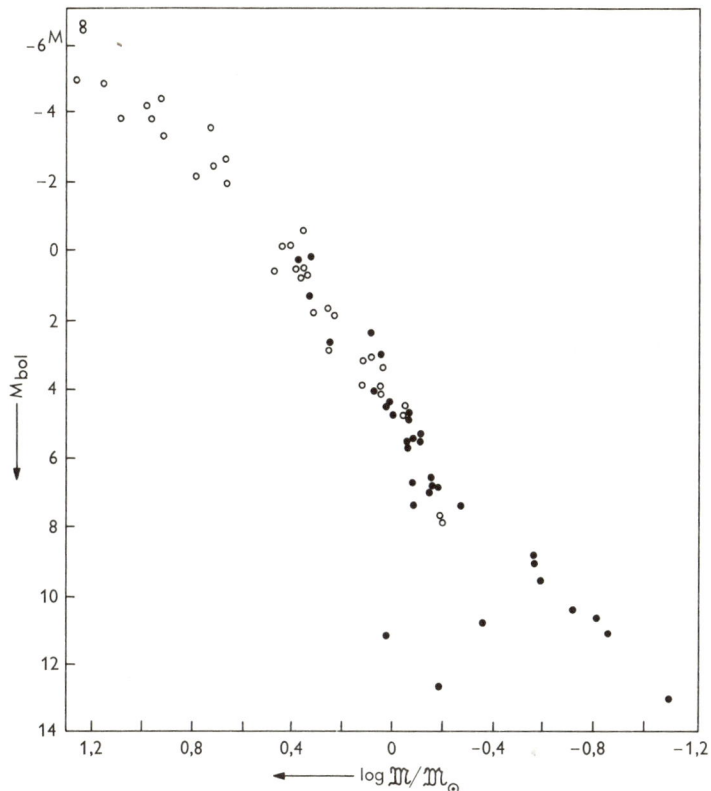

Die empirische Masse-Leuchtkraft-Beziehung

o Bedeckungsveränderliche   • Visuelle Doppelsterne

Die drei herausfallenden Punkte beziehen sich auf das Massen-Helligkeits-Verhältnis von Weißen Zwergen

Aus der Theorie des inneren Aufbaues der Sterne folgt, daß für Sterne gleicher chemischer Zusammensetzung und mit ähnlichem inneren Aufbau eine Masse-Leuchtkraft-Relation gelten muß, die dieser empirisch gefundenen Relation weitgehend entspricht. Riesen, Überriesen und weiße Zwerge weichen von der Masse-Leuchtkraft-Relation ab. Wegen der unterschiedlichen chemischen Zusammensetzung der Sterne stimmen die Masse-Leuchtkraft-Relationen der Pop I- und der Pop II-Sterne (s. S. 385) nicht miteinander überein.

Sind Masse und Radius eines Sterns bekannt, so erhält man sofort die mittlere Dichte $\overline{\varrho}$ und die Schwerebeschleunigung g an der Oberfläche; denn

$$\overline{\varrho} = \frac{3\,\mathfrak{M}}{4\,\pi \cdot R^3} \quad \text{und} \quad g = \frac{G \cdot \mathfrak{M}}{R^2},$$

wobei G die Gravitationskonstante bedeutet (siehe S. 215).

Es ist allgemein üblich, die Werte der Zustandsgrößen der Sterne in Einheiten der Sonnenwerte anzugeben; man sagt auch, die Werte werden auf die Sonne als Einheit normiert. Für manche Fälle braucht man doch einmal Daten im CGS-System (in cm, g, sec), darum seien hier noch die entsprechenden Werte für die Sonne gegeben.

Zustandsgrößen der Sonne im CGS-System

Masse	$\mathfrak{M}_\odot$	$= 1.98 \cdot 10^{33}$ g
Leuchtkraft	$L_\odot$	$= 3.72 \cdot 10^{33}$ erg sec^{-1}
effektive Temperatur	$T_{e\,\odot}$	$= 5713°$
Spektraltyp	$Sp_\odot$	$=$ G 2 V
Radius	$R_\odot$	$= 6.96 \cdot 10^{10}$ cm
mittl. Energieerzeugung	$\overline{\varepsilon}_\odot$	$= 1.88$ erg g^{-1} sec^{-1}
Schwerebeschleunigung	$g_\odot$	$= 2.74 \cdot 10^4$ cm sec^{-2}
mittl. Dichte	$\varrho_\odot$	$= 1.41$ g cm^{-3}

Der Spielraum der Dichten ist beträchtlich. Vollkommen aus der Reihe fallen die Weißen Zwerge, sie haben Dichten der Größenordnung 10^6 g/cm^3, d. h., ein Kubikzentimeter dieses „Sternstoffes" enthält die Masse von etwa einer Tonne (s. S. 426).

Die Abhängigkeit der Schwerebeschleunigung von dem Spektraltyp und insbesondere von der Leuchtkraft hat Rückwirkungen auf die Struktur der Atmosphäre, die im Spektrum als sogenannte Leuchtkraftkriterien erkennbar werden.

c) Rotation

Nur bei der Sonne ist durch Verfolgen von Objekten auf der Oberfläche, z. B. von Sonnenflecken, die Rotationsperiode sofort bestimmbar. Sie beträgt am Äquator rund 25 Tage und nimmt zu den Sonnenpolen hin zu (s. S. 287). Die Rotationsgeschwindigkeit am Sonnenäquator beträgt 2,0 km/sec. Es ist bisher nicht gelungen, eine Abplattung der Sonne infolge dieser Rotation nachzuweisen.

Für magnetische Sterne (s. S. 401) mit periodischer Variation des Gesamtfeldes und für Sterne mit periodischer Variation des Spektrums lassen sich Rotationsperioden angeben, wenn man die Annahme macht, daß die beobachteten Variationen auf die Rotation zurückzuführen sind, welche Ungleichförmigkeiten in der Verteilung der Magnetfelder oder auch der chemischen Zusammensetzung erkennbar macht.

In allen anderen Fällen ist man auf spektroskopische Verfahren, d. h. auf die Messung von Radialgeschwindigkeiten mit Hilfe des Dopplereffektes (s. S. 376) angewiesen. Da es hierbei keine Möglichkeit gibt, die Lage der Rotationsachse im Raum zu bestimmen, ist es im Einzelfall unmöglich, aus der Messung der radialen Komponente der Rotationsgeschwindigkeit auf die wahre Rotationsgeschwindigkeit zu schließen. Eine gemessene Rotationsgeschwindigkeit von 50 km/sec kann beispielsweise bedeuten, daß die Äquatorgeschwindigkeit aufgrund der Rotation tatsächlich 50 km/sec beträgt. In diesem Fall stünde die Rotationsachse senkrecht auf der Visionsrichtung Sonne–Stern. Es ist aber auch ebensogut möglich, daß der Stern tatsächlich viel rascher rotiert und die Rotationsachse weniger stark gegen die Visionsrichtung geneigt ist. Unter der Annahme, daß alle Richtungen der Rotationsachsen gleich wahrscheinlich sind, läßt sich jedoch aus einer Verteilung von gemessenen Rotationsgeschwindigkeiten die Verteilung der wahren Rotationsgeschwindigkeiten berechnen.

Rotationsgeschwindigkeiten und Rotationsperioden einiger Bedeckungsveränderlicher

System	Rotations-geschwindigkeit in km/sec	Radius $\odot$	Periode Stern [in Tagen]	Periode Bahn [in Tagen]	Spektral-typ
β Persei (Algol)	42.0	2.4	5^d8	2^d87	B8
λ Tauri	41.5	3.2	8.0	3.95	B3
δ Librae	62.9	2.9	4.8	2.33	A0
RZ Cassiopeiae	57	1.4	2.5	1.20	A2
α Corona borealis	>100 ?	—	—	17.36	A0

Es gibt nun zwei Möglichkeiten der spektroskopischen Bestimmung von Rotationsgeschwindigkeiten. Bei Bedeckungsveränderlichen kann im Moment der fast vollkommenen Bedeckung der einen durch die andere Komponente die radiale Geschwindigkeit am Sternrand mit Hilfe der Linienverschiebung aufgrund des Dopplereffektes bestimmt werden. Da diese Systeme zudem noch die Möglichkeit zu Durchmesserbestimmungen bieten (s. S. 390), läßt sich sogar die Rotationsperiode ermitteln. Diese Methode liefert zuverlässige Werte.

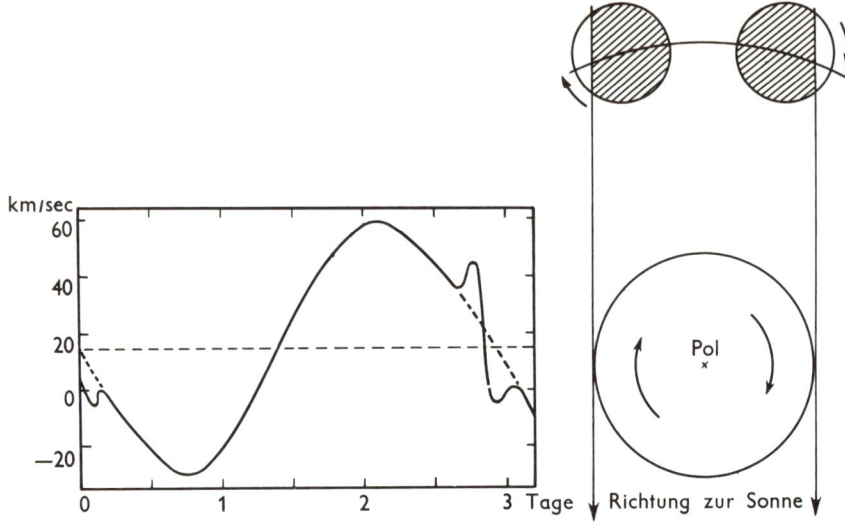

Zur Bestimmung der Rotationsgeschwindigkeiten bei Bedeckungsveränderlichen

Unsere Kenntnisse über die Rotation der Sterne wäre sehr unvollständig, wenn man zu ihrer Bestimmung nur Bedeckungsveränderliche heranziehen könnte. — Bei rotierenden Sternen bewegt sich der eine Sternrand von uns weg und der andere auf uns zu, vorausgesetzt, die Rotationsachse steht senkrecht oder fast senkrecht auf der Visionsrichtung. Das Licht des Sterns wird uns von seiner ganzen uns zugekehrten Fläche aus zugestrahlt. Es geht also von den beiden gegenüberliegenden Randpartien sowie von der Mitte der Scheibe aus. Da aber die Mitte der Scheibe durch die Rotation nur eine tangentiale Bewegung ausführt, liegen die in diesen Partien erzeugten Spektrallinien in der „Nulllage" (wenn wir die radiale Geschwindigkeitskomponente der Raumbewegung außer acht lassen; siehe S. 374). Die in den Randgebieten erzeugten Linien sind durch den Dopplereffekt gegen die Nullage verschoben, und zwar nach dem blauen und roten Ende des Spektrums hin, da ja der eine Rand sich

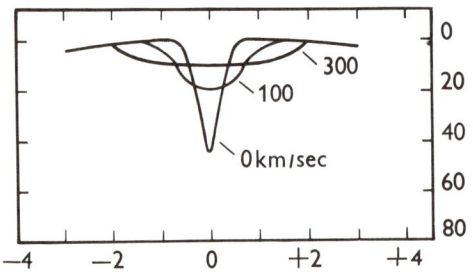

Linienverbreiterung durch Rotation

LK	$\mathfrak{M}/\mathfrak{M}_\odot$			$R/R_\odot$			$\log g/g_\odot$			$\log \varrho/\varrho_\odot$		
Sp (MK)	V	III	I	V	III	I	V	III	I	V	III	I
O 5	50			18			—0,90			—2,1		
O 6	32											8
O 8	23					20						
B 0	17,5		50	7,5	16	30	—0,52		—0,9	—1,4		—2,2
B 3	8,3											
B 5	6,5		25	4,0	10	40	—0,39		—1,6	—0,99		—3,0
B 8	4,0					50						
A 0	3,2		16	2,6	6		—0,33		—2,0	—0,73		—3,6
A 5	2,1		13	1,8			—0,18		—2,3	—0,45		—4,0
F 0	1,78		12	1,35		60	—0,01		—2,5	—0,15		—4,3
F 5	1,47		10	1,20	4	80	+0,00		—2,8	—0,10		—4,7
G 0	1,10	2,5	10	1,05	6	100	+0,00	—1,2	—3,0	—0,02	—2,0	—5,0
G 5	0,93	3,0	12	0,94	10	130	+0,03	—1,5	—3,1	+0,06	—2,5	—5,1
K 0	0,80	3,5	13	0,85	16	200	+0,04	—1,9	—3,5	+0,11	—3,1	—5,8
K 5	0,65	4,5	15	0,74	25	400	+0,07	—2,2	—4,0	+0,20	—3,6	—6,6
M 0	0,49	5,0	17	0,63	(40)	500	+0,09	—2,5	—4,2	+0,29	—4,1	—6,9
M 2	0,41	5,5	20	0,50		800	+0,2		—4,5	+0,5		—7,4
M 5	(0,20)	(6)		0,32			+0,3			+0,8		
M 8	(0,10)			0,13			+0,8			+1,7		

auf uns zu und der andere von uns weg bewegt. Dadurch tritt insgesamt eine Verbreiterung der Spektrallinien ein. Sie werden um so breiter und verwaschener, je höher der Betrag der Rotationsgeschwindigkeit ist.

Mittlere Rotationsgeschwindigkeit

Spektraltyp	Riesen [km/sec]	Zwerge [km/sec]	Spektraltyp	Riesen [km/sec]	Zwerge [km/sec]
Oe, Be		350	A 5	170	160
O 5		190	F 0	130	95
B 0	95	200	F 5	60	25
B 5	120	210	G 0	20	< 12
A 0	140	190	K, M	< 12	< 12

Wie sich aus der Tabelle der mittleren Rotationsgeschwindigkeiten ergibt, werden hohe Rotationsgeschwindigkeiten bei Sternen frühen Spektraltyps, den O-, B- und vor allem bei den Oe- und den Be-Sternen beobachtet. Sie nehmen ab zu den A- und F-Sternen und sind klein bei den G-, K- und M-Sternen. Riesen, Überriesen, Cepheiden und Langperiodisch-Veränderliche zeigen keine hohen Rotationsgeschwindigkeiten.

Die Emissionslinien der Oe- und der Be-Sterne entstehen in ausgedehnten Gashüllen, die sie umgeben und die sich aus der Materie gebildet haben, welche diese Sterne wegen ihrer hohen Rotationsgeschwindigkeit am Äquator durch Zentrifugalkräfte verlieren. Damit sind die Emissionslinien in diesen Spektren ein Zeichen dafür, daß die Sterne nahe an der Stabilitätsgrenze rotieren.

Die Abnahme der mittleren Rotationsgeschwindigkeiten bei den F-Sternen wird darauf zurückgeführt, daß sich von diesem Spektraltyp an bis zum unteren Ende der Hauptsequenz Wasserstoffkonvektionszonen (s. S. 531) ausbilden. Dies hat zur Folge, daß sich der Stern (wie die Sonne) mit einer Korona umgibt und daß aus dieser „Sternkorona" schließlich Materie in Form eines stellaren Windes abfließt. Unter Mitwirkung von Magnetfeldern wird in einer derartigen, nach außen gerichteten Strömung so viel Drehimpuls transportiert, daß die Sternrotation in der Zeit, die der Stern auf der Hauptsequenz verweilt, merklich abgebremst wird. Da ein entsprechend wirksamer Bremsprozeß bei den frühen Spektraltypen fehlt, sind an ihnen die ursprünglichen Drehimpulse bzw. Rotationsgeschwindigkeiten erkennbar.

d) Magnetfelder

Magnetfelder in kosmischen Lichtquellen lassen sich durch den Zeemaneffekt der Spektrallinien nachweisen. Unter diesem Effekt versteht man eine

Aufspaltung der Spektrallinie in mehrere Komponenten, die auftritt, wenn das emittierende (oder absorbierende) Atom sich in einem Magnetfeld befindet. Die Strahlung dieser Komponenten ist polarisiert, wobei die Art der Polarisation von der Orientierung des Magnetfeldes abhängt. Die Größe der Aufspaltung, d. h., der Abstand der Komponenten wächst mit der Stärke des Magnetfeldes.

Die Bestimmung von Magnetfeldstärken in Sternen mit Hilfe dieses Effekts ist schwierig, da die Aufspaltung meist erheblich kleiner als die Breite der Linie ist und sich dann nur in schwacher Polarisation der Strahlung in den Flanken des Linienkerns äußert. Sterne mit scharfen Linien sind günstige Objekte, und Spektrographen mit hohem Auflösungsvermögen werden benötigt. Die untere Grenze der Nachweisbarkeit stellarer Magnetfelder liegt bei einer Feldstärke von etwa 200 Gauß.

Man hat bei rund 100 Sternen Magnetfelder gefunden, überwiegend bei solchen, die in die Klasse der Ap-Sterne gehören. Dies sind A-Sterne (im weiteren Sinne Sterne im Spektralbereich B8 bis F0), die der Pop I angehören, deren Linien besonders scharf sind und in denen die Linien des Si, Cr, Mn, Sr, Y, Zr und der seltenen Erden in ungewöhnlicher Stärke auftreten. Wahrscheinlich sind diese Elemente in Ap-Sternen besonders häufig. Beim Spektraltyp A1 zeigen etwa 13% aller Sterne diese Ap-Eigenschaften.

Die gemessenen Stärken der Magnetfelder liegen zwischen einigen hundert und einigen tausend Gauß. Als Extremwert wurde aus den Messungen in einem Fall sogar eine Feldstärke von 34 000 Gauß abgeleitet.

Alle magnetischen Sterne sind variabel (Spektrum, Magnetfeldstärke und Polarität, z. T. auch Helligkeit), bei einem Teil von ihnen sind die Variationen periodisch. Während die irregulären Variationen heute noch nicht verstanden werden, ist man der Ansicht, daß die periodische Variabilität auf eine Rotation der Sterne zurückzuführen ist. Es wird dabei angenommen, daß der magnetische Dipol, welcher die Lage der Magnetpole auf dem Stern festlegt, gegen die Rotationsachse geneigt ist. So ist es möglich, daß der Stern bei seiner Rotation der Erde abwechselnd seinen magnetischen Nordpol und seinen magnetischen Südpol zukehrt. Mit diesem Modell des sogenannten „schiefen Rotators" vermag man die Beobachtung zufriedenstellend zu deuten.

Schwache Magnetfelder sind vermutlich bei allen Sternen zu finden. Auch die Sonne hat ein allgemeines, allerdings sehr schwaches Magnetfeld (1–10 Gauß), das zudem noch mit dem Sonnenfleckenzyklus variiert. Wäre die Sonne in der Entfernung der Fixsterne, so würde dieses Feld unbeobachtbar sein.

12. Die veränderlichen Sterne

Der Wissenschaftszweig der Erforschung veränderlicher Sterne ist noch nicht alt; wenn auch der erste Veränderliche, „Mira Ceti", zu Anfang des 17. Jahrhunderts entdeckt wurde, kann man erst seit Argelanders systematischen Untersuchungen (1840) von Veränderlichenforschung sprechen. In den seitdem verflossenen 130 Jahren hat sich dieses Gebiet zu einem weiten Arbeitsfeld für manchen Astronomen und für ganze Sternwarten ausgeweitet. Es ist auch das Gebiet geworden, auf dem sich die Amateurastronomen betätigen und mit kleinen Instrumenten noch Beiträge für die Forschung liefern. Hier kann nur ein Überblick über die verschiedenen Erscheinungsformen der Veränderlichen und die in ihnen zum Vorschein kommenden Vorgänge und Tatsachen gegeben werden. — Würde man heute eine neue Definition des Begriffes „veränderliche Sterne" geben, so würde man ihn wohl so fassen: *Ein veränderlicher Stern ist ein solcher, bei dem eine oder auch mehrere Zustandsgrößen einer zeitlichen Änderung unterworfen sind.* (Unter Zeit wird in diesem Fall unser Zeitmaß von Stunden und Tagen verstanden, nicht die zeitliche Entwicklung eines Sterns in Millionen oder gar Milliarden Jahren.) Wir müßten also Spektrum- und Magnetfeldveränderliche zu diesen Sternen rechnen, genauso wie Helligkeitsveränderliche. Historisch bedingt erstreckt sich der Begriff *Veränderliche* aber nur auf Sterne mit variablen Helligkeiten (wenn auch in vielen Fällen eine Änderung des Spektrums mit einer Helligkeitsänderung einhergeht).

Durch diese Festsetzung „veränderliche Sterne sind solche, deren Helligkeiten Veränderungen unterworfen sind", werden zwei Gruppen von Sternen zusammengefaßt, die gar nichts miteinander zu tun haben. Dies sind einmal die *Bedeckungsveränderlichen* und zum anderen die sogenannten *physisch Veränderlichen*. Bei den Bedeckungsveränderlichen verändert sich keine Zustandsgröße, sondern lediglich die scheinbare Helligkeit des gesamten Systems. Die Helligkeitsänderung kommt durch den rein optischen Effekt der Bedeckung, der Verfinsterung einer Doppelsternkomponente zustande. Die Bedeckungsveränderlichen werden im Zusammenhang mit den Doppelsternen besprochen (s. S. 481).

Die Gruppe der physisch Veränderlichen umfaßt also die „echten" Veränderlichen im oben gegebenen Sinn. Bei ihnen tritt eine zeitliche, teils periodische, teils plötzliche Änderung einer oder mehrerer Zustandsgrößen auf.

Bevor die einzelnen Gruppen besprochen werden, soll erst die für alle Veränderlichen gemeinsame Art der Bezeichnungsweise skizziert werden. — Einige große Sternwarten sind heute in der Hauptsache am Aufsuchen von neuen

Veränderlichen beteiligt. Zufallsentdeckungen, wie in früheren Zeiten, sind fast ausgeschlossen, es sei denn bei den plötzlich aufleuchtenden, aber relativ seltenen Novae. Heute, nachdem der Himmel bis etwa zu den Sternen der neunten oder zehnten Größe· regelrecht durchmustert ist, werden Veränderliche meist durch den mühevollen Vergleich von zu verschiedenen Zeiten aufgenommenen photographischen Platten entdeckt. Neugefundene veränderliche Sterne bekommen als erste Bezeichnung eine fortlaufende Entdeckungsnummer der Sternwarte (z. B. S 5384, dies ist der 5 384ste in Sonneberg entdeckte Veränderliche). Erst wenn die Veränderlichkeit dieses Sterns zweifelsfrei feststeht, wenn etwa seine Lichtkurve abgeleitet ist, dann wird ihm eine endgültige Bezeichnung gegeben. Diese besteht aus einem oder zwei Buchstaben und dem Sternbildnamen, in dem der Veränderliche aufgefunden wurde. Die Buchstabenfolge fängt mit R an, geht über S bis Z und läuft nun mit RR, RS, RT über SS, ST usw. bis ZZ, um dann von AA, AB bis QZ zu gehen. Wie man sich ausrechnen kann, sind so 334 Buchstabenkombinationen möglich. Sind diese innerhalb eines Sternbildes erschöpft, dann wird einfach mit Zahlen weitergezählt (unter Voranstellen eines V = Variable), also V 335, V 336 usw. Die Sternbildnamen werden meist in der auf S. 322ff. gegebenen, aus drei Buchstaben bestehenden Abkürzungsform gebraucht (diese etwas umständliche Bezeichnungsweise ist historisch geprägt und läßt sich heute nicht ändern). — Für einige wenige Veränderliche sind noch die durch griechische Buchstaben gebildeten Sternnamen in Gebrauch. Nur für zwei Veränderliche werden auch ihre Eigennamen benutzt, gleichzeitig gilt dieser Name auch als Artbezeichnung für eine Gruppe von veränderlichen Sternen. Es sind dies Mira = o Cet und Algol = β Per.

Als charakteristisches Unterscheidungsmerkmal wird bei allen Veränderlichen die *Lichtkurve* angesehen. Darunter versteht man die gegen die Zeit aufgetragenen gemessenen Helligkeitswerte. Die typischen Lichtkurven werden hier bei der Besprechung der einzelnen Arten von Veränderlichen meist in etwas schematischer Form beigegeben. Besondere Punkte der Lichtkurve sind das *Maximum* (Stelle größter Helligkeit) und das *Minimum* (geringste Helligkeit). Bei einigen Arten von Veränderlichen treten nur Maxima oder nur Minima auf, der Stern befindet sich in der übrigen Zeit im Normallicht.

Man unterscheidet die physisch Veränderlichen nach der Art der Variation ihrer Zustandsgrößen, insbesondere nach der Form der Lichtkurve. Die große Zahl von Typen, die man dabei findet, werden (einer Empfehlung der Internationalen Astronomischen Union folgend) in die Gruppen der pulsierenden Veränderlichen und in die der eruptiven Veränderlichen eingeordnet.

a) Pulsierende Veränderliche

Zu den pulsierenden Veränderlichen rechnet man folgende Typen (Bezeichnung nach dem „Generalkatalog Veränderlicher Sterne", 3. Aufl., Moskau 1968).

C   *Langperiodische (klassische) Cepheiden.* Periodisch pulsierende Veränderliche hoher Leuchtkraft mit Perioden zwischen 1 und 70 Tagen, mit einer Amplitude zwischen 0.1 bis 2^m (Helligkeitsunterschied zwischen Maximum und Minimum); Spektrum im Maximum F, im Minimum G bis K, je später der Spektraltyp, um so größer die Periode, je größer die absolute mittlere Helligkeit, um so größer die Periode.

Diese Art wird unterteilt in die zwei Typen:

Cδ-Cepheiden der Sternpopulation I (klassische Cepheiden), die in der Hauptsache in der galaktischen Ebene vorkommen. Sie zeigen eine mäßige Geschwindigkeit gegen die Sonne. Periode und Leuchtkraft sind durch die Perioden-Leuchtkraft-Beziehung (s. S. 412) verbunden. Typischer Vertreter ist δ Cep.

CW-Cepheiden der Sternpopulation II, auch *W-Virginis-Sterne* genannt, die im galaktischen Halo vorkommen. Sie zeigen große Radialgeschwindigkeiten gegen die Sonne. Die Perioden-Leuchtkraft-Beziehung ist jener der klassischen Cepheiden (Cδ) ähnlich, jedoch mit verschobenem Nullpunkt: Bei gleicher Periode sind die Pop I-Cepheiden um etwa $1^m\!.5$ heller als die Pop II-Cepheiden. Typischer Vertreter ist W Virginis.

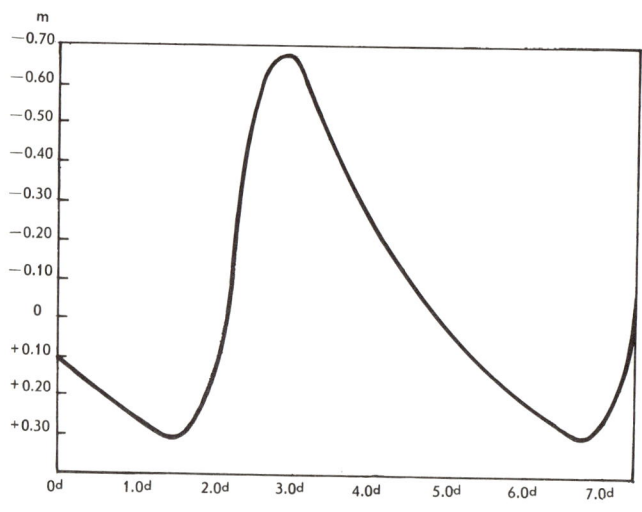

Lichtkurve von δ Cep

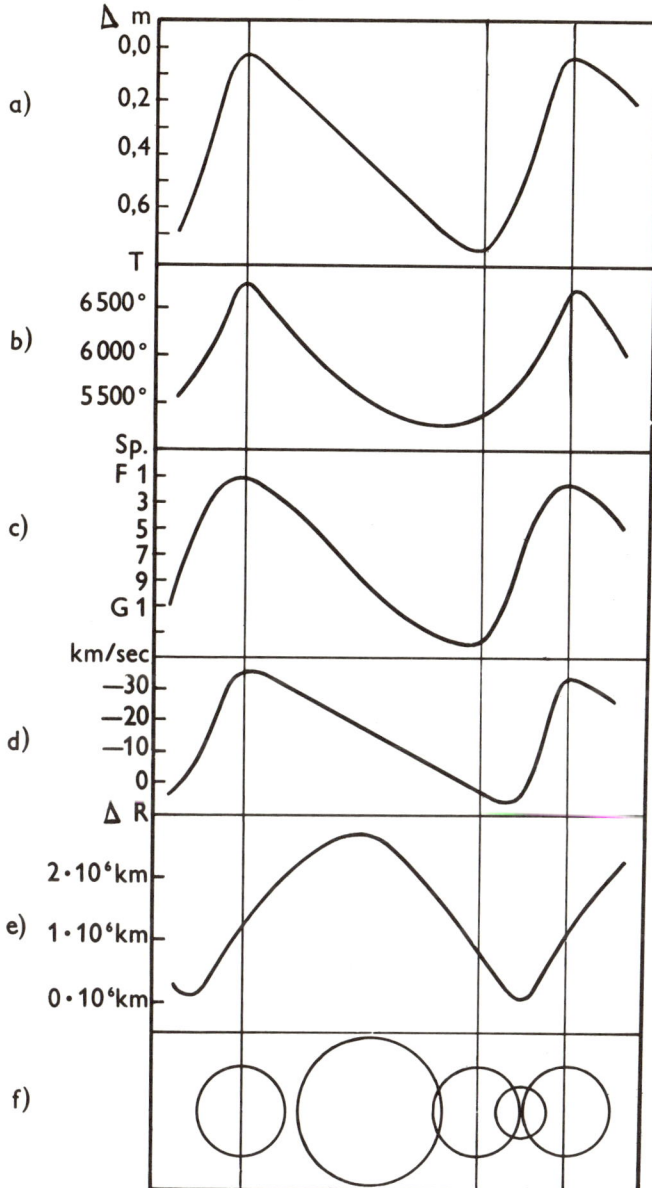

Änderung einiger Zustandsgrößen bei Cepheiden in Abhängigkeit von der Phase

a) Lichtkurve,   d) Radialgeschwindigkeitskurve,
b) Temperaturkurve,   e) Änderung des Radius,
c) Spektraltypvariation,   f) Flächenänderung.

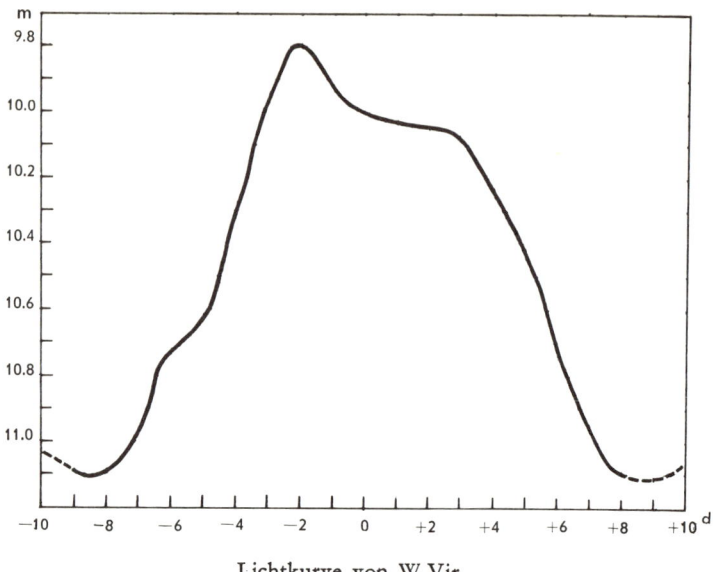

Lichtkurve von W Vir

RR *RR-Lyrae-Sterne* oder *Haufenveränderliche* oder auch *kurzperiodische Cepheiden* genannt. Regelmäßiger Lichtwechsel mit Perioden zwischen 0.05 und 1.2 Tagen und Amplituden zwischen 1 und 2 Größenklassen, gelegentlich mehrfache Periodizität, Spektraltyp im Maximum A, im Minimum F, häufiges Vorkommen in Kugelhaufen, zugehörig zur Population II. Typischer Vertreter: RR Lyr.

δ Sc *δ-Scuti-Veränderliche* (Zwerg Cepheiden). Kurzperiodisch pulsierende Sterne mit Perioden zwischen 0.05 und 0.2 Tagen und zum Teil sehr kleinen Amplituden. Spektraltyp A bis F. δ-Scuti-Veränderliche gehören wahrscheinlich einer Übergangspopulation an. Typische Vertreter: δ Sct, SX Phe.

β CMa *β-Canis-Majoris-Sterne* (auch *β-Cephei-Sterne* genannt). Pulsationsvariable von sehr frühem Spektraltyp B1 ... B3 (III ... IV) mit sehr kleiner Periode (3^h bis 6^h) und kleiner Amplitude ($0\overset{m}{.}1$). Typische Vertreter: β CMa, β Cep.

M *Mira-Ceti-Sterne.* Langperiodische Veränderliche mit Perioden zwischen 80^d und $1\,000^d$ und großen Amplituden zwischen $2\overset{m}{.}5$ und 6^m. Mirasterne sind von spätem Spektraltyp und großer Leuchtkraft (Spektralklasse M, S, C [N, R]). In den Spektren treten häufig Emissionslinien auf. Mirasterne bilden eine ziemlich inhomogene Gruppe, sie kommen in beiden Sternpopulationen vor. Typischer Vertreter ist *o* Cet = Mira.

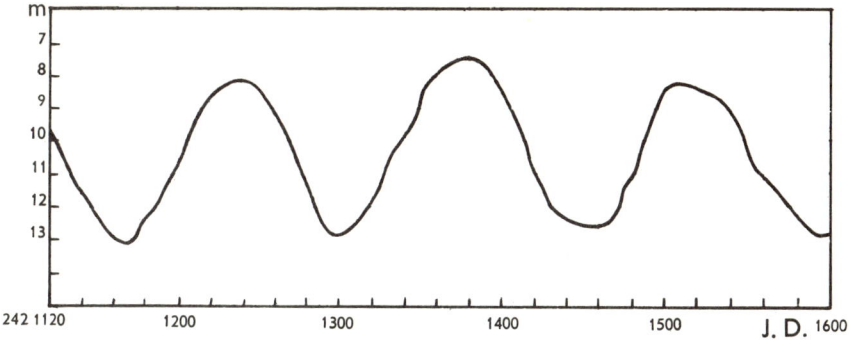

Lichtkurve des Mira-Sterns X Cam

SR   *Halbregelmäßige Veränderliche.* Pulsierende Riesen und Überriesen mit nicht sehr regelmäßigem Lichtwechsel relativ geringer Amplitude. Typische Perioden 30^d bis 1000^d.

Man unterscheidet folgende Untergruppen.

SRa   Wie Mirasterne, nur geringere Amplitude und stärkere zeitliche Variation der Lichtkurve. Diese Objekte werden häufig den Mirasternen zugeordnet. Typischer Vertreter: Z Aqr.

SRb   Weniger regelmäßiger Lichtwechsel, Lichtkurve unterbrochen durch vollkommen unregelmäßige Schwankungen. Typische Vertreter: RR CrB, AF Cyg.

SRc   Überriesen der Spektralklassen G8 ... M6. Lichtwechsel in Form sehr langgestreckter Wellen meist kleiner Amplitude, unterbrochen durch Stillstände oder kürzere Schwankungen. Typische Vertreter μ Cep, RS Cnc.

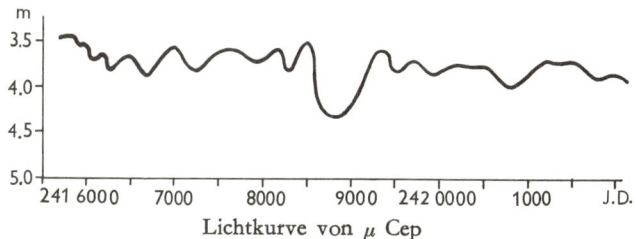

Lichtkurve von μ Cep

SRd   Riesen und Überriesen der Spektralklassen F ... K mit halbregelmäßigem Lichtwechsel in Form von glatten Wellen, unterbrochen durch Störungen kurzer Dauer. Typische Vertreter: S Vul, UU Her, AG Aur.

RV *RV-Tauri-Variable*: Lichtkurve in Form einer Doppelwelle mit wechselnd tiefem und flachem Minima, deren Unterschiede gelegentlich verschwinden oder sich umkehren. Periode zwischen 50 und 150 Tagen. Amplitude um 3 Größenklassen. Spektraltyp G bis K, Leuchtkraftklassen I und II. Typische Vertreter: RV Tau, S Sge, AC Her.

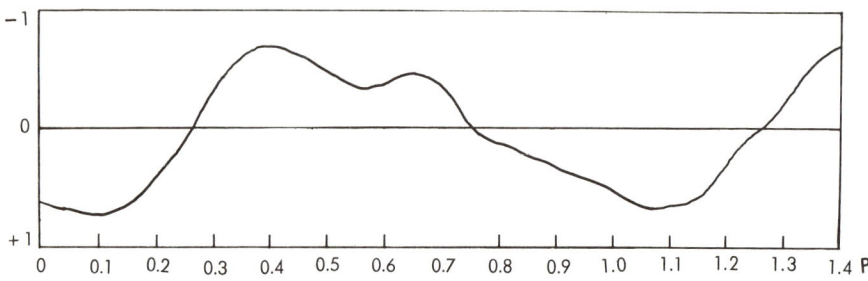

Lichtkurve von S Sge

α^2CV *α^2-Canum-Venaticorum-Sterne*. Sterne des Spektraltyps A0p-A5p, deren Variabilität auf den Einfluß starker stellarer Magnetfelder zurückgeht. Diese Felder, die gegen die Rotationsachse des Sternes geneigt sind, beeinflussen die Struktur der Atmosphäre, insbesondere die Stärke der Fraunhoferlinien (Zeemaneffekt). Dadurch änderte sich mit der Periode der Rotation das Spektrum wie auch in geringem Maße die Helligkeit der Sterne (vgl. S. 401). Typische Vertreter α^2 CVn.

I *Irreguläre Veränderliche* mit Lichtvariation in flachen Wellen von sehr verschiedener Gestalt und Länge. Maximale Amplitude 2^m.

Man unterscheidet folgende Unterklassen.

Ia Unregelmäßige Veränderliche früher Spektralklassen (O7–G7) mit Besonderheiten im Spektrum (pec-Charakter), häufig Emissionslinien. Typischer Vertreter XX Oph.

Ib Rote Riesen und Überriesen, Zyklen zwischen 45^d und 120^d, Überlagerung der primären Wellen durch sehr langperiodische Wellen. Typischer Vertreter CO Cyg.

Ic Rote Überriesen. Dem Lichtwechsel ist eine stetige Veränderung der mittleren Helligkeit überlagert. Typischer Vertreter TZ Cas.

Die Gesamtzahl der bekannten und unbekannten Veränderlichen ist beträchtlich, 1948 waren z. B. 7339 Pulsationsvariablen bekannt. In der zweiten Auflage des „Generalkatalogs" 1958 waren 9 855 und in der dritten Auflage 1968 bereits 13 782 Pulsationsvariable verzeichnet.

Von diesen Variablen entfallen auf die verschiedenen Klassen etwa folgende Anteile

C	Langperiodische Cepheiden	6 Prozent
RR	RR-Lyrae-Sterne	25 Prozent
M	Mira-Ceti-Sterne	37 Prozent
SR	halbregelmäßige Veränderliche	17 Prozent
I	unregelmäßige Veränderliche	14 Prozent

Der Rest von 1 Prozent entfällt zum überwiegenden Teil auf die RV-Tauri-Sterne. Nur sehr wenige δ-SC-, β-CM- und α-CV-Typen sind bekannt. Diese Zahlen geben n i c h t das wirkliche Häufigkeitsverhältnis wieder, sondern spiegeln vor allem die Entdeckungswahrscheinlichkeit, die bei schwachen absoluten Helligkeiten und geringer Amplitude nur sehr klein ist.

Trotz der beeindruckenden Zahl von rund 14 000 bekannten veränderlichen Sternen ist ihre Zahl, verglichen mit der Gesamtzahl der Sterne, sehr klein. Nur etwa jeder millionste Stern ist variabel.

b) Eruptiv veränderliche Sterne

Die Gruppe der eruptiv Veränderlichen ist zahlenmäßig wesentlich kleiner als die der Pulsationsvariablen, nur etwa jeder zehnte Variable ist eruptiv veränderlich. Die Helligkeitsänderungen der meisten dieser Veränderlichen haben ihre Ursache in einem plötzlichen, u. U. äußerst starken, eruptivartigen Materieausbruch, der zu beträchtlichen Helligkeitsanstiegen führen kann. Dieser plötzliche Lichtausbruch ist auch der Grund für den etwas irreführenden Namen „Novae", d. h. Neue Sterne. Diese Sterne waren schon vorher da, sind also nicht neu entstanden, sondern sie waren in ihrem Praenovastadium (Zustand vor dem Lichtausbruch) unscheinbare, sehr lichtschwache Sterne, die sich nun plötzlich durch den großen Helligkeitsanstieg aus dem allgemeinen Sternfeld heben und so bemerkt werden.

Man unterscheidet folgende Typen der eruptiven Veränderlichen:

N   *Novae:* Heiße Zwergsterne mit plötzlich ansteigender Helligkeit um 7 bis 16 Größenklassen in einer Zeit von einigen bis hundert Tagen. Die Abnahme der Helligkeit setzt kurz nach Erreichen des Maximums ein, erfolgt aber unterschiedlich schnell. Einige Novae zeigen im Minimum kleine Helligkeitsfluktuationen. In der Nähe des Maximums zeigen die Novae ein Spektrum ähnlich dem der Riesen der Spektralklassen A und F. Kurze Zeit nach dem Maximum werden Emissionsbanden beobachtet (Nebelspektrum). Nach dem Abklingen des Ausbruchs ähnelt das Spektrum dem der Sterne vom Wolf-Rayet-Typus.

Na   Typische Nova mit rasch sich entwickelnden Charakteristika bei schneller Zunahme der Helligkeit. Der Abstieg von der Maximumshelligkeit um 3 mag erfolgt in 100 Tagen oder kürzerer Zeit. Prototyp ist GK Per = Nova Per 1901.

Nb   Typische Nova mit langsamerer Entwicklung. Abnahme der Helligkeit um 3 mag in 150 oder mehr Tagen. Auftreten von einem starken Abfall und nachherigem Wiederanstieg der Helligkeit in der Lichtkurve. Typischer Vertreter ist RR Pic.

Nc   Nova mit sehr langsamer Entwicklung, im Maximum um mehrere Jahre verweilend, dann sehr langsam schwächer werdend. Typischer Stern dieser Gruppe ist RT Ser.

Nd   *Wiederkehrende Novae,* solche mit mehrmaligen Ausbrüchen, wie TCrB.

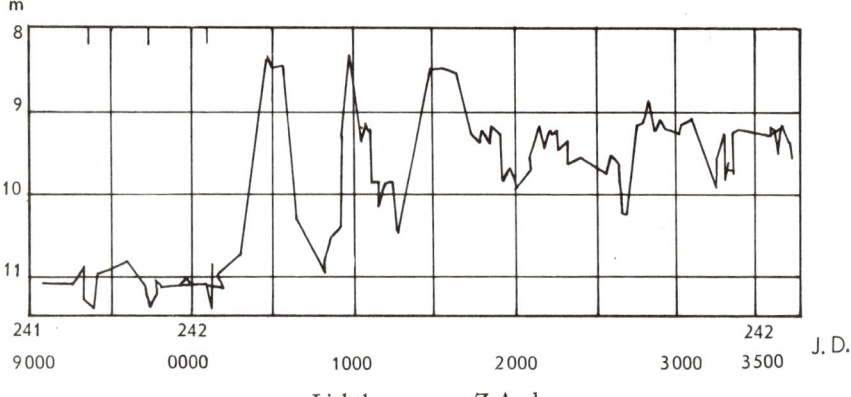

Lichtkurve von Z And

Ne   *Nova-ähnliche Veränderliche:* Uneinheitliche Gruppe mit Objekten, die im Helligkeitsausbruch oder im Spektrum Ähnlichkeiten mit Novae zeigen, wie etwa die Veränderlichen Z And, P Cyg, BF Cyg.

SN   *Supernovae:* Diese Sterne haben einen schnellen Helligkeitsanstieg von 20 Größenklassen. Die Lichtkurven sind ähnlich denen der Novae, jedoch zeigt das Spektrum extrem breite Emissionsbanden. Eine typische Supernova ist CM Tau = SN 1054, als Folge dieses Ausbruches im Jahre 1054 ist der Crab-Nebel = M1 entstanden.

RCB   *R-Coronae-Borealis-Veränderliche:* Diese Sterne hoher Leuchtkraft der Spektralklassen F bis K (auch R) zeigen unregelmäßig plötzlich einsetzende Helligkeitseinbrüche von 1 bis 9 Größenklassen. Diese Minima können über Monate bis Jahre eingehalten werden, jedoch zeigen die Sterne in diesem Zustand starke Unruhe. Prototyp ist R CrB.

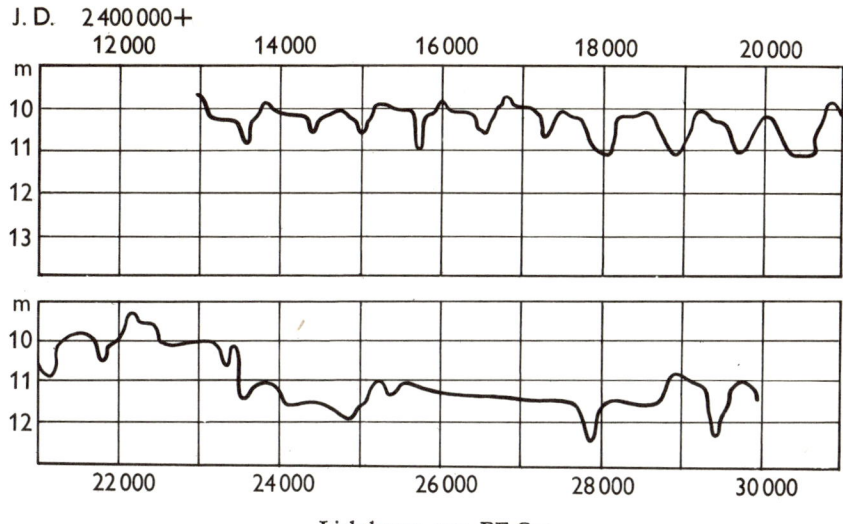

Lichtkurve von BF Cyg

RW **RW-Aurigae-Sterne:** Hauptreihensterne oder Unterriesen der Spektral-klassen B bis M, mit und auch ohne Emissionslinien im Spektrum. Diese Sterne zeigen rasche, unregelmäßige Lichtänderungen, die durch Ruhe-pausen konstanten Lichts unterbrochen werden. Die Amplituden können bis zu 4 mag betragen. Auffallend ist das Vorkommen dieser Sterne in Gruppe (Sternassoziationen, s. S. 496) in Verbindung mit hellen und dunklen Nebeln. Typische Sterne dieser Klasse sind RW Aur, T Tau, BO Cep.

UG **U-Geminorum-** oder **SS-Cygni-Sterne:** Zwergsterne mit schwachem, nahezu konstantem Normallicht und rasch verlaufendem Aufleuchten großer Amplitude, in nicht ganz unregelmäßigen Intervallen von 20^d bis 600^d. Typischer Vertreter ist U Gem.

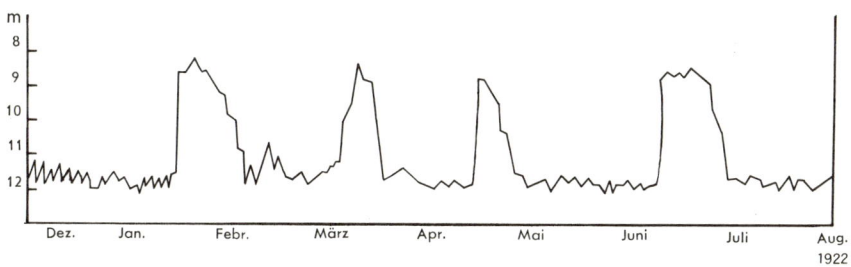

Lichtkurve von SS Cyg

UV *UV-Ceti-Sterne* auch Flare-Sterne genannt: Zwerge der Spektralklassen dM3e bis dM6e mit raschem, kurzem Aufleuchten (Flares), Amplituden von 1 bis 6 mag. Der Helligkeitsausbruch dauert nicht länger als einige zehn Minuten. Typstern ist UV Cet.

Z *Z-Camelopardalis-Veränderliche*: Ähnlich den U-Geminorum-Sternen, aber plötzlich die fast periodischen Helligkeitsausbrüche unterbrechend und auf einer mittleren Helligkeit zwischen Minimum und Maximum verweilend. Nach einigen Perioden wieder Einsetzen der Lichtausbrüche. Typischer Veränderlicher dieser Gruppe ist Z Cam.

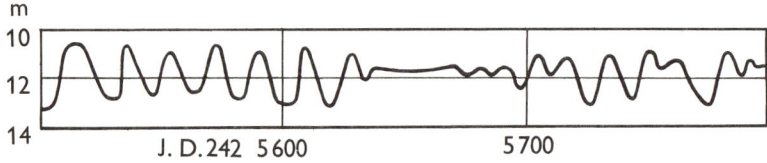

Lichtkurve von Z Cam

Von den 1958 bekannten 959 eruptiven Veränderlichen entfallen auf die verschiedenen Typen etwa folgende Anteile

N	Novae	15 Prozent
Ne	Nova-ähnliche Veränderliche	4 Prozent
RCB	R-Coronae Borealis-Sterne	4 Prozent
RW	RW-Aurigae-Typ-Veränderliche	61 Prozent
UG	U-Geminovum-Veränderliche	12 Prozent
UV	UV-Ceti-Sterne	2 Prozent
Z	Z-Camelopardalis-Veränderliche	2 Prozent

Der Anteil der Supernovae (7 heute bekannte Objekte bei Beschränkung auf unsere Galaxie) liegt unter 1 Prozent. Wegen der sehr unterschiedlichen Entdeckungswahrscheinlichkeiten weichen die wahren relativen Häufigkeiten stark von den hier angegebenen Zahlenwerten ab. In der dritten Auflage des „General-Katalogs Veränderlicher Sterne", Moskau 1968, werden 1618 Eruptiv-Veränderliche aufgeführt.

c) Cepheidenpulsation, Periode-Leuchtkraft-Relation

Die Vermutung, daß periodische Helligkeitsänderungen auf Pulsationen, d. h. auf freie radiale Schwingungen der Sterne zurückgeführt werden können, ist bereits im vorigen Jahrhundert geäußert worden. Heute ist diese Vermutung in allen Teilen bestätigt. Eine der grundlegenden Aussagen der Theorie pulsierender Sterne ist, daß die Periode derartiger Schwingungen mit abnehmender mittlerer Dichte $\overline{\varrho}$ des Sternes gemäß

$$P = Q \cdot \sqrt{\frac{\varrho_\odot}{\overline{\varrho}}}$$

anwächst. Der empirisch bestimmte Wert der Konstanten Q ist vom Typ der Veränderlichen abhängig. Er beträgt für

Cδ-Cepheiden	$= 0.041$ Tage
CW-Cepheiden	$= 0.160$ Tage
RR-Lyrae-Sterne	$= 0.145$ Tage
β-Canis-Majoris-Sterne	$= 0.027$ Tage

wenn für die mittlere Dichte der Sonne $\overline{\varrho}_\odot = 1.409$ g/cm^3 eingesetzt wird. Heute ist man in der Lage, durch komplizierte numerische Rechnungen die aus der Beobachtung erschlossenen zeitlichen Änderungen der Zustandsgrößen pulsierender Sterne, zumindest der Cepheiden, zu verstehen (siehe Abb. S. 405).

Eine wichtige Relation wurde 1912 von Miß Leavitt empirisch aufgefunden: die Beziehung zwischen der Leuchtkraft und der Periodenlänge des Lichtwechsels. Die Bedeutung dieser *Perioden-Leuchtkraft-Relation* für die Entfernungsbestimmung der Pulsationsvariablen und damit der kosmischen Objekte, in denen diese Sterne vorkommen, wurde damals sofort von Shapley erkannt.

Die Perioden-Leuchtkraft-Relation wurde zunächst für Cepheiden in der Kleinen Magellanschen Wolke bestimmt, wobei man davon ausging, daß die Entfernungen aller Cepheiden in diesem extragalaktischen Sternsystem nur kleine relative Unterschiede aufweisen, und daß damit die Differenzen der scheinbaren und der absoluten Helligkeiten gleich sind. Schwierig war die Festlegung der absoluten Helligkeiten selbst, d. h. die Fixierung des Nullpunktes der Helligkeitsskala, für welche eine unabhängige Bestimmung der Entfernung erforderlich ist. Man benutzt hierzu Cepheiden aus unserem eigenen galaktischen System. Es hat sich gezeigt, daß die verschiedenen Typen der Cepheiden sich auch in ihrer Perioden-Leuchtkraft-Relation unterscheiden. Die Ursachen hierfür sind auf unterschiedlichen inneren Aufbau aufgrund verschiedener Entwicklungsphasen und auf verschiedene Populationszugehörigkeit und damit unterschiedliche chemische Zusammensetzung zurückzuführen.

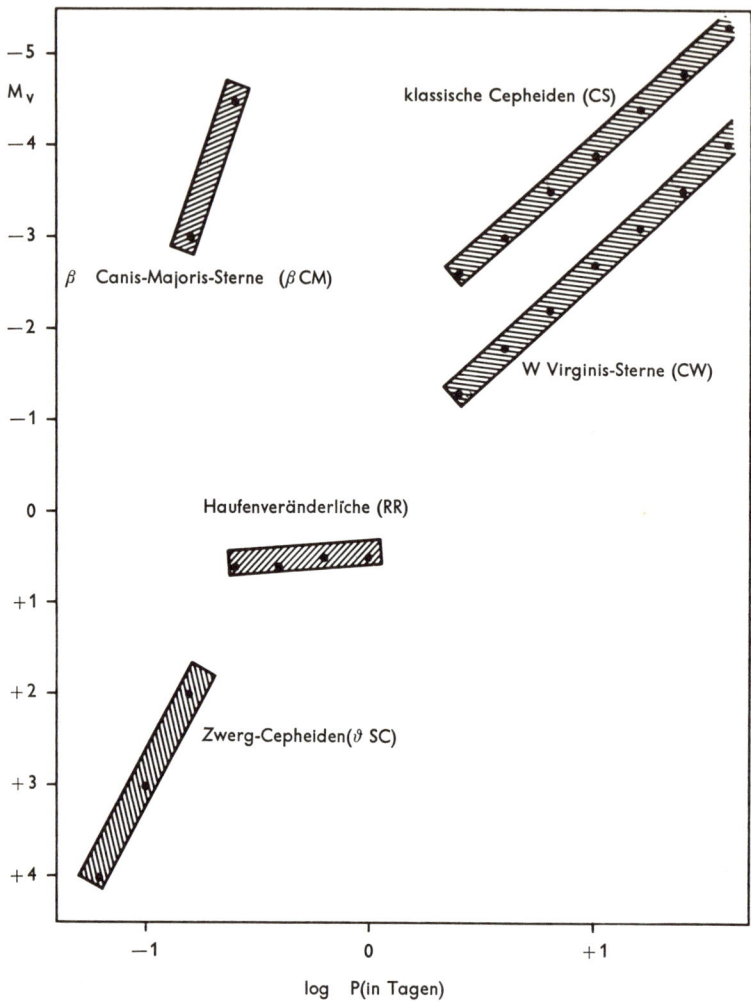

Perioden-Leuchtkraft-Beziehung der Cepheiden

d) Novae

Eine Nova ist das Resultat einer Sternexplosion, aus der allerdings der Stern nach Abklingen der Erscheinung im wesentlichen wieder ungeändert hervorgeht. So ist es verständlich, daß die Novaerscheinung rekurrent (wiederkehrend) sein kann. Im Gegensatz dazu ist ein Supernovaausbruch (s. S. 420) ein einschneidendes Ereignis, durch welches der Stern völlig verändert wird.

Zustandsgrößen der Cepheiden

log P Tage	$\overline{M}_v$	$\overline{M}_B$	Sp max	min	$\Delta M_v = \Delta m_v$	$B-V$	$\Delta(B-V)$	$\log \dfrac{\mathcal{M}}{\mathcal{M}_\odot}$	$\log \dfrac{\mathcal{R}}{\mathcal{R}_\odot}$	$\log \dfrac{\mathcal{L}}{\mathcal{L}_\odot}$
Klassische Cepheiden (Cδ)										
0.4	—2.6	—2.2	F5	F8	0.4	+0.42	0.13	0.8	1.4	3.0
0.6	—3.0	—2.5	F5	G1	0.6	+0.52	0.22	0.9	1.6	3.2
0.8	—3.5	—2.9	F6	G3	0.8	+0.60	0.32	0.9	1.8	3.5
1.0	—3.9	—3.2	F6	G3	0.8	+0.68	0.43	1.0	2.0	3.6
1.2	—4.4	—3.6	F7	G8	1.0	+0.76	0.55	1.1	2.1	3.8
1.4	—4.8	—4.0	F7	K1	1.3	+0.81	0.64	1.2	2.3	4.0
1.6	—5.3	—4.4	F8	K1	1.4	+0.88	0.67	1.3	2.5	4.2
Haufenveränderliche (RR)										
0.4	—1.3	—0.9	F2	F5	0.6	+0.4	0.1	0.6	1.4	2.4
0.6	—1.8	—1.3	F3	F8	0.6	+0.5	0.2	0.7	1.6	2.6
0.8	—2.2	—1.6	F4	G0	0.7	+0.6	0.3	0.7	1.7	2.8
1.0	—2.7	—2.0	F5	G1	0.7	+0.7	0.4	0.8	1.9	3.0
1.2	—3.1	—2.3	F6	G3	0.8	+0.8	0.5	0.9	2.0	3.2
1.4	—3.5	—2.7	F7	G4	0.9	+0.8	1.0	1.0	1.0	3.4
1.6	—4.0	—3.1	F7	G5	1.0	+0.9	0.7	1.0	2.3	3.6
Zwerg-Cepheiden (δ Sc)										
—0.6		0.6	+0.7 A4	A9				0.3	0.6	1.9
—0.4	+0.6	+0.7	A5	F1	1.3	+0.15	0.35	0.3	0.7	1.9
—0.2	+0.5	+0.7	A5	F2	0.9	+0.20	0.22	0.4	0.9	1.8
0.0	+0.5	+0.7	A7	F3	0.6	+0.25	0.1	0.4	1.0	1.8
W-*Virginis-Sterne* (CW)										
—1.2	+4			A2	0.5	+0.11	0.14			
—1.0	+3			A4	0.5	+0.15	0.14			
—0.8	+2			A7	0.5	+0.18	0.14			
β-*Canis-Majoris-Sterne* (β CMa)										
—0.8	—3.0	—3	B2 iv		0.1	—0.2			1.5	3.8
—0.6	—4.5	—4	B1 iii		0.1	—0.2			1.7	4.2

Aus dem Praenovastadium erfolgt der Helligkeitsanstieg einer typischen Nova sehr rasch, innerhalb weniger Stunden, wobei der Anstieg bei etwa 9 Größenklassen im sogenannten Praemaximum-Halt unterbrochen wird, gelegentlich sogar durch einen kleinen Rückgang der Helligkeit. Darauf folgt dann der etwas langsamere Anstieg um 2^m zur maximalen Helligkeit. Dieses Maximum ist spitz, d. h. es wird nur für kurze Zeit gehalten, dann fällt die Helligkeit um 3^{m}5 ab. Die Zeitdauer des ersten Abfalls um 3^m wird zur Klassifikation der Novae verwendet. Auf diesen ersten Abfall folgt die Übergangsphase. In ihr unterscheiden sich die Lichtkurven verschiedener Novae stark voneinander. Man beobachtet eine oder mehrere Schwankungen der Helligkeit, gelegentlich aber auch eine tiefe Depression der Lichtkurve. Ein gleichmäßiger Helligkeitsabfall führt dann in das Postnovastadium, in der die Helligkeit der Praenova wieder erreicht wird. Der ganze Vorgang dauert einige Jahre für eine schnelle Nova (Na) und kann für eine langsame Nova ein Jahrhundert dauern (Nc).

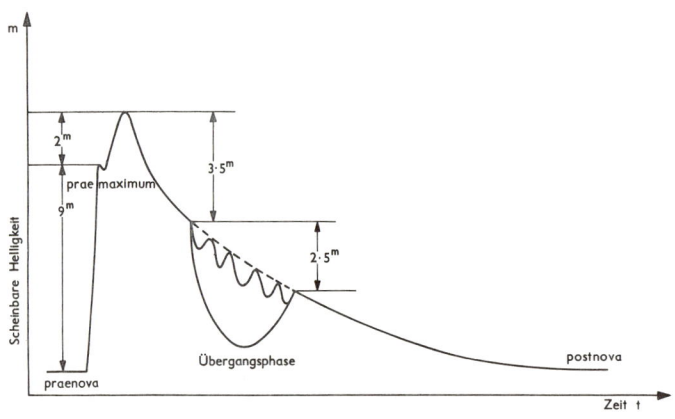

Lichtkurve einer Nova (schematisch)

Klasse		Zeit für 3 mag Abnahme	abs. Helligkeit i. Max.	Beispiel	Häufigkeit
	Sehr schnelle N.	10^d	—8.0	N. Aql 1918	47%
Na	Schnelle N.	30	—7.2	N. Lac 1910	
	Mittelschnelle N.	70	—6.5	N. Lyr 1919	12
Nb	Langsame N.	200	—5.4	N. Pic 1925	31
Nc	RT Serpentis	1 000	—3.6	RT Ser	10

Genauso wie die Helligkeit ändern sich auch die Spektren der Novae drastisch. Praenovaspektren sind praktisch nicht beobachtet worden. Sicher ist nur, daß Praenovae sehr heiße, blaue Sterne sein müssen. Praemaximumspektren (selten mehr als zwei Größenklassen vor dem Maximum) zeigen ein Absorptionsspek-

Einige galaktische Novae und Supernovae

Nova	Jahr des Aufleuchtens	galaktische Länge °	galaktische Breite °	scheinbare Helligkeit Praenova	scheinbare Helligkeit Maximum	scheinbare Helligkeit Exnova	Entfernungs-modul mag	Postnova-Spektrum	Zeit für 3 mag Abnahme Tage	Typ
Tauri	1054	152	− 4		−5			Em. Neb.		SN I
Cassiopeiae.	1572	88	+ 2		−4.0		8			SN I
Ophiuchi	1604	332	+ 5		−2.2					SN I
T Aurigae	1891	145	0	>13	3.8	15	9	O e	100	
Persei 2	1901	119	− 9	14	0.2	14	9	O e	13	
Geminorum 1 . . .	1903	153	+13	>14	6	16.5	12	o con	17	
Aquilae 2	1905	358	− 6	>15	7.3	>17	15	o con	30	
Lacertae	1910	71	− 5	13.1	4.6	14	10	o con	37	
Geminorum 2 . . .	1912	151	+16	15	3.5	14	11	O e	36	
Aquilae 3	1918	1	− 1	11	−1.1	11	8	O e	8	
Lyrae	1919	28	+11	16.0	6.5	14		o con	80	
Ophiuchi 4	1919	7	+12		7.4	>15	13	o con	150	
Cygni 3	1920	55	+12	>15	2.0	15.5	11	O e	16	
RR Pictoris	1925	239	−25	12.7	1.2	9	9		150	
DQ Herculis	1934	40	+25	14.3	1.4		8		97	
CP Lacertae	1936	70	− 1	15	2.1		10		9	
BT Monocerotis . . .	1939	182	− 1	16	4.5		11		36	
Puppis	1942	221	0	>17	0.4		10	O e	7	SN ?
Aquilae	1943	15	−11		6.1		13		30	

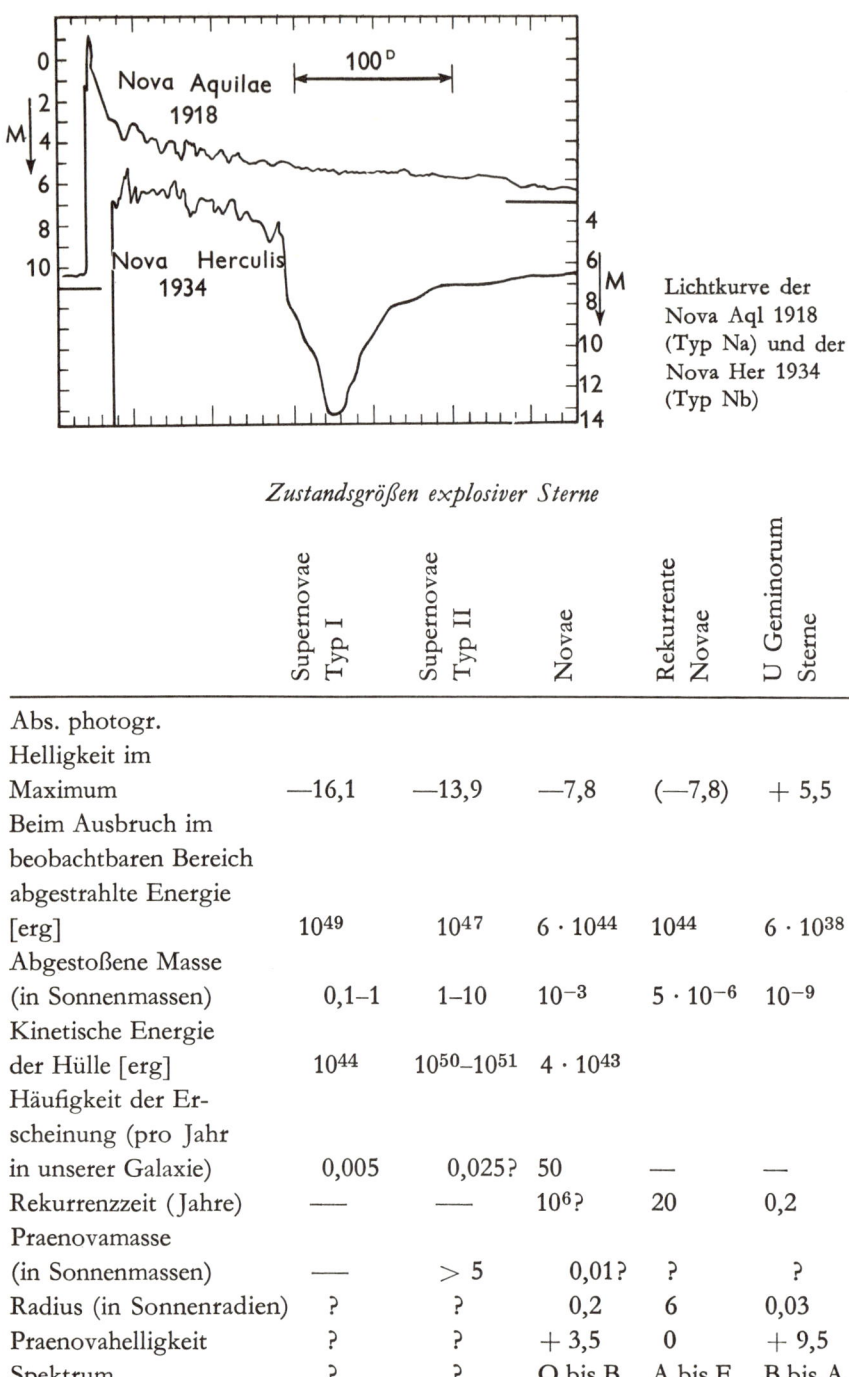

Lichtkurve der Nova Aql 1918 (Typ Na) und der Nova Her 1934 (Typ Nb)

Zustandsgrößen explosiver Sterne

	Supernovae Typ I	Supernovae Typ II	Novae	Rekurrente Novae	U Geminorum Sterne
Abs. photogr. Helligkeit im Maximum	—16,1	—13,9	—7,8	(—7,8)	+ 5,5
Beim Ausbruch im beobachtbaren Bereich abgestrahlte Energie [erg]	10^{49}	10^{47}	$6 \cdot 10^{44}$	10^{44}	$6 \cdot 10^{38}$
Abgestoßene Masse (in Sonnenmassen)	0,1–1	1–10	10^{-3}	$5 \cdot 10^{-6}$	10^{-9}
Kinetische Energie der Hülle [erg]	10^{44}	10^{50}–10^{51}	$4 \cdot 10^{43}$		
Häufigkeit der Erscheinung (pro Jahr in unserer Galaxie)	0,005	0,025?	50	—	—
Rekurrenzzeit (Jahre)	—	—	10^{6}?	20	0,2
Praenovamasse (in Sonnenmassen)	—	> 5	0,01?	?	?
Radius (in Sonnenradien)	?	?	0,2	6	0,03
Praenovahelligkeit	?	?	+ 3,5	0	+ 9,5
Spektrum	?	?	O bis B	A bis F	B bis A

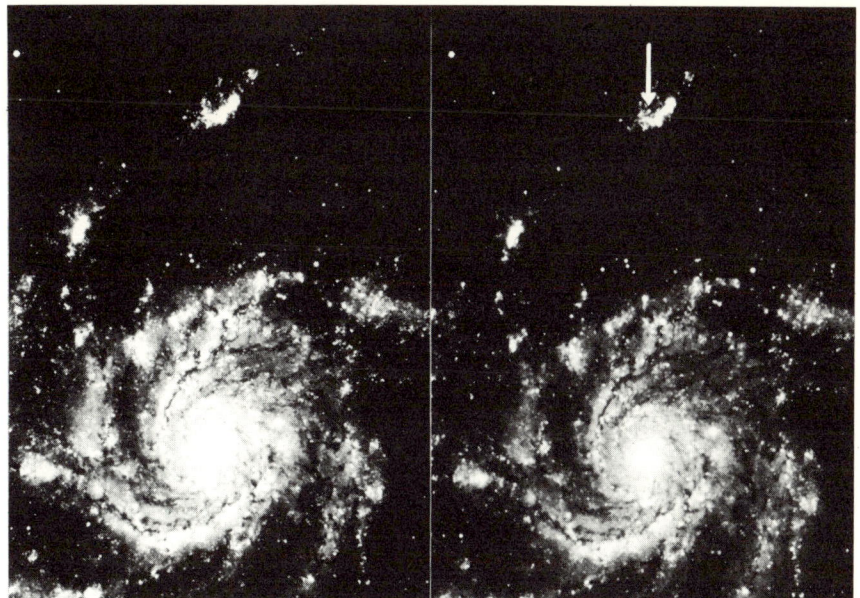

Das Aufleuchten einer Supernova in dem Spiralnebel M 101 vom Typ Sc (s. S. 606). Obere Aufnahme vom 9. Juni 1950, untere Aufnahme vom 7. Februar 1951. Der Pfeil weist auf die Supernova in dem genannten Sternsystem. Die auf der Aufnahme sichtbaren einzelnen Sterne sind Vordergrundsterne unseres Milchstraßensystems.

trum mit Linien, die für Temperaturen zwischen 10 000 und 20 000 K typisch sind, dazu einige Emissionslinien. Im Maximum ändert sich das Spektrum sehr plötzlich. Die bis dahin einfachen Absorptionslinien erhalten jetzt eine kompliziertere Struktur, sie sind außerdem jetzt für niedrigere Temperaturen charakteristisch. Die Emissionslinien werden stärker (relativ zum Kontinuum), noch später tauchen sogenannte „verbotene Linien" in Emission auf und zeigen, daß die Strahlung aus einem schon stark verdünnten Gas kommt (Nebelspektrum). Schließlich verschwinden auch die Emissionslinien und ein Objekt mit sehr schwachen Wasserstoff- und Heliumlinien bleibt nach.

Die Absorptionslinien sind im Maximum stark nach blau verschoben. Wird diese Verschiebung als Doppeleffekt gedeutet, so erhält man Radialgeschwindigkeiten der Größenordnung 1 000 bis 3 000 km/sec. Die Nova ist also von einer expandierenden Hülle umgeben. Da jedoch die Materiedichte in ihr sehr gering ist, wird nur ein kleiner Bruchteil der Masse des Sternes abgestoßen, etwa ein tausendstel bis ein zehntausendstel der Sonnenmasse.

e) Supernovae

Supernovae sind sehr viel seltener als Novae, nur etwa alle 30 Jahre leuchtet eine Supernova in unserem Sternsystem auf. Nur drei Supernovaausbrüche sind in unserer Galaxie mit Sicherheit beobachtet worden.

Bei der Beurteilung dieser geringen Zahl muß natürlich berücksichtigt werden, daß wir wegen der interstellaren Absorption nur etwa 1/10 des galaktischen Systems überblicken können, und daß infolgedessen auch nur ein entsprechend kleiner Bruchteil der galaktischen Supernovae entdeckt werden kann.

Galaktische Supernovae

Jahr	m_{max}	α	δ	Entdecker	Heute beobacht- barer Überrest
1054	—6	$5^h28^m + 22°$		chinesische und japanische Astronomen	Crabnebel und Crab-Pulsar
1572	—4.1	$0^h19^m + 64°$		Tycho Brahe	Radioquelle
1604				Kepler	

1885 wurde im Andromedanebel die erste extragalaktische Supernova entdeckt, seither sind als Erfolge systematischer Überwachung extragalaktischer Systeme knapp 300 Supernovae entdeckt und zirka 100 genauer beobachtet worden. Abgesehen von der Analyse der Supernovaeüberreste beruhen unsere Kenntnisse über Supernovae fast ausschließlich auf diesen Beobachtungen.

Man hat gelernt Supernovae vom Typ I und vom Typ II zu unterscheiden, wobei die Gruppe des Typs II weniger homogen als die des Typs I ist. Zwischen beiden Typen bestehen folgende charakteristische Unterschiede. Supernovae Typ I sind im Maximum etwa um zwei Größenklassen heller als Supernovae Typ II. Sie zeichnen sich gegenüber Typ II durch die große Intensität ihrer Strahlung im nahen UV aus. Supernovae vom Typ I sind weniger häufig, als Supernovae vom Typ II. Typ I Supernovae treten vorzugsweise in elliptischen Galaxien und in den Kernen von Galaxien auf, während der Typ II vorzugsweise in den Spiralarmen zu finden ist und damit der Sternpopulation I zugeordnet werden muß. Bei beiden Typen erfolgt der Helligkeitsanstieg sehr rasch, das Maximum ist jedoch breiter als das bei den Novae. Beim Typ I vollzieht sich der Helligkeitsabfall sehr langsam, er folgt (abgesehen von der Anfangsphase) einem Exponentialgesetz (0,0137 Größenklassen pro Tag). Der Abfall beim Typ II ist rascher und weniger regelmäßig. Die Spektren vom Typ I sind durch breite, teilweise stark gegliederte Emissionen gekennzeichnet, die sich für alle beobachteten Supernovae in gleicher Weise zeitlich ändern. Es ist noch nicht gelungen sie zu interpretieren. Die Spektren des Typs II ähneln den Spektren gewöhnlicher Novae, die Doppeleffekte sind größer und entsprechen Radialgeschwindigkeiten zwischen 5000 und 10000 km/sec.

Beim Supernovaausbruch werden erhebliche Energien umgesetzt, die zum Teil als Strahlungsenergie den Stern verläßt (nur etwa ein hundertstel davon im sichtbaren Spektralbereich), die zum großen Teil aber auch als kinetische Energie mit der expandierenden Hülle davongetragen wird. Der Betrag der Gesamtenergie liegt in der Größenordnung 10^{50} bis 10^{51} erg und ist damit durchaus vergleichbar mit der Energie, die in einem Stern durch nukleare Prozesse überhaupt freigesetzt werden kann. Der Supernovaausbruch ist hiernach ein einschneidendes Ereignis in der Entwicklung eines Sternes. Sein Zustand wird dabei völlig verändert. Die Tatsache, daß am Ort der chinesischen Supernova im Crabnebel ein Neutronenstern, der Pulsar NP 0532 gefunden wurde (s. S. 429), und daß das Alter dieses Pulsars durch völlig unabhängige Methoden zu etwa 900 Jahren bestimmt wurde, zeigt, daß zumindest ein Teil der Supernovaexplosionen die Bildung von Neutronensternen bedeutet. Leider ist die Frage, von welchem Typ die chinesische Supernova war, noch kontrovers.

Über den Prozeß, der zur Sternexplosion führt, gibt es detaillierte aber sich widersprechende Theorien. Nach Fowler und Hoyle findet in der letzten Phase der Sternentwicklung die Energie verbrauchende Kernreaktion

$$Fe^{56} \rightarrow 13\,He^4 + 4\,n$$

statt, die den Stern instabil werden läßt und zum dynamischen Kollaps führt.

Dabei wird aus dem inneren Teil des kollabierenden Sternes ein Neutronenstern gebildet. Durch die nachstürzende Materie läuft eine Stoßwelle nach außen, welche die äußeren Teile des Sternes abschleudert. Die frei werdende Energie stammt aus dem Gravitationsfeld.

Arnett geht dagegen davon aus, daß in einer Spätphase der Sternentwicklung explosives Kohlenstoffbrennen möglich sein kann. Dann würde sich durch den ganzen aus Kohlenstoff (oder Sauerstoff) bestehende Kern des Sternes eine Detonationswelle ausbreiten. Die frei werdende Energie würde ausreichen, die Supernovaerscheinung zu erklären. Etwas schwierig scheint die Begründung, warum ein Neutronenstern übrig bleibt. – Wie immer die theoretischen Interpretationen in der Zukunft aussehen mögen, Supernovae beanspruchen mit Recht das besondere Interesse der Astrophysiker, nicht zuletzt auch deswegen, weil bei diesen Erscheinungen in erheblichem Maß schwere Elemente gebildet und dem interstellaren Medium beigemischt werden müssen. Jeder Versuch, die Häufigkeitsverteilung der chemischen Elemente zu deuten, setzt die Kenntnis der Häufigkeit der Supernovaausbrüche voraus und verlangt eine vernünftige Theorie dieses spektakulären Ereignisses. Supernovae und die dabei gebildeten Neutronensterne sind vermutlich auch die Quellen des größten Teils der kosmischen Strahlung.

13. Planetarische Nebel

Ihre geringe Winkelausdehnung (meist kleiner als eine Bogenminute) und ihre grünliche Farbe, die an die der Planeten Uranus und Neptun erinnert, haben diesen Objekten den Namen gegeben. Sie umgeben als kleine, blasse, teilweise ringförmige Nebel einen Zentralstern, von dem die Strahlung ausgeht, welche den Nebel zum Leuchten anregt. Dieser Zentralstern ist allerdings wesentlich schwächer als der Nebel selber und nicht immer beobachtbar.

Insgesamt sind etwa 1000 Planetarische Nebel bekannt. Sie sind nicht sehr stark zur galaktischen Ebene, aber ganz ausgeprägt zum galaktischen Zentrum, konzentriert und bilden also ein wenig abgeplattetes System. Damit müssen Planetarische Nebel der Sternpopulation II zugeordnet werden. Insgesamt dürfte es in unserer Galaxie über 10000 derartige Objekte geben.

Das Licht der Planetarischen Nebel wird fast ausschließlich in Form von Emissionslinien ausgestrahlt, deren Anregung mittelbar auf die Strahlung des Zentralsternes zurückgeht.

Die Oberflächentemperatur dieser Sterne ist sehr hoch. Sie wird nach einer auf Zanstra zurückgehenden Methode bestimmt. Durch die Strahlung des Sternes im Wellenlängenbereich $\lambda < 912$ Å wird der Wasserstoff im Planetarischen Nebel ionisiert, wobei der Nebel (wenn er in diesem Bereich optisch dick ist)

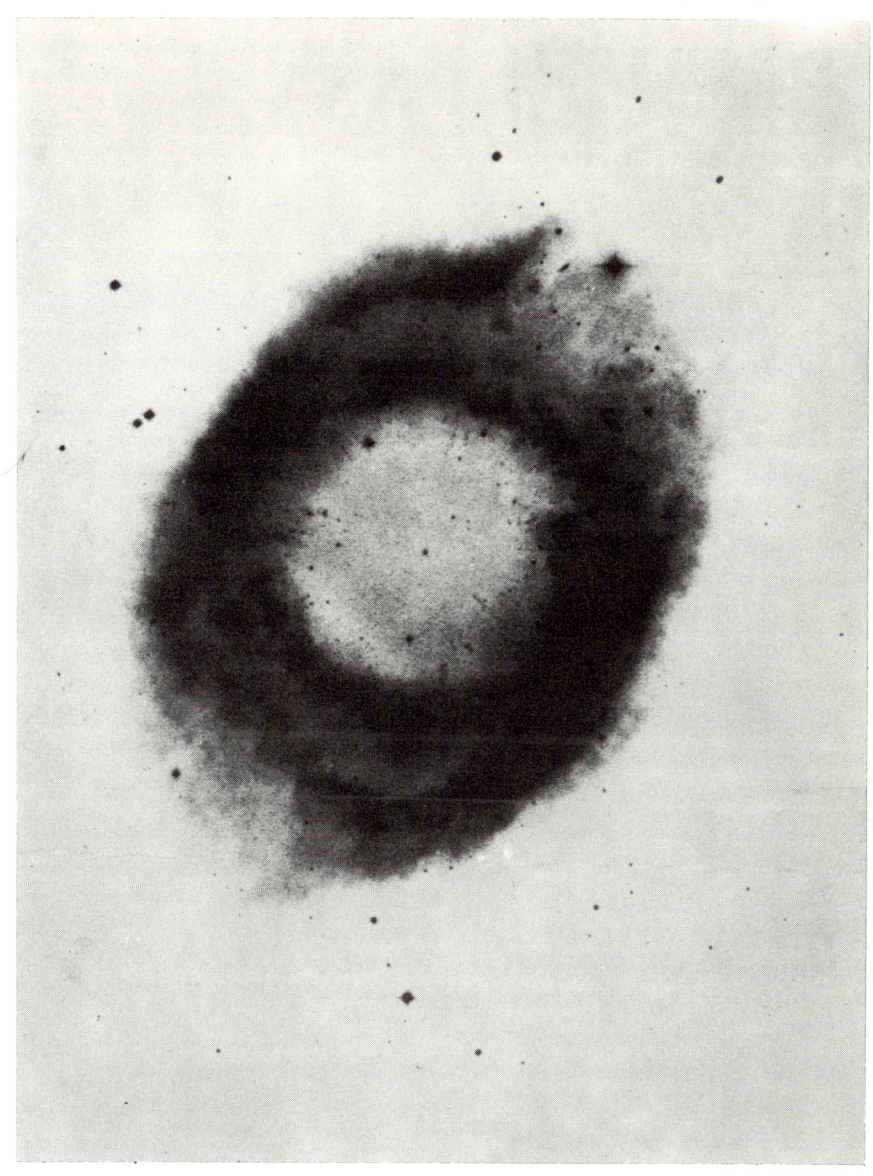

Der Planetarische Nebel NGC 7009 im Sternbild Aquarius (Wassermann); die Aufnahme ist so wie sie der Astronom bearbeitet, als Negativ, wiedergegeben.

Die wichtigsten Emissionslinien Planetarischer Nebel

Wellenlänge	Identifikation	Rel. Intensität
6584 Å	[N II]	1,5
6563 Å	Hα	4
6548 Å	[N II]	0,7
5876 Å	He I	0,3
5007 Å	[O III] (Nebulium)	8
4959 Å	[O III]	3
4861 Å	Hβ	1
4686 Å	He II	0,3
4340 Å	Hγ	0,4
3869 Å	[Ne III]	0,5
3727 Å	[O II]	0,4

Die eckigen Klammern [] bezeichnen sogenannte Verbotene Linien.

alle derartigen, vom Zentralstern ausgehenden, Lichtquanten absorbiert. Durch jede Absorption wird ein Elektron freigesetzt, das dann nach der Rekombination (die überwiegend in die höheren Zustände erfolgt) bei den nachfolgenden Emissionsübergängen mit hoher Wahrscheinlichkeit auch die Aussendung eines Lichtquants in der roten Wasserstofflinie H_α bewirkt. Damit ist die Helligkeit des Nebels in H_α ein direktes Maß für die Helligkeit des Sternes im Bereich $\lambda < 912$ Å also im extremen UV. Vergleicht man also die H_α-Helligkeit des Nebels mit der Helligkeit des Zentralsterns im sichtbaren Bereich, so erhält man eine Art Farbindex. Man findet für die zugehörigen Farbtemperaturen Werte zwischen 40000 und 100000 K. Damit gehören die Zentralsterne in die Klasse der O-Sterne. Einige zeigen die typischen Eigenschaften von Wolf-Rayet-Sternen (s. S. 355).

Besonderes Interesse beanspruchen die „Verbotenen Linien", darunter vor allem die beiden stärksten bei λ 5007 und 4959 Å, die den Hauptbeitrag zum Nebelleuchten liefern und die damit für die grünliche Farbe verantwortlich sind. Sie konnten zunächst nicht identifiziert werden und wurden einem hypothetischen Element Nebulium zugeordnet. Die Schwierigkeit der Identifikation rührt daher, daß die Verbotenen Linien im Laboratorium durchweg unbeobachtbar sind. Die Übergangswahrscheinlichkeiten (s. S. 34) der Atome in den Verbotenen Linien sind extrem gering, entsprechend niedrig sind auch die unter Laboratoriumsbedingungen erzielbaren Intensitäten. Unter den speziellen Bedingungen in den Planetarischen Nebeln (außerordentlich geringe Dichte eines hochionisierten Gases, von der Größenordnung 10^4 Atome/cm³, stark verdünntes Strahlungsfeld des heißen Zentralsterns) kommt es jedoch zu

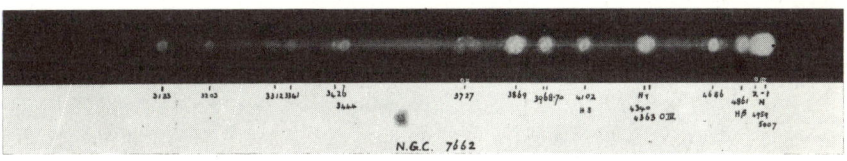

N.G.C. 7662

Der Planetarische Nebel M 97, wegen seiner zwei dunklen Höhlen auch „Eulen-Nebel" genannt. – Darunter ein Spektrum eines Planetarischen Nebels, das aus einzelnen monochromatischen (da ein flächenhaftes Objekt) Ringen besteht; das durchgehende Spektrum gehört zu einem F-Stern.

einer starken Übersetzung der metastabilen oberen Ausgangszustände dieser Linie. Sie werden dann aus dem großen Volumen des Nebels in entsprechender Stärke emittiert. Die entscheidende Anregung erfolgt durch Elektronenstoß. Wegen der hiermit verbundenen stark temperaturabhängigen Energieabgabe des Elektronengases an die O III-Ionen ist dessen Temperatur auf rund 10 000 K stabilisiert und damit erheblich geringer als die Temperatur des Zentralsterns. Die O III-Ionen wirken wie ein sehr effektiver Thermostat.

Die Entfernungen der planetarischen Nebel sind relativ schwierig zu bestimmen und die indirekten, für diese Nebel spezifischen Verfahren sind nicht frei von Hypothesen. Sind jedoch die Entfernungen einmal bekannt, so erhält man aus der Sternhelligkeit und der Temperatur die Oberflächengröße und damit die Radien der Sterne, aus den Winkelausdehnungen die linearen Größen und damit die Volumen der Nebel. Zusammen mit der Theorie des Nebelleuchtens liefern Volumen und Helligkeit die Masse der Nebel. Die Zustandsgrößen der Zentralsterne und der Nebelhüllen können also einigermaßen zuverlässig bestimmt werden.

Man findet, daß die Zentralsterne im HR-Diagramm unterhalb der frühen Hauptsequenz und oberhalb der Sequenz der Weißen Zwerge liegen, und zwar um so näher zur Sequenz der Weißen Zwerge, je ausgedehnter der umgebende Nebel ist. Daraus muß man schließen, daß Planetarische Nebel in der Sternentwicklung zumindest als eines der möglichen Vorstadien der Weißen Zwergsterne anzusehen sind. Die Vorstellung ist etwa die, daß Rote Riesen mit einer starken Massenkonzentration im Kern und einer ausgedehnten dünnen Hülle einen Teil des Hüllenmaterials abstoßen. Dieser Teil ergibt dann den expandierenden Nebel. Möglicherweise sinkt ein anderer Teil des Hüllenmaterials auf den Kern ab. Die äußere Hülle wird mit zunehmender Expansion durchsichtig und gibt den Blick auf den Zentralstern (den ehemaligen Kern des Roten Riesen) frei. Ob am Anfang dieser Entwicklung ein Novaausbruch oder ein ähnliches spektakuläres Ereignis steht, ist noch eine offene Frage. Auf jeden Fall sind Planetarische Nebel recht kurzlebige Objekte. Teilt man, um einen Anhalt für die Größenördnung der Entwicklungszeiten zu haben, die Ausdehnung (typischer Wert 0,7 pc) durch die aus Dopplerverschiebung bestimmte Expansionsgeschwindigkeit (etwa 20 km/sec) so erhält man ein Alter von rund 10^{12} sec oder etwa 30 000 Jahre. Die beobachtete Dichte (in der Sonnenumgebung) von etwa $1,4 \cdot 10^{-8}$ Planetarische Nebel pro pc^3 erfordert dann eine Geburtsrate von etwa $4 \cdot 10^{-13}$ Planetarische Nebel pro pc^3 und Jahr.

14. Weiße Zwerge

Eine der größten Überraschungen der Astrophysik dieses Jahrhunderts war die Entdeckung von weißen oder blauen Sternen, die im HR-Diagramm etwa

10 Größenklassen unter der Hauptsequenz liegen, deren Leuchtkraft damit um einen Faktor 10 000 kleiner ist als die der entsprechenden Hauptsequenzsterne. Dies bedeutet, da bei gleicher Farbe, also bei etwa gleicher Temperatur die Leuchtkräfte der Sterne sich etwa wie ihre Oberflächen verhalten, daß die Radien dieser Sterne um einen Faktor 100 kleiner sind als die der Hauptsequenz-Sterne gleichen Spektraltyps. Diese kleinen Objekte werden „Weiße Zwerge" genannt. Sie sind in ihrer geometrischen Größe ohne weiteres mit erdähnlichen Planeten vergleichbar.

Besonders bemerkenswert ist, daß die Massen der Weißen Zwerge, durchaus vergleichbar mit den Massen der Hauptsequenzsterne sind. Aus Beobachtungen von Doppelsternen, deren eine Komponente ein Weißer Zwerg ist, lassen sich Massen zwischen etwa 1/10 und einer Sonnenmasse ableiten, wobei 1/2 Sonnenmasse ein typischer Wert ist. Der Siriusbegleiter, Sirius B, einer der bekanntesten Weißen Zwerge, liegt mit 1,05 Sonnenmassen etwa an der oberen Grenze. Aus Masse und Radius ergeben sich für die Dichten der Weißen Zwerge außerordentlich hohe Werte. Im Mittel liegt die Dichte bei etwa 400 000 g/cm³, also bei fast einer Tonne pro Kubikzentimeter. Entsprechend hoch sind die Schwerebeschleunigungen, die etwa das 100 000fache der Schwerebeschleunigung an der Erdoberfläche betragen. – Als Folge der hohen Schwerebeschleunigung sind auch die Dichten in den Atmosphären sehr hoch, wenn sie auch nicht annähernd die oben genannten Werte für die mittleren Dichten erreichen. Diese hohen Dichten lassen die Atmosphären schon nach wenigen Dezimetern Schichtdicke undurchsichtig werden. Sie sind außerdem dafür verantwortlich, daß die Spektrallinien durch Druckeffekte sehr breit und verwaschen sind. Schwächere Linien werden unerkennbar. Weiße Zwergsterne sind also an ihren charakteristischen Spektren zu erkennen.

Es werden mehrere Spektralklassen unterschieden. Die wichtigsten sind:

Spektralklasse	Kriterien
DO	Linien des ionisierten Heliums
DB	Linien des neutralen Heliums, keine Wasserstofflinien
DA (häufigster Typ)	Balmerserie des Wasserstoffs, keine Heliumlinien
DG	Linien des Eisens und des Kalziums, kein Wasserstoff
DC	nur kontinuierliches Spektrum
λ 4670	C-Banden
λ 4130	Unidentifizierte Banden

Bei der Skale DO und DG handelt es sich vorwiegend um eine Sequenz nach abnehmender Temperatur. Quantitative Analysen der Spektren Weißer Zwerge haben ergeben, daß der Wasserstoff in den Atmosphären dieser Sterne (auch beim Typ DA) wesentlich seltener ist als in Hauptsequenzsternen. Der Hauptbestandteil ist Helium.

Dieses Resultat ist in Übereinstimmung mit der Theorie des inneren Aufbaues der Weißen Zwerge. Die wesentliche Aussage dieser Theorie ist, daß der Gasdruck im Inneren, welcher der Schwerkraft entgegenwirkt, von einem entarteten Elektronengas ausgeübt wird. Dieses Kräftegleichgewicht, die Voraussetzung für einen stabilen Aufbau des Sternes, ist allerdings nur möglich, wenn die Sternmasse unter dem 1,4fachen der Sonnenmasse liegt. Es gibt also für Weiße Zwerge eine obere Massengrenze. Der Druck eines derartigen entarteten Gases und somit auch der ganze innere Aufbau ist unabhängig von der Temperatur. Die Materie in ihrem Inneren, vermutlich reines Helium, evtl. auch ^{12}C, wird durch Kernreaktionen nicht weiter verändert. Weiße Zwergsterne besitzen keine, benötigen aber auch keine Energiequellen, ihre Abstrahlung bewirkt einfach ein langsames Abkühlen, wobei nach einigen 10^9 Jahren bis maximal 10^{10} Jahren die Oberflächentemperatur so weit abgesunken ist (unter 3 000 K), daß der Stern unbeobachtbar wird. Das Stadium der Weißen Zwerge kann also als ein Endzustand der Sternentwicklung angesehen werden. (Siehe auch den Abschnitt über inneren Aufbau und Entwicklung der Sterne, S. 522) Aus der beobachteten Dichte der Weißen Zwerge in der Sonnenumgebung (100 Weiße Zwerge bis 10 pc Abstand von der Sonne) und aus den typischen Abkühlzeiten von einigen 10^9 bis 10^{10} Jahren ergibt sich eine Geburtsrate von etwa $2 \cdot 10^{-12}$ Weißen Zwergen pro pc^3 und Jahr. Dies ist ein Mittelwert über die letzten $5 \cdot 10^9$ Jahre. Diese Zahl ist verträglich mit der Vorstellung, daß zumindest ein Teil der Weißen Zwerge in ihrer letzten Entwicklungsphase vor dem Endzustand planetarische Nebel (Geburtsrate $4 \cdot 10^{-13}$ pro pc^3 und Jahr) waren (s. S. 426). In dieser Phase werden in einem letzten spektakulären Ereignis der Entwicklung wenigstens 0,2 Sonnenmassen unverbrannter, also wasserstoffreicher Materie vom Stern abgestoßen. Diese bildet dann die Nebelhülle. Da die Atmosphären der Weißen Zwerge sehr wasserstoffarm sind, muß sich die Trennung von Stern- und Hüllenmaterie etwa in der Wasserstoffschalenquelle (siehe Abschnitt S. 534) vollziehen.

Die Geburtsrate der Weißen Zwerge ist tatsächlich etwa fünfmal so groß wie die der Planetarischen Nebel. Daraus kann mit aller Vorsicht der Schluß gezogen werden, daß es neben der Entwicklung über die verschiedenen Stadien der Planetarischen Nebel hinweg noch andere Möglichkeiten der Bildung Weißer Zwergsterne geben muß. Diesen zweiten Weg haben uns Rechnungen über die Sternentwicklung in engen Doppelsternsystemen aufgezeigt. Die Riesenstadien der Sternentwicklung können sich hier nicht ungestört ausbilden, da beim Aufblähen des Sternes Materie schließlich zum nahen Begleiter überfließt. Dieser Masseverlust hat eine ähnliche Wirkung wie das Abstoßen einer Hülle und läßt den Stern schließlich zu einem Weißen Zwergen werden. Der ursprünglich schwächere Begleiter kann durch den Massezuwachs nun zum Hauptstern des Systems werden. Derartige Prozesse, die relativ rasch ablaufen, sind bisher leider nicht direkt beobachtet worden.

15. Neutronensterne, Pulsars

1934, also kurz nach der Entdeckung des Neutrons, wurde von Zwicky und anderen die Möglichkeit, daß ein Stern aus reiner Neutronenmaterie aufgebaut sein könnte, diskutiert und die Eigenschaften berechnet, die ein solcher Stern haben müßte. Da das freie Neutron instabil ist und schon nach kurzer Zeit unter Aussendung eines Antineutrinos in ein Proton und ein Elektron zerfällt, kann Neutronenmaterie nur im Gleichgewicht mit Protonen und Elektronen existieren. Dabei muß die Elektronendichte so hoch sein, daß die Fermienergie des entarteten Elektronengases (s. S. 428) von der Größenordnung der Zerfallenergie (entsprechend 1,53 Elektronenmassen) ist. Das bedingt Materiedichten oberhalb von 10^7 bis 10^8 g/cm^3. Neutronensterne sind also nur möglich, wenn ihre Dichten wesentlich über denen der Weißen Zwerge liegen.

Wie in den Weißen Zwergen der Druck des entarteten Elektronengases, so hält in den Neutronensternen der Druck eines entarteten Neutronengases den Gravitationskräften das Gleichgewicht. Genau wie Weiße Zwerge benötigen auch Neutronensterne keine Energiequellen zur Aufrechterhaltung des Gleichgewichts. Auch sie können also Endzustände der Sternentwicklung sein. Genau wie bei den Weißen Zwergen gibt es schließlich eine obere Massengrenze für Neutronensterne. Der Betrag der Grenzmasse, er dürfte bei etwa zwei Sonnenmassen liegen, ist jedoch noch recht unsicher.

Diese Unsicherheit rührt daher, daß Neutronensterne sich trotz der vielen Entsprechungen in wesentlichen Punkten von Weißen Sternen unterscheiden.

a) Die Dichten sind mit etwa 10^{14} g/cm^3 mit den Dichten in Atomkernen vergleichbar. Damit entspricht der wechselseitige Neutronenabstand dem Abstand der Nukleonen im Kern. Die im Atomkern wirkenden Kernkräfte kurzer Reichweite (starke Wechselwirkung) werden also auch im Neutronengas wirksam sein und die Zustandsgleichung, d. h. das Druck-Dichte-Verhalten beeinflussen.

b) Bei den hohen Dichten sind die kinetischen Energien, etwa an der Fermikante, durchaus vergleichbar mit den Ruheenergien. Die Entartung des Neutronengases ist also teilweise relativistisch. Damit ergibt sich wegen der Äquivalenz von Energie (bzw. von Druck mal Volumen) und Masse ein entsprechender Massenbeitrag. Die Gravitationswirkung auf Materie ist pro Volumenelement nicht mehr der Dichte ϱ, sondern der Größe $\varrho + P/c^2$ proportional (P ist der Gasdruck). Die entsprechende relativistische Massenänderung im entarteten Elektronengas der Weißen Zwerge ist unerheblich, da die Elektronenkomponente wegen der geringen Masse der Elektronen nur einen vernachlässigbaren Beitrag zur Dichte liefert.

c) Die starken Gravitationsfelder verändern die Metrik des Raumes. Im Sinne der allgemeinen Relativitätstheorie sind einerseits die Metrik des Raumes, d. h. seine geometrische Struktur und andererseits die Struktur des Schwerefeldes nur zwei verschiedene Beschreibungen desselben Sachverhalts. Daß die Geometrie in starken Gravitationsfeldern nicht mehr euklidisch sein kann, wird vielleicht deutlich, wenn man sich vergegenwärtigt, daß das Licht, durch deren Strahlen ja die gerade Linie realisiert wird, Träger von Energie und damit Masse ist und somit in Schwerefeldern eine Ablenkung erfährt. Damit würde also z. B. eine Triangulation in einem solchen Raum eine von 180° abweichende Winkelsumme ergeben. Der Raum, als Träger physikalischer Eigenschaften, hat somit eine verallgemeinerte, riemannsche Geometrie, von der die gewohnte, euklidische nur ein Spezialfall ist. In der verallgemeinerten Geometrie muß z. B. die gerade Linie durch eine geodätische Linie (die kürzeste Verbindung zweier Punkte) ersetzt werden. Diese veränderte Metrik, deren Effekte in der Umgebung der Sonne an der Grenze der Nachweisbarkeit liegen (Lichtablenkung, Exzeß der Periheldrehung des Merkur), muß bei so dichten Objekten wie den Neutronensternen z. B. in der hydrostatischen Gleichung, durch welche die Druckschichtung festgelegt wird, Berücksichtigung finden.

Unsere Überlegungen, die sicher die Anschauung strapazieren, zeigen, wie sehr man sich davor hüten muß, den naiven Raumbegriff, der sich an dem Raum unserer engen Umgebung gebildet hat, unkritisch auf den Fall extremer Felder (oder auch den extremer Dimensionen) zu übertragen.

Neutronensterne würden wohl kaum in jüngster Zeit so intensiv studiert worden sein, wenn man nicht sicher wäre, daß es sie wirklich gibt. Der Nachweis ihrer Existenz ist das überraschende Resultat der Versuche, die rätselhafte Strahlung der Pulsars zu deuten.

Pulsars, ein 1967 entdeckter neuer Typ von Radioquellen, werden vorzugsweise im Meterwellengebiet beobachtet. Sie senden in außerordentlich regelmäßiger Folge kurze Strahlungsimpulse aus. Hervorstechend ist die Kürze der Periode und die Konstanz der Periodenlänge. Bei dem erstentdeckten Pulsar

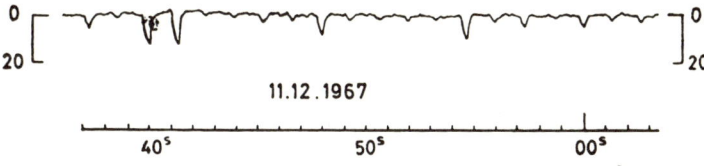

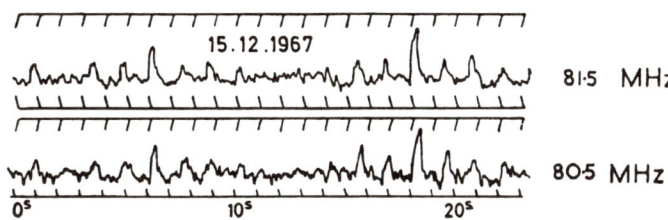

Registrierungen der Radiosignale der Quelle CP 1919 bei 81.5 MHz, Bandbreite 1 MHz. a) Pulse während einer besonders aktiven Phase. Der seitlich angebrachte Maßstab entspricht einer Pulsamplitude von $20 \cdot 10^{-26}$ Watt $\cdot$ m^{-2} $\cdot$ Hz^{-1}; Zeitkonstante des Empfängers 0.1 s. b) Gleichzeitig auf zwei Frequenzen empfangene Signale. Die Pulse treffen bei 80.5 MHz etwa 0.2 s später ein

(CP 1919) ist beispielsweise die Periodenlänge P = 1,33730109 Sekunden mit einem Fehler von nur einer Einheit in der letzten Ziffer.

Ende 1970 waren etwa 50 Pulsars bekannt. Ihre Perioden liegen im Bereich

$$0,033 \text{ sec} \leq P \leq 3,7 \text{ sec}$$

und überdecken damit zwei Zehnerpotenzen. Durch längere Zeiträume getrennte Beobachtungen ergaben, daß die Perioden doch nicht in allen Fällen absolut konstant sind, sondern daß sie, besonders bei den kurzperiodischen Pulsars langsam anwachsen. Die Anwachsraten liegen zwischen null und $1,4 \cdot 10^{-5}$ Sekunden Änderung der Periodenlänge pro Jahr. Selbst gute Quarzuhren weisen größere Gangfehler auf!

Der Puls selber, dessen Dauer nur etwa 1/10 der Periode ausmacht, ist in seiner Amplitude veränderlich und weist außerdem noch eine variable Feinstruktur mit kompliziertem Polarisationsverhalten auf. Hieraus sowie aus dem Energiespektrum muß man schließen, daß der Puls durch einen nichtthermischen Strahlungsprozeß, etwa von der Art der Synchrotronstrahlung, entsteht.

Die Verteilung der Pulsars an der Sphäre, Konzentration zur Milchstraßenebene, jedoch nicht in Richtung zum galaktischen Zentrum, läßt den Schluß

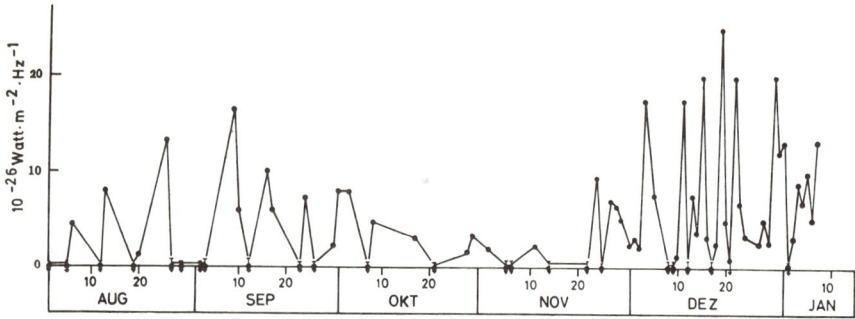

Langzeitliche Variationen der Pulshöhen von CP 1919, charakterisiert durch die tägliche maximale Pulsamplitude

zu, daß die Entfernungen dieser Objekte zwischen 10^2 und 10^4 Parsec liegen. Aus der räumlichen Verteilung der Pulsars folgt, daß die Gesamtzahl der Pulsars in unsere Galaxie etwa $5 \cdot 10^6$ betragen dürfte.

Ein und derselbe Strahlungsimpuls eines Pulsars erreicht den Beobachter, je nach der Frequenz in der er beobachtet wird, zu verschiedener Zeit, und zwar um so später, je niedriger die Frequenz ist. Diese Tatsache, die auf einen wellenlängenabhängigen Brechungsindex des ionisierten interstellaren Mediums zurückzuführen ist (Dispersionseffekt), erlaubt eine zweite unabhängige Entfernungsbestimmung, deren Ergebnisse im wesentlichen mit den Resultaten der Statistik der Positionen übereinstimmt.

Berücksichtigt man diese Entfernungen bei der Beurteilung der gemessenen Strahlungsflüsse, so findet man, daß pro Puls eine Energie von etwa 10^{28} erg (im Radiofrequenzbereich) abgestrahlt wird.

Bei der Erklärung des Pulsarphänomens muß man also nach Objekten suchen, die

    a) periodische Vorgänge mit den gemessenen kurzen Perioden ermöglichen.

    b) Der Vorgang muß von der Art sein, daß die Periode konstant ist oder sehr langsam zunimmt.

    c) Pro Puls muß ein Energiebetrag der Größe 10^{28} erg zur Verfügung stehen.

Folgende periodischen Vorgänge sind denkbar:

    1) Pulsationen, d. h. radiale Schwingungen von Sternen wie etwa bei den Cepheiden.

    2) Bahnbewegungen wie in Doppelsternsystemen und

    3) Rotation von Sternen.

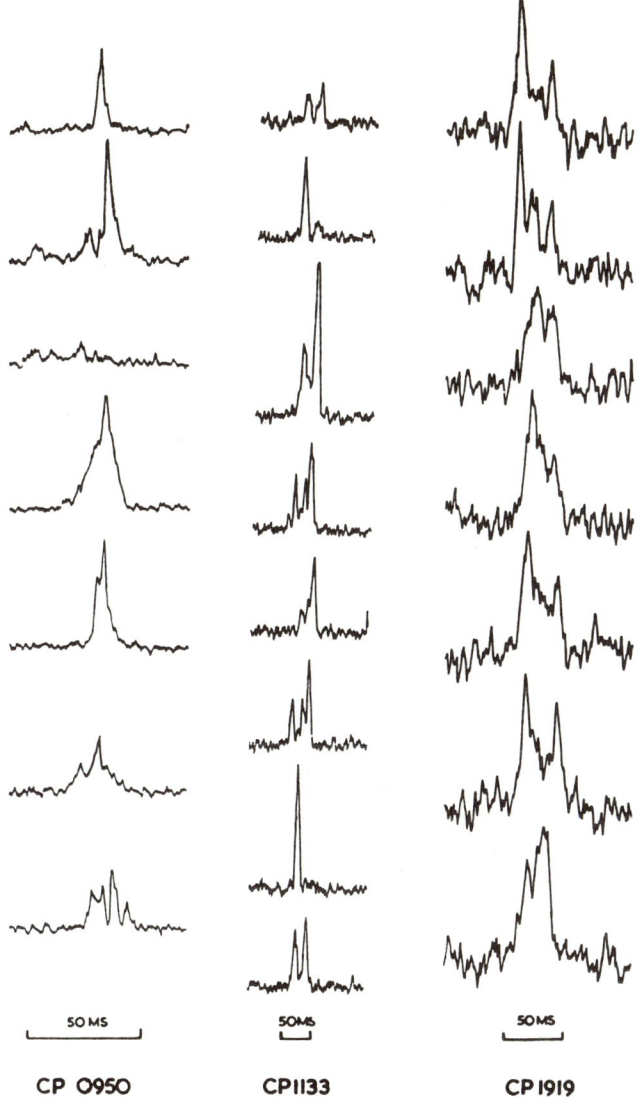

CP 0950   CP 1133   CP 1919

Serien aufeinanderfolgender Pulse dreier Pulsars, registriert bei 408 MHz (Bandbreite 4 MHz, Zeitkonstante 0.001 s)

In allen drei Fällen gibt es für Sterne eine charakteristische bzw. kritische Periode der Größe $(G \cdot \varrho)^{-1/2}$. Mit G ist die Gravitationskonstante und mit ϱ die Dichte bezeichnet. Diese Periode ist für die Hauptsequenzsterne von der Größenordnung einer Stunde, für Weiße Zwerge von einigen Sekunden und für die Neutronensterne von einigen Millisekunden.

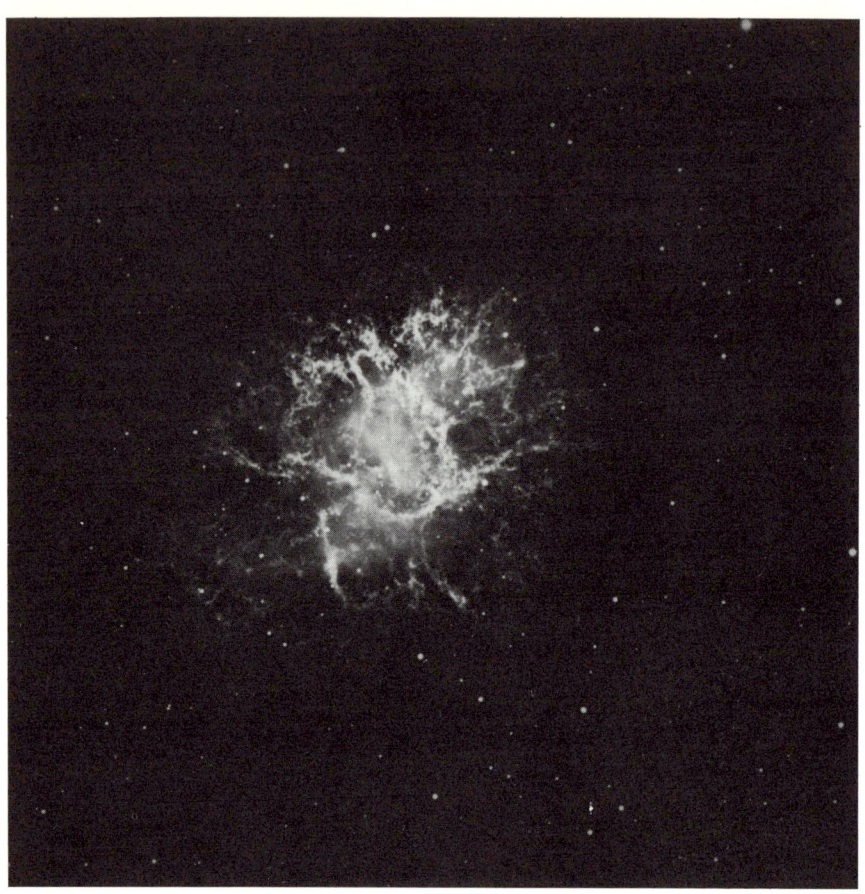

M 1, bekannt unter dem Namen Crab-Nebel (Krebs-Nebel), so genannt wegen seiner Form und filament-artigen Strukturen. Das früher als Planetarischer Nebel angesprochene Objekt wurde 1731 erstmals von J. Bevis beobachtet. Beim Vergleich älterer und neuerer Aufnahmen durch J. C. Duncan (1939) konnte dieser eine radiale Ausdehnung des Nebels von 0″21 pro Jahr nachweisen. Danach muß M 1 vor ca. 900 Jahren ein sternförmiges Objekt gewesen sein und zwar an der Stelle des Himmels, an der chine-sische und japanische Astronomen im Jahre 1054 das Aufleuchten einer Supernova beobachteten. – 1942 beobachtete W. Baade bei Aufnahmen im Hα-Licht die auch in der obigen Abbildung hervortreten-den Filament-Strukturen, die weit über das zentrale Nebelgebiet hinausreichen. Von ihm und R. Min-kowski wurde 1954 die zuvor gefundene Radioquelle Tau A mit dem Crab-Nebel identifiziert. (Siehe auch nebenstehende Abb.)

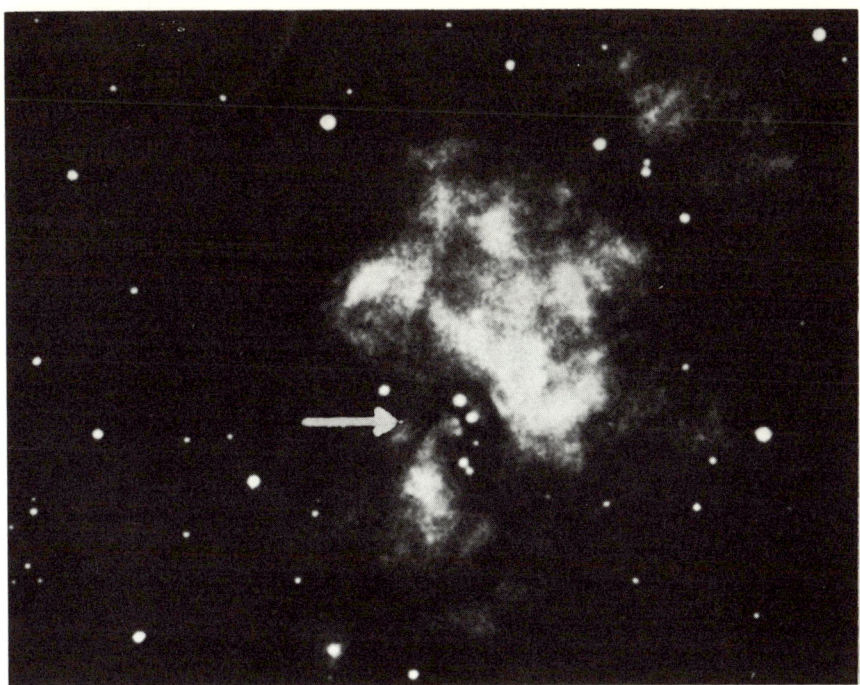

Genau ein Jahr, nachdem Radioastronomen des Mullard Observatory in Cambridge, England, die Entdeckung einer Klasse neuer Objekte, der Pulsare, bekannt gaben, gelang die erste Identifizierung eines Pulsars mit einem bekannten Objekt. Der Pulsar NP 0532, entdeckt am NRAO in Green Bank, USA, ist identisch mit dem schon von Baade erkannten Zentralstern des Crab-Nebels. Es ist der südliche der beiden im Zentrum des Nebels stehenden Sterne (Pfeil). Diese Sterne sind auch auf der nebenstehenden Gesamtaufnahme des Crab-Nebels auszumachen. (Man gehe dazu am besten von der markanten Sternkonfiguration am linken Bildrand auf obiger Aufnahme aus. Diese Konfiguration ist in den äußeren Nebelpartien wiederzufinden; siehe folgende Seite.)

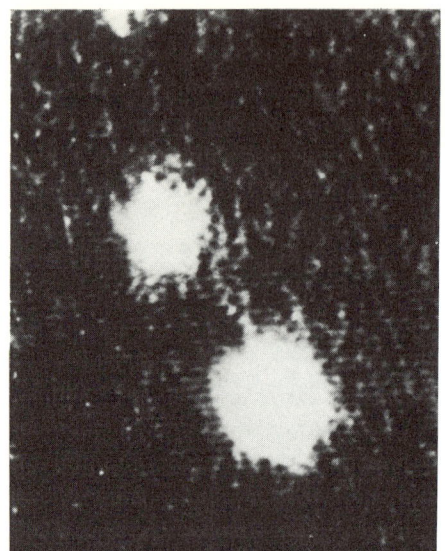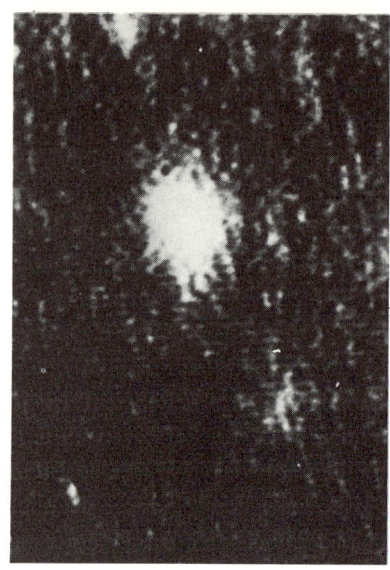

Der Zentralstern sendet neben seinen Radiopulsen synchron auch Lichtpulse von 3.3 ms Dauer aus (eine Millisekunde, 1 ms = eine Tausendstel Sekunde). In der Zwischenzeit von ca. 30 ms ist der Stern um etwa drei Größenklassen schwächer. Dies konnte mit Aufnahmen, die am 3. Februar 1969 am Lick Observatorium erhalten wurden, bewiesen werden.

Bei Pulsationen hat diese Zeit die Bedeutung der Periodenlänge der Grundschwingung, die im allgemeinen am stärksten angeregt sein sollte. Oberschwingungen würden noch kurzperiodischer sein. Verglichen mit den beobachteten Periodenlängen der Pulsars sind die Pulsationsperioden der Weißen Zwerge teilweise erheblich zu groß, die der Neutronensterne dagegen viel zu klein. Pulsationen sind also auszuschließen.

Im Falle der Bahnbewegungen ist die kritische Zeit etwa gleich der Umlaufzeit eines so engen Doppelsternsystems, daß sich die beiden Komponenten berühren. Sie stellt also eine untere Grenze der möglichen Perioden dar. In Doppelsternsystemen von Neutronensternen könnten es also durchaus Bahnbewegungen mit den beobachteten Pulsarperioden geben. Dann würde sich allerdings durch jede Energieabstrahlung, die aus der Gravitationsenergie des Systems gespeist wird, der Abstand der Komponenten und damit die Periodenlänge im Gegensatz zur Beobachtung (Punkt b) verringern. Bahnbewegungen sind also auszuschließen.

Im Falle der Rotation ist die kritische Zeit gleich der Periode der Rotation an der Grenze der Stabilität des Sternes. Längere Perioden sind möglich. Energieabstrahlung auf Kosten der Rotationsenergie würde, in Übereinstimmung mit der Beobachtung, die Periode vergrößern. Man muß also wegen der Kürze der Perioden schließen, daß Pulsars rotierende Neutronensterne sind.

Die Pulse selber werden in noch nicht verstandener Weise durch ein im Neutronenstern verankertes mitrotierendes starkes Magnetfeld ausgelöst. – Eine hohe Rotationsgeschwindigkeit und ein extrem starkes Magnetfeld sind zumindest plausibel, wenn man davon ausgeht, daß der Neutronenstern dadurch entsteht, daß der Kern eines Sternes nach Erschöpfung seiner Nuklearenergie kollabiert. Bei diesem Prozeß, der möglicherweise mit dem Aufleuchten einer Supernova identifiziert werden muß (s. S. 420), bleiben Masse und Drehimpuls des Kernes und der magnetische Fluß durch den Kern etwa erhalten. Die gesamte Rotationsenergie und die magnetische Feldstärke verändern sich dann mit der $(Dichte)^{2/3}$, wachsen also mit zunehmender Dichte rasch an. Ausgehend von einem massereichen Stern können so, letztlich aus der Gravitationsenergie, Rotationsenergien von 10^{51} erg und magnetische Energien, die Feldstärken von 10^{12} Oerstedt entsprechen, erreicht werden. Bilden, wie im Regelfall, die magnetische Achse und die Rotationsachse des kleinen rasch rotierenden Neutronensternes einen Winkel, so wird eine unvorstellbar starke elektromagnetische Welle in der Rotationsfrequenz ($\nu = 1/P$) ausgestrahlt. Die anfängliche Energieabstrahlung in dieser Welle kann 10^{38} erg/sec übersteigen und übertrifft damit die Leuchtkraft der Sonne um das zehntausendfache. Die Energie wird der Rotationsenergie entzogen, die Rotation wird also langsamer und die Periodenlänge nimmt damit in Übereinstimmung mit der Beobachtung zu.

Man hat Gründe für die Annahme, daß die Welle ihrerseits die Energie schon in der nahen Umgebung des Pulsars auf geladene Teilchen überträgt und diese dabei auf relativistische Energien beschleunigt. Die schnellen Elektronen wären dann für die gepulste Radiostrahlung verantwortlich. Die beschleunigten Ionen würden als kosmische Strahlung beobachtet. Bei derart hohen Energieverlusten kann die Lebensdauer eines Pulsars, d. h. die Zeit bis die Rotationsenergie erschöpft ist, nur relativ kurz sein. Man errechnet etwa 10^7 Jahre. Aus der mittleren Lebensdauer läßt sich für unsere Galaxie eine Geburtsrate von 1/10 bis 1 Pulsar pro Jahr errechnen. Sie ist erforderlich, um die beobachtete räumliche Dichte aufrechtzuerhalten. Es ist noch nicht völlig klar, ob diese Geburtsrate mit der Rate der Supernovaereignisse in verträglicher Übereinstimmung steht.

Trotz dieser Unklarheit besteht jedoch seit der Entdeckung des Crabpulsars (NP 0532) kein Zweifel an dem engen Zusammenhang zwischen Pulsars und den Supernovaereignissen. Dieser Pulsar liegt zentral im Crabnebel und damit am Ort der „Chinesischen Supernova" die im Jahr 1054 aufleuchtete (s. S. 420). Der Crabpulsar hat die kürzeste bekannte Periode (0,033 sec), und die relative zeitliche Änderung der Periodenlänge, die als ein Maß für das Alter, angesehen werden muß, hat den größten beobachteten Wert. Rechnet man, unter Berücksichtigung des Gesetzes, nach dem die Rotation sich verlangsamt, zurück, so erhält man ein Alter von nicht ganz tausend Jahren und kommt damit auf den Zeitpunkt des Supernovaausbruches. Der Crabpulsar dürfte damit der jüngste unter den bekannten Pulsars sein. Wegen der relativen Jugend des Pulsars ist seine Energieabgabe besonders groß. Sie reicht aus, um den gesamten Energiebedarf des Crabnebels (s. S. 434), d. h. die gegenwärtige Abstrahlung zu decken. Die besonders hohe Aktivität des Pulsars zeigt sich auch daran, daß die Pulse nicht nur im Radio- sondern auch im optischen – und sogar im Röntgenbereich beobachtbar sind.

16. Schwarze Löcher, black holes

Das reale Vorkommen der im vorangehenden Abschnitt als hypothetische Gebilde eingeführten Neutronensterne ist später durch die Entdeckung der Pulsars und ihre Deutung nachgewiesen worden. Ein entsprechender Nachweis fehlt noch für die 1939 zuerst von Oppenheimer und Snyder vorhergesagten Schwarzen Löcher. (Die englische Bezeichnung „black hole" ist in der Literatur weitaus gebräuchlicher). Die Konzeption der Schwarzen Löcher beruht auf folgender Überlegung: Offensichtlich gibt es für die bekannten Endzustände der Sternentwicklung, die Weißen Zwerge oder die Neutronensterne obere Grenzmassen der Größenordnung von ein bis zwei Sonnenmassen. Für massereichere Objekte (genauer, für Objekte, die die Endphase ihrer Entwicklung mit höherer Masse erreichen) gibt es keine stabile Endkonfigurationen. Sie finden also kein Gleichgewicht von Druck- und Gravitationskräften und müssen unter dem zunehmenden Einfluß der eigenen Gravitation in sich zusammenfallen, kollabieren. Dieser Kollaps, ein Vorgang, dessen Beschreibung in die Domäne der allgemeinen Relativitätstheorie gehört, hat das besondere Interesse der Theoretiker gefunden.

Was würde der außenstehende Beobachter sehen? In der Anfangsphase des Kollaps würde er die Strahlung beobachten, die von der freigesetzten Gravitationsenergie herrührt. Diese Strahlung würde allerdings zunehmend stärkere Schwerefelder zu überwinden haben (Photonen haben Energie $h\nu$ und damit eine der Schwere unterworfene Masse $h\nu/c^2$) und dabei einen Energieverlust erfahren. Die empfangenen Lichtquanten werden also energieärmer, bzw., was gleichbedeutend ist, die Frequenz der Strahlung wird erniedrigt, sie erleidet eine Gravitationsrotverschiebung. Dies ist in der Sprache der allgemeinen Relativitätstheorie eine Folge der veränderten Metrik des Raumes (s. S. 430). Damit ist aber die Verlangsamung der Schwingung in der Lichtwelle nur die spezielle Auswirkung eines viel allgemeineren Gesetztes: In der nahen Umgebung großer Massen werden für den weit entfernten Beobachter alle Vorgänge langsamer ablaufen, die Uhren gehen dort langsamer. Es gibt eine Zeitdilatation. Diese Zeitdilatation würde unendlich groß, wenn der Stern so klein bzw. das Schwerfeld so groß geworden ist, daß die Photonen, welche die Oberfläche des Sternes verlassen, ihre gesamte Energie verbrauchen um das Schwerefeld zu überwinden. Sie würden dann mit der Frequenz null den entfernten Beobachter erreichen und damit nicht mehr nachweisbar sein. Diese kritische Grenzgröße ist der sogenannte Schwarzschildradius r_S. Er hängt, abgesehen von den Naturkonstanten G (Gravitationskonstante) und c (Lichtgeschwindigkeit), nur von der Masse M des Sternes ab, und zwar ist

$$r_S = 2 \cdot G \cdot M/c^2$$
$$\text{bzw. } r_S = 1{,}484 \cdot 10^{-28} \, M,$$

wenn die Masse M in Gramm und der Radius r_S in Zentimetern gemessen wird.

Es ist sehr instruktiv, sich die Kleinheit dieser Schwarzschildradien zu veranschaulichen. Für die Sonne ist r_S knapp drei Kilometer, für die Erde nicht ganz ein Zentimeter. Da von einem Himmelskörper, der kleiner ist als sein Schwarzschildradius, keine Strahlung mehr nach außen gelangt, auf ihm daher auch kein Ereignis mehr beobachtet werden kann, nennt man die Kugelfläche mit dem Radius r_S, die ihn umgibt, auch den Ereignishorizont. Alles was innerhalb dieses Horizontes geschieht ist von außen grundsätzlich unerfahrbar. Kein einfallendes Lichtquant kehrt zurück und gibt Information. Für den Beobachter gibt es damit eigentlich gar keinen Himmelskörper sondern nur eine Deformation des Raumes, erkennbar an dem Gravitationsfeld, das alles schluckt, was in seine Nähe gerät, und aus dem nichts zurückkommt. Diese Eigenschaften werden durch die Bezeichnung „Schwarzes Loch" sehr einprägsam beschrieben. Schwarze Löcher im strengen Sinne des Wortes können aber auch deswegen nicht beobachtet werden, weil durch die Zeitdilatation auch der Kollaps selber zunehmend, bei Annäherung an den Schwarzschildradius unendlich verzögert erscheint. Damit würde man immer nur seine verschiedenen Stadien, vorzugsweise die Spätphase sehen. Diese Objekte würden dann aber nur eine äußerst geringe Leuchtkraft haben.

Im Falle einer Rotation des kollabierenden Sternes, im Regelfall also, bleibt der Drehimpuls erhalten. Die Geometrie, d. h. die Metrik, wird dann wesentlich komplizierter. So müssen dann z. B. die Fläche unendlicher Rotverschiebung und der Ereignishorizont unterschieden werden. Die beiden Flächen fallen nur noch in Richtung der Pole des Sternes zusammen.

Es erhebt sich natürlich die Frage, wie die Existanz der Schwarzen Löcher nachgewiesen werden kann. Dies ist vermutlich sehr schwierig, und für isolierte Objekte gibt es wohl überhaupt keine Möglichkeit. Im Fall der Wechselwirkung mit sichtbarer Materie könnten möglicherweise folgende Effekte beobachtet werden:

a) Bahnbewegung eines normalen Sternes in einem Doppelsternsystem, dessen eine Komponente ein Schwarzes Loch ist.

b) Strahlung von Materie, die in Schwarze Löcher einstürzt. In diesem Fall würde es zur Emission von Röntgenstrahlen kommen.

Bei sehr nahen Begegnungen zweier Schwarzer Löcher (Kollisionen) würde schließlich Gravitationsstrahlung emittiert. Bis heute ist in keinem Fall ein Nachweis gelungen. So sind die Schwarzen Löcher noch immer hypothetisch, aber vielleicht gerade deswegen so faszinierende Objekte.

17. Katalog der Sterne mit einer scheinbaren Helligkeit $> 3^m S$ und Daten über die Sterne der Sonnenumgebung

Stern und Massendichte in Sonnenumgebung

Sterndichte in Sonnenumgebung = 0.20 Sterne pro pc³

Dichte der in Sternen der Sonnen- = 0.057 Sonnenmassen pro pc³
umgebung gebundenen Materie = $3.9 \cdot 10^{-24}$ g/cm³

Katalog der hellsten Sterne
(292 Sterne heller als 3ᵐ5)

Angaben aus:	Catalogue of Bright Stars, Yale University Observatory, Third revised edition by Dorrit Hoffleit; New Haven, Conn., 1964, Der Ausdruck der Tabelle wurde mit einer EDV-Anlage hergestellt.
Spalte	
Name	Bezeichnung des Sterns, bestehend aus einem griechischen Buchstaben und der Abkürzung des Sternbildnamens (s. S. 322); dabei sind die griechischen Buchstaben wie folgt transkribiert:

ALF = α	ETA = η	NY = ν	TAU = τ
BET = β	THE = ϑ	XI = ξ	YPS = υ
GAM= γ	IOT = ι	OMI = o	PHI = φ
DEL = δ	KAP = ϰ	PI = π	CHI = χ
EPS = ε	LAM = λ	RHO = ρ	PSI = ψ
ZET = ζ	MY = μ	SIG = σ	OMG= ω

In einigen wenigen Fällen ist der Stern innerhalb des Sternbilds mit einem (großen) lateinischen Buchstaben oder einer Ziffer + G. (= Gould) bezeichnet. Eine Ziffer, die dem griechischen oder lateinischen Buchstaben in Klammern beigefügt ist, bedeutet stets eine hochgestellte Indexzahl, z. B. GAM (1) = γ^1; L (2) = L^2.

Rekt.	Rektaszension für Äquinoktium und Epoche 2000.0.
△ α	Hundertjährige Änderung der Rektaszension (wegen Präzession und Eigenbewegung).
Dekl.	Deklination für Äquinoktium und Epoche 2000.0.
△ δ	Hundertjährige Änderung der Deklination (wegen Präzession und Eigenbewegung).
EB. in α	Jährliche Eigenbewegung in Rektaszension in Bogensekunden, multipliziert mit cos δ.
EB. in δ	Jährliche Eigenbewegung in Deklination in Bogensekunden.
Größe	Visuelle Helligkeit (bei Doppelsternen im allgemeinen die Gesamthelligkeit, bei Veränderlichen das Maximum).
B—V	Farbenindex (s. S. 360)
Spektrum	Spektral- und Leuchtkraftklasse (s. S. 351); die auf S. 355 erklärten Zusätze erscheinen aus drucktechnischen Gründen in großen statt in kleinen Buchstaben.
Par.	Parallaxe in Bogensekunden.
RG	Radialgeschwindigkeit in km/s; veränderliche RG sind durch den Zusatz „V" gekennzeichnet.
Bemerkungen	Mit „VAR" sind die Veränderlichen Sterne (s. S. 402) gekennzeichnet.
	Falls es sich um einen Doppelstern oder ein Mehrfachsystem handelt (s. S. 470), sind hier △m = Helligkeitsdifferenz in Größenklassen und ρ = Distanz der beiden Komponenten in Bogensekunden angegeben. Bei Mehrfachsystemen beziehen sich diese Werte auf die beiden hellsten Komponenten; außerdem ist die Anzahl der zum System gehörenden Komponenten beigefügt.
Eigenname	Für einige Sterne ist der meist aus dem Arabischen stammende Eigenname gegeben.

Name		Rekt. $\Delta\alpha$ (h m s)		Dekl. $\Delta\delta$ (°)		EB in α / EB in δ		Größe / B-V		Spektrum		Pär. RG		Bemerkungen	
ALF	AND	0 8 23	+ 5 10	+29 5	+33	+0.134	−0.161	2.02	−0.10	B 9	P	0.024	− 12 V	9.2 SIRRAH	76.2
BET	CAS	0 9 10	+ 5 20	+59 9	+33	+0.527	−0.178	2.25	+0.35	F 2 IV		0.072	+ 12	11.7 CAPH	23.7
GAM	PEG	0 13 14	+ 5 9	+15 11	+33	−0.001	−0.010	2.83	−0.23	B 2 IV			+ 4 V	VAR ALGENIB	
BET	HYI	0 25 45	+ 5 15	−77 15	+34	+2.223	+0.326	2.79	+0.62	G 2 IV		0.153	+ 23		
ALF	PHE	0 26 17	+ 4 56	−42 18	+33	+0.198	−0.395	2.39	+1.08	K 0 III		0.035	+ 75 V	0.1	
DEL	AND	0 39 20	+ 5 21	+30 52	+33	+0.133	−0.090	3.21	+1.31	K 3 III		0.024	− 7 V	9.5	28.7 3
ALF	CAS	0 40 31	+ 5 41	+56 32	+33	+0.050	−0.029	2.24	+1.18	K 0 II–III		0.009	− 4	VAR 6.0 SCHEDIR	64.4 4
BET	CET	0 43 35	+ 5 1	−17 59	+33	+0.230	+0.040	2.04	+1.02	K 1 III		0.057	+ 13	DENEB KAITOS	
ETA	CAS	0 49 6	+ 6 3	+57 49	+32	+1.101	−0.523	3.45	+0.58	G 0 V		0.182	+ 9	3.6	9.7 7
GAM	CAS	0 56 42	+ 6 2	+60 43	+32	+0.026	−0.002	2.65	−0.22	B 0 IV	E	0.034	− 7	VAR 8.7	2.2 3
BET	PHE	1 6 5	+ 4 28	−46 43	+32	−0.035	+0.003	3.30	+0.89	G 8 III		0.017	− 1	0.0	1.4

ETA	CET	1 8 36 / + 5 2	−10 11 / +32	+0.213 / −0.132	3.44 / +1.16	K 3 III		0.032 / + 12						
BET	AND	1 9 44 / + 5 36	+35 37 / +32	+0.177 / −0.113	2.03 / +1.63	M 0 III		0.043 / + 0	VAR	9.7	MIRACH	90.8	4	
DEL	CAS	1 25 49 / + 6 33	+60 14 / +31	+0.297 / −0.047	2.68 / +0.13	A 5 V		0.029 / + 7						
ALF	UMI	2 31 13 / +68 40	+89 15 / +29	+0.046 / −0.004	2.5	F 8 IB		0.003 / − 17 V	VAR	7.0	POLARIS	18.8	4	
GAM	PHE	1 28 21 / + 4 20	−43 19 / +31	−0.028 / −0.207	3.40 / +1.57	K 5 II		+ 26 V						
ALF	ERI	1 37 42 / + 3 43	−57 15 / +30	+0.092 / −0.034	0.47 / −0.19	B 5 IV		0.023 / + 19 V	ACHERNAR					
TAU	CET	1 44 4 / + 4 39	−15 56 / +32	−1.718 / +0.860	3.50 / +0.72	G 8 V	P	0.275 / − 16						
EPS	CAS	1 54 24 / + 7 12	+63 41 / +30	+0.035 / −0.016	3.38 / −0.15	B 3 IV	P	0.007 / − 8						
BET	ARI	1 54 39 / + 5 32	+20 48 / +29	+0.098 / −0.110	2.65 / +0.13	A 5 V		0.063 / − 2 V						
ALF	HYI	1 58 46 / + 3 9	−61 34 / +29	+0.263 / +0.034	2.86 / +0.29	F 0 V		0.041 / + 1 V						
GAM(1)	AND	2 3 53 / + 6 8	+42 20 / +29	+0.046 / −0.050	2.28	K 3 II		0.005 / − 12	ALAMAK	2.0		10.5	3	
ALF	ARI	2 7 10 / + 5 38	+23 27 / +28	+0.192 / −0.146	2.00 / +1.15	K 2 III		0.043 / − 14						
BET	TRI	2 9 32 / + 5 57	+34 59 / +28	+0.150 / −0.042	3.00 / +0.13	A 5 III		0.012 / + 10 V						

Name	Rekt. Δα (h m s)	Dekl. Δδ (°)	EB in α / EB in δ (″)	Größe B-V	Spektrum	Pär. RG	Bemerkungen
OMI CET	2 19 21 / + 5 3	- 2 59 / +27	-0.009 / -0.232	2.0	G M 6	0.013 / + 64 V	VAR 7.3 118.7 4 MIRA
GAM CET	2 43 18 / + 5 11	+ 3 14 / +25	-0.141 / -0.147	3.47 / +0.09	A 2 V	0.048 / - 5	3.8 3.4
TAU PER	2 54 16 / + 7 6	+52 46 / +25	+0.002 / -0.004	3.09	G 5 III / + A 5	0.012 / + 2 V	6.6 51.7 3
THE(1) ERI	2 58 15 / + 3 47	-40 18 / +24	-0.055 / +0.026	3.42	A 3 V	0.028 / + 12 V	1.0 9.3
ALF CET	3 2 17 / + 5 14	+ 4 6 / +24	-0.009 / -0.074	2.52 / +1.64	M 2 III	0.003 / - 26	MENKAR
GAM PER	3 4 48 / + 7 15	+53 30 / +23	+0.003 / -0.003	2.90 / +0.73	G 8 III / + A 3	0.011 / + 3 V	7.7 57.7
RHO PER	3 5 11 / + 6 25	+38 50 / +23	+0.132 / -0.106	3.2	M 4 II-III	0.008 / + 28	VAR
BET PER	3 8 11 / + 6 31	+40 57 / +23	+0.006 / -0.001	2.2	B 8 V	0.031 / + 4 V	VAR 8.3 82.2 5 ALGOL
ALF PER	3 24 20 / + 7 9	+49 51 / +21	+0.025 / -0.024	1.79 / +0.48	F 5 IB	0.029 / - 2	MIRFAK
DEL PER	3 42 55 / + 7 7	+47 47 / +19	+0.030 / -0.035	2.99 / -0.14	B 5 III	0.007 / - 9 V	
ETA TAU	3 47 29 / + 5 57	+24 7 / +19	+0.023 / -0.044	2.86 / -0.09	B 7 III	0.005 / + 10	3.3 117 ALCYONE

Star	RA	Dec	μ (RA/Dec)	V / B-V	Spectral		Parallax / RV	Notes
ZET PER	3 54 8 / + 6 17	+31 53 / +18	+0.010 / -0.011	2.83 / +0.13	B 1 IB		0.007 / + 21	6.6 12.9 5
GAM HYI	3 47 14 / - 1 33	-74 15 / +18	+0.051 / +0.114	3.24 / +1.62	M 0 III		+ 16	
EPS PER	3 57 51 / + 6 43	+40 0 / +17	+0.023 / -0.028	2.88 / -0.17	B 0.5 V		- 1 V	5.2 9.0 3
GAM ERI	3 58 2 / + 4 40	-13 31 / +17	+0.064 / -0.109	2.96 / +1.59	M 0 III		0.003 / + 62	9.5 53.0
ALF RET	4 14 25 / + 1 17	-62 28 / +15	+0.043 / +0.048	3.34 / +0.91	G 6 II		0.008 / + 36	8.6 48.6
THE(2) TAU	4 28 40 / + 5 43	+15 52 / +13	+0.105 / -0.026	3.41 / +0.18	A 7 III		0.025 / + 40 V	
ALF TAU	4 35 55 / + 5 44	+16 30 / +12	+0.069 / -0.190	0.86 / +1.53	K 5 III		0.048 / + 54	10.2 121.7 6 ALDEBARAN
ALF DOR	4 34 0 / + 2 10	-55 3 / +12	+0.051 / -0.001	3.26 / -0.10	A 0	SI	0.011 / + 26	7.2 82.3
PI (3) ORI	4 49 51 / + 5 26	+ 6 57 / +10	+0.468 / +0.018	3.19 / +0.45	F 6 V		0.125 / + 24	
IOT AUR	4 57 0 / + 6 31	+33 9 / + 9	+0.008 / -0.019	2.66 / +1.57	K 3 II		0.015 / + 18	
EPS AUR	5 1 58 / + 7 11	+43 50 / + 9	+0.003 / -0.007	2.99 / +0.54	A 8 IA		0.004 / - 3 V	VAR
ETA AUR	5 6 31 / + 7 1	+41 14 / + 8	+0.029 / -0.071	3.17 / -0.18	B 3 V		0.013 / + 7	
EPS LEP	5 5 28 / + 4 14	-22 22 / + 8	+0.025 / -0.073	3.18 / +1.47	K 5 III		0.006 / + 1	6.3 207.7 5

Name	Rekt. Δα (h m s)	Dekl. Δδ (°)	EB in α / EB in δ	Größe / B-V	Spektrum	Pär. RG	Bemerkungen
BET ERI	5 7 51 / + 4 55	- 5 5 / + 8	-0.092 / -0.079	2.80 / +0.13	A 3 III	0.042 / - 8	
MY LEP	5 12 56 / + 4 30	-16 12 / + 7	+0.042 / -0.026	3.28 / -0.11	A P	0.018 / + 28	
ALF AUR	5 16 41 / + 7 23	+46 0 / + 6	+0.083 / -0.427	0.09 / +0.80	G 8 III + F	0.073 / + 30 V	8.0 484.6 9 CAPELLA
BET ORI	5 14 32 / + 4 48	- 8 12 / + 7	+0.001 / +0.000	0.08 / -0.03	B 8 IA	+ 21 V	7.0 9.9 4 RIGEL
ETA ORI	5 24 29 / + 5 2	- 2 23 / + 6	+0.007 / +0.004	3.35 / -0.19	B 0.5 V	0.004 / + 20 V	VAR 1.0 1.7 3
GAM ORI	5 25 8 / + 5 22	+ 6 21 / + 5	-0.006 / -0.014	1.64 / -0.23	B 2 III	0.026 / + 18	BELLATRIX
BET TAU	5 26 17 / + 6 19	+28 36 / + 5	+0.030 / -0.175	1.65 / -0.13	B 7 III	0.018 / + 8	
BET LEP	5 28 15 / + 4 17	-20 45 / + 5	+0.000 / -0.090	2.84 / +0.82	G 5 III	0.014 / - 14	7.0 241.5 5
DEL ORI	5 32 1 / + 5 7	- 0 18 / + 4	+0.001 / -0.001	2.20 / -0.21	O 9.5 II	+ 16 V	VAR 4.8 53.0 3
ALF LEP	5 32 44 / + 4 25	-17 50 / + 4	+0.003 / +0.005	2.59 / +0.22	F 0 IB	0.002 / + 25	8.5 36.0 3
IOT ORI	5 35 26 / + 4 54	- 5 55 / + 4	+0.003 / +0.004	2.77 / -0.25	O 9 III	0.021 / + 22 V	4.1 11.8 3
EPS ORI	5 36 12 / + 5 4	- 1 12 / + 4	+0.000 / +0.000	1.70 / -0.19	B 0 IA	+ 26	

Star	RA / Dec	μ (RA)	μ (Dec)	Mag	Sp	Lum	Pec	Parallax		Var	Var data
ZET TAU	5 37 39 / + 5 59	+21 9 / + 4	+0.006 / −0.022	2.99 / −0.13	B 2	IV	P	+ 24 V			
BET DOR	5 33 37 / + 0 52	−62 29 / + 4	−0.007 / +0.004	3.40 / +0.80	F 8	IA		0.007 / + 7 V		VAR	3.7 3.3 3
ZET ORI	5 40 46 / + 5 3	− 1 57 / + 3	+0.004 / −0.002	2.05	O 9.5	IB		0.022 / + 18			8.7 12.6
ALF COL	5 39 39 / + 3 37	−34 5 / + 3	−0.001 / −0.026	2.63 / −0.12	B 8	V	E	+ 35			
KAP ORI	5 47 46 / + 4 45	− 9 40 / + 2	+0.004 / −0.002	2.04 / −0.18	B 0.5	I	E	0.009 / + 21			
BET COL	5 50 58 / + 3 32	−35 46 / + 2	+0.048 / +0.399	3.11 / +1.16	K 2	III		0.023 / + 89			
ALF ORI	5 55 10 / + 5 25	+ 7 24 / + 1	+0.027 / +0.007	.80 / +1.86	M 2	IAB		0.005 / + 21 V		VAR	10.1 175.8 5 BETELGEUSE
BET AUR	5 59 32 / + 7 20	+44 57 / + 1	−0.051 / −0.004	1.90 / +0.03	A 2	V		0.037 / − 18 V		VAR	8.5 184.8 3
THE AUR	5 59 43 / + 6 49	+37 12 / + 0	+0.051 / −0.083	2.69 / −0.08	B 9.5		PV	0.018 / + 29			4.5 2.8 4
ETA GEM	6 14 52 / + 6 2	+22 30 / − 2	−0.064 / −0.015	3.2	M 3	III		0.013 / + 19 V		VAR	5.8 1.4
ZET CMA	6 20 18 / + 3 50	−30 4 / − 3	+0.003 / +0.002	3.02 / −0.20	B 2.5	V		+ 32 V			
MY GEM	6 22 58 / + 6 3	+22 31 / − 3	+0.060 / −0.114	2.97	M 3	III		0.021 / + 55		VAR	6.8 122.5 3
BET CMA	6 22 42 / + 4 24	−17 57 / − 3	−0.004 / −0.001	1.98 / −0.24	B 1	II		0.014 / + 34 V			

Name		Rekt. $\Delta\alpha$ h m s	Dekl. $\Delta\delta$ ° '	EB in α EB in δ ''	Größe B–V	Spektrum		Pär. RG	Bemerkungen
ALF	CAR	6 23 57 +2 13	-52 41 - 3	+0.018 +0.017	-0.73 +0.16	F 0	IB	0.018 +21	CANOPUS
GAM	GEM	6 37 43 +5 47	+16 24 - 5	+0.048 -0.046	1.93 +0.00	A 0	IV	0.031 -13 V	
NY	PUP	6 37 46 +3 4	-43 11 - 5	-0.004 -0.009	3.17 -0.11	B 8	III	+28 V	
EPS	GEM	6 43 56 +6 9	+25 8 - 6	+0.000 -0.016	3.08	G 8	IB	0.009 +10	6.0 111.6
XI	GEM	6 45 18 +5 37	+12 54 - 6	-0.111 -0.195	3.37 +0.45	F 5	IV	0.051 +25	
ALF	CMA	6 45 9 +4 24	-16 43 - 8	-0.537 -1.210	-1.47 +0.01	A 1	V	0.375 - 8 V	10.1 11.9 3 SIRIUS
ALF	PIC	6 48 12 +1 2	-61 56 - 6	-0.074 +0.262	3.26 +0.21	A 5	V	0.046 +21	
TAU	PUP	6 49 56 +2 29	-50 37 - 7	+0.025 -0.075	2.92 +1.18	K 0	III	+36 V	
EPS	CMA	6 58 38 +3 56	-28 58 - 8	+0.003 -0.003	1.50 -0.22	B 2	II	0.001 +27	6.4 8.2
SIG	CMA	7 1 43 +3 59	-27 56 - 9	-0.003 +0.000	3.46 +1.74	M 0	IAB	0.017 +22	10.5 10.9
OMI(2)	CMA	7 3 2 +4 11	-23 50 - 9	+0.000 +0.000	3.04 -0.08	B 3	IA	+48	
DEL	CMA	7 8 24 +4 4	-26 24 -10	-0.004 +0.003	1.84 +0.68	F 8	IA	+34 V	

Star	RA	Dec	μ	m	Sp		π		VAR			
L (2) PUP	7 13 32 / + 3	−44 39 / −10	+0.104 / +0.326	3.1	M 5	E	0.016 / +53		VAR	6.4	62.0	
PI PUP	7 17 9 / + 3 32	−37 6 / −11	−0.006 / +0.005	2.70 / +1.63	K 5 III		0.023 / +16					
ETA CMA	7 24 5 / + 3 57	−29 18 / −12	−0.007 / +0.004	2.40 / −0.07	B 5 IA		/ +41					
BET CMI	7 27 9 / + 5 25	+ 8 17 / −12	−0.050 / −0.042	2.84 / −0.10	B 7 V		0.020 / +22 V					
SIG PUP	7 29 14 / + 3 10	−43 18 / −12	−0.066 / +0.183	3.24 / +1.50	K 5 III		0.013 / +88 V			5.1	22.7	
ALF GEM	7 34 36 / + 6 23	+31 53 / −13	−0.165 / −0.110	2.85	A	M	/ −1 V			1.0	7.0	4
ALF GEM	7 34 36 / + 6 23	+31 53 / −13	−0.165 / −0.110	1.99	A 1 V		0.072 / +6 V			1.0	7.0	4 CASTOR
ALF CMI	7 39 18 / + 5 14	+ 5 14 / −15	−0.706 / −1.032	0.34 / +0.40	F 5 IV		0.288 / −3 V			11.2	80.7	4 PROCYON
BET GEM	7 45 19 / + 6 7	+28 1 / −15	−0.623 / −0.052	1.15 / +1.00	K 0 III		0.093 / +3			7.7	201.1	7 POLLUX
XI PUP	7 49 17 / + 4 12	−24 52 / −15	−0.005 / −0.002	3.34 / +1.23	G 3 IB		/ +3 V			9.8	5.4	
CHI CAR	7 56 47 / + 2 33	−52 59 / −16	−0.034 / +0.020	3.46 / −0.19	B 2 IV		/ +19					
ZET PUP	8 3 35 / + 3 31	−40 0 / −17	−0.031 / +0.012	2.25 / −0.26	O 5	F	/ −24					
RHO PUP	8 7 33 / + 4 16	−24 18 / −17	−0.036 / +0.047	2.88	F 6 II	P	0.031 / +47 V		VAR	10.6	29.6	

Name	Rekt. $\Delta\alpha$ h m s	Dekl. $\Delta\delta$ °	EB in α EB in δ ''	Größe B-V	Spektrum	Pär. RG	Bemerkungen
GAM VEL	8 9 32 / + 3 5	-47 21 / -18	-0.010 / +0.004	1.82 / -0.26	WC 7 / + O 7	+ 35	2.6 42.5
EPS CAR	8 22 31 / + 2 3	-59 30 / -19	-0.028 / +0.012	1.85 / +1.30	K 0 II / + B	+ 12	
OMI UMA	8 30 16 / + 8 18	+60 43 / -20	-0.128 / -0.113	3.36 / +0.84	G 5 III	0.004 / + 20	7.0 177.2 4
EPS HYA	8 46 47 / + 5 18	+ 6 25 / -22	-0.191 / -0.054	3.36 / +0.69	G 0 III / +D F 7	0.010 / + 36 V	1.5 0.4 6
DEL VEL	8 44 43 / + 2 45	-54 43 / -22	+0.017 / -0.084	1.95 / +0.04	A 0 V	0.043 / + 2	4.6 3.5 3
ZET HYA	8 55 24 / + 5 17	+ 5 57 / -23	-0.100 / +0.011	3.12 / +1.00	K 0 II-III	0.029 / + 23	
IOT UMA	8 59 13 / + 6 51	+48 2 / -24	-0.442 / -0.243	3.14 / +0.18	A 7 V	0.066 / + 12	6.4 10.7 3
LAM VEL	9 8 0 / + 3 41	-43 26 / -24	-0.025 / +0.007	2.30 / +1.70	K 5 IB	0.015 / + 18	11.8 17.1
117 G. CAR	9 10 58 / + 2 38	-58 58 / -25	-0.028 / +0.002	3.43 / -0.19	B 2 IV	+ 23 V	
BET CAR	9 13 12 / + 1 6	-69 43 / -25	-0.154 / +0.098	1.67 / +0.00	A 1 IV	0.038 / - 5	
IOT CAR	9 17 6 / + 2 41	-59 16 / -25	-0.019 / -0.001	2.24 / +0.18	F 0 I	0.011 / + 13	

		RA /	Dec /	μα /	mag /	Sp			parallax / notes	
ALF	LYN	9 21 3 / +6 5	+34 24 / −25	−0.217 / +0.013	3.14	M 0	III		0.021 / +38	
KAP	VEL	9 22 7 / +3 6	−55 1 / −26	−0.012 / +0.001	2.49 / −0.20	B 2	IV		0.007 / +22 V	
ALF	HYA	9 27 35 / +4 55	− 8 40 / −26	−0.015 / +0.030	1.99 / +1.41	K 4	III		0.017 / − 4	ALFARD 10.7 5.1
THE	UMA	9 32 51 / +6 41	+51 41 / −27	−0.946 / −0.542	3.18 / +0.46	F 6	IV		0.052 / +15	
N	VEL	9 31 13 / +3 2	−57 2 / −26	−0.036 / −0.001	3.12 / +1.56	K 5	III		0.015 / −14	VAR
EPS	LEO	9 45 51 / +5 40	+23 46 / −28	−0.044 / −0.018	2.96 / +0.80	G 0	II		0.002 / +5	
157 G.	CAR	9 45 15 / +2 45	−62 31 / −28	−0.015 / +0.007	3.40 / +1.20	C G 2			0.019 / +4 V	VAR
YPS	CAR	9 47 6 / +2 30	−65 4 / −28	−0.011 / +0.004	3.15	A 9	II		0.020 / +14	2.8 5.2
ETA	LEO	10 7 20 / +5 27	+16 46 / −29	−0.001 / −0.008	3.48 / −0.02	A 0	IB		+ 3	
ALF	LFO	10 8 22 / +5 19	+11 58 / −29	−0.243 / +0.001	1.36 / −0.11	B 7	V		0.039 / + 4	6.5 176.9 4 REGULUS
ZET	LEO	10 16 42 / +5 34	+23 25 / −30	+0.019 / −0.013	3.43 / +0.31	F 0	III		0.009 / −15 V	
LAM	UMA	10 17 6 / +6 2	+42 55 / −30	−0.164 / −0.045	3.45 / +0.03	A 2	IV		+ 18	
OMG	CAR	10 13 45 / +2 23	−70 2 / −30	−0.028 / +0.000	3.31 / −0.08	B 7	IV		+ 4 V	

Name	Rekt. Δα (h m s)	Dekl. Δδ (°)	EB in α / EB in δ (″)	Größe B–V	Spektrum	Pär. RG	Bemerkungen
187 G. CAR	10 17 5 / + 3 20	-61 20 / -30	-0.023 / -0.001	3.44	K 5 IB	0.018 / + 9	
GAM(1) LEO	10 19 59 / + 5 31	+19 51 / -30	+0.307 / -0.152	2.61	K 0 III	0.019 / - 37	1.5 4.4 4
MY UMA	10 22 19 / + 5 57	+41 30 / -30	-0.082 / +0.025	3.04	M 0 III	0.031 / - 21 V	
THE CAR	10 42 57 / + 3 34	-64 23 / -31	-0.017 / +0.007	2.76 / -0.22	O 9.5 V	+ 24 V	
ETA CAR	10 45 4 / + 3 53	-59 42 / -32	-0.001 / -0.001	-1	PEC	- 25	VAR 3.1 1.1 6
MY VEL	10 46 46 / + 4 18	-49 26 / -32	+0.064 / -0.056	2.68 / +0.90	G 5 III	0.022 / + 7	4.1 2.8
NY HYA	10 49 37 / + 4 56	-16 11 / -31	+0.095 / +0.199	3.12 / +1.25	K 3 III	0.022 / - 1	
BET UMA	11 1 51 / + 6 2	+56 23 / -32	+0.082 / +0.029	2.36 / -0.02	A 1 V	0.042 / - 12 V	MERAK
ALF UMA	11 3 44 / + 6 10	+61 45 / -32	-0.119 / -0.070	1.79 / +1.06	K 0 II–III	0.031 / - 9 V	DUBHE 9.1 0.9
PSI UMA	11 9 40 / + 5 37	+44 29 / -33	-0.063 / -0.035	3.01 / +1.13	K 1 III	- 4	
DEL LEO	11 14 6 / + 5 19	+20 31 / -33	+0.146 / -0.138	2.55 / +0.13	A 4 V	0.040 / - 21 V	

ID	Const	RA	Dec	p.m.	Mag / Color	Sp	Notes	π / RV	Proper Name	Dist
THE	LEO	11 14 15 / +5 15	+15 26 / −33	−0.059 / −0.085	3.31 / −0.01	A 2 V		0.019 / +8		6.4 7.4
NY	UMA	11 18 29 / +5 24	+33 5 / −33	−0.025 / +0.021	3.48 / +1.38	K 3 III		0.013 / −9		8.7 16.6
LAM	CEN	11 35 47 / +4 37	−63 1 / −33	−0.034 / −0.019	3.12 / −0.05	B 9 II		0.076 / +8		
BET	LEO	11 49 4 / +5 6	+14 34 / −34	−0.496 / −0.122	2.14 / +0.09	A 3 V		0.020 / −0	DENEBOLA	11.0 80.3 4
GAM	UMA	11 53 49 / +5 15	+53 42 / −33	+0.094 / +0.004	2.44 / +0.00	A 0 V		0.020 / −13	PHEKDA	2.0
DEL	CEN	12 8 21 / +5 11	−50 43 / −33	−0.037 / −0.020	2.88	B 2 V	PE	0.020 / +9 V		
EPS	CRV	12 10 8 / +5 9	−22 37 / −33	−0.069 / +0.007	3.00 / +1.32	K 3 III		+5		
DEL	CRU	12 15 9 / +5 19	−58 45 / −33	−0.037 / −0.017	2.82 / −0.24	B 2 IV		+26		
DEL	UMA	12 15 26 / +4 57	+57 2 / −33	+0.106 / +0.003	3.31 / +0.08	A 3 V		0.052 / −13	MEGREZ	
GAM	CRV	12 15 49 / +5 9	−17 32 / −33	−0.162 / +0.015	2.60 / −0.11	B 8 III		−4 V		
ALF(1)	CRU	12 26 36 / +5 34	−63 6 / −33	−0.032 / −0.027	1.58	B 1 IV	N	0.008 / −11 V		0.5 5.6
ALF(2)	CRU	12 26 37 / +5 34	−63 6 / −33	−0.036 / −0.022	2.09	B 3	N	0.008 / −1 V		0.5 5.6
DEL	CRV	12 29 51 / +5 10	−16 31 / −33	−0.210 / −0.145	2.95 / −0.04	B 9.5 V		0.018 / +9	ALGORAB	4.5 24.4

Name		Rekt. Δα h m s		Dekl. Δδ °		EB in α EB in δ ′′	Größe B–V	Spektrum			Pär. RG	Bemerkungen
GAM	CRU	12 31 10	+ 5 33	−57 7	−34	+0.025 −0.273	1.62 +1.60	M 3	II		+ 21	6.0 110.6
BET	CRV	12 34 23	+ 5 15	−23 24	−33	+0.004 −0.059	2.66 +0.89	G 5	III		0.027 − 8	
ALF	MUS	12 37 11	+ 5 58	−69 8	−33	−0.032 −0.018	2.71 −0.20	B 3	IV		+ 18 V	10.1 29.7
GAM	CEN	12 41 31	+ 5 31	−48 58	−33	−0.196 −0.015	2.16 −0.02	A 0	III		0.006 − 8 V	0.1 1.8
BET	MUS	12 46 17	+ 6 8	−68 7	−33	−0.028 −0.030	3.04 −0.19	B 2.5	V		0.015 + 42 V	0.3 1.6
BET	CRU	12 47 44	+ 5 51	−59 42	−33	−0.041 −0.026	1.24 −0.24	B 0.5	IV		+ 20 V	VAR 10.0 44.3
EPS	UMA	12 54 2	+ 4 24	+55 57	−33	+0.113 −0.011	1.76 −0.02	A 0		PV	0.008 − 9 V	VAR ALIOTH
DEL	VIR	12 55 36	+ 5 2	+ 3 23	−33	−0.469 −0.060	3.38 +1.57	M 3	III		0.017 − 18	
ALF(2)	CVN	12 56 2	+ 4 41	+38 19	−32	−0.233 +0.048	2.89 −0.12	B 9.5		PV	0.023 − 3 V	VAR 2.5 19.9
EPS	VIR	13 2 11	+ 4 59	+10 58	−32	−0.274 +0.016	2.81	G 9	II–III		0.036 − 14	VINDEMIATRIX
GAM	HYA	13 18 55	+ 5 26	−23 11	−32	+0.069 −0.052	3.02 +0.92	G 8	III		0.021 − 5	
IOT	CEN	13 20 35	+ 5 37	−36 43	−32	−0.339 −0.092	2.76 +0.04	A 2	V		0.046 + 0	

ID	Const	RA	Dec	μ	mag	Sp	Lum	pec		VAR	Name	
ZET	UMA	13 23 56 / + 4 2	+54 56 / −31	+0.124 / −0.028	2.40	A 2	V		0.037 / − 9 V		MIZAR	2.1 14.8
ALF	VIR	13 25 11 / + 5 16	−11 9 / −31	−0.041 / −0.035	0.96 / −0.23	B 1	V		0.021 / + 1 V	VAR	SPICA	
R	HYA	13 29 43 / + 5 28	−23 17 / −31	−0.057 / +0.008	3.5	G M 7		E	− 10	VAR		8.5 21.6
ZET	VIR	13 34 42 / + 5 6	− 0 36 / −31	−0.285 / +0.034	3.36 / +0.11	A 3	V	N	0.035 / − 13			
EPS	CEN	13 39 53 / + 6 20	−53 28 / −31	−0.023 / −0.023	2.30 / −0.23	B 1	V		+ 6			10.9 37.6
NY	CEN	13 49 30 / + 6 0	−41 41 / −30	−0.026 / −0.026	3.40 / −0.23	B 2	IV		+ 9 V			
ETA	UMA	13 47 32 / + 3 56	+49 19 / −30	−0.122 / −0.018	1.86 / −0.20	B 3	V		0.004 / − 11		BENETNASCH	
MY	CEN	13 49 37 / + 6 2	−42 29 / −30	−0.021 / −0.024	3.47 / −0.21	B 2	V	PNE	+ 13 V	VAR		9.9 47.9
ZET	CEN	13 55 32 / + 6 14	−47 18 / −30	−0.059 / −0.048	2.54 / −0.23	B 2	IV		+ 7 V			
ETA	BOO	13 54 41 / + 4 46	+18 24 / −30	−0.063 / −0.365	2.69 / +0.58	G 0	IV		0.102 / − 0 V			
BET	CEN	14 3 50 / + 7 4	−60 22 / −29	−0.021 / −0.028	0.59 / −0.22	B 1	II		0.016 / − 12 V			8.1 1.4
PI	HYA	14 6 23 / + 5 42	−26 41 / −29	+0.043 / −0.150	3.25 / +1.12	K 2	III		0.039 / + 27			
THE	CEN	14 6 41 / + 5 53	−36 23 / −30	−0.521 / −0.522	2.05 / +1.02	K 0	III-IV		0.059 / + 1			

Name		Rekt. Δα h m s	Dekl. Δδ ° '	EB in α EB in δ ''	Größe B-V	Spektrum	Pör. RG	Bemerkungen
ALF	BOO	14 15 40 + 4 34	+19 11 -31	-1.098 -2.003	0.06 +1.23	K 2 III P	0.090 - 5	ARCTURUS
GAM	BOO	14 32 5 + 4 2	+38 19 -26	-0.115 +0.146	3.03 +0.19	A 7 III	0.016 - 36	VAR 9.7 33.4
ETA	CEN	14 35 30 + 6 21	-42 9 -26	-0.037 -0.032	2.35 -0.20	B 1.5 V NE	- 0 V	10.9 5.6
ALF	CEN	14 39 36 + 6 48	-60 50 -25	-3.606 +0.705	0.33	G 2 V	0.751 - 25 V	1.4 8.7 3
ALF	CEN	14 39 36 + 6 48	-60 50 -25	-3.606 +0.705	1.70	D K 1	- 21 V	1.4 8.7 3
ALF	CIR	14 42 30 + 8 5	-64 58 -26	-0.187 -0.244	3.17 +0.24	F 0 V P	0.049 + 7	5.4 17.8
ALF	LUP	14 41 56 + 6 39	-47 24 -26	-0.021 -0.026	2.30 -0.22	B 2 II	+ 7 V	10.6 27.6
EPS	BOO	14 44 59 + 4 22	+27 5 -25	-0.049 +0.014	2.70	K 0 II-III	0.013 - 17	3.3 3.6 3
ALF(2)	LIB	14 50 53 + 5 32	-16 3 -25	-0.107 -0.074	2.75 +0.15	A M	0.049 - 10 V	2.4 ˙231 ZUBEN ELGENUBI
BET	UMI	14 50 43 - 0 17	+74 9 -25	-0.032 +0.007	2.08	K 4 III	0.031 + 17	KOCHAB
BET	LUP	14 58 32 + 6 33	-43 8 -24	-0.046 -0.048	2.67 -0.23	B 2 IV	- 0 V	
KAP	CEN	14 59 9 + 6 30	-42 6 -24	-0.017 -0.028	3.12 -0.24	B 2 V	+ 9 V	8.1 3.8

		RA	Dec	μ	V / B–V	Sp	Lum		
SIG	LIB	15 4 4 / + 5 51	-25 17 / -24	-0.073 / -0.052	3.30 / +1.66	M 4	III	0.056 / - 4	4.4 71.9
ZET	LUP	15 12 17 / + 7 11	-52 6 / -23	-0.113 / -0.074	3.40 / +0.92	G 8	III	0.036 / - 10	
GAM	TRA	15 18 55 / + 9 21	-68 41 / -22	-0.059 / -0.032	2.88 / +0.01	A 1	V	0.005 / + 0	
DEL	BOO	15 15 30 / + 4 2	+33 19 / -22	+0.085 / -0.121	3.50 / +0.95	G 8	III	0.028 / - 12	4.2 105.4
BET	LIB	15 17 0 / + 5 23	- 9 23 / -22	-0.098 / -0.026	2.61 / -0.11	B 8	V	/ - 35	ZUBEN ELSCHEMALI
DEL	LUP	15 21 22 / + 6 34	-40 39 / -22	-0.015 / -0.028	3.21 / -0.23	B 2	IV	0.009 / + 2	
EPS	LUP	15 22 40 / + 6 47	-44 42 / -22	-0.022 / -0.019	3.36 / -0.19	B 3	IV	/ + 4 V	1.7 1.4 3
GAM	UMI	15 20 44 / - 0 9	+71 50 / -21	-0.020 / +0.016	3.07	A 3	II–III	/ - 4 V	
IOT	DRA	15 24 56 / + 2 14	+58 58 / -21	-0.008 / +0.009	3.26 / +1.17	K 2	III	0.032 / - 11	
GAM	LUP	15 35 9 / + 6 40	-41 10 / -20	-0.016 / -0.033	2.77 / -0.22	B 2	V (N)	0.008 / + 6 V	0.3 0.1
ALF	CRB	15 34 41 / + 4 14	+26 43 / -20	+0.119 / -0.098	2.23 / -0.02	A 0	V	0.043 / + 2 V	VAR GEMMA
ALF	SER	15 44 17 / + 4 56	+ 6 25 / -19	+0.134 / +0.039	2.65 / +1.17	K 2	III	0.046 / + 3	9.0 61.5 3 UNUK
BET	TRA	15 55 9 / + 8 49	-63 26 / -19	-0.192 / -0.404	2.84 / +0.30	F 2	IV	0.078 / - 0	

Name	Rekt. Δα h m s	Dekl. Δδ °	EB in α / EB in δ ''	Größe B-V	Spektrum	Pär. RG	Bemerkungen
PI SCO	15 58 51 / + 6 3	-26 7 / -17	-0.012 / -0.032	2.88 / -0.19	B 1 V	0.005 / - 3 V	6.0 51.2
ETA LUP	16 0 8 / + 6 38	-38 24 / -17	-0.022 / -0.036	3.40 / -0.23	B 2 V	0.008 / + 7	3.8 15.5
DEL SCO	16 0 20 / + 5 55	-22 37 / -17	-0.011 / -0.030	2.32 / -0.11	B 0 V	- 14 V	
T CRB	15 59 30 / + 4 11	+25 55 / -17	-0.008 / +0.006	2.0	PEC	- 29	VAR
BET(1) SCO	16 5 26 / + 5 49	-19 48 / -16	-0.007 / -0.026	2.63 / -0.08	B 0.5 V	0.004 / - 7 V	4.0 13.8 ACRAB 3
DEL OPH	16 14 20 / + 5 14	- 3 41 / -15	-0.046 / -0.149	2.72 / +1.58	M 1 III	0.029 / - 20	
EPS OPH	16 18 19 / + 5 17	- 4 42 / -15	+0.082 / +0.035	3.24 / +0.96	G 9 III	0.036 / - 10	
SIG SCO	16 21 12 / + 6 5	-25 35 / -14	-0.011 / -0.028	2.93 / +0.14	B 1 III	- 0 V	VAR 7.0 20.7
ETA DRA	16 23 59 / + 1 21	+61 30 / -14	-0.023 / +0.058	2.77	G 8 III	0.043 / - 14	6.0 6.1
ALF SCO	16 29 25 / + 6 8	-26 26 / -13	-0.009 / -0.028	1.08 / +1.80	M 1 IB	0.019 / + 3 V	VAR 5.5 ANTARES
BET HER	16 30 13 / + 4 18	+21 29 / -13	-0.103 / -0.022	2.83	G 8 III	0.017 / - 26 V	6.0 3.4
TAU SCO	16 35 53 / + 6 14	-28 13 / -12	-0.011 / -0.028	2.82 / +0.26	B 0 V	0.014 / - 1	

Name		RA (h m s / ± s)	Dec (° ' / ")	μ		Mag	Sp		Parallax / RV	Notes
ZET	OPH	16 37 9 / + 5 30	-10 34 / -12	+0.010	+0.020	2.56 / +0.02	O 9.5	V	- 19 V	
ZET	HER	16 41 17 / + 3 46	+31 36 / -11	-0.470	+0.385	2.82 / +0.64	G 0	IV	0.110 / - 70 V	3.5 1.7
ALF	TRA	16 48 40 / +10 36	-69 2 / -11	+0.023	-0.037	1.91 / +1.44	K 4	III	0.024 / 4	
ETA	HER	16 42 54 / + 3 26	+38 56 / -11	+0.035	-0.090	3.47	G 7	III-IV	0.053 / + 8	
EPS	SCO	16 50 10 / + 6 29	-34 18 / -11	-0.613	-0.256	2.28 / +1.15	K 2	III-IV	0.049 / - 3	
MY (1)	SCO	16 51 52 / + 6 46	-38 3 / -10	-0.014	-0.030	3.14 / -0.21	B 1.5	V	- 25 V	VAR 0.5 346
ZET	ARA	16 58 38 / + 8 17	-55 59 / - 9	-0.018	-0.037	3.12 / +1.62	K 5	III	0.036 / - 6	
KAP	OPH	16 57 44 / + 4 48	+ 9 23 / - 9	+0.293	-0.014	3.31	K 2	III	0.026 / - 56	VAR
ETA	OPH	17 10 23 / + 5 44	-15 43 / - 7	+0.035	+0.090	2.44 / +0.05	A 2.5	V	0.047 / - 1	0.5 1.0 4
ETA	SCO	17 12 9 / + 7 10	-43 14 / - 8	+0.015	-0.292	3.33 / +0.40	F 0	IV	0.063 / - 28	N
ZET	DRA	17 8 48 / + 0 18	+65 43 / - 7	-0.018	+0.015	3.20 / -0.15	B 6	III	0.017 / - 14	
ALF(1)	HER	17 14 39 / + 4 34	+14 23 / - 7	-0.010	+0.030	3.1	M 5	II	- 33	VAR 3.1 5.3 4 RAS ALGETHI
DEL	HER	17 15 2 / + 4 7	+24 50 / - 7	+0.024	-0.162	3.14 / +0.08	A 3	IV	0.034 / - 41 V	5.1 25.8 4

Name	Rekt. Δα (h m s)	Dekl. Δδ (° ')	EB in α / EB in δ	Größe / B-V	Spektrum	Pär. / RG	Bemerkungen
PI HER	17 15 3 / + 3 29	+36 48 / - 7	-0.029 / -0.001	3.15	K 3 II	0.020 / - 26	
THE OPH	17 22 0 / + 6 8	-25 0 / - 6	-0.003 / -0.025	3.28 / -0.21	B 2 IV	- 4 V	
BET ARA	17 25 18 / + 8 19	-55 32 / - 6	-0.011 / -0.033	2.84 / +1.46	K 3 IB	0.026 / - 0	
GAM ARA	17 25 24 / + 8 25	-56 23 / - 6	-0.003 / -0.017	3.33 / -0.14	B 1 III	- 4 V	6.5 17.9
YPS SCO	17 30 46 / + 6 48	-37 18 / - 5	-0.004 / -0.039	2.70 / -0.22	B 3 IB	+ 18 V	
ALF ARA	17 31 51 / + 7 44	-49 53 / - 5	-0.032 / -0.077	2.94 / -0.18	B 2.5 V	0.001 / - 2	9.5 55.6
LAM SCO	17 33 36 / + 6 47	-37 6 / - 4	-0.001 / -0.031	1.62 / -0.24	B 1 V	+ 0 V	
BET DRA	17 30 26 / + 2 16	+52 19 / - 4	-0.017 / +0.008	2.87	G 2 II	0.009 / - 20	9.7 115.6 3
THE SCO	17 37 19 / + 7 11	-43 0 / - 4	+0.011 / -0.005	1.88 / +0.40	F 0 IB	0.020 / + 1	
ALF OPH	17 34 56 / + 4 38	+12 34 / - 4	+0.117 / -0.232	2.08 / +0.15	A 5 III	0.056 / + 13 V	RAS ALHAGUE
KAP SCO	17 42 29 / + 6 55	-39 2 / - 3	-0.013 / -0.028	2.41 / -0.23	B 2 IV	- 10 V	
BET OPH	17 43 28 / + 4 56	+ 4 34 / - 3	-0.043 / +0.154	2.77 / +1.16	K 2 III	0.023 / - 12	

Name		RA (h m s) / Dec		μ		Δ		mag / color	Sp	Lum	parallax			
IOT(1)	SCO	17 47 35	+ 7 0	−40 7	− 2	+0.000	−0.004	2.98 +0.52	F 2	IA	0.013 −28 V	9.4	38.4	4
MY	HER	17 46 28	+ 3 55	+27 44	− 3	−0.313	−0.748	3.35 +0.79	G 5	IV	0.108 −16	6.7	33.7	
G	SCO	17 49 51	+ 6 48	−37 3	− 2	+0.057	+0.028	3.20 +1.17	K 1	III	0.032 +25			
NY	OPH	17 59 1	+ 5 30	− 9 47	− 1	−0.009	−0.118	3.34 +1.00	G 9	III	0.015 +12			
GAM	DRA	17 56 36	+ 2 19	+51 29	− 1	−0.011	−0.024	2.22 +1.52	K 5	III	0.017 −28	8.8	125.4	7
GAM	SGR	18 5 48	+ 6 25	−30 26	− 0	−0.052	−0.193	2.98 +1.00	K 0	III	0.018 +22 V			
ETA	SGR	18 17 38	+ 6 46	−36 46	+ 2	−0.141	−0.167	3.12 +1.56	M 3	II	0.038 + 1	6.0	4.4	
DEL	SGR	18 21 0	+ 6 24	−29 49	+ 3	+0.038	−0.032	2.70 +1.38	K 2	III	0.039 −20	10.0	58.1	4
ETA	SER	18 21 18	+ 5 10	− 2 53	+ 2	−0.556	−0.700	3.26 +0.94	K 0	IV	0.054 + 9			
EPS	SGR	18 24 10	+ 6 38	−34 23	+ 3	−0.041	−0.129	1.84 −0.03	B 9	IV	0.015 −11	11.3	32.5	
ALF	TEL	18 26 59	+ 7 25	−45 58	+ 3	−0.018	−0.049	3.50 −0.18	B 3	III	− 1 V			
LAM	SGR	18 27 58	+ 6 10	−25 26	+ 3	−0.047	−0.188	2.84 +1.04	K 2	III	0.046 −43			
ALF	LYR	18 36 56	+ 3 23	+38 47	+ 6	+0.200	+0.281	0.04 +0.00	A 0	V	0.123 −14	9.5	57.1	5 VEGA

Name	Rekt. Δα (h m s)	Dekl. Δδ (°)	EB in α / EB in δ (″)	Größe / B-V	Spektrum	Pär. RG	Bemerkungen
PHI SGR	18 45 40 / + 6 15	−27 0 / + 6	+0.052 / −0.002	3.18 / −0.10	B 8 III	+ 22 V	
BET LYR	18 50 4 / + 3 41	+33 22 / + 7	+0.001 / −0.007	3.4	B — PE	− 19 V	VAR 3.7 46.6 6
SIG SGR	18 55 16 / + 6 12	−26 18 / + 7	+0.012 / −0.058	2.10 / −0.20	B 2 V	− 11	
GAM LYR	18 58 56 / + 3 44	+32 41 / + 8	−0.006 / −0.003	3.25 / −0.05	B 9 III	0.011 / − 22 V	8.8 13.8
ZET SGR	19 2 37 / + 6 22	−29 52 / + 9	−0.019 / −0.005	2.60 / +0.08	A 2 III	0.020 / + 22	0.2 0.8 3
TAU SGR	19 6 56 / + 6 14	−27 40 / + 9	−0.054 / −0.255	3.32 / +1.18	K 1 III	0.038 / + 45 V	
ZET AQL	19 5 25 / + 4 36	+13 52 / + 9	−0.009 / −0.101	2.99 / +0.00	A 0 V NN	0.036 / − 26 V	9.0 5.6
LAM AQL	19 6 15 / + 5 18	− 4 53 / + 9	−0.025 / −0.089	3.44 / −0.10	B 9 V N	0.025 / − 14	
PI SGR	19 9 46 / + 5 57	−21 1 / +10	−0.001 / −0.040	2.90 / +0.36	F 2 II–III	0.016 / − 10	0.0 0.1 3
DEL DRA	19 12 33 / + 0 1	+67 40 / +11	+0.094 / +0.090	3.10	G 9 III	0.028 / + 25	
DEL AQL	19 25 29 / + 5 2	+ 3 7 / +12	+0.255 / +0.079	3.36 / +0.32	F 0 IV	0.062 / − 30 V	
BET CYG	19 30 43 / + 4 2	+27 58 / +13	−0.003 / −0.008	3.24	K 5 II / + B	0.004 / − 24 V	2.3 34.8

		Position	Proper Motion	Mag	Spectral				
GAM	AQL	19 46 15 / + 4 45	+0.013 / −0.001	2.62	K 3 II	0.006 / − 2			
DEL	CYG	19 44 58 / + 3 7	+0.045 / +0.040	2.92 / −0.03	B 9.5 III	0.021 / − 21	4.9	3.1	
ALF	AQL	19 50 47 / + 4 53	+0.535 / +0.383	0.77 / +0.22	A 7 V	0.198 / − 26	8.7	165.4	ALTAIR
ETA	AQL	19 52 29 / + 5 6	+0.007 / −0.008	3.50 / +0.80	F 6 IB	0.005 / − 15 V	VAR		
THE	AQL	20 11 18 / + 5 9	+0.034 / +0.005	3.24 / −0.06	B 9.5 III	0.008 / − 27 V			
BET	CAP	20 21 1 / + 5 37	+0.035 / +0.003	3.07 / +0.79	F 8 V + A 0	0.005 / − 19 V	2.9	205	4
ALF	PAV	20 25 38 / + 7 54	+0.007 / −0.087	1.93 / −0.20	B 3 IV	+ 2 V			
GAM	CYG	20 22 13 / + 3 35	+0.001 / +0.000	2.24	F 8 IB	− 8			
ALF	IND	20 37 34 / + 7 2	+0.049 / +0.066	3.10 / +1.00	K 0 III	0.039 / − 1	7.7	141.7	4
BET	PAV	20 44 57 / + 9 0	−0.044 / +0.014	3.42 / +0.17	A 5 IV	0.026 / + 10	9.3	67.4	3
ALF	CYG	20 41 26 / + 3 25	−0.002 / +0.002	1.26 / +0.09	A 2 IA	− 5 V	10.4	75.5	DENEB
EPS	CYG	20 46 13 / + 4 3	+0.355 / +0.325	2.45 / +1.03	K 0 III	0.044 / − 10 V	9.0	44.3	
ETA	CEP	20 45 17 / + 2 2	+0.090 / +0.820	3.43 / +0.92	K 0 IV	0.071 / − 87	7.7	100.5	

Name	Rekt. $\Delta\alpha$ h m s	Dekl. $\Delta\delta$ °	EB in α / EB in δ ''	Größe B-V	Spektrum	Pär. RG	Bemerkungen
ZET CYG	21 12 56 / + 4 15	+30 14 / +25	−0.003 / −0.056	3.20 / +1.00	G 8 II	0.021 / +17 V	
ALF CEP	21 18 35 / + 2 23	+62 35 / +25	+0.147 / +0.050	2.41 / +0.23	A 7 IV,V	0.063 / −10	7.8 209.2 4 ALDERAMIN
BET AQR	21 31 34 / + 5 16	− 5 35 / +26	+0.016 / −0.006	2.89 / +0.84	G 0 IB	/ + 7	7.9 35.7 3
BET CEP	21 28 39 / + 1 17	+70 33 / +26	+0.010 / +0.010	3.18 / −0.25	B 2 III	0.005 / − 8 V	4.7 13.9 VAR
EPS PEG	21 44 11 / + 4 55	+ 9 53 / +28	+0.025 / +0.002	2.42 / +1.56	K 2 IB	/ + 5	6.0 144.2 3
DEL CAP	21 47 2 / + 5 31	−16 8 / +27	+0.261 / −0.293	2.83 / +0.23	A M	0.065 / − 6 V	9.7 118.9 VAR
GAM GRU	21 53 56 / + 6 3	−37 22 / +28	+0.101 / −0.014	3.00 / −0.12	B 8 III	0.008 / − 2	
ALF AQR	22 5 47 / + 5 3	− 0 19 / +29	+0.015 / −0.005	2.93 / +0.98	G 2 IB	0.003 / + 8	
ALF GRU	22 8 14 / + 6 18	−46 58 / +29	+0.121 / −0.151	1.73 / −0.13	B 5 V	0.051 / +12	9.8 28.8
ZET CEP	22 10 51 / + 3 28	+58 12 / +30	+0.014 / +0.006	3.36 / +1.60	K 1 IB	0.019 / −18	
ALF TUC	22 18 30 / + 6 51	−60 15 / +30	−0.069 / −0.039	2.85 / +1.39	K 3 III	0.019 / +42 V	0.1
ZET PEG	22 41 27 / + 4 59	+10 50 / +31	+0.077 / −0.008	3.47 / −0.10	B 8 V	/ + 7	8.0 64.3

		RA	Dec	PM	Mag	Spectrum		Name/VAR
BET	GRU	22 42 40 / + 5 58	-46 53 / +31	+0.134 / -0.009	2.24 / +1.6	M 3 II	0.003 / + 2	
ETA	PEG	22 43 0 / + 4 41	+30 13 / +31	+0.010 / -0.025	2.96 / +0.84	G 8 +F II	0.038 / + 0 V	+ 4 V 7.1 91.0 5
EPS	GRU	22 48 33 / + 6 2	-51 19 / +32	+0.103 / -0.060	3.48 / +0.08	A 2 V	0.032 / + 14	
MY	PEG	22 50 1 / + 4 50	+24 36 / +32	+0.145 / -0.041	3.50 / +0.91	G 8 III	0.039 / + 18	
DEL	AQR	22 54 39 / + 5 13	-15 49 / +32	-0.042 / -0.021	3.29 / +0.05	A 3 V	0.144 / + 7	
ALF	PSA	22 57 39 / + 5 31	-29 37 / +32	+0.328 / -0.164	1.16 / +0.09	A 3 V	0.015 / + 9	FOMALHAUT VAR 7.0 264.2 3
BET	PEG	23 3 47 / + 4 51	+28 5 / +33	+0.188 / +0.139	2.56 / +1.66	M 2 II-III	0.030 / - 4 V	
ALF	PEG	23 4 46 / + 4 59	+15 12 / +32	+0.058 / -0.041	2.49 / -0.05	B 9.5 III	0.064 / - 42	MARKAB
GAM	CEP	23 39 20 / + 4 6	+77 37 / +33	-0.065 / +0.154	3.22 / +1.03	K 1 IV		

Geschätzte Gesamtzahl der Sterne bis zu verschiedenen Grenzhelligkeiten (phot.)

m	Anzahl	m	Anzahl
6	$3 \cdot 10^3$	14	$12 \cdot 10^6$
7	10	15	27
8	32	16	55
9	97	17	120
10	270	18	240
11	700	19	510
12	1 800	20	945
13	5 100	21	1 890

Anzahl der Sterne verschiedener Spektraltypen bis zu verschiedenen
Grenzhelligkeiten

Spektraltyp	scheinbare vis. Helligkeit heller als						
	6.25	6.75	7.25	7.75	8.25	8.75	9.25
B : B0, B1, B2, B3, B5	719	984	1 286	1 611	2 061	2 543	3 026
A : B8, B9, A0, A2, A3	2 018	3 478	5 904	9 326	15 884	26 342	39 342
F : A5, F0, F2	680	1 200	2 160	3 624	6 536	10 840	15 224
G : F5, F8, G0	656	1 184	2 456	4 352	8 776	16 496	27 160
K : G5, K0, K2	1 984	3 496	6 144	10 680	20 760	34 976	51 008
M : K5, M0, M3, M8	538	875	1 453	2 531	4 491	7 478	10 657

Verteilung der Sterne einzelner Spektralklassen
auf die Leuchtkraftklassen

Leuchtkraftklasse	Verteilung der Sterne		
	O, B	A, F	G, K, M
I Überriesen	7%	26%	10%
II helle Riesen	11	3	15
III Riesen	17	10	66
IV Unterriesen	36	10	7
V Hauptreihensterne	29	51	2
sd Unterzwerge			0.1%
D Weiße Zwerge		0.000 3%	

Die sonnennahen Sterne bis 5 Parsec
(nach W. Gliese)

Bezeichnung		Rekt.1950	μ_α	Dekl.1950	μ_δ	scheinbare Helligkeit mvis	Spektrum	Radial-geschwindigkeit	Parallaxe π	absolute Helligkeit Mvis
Sonne						−26.73	G2 V			4.84
−37° 15492		0h 2m 28s	+0ˢ.4750	−37°36′.2	−2″.332	8.59	dM3	+23.6	″.219	10.29
+43° 44	A	15 31	+0.2650	+43 44.4	+0.400	8.07	M1 V	+14	.278	10.29
	B	34		44.7		11.04	M6 V	+20.7		13.26
Wolf 28	A	46 31	+0.083	+ 5 9.2	−2.71	12.36	DF3		.236	14.23
LFT 144	A	1 36 25	+0.232	−18 12.7	+0.57	12.4	dM6e	+29.0	.385	15.2
UV Cet	B					12.95	dM6e			15.88
τ Cet		41 45	−0.1193	−16 12.0	+0.860	3.50	G8 Vp	−16.2	.275	5.70
o² Eri	A	4 12 58	−0.1497	− 7 43.8	−3.418	4.48	K1 V	−42.4	.201	6.00
	B	13 4	−0.1465	44.1	−3.438	9.50	DA	−42		11.02
	C					11.0	dM4e	−45		12.5
−45° 1841	A	5 9 41	+0.6216	−44 59.9	−5.705	8.8	M0	+242	.251	10.8
	B									
Ross 614	A	6 26 51	+0.050	− 2 46.2	−0.66	11.13	dM4e	+24	.248	13.10
	B					14.8				16.8
α CMa	A	42 57	−0.0374	−16 38.8	−1.210	−1.47	A1 V	− 7.6	.375	1.40
	B					8.67	DA5			11.54
+5° 1668		7 24 43	+0.040	+ 5 22.7	−3.69	9.82	dM4	+26	.266	11.95
α CMi	A	36 41	−0.0473	+ 5 21.3	−1.032	0.34	F5 IV–V	− 3.2	.287	2.63
	B					10.8	DF:			13.1

Bezeichnung	Rekt.1950	μ_α	Dekl.1950	μ_δ	scheinbare Helligkeit mvis	Spektrum	Radialgeschwindigkeit	Parallaxe π	absolute Helligkeit M vis
+50° 1725	10h 8m 19s	−0s1403	+49° 42.5	−0″513	6.59	dM0	−27	″222	8.32
AD Leo	16 54	−0.0346	+20 7.3	−0.050	9.43	M4.5: V	+ 9.9	.213	11.07
Wolf 359	54 5	−0.260	+ 7 19.0	−2.70	13.66	dM6e	+13	.427	16.82
+36° 2147	11 0 37	−0.0467	+36 18.3	−4.745	7.47	M2 V	−86.5	.398	10.47
LFT 491	11 42 58	+0.413	−64 33.5	−0.33	12.5	DA		.203	14.0
Ross 128	45 9	+0.042	+ 1 6.0	−1.25	11.13	dM5	−13	.298	13.50
Wolf 424 A	12 30 51	−0.119	+ 9 17.7	+0.27	12.7	M7	− 5	.223	14.4
B					12.7	M7			14.4
+15° 2620	13 43 12	+0.1228	+15 9.7	−1.457	8.47	M4 V	+15.2	.202	10.00
Proxima Cen	14 26 19	−0.544	−62 28.1	+0.79	10.68	M5e		.762	15.09
α Cen A	36 11	−0.4902	−60 37.8	+0.705	−0.01	G2 V	−22.2	.751	4.37
B					1.38	dK5			5.76
−12° 4523	16 27 31	−0.005	−12 32.3	−1.17	10.13	dM4	−13	.244	12.07
−46° 11540	17 24 53	+0.056	−46 50.6	−0.89	9.34	M4		.213	10.98
−44° 11909	33 28	−0.065	−44 16.6	−0.92	11.2	M5		.209	12.8
+68° 946	36 42	−0.0653	+68 23.1	−1.260	9.15	M3.5 V	−17	.203	10.69
Barnards Stern	55 23	−0.050	+ 4 33.3	+10.31	9.54	M5 V	−108	.545	13.22
+59° 1915 A	18 42 13	−0.1747	+59 33.3	+1.866	8.90	dM4	+ 1	.280	11.14
B	14	−0.1790	33.0	+1.815	9.69	dM5	+14		11.93
−24° 2833−183	46 45	+0.051	−23 53.5	−0.17	10.6	dM4e	− 4	.351	13.3
61 Cyg A	21 4 40	+0.3521	+38 30.0	+3.181	5.19	K5 V	−64.3	.292	7.52
B					6.02	K7 V	−63.5		8.35

Bezeichnung		Rekt.1950	μ_α	Dekl.1950	μ_δ	scheinbare Helligkeit mvis	Spektrum	Radial-geschwindigkeit	Parallaxe π	absolute Helligkeit Mvis
−39° 14192		21h14m 20s	−0s2807	−39° 3.7	−1″154	6.72	M0 V	+20.6	″255	8.75
−49° 13515		30 14	−0.006	−49 13.2	−0.81	8.9	M3	+18	.209	10.5
ε Ind		59 33	+0.4814	−56 59.6	−2.558	4.73	K5 V	−40.4	.285	7.00
+56° 2783	A	22 26 13	−0.097	+57 26.8	−0.37	9.82	dM3	−24	.249	11.80
DO Cep	B					11.4	dM4e	−28		13.4
LFT 1729	A	22 35 45	+0.160	−15 35.5	+2.28	12.58	dM6e	−60	.298	14.95
−21° 6267	A	36 1	+0.032	−20 52.8	−0.07	9.03	dM2	−8	.219	11.0
	B					11.0	Me			12.7
−15° 6290		50 35	+0.064	−14 31.2	−0.62	10.17	dM5	+8.7	.206	11.74
−36° 15693		23 2 39	+0.5591	−36 8.5	+1.308	7.39	M2 V	+9.6	.273	9.57
Ross 248		39 27	+0.010	+43 55.2	−1.60	12.24	dM6e	−81	.316	14.74

DIE DOPPELSTERNE

Jedem, der sich etwas unter den Sternen auskennt, ist der mittlere Deichselstern Mizar im Großen Wagen oder richtiger im Großen Bären mit dem Reiterlein Alkor bekannt. Der Abstand beider Sterne beträgt 11 Bogenminuten. — Man kann sich dieses nahe Beieinanderstehen als rein optischen Effekt erklären. Zwei räumlich weit auseinanderstehende Sterne, die zufällig in gleicher Visionsrichtung stehen, projizieren sich auf die Sphäre. — Durchmustert man die hellen Sterne des Himmels, so bemerkt man eine große Zahl solcher eng beieinanderstehender Paare. Überlegungen und Abschätzungen mit Hilfe der Wahrscheinlichkeitsrechnung zeigen aber, daß solches Zusammenstehen zweier Sterne weit häufiger als zufällig ist. Man kann aus diesen Wahrscheinlichkeitsrechnungen für bestimmte scheinbare Helligkeiten Grenzen der Distanz angeben, innerhalb deren ein zufälliges Zusammenstehen von Sternen unwahrscheinlich ist.

Sternpaare, die sich rein zufällig nebeneinander an die Sphäre projizieren, nennt man ein *optisches Paar* oder auch *optische Doppelsterne*. Bei den anderen, nicht zufälligen Paaren, liegt ein physikalischer Grund für ihr Beieinanderstehen vor, sie heißen deshalb *physische Doppelsterne*.

Statistisches Unterscheidungsmerkmal
zwischen physischen und optischen Doppelsternsystemen

Helligkeit	Distanz	Helligkeit	Distanz
$10^{m}.0$	$6''$	$5^{m}.0$	$63''$
9.0	10	4.0	100
8.0	16	3.0	160
7.0	25	2.0	250
6.0	40	1.0	400

Sollen zwei eng benachbarte Sterne gerade getrennt gesehen werden, so muß der Lichtschwerpunkt des einen Sternes wenigstens in den ersten Dunkelring der Beugungsfigur des anderen Sternes fallen. Aus dieser Bedingung läßt sich die sogenannte Dawes-Formel herleiten, die das theoretische Trennungsvermögen ϱ'' (Distanz der Komponenten in Bogensekunden) in Abhängigkeit vom Objektivdurchmesser D beschreibt:

$$\varrho'' = \frac{11''.7}{D} \quad [\text{D in cm}].$$

Die Formel darf nur als Näherung betrachtet werden. Sie ist für kleine bis mittlere Fernrohre bei etwa gleicher Helligkeit der Komponenten und nicht zu schlechten Luftverhältnissen recht brauchbar. Die Tabelle gibt für einige gebräuchliche Objektivdurchmesser das Trennungsvermögen ϱ''.

D (Objektivdurchmesser)			ϱ'' (Trennungsvermögen)
1	Zoll =	2.54 cm	4.7
1.5	Zoll =	3.8 cm	3.1
2	Zoll =	5.1 cm	2.3
2.5	Zoll =	6.3 cm	1.8
3	Zoll =	7.1 cm	1.6
4	Zoll =	10.0 cm	1.2
5	Zoll =	12.7 cm	0.9
6	Zoll =	15.2 cm	0.8
200	Zoll =	500 cm	0.023

Das Auge sieht zwei Gegenstände dann getrennt, wenn sie unter einem Winkelabstand von wenigstens 60'' erscheinen. Um für ein Fernrohr mit dem Objektivdurchmesser D [cm] die theoretische Auflösung zu erreichen, muß eine Mindestvergrößerung V_{min} verwendet werden, so daß:

$$\frac{11.7}{D \, [cm]} \cdot V_{min.} = 60'' \quad \text{oder:}$$

$$V_{min} \sim 5 \cdot D \, [cm]$$

d.h., die Mindestvergrößerung beträgt etwa das 5fache des Objektivdurchmessers.

Der physikalische Grund für die Existenz von Doppelsternen ist die allgemeine Gravitation (s. S. 214). Die Masseanziehung hält diese Systeme zusammen und zwingt die beiden Sternkomponenten um ihren gemeinsamen Schwerpunkt zu kreisen. Das Erkennen dieses Sachverhalts ist noch nicht sehr alt, die Realität physischer Doppelsternsysteme wurde erst um die Wende vom 18. zum 19. Jahrhundert erkannt. Seitdem gibt es den Wissenschaftszweig der Doppelsternforschung.

a) Visuelle Doppelsterne

Relative Positionsbestimmungen liefern im Laufe der Zeit die scheinbare Bahn des einen Sterns um den anderen. Diese Positionsmessungen erstrecken sich auf Messung der gegenseitigen Distanz in Bogensekunden und auf den Positionswinkel, der von Norden über Osten, Süden, Westen bis 360° gezählt wird. — Es ist verständlich, daß diese Messungen nur eine scheinbare Bahn liefern können, denn nur die Projektion der wahren Bahn auf die Sphäre wird erfaßt. Nur wenn die Bahnebene eines Doppelsternsystems senkrecht auf der Visionsrichtung steht, ist die Bahn nicht durch eine Neigung der Bahnebene verzerrt. Da meist relative Positionsbeobachtungen durchgeführt werden, also die Bewegung der lichtschwächeren Komponente gegenüber der helleren beobachtet wird, ist die tatsächliche Bewegung beider um ihren gemeinsamen Schwerpunkt nicht ohne weiteres zu ermitteln.

In konsequenter Weiterführung der Methoden der Himmelsmechanik (siehe S. 215) sind auch für Doppelsterne entsprechende Rechenverfahren zur Bahnbestimmung entwickelt worden. Heute kennt man von ca. 600 Doppelsternen mehr oder weniger sichere Bahnelemente. Schätzungsweise wird man in den nächsten hundert Jahren von weiteren 600 Doppelsternen Bahnbestimmungen durchführen können. Nach W. Gliese befinden sich im Bereich bis 20 Parsek, also in unmittelbarer Nachbarschaft zu unserer Sonne, 184 Doppelsterne, doch konnten nur bei 71 von diesen die Bahnen bestimmt werden. Aus diesen Daten ist bei Kenntnis der Parallaxe des Systems die Massensumme der beiden Komponenten ableitbar. Werden die Positionen beider Komponenten eine längere Zeit getrennt mit dem Meridiankreis oder photographisch bestimmt, dann ist auch die Ableitung des Massenverhältnisses der Komponenten und damit ihrer Einzelmassen möglich. Dieses Verfahren liefert besonders zuverlässige Werte der Sternmassen. In der Tabelle auf S. 476 sind die Einzelmassen der Komponenten von 39 gut bekannten visuellen Doppelsternen angegeben.

Massensumme visueller Doppelsterne

Spektraltyp	Anzahl	Massensumme in Sonnenmassen
B	1	10.65
A	15	5.21
F	12	2.56
G	34	2.42
K	11	2.15
M	2	0.64

Gibt man eine entsprechende Massensumme für ein System vor, dann kann man umgekehrt die Parallaxe des Doppelsterns abschätzen. Die so erhaltenen Entfernungen bezeichnet man als *hypothetische Parallaxen* (siehe auch S. 368); heute werden diese Parallaxen nicht mehr benutzt. Sehr sichere Entfernungswerte erhält man hingegen mit den *dynamischen Parallaxen*. Bei Kenntnis der Bahnelemente, großen Halbachse (im Winkelmaß) und der Umlaufzeit, sowie der scheinbaren Helligkeiten der beiden Komponenten des Systems kann man mit Hilfe der Masse-Leuchtkraft-Relation (s. S. 395) und dem 3. Keplerschen Gesetz (s. S. 214) die Parallaxe bestimmen. Natürlich gilt das 3. Keplersche Gesetz auch für Doppelsternbahnen; da hier aber die große Halbachse nur im Winkelmaß bekannt ist, geht in das Gesetz die unbekannte und gesuchte Parallaxe ein, ferner als weitere Unbekannte die Masse des Systems.

$$\mathfrak{M} \cdot \pi^3 = a^3/U^2$$

($\mathfrak{M}$ = Masse, π = Parallaxe, a = große Halbachse, U = Umlaufszeit).

Die bekannten scheinbaren Helligkeiten der Komponenten hängen ebenfalls über die gesuchte Parallaxe mit der absoluten Leuchtkraft zusammen und diese ist wiederum über die Masse-Leuchtkraft-Beziehung mit der Masse verknüpft. Wir gewinnen also drei Gleichungen aus denen die drei Unbekannten (die Massen der beiden Komponenten und die Parallaxe) bestimmbar sind.

Der Doppelsternkatalog von Aitken enthält 17 180 Systeme zwischen dem Nordpol des Himmels und —30° Deklination. Der Johannesburger Katalog von Innes gibt etwa ebensoviele für den Südhimmel. Ein 1963 erschienener Indexkatalog von Jeffers, van den Bos und Greeby faßt Nord- und Südhimmel zusammen und nennt 64 247 bis Ende 1960 bekannt gewordene visuelle Doppelsterne, wobei allerdings nur die erste und letzte Messung angegeben ist.

Bezeichnet werden Doppelsterne nach dem Entdecker und mit der von ihm veröffentlichten Katalognummer (soweit sie nicht schon Namen nach den allgemeinen Sternbezeichnungen für helle Sterne tragen, s. S. 321). Für die Entdeckernamen sind in der Literatur und vor allem im Indexkatalog Abkürzungen in Gebrauch, von denen die meist genannten hier erklärt sind. Es bedeuten:

A	= Aitken	HZG	= Hertzsprung
B	= van den Bos	I	= Innes
BAZ	= Baize	J	= Jonckheere
β	= BU = Burnham	KUI	= Kuiper
Cou	= Couteau	LUY	= Luyten
δ	= DAW = Dawson	MUL	= Muller
DOB	= Doberck	RAB	= Rabe
DOM	= Dommanget	RST	= Rossiter
ES	= Espin	S	= South
φ	= FIN = Finsen	λ	= SEE = See (Lowell Obs.)
H	= Wilhelm Herschel	Σ	= STF = W. Struve
h	= HJ = John Herschel	HO	= Hough
HLD	= Holden	HU	= Hussey

GΣ = STG = G. Struve   VBS = van Biesbroeck
OΣ = STT = O. Struve   VOU = Voute

Innerhalb der Systeme werden die Komponenten mit A, B, C usw. bezeichnet.
Doppelsternsysteme sind nicht auf eine Duplizität, also auf zwei Komponenten
beschränkt, es kommen auch Mehrfachsysteme vor. Bei dreifachen Systemen
umkreist ein enges Paar meist in größerer Distanz die dritte Komponente.
Ja, es kann vorkommen, daß jede dieser drei Komponenten nochmals, zwar
nur spektroskopisch nachweisbar, enge Doppelsterne sind; ein solches sechs-
faches System ist Castor = a Gem. (Weitere Beispiele für Mehrfach- und
Doppelsternsysteme unter den
hellen Sternen des Himmels
geben die Tabellen auf S. 441 und
476. In den Sternkarten auf
Seite 328 ff. sind die Doppelsterne
durch besondere Symbole gekennzeichnet.)

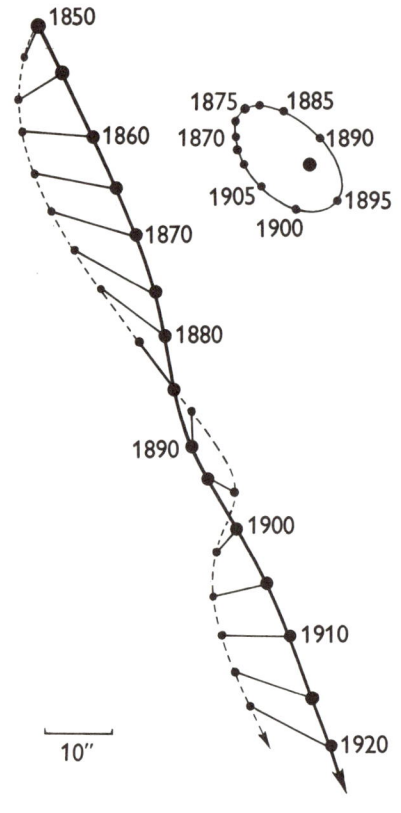

Exakte Eigenbewegungsbestim-
mungen (s. S. 374) haben bei einigen Sternen gezeigt, daß die Eigenbewegungen nicht gradlinig
gleichförmig verlaufen, sondern
um eine Gerade herumpendeln.
Hieraus muß man schließen, daß
ein nicht sichtbarer Begleiter vorhanden ist, der diese Bahnbewegung der hellen Komponente um
einen beiden gemeinsamen
Schwerpunkt verursacht. Unsichtbare Begleiter werden mit
den Buchstaben a, b, c ... bezeichnet.
Als Beispiel die nebenstehende
Abbildung. Sie zeigt die Eigenbewegung von Sirius in den
Jahren von 1850 bis 1920 (aus-
gezogene Linie). Aus der Krümmung wurde auf einen Begleiter geschlossen,
dessen Bewegung auf der gestrichelten Linie erfolgen sein muß. Der Siriusbegleiter, ein Weißer Zwerg, wurde dann auch im Jahre 1862 optisch gefunden. Oben ist noch die relative Bahn dieses Begleiters um Sirius dargestellt.

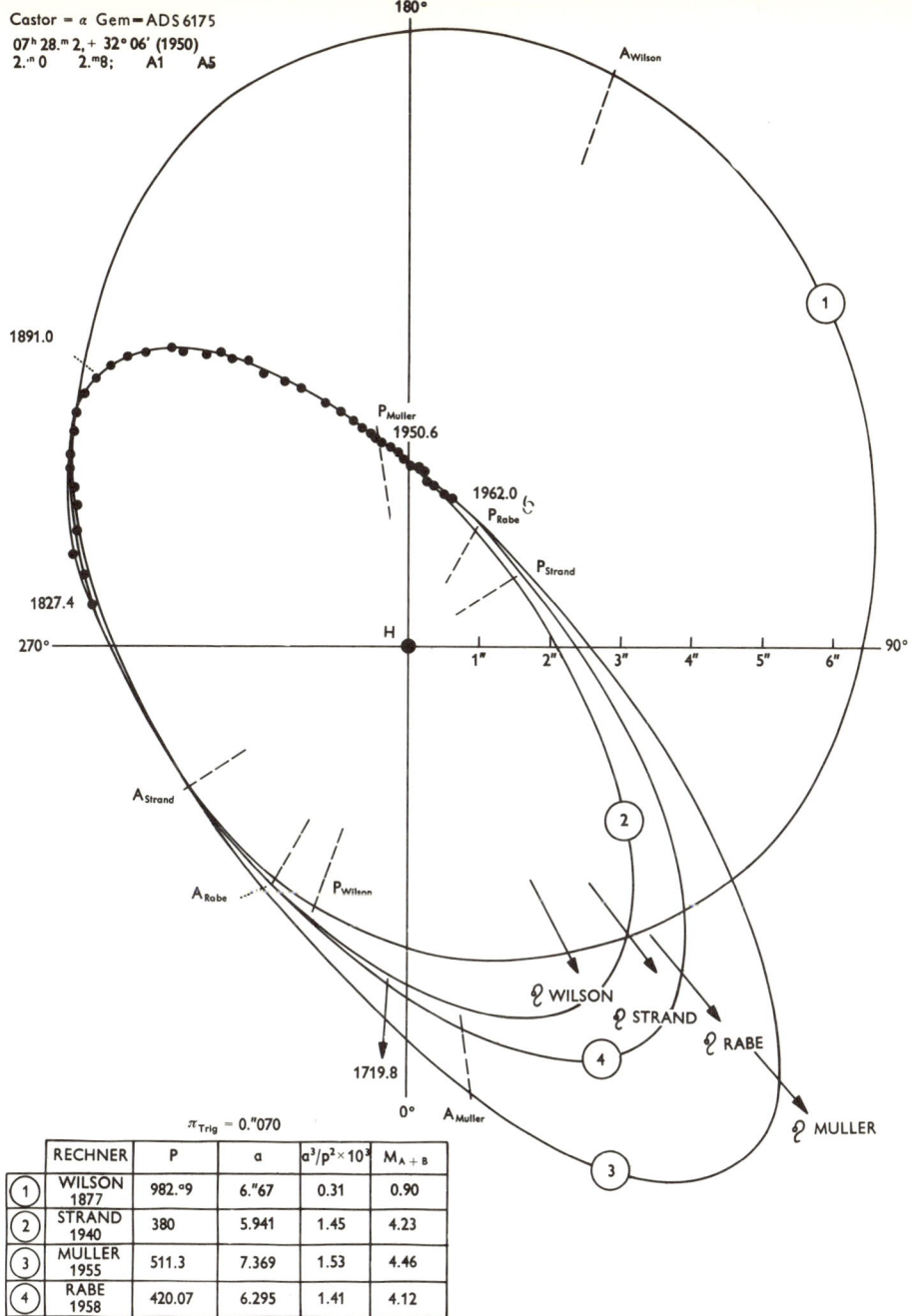

Castor = α Gem = ADS 6175
07h 28.m2, + 32° 06' (1950)
2."0   2.m8;   A1   A5

180°

A_Wilson

1891.0

P_Muller
1950.6

1962.0
P_Rabe

P_Strand

270°   H   90°
                                        1"   2"   3"   4"   5"   6"

1827.4

A_Strand

A_Rabe   P_Wilson

℧ WILSON

℧ STRAND

℧ RABE

1719.8
                                        0°   A_Muller
                                                                        ℧ MULLER

π_{Trig} = 0."070

	RECHNER	P	a	a³/p²×10³	M_{A+B}
1	WILSON 1877	982.°9	6."67	0.31	0.90
2	STRAND 1940	380	5.941	1.45	4.23
3	MULLER 1955	511.3	7.369	1.53	4.46
4	RABE 1958	420.07	6.295	1.41	4.12

Beispiel für eine umstrittene Doppelsternbahn: Die Bahn des Doppelsterns Castor wurde
bisher 23mal berechnet. Eine ältere und die drei letzteren Bahnen sind abgebildet. Jeder
Punkt stellt ein Mittel aus 20 bis 30 Messungen dar. Es bedeutet H = Hauptstern,
P = Periastron, A = Apastron und ℧ = Richtung der Knotenlinie, welche die Kipp-
achse zwischen wahrer und scheinbarer Bahn festlegt.

Visuelle Doppelsterne mit bekannten Bahnen und Massen

| Stern | | Position 1950 | | m_{vis} | | π"5) | M_{vis} | | Spektraltyp | | Umlaufs-zeit | Gr. Halbachse | Masse $\odot$ = 1 | | hel. Position 1970 Pos. | |
Benennung	ADS¹)	Rekt.	Dekl.	A	B		A	B	A	B	Jahre	"	A	B	Winkel	Distanz
Σ 3062	61	0ʰ 3ᵐ.5	+58° 9'	6ᵐ.5	7ᵐ.3	0.048	5ᵐ.0	5ᵐ.7	dG3	dG8	106.83	1.432	1.2	1.2	265°	1".4
η Cas	671	0 46.1	+57 33	3.4	7.2	169	4.6	8.4	G0 V	dM0	480	11.993	1.0	0.6	302	11.5*
UV Cet	Luy 726-8	1 36.4	−18 13	12.4	13.0	385	15.2	15.9	dM6e	dM6e	54.54	2.38	0.05	0.03	320	2.2
ρ Eri	Dunlop 5	1 37.9	−56 27	6.0	6.0	148	6.8	6.8	K2 V	K5 V	407.65	7.34	0.4	0.4	198	10.6*
o² Eri BC	3093	4 13.2	− 7 44	9.5	11.0	201	11.2	12.6	DA	dM4e	252	7.05	0.5	0.2	344	8.1*
Ross 614	—	6 26.9	− 2 46	11.1	14.8	248	13.1	16.8	dM4e	dM4	16.5	0.98	0.14	0.08	33	1.2
α CMa	5423	6 43.0	−16 39	−1.5	8.7	375	1.4	11.5	A1 V	DA 5	50.09	7.50	2.2	1.0	68	11.2
α Gem	6175	7 31.4	+32 0	2.0	2.8	66	1.1	2.0	A0 V	A5m	420.07	6.295	1.7	3.2	131	1.8
α CMi	6251	7 36.7	+ 5 21	0.3	10.8	287	2.6	13.1	F5 V	DF	40.65	4.55	1.8	0.7	238	2.6
ζ Cnc AB²)	6650	8 9.3	+17 48	5.7	6.0	42	3.8	4.2	G0	G0	59.7	0.884	1.0	0.9	330	1.0
ζ Cnc AB-Cc²)	6650	8 9.3	+17 48	5.0	6.6	42	3.1	4.8	G0	G2	1150	7.96	1.9	1.8	83	5.6*
ε Hya AB	6993	8 44.2	+ 6 36	3.8.	5.0	23	0.6	1.8	G0 III	G0 IV	15.03	0.226	2.3	2.0	275	2.9*
Σ 1321	7251	9 11.4	+52 55	8.1	8.1	163	9.2	9.2	M0 V	M0 V	687	16.52	0.5	0.5	84	17.8*
γ Leo	7724	10 17.2	+20 6	2.6	3.8	26	−0.3	0.9	K0 III	G7 III	701.4	2.742	1.3	1.1	122	4.4*
ξ UMa	8119	11 15.6	+31 49	4.3	4.8	127	4.8	5.3	G0 V	G0 V	59.74	2.56	1.1	1.1	122	2.9*
γ Vir	8630	12 39.1	− 1 11	3.5	3.5	82	3.1	3.1	F0 V	F0 V	171.85	3.72	1.6	1.5	303	4.6*
42 Com	8804	13 7.6	+17 47	5.0	5.0	51	3.6	3.6	F5 V	F5 V	25.83	0.672	1.7	1.7	12	0.4
Σ 1785	9031	13 46.8	+27 14	8.0	8.5	75	7.4	7.9	dK6	dK6	155	2.42	0.7	0.7	152	3.2*

Name	Nr.[1]	RA	Dec						Sp.	Sp.						[5]
α Cen	—	14 36.6	−60 38	−0.0	1.4	751	4.4	5.8	G2 V	K5 V	79.92	17.583	1.1	0.9	204	18.2*
ξ Boo	9413	14 49.1	+19 19	4.7	6.9	148	5.6	7.7	G8 V	K5 V	151.5	4.90	0.8	0.7	340	7.1*
ι Boo	9494	15 2.2	+47 51	5.3	6.0	33	4.9	5.6	G2 V	G2 V	246.2	4.10	0.9	1.1	335	0.5
η CrB	9617	15 21.1	+30 28	5.6	5.9	63	4.6	4.9	G2 V	G2 V	41.56	0.839	0.9	0.8	183	0.6
σ CrB	9979	16 12.8	+33 59	5.8	6.8	47	4.2	5.2	dF6	dG1	1000	6.60	1.4	1.4	231	6.5*
λ Oph	10087	16 28.4	+ 2 6	4.2	5.2	15	0.1	1.1	A0	A	129.87	0.970	9.0	7.0	355	1.1
ζ Her	10157	16 39.4	+31 41	2.9	5.5	102	3.0	5.5	G0 IV	dK0	34.385	1.369	1.2	0.9	230	0.9
Wolf 630	—	16 52.8	− 8 14	10.0	10.0	152	8.9	8.9	dM3e	dM3	1.714	0.20	0.4	0.4	230	0.2
μ Dra	10345	17 4.3	+54 32	5.8	5.8	43	4.0	4.0	dF6	dF6	1922	7.99	0.9	0.9	61	2.2
Melb 4	—	17 15.5	−34 56	6.1	7.6	137	6.8	8.3	dK5	K7 V	42.06	1.837	0.8	0.6	170	0.1
70 Oph	11046	18 2.9	+ 2 32	4.3	6.0	193	5.7	7.5	K0 V	dK6	87.85	4.551	1.0	0.7	55	2.4*
Σ 2398	11632	18 42.5	+59 30	9.2	9.9	280	10.9	12.1	dM4	dM4	351.53	13.141	0.4	0.4	165	14.7*
ε^1 Lyr[3]	11635 AB	18 42.7	+39 37	5.1	6.2	18	1.4	2.5	A2	A4n	1165.6	2.78	1.6	1.1	358	2.7*
ε^2 Lyr[3]	11635 CD	18 42.7	+39 34	5.1	5.3	18	1.4	1.6	A3n	A5	578.78	0.622	6.7	6.1	96	2.2
γ CrA	—	19 3.0	−37 8	4.8	5.1	50	3.3	3.6	F7	F7	120.42	1.907	1.9	1.9	21	1.6
δ Cyg	12880	19 43.4	+45 0	3.0	6.6	21	−0.4	3.2	A0 III	F2 V	537.31	2.561	2.1	1.3	239	2.2
β Del	14073	20 35.2	+14 25	4.1	5.1	33	1.7	2.7	F5 III	G	26.65	0.475	2.3	2.0	320	0.4
61 Cyg	14636	21 4.7	+38 28	5.2	6.0	293	7.5	8.4	K5 V	K7 V	691.61	24.44	0.7	0.5	144	28.4*
τ Cyg	14787	21 12.8	+37 49	3.8	6.4	46	2.2	4.7	F0 IV	G2 V	49.80	0.85	1.5	1.1	185	0.9
ζ Aqr AB-C[4]	15971	22 26.2	− 0 17	4.4	4.6	43	2.6	2.8	F2 IV	dF1	600	4.013	1.1	1.1	231	1.2
Krüger 60	15972	22 26.3	+57 27	9.9	11.4	248	11.8	13.4	dM4	dM6	44.6	2.412	0.3	0.2	241	1.8

1) Nummer nach dem Doppelsternkatalog von Aitken. 2) 4-faches System. 3) 3-faches System. 4) 4-faches System. *) Doppelsterne, die zur Zeit mit einem Fernrohr von 5 cm Öffnung getrennt werden können. 5) Dividiert man 3.26 durch π, ergibt sich die Entfernung in Lichtjahren.

Ein ähnlicher Fall der visuellen Entdeckung eines aus der veränderlichen Eigenbewegung vermuteten Begleiters ereignete sich 1956 beim Stern Ross 614 (s. Tabelle S. 476).

Bei einigen anderen Sternen wurden so Komponenten festgestellt, die meist wegen ihrer Lichtschwäche und ihrer geringen Masse nicht gesehen werden können. In den bereits bekannten Doppelsternsystemen von 61 Cygni und 70 Ophiuchi wurden unsichtbare Komponenten entdeckt mit Massen, die etwa in der Mitte zwischen derjenigen von Sonne und Jupiter liegen, also bereits von planetarer Größenordnung sind. Andere Autoren zweifeln die vermutete Existenz unsichtbarer Komponenten stark an, zumindest bei den in der Tabelle aufgeführten Systemen μ Dra, ξ Boo sowie bei 61 Cyg, da deren große Halbachsen merklich unter 0.″05 liegen. Ziemlich sicher scheinen die unsichtbaren Begleiter aber bei den Systemen Σ 2934 (Halbachse 0.″09), ι Cas (Halbachse 0.″10, Umlauf ca. 50ᵃ, Masse 0,8) sowie bei ζ Cnc zu sein. Bei Barnards Stern, BD + 4° 3561 gelang Peter van de Kamp der Nachweis eines planetarischen Begleiters von nur 0.0015 Sonnenmassen, was etwa 1.6 Jupitermassen entspricht.

Visuelle Doppelsterne kommen in allen Spektralklassen vor, jedoch besonders häufig in den mittleren A, F und G. Bis zur neunten Größe ist unter 18 Sternen ein visueller Doppelstern; 4 bis 5 % aller Doppelsterne sind Mehrfachsysteme. Eine Untersuchung der räumlichen Verteilung zeigt keine Abweichung gegenüber Einzelsternen der entsprechenden Spektralklassen.

Visuelle Doppelsterne mit einer unsichtbaren Komponente

System	Periode in Jahren	große Halbachse ″	Exzentrizität	Masse Sonne = 1	gr. Achse in Erdbahnradien
ζ Aquarii	25.0	0.080	0.0	0.3	13
μ Draconis. . . .	3.2	0.026	0.4	0.6	2.8
ξ Bootis.	2.2	0.020	0.0	0.1	1.5
61 Cygni	4.9	0.020	0.7	0.016	2.4
70 Ophiuchi. . . .	17.0	0.015	—	0.01	6
Ci 1244	26.5	0.060	—	0.03	0.54
Barnards Stern . .	24.0	0.025	—	0.0015	4.4

Mit dem bloßen Auge kann man bei besten Sichtverhältnissen noch Systeme mit einer Distanz von etwa 3½ Bogenminuten trennen (ε_1 u. ε_2 Lyrae). Beste optische Systeme erreichen ungefähr 0.″15. Es ist ohne weiteres ersichtlich, daß dies eine optische und keine physikalische Grenze ist. — Es gibt nun ein anderes Beobachtungsverfahren, engere Doppelsternsysteme auszumachen, nämlich die Spektroskopie. Die nur von ihr erkannten Systeme bezeichnet man als *spektroskopische Doppelsterne*. Eine weitere Erkennungsmöglichkeit besteht dann, wenn die Bahnebene so gegen die Visionsrichtung geneigt ist, daß eine gegenseitige Bedeckung der einzelnen Komponenten zustande kommt. Diese Bedeckung ruft Schwankungen der Gesamthelligkeit des Systems hervor, die photometrisch erfaßbar und meßbar sind. Die Einteilung der Doppelsterne in:

visuelle Systeme, spektroskopische Systeme und Bedeckungsveränderliche beruht also im wesentlichen auf dem gegenseitigen Winkelabstand der Komponenten.

Häufigkeiten der Spektraltypen bei Doppelsternen bis 9^m

	B %	A %	F %	G %	K %	M %	unbek. %
Visuelle Doppelsterne . . .	1.7	21.4	15.3	33.2	15.6	1.4	11.4
Spektroskop. Doppelsterne u. Bedeckungsveränderl. .	29	32	15	9	13	2	—
Alle Sterne bis vis $8^m.25$ . .	11	22	19	14	31	3	—

b) Spektroskopische Doppelsterne

Sternspektren zeigen mitunter eine Überlagerung zweier verschiedener Spektren, etwa das Heliumspektrum eines heißen Sterns frühen Spektraltyps und das Metallinienspektrum eines Sterns der Klassen F bis K. Solche Spektren bezeichnet man als *zusammengesetztes* Spektrum. — Bei anderen Sternen hingegen ist die Linienverschiebung auf Grund des Dopplereffekts variabel. Dies deutet auf eine veränderliche Radialgeschwindigkeit hin. Wieder andere Sternspektren zeigen zu bestimmten Zeiten eine Verdopplung der Spektrallinien.

Häufigkeit der Periodenlänge bei spektroskopischen Doppelsternen

Spektrum	Periodenlängen kleiner als 20^d	Periodenlängen größer als 20^d
O — B 7	32	2
B 8 — A 9	42	7
d F 0 — d F 9	39	8
d G 0 — d G 9	8	4
d K 0 — d K 9	2	1
g F 0 — g F 9	8	6
g G 0 — g G 9	4	17
g K 0 — g K 9	2	13

Diese Erscheinungen können meist durch die Bewegungen von sehr engen Doppelsternkomponenten umeinander erklärt werden. Zwar liegen ausreichende Beobachtungen, die eine Bahnbestimmung der spektroskopischen Komponente ermöglichen, erst für etwa 700 Systeme vor, doch kann man auf Grund der Erfahrungen mit hellen Sternen sagen, daß spektroskopische Doppelsterne sehr häufig sein müssen. Abschätzungen zeigen, daß man wohl auf etwa drei bis vier Einzelsterne mit einem spektroskopischen Doppelstern rechnen muß. Bis zur neunten Größe würden danach etwa 33000 Systeme zu erwarten sein.

Die Abbildungen zeigen Radialgeschwindigkeitskurven, d. h. Diagramme, in denen die zu verschiedenen Zeiten gemessenen Radialgeschwindigkeiten gegen die Zeit aufgetragen sind. Bei dem einen System kann nur eine Komponente gemessen werden. Wie man aus Erfahrung weiß, sind nur dann

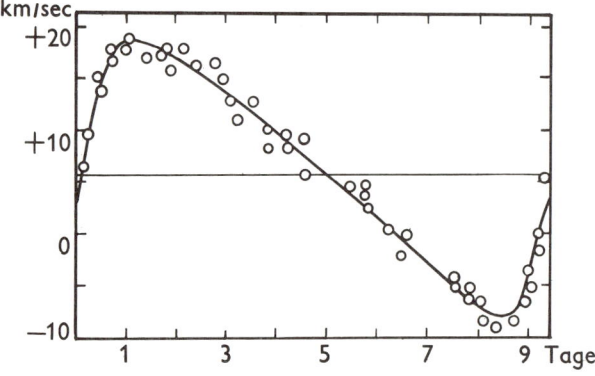

Zwei Beispiele für Radialgeschwindigkeitskurven spektroskopischer Doppelsterne. Oben ist nur eine Komponente, unten sind beide Komponenten im Spektrum sichtbar

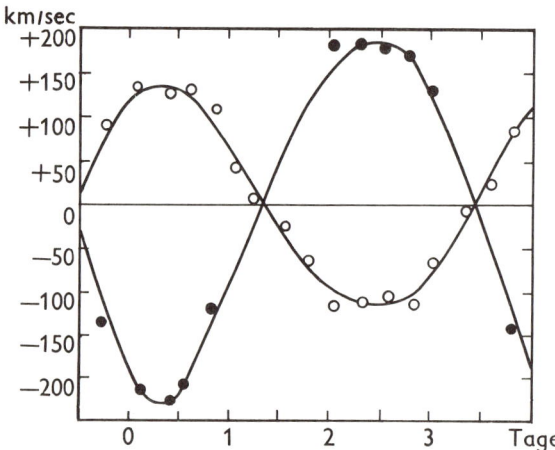

im Spektrum beide Komponenten sichtbar, wenn der Helligkeitsunterschied zwischen ihnen eine Größenklasse nicht übersteigt. Aus solchen Radialgeschwindigkeitskurven lassen sich Bahnelemente ableiten und Bahnen errechnen, wobei aber einige Größen mit der nicht bestimmbaren Bahnneigung behaftet bleiben.

Auch die spektroskopischen Doppelsterne weichen in ihrer Verteilung und in ihren Bewegungsverhältnissen nicht von den Einzelsternen der entsprechenden Spektralklasse ab.

c) Bedeckungsveränderliche

Eine Untergruppe der spektroskopischen Doppelsterne, und zwar besonderer Art, stellen die Bedeckungsveränderlichen dar. Es sind Doppelsterne, deren Bahnebenen so gegen die Visionsrichtung Sonne – System geneigt sind, daß gegenseitige Bedeckungen der einzelnen Komponenten stattfinden, die sich in Helligkeitsänderungen bemerkbar machen. Gleichzeitig sind diese Sterne aber auch in den weitaus meisten Fällen zu den spektroskopischen Doppelsternen zu zählen. Dies zeigt sich auch in ihren statistischen Gesetzmäßigkeiten, die mit denen der spektroskopischen Doppelsterne übereinstimmen.

Durch die Kombination spektroskopischer und photometrischer Beobachtungen haben diese Sterne die meisten und zuverlässigsten Daten über Sternradien (s. S. 388), Massen und Dichten von Sternen (s. S. 393) geliefert. Bei Kenntnis der Parallaxe sind dann sogar alle wichtigen Zustandsgrößen, die einen Stern nach außen hin charakterisieren, ableitbar.

Aufgrund ihrer Lichtkurven unterscheidet man drei bzw. vier verschiedene Arten von Bedeckungsveränderlichen. (Hier werden die im „Generalkatalog veränderlicher Sterne, Moskau 1958" gegebenen Artbezeichnungen benutzt.)

EA *Bedeckungsdoppelsterne* vom *Algol-Typ:* Der Lichtwechsel wird durch wechselweise Bedeckung zweier kugelförmiger Komponenten eines Doppelsternsystems hervorgerufen. Das Normallicht ist annähernd konstant, es kann aber bei der Bedeckung der Komponente mit geringerer Flächenhelligkeit ein Nebenminimum beobachtbar sein. Je nach Größe der beiden Komponenten zueinander und entsprechend dem Neigungswinkel der Bahn (Bahn in Ebene der Visionsrichtung Sonne – System, dann Neigungswinkel = 90°) ändert sich die Lichtkurve etwas. Typischer repräsentativer Vertreter dieser Gruppe ist Algol = β Per, nach ihm werden diese Sterne auch Algol-Sterne genannt.

EB *Bedeckungsveränderliche* vom *β-Lyrae-Typ:* Bedeckungslichtwechsel zweier ellipsoidischer Komponenten, dadurch überlagert sich dem Bedeckungslichtwechsel ein Rotationslichtwechsel. Diese Gruppe umfaßt

Verschiedene Typen von Algol-Lichtkurven:

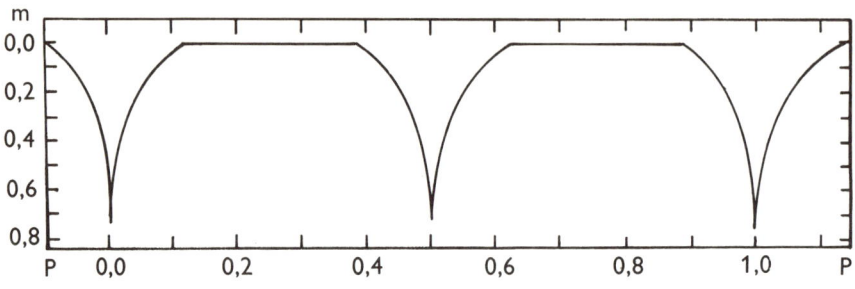

a)   zwei gleichgroße und gleichhelle Sterne, Neigung 90°

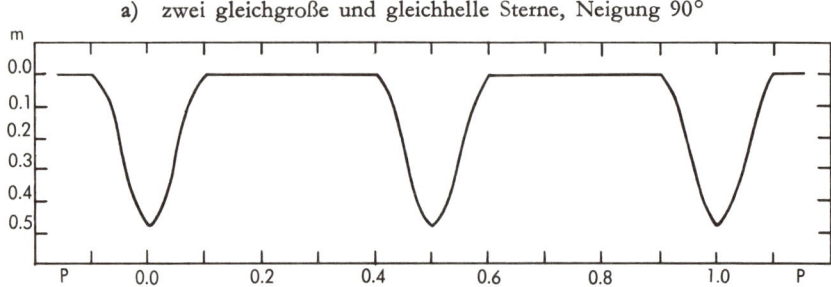

b)   zwei gleichgroße und gleichhelle Sterne, Neigung kleiner als 90°

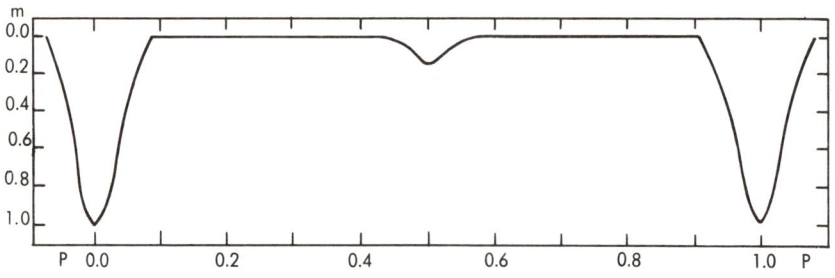

c)   zwei ungleichgroße und verschieden helle Sterne, Neigung kleiner als 90°

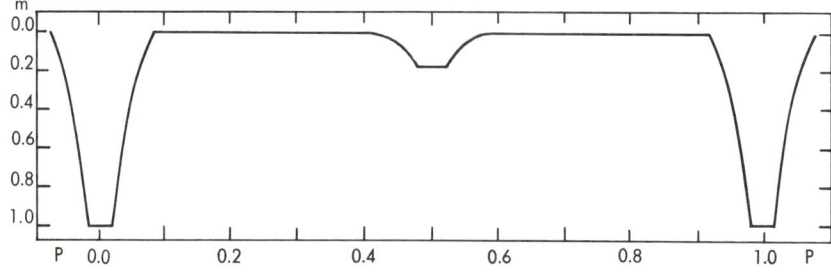

d)   zwei ungleichgroße und verschieden helle Sterne, Neigung 90°

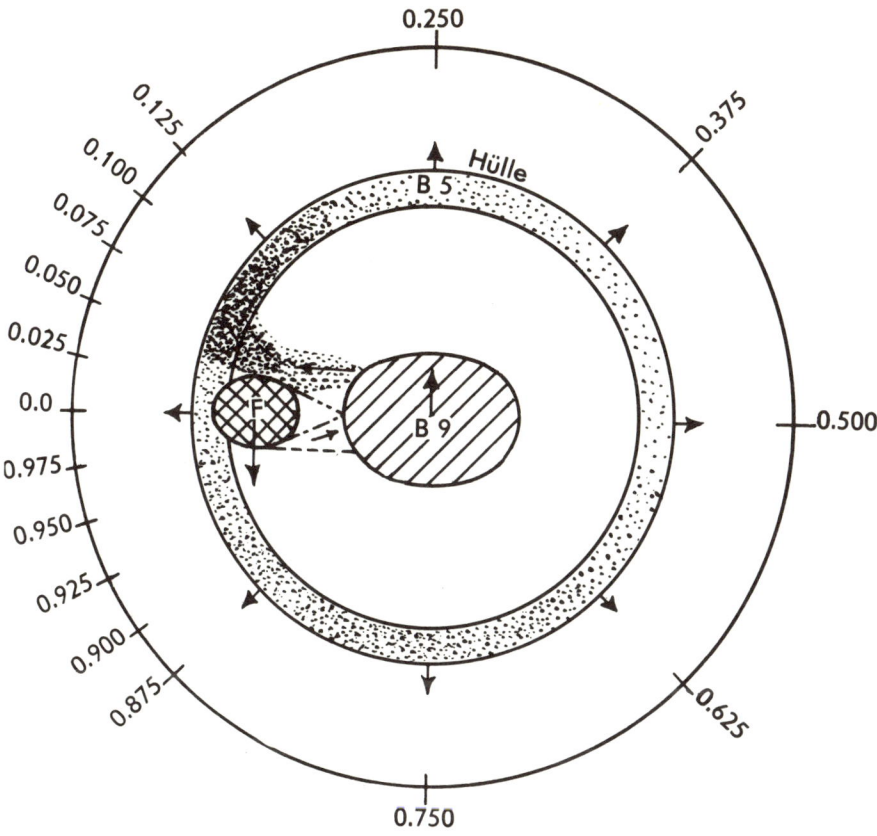

enge Doppelsternsysteme, in denen auch Gasströme (die spektroskopisch nachweisbar sind) zwischen und um die Komponenten auftreten. Typischer Stern dieser Gruppe ist β Lyrae.

Die obenstehende Abbildung gibt eine Modellvorstellung des Systems β Lyrae, zur Deutung aller spektroskopischen und photometrischen Beobachtungen. Den heißen Stern vom Spektraltyp B9 umkreist ein kühlerer Stern (Spektrum F). Von der B9-Komponente geht ein Gasstrom aus, der an dem F-Stern vorbeistreicht und eine expandierende Gashülle um das ganze System aufbaut (Spektrum der Hülle B5). Die auf dem äußeren Kreis angegebenen Zahlen sind die Phasen des Lichtwechsels (vom Minimum = 0 bis zum nächsten Minimum = 1 gezählt). Sie geben jeweils die Richtung Sonne – System zur bestimmten Phase (nach O. Struve).

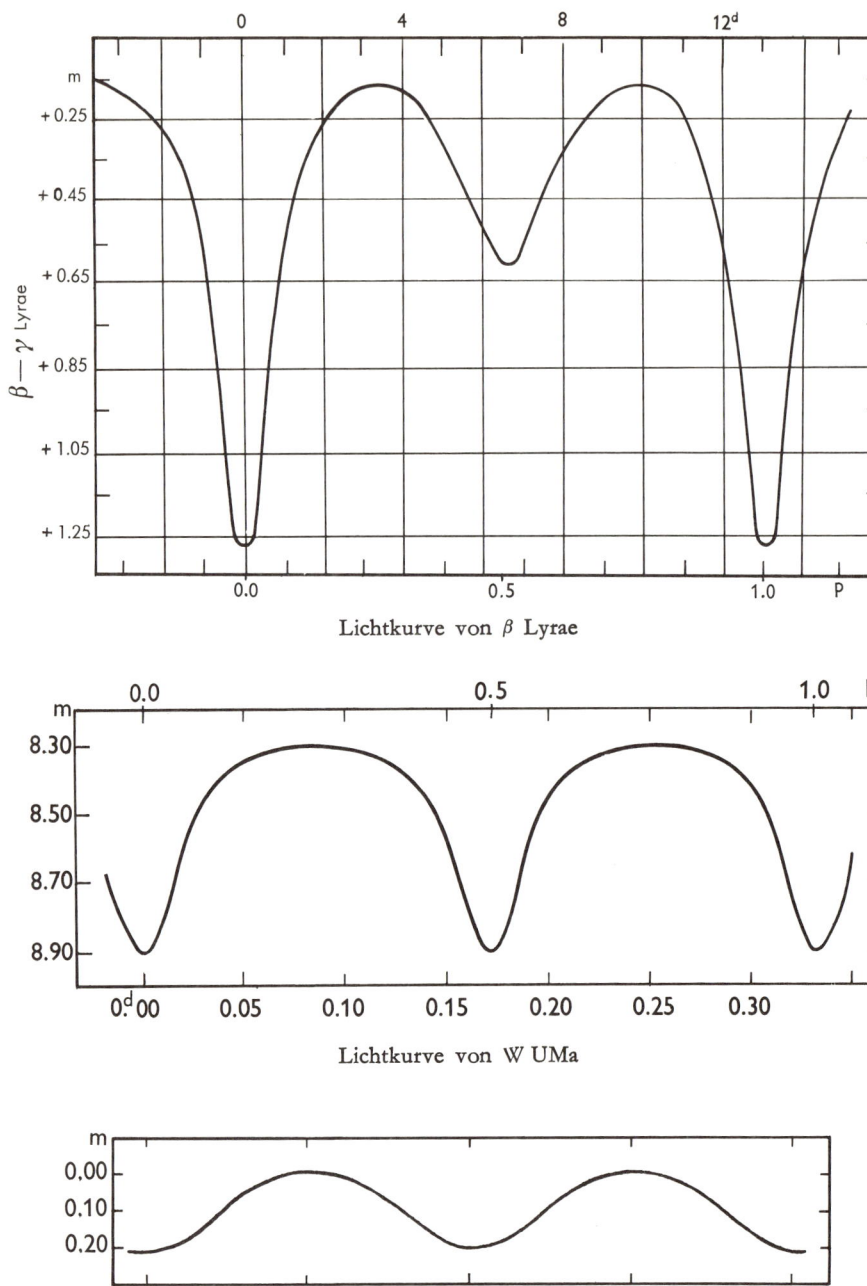

Lichtkurve von β Lyrae

Lichtkurve von W UMa

Lichtkurve bei reinem Rotationslichtwechsel

EW *Bedeckungsveränderliche vom Typ W UMa:* Dies sind noch engere Systeme als β Lyrae; instabile Komponenten mit Gasströmen; Perioden der Helligkeitsänderung ausnahmslos unter 1 Tag. Typischer Vertreter W UMa.

Ell *Doppelsternsystem mit Rotationslichtwechsel:* Bei diesen Systemen findet wegen der Neigung der Bahnebene keine Bedeckung der ellipsoidischen Komponenten mehr statt. Wegen der Verformung der Komponenten tritt ein Rotationslichtwechsel auf. Typischer Vertreter b Per.

Einige weitere Daten über Bedeckungsveränderliche

Typ	relative Häufigkeit	mittlere Amplitude	Elliptizität d. Sterns	mittlere Periode	Spektrum
EA Algol-Typ	60%	1.4 mag	1.0	3^{d}	A
EB β-Lyrae-Typ	20	} 0.9	0.93	1.5	B–A
EW W UMa-Typ	10	}	0.79	0.4	F–G
Bedeckungsver. Riesen	1			1 000 ?	
Alle (einschl. unklassifizierte)	100	1.2		2.6	

Verteilung der Perioden bei Bedeckungsveränderlichen

Periode	Algol-Typ	β-Lyrae-Typ	Unbekannt
0^{d}0 – 0^{d}5	9	79	5
0.5 – 1.0	88	83	12
1.0 – 5.0	576	68	32
5.0 – 10.0	113	8	4
10.0 – 15.0	39	4	1
15.0 – 25.0	18	5	1
25.0 – 35.0	9	1	1
>35.0	24	3	3

Lange Perioden haben die Algol-Sterne: ε Aur 9883^{d}, VV Cep 7430^{d} und ζ Aur 973^{d}.

STERNHAUFEN

Die weitaus meisten Sterne sind etwa gleichmäßig im Raum der Milchstraße verteilt. Gelegentlich stehen jedoch relativ viele Sterne eng beieinander und bilden einen sogenannten Sternhaufen. Die Dichte innerhalb dieser Haufen ist so groß, daß es sich nicht um zufällige Ansammlungen von Sternen handeln kann. Außerdem hat sich gezeigt, daß die verschiedenen Sterne des gleichen Haufens alle etwa das gleiche Alter haben. Die verschiedenen Haufen jedoch haben sehr verschiedene Alter. Die Massen der Sterne eines Haufens sind voneinander verschieden. Die Sterne eines Haufens bezeichnet man als Haufensterne, und Sterne, die zu keinem Haufen gehören, als Feldsterne. Jeder Haufen hat als Ganzes eine bestimmte Geschwindigkeit, um die die Geschwindigkeiten seiner Haufensterne nur wenig streuen. Oft erkennt man Feldsterne, die nur zufällig in einem Haufen zu sehen sind, daran, daß sie sich in ihrer Geschwindigkeit von der des Haufens unterscheiden.

Die Dichte innerhalb der Sternhaufen fällt gleichmäßig vom Zentrum nach außen ab. Daher besitzen die Haufen keinen deutlichen „Rand", und ihre Durchmesser sind schwer zu bestimmen. Wieweit sich ein Haufen noch vom allgemeinen Feld abhebt, hängt ab von der Belichtungszeit, von der Entfernung des Haufens und seiner Dichte und vom Hintergrund. — Weiterhin fällt die Dichte im Haufen nach allen Seiten hin etwa gleichmäßig ab, die Sternhaufen sind also etwa rund. Diese Symmetrie wird um so deutlicher, je mehr Sterne der Haufen enthält und je weiter er entfernt ist. Bei geringer Sternzahl fallen die zufälligen örtlichen Schwankungen der Dichte stärker auf.

1. Die verschiedenen Arten

Man unterscheidet drei Arten von Sternhaufen:

kugelförmige Sternhaufen oder Kugelhaufen,
offene Sternhaufen,
Assoziationen.

Der am meisten auffallende Unterschied zwischen offenen und kugelförmigen Sternhaufen liegt in der Anzahl der Haufensterne. In offenen Haufen sieht man meist 20 bis 300 Sterne, in Kugelhaufen bis über 10000. Außerdem ist die Dichte der Sterne in den Kugelhaufen so groß, daß man im Zentrum des

Der Kugelsternhaufen Omega (ω) Centauri. Aufnahme mit dem ADH-Teleskop des Boyden-Observatoriums.

Haufens die Sterne nicht mehr einzeln unterscheiden kann. — Wegen ihrer großen Sternzahl und der großen Entfernung tritt die Symmetrie der kugelförmigen Sternhaufen viel stärker in Erscheinung, was zu dem Namen *Kugelhaufen* Anlaß gab. Die *offenen Haufen* dagegen haben bedeutend weniger Sterne und stehen uns relativ näher; sie wirken daher aufgelockert und „offen".

Zwischen offenen Haufen und Assoziationen bestehen keine deutlichen Unterschiede. Assoziationen sind noch weit offener; ihr mittlerer Durchmesser beträgt rund 100 pc, während die offenen Haufen im Mittel nur 4 pc groß sind. Die Grenze zwischen beiden Arten von Haufen wird meist, etwas willkürlich, auf 10 pc festgelegt. Da somit die Assoziationen weit größer sind als die offenen Haufen, aber doch nicht mehr Sterne enthalten, kann man sie gegen das allgemeine Feld überhaupt nur dann sehen, wenn sie eine genügende Anzahl extrem heller Sterne enthalten (meist O-Sterne). Das aber heißt, daß man nur extrem junge Assoziationen beobachten kann, da die O-Sterne durch ihre schnelle Entwicklung (S. 534) bald wieder verblassen.

Offene Haufen und Assoziationen sind stets dicht zur Ebene der Milchstraße konzentriert; weitaus die meisten liegen in einer etwa 200 pc dicken Schicht, und sie nehmen an der allgemeinen Rotation der Milchstraße teil (S. 597). Die Kugelhaufen dagegen streuen über den weiten Bereich des Halo (S. 590), mit einer vom Zentrum der Milchstraße nach außen gleichmäßig abfallenden Dichte. An der galaktischen Rotation nehmen sie wenig oder nicht teil; ihre Geschwindigkeiten sind unregelmäßig verteilt, sind aber kleiner als die Entweichgeschwindigkeit, so daß die Kugelhaufen bei der Milchstraße verbleiben und sie umkreisen oder durchpendeln. Je weiter sie vom Zentrum der Milchstraße entfernt sind, um so langgestreckter sind ihre Bahnen.

Mittlere Werte

	Kugelhaufen	Offene Haufen	Assoziationen
Ort in Milchstraße	Halo	Ebene	Ebene (Spiralarme)
galaktische Rotation . . .	nein	ja	ja
bekannte Anzahl	150	400	35
geschätzte Anzahl in Milchstraße	300	15 000	700
gegenseitiger Abstand . .	2 000 pc	100 pc	1 000 pc
Durchmesser	60 pc	4 pc	100 pc
Anzahl Sterne heller als $M = O$	400	14	25
Masse (Sonnenmassen) . .	1 000 000	(1 000)	(2 000)
Alter (Millionen Jahre) . .	6 000	50	4

a) Kugelförmige Sternhaufen

Im Hertzsprung-Russell-Diagramm der Kugelhaufen ist die Hauptreihe nur noch bis zur absoluten Helligkeit $M = + 3.5$ mit Sternen besetzt. Alle helleren Sterne, d. h. Sterne mit mehr als 1.3 Sonnenmassen, haben die Hauptreihe bereits infolge ihrer Entwicklung verlassen (S. 538). Die Kugelhaufen sind somit die ältesten Objekte, die wir kennen. Ihr Alter beträgt etwa 6 Milliarden Jahre, nach neueren Abschätzungen sogar über 10 Milliarden.

Daten über kugelförmige Sternhaufen

Anzahl der Sterne in Kugelhaufen	100 000 bis 10 000 000
mittlere integrale Spektralklasse	F 8
mittlerer integraler Farbenindex Korr. wegen Raumrötung	$B—V = + 0.6$
mittlere visuelle absolute Helligkeit	$M_{vis} = —8.1$
geschätzte Anzahl der Kugelhaufen des Milchstraßensystems	500

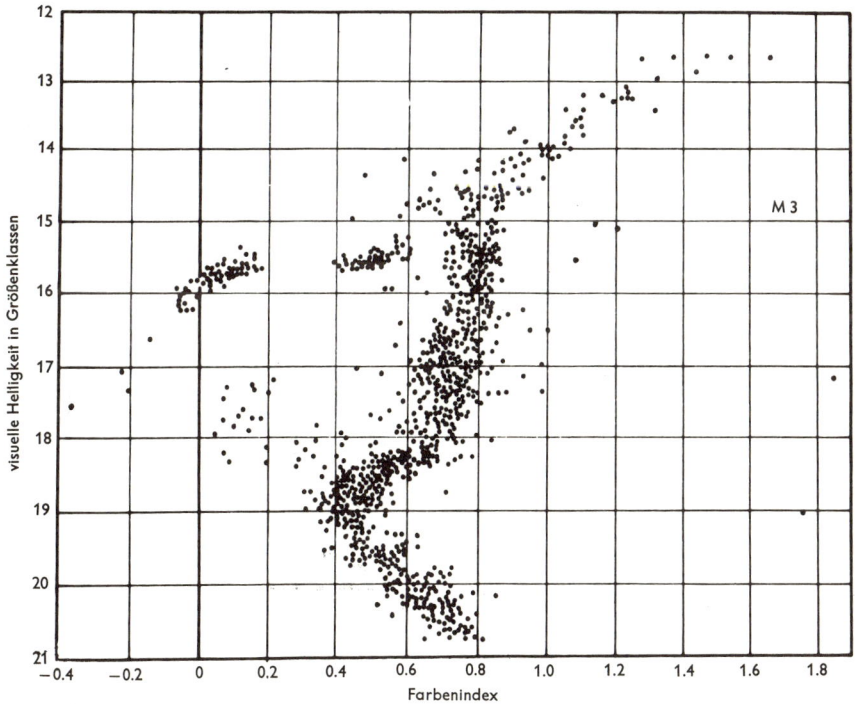

Das beobachtete Hertzsprung-Russell-Diagramm des Kugelsternhaufens M 3.

Vermutlich sind sie in einem Frühstadium der Milchstraße entstanden, als die Milchstraße noch eine etwa runde, turbulente Gasmasse war. Hierfür sprechen Alter, räumliche Verteilung und Geschwindigkeiten der Kugelhaufen. Die Riesensterne der Kugelhaufen haben alle etwa 1.3 Sonnenmassen oder nur wenig mehr. Sie gliedern sich in zwei Äste: einen aufsteigenden rechten Ast und einen waagerechten Ast, der in seiner linken Hälfte (bei allen Kugelhaufen etwa an der gleichen Stelle) ein schmales Gebiet hat, in dem nur Variable liegen. Gelegentlich werden auch an der obersten Spitze des aufsteigenden Astes einige Variable beobachtet. Die Riesen und Variablen befinden sich in fortgeschrittenen Stadien der Entwicklung (s. S. 538). — Die Hertzsprung-Russell-Diagramme der verschiedenen Kugelhaufen zeigen nur geringfügige Abweichungen voneinander.

Die Kugelhaufen enthalten nur Sterne, keine nachweisbaren Mengen von Gas. Man darf annehmen, daß alles Gas, das in ihnen anfangs bei der Sternentstehung noch übriggeblieben war oder das im Laufe der fortgeschrittenen

Auswahl einiger Kugelhaufen

(Var = Anzahl der Variablen, RG = Radialgeschwindigkeit.)

Name	galaktische Koordinaten l^{II}	b^{II}	Durchmesser Winkel [']	linear [pc]	Entfernung [kpc]	vis. Helligkeit [m_{vis}]	RG. [km/sec]	Var
47 Tuc	306	—45	7.6	10	4.6	4.01		11
NGC 2419	180	+25	1.9	32	58	10.7	+ 14	36
M 68	300	+36	2.2	8	11.8	8.31	—116	31
M 53	333	+80	2.9	19	23	7.76	—112	43
ω Cen	309	+15	14.2	20	4.8	3.57		164
M 3	42	+79	3.4	13	13	6.38	—150	187
M 4	351	+16	9.8	9	3.0	5.91		43
M 5	4	+47	4.5	12	9.2	5.93	+ 45	97
M 13	59	+41	4.8	11	8.2	5.87	—228	10
M 12	16	+12	6.9	14	6.8	6.72	+ 36	1
M 62	354	+ 7	3.3	8	8.5	6.66	— 81	26
M 19	357	+10	3.5	7	7.3	6.88	+102	4
M 92	68	+35	3.3	10	10	6.53	—118	16
M 22	10	— 8	10	9	3.1	5.09	—148	24
M 55	9	—23	8.2	16	6.8	6.30		6
NGC 7006	64	—19	1.2	17	48	10.68	—348	40
M 15	65	—27	2.8	11	13	6.36	—114	93

Die beiden offenen Sternhaufen h und χ Persei. Aufnahme mit einem Schmidt-Spiegel durch H. Vehrenberg.

Entwicklung von den Sternen wieder abgestoßen wurde, bei jedem Durchpendeln des Haufens durch die Ebene der Milchstraße aus dem Haufen (durch die Gasmassen der Milchstraße) „herausgefegt" worden ist.

Die Kugelhaufen sind über den Halo der Milchstraße verteilt. Ihre Häufigkeit nimmt vom Zentrum der Milchstraße nach außen schnell, aber gleichmäßig ab (s. die folgende Tabelle). Auch in sehr großer Entfernung sind noch einige Kugelhaufen zu sehen.

Räumliche Verteilung der Kugelhaufen

R	ϱ	R	ϱ
0— 2	270	10—15	1.0
2— 4	47	15—20	0.31
4— 6	30	20—30	0.088
6— 8	6.4	30—40	0.019
8—10	4.9		

R = Abstand vom Zentrum des Milchstraßensystems (kpc),
ϱ = Dichte (Kugelhaufen pro tausend kpc^3).

Im Inneren der Kugelhaufen stehen die Sterne relativ dicht beieinander. Die Dichte im Zentrum von M 3 dürfte etwa 1000 mal größer sein, als die Dichte der Feldsterne in Sonnenumgebung. Die Massen der Kugelhaufen sind nur selten und nicht sehr genau bekannt (s. S. 488) und liegen zwischen einigen hunderttausend und einigen Millionen Sonnenmassen.

Nicht nur unsere Milchstraße, auch andere Sternsysteme sind von einem Halo von Kugelhaufen umgeben. Beim Andromedanebel sind etwa 200 Kugelhaufen beobachtet worden.

b) Offene Sternhaufen

Die Hertzsprung-Russell-Diagramme offener Sternhaufen können voneinander sehr verschieden aussehen, je nach dem Alter des Haufens und der Anzahl seiner Sterne. Die Alter der offenen Haufen streuen zwischen wenigen Millionen und fünf Milliarden Jahren (s. S. 555), im Mittel betragen sie etwa 50 Millionen Jahre. Vom Alter des Haufens hängt es ab, wo das linke obere „Knie" der Hauptreihe liegt, oberhalb dessen sich die Sterne bereits merklich von der Hauptreihe wegtwickelt haben (s. S. 538). Jedoch hängt es von der Anzahl der Haufensterne ab, ob die Hauptreihe überhaupt so hoch hinauf mit Sternen besetzt ist. Ist die Umgebung des Knies noch sehr stark mit Sternen besetzt, so sind auch meist einige Rote Riesen zu beobachten. In den Hyaden, die relativ dicht vor uns liegen, sind auch einige Weiße Zwerge entdeckt worden. Zwischen dem Knie und den Roten Riesen befindet sich die sogenannte

Hertzsprung-Lücke (s. S. 382), in der fast nie Sterne anzutreffen sind. Das bedeutet, daß die dazwischenliegende Phase der Sternentwicklung relativ schnell durchlaufen wird. Variable Sterne werden fast nie in offenen Haufen beobachtet; einige wenige Cepheiden (S. 404) sind Haufenmitglieder.

Offene Haufen, vor allem, wenn sie sehr jung sind, stehen oft in Verbindung mit leuchtenden Gasnebeln. Ein Beispiel dafür sind die Plejaden, deren hellste Sterne von feinen, zirrusartigen Nebeln umgeben sind. — In einigen Fällen ist ein sehr junger offener Haufen zugleich der Kern einer weiter verteilten Assoziation, z. B. der Doppelhaufen h und χ Persei.

Die offenen Haufen sind, wie die folgende Tabelle zeigt, stark zur Ebene der Milchstraße konzentriert, und zwar um so stärker, je jünger sie sind. Die wenigen Haufen in größerem Abstand von der Ebene sind außerdurchschnittlich alte Haufen.

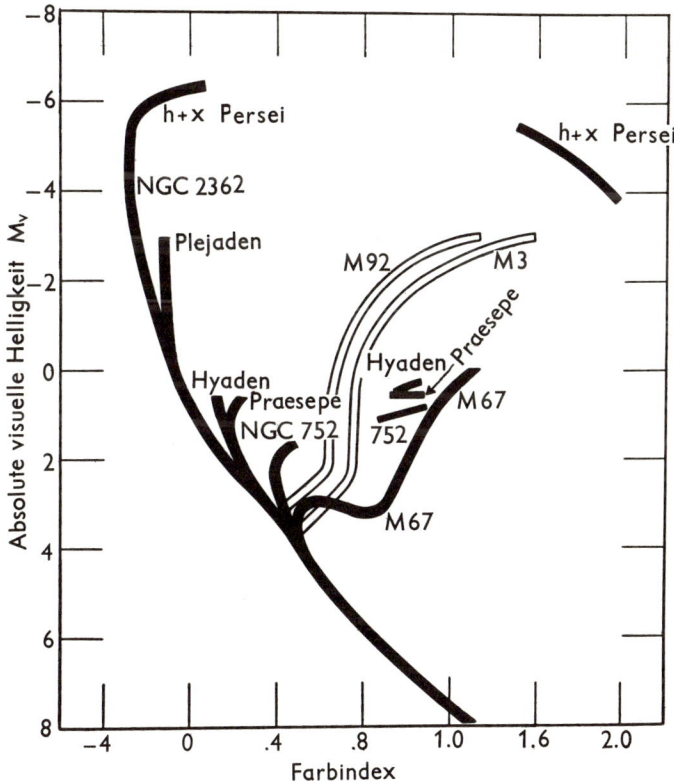

Schematisierte Hertzsprung-Russell-Diagramme einiger offener Haufen, verglichen mit den Kugelhaufen M 3 und M 92 (nach Sandage); s. auch S. 384

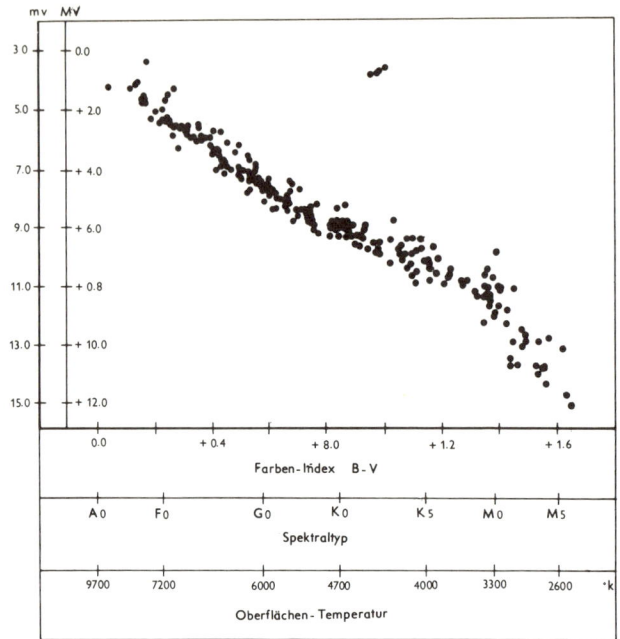

Farbenhelligkeitsdiagramm der Hyaden.

Räumliche Verteilung der offenen Haufen

Abstand von der galaktischen Ebene (Parsec)	0	100	200	300	400	500
Dichte (Haufen pro kpc³)	400	120	30	15	8	4

Entdeckungswahrscheinlichkeit

Wann fällt ein offener Haufen noch genügend auf und bis herab zu wie schwachen Sternen läßt er sich noch verfolgen?

Die Entdeckungswahrscheinlichkeit hängt von zweierlei ab: vom Alter des Haufens und von seiner Entfernung. — Ein älterer Haufen, der z. B. 2700 Millionen Jahre alt ist, ist längs seiner Hauptreihe nur bis herauf zum Spektraltyp F0 besetzt (s. S. 547). Liegt er innerhalb der Ebene des Milchstraßensystems und in 100 pc Entfernung, so ist die Flächendichte seiner hellsten Sterne in der folgenden Abbildung gerade 10mal so groß wie die der gleichhellen Feldsterne; er ist somit noch recht auffällig. Seine Hauptreihe dürfte sich noch bis herab zu etwa G7 verfolgen lassen, von da ab überwiegt die Flächendichte der Feldsterne. Liegt der gleiche Haufen jedoch in 1000 pc Entfernung, so ist die Flächendichte seiner hellsten Sterne nur 2.3mal größer

Der mit bloßem Auge am Winterhimmel gut erkennbare offene Sternhaufen Plejaden (Siebengestirn). In diesem Sternhaufen gibt es eine starke Ansammlung interstellarer Materie, die das Sternlicht der etwa 120 Haufenmitglieder reflektiert.

als die der gleichhellen Feldsterne, und der Haufen würde nur als eine zufällige Verdichtung des Feldes betrachtet werden. Ein jüngerer Haufen dagegen würde sich auch in 1000 pc Entfernung noch deutlich vom Feld abheben, und seine Hauptreihe wäre etwa bis F9 zu verfolgen.

Bewegungshaufen

Einige offene Sternhaufen stehen so dicht bei uns, daß ihre Sterne sich über einen weiten Bereich der Sphäre verteilen und daher schwer von den Feldsternen zu unterscheiden sind. Sie fallen dann nur dadurch auf, daß alle Mitglieder des Haufens untereinander etwa die gleiche räumliche Geschwindigkeit besitzen, während die Geschwindigkeiten der Feldsterne über einen weiten Bereich streuen. Meist kennt man nicht die räumlichen Geschwindigkeiten, sondern nur die Eigenbewegungen der Sterne an der Sphäre (s. S. 374). Die Zusammengehörigkeit des Haufens äußert sich dann dadurch, daß alle Eigenbewegungen seiner Mitglieder auf ein und denselben Punkt der Sphäre zeigen.

Sternhaufen, deren Mitglieder man weniger durch ihre auffällige räumliche Konzentration zu einem Haufenzentrum findet, als durch die Gleichartigkeit ihrer Bewegungen, nennt man *Bewegungshaufen*. Aus größerem Abstand betrachtet, würden die meisten Bewegungshaufen ganz normale offene Sternhaufen darstellen. Eine Ausnahme ist der Ursa-Major-Haufen, der kein dichteres Zentrum erkennen läßt, und der, aus der Entfernung betrachtet, überhaupt nicht als Haufen auffallen würde. (Die meisten hellen Sterne des Großen Bären sind Mitglieder dieses Bewegungshaufens.) Er scheint sich im Stadium fortgeschrittener Auflösung zu befinden (s. S. 556). Beispiele mit gut sichtbarem Zentrum sind die Plejaden (das Siebengestirn) und die Hyaden (Sterngruppe um Aldebaran im Stier), deren hellste Sterne auch mit bloßem Auge gut zu sehen sind. Weitere Beispiele sind die Bewegungshaufen um Praesepe und im Perseus.

Die Spalte „Dichte" der folgenden Tabelle (Sterne pro pc³) bezieht sich auf das Zentrum des Haufens. Zum Vergleich: Die Dichte in Sonnenumgebung beträgt 0.09 Sonnenmassen/pc³ (s. S. 557). Die hier aufgeführten Werte für Dichte und Anzahl sind nur untere Grenzen; die meisten der Haufen dürften eine noch sehr viel größere Anzahl an lichtschwächeren Sternen enthalten.

c) Assoziationen

Die meisten O-Sterne gehören zu Assoziationen oder lassen sich ihnen als „Ausreißer" zuordnen (s. S. 557). Assoziationen sind sehr viel seltener als offene Sternhaufen, daher stehen sie meist in großem Abstand, und somit sind nur extrem helle Sterne (O- und frühe B-Sterne) als Mitglieder erkennbar.

Das Hertzsprung-Russell-Diagramm der Assoziationen ist typisch für ganz junge Objekte: Die Hauptreihe ist noch bis zu den O-Sternen hin besetzt.

Auswahl einiger offener Sternhaufen und Bewegungshaufen

Name	galaktische Koordinaten		Ent-fernung	Durchmesser		Gesamt Hellig-keit	Anzahl der Sterne	Stern-dichte
	l^{II}	b^{II}	[pc]	Winkel [']	linear [pc]	[m_{vis}]		[pc^{-3}]
M 11	27	− 3	1 700	12	6	6.3	80	83
M 16	17	+ 1	2 000	8	5	6.6	40	
M 21	8	0	900	12	3	6.8	40	
M 34	144	−16	480	30	5	5.6	60	
M 36	174	+ 1	1 270	17	6	6.3	50	
M 37	178	+ 3	900	25	7	6.1	200	10
M 38	173	+ 1	980	18	5	7.0	100	0.7
M 39	92	− 2	255	30	2	5.1	20	
M 67	216	+32	830	17	4	6.5	80	
M 103	128	− 2	2 100	7	4	6.9	30	
h Persei	135	− 4	2 200	30	19	4.1	300	1
χ Persei	135	− 4	2 300	30	20	4.3	240	1
Plejaden	167	−24	126	120	4	1.3	120	1.5
Hyaden	179	−24	40.8	400	5	0.6	100	0.4
Praesepe	206	+32	159	90	4	3.7	100	4
Ursa Major	110	·+50	22	1 000	7	−0.2	100	0.4
S Mon	203	+ 2	800	30	7	4.3	60	

In einigen Fällen werden auch sehr helle Rote Riesen beobachtet. Variable Sterne hoher Leuchtkraft sind in Assoziationen nicht bekannt. — Die Orion-Assoziation steht nahe genug, so daß man auch die A-Sterne noch sehen kann. Von A 1 ab liegen die Sterne oberhalb der normalen Hauptreihe; dies sind Sterne, die sich noch im letzten Stadium der Sternentstehung, in der langsamen Kontraktion befinden (s. S. 555). Einige dieser Sterne fallen durch Emissionslinien auf (s. S. 573) oder sind T-Tauri-Variablen s. auch unter RW-Aur-Sternen (s. S. 411).

2. Leuchtkraftfunktion und Masse

Die Leuchtkraftfunktion gibt die Verteilung der absoluten Helligkeiten an. Sie ist definiert als die Anzahl von Sternen pro Größenklasse. Für die Sterne der Sonnenumgebung z. B. kennt man die Leuchtkraftfunktion bis

Der wenig auffallende offene Sternhaufen Präsepe; etwa 100 Sterne sind ihm zuzurechnen. Aufnahme mit dem Bruce-Teleskop der Landessternwarte Heidelberg-Königstuhl.

herunter zu den Sternen 14. Größe, einige Abschätzungen gehen auch bis zu noch schwächeren Sternen. Soweit die Leuchtkraftfunktion gut bekannt ist, steigt sie immer weiter an in Richtung der schwachen Sterne. Das heißt, die Häufigkeit der Sterne ist um so größer, je weniger hell sie sind, und die hellsten Sterne sind am seltensten.

Betrachtet man nur die Sterne der Hauptreihe, so besteht ein eindeutiger Zusammenhang zwischen der absoluten Helligkeit und der Masse (s. S. 395). Die Leuchtkraftfunktion gibt also zugleich auch die Verteilung der Massen der Sterne an. Kennt man die Leuchtkraftfunktion einer Gruppe von Sternen, so läßt sich damit auch die Gesamtmasse des Systems aufsummieren.

Bei den Sternhaufen liegt die Schwierigkeit darin, daß sie meist sehr weit entfernt sind, so daß ihre schwächeren Sterne nicht mehr sichtbar sind:

Die Leuchtkraftfunktion von:	ist nur bekannt bis höchstens:
offenen Haufen	$M_V = +10$
Assoziationen	-1
Kugelhaufen	$+5$

Nur in Ausnahmefällen reichen die Messungen so weit wie in der obigen Tabelle, aber auch dann reichen sie nicht aus, um die Gesamtmasse der Sternhaufen zu bestimmen. Nimmt man versuchsweise an, daß die Fortsetzung der Leuchtkraftfunktion zu den schwächeren Sternen in den Sternhaufen genauso verläuft wie bei den Feldsternen der Sonnenumgebung, so ergeben sich als Mittelwerte etwa:

offene Haufen	1 000 Sonnenmassen,
Assoziationen	2 000 Sonnenmassen,
Kugelhaufen	1 000 000 Sonnenmassen.

Es gibt noch eine zweite Methode, die Masse eines Haufens zu bestimmen. Kennt man die mittlere Geschwindigkeit der Sterne, die sie in bezug auf den Haufen besitzen, so läßt sich die Anziehungskraft des Haufens berechnen, die gerade nötig ist, um die Sterne am Davonfliegen zu hindern. Aus dieser Kraft errechnet sich die Masse des Haufens. Diese Methode ist nicht anwendbar auf Assoziationen, weil deren Sterne zum Teil wirklich davonfliegen. Ihre Anwendung ist schwierig bei offenen Haufen, weil deren Sterne nur sehr kleine Relativgeschwindigkeiten gegenüber dem Haufen besitzen (höchstens bis 1 km/sec), aber sie ist auch schwierig bei Kugelhaufen wegen deren großen Entfernungen, obwohl hier die Geschwindigkeiten etwa 10 km/sec betragen. Die folgende Tabelle zeigt einige Ergebnisse, zusammen mit den Abschätzungen aus der Leuchtkraftfunktion:

Massenbestimmung nach zwei Methoden

	Leuchtkraftfunktion	Geschwindigkeiten
Plejaden	550 Sonnenmassen	480 Sonnenmassen
Praesepe	690 Sonnenmassen	850 Sonnenmassen
M 92	200 000 Sonnenmassen	140 000 Sonnenmassen

Beide Methoden stimmen zwar nicht genau, aber doch einigermaßen überein. Man darf also annehmen, daß in den Sternhaufen, ähnlich wie in Sonnenumgebung, noch eine große Anzahl lichtschwacher Sterne vorhanden ist. Die Anzahl der noch gut sichtbaren Sterne beträgt nur:

Plejaden	120 Sterne,
Praesepe	100 Sterne,
M 92	10 000 Sterne.

INTERSTELLARE MATERIE

Der Raum zwischen den Sternen ist nicht völlig leer, sondern von äußerst fein verteilter Materie unregelmäßig erfüllt. Selbst innerhalb der dichtesten Wolken ist die Dichte dieser *interstellaren Materie* immer noch millionenfach geringer, als die Dichte in einem „völlig luftleer" gepumpten Kolben der besten Hochvakuum-Pumpe. — In der Umgebung der Sonne sind etwa 90% der gesamten Masse in den Sternen konzentriert, und etwa 10% kommen auf die interstellare Materie.

Beobachtungsergebnisse über das System der interstellaren Wolken für den Bereich bis zu etwa 1 000 Parsek Entfernung von der Sonne

Durchschnittliche Dicke der ganzen Wolkenschicht (senkrecht zur Milchstraßenebene gemessen)	250 Parsek
Bruchteil des Raumes, der von Wolken erfüllt ist	5 bis 10%
Durchschnittliche Anzahl der Wolken, die ein Lichtstrahl auf der Strecke von 1000 Parsek trifft	5 bis 10
Mittlerer Durchmesser einer Wolke	5 Parsek
Bereich der Wolkenausdehnungen	$^1/_{1000}$ Parsek (Filamente, Globulen) bis 50 Parsek
Mittlere Massendichte in den Wolken	Gasanteil:10-20 Wasserstoffatommassen / cm³ Staubanteil: $^1/_{10}$ Wasserstoffatommasse/cm³
Durchschnittliche Geschwindigkeit der Wolken relativ zueinander	10 km/sec

1. Zusammensetzung und Zustandsgrößen

Die chemische Zusammensetzung der interstellaren Materie ist etwa

60% Wasserstoff,
38% Helium,
2% schwere Elemente.

Als „schwere Elemente" bezeichnet man alle Elemente, die schwerer als Helium sind. Die einzelnen Häufigkeiten der Elemente entsprechen dabei etwa der Zusammensetzung der Pop I-Sterne (s. S. 578).

Der physikalische Zustand der interstellaren Materie ist ungefähr

99% Gas,

1% Staub.

In der Nähe von heißen Sternen ist das Gas durch deren Strahlung ionisiert, heiß und zum eigenen Leuchten angeregt; im übrigen ist das Gas neutral und kalt:

90% neutrale HI-Gebiete, Temperatur 50 Grad absolut,

10% ionisierte HII-Gebiete, Temperatur 10000 Grad absolut.

(H ist das chemische Zeichen für Wasserstoff, I bedeutet elektrisch neutral, II bedeutet einfach ionisiert.)

Der Staub besteht vermutlich vorwiegend aus schweren Elementen (in kleinen Körnchen von 0.0001 bis 0.001 mm Durchmesser). — Staub und Gas treten stets zusammen auf.

2. Erscheinungsformen

a) Emissionsnebel (H II-Gebiete) sind wolkige Verdichtungen der interstellaren Materie, in deren Nähe sich extrem heiße Sterne befinden (Spektralklasse O5 bis B1). Die intensive Ultraviolettstrahlung der Sterne ionisiert das Gas und regt es zu eigenem Leuchten an. Dabei werden Spektrallinien emittiert, die sowohl im optischen- wie auch im radioastronomischen Spektralbereich beobachtet werden können. Daneben strahlen die Emissionsnebel ein kontinuierliches Spektrum aus, das sich radioastronomisch besonders gut beobachten läßt. – Einer der bekanntesten Emissionsnebel ist der Große Orionnebel.

Seine Dichteverteilung zeigt die folgende Figur, sowohl optisch als auch radioastronomisch gemessen. Die Dichte fällt vom Zentrum nach außen äußerst stark ab, man beachte die logarithmische Skala. Der Unterschied beider Meßergebnisse kann vielleicht damit erklärt werden, daß der Nebel sich in eine Anzahl stark verdichteter Ballungen oder Flächen unterteilt; optisch mißt man die Dichte der Ballungen, radioastronomisch dagegen ist der Nebel durchsichtig und man mißt den Mittelwert der Dichte.

b) Reflexionsnebel sind von Natur aus nichts anderes, nur daß der beleuchtende Stern von etwas späterem Spektraltyp ist (B2 bis A), so daß seine Strahlung zu wenig Ultraviolett enthält, um das Gas zum eigenen Leuchten anzuregen. Statt dessen reflektiert der Staub des Nebels das unveränderte Licht des Sternes. In manchen Nebeln treten Emission und Reflexion gemischt auf, und in vielen hellen Nebeln gibt es dunkle, absorbierende Wolken. Diese dunklen Teile sind

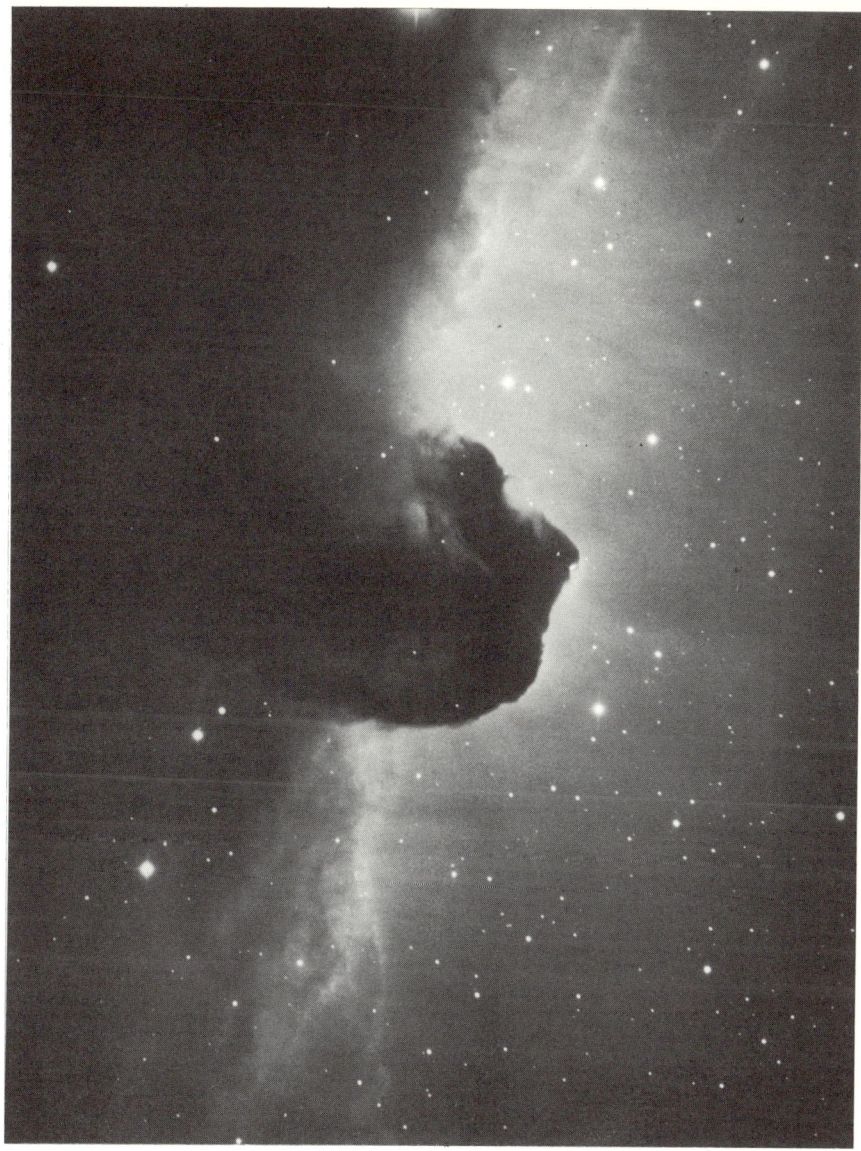

Der sogenannte Pferdekopfnebel IC 434 südlich des Sterns Zeta Orionis (linker Gürtelstern des Sternbilds Orion). Die helle Hintergrund-Wolke wird von dem Stern ζ Ori, einem Stern mit dem Spektrum
B0 ne, zum Leuchten angeregt (Emissionsnebel). Vor diese leuchtende Gaswolke schiebt sich eine Dunkelwolke, deren Kontur dem ganzen Nebelkomplex den Namen gab. Die leuchtenden Ränder dieser
Staubwolke reflektieren das Licht von ζ Ori (Reflexionsnebel). Rot-Aufnahme mit dem Hale-Teleskop.

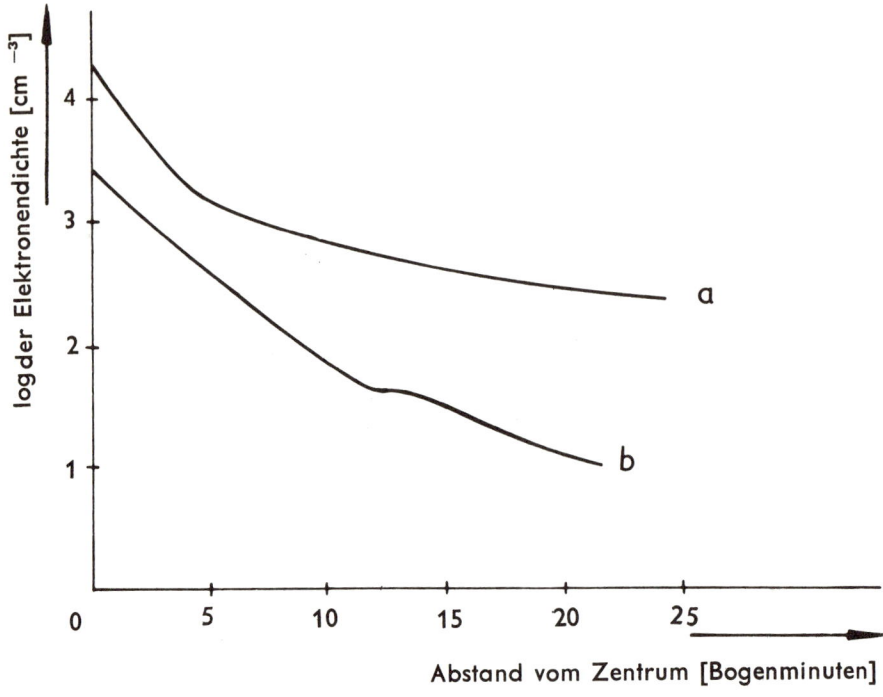

Dichteverlauf im Orionnebel
a = optische Messungen (nach Osterbrock)
b = radioastronomische Messungen (nach Menon)

meist weit dichter und kälter als die sie umgebenden leuchtenden Gebiete; manchmal sieht man langgestreckte, unregelmäßige dunkle Strukturen, sogenannte „Elefantenrüssel" (s. S. 509).

c) Dunkelwolken haben keinen besonders hellen Stern in der Nähe. Oft sind es weit ausgedehnte Gebiete von einigen hundert Lichtjahren Durchmesser. Man erkennt sie daran, daß sie das Licht der hinter ihnen liegenden Sterne schwächen und auch etwas röter machen. Dies wird durch den Staub der Dunkelwolken bewirkt, während die verschiedenen Elemente des Gases ganz bestimmte Spektrallinien des Sternlichtes absorbieren. Die Dunkelwolken sind neutrale, kalte HI-Gebiete. Die größeren Gebiete sind in sich noch wolkig unterteilt. In der Umgebung der Sonne kann sich ein Lichtstrahl im Durchschnitt etwa 100 Parsec ausbreiten, bevor er auf eine kleinere oder größere Dunkelwolke trifft. Etwa 1/10 des Raumes ist von ihnen erfüllt. — Die Massen der Wolken liegen zwischen rund einer und hundert Sonnenmassen.

Einige große Dunkelwolkengebiete

Region	l^{II}	Fläche $(°)^2$	Ent-fernung [pc]	Durch-messer [pc]	Absorp-tion [m_{vis}]	Absorb. Masse [$\mathfrak{M}_\odot$]
Tau, Ori, Aur	180°	600	150	70	0,9	80
Cep, Cas	117	450	500	170	0,6	1 400
Cyg	80	80	700	130	1,2	700
Oph, Sco, Scu, Ser	0	1 000	120	80	0,7	100
Vel	270	100	600	120	1,6	500

Die einfachste Art der Beobachtung von Dunkelwolken wurde von M. Wolf eingeführt. Durch Sternzählungen in Richtung der Wolke gewinnt man die Sternzahlen A(m), d. h. die Anzahl von Sternen pro Quadratgrad, deren scheinbare Helligkeiten im Intervall $m - 1/2$ bis $m + 1/2$ liegen. In ungestörten Gebieten, beiderseits der Wolke, steigt A (m) gleichmäßig für die schwächeren Sterne an; die Dunkelwolke dagegen verzögert durch ihre Absorption dieses Anwachsen. Hätte eine Wolke konstante Dichte und scharfe Ränder, und würden nur Sterne der gleichen absoluten Helligkeit gezählt, so würde sich das Schema der folgenden Figur ergeben, und aus den beiden Knickpunkten A und B läßt sich dann die Entfernung, der Durchmesser und die Absorption der Wolke bestimmen. In Wirklichkeit sind die Knickpunkte unscharf (S. 510). Gelegentlich beobachtet man vor hellen Nebeln sehr kleine, dunkle und etwa runde Wolken, *Globulen* genannt. Es erscheint möglich, daß dies ein Vorstadium für zukünftige Sternentstehung ist (s. S. 509).

Während der interstellare Staub also an seiner sehr auffälligen kontinuierlichen Absorption erkennbar ist, vermag das interstellare Gas, dessen materielle Dichte im Mittel etwa einhundertmal größer ist, als die des Staubes, im sichtbaren Bereich nur in Spektrallinien zu absorbieren. Diese sogenannten interstellaren Linien sind – bei hinreichender Entfernung der Sterne, also bei einer genügenden Menge interstellaren Gases zwischen dem Stern und dem Beobachter – in den Sternspektren als besonders scharfe und dunkle Absorptionslinien zu erkennen. Sie unterscheiden sich von den stellaren Linien auch durch ihre Dopplerverschiebungen. Die den interstellaren Linien zugehörigen Übergänge gehen jeweils von den Grundzuständen, allenfalls von sehr niedrig liegenden angeregten Zuständen der betreffenden Atome oder Moleküle aus.

d) Die 21-cm-Linie und die großräumige Verteilung des interstellaren Gases. Die Strahlung des neutralen Wasserstoffatoms mit einer Wellenlänge von 21 cm ist die wichtigste Spektrallinie im radioastronomischen

Die Aufnahme mit dem 48-inch-Schmidt-Teleskop des Hale-Observatoriums zeigt das Feld um S Mono-
cerotis (das helle Objekt nicht weit vom oberen Bildrand). Darunter der offene Sternhaufen NGC 2264,
dessen O- und B-Sterne die ausgedehnten Nebel seiner Umgebung zum Leuchten anregen. Etwa $0°5$
südlich von S Mon die kegelförmige Dunkelwolke, die dem Nebelkomplex den Namen Conus-Nebel
eingebracht hat (siehe nebenstende Rot-Aufnahme mit dem Hale-Teleskop). Die ganze südliche Region
von S Mon ist mit nichtleuchtender, absorbierender interstellarer Materie erfüllt, erkenntlich an den
scheinbaren Sternleeren.

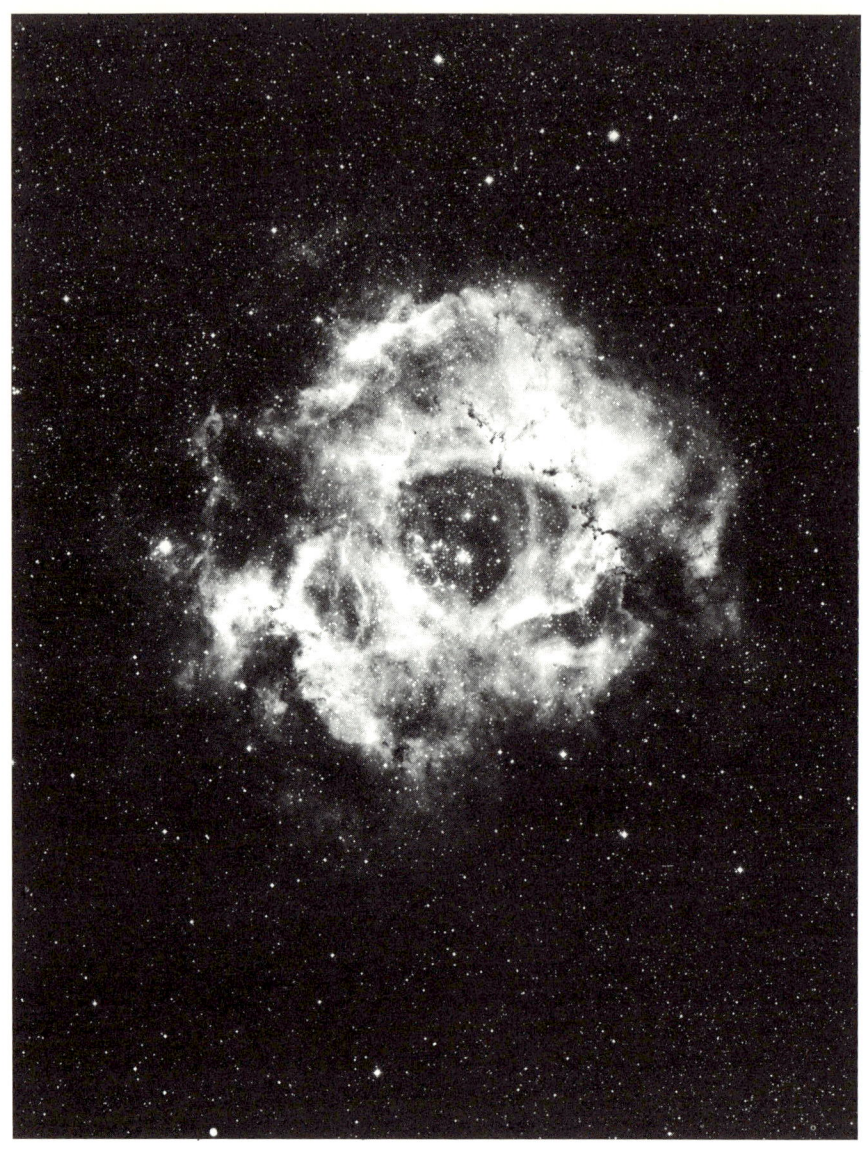

Ebenfalls im Sternbild Monoceros findet man den Rosetta-Nebel NGC 2237–39, in ihm der offene Sternhaufen NGC 2244, dessen O- und B-Sterne die Gasmassen des Nebels zum Leuchten anregen.

Ausschnitt aus dem Rosetta-Nebel. Man erkennt die dunklen Strukturen, sogenannte Elefantenrüssel und kleine Dunkelwolken, Globulen genannt. Möglicherweise sind diese kühlen, dunklen Gebiete, eingeschlossen von heißem Gas, Orte zukünftiger Sternentstehung.

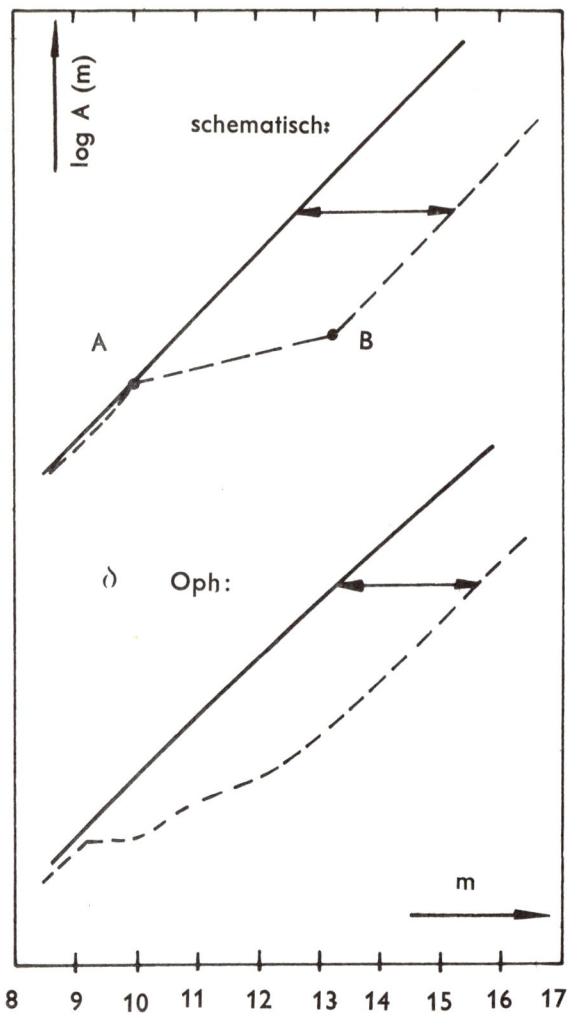

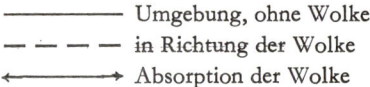

Dunkelwolken. Logarithmus der Sternzahl A (m) in Abhängigkeit von der scheinbaren Helligkeit m (nach Becker).

——————— Umgebung, ohne Wolke

— — — — — in Richtung der Wolke

◄————► Absorption der Wolke

Wellenlängenbereich. Sie wird emittiert bei einem sogenannten Hyperfeinstrukturübergang des Wasserstoffatoms im Grundzustand, bei dem Kern- und Elektronenspin aus dem parallelen in den antiparallelen Zustand übergehen. Diese Zustände unterscheiden sich energetisch um einen kleinen Betrag magnetischer Wechselwirkungsenergie, die der Frequenz 1 420,4 Megaherz und

Daten einiger heller Nebel

Name	Nr.	Typ	gal. Koordinaten lII	bII	Entfernung [pc]	Durchmesser [']	Dichte Atom cm⁻³	Masse [$\mathfrak{M}_\odot$]	Stern Sp
Plejadennebel	M 45	Refl.	166	−23	126	40			B5
Crabnebel	M 1	Emis.	184	− 6	1050	5	1000		
Orionnebel	M 42	Emis.	209	−20	460	30	600	700	Oe
	NGC 1977	R+E.	208	−19	460	18	30	1.5	B1
Pferdekopfnebel	IC 434	R+E.	207	−17	300	30	30	0.6	O9
	M 78	Refl.	205	−14	500	4			B6
	NGC 2174–5	Emis.	190	0	1800	15	15	400	O6
Rosettenebel	NGC 2237–38–44–46	Emis.	206	− 2	1400	60	30	9000	O5e
Trifidnebel	M 20	Emis.	7	0	1600	15	40	300	O7e
Lagunennebel	M 8	Emis.	6	− 1	1500	25	30	3000	O5e
Omeganebel	M 17	Emis.	15	− 1	1800	20	80	1000	
	M 16	Emis.	17	+ 4	1800	12	70	300	Oe
Pelikannebel	IC 5067–68–70	R+E.	84	0	600	40	30	300	O6
Nordamerikanebel	NGC 7000	R+E.	86	− 1	800	80	10	80	O6
	NGC 7023	Refl.	104	+14	300	5		3000	B2p

damit einer Wellenlänge von rund 21 cm entspricht. Es handelt sich um einen sogenannten „verbotenen" Übergang, dessen Übergangswahrscheinlichkeit außerordentlich klein ist. Entsprechend klein ist auch der zugehörige Absorptionskoeffizient, so daß, da in diesem Wellenlängenbereich andere Absorptionsprozesse fehlen, Strahlung aus dem gesamten galaktischen System empfangen werden kann. Die 21-cm-Linie eignet sich also vorzüglich, die Verteilung des neutralen Wasserstoffs im ganzen Milchstraßensystem zu studieren. Aus der Orientierung der Antenne, welche die Strahlung empfängt, erhält man die Richtung der beobachteten Gaswolken. Ihre Entfernungen sind dagegen nur indirekt aus der Dopplerverschiebung der Linie zu ermitteln. Dafür wiederum müssen gewisse Annahmen über die Geschwindigkeit der Rotation des galaktischen Systems in Abhängigkeit von der Entfernung zum galaktischen Zentrum gemacht werden. So kann man für einen großen Bereich dieser Abstände etwa eine kreisförmige Bewegung um das Zentrum annehmen, wobei die Bahngeschwindigkeit (wie bei der Planetenbewegung) mit abnehmendem Abstand vom Zentrum zunimmt. Werden die Beobachtungen unter solchen Annahmen reduziert, so ergibt sich in der Ebene des Milchstraßensystems eine Verteilung des Wasserstoffs, wie sie in der Abbildung auf S. 514 dargestellt ist. Das Gas ist hiernach nicht gleichmäßig verteilt, sondern ist auf Gebiete konzentriert, die sich kreisbogenförmig um das Zentrum anordnen. Man kann diese Bogen als Teile von Spiralarmen auffassen.

Die wichtigsten interstellaren Linien

Wellenlänge (Å)	Element (Ion, Molekül)	Relative Intensität	Bemerkungen
3 933,68	Ca+	12	K-Linie
3 968,49	Ca+	7	H-Linie
4 300,34	CH	8	
4 430,6	?	10	diffus
5 889,98	Na	17	D_2-Linie
5 995,94	Na	13	D_1-Linie

Wie die 21-cm-Beobachtungen ferner zeigen, ist das interstellare Gas sehr stark zur galaktischen Ebene konzentriert. Der mittlere Abstand der Wolken von der Ebene beträgt nur etwa 100 Parsec. (Zum Vergleich: Die Schicht der Sterne ist etwa 2- bis 3mal so dick.) Die Dichte der interstellaren Materie beträgt in Sonnenumgebung etwa

$$0.8 \text{ Atome/cm}^3 = 1.3 \cdot 10^{-24} \text{g/cm}^3.$$

Im Zentrum des Milchstraßensystems ist die Dichte nur etwa halb so groß. Daß innerhalb der Scheibe das neutrale Gas in Form von Wolken vorkommt,

Gasnebel im Sternbild Scutum, M 16 = NGC 6611; auch dieser Nebel zeigt wie der Rosetta-Nebel Globulen und Elefantenrüssel. Rot-Aufnahme mit dem Hale-Teleskop.

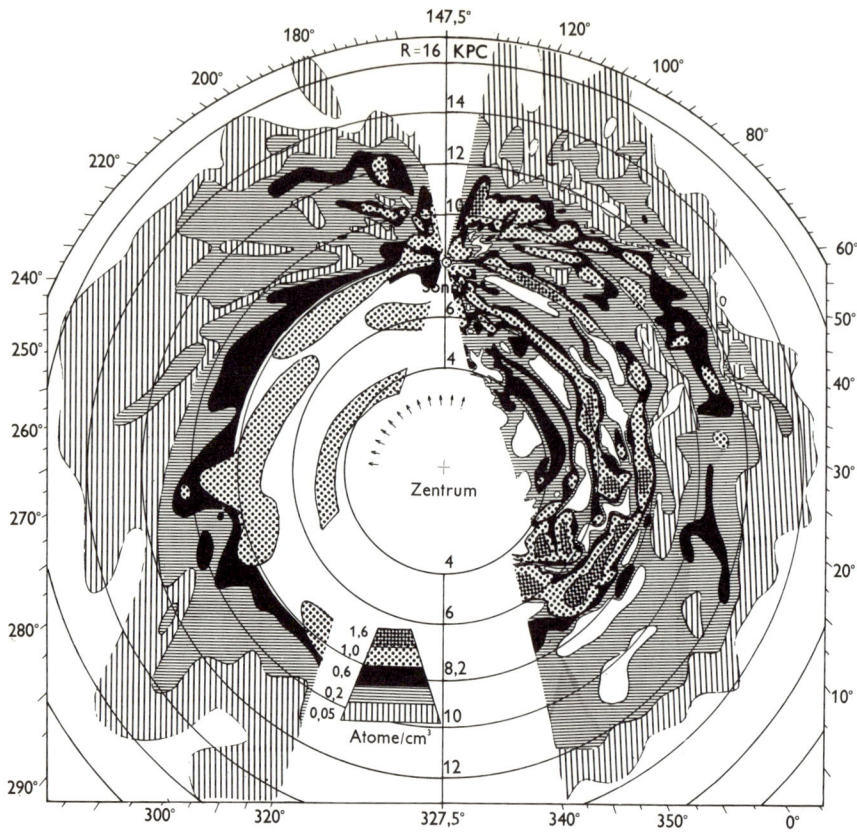

Die Dichte der interstellaren Materie innerhalb der Ebene des Milchstraßensystems. Nach M. Schmidt und G. Westerhout

die ihrerseits auch klein sind im Vergleich etwa mit der Breite der Spiralarme, ergibt sich aus der Existenz von Dunkelwolken und das aus der häufig beobachteten Aufspaltung von interstellaren Absorptionslinien in mehrere Komponenten, die auf hintereinanderliegende diskrete Wolken mit verschiedenen Radialgeschwindigkeiten zurückzuführen sind.

Es ist noch eine offene Frage, ob unser Milchstraßensystem, ebenso auch ob die Spiralnebel, von einem Halo sehr dünn verteilter interstellarer Materie umgeben sind.

Der wegen der breiten, die leuchtende Gaswolke durchschneidenden Absorptionswolken so benannte Lagunen-Nebel, M 8 = NGC 6523, im Sternbild Sagittarius; ebenfalls eine Rot-Aufnahme mit dem Hale-Teleskop.

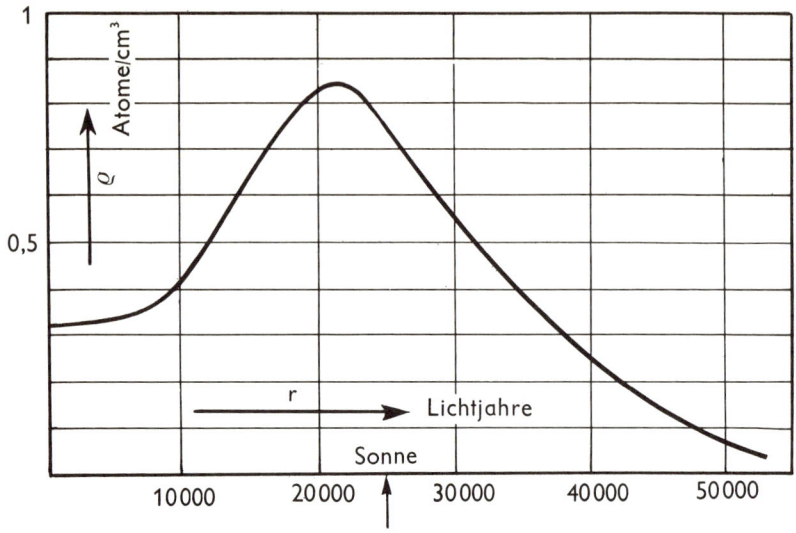

Die mittlere Dichte ϱ der interstellaren Materie, aufgetragen über dem Abstand r vom Zentrum des Milchstraßensystems. Aus Radiobeobachtungen der 21-cm-Linie, nach G. Westerhout

3. Bewegungszustand

Es lassen sich drei verschiedene Anteile der Bewegung der interstellaren Materie unterscheiden.

Erstens nehmen die Wolken der interstellaren Materie teil an der allgemeinen Rotation der Milchstraße, die innen schneller erfolgt als außen (s. S. 597). Anders als die Sterne der Milchstraße scheint die interstellare Materie außer der Rotation noch eine Bewegung nach auswärts von rund 5 km/sec zu besitzen. Zweitens haben die Wolken (ähnlich wie auch die Sterne) unregelmäßig verteilte Geschwindigkeiten gegenüber ihrer Umgebung, im Mittel etwa 7 km/sec. Gelegentlich beobachtet man auch höhere Geschwindigkeiten bis zu 90 km/sec vor allem in Gegenden, die viele junge O- und B-Sterne enthalten. Relativ oft bewegen sich die Wolken von diesen Sternen weg mit etwa 30 km/sec. Im Spektrum von weiter entfernten Sternen sieht man oft mehrere verschieden stark verschobene Komponenten der interstellaren Linien (s. S. 512). Das Licht der Sterne ist dann durch mehrere Wolken hindurchgegangen, die verschieden große Geschwindigkeiten besitzen. Drittens konnten auch im Innern einiger leuchtender Gasnebel starke Unterschiede der Geschwindigkeit (Turbulenz) festgestellt werden, die sich ungeordnet über den Nebel verteilen. Je größer der Abstand von zwei beliebigen Punkten im Nebel ist, um so größer ist im Mittel auch der Unterschied ihrer Geschwindigkeit.

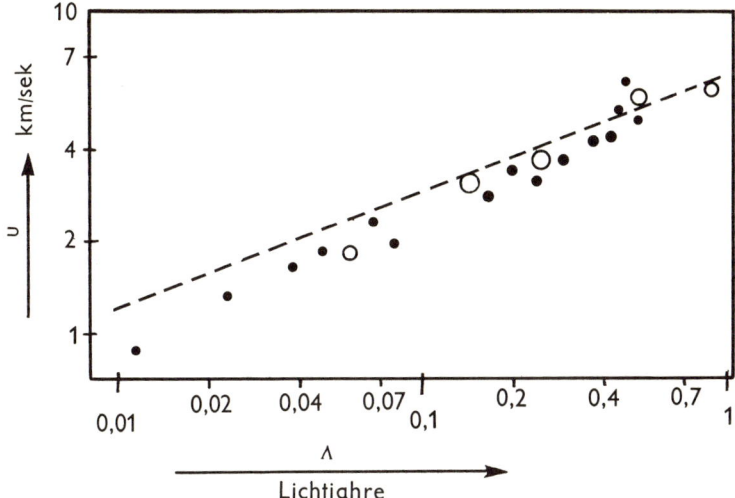

Die innere Turbulenz des Orionnebels (nach G. Münch und S. v. Hoerner)
 Λ = Entfernung zweier Punkte
 u = Differenz der Radialgeschwindigkeit
 ○ ○ = ältere Beobachtungen
 ● ● = neuere Beobachtungen
 --- = Theorie der Turbulenz (für Unterschallgeschwindigkeit und stark absorbierende Materie)

Beim Orionnebel liegt eine große Anzahl genauer Messungen vor. Die Geschwindigkeitsdifferenzen gehen hier an einzelnen Punkten bis zu 25 km/sec,
während die Schallgeschwindigkeit im Orionnebel 8 km/sec beträgt.

Die Bewegung von Gasen (oder Flüssigkeiten) wird durch eine Gleichung beschrieben, deren Form zwar kompliziert ist, die letztlich jedoch nichts anderes
besagt, als daß die an jedem Volumenelement angreifenden Kräfte mit den
Trägheitskräften im Gleichgewicht stehen müssen. Eine zweite Gleichung formuliert die Bedingung, daß nirgends in der Strömung Materie entsteht oder
vernichtet wird.

Das Strömungsbild kann sehr verschieden sein, je nach der Art der überwiegenden Kräfte. Werden die antreibenden Kräfte (z. B. Druckunterschiede
oder die Schwerkraft) vorwiegend durch Kräfte der inneren Reibung kompensiert, so ist das Strömungsbild geordnet (wie etwa in einem Fluß); es besteht eine enge Beziehung, oder – wie man sagt – eine hohe Korrelation zwischen den Geschwindigkeiten in benachbarten Bereichen. Eine solche Strömung nennt man laminar. Ist dagegen die Reibung sehr gering, oder sind die
Geschwindigkeiten so groß, daß die Trägheitskräfte überwiegen, so wird die
Strömung ungeordnet oder turbulent. Die Korrelation der Geschwindig-

Von anderer Art, als die vorstehenden chaotischen Gasnebel, ist wohl der Cirrus-Nebel im nördlichen Gebiet des Sternbildes Cygnus. Die faserige, filamentartige Struktur (hier der südliche Teil des als Sturmvogel bezeichneten Nebels NGC 6960) erinnert an den Crab-Nebel (s. S. 434).

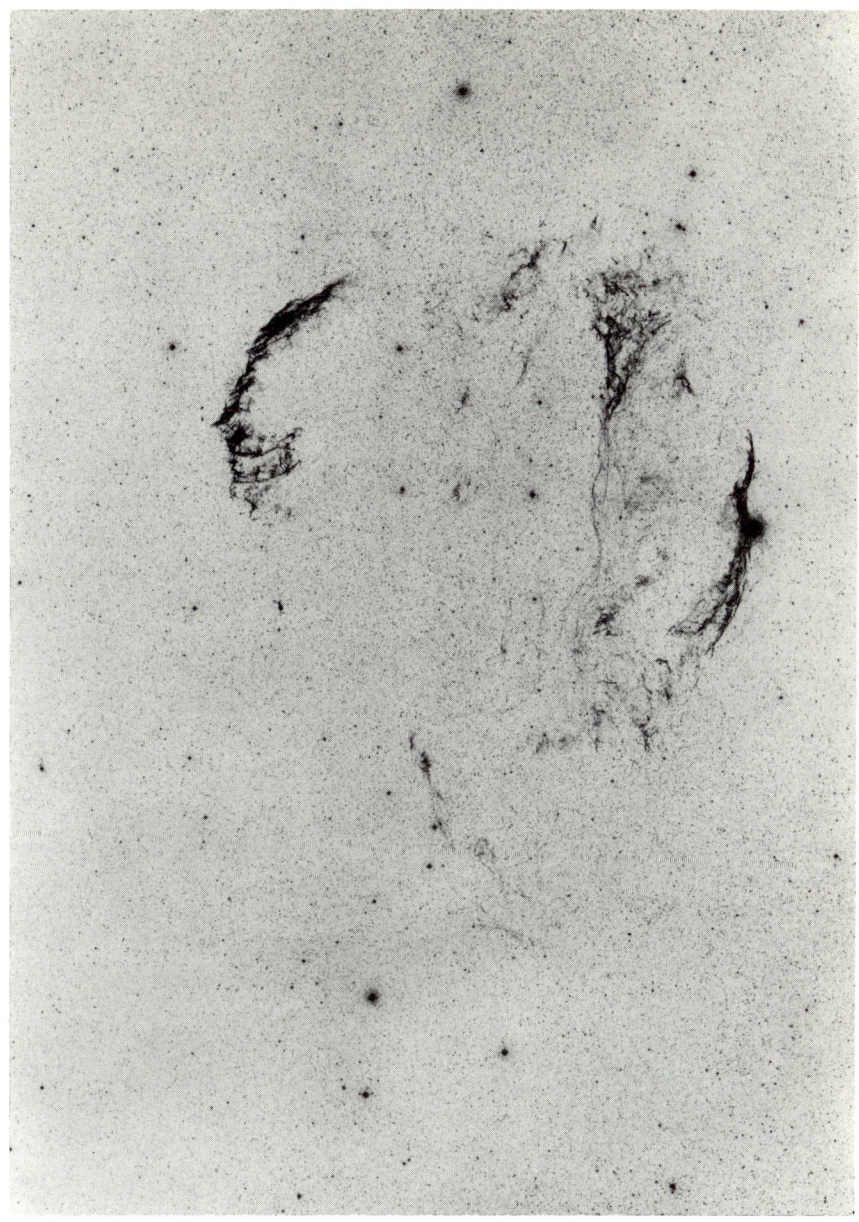

Die Aufnahme mit dem 48-inch-Schmidt-Teleskop des Hale-Observatoriums zeigt ein nach Süden offenes, ringförmiges Objekt von etwa 2o7 Durchmesser. Aus Vergleichen zwischen zu verschiedenen Epochen aufgenommenen Platten konnte eine radiale Expansion des Nebels nachgewiesen werden. Heute wird der Cirrus-Nebel als Überrest einer Supernova angesehen, deren Aufleuchten etwa vor 300 000 Jahren stattgefunden hat. Starke Radiostrahlung geht von diesem Objekt aus. Links der Nebel NGC 6992–95, rechts NGC 6960 (siehe nebenstehende Aufnahme), zwischen beiden die feine Filamentstruktur von NGC 6979.

keiten, gemessen an zwei verschiedenen Punkten im Strömungsfeld, oder am gleichen Ort zu verschiedenen Zeiten ist dann gering.
Es ist also das Verhältnis von Trägheits- zu Reibungskräften, welches das Strömungsbild bestimmt. Ein Maß für dieses Verhältnis bildet die Reynoldsche Zahl.

$$\mathrm{Re} = \frac{l \cdot w}{\lambda \cdot v}$$

Sie berechnet sich aus l, der charakteristischen Dimension des Strömungsfeldes (Für das interstellare Gas ist l etwa gleich der Dicke der Scheibe des Milchstraßensystems), der Geschwindigkeit w der Strömung, aus der thermischen Geschwindigkeit v der Atome und aus der freien Weglänge λ, welche die Atome zwischen zwei Stößen zurücklegen. Aus der Größe dieser Zahl kann man also erkennen, ob die Strömung laminar oder turbulent sein wird. Ist Re klein, so ist die Strömung laminar, werden die Geschwindigkeiten so groß, das Re eine kritische Größe, etwa 3 000 überschreitet, so schlägt die Strömung plötzlich in den turbulenten Zustand um. Dies wird, wie man aus der Formel sieht, um so eher geschehen, je größer die Dimension des Strömungsfeldes ist.
Bei Turbulenz gibt es wieder zwei Möglichkeiten, je nachdem, ob die Geschwindigkeitsdifferenzen kleiner oder größer sind als die Schallgeschwindigkeit des Gases. Das Verhältnis der Geschwindigkeitsdifferenzen zur Schallgeschwindigkeit nennt man die *Machsche Zahl* M_a. Ist $M_a \ll 1$, so ist das Gas inkompressibel, es hat überall die gleiche Dichte. Nähert sich M_a dem Wert 1, so treten stärkere Dichteschwankungen auf. Für $M_a \geq 1$ (Turbulenz mit Überschallgeschwindigkeit) bildet sich eine Vielzahl von *Stoßfronten*, die ungeordnet durcheinanderlaufen.

Bewegungszustand einiger Objekte

	Reynoldsche Zahl (Re)	Machsche Zahl (Ma)
Sonne		
Photosphäre	10^9	0.3
Chromosphäre	10^7	1
Milchstraße		
größere Bereiche	10^7	10
Interstellare Materie		
H I	10^5	10
H II	10^9	1
Orionnebel		
$l = 2$ pc	10^9	1
$l = 0.005$ pc	10^5	0.1

Das Problem liegt nun darin, daß sowohl eine theoretische als auch eine experimentelle Behandlung bisher nur für den Fall der inkompressiblen Turbulenz ($M_a \ll 1$) möglich ist, während die Materie der Welt sich zum großen Teil im Zustand der Überschallturbulenz befindet ($M_a \geq 1$).

4. Magnetfelder

Das uns erreichende Licht vieler Sterne ist bis zu einigen Prozenten polarisiert. Die Polarisation (s. S. 26) des Lichtes ist um so stärker, je mehr interstellare Materie durchlaufen wurde. Die Richtungen der Polarisationsebene streuen zwar in einigen Gebieten stark, zeigen jedoch im allgemeinen eine deutliche Ausrichtung zur Ebene der Milchstraße.

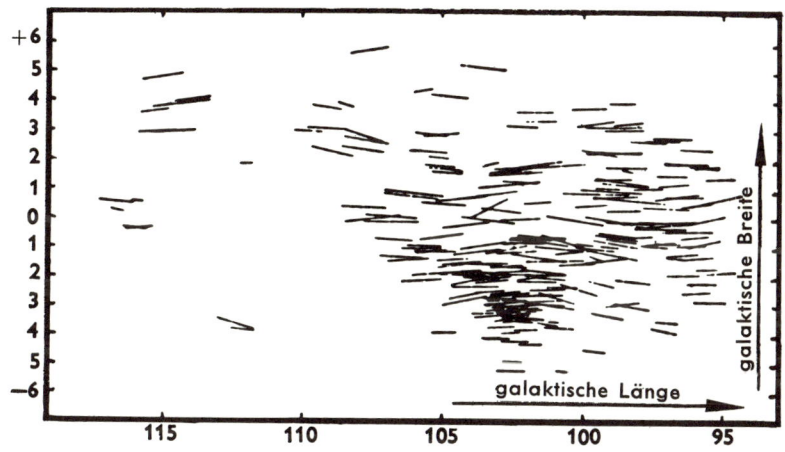

Polarisation im Perseus (nach Hiltner). Die Richtung der beobachteten Polarisation ist durch die Richtung der Striche angegeben, die Stärke der Polarisation durch die Länge der Striche.

Zur Erklärung dieser Polarisation nimmt man an, daß die Staubkörner der interstellaren Materie längliche Gestalt haben und durch allgemeine interstellare Magnetfelder einheitlich ausgerichtet werden. Die magnetische Feldstärke müßte etwa

$$3 \cdot 10^{-6} \text{ Gauß}$$

betragen (knapp ein Millionstel des Magnetfeldes der Erde).

INNERER AUFBAU UND ENTWICKLUNG DER STERNE

Seit alten Zeiten ist der Anblick der Gestirne als Symbol betrachtet worden für die Ewigkeit, für das Unveränderliche und Unvergängliche. Inzwischen wissen wir jedoch, daß in Wirklichkeit unser Menschenleben nur sehr kurz ist im Vergleich zu den Zeiträumen, innerhalb derer sich die Sterne verändern. Zunächst einmal verändern die Sterne ihren Ort; ein Sternbild wie z.B. der Große Bär wäre nach 100 000 Jahren nicht mehr wiederzuerkennen. Aber die Sterne verändern sich auch selbst, d. h. ihre Größe, Temperatur, Helligkeit und Farbe. Seit einigen Jahren wissen wir, zumindest in groben Zügen, über ihren „Lebenslauf" Bescheid. Da die wesentlichsten Veränderungen jedoch tief im Inneren der Sterne vor sich gehen, lassen sich die beobachtbaren äußerlichen Veränderungen nur dann richtig verstehen und berechnen, wenn der innere Aufbau der Sterne bekannt ist. Auf diese Weise läßt sich dann auch das Alter der Sterne berechnen. Es ist sicher, daß laufend, auch heute noch, Sterne neu entstehen und alte Sterne wieder verblassen.

1. Allgemeine Grundlagen

a) Energiebilanz

Daß die Sterne nicht ewig unverändert bleiben können, ist leicht einzusehen. Sie strahlen laufend Energie in den Weltraum ab (z. B. das Licht und die Wärmestrahlung der Sonne), und so muß ihr Vorrat an Energie laufend abnehmen. Bestünde der Energievorrat der Sonne nur aus ihrem Wärmeinhalt und ihrer Gravitationsenergie, so wäre die Abstrahlung sehr groß im Verhältnis zum Vorrat, und die Sonne könnte kaum älter sein als etwa 10 Millionen Jahre. Aus den Lebensspuren in alten irdischen Gesteinsschichten weiß man jedoch, daß die Sonnenstrahlung sich während einiger Milliarden Jahre kaum verändert haben kann; es muß also ein weit größerer Energievorrat vorhanden sein.

Seit reichlich 30 Jahren weiß man, daß dies die Atomenergie ist. Im Zentrum der Sonne und der weitaus meisten Sterne wird bei Temperaturen von rund 20 Millionen Grad Wasserstoff in Helium umgewandelt, dabei erzeugt 1 Gramm Wasserstoff eine Energie von 170 000 Kilowattstunden. Auch der Vorrat an Wasserstoff ist sehr hoch: Nach ihrer Entstehung bestehen die Sterne (wie die interstellare Materie, aus der sie entstehen) zu ¾ aus Wasserstoff. Auf diese Weise kann die Sonne insgesamt etwa 10 Milliarden Jahre alt werden.

Kennen wir die Masse eines Sternes, so betrug sein ursprünglicher Vorrat an Wasserstoff etwa ¾ hiervon, und dies ergibt seinen ursprünglichen Energievorrat. Kennen wir auch noch die Leuchtkraft (absolute Helligkeit) des Sternes (s. S. 377), so wissen wir, wieviel Energie er pro Jahr abstrahlt. Falls sich die Leuchtkraft des Sterns mit der Zeit nicht wesentlich verändert, so läßt sich dann leicht angeben, wie groß die gesamte „Lebensdauer" des Sterns werden kann, bis er seinen Vorrat nahezu verbraucht hat. Würden wir von der Sonne nur ihre Leuchtkraft und ihre Masse kennen, so ließe sich nur sagen, daß sie höchstens 10 Milliarden Jahre alt sein kann, ihr wirkliches Alter könnte jedoch auch sehr viel kleiner sein als dieses „Maximalalter".

Wollen wir das direkte Alter eines Sternes wissen und nicht nur sein Maximalalter, so müßten wir angeben können, wieviel seines Wasserstoffes er bereits in Helium umgewandelt hat. Dies kann man jedoch der Oberfläche des Sternes nicht ohne weiteres ansehen, da die „Verbrennung" des Wasserstoffes nur im Zentrum des Sterns stattfindet und keine Durchmischung der Sternmaterie bis zur Oberfläche hin auftritt. Man muß somit den *inneren Aufbau* des Sterns studieren, um sagen zu können, wieviel Wasserstoff im Zentrum verbraucht ist. Berechnet man den inneren Aufbau eines Sterns zunächst für seinen ursprünglichen Zustand und dann für immer weitere Zeitpunkte, so erhält man die zeitliche *Entwicklung* des Sterns. Aus diesen Rechnungen erhält man auch die zeitliche Entwicklung derjenigen Größen, die sich direkt beobachten lassen: Leuchtkraft und Farbe des Sterns. Das Alter eines bestimmten Sterns läßt sich dann durch den Vergleich der beobachteten mit den berechneten Größen angeben.

b) Die wichtigsten Atomkern-Reaktionen

Bei Temperaturen bis zu einigen hunderttausend Grad finden noch keine Atomkern-Reaktionen statt. Zwischen 1 bis 5 Millionen Grad gibt es eine Reihe von Reaktionen, durch die die leichten Elemente Lithium, Beryllium und Bor zerstört und in Helium verwandelt werden. Für den Energiehaushalt der Sterne spielt dies jedoch keine Rolle.

Die pp-Reaktionen

Oberhalb von etwa 5 Millionen Grad beginnt die Umwandlung des Wasserstoffs in Helium wirksam zu werden. Dies geschieht zunächst durch die sogenannte pp-Reaktion (Proton-Proton-Reaktion). Sie besteht aus den folgenden drei einzelnen Reaktionen, die nacheinander ablaufen:

$$H^1 + H^1 \rightarrow D^2 + e^+ + \nu \quad + 1.44 \text{ MeV} \quad (14 \cdot 10^9 \text{ Jahre})$$
$$D^2 + H^1 \rightarrow He^3 + \gamma \quad + 5.49 \text{ MeV} \quad (6 \text{ sec})$$
$$He^3 + He^3 \rightarrow He^4 + 2H^1 \quad +12.85 \text{ MeV} \quad (10^6 \text{ Jahre}).$$

Zunächst vereinigen sich zwei Wasserstoffkerne H^1 (Protonen) zu einem Deuteriumkern D^2 (die oben angeschriebenen Zahlen geben stets das Atomgewicht an), wobei noch ein Positron (e^+) und ein Neutrino (ν) entstehen und die Energie von 1.44 MeV (1 Million Elektronenvolt $= 1.6 \cdot 10^{-6}$ erg) frei wird. Für ein Proton dauert es im Mittel 14 Milliarden Jahre, bis ein zweites ihm so nahe kommt, daß beide sich vereinigen können. — Der Deuteriumkern vereinigt sich nach 6 Sekunden mit einem weiteren Proton H^1 und bildet einen Heliumkern He^3 vom Atomgewicht 3 und ein γ-Quant (Strahlung), wobei 5.49 MeV an Energie frei werden. Nach einer Million Jahre kommen sich zwei solcher He^3-Kerne genügend nahe, es entsteht ein normaler Heliumkern H^4 vom Atomgewicht 4 sowie zwei Protonen H^1, und die Energie von 12.85 MeV wird frei.

Für die Bildung der beiden He^3-Kerne waren 6 Protonen nötig, zwei davon sind jedoch am Schluß wieder vorhanden. Im Endeffekt haben sich also 4 Protonen zu einem Heliumkern vereinigt. — Die freiwerdende Energie ist als kinetische Energie in der Bewegung der entstehenden Teilchen und als Strahlungsenergie vorhanden und wird in Wärme umgesetzt. Nur das Neutrino verläßt ungehindert den Stern, so daß seine Energie von 0.26 MeV verloren geht. Ziehen wir diesen Betrag von der Summe ab, und berücksichtigen wir, daß wir die ersten beiden Zeilen doppelt zählen müssen, um zwei He^3-Kerne zu erhalten, so ergibt die Umwandlung von vier Wasserstoffatomen in ein Heliumatom schließlich: 26.2 MeV $= 4.2 \cdot 10^{-5}$ erg.

Der CN-Zyklus

Bei höheren Temperaturen als 10 Mill. Grad tritt zur pp-Reaktion noch eine zweite Möglichkeit hinzu, Wasserstoff in Helium umzuwandeln, falls ein geringer Anteil an Kohlenstoff im Stern vorhanden ist, und zwar der CN-Zyklus (C = Kohlenstoff, N = Stickstoff). Der Kohlenstoff durchläuft zwar eine Reihe von Verwandlungen, ist zum Schluß jedoch wieder vorhanden und dient sozusagen nur als Katalysator. Das Durchlaufen eines solchen Zyklus (= Kreis) besteht aus den folgenden Reaktionen:

$$C^{12} + H^1 \rightarrow N^{13} + \gamma \quad +1.95 \text{ MeV} \quad (1.3 \cdot 10^7 \text{ Jahre})$$
$$N^{13} \rightarrow C^{13} + e^+ + \nu \quad +2.22 \text{ MeV} \quad (7 \text{ Min.})$$
$$C^{13} + H^1 \rightarrow N^{14} + \gamma \quad +7.54 \text{ MeV} \quad (2.7 \cdot 10^6 \text{ Jahre})$$
$$N^{14} + H^1 \rightarrow O^{15} + \gamma \quad +7.35 \text{ MeV} \quad (3.2 \cdot 10^8 \text{ Jahre})$$
$$O^{15} \rightarrow N^{15} + e^+ + \nu \quad +2.71 \text{ MeV} \quad (82 \text{ sec})$$
$$N^{15} + H^1 \rightarrow C^{12} + He^4 \quad +4.96 \text{ MeV} \quad (1.1 \cdot 10^5 \text{ Jahre}).$$

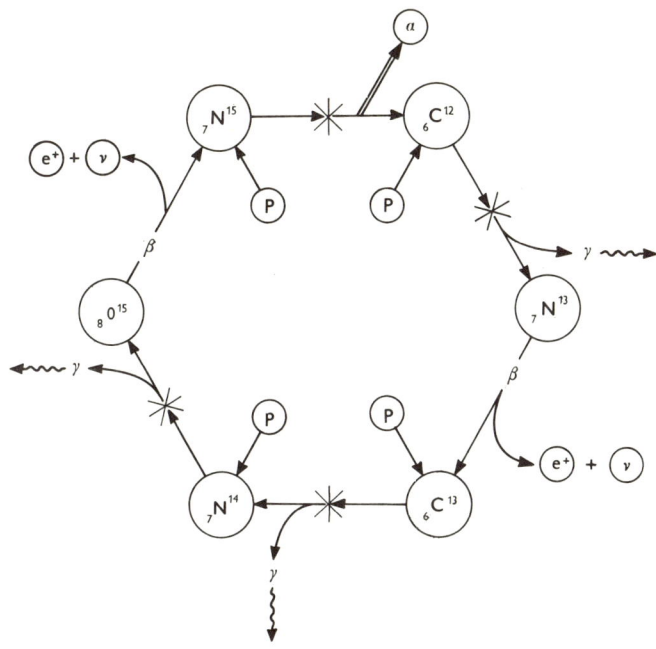

Der CN-Zyklus schematisch dargestellt; es bedeutet: $*$ = Zwischenkern, P = Proton, β = Beta-Zerfall.

Diese Formeln sind genauso zu lesen, wie die vorigen auf Seite 524. Der Stickstoff N^{13} und der Sauerstoff O^{15} sind keine stabilen Kerne, sie zerfallen nach kurzer Zeit unter Aussendung eines Positrons und eines Neutrinos. Pro Neutrino geht hierbei im Mittel etwas mehr Energie verloren. Insgesamt erhält man für die gesamte Reaktion: 25.0 MeV $= 4.0 \cdot 10^{-5}$ erg.

Der 3α-Prozeß

Oberhalb von etwa 100 Millionen Grad beginnt die Umwandlung von Helium in Kohlenstoff durch Vereinigung von drei Heliumkernen (α-Teilchen):

$$He^4 + He^4 \to Be^8 + \gamma \quad -0.095 \text{ MeV}$$
$$Be^8 + He^4 \to C^{12} + \gamma \quad +7.4 \text{ MeV}.$$

Die erste Reaktion liefert keine Energie, sondern verbraucht einen geringen Betrag (-0.095 MeV). Der gebildete Berylliumkern Be^8 ist allerdings nicht stabil und zerfällt nach kurzer Zeit wieder in zwei Heliumkerne. Nur ein sehr geringer Bruchteil (1 : 10 Milliarden) der Be^8-Kerne findet während seiner kurzen Lebensdauer Gelegenheit, sich mit einem weiteren Heliumkern zu einem Kohlenstoffkern C^{12} zu vereinigen. Dieser geringe Bruchteil genügt jedoch, um im Laufe der Zeit das Helium im Zentrum sehr heißer Sterne in größeren Mengen in Kohlenstoff zu verwandeln.

Energieproduktion

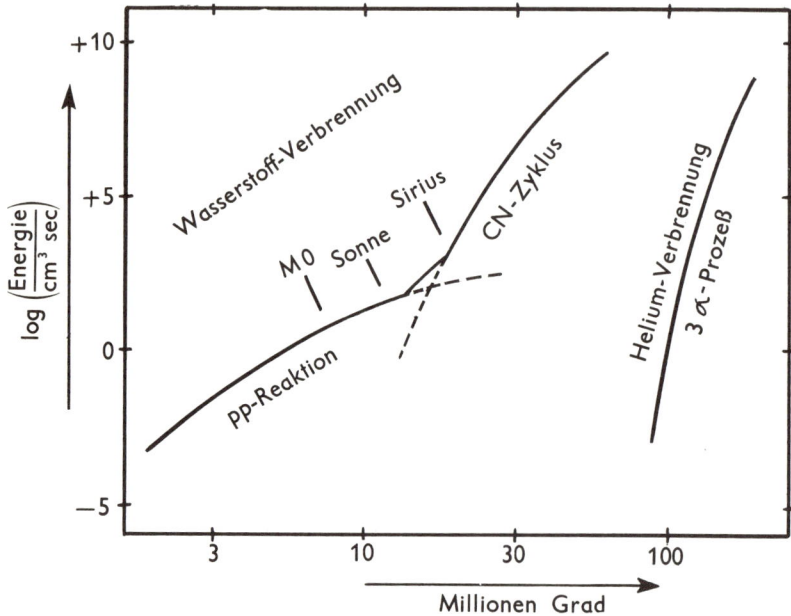

Die Figur zeigt den Logarithmus der im Zentrum des Sternes erzeugten Energie (pro Kubikzentimeter und Sekunde) als Funktion der Temperatur.
Unterhalb von etwa 16 Millionen Grad überwiegt bei der Wasserstoffverbrennung die pp-Reaktion, oberhalb davon der CN-Zyklus, der sehr viel stärker von der Temperatur abhängt. Die Temperaturabhängigkeit des 3α-Prozesses ist extrem stark.

Weitere Prozesse

Durch Anlagerung weiterer Heliumkerne an den Kohlenstoff C^{12} können sich dann auch schwerere Elemente bilden: z. B. Sauerstoff O^{16}, Neon Ne^{20} usw. bis Calcium Ca^{40}. Weiterhin gibt es Prozesse, die Neutronen liefern, und die elektrisch neutralen Neutronen werden leicht von Atomkernen eingefangen, wobei eine Vielzahl schwerer Elemente aufgebaut wird. Dies ist zwar von großer Bedeutung für die Theorien der Entstehung der Elemente (s. S. 580) doch wird bei all diesen Prozessen nur noch relativ wenig Energie frei, so daß sie für den Energiehaushalt der Sterne keine große Rolle spielen.
Bei extremen Dichten werden die Bindungsenergien des Atomkernes durch die Wechselwirkung der Kernbausteine mit Elementarteilchen in der Umge-

bung verringert, so daß sich schließlich die Atomkerne auflösen. Gleichzeitig wird durch die Reaktion

$$p + e^- \to n + \nu$$

(inverser-β-Prozeß), d. h. durch Einfang von Elektronen durch Protonen das Gleichgewicht immer weiter zugunsten der Neutronen verschoben. Bei Dichten von etwa 10^{14} g/cm^3 an aufwärts besteht die Materie unabhängig von ihrer ursprünglichen Zusammensetzung fast nur noch aus Neutronen. Die entstehenden Neutrinos (ν) können wegen ihrer geringen Wechselwirkung mit Materie den Stern ungehindert verlassen. Bei extrem hohen Temperaturen (ab rund 10^9 K) können Neutrinos durch den sogenannten URCA-Prozeß in großer Menge erzeugt werden. Die mit den Neutrinos abgeführte Energie kann eine weitere Temperaturerhöhung verhindern. Der URCA-Prozeß wird von der Theorie vorhergesagt, ist jedoch experimentell nicht gesichert.

c) Zustand der Materie

Wegen der hohen Temperatur ist die Materie der Sterne durchweg gasförmig. Temperatur und Dichte sind jedoch meist derart hoch, daß die Materie sich anders verhält als Gase bei irdischen Experimenten.

Ionisation

Bei normaler, niedriger Temperatur sind die Moleküle der Gase elektrisch neutral, die einzelnen Teilchen sind also ungeladen. Außerdem befinden sich die Gase (mit Ausnahme der Edelgase) in molekularem Zustand, d. h. es sind stets zwei oder mehr Atome zu einem Molekül vereinigt. Bei höherer Temperatur dissoziieren die Gase: Die Moleküle brechen auseinander, und das Gas besteht nur noch aus einzelnen Atomen. Oberhalb von etwa 10000 Grad beginnt die Ionisation: Die Elektronen der Atomhülle werden abgestoßen, und zwar um so vollständiger, je höher die Temperatur ist.

Das Wasserstoffatom hat ein Proton als Kern und ist von nur einem Elektron umgeben. Ist dieses Elektron abgestoßen, so ist der Wasserstoff bereits vollständig ionisiert. Das Gas besteht dann nur noch aus den einzelnen, elektrisch positiv geladenen Protonen und ebensoviel einzelnen, elektrisch negativ geladenen Elektronen.

Das Heliumatom hat zwei Elektronen und einen zweifach positiven Atomkern der Masse 4. Wird nur ein Elektron abgestoßen, so heißt das Helium „einfach ionisiert"; es ist „zweifach ionisiert", wenn alle beiden Elektronen abgestoßen sind. — Je schwerer ein Element ist, um so mehr Elektronen besitzt es im neutralen Zustand und um so höher kann es ionisiert werden. — Ein ionisiertes Gas nennt man auch ein *Plasma*.

Strahlungsdruck

Bei sehr hohen Temperaturen ist außer dem normalen Gasdruck auch der Strahlungsdruck zu berücksichtigen, der sogar den Gasdruck überwiegen kann. Messen wir den Druck auf die Innenwand eines Gefäßes, so wird der normale Gasdruck durch die Energie der Gasteilchen hervorgerufen, die in schneller Folge auf die Wand treffen und von ihr wieder zurückgeworfen werden. Aber auch die Energie der in dem Gefäß eingeschlossenen Strahlung bewirkt einen Druck auf die Wand. Bei Änderung des Volumens V, in das die Strahlung eingeschlossen ist, wächst der Strahlungsdruck mit $V^{-4/3}$. Der Strahlungsdruck spielt eine Rolle im Innern der hellsten Hauptreihensterne (O-Sterne).

Entartung

Normalerweise wächst der Gasdruck P mit dem Produkt von Dichte ϱ und der Temperatur T des Gases:

$$P \approx \varrho\, T\,.$$

Bei sehr hohen Dichten hängt der Druck jedoch nur noch von der Dichte ab, er ist unabhängig von der Temperatur. Man nennt diesen Zustand des Gases entartet. Ein derartiges Verhalten rührt daher, daß die Elementarteilchen (Elektronen, Protonen, Neutronen usw.) dem sogenannten Pauliverbot unterworfen sind, nach dem gleichartige Teilchen nicht zugleich gleiche Lagen und Geschwindigkeiten (genauer: Impulse) haben können. Je näher die Teilchen im Raum benachbart sind, um so stärker müssen die Geschwindigkeiten differieren. Bei sehr hohen Dichten, also bei sehr enger Packung ergeben sich hieraus sehr hohe Geschwindigkeiten, da nur dann auch die Geschwindigkeitsdifferenzen hinreichend groß sein können. Diese Geschwindigkeiten, damit auch die Energien und infolgedessen schließlich auch der Druck hängen nicht mit der Wärmebewegung zusammen, sind also unabhängig von der Temperatur. Die Teilchenenergien haben eine scharfe obere Grenze, die Fermienergie (Fermikante). Man findet für die Zustandsgleichung

$$P \approx \varrho^{5/3}\,.$$

solange die Geschwindigkeiten klein sind im Vergleich mit der Lichtgeschwindigkeit. Ist dies bei ganz extremen Dichten nicht mehr der Fall, so ist für die Zusammenhänge zwischen Geschwindigkeit, Impuls und Energie der Teilchen die Relativitätstheorie zuständig. Für ein derartiges, relativistisch entartetes Gas gilt im Grenzfall das Gesetz

$$P \approx \varrho^{4/3}\,.$$

Zusammenfassung

In dem folgenden Diagramm ist die Ebene, deren Koordinaten der Logarithmus der Temperatur und der Logarithmus der Dichte sind, durch gestrichelte

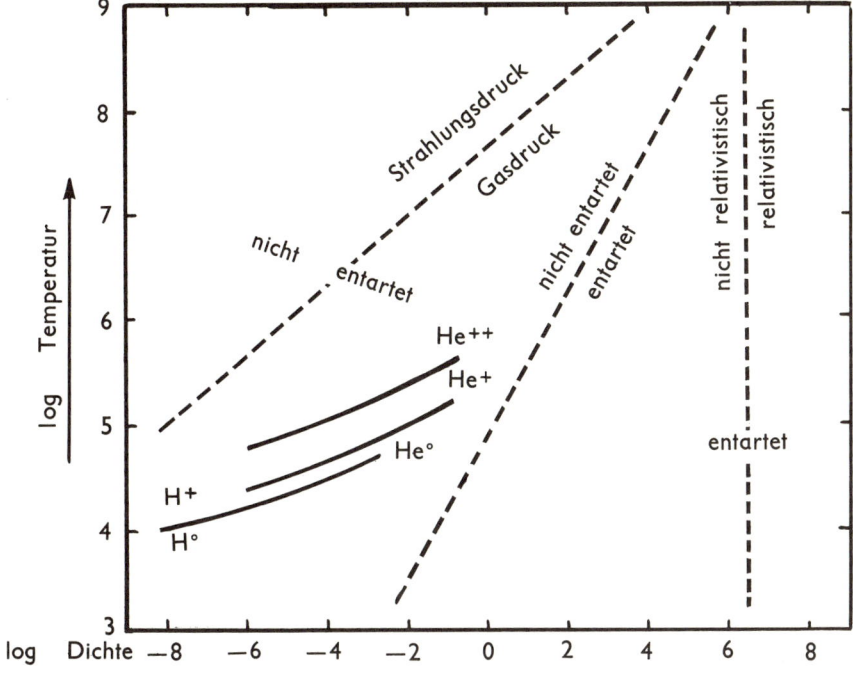

Der physikalische Zustand der Materie
(nach Schwarzschild)

Geraden in vier Bereiche eingeteilt. In jedem dieser Bereiche gilt eine andere Zustandsgleichung. Im Feld links oben überwiegt der Strahlungsdruck, rechts unterhalb der schrägen Geraden der Gasdruck. Rechts von der zweiten geneigten Geraden ist im Gas die Elektronenkomponente entartet und diese Entartung ist schließlich rechts von der dritten Geraden relativistisch. Würden wir das Diagramm nach rechts hin, also zu höheren Dichten erweitern, so würde sich das Gebiet anschließen, in welchem sich aus Protonen und Elektronen Neutronen bilden. Weiter rechts würde dann das Neutronengas entarten und diese Entartung wäre schließlich bei Dichten im Bereich 10^{14} bis $10^{15}\,\mathrm{g/cm^3}$ relativistisch. Die gekrümmten Linien links unten geben die Grenzen der Ionisation an. Unterhalb der unteren Linie ist der Wasserstoff neutral (H^0), oberhalb ist er ionisiert (H^+). Beim Helium sind zwei Grenzen nötig für einfache und zweifache Ionisation. Wegen der Seltenheit der schweren Elemente spielt deren Ionisation für die Zustandsgleichung keine Rolle.

In allen vier Feldern der Abbildung konnte das Verhalten der Materie theoretisch berechnet werden. Dem Experiment ist nur ein geringer Teil links unten im zweiten Feld zugänglich. Erst bei einigen Millionen Grad überwiegt der Strahlungsdruck, und erst bei vielen Billionen Atmosphären ist die Materie entartet. Nur im Inneren der Sterne existieren diese Zustände. Da die Sterne den überwiegenden Teil der kosmischen Materie enthalten, müssen wir derartige, für unsere Begriffe extreme Zustände als die Normalzustände der Materie ansehen.

d) Absorption

Um den inneren Aufbau der Sterne berechnen zu können, muß man auch den Verlauf der Temperatur im Sterninneren untersuchen, und dieser Verlauf hängt stark von der Fähigkeit der Materie ab, das hindurchgehende Licht zu absorbieren. Der Abfall der Temperatur von innen nach außen ist um so steiler, je undurchsichtiger die Materie ist.

Doch hängt die Durchsichtigkeit der Materie wiederum stark von der Temperatur ab: Bei normaler Temperatur absorbieren Gase nur sehr wenig Licht (z. B.: Luft auf einen Kilometer nur einige Prozent), bei den hohen Temperaturen im Sterninneren ist das an einer Stelle abgestrahlte Licht jedoch schon nach wenigen Zentimetern wieder völlig absorbiert. — Die Temperatur reguliert sich dabei gerade so ein, daß an jeder Stelle ebensoviel Licht abgestrahlt wie absorbiert wird.

Elektronenstreuung

Liegt die Temperatur oberhalb einer bestimmten Grenze, so wird das Licht hauptsächlich durch die freien Elektronen gestreut, die wegen der Ionisation vorhanden sind. Die Stärke der Streuung hängt dabei nur von der Dichte, nicht aber von der Temperatur der Materie ab und auch nicht von der Wellenlänge des Lichtes. Die Elektronenstreuung überwiegt im gesamten inneren Bereich der schweren Hauptreihensterne und in einem mittleren Bereich der Roten Riesen. Bei der Sonne spielt sie keine Rolle.

Atomare Absorption

Ein Lichtquant kann auf zweierlei Weise von einem Atom absorbiert werden:

    a) Ein fest zum Atom gehöriges Elektron wird durch die Absorption mit genügend Energie versorgt, um davonzufliegen (gebunden–frei–Übergang oder Photoionisation);

    b) ein freies Elektron, das gerade nahe am Atomkern vorbeifliegt, erhält die Energie des Lichtquants und fliegt nun schneller als vorher (frei–frei–Übergang).

Da die häufigsten Elemente, Wasserstoff und Helium, im Sterninneren vollständig ionisiert sind, kommt bei ihnen nur der zweite Prozeß in Frage, der jedoch weniger wirksam ist. Bei den schwereren Elementen, die noch nicht vollständig ionisiert sind, läuft der sehr viel wirksamere erste Prozeß ab. Diese „gebunden–frei–Übergänge" der schweren Elemente überwiegen, wenn die Materie zu mehr als einem Prozent aus schweren Elementen besteht. Sind die schweren Elemente seltener als ein Prozent, so überwiegen die „frei–frei–Übergänge" an Wasserstoff und Helium.

Die Stärke der atomaren Absorption hängt von der Dichte und von der Temperatur der Materie ab sowie auch von der Wellenlänge des Lichtes. Zur Berechnung des Sternaufbaues braucht man an jedem Ort die mittlere Absorption, gemittelt über alle Wellenlängen. Diese mittlere Absorption, als Funktion der Temperatur, der Dichte und der chemischen Zusammensetzung, ist berechnet worden und liegt in Tabellen vor. Doch ist die Absorption noch immer ein recht unsicherer Faktor bei der Berechnung des Sterninneren.

e) Energietransport

Die Erzeugung der Energie durch Kernreaktionen benötigt sehr hohe Temperaturen, die nur tief im Inneren des Sternes vorhanden sind. Von dort her muß dann die erzeugte Energie zur Oberfläche des Sternes geschafft werden, wo sie schließlich nach außen abstrahlen kann. Es gibt drei Möglichkeiten des Energietransportes: Wärmeleitung, Strahlung und Konvektion (Gasströmung).

Wärmeleitung ist normalerweise gegenüber den beiden anderen Mechanismen völlig zu vernachlässigen. Eine Ausnahme bildet das Innere der Weißen Zwerge und das Zentrum der Roten Riesen; hier ist die Materie entartet, und die Wärmeleitfähigkeit der entarteten Elektronen ist so groß, daß die Temperatur über weite Bereiche nahezu konstant wird.

Strahlung ist der weitaus am häufigsten wirksame Mechanismus. Jeder Teil der Sternmaterie strahlt entsprechend seiner Temperatur, und die Nachbarschaft absorbiert diese Strahlung wieder, entsprechend ihrem Absorptionsvermögen. Da die Temperatur von innen nach außen abfällt, entsteht ein nach außen gerichteter Energiestrom.

Konvektion nennt man Gasströmungen. Die Art dieser Strömungen und die dafür nötige Instabilität der Schichtung wurde im Kapitel über die Sonne (s. S. 294) bereits geschildert. — Durch die Konvektion wird die heißere innere Materie mit der kühleren äußeren durchmischt, und dadurch entsteht ein nach außen gerichteter Transport der Energie. Sterne großer Masse besitzen einen konvektiven Kern, die Sonne und Sterne kleinerer Masse besitzen eine Konvektionszone in ihrer äußeren Hülle; in beiden Fällen sind die übrigen Teile der Sterne nicht konvektiv. — Eine noch wenig bekannte Größe ist der „Mischungsweg" der Konvektionselemente, das ist die Strecke, um die ein solches Element (Gaswirbel) aufsteigen kann, bis es sich wieder auflöst. Dies ist ein weiterer Grund für die Unsicherheit der berechneten Sternmodelle.

Energietransport

durch:	in:
Wärmeleitung . .	Weiße Zwerge und Zentrum der Roten Riesen (durch entartete Elektronen)
Konvektion . . .	a) konvektiver Kern bei Sternen großer Masse b) Konvektionszone in den äußeren Teilen von Sternen kleiner Masse
Strahlung	überall sonst

2. Berechnung von Sternmodellen

Gleichgewicht

Die Sterne bleiben zwar nicht unverändert, doch geschehen alle Veränderungen derart langsam, daß man für die Berechnung des Sternaufbaues die Voraussetzung machen darf: „Zu jeder Zeit und an jeder Stelle im Stern herrscht Gleichgewicht zwischen allen Kräften." (Natürlich gilt dies nicht für variable Sterne oder Nova-Ausbrüche.)

a) Hydrostatisches Gleichgewicht: In jedem Abstand r vom Mittelpunkt des Sternes muß der Druck gerade ebenso groß sein wie das Gewicht der darüber liegenden Gasmassen. Die aus dieser Bedingung ableitbare Gleichung verknüpft die innerhalb des Abstandes r eingeschlossene Gasmasse mit der Druckabnahme im Abstand r.

Ist überall im Stern diese Bedingung erfüllt, so gilt der sogenannte Virialsatz: Das Produkt aus Druck und Volumen, summiert über den ganzen Stern (die gesamte Energie der Wärmebewegung) ist halb so groß wie die (potentielle) Energie der Materie im eigenen Schwerefeld. Dies ist die Energie, die gewonnen wird, wenn der Stern sich aus weit verteilter Materie auf seinen gegenwärtigen Zustand zusammenzieht.

b) Energieerhaltung: Die in jedes kleine Volumen hineinfließende Energie plus der innerhalb dieses Volumens erzeugten Energie ist gleich der aus diesem Volumen herausfließenden Energie. – Mit anderen Worten: Die Energie sammelt sich nirgends an.

c) Energietransport: Die Größe des Energietransports hängt davon ab, wie steil die Temperatur von innen nach außen abfällt. Zusammen mit

d) der Zustandsgleichung der Materie, die Druck, Dichte und Temperatur verknüpft, ergeben sich vier Gleichungen, die an jeder Stelle des Sternes erfüllt sein müssen. Mit Hilfe dieser Gleichungen läßt sich das Innere des

Sternes schrittweise berechnen. Sind die vier gesuchten Größen (Temperatur, Druck, Energiestrom, eingeschlossene Masse) in irgendeinem Abstand r vom Zentrum bekannt, so lassen sich diese Größen durch die vier Gleichungen für eine benachbarte Schicht berechnen. Von dort schreitet dann die Rechnung in gleicher Weise zur nächsten Schicht fort usw. — Nach jedem solchen Rechenschritt werden einige weitere Größen (Dichte, Absorptionskoeffizient, Energieerzeugung) aus den zunächst berechneten vier Größen abgeleitet. — Nach dieser Methode kann man entweder von der Oberfläche bis zum Zentrum oder vom Zentrum bis zur Oberfläche den ganzen Stern durchrechnen.

Randbedingungen

Die größte Schwierigkeit der Rechnung liegt darin, daß man zu Beginn entweder im Zentrum oder an der Oberfläche alle vier grundlegenden Größen kennen muß, um die Rechnung starten zu können. Im Zentrum sind jedoch nur zwei Größen bekannt: Der Energiestrom und die eingeschlossene Masse sind gleich Null (der Mittel*punkt* des Sterns enthält natürlich selbst keine Masse und keine Energiequelle). Eine dritte Größe könnte man willkürlich festsetzen, z. B. den Druck, doch gibt es dann nur einen einzigen Wert der Temperatur, der zu einem vernünftigen Sternmodell führt, man weiß jedoch nicht, welchen Wert. Alle anderen Werte der zentralen Temperatur führen nach einer mehr oder weniger großen Anzahl von Rechenschritten zu physikalisch unmöglichen Ergebnissen (z. B.: negativer Druck, negative Dichte ...).

Ähnlich ist es beim Start von der Oberfläche aus. Hier sind Druck und Temperatur, verglichen mit dem Sterninneren, so gering, daß wir sie praktisch gleich Null setzen können. Eine dritte Größe, z. B. die Masse, kann man wieder frei wählen, doch gibt es dann nur einen einzigen (aber unbekannten) Wert des Energiestromes, der ein physikalisch mögliches Sternmodell ergibt. Man muß also stets bei Beginn eine Größe raten und dann probieren, wie lange die Rechnung „gut geht". Beim nächsten Versuch wird man schon etwas besser raten und so fort. In der Praxis geht man so vor, daß man einerseits von außen beginnend etwa bis zur Hälfte des Radius rechnet und dann vom Zentrum beginnend bis zur gleichen Stelle. Dort müßten dann alle Größen übereinstimmen, wenn man mit den richtigen Werten begonnen hätte. In Wirklichkeit erhält man Abweichungen, aus deren Art sich abschätzen läßt, wie man für den nächsten Versuch die Anfangswerte zu verbessern hat.

Auf diese Weise tastet man sich langsam an die Wirklichkeit heran, bis man schließlich mit der erreichten Genauigkeit zufrieden ist. Doch ist für einen einzigen Stern stets die Durchrechnung vieler Versuche nötig.

3. Ergebnisse

Man darf annehmen, daß die Sterne gleich nach ihrer Entstehung erstens die gleiche chemische Zusammensetzung (d. h. die gleiche relative Häufigkeit der Elemente) besitzen wie die interstellare Materie, aus der sie entstanden sind, und daß sie zweitens „gut durchmischt" sind (d. h. vom Zentrum bis zur Oberfläche die gleiche Zusammensetzung haben). Trifft diese zweite Annahme zu, so nennt man den Stern homogen.

Die Berechnung solcher homogenen Sternmodelle zeigt, daß man damit gerade die Sterne der Hauptreihe erhält (s. S. 356). Das bedeutet, daß die Sterne der Hauptreihe „genetisch junge" Sterne sind. Sie mögen zwar an Jahren sehr alt sein, haben sich jedoch noch nicht oder nur sehr wenig entwickelt. Die zeitliche Entwicklung der Sternmodelle ergibt sich folgendermaßen: Hat man ein Modell eines jungen, homogenen Sterns berechnet, so weiß man aus dem Verlauf von Temperatur und Dichte, wie groß die Energieerzeugung an jeder Stelle des Sternes ist. Dann weiß man aber auch, wie schnell an jeder Stelle der Wasserstoff in Helium umgewandelt wird. Dadurch ändert sich die chemische Zusammensetzung, und zwar innen sehr viel stärker als weiter außen (s. Aufbau der Sonne, S. 299). Man kann also angeben, wie der Verlauf der chemischen Zusammensetzung nach einer gewissen Zeitspanne aussehen wird, und für diesen neuen Verlauf berechnet man ein neues Sternmodell. So fügt man einen Zeitschritt an den anderen und erhält den „Lebenslauf" des Sternes.

Dabei interessiert vor allem die zeitliche Veränderung der beobachtbaren Größen der absoluten Helligkeit (= Leuchtkraft; s. S. 377) und der Farbe (= Temperatur; s. S. 362). Man verfolgt somit den Lebensweg des Sternes im Hertzsprung-Russell-Diagramm (s. S. 379), seinen sogenannten Entwicklungszug.

Als Beispiel für die Berechnung des Entwicklungswegs eines Sterns im Hertzsprung-Russell-Diagramm seien hier einige charakteristische Entwicklungsstadien eines Sterns, und zwar eines Sterns von 7 Sonnenmassen, beschrieben. Zugrunde liegen Rechnungen, die von einer Arbeitsgruppe am Max-Planck-Institut für Physik und Astrophysik, München, unter Leitung von R. Kippenhahn und A. Weigert durchgeführt wurden. Ferner geht die hier gegebene Darstellung auf einen Artikel zurück, den die genannten beiden Astrophysiker in der Monatsschrift „Sterne und Weltraum" (SuW 3, 173 (1964)) veröffentlicht haben.

Die Darstellung der Rechnungen beginnt mit dem Moment, in dem der Stern seine Hauptenergiequelle erschließt, d. h. das Wasserstoff-Brennen einsetzt. Die Zentraltemperatur des Stern beträgt etwa 25 Millionen Grad; im Innern läuft der CN-Zyklus (s. S. 524). Der Modellstern hat eine Oberflächentemperatur von etwa 21 000°; er repräsentiert anfangs die beobachtbaren Sterne vom Spektraltyp B0. — Die folgenden 5 Abbildungen zeigen einige Eigenschaften des Sterns zu 5 verschiedenen Zeitpunkten (s. S. 538) seiner Entwicklung. Die jeweils mit a) bezeichneten Teilbilder sind Querschnitte durch den ganzen Stern; die Durchmesser der Kreise (alle im gleichen Maßstab) sind ein Maß für den jeweiligen Sterndurchmesser. In den Teilbildern b) und u. U. c) sind jeweils das Zentralgebiet des Sterns herausgezeichnet, und zwar im angegebenen Maßstab zu a) vergrößert. Die Querschnittsbilder durch den Stern sind (soweit das möglich war) in drei Sektore geteilt. Im Sektor links oben ist der Sitz der nuklearen Energiequelle gezeichnet (weiß: Gebiete, in denen Kernenergie frei wird). Der rechte Sektor veranschaulicht die Bereiche im Sterninnern, in welchen die Energie entweder durch Strahlung (Pfeil) oder durch Konvektion (wolkige Struktur) transportiert wird (s. S. 294). Der Sektor links unten zeigt die chemische Zusammensetzung in den verschiedenen Kerngebieten des Sterns (Punkte: ursprüngliche wasserstoffreiche Materie; offene Kreise: Helium; volle Kreise: Kohlenstoff). Es sei nochmals betont, daß alle zur Herstellung der Zeichnungen benutzten Zahlenwerte von der Rechenmaschine geliefert wurden.

a)

o

b) (100×)

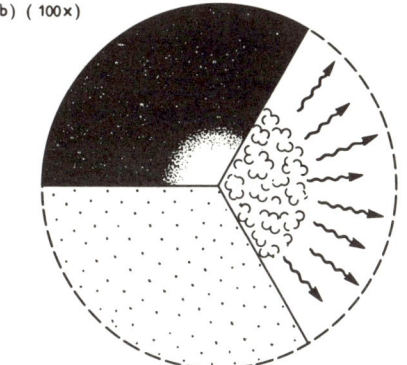

Anfangsstadium eines Hauptreihensterns von 7 Sonnenmassen (vgl. die Erläuterungen im Text). Sternradius R = 3.37 $R_\odot$ (Sonnenradien). Der Stern, dessen chemische Zusammensetzung noch im ganzen Sterninnern gleich ist, besitzt einen Kern, in dem die durch Wasserstoff-Brennen erzeugte Energie durch Konvektion transportiert wird. Weiter außen wird die Energie durch Strahlung zur Oberfläche gebracht.

535

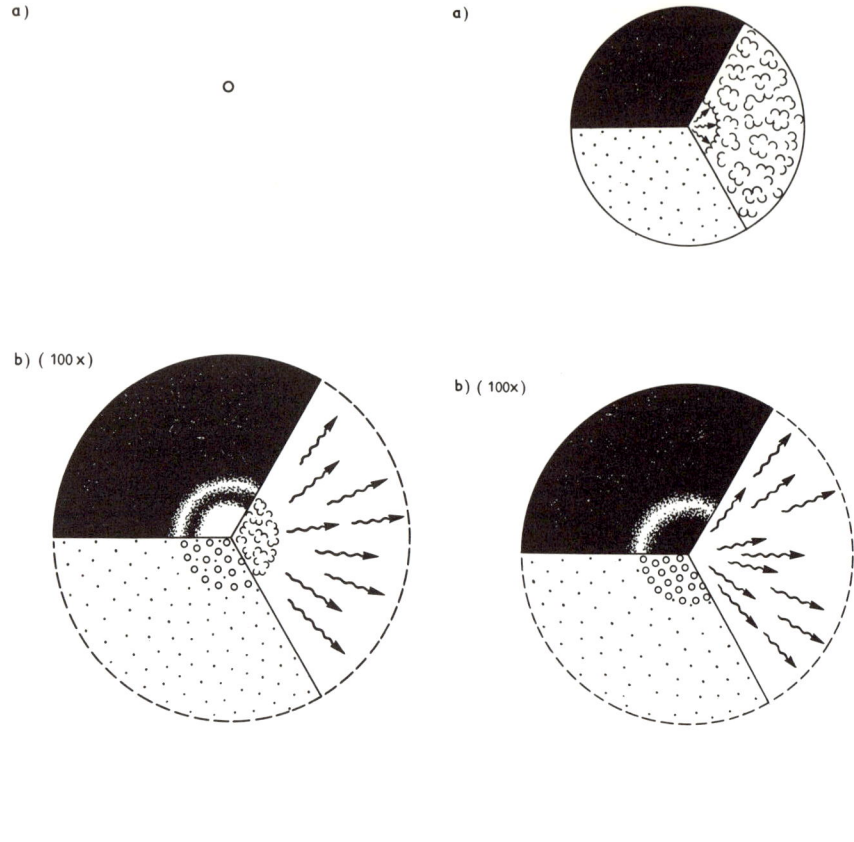

a)

o

a)

b) (100 x)

b) (100x)

Der innere Aufbau des Sterns nach 26 Millionen Jahren. Sternradius R = 5.33 $R_\odot$. Die nukleare Energieerzeugung erfolgt nicht mehr nur im Kern, dessen Wasserstoff-Vorrat jetzt fast erschöpft ist, sondern in einer weiter außen liegenden Schale (man spricht von einer „Schalenquelle"). Der Kern, in dem der Energietransport mittels Konvektion erfolgt, ist kleiner geworden, in ihm hat sich merklich Helium angereichert.

Nur 0.5 Millionen Jahre nach dem Zeitpunkt des vorherigen Zustandsbildes ist der Stern zum Roten Riesen „gewachsen". Sein Radius beträgt nun R = 102 $R_\odot$. Der Wasserstoff-Vorrat im Zentralgebiet ist erschöpft, dort ist nur noch Helium. Seine nukleare Energie bezieht der Stern aus dem Wasserstoff-Brennen in einer Schale. Der Energietransport im Zentralgebiet erfolgt durch Strahlung, außen hingegen durch Konvektion.

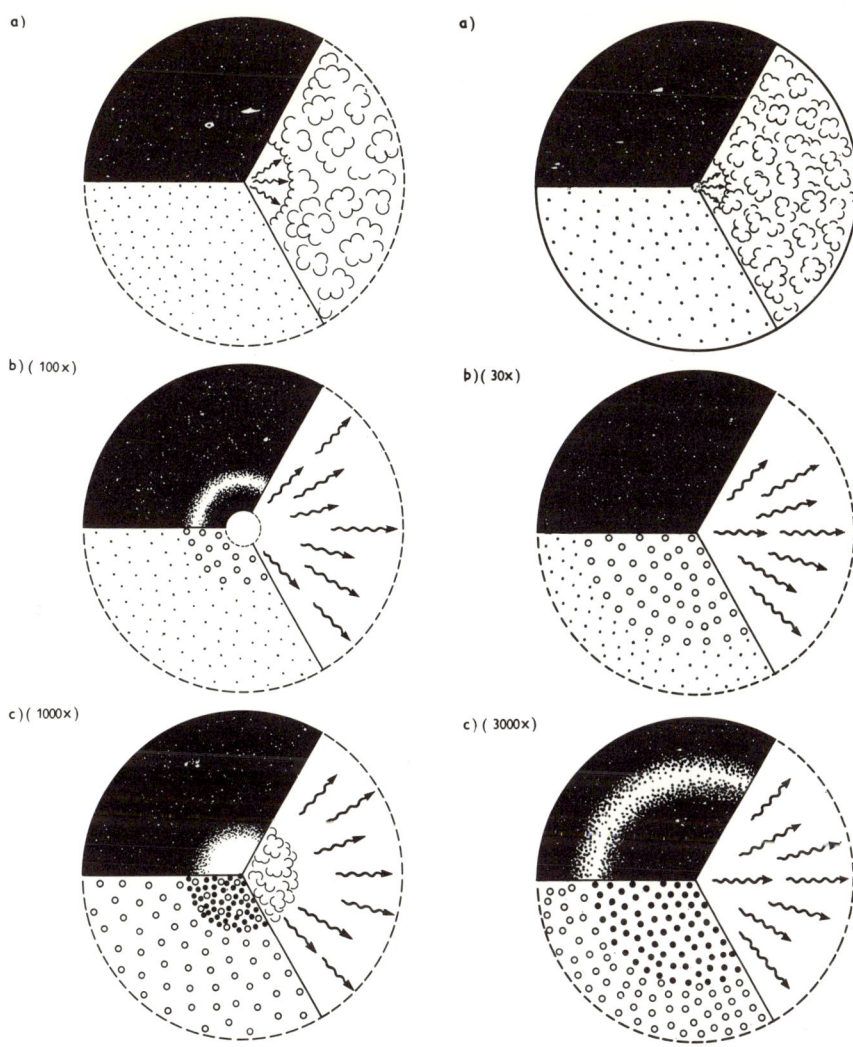

a)

a)

b) (100x)

b) (30x)

c) (1000x)

c) (3000x)

Weitere 0.1 Millionen Jahre später zu vorigem Zustand. Der Stern ist nur noch unwesentlich größer geworden. R = 137 R$_\odot$. Das Helium-Brennen (s. S. 525) hat in seinem Zentrum begonnen. Einiger Kohlenstoff ist bereits gebildet. Weiter außen brennt aber noch eine Wasserstoff-Schalenquelle. Um die differenzierten Zonen im Sterninnern deutlich werden zu lassen, ist das in b) ausgesparte Gebiet in c) nochmals vergrößert herausgezeichnet.

In den nächsten 10 Millionen Jahren „wandert" der Stern mehrmals durch die gleichen Gebiete des Hertzsprung-Russell-Diagramms. Zeitweilig wird er zum δ Cephei-Stern. Nach einer zwischenzeitlichen Schrumpfung des Sterns ist dieser nun aber wieder auf R = 144 R$_\odot$ angewachsen. Das Wasserstoff-Brennen ist erloschen. Das Helium brennt nur noch als Schalenquelle, die sich langsam nach außen frißt.

Die Entwicklung eines Sterns ist mit der letzten dargestellten Phase, der des Helium-Schalenbrennens, nicht abgeschlossen. Wohl wurden hier die Rechnungen abgebrochen, denn zum weiteren Verfolgen des Entwicklungszugs müßten der Rechenmaschine neue, nun erst jetzt für die Sternentwicklung wichtig werdende physikalischer Gesetze eingegeben werden. — Die Temperatur im Sterninnern ist bei Abbruch der Rechnungen auf 360 Millionen Grad gestiegen. Im Zentrum kontrahiert der Kohlenstoffkern, er wird sich dadurch weiter erhitzen, bis bei einer Temperatur von etwa 500 Millionen Grad das Kohlenstoff-Brennen einsetzen wird. Dann ist die Dichte im Sternzentrum auf den phantastischen Wert von 200 000 g/cm³ gestiegen. Die Materie ist relativistisch entartet (s. S. 528).

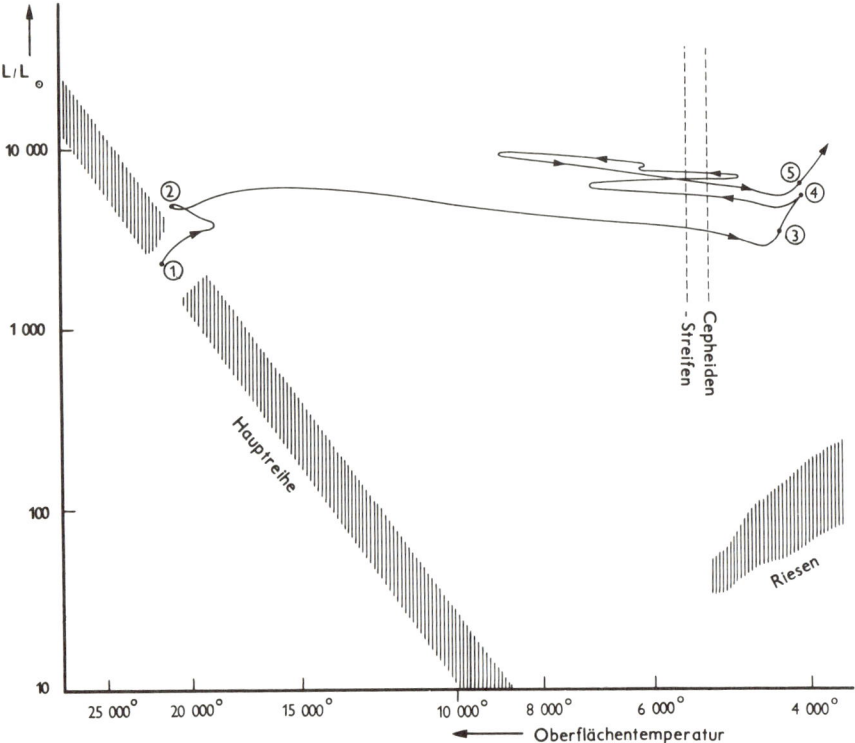

Der „Entwicklungsweg" eines Sterns von 7 Sonnenmassen im Hertzsprung-Russell-Diagramm. Nach oben ist die Leuchtkraft des Sterns in Einheiten der Sonnenleuchtkraft aufgetragen, nach links wachsend, die Oberflächentemperaturen. Der Entwicklungsweg zeigt, wie sich die beiden beobachtbaren Größen des Sterns im Laufe seiner Entwicklung ändern. Die 5 gekennzeichneten Zeitpunkte auf dem Entwicklungsweg sind die der 5 vorstehenden Zustandsbilder. (Nach R. Kippenhahn und A. Weigert.)

Massereiche Sterne entwickeln sich schneller als weniger massive Sterne, diese durchlaufen die verschiedenen Phasen nuklearen Brennens langsamer. Sterne von der Art der Sonne können selbst im Laufe des ganzen bisherigen Weltalters kaum über das Wasserstoff-Brennen hinauskommen. Wenn man die Rechnungen über spätere Entwicklungsstadien mit der Beobachtung vergleichen will — das ist ja schließlich der eigentliche Sinn solcher langwieriger Rechnungen — dann muß man den Entwicklungszug an massereichen Sternen untersuchen.

Besonders eindrucksvoll läßt sich die Übereinstimmung von Theorie und Beobachtung an offenen Sternhaufen prüfen. Die Sterne eines offenen Sternhaufens sind zur gleichen Zeit entstanden, sie sind also gleich alt. Da sie aber verschiedene Masse besitzen, läuft die individuelle Sternentwicklung verschieden schnell ab. Daß dies so ist, sieht man auch an den Hertzsprung-Russell-Diagrammen bzw. den Farben-Helligkeits-Diagrammen der verschiedenen offenen Haufen. Die hellsten Sterne sind in alten Haufen bereits Rote Riesen geworden und die wenig massiven Sterne in jungen Haufen haben u. U. noch nicht die Hauptreihe erreicht (s. S. 573).

Diese Zusammenhänge werden besonders deutlich, wenn man die HR-Diagramme eines künstlichen Sternhaufens (Kippenhahn und Weigert gaben ihm den Namen M 007) als Funktion des Alters berechnet. Dazu müssen natürlich Entwicklungswege für Sterne aller möglichen Massen berechnet werden. Der erforderliche Rechenaufwand ist erheblich. Für etwa 10 Millionen Jahre Lebensweg eines Sternes wurden auf den vorhandenen Großrechenanlagen 10 Stunden Rechenzeit benötigt.

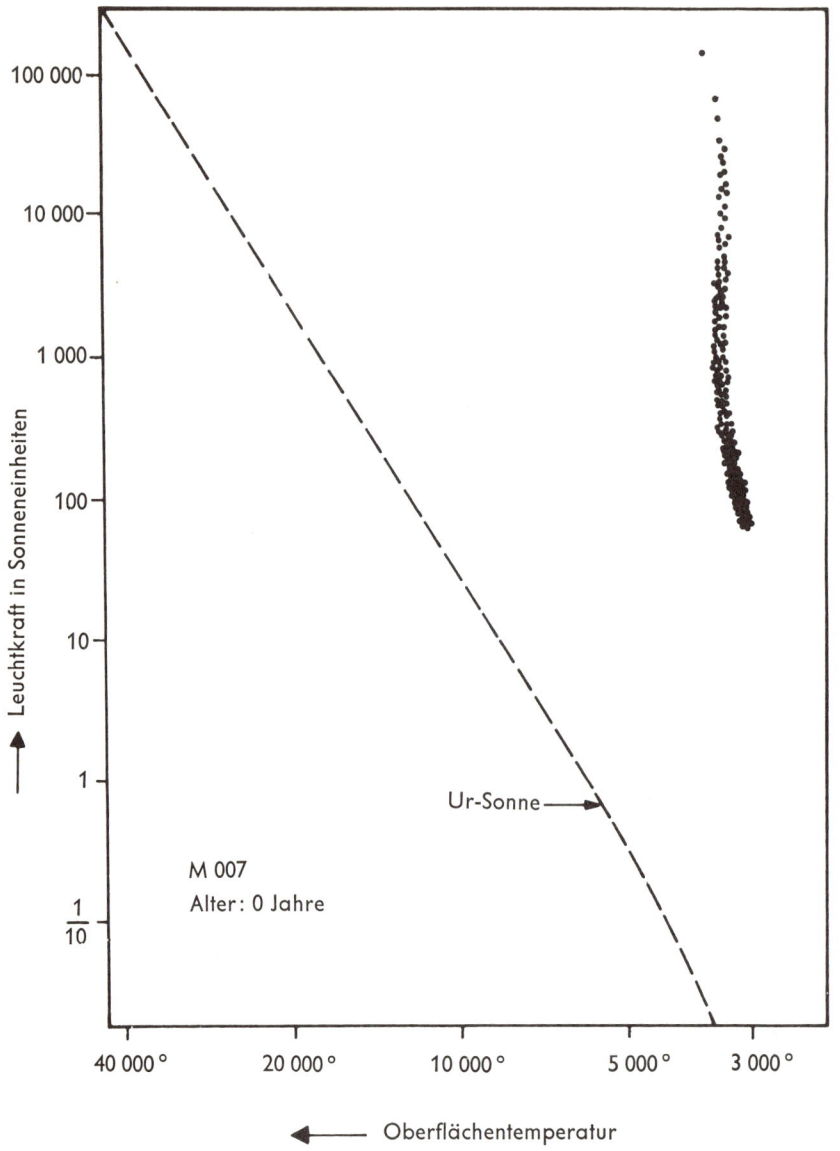

Das Hertzsprung-Russell-Diagramm des künstlichen offenen Sternhaufens M 007 kurz nachdem sich die Sterne gebildet haben. Der Sternhaufen besteht aus 190 Sternen mit Massen von 23 bis 0.5 Sonnenmassen. Die Häufigkeitsverteilung der Massen wurde so gewählt, daß sie der in wirklichen Sternhaufen entspricht. Je massiver der Stern, um so größer ist seine Leuchtkraft, um so weiter oben im Diagramm muß der Beginn seiner Entwicklung eingezeichnet werden.

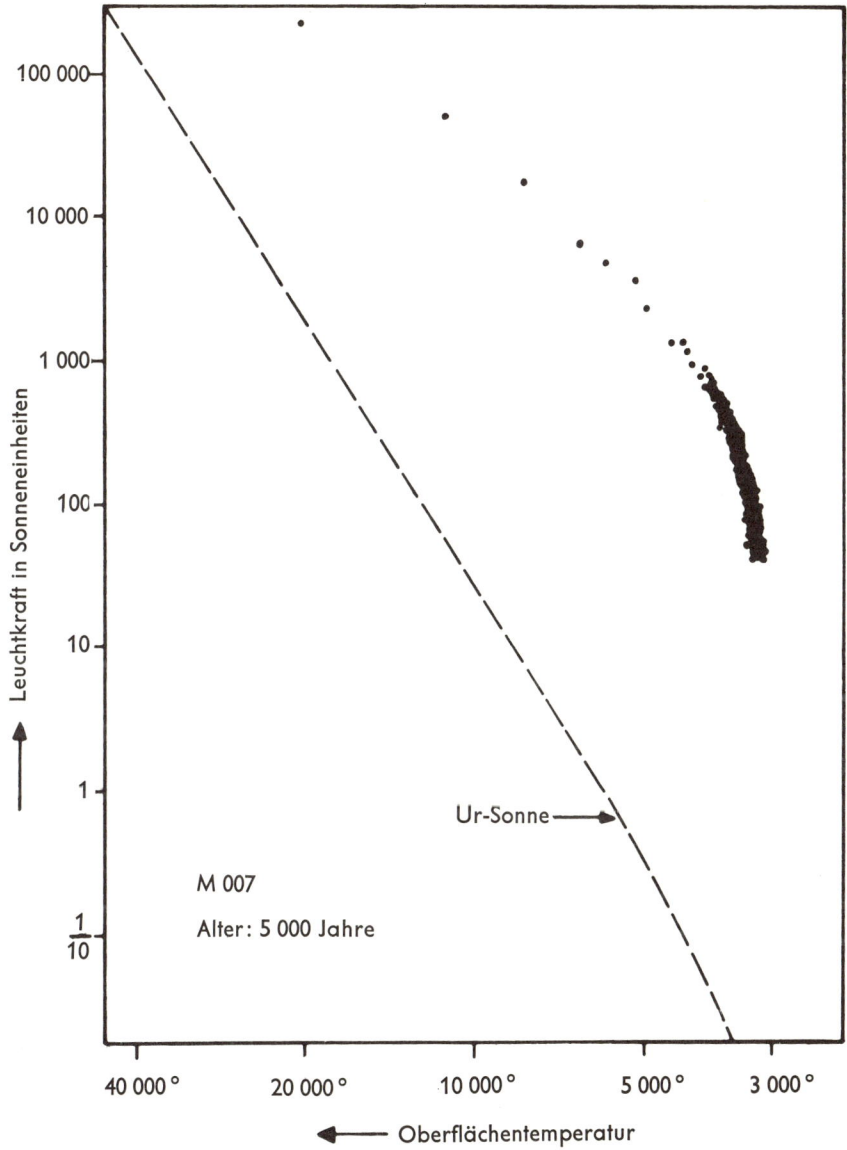

Nach 5000 Jahren haben sich die sehr massereichen Sterne schon vom Pulk abgelöst und ihren Weg zur Hauptreihe (gestrichelte Linie) angetreten. Mit Ur-Sonne ist die Stelle gekennzeichnet, an der Sterne von Sonnenmasse die Hauptreihe erreichen werden.

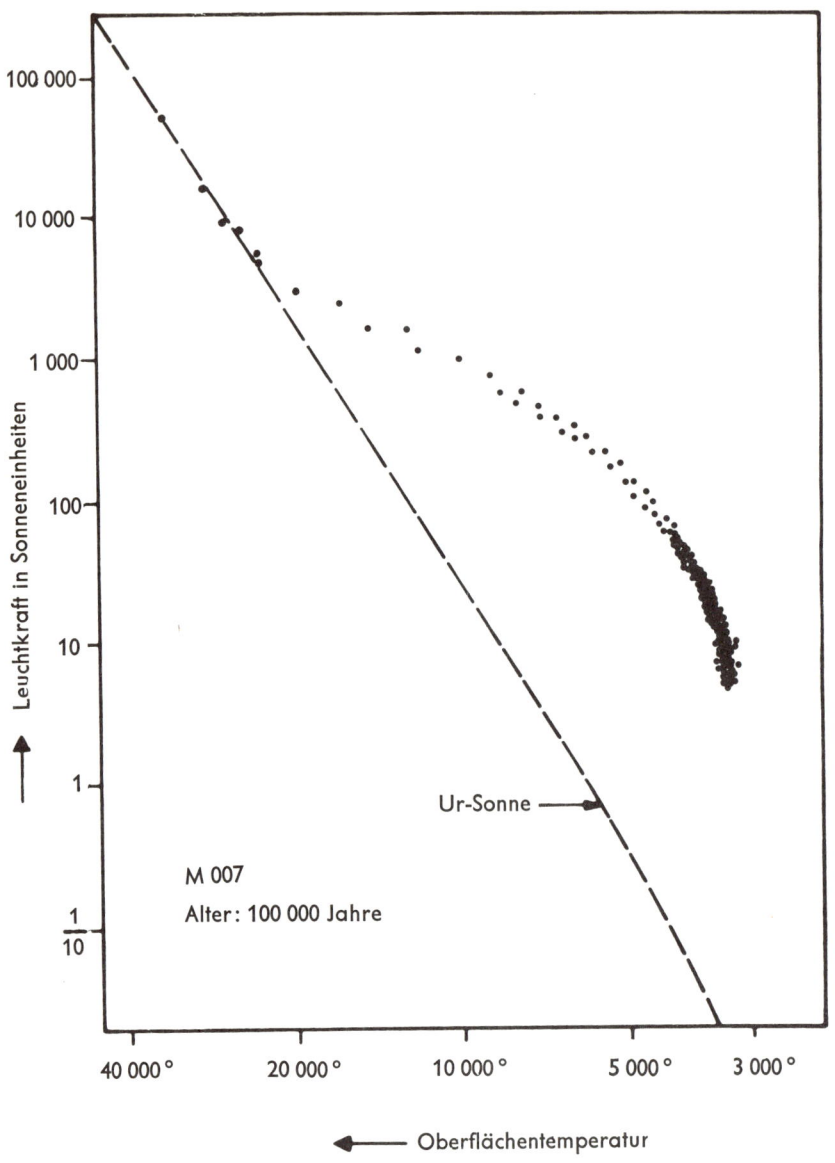

Das H-R-Diagramm des künstlichen Sternhaufens M 007 und zwar 100 000 Jahre nach seiner „Entstehung". Bei den 7 massereichsten Sternen hat bereits die Phase des Wasserstoff-Brennens begonnen, sie sind auf der Hauptreihe angelangt, während alle anderen Sterne noch auf ihrem Weg zur Hauptreihe sind.

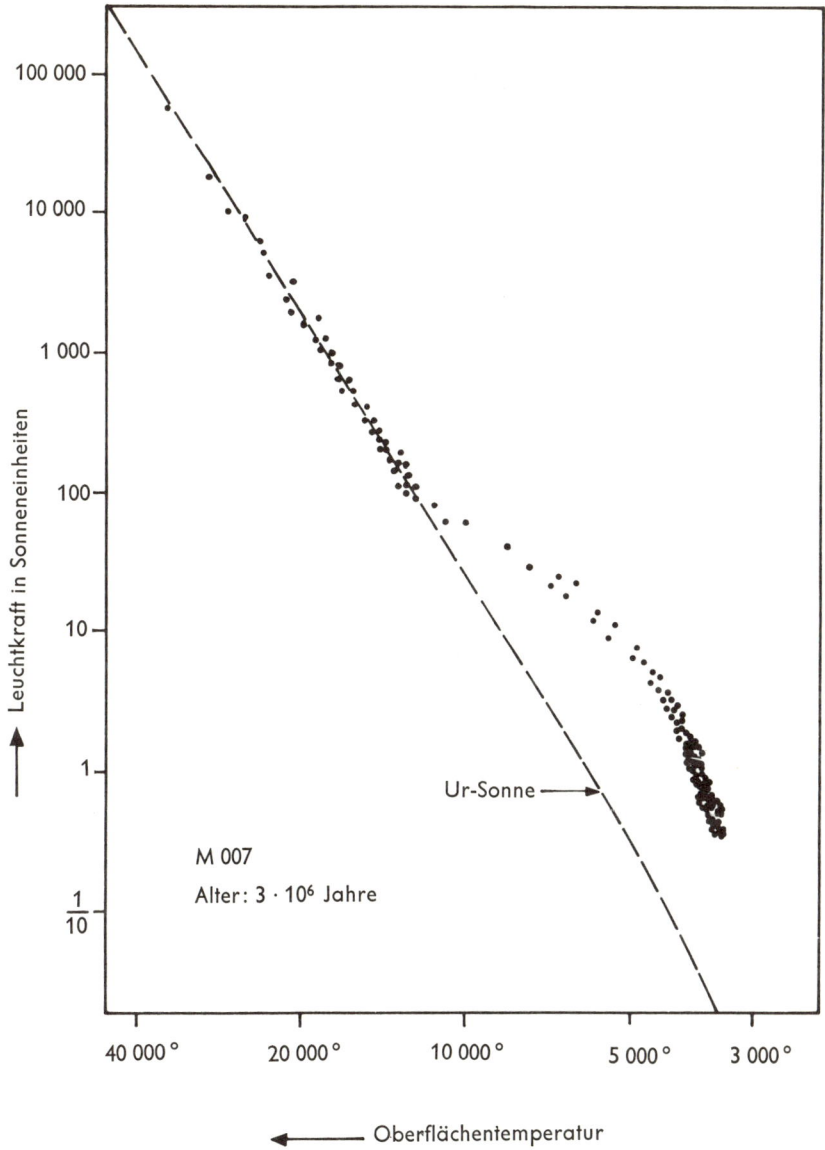

Das H-R-Diagramm des künstlichen Sternhaufens M 007 nach 3 Millionen Jahren. Die massearmen Sterne haben noch nicht die Hauptreihe erreicht. Bei den sehr massiven Sternen macht sich schon eine gewisse Erschöpfung des Wasserstoff-Brennens bemerkbar; die hellsten Sterne wandern bereits wieder langsam nach rechts im Diagramm.

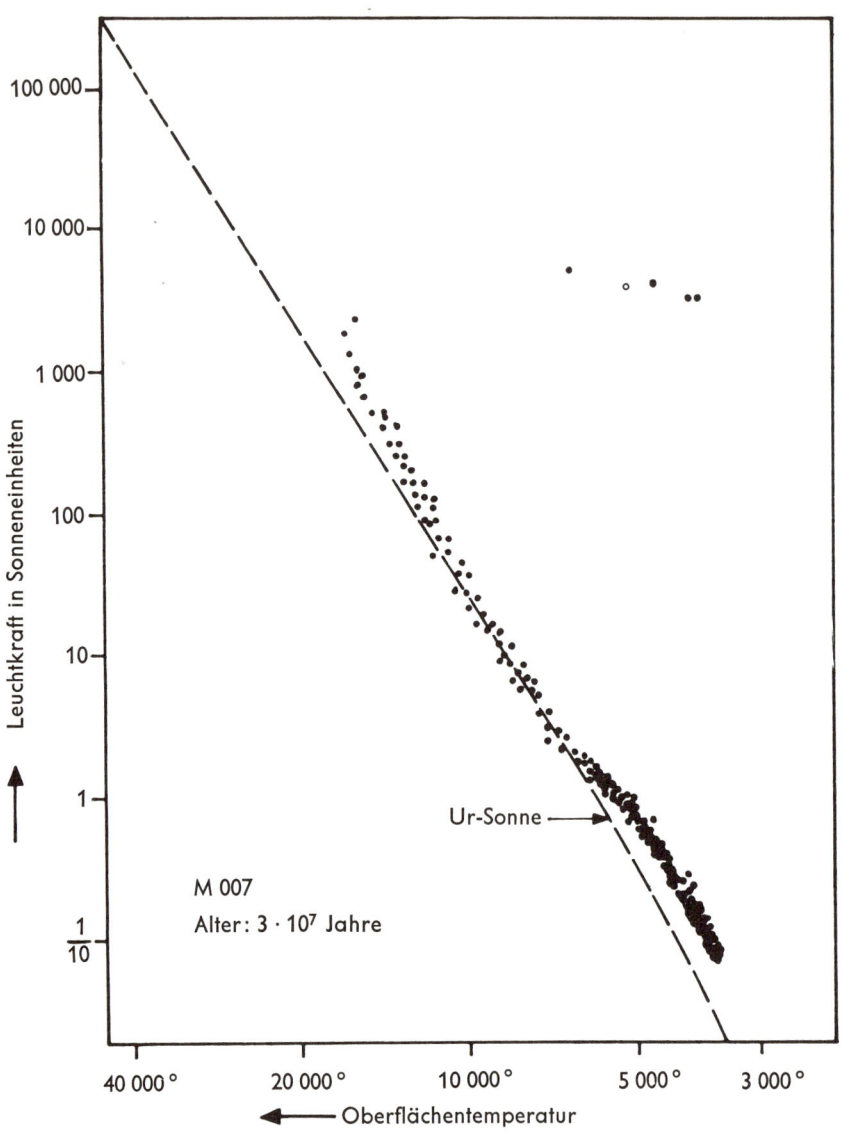

Das H-R-Diagramm von M 007 nach 30 Millionen Jahren. Noch immer nicht haben die masseärmeren Sterne die Hauptreihe erreicht, sie befinden sich noch in ihrer Kontraktionsphase. Die massivsten Sterne des Haufens haben sogar schon alle heutzutage bekannten Phasen der Sternentwicklung durchlaufen, sie sind zu roten Überriesen geworden und befinden sich nun in einem Zustand der Entwicklung, der der Theorie noch nicht zugänglich ist. Ein Stern ist gerade im Zustand eines Delta-Cephei-Veränderlichen (offener Kreis).

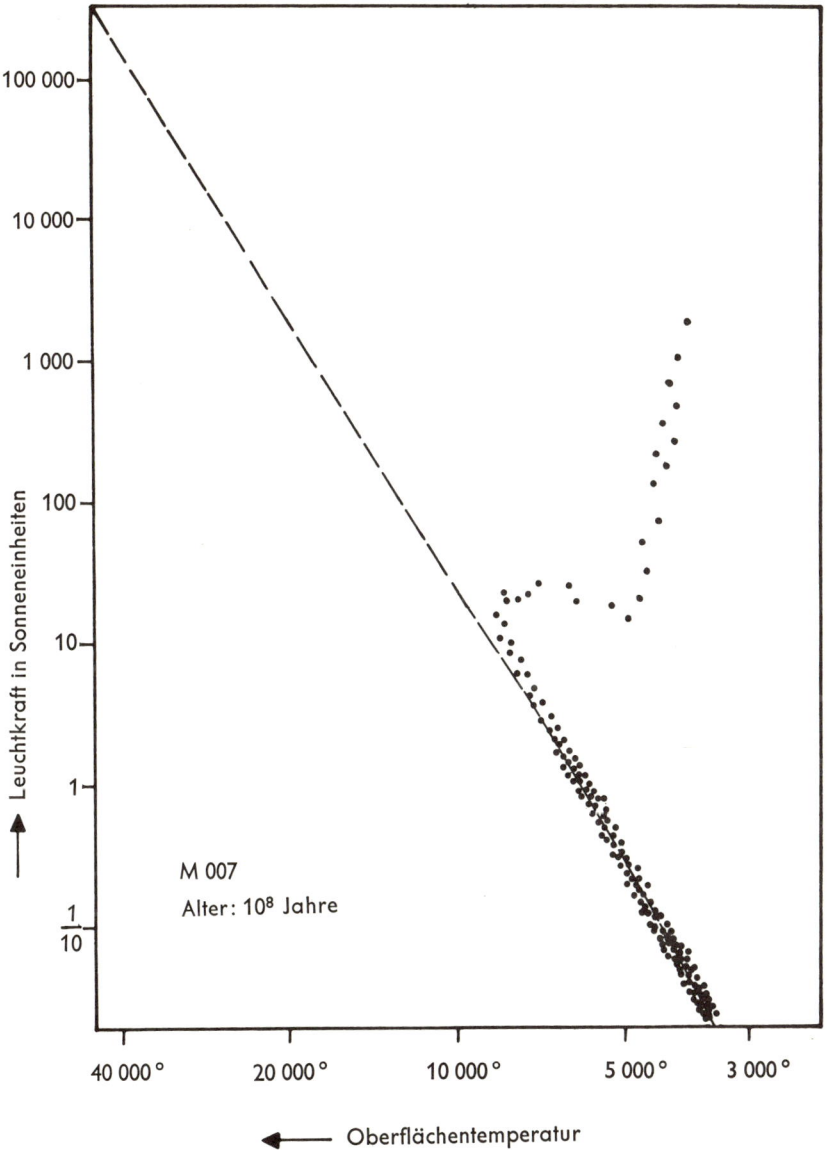

Das H-R-Diagramm des künstlichen Sternhaufens M 007, und zwar 100 Millionen Jahre nach seiner „Entstehung". Das Aussehen hat sich nun wesentlich gegenüber den vorherigen Diagrammen geändert. Alle Sterne haben die Hauptreihe erreicht. Nach rechts abbiegend ein „Knie" und anschließend ein steil aufsteigender Ast roter Überriesen, wie er bei sehr alten Sternhaufen beobachtet wird.

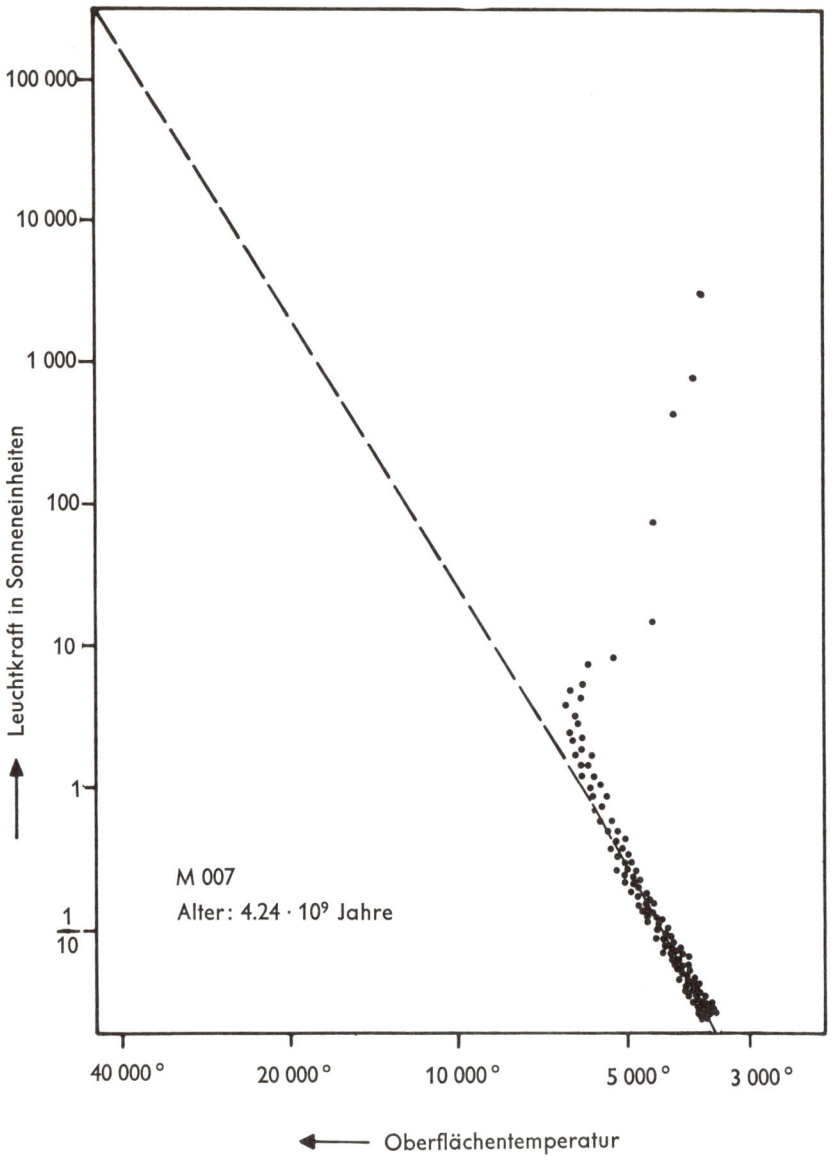

Das H-R-Diagramm des künstlichen Sternhaufens M 007 nach 4.2 Milliarden Jahren. Dieses Diagramm ist schon dem der Kugelhaufen sehr ähnlich.

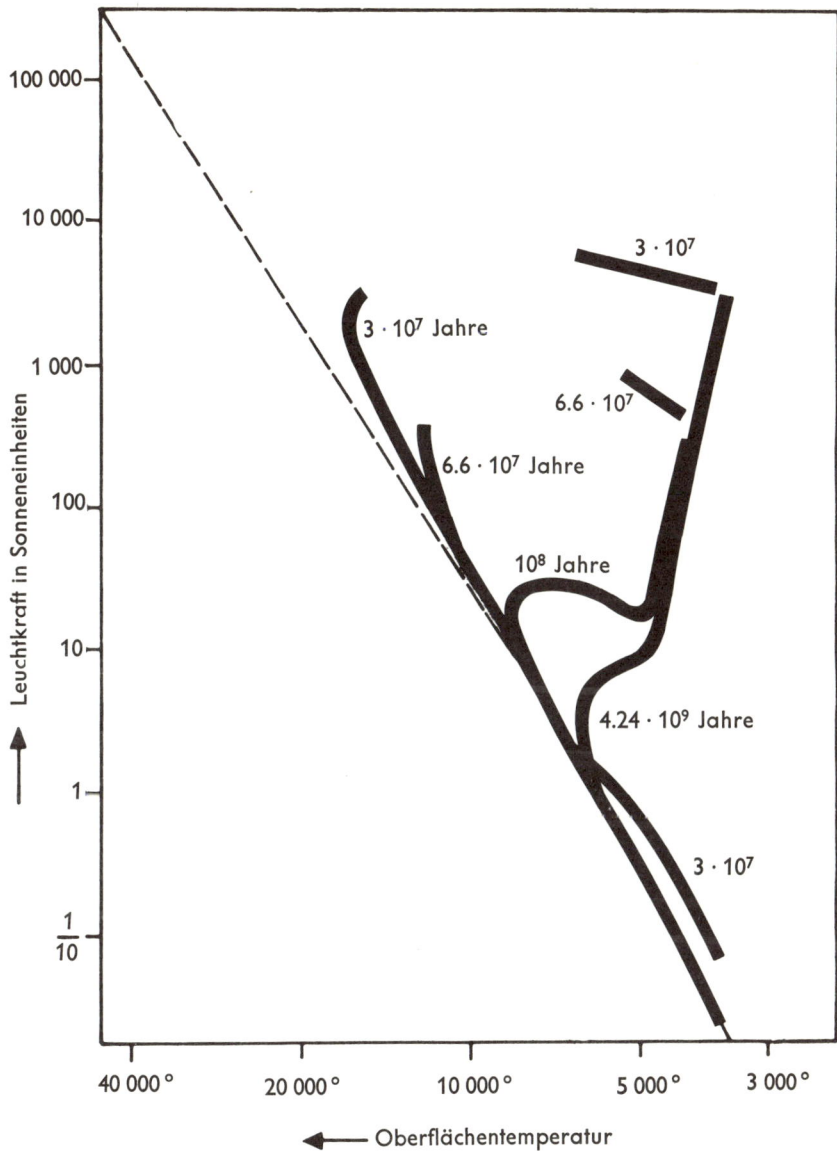

Es sind hier nochmals mehrere Entwicklungsphasen des theoretischen Sternhaufens M 007 schematisch zusammengefaßt. Man vergleiche dieses Diagramm mit dem von Sandage veröffentlichten schematischen Hertzsprung-Russell-Diagramm von beobachteten offenen Sternhaufen auf Seite 493. Die qualitative Übereinstimmung ist gut. Fast alle bei Sternhaufen beobachtbare Charakteristika findet man in diesem theoretischen Diagramm wieder.

Man vergleiche das Hertzsprung-Russell-Diagramm des künstlichen Sternhaufens nach 4,2 Milliarden Jahren mit dem des Kugelsternhaufens M 3
(s. S. 489) um die derzeitige Grenze der Theorie der Sternentwicklung zu erkennen. Im künstlichen Sternhaufen ist wohl der steil aufsteigende Ast der
roten Überriesen vorhanden, es fehlt aber in M 007 der horizontale Ast, der bei
Kugelsternhaufen beobachtet wird. Sterne in diesem Entwicklungsstadium
kann die Theorie noch nicht erfassen. — Man hat Grund zu der Annahme, daß
nach fortgeschrittenem Helium-Verbrennen eine sehr schnelle Entwicklung
des Sternes einsetzen muß, Einzelheiten sind darüber noch nicht bekannt. Man
muß annehmen, daß das Endstadium einer solchen Entwicklung schließlich
ein Weißer Zwerg sein wird. Da die Massen der Weißen Zwerge der Beobachtung nach stets unter 1 Sonnenmasse liegen und auch der Theorie nach nur
höchstens 1.4 Sonnenmassen betragen können, muß irgendein Mechanismus
existieren, mit dessen Hilfe die schwereren Sterne im letzten Stadium ihrer
Entwicklung ihre überschüssige Masse wieder abstoßen können. Wie das
geschieht, ist noch ungeklärt.

Bei massiven Sternen ist der Wasserstoff dieser abgestoßenen Materie vorher
größtenteils in Helium verwandelt worden. Man kann daher annehmen, daß
der Gehalt der interstellaren Materie an Helium im Laufe langer Zeit ständig
zunimmt. Die entstehenden Sterne verbrauchen interstellare Materie; im
letzten Stadium ihrer Entwicklung geben sie einen Teil davon wieder zurück,
haben jedoch vorher einen großen Anteil des Wasserstoffes in Helium verwandelt. — Es ist allerdings unwahrscheinlich, daß alles im Kosmos vorhandene Helium auf diese Weise im Innern von Sternen erzeugt worden ist
(s. S. 523).

Man kennt für einen Stern, der alle seine atomaren Energiequellen verbraucht
hat, keinen anderen Endzustand als den des Weißen Zwerges (Druck und Dichte
im Inneren extrem groß, Materie entartet). Bezüglich der Energiebilanz ähneln
die Weißen Zwerge den neuentstandenen Sternen in der letzten Phase der
langsamen Kontraktion (s. S. 573) bei denen die Zentraltemperatur für
atomare Energieerzeugung noch zu gering ist. Die Zentraltemperatur der
Weißen Zwerge liegt zwar bei 10 Millionen Grad, doch haben sie ihren Vorrat an atomarem Brennstoff bereits verbraucht. — Für diese beiden Sternsorten,
Weiße Zwerge und neuentstandene Sterne, gilt daher, daß ihre nach außen
abgestrahlte Energie nur dadurch ersetzt werden kann, daß der Stern entweder
langsam kontrahiert (sich zusammenzieht) und dadurch Gravitationsenergie
freimacht, oder dadurch, daß der Stern sich abkühlt.

Welche der zwei Möglichkeiten eintritt, hängt vom physikalischen Zustand der
Materie im Sterninnern ab. Das Innere der neuentstandenen Sterne befindet
sich im Zustand des idealen Gases (zweites Feld von links, Seite 529). Ideales

Gas zieht sich bei Energieabgabe zusammen: Der Stern kontrahiert und sein Zentrum wird heißer. In den Weißen Zwergen jedoch ist die Materie entartet. Nach den Gesetzen der Quantenphysik kann sie sich bei Energieabgabe nicht zusammenziehen, sondern nur abkühlen. Folglich ist die einzige Energiequelle der Weißen Zwerge ihr Vorrat an thermischer Energie (an Wärme). Andererseits strahlen die Weißen Zwerge wegen ihrer kleinen Oberfläche (10 000mal geringer als die der Sonne!) nur wenig Energie ab; so vergehen trotz des geringen Energievorrates Milliarden von Jahren, bevor ihre Abkühlung merklich wird. Langsam werden sie röter und dunkler, und das um so langsamer, je älter sie schon sind.

Die folgende Tabelle zeigt den ungeheuer hohen Druck im Inneren der Sterne am Ende ihrer Entwicklung; durch diesen Druck ist die Materie zu ganz ungewöhnlich großer Dichte zusammengepreßt. Diese große Dichte wiederum erzeugt eine extrem starke Kraft der Gravitation, die mit dem hohen Druck im Gleichgewicht steht. — Die Anziehungskraft an der Oberfläche eines Weißen Zwerges ist 250 000mal größer als an der Oberfläche der Erde.

Temperatur, Druck und Dichte im Zentrum bei fortgeschrittener Entwicklung

	Masse	Temperatur	Druck	Dichte
	Sonnen-massen	Grad	Atmo-sphären	g/cm^3
Roter Riese	1.3	40 Millionen	$5.4 \cdot 10^{15}$	0.4 Millionen
Weißer Zwerg	0.9	10 Millionen	$1.6 \cdot 10^{18}$	15.7 Millionen

Anmerkung: 1 Million g/cm^3 = eine Tonne/Kubikzentimeter
10^{15} Atmosphären = 1 Billiarde Atmosphären
10^{18} Atmosphären = 1 Trillion Atmosphären

Stabilität

Nur dann verändern sich Sterne in ihrer Entwicklung langsam aus einem Gleichgewichtszustand in einen benachbarten, wenn diese Gleichgewichtszustände stabil sind. Stabilität bedeutet, daß kleine Störungen des Zustandes, wie sie immer auftreten können, mit der Zeit abklingen und schließlich verschwinden. Ist der Stern instabil, so kann man die Annahmen des hydrostatischen Gleichgewichts oder die des energetischen Gleichgewichts nicht mehr verwenden um sein Verhalten zu berechnen, man muß auf die sehr viel komplizierteren dynamischen Gleichungen zurückgreifen. Aber auch ohne diese Gleichungen kann man anhand einer Störungstheorie oder durch noch einfachere Überlegungen entscheiden, ob ein Stern instabil ist. Wir wollen einige wichtige Fälle beschreiben.

a) Mechanisches Gleichgewicht, geschweige Stabilität kann nicht erzielt werden, wenn die Zustandsgleichung der Materie von der Art ist, daß (bei adiabatischer Kompression) der Druck P langsamer anwächst als die (Dichte)$^{4/3}$ bzw. als $V^{-4/3}$, wenn V das Volumen ist, welches eine vorgegebene Materiemenge (etwa die des gesamten Sternes) enthält. In solchen Fällen ist der Virialsatz (siehe Abschnitt: Gleichgewicht S. 532) nicht erfüllbar. Im Grenzfall, d. h. bei dem Exponenten 4/3 würde die gesamte Energie der Wärmebewegung, d. h. das Produkt von Druck und Volumen sich wie $V^{-1/3}$, also wie 1/R verhalten. R sei der Sternradius. Genau in derselben Weise hängt aber die Gravitationsenergie vom Radius ab. Damit würde die Bedingung der Gleichheit von Druck- und Gravitationsenergie, wie sie der Virialsatz fordert, eine Relation ergeben aus der sich der Radius des Sternes herauskürzt. Das Gleichgewicht ist also entweder (zufälligerweise) für alle Radien gegeben, oder aber (und das ist der Normalfall) die Bedingung ist unerfüllbar. Es gibt keinen Gleichgewichtszustand. Dies würde um so mehr gelten falls der Exponent kleiner als 4/3 ist, denn dann würde der Druck nie ausreichen, um der Schwerkraft das Gleichgewicht zu halten.

Die Konsequenz dieser Überlegungen ist, daß es keine Sterne geben kann, in denen die Materie überwiegend relativistisch entartet ist. Da der Grad der Entartung mit der Dichte, also auch mit der Masse des Sternes zunimmt, ist damit eine obere Massengrenze für Weiße Zwerge (bei etwa 1,4 Sonnenmassen) (s. S. 426) und in etwas abgewandelter Form auch für Neutronensterne (s. S. 429) (bei etwa 2 Sonnenmassen) gegeben.

Stabile Endkonfigurationen für Sterne mit Massen oberhalb dieser Grenze gibt es nach unserer heutigen Kenntnis nicht. Sie kollabieren und verschwinden (für den Beobachter zunehmend verzögert, schließlich unendlich langsam) in einem „schwarzen Loch" (s. S. 438). Diese Bezeichnung rührt daher, daß das Gravitationsfeld so groß geworden ist, daß kein Lichtquant, das ja auch Masse hat und der Schwere unterworfen ist, den kollabierenden Stern verlassen kann. Der Stern wird also dunkel, wenn sein Radius kleiner geworden ist als der sogenannte Schwarzschildradius. Der sehr schwierige Nachweis, daß derartige kollabierende Objekte im Kosmos tatsächlich vorkommen, wird eines der interessantesten Probleme der beobachtenden Astronomie sein.

b) Stabilität der Energieerzeugung. Ist im Bereich der Energieerzeugung durch Kernreaktion die Materie entartet, so kann der Mechanismus der Selbstregulation der Energieproduktionsrate versagen. Eine Störung der Produktionsrate, etwa eine Überproduktion, würde eine Erhöhung der Temperatur bewirken. Bei nicht entarteter Materie ergibt sich hieraus eine Druckerhöhung und damit eine Expansion des Sternes, verbunden mit einer Temperaturabnahme, die so groß ist, daß dadurch die zu hohe Energieproduktion gedrosselt wird. Es existiert also ein empfindlicher Regulationsmechanismus, der durch die beschriebene Kette von Kausalzusammenhängen gegeben ist. Finden die temperaturabhängigen Kernreaktionen dagegen in einem entarteten Gas statt, so ist diese Kette dadurch unterbrochen, daß aus einer Temperaturerhöhung jetzt keine Erhöhung des Druckes folgt. Folglich ergibt sich auch keine Expansion und keine die Energieproduktionsrate senkende Temperaturabnahme. Das Gegenteil geschieht, mit der Temperatur wächst die Energieproduktion. Sie ist instabil.

Bei Riesensternen zwischen etwa 1 und 1,3 Sonnenmassen ist diese Instabilität die Ursache des sogenannten „helium flash", bei welchem im entarteten Heliumkern die 3 α-Reaktion (s. S. 525) einsetzt und dann wegen fehlender Expansion mit steigender Temperatur immer rascher verläuft, bis in einem solchen Stern etwa die 10^{14}fache Energieproduktion der Sonne erreicht wird. Erst wenn bei zu hoher Temperatur die Entartung aufgehoben wird, der Druck also wieder anwachsen und der Kern expandieren kann, normalisiert sich die Energieproduktion. Der „flash" selber ist unbeobachtbar, da fast die gesamte in dem kurzen Zeiraum der Instabilität produzierte Energie im Inneren des Sternes wieder absorbiert wird.

Pulsationsinstabilität, Stabilität des Energietransports

Ein Stern ist instabil gegen Pulsationen (radiale Schwingungen), wenn im Verlauf einer solchen Schwingung, die mit dem Zyklus einer Wärmekraftmaschine vergleichbar ist, im Mittel über den ganzen Stern Wärmeenergie in mechanische Energie (in diesem Fall der Schwingung) umgesetzt wird. Die Voraussetzung hierfür ist, daß die Materie, deren Dichte periodisch schwankt, im Zustand höherer Dichte Wärmeenergie durch Absorption aufnimmt und sie dann nach erfolgter Expansion im Zustand geringerer Dichte etwa durch Emission abgibt. Diese Situation ist in der Regel nicht gegeben, im Gegenteil, meist überwiegen die Prozesse, die der Schwingung Energie entziehen, sie also dämpfen. Die Sterne sind also durchweg stabil gegen radiale Störungen. Unter speziellen Bedingungen ist jedoch Instabilität möglich, nämlich dann, wenn im Stern in geeigneter Tiefe eine Schicht liegt, in welcher das Helium aus dem einfach- in den zweifach ionisierten Zustand übergeht. Diese Schicht hat die Eigenschaft, daß sich in ihr bei (adiabatischer) Kompression oder Expansion die Temperatur weniger ändert als in den darüber und vor allem in den darunter liegenden Schichten. Diese geringe Temperaturänderung liegt daran, daß die Kompressionsarbeit vorwiegend zur Erhöhung des Ionisationsgrades, also zum Aufbringen der Ionisationsenergie verbraucht wird. Nur ein kleiner Bruchteil der Kompressionsarbeit steht zur Änderung der kinetischen Energie, und damit der Temperatur zur Verfügung. Dieses besondere Kompressionsverhalten zieht ein besonderes Verhalten des Absorptionskoeffizienten nach sich. Er ist von den Zustandsgrößen des Gases abhängig, und zwar wächst er mit der Dichte und nimmt mit steigender Temperatur ab. In der He^+-Ionisationsschicht wird er sich also, wegen der beschriebenen geringen Temperaturänderung, bei einer Kompression erhöhen, und bei einer Expansion verringern. Da wegen des Fehlens einer entsprechenden Änderung in den tieferen Schichten die in die He^+-Ionisationsschicht einströmende Energie weitgehend konstant bleibt, sind hier die oben beschriebenen Bedingungen für den Antrieb der Pulsationen gegeben. Der Prozeß ist aber nur dann so wirksam, daß er die Schwingungen eines ganzen Sternes anregen kann, wenn die Schicht weder in zu geringer noch in zu großer Tiefe liegt. Deswegen sind die Sterne auch nur in einem engen Streifen im HR-Diagramm pulsationsinstabil (Bereich der Cepheiden, Hertzsprunglücke).

Die Bedingung, daß in einer Schicht ein häufiges Element (Wasserstoff oder Helium) gerade durch eine Ionisationsstufe hindurchgeht, und daß infolgedessen Zustandsänderungen (Kompression oder Expansion) nahezu isotherm d. h. ohne wesentliche Temperaturänderungen verlaufen, begünstigt auch das Entstehen von Konvektionszonen (s. S. 294) erheblich. Wenn sich eine Konvektionszone ausbildet, kann die Schicht aber nicht gleichzeitig Pulsationen anregen. Dies ist der Grund dafür, daß die späten Hauptsequenzsterne (wie etwa die Sonne) mit ihren Konvektionszonen nicht pulsieren.

ENTSTEHUNG UND ALTER DER STERNE

Bevor man danach fragen kann, wie der Prozeß der Sternentstehung im einzelnen abläuft, muß erst geklärt sein, woraus und unter welchen Bedingungen sich Sterne überhaupt bilden können. Um dies entscheiden zu können, muß man zunächst den Ort und die Zeit der Sternentstehung untersuchen. So ist es z. B. äußerst wichtig zu wissen, ob auch gegenwärtig noch Sterne entstehen, da wir die gegenwärtigen Zustände weit besser kennen, als die der fernen Vergangenheit.

1. Das Alter der Sterne

Es gibt mehrere verschiedene und voneinander unabhängige Methoden der Altersbestimmung, die im folgenden geschildert werden. Als Probe auf die Zuverlässigkeit der Altersangaben werden im letzten Abschnitt die Ergebnisse verschiedener Methoden miteinander verglichen.

Aus der Entwicklung der Sterne

Die weitaus meisten Altersangaben stammen aus der Theorie der Sternentwicklung (s. S. 522). Die wichtigsten Punkte seien hier nochmals kurz zusammengefaßt.

Den größten Teil ihrer gesamten „Lebensdauer" verbringen die Sterne, ohne sich währenddessen wesentlich zu verändern, auf der Hauptreihe des Hertzsprung-Russel-Diagramms (s. S. 379). Die abgestrahlte Energie wird durch Kernprozesse nachgeliefert, die im Zentrum des Sternes (bei rund 20 Millionen Grad) Wasserstoff in Helium verwandeln. Die Umwandlung von einem Gramm Wasserstoff erzeugt eine Energie von

$$170\,000 \text{ Kilowattstunden.}$$

Die Höhe dieser Zahl, zusammen mit dem großen Vorrat an Wasserstoff (etwa ¾ des Sternes), ergibt die lange Lebensdauer der Sterne. Die Leuchtkraft eines Sternes gibt uns an, wieviel Energie laufend erzeugt werden muß, d. h., wie schnell der Wasserstoff sich verbraucht. Teilt man nun den gesamten ursprünglichen Vorrat an Wasserstoff durch diese Verbrennungsgeschwindigkeit, so erhält man die gesamte Lebensdauer des Sternes.

Bei Hauptreihensternen weiß man im allgemeinen nicht, wieviel Wasserstoff sie bereits verbraucht haben; man kann dann nur sagen, daß ihr bisheriges Alter kleiner sein muß als diese gesamte Lebensdauer, man kann also nur ein

Maximalalter angeben. Für die Sterne der Hauptreihe gilt die *Masse-Leucht-kraft-Beziehung* (s. S. 393): je massiver ein Stern, um so größer seine Leuchtkraft. Eine große Masse stellt einen großen Energievorrat dar, aber eine hohe Leuchtkraft bedeutet einen schnellen Energieverbrauch. Da längs der Hauptreihe die Leuchtkraft sehr viel schneller steigt als die Masse, haben massivere Sterne eine kürzere Lebensdauer als leichtere Sterne. Sind etwa 12% des Wasserstoffes verbraucht, so beginnt der Stern, sich erst langsam und dann immer schneller von der Hauptreihe abzuheben, er wird zum Roten Riesen und später zum Weißen Zwerg. Das Verweilen auf der Hauptreihe und das Abheben ist von der Theorie rechnerisch recht gut erfaßt, nicht dagegen der Riesen-Zustand, der jedoch auch nur kurze Zeit dauert im Vergleich zum Hauptreihen-Zustand. Zusammenfassend ergibt sich:

1. Für alle Sterne, die bereits merklich über der Hauptreihe liegen, kann man ein direktes Alter angeben, sie haben ihre gesamte Lebensdauer nahezu erreicht.

2. Für alle Sterne, die noch auf der Hauptreihe liegen, läßt sich nur ein Maximalalter angeben. Jünger können sie zwar sein, nicht aber älter.

3. Leuchtkraft und Masse des Sternes müssen möglichst genau bekannt sein für eine Altersbestimmung.

Einige Beispiele

Stern		m	M	Sp	Alter 10^6 Jahre
Naos	ϱ Puppis	+2.22	—5.0	O5	≤ 0.5
Mintaka	δ Orionis	+2.23	—4.1	O9	2
Rigel	β Orionis	+0.14	—6.5	B8	6
Spica	α Virginis	+1.93	—3.3	B1	≤ 7
Bellatrix	γ Orionis	+1.70	—2.9	B2	10
Acherna	α Eridani	+0.55	—2.6	B5	40
Regulus	α Leonis	+1.31	—1.0	B8	200
Sirius	α Canis Major	—1.47	+1.5	A1	≤ 300
Wega	α Lyrae	+0.05	+0.6	A0	300
Atair	α Aquilae	+0.78	+2.4	A7	≤ 2 000
Sonne	—	—26.73	+4.8	G2	5 000

m = scheinbare Helligkeit (s. S. 360)
M = absolute Helligkeit (s. S. 377)
Sp = Spektralklasse (s. S. 351)

Am besten läßt sich das Alter bei offenen Sternhaufen bestimmen. Da sie Sterne jeder Masse enthalten, die alle etwa gleich alt sind, sieht man die Sterne in ihren verschiedenen Entwicklungszuständen. Fast in jedem Haufen gibt es einige Sterne, die sich schon weit von der Hauptreihe abgehoben haben (s. S. 538) und die doch noch nicht zum Roten Riesen geworden sind. Im Hertzsprung-Russell-Diagramm liegen diese Sterne am weitesten links; für eine Altersbestimmung braucht man nur den Spektraltyp dieser Sterne zu wissen.

Das Alter einiger offener Haufen

Name	Spektrum	Alter in 10^6 Jahren
h Persei	B0	4.4
NGC 457	B2	15
Plejaden	B6	80
M 41	B8	170
M 11	B9	200
Ursa-Major-Strom	A0	300
Praesepe	A0	300
Hyaden	A3	870
M 67	F5	4 600

Von über 100 untersuchten offenen Sternhaufen haben nur drei ein Alter über 1000 Millionen Jahren, alle anderen sind jünger. Ihre Alter sind etwa gleichmäßig zwischen einer und 500 Millionen Jahren verteilt. Dies läßt darauf schließen, daß die offenen Sternhaufen etwa gleichmäßig im Laufe der Zeit entstehen, sich jedoch nach einer mittleren Lebensdauer von etwa 500 Millionen Jahren wieder auflösen.

Die *kugelförmigen Sternhaufen* (s. S. 489) sind durchweg sehr alt, nach früheren Schätzungen etwa 6 Milliarden Jahre, nach neuesten Schätzungen sogar über 10 Milliarden Jahre. Sie sind die ältesten Objekte unseres Milchstraßensystems (s. S. 600).

Die jüngsten Gebilde sind die sogenannten Assoziationen (s. S. 496), aufgelockerte Ansammlungen junger O- und B-Sterne. Ihre Alter streuen zwischen einer halben und sieben Millionen Jahren.

Junge, noch kontrahierende Sterne

Auf Seite 566 (Zerfall in kleinere Wolken) wird beschrieben, wie sich Ballungen der interstellaren Materie zusammenziehen (kontrahieren) und zu Sternen werden. Für den letzten Teil dieser Kontraktion konnte der Weg des Sternes im Hertzsprung-Russell-Diagramm berechnet werden, bis zu der Stelle, an der im Zentrum des Sternes die Kernreaktionen einsetzen und der Stern auf der Hauptreihe für lange Zeit zur Ruhe kommt. Auch die Dauer dieser Kontraktion läßt sich berechnen, sie ist um so kürzer, je mehr Masse ein Stern hat.

In einem sehr jungen Sternhaufen sind daher die massiveren, hellen Sterne bereits Hauptreihensterne. Sterne unterhalb einer gewissen Masse haben jedoch die Hauptreihe noch nicht erreicht, sie liegen noch oberhalb der normalen Hauptreihe. Die Abbildung auf Seite 573 zeigt dieses „untere Abbrechen" der Hauptreihe. Die Stelle dieses Abbrechens gibt die Masse derjenigen Sterne an, die gerade eben die Hauptreihe erreichen, und aus dieser Masse läßt sich dann das Alter des Sternhaufens angeben. Diese Methode der Altersbestimmung ist nur bei extrem jungen Haufen oder Assoziationen anwendbar, da nur hier das Abbrechen noch im Bereich der Beobachtung liegt. Bei älteren Sternhaufen haben alle beobachtbaren Sterne die Hauptreihe längst erreicht, nur die zu lichtschwachen, kleinen Sterne könnten hier noch im Stadium der Kontraktion sein.

U. a. konnten untersucht werden:
die Orion-Assoziation und die offenen Haufen NGC 2264 und NGC 6530.

Das Abzweigen begann in diesen drei Fällen bei Sternen der Spektralklasse A 0.

Hieraus ergibt sich ein Alter von etwa

2 Millionen Jahren.

Die Auflösung offener Sternhaufen

Alle Sterne eines Haufens ziehen sich gegenseitig an. Fliegen zwei Sterne genügend dicht aneinander vorbei, so bewirkt diese Anziehung, daß die beiden Sterne sich gegenseitig aus der Bahn bringen. Dabei tauschen sie miteinander Energie aus, und es kann vorkommen, daß der eine Stern danach doppelt so schnell fliegt als vorher, der andere Stern dagegen fast zur Ruhe kommt. Im Laufe einer langen Zeit bekommen daher einige Sterne Geschwindigkeiten, die größer sind als die „Entweichgeschwindigkeit" ihres Sternhaufens. Sie fliegen endgültig davon und gehen dem Haufen verloren. Die restlichen Haufensterne rücken dann etwas dichter zusammen, wodurch der Prozeß des Energieaustausches sogar noch schneller verläuft als vorher. Der übriggebliebene Haufen wird somit immer kleiner und dichter, die Zahl seiner Sterne nimmt laufend ab. Auf diese Weise löst sich mit der Zeit der ganze Haufen auf; es verbleibt zum Schluß ein sehr enges Mehrfachsystem weniger Sterne. Benutzt man mittlere Zahlen für die Dichte und die Sternzahl offener Haufen, so ergibt eine Rechnung eine mittlere Auflösungszeit von

1 Milliarde Jahren.

Bei Haufen mit sehr geringer Dichte wird ein anderer Effekt wirksam. Hier tauschen die Haufensterne mit den allgemeinen Feldsternen genügend Energie aus und gehen dadurch dem Haufen verloren. Die übrigen Haufensterne rücken etwas auseinander, wodurch sich der Energieaustausch der Haufensterne untereinander vermindert. Der restliche Haufen wird bei diesem Effekt immer größer, seine Dichte und die Zahl seiner Sterne nehmen ab. Ob der Energieaustausch der Haufensterne untereinander oder der mit den Feldsternen wirksamer ist, hängt allein von der Dichte des Haufens ab. — Insgesamt ergibt sich, daß die offenen Sternhaufen im allgemeinen eine recht begrenzte Lebensdauer besitzen und nur in seltenen Ausnahmen ein Alter erreichen könnten, das dem der Milchstraße vergleichbar ist.

Die Expansion von Assoziationen

Bei einigen Assoziationen (s. S. 496) zeigen die Eigenbewegungen der Sterne im Mittel nach außen; die Assoziation läuft also auseinander, sie expandiert. Kennt man die Geschwindigkeit dieser Expansion und die gegenwärtige Größe der Assoziation, so kann man ausrechnen, wann die Expansion begonnen haben muß.

Name	Alter Millionen Jahre
Lacerta-Assoziation	4.2
II-Perseus-Assoziation	1.5

Ausreißer

Nach Untersuchungen von A. Blaauw gibt es einige, dem Spektraltyp nach sehr junge Sterne, deren Eigenbewegung genau von einer Assoziation wegzeigt. Man kann daher annehmen, daß diese Sterne zusammen mit der Assoziation entstanden sind, dabei auf eine noch nicht vollkommen geklärte Weise sehr hohe Geschwindigkeiten erhalten haben und nun von der Assoziation immer weiter wegfliegen. — Aus Entfernung und Geschwindigkeit kann man dann das Alter ausrechnen.
Falls die Zuordnung eines Sternes zu einer bestimmten Assoziation überhaupt richtig ist, dann ist diese Methode der Altersbestimmung äußerst genau, da die großen Geschwindigkeiten der „Ausreißer" sehr genau zu messen sind.
Aus der Verschiedenheit der Altersangaben bei der Orion-Assoziation sieht man, daß der Prozeß der Sternentstehung sich innerhalb einer Assoziation über eine Zeitspanne von einigen Millionen Jahren erstreckt. Zu dem gleichen Schluß führen auch die Altersangaben, die aus der Theorie der Sternentwicklung gewonnen werden.

Assoziationen mit „Ausreißern"

Assoziation	Stern			Alter
Name	Name	Spektral-klasse	Geschwin-digkeit km/sec	Millionen Jahre
Orion-Assoziation	AE Aurigae	O9	128	2.6
	μ Columbae	B0	128	2.6
	53 Arietis	B2	80	4.6
I-Ceph.-Assoziation	68 Cygni	O8	45	5.1
Sco.-Cent.-Assoziation	ζ Ophiuchi	O9	32	3.0
Lacerta-Assoziation	HD 197419	B2	35	5
	HD 201910	B5	35	5

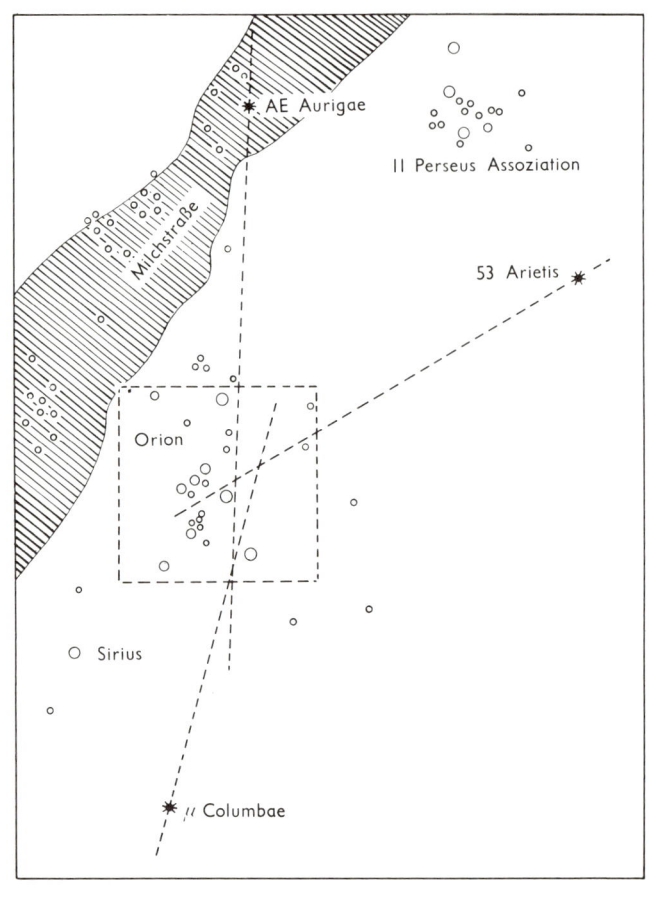

Vergleich verschiedener Bestimmungsmethoden

In den bisherigen Abschnitten wurden fünf Methoden beschrieben, nach denen man das Alter von Sternen oder Sterngruppen bestimmen kann. Um zu prüfen, wieweit die Resultate zuverlässig sind, wurden in der folgenden Tabelle alle bisher untersuchten Objekte zusammengestellt, bei denen mehrere Altersbestimmungen durchgeführt wurden.

Im Idealfall sollten alle zu ein und demselben Objekt gehörigen Altersangaben untereinander gleich sein. Die in Wirklichkeit vorhandenen Abweichungen geben uns ein Bild von den Fehlern der Methoden. Eine Auswertung dieser Tabelle ergibt:

1. Die mittlere Abweichung von je zwei Altersangaben desselben Objektes beträgt 55%. Die benutzten Methoden können somit, innerhalb dieser Fehlergrenze, als zuverlässig betrachtet werden.

Faßt man alles bisherige Material zusammen, so zeigt sich:

2. Die verschiedenen Alter der Sterne streuen zwischen rund einer Million und 6 Milliarden Jahre (eventuell sogar 10 Milliarden).

Mehrere Altersbestimmungen am gleichen Objekt (Millionen Jahre)

	Stern-entwicklung	Stern-kontraktion	Auf-lösung	Expan-sion	Aus-reißer
Assoziationen:					2.6
Orion	3	2			2.6
					4.8
Lacerta	6.8			4.2	5
					5
II Perseus	5.5			1.5	
I Cepheus	3				5.1
Scorp.-Cent.	4				3
Offene Haufen:					
NGC 2264	1.1	2			
Ursa-Major-Strom . .	300			300	
Mittlere Lebensdauer .	500			1 000	
Älteste Objekte:					
M 67	4 600				
Schnelläufer	5 700				
Kugelhaufen	6 000				

verglichen mit „Weltalter" 10 000 (s. S. 489)

3. Fast alle offenen Sternhaufen sind jünger als eine Milliarde Jahre, alle Assoziationen sind jünger als 10 Millionen Jahre. Die Sternentstehung hat somit im Frühstadium der Milchstraße begonnen und seitdem angedauert. Viele Sterne sind nur wenige Millionen Jahre alt, was man, verglichen mit den ältesten Sternen, durchaus als „Gegenwart" bezeichnen kann.

4. Die gegenwärtige Entstehung von Sternen darf als sicher betrachtet werden.

2. Die zeitliche Rate der Sternentstehung

Im vorigen Abschnitt wurde gezeigt, *daß* sich die Sternentstehung über das gesamte Alter der Milchstraße verteilt; nun soll danach gefragt werden, *wie* sie sich über diesen Zeitraum verteilt. — Sind in gleichlangen Zeitabschnitten stets gleichviel Sterne entstanden, oder war die Sternentstehung früher häufiger als heute? — Als zeitliche Rate der Sternentstehung wird dabei definiert:

$R(t)$ = Gesamtmasse aller Sterne, die (pro Zeiteinheit und pro Volumeneinheit) zur Zeit t neu entstanden sind.

Aus der Leuchtkraftfunktion

Die Leuchtkraftfunktion, LKF, gibt die Häufigkeit der Sterne als Funktion ihrer absoluten Helligkeit an (s. S. 377). In Sonnenumgebung sind z. B. die hellsten Sterne sehr selten. Mit abnehmender Leuchtkraft nimmt die Häufigkeit schnell zu und fällt erst bei extrem schwachen Sternen wieder ab. — Diese jetzt beobachtete LKF ist zu unterscheiden von der „ursprünglichen LKF", nach der die Sterne gleich nach ihrer Entstehung verteilt sind. Nur für Sterne, deren Leuchtkraft geringer ist als 3.5 Größenklassen, sind beobachtete und ursprüngliche LKF gleich; alle jemals entstandenen Sterne sind auch heute noch vorhanden. Die helleren Sterne dagegen sind nur bis zu einem gewissen (von ihrer Leuchtkraft abhängigen) Alter noch vorhanden, und alle älteren Sterne sind bereits zu Weißen Zwergen geworden.

Wären z. B. alle Sterne vor 6 Milliarden Jahren entstanden und späterhin keine Sterne mehr, so würde die heute beobachtete LKF längs der Hauptreihe überhaupt keine Sterne heller als 3.5 Größenklassen enthalten. Speziell die extrem hellen O- und B-Sterne können höchstens einige Millionen Jahre alt sein; ihre heute beobachtete Häufigkeit gibt uns somit Auskunft über die Rate der Sternentstehung während dieser letzten Zeit. — Ganz allgemein läßt sich sagen:

Die beobachtete LKF, die ursprüngliche LKF und die zeitliche Rate der Sternentstehung hängen in eindeutiger Weise miteinander zusammen. Kennt man zwei dieser Funktionen, so läßt sich die dritte berechnen.

Die beobachtete LKF ist bekannt, und R(t) soll berechnet werden; es ist also noch eine Annahme über die ursprüngliche LKF nötig. Aus der Theorie der Sternentstehung gibt es Gründe für die Annahme, daß die ursprüngliche LKF erstens zu allen Zeiten etwa die gleiche war und zweitens auch für Feldsterne und für offene Haufen etwa ·gleich ist. Unter dieser Voraussetzung ist die Berechnung von R(t) dann möglich, da die LKF offener Haufen aus der Beobachtung bekannt ist.

Dabei ist allerdings noch zu berücksichtigen, daß die Sterne in einer relativ dünnen Schicht der galaktischen Ebene entstehen, durch Energieaustausch mit größeren Stern- oder Gaswolken im Laufe der Zeit jedoch größere Geschwindigkeiten erhalten und sich somit langsam immer weiter von der Ebene entfernen (s. S. 563). Um alle entstandenen Sterne mitzuerfassen, darf man daher nicht nur die in Sonnenumgebung beobachtete LKF benutzen, sondern man muß auch alle in größerem Abstand von der Ebene stehenden Sterne hinzuzählen. — Die Abbildung S. 562 zeigt die so berechnete Rate der Sternentstehung.

Aus der vorhandenen Gasmenge

Es ist anzunehmen, daß die Entstehungsrate um so größer ist, je mehr Vorrat an interstellarer Materie vorhanden ist. Dieser Vorrat nimmt laufend ab durch die momentane Sternentstehung, doch findet auch eine gewisse „Rücklieferung" statt, und zwar durch die Entwicklung aller bisher entstandenen Sterne. — Neuere Untersuchungen führen zu dem Schluß, daß die Entstehungsrate stets etwa dem Quadrat der Dichte des Gases proportional ist. Unter dieser Voraussetzung wurde die in der Abbildung gestrichelt gezeichnete Linie berechnet.

Die Ergebnisse beider Methoden stimmen in groben Zügen gut überein:

1. Die Sternentstehung war anfangs 10- bis 20mal häufiger als heute. Mindestens die Hälfte aller Sterne ist während der ersten Milliarde Jahre entstanden.

2. Die Entstehungsrate fiel anfangs schnell ab und ist seit längerer Zeit nahezu konstant geblieben.

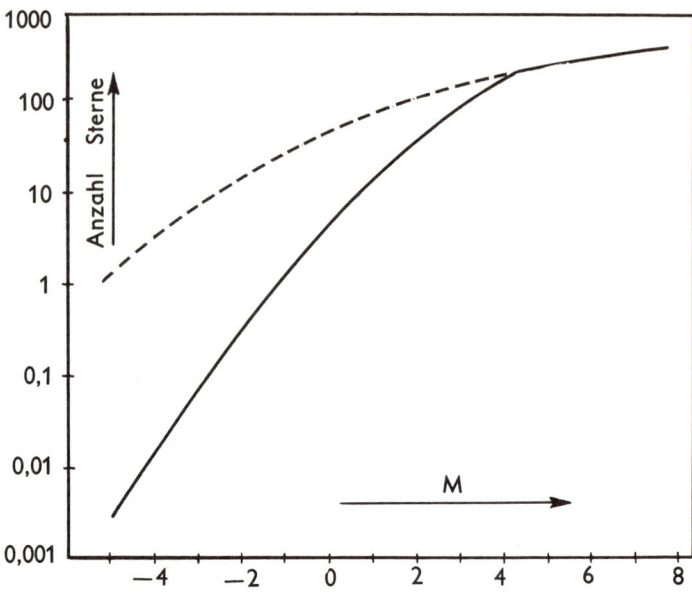

Die Leuchtkraftfunktion

——————————— Feldsterne der Sonnenumgebung

– – – – – – – – 10 offene Haufen, gemittelt

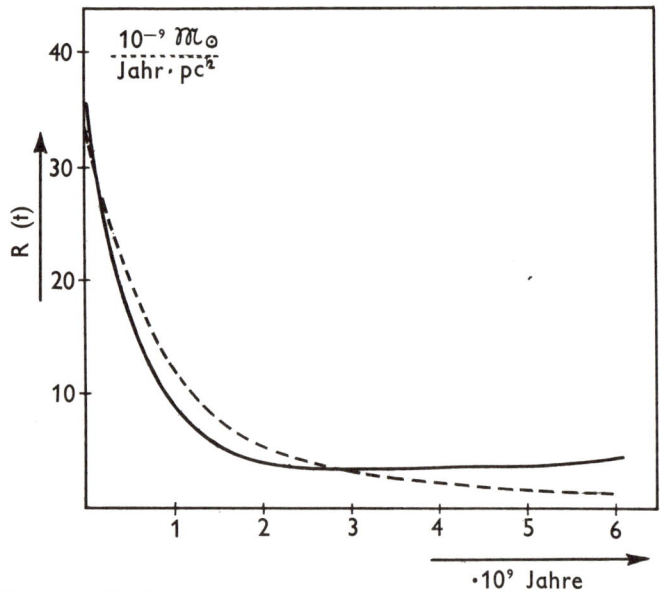

Die zeitliche Rate der Sternentstehung

——————————— aus der Leuchtkraftfunktion (nach v. Hoerner)

– – – – – – – – aus der vorhandenen Gasmenge (nach M. Schmidt)

3. Orte der Sternentstehung

Die jungen Sterne sind nicht so gleichmäßig verteilt wie die älteren. Je jünger die Sterne sind, desto stärker sind sie auf bestimmte Gebiete konzentriert. Dies sind dann die gegenwärtigen Gebiete der Sternentstehung. Die Beobachtung zeigt, daß diese Gebiete auch gleichzeitig diejenigen sind, in denen die interstellare Materie stark konzentriert ist. Daraus folgert man, daß die Sterne dort aus der interstellaren Materie gebildet werden. Mit zunehmendem Alter verteilen sich die Sterne dann wieder gleichmäßiger über größere Gebiete.

Die galaktische Ebene

Für eine größere Anzahl von Sternen kann aus der Theorie der Sternentwicklung das Alter bestimmt werden (s. S. 554). Die Tabelle zeigt den Zusammenhang zwischen Alter und dem mittleren Abstand der Sterne von der Ebene der Milchstraße:

Alter Millionen Jahre	mittlerer Abstand Parsec
10	50
100	70
300	90
1 000	150
3 000	200
5 000	370
alle Sterne, Mittel	360
interstellare Materie	80

Die Sterne entstehen somit gegenwärtig in einer relativ dünnen Schicht der galaktischen Ebene, wo auch die interstellare Materie am stärksten konzentriert ist.

Vermutlich sind auch die Sterne mittleren Alters in der gleichen dünnen Schicht entstanden. Nach neueren Untersuchungen läßt sich ihre heutige größere Schichtdicke dadurch verstehen, daß die Sterne im Laufe der Zeit durch die Anziehungskraft größerer Stern- oder Gaswolken mit diesen Wolken Energie austauschen, wodurch sich die mittlere Geschwindigkeit der Sterne und damit auch ihre Schichtdicke mit zunehmendem Alter vergrößert. (Nur die extrem alten Sterne, vor allem die Kugelhaufen, müßten in einem Frühstadium des Milchstraßensystems aus sehr turbulenten, weiter verteilten Gasmassen entstanden sein.)

Spiralarme, Assoziationen, Sternhaufen

Interstellare Materie und junge Sterne sind auch innerhalb der galaktischen Ebene nicht gleichmäßig verteilt, sondern auf mehrere Spiralarme konzentriert, wie aus der Abbildung auf Seite 514 zu entnehmen ist. Innerhalb der Spiralarme sind die jungen Sterne wiederum in Gruppen angeordnet, den sogenannten Assoziationen (s. S. 496). Nur relativ wenige der ganz jungen Sterne liegen nicht innerhalb einer Assoziation, und auch von diesen Sternen konnte ein Teil als „Ausreißer" einer Assoziation zugeordnet werden (s. S. 558). Auch einige der offenen Sternhaufen (s. S. 492) sind mit zu den sehr jungen Objekten zu rechnen (z. B. Seite 555). Zur Zeit scheint es so, als würden ein Viertel aller Sterne in offenen Haufen entstehen, der Rest in Assoziationen. Für die Sterne der Spektralklassen O5 bis B5 ist diese Behauptung aus Beobachtungen abzuleiten, für die schwächeren Sterne dagegen ist sie vorerst nur eine Vermutung.

Einige der jüngeren Sternhaufen, vor allem jedoch viele der Assoziationen sind eng mit dichteren Wolken der interstellaren Materie verbunden, die durch die energiereiche Strahlung der jungen Sterne als Emissionsnebel (s. S. 502) leuchten. Auch in der direkten Umgebung der einzelnen jungen Sterne sind oft leuchtende Wolken zu beobachten. — Wir sehen hier besonders deutlich das enge Beisammensein der jungen Sterne und ihrer Ursprungsmaterie.

Extragalaktische Nebel

Auch in den extragalaktischen Nebeln (s. S. 606) herrschen bezüglich der Sternentstehung ähnliche Verhältnisse wie in unserem Sternsystem. Junge Sterne treten nur dort auf, wo auch interstellare Materie reichlich vorhanden ist, nämlich in allen Spiralnebeln und in den meisten irregulären Nebeln. Auch die schrittweise Konzentration (auf die Ebene des Systems, auf die Spiralarme und auf enge Gruppen) ist zu beobachten.

Andererseits fehlen junge Sterne überall dort, wo nur wenig oder keine interstellare Materie vorhanden ist: in den elliptischen Nebeln, in den Kernen der Spiralnebel und in den Kugelhaufen.

4. Wie entstehen die Sterne?

Die Theorie der Sternentstehung befindet sich noch im Anfang. Viele Einzelprobleme konnten bisher untersucht werden, aber es gibt noch keine „durchgehende" Rechnung von der interstellaren Wolke bis zum fertigen Stern. — In großen Zügen jedoch läßt sich der Werdegang eines Sternes überblicken.

Instabilität durch Gravitation

Innerhalb der interstellaren Materie bilden sich wolkige Ballungen durch die allgemeine Turbulenz und durch den Strahlungsdruck extrem heller Sterne. Innerhalb jeder solchen Wolke wirken nun zweierlei Kräfte. Erstens die gegenseitige Anziehungskraft aller Teile der Wolke untereinander, die bestrebt ist, die Wolke zusammenzuziehen. Normalerweise jedoch überwiegt zweitens: die auseinandertreibende Kraft, der innere Druck der Wolke zusammen mit ihrer inneren Turbulenz. Die zufällig gebildeten Wolken lösen sich nach kurzer Zeit wieder auf.

Nur dann, wenn eine bestimmte Bedingung erfüllt ist, überwiegt die Gravitation. Die Wolke wird „instabil" und fällt in sich zusammen. Diese Bedingung wurde zuerst 1926 von Jeans aufgestellt und neuerdings von Ebert auf den Fall einer kugelsymmetrischen Gasmasse konstanter Temperatur angewandt. Dann lautet die Bedingung für Instabilität:

$$\mathfrak{M} \geqq 3.7 \left(\frac{R\,T}{\mu\,G}\right)^{3/2} \frac{1}{\sqrt{\varrho}}.$$

Die Masse $\mathfrak{M}$ der Wolke muß also größer oder gleich einem kritischen Wert sein, wobei R die allgemeine Gaskonstante ist und T die Temperatur; μ ist das Molekulargewicht, G die Gravitationskonstante und ϱ die Dichte. Ist die Masse der Wolke kleiner als dieser kritische Wert, so löst die Wolke sich wieder auf, und es kann sich kein Stern bilden. — Setzt man die Konstanten R, μ und G in der Formel mit ihren Zahlenwerten ein, und nimmt man für Dichte und Temperatur solche Werte an, wie sie aus den beobachteten Wolken folgen, so zeigt sich, daß nur die kalten, dichten HI-Gebiete (s. S. 505) für eine Sternbildung in Frage kommen. Doch selbst hier ergeben sich sehr große Massen:

Kleinste instabile Massen

Temperatur Grad absolut	Mittelpunktsdichte (Atome/cm^3)			
	1	100	10 000	
10	880	88	8.8	} Sonnenmassen
100	28 000	2 800	280	}

Mittlere interstellare Wolken haben im allgemeinen Dichten von etwa 100 Atomen/cm^3 und als HI-Gebiete Temperaturen von 50 bis 100 Grad absolut. Daraus folgt, daß im allgemeinen nur Massen von über 1 000 Sonnenmassen instabil werden können. Nur bei extrem günstigen Bedingungen würde die kritische Masse bis auf rund 10 Sonnenmassen heruntergehen.

Das bedeutet: Die Entstehung von Sternhaufen mit über 1 000 Sonnenmassen läßt sich verstehen, in Ausnahmefällen mögen auch einzelne, massive O-Sterne entstehen; dagegen scheint eine Entstehung einzelner Sterne normaler Masse nicht möglich zu sein.

Zerfall in kleinere Wolken

Ist für eine größere Wolke die Bedingung der Instabilität erfüllt, so überwiegt die Gravitation, die Wolke fällt in sich zusammen. Bei dieser Kontraktion wird die Wolke dichter. Sie würde auch wärmer werden, doch kann diese Erwärmung normalerweise wieder abgestrahlt werden, so daß sich die Temperatur der Wolke nicht oder nur sehr wenig erhöht. Nach einiger Zeit ist somit die Temperatur noch etwa die gleiche, die Dichte jedoch ist größer geworden. Dann folgt aber aus der obigen Formel, daß von jetzt ab auch schon kleinere Massen instabil werden können. Das bedeutet: Innerhalb der kontrahierenden großen Wolke bilden sich nach einiger Zeit kleinere Ballungen, die sich nun ihrerseits in sich zusammenziehen. Nach einer weiteren Zeit ist dann die Dichte innerhalb dieser kleineren Wolken genügend groß geworden, so daß nun die nächstkleinere Art von Wolken instabil wird und zu kontrahieren beginnt und so fort.

Dieser Prozeß des schrittweisen Zerfallens in immer kleinere Wolken wird schließlich dadurch abgestoppt, daß die Dichte zu groß wird, um die bei der Kontraktion freiwerdende Wärme noch genügend schnell herausstrahlen zu lassen. Innerhalb dieser kleinsten Wolken bildet sich dann ein Gleichgewicht zwischen Gravitation und Druck, die Wolke bildet eine stabile Gaskugel und zerfällt nicht weiter.

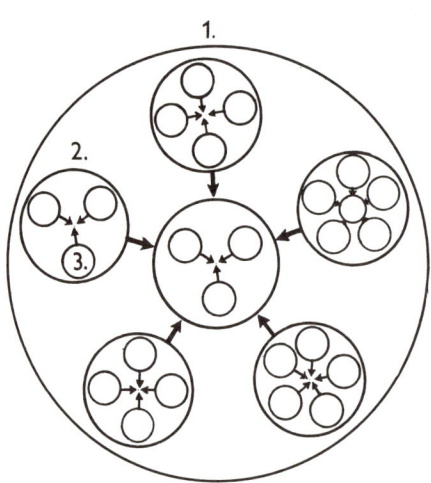

Schrittweiser Zerfall einer kontrahierenden Wolke (nach Hoyle)

Der Verlauf dieses Zerfalls läßt sich vorläufig nur grob abschätzen. Dabei ergibt sich, daß der Zerfall schließlich bei kleinsten Wolken von etwa ½ bis 1 Sonnenmasse gestoppt werden sollte. Dieser theoretische Wert paßt gut zu dem beobachteten Wert von etwa ⅓ Sonnenmasse für die mittlere Masse der Sterne in Sonnenumgebung.

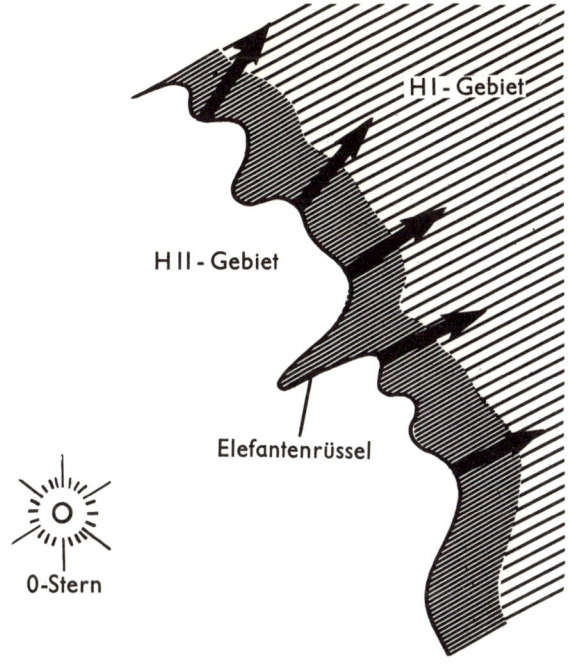

HI - Gebiet

HII - Gebiet

Elefantenrüssel

O-Stern

Entstehung starker Verdichtungen neben O-Sternen

Die Umgebung heißer O-Sterne

Ist in einer Wolke der interstellaren Materie erst einmal einer der extrem massiven und daher auch extrem hellen O-Sterne entstanden, so wird dadurch in seiner Umgebung die Entstehung weiterer Sterne angeregt. Die intensive Strahlung erhitzt das umgebende Gas, das nun stark bestrebt ist, sich schnell auszudehnen. Es entsteht somit eine heiße, expandierende HII-Region, die das umgebende dichte und kühle HI-Gebiet wegschiebt und dabei noch dichter zusammendrückt.

Rechnungen haben ergeben, daß die nach außen beschleunigte Grenzfläche zwischen der schiebenden HII-Region und der geschobenen HI-Region nicht stabil ist: Es bilden sich Störungen, die aus der verdichteten, kühlen HI-Region in die heiße, verdünnte HII-Region hineinragen. Diese Störungen bleiben bei der Beschleunigung zurück, werden daher immer länger und bilden schließlich sogenannte „Elefantenrüssel" (s. S. 509). — Der Druck der umgebenden heißen Gase preßt sie weiter zusammen, bis sie sich abschnüren und einzelne, sehr stark verdichtete Wolken bilden (vielleicht sind dies die sogenannten Globulen, s. S. 509), in denen nun die Sternentstehung beginnen kann, falls die folgende Bedingung erfüllt ist.

Für die Sternentstehung ist wieder nötig, daß bei den kleinen Wolken, die durch den umgebenden Druck immer weiter zusammengepreßt werden, schließlich einmal ihre innere Gravitation das Übergewicht bekommt und sie anschließend in sich zusammenfallen.

Die Bedingung dafür lautet:

$$\mathfrak{M}^2 \leq 1.4 \, \frac{(RT)^4}{\mu^4 \, G^3 \, P} \cdot$$

Dabei ist wieder $\mathfrak{M}$ die Masse der Wolke und T ihre Temperatur, R ist die Gaskonstante, μ das Molekulargewicht des Gases, und P ist der Druck im umgebenden HII-Gebiet. Auch hier müssen also die Wolken größer sein als eine gewisse kritische Masse, die jetzt aber nicht von der Dichte der Wolke abhängt, sondern von dem Druck der Umgebung. Da die Temperatur der HII-Gebiete meist etwa 10000 Grad beträgt, so hängt dann die kritische Masse im wesentlichen von der Dichte der Umgebung ab.

Kleinste instabile Massen

Temp. der Wolke Grad absolut	Dichte der Umgebung (Atome/cm^3)			
	0.01	1	100	
100	9 000	900	90	Sonnenmassen
50	2 300	230	23	

Da sich die Umgebung bereits stark ausgedehnt hat, ist ihre Dichte geringer anzunehmen als bei der vorigen Tabelle. Das Ergebnis lautet:

Auch in der Umgebung heißer O-Sterne können sich aus den kleinen, abgeschnürten, dichten Wolken wieder nur Sternhaufen oder höchstens einzelne O-Sterne bilden, nicht aber Einzelsterne normaler Masse. Diese könnten erst wieder durch den Zerfall in kleinere Wolken entstehen.

Drehimpulse und Magnetfelder
Jede aus der interstellaren Materie gebildete Wolke hat zufällig irgendeine mehr oder weniger große Drehung. Diese Rotation kann nicht mehr verschwinden, wenn die Wolke sich von ihrer Umgebung abgetrennt hat. Einer der wichtigsten Sätze der Physik besagt, daß der Drehimpuls eines sich selbst überlassenen Systems konstant bleibt.
Zieht sich nun eine kleine Wolke zu einem Stern zusammen bzw. eine große Wolke zu einem Sternhaufen, so muß bei konstantem Drehimpuls und kleiner werdendem Radius die Rotationsgeschwindigkeit immer größer werden. Dadurch würde die Zentrifugalkraft dieser Rotation schließlich ebenso groß werden, wie die zusammenziehende Kraft der inneren Gravitation, und dadurch würde die weitere Zusammenziehung gestoppt werden.
Damit sich überhaupt ein Stern bilden kann, muß es irgendeinen Mechanismus geben, der den Drehimpuls der kontrahierenden Wolke abtransportiert. Es gibt auch einen ganz direkten Hinweis hierfür: Man beobachtet, daß sehr junge Sterne meist schnell rotieren, ältere Sterne dagegen nicht (s. S. 396 u. 573). Also muß auch nach Bildung des fertigen Sternes noch immer Drehimpuls weggeschafft werden.

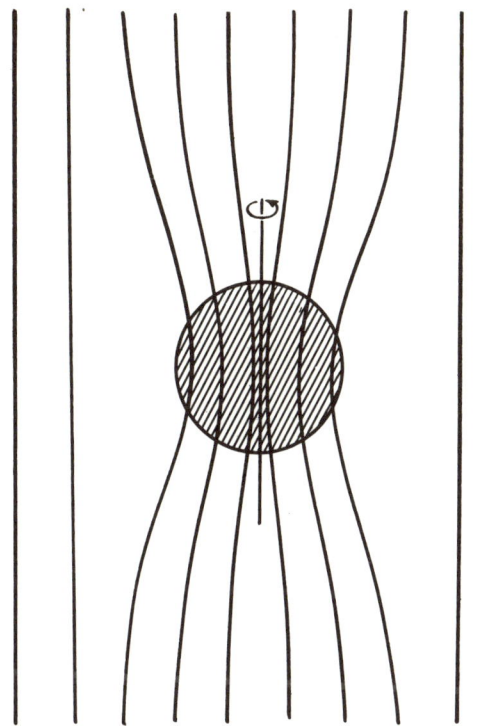

Feldlinien zwischen Wolke und Umgebung

Man nimmt gegenwärtig an, daß in der Anfangsphase der Sternbildung die interstellaren Magnetfelder den Abtransport des Drehimpulses besorgen. Löst sich eine in sich zusammenziehende Wolke von ihrer Umgebung, so ist sie doch noch mit dieser Umgebung durch magnetische Feldlinien verbunden. Bei der Zusammenziehung der Wolke wird die Rotationsgeschwindigkeit immer größer, und dadurch verwirbeln sich die Feldlinien, die zur Umgebung führen. Auf diese Weise entsteht eine rücktreibende Kraft, die die Rotation bremst. Es wird Drehimpuls von der Wolke an die Umgebung abtransportiert.

Abschätzungen haben ergeben, daß diese Abbremsung in günstigen Fällen genügend wirksam sein kann, um den Transport zu besorgen.

Nach einiger Zeit schnüren sich jedoch die Feldlinien der Wolke ab und sind in sich geschlossen. Dadurch rotiert nun ein größeres Gebiet dünnen interstellaren Gases um die zusammengezogene Wolke bzw. um den sich bildenden Stern, und zwar ebenso schnell wie der Stern selbst. An der Grenze zwischen diesem starr rotierenden Gebiet und der nicht rotierenden Umgebung werden nun Kräfte der turbulenten Reibung wirksam, die jetzt die weitere Bremsung bewirken.

Beide Mechanismen benötigen günstige Bedingungen für eine genügend starke Wirksamkeit. Sie ergeben dann Zeiten von einigen Millionen Jahren für die Dauer der Sternentstehung. Oft mögen die Bedingungen nicht so günstig sein, und es ist anzunehmen, daß ein Überschuß an Drehimpuls in vielen Fällen die Bildung von Sternen verhindert. So läßt es sich auch verstehen, daß sich nicht aus aller Materie der Milchstraße und der anderen Spiralnebel Sterne

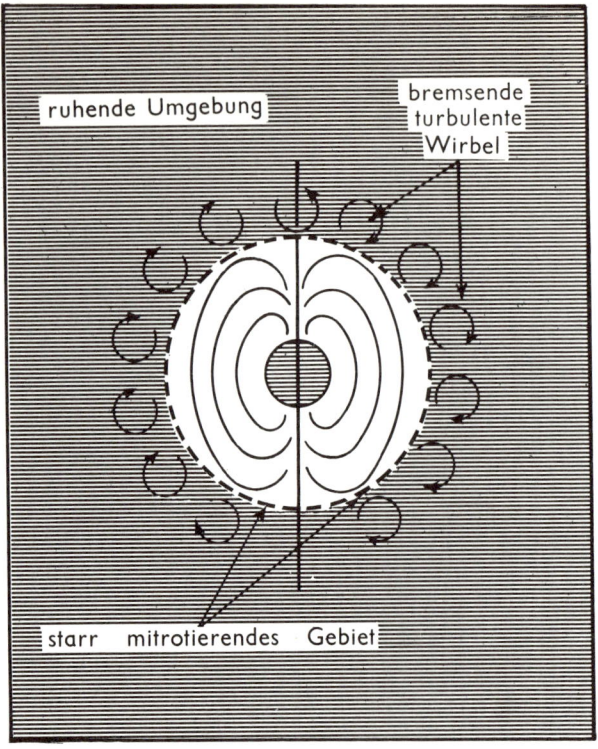

Abbremsung durch Reibung

gebildet haben. Daß wir sowohl Sterne als auch interstellare Wolken beobachten, zeigt uns, daß die Entstehung von Sternen zwar möglich, aber nicht ganz so einfach ist.

Auch nach ihrer Bildung können die Sterne unter Mitwirkung von Magnetfeldern Drehimpulse verlieren. Nach der heutigen Vorstellung sind vermutlich alle Sterne mit Wasserstoffkonvektionszonen, und damit alle Sterne mit einem Spektraltyp später als etwa F0 von einer Korona umgeben, von der ein stellarer Wind, also ein radial nach außen gerichteter Materiestrom ausgeht (Sonnenwind, s. S. 283). Unter dem Einfluß eines stellaren Magnetfeldes, das bei Sternrotation in der Umgebung des Sternes eine spiralige Struktur annimmt, wird Drehimpuls vom Zentralkörper auf das expandierende Gas in der Umgebung übertragen. Damit ist im stellaren Wind der Drehimpuls pro Gramm Materie viel größer als der entsprechende Wert für den Stern. Drehimpuls geht also rascher verloren als Masse, die Sternrotation wird abgebremst.

Die letzte Phase der Kontraktion

Die Entwicklung des Protosternes in den letzten Phasen der Kontraktion wird durch ein einschneidendes Ereignis beherrscht: der Stern wird optisch dick. Das bedeutet, daß bei zunehmender Verdichtung der Materie irgendwann der Zeitpunkt erreicht wird, von dem an die frei werdende Energie nicht mehr direkt aus dem ganzen Volumen nach außen abgestrahlt werden kann, sondern erst durch irgendeinen Transportprozeß (Strahlungstransport oder auch Konvektion) an die Oberfläche befördert werden muß, bevor sie von dort in den Weltraum abgestrahlt werden kann. Während vor diesem Zeitpunkt die jeweiligen Entwicklungszeiten von der Größenordnung der Dauer des freien Falls in das Zentrum des Protosternes waren, also durch

$$\text{Entwicklungszeit} \approx 1/\sqrt{G\varrho}$$

(G = Gravitationskonstante, ϱ = Dichte der Wolke) abgeschätzt werden konnten, verlaufen die Entwicklungen nach diesem kritischen Zeitraum wesentlich langsamer. Sie werden bestimmt durch die Wirksamkeit des Energietransportes und damit durch die Leuchtkraft des Protosternes. Er kann eben nur so rasch kontrahieren, wie es ihm gelingt die bei der Kontraktion im eigenen Schwerefeld gewonnene Gravitationsenergie an seine Oberfläche zu befördern und abzustrahlen. Hayashi hat gezeigt, daß, wenn die Entwicklung durch eine Kette von Gleichgewichtszuständen verläuft, der konvektive Energietransport am effektivsten ist und daß der Stern sich bei einer solchen Entwicklung im HR-Diagramm (s. S. 379) senkrecht nach unten bewegt. Zustände rechts von dieser Bahn (Hayashi-Linie) sind unmöglich. Der Stern verkleinert also bei etwa konstanter Oberflächentemperatur seine Leuchtkraft und damit Oberfläche bzw. Radius. Erst gegen Ende dieser Entwicklung, die zunehmend langsamer verläuft, setzt zusätzlich Strahlungstransport ein und gewinnt schließlich die Oberhand. Dann bleibt die Leuchtkraft des Sternes etwa konstant und die Oberflächentemperatur nimmt zu, d. h. die Sterne wandern im HR-Diagramm nach links. Am stärksten nimmt die Temperatur im Zentrum des Sternes zu. Hat sie schließlich einige Millionen Grad erreicht, so beginnen im Zentrum die Kernprozesse, durch die sich Wasserstoff in Helium umwandelt. Dieser nun immer stärker zur, Wirkung kommende, enorm große Energievorrat läßt die Kontraktion ganz zum Stillstand kommen, wobei die Oberflächentemperatur noch ein wenig zunimmt, die Leuchtkraft jedoch ein wenig abnimmt. Sobald die Kernprozesse mit voller Wirkung angelaufen sind, ist die Sternentstehung abgeschlossen.

Der Stern ist auf der Hauptreihe des Hertzsprung-Russell-Diagramms angelangt, wo er nun für lange Zeit fast unverändert in Ruhe bleibt (s. S. 573). Die Rechnungen zeigen, daß massive Sterne sich hierbei schneller entwickeln als leichte Sterne. Die Dauer der Kontraktion für verschiedene Sternmassen zeigt die nächste Tabelle. Die letzte Spalte gibt an, um welchen Faktor sich dabei der Radius des Sternes vom Beginn der Rechnung (R_O) bis zur Hauptreihe (R_h) verkleinert hat.

Masse Sonnenmassen	Spektrum	Dauer Millionen Jahre	R_O/R_h
0.65	K3	150	3.2
1.00	G1	30	3.0
1.25	F5	14	3.0
1.55	F0	8	3.3
2.29	A3	3	5.4

Bei dieser Zeitabschätzung ist noch zu bedenken, daß hier nur die allerletzte Phase der Kontraktion berechnet wurde. Die Dauer der Vorgeschichte, bis zum Einsetzen der Rechnung, ist unbekannt. Vermutlich ist sie jedoch kürzer als die letzte Phase, da sich die Kontraktion immer mehr verlangsamt.

Die Unsicherheiten dieser Vorstellungen sind beträchtlich. Besonders die Rotation, die in diesen Überlegungen vernachlässigt wurde, kann das Bild erheblich verändern. Man muß ferner berücksichtigen, daß, wenn bei zunehmender Temperatur in der kontrahierenden Wolke der Wasserstoff, das häufigste Element, dissoziiert, d. h. vom molekularen in den atomaren Zustand übergeht, die dazu aufzubringende Energie auch aus der Gravitationsenergie zu decken ist. Die abzustrahlende Energie ist dann entsprechend verringert. Der Stern wird die zugehörigen Phasen seiner Kontraktion schneller, evtl. sogar wieder im freien Fall durchlaufen.

Von besonders aktuellem Interesse sind im Zusammenhang mit der Sternbildung die Infrarot-Sterne. Ein Stern dieser Art liegt im Gebiet des Orionnebels. Er hat eine Leuchtkraft von etwa 1 000 Sonnenleuchtkräften und eine Strahlungstemperatur von rund 700 K. Der Durchmesser des Gebildes dürfte bei einigen 1 000 Sonnendurchmessern liegen. Es kann sich hierbei nicht um einen kontrahierenden Stern selber handeln, denn dessen vertikale Hayashi-Linie würde im HR-Diagramm bei viel höheren Temperaturen liegen. Man muß vielmehr annehmen, daß die Infrarotstrahlung aus einer Staubhülle stammt, die den Protostern umgibt und dessen Strahlung fast vollständig absorbiert. Der Stern selber ist damit unsichtbar. Die Energie wird dann, entsprechend der sich einstellenden Temperatur des Staubes im Infraroten wieder emittiert.

Bei einigen sehr jungen offenen Haufen und Assoziationen konnte das „untere Abbrechen" der Hauptreihe beobachtet werden (s. S. 573); die weniger massiven Sterne haben die Hauptreihe noch nicht erreicht. Eine große Anzahl dieser Sterne zeigen Emissionslinien oder sind T-Tauri-Variable, und bei einigen von ihnen konnte ungewöhnlich starke Rotation nachgewiesen werden (s. S. 568, Drehimpuls).

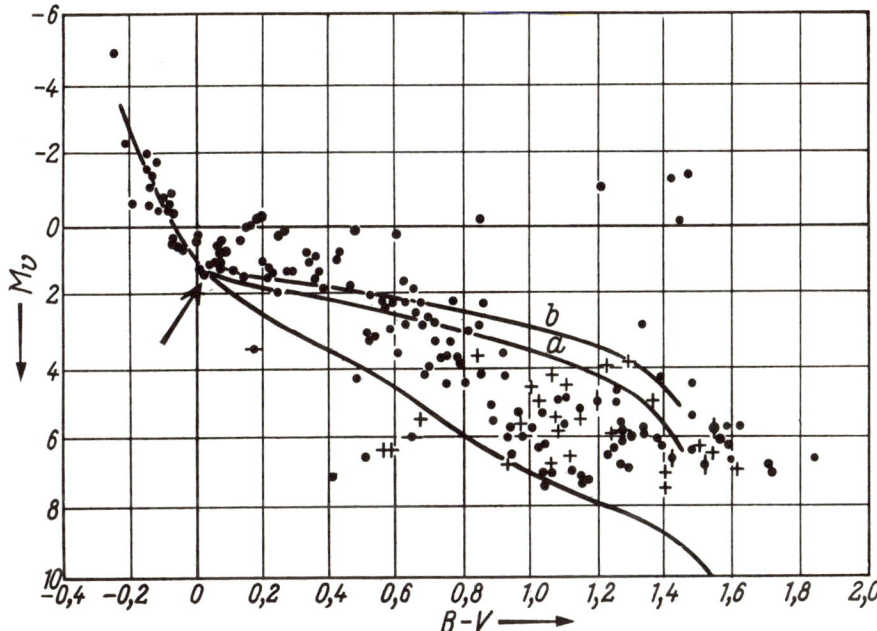

Extrem junge, noch kontrahierende Sterne in der Beobachtung: das Farben-Helligkeits-Diagramm des Sternhaufens NGC 2264 (nach Walker). Noch kontrahierende Sterne sollten theoretisch in Umgebung der Linien a oder b liegen, je nach Annahme über ihre Vorgeschichte. Die untere Linie ist die normale Lage der Hauptreihe.

- • normale Sterne
- ⟵• Hα-Emission
- ♦ variable Helligkeit } + beides
- → unteres Abbrechen der Hauptreihe

Planetensysteme

Es hat Versuche gegeben, die Entstehung des Planetensystems unabhängig von der Entstehung der Sonne zu erklären. So hatte etwa der englische Astrophysiker Jeans angenommen, daß bei einem nahen Vorbeiflug eines anderen Sternes an der Sonne die Materie, aus der sich die Planeten gebildet haben, durch Gezeitenwirkung der Sonne entrissen wurde. Diese, wie auch andere derartige Hypothesen können heute als widerlegt angesehen werden. Man sollte also davon ausgehen, daß die Bildung unseres Planetensystems nicht unabhängig von der Entstehung der Sonne verstanden werden kann.

Es sind zwei fundamentale Eigenschaften des Planetensystems, welche eine kosmogonische Theorie zu erklären hat. Einerseits ist es die Tatsache, daß die Planetenbahnen nahezu in einer gemeinsamen Ebene liegen, daß diese Bahnen im gleichen Umlaufsinn durchlaufen werden, und daß der Gesamtdrehimpuls der Bahnbewegung aller Planeten groß ist gegenüber dem Drehimpuls der ebenfalls gleichsinnigen Sonnenrotation. Andererseits darf eine kosmogonische Theorie nicht daran vorübergehen, daß die Planeten nach ihrer Beschaffenheit in zwei verschiedene Gruppen einzuteilen sind, in die der sonnennahen erdähnlichen Planeten (Merkur, Venus, Erde Mars) und in die der sonnenfernen jovischen (Jupiter, Saturn, Uranus, Neptun). Während die jovischen Planeten in ihrer chemischen Zusammensetzung der Sonne ähnlich sind, zeichnen sich die erdähnlichen Planeten durch eine große Unterhäufigkeit der leichten, flüchtigen Elemente aus.

Diese Eigenschaften des Planetensystems ergeben sich zwanglos, wenn die Entwicklung etwa nach folgendem Schema abläuft: In der Spätphase der Kontraktion der Protosonne wird durch Magnetfelder Drehimpuls auf die äußeren Teile der von seiner Umgebung bereits isolierten kontrahierenden Gaskugel übertragen. Damit verhindern die Zentrifugalkräfte die weitere radiale Kontraktion dieser Bereiche. Sie können sich unter dem Einfluß der Gravitation lediglich in Richtung auf die Äquatorebene zu einer flachen Scheibe kontrahieren, die bis über die Neptunbahn hinausreicht. Aus dieser rotierenden, zunächst gasförmigen Scheibe, bilden sich dann die Planeten. Die Orientierung ihrer Bahnebenen, der gleichförmige Umlaufsinn und die Größe ihres Bahndrehimpulses werden so verständlich.

Die Kondensation dieser Materie zu den Planeten vollzieht sich aber nicht direkt aus der Gasphase. Dies wäre einerseits dynamisch nicht möglich, andererseits würden die Ergebnisse nicht mit der Beobachtung übereinstimmen. So würden beispielsweise die Drehimpulse der Planetenrotation viel zu hoch werden. Die Kondensation der Materie verläuft vielmehr über die Zwischenstufe der Bildung kleiner fester Partikel, der sogenannten Planetensimals. Diese, zunächst nur von Staubkorngröße, bewegen sich auf mehr oder weniger elliptischen Bahnen um die Sonne, erleiden Zusammenstöße und bleiben dabei teilweise aneinander haften. So wachsen sie allmählich zu größeren Objekten heran, wobei diese Entwicklung dadurch unterstützt wird, daß sich die Bahnformen aneinander angleichen. Schließlich bleiben nur die wenigen uns bekannten Planeten übrig. In den Planetoiden haben wir wahrscheinlich eine nicht abgeschlossene (und mangels Masse nicht mehr abschließbare) Planetenbildung vor uns.

Zusammenfassung

1. Während des gesamten Alters der Milchstraße (rund 10 Milliarden Jahre) sind laufend Sterne entstanden, anfangs jedoch 10- bis 20mal häufiger als heute. Auch heute entstehen noch neue Sterne.

2. Die Sterne entstehen innerhalb der Spiralarme aus wolkigen Ballungen der interstellaren Materie, sobald die innere Gravitation stärker wird als die auseinandertreibenden Kräfte. Der überschüssige Drehimpuls (aus der zufällig vorhandenen Rotation der Wolken) wird bei günstigen Bedingungen durch Magnetfelder abtransportiert, kann jedoch bei ungünstigen Bedingungen die Sternentstehung verhindern.

3. Sind erst einmal einige helle O-Sterne entstanden, so wird in deren Umgebung die Bildung weiterer Sterne begünstigt.

4. Nach den gegenwärtigen Theorien läßt sich die Entstehung einzelner Sterne nur für die massiven O-Sterne mit mehr als 10 Sonnenmassen verstehen. Normale Sterne kleinerer Masse müßten dann stets innerhalb von Sternhaufen oder Assoziationen von rund 1 000 Sonnenmassen entstanden sein.

5. Die Entstehung eines Sternes ist kein plötzlicher Vorgang. Sie dauert einige Millionen Jahre, und zwar um so länger, je weniger Masse der Stern hat.

6. Nach neueren Theorien sind die Planeten und ihre Monde mehr oder weniger gleichzeitig mit der Sonne aus einer flachen, rotierenden Gasscheibe über die Zwischenstufe der Planetesimals entstanden. Es ist möglich, daß auch andere Sterne von Planetensystemen umgeben sind.

7. Die Sternentstehung scheint nur unter günstigen Bedingungen möglich zu sein (hohe Dichte, genügend Masse, starke Magnetfelder, geringe innere Bewegung). Daher ist auch noch nicht alle interstellare Materie aufgebraucht worden.

HÄUFIGKEITEN DER ELEMENTE IM KOSMOS UND IHRE ENTSTEHUNG

1. Verfahren zur Häufigkeitsbestimmung

Ein *chemisches Element* ist durch seine Ordnungszahl Z charakterisiert, als seine Häufigkeit n(Z) bezeichnet man die Anzahl der Kerne mit Z in einem Volumen, wobei sie z. B. in atomarer, ionisierter oder molekular gebundener Form vorliegen können. Die Normierung erfolgt meist so, daß entweder Σ n(Z) = 1 oder log n(Wasserstoff) = 12 ist. Die chemische Zusammensetzung kann nur für wenige Objekte, wie die Erdkruste, Meteorite und in neuerer Zeit die Mondoberfläche, direkt „materiell" bestimmt werden. Bei der Häufigkeitsbestimmung, vor allem für Spurenelemente, ist darauf zu achten, daß die Proben für die Zusammensetzung, etwa der Erdkruste, repräsentativ sind und keine Verfälschungen durch Auswahleffekte auftreten.

Für alle übrigen Objekte im Kosmos müssen die Elementhäufigkeiten mit spektroskopischen Verfahren ermittelt werden. Bei einer quantitativen Analyse muß zugleich mit der Elementhäufigkeit auch der physikalische Zustand der das Spektrum emittierenden Region (Sternatmosphäre, Gasnebel,...) bestimmt werden, da die Intensität einer Spektrallinie außer von der Häufigkeit u. a. auch von Temperatur und Druck abhängt. Die Unsicherheit bei einer spektroskopischen Häufigkeitsbestimmungen betragen im allgemeinen Δ log n $\approx \pm 0.3$; am genauesten sind differentielle Analysen, bei denen Häufigkeitsunterschiede zu einem Vergleichsobjekt angegeben werden.

Spektren einzelner Sterne oder Gasnebel können nur aus unserer Galaxis und in Sonderfällen aus benachbarten Galaxien erhalten werden, für entferntere Galaxien liegen nur integrierte Spektren vor, deren Interpretation erheblich schwieriger und unsicherer ist.

Natürlich ist die Analyse auf diejenigen Elemente beschränkt, die bei dem vorliegenden physikalischen Zustand Spektrallinien im beobachtbaren Spektralbereich aufweisen. So kann, z. B. Helium in Sternen mit $T_e \lesssim 10\,000$ K im photographischen und visuellen Bereich nicht beobachtet werden.

Wertvolle Information über Entstehung der Elemente könnte die Häufigkeitsverteilung der Atomkerne n(Z,A) geben (A Massenzahl bzw. Atomgewicht). Leider lassen sich Isotopenverhältnisse spektroskopisch nur in wenigen günstigen Fällen ermitteln, wie z. B. Li^6/Li^7 wegen der großen Isotopieverschiebung oder C^{12}/C^{13} aus Molekülbanden. Dagegen sind die n(Z,A) für die Erdkruste, Mondgesteine und Meteoriten gut bestimmbar.

2. Häufigkeiten der chemischen Elemente

Am genauesten bekannt ist die chemische Zusammensetzung unseres Sonnensystems. Sie wird auch als normale Zusammensetzung bezeichnet, da meist Häufigkeiten anderer Objekte im Kosmos auf sie bezogen werden. Die früher übliche Bezeichnung „Kosmische Häufigkeit" sollte vermieden werden, da inzwischen feststeht, daß im Kosmos keine einheitliche chemische Zusammensetzung besteht.

a) Sonnensystem
Innerhalb unseres Sonnensystems treten durchaus Unterschiede in der chemischen Zusammensetzung der verschiedenen Mitglieder auf. Denn obwohl alle Körper vor $4.5 \cdot 10^9$ Jahren aus einer einheitlich zusammengesetzten Materie entstanden sind, ist danach die Zusammensetzung in verschiedenen Teilen des Sonnensystems unterschiedlich verändert worden: So erfolgte z. B. bei der Erde wegen ihrer relativ geringen Masse im Vergleich zur Sonne ein Abdampfen von flüchtigen Verbindungen sowie eine Trennung durch Sedimentation während des Erkaltens. Die Zusammensetzung der Oberflächenschichten von Meteoriten ist durch Beschuß der kosmischen Strahlung verändert worden. Im Zentrum der Sonne hat das Wasserstoffbrennen H in He umgewandelt, während ihre Atmosphäre – mit Ausnahme leicht zerstörbarer Elemente wie Li – noch die ursprüngliche Zusammensetzung hat. Unter Berücksichtigung solcher Veränderungen wird bei der Aufstellung der Häufigkeitsverteilung des Sonnensystems das meiste Gewicht auf die kohligen Chondrite (s. S. 280), die Erdkruste und bei den leichteren Elementen (H, He, C, N, O, Ne) auf die Sonne (Photosphäre, Korona, solare kosmische Strahlung) gelegt.
Die Elementhäufigkeit in Abhängigkeit von der Massenzahl A hat in groben Zügen folgenden Verlauf: Ein sehr starker Abfall über rund 12 Zehnerpotenzen von den häufigsten Elementen Wasserstoff und Helium bis zu etwa A = 100 hin, dem ein ausgeprägtes Maximum der Elemente der Eisengruppe mit Spitze bei Fe^{56} überlagert ist. Bei den schwersten Elementen (A > 100) verläuft die Kurve praktisch konstant. Bei Kernen mit magischen Neutronenzahlen (N = 50, 82 und 126) treten Doppelmaxima auf. Die Elemente D, Li, Be, B haben sehr geringe Häufigkeiten.
Weiterhin weist die Häufigkeitskurve charakteristische „Feinstrukturen" auf, so sind z. B. Kerne mit geradem A etwa zehnmal häufiger als benachbarte Kerne mit ungeradem A. Bei mittlerem A verläuft die Kurve für die geraden Kerne zickzackförmig mit Spitzen bei Si^{28}, S^{32}, Ar^{36} usw.

Die häufigsten Elemente in der Sonne

Z	Element	log n(Z)
1	H	12.0
2	He	10.8
6	C	8.6
7	N	7.9
8	O	8.8
10	Ne	8.0
11	Na	6.3
12	Mg	7.5
13	Al	6.4
14	Si	7.6
16	S	7.2
20	Ca	6.3
26	Fe	7.5
28	Ni	6.3

b) Unsere Galaxis

Die Sterne unserer Milchstraße, die nach ihrem Alter und dynamischen Verhalten in zwei Populationen (s. S. 594) eingeteilt werden können, unterscheiden sich auch hinsichtlich ihrer chemischen Zusammensetzung: Die Sterne der Population I, von den Mitgliedern der alten offenen Haufen bis zu den jungen OB-Sternen sowie das interstellare Gas haben im großen und ganzen dieselben Elementhäufigkeiten wie die $4.5 \cdot 10^9$ Jahre alte Sonne. Demgegenüber ist bei den Sternen der Population II das Verhältnis der Metalle zum Wasserstoff bis zu einem Faktor 100–1000 geringer, wobei die relativen Häufigkeiten der Metalle untereinander im wesentlichen dieselben wie bei der normalen Mischung sind. (Der Sternspektroskopiker bezeichnet als „Metalle" alle Elemente schwerer als Helium.) Es besteht also eine Korrelation zwischen Alter und Metallhäufigkeit, die ältesten Sterne sind die metallärmsten.

In beiden Populationen gibt es Gruppen mit anomalen Häufigkeiten einzelner Elemente oder Elementgruppen, wie z. B. die Helium- und Kohlenstoffsterne, S-Sterne, Metalliniensterne oder peculiar A-Sterne (s. S. 355).

Aus der Verteilung der Elemente in der Galaxis läßt sich folgendes qualitatives Bild ableiten:

Die Oberfläche der meisten Sterne – die Schicht, für die allein Häufigkeiten spektroskopisch bestimmt werden können – hat noch dieselbe chemische Zusammensetzung, welche das interstellare Gas zu der Zeit hatte, als der Stern aus ihm entstand. Demnach hat sich der Metallgehalt des interstellaren Mediums

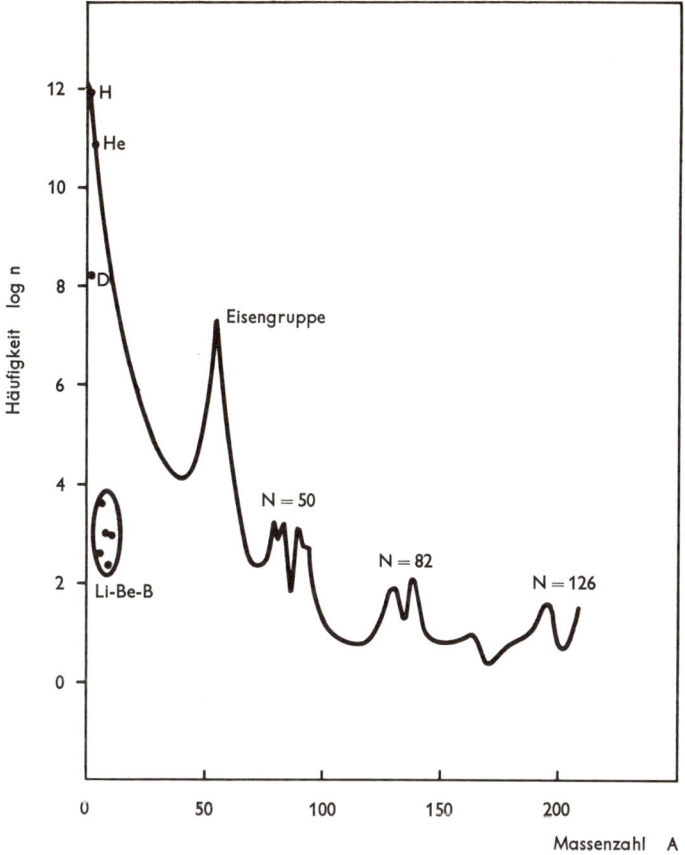

Schematische Verteilung der Elementhäufigkeiten im Sonnensystem

seit Entstehung der Galaxis um einen Faktor 100 bis 1000 angereichert. Die Anreicherung war im wesentlichen bereits in den ersten 10^9 Jahren, den Geburtsjahren der Population II-Sterne, abgeschlossen, da schon die Zusammensetzung der alten Population I gleich der des heutigen interstellaren Gases ist.

Vor allem in den späten Entwicklungsphasen kann die an der Sternoberfläche beobachtete Elementverteilung verändert werden. So können z. B. die Häufigkeitsanomalien der Heliumsterne dadurch gedeutet werden, daß Produkte des Wasserstoffbrennens – nach Abstoßen einer Hülle – an der Oberfläche sichtbar werden. Neben dem Abstoßen von Hüllen können Prozesse wie das Überströmen von Materie von einem nahen Begleiter oder Kernreaktionen durch in Magnetfeldern beschleunigte Teilchen die Oberflächenzusammensetzung beeinflussen. Im einzelnen sind die Sterngruppen mit Häufigkeitsanomalien noch wenig verstanden.

Ein schwieriges Problem ist die Bestimmung der Heliumhäufigkeit in Sternen der Population II. Einerseits sind die noch nicht von der Hauptreihe wegentwickelten Sterne zu kühl für Heliumlinien im Spektrum, andererseits befinden sich die heißeren Sterne in fortgeschrittenen Entwicklungsstadien, so daß ihre Atmosphärenzusammensetzung von der ursprünglichen abweichen kann. Eine sorgfältige Analyse aller verfügbaren Beobachtungsdaten und -verfahren führt zu dem Ergebnis, daß das Helium bereits in den älteren Sternen dieselbe hohe Häufigkeit wie in den jüngsten Objekten unserer Galaxis hat, also im Gegensatz zu den Metallen praktisch nicht mehr seit Bildung der Galaxis angereichert wurde.

c) Andere Galaxien

Die Erforschung der Elementhäufigkeiten in den verschiedenen Typen (s. S. 606) anderer Galaxien steckt noch in den Anfängen. Sehr stark vereinfachend kann man sagen, daß bei den Spiralgalaxien ähnliche Verhältnisse wie in unserer Galaxis (Typ Sb-c) vorliegen dürften, während z. B. aus den integrierten Spektren der elliptischen Galaxien zu schließen ist, daß sie überwiegend aus Sternen bestehen, die unserer Population II entsprechen. Die Hauptschwierigkeit beim Vergleich mit unserer Galaxis liegt darin, daß zum integrierten Spektrum die zentralen Teile der Galaxien erheblich beitragen, die gerade in unserer Galaxis nicht beobachtbar sind.

3. Entstehung der Elemente

Um zu verstehen, wie die heute im Kosmos beobachtete Verteilung der chemischen Elemente im Laufe von 10^{10} Jahren zustande gekommen ist, müssen einmal die kernphysikalischen Grundlagen, die Kernreaktionen, ihre Wirkungsquerschnitte und Reaktionszeiten in Abhängigkeit von Temperatur und Dichte, bekannt sein. Das eigentliche Problem ist jedoch: Wo, wann und wie haben die Kernprozesse im Kosmos stattgefunden, die zu der heutigen Elementverteilung führten?

Eine wichtige Rolle spielen die Sterne. Sie entstehen aus Verdichtungen des interstellaren Gases, im Laufe ihrer Entwicklung werden in ihrem Innern durch die thermonuklearen Reaktionen in Zusammenhang mit der Energieproduktion schwerere Elemente erzeugt. Einige Sterne geben in späteren Entwicklungsphasen einen Teil ihrer chemisch veränderten Materie wieder an das interstellare Medium ab. Durch diese Wechselwirkung mit den Sternen wird das interstellare Gas durch viele Sterngenerationen mit schwereren Elementen angereichert.

Weiterhin muß im Kosmos bereits vor Entstehung der Sterne bzw. Galaxien die Elementproduktion in gewissem Umfang vor sich gegangen sein, da bereits die Population II-Sterne eine hohe Häufigkeit an Helium haben.

Von einer quantitativen Theorie der Entstehung der Elemente sind wir noch weit entfernt. Hierfür ist unsere Kenntnis über die späten Entwicklungsphasen der Sterne (nach dem Kohlenstoffbrennen), über Geburts- und Sterberaten von Sternen verschiedener Masse und chemischer Zusammensetzung, über die Leuchtkraftfunktion, insbesondere der Population II-Sterne, über die Frühphasen des Kosmos und über die Rolle der aktiven Galaxien bei der Elementbildung zu lückenhaft. Jedoch beherrschen wir wesentliche Teilprobleme der „chemischen Geschichte des Kosmos".

a) Kosmologische Elemententstehung

Solange zu Anfang im Kosmos die Temperaturen so hoch sind, daß die mittleren Energien der Teilchen und Photonen die Bindungsenergie der Kerne übertreffen, ist keine Bildung von Kernen aus Protonen und Neutronen möglich. Erst wenn die Temperatur durch die Expansion des Kosmos zu Anfang der Strahlungsaera (s. S. 655) unter einige 10^9 K (entsprechend der Bindungsenergie des Deuteriums) sinkt, werden leichtere Kerne wie D^2, He^3, He^4 gebildet. Rechnungen ergeben, daß praktisch das gesamte Helium bereits in dieser Phase entsteht. Das Fehlen stabiler Kerne mit $A = 5$ und 8 hat zur Folge, daß schwerere Kerne nur mit Häufigkeiten gebildet werden, die erheblich unter den beobachteten Werten liegen. Diese Lücken waren für die ältere Theorie von Gamow und Mitarbeitern (1946), daß alle Elemente beim „Urknall" entstanden seien, eine unüberwindliche Schwierigkeit. Bei der Elementsynthese in Sternen werden sie durch den 3α-Prozeß (s. S. 525) bei höheren Dichten überbrückt.

b) Elemententstehung in Sternen

In 10^{10} Jahren können sich überhaupt nur Sterne mit $\gtrsim 1$ $M_\odot$ von der Hauptreihe wegentwickeln und damit zur Anreicherung des interstellaren Gases mit schweren Elementen beitragen. Aus der Diskussion der Elementbildung während der Sternentwicklung gibt es Argumente dafür, daß für die gesamte Anreicherung sogar nur die Supernovaausbrüche von Sternen mit mehr als rund 10 $M_\odot$ verantwortlich sind. Wegen der kurzen Lebensdauer der massereichen Sterne sind sehr viele Generationen an dem Prozeß beteiligt.

Die Entstehung der leichteren Elemente (mit Ausnahme der LiBeB-Gruppe) bis etwa $A = 40$ hin ist eng verknüpft mit den thermonuklearen

Reaktionen, die auch für den Energiehaushalt des Sterns von zentraler Bedeutung sind (s. S. 522). Das Wasserstoffbrennen wandelt H^1 in He^4 um, gleichzeitig werden die bereits vorhandenen Isotope der leichteren Elemente verändert, so wirkt der CNO-Zyklus dahin, daß neben He^4 zur Hauptsache N^{14} gebildet wird. Das Heliumbrennen erzeugt dann aus He^4 im wesentlichen C^{12} und O^{16}, während z. B. N^{14} wieder zerstört wird. Beim anschließenden Brennen des Kohlenstoffs und Sauerstoffs treten als Produkte Ne, Na, Mg, Si und S auf. Das charakteristische Verhalten der Häufigkeitskurve in diesem Bereich, der starke Abfall mit wachsendem A, wird im wesentlichen dadurch bewirkt, daß die elektrostatische Abstoßung (Coulombschwelle) für geladene Kerne mit steigender Ladung stark zunimmt und demnach die Wirkungsquerschnitte für die Reaktionen abnehmen. Die Einzelheiten der Häufigkeitsverteilung hängen empfindlich von Temperatur, Dichte und chemischer Zusammensetzung ab; diese wiederum sind durch Masse und Anfangszusammensetzung des Sterns bestimmt. Insbesondere ergeben sich unterschiedliche Produkte, je nachdem ob die Kernreaktionen relativ langsam ablaufen, wenn der Stern sich im hydrostatischen Gleichgewicht befindet, oder ob sie unter explosiven Bedingungen stattfinden (Einsetzen des Brennens in entarteter Materie oder in durch Stoßwellen aufgeheizten Zonen).

Bei Temperaturen oberhalb 10^9 K sind genügend energiereiche γ-Quanten vorhanden, die mit Kernen (z. B. Photodisintegration des Si) reagieren können, ohne Coulombschwellen zu überwinden. Es kommt rasch zu dem sogenannten Gleichgewichtsprozeß (e-Prozeß), bei dem die Kerne im statistischen Gleichgewicht miteinander stehen, ihre relativen Häufigkeiten werden dann im wesentlichen durch die Massendefekte bestimmt. Die relativen Häufigkeiten der Eisengruppenelemente lassen sich durch diesen Prozeß erklären.

Die bei der Häufigkeitskurve im Bereich der schweren Kerne mit $A > 65$ auffallenden Maxima bei den magischen Neutronenzahlen entsprechen Minima der Wirkungsquerschnitte für Neutronenanlagerung. Das Produkt von Wirkungsquerschnitt mal Häufigkeit ist konstant, wie es für einen stationären Prozeß zu erwarten ist. Es liegt also nahe, die Entstehung der schwersten Kerne auf schrittweise Anlagerung von Neutronen an Kerne der Eisengruppe zurückzuführen. Aus Details der Häufigkeitsverteilung (Doppelmaxima) kann weiterhin geschlossen werden, daß zwei Prozesse mit verschiedenen Zeitskalen zur Elemententstehung beigetragen haben müssen: der langsamere s-Prozeß (slow, typische Zeitskala mehr als 10^4 Jahre) und der schnellere r-Prozeß (rapid, Größenordnung etwa 1 Sekunde), je nachdem ob die Reaktionszeit für die Neutronenanlagerung größer oder kleiner als die der konkurrierenden β-Zerfälle ist. In welcher Phase der Entwicklung diese Prozesse in Sternen stattfinden, ist noch weitgehend ungeklärt.

Die theoretischen Modelle zur Sternentwicklung werden in steigendem Maße komplexer und unsicherer je später die Entwicklungsphase ist: Die Vielfalt der möglichen Kernreaktionen nimmt stark zu und die Zeitskalen werden immer kürzer, so daß hydrodynamische Vorgänge berücksichtigt werden müssen. Demzufolge gibt es auf die für eine quantitative Theorie der Elemententstehung wichtige Frage noch keine umfassende Antwort: Welcher Bruchteil der Masse wird schließlich von den Sternen verschiedenen Typs an das interstellare Medium abgegeben und wie ist seine chemische Zusammensetzung?

UNSER STERNSYSTEM, DAS MILCHSTRASSENSYSTEM

Die Sterne stehen nicht einzeln im Raum, sie sind in großen Sternsystemen zusammengefaßt, die aus vielen Milliarden Sternen bestehen. Eines der größten davon ist das Sternsystem der Milchstraße. Es enthält etwa 200 Milliarden Sterne, einer davon ist unsere Sonne. — Mit bloßem Auge sieht man etwa 5000 Sterne, mit dem Fernrohr viele Millionen, aber all diese Sterne gehören noch zum Sternsystem der Milchstraße. — Die anderen Sternsysteme (z. B. der Andromedanebel) sind so weit entfernt, daß man nur bei den nächsten von ihnen (und nur mit den größten Fernrohren) ihre einzelnen Sterne unterscheiden kann.

1. Gestalt des Milchstraßensystems

Ansicht

Könnten wir unser Sternsystem von außen her aus großer Entfernung betrachten, so würde es den Anblick einer flachen, runden Scheibe bieten.

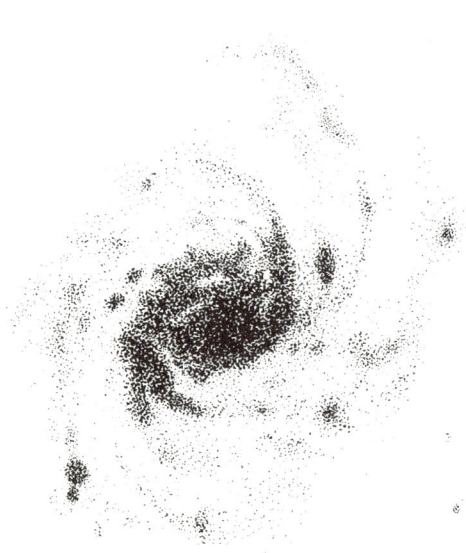

Anblick von oben: In der Mitte ein dichter, heller Kern, der aus vielen Millionen sehr alter Sterne besteht (ähnlich den Kugelhaufen) und der nur sehr wenig Gas enthält. Dieser Kern ist umgeben von einer flachen Scheibe aus Sternen jeden Alters und etwa 10% Gas und Staub. Diese interstellare Materie (s. S. 501) und die jungen Sterne sind in mehreren, eng gewundenen Spiralarmen konzentriert, die älteren Sterne verteilen sich gleichmäßiger über die ganze Scheibe. Die Spiralarme fallen auf durch die vielen extrem hellen O-Sterne und durch leuchtende Gasnebel (s. S. 502).

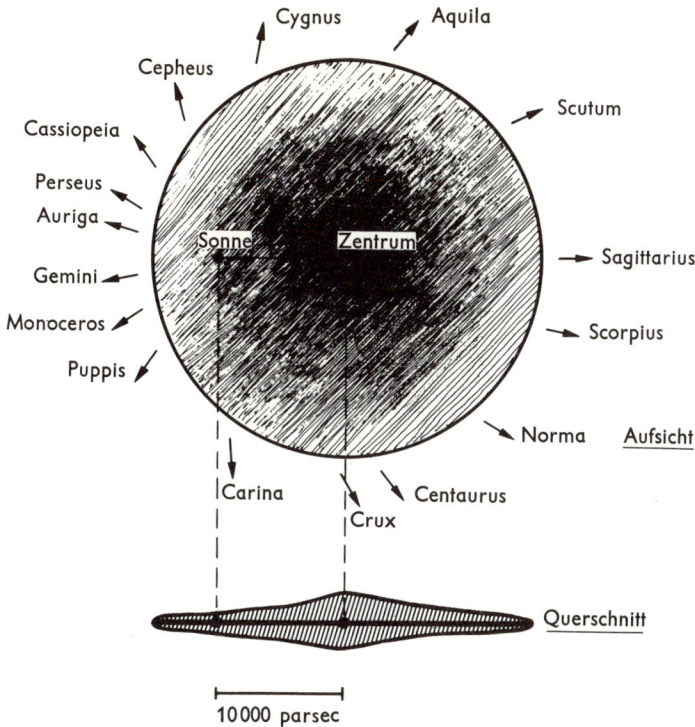

Milchstraßensystem, Aufsicht und Querschnitt. Die Pfeile außerhalb des Kreises zeigen die Blickrichtung vom Sonnenort in die Sternbilder der Milchstraße.

Anblick von der Seite: In der Mitte der etwas dickere Kern, nach beiden Seiten erstreckt sich die dünne Scheibe. In der Mitte der Scheibe liegt dunkle, absorbierende interstellare Materie. Das System ist umgeben von einem mehr kugelförmigen Halo sehr geringer Dichte.

Anblick von der Sonne her: Da wir uns innerhalb der Ebene befinden, ist die Sonne in geringerem Abstand nach allen Seiten gleichmäßig von Sternen umgeben. Die nahen, hellen Sterne sind also etwa gleichmäßig über die Himmelskugel verteilt.

Blicken wir in größere Entfernungen, so werden im allgemeinen mit zunehmendem Abstand die Sterne immer seltener. Nur wenn unsere Blickrichtung innerhalb der Ebene der Milchstraße liegt, sehen wir auch in großer Distanz noch die Fülle der Milchstraßensterne. Daher liegen für uns die sehr schwachen Sterne nicht gleichmäßig verteilt; sie konzentrieren sich auf ein Band, das den ganzen Himmel umläuft. Das Auge kann die einzelnen schwachen Sterne nicht

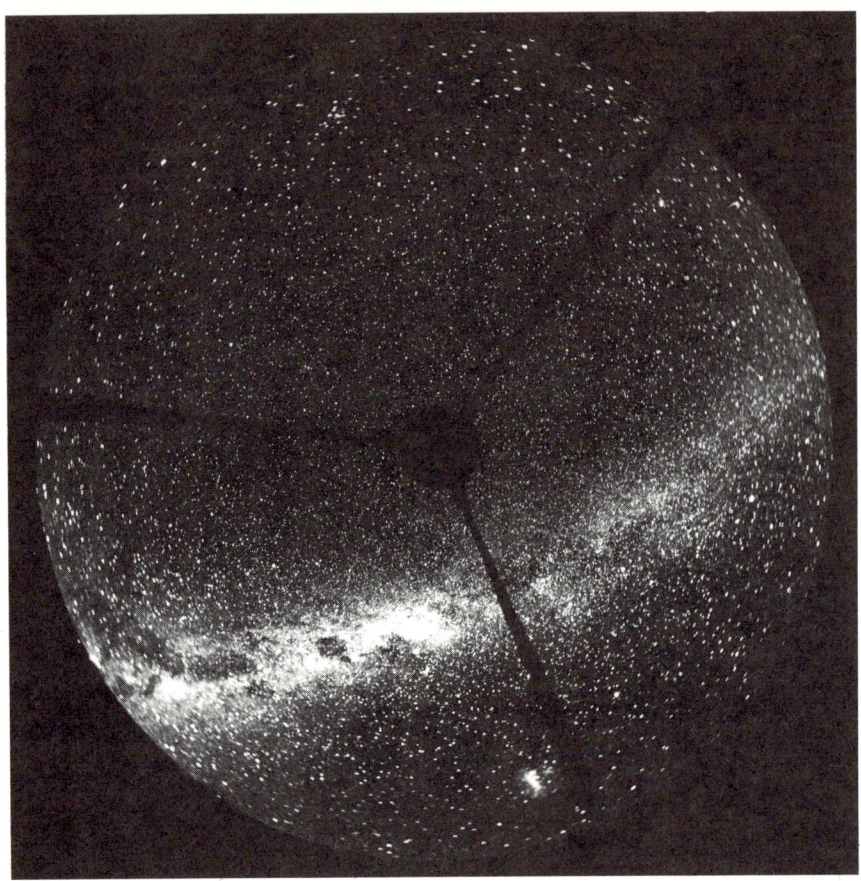

Die Milchstraße von Taurus bis Scorpius in einer Ausdehnung von etwa 140° galaktischer Längen. Die Aufnahme enthält den galaktischen Nordpol im Sternbild Coma Berinices (oben) und unten die Große Magellansche Wolke. Nur mit Hilfe von Kugelspiegel-Kameras, sogenannten Froschaugen-Kameras, ist es möglich den ganzen, von einem Standort sichtbaren Himmel aufzunehmen und so großräumige Objekte wie das Milchstraßenband zu erfassen. Man erkennt die starke Konzentration der Sterne auf die Milchstraße hin, die sich wiederum mit ihren Sternwolken und Dunkelgebieten zeigt. Die Aufnahme entstand mit einer Kugelspiegel-Kamera des Astronomischen Instituts der Ruhr-Universität, Bochum, auf einer Station dieses Instituts, die auf dem Gelände der „Europäischen Südsternwarte" (ESO) in Chile errichtet ist.

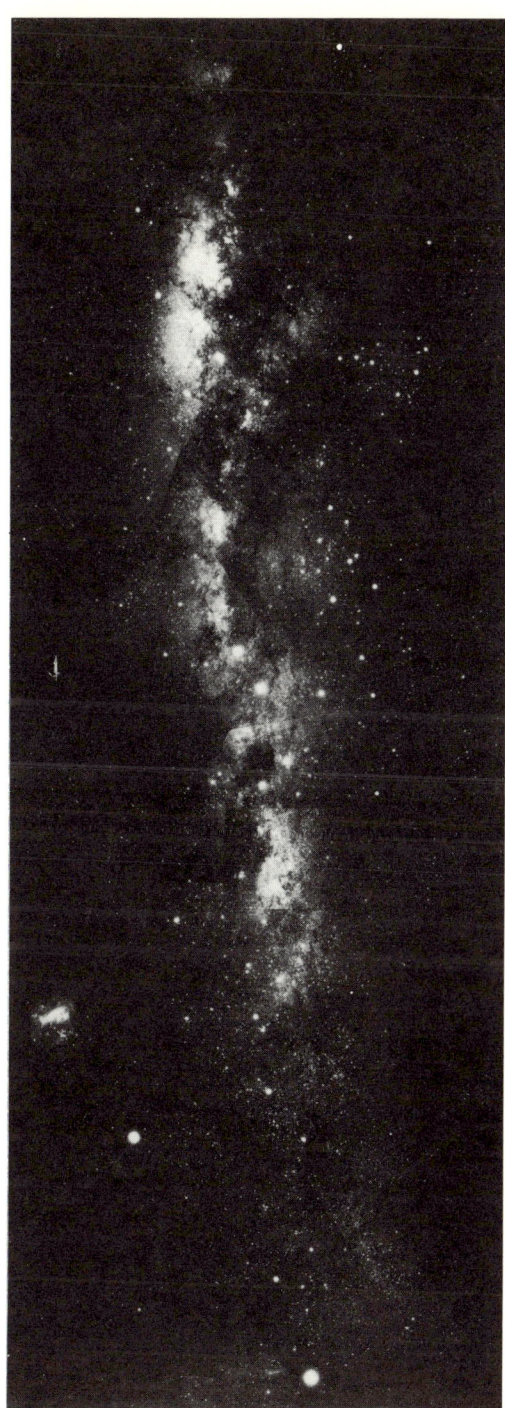

Eine andere Möglichkeit die Milchstraße über weite Gebiete abzubilden besteht im mosaikartigen Zusammensetzen zahlreicher Schmidt-Spiegel-Aufnahmen. Hier ein Milchstraßenmosaik, das der Amateurastronom H. Vehrenberg aus 88 Aufnahmen mit seinem Schmidt-Spiegel, gewonnen in Südafrika, zusammensetzte.

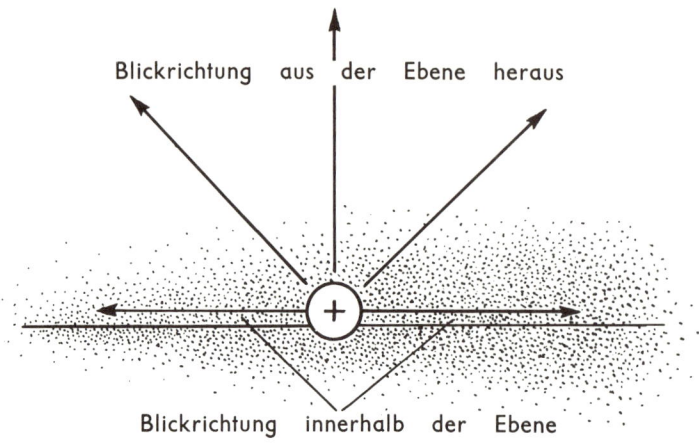

unterscheiden und sieht daher nur das schwach leuchtende Band der Milchstraße über den Himmel hinweg. Erst das Fernrohr vermag dieses Band in Millionen einzelner Sterne, in Sternwolken und Sternhaufen aufzulösen. Das Zentrum des Milchstraßensystems liegt in Richtung des Sternbildes Sagittarius (Schütze). Die Angaben über die Entfernung des Zentrums von der Sonne variieren zwischen 8 kpc und 10 kpc. Dieser, für viele Untersuchungen fundamentale Wert ist noch nicht mit der benötigten Genauigkeit bekannt. — Die Bezeichnungen Milchstraße und Milchstraßensystem werden meist nicht konsequent gebraucht. Man sollte unterscheiden zwischen dem leuchtenden Band am Himmelsgewölbe, der Milchstraße, und unserem Sternsystem, dem Milchstraßensystem. Meist wird aber auch das Sternsystem als „Milchstraße" bezeichnet.

Licht und Radiostrahlung

Auch mit den großen Fernrohren überblicken wir nur einen Teil der Milchstraße, der viel zu klein ist, um ihre Gestalt im ganzen und im einzelnen zu erforschen. Das liegt an der interstellaren Materie, die auf die Ebene des Systems konzentriert ist und viel Licht absorbiert. Senkrecht zur Ebene reicht der Blick bis zu fernsten Spiralnebeln, d. h., wir können aus unserem Sternsystem „hinausschauen", innerhalb der Ebene blicken wir nur einige Kiloparsec in die Hauptebene unseres Sternsystems; das Zentrum des Milchstraßensystems können wir nicht erreichen. Trotzdem können wir bereits in der Helligkeitsverteilung des Milchstraßenbandes an der Sphäre wichtige Strukturelemente des Milchstraßensystems erkennen, wie dies durch eine Flächenphotometrie der Milchstraße gezeigt wurde.

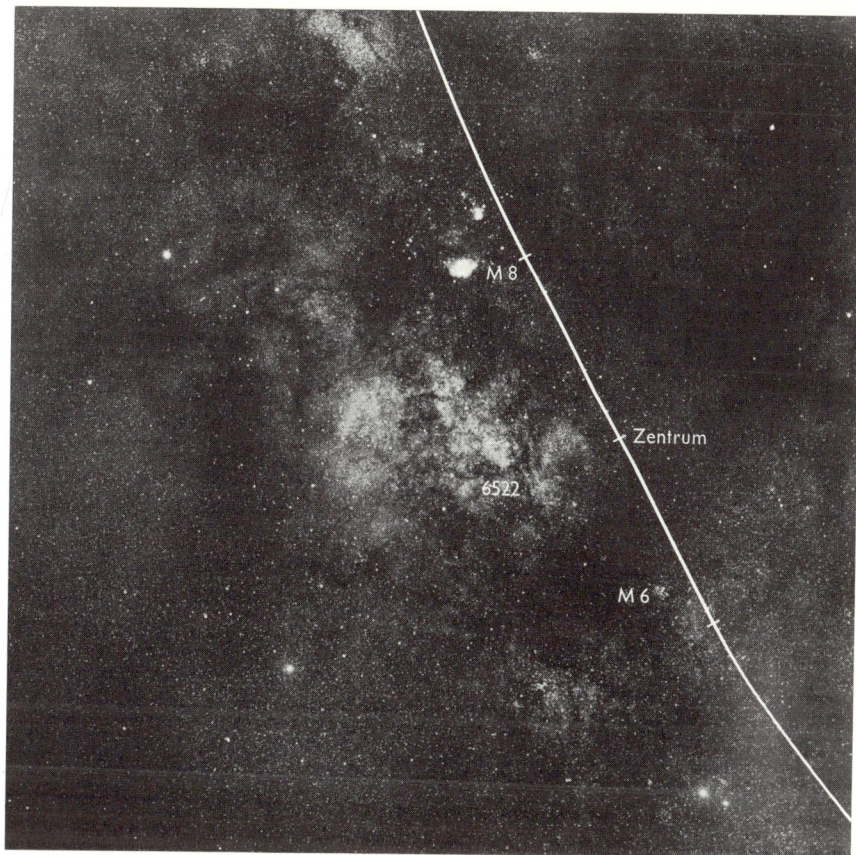

Der Blick zum Zentrum unseres Milchstraßensystems im Sternbild Sagittarius (Aufnahme aus dem Atlas von Ross-Calvert) ist durch starke Sternwolken im Vordergrund und durch interstellare Materie verwehrt. Lediglich beim Sternhaufen NGC 6522 glaubt man ein „Fenster" von wenigen Bogenminuten Durchmesser gefunden zu haben, das einen Blick weit in den galaktischen Raum hinein gestattet. Der Zentralbereich des Milchstraßensystems hat nach neuesten Ergebnissen etwa einen Durchmesser von ca. 2 kpc (markiert durch die beiden Querstriche auf dem eingezeichneten galaktischen Äquator bei M 8 und dem offenen Sternhaufen M 6). Der eigentliche zentrale Kern unseres Sternsystems von nur 20 pc Durchmesser konnte durch die Infrarot-Astronomie ausgemacht werden, er ist mit dem Objekt, das die Radio-Astronomie als Radioquelle Sagittarius A erkannte, identisch.

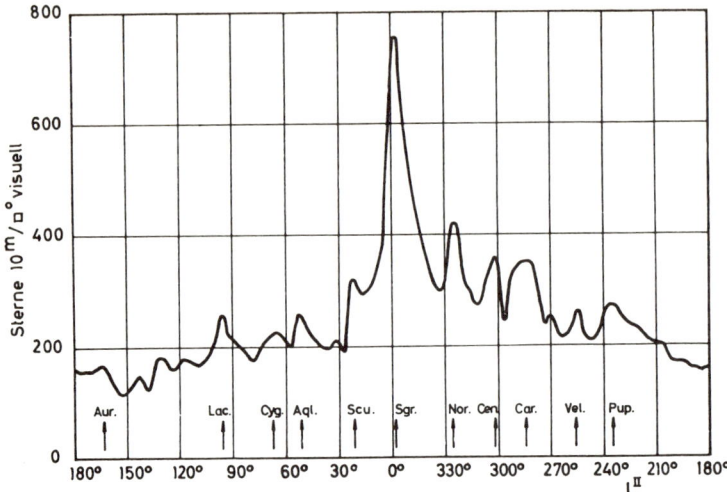

Maximalwerte der Flächenhelligkeit der Milchstraße im visuellen Licht (bei 5500 Å) in Abhängigkeit von der galaktischen Länge, nach einer Flächenphotometrie von H. Elsässer und U. Haug.

Während das interstellare Medium, in erster Linie der interstellare Wasserstoff, uns den Blick in größere „Tiefen" unseres Sternsystems verwehrt, gestattet es uns andererseits mit Hilfe radioastronomischer Methoden Untersuchungen der Spiralstruktur und der Rotation des Milchstraßensystems (s. S. 514).

Spiralarme

Die Milchstraße ist ein Spiralnebel (s. S. 609). Manche Spiralnebel haben zwei große, lange Arme, andere Spiralnebel haben eine Vielzahl kleiner, eng gewundener, kürzerer Arme. Zu dieser zweiten Art gehört die Milchstraße. In der weiteren Umgebung der Sonne sind drei Arme bekannt.

Der Halo

Das Sternsystem der Milchstraße ist eingebettet in eine etwas größere, etwa runde „Wolke" sehr geringer Dichte, den sogenannten Halo. Zum Halo gehören vor allem die Kugelhaufen, aber auch eine große Anzahl einzelner Sterne. Von diesen Einzelsternen sind besonders die RR-Lyrae-Sterne in größerer Anzahl bekannt und untersucht (etwa 400), da sie erstens hinreichend lichtstark für die großen Entfernungen sind, zweitens bekannte absolute Helligkeiten haben und drittens durch ihre schnelle Veränderlichkeit auffallen (Perioden < 1 Tag, Amplituden etwa 1 Größenklasse; s. S. 404). — Der Halo enthält möglicherweise auch etwas interstellares Gas.

2. Einige Daten des Milchsstraßensystems

Durchmesser in der Ebene . . .	30 kpc
Dicke, senkrecht zur Ebene	
des Kernes	5 kpc
der Scheibe	1 kpc
Durchmesser des Halo	50 kpc
Abstand der Sonne	
vom Zentrum	$\sim$ 10 kpc
von der Ebene	14 pc nördlich
Richtung des Zentrums	$l^{II} = 0°$; $b^{II} = 0°$
Rotation am Ort der Sonne	
Richtung	$l^{II} = 90°$
Geschwindigkeit	250 km/sec
Dauer eines Umlaufes	200 Millionen Jahre
Gesamtmasse	200 Milliarden Sonnenmassen
Mittlere Dichte	0.1 Sonnenmassen/pc^3 = $7 \cdot 10^{-24}$ g/cm^3
Dichte am Ort der Sonne	0.093 Sonnenm./pc^3 = $6.34 \cdot 10^{-24}$ g/cm^3
Gesamthelligkeit, absolut	
visuelle	–20.5 Größe
photographische	–19.7 Größe
Entweichgeschwindigkeit	
im Zentrum	450 km/sec
am Ort der Sonne	290 km/sec
am äußersten Rand	180 km/sec
Geschätzte Gesamtzahl von	
Kugelhaufen	300
offenen Haufen	15 000
Assoziationen	700
Massenanteile, ungefähr	
Sterne heller als M = +3 . . .	10%
schwächerer Sterne	80%
Gas	10%
Staub	0.1%

Grenzen und Umgebung der Milchstraße

Abstand vom Zentrum der Milchstraße

weitester Kugelhaufen . . .	69 kpc	Andromedanebel (M 31) .	830 kpc
Große Magellansche Wolke .	64 kpc	M 33	790 kpc
Kleine Magellansche Wolke .	72 kpc		

3. Räumliche Verteilung verschiedener Objekte

Die Dichte der Sterne fällt erstens senkrecht zur galaktischen Ebene ab, zweitens mit wachsender Entfernung vom Zentrum. Dies zeigt die folgende Figur. Die beiden Verdichtungen beiderseits der Sonne bedeuten wahrscheinlich, daß wir hier zwei Spiralarme im Schnitt sehen. (Über die Dichtverteilung der Kugelhaufen s. S. 492 der offenen Haufen S. 494).

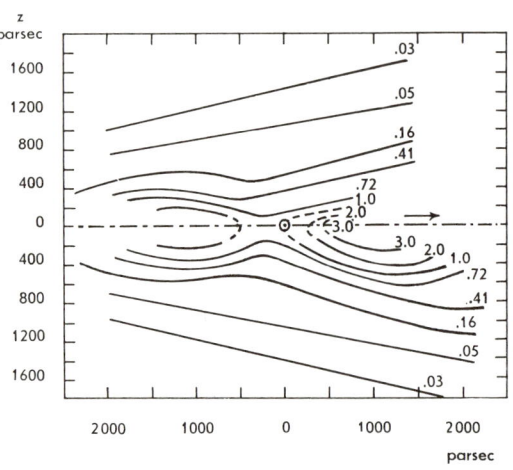

Linien gleicher Sterndichte in einem Schnitt, der senkrecht auf der galaktischen Ebene steht und durch die Sonne (☉) und durch das galaktische Zentrum geht. Die Dichte in Sonnenumgebung ist gleich 1 gesetzt worden (nach Oort).

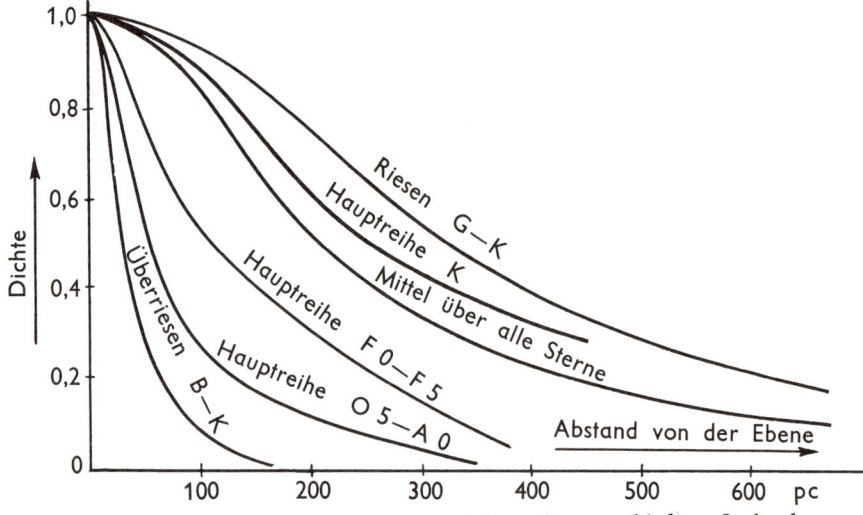

Der Dichteabfall senkrecht zur galaktischen Ebene für verschiedene Spektraltypen. Dichte in der Ebene gleich 1 gesetzt.

Der Abfall der Dichte senkrecht zur Ebene ist verschieden stark für die verschiedenen Typen von Sternen. Dabei scheint ganz allgemein zu gelten: Je jünger die Sterne, desto steiler der Abfall.

Konzentration zur galaktischen Ebene bei verschiedenen Objekten

Objekt	Konzentration
Junge Sterne	stark
Alte Sterne	mittel
Planetarische Nebel	stark
Offene Sternhaufen	stark
Kugelhaufen	keine
Novae	stark
Helle Nebel	stark
Dunkelwolken	mittel
Veränderliche: R Coronae bor.	stark
U Geminorum	keine
Mira (P > 300 Tage) . . .	mittel
Mira (P < 300 Tage) . . .	keine
μ Cephei.	schwach
RV Tauri	stark
RR Lyrae	keine
δ Cephei.	stark
RW Aurigae	stark

Die Dichte in der Scheibe

Die Dichte ist am größten im Zentrum der Milchstraße. Sie fällt nach außen ab, und zwar sehr schnell in Richtung der Pole und langsamer in Richtung der Scheibe. Der Verlauf dieses Dichteabfalles innerhalb der Scheibe läßt sich zur Zeit noch nicht sehr genau bestimmen. Sternzählungen innerhalb der Scheibe sind, wegen der starken Absorption der interstellaren Materie, nur bis etwa 2 kpc Entfernung möglich. In größeren Entfernungen läßt sich die Dichte des Gases noch aus Beobachtungen der Radioastronomie bestimmen, die Gesamtdichte jedoch nur aus der Rotationsgeschwindigkeit (s. S. 597) berechnen. Die folgende Tabelle gibt eine Abschätzung des Dichteverlaufes innerhalb der galaktischen Scheibe.

Abstand vom Zentrum kpc	Dichte (Sterne + Gas) 10^{-24} g/cm³
0	200
2.05	123
4.10	40.9
6.15	19.6
8.20	6.34
10.25	2.11
12.30	0.52

Population I und II

Der Begriff „Population I" und „Population II" wurde von W. Baade 1944 eingeführt:

Definition: Populationen umfassen Gruppen von Objekten, die Ähnlichkeiten aufweisen bezüglich Alter, chemischer Zusammensetzung, Bewegungsverhältnisse, räumlicher Verteilung im Sternsystem.

Die H-R-Diagramme von Population I und Population II sind grundlegend verschieden (siehe untenstehende Abbildung, aber auch die Farben-Helligkeits-Diagramme auf S. 489 und S. 494). Die Baadeschen Populationen werden heute auf folgende Weise weiter unterteilt:

Baadesche Population II $\left\{\begin{array}{l}\text{Halo-Population II}\\ \text{Zwischen- (Intermediäre-) Population II}\\ \text{Scheibenpopulation}\end{array}\right.$

Baadesche Population I $\left\{\begin{array}{l}\text{Ältere Population I}\\ \text{Extreme Population I}\end{array}\right.$

zunehmende Metallhäufigkeit ↓

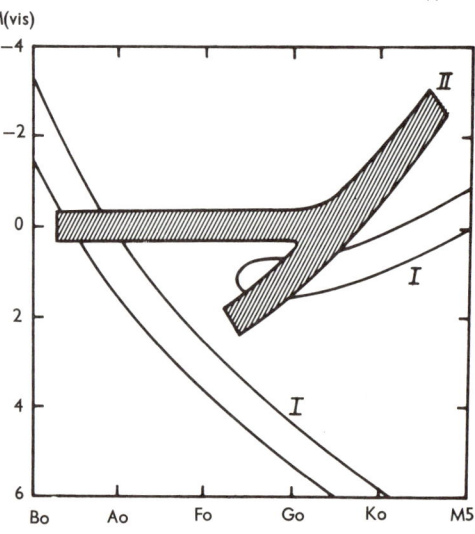

Schematisches HRD der Baadeschen Populationen: Population I: Die Hauptreihe ist bis zu den B- und O-Sternen besetzt. Population II: Ab F0 fehlen Hauptreihensterne vollständig. Die Riesenäste sind gegeneinander verschoben. Bei Population II gabelt sich der Riesenast von G0 an in einen horizontalen Ast, auf dem die RR-Lyrae Sterne liegen und einen auf die Hauptreihe zulaufenden Ast.

	Halo-Population II	Zwischen- (Intermediäre-) Population II	Scheibenpopulation		Ältere Population I	Extreme Population I
wichtigste Mitglieder	Unterzwerge, Kugelhaufen, RR-Lyrae-Sterne (Perioden > 0$^{\rm d}$.4)	Schnelläufer mit Geschwindigkeitskomponenten > 30 km/sec senkrecht zur galaktischen Ebene (Spektraltyp F bis M), Langperiodische Veränderliche (Perioden < 250$^{\rm d}$ Spektraltyp früher M5)	Planetarische Nebel, Novae, helle Rote Riesen, Sterne des galaktischen Kerns	Sterne mit schwachen Metall-linien im Spektrum	Sterne mit starken Metalllinien, A-Sterne, Me-Zwerge, normale Riesen	Interstellares Gas, OB-Sterne, Über-riesen, Delta-Cephei-Sterne, T-Tauri-Sterne, junge galaktische Sternhaufen
mittlerer Betrag der Abstände von der galaktischen Ebene [pc]	2000	700	450	300	160	120
Achsenverhältnis	2	5	~25	—	—	100
mittlerer Betrag der Geschwindigkeitskomponente senkrecht zur galaktischen Ebene [km/sec]	75	25	18	15	10	8
Konzentration zum Zentrum	stark	stark	stark	—	—	wenig
Verteilung	homogen	homogen	homogen	?	wenig wolkig, Spiralarme	wenig extrem wolkig, Spiralarme
Alter [10^9 Jahre]	12—15	10—15	10—12	2—10	0.1—2	0.1

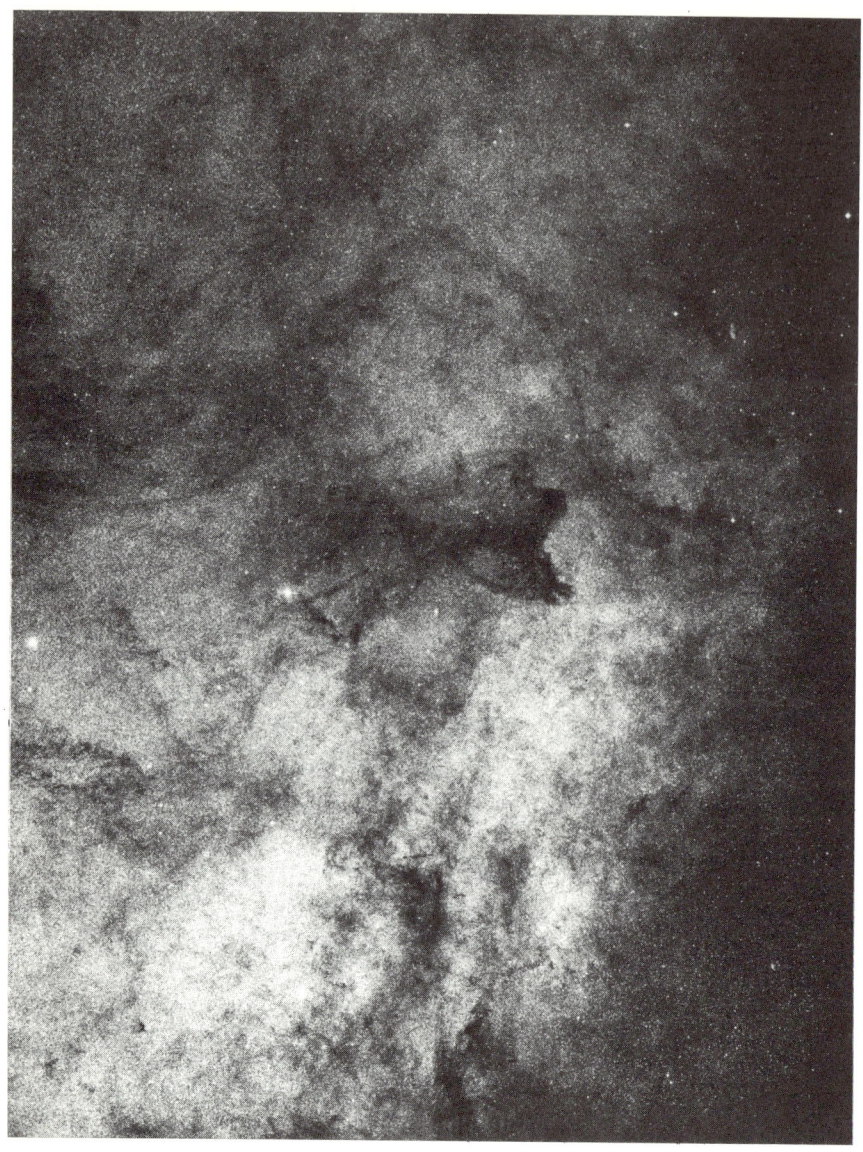

Die Sternzahlen in einer Sternwolke der Milchstraße (im Sternbild Sagittarius) und die dazwischen an-
gereicherte, absorbierende interstellare Materie veranschaulicht diese Aufnahme mit dem 48-inch-
Schmidt-Spiegel des Hale-Observatoriums.

Populationen in extragalaktischen Systemen:
Gleiche räumliche Verteilung wie in der Milchstraße. Elliptische Sternsysteme
enthalten fast nur ältere Populationen, unregelmäßige Systeme dagegen vorwiegend jüngere (siehe Tabelle Seite 595).

4. Die Rotation des Milchstraßensystems

Die ganze Scheibe der Milchstraße rotiert gleichmäßig um das Zentrum des
Systems. Sie rotiert aber nicht wie ein starrer Körper, sondern jeder einzelne
Stern des Systems beschreibt seine eigene Bahn, die durch das allgemeine
Schwerefeld der ganzen Milchstraße (also aller Sterne zusammen) bestimmt
wird. Die Bahnen der weitaus meisten Sterne sind nahezu kreisförmig, wie ein
Vergleich der Geschwindigkeiten zeigt: Die allgemeine Rotationsgeschwindig-
keit in Sonnenumgebung beträgt 217 km/sec, und demgegenüber beträgt die
Streuung der Sterngeschwindigkeiten (d. h. die mittlere Abweichung der
einzelnen Sterne von der allgemeinen Rotation) nur 40 km/sec.

Am Ort der Sonne dauert ein voller Umlauf etwa 234 Millionen Jahre, weiter
im Innern des Systems nur den zehnten Teil und am Rand der Milchstraße
etwa die doppelte Zeit. Diese Art, wie sich die Umlaufsgeschwindigkeit mit
dem Abstand vom Zentrum ändert, hängt völlig von der Massenverteilung
innerhalb der Milchstraße ab. Ist die Massenverteilung bekannt, so läßt sich
die Verteilung der Umlaufsgeschwindigkeit eindeutig berechnen und umgekehrt. So bestimmt man z. B. die Massenverteilung bei der Milchstraße und
auch bei anderen Spiralnebeln meist aus der Beobachtung der Umlaufsge-
schwindigkeiten.

Abstand vom Zentrum	Rotations- geschwindigkeit	Dauer eines Umlaufs
kpc	km/sec	Millionen Jahre
0.84	137	38
1.90	174	67
2.93	196	92
3.90	209	115
6.13	225	168
8.20	217	234
10	195	316
12	175	422
15	150	616
20	127	980

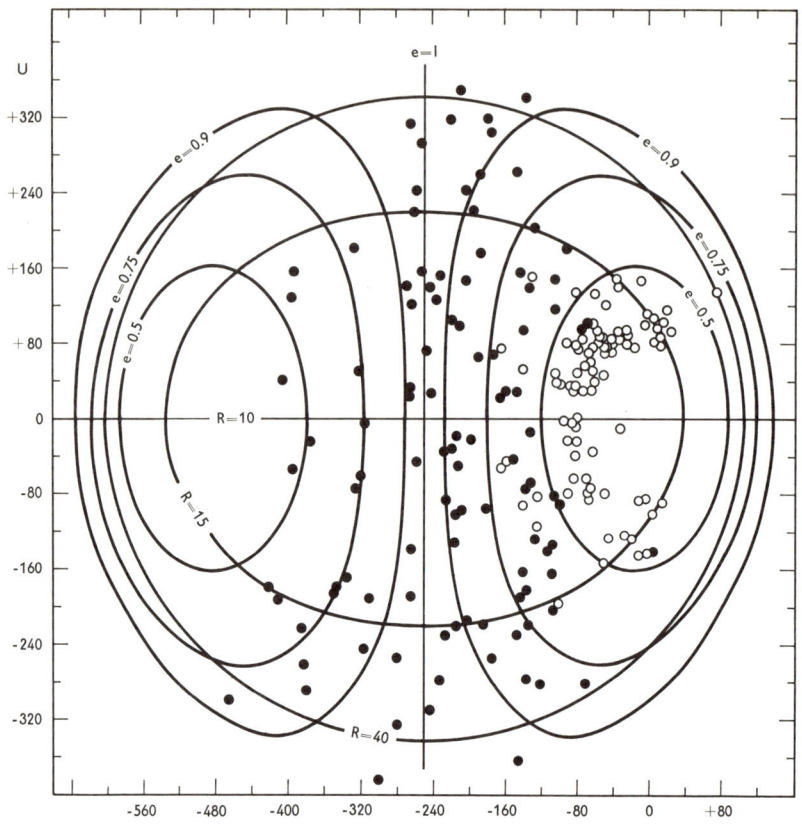

Im sogenannten **Bottlingerdiagramm** werden die Sterne dargestellt durch die Komponenten U (in der galaktischen Ebene radial vom Zentrum nach außen) und V (in Richtung der galaktischen Rotation) ihrer Raumgeschwindigkeit (bezogen auf den Schwerpunkt der nahen Sterne). In das obige Diagramm sind etwa 200 Schnelläufer aus der Sonnenumgebung eingetragen. Die durchweg negativen Werte von V zeigen, daß sie hinter der galaktischen Rotation (für die hier 250 km/sec eingesetzt wurden) zurückbleiben. Bei V = –250 km/sec würden die Sterne Pendelbahnen durch das Zentrum ausführen, bei noch stärkeren negativen Werten sogar gegen den allgemeinen Rotationssinn umlaufen. Eingezeichnet sind ferner Kurven gleicher Bahnexzentrizität (e = 1: Pendelbahn, e = 0: exakte Kreisbahnen) und Kurven gleichen Maximalabstandes R [Kpc] vom Zentrum (Abstand im Apogalaktikum). R = 10 Kpc ist der Abstand der Sonne. Sterne im Bereich R > 40 Kpc sind nur noch schwach an das Milchstraßensystem gebunden und daher selten.

Die Sterne sind hier nach ihrem UV-Exzeß, der als Indikator für die Metallhäufigkeit dient, unterschieden:

    ●   sehr geringe Metallhäufigkeit
    ○   etwas höhere Metallhäufigkeit.

Die metallreichen Sterne der Population I würden sich im Bereich U = 0, V = 0 gruppieren.

In größerer Entfernung von der Sonne (über 2 kpc) läßt sich die Rotation der Milchstraße nur noch mit Hilfe der Radioastronomie untersuchen, und zwar durch Beobachtung der Dopplerverschiebung der 21-cm-Linie des interstellaren Wasserstoffes. Für geringere Entfernungen erhält man die Rotation aus den Radialgeschwindigkeiten und Eigenbewegungen der helleren Sterne.

Die Abweichung (Streuung) gegenüber der reinen, kreisförmigen Rotation ist bei den einzelnen Objekten verschieden groß. Die interstellare Materie und die sehr jungen Sterne haben nur geringe Abweichungen von rund 10 km/sec, je älter die Sterne sind, um so größer sind die Abweichungen, und im Mittel aller Sterne sind es, wie gesagt, etwa 40 km/sec.

Dabei ist die Streuung stets am größten in radialer Richtung (auf das Zentrum zu oder von ihm weg) und am kleinsten senkrecht zur Ebene. Während eines Umlaufes um die Milchstraße verändern die Sterne somit ihren Abstand vom Zentrum um einen gewissen Betrag, pendeln aber nur relativ wenig aus der Ebene heraus. Eben deshalb ist die Scheibe der Milchstraße relativ flach.

Eine geringe Anzahl von Sternen fällt durch hohe Abweichungen ihrer Geschwindigkeiten gegenüber den anderen Sternen auf. Ist die Abweichung größer als 60 km/sec, so bezeichnet man diese Sterne als „Schnelläufer". Das Hertzsprung-Russell-Diagramm der Schnelläufer zeigt, daß dies die ältesten Sterne unserer Umgebung sind, etwa den Kugelhaufen vergleichbar. Verglichen mit der Rotationsrichtung zeigen alle besonders hohen Geschwindigkeiten (70 bis über 300 km/sec) nach rückwärts. Das bedeutet, daß die Schnelläufer hinter dem allgemeinen Feld zurückbleiben; einige wenige Sterne umkreisen die Milchstraße sogar in umgekehrter Richtung. Aber auch die schnellsten Sterne verbleiben im Bereich der Milchstraße; bezüglich des galaktischen Zentrums sind ihre Geschwindigkeiten immer noch unterhalb der Entweichgeschwindigkeit des Systems. (Eventuell mit drei Ausnahmen, doch sind diese noch unsicher.)

Die Kugelsternhaufen und RR-Lyrae-Sterne des Halos nehmen an der galaktischen Rotation nicht (oder fast nicht) teil. Eben deshalb ist der Halo nicht (oder nur sehr wenig) abgeplattet. — Über eine Rotation des galaktischen Kernes läßt sich zur Zeit nichts aussagen. Nach noch etwas unsicheren Messungen scheint der Kern von M 31 (Andromedanebel) sehr schnell, der Kern von M 33 aber nur recht langsam zu rotieren.

Es ist eine äußerst interessante Frage, ob die Spiralarme die allgemeine Rotation genau mitmachen oder von ihr abweichen. Leider ist dies noch ungeklärt; bisher konnten keine größeren Abweichungen beobachtet werden.

5. Die Entstehung des Milchstraßensystems

Je weiter unsere Fragen in die Vergangenheit zurückgehen, um so unsicherer werden die Antworten. — Mit einiger Sicherheit läßt sich nur sagen, daß die Milchstraße in ihrem Frühstadium nur aus Gas bestand und noch keine Sterne enthielt. Vor etwa 10 Milliarden Jahren hat dann die Entstehung der Sterne einigermaßen „plötzlich" eingesetzt, so daß rund die Hälfte aller heutigen Sterne bereits in der ersten Milliarde Jahren entstanden ist. Über den weiteren Verlauf der Sternentstehung s. S. 553.

Vom Frühstadium der Milchstraße läßt sich das folgende Bild entwickeln, das zwar viele Beobachtungen erklärt, das jedoch mehr eine plausible Vermutung als ein Wissen darstellt. Danach ist die Milchstraße zu einem bestimmten Zeitpunkt, vor reichlich zehn Milliarden Jahren, eine etwa runde, turbulente Gaswolke gewesen, etwa von gleicher Größe wie heute, bei der sich die zusammenziehende Kraft der inneren Gravitation und die auseinandertreibende Kraft der inneren Turbulenz gerade das Gleichgewicht hielten. Zu dieser Zeit kondensierte knapp 1/1000 der Masse in kleine, dichte Wolken aus, woraus sich dann die Kugelhaufen bildeten. Ebenfalls entstanden damals die übrigen Sterne des Halo. Alle damals gebildeten Sterne umkreisen oder durchpendeln seitdem den ganzen Bereich der Milchstraße. Da sie keine Möglichkeit haben, ihre Energie abzugeben, sind ihre Geschwindigkeiten und ihre räumliche Verteilung seitdem im Mittel unverändert geblieben.

Die Energie der restlichen Gasmasse wird jedoch durch turbulente Reibung verbraucht. Diese *Energiedissipation* bewirkt ein Zusammenziehen der Wolke. Doch ist es hier ähnlich wie bei der Sternentstehung (s. S. 564): Ein anfänglich vorhandener, zufälliger Drehimpuls muß konstant bleiben, und daher kann sich die Gaswolke nicht in Richtung zum Zentrum, sondern nur in Richtung auf die Ebene der Rotation zusammenziehen. Es entsteht eine rotierende Gasscheibe, die mit der Zeit immer flacher wird. Nach den Theorien der Strömungslehre (Hydrodynamik) und der Turbulenz läßt sich abschätzen, daß die Zeitspanne zwischen der anfänglich runden Wolke und der flachen Scheibe einige hundert Millionen Jahre gedauert hat. — Während dieser Zeit sind laufend Sterne entstanden, zunächst bei großer Turbulenz des Gases und dann bei immer kleinerer. Alle einmal gebildeten Sterne haben dann weiterhin keine Möglichkeit, ihre anfängliche Energie zu verkleinern. Daher haben die sehr alten Sterne auch heute noch sehr hohe Geschwindigkeitsstreuung; das sind die Sterne, die wir heute als Schnelläufer bezeichnen (s. S. 599). Sie erfüllen auch eine dickere Schicht der galaktischen Ebene als die jüngeren anderen Sterne.

Die Gasscheibe rotiert nicht wie ein starrer Körper, sondern innen schneller als außen (s. S. 597). Zwischen den verschieden schnell rotierenden Teilen der Scheibe entstehen dabei Kräfte der turbulenten Reibung, die sich berechnen lassen. Das Ergebnis lautet: In der inneren Hälfte der Scheibe sind diese Kräfte nach innen gerichtet, in der äußeren Hälfte nach außen. Das bedeutet, daß ein gewisser Teil der Materie sich im Zentrum ansammelt, während ein geringer anderer Teil nach außen abtransportiert wird. Somit bildet sich im Zentrum ein dichter Kern, und der äußere Rand der Scheibe verlagert sich immer weiter nach außen. Die heutige Gestalt der Milchstraße läßt sich auf diese Weise verstehen.

Nachdem die anfänglich große Turbulenz der Milchstraße im Laufe von knapp einer Milliarde Jahren abgeklungen ist und sich die anfangs etwa runde Gaswolke zur Scheibe zusammengezogen hat, wird von da ab eine geringe Turbulenz der Gasmassen stationär aufrechterhalten, erstens durch die turbulente Reibung bei nichtstarrer Rotation, zweitens durch den zeitlich und örtlich veränderlichen Strahlungsdruck neu entstandener, extrem heller Sterne. Diese gegenwärtige Turbulenz beträgt etwa 10 km/sec und ist gleich der Streuung der Geschwindigkeiten der jungen Sterne.

Zur Zeit scheint es so, als seien alle Sterne während der letzten vier Milliarden Jahre mit dieser gleichen „Startgeschwindigkeit" von etwa 10 km/sec entstanden, hätten jedoch, je nach ihrem heutigen Alter, inzwischen mehr oder weniger lange Gelegenheit gehabt, mit größeren Stern- oder Gaswolken Energie auszutauschen, um dadurch ihre Geschwindigkeiten bis auf etwa 30 km/sec zu erhöhen. — Alle noch höheren Geschwindigkeiten sollten jedoch aus den Überresten der ursprünglichen Turbulenz stammen.

Das soeben geschilderte Bild vom Frühstadium der Milchstraße beginnt mit einer etwa runden, turbulenten Gaswolke. Auf die Frage: „Was war vorher?" läßt sich zur Zeit wenig antworten.

Über die Entstehung der Spiralarme s. S. 609.

RÖNTGEN- UND GAMMAASTRONOMIE

In der jüngsten Zeit ist der Astronomie mit der Röntgen- und Gammaastronomie ein neuer wichtiger Zweig hinzugewachsen. Dies wurde dadurch möglich, daß mit der Entwicklung der Raketen-, Satelliten- und Raumsondentechnik Beobachtungsplattformen außerhalb der Erdatmosphäre zur Verfügung gestellt werden konnten.

Bekanntlich ist die Erdatmosphäre unterhalb von etwa 3000 Å (entsprechend einer Photonenenergie von rund 4 eV) undurchsichtig (s. S. 37). Daher müssen schon die Beobachtungsinstrumente für die UV-Astronomie z. B. durch Raketen in große Höhen getragen werden. Unterhalb von 912 Å setzt dann im interstellaren Raum sehr plötzlich die Absorption des Wasserstoffs ein. Diese Absorption nimmt mit weiter abnehmender Wellenlänge, also mit zunehmender Photonenenergie stetig ab, und für 1 keV Photonen (entsprechend 12 Å Wellenlänge) ist der interstellare Raum wieder so durchsichtig, daß die Strahlung aus einem großen Teil der Milchstraße beobachtet werden kann. Da aber in diesem Energiebereich die Erdatmosphäre undurchsichtig ist, müssen die Beobachtungen von Raketen oder Satelliten aus vorgenommen werden.

Man unterscheidet den Bereich der Röntgenastronomie – Photonenenergien von 1 keV bis etwa 1 MeV – und den der Gammaastronomie – Photonenenergien oberhalb 1 MeV –. Es ist üblich, anstelle der Wellenlänge λ (in Å) der Strahlung die Photonenenergie (in eV, bzw. in keV oder MeV) anzugeben. Die Umrechnung geschieht nach der Formel

$$E \text{ (in eV)} = 12\,340/\lambda \text{ (in Å)}.$$

Der Nachweis der energiereichen elektromagnetischen Strahlung, die Messung ihrer Intensität und Richtung geschieht mit Meßmethoden, die in der experimentellen Kern- und Elementarteilchenphysik entwickelt wurden.

Für die Entstehung dieser Strahlung im Kosmos kommt eine Reihe von Prozessen in Betracht.

a) Synchrotronstrahlung relativistischer Elektronen in Magnetfeldern (s. S. 40). Zwar ist die Synchrotonstrahlung vorwiegend im Radiobereich wichtig, doch gibt es Objekte, (wie z. B. den Crabnebel = Taurus A), die diese Strahlung auch im optischen- und im Röntgenbereich emittieren.

b) Inverser Comptoneffekt. Die Streuung hochenergetischer elektro-magnetischer Strahlung an Elektronen, als Comptoneffekt bekannt, unterscheidet sich von der Streuung optischer Strahlung dadurch, daß bei dem Elementarprozeß der Streuung die hochenergetischen Photonen einen erheblichen Teil ihrer Energie und ihres Impulses auf das Elektron übertragen. Die Strahlung wird dadurch energieärmer, also langwelliger. Nach demselben Schema können aber auch umgekehrt energiereiche (relativistische) Elektronen ihre Energie auf die Photonen übertragen. Dies ist einleuchtend, wenn man überlegt, daß die Frequenz der Strahlung, also die Energie der Photonen vom Bewegungszustand des Beobachters abhängt. So ist z. B. in einem mit dem relativistischen Elektron mitbewegten System ein Teil der 3-K-Hintergrundstrahlungsphotonen hochenergetisch und damit in der Lage Comptonstöße auszuführen. Diese Comptonstöße mit relativistischen Elektronen stellen sich im System des ruhenden Beobachters (Laborsystem) als „inverser Comptoneffekt" dar, bei welchem die energiereichen Elektronen einen Teil ihrer Energie auf die Photonen übertragen. So können z. B. die Photonen der 3-K-Strahlung durch Stoß mit 500 MeV-Elektronen in den Röntgenbereich oberhalb 1 keV gebracht werden.

c) Bremsstrahlung, vorzugsweise Emission thermischer Elektronen, hervorgerufen durch die Abbremsung in den elektrischen Feldern der Atomkerne. Bei Temperaturen oberhalb von etwa 10^7 K liegt diese thermische Emission im Röntgenbereich oberhalb 1 keV. (Bei einer Temperatur von $1.16 \cdot 10^4$ K ist die mittlere Energie der Teilchen gerade 1 eV.) Temperaturen dieser Größenordnung sind an der Oberfläche von Neutronensternen (s. S. 429) zu erwarten. Man scheint in jüngster Zeit tatsächlich eine thermische Röntgenquelle von nur 10 km Ausdehnung, also von der Größe eines Neutronensternes nachgewiesen zu haben.

d) Zerfall von π°-Mesonen. Durch Zerfall von π°-Mesonen in zwei Gammaquanten entsteht ein Energiespektrum der Strahlung, das die Form einer breiten Spektrallinie im Bereich von 68 MeV hat. Die π°-Mesonen ihrerseits entstehen durch Wechselwirkung der kosmischen Strahlung mit interstellarer Materie, aber auch bei einer eventuellen Wechselwirkung von Materie und Antimaterie.

Punktquellen: Bis Ende 1070 waren rund 50 Röntgenpunktquellen bekannt. Sie häufen sich zum galaktischen Äquator, und auf diesem wieder in Richtung zum galaktischen Zentrum. Die Quellen gehören also vorwiegend unserem galaktischen System an. Ein Teil konnte mit anderen Objekten identifiziert werden:

Extragalaktische Röntgenquellen	Galaktische Röntgenquellen
M 87 E-Galaxie, Radioquelle	Sco X1
3C 273 Quasar	Tau A Crabnebel, Supernova 1054 (teilweise gepulst)
Cyg A Radiogalaxie	Cass A Supernova 1667 (Kepler)
Cen A Radiogalaxie	Supernova 1572 (Tycho)
	Cygnusbogen

Die Spektren vieler Punktquellen zeigen im niederenergetischen Bereich einen exponentiellen Abfall der Intensität mit der Photonenenergie. Ein solches Spektrum wäre für eine thermische Quelle von etwa $5 \cdot 10^7$ K zu erwarten. Oberhalb von etwa 50 keV verläuft das Spektrum flach. Die Intensität der Strahlung ist nicht immer konstant. Abgesehen von den Röntgenpulsen des Crabpulsars (Tau A) sind z. B. bei Sco X1 flare-artige Ausbrüche und bei den Cen X2 Nova-artiges Aufleuchten beobachtet worden. Man hat aus der Häufigkeit der Röntgenquellen in Verbindung mit ihrer zu erwartenden Lebensdauer, wie auch aufgrund der gemessenen Verhältnisse der Leuchtkräfte im Radio- und im Röntgenbereich geschlossen, daß die meisten Röntgenquellen keine Supernovaüberreste, sondern von anderer Natur sind.

Diffuse Strahlung: Die diffuse Strahlung, die man nachgewiesen hat, ist im Bereich 1 keV bis 100 keV weitgehend isotrop. Das Spektrum ist ein Potenzspektrum, vermutlich hervorgerufen durch den inversen Comptoneffekt relativistischer Elektronen mit der 3-K-Strahlung. Die Steilheit des Spektrums, d. h. die Größe des Exponenten in dem Potenzgesetz, paßt jedoch nicht gut zur Steilheit des Synchrotonspektrums im Radiowellenbereich, das durch die Synchrotonstrahlung der gleichen relativistischen Elektronen hervorgerufen wird. Die – im Gegensatz zur Radiostrahlung – hohe Isotropie der Röntgenstrahlung läßt vermuten, daß sie vorzugsweise aus dem extragalaktischen Raum stammt. Man muß jedoch, um den beobachteten Intensitäten gerecht zu werden, noch einen isotropen lokalen Anteil hinzufügen.
Im Bereich der Gammastrahlung gibt es zusätzlich zum isotropen Anteil, dessen Spektrum einigermaßen als Fortsetzung zum Spektrum der isotropen Röntgenstrahlung paßt, noch eine schwache anisotrope Komponente, die möglicherweise auf π°-Zerfälle zurückzuführen ist. Nach dieser Deutung würde diese Komponente der Zahl der von der kosmischen Strahlung erzeugten π-Mesonen, und damit der Verteilung der Dichte der interstellaren Materie in der galaktischen Scheibe folgen.

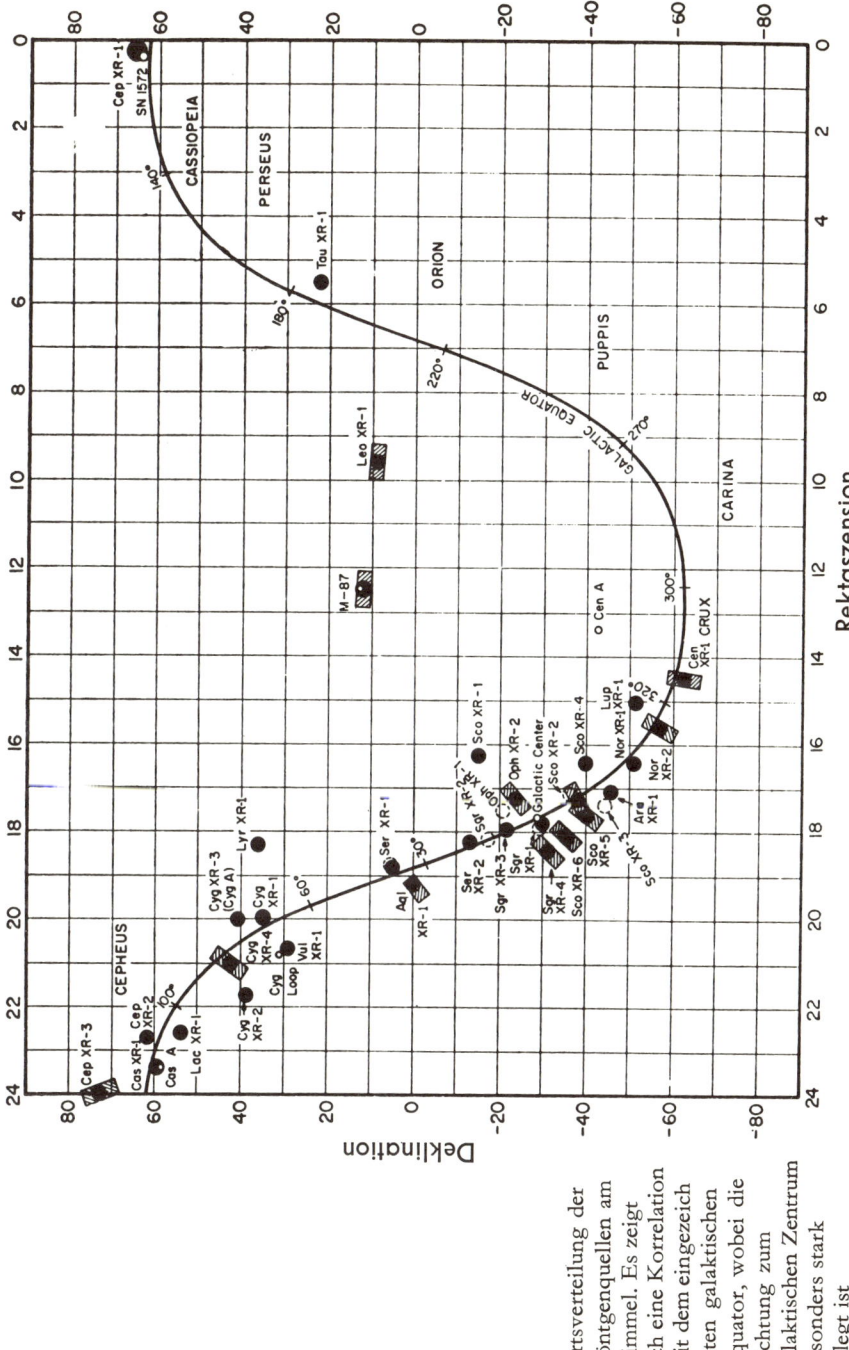

Ortsverteilung der Röntgenquellen am Himmel. Es zeigt sich eine Korrelation mit dem eingezeichneten galaktischen Äquator, wobei die Richtung zum galaktischen Zentrum besonders stark belegt ist

DIE WELT DER SPIRALNEBEL

Das Sternsystem unserer Milchstraße ist nur eines von unzählbar vielen. — Leider gibt es im Deutschen keinen einheitlichen und konsequenten Namen für diese Art von großen *Sternsystemen (engl.: galaxies)*. Oft werden sie zusammenfassend *Spiralnebel* genannt, obwohl dies nur für etwa 80% von ihnen zutrifft. Auch die Bezeichnung *extragalaktische Nebel* (außerhalb der Milchstraße gelegen) ist nicht ganz konsequent, da die Milchstraße selbst ein typischer Vertreter dieser Gattung ist. Vor allem sind es keine Nebel, sondern Systeme von Sternen (aber auch Kugelhaufen z. B. sind Sternsysteme). Gelegentlich werden sie auch *Galaxien* genannt (Einzahl: die Galaxis).

Die Bezeichnung Nebel rührt daher, daß man mit den älteren Fernrohren nur kleine, oft etwas verwaschene, neblige Gebilde sah. Übrigens vertrat der Philosoph Kant 1755 mit als einer der ersten die Meinung, daß es sich hierbei nicht um Gasnebel innerhalb der Milchstraße, sondern um ähnlich große, weit entfernte Sternsysteme handele. Aber erst 1926 konnte diese Frage endgültig entschieden werden, als es Hubble mit dem 2.5-m-Spiegel des Mount Wilson gelang, die äußeren Teile des Andromedanebels und einiger anderer Systeme in einzelne Sterne aufzulösen. Vor allem mit dem neuen 5-m-Spiegel des Mount Palomar ist seither bei einer sehr großen Anzahl von Sternsystemen die Beobachtung einzelner Sterne gelungen. Nur dadurch ließen sich auch die Entfernungen dieser Nebel bestimmen.

Auch die anderen helleren, uns von der Milchstraße her bekannten Objekte sind in den benachbarten Sternsystemen zu erkennen: offene Sternhaufen, Kugelhaufen, variable Sterne verschiedener Art, leuchtende Gasnebel, dunkle absorbierende Materie, Novae und Supernovae.

1. Typeneinteilung

Nach ihrem Anblick werden die extragalaktischen Nebel in die folgenden Typen und Unterklassen eingeteilt:

Typ		Unterklasse	
E	elliptische Nebel	E0	völlig rund
		E1	ganz schwach abgeplattet
		.	
		.	
		E7	sehr stark abgeplattet

Die zur Lokalen Gruppe gehörige elliptische Galaxie NGC 147, vom Typ E4, im Sternbild Cassiopeia. Wegen ihrer relativen Nähe ist sie auf dieser Aufnahme mit dem Hale-Teleskop in einzelne Sterne aufgelöst.

Typ		Unterklasse	
S	Spiralnebel	Sa	sehr großer Kern
		Sb	mittlerer Kern
		Sc	Kern nur schwach erkennbar
SB	Balkenspiralen	SBa	großer, balkenförmiger Kern, Arme fast ringförmig geschlossen
		SBb	stärker betonte Arme, schwacher Kern
		SBc	Arme S-förmig schwach gekrümmt, statt Kern nur leichte zentrale Verdickung
S0 SB0			Kern und äußere Form wie S bzw. SB, aber ohne Spiralstruktur und ohne absorbierende Materie
Ir	Irregulär		unregelmäßige Systeme, oft von wolkenartiger Struktur, meist mit viel Gas und Staub

Elliptische Nebel

Die elliptischen Nebel haben eine sehr steile Konzentration der Dichte zum Zentrum hin und gleichmäßigen Abfall nach außen. Sie zeigen keine inneren Strukturen. Sie enthalten kein oder nur wenig Gas und sind etwas röter als die Spiralnebel.

Die Unterklasse gibt den Grad der Abplattung an. Ist a die große Achse und b die kleine Achse, so bildet man (a—b)/a und rundet auf eine Dezimale. Dieser Wert bezeichnet dann die Unterklasse.

Beispiel:

$$\left.\begin{array}{l}\text{Große Achse}\quad a = 54 \\ \text{Kleine Achse}\quad b = 33\end{array}\right\} \; (a\text{—}b)/a = 21/54 = 0.389$$

$$\text{aufgerundet} = 0.4 \text{ gibt E4}$$

Die stärksten beobachteten Abplattungen sind etwa 3 : 1, also E7. Ist bei irgendeinem Nebel eine bestimmte Abplattung beobachtet worden, so ist seine wirkliche Abplattung größer oder gleich der beobachteten. Ihr genauer Wert ist nicht bekannt, da wir nicht den Neigungswinkel der Ebene des Nebels gegen unsere Blickrichtung kennen. Zum Beispiel könnte ein als rund beobachteter Nebel in Wirklichkeit eine ganz flache Scheibe sein, die wir zufällig genau von oben her sehen. Dagegen kann ein Nebel in Wirklichkeit nicht „runder" sein, als wir ihn sehen. — Statistische Untersuchungen ergeben, daß die in Wirklichkeit runden Nebel nur sehr selten sind.

Die elliptischen Nebel sind den Kugelhaufen und auch den Kernen der Spiral-nebel sehr verwandt, nur sind sie beträchtlich größer. Die runden Nebel sind im Mittel etwas kleiner, die abgeplatteten Nebel sind jedoch ebenso groß wie die Spiralnebel.

Spiralnebel

Etwa 80% aller extragalaktischen Nebel sind Spiralnebel. Reichlich $2/3$ davon sind gewöhnliche Spiralnebel (Typ S), und knapp $1/3$ sind Balkenspiralen (Typ SB). Sie sind in die Unterklassen a, b, c eingeteilt.

Die Nebel vom Typ S besitzen einen hellen, nur schwach abgeplatteten Kern, der beim Typ Sa schon fast den ganzen Nebel darstellt, bei Sb etwa halb so groß ist und bei Sc fast verschwindet. Der Kern enthält alte Sterne (siehe S. 608) und kein oder wenig Gas. Die Dichte nimmt zum Zentrum des Kernes steil zu.

Je schwächer der Kern ist, um so stärker tritt die Scheibe des Nebels in Erschei-nung. In der Scheibe liegen die Spiralarme, die oft schon dicht am Kern an-setzen und sich nach außen winden, etwa in Form einer logarithmischen Spirale. Relativ oft sind zwei große Arme vorhanden, die etwa symmetrisch zueinander liegen. In manchen Fällen erstreckt sich ein Arm über mehr als einen vollen Umlauf. Bei vielen Nebeln sieht man dagegen eine größere An-zahl kleinerer Arme, die kürzer und enger gewunden sind und ein mehr rosettenförmiges Aussehen ergeben; vermutlich gehört auch unsere Milch-straße zu diesem Typ.

In den Armen sieht man eine große Anzahl sehr heller (junger) Sterne, leuch-tende Gasnebel und Streifen dunkler, absorbierender Materie. Die Arme haben nur selten eine glatte Form, meist sind sie unregelmäßig gestaltet wie lang-gestreckte Wolken.

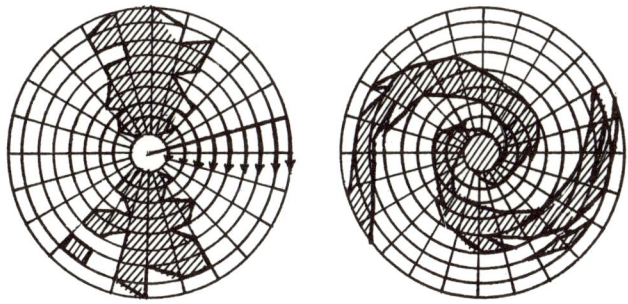

Die Entstehung von Spiralarmen (nach v. Weizsäcker). Durch Turbulenz entstandene, wolkige Ballungen (links) werden durch die Rotation spiralig auseinandergezogen (rechts). Die Länge der Pfeile (links) gibt den Verlauf der Rotationsgeschwindigkeit an.

Die mit bloßem Auge gut erkennbaren, zur Lokalen Gruppe gehörenden Magellanschen Wolken. Die Kleine Magellansche Wolke ist als irreguläres System anzusprechen. Auf der obigen Aufnahme rechts neben dem System der nicht zur Wolke gehörige Kugelsternhaufen NGC 104 = 47 Tucanae.

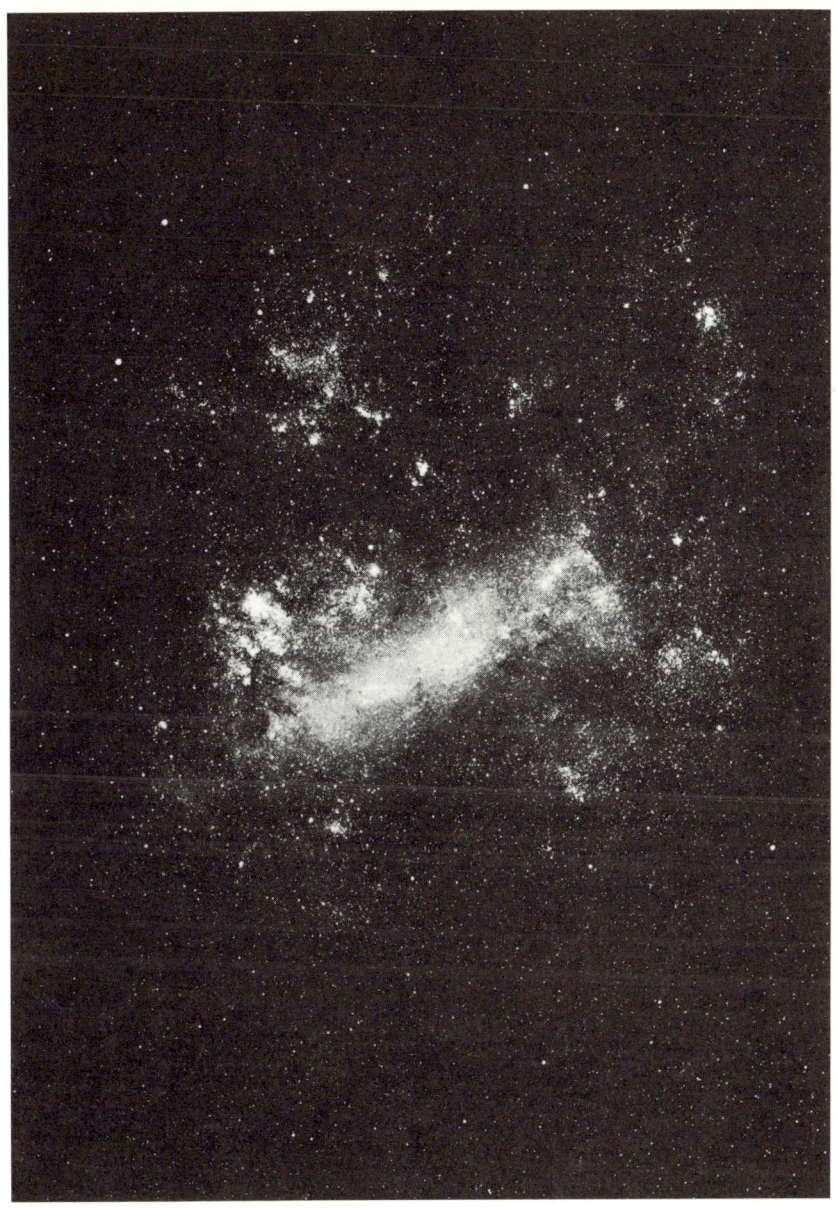

Die beiden Magellanschen Wolken bilden zusammen ein physisches System. In bei Galaxien kann man, wegen ihren relativ geringen Entfernungen, alle auch im Milchstraßensystem vorkommenden Objektarten in großer Zahl feststellen. Aufnahmen mit dem 25-cm-Metcalf-Refraktor des Boyden-Observatoriums.

Die Ansichten über die Entstehung der Spiralarme haben sich in jüngster Zeit gewandelt. Während man diese Erscheinung früher primär als Folge der turbulenten Strömungen des interstellaren Gases in Verbindung mit der differentiellen Rotation (innen schneller als außen, s. S. 597) der Galaxie zu verstehen suchte (s. Abbildung auf S. 609), scheint sich jetzt die Ansicht durchzusetzen, daß es sich hier vorwiegend um eine Erscheinung der Stellardynamik handelt.

Man kann zeigen, daß die Verteilung der Sterne, die um ein gemeinsames Massenzentrum gleichsinnig umlaufen, in der Scheibe nicht gleichförmig zu sein braucht, wenn man die wechselseitigen Anziehungen der Sterne in den Rechnungen mit berücksichtigt. Es erscheint insbesondere möglich, daß – wegen der Symmetrie des Systems und der gleichsinnigen Rotation – Dichtestörungen vom Spiraltyp besonders leicht auftreten können. Allerdings ist es bisher nicht gelungen, diese vorzugsweise von *Lin* vertretene Theorie im Sinne einer Störungstheorie wirklich durchzuführen und beispielsweise die Anwachsraten für verschiedene Störungstypen wirklich zu berechnen.

Geht man aber von diesen Vorstellungen aus, so hat man auch anzunehmen, daß das Gravitationsfeld der Galaxie eine Störung von spiraliger Struktur hat, und daß diese sich dann in der Verteilung des interstellaren Gases besonders stark bemerkbar macht. Die starke Bevorzugung der Bereiche mit niedrigstem Gravitationspotential durch das Gas, die ja auch ihren Ausdruck in der Tatsache findet, daß das interstellare Gas in unserer Galaxie ein besonders flaches System bildet (s. S. 512), rührt von der starken Energiedissipation der turbulenten Strömungen her. Die höhere Gaskonzentration in den Armen macht diese dann zu Bereichen hoher Sternentstehungsraten und damit zu optisch auffälligen Gebilden.

Die Spiralarme stellen nur einen kleinen Teil der Masse der Scheibe dar, sie fallen nur so stark auf durch ihre vielen extrem hellen jungen Sterne und die von ihnen beleuchteten Gasnebel. Die weit größere Masse der älteren Sterne ist gleichmäßig über die Scheibe verteilt, hat jedoch ihre ehemals hellen Sterne inzwischen durch die Sternentwicklung wieder verloren (s. S. 563). — Ähnlich wie auch in der Umgebung der Sonne gehören die Sterne der Scheibe zur Population I.

Ähnlich wie die Milchstraße sind auch die anderen Spiralnebel von einem größer ausgedehnten, nur schwach abgeplatteten Halo umgeben, der aber nur bei den näheren Systemen beobachtbar ist. Man sieht dann viele Kugelhaufen (200 beim Andromedanebel), deren Sterne der Population II zugeordnet sind. sein gesamter Vorrat an Gas sich durch Sternentstehung verbraucht hat.

Die Spiralgalaxie NGC 7217 im Sternbild Pegasus. Aufnahme mit dem 200-inch-Hale-Teleskop.

Balkenspiralen

Bei den gewöhnlichen Spiralnebeln setzen die Arme dicht an einem fast runden Kern an und gehen stark gewunden von ihm ab. Demgegenüber besitzen die sogenannten Balkenspiralen in ihrem Zentrum einen nahezu geraden „Balken", der an seinen beiden Enden dünner und schwächer und in der Mitte heller und dicker ist. In manchen Fällen wirkt der ganze Balken wie ein einziger, langgestreckter Kern; in anderen Fällen hat man eher den Eindruck eines zusätzlichen Kernes im Zentrum, von dem genau gegenüberliegend zwei geradlinige Arme ausgehen.

Bei der Unterklasse SBa setzt an den Enden des Balkens je ein Spiralarm fast rechtwinklig an. Diese beiden Arme sind fast kreisförmig geschlossen. Beim Typ SBb öffnen sich die Arme ein wenig weiter, der Kern ist nur schwach ausgeprägt. Beim Typ SBc gehen Balken und Arme ohne Knick ineinander über, es entsteht die Form eines in der Mitte leicht verdickten, großen „S". — Über die innere Natur dieser Balkenspiralen läßt sich zur Zeit nicht viel aussagen.

Unregelmäßige Nebel

Die bisher besprochenen Nebel besitzen eine deutliche Symmetrieebene und das typische Aussehen einer Rotationsfigur. Diese Symmetrie fehlt bei einigen Nebeln völlig, daher nennt man sie „unregelmäßig" oder „irregulär" (Typ Ir). Sie besitzen auch keinen Kern, oft haben sie statt dessen viele regellos verteilte kleinere Verdichtungen. Zwei bekannte Beispiele sind die beiden Begleiter unserer Milchstraße, die Große und die Kleine Magellansche Wolke.

Die unregelmäßigen Nebel sind im Mittel nur etwa $\frac{1}{3}$ so groß wie die Spiralnebel, haben wolkenartige Struktur und besitzen oft viel Staub und Gas sowie junge Sterne.

Nebel vom Typ S0 und SB0

Eine geringere Anzahl von Nebeln haben die gleiche Form von Kern und Scheibe wie die Nebel vom Typ S oder SB, doch besitzen sie keine Spiralarme, keine dunklen Streifen absorbierender Materie und keine leuchtenden Gasnebel. Ihr Licht verteilt sich gleichmäßig über die Scheibe und nimmt nur von der Mitte zum Rand hin ab. Manchmal allerdings sieht man auch schwache, etwas hellere Ringe (mit dem Kern als Mittelpunkt) in größerem Abstand. Man bezeichnet diese Nebel als „S-null"- und „SB-null"-Nebel.

Das Fehlen von deutlichen Strukturen, von jungen Sternen und von interstellarem Gas legt die Vermutung nahe: So sieht ein Spiralnebel aus, nachdem sein gesamter Vorrat an Gas sich durch Sternentstehung verbraucht hat.

NGC 2841 im Sternbild Ursa Maior. Aufnahme mit dem Hale-Teleskop.

Die Häufigkeiten der einzelnen Typen

Genau lassen sich die Häufigkeiten schwer festlegen, vor allem bei größeren Entfernungen. Bei genau von der Kante her gesehenen Nebeln ist zwischen S und SB überhaupt nicht zu unterscheiden; bei entfernteren Nebeln ist oft die Unterscheidung zwischen E und S0 schwierig, manchmal auch die zwischen S0 und S. Die folgende Tabelle benutzt alle Nebel (795 Stück), die nördlich von $\delta = -30°$ liegen und die heller sind als $m_{phot} = 12.9$. Damit ist ein Raum von etwa 4000 kpc Radius erfaßt, mit Ausnahme der südlicher gelegenen Nebel und der galaktischen Absorptionszone.

Typ	Anzahl	%
E	113	14.2
S0	74	9.3
Sa	65	8.2
Sb	142	17.8
Sc	258	32.5
SB0	31	3.9
SBa	27	3.4
SBb	48	6.0
SBc	15	1.9
Ir	22	2.8

Typ	Anzahl
E0	22
1	22
2	19
3	14
4	11
5	10
6	6
7	6
8	3

Die nebenstehende Tabelle zeigt die Aufteilung der 113 elliptischen Nebel auf die einzelnen Unterklassen. Dies ist dann die Verteilung der scheinbaren Abplattungen, während in Wirklichkeit die runden Nebel sehr viel seltener sind (s. S. 608).

Zusammengefaßt ergeben sich die Häufigkeiten:

Typ	%
E	14.2
S0 + SB0	13.2
S(abc)	58.5
SB(abc)	11.3
Ir	2.8

NGC 3031, bekannter unter der Messier-Bezeichnung M 81, eine Spiralgalaxie vom Typ Sb.

Die Häufigkeit der unregelmäßigen Nebel mag hier stark unterschätzt sein, da nur die helleren Nebel gezählt wurden. In unserer direkten Umgebung, in der lokalen Gruppe (s. S. 640), sind von 16 Nebeln 4 unregelmäßig.

2. Entfernungen

Die Entfernungen der extragalaktischen Nebel sind noch immer recht unsicher. Man kann zwar mit guter Gewißheit sagen, daß ein bestimmter Nebel z. B. fünfmal weiter ist als ein anderer, dagegen mag die gemessene Entfernung selbst noch um einen Faktor 2 falsch sein. Mit anderen Worten: Die relativen Entfernungen sind oft recht genau bekannt, aber die Entfernungsskala ist unsicher. — Als ein Beispiel nennen wir die angenommene Entfernung des Andromedanebels für vier verschiedene Jahreszahlen, nach dem jeweils neuesten Stand:

$$
\begin{array}{ll}
1936 & 230 \text{ Kpc} \\
1950 & 440 \text{ Kpc} \\
1956 & 710 \text{ Kpc} \\
1965 & 692 \text{ Kpc}
\end{array}
$$

Zur Bestimmung der Entfernungen unterscheidet man zwei Gruppen von Methoden: a) Bei näheren Nebeln, deren Auflösung in einzelne Objekte noch gelingt (hellste Sterne, Kugelhaufen usw.), kann man aus der scheinbaren Helligkeit dieser Objekte deren Entfernung bestimmen, falls die absoluten Helligkeiten bekannt sind. b) Bei den weitesten Nebeln sind keine einzelnen Objekte aufzulösen, hier kann man die Entfernung nur aus integralen Eigenschaften (des Nebels als Ganzes) abschätzen.

Einzelne Objekte bekannter Helligkeit

δ-Cephei-Sterne (M = —1 bis —5; s. S. 412): Ist die Periode eines solchen variablen Sternes beobachtet, so erhält man aus der Periode-Leuchtkraft-Beziehung seine absolute Helligkeit. In etwa 15 Nebeln sind δ-Cephei-Sterne bekannt, im Andromedanebel allein 40 Stück. — Diese Methode wäre eigentlich die genaueste, doch hat gerade die hierauf gegründete Entfernungsskala in den letzten Jahren einige Male verbessert werden müssen. Die Cepheiden sind seltene Sterne, daher finden sich keine in der Nähe der Sonne, und daher ist die Eichung der Skala schwierig.

Hellste O- und B-Sterne (M ≈ —6.3: s. S. 377): Diese absolut hellsten Sterne konnten bisher in über 100 Nebeln aufgelöst werden. Ihre absoluten Helligkeiten streuen jedoch stark.

NGC 2403, eine unserem Sternsystem relativ nahe Spiralgalaxie, deren Spiralarme auf dieser Aufnahme mit dem Hale-Teleskop in einzelne Sternwolken aufgelöst sind; Typ Sc.

Kugelhaufen (M ≈ —6.8; s. S. 489): Kugelhaufen sind anscheinend in allen Typen extragalaktischer Nebel vorhanden. Beim Andromedanebel sind z. B. 200 Kugelhaufen bekannt, bei M 33 sind es 15, und 6 bei M 101.

Novae: Bisher wurden weit über hundert Novae in extragalaktischen Systemen beobachtet, und zwar meist im Kerngebiet der Nebel. Sehr groß ist die Häufigkeit im Andromedanebel, etwa 30 pro Jahr. In den meisten Nebeln ist die Häufigkeit geringer. Die absolute Helligkeit der Novae streut stark und läßt sich nur dann einigermaßen genau angeben, wenn ein längerer Teil der Lichtkurve beobachtet werden konnte.

Supernovae: Die bisher beobachteten Supernovae, fast hundert, wurden meist in Sc- und SBc-Spiralen gefunden. Man schätzt ihre Häufigkeit auf etwa eine Supernova pro Sternsystem in 30–50 Jahren. Die absolute Helligkeit dieser Objekte streut stark (s. S. 420).

Entfernungsbestimmung mit Objekten bekannter Helligkeit

Objekt	abs. Helligkeit [Mvis]	Reichweite [Mpc]
RR-Lyrae-Sterne	(+ 0.6)	0.2
Hellste Sterne der Kugelsternhaufen ...	— 2.8 bis — 1.9	1
Klassische Cepheiden	— 7 bis — 2	2
Novae	— 9 bis — 6	4
Hellste O- und B-Sterne	(— 9)	15
Kugelsternhaufen	— 10 bis — 5	15
Supernovae	— 20 bis — 15	100
Hellste Mitglieder von Galaxienhaufen .	— 22 bis — 20	500

Die Reichweite der einzelnen Methoden ist verschieden. Die δ-Cephei-Sterne sind nur innerhalb der lokalen Gruppe zu beobachten. Die hellsten Sterne, Kugelhaufen und Novae sind zu beobachten, solange überhaupt noch eine Auflösung in einzelne Objekte möglich ist, d. h. bis über 1000 kpc. Die Supernovae sind oft ebenso hell wie der ganze Nebel, in dem sie stehen. Sie wären daher in jeder Entfernung zu sehen, in der überhaupt noch Nebel beobachtet werden können, doch leider sind die Supernovae recht selten.

Die Unsicherheit dieser Methoden beruht erstens auf der Unsicherheit der mittleren absoluten Helligkeiten der benutzten Objekte, zweitens auf der Streuung dieser Helligkeiten im Einzelfall, drittens auf der Absorption sowohl innerhalb der Milchstraße als auch innerhalb des untersuchten Nebels. Man rechnet mit Mittelwerten für die Absorption, doch ist die absorbierende interstellare Materie sehr ungleichmäßig verteilt.

Integrale Eigenschaften der Nebel

Ist ein Nebel so weit entfernt, daß er nicht mehr in einzelne Objekte auf-gelöst werden kann, so muß der Nebel als Ganzes (integral) betrachtet werden. Eine Abschätzung der Entfernung ist möglich aus dem *scheinbaren Durch-messer*, der *scheinbaren Helligkeit* und der *Radialgeschwindigkeit*. — Diese Methoden müssen zuvor an möglichst vielen Nebeln geeicht werden, deren Entfernungen aus aufgelösten Einzelobjekten bereits bekannt sind.

Das Hubblesche Klassifikationsschema der Galaxien wurde von S. van den Bergh erweitert und mit einer Leuchtkraft-Klassifikation verbunden. Dabei ordnete er die einzelnen Galaxientypen in Leuchtkraftklassen, die die gleichen Bezeichnungen und Bedeutungen erhielten wie sie bei Sternen in Gebrauch sind (s. S. 359). Mit römischen Ziffern werden benannt: I Überriesen-, II helle Riesen-, III Riesen-, IV Unterriesen- und V Zwerg-Galaxien.

Die Hubble-Nebeltypen können in folgenden Leuchtkraftklassen vorkommen:

Leuchtkraft-klasse	Hubble-Typ				abs. Helligkeit $[M_{ph}]$
I		Sb	Sc		$-20.5 < M < -19.5$
II		Sb	Sc		$-19.5 < M < -18.5$
III	E — Sa —	Sb —	Sc —	Ir	$-18.5 < M < -17.5$
IV		S		Ir	$-17.5 < M < -16.5$
V		S		Ir	$-16.5 < M < -15.5$

Durchmesser. Die Entfernung eines Nebels läßt sich angeben, sobald man seinen scheinbaren Durchmesser (in Bogenminuten) beobachtet hat und sein absoluter Durchmesser (in kpc) bekannt ist. — Bei den näheren Nebeln, deren Entfer-nungen bekannt sind, wurden die mittleren absoluten Durchmesser für ver-schiedene Typen von Nebeln abgeleitet (s. S. 639). Zwischen dem absoluten Durchmesser D (in Parsec), dem scheinbaren Durchmesser d (in Bogenminu-ten) und der gesuchten Entfernung r (in Parsec) besteht dann die Beziehung:

$$r = 3440 \, \frac{D}{d'} \, .$$

Helligkeit. Ist die absolute Helligkeit *M* eines Nebels bekannt, so läßt sich seine Entfernung r (in Parsec) aus der beobachteten scheinbaren Helligkeit *m* bestimmen:

$$\log r = 1 + \frac{m - M}{5} \, .$$

Für die absoluten Helligkeiten benutzt man wiederum Mittelwerte, die aus den näheren Nebeln bekannter Entfernung gewonnen wurden.

Radialgeschwindigkeit

Wegen der „Expansion der Welt" (s. S. 647) ist die von uns weggerichtete Radialgeschwindigkeit eines Nebels um so größer, je weiter er entfernt ist. Aus der beobachteten Radialgeschwindigkeit V eines Nebels (in km/sec) läßt sich daher seine Entfernung r (in Parsec) bestimmen:

$$r = \frac{V}{H},$$

wobei H die *Hubblesche Konstante* ist. Der Wert der Konstanten ist vorher mit Hilfe vieler Nebel zu bestimmen, deren Entfernungen nach den anderen Methoden gewonnen worden sind.

Die Reichweite bei der Benutzung von Durchmesser und Helligkeit erstreckt sich fast bis zu den fernsten Nebeln, die überhaupt noch beobachtet werden können; sie wird dann jedoch recht unsicher. — Radialgeschwindigkeiten sind gemessen worden bis zu Nebeln einer photographischen Helligkeit von reichlich 19 Größenklassen; nach der Entfernungsskala von 1958 sind diese Nebel $8 \cdot 10^8$ pc entfernt, das sind 2.6 Milliarden Lichtjahre.

Die Unsicherheit bei Durchmesser und Helligkeit ist äußerst groß, wenn es sich um die Entfernung einzelner Nebel handelt. Besser läßt sich die Entfernung von Nebelgruppen oder Nebelhaufen bestimmen, da man hier über eine größere Anzahl mitteln kann. — Bei den Radialgeschwindigkeiten wächst die Unsicherheit für nahe und für fernste Nebel: Einerseits besitzen die Nebel eine Streuung der Geschwindigkeit, zusätzlich zu der linearen „Expansion der Welt", von etwa $\pm$ 150 km/sec bei Einzelnebeln und bis über 700 km/sec bei Nebeln in größeren Nebelhaufen. Die Methode läßt sich nur anwenden, wenn die Streuung weit kleiner ist, als die systematische Expansion, und das ist erst für größere Entfernungen als etwa $8 \cdot 10^6$ pc = 26 Millionen Lichtjahre der Fall. — Andererseits wissen wir bei den größten Entfernungen nicht, ob hier der Zusammenhang zwischen Entfernung und Geschwindigkeit noch immer linear ist (s. S. 663), so daß die Methode oberhalb von etwa einer Milliarde Lichtjahren wieder unsicherer wird.

3. Rotation und Masse

Bei einer Anzahl der näheren Spiralnebel ist es möglich, die Radialgeschwindigkeiten an einzelnen Punkten in verschiedenen Abständen vom Zentrum der Galaxie entweder im optischen wie gelegentlich auch im radioastronomischen

Eine Gruppe von mehreren Galaxien im Sternbild Leo. Auf dieser Aufnahme rechts oben NGC 3185, eine Balkenspirale vom Typ SBa, eine weitere Balkenspirale oben links, die als SBc-Typ anzusprechende Galaxie NGC 3187, zur Bildmitte hin die Sb-Galaxie NGC 3190, darunter links die elliptische Galaxie NGC 3193 vom Typ E2.

Spektralbereich (21-cm-Linie) zu messen. Durch die Unterschiede dieser Radialgeschwindigkeiten erhält man die Rotation des Nebels, aus der Rotation die Zentrifugalkraft und damit auch die Größe der zum Zentrum ziehenden Gravitationskraft, von der man voraussetzt, daß sie der Zentrifugalkraft das Gleichgewicht hält. So findet man die Masse des Spiralnebels.

Bei elliptischen Nebeln versagt dieses Verfahren. Hier kann man jedoch aus der Breite der Spektrallinien in den integrierten Spektren (s. S. 396), zu denen das Licht vieler Sterne beiträgt, auf die Größe der ungeordneten Geschwindigkeiten der einzelnen Sterne schließen und hieraus ebenfalls die Gravitationskraft der Gesamtgalaxie und damit ihre Masse berechnen.

Nach einer anderen Methode mißt man die verschiedenen Radialgeschwindigkeiten der einzelnen Nebel eines größeren Nebelhaufens. Nimmt man an, daß der Haufen im Gleichgewicht ist (sich im Mittel weder verkleinert noch vergrößert), so kann man aus dieser Streuung der Geschwindigkeiten die gesamte Masse des Haufens berechnen. Dividiert durch die Anzahl der Nebel erhält man damit die mittlere Masse eines Nebels. Diese Methode ergibt größere Massen; der Unterschied kann drei Gründe haben: 1. Bei der ersten Methode liegt noch viel Masse außerhalb der Meßpunkte der Rotation; 2. die Nebelhaufen enthalten nicht nur Sternsysteme (Nebel), sondern einen großen Teil an „intergalaktischer" Materie zwischen den Nebeln; 3. einige der untersuchten Nebelhaufen sind nicht im Gleichgewicht, sondern dehnen sich aus. – Alle drei Gründe könnten gleichzeitig ihren Beitrag liefern, doch ist diese Frage noch nicht geklärt.

Es zeigt sich, daß die Massen der Galaxien über mehrere Zehnerpotenzen streuen. Dies gilt besonders für die elliptischen Galaxien, deren hellste im Bereich zwischen 10^{11} und 10^{12} Sonnenmassen liegen. Andererseits gibt es aber auch Zwerg-E-Galaxien mit weniger als 10^9 Sonnenmassen. Bei den Spiralgalaxien ist ein loser Zusammenhang zwischen Typ und Masse erkennbar. Er ist von der Art, daß – bei einer breiten Streuung der Einzelwerte – die Massen vom Typ Sa, Sb (etwa 10^{11} Sonnenmassen) über Sc (etwa 10^{10} Sonnenmassen) zu den irregulären Typen (10^9–10^{10} Sonnenmassen) abnehmen. Balkenspiralsysteme verhalten sich entsprechend. Alle Massenangaben sind von nur geringer Genauigkeit.

4. Masse-Leuchtkraft-Verhältnis, integrierte Spektren und Sternpopulationen

Einen interessanten Aufschluß über die Natur der in Galaxien vorkommenden Sterne erhält man durch das Masse-Leuchtkraft-Verhältnis $\mathfrak{M}/L$, also wenn man die gesamte Masse $\mathfrak{M}$ einer Galaxie durch ihre gesamte Leuchtkraft L teilt. Das Resultat wird üblicherweise in Sonneneinheiten angegeben. Wie

NGC 4594 = M 104, im südlichen Bereich des Sternbilds Virgo, zum südlichen Teil des großen Virgo-Galaxienhaufens gehörig. Wegen ihres Aussehens wurde diese Galaxie auch „Sombrero-Nebel" genannt. Der weitreichende Kern wird von einer Scheibe aus Stern- und Dunkelwolken umgeben, deren Ebene nur etwa 6° gegen die Sichtlinie geneigt ist. Der Außenrand der Scheibe wird durch ein schmales Absorptionsband begrenzt, das sich auf den hellen Kern und das Halo projiziert. Da wegen der Lage der Gesichtslinie keine Spiralstruktur sichtbar ist, kann nur bedingt der Typ als Sa-Spiralgalaxie genannt werden.

aus der Tabelle auf S. 626 hervorgeht, nimmt dieses Verhältnis vom Wert 80 für E-Galaxien auf etwa 3 für irreguläre Galaxien ab. Andere Autoren finden in neueren Untersuchungen eine Abnahme von etwa 20–30 für die Typen E0, S0 auf 1 für den Typ Irr I. Die Diskrepanz zwischen diesen Werten und denen in den Tabellen geht fast ausschließlich auf das Konto der Massenbestimmungen. Sie ist geeignet, deren Ungenauigkeit zu demonstrieren.

Werte für Farbe, Spektrum und Masse-Leuchtkraft-Verhältnis
der Hubble-Nebeltypen

Typ	Farbenindex B − V	Spektrum der Kernregion	Masse/Leuchtkraft $[M_\odot/L_\odot]$
E	0.9	G4	80
S0	0.9	G3	50
Sa	0.9	G2	30
Sb	0.8	G0	20
Sc	0.6	F6	10
Ir	0.5		3

Abgesehen vom Gang mit dem Typ der Galaxie gibt es eine Abhängigkeit dieses Verhältnisses von der Leuchtkraft selber in dem Sinne, daß $\mathfrak{M}/L$ mit der Leuchtkraft der Galaxie abnimmt. Während für die hellsten E-Galaxien $\mathfrak{M}/L$ zu etwa 30 bestimmt wurde, fand man für mittlere E-Galaxien den Wert 10 und für sogenannte Zwerg-E-Galaxien sogar nur den Wert 1. Es ist also so, daß bei Galaxien geringer Leuchtkraft diese, bezogen auf die Masse, besonders groß ist. Auch bei den Spiraltypen gibt es einen ähnlichen Effekt. Schließlich ist das Verhältnis $\mathfrak{M}/L$ auch innerhalb einer einzelnen Galaxie variabel. Soweit man dies feststellen konnte, scheint es von hohen Werten im Kern der Galaxie mit zunehmendem Kernabstand auf niedrigere Werte abzusinken. Zum Vergleich: In unserem Milchstraßensystem ist in der Sonnenumgebung das Verhältnis $\mathfrak{M}/L$ etwa 4.

Wie in der obigen Tabelle dargestellt, steht das Masse-Leuchtkraft-Verhältnis in direkter Beziehung zu den Farbindices, etwa B-V (s. S. 360) oder zum Spektraltyp (s. S. 351). Es sei betont, daß es sich hier nicht um den Spektraltyp eines einzelnen Sternes handelt, sondern um das Spektrum einer ganzen Galaxie. Zu dem in diesem „integrierten Spektrum" analysierten Licht haben also zahllose Sterne der verschiedensten Spektraltypen beigetragen. In der Regel wird hierbei, wegen ihrer größeren Flächenhelligkeit, das Kerngebiet besonders bevorzugt. Entsprechendes gilt natürlich auch für den Farbindex, der bekanntlich ein Maß für die Energieverteilung im Spektrum dar-

Die wegen ihrer Spindelform, ihrem ausgeprägten Kern und dem darüber laufenden Absorptionsband bekannte Galaxie NGC 4565, im Sternbild Coma Berenice, wahrscheinlich vom Typ Sb. Die Hauptebene der Galaxie ist nur etwa 4° gegen die Sichtlinie geneigt.

stellt. Hier ist es durch die photoelektrischen Meßverfahren einfacher, das gesamte Licht der Galaxie zu erfassen.

Der integrierte Spektraltyp wird, wie man sich leicht vorstellen kann, um so früher sein, der Farbindex um so kleiner, je mehr in der Strahlung der Galaxie der Anteil der Strahlung von Sternen frühen Spektraltyps dominiert. Da diese Sterne ein besonders kleines Masse-Leuchtkraft-Verhältnis (s. S. 626) haben, wird bei einem hohen Anteil ihrer Strahlung auch das Masse-Leucht-kraft-Verhältnis der Galaxie klein werden. Man kann, in Umkehrung dieser Überlegungen, aus den gemessenen $\mathfrak{M}$/L-Werten, aus den Farbindizes und den Linienstärken in den integrierten Spektren Rückschlüsse auf die Sternen-mischung ziehen, d. h. letztlich die Populationen bestimmen. Dabei sind erheb-liche Schwierigkeiten zu überwinden, und man kommt nicht immer zu ein-deutigen Resultaten.

Es zeigt sich, daß die erhaltenen Lösungen nicht in das eindimensionale Klassi-fikationsschema Pop I–Pop II passen. Dieses Schema ist offensichtlich zu eng, man muß die Sternpopulationen nach mehreren Parametern, zumindest nach den beiden folgenden klassifizieren: einmal nach der Häufigkeit der schwe-ren Elemente (der Metalle), zum anderen nach dem Alter. Die Einteilung nach der Metallhäufigkeit entspricht noch am ehesten dem alten Schema Pop I–Pop II. Die Einteilung nach dem Alter ist nur für die Population I (hohe Metallhäufigkeit) von Bedeutung. Alle Sterne der Population II (nied-rige Metallhäufigkeit) sind alt, und zwar nahezu gleich alt. Sie sind die Sterne der ersten Generation, in deren Material die schweren Elemente noch nicht angereichert sind (s. S. 553).

Der Anteil dieser Pop II Sterne am Aufbau der Galaxien (aller Typen) scheint relativ gering zu sein. Aus der Stärke der Linien in den integrierten Spektren muß man schließen, daß die Galaxien (auch die E-Galaxien) vorwiegend aus Sternen der alten Population I (hohe Metallhäufigkeit) bestehen. Dieser alten Population I ist in den Scheiben und insbesondere in den Armen der Spiralgalaxien ein Anteil junger Population I-Sterne beigemischt. Sie sind nur in den Bereichen zu finden, in denen auch interstellares Gas vorkommt. Während sich also die E-Galaxien und die Kerne der Spiralgalaxien aus Ster-nen der alten Pop I zusammensetzen, bestehen die Scheiben und die Spiral-arme der S- und der SB-Galaxien und auch die irregulären Galaxien vom Typ I vorwiegend aus jüngerer Population I.

Dieses Bild ist mit Vorstellungen über die Entwicklung von Galaxien verträg-lich. Es ist insbesondere verständlich, daß die Sterne der Population II, die sich als erste zu einer Zeit gebildet haben, als die Galaxie sich noch in der Kontraktionsphase befand und noch nicht so stark abgeplattet war, ein nicht so flaches System bilden, wie wir es von den späteren Sterngenerationen kennen.

Es ist allerdings noch völlig unklar, ob und inwieweit in diese Überlegungen die Erscheinungen der Aktivität in Kernen von Galaxien (s. S. 631) einbezogen werden müssen.

5. Radiogalaxien

Unser Wissen über Galaxien ist in den letzten Jahrzehnten durch die Radioastronomie grundlegend vermehrt und verändert worden. 1946 entdeckte Hey die erste Punktquelle von kosmischer Radiostrahlung, einen „Radiostern", der die Bezeichnung Cygnus A erhielt. 1952 identifizierten Baade und Minkowski diese Radioquelle mit einer Galaxie, die auch andere auffällige Eigenschaften aufwies. Man hat seitdem sehr viele Radioquellen mit Galaxien, oder allgemeiner, mit extragalaktischen Objekten identifizieren können, und man ist sicher, daß nur ein kleiner Teil der diskreten Radioquellen, etwa als Überreste von Supernovae in unserem Milchstraßensystem liegen.

Jede normale Galaxie, wie auch unser Milchstraßensystem, emittiert Radiostrahlung, die nicht-thermischen Ursprungs ist und die meist durch die Synchrotronstrahlung schneller Elektronen in kosmischen Magnetfeldern entsteht. Verglichen mit der thermischen Strahlung (im Ultraviolett, Sichtbaren und Infrarot) aller Sterne einer normalen Galaxie (einige 10^{36} Watt) ist ihre Radiostrahlung gering (einige 10^{32} Watt). Diese Radiostrahlung ist deswegen auch nur für relativ nahe Objekte beobachtbar. Bei Radiogalaxien dagegen liegt die Strahlungsleistung im Radiowellenbereich zwischen 10^{33} und 10^{38} Watt. Sie kann also die thermische Strahlung um Größenordnungen übersteigen.

Daß diese ungeheuren Energien durch nicht-thermische Prozesse abgestrahlt werden, ergibt sich, abgesehen von den beobachteten Polarisationen, auch aus der Verteilung der Intensitäten über die Frequenzen, also aus dem Intensitätsspektrum. Es zeigt sich, daß dieses Spektrum in der Regel durch einen Potenzansatz

$$I(\nu) \propto \nu^{-\alpha}$$

gut dargestellt werden kann. Bei thermischer Strahlung müßte bei nicht zu kleinen Temperaturen im Radiobereich die Intensität entweder unabhängig von der Frequenz ν sein (optisch dünne Quelle) oder aber mit ν wachsen. Der Exponent α, der Spektralindex, wäre dann also negativ. Die Beobachtung zeigt jedoch eindeutig, daß der Spektralindex in allen Fällen positiv ist und zwischen etwa 0.2 und 1.0 liegt. Genau ein solches Verhalten muß man aber für die Synchrotronstrahlung schneller Elektronen erwarten, wenn die Energieverteilung der Elektronen ebenfalls einem Potenzgesetz genügt

$$N(E) \propto E^{-\gamma}.$$

Ein derartiges Potenzgesetz ist aber aus der Beobachtung der kosmischen Ultrastrahlung (allerdings nur in unserer eigenen Galaxie) abgeleitet worden. Zwischen dem Exponenten γ und dem Spektralindex α besteht folgender einfacher Zusammenhang

$$\gamma = 2\,\alpha + 1.$$

Mit dieser Kenntnis sind wir in der Lage, aus der Leuchtkraft und der linearen Ausdehnung der Quelle, gegeben durch Winkelausdehnung und Entfernung, den Energieinhalt zu berechnen, d. h. die Summe aus den Bewegungsenergien aller schnellen Teilchen und der im Magnetfeld gespeicherten Energie. Man benutzt hierbei die Theorie der Synchrotronstrahlung und macht ferner die Annahme, daß die Energien sich so auf Teilchen und Magnetfeld verteilen, daß der Gesamtenergieinhalt so klein wie möglich wird. Die so erhaltenen Minimalbeträge der Energie liegen zwischen etwa 10^{48} und einigen 10^{53} Wattsekunden und kommen damit schon in die Nähe der gesamten verfügbaren Kernenergie einer Galaxie, die etwa 10^{56} Wattsekunden beträgt. Eine einfache Energiebilanz, nämlich der Vergleich von Energievorrat mit der Abstrahlung, ergibt, daß Radiogalaxien relativ kurzlebig sein müssen (unter der Voraussetzung, daß es keine kontinuierliche Energienachlieferung gibt). Die Lebensdauer einer starken Radiogalaxie wäre nur etwa 10^7 Jahre und damit rund das 10^{-4}fache des Alters des Kosmos. Um den gleichen Faktor etwa sind Radiogalaxien seltener als normale Galaxien. So liegt der Gedanke nahe, daß die Eigenschaft, Radiogalaxie zu sein, als eine spezielle, möglicherweise rekurrente Entwicklungsphase vieler, vielleicht sogar aller Galaxien anzusehen ist.

Die mit Radioteleskopen hoher Auflösung beobachteten Strukturen der Radiogalaxien sind von großer Vielfalt. In etwa 30 Prozent aller Fälle liegt die Quelle zentrisch im oder um den Kern des optischen Bildes der Galaxie. Am häufigsten sind dagegen Doppelquellen (über 50 Prozent aller Fälle), bei denen die Bereiche, aus welchen die Radiostrahlung kommt, meist symmetrisch zu dem optischen Bild der Galaxie liegen. Die Abstände können weniger als eine Bogenminute, aber auch mehrere Grad betragen. Im linearen Maßstab sind die Durchmesser der beiden Quellen etwa 5–20 Kpc, während ihr gegenseitiger Abstand bei rund 100 Kpc liegt. Auch mehrfache Doppelstrukturen sind beobachtet.

Vielleicht kann der Strahl (Jet), wie er aus dem Kern von M 87 = Virgo A herausschießt und der im optischen wie auch im Radiobereich nicht-thermische Strahlung emittiert, als Vorstufe zu einer derartigen Doppelquelle angesehen werden. Dafür, daß heftige Ereignisse in den Kernen von Galaxien die Ursache solcher „Jets" sein können, gibt die Galaxie M 82 (Typ Irr II) ein dramatisches Beispiel (siehe Abb. S. 637). Die Radioquelle liegt hier im Kern der Galaxie. Die nach oben und unten austretenden Gasstrahlen haben, wie Dopplereffektmessungen an der Linie H_α ergaben, eine Geschwindigkeit von etwa 1 000 km/sec. Ihre Länge läßt darauf schließen, daß die heftige Aktivität vor etwa einer Million Jahre begonnen haben muß. Die wirkliche Ursache dieser Aktivität ist noch ungeklärt.

6. Kompakte Galaxien, N-Galaxien und Quasistellare Objekte

Wie im vorangehenden Abschnitt erwähnt, zeigen die in einigen Fällen beobachteten „Jets", daß im Zentrum der Galaxien, also im Bereich mit der höchsten Materiedichte, Prozesse ablaufen können, durch welche erhebliche Energiemengen freigesetzt werden. Das Interesse der Astronomen gilt daher besonders den Galaxien mit einer starken Massenkonzentration im Zentrum, den kompakten Galaxien, die an einem auffälligen Anstieg der Flächenhelligkeit zum Zentrum hin erkennbar sind. Nach ihrem Erscheinungsbild sind sie oft nur sehr schwer von einem Stern zu unterscheiden.

Es gibt in der Tat zwei Klassen von kompakten Galaxien, die Aktivität zeigen: die Seyfert-Galaxien und die N-Galaxien (N = Nucleus) mit Radioemission.

Bei den Seyfertgalaxien ist die Aktivität im optischen Spektralbereich erkennbar: Verbotene Linien des einfach und zweifach ionisierten Sauerstoffs, von Stickstoff, aber auch von Ne^{4+} und sogar Fe^{6+} erscheinen in Emission und deuten auf sehr wirksame Ionisations- und Anregungsprozesse hin. Daneben werden auch Wasserstofflinien emittiert. Die große beobachtete Breite der Linien kann nur von Dopplerverschiebungen aufgrund ungeordneter Bewegungen der emittierenden Gasmassen herrühren. Die zugehörigen Geschwindigkeiten gehen bis 5 000 km/sec und liegen damit sicher im Bereich der Entweichgeschwindigkeiten. Ein Teil dieses Gases wird demnach den Kern der Seyfertgalaxie verlassen. Die Aktivitätsphase dieser Galaxien muß also ebenso wie die der Radiogalaxien relativ kurz sein. Seyfertgalaxien haben ein starkes, möglicherweise nicht-thermisches IR-Kontinuum. Zwei von ihnen sind mäßig starke Radiogalaxien; ihre Emission beträgt das zehn- bis hundertfache einer normalen Galaxie.

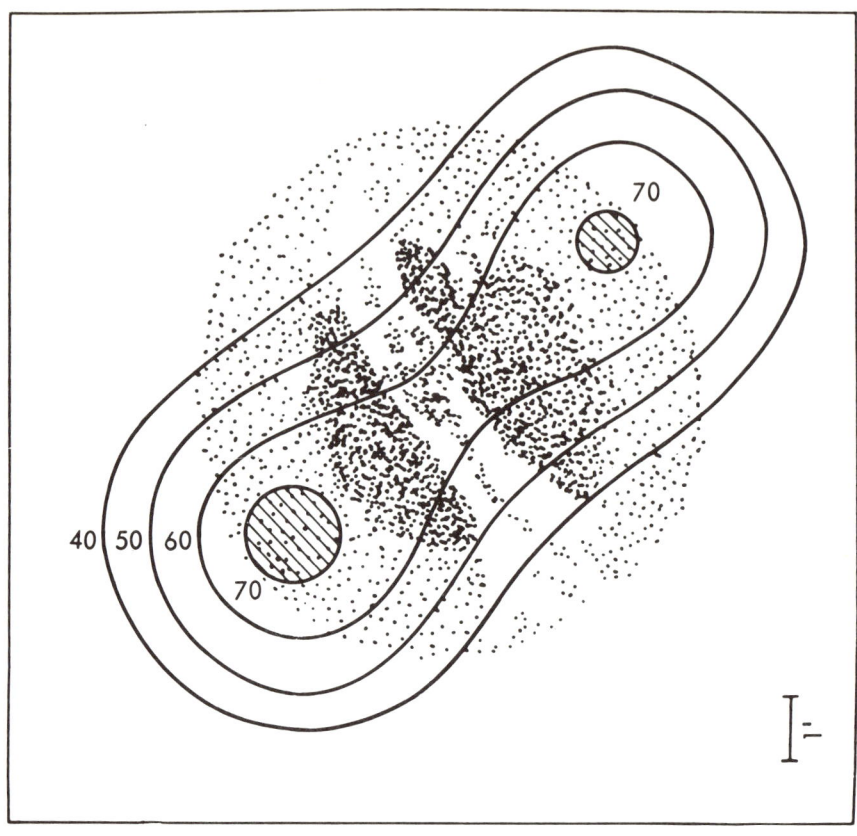

NGC 5128, eine elliptische Galaxie vom Typ E0p, im Sternbild Centaurus, in einer Entfernung von 4.7 kpc, mit kreisrundem Kern, umgeben von einem Halo. Ein breites Absorptionsband aus Staub und Gas projiziert sich auf den hellen Kern. Dieses Band rotiert mit großer Geschwindigkeit über die große Achse des Kerns. 1949 erkannte man, daß vom Ort der Galaxie starke Radiostrahlung ausgeht. Sie erhielt als Radioquelle die Bezeichnung Cen A. Eingehende Untersuchungen dieser Radioquelle erbrachten, daß diese aus mehreren Teilquellen besteht, die an der Sphäre eine Ausdehnung von ca. 9° haben. Dies entspricht etwa einem Durchmesser von 650 kpc (zum Vergleich: Durchmesser des Milchstraßensystems ca. 30 kpc). – Man unterscheidet bis heute drei äußere Doppelquellen und eine innere, auch als doppelt anzusprechende Quelle am Ort der Galaxie. Das obige Diagramm zeigt den Zentralteil von Cen A mit den Radioisophoten, gemessen bei einer Wellenlänge von 10 cm. Die nebenstehende Aufnahme der Galaxie im optischen Bereich wurde mit dem 200-inch-Hale-Teleskop gemacht.

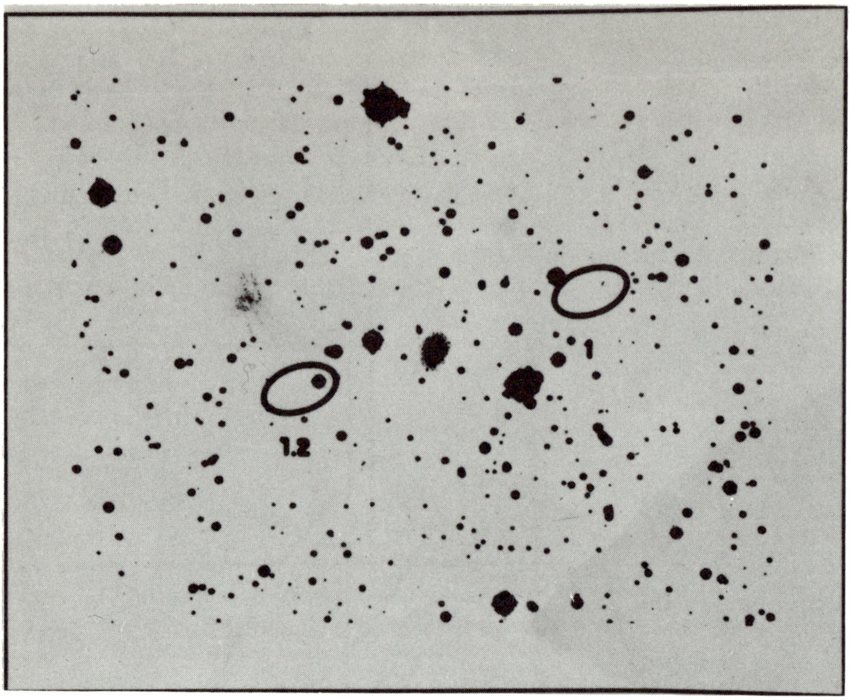

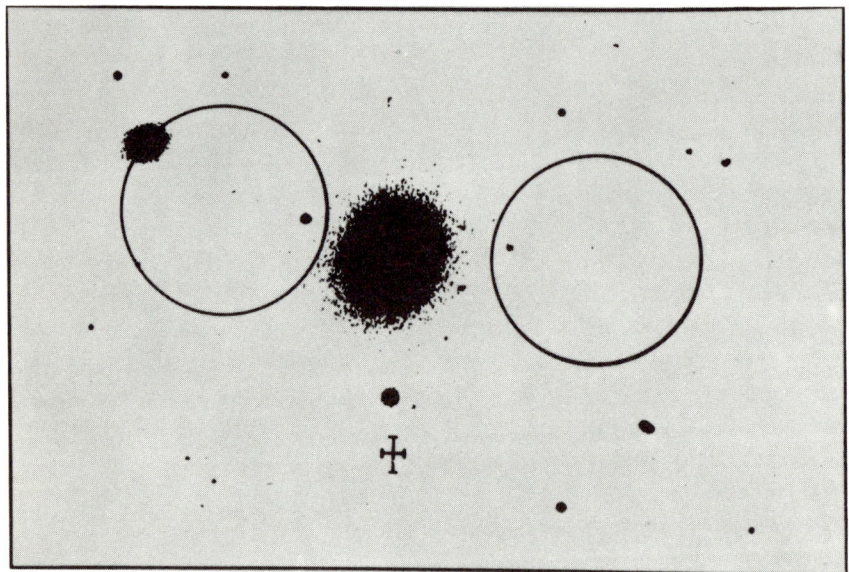

Auch andere starke Radioquellen spalten in zwei Komponenten auf. Oben: Die Quelle Cygnus A, ein-gezeichnet in eine Aufnahme mit dem Hale-Teleskop. Die Zahlen geben die relativen Intensitäten der beiden Quellen an, die symmetrisch zu einem ungewöhnlichen extragalaktischen Objekt liegen. Unten: Die Doppelquelle 3C 270, die zentrale Galaxie ist NGC 4261. Das Kreuz gibt ein Maß für die Auflösung des Radioteleskops.

Nach Definition gehören in die Klasse der N-Galaxien „Galaxien mit einem hellen sternartigen Kern, der den größten Teil der Gesamthelligkeit beiträgt und der von einem schwachen Nebel geringer Ausdehnung umgeben ist". N-Galaxien ähneln also in ihrer Form den Seyfertgalaxien, ihre Rotverschiebungen $z = (\lambda - \lambda_0)/\lambda_0$ (λ_0 = Laboratoriumswellenlänge) reichen bis etwa 0,3 und sind durchweg größer als die der Seyfertgalaxien. Die Mehrzahl der N-Galaxien sind starke Radioquellen (sie wurden durch diese Eigenschaft entdeckt) und zeigen das gleiche optische Spektrum mit Emissionslinien wie die Seyfertgalaxien. Die Kontinuumsstrahlung einiger N-Galaxien ist variabel (Zeitskala von der Größenordnung eines Jahres), woraus geschlossen werden muß, daß die Dimension einer wesentlichen Komponente des Systems von der Größenordnung eines Lichtjahres (oder kleiner) sein muß. Das ist, gemessen an den gewohnten Ausdehnungen von Galaxien, eine verschwindend kleine Strecke.

Das besondere Interesse der Fachwelt erregten die QSO (Quasistellare Objekte), die seit 1960 in zunehmender Zahl entdeckt wurden. Sie zeichnen sich durch folgende Eigenschaften aus:

1) In ihrem optischen Erscheinungsbild sind sie sternartig, häufig mit einer Radioquelle identifizierbar. Ist die Radiostrahlung stark, so wird das Objekt auch als Quasar (quasi stellare Radioquelle) bezeichnet.

2) Die Helligkeiten sind variabel mit Zeitskalen, die teilweise nur Wochen oder sogar nur einige Tage betragen.

3) Es wird eine starke UV-Strahlung beobachtet.

4) Im Spektrum sind breite Emissionslinien erkennbar, daneben werden in einigen Fällen auch Absorptionslinien beobachtet.

5) Die Spektrallinien zeigen eine starke Rotverschiebung. Im allgemeinen gilt

$$z(\text{QSO}) > z(\text{N-Galaxie}) > z(\text{Seyfertgalaxie}).$$

An den bisher gemessenen Rotverschiebungen der QSO konnten zwei überraschende Feststellungen getroffen werden: Es gibt eine ausgeprägte Spitze der Häufigkeit von z-Werten bei $z = 1{,}95$. Der Abfall der Häufigkeit von Objekten mit $z > 2$ ist ungewöhnlich steil.

Der Gedanke liegt nahe, die Seyfertgalaxien, die N-Galaxien und die Quasistellaren Objekte in eine Sequenz zu bringen. In der Tat gehört ein Objekt mit den Eigenschaften

a) kompakt zu sein (mit oder ohne schwachem Halo),

b) ein starkes Emissionslinienspektrum zu haben (breite Linien),

c) eine starke, zeitlich variable nicht-thermische Strahlung auszusenden,

d) evtl. auch nicht-thermische Radiostrahlung und

e) starke Infrarotstrahlung zu emittieren

in eine der drei Klassen. Die Schwierigkeit der Zusammenfassung liegt darin, daß man im Fall der Seyfertgalaxie sicher ist, daß es sich um den Kern einer Galaxie handelt. Bei den N-Galaxien ist (trotz des Namens) diese Sicherheit viel geringer, und bei den QSO ist es völlig unklar, ob man den Kern einer Galaxie vor sich hat oder etwas ganz anderes.

Für alle theoretischen Ansätze zum Verständnis dieser Objekte ist die Interpretation der starken Rotverschiebung von entscheidender Bedeutung. Sie kann sich entweder aufgrund des Dopplereffektes ergeben oder aber, wie bei Pulsaren oder kollabierenden Objekten (s. S. 429), durch den Energieverlust der Photonen in einem starken Gravitationsfeld, das die Quelle umgibt. Natürlich ist auch eine beliebige Kombination beider Effekte möglich. Bei einer Deutung der Rotverschiebung als Dopplereffekt kann man weiterhin entweder die Auffassung vertreten, daß dies eine Folge der allgemeinen Expansion des Kosmos sei, an der die Quasistellaren Objekte teilnehmen, und daß die sehr großen Rotverschiebungen einfach von den extrem großen Entfernungen dieser Quellen herrühren (kosmologische Deutung). Die andere Alternative ist die, anzunehmen, daß es sich um relativ nahe Objekte handelt, die sich, von einer gigantischen Explosion ausgeschleudert, mit hohen Geschwindigkeiten von uns fortbewegen (lokale Hypothese). Falls die kosmologische Deutung richtig wäre, müßten die Leuchtkräfte der QSO extrem groß sein, andernfalls wären sie unbeobachtbar schwach, gleichzeitig aber darf ihre Ausdehnung wegen der kurzen Zeitkonstanten der Variabilität nicht zu groß sein. Diese Bedingungen erscheinen unvereinbar. Die lokale Hypothese andererseits sieht sich der Schwierigkeit gegenüber, daß die kinetische Energie der QSO eine unwahrscheinlich große Energieumsetzung in der Explosion voraussetzt, der sie ihre Entstehung verdanken. Verwirft man die Vorstellung, daß nur in unserem galaktischen System eine solche Explosion stattgefunden habe, so bleibt außerdem die Frage offen, warum keine Objekte mit Blauverschiebungen beobachtet werden.

Ist dagegen die Rotverschiebung vorwiegend gravitativ, so müssen sehr spezielle Modelle der QSO konstruiert werden, um die Tatsache zu erklären, daß die Rotverschiebung der Strahlung aus den verschiedenen Bereichen der Quelle so gleichartig ist, daß die Spektrallinien nicht völlig zerfließen.

Nachdem früher die Mehrzahl der Astronomen wohl der kosmologischen Interpretation den Vorzug zu geben geneigt war, scheint sich jetzt die Ansicht mehr durchzusetzen, daß zumindest ein Teil der Rotverschiebung auf Kosten der Graviationsfelder geht. Eine der Ursachen für diese Änderung der Auffassung liegt darin, daß das z für Emissions- und Absorptionslinien beim

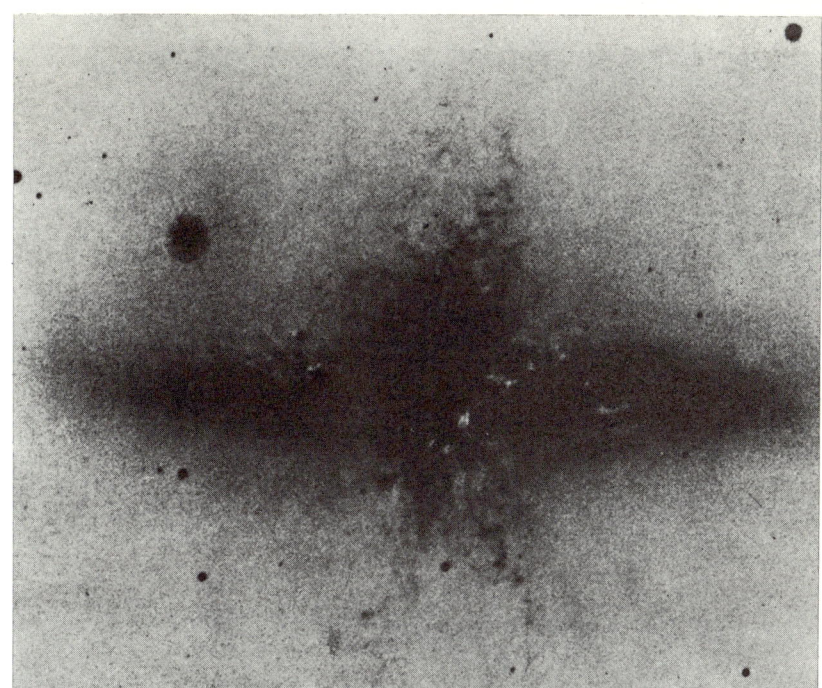

NGC 3034 = M 82, eine als Typ I0 klassifizierte Galaxie, im Sternbild Ursa Maior. Diese Galaxie hat in den letzten Jahren besonderes Interesse erregt, denn auf Hα-Aufnahmen mit dem Hale-Teleskop sind ausgedehnte Filamentstrukturen ausgemacht worden, die sich vom Kern vorwiegend in der Richtung der kleinen Achse mit einer Geschwindigkeit von 1 000 km/sec radial ausdehnen. Neben intensiver Radiostrahlung wurde das Licht aus dem Kerngebiet polarisiert gefunden, ein Zeichen dafür, daß es sich hier um eine nicht thermische, um eine Synchrotron-Strahlenquelle handelt.

NGC 4486 = M 87 = Virgo A, eine elliptische Riesengalaxie vom Typ E0p. Auf Blau-Aufnahmen entdeckte man einen vom Kern ausgehenden, etwa 1500 pc langen, Materiestrahl (Jet). Dieser Strahl zeigt eine Reihe von kleinen, hellen Knoten, deren Licht polarisiert ist. Von diesen Jet-Knoten geht intensive Radiostrahlung und – wie man nun durch Raketenexperimenten und Satellitenmessungen weiß – starke Röntgenstrahlung aus. Bei den Jet-Knoten vermutet man, daß es sich um sehr massive, kompakte Objekte mit starkem Magnetfeld handelt, die durch eine gewaltige Explosion aus dem Kern der Galaxie geschleudert wurden. Ähnlich den Pulsaren wären diese Objekte Quellen hochenergetischer Elektronen, deren Synchrotronstrahlung die beobachtete Röntgenemission verursacht. Die Galaxie soll die bisher größte bei Sternsystemen bestimmte Masse von $2.7 \cdot 10^{12}$ Sonnenmassen besitzen.

gleichen Objekt häufig verschieden ist, was bei reinen Dopplereffekten nur schwer verständlich wäre. In der Regel findet man, daß $z_{em} > z_{abs}$ ist. Sehr wichtig ist in diesem Zusammenhang, daß in jüngster Zeit ein Doppelsystem gefunden wurde, bestehend aus einer Spiralgalaxie ($z = 0,006$) und einem QSO ($z = 0,070$), die durch eine Lichtbrücke verbunden sind, die also zweifellos ein physisches Paar bilden. Bei reinen Dopplereffekten wäre die Relativgeschwindigkeit der Komponenten des Systems über 10000 km/sec, ein gebundenes physisches System also unmöglich.

7. Die lokale Gruppe

Die Nebel sind im Raum nicht gleich verteilt. sie bilden oft kleinere Nebelgruppen und größere Nebelhaufen (s. S. 622). Unsere Milchstraße ist Mitglied einer Gruppe von Nebeln, genannt die *lokale Gruppe*. Manche dieser Gruppen mögen zufällige, vorübergehende Ansammlungen sein, andere dürften stabil sein. Bei der lokalen Gruppe ist diese Frage noch nicht entschieden, doch scheint sie eher stabil zu sein (s. S. 640).

8. Daten einiger Nebel und Nebelhaufen

In der Tabelle auf Seite 641 sind Daten einiger bekannter Sternsysteme zusammengestellt. Die Galaxien sind heller als V $\sim$ 8,8. Systeme, die der lokalen Gruppe angehören sind hier nicht mehr aufgeführt.

Außer den einzelnen Nebeln (Feldnebeln) und den kleineren Nebelgruppen gibt es eine Reihe größerer Nebelhaufen, die einige hundert Nebel enthalten. In den dichtesten Haufen ist die Dichte der Nebel (Nebel pro Volumen) bis 10000mal größer als die mittlere Dichte. Der mittlere Durchmesser der Nebelhaufen beträgt etwa 6 Mpc, und im Mittel sind etwa 200 Nebel in einem Haufen zusammen (abgesehen von den schwächeren Nebeln, die bei den großen Entfernungen nicht mehr zu beobachten sind).

Sehr auffällig ist die Beobachtung, daß in den dichteren Nebelhaufen fast nur elliptische und S0-Nebel vorkommen, aber fast gar keine der sonst so häufigen normalen Spiralnebel und Balkenspiralen (s. die Abbildung des Nebelhaufens S. 651). Wahrscheinlich trifft die folgende Erklärung zu: In den dichteren Nebelhaufen sind die mittleren Abstände der Nebel voneinander nur etwa 6mal größer als ihre Durchmesser. Nun durchpendeln die Nebel den Haufen mit rund 700 km/sec Geschwindigkeit, und dabei müssen sie einander öfters treffen. Bei einem solchen „Zusammenstoß" passiert aber den Sternen eines

Mitglieder der lokalen Gruppe

| Name | Typ | gal. Koordinaten | | Durchmesser | | Ent-fernung | vis. Helligkeit | | Farben-index | Radial-Geschw. |
| | | lII | bII | Winkel | linear | | V | M vis | | |
		[°]	[°]	[']	[kpc]	[kpc]	[m]	[M]	[m]	[km/sec]
Milchstraßensystem	Sb	—	—	—	20	8	—	—20.3	0.8	—
Gr. Magellansche Wolke	Ir I	280	—33	470	7.8	52	0.1	—19.1	0.45	+ 280
Kl. Magellansche Wolke	Ir I	303	—45	153	2.6	54	2.4	—16.8	0.4	+ 167
Andromedanebel M 31	Sb	121	—21	102	16.0	570	3.5	—20.9	0.98	—270
M 33	Sc	135	—32	34	5.7	600	5.8	—18.5	0.55	—190
M 32	E 2	121	—22	5	0.8	600	8.2	—16.0	0.9	—210
NGC 205	E Sp	121	—21	12	1.7	600	8.2	—16.0	0.81	—240
Sculptor-System	E	284	—84	30		110	7	—13	0.8	
Fornax-System	E	237	—65	40		200	7	—15	0.8	
NGC 6822	Ir	26	—19	15	1.7	400	8.7	—15.0	0.5	+ 40
NGC 147	Ep	120	—14	9	1.0	400	9.6	—14.5	0.9	— 40
NGC 185	Ep	121	—14	6	0.7	400	9.5	—14.6	0.93	
IC 1613	Ir I	129	—60	12		600	9.6	—14.1	0.5	—340
Wolf-Lundmark-System	E 5	74	—73	10	1.5	500?	10.8	—13.5	0.5	—240
Leo-System I	E 4	227	+49	12		400?				— 80
Leo-System II	E 1	222	+68	11	1.3	400?	12	—12	0.9	
Mögliche Mitglieder										
IC 10	Sc	119	— 3	4						—340
IC 342	Sc	139	+10	30						— 10
NGC 6946	Sc	97	+11	7	2?	800?	9	—17	0.8	+ 40
Leo-System III	Ir	197	+54			1000?	13		0.4	
Sextans-System	Ir	246	+40				11		0.4	+370
NGC 300	Sc	299	—80	20	6?	1000?	8.5	—16	0.5	+250

Daten einiger Galaxien

Name Messier-Nr.	NGC-Nr.	Typ	gal. Koordinaten lII [°]	gal. Koordinaten bI [°]	Durchmesser Winkel [']	Durchmesser linear [kpc]	Ent-fernung [Mpc]	vis. Helligkeit V [m]	vis. Helligkeit M vis [M]	Farben-index [m]	Radial-Geschw. [km/sec]
	55	Sc	332	−76	25	12	1.9	7.1	−19.2		+ 180
	253	Sc	75	−89	22	13	2.2	7	−20	0.5	− 70
	2403	Sc	150	+29	20	12	2	8.5	−19	1.02	+ 190
81	3031	Sb	141	+41	20	16	3.0	6.9	−20.9	0.91	+ 80
82	3034	Ir II	141	+41	8	7	3	8.2	−19.6	1.0	+ 400
	3115	E 7	248	+37	4.4	5	4	9.1	−19.4	0.82	+ 430
	4258	Sb			15	17	5	8.4	−20.2	0.97	+ 490
87	4486	E 1			4.0	13	11	8.9	−21.5	1.02	+ 1220
104	4594	Sa	299	+51	6.5	8	4.4	8.1	−20.4	0.78	+ 1020
94	4736	Sb	124	+76	7	10	6	8.2	−20.6	0.86	+ 350
64	4826	Sb	319	+83	8	12	6	8.4	−20.5		+ 360
	4945	S	305	+12	12	14	5	7	−22		
63	5055	Sb	310	+19	10	15	4	8.6	−20.1	0.86	+ 2600
	5128	Ep	105	+68	14	15	3.8	6	−23		+ 260
51	5194	Sc	316	+33	9	9	2	8.3	−19.6	0.63	+ 550
83	5236	Sc	102	+60	10	12	4	7.6	−20.9	0.73	+ 320
101	5457	Sc			20	23	3	8.1	−20.2	0.6	+ 400
	7793	Sb	4	−77	6	4	3	8.8	−18.6		+ 290

Daten der häufigsten Galaxienhaufen

Haufen oder Gruppe	Anzahl von Galaxien	gal. Koordinaten lII [°]	bII [°]	Durchmesser [°]	Entfernung [Mpc]	RadialGeschw. [km/sec]	Galaxie pro Volumen [Mpc⁻³]	Helligkeit der 10 hellsten Galaxien [m_{vis}]
Lokale Gruppe	16	—	—	—	0.4	− 100	300	8
Virgo	2 500	284	+ 74	12	11	+ 1 150	500	9.4
Pegasus I	100	86	− 48	1	40	3 800	1 100	12.5
Pisces	100	128	− 29	10	40	5 000	250	13.0
Cancer	150	202	+ 29	3	50	4 800	500	13.4
Perseus	500	150	− 14	4	58	5 400	300	13.6
Coma	1 000	80	+ 88	6	68	6 700	40	13.5
Ursa Maior III	90	152	+ 64	0.7	80		200	14.5
Hercules		31	+ 44		105	10 300		14.5
Pegasus II		84	− 47			12 800		15.2
Cluster A	400	144	− 78	0.9	150	15 800	200	16.0
Centaurus	300	313	+ 31	2	150		10	15.6
Ursa Maior I	300	140	+ 58	0.7	160	15 400	100	16.0
Leo	300	232	+ 53	0.6	175	19 500	200	16.3
Gemini	200	182	+ 19	0.5	175	23 300	100	16.7
Corona Bor.	400	41	+ 56	0.5	190	21 600	250	16.3
Cluster B	300	345	− 55	0.6	200		200	16.3
Bootes	150	50	+ 67	0.3	380	39 400	100	18.0
Ursa Maior II	200	149	+ 54	0.2	380	41 000	400	18.0
Hydra II	200	226	+ 30	0.2		60 600		18.6

Nebels gar nichts, beide Nebel durchdringen einander ungehindert. Die interstellare Materie beider Systeme trifft jedoch aufeinander, und zumindest aus dem kleineren der beiden Stoßpartner wird alles Gas hinausgefegt. Spiralstrukturen entstehen jedoch immer nur in solchen Nebeln, die Gas enthalten. Daher ist verständlich, daß es in den dichten Nebelhaufen nur sehr wenige Spiralnebel gibt.

9. Auswahl einiger heller Radioquellen

3C Nr.	Rekt. (1950) Dekl. h m s	° '	Durchm. '	S (100 MHz) 10^{-26}W/m²Hz	$\varkappa$	Bezeichnung (optisches Objekt)
10	0 22 37	63 52	5.4	145		(SN Tycho Brahe)
H	0 40	40 48		105		(Andromedanebel M 31)
33	1 6 13	13 5	<1	77	0.61	
48	1 34 51	32 55	<1	62	0.44	Quasar
84	3 16 29	41 17	<1.5	68	0.66	Perseus A (NGC 1275)
M	3 20 38	—37 23		860		Fornax A (NGC 1316)
123	4 33 55	29 35	<1	271	0.62	
H	4 58	46 30		340		
134	5 1 21	38 3	<3	127	0.88	
M	5 18 20	—45 48	0.9	520		Pictor A
144	5 31 32	21 59	5	1 650	0.21	Taurus A (SN, Crab-Nebel)
145			50	26	—1.16	(Orion-N., M 42)
157	6 14 36	22 43	30	290	0.18	(IC 443)
M	6 20 20	9 0		180		
161	6 24 41	—5 56	<1	104	0.58	
163	6 29 18	5 12	60	480	0.15	(Rosettenebel, NGC 2237)
196	8 10 3	48 22	<0.2	91	0.70	
M	8 20 56	—42 52	30	630		Puppis A
M	8 33 43	—45 38	1	1 000		
218	9 15 42	—11 53	2.3	281	0.63	Hydra A (Doppel-E Nebel)
274	12 28 18	12 40	4.7	1 540	0.72	Virgo A (E-Nebel, M 87)

3C Nr.	Rekt. (1950) Dekl. h m s ° ′	Durchm. ′	S (100 MHz) 10^{-26}W/m²Hz	α	Bezeichnung (optisches Objekt)
M	13 22 25 —42 41		7 900		Cent A (NGC 5128)
298	14 16 40 · 6 46	<2	89	0.80	
310	15 2 48 26 14	<3	115	1.00	
317	15 14 19 7 11	<2	83	0.88	(Doppel-E 0-Nebel)
M	16 36 20 —46 31	1	300		
348	16 48 43 5 10	2.3	460	0,91	Her A (Doppelnebel)
M	17 11 7 —38 23		460		
353	17 17 58 —0 52	3.5	232	0.55	(hellster Nebel eines Haufens)
358	17 27 47 —21 16	<2	80	0.60	(SN Kepler)
M	18 2 42 —21 23	1	231		
380	18 28 12 48 43	<3	97	0.69	Quasar
M	18 30 7 —10 1		210		
392	18 53 35 1 15	30	830	0.43	
405	19 57 45 40 35		12 500	0.81	Cygnus A (Doppel-nebel)
409	20 12 17 23 26	<2	145	0.75	
430	21 16 57 60 35	6	176	1.22	
461	23 21 12 58 32		18 600	0.77	Cas A (schwache Filamente)
465	23 35 57 26 38	6	68	0.64	

In der Tabelle auf der vorangehenden Seite ist eine Auswahl einiger heller Radio-quellen gebracht. — Die erste Spalte gibt ihre Nummer im Dritten Cambridge-Katalog; falls sie darin nicht enthalten sind, so bedeutet ein M den Sydney-Katalog von Mills, und H bedeutet Beobachtungen von Hazard und Welsh in Jodrell Bank. Die nächsten Spalten geben die Koordinaten von 1950. Es folgt der Durchmesser der Radioquelle in Bogenminuten, oft liegt er unter-halb der Meßgenauigkeit, was durch das Zeichen < angezeigt wird. Die fünfte Spalte gibt die Flußdichte des Strahlungsstromes als Maß für die schein-bare Radiohelligkeit der Quelle, in Watt pro Quadratmeter (Antennenfläche) und Hertz (Bandbreite des Empfängers). Da die verschiedenen Quellen bei verschiedenen Frequenzen gemessen worden sind, wurden, zum besseren Vergleich, alle Flußdichten auf die gleiche Frequenz von 100 MHz (3 m Wel-lenlänge) umgerechnet. Die sechste Spalte gibt den Spektralindex an. Er ist durchweg positiv, der Strahlungsmechanismus ist also nichtthermisch. Von den Objekten in dieser Liste ist nur der Orionnebel eine thermische Quelle. – Schließlich ist in der letzten Spalte die Bezeichnung der Radioquelle für die bekannteren Quellen gegeben, sowie in Klammern die Identifizierung mit optischen Objekten (SN bedeutet Überreste einer Supernova).

Bei dieser Art der Bezeichnung von Radioquellen wird das Sternbild genannt und ein Buchstabe, in der alphabetischen Reihenfolge der Entdeckung: Cyg A ist die im Sternbild Cygnus zuerst entdeckte Quelle. – Die Mehrzahl der ganz schwachen Quellen sind mit zu geringer Sicherheit festgestellt, um überhaupt offiziell bezeichnet zu werden. Meist gibt man nur die Nummer in einem der vorhandenen Kataloge an. Die Anzahl der bisher beobachteten Radioquellen beträgt rund 2500.

DIE WELT ALS GANZES

Die Frage nach der räumlichen und zeitlichen Erstreckung der Welt ist eine der uralten Fragen der Menschheit. Jede Zeit und jede Denkrichtung haben sich an ihr gemessen, haben sie verschieden formuliert und haben verschiedene Antworten angeboten. Wir müssen uns darüber im klaren sein, daß es stets ,*letzte Fragen*' geben wird, die sich prinzipiell nicht mehr beantworten lassen, und daß es *paradoxe Fragen* gibt, wie z. B.: ,,Was war vor dem Anfang?" oder: ,,Was liegt außerhalb des Weltalls?"

Für die moderne Naturwissenschaft ist es charakteristisch, daß ihre Vertreter sich vieler Einwände bewußt sind und die prinzipiellen Grenzen der Wissenschaft anerkennen, im übrigen jedoch sich die nötige Unbefangenheit bewahren, um einfach zu versuchen, wie weit man in der Richtung der gestellten Fragen gerade noch vorzudringen vermag.

In den bisherigen Kapiteln ging es um die Dinge und Gebilde, die wir in der Welt vorfinden, um ihre Beschreibung und theoretische Erklärung. Jetzt geht es um die Struktur von Raum und Zeit selbst, und es geht um die Frage, ob wir überhaupt in der Lage sind, sinnvolle Aussagen über die Gesamtheit der physikalischen Welt zu suchen und zu finden.

Im wesentlichen lassen sich drei verschiedene Haltungen einnehmen. Man kann erstens rein theoretisch-mathematisch vorgehen und mit einer gewissen Verwegenheit des Geistes danach fragen, was für Welten überhaupt möglich wären; so sind eine Reihe verschiedener ,,*Weltmodelle*" zur Diskussion gestellt worden. — Zweitens kann man den Nachdruck auf die Beobachtung legen. Man versucht, mit Hilfe der äußersten Möglichkeiten unserer Instrumente und Methoden die fernsten, noch erreichbaren Bezirke zu erfassen; hier geht es nicht gleich ,,ums Ganze", dafür sind aber auch die Antworten eher zu fassen. — Und drittens kann man mit betonter Kritik und Skepsis den Optimismus der beiden ersten Richtungen dämpfen, sich an das wenige, gut Gesicherte halten und alles übrige als Spekulation abtun. — Letzten Endes sind alle drei Haltungen nötig und richtig. Ihr Gegeneinander und ihr Zusammenspiel ermöglichen erst einen Fortschritt der Wissenschaft. —

Im folgenden kann nur ein kurzer Überblick gegeben werden.

1. Beobachtungen

a) Die Expansion der Welt

Bei den Nebeln unserer näheren Umgebung gibt es etwa ebenso viele Nebel, die von uns wegfliegen, wie solche, die auf uns zukommen. Die weiteren Nebel jedoch fliegen fast alle von uns weg, s. die Tabelle auf S. 641 (positive Radialgeschwindigkeiten). Bei den weit entfernten Nebelhaufen (Tabelle auf S. 642) bemerkt man, daß die Geschwindigkeiten dabei immer größer werden, je weiter die Nebel von uns entfernt sind, und zwar proportional zur Entfernung: Ist ein Nebel doppelt so weit von uns entfernt wie ein anderer, so fliegt er auch doppelt so schnell. Bis auf eine Streuung von etwa $\pm$ 150 km je sec ist also stets

$$V = H \cdot r.$$

Dabei ist V die Radialgeschwindigkeit in km/sec, r ist die Entfernung in Mpc, und H ist die Hubblesche Konstante, die etwa den Wert hat:

$$H = 75 \; \frac{\text{km/sec}}{\text{Mpc}}.$$

Bei den weit entfernten Nebeln hat man kaum ein anderes Maß für die Entfernung als die scheinbare Helligkeit der Nebel: Je schwächer die Helligkeit, desto größer die Entfernung. Doch ergibt dies eine starke Unsicherheit im Einzelfall, da die absoluten Helligkeiten stark streuen. Daher nimmt man besser nur einen Mittelwert der 10 hellsten Nebel in größeren Nebelhaufen. Im nächsten Bild ist die Streuung weit kleiner. Hier sind auch die aus der Helligkeit geschätzten Entfernungen eingetragen.

Weiterhin hat sich herausgestellt, daß dieser Zusammenhang zwischen Radialgeschwindigkeit und Entfernung erstens für alle Typen von Nebeln der gleiche ist und zweitens auch, von uns aus gesehen, in jeder Richtung. Drittens bedeutet der Zusammenhang nicht etwa nur, daß alle Nebel von uns wegfliegen, sondern daß sie genau in der gleichen Weise auch voneinander wegfliegen. Auch auf jedem anderen der fernen Nebel bietet sich der gleiche Anblick: Alles fliegt auseinander, und die Geschwindigkeiten sind dabei proportional zur Entfernung. — Die Welt dehnt sich gleichmäßig aus, sie „expandiert".

Zunächst ist zu fragen, ob dieser Effekt wirklich reell ist oder nur vorgetäuscht wird. Die größten, noch gemessenen Geschwindigkeiten gehen, wenn man von den quasistellaren Objekten absieht, bis über 60 000 km/sec; das ist bereits ein Fünftel der Lichtgeschwindigkeit (Hydra-Haufen, Tabelle S. 642). Was eigentlich gemessen wird, ist die *Rotverschiebung* der Spektral-

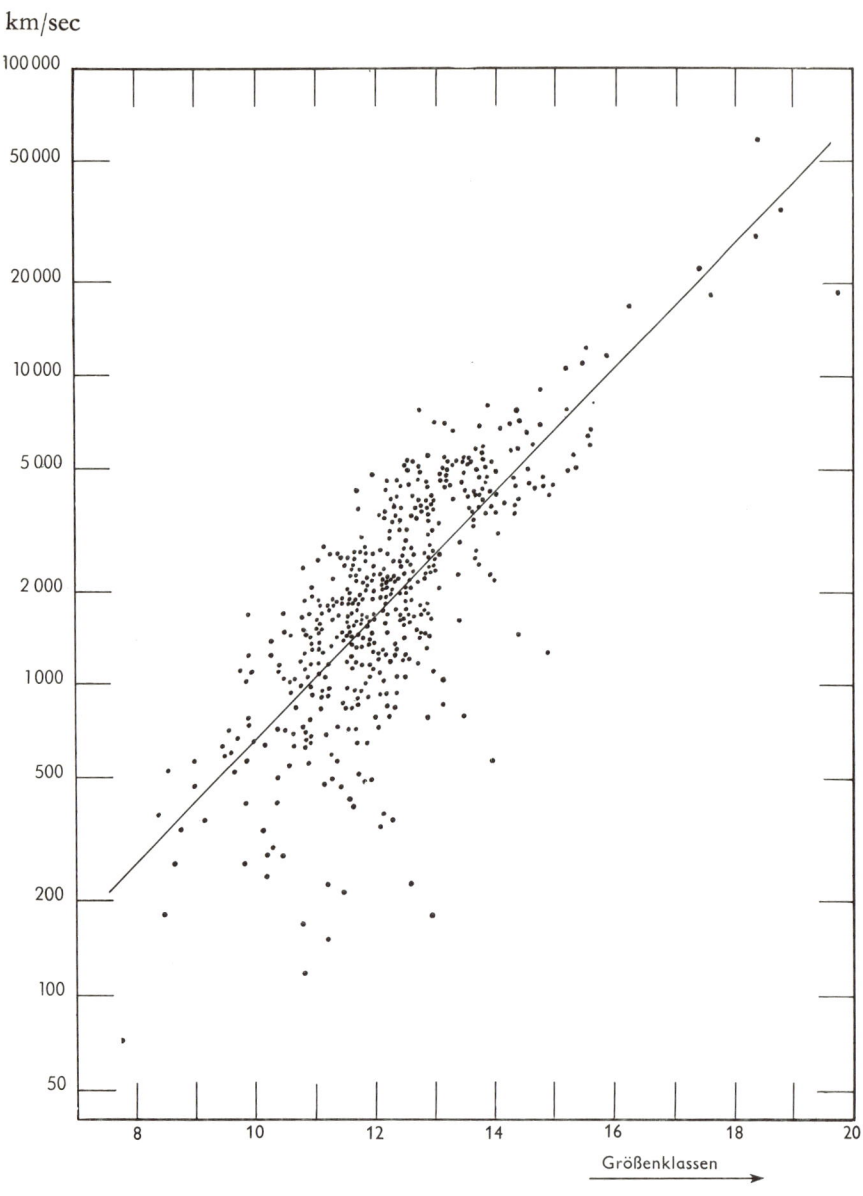

Radialgeschwindigkeit und scheinbare Helligkeit für 474 einzelne Nebel aller Typen

linien im Spektrum der Nebel. Nach allen bisher bekannten Gesetzen der Physik gibt es nur eine einzige Erklärung für die Verschiebung von Spektrallinien: den sogenannten *Doppeleffekt* (s. S. 29).
Danach bedeutet eine Rotverschiebung, daß sich die Lichtquelle von uns wegbewegt. Wollte man die Rotverschiebung anders erklären als durch eine Geschwindigkeit, so müßte man extra hierfür ein neues Naturgesetz erfinden, welches für sehr große Entfernungen an die Stelle der bisher bekannten Gesetze tritt. — Es bleibt also kaum etwas anderes übrig, als die „Expansion der Welt" ernst zu nehmen.

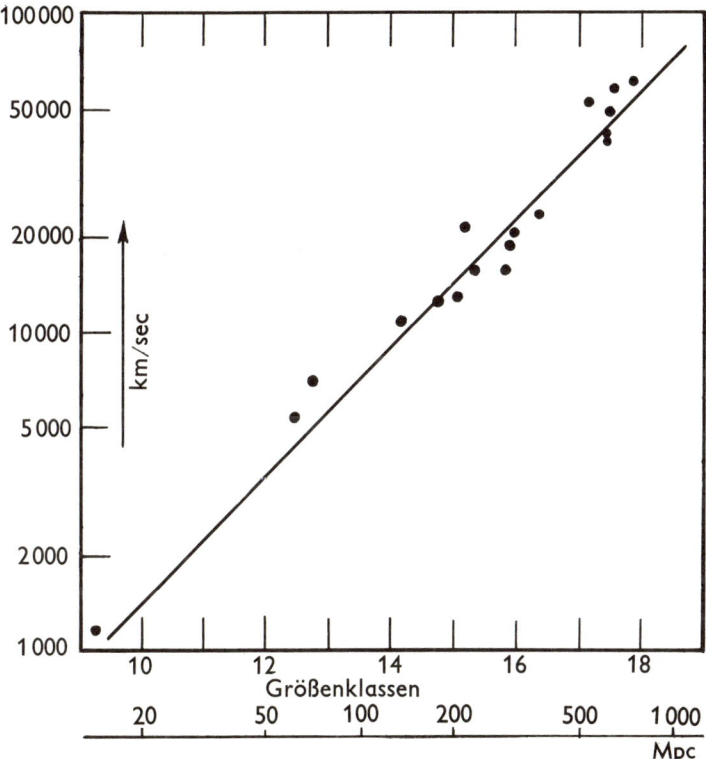

Radialgeschwindigkeit und Entfernung von 18 Nebelhaufen sowie scheinbare photographische Helligkeit ihrer hellsten Nebel

Eine zweite Frage ist die nach dem zeitlichen Verlauf: Ist die Expansion beschleunigt, konstant oder gebremst? Der Gemini-Haufen fliegt jetzt mit 23 000 km/sec von uns weg. Wie groß war seine Geschwindigkeit z. B. vor 4 Milliarden Jahren? — Nimmt man an, daß die gegenseitige Anziehung aller

Massen die einzige wirksame Kraft ist, so müßte die Expansion gebremst werden. Wie stark, hängt von der mittleren Dichte der Welt ab, verglichen mit der Geschwindigkeit der Expansion. Greift man sich ein bestimmtes Volumen der Welt heraus, so kommt es darauf an, ob die Gesamtenergie dieses Volumens positiv, null oder negativ ist. Je nachdem ergeben sich drei

Typen der gebremsten Expansion:

Gesamtenergie	Expansion
positiv	hyperbolisch
null	parabolisch
negativ	elliptisch

Bei der hyperbolischen Expansion ist die Bremsung relativ schwach: Auch nach unendlich langer Zeit expandiert die Welt noch immer, wenn auch langsamer als jetzt. Beim Grenzfall der parabolischen Expansion kommt die Expansion nach unendlich langer Zeit allmählich zum Stillstand; alle Nebel fliegen unendlich weit weg, haben aber dann die Geschwindigkeit null. Bei der elliptischen Expansion ist die Bremsung relativ stark: Nach endlicher Zeit und in endlicher Entfernung kommt die Expansion zum Stillstand, danach beginnt durch die Massenanziehung ein erst langsames und dann immer schnelleres Zusammenfallen aller Nebel aufeinander zu. — Welcher der drei Fälle vorliegt, ließe sich entscheiden, wenn man die mittlere Dichte der Welt genauer kennen würde. Nach den gegenwärtigen Untersuchungen ist die Dichte so gering, daß die Expansion vermutlich hyperbolisch ist.

Mit dieser Frage hängt ein dritter Effekt zusammen, der sich aber erst bei den fernsten Nebeln merkbar auswirkt, nämlich die Laufzeit des Lichtes. Wir sehen jeden Nebel in dem Zustand, den er damals bei der Aussendung des Lichtes hatte, das uns jetzt erreicht. Der Hydra-Haufen z. B. ist etwa 2.5 Milliarden Lichtjahre von uns entfernt. Wir sehen ihn also in einem Zustand, der 2.5 Milliarden Jahre zurückliegt; auch seine jetzt gemessene Radialgeschwindigkeit ist seine damalige, nicht seine heutige. — Mit anderen Worten:

Je weiter wir in den Raum hinausblicken, um so weiter blicken wir zugleich auch in die Vergangenheit zurück.

Nehmen wir erstens an, daß die Expansion der Welt gebremst ist, so müssen die beobachteten Geschwindigkeiten der fernen Nebel größer sein als ihre heutigen Geschwindigkeiten, eben wegen der inzwischen erfolgten Bremsung. Nehmen wir zweitens an, daß das Gesetz der Proportionalität zwischen Geschwindigkeit und Entfernung auch für die fernen Nebel gilt, und zwar für ihre heutigen Geschwindigkeiten, so folgt daraus, daß die *beobachteten* Ge-

Galaxienhaufen im Sternbild Corona Borealis. Nur wenige Vordergrund-Sterne sind auf dieser Aufnahme auszumachen. Die diffusen und elliptischen Objekte sind Sternsysteme.

schwindigkeiten der fernsten Nebel etwas größer sein sollten, als dem Gesetz entspricht. — Nach den neuesten Beobachtungen scheint dies auch der Fall zu sein: In der vorigen Abbildung liegen bei den fernsten Nebelhaufen die beobachteten Geschwindigkeiten etwas über der Geraden. — Eine genaue Diskussion aller Unsicherheiten ergab, daß vermutlich wirklich eine Bremsung vorhanden ist, aber ihre genaue Größe ist noch unsicher.

b) Die allgemeine Hintergrundstrahlung

1965 wurde von Penzias und Wilson eine Strahlung entdeckt, die von unmittelbarer Bedeutung für die Kosmologie ist und die das Interesse an diesem Gebiet neu belebt hat. Bei Versuchen, die Empfindlichkeitsgrenze eines Radioteleskops mit einer Empfangsanlage für eine Wellenlänge von 7,35 cm weiter herabzudrücken, fanden sie einen zunächst unerklärbaren Anteil von Empfangsleistung, der von der Orientierung der Antenne unabhängig war. In Zusammenarbeit mit anderen Gruppen wurde dann deutlich, daß es sich hierbei um ein universelles und isotropes Strahlungsfeld handeln müsse, das inzwischen im Wellenbereich zwischen etwa 30 und 3 cm beobachtet wurde. Die Intensität der Strahlung ebenso wie ihr Spektrum entsprechend der Strahlung eines Hohlraumes von nur 3 K. Messungen oberhalb von 30 cm sind nicht möglich, da hier die nicht-thermische Strahlung aus unserem galaktischen System alles überdeckt. Von der Erde aus sind Messungen unter 3 cm Wellenlänge ebenfalls unmöglich, da hier die thermische Emission der Erdatmosphäre zu stark ist. Dagegen ließen sich derartige Messungen von Satelliten aus durchführen. Bei 2,6 mm Wellenlänge hat man noch die Stärke dieser Strahlung auch indirekt messen können: Der erste angeregte Zustand des CN-Moleküls (Cyan) liegt gerade um einen Energiebetrag, der dieser Wellenlänge entspricht, über dem Grundzustand. Die Stärke des universellen Strahlungsfeldes in dieser Wellenlänge wird also – wenn andere Anregungsmechanismen ausgeschlossen werden können – aus der Besetzung des angeregten Zustandes ermittelt werden können. Das Stärkeverhältnis von interstellaren Absorptionslinien des Cyans, von denen die wichtigsten vom Grundzustand, einige schwächere aber von dem genannten angeregten Zustand ausgehen, kann benutzt werden, um das Anregungsverhältnis und damit die Intensität der Hintergrundstrahlung zu messen. Es ergab sich wiederum eine Intensität entsprechend einer 3-K-Hohlraumstrahlung.

Der endgültige Nachweis, daß es sich wirklich um eine schwarze-Körper-Strahlung für eine derart niedrige Temperatur handelt, wäre erbracht, wenn es gelänge, den Abfall der Intensität unterhalb $\lambda = 1$ mm durch Beobachtungen zu bestätigen. Tatsächlich ergaben hier Messungen von Höhenraketen aus Intensitäten, die erheblich über der 3-K-Kurve lagen. Die Versuche der Inter-

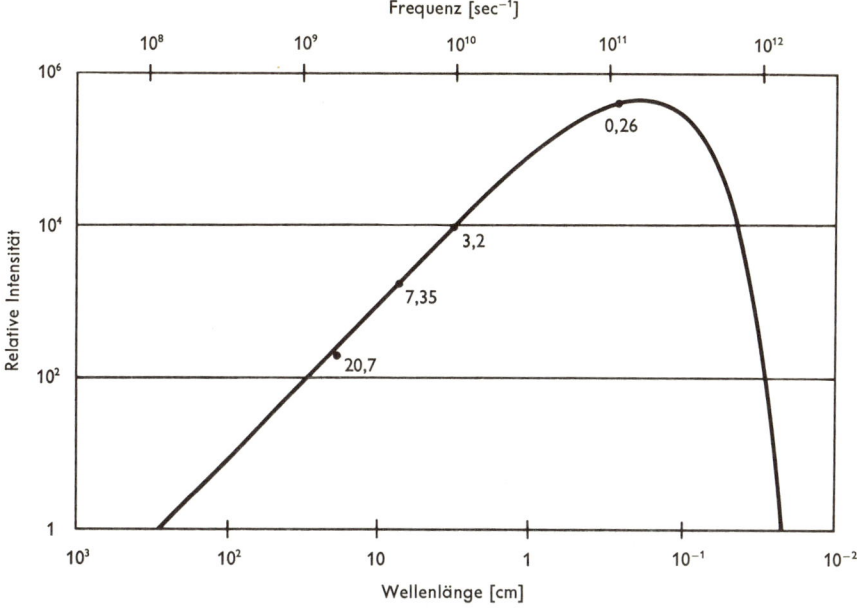

Die gemessene Verteilung der Intensität der allgemeinen Hintergrundstrahlung. Durch die Meßpunkte ist die Kurve der Energieverteilung einer Hohlraumstrahlung für eine Temperatur von 3 K gezeichnet

pretation dieses Strahlungsüberschusses haben kein klares Bild ergeben. Zudem ist die Genauigkeit der Messungen noch umstritten.

Wichtig ist auch die Isotropie der Strahlung, also die Tatsache, daß ihre Stärke unabhängig von der Richtung ist. Die Messungen im cm-Bereich haben dies mit einer Genauigkeit von einigen Promille bestätigt.

Die Bedeutung aller dieser Beobachtungen für die Kosmologie ergibt sich daraus, daß keines der uns bekannten kosmischen Objekte als Quelle der Strahlung in Frage kommt. Sie muß uns also aus einer früheren Phase der Entwicklung des Kosmos überliefert sein.

2. Das Alter und die frühen Entwicklungsphasen des Kosmos

a) Das Alter

Expansion

Die allgemeine Expansion der Welt zeigt, daß sie, so wie sie ist, nicht beliebig alt sein kann. Den gleichen Schluß müssen wir aus der Existenz der allgemeinen Hintergrundstrahlung ziehen, für die es im gegenwärtigen Kosmos keine

Quellen gibt. Rechnet man die Expansion zurück, so findet man, falls die Expansion weder gebremst noch beschleunigt wäre, daß vor einer Zeit, die gleich dem Kehrwert der Hubbleschen Konstanten ist

$$\frac{1}{H} = 13 \text{ Milliarden Jahre,}$$

die Ausdehnung des Kosmos verschwindend klein gewesen sein muß. Diese Zeitspanne nennt man „Expansionsalter" der Welt. Der Wert selber ist noch recht unsicher, eine Folge der Unsicherheit der Hubbleschen Konstanten. Außerdem ist das wirkliche Expansionsalter größer, wenn die Expansion beschleunigt ist, und kleiner bei Bremsung. Im Grenzfall der parabolischen Expansion z. B. ist das Expansionsalter nur 2/3 des obigen Betrages, nämlich 8,7 Milliarden Jahre, und bei hyperbolischer Expansion liegt der Wert zwischen 8,7 und 13 Milliarden Jahren.

Es sind auch Weltmodelle vorgeschlagen worden, bei denen die Expansion in einer solchen Weise beschleunigt wird, daß die Welt beliebig alt sein könnte. Dann müssen jedoch bisher unbekannte Kräfte oder Naturgesetze extra für diesen Zweck eingeführt werden. Sollte sich die Welt zeitlich überhaupt nicht verändern (steady-state theory), so müßte sogar eine laufende Neuschaffung von Materie angenommen werden, um trotz der Expansion eine konstante Dichte zu garantieren. Will man all dies vermeiden und seinen Standpunkt möglichst konservativ wählen, so sollte die Expansion (wegen der allgemeinen Massenanziehung) gebremst sein, und zwar sehr wahrscheinlich hyperbolisch, und man erhält für das Expansionsalter rund 10 Milliarden Jahre. Allerdings bleibt dabei offen, wie eigentlich die Expansion begonnen hat und was davor war.

Die Sternentwicklung

Die ältesten Objekte unserer Milchstraße sind die kugelförmigen Sternhaufen (s. S. 489). Aus den Theorien der Sternentwicklung läßt sich das Alter ihrer Sterne zu etwa 6 Milliarden Jahren berechnen (s. S. 534); nach neuesten Arbeiten ist die Skala der Entwicklungsalter eventuell heraufzusetzen, so daß die Sterne der Kugelhaufen und auch die ältesten Sterne der Milchstraße selbst rund 10 Milliarden Jahre alt sein mögen.

Wegen der großen Unsicherheiten auf beiden Seiten kann man zwar nicht von einer genauen Übereinstimmung sprechen. Doch läßt sich mit Sicherheit sagen, daß das Entwicklungsalter der ältesten Sterne von der gleichen Größenordnung ist, wie das Expansionsalter der Welt.

Die Erde

Durch den radioaktiven Zerfall einiger schwerer Elemente (z. B. Uran, Radium) und die Anhäufung der Zerfallsprodukte läßt sich abschätzen, welche

Zeit seit der Erkaltung der Erdkruste vergangen ist. — Im Mittel über verschiedene Methoden erhält man rund 4 Milliarden Jahre.
Nach der gleichen Methode läßt sich auch das Alter der Meteorite (s. S. 280) abschätzen. Die Ergebnisse sind im Einzelfall ganz verschieden und reichen bis zu einigen Milliarden Jahren.

Die Atome

Die Atome der stabilen Elemente, so wie Wasserstoff, Sauerstoff oder Eisen, könnten zwar beliebig alt sein; nicht dagegen die radioaktiv zerfallenden Atome, so wie Uran oder Thorium. Daß überhaupt noch etwas von ihnen vorhanden ist, zeigt bereits, daß sie vor endlicher Zeit entstanden sein müssen. Uran und Thorium zerfallen über eine Reihe von Zwischenprodukten schließlich in Blei. Wäre alles heute vorhandene Blei durch diesen Zerfall entstanden, so ließe sich aus den bekannten Zerfallszeiten und aus den heutigen Häufigkeiten ausrechnen, daß Uran und Thorium vor rund 50 Milliarden Jahren entstanden sein müssen. Noch älter können diese Elemente auf keinen Fall sein, und ihr Alter reduziert sich auf etwa 8 Milliarden Jahre, wenn man eine plausible Menge ursprünglich schon vorhandenen Bleis annimmt. — Auch diese Zahl ist nicht sehr genau, doch liegt sie mit Sicherheit wieder in der gleichen Größenordnung wie die bisherigen Abschätzungen.
Im Kapitel über „Elementhäufigkeiten....." (s. S. 581) wurde eine Theorie behandelt, nach der die schweren Elemente im Inneren der Sterne gebildet worden sind. Demnach müßte also das Alter der radioaktiven Elemente etwas kleiner sein als das Alter der ältesten Sterne.
Faßt man die Resultate zusammen, die sich für Atome, Sterne und ferne Spiralnebel ergeben, so läßt sich mit einiger Sicherheit sagen: Die Welt, so wie wir sie kennen, ist rund 10 Milliarden Jahre alt.

b) Der Feuerball

Bevor wir uns der Frage nach dem frühen Entwicklungsstadium des Kosmos zuwenden, ist es zweckmäßig, das sogenannte kosmologische Homogenitätspostulat und seine Konsequenzen kennenzulernen. Dieses Postulat besagt, daß der Zustand des Kosmos in hinreichend großen Bereichen (Zellen), unabhängig davon ist, wie wir diese Bereiche legen. Diese Zellen müssen jedenfalls so groß sein, daß in ihnen bereits über die größten erkennbaren Strukturen im Kosmos (Galaxienhaufen) gemittelt werden kann. Dann wird bei einer Einteilung des Kosmos in gleich große Zellen der Inhalt jeder Zelle derselbe sein. Es ist ferner bedeutungslos, ob man die Wandungen dieser gedachten Zellen als durchlässig oder ideal gut reflektierend annimmt, denn es macht, da alle Zellen gleichartig sind, keinen Unterschied, ob man an der Wandung Teilchen und

Strahlung aus der eigenen Zelle reflektiert oder aus der Nachbarzelle eintreten läßt. Natürlich aber müssen diese Zellen an der Expansion der Welt teilnehmen, also selber expandieren. Akzeptiert man dieses sehr naheliegende Postulat, so kann man etwa die Wirkung der Expansion der Welt auf den Zustand der Materie und der Strahlung dadurch studieren, daß man die Wirkung der Expansion der Zelle untersucht. Dadurch wird das Problem überschaubarer.

Rechnet man die Expansion des Kosmos zurück, so verringert eine herausgegriffene Zelle ihr Volumen V, während die Materiemenge in ihr erhalten bleibt. Hieraus folgt, daß die Materiedichte mit V^{-1} anwachsen muß. Dies gilt solange die Geschwindigkeiten der Teilchen klein gegenüber der Lichtgeschwindigkeit bleiben und damit der Druck der Materie p_m klein gegenüber $c^2 \cdot \varrho_m$ bleibt. Auch die Zahl der Photonen des Strahlungsfeldes bleibt, sofern Wechselwirkung mit der Materie fehlt, erhalten. Bei der Reflexion an den als spiegelnd anzunehmenden Wänden der Zelle erhöht sich aber durch Doppeleffekte die Frequenz der Photonen, wenn die Wände bei einer Kompression zusammenrücken. Während also die Gesamtphotonenzahl in der Zelle erhalten bleibt, wächst die Frequenz jedes Photons im Verhältnis der Verringerung der linearen Ausdehnung der Zelle. Im gleichen Verhältnis wächst damit aber auch ihre Energie.

So nimmt die Energiedichte des Strahlungsfeldes u_r, die das Produkt aus Photonendichte und mittlerer Energie der Photonen ist, und schließlich auch seine Massendichte $\varrho_r = u_r/c^2$ bei abnehmendem Volumen mit $V^{-4/3}$ zu. Bei einer solchen Kompression geht ein Hohlraumstrahlungsfeld wieder in ein Hohlraumstrahlungsfeld über, allerdings einer höheren Temperatur. Nach dem Stefan-Boltzmannschen Strahlungsgesetz gilt für die Temperaturen

$$T^4 \approx \varrho_r.$$

Zur Zeit ist die Dichte der Materie im Kosmos etwa 10^{-30} g $\cdot$ cm^{-3} entsprechend einer Nukleonendichte von rund 10^{-6} cm^{-3}. Die Massendichte des 3-K-Strahlungsfeldes ist 10^{-33} g $\cdot$ cm^{-3} und entspricht einer Photonendichte von 10^3 cm^{-3}. Während beim Zurückgehen in die Vergangenheit, also bei einer Verkleinerung des Volumens das Verhältnis Nukleonendichte: Photonendichte $= 10^{-9}$ erhalten bleibt, wächst die Massendichte des Strahlungsfeldes rascher an als die Dichte der Materie. Trägt man diesen Zusammenhang als Funktion der ebenfalls zunehmenden Temperatur auf, so erhält man das auf S. 657 wiedergegebene Diagramm. Je weiter wir in diesem Diagramm die Kurven nach links, d. h. zu steigenden Temperaturen und damit in die Vergangenheit hinein verfolgen, um so mehr nähern sich die Strahlungs- und Materiedichten an, bis sie sich bei einer Temperatur des Strahlungsfeldes von etwa 3000 K überschneiden. Rechts von dieser Grenze haben wir den uns geläufigen Ma-

teriekosmos, links davon den Strahlungskosmos oder den „Feuerball". Dieses
Bild muß jedoch weiter nach links, zu noch höheren Temperaturen hin vervoll-
ständigt werden. Ist nämlich die Temperatur so hoch, daß die mittlere Energie
der Photonen zur Erzeugung von Elektron-Positron-Paaren ausreicht, so wird
sich die Elektronen- und Positronendichte (allgemeiner, die Dichte der leichten Elementarteilchen, der Leptonen) der Strahlungsdichte anpassen. Dies ist
bei etwa 10^{10} K der Fall, wo das Maximum der Wärmestrahlen bereits im Bereich der Gammaquanten liegt.

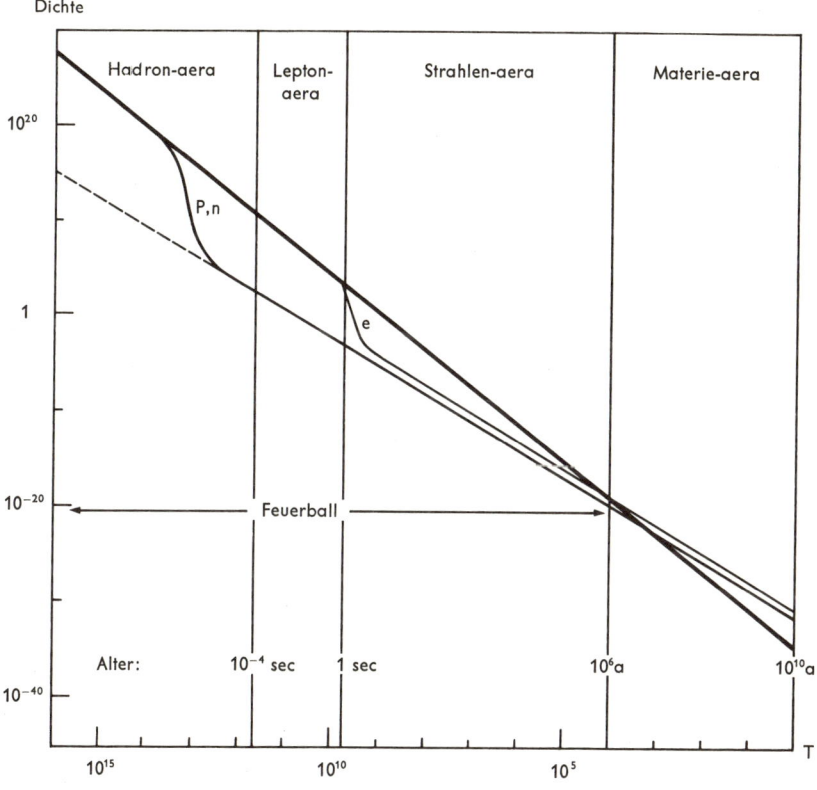

Die Zusammensetzung des expandierenden Universums. Man beachte die Zeitskala

Oberhalb von etwa 10^{12} K ist dann auch die Paarerzeugung von schweren
Elementarteilchen (Hadronen) möglich. Der Kosmos besteht dann aus einem
unvorstellbar dichtem Gemenge von Photonen, Materie und Antimaterie.

Weiter zurück als bis zu einer Dichte von 10^{94} g $\cdot$ cm^{-3} lassen sich die Dinge jedoch aus prinzipiellen Gründen nicht verfolgen.

Tatsächlich ist natürlich die Entwicklung in umgekehrter Richtung verlaufen. Die Ursubstanz, aus der sich die Welt entwickelt hat, nannte Gamow 1949 Ylem, heute spricht man vom „Feuerball" und nennt die frühe Entwicklung „big bang" oder „Urknall". Die anfängliche Entwicklung vollzieht sich auch unvorstellbar rasch und ist einer Explosion vergleichbar. Nach etwa einer Zehntausendstel Sekunde ist die Hadronenaera abgeschlossen. Bis zu diesem Zeitpunkt waren Materie und Antimaterie im Kosmos gleichberechtigt. Dann aber überwiegen die Zerstrahlungsprozesse, d. h. Teilchen und Antiteilchen setzen sich in Strahlung um. Daß schließlich eine Teilchensorte, in unserem Fall die „Materie" übrig blieb ist nur das Resultat einer zufälligen Schwankung in den Dichten. Die Größe dieser Schwankung war 10^{-9}, d. h. die Zahl der Baryonen war zufällig um den Faktor 1,000000001 größer als die Zahl der Antibaryonen. Diese Zahl 10^{-9} hat sich als Verhältnis der Nukleonenzahl zur Photonenzahl bis zum heutigen Tage erhalten. In anderen Bereichen des Kosmos mag dies anders gewesen sein, dort könnte die Antibaryonendichte überwogen haben, mit dem Resultat, daß sich dort Galaxien und Sterne aus „Antimaterie" bildeten. Diese würden sich durch nichts von unserer Welt unterscheiden. Man müßte schon dorthin reisen, um den „feinen "Unterschied zu merken.

Die Entwicklung ist stark verzögert. Bei einem Alter des Kosmos von etwa einer Sekunde ist die Leptonenaera zu Ende und die Strahlungsaera bricht an. Es sei noch angemerkt, daß die am Ende der Hadronen- bzw. Leptonenaera vorhandenen myonischen bzw. elektronischen Neutrinos wegen ihrer kleinen Wirkungsquerschnitte vom Restkosmos entkoppelt sind. Die Temperatur dieser Neutrinos nimmt bei einer Expansion des Kosmos nach der gleichen Gesetzmäßigkeit ab wie die der Strahlung. Es erscheint ausgeschlossen, diesen Neutrinohintergrund von wenigen Kelvin nachzuweisen.

Die Strahlungsaera dauert etwa eine Million Jahre. In ihr bildet sich der wesentliche Teil des ersten schweren Elements, des Heliums (s. S. 522). Die Materie ist noch vollständig ionisiert und dynamisch an das noch immer überwiegende Strahlungsfeld gekoppelt. Galaxien oder gar Sterne können sich noch nicht bilden.

Erst nachdem im weiteren Verlauf der Expansion die Dichte des Materiefeldes überwiegt und das Strahlungsfeld von der Materie entkoppelt ist, können sich unter dem Einfluß der Schwerkraft so große Strukturen wie Galaxien und dann auch Sterne bilden. Das grandiose Feuerwerk des Urknalls ist vorüber.

3. Zeit und Raum

a) Die Struktur der Zeit

Geschichtlichkeit

Die drei Koordinaten des Raumes und die Zeitkoordinate werden oft gemeinsam zu einer vierdimensionalen Weltbeschreibung zusammengefaßt. — Trotzdem muß man sich klarmachen, daß die Zeit sich prinzipiell vom Raum unterscheidet. Im Raum ist kein Punkt vor dem anderen ausgezeichnet und auch keine Richtung vor der anderen. Bei der Zeit dagegen ist der jeweilige Zeitpunkt der Gegenwart vor allen anderen ausgezeichnet, und auch die Richtung des Zeitablaufes ist nicht umkehrbar; in der Welt laufen eine Reihe irreversibler Prozesse ab, die die Rückkehr der Welt in einen früheren Zustand unmöglich machen. C. F. v. Weizsäcker hat dies die „Geschichtlichkeit der Zeit" genannt. Für den Unterschied der beiden Zeitrichtungen wählte er die Formulierung: Die Vergangenheit ist *faktisch*, die Zukunft ist *möglich*.

Relativität

Für unser normales Empfinden ist der Ablauf der Zeit etwas „Absolutes": Eine Stunde ist eine Stunde, ganz gleich wo und für wen. — Demgegenüber behauptet die Relativitätstheorie, daß auch der Ablauf der Zeit relativ ist: Sitzen zwei Beobachter in zwei Raketen, die sehr schnell aneinander vorbeifliegen, so läuft für jeden der beiden Beobachter seine „Eigenzeit" schneller ab als die Zeit des anderen Beobachters (Zeitdilatation). So paradox dies zunächst klingen mag, ist es doch inzwischen experimentell einwandfrei bestätigt worden. Eine gewisse Art von Mesonen (mittelschwere Elementarteilchen, die nach einer kurzen „Lebensdauer" von selbst wieder zerfallen) lassen sich experimentell erzeugen und kommen auch in der natürlichen Höhenstrahlung vor. In der Höhenstrahlung ist jedoch ihre Lebensdauer (von uns aus gemessen!) bis 100mal länger. Dies war zunächst ganz unverständlich, bis man bemerkte, daß die Mesonen der Höhenstrahlung nahezu mit Lichtgeschwindigkeit fliegen, die experimentell erzeugten Mesonen jedoch weit langsamer. Man griff zu den Formeln der Relativitätstheorie, rechnete nach und stellte fest, daß die Höhenstrahlmesonen zwar in unserer „Laborzeit" 100mal länger lebten, in ihrer „Eigenzeit" jedoch genau die gleiche kurze Lebensdauer hatten, wie die langsameren anderen Mesonen.

Das obige Beispiel betraf den Fall, daß zwei Beobachter einmalig aneinander vorbeifliegen. Noch schwieriger zu verstehen ist es, wenn ein Beobachter ruhend zurückbleibt, während der andere eine längere Reise unternimmt, nahezu mit Lichtgeschwindigkeit, und dann wieder zurückkommt. Dann ist für den zurückbleibenden Beobachter die Zeit schneller abgelaufen als für den Reisenden; der zurückbleibende ist inzwischen älter geworden, falls beide vorher gleich alt waren. Allerdings macht sich dieser Effekt erst in der Nähe der Lichtgeschwindigkeit bemerkbar. Auch auf einem „Sputnik" sollte die Zeit etwas langsamer vergehen als hier auf der Erde, aber der Unterschied ist gegenwärtig noch nicht meßbar. Vielleicht wird dies in Zukunft mit sogenannten „Atomuhren" möglich werden, ein Experiment, dessen Ausgang mit Spannung erwartet wird. Weiterhin ist zu bedenken, daß der menschliche Körper keine hohen Beschleunigungen verträgt und daß es somit viele Jahre dauern würde, bis man mit erträglicher Beschleunigung dicht an die Lichtgeschwindigkeit herankäme. — Wäre ein solcher Reisender jedoch bereit, etwa 30 Jahre seines eigenen Lebens an einen solchen Versuch zu geben, und wären alle technischen Probleme gelöst (Energievorrat, Beschleunigung, Versorgung, siehe jedoch S. 692), so könnte er während dieser Zeit etwa bis zum *Orionnebel* fliegen und wieder zurück, bei seiner Rückkehr jedoch wären auf der Erde inzwischen etwa 3 000 Jahre vergangen (Grundlage dieser Berechnung ist: Beschleunigung und Bremsung stets mit 1 G).

Die Relativitätstheorie behauptet noch mehr solcher zunächst verblüffender Dinge, z. B., daß die Masse eines Körpers um so größer wird, je dichter seine Geschwindigkeit an die Lichtgeschwindigkeit herankommt, was in Experimenten an schnellfliegenden Elektronen genau bestätigt wurde. Weiterhin, daß kein Körper, keine Energie und kein Signal schneller fliegen kann als das Licht; auch hiermit sind alle Experimente in Übereinstimmung. Schließlich noch, daß jede Energie eine gewisse Masse darstellt, daß also auch das Licht der Schwerkraft unterliegt; auch dies hat sich bestätigt. Bei Sonnenfinsternissen konnte gezeigt werden, daß das Licht der Sterne beim dichten Vorübergang an der Sonne von deren Anziehungskraft ein wenig von seiner geradlinigen Bahn abgelenkt wird.

b) Die Größe der Welt

Der bekannte Bereich

Die größten Entfernungen, die man bei Nebeln noch messen kann, liegen etwa bei 800 Mpc, das sind zweieinhalb Milliarden Lichtjahre. Bei Aufnahmen mit den größten Fernrohren und den längsten Belichtungszeiten sieht man zwar eine große Anzahl noch schwächerer Nebel, die etwa doppelt so weit entfernt sein mögen, doch müssen hierfür die Methoden der Entfernungsbestimmung erst noch ausgearbeitet werden.

Der Blick unserer größten Fernrohre reicht somit einige Milliarden Lichtjahre in den Raum hinaus; und größere Fernrohre zu bauen, hat wenig Sinn, da die Luftunruhe der Erdatmosphäre unserer Beobachtung eine Grenze setzt (s. S. 181). Innerhalb dieses ganzen Bereiches ist die Welt homogen (gleichförmig), zumindest konnte keinerlei Abweichung festgestellt werden. Im einzelnen ergab sich:

1. In welche Richtung und Entfernung wir auch immer blicken, überall treffen wir die gleiche Materie, die gleichen Himmelskörper und auch die gleichen Naturgesetze an.

2. Der gesamte Raum, den wir überblicken, ist gleichmäßig mit Materie erfüllt. Zwar gibt es Nebelgruppen und Nebelhaufen, doch im Mittel über größere Bereiche ist die Materiedichte in jeder Richtung und in jeder Entfernung die gleiche wie bei uns.

3. In dem gesamten Raum, den wir überblicken, expandiert die Welt gleichförmig, und auch von jedem anderen Nebel würde sich der gleiche Anblick bieten. — Diese Expansion scheint gebremst zu sein, doch sind genaue Angaben zur Zeit noch nicht möglich.

Diese Feststellungen bilden die Grundlage des kosmologischen Homogenitätspostulats.

Wie geht es weiter?

Die Welt kann nicht homogen sein und zugleich unendlich groß, denn dann würden sich unendlich starke Kräfte der gegenseitigen Anziehung aller Massen ergeben. — Ein weiterer Einwand kommt durch die Expansion. Soweit wir sehen, expandiert die Welt linear (proportional zur Entfernung). Die fernsten noch meßbaren Nebel fliegen bereits mit einem Fünftel der Lichtgeschwindigkeit. Nun kann aber nichts schneller fliegen als das Licht. Das heißt dann also: Wenn die gesamte Welt linear expandiert, so kann sie höchstens fünfmal so groß sein, also etwa 13 Milliarden Lichtjahre groß. Es ist auch kein Anzeichen dafür vorhanden, daß die Expansionsgeschwindigkeiten in den größten Entfernungen etwa weniger groß würden, die beobachtete Abweichung von der Linearität geht in der entgegengesetzten Richtung.

Zusammenfassend läßt sich nur sagen:

Die Welt, so wie wir sie kennen,
ist höchstens etwa 13 Milliarden Lichtjahre groß.

c) Die Struktur des Raumes

Falls die Welt nicht unendlich ist, so taucht die Gegenfrage auf: Wie sollen wir uns eine endliche Welt vorstellen? Auch dies hat seine Schwierigkeiten. — Eine recht verblüffende Lösung dieser uralten Frage wird von der allgemeinen Relativitätstheorie angeboten. Danach ist es zwar nicht notwendig, aber durchaus möglich und denkbar, daß der Raum nicht *euklidisch*, sondern *„gekrümmt"* ist.

Für den euklidischen Raum ist charakteristisch, daß jede Gerade unendlich lang ist und daß zwei Parallelen stets den gleichen Abstand behalten. In einem „positiv gekrümmten" Raum dagegen sind Geraden in sich geschlossen, und Parallelen schneiden sich in bestimmter Entfernung (Räume mit negativer Krümmung sollen hier nicht besprochen werden). Der positiv gekrümmte Raum verhält sich somit zum euklidischen Raum genauso, wie sich die Oberfläche einer Kugel zu einer Ebene verhält.

Geht man auf der Kugeloberfläche immer geradeaus in gleicher Richtung, so kommt man von hinten her wieder zum Startpunkt zurück. Das gleiche gilt im gekrümmten Raum: Würde eine Superrakete von der Erde starten und immer geradeaus weiterfliegen, so käme sie schließlich genau von der Gegenrichtung her bei der Erde wieder an. — Vergessen wir nicht, daß die Vorstellung der runden Erde und der „unten" lebenden Bewohner in vergangener Zeit den Menschen keine geringere Schwierigkeit bereitet hat als uns heute der gekrümmte Raum. Auch an diese Vorstellung würde man sich gewöhnen können.

Falls der Raum positiv gekrümmt ist, dann ist die Welt also nicht begrenzt, sie ist nirgends „zu Ende". Und doch ist ihr Rauminhalt nicht unendlich, sondern eine feste Zahl von Kubikmetern, die sich allerdings durch die Expansion ständig vergrößert. Vielen Forschern scheint dies eine sehr elegante Lösung der alten Streitfrage zu sein, ob die Welt endlich sei oder nicht. — Man mag einwenden, daß diese Lösung nicht anschaulich sei. Mathematisch jedenfalls ist sie voll befriedigend; und ob sie eine gute Beschreibung der Wirklichkeit ist oder nicht, das können zukünftige Beobachtungen eventuell zeigen. — Weiterhin gibt es in dieser Welt eine „größte Länge", nämlich die Länge einer in sich geschlossenen Geraden. Dies ist eine merkwürdige Analogie zu der „kleinsten Länge", die in der modernen Atomphysik eine Rolle spielt und die auch nicht sehr anschaulich ist.

Vielleicht wäre es zu viel verlangt, daß die Welt auch im Bereich des Allergrößten sowie des Allerkleinsten noch mit unserem Anschauungsvermögen, das sich an Bereichen normaler Größe gebildet hat, zu verstehen sei. Wir sollten uns vielmehr darüber wundern, bis zu welch hohem Grade sich die Welt mit unserer Mathematik verstehen läßt.

4. Kosmologie

Während der vorige Abschnitt die Eigenschaften von Zeit und Raum ganz allgemein behandelte, wollen wir nun etwas mehr in die Einzelheiten gehen, doch kann nur ein kurzer Überblick über die wichtigsten Dinge gegeben werden.

Die Wissenschaft vom Universum, vom Weltganzen, heißt Kosmologie. Nur im engen Zusammenspiel von Theorie und Beobachtung kann sie fruchtbar sein: Eine Theorie hat nur dann Wert, wenn sie nachprüfbar ist, und Beobachtungen werden erst sinnvoll durch ihre Deutung. So liefert die Beobachtung zunächst Hinweise für die Theorie, und die Theorie liefert Weltmodelle, die durch die Beobachtung zu prüfen sind.

Eine prinzipielle Schwierigkeit liegt darin, daß der Beobachtung nicht nur technische, sondern allgemeingültige Grenzen gesetzt sind, während die Theorie bestrebt ist, die Welt als Ganzes zu erfassen.

a) Weltmodelle

Raum und Zeit faßt man meist zusammen unter dem Begriff „Welt". Die Welt wird beschrieben in einem System aus vier Koordinaten: drei Koordinaten des Raumes und eine der Zeit. Die Art und Weise, in der sich die verschiedenen Koordinaten zu einem resultierenden Abstand s zusammensetzen, nennt man die Metrik der Welt. Die Metrik mehrdimensionaler Räume wurde von dem Mathematiker Riemann untersucht, der die euklidische Metrik erweiterte (s. S. 662) und auch beliebig gekrümmte Räume zuließ (z. B. gilt der Satz des Pythagoras, $s^2 = a^2 + b^2$, weder auf der Oberfläche einer Kugel noch in einem gekrümmten Raum). Wir wollen nun voraussetzen, daß die von Riemann gefundenen Gesetze sich auf die Welt anwenden lassen.

So weit unsere Beobachtung reicht, ist der Raum gleichförmig mit Materie erfüllt (s. S. 661), und auch die Expansion ist überall die gleiche (s. S. 647). Verallgemeinern wir dies für den gesamten Raum, so ist kein Punkt vor dem anderen ausgezeichnet (die Welt ist *homogen*) und auch keine Richtung vor der anderen (die Welt ist *isotrop*).

Aus diesen drei Forderungen:

1. Riemannsche Metrik,
2. Homogenität,
3. Isotropie

folgt dann, daß sich die Metrik (differentiell) in der folgenden Form schreiben läßt:

$$ds^2 = c^2 dt^2 - R^2(t) \, du^2.$$

Dabei ist ds der 4dimensionale Abstand zweier benachbarter Ereignisse und dt ihr zeitlicher Abstand. Ihr räumlicher Abstand ist du, gemessen in einem Koordinatensystem u, das fest an der Materie hängt und die Expansion der Welt mitmacht. R(t) ist ein zeitabhängiger Skalenfaktor von der Dimension einer Länge, der die Expansion der Welt beschreibt (z. B. der Krümmungsradius des Raumes). Als „physikalische" Entfernung l definieren wir

$$l = R \cdot u$$

Könnten wir die Expansion für eine Weile aufhalten, so ist l gerade die Entfernung, die wir durch die Laufzeit des Lichtes dann messen würden.

Nun fehlt noch eine weitere Annahme, um den Verlauf von R(t) bestimmen zu können (und erst dann läßt sich die Formel der Metrik integrieren). Nur zwei solcher Annahmen sollten hier besprochen werden. In der allgemeinen Relativitätstheorie wird ein bestimmter Zusammenhang zwischen Gravitation und Raumkrümmung vorausgesetzt („jeder Körper bewegt sich auf einer geodätischen Linie"). Dies führt auf eine Differentialgleichung für R(t), die in ihrer einfachsten Form drei verschiedene Lösungstypen hat, je nachdem, ob die Welt hyperbolisch, parabolisch oder elliptisch expandiert (s. S. 650). Weiterhin ergibt sich, daß Expansion und Raumkrümmung zusammenhängen: Nur bei parabolischer Expansion ist der Raum euklidisch; er ist negativ gekrümmt bei hyperbolischer und positiv bei elliptischer Expansion.

Ein zweiter, jetzt durch die Entdeckung der Hintergrundstrahlung und ihre Interpretation, eigentlich widerlegter Ansatz ist die sogenannte Steady-state Theorie (stationärer Zustand). Hier wird vorausgesetzt, daß die Welt nicht nur an jedem Ort, sondern auch zu jeder Zeit den gleichen Anblick bietet. Dann muß aber auch die Dichte zeitlich konstant sein, und wegen der Expansion müßte nun überall laufend neue Materie erzeugt werden. In diesem Modell wachsen alle Abstände exponentiell mit der Zeit, der Raum ist euklidisch.

Zwei zur Beschreibung der Welt wichtige Größen sind die Hubble-Konstante H und die Beschleunigungszahl q, dies sind die erste und zweite zeitliche Ableitung von R:

$$H = \frac{\dot{R}}{R} \quad \text{und} \quad q = -\frac{R\ddot{R}}{\dot{R}^2}$$

Beides sind Funktionen der Zeit, ihre augenblicklichen Werte wollen wir H_0 und q_0 nennen; q ist konstant für parabolische Expansion (q = 0.5) und Steady state (q = —1).

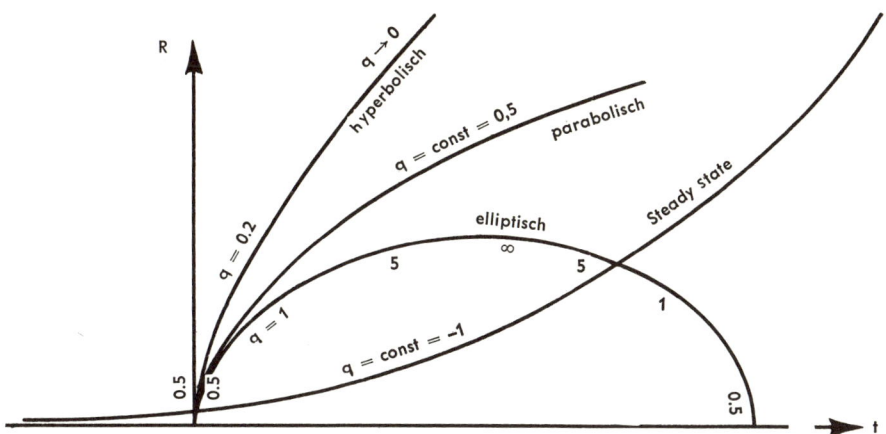

Der zeitliche Verlauf von R und q für verschiedene Weltmodelle

Weltmodell	q_0	Expansion	Raumkrümmung
Steady state	$q_0 = -1$	exponentiell	null
relativistisch	$0 \leq q_0 < \frac{1}{2}$	hyperbolisch	negativ
	$q_0 = \frac{1}{2}$	parabolisch	null
	$q_0 > \frac{1}{2}$	elliptisch	positiv

In einem positiv gekrümmten Raum gibt es zu jedem Standpunkt einen „Antipol" und in dessen halber Entfernung einen „Äquator". Zwei Geraden, die sich im eigenen Standpunkt schneiden, haben im Äquator ihren größten Ab-

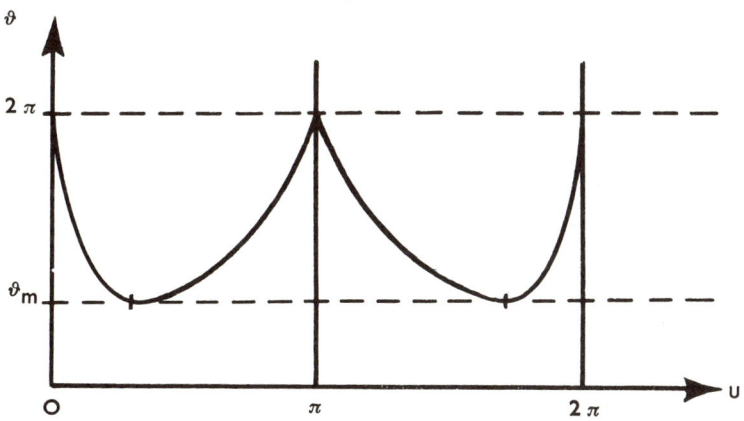

Winkeldurchmesser ϑ und Abstand u

stand und schneiden sich wieder im Antipol. Die Größen u und l hängen
wie folgt zusammen:

u	l
0	Start
$\pi/2$	Äquator
π	Antipol
2π	voller Umlauf

Könnten wir über unseren Antipol hinausblicken, so würden wir die entfern-
testen Spiralnebel zweimal sehen, in genau entgegengesetzter Richtung (mit
gleichem Winkeldurchmesser, aber mit verschiedener Helligkeit und Rotverschiebung). — Die beobachteten Winkeldurchmesser der Nebel nehmen mit der
Entfernung ab. In einem positiv gekrümmten Raum gibt es jedoch einen kleinsten Durchmesser, der in einer statischen Welt genau am Äquator liegen
würde und in einer expandierenden Welt näher am Beobachter. Bei größerer
Entfernung nehmen die Durchmesser wieder zu und würden am Antipol unendlich werden.

b) Der Horizont

Wenn die Welt ein endliches Alter hat und das Licht eine endliche Geschwindigkeit, so kann es Teile der Welt geben, deren Licht uns während des bisherigen Weltalters noch nicht erreicht hat. Diese Teile der Welt sind also für uns
prinzipiell nicht beobachtbar, sie liegen außerhalb unseres Horizontes. Der
Horizont ist daher definiert als die Grenze zwischen beobachtbaren und nicht
beobachtbaren Dingen, er ist eine Kugelfläche mit dem Beobachter im Zentrum. Ein Beobachter in einem anderen Ort hat einen anderen Horizont als
wir, aber mit dem gleichen Durchmesser; der Durchmesser des Horizontes
wächst mit der Zeit, und immer fernere Nebel werden beobachtbar.
In manchen Weltmodellen gibt es keinen Horizont, z. B. in der Steady-state-
Theorie und in dem relativistischen Modell mit $q_0 = 0$. In den relativistischen
Modellen mit $q_0 > 0$ gibt es einen Horizont. Dinge, die genau am Horizont
liegen, würden wir gerade im Zeitpunkt ihres Entstehens sehen (am „Anfang
der Welt"), also mit einem Alter $\tau = 0$. Ihr Licht jedoch hätte unendliche Rotverschiebung, $z = \infty$. Das heißt, wir können nicht bis genau an den Horizont
blicken, sondern nur bis dicht davor.

$$\left.\begin{array}{l} z = \infty \\ \tau = 0 \end{array}\right\} \text{ am Horizont.}$$

Verflechtung

Die Kosmologie fragt im wesentlichen nach drei Dingen: nach der
Struktur des Raumes, nach dem Alter der Welt und ihrer Expansion und
nach der Entstehung und Entwicklung der vorhandenen Objekte. Man würde

also gern an die Beobachtung drei Arten von Fragen einzeln stellen, sozusagen Raumfragen, Zeitfragen und Objektfragen. Ungünstigerweise sind jedoch in der Beobachtung alle drei Dinge notwendig miteinander verflochten; wir erhalten stets gleichzeitig Antworten auf alle drei Fragen, und die Entflechtung dieser Antworten ist eines der schwierigsten Probleme. Wir können nicht große Entfernungen betrachten, ohne gleichzeitig in die Vergangenheit zurückzublicken, und beobachten können wir schließlich nur Objekte mit eigener Geschichte und Entwicklung.

Wenn wir extrem große Instrumente bauen und alle technischen Probleme lösen könnten, so sähen wir bis dicht an den Horizont (falls $q_0 > 0$). Wir wären somit in der Lage, die Zeitfragen voll zu beantworten, da die *gesamte* Geschichte der Welt sich innerhalb des Horizontes überblicken läßt ($\tau = 0$ am Horizont). Um jedoch auch die Raumfragen voll beantworten zu können, müßten wir ein beträchtliches Stück der Krümmung überblicken. Wir müßten, sagen wir, etwa bis zum Äquator sehen können; das aber heißt, der Äquator müßte noch vor dem Horizont liegen, was ebensogut auch nicht der Fall sein könnte. Hier müssen wir die Welt so nehmen, wie sie ist, und falls der Äquator erst weit hinter dem Horizont liegt, so läßt eine direkte Beobachtung der Raumkrümmung sich auch mit den größten Instrumenten nicht erzwingen. Die folgende Figur zeigt, daß der Äquator hinter dem Horizont liegt, falls der gegenwärtige Wert der Beschleunigungszahl in den Bereich fällt.

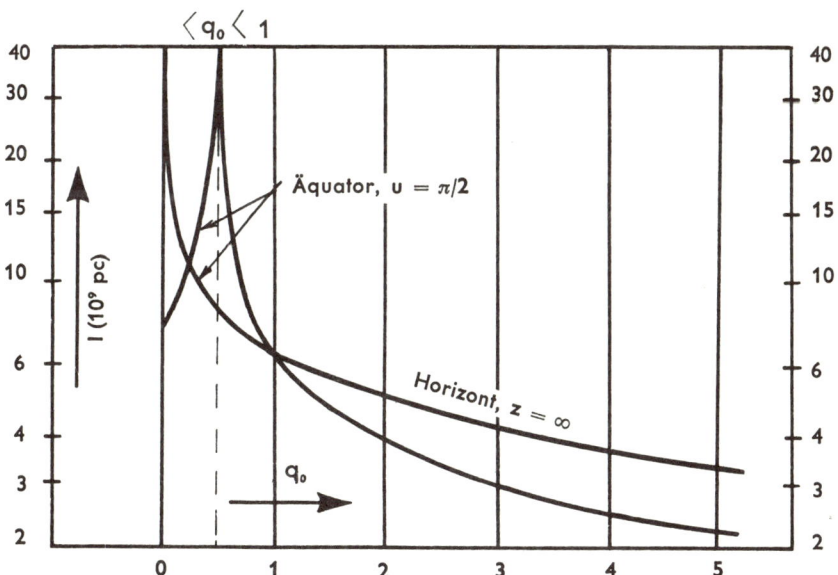

Die Entfernung zu Horizont und Äquator für relativistische Weltmodelle, in Abhängigkeit vom gegenwärtigen Wert der Beschleunigungszahl q_0

Ein weiteres noch ungelöstes Problem liegt in der Verflechtung der Weltstruktur mit der Geschichte der Objekte, denn wir können „die Welt" nicht direkt beobachten, sondern nur ihre Objekte, weit entfernte Spiralnebel und Nebelgruppen; und je mehr sich unsere technische Beobachtungsgrenze dem Horizont nähert, in um so jüngerem Zustand sehen wir diese Objekte. Sofern nun die Eigenschaften der Objekte von ihrem Alter abhängen, können wir Aussagen über Zeit und Raum erst dann gewinnen, wenn wir von unseren Beobachtungen alle die Effekte abziehen, die von der Entwicklung der Objekte herrühren. Würden wir z. B. beobachten, daß die Winkeldurchmesser ferner Nebelgruppen mit wachsender Rotverschiebung (Entfernung) erst immer kleiner würden, dann ein Minimum durchliefen und schließlich wieder größer würden, so könnte dies zweierlei bedeuten. Entweder, die wahren Durchmesser sind zu allen Zeiten die gleichen, und wir leben in einem positiv gekrümmten Raum; oder, der Raum ist ungekrümmt, aber die Nebelhaufen hatten anfangs große Durchmesser und verkleinerten sich dann schnell. Ein zweites Beispiel ist ganz aktuell. Aus dem beobachteten Zusammenhang zwischen Helligkeit und Rotverschiebung (Abbildung S. 649) der fernsten Nebelhaufen könnte man etwa $q_0 \approx 1$ ableiten, falls die Nebel ihre Helligkeit nicht verändern; die Expansion der Welt wäre also elliptisch. Nun weiß man aber, wie die Sterne im Laufe der Zeit ihre Helligkeit verändern, und die Helligkeitsveränderung von großen Sternsystemen läßt sich zumindest grob abschätzen. Nach A. Sandage ergibt sich hieraus eine Korrektur mit dem Ergebnis $q_0 \approx 0.2$, und die Welt sollte hyperbolisch expandieren.

Die folgende Tabelle gibt das Alter, in dem wir weit entfernte Objekte sehen. Für den Zeitbeginn setzen wir $t = 0$ am „Anfang der Welt" (Beginn der Ex-

τ/T als Funktion von z und q_0

z \ q_0	0.0	0.5	1.0	2.5	5.0
0.1	0.909	0.867	0.848	0.814	0.785
0.2	.833	.761	.731	.684	.647
0.4	.714	.604	.565	.512	.475
0.6	.625	.494	.454	.404	.371
0.8	.556	.414	.376	.329	.301
1.0	.500	.354	.317	.275	.251
2.0	.333	.192	.168	.142	.128
4.0	.200	.089	.076	.063	.057
10.0	.091	.027	.023	.019	.017
30.0	.032	.006	.005	.004	.003

pansion). Zur Zeit $t = \tau$ hat ein Objekt Licht abgestrahlt, das uns heute bei $t = T$ erreicht. Wegen der Expansion zeigen die Spektrallinien dieses Lichtes eine Rotverschiebung z. Die Tabelle gibt τ/T als Funktion von z und q_0. Wir erhalten z. B. $\tau/T = 0.494$ für $q_0 = 0.5$ und $z = 0.60$. Das bedeutet: Expandiert die Welt parabolisch, und beobachten wir einen Nebelhaufen, dessen Spektrallinien um 60% ihrer ursprünglichen Wellenlänge verschoben sind, so sehen wir diesen Nebelhaufen zu einer Zeit, da die Welt knapp halb so alt war wie heute. Könnten wir bis zu $z = 10$ beobachten, so hätten die beobachteten Objekte erst knapp $3^0/_0$ des heutigen Weltalters erreicht.

Zusammenfassung

1. Ist $q_0 > 0$ (gebremste Expansion), so könnte man durch extrem weitreichende Instrumente bis dicht an den zeitlichen Anfang der Welt zurückblicken. Ist jedoch $0.285 < q_0 < 1$, so läßt sich von einer etwaigen Raumkrümmung, auch mit größten Instrumenten, nur ein geringer Teil überblicken.

2. Weltmodelle lassen sich nur dann mit der Beobachtung vergleichen, wenn wir wissen, wie sich die beobachteten Objekte mit der Zeit verändern.

GRUNDLAGEN UND PROBLEME DES WELTRAUMFLUGES

Mit „Weltraumflug" soll die Bewegung jedes von Menschenhand gebauten Körpers bezeichnet werden, dessen Bahn dauernd oder vorübergehend über die untere Erdatmosphäre bis 180 km Höhe hinausreicht. Bleibt der Körper im Einflußbereich der Schwerkraft der Erde, so spricht man von einem künstlichen Erdsatelliten. Die Wissenschaft bedient sich der Erdsatelliten als Meßgeräteträger zur Erforschung der irdischen Hochatmosphäre und des erdnahen interplanetaren Raumes (Satellitenforschung). Entweicht der Körper aus dem Schwerebereich der Erde, spricht man von Raumsonden oder, je nach dem zu erreichenden Ziel, von Mondsonden oder von Planetensonden. Die Bewegung von Erdsatelliten oder Raumsonden, die auf ihrem Fluge vorübergehend oder dauernd lenkbar sind, faßt man unter dem Begriff „Astronautik" zusammen. Die Lenkung kann durch Automaten oder durch mitfliegende Astronauten erfolgen. Die Astronautik ist die perfekte Phase des Weltraumfluges.

Die Raumschifflenkung (Astronavigation) ist zur Zeit wegen des aus Gründen der Nutzlast bestehenden Mangels an mitgeführtem Treibstoff nur abschnittweise möglich, wurde aber nicht nur bei Erdsatelliten, sondern auch bei der Bahnkorrektur der Mond- und Planetensonden erfolgreich angewandt.

1. Die physikalischen Grundlagen der Raumfahrt

Schwerkraft und Energie

Hauptprobleme des Weltraumfluges sind die Schwerkraft und die zu ihrer Überwindung notwendige Energie. Die Schwerkraft ist nicht nur beim Start vom Erdboden aus, sondern auch bei der Rückkehr zur Erde durch einen entsprechenden Energieaufwand zu überwinden, einmal als Antriebsenergie und zum anderen als Bremsenergie. Das gleiche gilt auch für Start und Landung auf jedem anderen Himmelskörper.

Die allgemeine Massenanziehung (= Schwerkraft, Gravitation) ist eine Wechselwirkung zwischen allen Körpern. Die Anziehungskraft k ist proportional dem Produkt der an der Anziehung beteiligten Massen (m_1 und m_2), dividiert durch das Quadrat ihres gegenseitigen Abstandes r

$$k = \gamma \, \frac{m_1 \, m_2}{r^2} \, ,$$

wobei γ die aus irdischen Versuchen ermittelte allgemeine Gravitationskonstante ist; ihr Wert beträgt

$$\gamma = 6.68 \times 10^{-8} \text{ cm}^3/\text{g sec}^2.$$

Auch die Körper an der Erdoberfläche ziehen sich gegenseitig an, doch ist die Anziehungskraft zu gering, um aufzufallen:

Die Anziehung	im Abstand von	entspricht dem Gewicht von
zweier Personenkraftwagen	2 m	1.7 Milligramm
zweier Wohnblocks	100 m	25 Gramm

Die Anziehungskraft der gesamten Erde auf die Körper an oder in der Nähe ihrer Oberfläche ist bedeutend größer; wir nennen sie Gewicht. Da aber die Erde keine Kugel ist und keine glatte Oberfläche hat (Geländeprofil), ist die Anziehung und damit das Gewicht der gleichen Masse an verschiedenen Stellen der Erdoberfläche etwas verschieden. Als Einheit für das Gewicht gilt die Anziehungskraft auf die Masse 1 Kilogramm in Seehöhe unter dem 45. Breitenkreis. Diese Gewichtseinheit heißt 1 Kilopond (kp). Je höher man sich über die Erdoberfläche erhebt, um so geringer wird das Gewicht einer bestimmten Masse:

Die Abnahme des Gewichtes von 100 kg Masse mit zunehmender Höhe über der Erdoberfläche

Höhe in km	Höhe in Erdradien	Gewicht in kp
6378	1	25
12756	2	11
19110	3	6.3
25480	4	4.0
31850	5	2.8
38220	6	2.0
44590	7	1.6

Wegen der Veränderlichkeit des Gewichts mit dem Abstand von der Erdoberfläche soll im folgenden das Gewicht der Satelliten und Raumsonden stets in Kilogramm gegeben werden

Auf den anderen Planeten des Sonnensystems ist die Schwerkraft der Masse der Planeten entsprechend größer oder kleiner.

Ein Mensch von 80 kp auf der Erde würde auf dem Mond nur 13 kp, dagegen auf dem Jupiter 212 kp wiegen. Entsprechend weniger oder mehr Energie müßte man aufwenden, um eine Rakete vom Mond bzw. vom Jupiter auf eine Satelliten- oder Raumsondenbahn zu starten.

Die Schwerkraft an der Oberfläche des Mondes, der Sonne
und der neun großen Planeten

Körper	Radius km	Dichte g/cm³	Gewicht v. 1 l Wasser g	Entweich- geschwind. km/sec
Sonne	696000	1.41	27900	618
Merkur	2420	5.3	370	4.2
Venus	6200	4.95	870	10.3
Erde	6378	5.52	1000	11.2
Mond	1738	3.34	165	2.38
Mars	3400	3.95	384	5.0
Jupiter	71400	1.33	2650	61
Saturn	60400	0.69	1140	37
Uranus	23800	1.56	960	22
Neptun	22300	2.27	1500	25
Pluto	7200	4	800	10

Zur Hebung eines Körpers in eine bestimmte Höhe über der Erdoberfläche ist Energie nötig, die der Schwerkraft entgegenwirkt. Die gebräuchlichen Energiemaße sind das Meterkilogramm (1 mkg ist die Energie, die nötig ist, um die Masse 1 kg um 1 Meter zu heben) und die Kilowattstunde (1 kWh = = 367098 mkg). Treibt man 1 kg mit der Energie 1000 mkg nach oben, so wird es jedoch nur um etwas weniger als 1000 m hoch gehoben, denn der Luftwiderstand verzehrt durch Reibung und Stoß einen bestimmten Energiebetrag, der dann nicht zur Hebung beitragen kann. Bei „Schüssen" in größere Höhen wird der Bremswiderstand der Luft wegen der nach oben schnell abnehmenden Luftdichte schnell geringer. Außerdem wird der Körper wegen der Zunahme seines Abstandes von der Erdoberfläche leichter (s. Tab. S. 671). Deswegen wird beim Start von Erdsatelliten der größte Gewinn an Geschwindigkeit erst in großen Höhen und durch relativ kleine Antriebsraketen erreicht.

Um einen Körper von 1 kg Masse endgültig von der Erde fortzubringen, ist eine Energie von

$$6.38 \times 10^6 \text{ mkg} = 17.4 \text{ kWh}$$

nötig, wenn man den Luftwiderstand nicht berücksichtigt. Diese relativ geringe Entweichenergie muß jedoch in der Praxis um ein Mehrfaches überboten werden, weil der Luftwiderstand in der niederen Atmosphäre und der geringe technische Wirkungsgrad der Raketentriebwerke große Energiemengen nutzlos verbraucht.

Geschwindigkeit und Beschleunigung

Die Geschwindigkeit bezeichnet den Bewegungszustand eines Körpers relativ zu einem festen Punkt. Zur exakten Bezeichnung der Geschwindigkeit gehört nicht nur die Angabe ihrer Größe (in km/sec oder in km/h), sondern auch ihrer Richtung. Bereits die Änderung der Richtung einer Bewegung ist als eine Beschleunigung aufzufassen. Sie tritt nämlich ein, wenn durch eine zusätzliche Kraft, die nicht in der Bewegungsrichtung wirkt, eine zusätzliche Geschwindigkeit in einer anderen Richtung erzeugt wird.

Beschleunigung heißt die zeitliche Änderung der Geschwindigkeit; auch das Abbremsen einer Geschwindigkeit ist eine (negative) Beschleunigung oder eine Verzögerung. Eine Beschleunigung von 1 m/sec² verändert innerhalb von 1 sec die Geschwindigkeit um den Betrag 1m/sec. Als Maß für die Beschleunigung wird oft auch die Schwerebeschleunigung G an der Erdoberfläche benutzt:

$$1 \text{ G} = 9.81 \text{ m/sec}^2.$$

An der Erdoberfläche fallen alle Körper (ohne Berücksichtigung des Luftwiderstandes) gleich schnell. Nach 1 sec freiem Fall beträgt die Fallgeschwindigkeit eines Körpers 9.81 m/sec, nach 2 sec das Doppelte, usw. Die nach t sec zurückgelegte Fallstrecke beträgt $\frac{1}{2}$ G t², das sind nach 3 sec z. B. 44.1 m.

Die im täglichen Leben und in unserer modernen Technik vorkommenden Beschleunigungen können die zum Satellitenstart nötigen Beschleunigungen erreichen und sogar kurzzeitig weit übertreffen, wie folgende Übersicht zeigt:

Beispiele für positive Beschleunigung

0.1 G	Personenwagen
0.6 G	Rennwagen
1 G	freier Fall
3 G	Jagdflugzeug bei scharfen Kurven
10 G	Satellitenrakete vor Brennschluß
30 000 G	Gewehrkugel im Lauf

Beispiele für negative Beschleunigung (Bremsung)

0.4 G	Personenwagen mit guter Bremse
6 G	Abfangen eines Flugzeuges beim Sturzflug
8 G	Aufprall im Wasser bei Sprung aus 10 m Höhe
10 G	Raumkapsel beim Eintauchen in die untere Atmosphäre
12 G	beim Öffnen eines Fallschirmes
80 G	Auto fährt mit 45 km/h gegen feste Wand
200 G	Auto fährt mit 70 km/h gegen feste Wand

200 G Fall eines Menschen aus 20 m Höhe flach auf Erde

200 G Bremsung von Meteoriten durch Luftwiderstand.

Die Schwerebeschleunigung spielt in der Raketentechnik eine bedeutende Rolle im Zusammenhang mit der Schubkraft der Raketentriebwerke, das ist die Kraft, die die ausströmenden Gase des Treibstoffes unmittelbar nach Verlassen der Düsen in Form von Bewegungsenergie auf den Raketenkörper übertragen. Dabei spielt die Masse der Rakete (zuzüglich der Nutzlast und der Treibstoffreserven) eine nicht minder große Rolle. Es ist die Schubbeschleunigung einer Rakete gleich ihrer Schubkraft, dividiert durch die Masse der Rakete und das ganze vermindert um 1 G, denn die Erdschwerkraft muß überwunden werden, damit sich die Rakete anhebt:

$$\text{Schubbeschleunigung} = \frac{\text{Schubkraft}}{\text{Masse}} - 1\,\text{G}.$$

Im Vergleich zum Artilleriegeschoß wird die Rakete nicht plötzlich, sondern nach und nach beschleunigt. Diese wichtige Eigenschaft garantiert, daß der Raketenkörper beim Durchfliegen der unteren Luftschichten nicht zerstört wird. Außerdem würde eine zu starke Beschleunigung den mitgeführten Meßgeräten oder den Astronauten Schaden zufügen. Die zum Erreichen der Geschwindigkeit von 11.2 km/sec nötige Schubbeschleunigung muß groß oder kann klein sein, wenn die Brenndauer der Triebwerke klein oder groß ist, wie folgende Tabelle zeigt:

Schubbeschleunigung		
Schub	effektiv	Brenndauer
3 G	2 G	9.5 Minuten
4 G	3 G	6.3 Minuten
6 G	5 G	3.8 Minuten
10 G	9 G	2.1 Minuten

Die rentabelste Möglichkeit, einem Körper eine bestimmte Hebungsenergie zu erteilen, besteht in einer kurzen, starken Beschleunigung. Dieser Fall liegt beim Schuß mit einer Kanone vor. Die Kanone als Antrieb für Satelliten scheidet aber aus zwei Gründen aus: Erstens werden schon bei Beschleunigungen von 1000 m/sec in der Sekunde im Rohr Temperaturen und Drücke erzeugt, die das Rohrmaterial bis an die Grenze des Bruches belasten. Zweitens würde ein an der Erdoberfläche auf 2.5 km/sec Geschwindigkeit beschleunigter Körper durch den Luftwiderstand so stark erhitzt, daß er sich deformiert bzw. bei noch größeren Geschwindigkeiten verbrennt. Als einziges Mittel zur Beschleunigung kommt für Weltraumflugkörper nur eine allmähliche, dafür aber länger anhaltende Energieübertragung in Frage. Dies ist durch das Raketenprinzip (s. S. 679) gewährleistet. Welche Höhen über der Erdoberfläche ein durch Raketen auf bestimmte Geschwindigkeiten beschleunigter Körper ohne Berücksichtigung des Luftwiderstandes erreichen würde, zeigt folgende Tabelle:

v km/sec	H km	v km/sec	H km
2	190	10	25000
4	900	11	204000
6	2500	11.2	unendlich
8	6600		

Ist die Geschwindigkeit 11.2 km/sec, so verläßt der Körper den Schwerebereich der Erde und kehrt nicht wieder zu ihr zurück. Bei allen kleineren Geschwindigkeiten wird nach Erreichen der Gipfelhöhe H die Geschwindigkeit Null und der Körper fällt zur Erde zurück, wobei er (ohne Luftwiderstandseinwirkung) beim Aufschlag auf dem Boden wieder die Startgeschwindigkeit erreicht (Höhen-Forschungsraketen).

11.2 km/sec nennt man die Entweichgeschwindigkeit oder die 2. kosmische Geschwindigkeit. Wird sie um Weniges überschritten, fliegt der Körper ins innere Sonnensystem und wird zu einem künstlichen Planeten, da er im Schwerebereich der Sonne verbleibt. Um auch der Sonnenanziehung endgültig zu entrinnen, müßte man einem Körper die Geschwindigkeit 16.6 km/sec

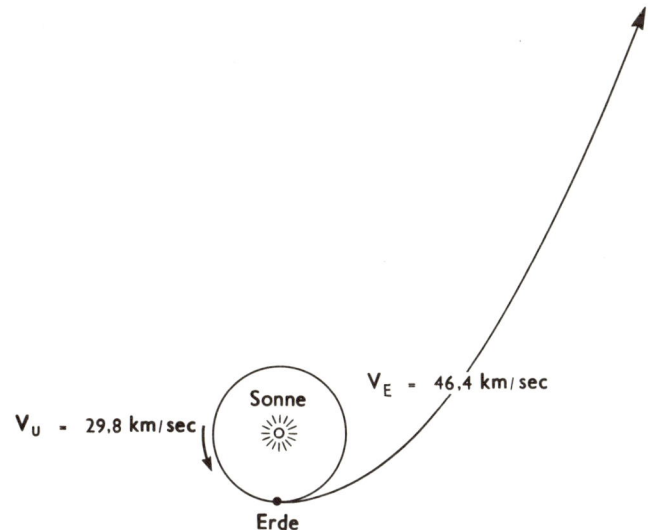

Parabel als Entweichbahn aus dem Sonnensystem

in Richtung der Erdbahnbewegung erteilen, so daß sich die Erdbahngeschwindigkeit von 29.8 km/sec addiert. Die Startgeschwindigkeit eines Körpers, der von der Erde aus das Sonnensystem verlassen soll, müßte also absolut 16.6 + + 29.8 = 46.4 km/sec sein. Die Bahn (s. Abb.) wäre eine Parabel. Die bisherigen Betrachtungen über die Geschwindigkeiten zum Start von Raumflugkörpern beziehen sich auf Flugbahnen, die senkrecht zur Erdoberfläche verlaufen. Wird ein Körper erst in große Höhen gehoben und dann parallel zur Erdoberfläche beschleunigt, erreicht man bei bestimmten Geschwindigkeiten einen Gleichgewichtszustand zwischen der Erdschwerkraft einerseits und der Fliehkraft des Körpers andererseits, der bewirkt, daß der Körper in seiner Endhöhe bleibt und die Erde auf einer geschlossenen Bahnkurve umfliegt. Dieses schon von I. Newton erkannte Satellitenprinzip, das einem waagerechten Wurf mit hoher Anfangsgeschwindigkeit gleichkommt, wurde mit dem Start des ersten sowjetischen Satelliten Sputnik 1 am 4. Oktober 1957 erstmals verwirklicht.

Die dynamische Grundlage der Satellitenbewegung ist die Kreisbahngeschwindigkeit oder erste kosmische Geschwindigkeit, das ist die Geschwindigkeit v_k, die man einem Körper in der Höhe H über der Erdoberfläche erteilen muß, damit er die Erde auf einer Kreisbahn im Abstand H von der

Kreisbahngeschwindigkeit v_k und Umlaufszeit P für verschiedene Bahnhöhen H

Bahnhöhe H	Kreisbahnge-schwindigkeit v_k	Umlaufszeit	
km	km/sec	h	min
200	7.79	1	28
500	7.63	1	34
1 000	7.36	1	45
1 500	7.13	1	56
2 000	6.91	2	07
3 000	6.53	2	31
5 000	5.92	3	22
10 000	4.94	5	48
20 000	3.90	11	49
35 900	3.07	24	00
50 000	2.66	36	53

Erdoberfläche umfliegt. Da die Kreisbahngeschwindigkeit einer Gleichgewichtsbedingung (Schwerkraft = Fliehkraft) genügt, ist sie um so geringer, je größer die Bahnhöhe H ist.

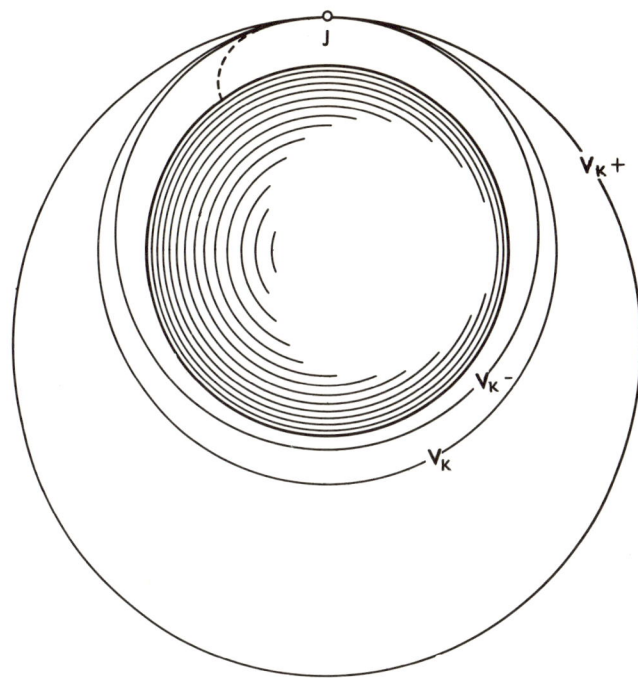

Erzeugung von Ellipsenbahnen
durch Über- oder Unterschreiten der Kreisbahngeschwindigkeit

Die obere Grenze für die Kreisbahngeschwindigkeit, d. h. für die Bahnhöhe $H = 0$, ist v_k 7.91 km/sec, wobei die Umlaufszeit 84.4 min beträgt. Doch ist eine solche Bahn wegen der Existenz der Erdatmosphäre nicht zu verwirklichen. Die höchste Kreisbahngeschwindigkeit ist $1/\sqrt{2} = 0.707$ der Entweichgeschwindigkeit, d. h., es ist $11.2 \cdot 0.707 = 7.91$ km/sec. Wegen der Abnahme der Kreisbahngeschwindigkeit mit der Höhe H ist auch die Entweichgeschwindigkeit in größeren Höhen kleiner. Würde man von einem Satelliten in 10 000 km Flughöhe eine Sonde in Bewegungsrichtung mit nur 2.06 km/sec Geschwindigkeit starten, so würde sie den Bereich der Erdschwerkraft auf einer parabelförmigen Bahn verlassen, denn in 10 000 km Höhe bewegt sich der Satellit mit 4.94 km/sec und die Entweichgeschwindigkeit in dieser Höhe ist $4.94/0.707 = 7.00$. Man brauchte also nur noch eine Zusatzgeschwindigkeit von $7.00 — 4.94 = 2,06$ km/sec zu erzeugen. Aus dieser Betrachtung erkennt man den großen Vorteil von Raumsondenstarts von einem Satelliten in großer Höhe aus (Parkbahntechnik).

Wird bei einem Satellitenstart die Kreisbahngeschwindigkeit in der Höhe H etwas über- oder unterschritten, so wird die Satellitenbahn zu einer Ellipse deformiert. Je größer der Überschuß ist, um so langgestreckter (exzentrischer) ist die Bahnellipse (s. Abb.). Bei unterschrittener Kreisbahngeschwindigkeit und geringer Anfangshöhe wird die Erdnähe der Bahn (Perigäum) so gering, daß der Satellit in der Atmosphäre verglüht, noch ehe er einen Umlauf vollendet hat. Aus Sicherheitsgründen wurde daher bei dem Start der ersten sowjetischen und amerikanischen Erdsatelliten auf die Erzeugung einer Kreisbahn verzichtet. Man gab den Satelliten absichtlich eine etwas höhere Kreisbahngeschwindigkeit, um mit Sicherheit eine stabile Bahn zu erreichen.

Der Luftwiderstand

Die Atmosphäre der Erde ist für die Raumfahrt sowohl im negativen als auch im positiven Sinne von Bedeutung. Die Moleküle ihrer Gase stoßen heftig und um so öfter mit dem Satellitenkörper zusammen, je tiefer er fliegt. Jeder Stoß bedeutet für den Satelliten einen Verlust an Bewegungsenergie und führt zu einem stetigen Absinken in tiefere Atmosphärenschichten. Alle Satelliten, die ganz oder teilweise im Atmosphärenbereich bis 1000 km Höhe fliegen, erleiden diese Bremsung, und ihre Gesamtflugdauer (Lebenszeit) wird dadurch verkürzt.

Andererseits hat die Atmosphäre auch zwei positive Auswirkungen: Satelliten, die in die kritische Höhe zwischen 80 und 40 km gelangen, verdampfen durch die hohe Stoßenergie in kurzer Zeit vollständig. Der Luftschirm der unteren Atmosphäre schützt uns vor Unfällen oder Zerstörungen durch niedergehende Satelliten. Wie die Tabelle auf S. 179 zeigt, ist die Dichte der Luftgase in 150 km Höhe 3.2×10^{-12} g cm^{-3}, d. i. 0.4×10^8mal weniger als am Boden. In 150 km Höhe ist der mittlere gegenseitige Abstand der Moleküle etwa 20 m, am Boden dagegen 7 Millionstel Zentimeter. Ein Quadratmeter der Oberfläche eines Satelliten würde in 150 km Höhe in jeder Sekunde mit 400 Molekülen zusammenstoßen, was ohne physikalische Einwirkung auf die Zustandsform der Oberfläche bleibt. Erst in 80 bis 40 km Höhe nehmen die Stöße derart zu, daß Erwärmung eintritt, die sich bei noch geringerer Höhe sehr schnell zu einer Erhitzung steigert. Nur gelegentlich gelangen Satellitenteile in stark deformiertem Zustand bis zur Erdoberfläche, nämlich dann, wenn ein Satellit infolge Hitzespannungen explodiert und Teile von ihm entgegen der Flugrichtung stark beschleunigt werden. So fand man am 5. September 1962 nach dem Niedergang des Satelliten Sputnik 4 (1960 ε_1) in der Nähe von Milwaukee (USA) ein 9.5 kg schweres Trümmerstück.

Beim Eintauchen bemannter Raumkapseln trägt der atmosphärische Widerstand durch eine stetige Bremsung am Gelingen einer „sanften" Landung wesentlich bei, wenn man durch die Einwirkung von Bremsraketen im Höhenbereich zwischen 150 und 180 km die Geschwindigkeit der Raumkapsel von

7.8 auf 3.7 km/sec herabgesetzt hat. Von 80 km ab übernimmt die Luft die Bremsung des Raumschiffes, wobei ein in Bewegungsrichtung stumpfer Körper besser gebremst wird als ein spitzer (s. Abb.).

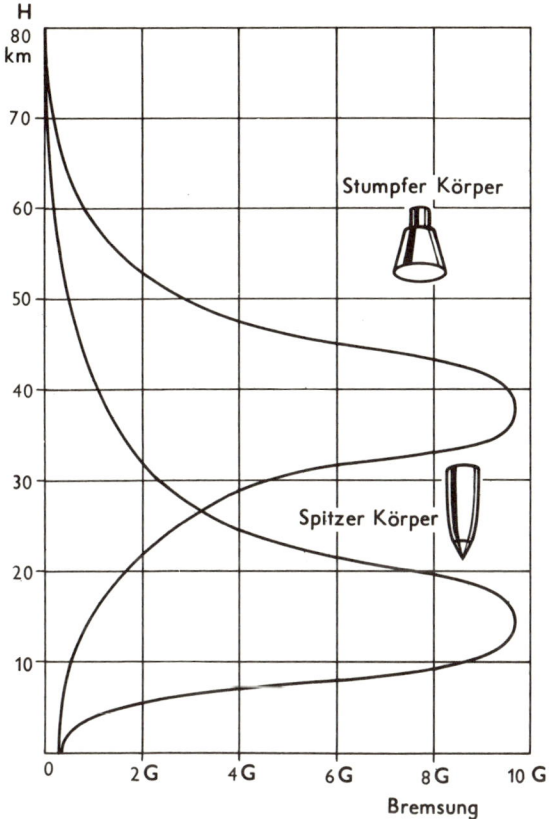

Negative Beschleunigung
beim Eintauchen verschieden geformter Körper in die Erdatmosphäre

2. Grundlagen der Raketentechnik

Das Raketenprinzip

Der Satz von der Erhaltung des Impulses ist die Grundlage des Raketenantriebes. Er besagt, daß sich ein Körper aus eigener Kraft nur dann beschleunigen kann, wenn gleichzeitig ein anderer Körper eine ebenso große und gegengerichtete Kraft erfährt. Jeder Körper, z. B. ein Stein, wird ohne sein Zutun durch die Anziehungskraft zwischen ihm und der Erde beschleunigt. Dabei erleidet auch die Erde eine Beschleunigung zum Stein hin, aber sie ist wegen des enorm großen Massenverhältnisses unmeßbar klein. Bei Beschleunigung durch Rückstoß an einem zweiten Körper kommt auch dieser in Bewegung. Ein Läufer stößt sich beim Starten durch ein Erdloch in der Erdoberfläche ab, wobei die aus dem Loch ausgeworfene Erdmasse eine höhere Geschwindigkeit erreicht als der Läufer. Ein Schiff drückt mit der Schraube das Wasser nach rückwärts und gewinnt dabei Fahrt. Ein Flugzeug tut das gleiche mit dem Propeller oder, falls es Düsenantrieb hat, gewinnt es an Geschwindigkeit durch den Ausstoß von Gasen, die eine beträchtliche Masse haben und dabei selbst beschleunigt werden.

Da der Weltraum leer ist, muß ein Weltraumflugkörper den zum Abstoßen benötigten Vorrat an Masse selbst mitführen. Im leeren Raum gibt es keine andere Möglichkeit der Beschleunigung als den Rückstoß, der durch Ausstoß von Masse in Form von Gasen hervorgerufen wird. Der Flugkörper braucht also außer seinem Energievorrat auch noch einen Massevorrat.

Energievorrat und Massevorrat

Die beiden Größen Energievorrat und Massevorrat spielen bei der Verwirklichung der Weltraumfahrt mittels Raketenantrieb die entscheidende Rolle. Da nach dem Start eines Flugkörpers keine Möglichkeit bekannt ist, ihn mit Energie zu versorgen, muß er die zur weiteren Beschleunigung nötige Energie, d. h. Brennstoff, mitführen. Brennstoff bedeutet Masse, die mitbeschleunigt werden muß. Es wird also außer zur Beschleunigung des Raketenkörpers und der Nutzlast noch zusätzliche Energie zur Beschleunigung des mitgeführten Brennstoffes benötigt. Unsere gegenwärtigen Weltraumraketen bestehen beim Start zu einem sehr hohen Prozentsatz aus Brennstoff. Der weitaus größte Teil des Brennstoffes wird also zur Beschleunigung des Brennstoffes selbst verbraucht, d. h., der technische Wirkungsgrad der Raketen ist sehr niedrig.

Der geringe Wirkungsgrad kommt daher, daß bei normalen chemischen Reaktionen zu wenig Energie frei wird im Verhältnis zum Gewicht des Brennstoffes. Für die Verbrennung von 273 g Kohlenstoff werden z. B. 727 g Sauerstoff benötigt, und die erzeugte Energie beträgt 2.64 kWh. Um das Gesamtgewicht von 1000 g vom Erdboden zu entfernen, wären jedoch 17.4 kWh nötig. Oder umgekehrt ausgedrückt: Um 1 kg Materie in den Weltraum zu befördern, ist die Verbrennungsenergie von 6.56 kg eines Gemisches aus Kohlenstoff und Sauerstoff nötig. Die Verbrennung von Wasserstoff ist zwar günstiger, jedoch nicht sehr viel. Übrigens haben Sprengstoffe keinen besonders hohen Energieinhalt, sie geben nur ihre Energie extrem schnell ab.

Das Verhältnis zwischen Energie und Gewicht würde erst dann befriedigend sein, wenn es gelänge, die Reaktionen freier Radikale auszunutzen. Radikale sind Atome (z. B. einzelne Gasatome) oder Atomverbindungen (z. B. NH$_4$), die normalerweise nicht für sich allein, sondern nur in Verbindung mit anderen vorkommen. In gasförmigem Wasserstoff z. B. sind stets zwei Atome zu einem Molekül vereinigt. Einzelne Wasserstoffatome dagegen sind freie Radikale und sind bestrebt, sich unter Abgabe großer Energie miteinander zu verbinden. — Das Problem besteht weniger in der Herstellung als in der Aufbewahrung freier Radikale. Extrem schnelle und tiefe Abkühlung kann sie unter Umständen daran hindern, zu zerfallen oder sich miteinander zu verbinden. Erprobt wird gegenwärtig eine geringe Beimischung freier Radikale zu normalen Brennstoffen.

Eine in dieser Hinsicht ideale Lösung würde durch die Ausnutzung der Atomenergie erreicht. Das Gewicht des Brennstoffes ist hierbei minimal im Verhältnis zu seiner Energie. Doch treten hier andere Probleme auf, die noch zu lösen sind. Erstens wäre das Gewicht des Reaktors und des Strahlenschutzes für die Besatzung nach dem gegenwärtigen Stand zu groß, um eine wirksame Beschleunigung zu ergeben. Zweitens werden bei chemischen Reaktionen die Verbrennungsgase selbst zum Erreichen des Rückstoßes benutzt, während die im Reaktor erzeugte Energie sich nicht direkt in Beschleunigung umsetzen läßt.

Beispiele für Energieinhalt

	Brennstoff	1 kg Brennstoff liefert die Energie:	Brennstoffmenge für 17.4 kWh:
	Alkohol + Sauerstoff	2.43 kWh	7.2 kg
	Benzin + Sauerstoff	2.60 kWh	6.7 kg
	Naphtalin + Sauerstoff	2.80 kWh	6.2 kg
Chemische	Wasserstoff + Sauerstoff	3.21 kWh	5.4 kg
Reaktionen	Methan + Sauerstoff	2.78 kWh	6.3 kg
	Nitroglyzerin	1.73 kWh	10.0 kg
	Trinitrotoluol	1.10 kWh	15.8 kg
	Schwarzpulver	0.77 kWh	22.6 kg
Freie Radikale	atomarer Wasserstoff	60.1 kWh	290 g
Atomenergie	Uran (Spaltung)	$2 \cdot 10^7$ kWh	0.87 mg
	Wasserstoff (Umwandlung in Helium)	$2 \cdot 10^8$ kWh	0.09 mg

Die Raketenformel

Nach der Tabelle „Energieinhalt" hat 1 kg chemischer Treibstoff nicht genug Energie, um 1 kg Materie auf Entweichgeschwindigkeit zu bringen. Trotzdem ist es möglich, mit viel Brennstoff für eine kleine Nutzlast die Entweichgeschwindigkeit oder sogar eine höhere Geschwindigkeit zu erreichen. Da aber nicht nur die Nutzlast, sondern auch der jeweils noch vorhandene Brennstoffvorrat beschleunigt werden muß, wächst bei einer Vergrößerung der Brennstoffmenge die damit erreichte Geschwindigkeit nur langsam an. Entscheidend ist dabei nach dem Gesetz des Rückstoßes, mit welcher Geschwindigkeit die Verbrennungsgase abgestoßen werden. Die hier beschriebenen Verhältnisse werden mathematisch zusammengefaßt in der sogenannten Raketenformel. Mit den Bezeichnungen:

S = Strahlgeschwindigkeit, mit der die Rückstoßgase die Düse der Rakete verlassen

V = erreichte Geschwindigkeit der Rakete bei Brennschluß (nachdem aller Brennstoff verbraucht worden ist)

M_s = Masse der Rakete beim Start (mit Brennstoff)

M_b = Masse der Rakete bei Brennschluß (ohne Brennstoff)

und den Abkürzungen:

$\mathfrak{B}$ = V/S = Geschwindigkeitsverhältnis

$\mathfrak{M}$ = M_s/M_b = Massenverhältnis oder Massenzahl

lautet die Raketenformel:

$$\mathfrak{B} = \ln \mathfrak{M}$$

(Geschwindigkeitsverhältnis = natürlicher Logarithmus der Massenzahl).

Diese Formel gilt ganz allgemein für jede mögliche Art von Raketenantrieb. Aus der folgenden Tabelle im nächsten Abschnitt ist zu ersehen, daß man extrem viel Brennstoff braucht, um die Raketengeschwindigkeit wesentlich größer als die Strahlgeschwindigkeit zu machen.

Die Wirkungsgradformel

Eine zweite wichtige und ebenfalls ganz allgemeine Formel betrifft den theoretischen Wirkungsgrad einer Rakete. Wir wissen bereits (s. S. 681), daß der Wirkungsgrad der Raketen wegen des Umstandes, daß der Brennstoff zur Beschleunigung des gesamten Aggregates von Anfang an mitgeführt werden muß, nur sehr gering ist. Läßt man eine festgehaltene Rakete auf dem Prüfstand abbrennen, so hat sie ihre Masse an Brennstoff $(M_s—M_b)$ mit der Geschwindigkeit S abgestoßen. Die dafür verbrauchte Energie beträgt $(M_s—M_b) \times$ $\times S^2/2$, und ebensoviel Energie verbraucht natürlich auch eine fliegende Rakete. Die zum Antrieb ausnutzbare Energie, die die Rakete bei Brennschluß besitzt, ist jedoch kleiner und beträgt nur $M_b V^2/2$, wobei V die bei Brennschluß erreichte Geschwindigkeit der Rakete ist. Der Rest der verbrauchten Energie steckt in der hohen Geschwindigkeit, mit der die Rückstoßgase weiterhin durch den Raum fliegen. Der Wirkungsgrad Q ist das Verhältnis der ausnutzbaren zur verbrauchten Energie. Hierfür ist folgende Formel üblich:

$$Q = \frac{M_b V^2}{(M_s—M_b) S^2} = \frac{\mathfrak{V}^2}{\mathfrak{M}—1}$$

Der Wirkungsgrad ist am günstigsten für ein Geschwindigkeitsverhältnis von etwa 1.6 und für ein Massenverhältnis von etwa 5. Nach oben und nach unten fällt der Wirkungsgrad stark ab, wie folgende Tabelle zeigt.

Geschwindigkeits- verhältnis $\mathfrak{V}$	Massen- verhältnis $\mathfrak{M}$	Wirkungsgrad Q
0.001	1.001	0.001
0.01	1.010	0.010
0.1	1.105	0.095
0.5	1.65	0.385
1	2.72	0.582
1.594	**4.93**	**0.647**
2	7.39	0.626
3	20.1	0.471
4	55	0.299
5	148.4	0.170
6	403	0.089
8	2981	0.0215
10	22000	0.0045

Das Mehrstufenprinzip

Die chemischen Brennstoffe haben zu geringe Energie und ihre Verbrennung erzeugt daher zu geringe Strahlgeschwindigkeit. Soll die Brennschluß-Geschwindigkeit V einer Rakete wesentlich größer sein als die Strahlgeschwindigkeit S, so muß das Massenverhältnis $\mathfrak{M}$ sehr groß sein (z. B. für V = 11.2 km/sec bei S = 2.5 km/sec ist $\mathfrak{M}$ = 90). Eine große Brennstoffmenge benötigt jedoch große Tanks und somit einen großen Raketenkörper, der außerdem noch eine bestimmte Festigkeit haben muß. Weiterhin sind zur Verbrennung nötig: Brennkammer, Düse, Regulierungen usw. All dieses ist in der Brennschluß-Masse M_b mit enthalten. Daher kann man M_b nicht beliebig klein machen und folglich auch $\mathfrak{M}$ nicht beliebig groß. In der Praxis liegt $\mathfrak{M}$ meist bei 4 bis 5, ist also viel zu klein für einen Weltraumstart. Man kann jedoch das Massenverhältnis stark vergrößern, indem man auf eine große Rakete (1. Stufe) als Nutzlast eine kleine Rakete (2. Stufe) setzt. Nach Brennschluß der 1. Stufe löst sich die 2. Stufe von der leergebrannten 1. Stufe und wird anschließend gezündet. Die Nutzlast der 2. Stufe besteht nun wieder aus einer noch kleineren Rakete (3. Stufe), die erst nach Brennschluß der 2. Stufe gezündet wird. Das gesamte Massenverhältnis ist jetzt das Produkt aus den einzelnen Massenverhältnissen, und die erreichte Geschwindigkeit ist die Summe der einzelnen Geschwindigkeitsbeträge. Mit drei bis vier Stufen läßt sich die für Satelliten und Raumsonden nötige Geschwindigkeit erreichen. Jedoch ist, wie das nebenstehende Diagramm zeigt, die Stufenzahl nicht beliebig groß wählbar, weil der Gesamtwirkungsgewinn zuletzt immer kleiner wird. Der Wirkungsgrad ist bei der Mehrstufenrakete weit geringer als die in der Tabelle auf Seite 683 angegebenen Werte, da außer dem Brennstoff auch die leeren unteren Stufen auf hohe Geschwindigkeiten beschleunigt werden müssen.

Das Triebwerk

Das Triebwerk einer Rakete hat die Aufgabe, die Massen der Verbrennungsgase mit hoher Geschwindigkeit auszustoßen. Hierfür sind drei Möglichkeiten bekannt:

1. *Thermischer Antrieb:* Ein heißes Gas strömt durch eine Düse aus.

2. *Ionenantrieb:* Elektrisch geladene Atome (Ionen) werden durch elektrische Felder beschleunigt.

3. *Photonenantrieb:* Auch ein Lichtstrahl gibt einen Rückstoß.

Außerdem steckt auch in der Rotation der Moleküle noch eine gewisse Menge Energie. Falls es gelingt, die gesamte Energie des Gases auszunutzen (durch geeignete Wahl der Düsenform, z. B. Lavaldüse), so beträgt die Strahlgeschwindigkeit:

$$S = A \cdot \sqrt{\frac{T}{\mu}} \ \text{km/sec} \qquad \qquad A = \begin{cases} 0.258 \text{ für mehratomige Gase} \\ 0.241 \text{ für zweiatomige Gase.} \end{cases}$$

Das Molekulargewicht der Verbrennungsgase muß also möglichst klein, die Temperatur möglichst groß sein, um eine hohe Strahlgeschwindigkeit zu erreichen. Beides läßt sich jedoch nur in gewissen Grenzen verwirklichen.

Praktisch verwirklicht ist bisher nur der thermische Antrieb. Triebwerke für Ionenantrieb befinden sich in der Entwicklung, und es scheint, daß sie eine große Zukunft haben. Durch Photonenantrieb beschleunigte Raketen sind vorläufig noch Spekulation.

Der thermische Antrieb beruht auf den klassischen Gasgesetzen. Die Moleküle eines Gases fliegen mit um so höherer Geschwindigkeit regellos hin und her, je heißer das Gas ist. Hat das Gas das Molekulargewicht μ und die absolute Temperatur T (absolut = Grad in Celsius + 273 Grad), so ist die mittlere thermische Geschwindigkeit seiner Moleküle

$$v = 0.158 \ \sqrt{\frac{T}{\mu}} \ \text{km/sec.}$$

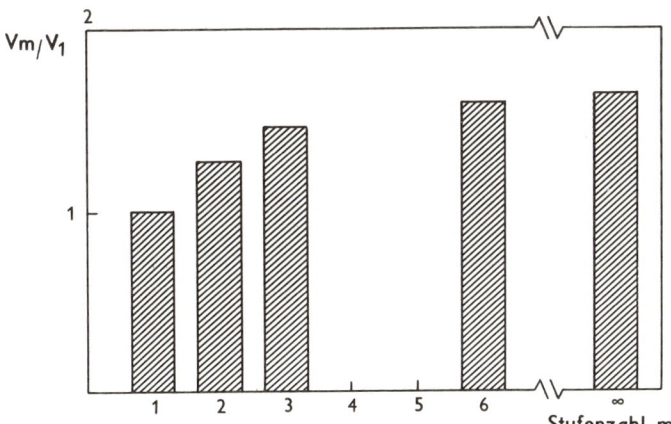

Leistungssteigerung durch Stufenraketen

Gas	Flammentemperatur bei Verbrennung mit reinem Sauerstoff unter Normaldruck
Wasserstoff	2660° C
Acetylen	3135° C
Leuchtgas	2730° C

Erfolgt die Verbrennung bei sehr großem Druck, so lassen sich auch weit höhere Temperaturen erreichen:

Brennstoff	Explosionstemperatur in Druckkammer
Nitroglyzerin	4590° C
Sprenggelatine	4710° C
Schwarzpulver	2380° C

Mit freien Radikalen würden sich Temperaturen über 20000°C erreichen lassen. Die eigentliche Begrenzung der Temperatur wird jedoch durch die Hitzebeständigkeit des Materials vorgegeben, aus dem die Brennkammer und vor allem die Düse besteht. Durch verschiedene Arten von Kühlung kann man die Düse zwar etwas kühler halten als die Verbrennungsgase, jedoch ist der Gewinn nur gering. Über die Hitzebeständigkeit verschiedener Materialien informiert die folgende Tabelle:

Material	Schmelzpunkt
Gewöhnliche Schamottsorten . .	800–1800° C
Sintertonerde	2000° C
Zirkoniumoxid + Siliciumoxid .	2550° C
Siliciumkarbid	2700° C
Vanadiumkarbid	2830° C
Tantal	3030° C
Wolfram	3380° C
Graphit	3500° C
Tantalkarbid	4150° C
Hafniumkarbid	4160° C
Tantalkarbid + Hafniumkarbid .	4215° C

Außer der Hitzebeständigkeit ist jedoch auch, speziell für großen Druck, eine hohe Festigkeit des Materials nötig, und zwischen beiden Forderungen muß ein Kompromiß geschlossen werden. In der Praxis wird es kaum möglich sein, Temperaturen über 4000° C zu benutzen.

In der folgenden Tabelle sind die nach der Formel auf S. 685 berechneten Strahlgeschwindigkeiten S für vier verschiedene Brennstoffkombinationen bei 4000° C zusammengestellt. Dazu sind die Massenverhältnisse für das Erreichen der zweiten kosmischen Geschwindigkeit (11.2 km/sec) und für die Entweichgeschwindigkeit aus dem Sonnensystem unter Anrechnung der Erdbahngeschwindigkeit (16.6 km/sec) mitgeteilt. Unter dem Strich in der Tabelle sind die entsprechenden Werte bei Anwendung von Atomenergie angegeben.

Brennstoff	Molekulargewicht der Rückstoßgase μ	Strahlgeschwindigkeit bei 4000° C S	Massenverhältnis für	
			11.2 km/sec $\mathfrak{M}$	16.6 km/sec $\mathfrak{M}$
Benzol + Sauerstoff	35.3	2.84 km/sec	51	350
Alkohol + Sauerstoff	28.4	3.16 km/sec	35	193
Naphtalin + Sauerstoff	36.6	2.79 km/sec	55	380
Wasserstoff + Sauerstoff	18.0	3.97 km/sec	17	65
Erhitzung von reinem Wasserstoff durch Atomenergie.	2.0	11.1 km/sec	2.7	4.5

Sauerstoff und Wasserstoff sind normalerweise gasförmig. Um den Rauminhalt zu verkleinern, müssen sie flüssig aufbewahrt werden. Dies ist jedoch, vor allem bei Wasserstoff, recht schwierig und kostet Gewicht (Siedepunkte: Sauerstoff = —183° C; Wasserstoff = —253° C). Als Brennstoff verwendet man oft Hydrazin + Salpetersäure und für die kleinere 3. Stufe meist feste Brennstoffe. Strahlgeschwindigkeit und Massenverhältnis sind auch dann den in der obigen Tabelle angeführten Werten vergleichbar.

Bei Verwendung von Atomenergie entstehen keine Verbrennungsgase, daher muß ein gesonderter Massenvorrat mitgeführt werden. Am günstigsten hierfür ist Wasserstoff wegen seines geringen Molekulargewichtes. Würde es gelingen, Uranbrenner geringen Gewichtes herzustellen, so ließe sich reiner Sauerstoff im elektrischen Lichtbogen auf 4000° C aufheizen. Dann könnte bereits eine einstufige Rakete die Erde und sogar das Sonnensystem verlassen.

Damit Brennkammer und Düse nicht schmelzen, darf die Verbrennungstemperatur höchstens 4 000° C betragen. Dieser Wert, zusammen mit dem Molekulargewicht, ergibt die gegenwärtige Begrenzung der Strahlgeschwindigkeit. Deshalb muß das Massenverhältnis so groß sein, daß Mehrstufenraketen nötig sind, die einen extrem geringen Wirkungsgrad haben.

Zukünftige Antriebsarten. Ionenantrieb.

Das Prinzip des Ionenantriebs beruht auf der Tatsache, daß sich gleichnamige elektrische Ladungen abstoßen und ungleichnamige anziehen. Die praktische Verwirklichung dieses Prinzips sieht wie folgt aus: Cäsium wird verdampft und auf eine glühende Platinplatte geblasen. Beim Aufprall verlieren die Cäsiumatome je ein Elektron; sie sind jetzt positiv elektrisch geladen (elektrisch geladene Atome nennt man Ionen). Gegenüber der Platinplatte befindet sich ein Drahtgitter, die Platte ist positiv und das Gitter negativ geladen. Die Cäsiumionen erhalten daher eine Beschleunigung auf das Gitter zu und kommen dort mit hoher Geschwindigkeit an. Der größte Teil von ihnen fliegt durch das Gitter hindurch und verläßt die Rakete als positiver Ionenstrahl. Bei dieser elektrischen Beschleunigung wirken gleichgroße, aber entgegengesetzte Kräfte auf die Ionen einerseits und auf Platte und Gitter andererseits. Die letzteren ergeben den Rückstoß der Rakete.

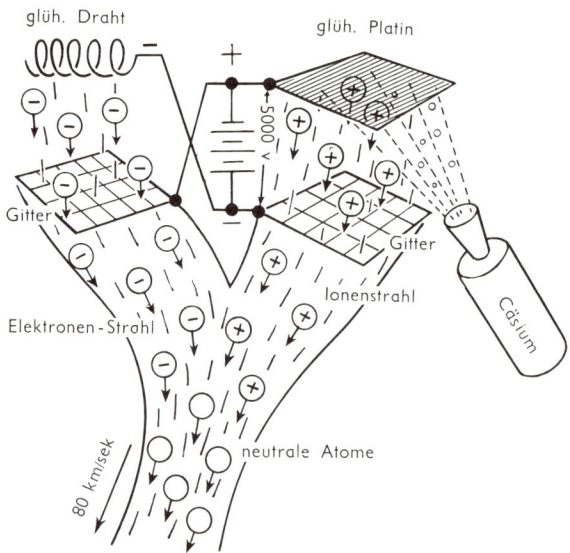

Wirkungsweise des Ionenantriebs

Dabei würde sich jedoch die Rakete immer stärker negativ aufladen, und die Anziehungskraft zwischen Ionenstrahl und Rakete würde nach kurzer Zeit den Rückstoß aufheben. Deshalb läßt man aus einem glühenden Draht Elektronen austreten, die von einem positiven Gitter beschleunigt werden und die Rakete ebenfalls verlassen. Hinter der Rakete vereinigen sich Elektronen und Ionen wieder zu neutralen Cäsiumatomen.

Mit einer Spannung von 5000 Volt zwischen Platte und Gitter ergibt sich eine Strahlgeschwindigkeit von 80 km/sec, und hierin liegt der große Vorteil des Ionenantriebs: hohe Strahlgeschwindigkeit ohne hohe Temperatur. Sein Nachteil ist technischer Art und konnte bisher noch nicht befriedigend überwunden werden. Als Energiequelle kommt vor allem Atomenergie in Frage, und Atomreaktoren sind vorerst noch reichlich schwer im Verhältnis zu ihrer Leistung. Dafür haben sie jedoch den Vorteil langer Brenndauer und geringen Brennstoffbedarfes.

Ein Beispiel für einen Ionenantrieb mit Atomenergie wurde von H. Stuhlinger durchgerechnet. Um bei 5000 Volt und 80 km/sec eine Schubkraft von nur 50 kg zu erhalten, brauchten zwar nur 6 g Cäsium pro Sekunde ausgestoßen zu werden, doch wäre hierfür bereits eine Leistung von 23000 kW nötig. Dies erforderte einen Reaktor von 215 Tonnen Gewicht. Dazu käme noch der Massenvorrat an Cäsium, desgleichen Tanks, Instrumente usw. — Bei dieser großen Gesamtmasse ergibt ein Schub von 50 kg natürlich nur eine ganz geringe Beschleunigung, die nicht einmal ausreicht, um die Rakete von der Erdoberfläche abzuheben. Gelänge es jedoch, eine solche Rakete mit anderen Hilfsmitteln genügend weit von der Erde zu entfernen, so würde anschließend auch eine geringe Beschleunigung bei langer Dauer schließlich doch große Geschwindigkeiten ergeben. Nimmt man eine der Reaktormasse vergleichbare Masse an Cäsium mit, so würden z. B. 360 Tonnen Cäsium für zwei Jahre ausreichen. Bei einem anfänglichen Gesamtgewicht der Rakete von 700 Tonnen ergibt sich:

	Geschwindigkeit km/sec	verbrauchtes Cäsium t
1 Tag	0.06	0.51
1 Monat	1.75	15.0
1 Jahr	21	180
2 Jahre	42	360

Würde man diese Rakete mit anderen Hilfsmitteln auf eine erdnahe Kreisbahn bringen und anschließend den Ionenantrieb einschalten, so wäre eine Reise zum Mars und zurück durchaus möglich.

Eine andere Variante der Energieversorgung für Raketen mit Ionenantrieb ist mit Hilfe der Sonne möglich. Hält man in unserer Entfernung von der Sonne (außerhalb der Erdatmosphäre) eine Fläche von 1 Quadratmeter in die Sonnenstrahlung, so daß die Strahlen senkrecht auftreffen, so empfängt diese Fläche im Laufe einer Stunde eine Energie von 1.34 kWh. Mit anderen Worten: Der Energiefluß (Energie pro Zeit und pro Fläche) beträgt in Erdentfernung 1.34 kW/m². — Gibt man der Fläche die Form eines Parabolspiegels, läßt sich die gesamte Energie in dessen Brennpunkt auffangen und mit Thermoelementen oder Dampfkesseln in elektrische Energie verwandeln. Die nächste Tabelle gibt den Energiefluß der Sonnenstrahlung in der Nähe der Bahnen der neun großen Planeten:

In der Nähe der Bahn von	beträgt der Energiefluß der Sonnenstrahlung kW/m²
Merkur	8.95
Venus	2.55
Erde	1.34
Mars	0.58
Jupiter	0.0496
Saturn	0.0147
Uranus	0.0036
Neptun	0.00149
Pluto	0.00086

Soll en z. B. wieder 50 kg Schub erzeugt werden, so sind 23 000 kW nötig und damit muß die Fläche 17 000 m² betragen. Die Fläche kann man unterteilen, etwa in 20 Spiegel zu je 33 m Durchmesser. Baut man das Ganze nicht schon auf der Erde, sondern erst im Weltraum zusammen, so kann man sehr viel leichter und weniger stabil bauen. Mit einem Drahtgerüst und Metallfolie würden sich etwa 100 g pro m² ergeben, für die gesamte Spiegelfläche also 1.7 Tonnen. Schätzt man die Masse für die 20 Generatoren und das Ionentriebwerk etwa ebenso hoch ein, erhält man zusammen 3.5 Tonnen. Soll eine Endgeschwindigkeit von 20 km/sec erreicht werden, benötigt dies einen Massevorrat an Cäsium von 1 Tonne. Die Dauer der Beschleunigung bis zum Brennschluß beträgt dann 46 Stunden.

Zum Vergleich: Bei gleichen Forderungen (3.5 t Leergewicht, $V = 20$ km je sec) würde ein thermischer Antrieb mit Sonnenenergie (Aufheizung von Wasserstoff auf $4\,000\,°C$) einen Massevorrat von 18 t Wasserstoff benötigen.

Der Ionenantrieb liefert die genau richtige Strahlgeschwindigkeit, um Reisen innerhalb des Sonnensystems mit günstigem Massenverhältnis und gutem Wirkungsgrad durchzuführen. Die zur Energieerzeugung nötigen Atomreaktoren wiegen zur Zeit jedoch noch sehr viel. Eventuell wäre die Ausnutzung der Sonnenenergie günstiger, da mit Ionenantrieb ohnehin nur Reisen innerhalb des Sonnensystems in Frage kommen. Für einen Start von der Erdoberfläche aus ist jedoch die Leistung bei Ionenantrieb viel zu gering im Verhältnis zur Masse. Andererseits wäre die Strahlgeschwindigkeit noch viel zu gering, um zu anderen Fixsternen zu reisen. Selbst das Licht, das eine Geschwindigkeit von 300 000 km/sec hat, braucht rund 4 Jahre bis zum nächsten Fixstern Proxima Centauri.

Photonenantrieb

Nach der allgemeinen Relativitätstheorie gehört zu jeder Energie eine bestimmte Masse $m = E/c^2$ (c = Lichtgeschwindigkeit). Dies gilt auch für das Licht und für jede andere elektromagnetische Schwingung, wie z. B. Röntgenstrahlen, Radiowellen usw. Hat ein Lichtstrahl eine Masse, so hat er auch einen Impuls, und somit erzeugt er einen Rückstoß.

Nach der Quantentheorie besteht jede Energie aus kleinsten Beträgen, den Energiequanten. Die Energiequanten des Lichtes nennt man Photonen, daher der Name Photonenantrieb.

Ein Photon der Frequenz ν besitzt:

Energie: $E = h\nu$ Masse: $m = h\nu/c^2$ Impuls: $p = h\nu/c$.

In diesen Gleichungen ist h das Plancksche Wirkungsquantum, es hat den Wert 6.62×10^{-27} erg · sec.

Das Verhältnis zwischen Impuls und Energie ist von der Frequenz unabhängig und beträgt $1/c$, ist also sehr klein. Ein Scheinwerfer von 10 kW Strahlungsleistung erzeugt z. B. einen Rückstoß von nur 3.5 mg Schubkraft, und den gleichen Rückstoß erzeugt ein Sender von 10 kW mit Richtantenne. Um eine Schubkraft von 1 Gramm zu erhalten, wären 6 Sender zu je 500 kW nötig. Wollte man damit eine Beschleunigung von 1 G erreichen, so dürften diese 6 Sender plus Energiequelle also nur 1 Gramm wiegen! Dies sieht somit völlig hoffnungslos aus, solange es nicht gelingt, eine millionenfach leistungsfähigere Energieabstrahlung zu finden als Scheinwerfer oder Sender.

Andererseits: Sollten Reisen zu anderen Fixsternen jemals möglich werden, dann vermutlich nur mit Photonenantrieb. Das Licht braucht 4 Jahre zum nächsten Stern, folglich müßte man für erträgliche Reisezeiten den Flugkörper nahezu bis auf Lichtgeschwindigkeit beschleunigen. Nach der allgemeinen Raketenformel muß dann auch die Strahlgeschwindigkeit etwa diesen Wert haben, um übermäßig große Massenverhältnisse zu vermeiden. Wegen einer weiteren Schwierigkeit, und zwar der Energieversorgung, dürften jedoch interstellare Flüge so gut wie ausgeschlossen sein, sowohl für uns als auch für evtl. vorhandene Lebewesen auf anderen Planeten im Weltall (s. S. 699).

3. Grenzen der Weltraumfahrt

a) Gegenwärtige Grenzen

Gegenwärtig ist die Reichweite unserer Weltraumfahrt durch zwei Engpässe begrenzt: durch den geringen Energieinhalt chemischer Brennstoffe (s. S. 681) und durch die beschränkte Temperaturfestigkeit des Düsenmaterials (s. S. 686). Beides hat letzten Endes den gleichen Grund: die relativ geringe Energie chemischer Bindungen.

An der Umgehung dieser beiden Engpässe wird zur Zeit intensiv gearbeitet. In 5–10 Jahren dürften verwendbare Atomreaktoren zur Verfügung stehen, mit genügend schneller Energieerzeugung und hinreichend kleinem Eigengewicht. Und die Entwicklung eines brauchbaren Ionentriebwerkes (keine Düse nötig, Seite 688) dürfte vermutlich ebenso lange dauern. Man rechnet mit einer Geschwindigkeit des Ionenstrahles von 80 km/sec und relativ geringem Schub, und so könnten auch hiermit nur Reisen innerhalb unseres Sonnensystemes durchgeführt werden, allerdings auch zu den entfernteren Planeten, und wesentlich einfacher und billiger (günstiger Wirkungsgrad). Reisen zu anderen Sternen sind jedoch auch dann unmöglich. Mit einer Strahlgeschwindigkeit von 80 km/sec und einem Massenverhältnis von 10 zum Beispiel beträgt die erreichbare Endgeschwindigkeit $V = 80 \cdot \ln 10 = 184$ km/sec, und dies ist erst 1/1630 der Lichtgeschwindigkeit, so daß der Flug zum nächsten Stern etwa 7000 Jahre dauern würde. Dort müßte dann mit einer zweiten Stufe, Massenverhältnis ebenfalls 10, wieder abgebremst werden.

b) Flugdauer und Beschleunigung

Man könnte es für möglich halten, daß sich eines Tages Ionen- oder andere Triebwerke mit weit höherer Strahlgeschwindigkeit konstruieren ließen (bzw. von Bewohnern fremder Planeten bereits konstruiert seien). Da die Frage des Triebwerkes ein technisches und kein prinzipielles Problem darstellt, so wollen wir einmal von dieser Schwierigkeit völlig absehen und nur fundamentale Größen wie Zeit, Energie und Leistung berücksichtigen. Wir stellen also, versuchsweise, die Frage nach den *prinzipiellen Grenzen* der Raumfahrt, unter der Voraussetzung, daß alle technischen Schwierigkeiten optimal gelöst seien. Dabei wollen wir die Suche nach höheren Lebewesen als Ziel ansetzen (oder deren Reise zu uns). Falls unsere Abschätzung richtig ist, daß 6% aller Sterne bewohnbare Planeten besitzen (s. S. 701), so ist die mittlere Entfernung zu den nächsten 10 bewohnbaren Planeten gleich

5.6 pc oder 18.3 Lichtjahre.

Diese Entfernung müßten *wir* zurücklegen auf der Suche nach höherem Leben, gleich welcher Art. — Fragt man jedoch danach, wie wahrscheinlich es ist, daß andere Wesen uns besuchen (Fliegende Untertassen), so müßten sich auch diese Wesen im Zustand von Technik und Wissenschaft befinden (s. S. 701), was eine starke Einschränkung und damit eine weit größere Entfernung bedeutet. Rechnen wir z. B. mit 100 000 Jahren Lebensdauer des technischen Zustandes, so erhalten wir von Seite 703 als mittlere Entfernung rund

250 pc oder 820 Lichtjahre.

Diese Entfernung müßten *andere* Wesen zurücklegen, bis sie eine gute Chance hätten, auf Wesen unserer Art zu treffen, im gleichen technischen Zustand wie sie selber.

Gäbe es kein Problem der Energie und Beschleunigung, und könnte man nahezu mit Lichtgeschwindigkeit reisen, so würden bei 5.6 pc rund 37 Jahre für Hin- und Rückflug vergehen und 1600 Jahre bei 250 pc, zumindest für die zurückbleibenden Erdbewohner. Für die Raketenbesatzung jedoch könnte die Zeit, wegen der relativistischen Zeitdilatation, wesentlich langsamer verlaufen (die Reisedauer also kürzer sein), falls man nahe genug an die Lichtgeschwindigkeit käme. Diese Frage soll im folgenden gesondert behandelt werden, wobei wir die Probleme der Energieversorgung und Leistung, die sich später als recht einschneidend herausstellen werden, vorerst noch ganz außer Betracht lassen wollen.

Bei Geschwindigkeiten, die vergleichbar mit der Lichtgeschwindigkeit werden, müssen wir nach den Formeln der Relativitätstheorie rechnen. Setzen wir eine konstante Beschleunigung b an (gemessen *in* der Rakete, durch den resultierenden Andruck), und nennen wir t die seit dem Start auf der Erde vergangene Zeit, τ die Eigenzeit der Raketenbesatzung, v ihre Geschwindigkeit, x die zurückgelegte Wegstrecke und c die Lichtgeschwindigkeit, so ist

relativistisch	nichtrelativistisch ($v \ll c$)
$$\frac{v}{\sqrt{1-(v/c)^2}} = bt$$	$$v = bt$$
$$x = \frac{c^2}{b}\left\{ \sqrt{1+(bt/c)^2} - 1 \right\}$$	$$x = bt^2/2$$
$$\tau = \frac{c}{b}\,\mathfrak{Ar}\,\mathfrak{Sin}\,\frac{bt}{c}$$	$$\tau = t$$

Als einzige Einschränkung machen wir nun den Ansatz: Für längere Reisezeiten der Besatzung darf die Beschleunigung nicht mehr als 1 G betragen. Lassen wir die Energieversorgung außer Betracht, so ist die Reisezeit am kürzesten, wenn wir die Hälfte des Weges mit b = 1 G beschleunigen, die zweite Hälfte mit b = —1 G bremsen und den Rückweg in gleicher Weise vornehmen. Nach diesem Ansatz wurde die folgende Tabelle berechnet. Dabei wurde ganz allgemein vorausgesetzt, daß die Formeln der speziellen Relativitätstheorie auch bei andauernder Beschleunigung noch gelten, was zwar zumeist angenommen wird, jedoch bisher noch nicht einwandfrei geklärt werden konnte.

Relativistischer Raketenflug bei andauernder und konstanter Beschleunigung oder Bremsung mit 1 G

Gesamtdauer des Fluges (Hin- und Rückflug)		Umkehrpunkt in der Entfernung
für die Raketen-besatzung	für die zurückbleiben-den Erdbewohner	
Jahre	Jahre	Parsec
1	1.0	0.018
2	2.1	0.075
5	6.5	0.52
10	24	3.0
15	80	11.4
20	270	42
25	910	140
30	3100	480
35	10 600	1 600
40	36 000	5 400
45	121 000	18 000
50	420 000	64 000

Wir sehen, daß sich die relativistische Zeitverkürzung erst dann für die Raketenmannschaft nützlich auswirkt, wenn sie mehr als 10 Jahre ihrer Eigenzeit auf der Reise zubringt. Interpoliert man die Tabelle für eine Entfernung von 5.6 pc (mittlere Entfernung der 10 nächsten bewohnbaren Planeten), so dauert die Hin- und Rückreise 12.3 Jahre für die Raketenmannschaft, und auf der Erde sind inzwischen 42 Jahre vergangen. Für eine Entfernung von 250 pc (nächste technische Zivilisationen) würde jedoch die Hin- und Rückreise 27.3 Jahre für die Mannschaft dauern und 1600 Jahre für die Zurückbleibenden. — Würde eine Besatzung 30 Jahre ihres eigenen Lebens an eine Reise geben, so würden auf der Erde über 3000 Jahre vergehen und rund 500 pc könnten zurückgelegt werden. Der weitere Anstieg dieses relativistischen Effektes ist äußerst steil.

Nach dieser reinen Zeitabschätzung könnte man also interstellare Reisen zumindest für denkbar halten. Wir haben jedoch die Frage der nötigen Energie noch nicht berücksichtigt, was im folgenden geschehen soll.

c) Energiebedarf

Um die äußerste Grenze der Raumfahrt abzuschätzen, wollen wir eine äußerst hochentwickelte Technik voraussetzen und z. B. annehmen, daß der Brennstoffvorrat nur für die Hinreise zu reichen braucht, daß am Ziel also „getankt" werden kann. Weiterhin setzen wir eine dreistufige Rakete voraus, und jede Stufe habe das Massenverhältnis 10 (9 Tonnen Brennstoff für jede Tonne Raketenmasse). Die ersten beiden Stufen werden während der Hinfahrt benutzt. Die zweite Stufe wird am Ziel wieder getankt, Rückflug mit zweiter und dritter Stufe. — Zwischen Beschleunigung und Bremsen kann auch ein längeres Stück freier Flug eingelegt werden.

Gelegentlich wurde diskutiert, die interstellare Materie unterwegs mit einer Art „Trichter" (ev. aus Magnetfeldern) aufzufangen und als Brennstoff zu benutzen. Dann würde jedoch ein kleineres Raumschiff bereits einen Trichter von 100 km Durchmesser benötigen, und wir wollen diese Möglichkeit ausschließen.

Uranbrenner

Die einzige, zur Zeit als durchführbar zu betrachtende Energiequelle wäre ein Atomreaktor, z. B. mit spaltbarem Uran als „Brennstoff". Dann liefert 1 Gramm Uran eine Energie von $8.39 \cdot 10^{17}$ erg. Die beste Ausnutzung dieser Energie bestünde (falls möglich) darin, daß man alle Zerfallsprodukte des Urans mit ihrer Zerfallsenergie nach hinten abstößt. Das ergibt eine Strahlgeschwindigkeit S = 12960 km/sec oder 1/23 der Lichtgeschwindigkeit. Mit dem Massenverhältnis von 10 erhielte man damit eine Endgeschwindigkeit V = S ln 10 = 29800 km/sec = 1/10 der Lichtgeschwindigkeit (siehe Raketenformel Seite 682), brauchte also noch nicht relativistisch zu rechnen. Um doch größere Entfernungen zu erreichen, bleibt nun nichts anderes übrig, als beschleunigungsfrei eine längere Zeit zu fliegen und erst kurz vor dem Ziel mit der zweiten Stufe wieder abzubremsen. Auf diese Weise erhält man folgende Reisezeiten:

Entfernung	Hin- und Rückflug
5.6 pc	380 Jahre
250 pc	17000 Jahre

Dies sieht also recht aussichtslos aus. Die Endgeschwindigkeit und damit die Reisedauer sind übrigens *nicht* davon abhängig, ob stark oder schwach beschleunigt und gebremst wird. Sie sind völlig bestimmt durch den Ansatz: Uranbrenner und Massenverhältnis 10.

Wasserstoff-Helium-Umwandlung

Es erscheint zwar zur Zeit nahezu hoffnungslos, wäre aber immerhin denkbar, daß es einmal gelänge, die Kernfusion praktisch nutzbar zu machen, also auf die gleiche Weise Energie zu erzeugen wie die Sonne und die meisten anderen Sterne (s. S. 522). Setzen wir dies, und die Anwendung in Raketen, als möglich voraus, so liefert 1 Gramm Wasserstoff eine Energie von $6.2 \cdot 10^{18}$ erg, und die beste Ausnutzung ist wiederum die, das erzeugte Helium mit dieser Energie abzustoßen (wie dies zu machen sei, ist allerdings ganz ungeklärt). Dann ist die Strahlgeschwindigkeit S = 1/12.2 der Lichtgeschwindigkeit, und mit dem Massenverhältnis 10 ergibt sich die Endgeschwindigkeit V = 1/5.3 der Lichtgeschwindigkeit. Auch hier brauchen wir noch nicht relativistisch zu rechnen, und die Zeitverkürzung bringt der Besatzung noch keinen merklichen Gewinn.

Die längste Zeit der Reise muß wieder beschleunigungsfrei geflogen werden, und für unsere anfangs gesteckten Ziele (s. S. 693) ergibt sich:

Entfernung	Hin- und Rückflug
5.6 pc	180 Jahre
250 pc	8000 Jahre

Selbst mit einem „Wasserstoffreaktor" und idealer Technik ergeben sich noch immer Flugzeiten, die eine praktische Durchführung als ganz aussichtslos erscheinen lassen.

Zerstrahlung der Materie

Eine letzte und endgültige Grenze jeder Raumfahrt ist dadurch gegeben, daß jede Energie E, ganz gleich welcher Art und wie man sie speichert, eine träge Masse $m = E/c^2$ besitzt (der Energievorrat *selbst* ist träge und muß mit beschleunigt werden). Umgekehrt würde jede materielle Masse m, bei restloser Zerstrahlung, eine Energie $E = mc^2$ liefern. — Eine restlose Zerstrahlung ist jedoch (wegen der sogenannten „Erhaltung der Baryonenzahl") nur beim Zusammentreffen von Materie und Antimaterie möglich (Elektron und Positron, Proton und Antiproton usw.), und eine praktische Realisierung zur Energiespeicherung erscheint ganz ausgeschlossen. Trotzdem soll auch dieser Fall diskutiert werden.

Bei Zerstrahlung liefert 1 Gramm Materie die Energie $9 \cdot 10^{20}$ erg. Wir müssen jetzt relativistisch rechnen, und eine Ableitung der relativistischen Raketenformel ergibt, für „Photonenantrieb" (s. S. 691)

$$\ln \mathfrak{M} = b \, \tau / c.$$

Dabei ist $\mathfrak{M}$ das Massenverhältnis, für die übrigen Größen siehe Seite 679. (Im nichtrelativistischen Fall hätten wir stattdessen $\ln \mathfrak{M} = bt/S$ bei gleicher

Schreibweise, s. S. 632.) Rechnen wir wieder mit einem Massenverhältnis von 10, so erhalten wir eine Endgeschwindigkeit von 98% der Lichtgeschwindigkeit, ganz gleich, ob wir schnell oder langsam beschleunigt haben. Setzen wir wieder eine Beschleunigung von 1 G voraus, so dauert die „Brennzeit" der Rakete, in der Eigenzeit ihrer Besatzung, 2.34 Jahre, und auf der Erde vergehen inzwischen 5.03 Jahre. Die dabei zurückgelegte Strecke beträgt 1.24 pc. Fliegt die Rakete von da an ohne Beschleunigung, so vergeht während dieses Fluges die Eigenzeit der Rakete um einen Faktor 5.04 langsamer als die Erdzeit. — Insgesamt brauchte man:

| | Hin- und Rückflug | |
Entfernung	für Mannschaft	für Zurückbleibende
5.6 pc	14 Jahre	42 Jahre
250 pc	300 Jahre	1600 Jahre

Setzen wir die Möglichkeit restloser Zerstrahlung mit $\mathfrak{M} = 10$ voraus (oder irgendeine Art „reiner Energiespeicherung"), so wäre ein interstellarer Flug für die nähere Umgebung vielleicht noch eben denkbar, doch haben wir die Anforderungen der Leistung noch nicht berücksichtigt. Dagegen ist ein Flug zu anderen Regionen der Milchstraße oder gar zu anderen Spiralnebeln, innerhalb vernünftiger Zeiten, endgültig unmöglich, sowohl für uns als auch für technisch weiter entwickelte Wesen.

d) Leistung

Die Leistung eines Motors gibt an, wieviel Energie er pro Sekunde liefert; sie wird z. B. gemessen in Watt oder in Pferdestärken (1 PS = 746 W). Wichtig für Raketen ist das Verhältnis P der Leistung des Antriebes zur Gesamtmasse der Rakete:

$$P = Antriebsleistung/Gesamtmasse.$$

Für normale Raketen ist die Beschleunigung $b = 2P/S$, wobei S die Strahlgeschwindigkeit ist. Für extrem hohe Strahlgeschwindigkeiten ändert sich diese Formel ein wenig, und für den Grenzfall des Photonenantriebes (S = c) haben wir stattdessen

$$b = P/c.$$

Die letzten Formeln zeigen ein grundlegendes Problem der zukünftigen Raumfahrt. Will man größere Entfernungen in erträglicher Zeit zurücklegen, so braucht man größere Reisegeschwindigkeiten. Dann muß aber in gleichem Maße auch die Strahlgeschwindigkeit erhöht werden, sonst ergäbe sich ein zu schlechter Wirkungsgrad (s. S. 683). Unsere letzten Formeln jedoch besagen: Erhöht man die Strahlgeschwindigkeit, so muß man in gleichem Maße auch das

Leistungs-Masse-Verhältnis erhöhen, sonst würde man eine zu kleine Beschleunigung erhalten, und es würde dann zu lange dauern, bis man die gewünschte hohe Reisegeschwindigkeit erreicht. Für interstellare Flüge käme wohl nur restlose Zerstrahlung und Photonenantrieb (s. S. 691) in Frage. Wollte man hiermit eine Beschleunigung von 1 G erhalten, so brauchte man das phantastisch hohe Leistungs-Masse-Verhältnis P = 3 Millionen Watt pro Gramm. Diese Leistung muß jedoch nicht nur erzeugt, sie muß auch wieder abgestrahlt werden, und die Gesamtmasse umfaßt die Apparate der Energieerzeugung und der Abstrahlung sowie die Nutzlast und schließlich noch das Zehnfache von alledem für den Brennstoff. Für die Energieerzeugung allein brauchte man somit etwa:

$$P = 60 \text{ MW/g.}$$

Die Antriebsaggregate unserer gegenwärtigen Trägerraketen haben etwa P = 300 W/g, und für die Gesamtmasse der Rakete ist P = 30 W/g. Wollte man zu Photonenantrieb übergehen, ohne den Wert von P zu erhöhen, so erhielte man eine Beschleunigung von nur 10^{-5} G, und es würde 200 000 Jahre für die Besatzung (und 2 Millionen Jahre auf Erden) dauern, bis die Reisegeschwindigkeit 98 % der Lichtgeschwindigkeit erreicht werden würde.

Antrieb:	P (W/g)
Automotor	0.5
Atomreaktor	
für Schiffsantrieb	0.02
Höchstwert, ohne	
Strahlenschutz	100
Verbrennungsrakete	300
Für interstellare	
Raumfahrt nötig	60 000 000

Um die Forderung P = 60 MW/g zu erfüllen, dürfte ein Automotor von 100 PS nur $^1/_{1000}$ Gramm wiegen und ein Großkraftwerk von 300 MW nur 5 Gramm. Diese Anforderungen an das Leistungs-Masse-Verhältnis lassen sich in keiner Weise umgehen und höchstwahrscheinlich nie erfüllen.

Zusammenfassung

Die Uranspaltung und sogar die Kernfusion liefern nicht genügend Energie, um innerhalb vernünftiger Zeiten Entfernungen von einigen Parsec zurückzulegen. Die Endgeschwindigkeit ist höchstens 1/5 der Lichtgeschwindigkeit, daher macht sich der Unterschied zwischen Eigenzeit und Erdzeit noch nicht wesentlich bemerkbar. Erst die restlose Zerstrahlung von Materie würde genügend Energie liefern für interstellare Flüge, doch auch dann nur für die nächste Umgebung der Sonne. Es ist aber nicht anzunehmen, daß die Zerstrahlung sich jemals für Raketen (mit Massenverhältnis 10) benutzen läßt. Weiterhin ist die Anforderung an das Leistungs-Masse-Verhältnis derart hoch (60 MW/g), daß eine Erfüllung ganz ausgeschlossen erscheint. Und schließlich ist noch zu bedenken, daß ein Kontakt mit Radiosignalen weit geringere und vermutlich durchaus erfüllbare Anforderungen stellt und doch nahezu ebensoviel Information liefern kann wie ein direkter Besuch. — Die Weltraumfahrt dürfte somit aller Wahrscheinlichkeit nach für immer auf unser Sonnensystem beschränkt bleiben, und auch für technisch höher entwickelte Wesen auf fremden Systemen dürfte das gleiche gelten.

4. Gibt es Lebewesen auf fremden Planeten?

Diese Frage spielt in utopischen Romanen schon seit langem eine große Rolle, aber seit kurzer Zeit versucht auch die Wissenschaft, sich damit ernsthaft auseinanderzusetzen. — Unser *Wissen* ist hierbei noch auf einen einzigen Fall beschränkt: auf das Leben auf unserer Erde. Darüber hinaus besteht die *Vermutung*, daß einige grünliche Flecken auf dem Mars, die sich mit der dortigen Jahreszeit verändern, eine primitive Art von Vegetation darstellen, vergleichbar mit Moos oder Algen. Und schließlich kann man noch die *Möglichkeit* des Lebens an anderen Orten abschätzen. Vor allem aber kann man versuchen, zu eventuellen anderen intelligenten Lebewesen *Kontakt* aufzunehmen, und eine Anzahl von Wissenschaftlern sind bemüht, einen solchen Versuch vorzubereiten.

Die Erfolgsaussicht eines solchen Versuches kann man begründen mit der Behauptung: Es wäre geradezu Größenwahn, anzunehmen, daß wir die einzigen intelligenten Lebewesen im Kosmos seien. Man muß sie jedoch einschränken mit dem Hinweis: Es wäre ebenso überheblich, anzunehmen, daß unsere Geistesrichtung der Wissenschaft und Technik das einzige und letzte Ziel aller Entwicklung sei, und nur mit Wissenschaft und Technik läßt sich ein Kontakt ermöglichen.

Der Versuch einer Kontaktaufnahme muß sorgfältig geplant sein, und für einen Plan benötigt man Daten. Da wir jedoch nichts über andere Zivilisationen wissen, sind wir völlig auf Schätzungen angewiesen. Die folgenden Abschätzungen haben keineswegs das Ziel, Behauptungen über andere Zivilisationen aufzustellen; sie sollen lediglich zeigen, wie man zu einer Arbeitshypothese gelangt, nach der sich die Planung eines Versuches durchführen ließe. Zwar basieren die Abschätzungen auf unsicheren Annahmen, doch läßt sich ohne Abschätzung kein Versuch durchführen, und ob falsch oder richtig, kann erst der Versuch selbst entscheiden.

a) Abschätzung der Entfernung

Wir stellen als erstes die Frage, wie weit entfernt von uns vermutlich die nächsten möglichen Partner eines Kontaktes sein dürften. Hierfür muß zunächst abgeschätzt werden, welcher Bruchteil aller Sterne Planeten hat, auf denen sich Leben und Intelligenz entwickelt haben können.

Auswahl der Sterne

Leben, ganz gleich welcher Art, setzt das Vorhandensein sehr komplizierter chemischer Verbindungen voraus, die sich schnell verändern. Hierdurch ergeben sich relativ enge Grenzen der Temperatur. Ist es zu heiß, so existieren keine komplizierten Verbindungen, alles löst sich auf. Ist es zu kalt, so gibt es keine Veränderungen mehr, alles friert ein. — Vermutlich darf man noch einen Schritt weitergehen und behaupten, daß alles Leben an das Vorhandensein flüssigen Wassers gebunden ist. Damit sind dann die Grenzen der Temperatur noch weiter eingeschränkt auf einen Bereich zwischen 0° C und 100° C. Astronomisch betrachtet ist dies ein sehr enger Bereich. Nur wenige Planeten ganz bestimmter Sterne kommen in Frage.

Zweitens ist nach der Häufigkeit von Planetensystemen um einen gegebenen Stern zu fragen. Nach den neueren Theorien der Sternentstehung (s. S. 575) wird angenommen, daß die Planeten mehr oder weniger gleichzeitig mit ihrem zentralen Stern (ihrer „Sonne") entstehen, und daß dies ein ganz normaler Vorgang ist. Nur bei Doppelsternen sind stabile Planetenbahnen erst in größerem Abstand möglich, wo es dann für Lebewesen zu kalt ist. Danach wäre also anzunehmen, daß die meisten Einzelsterne von Planeten umkreist werden.

Schließlich hat bei uns die Entwicklung höherer Lebewesen nahezu 4 Milliarden Jahre gedauert, und man könnte deshalb vermuten, daß relativ junge Sterne nur eine geringe Wahrscheinlichkeit dafür bieten, daß ihre Planeten bewohnt sind. Auch braucht die Entwicklung von Leben wahrscheinlich ruhige und konstante Verhältnisse bezüglich Wärme und Strahlung, weshalb alle Riesen- und variablen Sterne wegfallen dürften. Aber auch die Hauptreihensterne sehr späten Typs (etwa ab M2) kommen kaum in Frage: Sie strahlen zu schwach und geben zu wenig Wärme.

Nimmt man nach diesen Gesichtspunkten eine Auswahl der Sterne der Sonnenumgebung vor, so erhält man im einzelnen folgende Bruchteile aller Sterne:

1. nur Sterne der Hauptreihe (konstante Strahlung) $= 0.90$,
2. Spektraltyp zwischen F5 (Alter) und M1 (Wärme) $= 0.33$,
3. nur Einzelsterne (stabile Planetenbahnen) $= 0.40$.

Insgesamt ergäbe sich hiernach der Bruchteil 0.12. Man muß aber noch berücksichtigen, daß nur in ganz bestimmter Entfernung vom Stern ein Planet gerade die richtige Temperatur haben kann (Venus zu warm, Mars zu kalt) für die Entwicklung höheren Lebens, und etwa in der Hälfte aller Fälle wird in dieser schmalen Zone zufällig gerade kein Planet vorhanden sein. Nennen wir v_0 den Bruchteil aller Sterne, auf deren Planeten sich höheres Leben entwickelt haben könnte, so ergibt sich $v_0 = 0.06$.

Weiterhin wollen wir mit der Annahme arbeiten, daß die Entwicklung auf unserer Erde nichts irgendwie Besonderes darstellt, sondern daß Leben und Intelligenz sich (nach den gleichen Gesetzen der natürlichen Auswahl) überall dort entwickelt haben, wo die geeignete Umgebung und die nötige Zeit gegeben sind. Wir nehmen also an, daß auf den Planeten von 6% aller Sterne sich nicht nur Intelligenz gebildet haben könnte, sondern auch gebildet hat, und daß unsere Geisteshaltung der Wissenschaft und Technik eine natürliche Etappe in der Entwicklung darstellt, die im Durchschnitt nach etwa der gleichen Zeit erreicht wird wie bei uns, die jedoch nicht ewig dauern wird.

Würde es sich darum handeln, daß wir einen Flug zu anderen Sternen unternehmen wollten, so wäre jedes höhere Leben interessant, gleich welcher Art. Nach unserer Abschätzung kämen also 6% aller Sterne in Frage, und die 10 nächsten davon sind im Mittel 5.6 pc von uns entfernt. — Handelt es sich jedoch darum, daß andere Wesen uns besuchen, oder daß wir mit ihnen Radiokontakt aufnehmen wollten, so müssen wir das Vorhandensein einer technischen Zivilisation voraussetzen. Dies ist vermutlich eine starke Einschränkung, so daß wir mit weit größeren Entfernungen zu rechnen haben.

Die Lebensdauer des technischen Zustandes

Die Geisteshaltung der Wissenschaft und Technik wollen wir kurz den technischen Zustand nennen. Vermutlich wird dieser technische Zustand nicht für immer andauern, er wird abgelöst werden von anderen Richtungen des Interesses und der Aktivität. Außerdem birgt er zwei nicht zu unterschätzende Gefahren in sich. Wissenschaft und Technik sind zu einem großen Teil gefördert worden durch den Willen zur Macht und das Verlangen nach Bequemlichkeit, und diese beiden Triebkräfte streben zum Untergang: die erste zur gewaltsamen Zerstörung des höheren Lebens, die zweite zur allmählichen körperlichen oder geistigen Degeneration. Man sollte annehmen können, daß diese zwei Krisen ganz allgemeiner Art sind. — Insgesamt wird somit die Lebensdauer des technischen Zustandes einer Zivilisation durch eine der drei Möglichkeiten begrenzt sein:

1. gewaltsame Selbstzerstörung,
2. allmähliche Degeneration und Zerfall,
3. Ablösung durch andere Interessen.

Die Entwicklung der niederen Lebensformen hat bei uns sehr lange gedauert, die Weiterentwicklung zum Menschen ist wesentlich schneller gegangen. Endet eine Zivilisation durch Selbstzerstörung oder Zerfall, so dürften sich aus den davon unberührten niederen Lebensformen in astronomisch gesehen kurzen Zeiten wieder andere höhere Lebewesen entwickeln. Dies führt zu der Annahme, daß sich schließlich auf jedem bewohnbaren Planeten eine langlebige Zivilisation bildet, so daß die uns interessierende Lebensdauer allein durch die „Ablösung durch andere Interessen" bestimmt ist.

Wir bezeichnen diese Lebensdauer mit L, das Alter der ältesten Sterne mit T, und wir fragen nach dem Bruchteil ν aller Sterne, auf deren Planeten wir gegenwärtig eine technische Zivilisation zu erwarten haben. Nach dem bisherigen ist dann $\qquad \nu = \nu_0 \, L/T \qquad$ (T $\approx 10^{10}$ Jahre).

Nennen wir D_0 den mittleren Abstand der nächsten 10 Sterne, und D den zu erwartenden mittleren Abstand der nächsten 10 technischen Zivilisationen, so ist $\qquad D = D_0 \, \nu^{-1/3} \qquad$ (D$_0$ = 2.1 pc).

Nach der Relativitätstheorie kann nichts schneller fliegen als das Licht, doch auch das Licht braucht vier Jahre bis zum nächsten Stern. Senden wir Licht- oder Radiosignale, die sogleich nach Erhalt beantwortet würden, so ergibt sich für die 10 nächsten technischen Zivilisationen eine mittlere Wartezeit auf Antwort von $\qquad t_w = 2\,D/c \qquad$ (c = Lichtgeschwindigkeit).

Lebensdauer L Jahre	Bruchteil ν aller Sterne	Entfernung D Parsec	Wartezeit t_w Jahre
100	$6.0 \cdot 10^{-10}$	2 480	16 200
300	$1.8 \cdot 10^{-9}$	1 720	11 200
1 000	$6.0 \cdot 10^{-9}$	1 150	7 500
3 000	$1.8 \cdot 10^{-8}$	796	5 190
10 000	$6.0 \cdot 10^{-8}$	534	3 480
30 000	$1.8 \cdot 10^{-7}$	370	2 420
100 000	$6.0 \cdot 10^{-7}$	248	1 620
300 000	$1.8 \cdot 10^{-6}$	172	1 120
1 000 000	$6.0 \cdot 10^{-6}$	115	750

Aus der obigen Tabelle geht hervor: Falls man für die Lebensdauer des technischen Zustandes nicht unglaubhaft hohe Werte einsetzt, so kommt nur ein relativ geringer Bruchteil aller Sterne in Frage. Die Entfernungen sind zwar groß, wären jedoch mit Radiowellen noch zu überbrücken. Mit einem Gedankenaustausch innerhalb eines Menschenlebens kann jedoch nicht gerechnet werden, wohl aber innerhalb der Dauer des technischen Zustandes, falls dessen Lebensdauer größer als etwa 5000 Jahre ist. — Dieser letzte Punkt legt den Gedanken einer Art „Rückkopplung" nahe: Falls Zivilisationen miteinander in Radiokontakt stehen, so könnte sich gerade durch diesen Kontakt das Interesse an Wissenschaft und Technik über längere Zeiträume aktiv erhalten als ohne diesen Kontakt. Das heißt: Falls die Lebensdauer des technischen Zustandes größer als 5000 Jahre ist, könnte sie durch den Kontakt mit anderen Zivilisationen beträchtlich verlängert werden. Doch auch mit dieser Rückkopplung sollte man keine zu hohen Werte der Lebensdauer annehmen. Betrachtet man z. B. L = 100000 Jahre als eine annehmbare Arbeitshypothese, so ergibt sich: Nur ein Stern in einer Million hat Planeten mit einer technischen Zivilisation; es hat somit keinen Sinn, einzelne Sterne unserer Nachbarschaft anzupeilen. Die mittlere Entfernung der zehn nächsten technischen Zivilisationen wäre dann etwa 250 pc oder rund 800 Lichtjahre.

b) Kontaktmittel

Prinzipiell kämen drei Kontaktarten in Frage:
1. bemannter Raumflug,
2. unbemannte Raumsonden,
3. Signale.

Nach den Abschätzungen des Abschnittes „Grenzen der Weltraumfahrt" (s. S. 692) dürften jedoch die ersten beiden Arten auszuschließen sein, sowohl für uns als auch für technisch weiterentwickelte Zivilisationen. Somit bleiben nur Signale übrig (Licht oder Radiostrahlung).

Reichweite

Auch mit den zur Zeit vorhandenen Instrumenten und Radioteleskopen wäre bereits eine Verbindung zu den nächsten Sternen möglich. Hat die Antenne wegen der besseren Bündelung die Form eines Parabolspiegels, und würde als Sender die Millstone-Hill-Radarantenne benutzt, so könnte man noch Signale aus einer Entfernung empfangen, die nach der Faustregel zu berechnen ist: Durchmesser der Empfänger-Antenne in Metern, dividiert durch 3, gleich Entfernung in Lichtjahren. Und mit Ausnutzung aller zur Zeit möglichen Raffinessen betrüge die Entfernung etwa das Eineinhalbfache. Mit dem gegenwärtigen 25-m-Teleskop in Green Bank könnte man Signale aus 12 Lichtjahren Entfernung empfangen und mit einem Riesenteleskop von 300 m Durchmesser, dessen Bau in Green Bank diskutiert wird, erhöht sich die Reichweite auf rund 100 Lichtjahre.

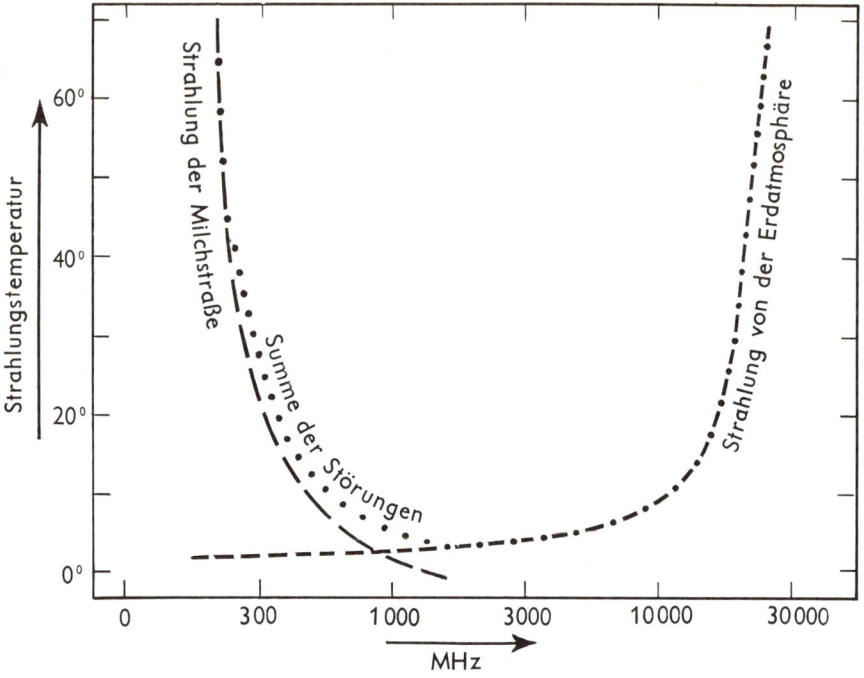

Auswahl der günstigsten Frequenz für „Project Ozma" (nach F. D. Drake)

Innerhalb von 12 Lichtjahren Entfernung stehen 19 Sterne, von denen fünf Sterne die drei Bedingungen von Seite 692 erfüllen. Die beiden aussichtsreichsten dieser fünf Sterne (τ Ceti und ε Eridani) wurden bereits, ohne Erfolg, angepeilt. — Innerhalb von 100 Lichtjahren Entfernung stehen etwa 11000 Sterne, von denen rund 3000 Sterne die genannten Bedingungen erfüllen.

Frequenz

Die Reichweite ist verschieden groß für die verschiedenen Frequenzen. Bei niedrigen Frequenzen (großen Wellenlängen) macht sich die allgemeine Radiostrahlung der Milchstraße immer stärker störend bemerkbar, vor allem unterhalb von 500 MHz (60-cm-Wellenlänge). Und bei hohen Frequenzen werden die Störungen der Erdatmosphäre immer stärker, vor allem oberhalb von 6000 MHz (5-cm-Wellenlänge). Die günstigste Frequenz liegt ganz in der Nähe der kosmischen Wasserstoffstrahlung von 1420 MHz (21-cm-Wellenlänge). Nur in einem Bereich beiderseits dieser Frequenz hat eine Sendung und eine Suche genügend Aussicht auf Erfolg.

Weiterhin ist anzunehmen, daß die Bewohner fremder Planeten entweder überhaupt keine Radiotechnik haben oder eine perfekte. Die Übergangszeit dazwischen ist verschwindend klein, verglichen mit dem Alter der Welt. Mit „perfekt" ist gemeint, daß nicht mehr die Unzulänglichkeiten der Apparaturen und Methoden die Reichweite begrenzen, sondern allein die natürlichen Grenzen (Strahlung der Milchstraße und der Atmosphäre). Daher ist zu vermuten, daß von den Bewohnern anderer Planeten entweder gar keine Signale kommen oder Signale in der Umgebung von 1400 MHz.

Hiergegen läßt sich einwenden, daß die Atmosphären fremder Planeten sehr verschieden von der unsrigen sein könnten, und zweitens, daß im Sinne einer perfekten Radiotechnik vermutlich ganz außerhalb der Atmosphäre gesendet und empfangen werden sollte. Nach F. D. Drake läßt sich auch für diesen Fall eine „billigste Frequenz" abschätzen. Auf der langwelligen Seite ist wiederum die Radiostrahlung der Milchstraße als Begrenzung wirksam; auf der kurzwelligen Seite ist es der Energieinhalt der einzelnen Photonen (s. S. 691). Da ein „Morsepunkt" im Extremfall nicht weniger als ein einzelnes Photon enthalten kann, und da die Energie der Photonen umgekehrt proportional zur Wellenlänge ist, so müßte z. B. mit Licht sehr viel mehr Energie gesendet werden als mit Radiostrahlung. Drake findet einen günstigsten Bereich der Wellenlänge zwischen rund 2 cm bis 30 cm.

Senden oder empfangen?

Falls wir damit beginnen, Signale in den Weltraum zu senden, und falls die obige Abschätzung der Entfernungen richtig ist, so müßten wir 1000 bis 2000 Jahre auf Antwort warten, und wüßten in der Zwischenzeit nichts darüber, ob unser Unternehmen Erfolg hat oder nicht. Man vergegenwärtige sich zum Vergleich, daß irdische Rundfunksendungen seit rund 40 Jahren unterwegs sind und dabei erst eine Strecke von 12 pc zurückgelegt haben. Weiter entfernte Beobachter können also vom Erwachen der irdischen Technik noch keine Kunde haben.

Zunächst sollten wir einmal versuchen, ob wir eventuelle Signale anderer Lebewesen empfangen können. So wurde unter dem Namen „*Project Ozma*" an der Radiosternwarte Green Bank, Westvirginia, bereits ein erster Versuch unternommen. Da nur ein 25-m-Spiegel zur Verfügung stand, wäre ein Erfolg nur möglich gewesen, wenn auf den Planeten der nächsten sonnenähnlichen Sterne (die von F. Drake einzeln angepeilt wurden) sich Lebewesen befänden, die in Richtung unserer Sonne Signale aussenden. Dieser Versuch hatte keinen Erfolg, doch ist dies nach der obigen Entfernungsschätzung auch nicht zu erwarten. — Man sollte mit extrem großen Antennen systematisch den ganzen Himmel absuchen, wobei es verschiedene Methoden gibt, um mit gesteigerter Empfindlichkeit künstliche Signale vom allgemeinen Rauschen unterscheiden zu können.

c) Art der Signale

Im Prinzip wären drei Arten von Signalen denkbar:
1. örtlicher Rundfunk- und Fernsehverkehr,
2. interstellare „Ferngespräche" zweier Zivilisationen,
3. Kontaktsignale für Suche nach neuen Partnern.

Zur Entdeckung des örtlichen Rundfunks hat Drake eine sehr leistungsfähige Methode ausgearbeitet: Man überstreicht das in Frage kommende Frequenzband zweimal mit sehr kleiner Bandbreite; durch eine Korrelationsanalyse beider Meßreihen läßt sich dann mit hoher Empfindlichkeit feststellen, ob Signale in beiden Meßreihen auf gleicher Frequenz vorhanden sind oder nicht. Trotzdem bleibt die Suche schwierig, da örtlicher Rundfunk nur mit relativ schwacher Intensität gesendet wird.

Interstellare Ferngespräche wären zwar nicht für uns bestimmt, könnten uns jedoch auf ihrem Wege durch Zufall treffen. Die Wahrscheinlichkeit hierfür läßt sich abschätzen, ist jedoch so gering, daß wir nicht damit zu rechnen brauchen.

Kontaktsignale

Die Kontaktsignale bilden ein faszinierendes Problem. Falls es sie überhaupt gibt, so dienen sie dem Zweck, die Aufmerksamkeit jeder neuen Zivilisation zu erregen. Falls es uns gelänge, *die* Methode zu erraten, die diesen Zweck am billigsten erfüllt, so wüßten wir genau, wonach wir zu suchen hätten; dadurch würde sich die Entdeckungswahrscheinlichkeit ganz wesentlich vergrößern, wodurch diese Methode (um den Kreis zu schließen) zur billigsten Methode würde. — Nun werden zwar die Absender der Kontaktsignale im Durchschnitt weit höher entwickelt sein als wir, doch werden sie ihre Erfahrungen mit Anfängern haben, und werden eine „Norm" gesetzt haben, wieviel ein Anfänger fähig sein sollte zu erraten, und wie große Antennen und Empfänger er gebaut haben sollte, um als zukünftiger Partner betrachtet zu werden. — Die Frage ist somit nur, ob wir diese Norm bereits erfüllen.

Eine sehr hohe Entdeckungswahrscheinlichkeit ergäbe sich, wenn in einem einzigen sehr schmalen Kanal gesendet wird, dessen Frequenz der Empfänger erraten kann. Cocconi und Morrison haben darauf hingewiesen, daß die 21-cm-Linie der einzige „Meilenstein" im Radiobereich ist, und daß eventuell genau auf dieser Frequenz gesendet werden könnte. Man muß jedoch einwenden, daß hier der Störpegel (eben durch die 21-cm-Linie) weit höher ist als sonst. Der Meilenstein ist zu groß, um ein kleines Signal auf ihn zu setzen, und seine Ränder sind zu unscharf, um das Signal genau daneben zu setzen. — Aber vielleicht sollte man es mit genau der halben oder genau der doppelten Frequenz einmal versuchen.

Die Entdeckungswahrscheinlichkeit wäre für Kontaktsignale weit größer (dies ist ja ihr Zweck) als für jede andere Sorte von Signalen. Deshalb sollte man zunächst einmal ihr Vorhandensein voraussetzen und nach ihnen suchen. Hat dies keinen Erfolg, so kann, mit vergrößerten Hilfsmitteln, nach örtlichem Rundfunk gesucht werden.

Verständigung

Man könnte meinen, es sei unmöglich, allein mit gesendeten Morsezeichen einem völlig fremden Wesen die eigene Sprache beizubringen und ihm Mitteilungen zu machen. Das ist aber nicht der Fall. Zunächst dürfte die Denkart der anderen von der unsrigen nicht allzu verschieden sein, sonst würden ihre Sender nicht funktionieren. Setzt man aber die gleiche Art Logik auf beiden Seiten voraus, so können zunächst die Zahlen demonstriert werden, und durch deren mathematische Verknüpfungsregeln lassen sich Begriffe wie „und, weniger, mehr, gleich, ungleich" einführen. Man bringt nun allmählich eine Art Kurzlehrgang der Mathematik, wobei immer mehr Begriffe definiert werden. Mit Hilfe der höheren Mathematik, z. B. der Mengenlehre, lassen sich bereits eine Fülle sehr komplizierter Begriffe einführen. Von einem holländischen Mathematiker stammt ein Buch „Lincos" (Lingua Cosmica), in dem diese Methode in allen Einzelheiten entwickelt wird. — Man könnte jedoch einwenden, daß sich mit zweidimensionalen Fernsehbildern weit mehr und kompliziertere Dinge und Begriffe einfach demonstrieren ließen, und daß die Idee, eine empfangene Sendung auf Zeilenzugehörigkeit hin zu untersuchen, einigermaßen naheliegend sein sollte.

Zusammenfassung

Die Erfolgsaussichten für eine groß angelegte und genügend geplante Suche nach Signalen anderer Lebewesen erscheinen groß genug, um ein solches Unternehmen mit Nachdruck zu befürworten. Dieses Unternehmen wird entweder einen enormen, noch völlig unübersehbaren Erfolg für uns bringen, oder gar keinen. In der Hoffnung auf die erste Möglichkeit sollten weder Energie noch Geldausgaben gescheut werden, aber zur Vorbereitung auf die zweite Möglichkeit sollten Antenne und Empfänger so entworfen werden, daß sie genausogut auch für ganz normale Astronomie benutzbar werden und die Hälfte der Zeit hierfür verwendet werden können.

TAFELN ZUR GESCHICHTE DER ASTRONOMIE

1. Vor- und Frühgeschichte

Babylon

Die Sternkunde der Babylonier war Astrologie und Astronomie in einem, d. h. sie betrieben astronomische Beobachtungen aus astrologischem Interesse. Astronomie ist exakte Naturwissenschaft, Astrologie hingegen, als Lehre vom Einfluß der Gestirne auf irdische Vorgänge, die bis in das Leben des einzelnen Menschen hineinreichen, hat mit Wissenschaft nichts zu tun, sie kann vielmehr als Versuch einer kosmischen Weltanschauung bezeichnet werden. Zu diesen religiösen und metaphysischen Belangen traten die Bedürfnisse einer genauen Zeitrechnung hinzu, so daß dadurch die babylonischen Priester veranlaßt wurden, über Jahrhunderte hinweg lückenlos die Himmelsvorgänge, insbesondere die Bewegungen des Mondes und der Planeten zu beobachten und aufzuzeichnen.

Die Anfänge der babylonischen Astronomie liegen schon im 3. Jahrtausend. Zu Anfang bestanden sie nur in einer Registrierung von Himmelserscheinungen. Mit Zunahme solcher Aufzeichnungen war aber eine Vorausberechnung, besonders von Finsternissen, möglich geworden. Ihren Höhepunkt erreichte die babylonische Astronomie etwa im sechsten und fünften Jahrhundert v. Chr., als die politische Macht Babylons bereits geschwunden war.

um 2750	Namensgebung für die wichtigsten Sternbilder des nördlichen Himmels.
8. 3. 2283	möglicherweise wurde die an diesem Datum eingetretene Finsternis auf Grund des „Saros-Zyklus" vorhergesagt. (Unter Saros-Zyklus versteht man eine Periode von 223 synodischen Mondmonaten = 18 Jahre $11^1/_3$ Tage, in dem wieder eine Finsternis eintreten kann, nicht muß.)
15. 6. 763	älteste, sicher datierte, überlieferte Beobachtung einer totalen Sonnenfinsternis.
um 400	Einführung des Lunisolarjahres mit 19jährigem Schaltzyklus.
um 380	Mondtafeln des Kidinnu gestatten die Berechnung des Sichtbarwerdens der Mondsichel nach Neumond.

Zur gleichen Zeit wie in Babylon entwickelte sich astronomisches Wissen in anderen Kulturen, bei den Ägyptern, Indern, Chinesen und den Völkern Mittelamerikas. Die Entwicklung hat nicht überall zu der gleichen Höhe geführt wie bei den Babyloniern, trotzdem gegenseitige Beeinflussung nachzuweisen ist.

Ägypten

Die Ägypter scheinen nicht systematisch Sonnen- und Mondfinsternisse beobachtet und aufgezeichnet zu haben. Bei ihnen stand vielmehr das Kalenderwesen im Vordergrund.

im 4. Jahrtausend	bereits Zeitrechnung nach einem 365tägigen Sonnenjahr, das in 12 Monate zu je 30 Tagen und in fünf geheiligte Ergänzungstage eingeteilt war. Zur gleichen Zeit war wahrscheinlich schon die Sothis-Periode von 1460 Jahren bekannt. (Durch Beobachtung der heliakischen Sirius = Sothisaufgänge bemerkte man den Unterschied zwischen dem 365tägigen Jahr und dem tropischen Jahr von $365^1/_4$ Tagen.) Nach einer Sothis-Periode fiel der heliakische Siriusaufgang wieder auf den gleichen Tag.

China

In China lassen sich die Spuren astronomischen Wissens bis ins 3. Jahrtausend zurückverfolgen. Es sind dies Beobachtungen über Finsternisse und Kometenerscheinungen. Diese Angaben lassen sich leider vorerst historisch nicht sichern.

Ende 3. Jahrtausend	Hi und Ho sollen mit dem Tode bestraft worden sein, weil sie eine Sonnenfinsternis nicht vorhersagten.
12. oder 13. Jahrhundert	aus dieser Zeit stammen in Stein gemeißelte Sternkarten.
9. Jahrhundert	Beschreibungen von Sternbildern in chinesischen Schriften.
Beginn 2. Jahrhundert	Einführung des Lunisolarjahres mit 19jährigem Schaltzyklus.
um 100 v. Chr.	Sammlung von 28 Rechenvorschriften zur Berechnung von Mondfinsternissen.
um Christi Geburt	Liu Hsin verfaßt ein astronomisches Handbuch, den „Drei Zyklen Kalender".

Mittelamerika

Die Astronomie bei den alten Kulturvölkern Mittelamerikas, in erster Linie bei den Mayas, entwickelte sich unabhängig zu großer Blüte. Die astronomischen Datierungen weisen ins 3. Jahrtausend zurück. Sie lassen sich aber nicht durch archäologische Befunde stützen, so daß hier noch eine ungeklärte Diskrepanz zwischen den verschiedenen Datierungen vorliegt.

8. 6. 8498 möglicherweise Nullpunkt des Maya-Kalenders.

15. 2. 3379 Beobachtung einer totalen Mondfinsternis.

2. Die griechische Astronomie

Die Griechen übernahmen das astronomische Wissen der Babylonier, behielten aber selbst eine gewisse Rückständigkeit in der praktischen, messenden und beobachtenden Astronomie. Ihre Stärke lag vielmehr in anderer Richtung, in der Anschauung sowie der anschaulichen Vorstellung und in der Theorie oder Spekulation. So schufen Griechen die ersten allgemeinen Hypothesen, Entwürfe, Denkmodelle, Überlegungen über die Gesetzmäßigkeiten am Himmel sowie Vorstellungen über die Entstehung des Weltganzen.

6. Jahr- Pythagoreer lehren die Kugelgestalt der Erde.
hundert v. Chr.

um 440 Meton und seine Schule bestimmen mittels des Gnomons (Schattenstab) die Sonnenwendpunkte.

Ende Philolaus von Kroton: Erster Versuch einer Deutung der Ano-
5. Jahr- malien in der Planetenbewegung, durch ein Zentralfeuer, um das
hundert sich Sonne, Erde und Planeten in konzentrischen Kreisen herum
bewegen.

um 400 Demokrit: Die Milchstraße ist der vereinigte Glanz zahlloser schwacher Fixsterne.

384–322 Aristoteles beweist die Kugelgestalt der Erde damit, daß der Erdschatten bei Finsternissen auf dem Mond stets kreisförmig ist.

um 370 Eudoxos (405–355) versucht eine Erklärung der Anomalien der Planetenbewegung mit Hilfe seines Systems homozentrischer Sphären (Sphären, an denen weitere Sphären befestigt sind).

um 345 Heraklid von Pontus (388–310) verbesserte die Vorstellung des Philolaus: Erde und Sonne umkreisen derart das Zentralfeuer, daß sie stets einander gegenüberstehen. Auch die Planeten umkreisen dasselbe Zentrum. Die tägliche Bewegung des Fixsternhimmels folgt aus der Achsendrehung der Erde (diese bereits den Pythagoreern Hiketas und Ekphantos um 400 v. Chr. bekannt).

um 265	Aristarch von Samos: Versuch, die Entfernungen der Sonne und des Mondes von der Erde zu bestimmen, und zwar durch Berechnung der Maßverhältnisse des im ersten und letzten Viertel rechtwinkligen Dreiecks Erde – Mond – Sonne. Als Ergebnis fand er ein Verhältnis von 1 : 19 zwischen Mond- und Sonnenentfernung, ferner den Halbmesser des Mondes zu 0,36 und den der Sonne zu $6^3/_4$ Erdradien.

Aristarch erkennt ferner, daß es für die Hypothese von Heraklid gleichgültig ist, welchen Radius man für die Sonnenbahn um das Zentralfeuer wählt, er setzt ihn gleich Null. Das Zentralfeuer läßt er fallen; damit ist die Sonne Mittelpunkt der Welt.

um 220	Eratosthenes (276–194 v. Chr.): Erste Messung des Erdumfangs durch Bestimmung der Breitendifferenz zwischen Alexandria und Syene zu $7^1/_2{}^0$; Ergebnis für den Erdumfang = 39 690 km.

Eratosthenes findet die Schiefe der Ekliptik.

um 150	Hipparch von Nikaia (etwa 190–120) ermittelt die Jahreslänge mit gleicher Genauigkeit, wie sie den Babyloniern bekannt gewesen ist.

Ein Vergleich des von Hipparch geschaffenen Fixsternverzeichnisses (auf Ekliptik bezogen) mit älteren, griechischen Fixsternbeobachtungen führt zur Entdeckung der Präzession.

45 v. Chr.	Julianische Kalenderreform.
um 150 n. Chr.	Ptolemäus (etwa um 120 bis 160 n. Chr.): Mit ihm erreicht die griechische Astronomie ihren Höhepunkt. Das Handbuch „mathematices syntaxeos biblia XIII" enthält das gesamte astronomische Wissen der antiken Welt, u. a. das Sternverzeichnis des Hipparch.

3. Die Weiterbildung der antiken Astronomie durch die Araber

8. und 9. Jahrhundert n. Chr.	Aneignung des antiken und indischen Wissensgutes durch die Araber.
829	Gründung der Sternwarte Bagdad.
903–986	Al Sufi: Revision des Sternkatalogs von Hipparch, zuverlässige Helligkeitsangaben der Sterne.
929	Al Battani †: Cosinussatz der sphärischen Trigonometrie.
940–998	Abul Wefa: Tafeln der Funktionen Sinus und Tangens.
1000	Gründung der Sternwarte Kairo.

1009   Ibn Junis †: Bedeutende Tafeln zur Vorausberechnung von Planetenörtern.

1284   Alfons X. von Kastilien †, nach ihm benannt die Alfonsinischen Tafeln.

In diese Zeit fällt auch die Weiterentwicklung der astronomischen Instrumente wie Astrolabium, Mauerquadrant, Armillarsphäre, Sonnen- und Wasseruhren.

4. Vom geozentrischen zum heliozentrischen Weltbild

um 1460   Peurbach (1423–1461) und sein Schreiber Johannes Müller, genannt Regiomontanus, (1436–1476) aus Königsberg/Unterfranken sammelten neue Planetenbeobachtungen und verbesserten danach das System des Ptolemäus.

1464   Nikolaus Krebs aus Kues, genannt Cusanus, †: Äußerte die Meinung, daß die Erde nicht in Ruhe sein könne, sondern sich bewege.

1474   Regiomontanus veröffentlicht die ersten Planeten-Ephemeriden.

1505   Bernhard Walther: Setzte die Beobachtungen von Regiomontanus fort. Seine Sternwarte in Nürnberg bildete wahrscheinlich die Szene von Dürers Stich „Melancholia".

1543   Nikolaus Kopernikus geb. 19. 2. 1473 in Thorn; ab 1491 Studium in Krakau, von 1496 bis 1503 Studien in Italien (Theologie, Mathematik, Astronomie, Jurisprudenz, Medizin);

1501 Veröffentlichung einer kleinen Schrift, in der er vorsichtig seine Gedanken vertrat, daß nicht die Erde, sondern die Sonne Zentrum der Planetenbewegung sei. 1512 Domherr in Frauenburg; um 1532 lag sein großes Werk über die Planetenbewegung im Manuskript vor.

Kopernikus starb am 24. 5. 1543 in Frauenburg; im Todesjahr erschien sein Werk unter dem von dem ev. Theologen Osiander gewählten Titel „De revolutionibus orbium coelestium libri VI".

1544   Georg Hartmann findet die Inklination der Magnetnadel.

1551   die „Alfonsinischen Tafeln" werden durch die von Reinhold in Tübingen veröffentlichten „Preußischen Tafeln" abgelöst.

1569   Gerhard Kremer, der sich Mercator nannte (1512–1594): Herausgabe der Weltkarte für Seefahrer unter erstmaliger Verwendung der Mercator-Kartenprojektion.

Nikolaus Kopernikus (1473–1543)
Bildnis in Öl auf Holz (1571–1574)
nach Tobias Stimmer

Tycho Brahe (1546–1601)
Holzschnitt von J. de Geyn, entstanden 1586

Johannes Kepler (1571–1630)
Bildnis in Öl auf Leinwand (1627)
von einem unbekannten Meister
Straßburg, Fondation Saint Thomas, Collegium
Wilhelmitanum

Galileo Galilei (1564–1642)
Bildnis in Öl auf Leinwand
von Joost Susterman, Uffizien Florenz

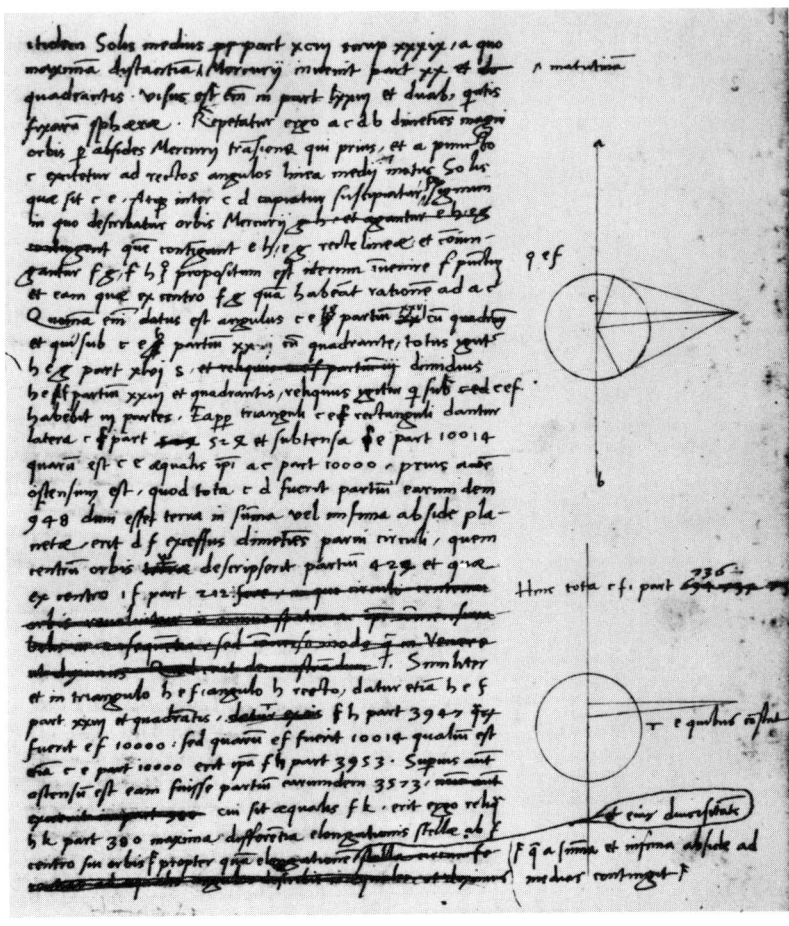

Eigenhändiges Manuskript aus
Kopernikus „De revolutionibus"

Brahes Sternwarte „Uranienburg" auf der Insel Hven (Holzschnitt 1596)

Tycho Brahe am Mauerquadrant
Holzschnitt 1596, unbekannter Meister
Eines der zu Geschenkzwecken kolorierten Exemplare besitzt die Universitätsbibliothek München

Ole Rømer (1644–1710)
Bildnis in Öl, Maler unbekannt (um 1711)
Maße: 75 × 85 cm
Standort: Kopenhagen,
Museum des „Runden Turms"

Isaac Newton (1642–1727)
Bildnis in Öl auf Leinwand (1702)
von Geoffry Kneller
London, National Portrait Gallery

Leonhard Euler (1707–1783)
Pastellgemälde (1753) von Emanuel Handmann
Öffentliche Kunstsammlung Basel

Carl Friedrich Gauß (1777–1855)
Bildnis in Öl auf Leinwand (1840) von Christian
Albrecht Jensen für die Sternwarte in Pulkowo
gemalt. Reproduktion nach der Kopie in der
Sternwarte zu Göttingen

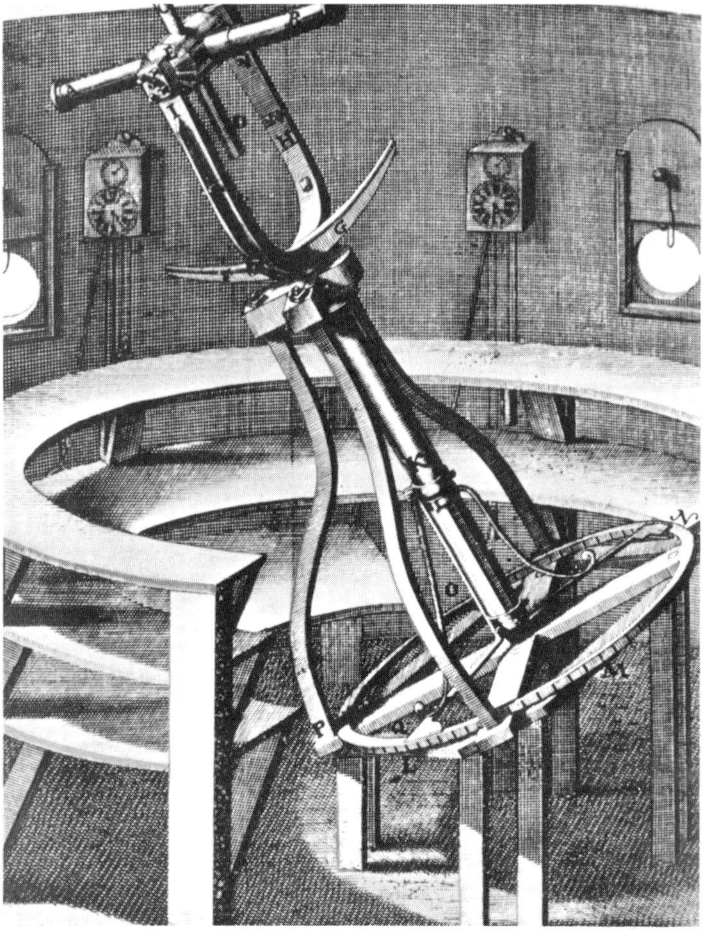

Rømers Machina Aequatorea von 1690, die Vorläuferin der modernen Fernrohrmontierung

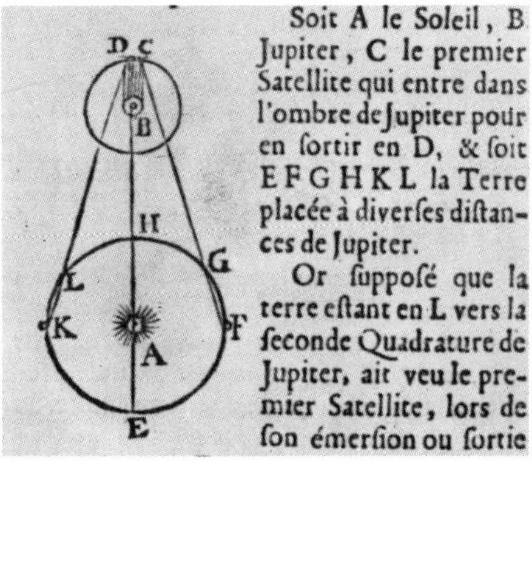

Originalseite mit der ersten Mitteilung über die Berechnung der Lichtgeschwindigkeit durch Rømer, 7. Dezember 1676 aus „Journal des Scavans"

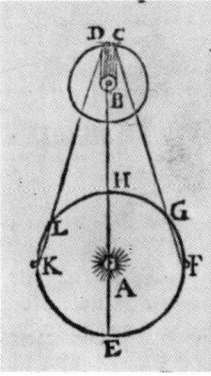

Soit **A** le Soleil, **B** Jupiter, **C** le premier Satellite qui entre dans l'ombre de Jupiter pour en fortir en D, & foit **E F G H K L** la Terre placée à diverfes diftances de Jupiter.

Or fuppofé que la terre eftant en **L** vers la feconde Quadrature de Jupiter, ait veu le premier Satellite, lors de fon émerfion ou fortie

Immanuel Kant (1724–1804)
Gemälde von Döbler (1791)
Es hing in der Totenkopfloge zu Königsberg,
jetziger Standort unbekannt

Pierre Simon de Laplace (1749–1827)
Gemalt von Madame Sophie Tavel-Feytaud
(Französische Schule des 19. Jhdts.)
Öl auf Leinwand
Das Gemälde gehörte dem Nationalmuseum in
Versailles und hängt jetzt in der Akademie der
Wissenschaften zu Paris

William Herschel (1738–1822)
Bildnis in Öl auf Leinwand (1785) von L. Abbott
Aus Privatbesitz: Connie R. Walker
Seit 1860 in der
National Portrait Gallery

Friedrich Wilhelm Argelander (1799–1875)
Bildnis eines unbekannten deutschen Malers
(um 1850)

2 historische Mondkarten auf einem Kartenblatt des Atlasses von Doppelmeier.
Links die Mondkarte von Hevelius (1647, mit den von diesem eingeführten Bezeichnungen der Mondformationen).
Rechts eine Karte von Pater Riccioli (1651, mit den noch heute gültigen Bezeichnungen)

1572	Tycho Brahe, geb. 14. 12. 1546 in Knudstrup auf Schonen (Dänemark), studierte Jura in Kopenhagen, seit 1562 in Leipzig, von 1566 bis 1570 in Wittenberg, Rostock und Basel. Seit 1570 wieder in Dänemark, beobachtete 1572 eine galaktische Supernova im Sternbild Cassiopeia.

1576 Bau seiner Sternwarte „Uranienburg" auf der Insel Hven.

1577 Versuch der Parallaxenbestimmung bei dem Kometen dieses Jahres; er stellte fest, daß der Komet wesentlich weiter als der Mond entfernt sein müsse.

1584 Bau einer weiteren Sternwarte, der „Sternenburg", dort Aufstellung seiner großen Mauerquadranten.

1588 Veröffentlichung seiner Planetentheorie.

1597 verließ er Dänemark und wurde 1599 kaiserlicher Mathematiker und Astronom bei Rudolf II. in Prag

24. 10. 1601 in Prag gestorben; hinterließ Kepler die besten und genauesten Planetenbeobachtungen seiner Zeit.

1582	Gregorianische Kalenderreform.
1596	Fabricius entdeckt die Veränderlichkeit von Omikron Ceti.
1600	Giordano Bruno, Dominikanermönch, geb. 1548, erklärte das All, für unendlich, die Sonne war für ihn nicht Mittelpunkt der Welt, sondern es gäbe unendlich viele Welten, von denen jede ihre eigene Sonne hätte. Er wurde in Rom auf dem Scheiterhaufen verbrannt.
um 1600	Johann Napir (1550–1617) und Jost Bürgi (1552–1632) entdecken unabhängig voneinander die Logarithmen als Rechenhilfe.
1603	Bayer: „Uranometria nova".
1608	Lippershey aus Middelburg in Holland erfindet das Fernrohr.
1609	Galileo Galilei, geb. 15. 2. 1564 in Pisa.

1589 Professor für Mathematik an der Universität Pisa.

1592 Professor in Padua.

1602 fand die Gesetze des freien Falls sowie die Schwingungsgesetze des Pendels.

1609 baute das Fernrohr des Holländers Lippershey nach, wandte dies als erster auf Himmelsbeobachtungen an und entdeckte so die Mondgebirge, die vier Jupitermonde, die Sonnenflecken (gleichzeitig mit anderen), den Ring des Saturns und den Phasenwechsel der Venus.

1610 Hofmathematiker in Florenz, setzte sich dort leidenschaftlich in Rede und Schrift für die kopernikanische Lehre ein.

1609	Johannes Kepler geb. 27. 12. 1571 in Weil der Stadt.
	1584–1589 Klosterschüler in Adelsberg und Maulbronn.
	1589 Universität Tübingen, studierte Mathematik unter dem Professor Michael Maestlin.
	1616 vor die Inquisition geladen und ermahnt, die „falsche" Lehre des Kopernikus nicht weiter zu verbreiten.
	1632 Erscheinen des „Dialogo sopra i due sisteni del mondo".
	1633 erneut vor der Inquisition, muß der kopernikanischen Lehre abschwören, nach kurzer, milder Haft siedelt er in sein Landhaus nach Arcetri über; 1637 erblindet er.
	Am 8. 1. 1642 in Arcetri gestorben.
	1591 Magisterwürde.
	1594 Professor und Landschaftsmathematiker in Graz.
	1596 erstes astronomisches Werk „Mysterium cosmographicum".
	1600 Übersiedlung nach Prag als Assistent Tycho Brahes.
	1601 nach Brahes Tod wird er kaiserlicher Hofastronom und Mathematiker Rudolfs II.
	1609 „Astronomia nova", enthält den Flächensatz (1602) und den Ellipsensatz (1605) (siehe auch S. 214).
	1611 „Dioptrice", enthält den ersten Entwurf für das Keplersche Fernrohr.
	1619 „Harmonices mundi", enthält das 3. Keplersche Gesetz.
	1621 Hexenprozeß gegen die Mutter Keplers.
	1626 Übersiedlung nach Ulm; Druck der „Tabulae Rudolphinae".
	1630 Reise zum Reichstag nach Regensburg; dort gestorben am 15. 11. 1630.
1612	Simon Marius entdeckt den Andromedanebel.
1614	Snellius bildet die Methode der Triangulation aus.
1618	Cysat entdeckt den Orionnebel.
1630	Christoph Scheiner SJ (1573–1650): „Rosa Ursina zu Bracciano" erscheint; dieses Werk beschäftigt sich eingehend mit den Sonnenflecken, der Rotationsperiode der Sonne und mit einer Theorie des teleskopischen Sehens.
1642	Gründung der Sternwarte Kopenhagen.
1647	Johannes Hevel (lat. Hevelius) 1611–1687 in Danzig: Sein Hauptwerk „Selenographia" erscheint.
1661	Hevels Sternverzeichnis erscheint; letzter mit Visierinstrumenten beobachteter Sternkatalog.
1661	Gregory baut ein Spiegelteleskop.
1661	Childry beobachtet und beschreibt das Zodiakallicht.

1667   Montanari entdeckt die Helligkeitsänderung von Beta Persei.

1667–1672 Bau und Gründung der Pariser Sternwarte.

1668   Hevel beschreibt die Kometenbahn als Wurflinie.

1669   Picard erkennt die Abhängigkeit der Strahlenbrechung vom Luftdruck und von der Temperatur.

1669–1670 Picard gibt einen zuverlässigen Wert für den Erdradius (aus der Gradmessung bei Paris).

1671   Cassini (1625–1712) bestimmt aus Pendelmessungen die Abplattung der Erde. Mit einem Luftfernrohr von 11–14 m Länge entdeckt er vier Saturnmonde und die nach ihm benannte Teilung des Saturnrings.

1672   Cassini und Richter beobachten die Parallaxe von Mars und berechnen daraus mit Hilfe des 3. Keplerschen Gesetzes den Erdbahnhalbmesser (Sonnenparallaxe = $9^1/_2$ Bogensekunden).

5. Newton und seine Zeit

1672   die Bauweise von Spiegelteleskopen wird von Newton und Cassegrain beschrieben.

1672   G. F. Manaldi und Huygens sehen weißliche Flecken a. d. Marspolen.

1673   Christian Huygens (1629–1695) konstruiert die erste brauchbare Pendeluhr.

1675   Observatorium zu Greenwich entsteht.

1676   Olaf Römer (1644–1710) bestimmt die Lichtgeschwindigkeit aus der Verfinsterung der Jupitermonde.

1679   Edmund Halley (1656–1742): Erstes Sternverzeichnis des Südhimmels auf Grund von Beobachtungen auf St. Helena wird veröffentlicht; 1763 durch Lacaille um 10000 Sterne erweitert.

seit 1679   Pariser Jahrbuch (Connaissance des Temps).

1681   Dörfel erkennt, daß die Kometenbahn eine Parabel mit der Sonne als Brennpunkt ist.

1684   Huygens baut ein Luftfernrohr (57 mm Öffnung, 3300 mm Brennweite) und erkennt damit die wahre Gestalt von Saturn und seinem Ring, ferner entdeckt er damit den Saturnmond Titan.

1686   Nic. Fatio weist nach, daß es sich beim Zodiakallicht um eine regelmäßig wiederkehrende Lichterscheinung handelt.

1687   Isaac Newton, geboren 4. 1. 1643 in Woolstrope in Lincolnshire.
1661 Besuch der Universität Cambridge.
1669 dort Professor für Mathematik.
1671 Konstruktion eines Spiegelteleskops.

1672 Mitglied der Royal Society.

1687 erscheint sein Hauptwerk „Philosophiae naturalis principia mathematica", dieses Werk enthält das Gravitationsgesetz und die Erklärung der Präzession.

1696 Aufseher, 1699 Vorsteher der Königlichen Münze.

1703 Präsident der Royal Society.

1704 erscheint sein Werk „Opticks", es enthält eine systematische Zusammenstellung seiner Untersuchungen über das Licht.

1707 „Arithmetica universalis".

1711 in seinem Werk „Analysis" werden die Grundzüge der Infinitesimalrechnung dargestellt.

am 31. 3. 1727 starb Newton in Kensington.

1690	Römer entwickelt die parallaktische Montierung.
1700	Berliner Sternwarte entsteht; erster Direktor Gottfried Kirch (1639–1710), sein Sohn Christfried (1694–1740) wird sein Nachfolger.
1704	Römers Mittagskreis wird der Vorläufer des Meridiankreises.
1706	Halley wendet die Methode von Newton, nämlich die parabolische Bahn eines Kometen mit Hilfe des Gravitationsgesetzes zu berechnen, auf 24 Kometenerscheinungen an und erkennt, daß es sich bei den Kometen von 1531, 1607, 1682 um ein und denselben Kometen handeln muß (Umlaufzeit ∼75–76 Jahre). Er kündigt für 1758 das Wiedererscheinen dieses Kometen an.
1718	Halley entdeckt durch Vergleich neuerer Kataloge mit dem Sternverzeichnis des Hipparch die Ortsveränderung einiger Fixsterne.
1722	Graham mißt die Stärke des Erdmagnetismus.
1725	John Flamsteed (1646–1719): Seine genauen Beobachtungen liegen den beiden Werken „Historia coelestis Britannica" (enthält alle im nördlichen Europa sichtbaren Sterne bis zur 7. Größenklasse) und „Atlas coelestis" (1729) zugrunde.
1726	Graham gibt die Quecksilber-Kompensation gegen Temperaturschwankungen für Pendeluhren an.

6. Die Astronomie im 18. Jahrhundert

1728	James Bradley (1692–1762) entdeckt auf der Suche nach Fixsternparallaxen die Aberration infolge der endlichen Geschwindigkeit des Lichtes.
1730	Pecenas entdeckt den Gegenschein.
1735	Harrison baut das erste tragbare Chronometer (damit Längenbestimmungen auf See möglich).

1736–1737	Erdvermessungen in Lappland zwecks Feststellung der Erdabplattung.
1736–1743	gleichartige Messungen in Peru.
1744	Leonhard Euler (1707–1783) führte die analytische Behandlung des Zwei-Körperproblems aus und stellte die zehn Integrale des n-Körperproblems auf; sein Hauptwerk „Theoria motuum planetarum et cometarum".
1747	Bradley entdeckt die Nutation.
1750	Thomas Whright: Erstes Werk über den Bau der Welt.
1750	Mauerquadrant von Bird (5′-Teilung, Vernierteilung 30″ und Schraubenmikrometer 1″).
1752	Tobias Mayer (1723–1762) gab eine Methode zur Längenbestimmung auf See mit Hilfe seiner „Novae tabulae motuum Solis et Lunae".
1755	Immanuel Kant(1724–1804):Erscheinen seiner„AllgemeinenNaturgeschichte und Theorie des Himmels oder Versuch von der Verfassung und dem mechanischen Ursprung des ganzen Weltgebäudes, nach Newtonschen Grundsätzen abgehandelt".
1756	Dollond konstruiert das erste achromatische Objektiv.
1760	Sisson schlägt die als englische Fernrohrmontierung bekanntgewordene Aufstellungsart vor.
1761	Johann Heinrich Lambert (1728–1777) begründete die Photometrie, lieferte Beiträge zur Kometenbahntheorie und stellte in seinen „Kosmologischen Briefen" das ganze System der uns sichtbaren Fixsterne als nicht sphärisch sondern flach dar, etwa wie eine Scheibe, deren Durchmesser vielfach größer als ihre Dicke ist.
1761 u. 1769	auf Vorschlag Halleys werden an 72 Stationen in drei Erdteilen die Venusdurchgänge beobachtet. Die Beobachtungen 1769 erbrachten eine Sonnenparallaxe von 8″.68.
1762	Bradleys Sternkatalog erscheint; er hat eine so große Genauigkeit, daß er im 19. Jahrhundert noch mehrmals bearbeitet wird.
1766	Titius'sche Planetenreihenfolge (Bode 1772).
1767	erstes Erscheinen des Nautical Almanac in London.
1776	Erscheinen des Berliner Jahrbuchs.
1778	Christian Mayer (1719–1783) lenkte die Aufmerksamkeit auf Doppelsterne durch seine Schrift „Gründliche Verteidigung neuer Beobachtungen von Fixsterntrabanten".
1784	Charles Messier (1730–1817): Verzeichnis von 103 nebligen Objekten, 61 davon von ihm selbst gefunden.

| 1788 | Joseph Louis Lagrange (1736–1813) gibt in seinem Werk „Mécanique analytique" exakte Lösungen für gewisse Sonderfälle der Bewegungen dreier Körper an. |

7. Friedrich Wilhelm Herschel

1738	Friedrich Wilhelm Herschel wird am 15. 11. 1738 in Hannover geboren.
1750	Karoline Lucrecia Herschel wird am 16. 3. 1750 geboren.
1753	Oboist in der Musikkapelle der hannoverschen Garde.
1757	Übersiedlung nach England.
1760	Komponieren von Militärmärschen und Orchestermusik.
1766	erste astronomische Eintragungen im Tagebuch.
1773	erster Versuch im Fernrohrbau, Selbstbau eines Gregory-Spiegelteleskops.
1775	erste Himmelsdurchmusterung mit 7-Fuß-Reflektor.
1779	Beginn der zweiten Himmelsdurchmusterung.
1781	am 13. 3. findet er im Sternbild Gemini einen neuen Planeten, Uranus; Herschel wird Mitglied der Royal Society.
1782	königlicher Hofastronom, seine Schwester Karoline wird seine Assistentin.
1783	„Über die Eigenbewegung der Sonne und des Sonnensystems". Weiterer Bau von Teleskopen. Beginn der dritten Himmelsdurchmusterung.
1784	Abhandlung über die Natur der Polkappen des Mars, ferner über das Thema „Bau des Himmels", Doppelsternkatalog.
1785	weitere Abhandlungen „Über den Bau des Himmels".
1786	Katalog von 1000 neuentdeckten Nebeln und Sternhaufen. Baubeginn am großen Reflektor von 40 Fuß Brennweite. Karoline entdeckt ihren ersten Kometen.
1787	Entdeckung von zwei Satelliten des Uranus.
1788	Arbeiten am 40-Fuß-Teleskop (122 cm Spiegeldurchmesser und 11,9 m Brennweite).
1789	Katalog von weiteren neu entdeckten 1000 Nebeln und Sternhaufen. Vollendung des 40-Fuß-Reflektors. Entdeckung des 6. und 7. Saturnmondes (Enceladus und Mimas).
1791	Abhandlung über „Nebelsterne".
1792	Sohn John Herschel am 7. 3. 1792 geboren.
1794	Abhandlung „Über die Natur und den Bau der Sonne und der Fixsterne".

1796–1799	Untersuchungen über die scheinbare Helligkeit und die Veränderlichkeit der Sterne. Vier Helligkeitskataloge. Abhandlung „Über die raumdurchdringende Kraft der Teleskope".
1800	vier Abhandlungen über die unsichtbaren Wärmestrahlen im Sonnenspektrum (Entdeckung der Infrarotstrahlen).
1802	Katalog von 500 neuen Nebeln und Sternhaufen.
1803	Entdeckung der physischen Natur der Doppelsterne.
1805	Abhandlung über „Richtung und Bewegung der Sonne", Bestimmung des Sonnenapexes.
1807–1810	verschiedene Arbeiten u. a. über Newtonsche Ringe.
1811	„Astronomische Beobachtungen über den Bau des Himmels".
1814–1817	Arbeiten über die räumliche Verteilung der Sterne, über die Milchstraße.
1821	Präsident der Royal Astronomical Society; Doppelsternkatalog,
1822	Sir William Herschel am 25. 8. 1822 in Slough gestorben.
1822–1838	John Herschel setzt die Beobachtungen seines Vaters fort, seit 1834 am Kap der Guten Hoffnung.
1848	Karoline Herschel am 9. 1. 1848 in Hannover gestorben; sie entdeckte acht Kometen.

8. Das 19. Jahrhundert

1799	Pierre-Simon Laplace (1749–1827) entdeckt die Unveränderlichkeit der großen Achsen der Planetenbahnen, sein Hauptwerk „Mécanique Céleste" (5 Bände) erscheint.
1799	Alexander von Humboldt: Leonidenbeobachtungen.
1799	Brandes und Benzenberger bestimmen durch korrespondierende Beobachtungen die Höhe der Meteoren.
1801	Piazzi in Palermo entdeckt den ersten Kleinen Planeten Ceres.
1802	Olbers entdeckt den Kleinen Planeten Pallas.
1802	Wollaston baut Spaltspektrographen.
1804	Hardung entdeckt den Kleinen Planeten Juno.
1807	Olbers entdeckt Vesta.
1809	Karl Friedrich Gauß (1777–1855) veröffentlicht seine klassische Methode zur Berechnung von Planetenbahnen in seinem Werk „Theoria motus corporum coelestium".
1814	Joseph von Fraunhofer (1787–1826) erkennt im Spektrum der Sonne eine große Anzahl dunkler Linien.
1821	die Fachzeitschrift „Astronomische Nachrichten" durch Heinrich Schumacher (1780–1850) gegründet.

1821–1825	Friedrich Wilhelm Bessel (1784–1846) bestimmt genaue Sternpositionen im äquatorialen Koordinatensystem von fast 32000 Sternen.
1824	mechanische Triebwerke zum Nachführen der Fernrohre werden eingeführt.
1830 u. 1837	Beer und Mädler schaffen eine neue Grundlage der Mondtopographie mit ihren großen Mondkarten.
1831	erstmalige Beobachtung des roten Flecks auf Jupiter.
1833	Wiederkehr des Halleyschen Kometen.
1837	Pouillet macht erste Versuche die Solarkonstante zu messen.
1838	Bessel bestimmt die Parallaxe von 61 Cygni; W. Struve (1793 bis 1864) und Henderson bestimmen die von Wega und α-Centauri.
1840	Harvardsternwarte gegründet.
1840	Friedrich Wilhelm Argelander (1799–1875) gibt eine Methode an, die die Veränderlichkeit der Sterne quantitativ zu erfassen gestattet.
1841	Bessel bestimmt die Dimensionen des Erdkörpers mit großer Genauigkeit.
1841	erste Mondaufnahme durch John W. Draper auf Daguerreplatten.
1842	Otto Struve (1819–1905) gibt eine Neubestimmung der Präzessionsgrößen.
1842	Protuberanzen werden erstmals eingehend beobachtet.
1842	Dopplereffekt wird als Radialgeschwindigkeit gedeutet.
1843	Heinrich Schwabe (1789–1875) entdeckt die Periodizität der Sonnenfleckenhäufigkeit.
1843	W. Struve bestimmt den Längenunterschied Pulkowo – Altona.
1844	Argelanders „Aufforderung an die Freunde der Astronomie zur Beobachtung der Veränderlichen Sterne".
1845	Zerfall des Bielaschen Kometen wird beobachtet.
1845	Lord Rosse erkennt die Struktur der Spiralnebel.
1846	Urbain Leverrier (1811–1877) berechnete aus Störungen der Uranusbahn den mutmaßlichen Ort eines noch unbekannten Planeten, der am 23. 9. 1846 von Johann Gottfried Galle (1812 bis 1910) in Berlin gefunden und Neptun genannt wurde.
1848	J. R. Mayer: Energieprinzip, Wärmeäquivalent.
1849	Fizeau: Erste Bestimmung der Lichtgeschwindigkeit auf der Erde.
1851	Christian August Peters (1806–1880) schließt aus der gestörten Eigenbewegung des Sirius auf einen dunklen Begleiter.
1851	Foucault: Pendelversuch.

1852	R. Wolf bestimmt die Sonnenfleckenperiode zu 11.1 Jahren.

1852–1859 Argelander-Schönfeld-Krüger: Bonner Durchmusterung (s. S. 326).

1853   Helmholtz stellt seine Kontraktionstheorie auf als Erklärungsversuch für die Sonnenenergie.

1854   Bernhard Riemann (1826–1866): Nichteuklidische Geometrie.

1854   auf Vorschlag von Pogson wird die Helligkeitsskala neu festgesetzt.

1857   Peter Andreas Hansen (1795–1874): „Tables de la Lune".

1857   Bond: Erste Astrophotographie.

1858–1877 Leverrier: Tafeln der großen Planeten.

1859   Richard Carrington (1826–1875) stellt beschleunigte Rotation der Äquatorzone der Sonne fest.

1859   Kirchhoff und Bunsen finden das Prinzip der Spektralanalyse.

1859   Weber und Fechner: psychophysisches Grundgesetz (siehe S. 349).

1860–1870 Angelo Secchi (1818–1878) wendet die Spektroskopie auf die Fixsterne an und schafft die Anfänge einer Spektralklassifikation.

1862   A. Clark entdeckt den Begleiter von Sirius.

1862   Arthur v. Auwers (1838–1915) berechnet die Bahn des Prokyonbegleiters.

1863   Astronomische Gesellschaft als Fachvereinigung gegründet.

1864   William Huggins (1824–1910) bemerkt als erster die Emissionslinien in den Spektren von Nebeln.

1864   John Herschel: Verzeichnis von 6245 Nebel- und Sternhaufen.

1866   Giovanni Virginio Schiaparelli (1835–1910) beweist den Zusammenhang zwischen Kometen und Meteorschwärmen.

1868   Jules Janssen (1824–1907) und Norman Lockyer (1836–1920) machten die Sonnenprotuberanzen mit einem Spektroskop jederzeit sichtbar.

1868   Lockyer entdeckt das Helium auf der Sonne.

1869   Lane: Sterne sind Gaskugeln im hydrodynamischen Gleichgewicht.

1869–1905 Präzessionsmessungen am Meridiankreis für ca. 120000 Sterne; ein Gemeinschaftsunternehmen von 16 Sternwarten unter den Auspizien der Astronomischen Gesellschaft.

1876–1879 Bau des Potsdamer Observatoriums.

1877   Asaph Hall (1829–1881) entdeckt die beiden Marsmonde.

1878   Schiaparellis Marsbeobachtungen.

1879   Auwers: „Fundamentalkatalog ausgewählter Sterne" erscheint.

1879   Michelson bestimmt die Lichtgeschwindigkeit.

seit 1879	E. C. Pickering	
1885	Pritchard	erste brauchbare Helligkeitsmessungen
seit 1886	Müller und Kempf	

1881   erste spektralphotometrische Messung des Sonnenspektrums durch Langley.

1887   erste photographische Himmelsaufnahmen von Max Wolf (1863 bis 1932).

1887   „Carte du Ciel" in Paris beschlossen.

1887   Lick-Refraktor in Betrieb genommen.

1887   Theodor von Oppolzer (1841–1886): Canon der Finsternisse.

1888   Rowland's photographische Wiedergabe des Sonnenspektrums erscheint; insgesamt etwa 20000 vermessene Linien.

1888   Friedrich Küstner (1856–1936) entdeckt die Polbewegung (Anlaß zur Begründung des internationalen Breitendienstes).

1888–1901   Nils Dunér (1839–1914): Nachweis der Rotationsperiode der Sonne durch spektroskopische Untersuchungen.

1889   Henri Poincaré (1854–1912) entdeckt die Existenz periodischer Lösungen im allgemeinen Drei-Körperproblem. Er weist auch nach, daß außer den zehn bekannten aber für die allgemeine Lösung des Vielkörperproblems nicht ausreichenden Integralen, keine weiteren existieren.

1889   Edward Charles Pickering (1846–1919) entdeckt im Spektrum von ζ UMa gelegentliche Verdopplung der Linien; er schließt daraus auf einen Doppelstern.

1889   Hermann Carl Vogel (1841–1907) weist bei Algol eine Linienverschiebung im Spektrum nach; daraus auf Doppelsternnatur geschlossen.

1890   Vogel und Scheiner: erste Messungen von Radialgeschwindigkeiten.

1890   Michelson mißt auf dem Mt. Wilson den Abstand sehr enger Doppelsterne und die Durchmesser einiger heller Sterne mit einem Interferometer.

1892   Hale und Deslandres führen die Photographie der Sonnenoberfläche im Lichte einzelner Spektrallinien ein.

1892   Barnard entdeckt den fünften Jupitermond.

1892–1932   Córdoba-Durchmusterung.

1893   Mitteleuropäische Zeit (MEZ) wird in Deutschland eingeführt.

1895   photographische Entdeckung kurzperiodischer Veränderlicher in Kugelhaufen durch Bailey.

1895	Belopolsky entdeckt, daß die Radialgeschwindigkeitskurve, bei periodisch Veränderlichen spiegelbildlich zur Lichtkurve verläuft.
1896	Pariser photographischer Mondatlas von Loewy und Puiseux.
seit 1897	Georg Hill (1838–1914) und Simon Newcomb (1835–1909): Planetentafeln auf verbesserter Grundlage.
1898	Newcomb: Weitere Untersuchungen der Präzessionsgrößen.
1898	Sternwarte auf dem Königstuhl bei Heidelberg gegründet.
1898	Witt entdeckt den Kleinen Planeten Eros.
1898	Hugo von Seeliger (1849–1924) und Jacobus Kapteyn (1851 bis 1922): Einführung der Leuchtkraftfunktion; mit statistischen Methoden Untersuchungen der räumlichen Verteilung der Sterne (Stellarstatistik).
1899	Johann Georg Hagen SJ (1847–1930): „Atlas stellarum variabilium".

9. Astronomie und Astrophysik im 20. Jahrhundert

um 1900	Küstner: Genauigkeit eines mit Meridiankreis gemessenen Fixsternorts $0\rlap{.}''27$ (bei Hipparch 240″, bei Brahe 25″, bei Bradley 2″, bei Bessel $0\rlap{.}''7$).
1900	Messung der Gesamtstrahlung der Sonne als Grundlage der Temperaturbestimmung durch Langley und Abbot.
1901	Aufstellen einer neuen Spektralklassifikation durch Pickering und Miß Cannon.
1902	Langley führt ein genaues Verfahren zur Messung der Solarkonstanten mittels Pyrheliometern ein.
1902	Poincaré: Untersuchungen über gleichmäßig zusammengesetzte Flüssigkeiten bei langsamer Drehung (Rotationsellipsoid – Dreiachsiges-Ellipsoid – birnenförmige Figur – Zerfall bei homogener Masseverteilung in zwei sich umkreisende Körper).
1903	Stereokomparator von Pulfrich erfunden.
1904	Kapteyn entwickelt aus der Beobachtung gewisser Vorzugsrichtungen in den Sternbewegungen die Vorstellung zweier sich durchdringender Sternströme.
1904	Johannes Hartmann (1865–1936) entdeckt die „ruhenden Calciumlinien" in Sternspektren.
1904 u. 1905	Perinne entdeckt den 6. und 7. Jupitermond.
1905	Albert Einstein (1879–1955): Spezielle Relativitätstheorie.
1906	Kapteyn: Eichfelderplan.

1906	M. Wolf und A. Kopff entdecken die ersten Trojaner.
1907	Karl Schwarzschild (1873–1916) erklärt das Phänomen der beobachteten Vorzugsrichtungen in der Bewegung der Sterne durch seine Theorie der ellipsoidischen Geschwindigkeitsverteilung.
1907	Robert Emden (1862–1940): „Gaskugeln".
1908	Hale weist das Vorhandensein magnetischer Kraftfelder in den Sonnenflecken nach (Zeemanneffekt).
1908	Melotte entdeckt den 8. Jupitermond.
1909	Ernest William Brown (1866–1938): Mondtheorie und Mondtafeln.
1909	Wilsing und Scheiner geben erste zuverlässige Werte von Fixsterntemperaturen.
1910	Lewis Boss (1846–1912): Fundamentalkatalog „Preliminary General Catalogue of 6188 Stars".
1910	Längenbestimmung: Erster Versuch der Zeitvergleichung mittels drahtloser Telegraphie.
1910	Schwarzschild veröffentlicht den ersten größeren Katalog exakt gemessener Sternhelligkeiten.
1910	Schlesinger entwickelt Methoden zur photographischen Bestimmung von Fixsternparallaxen.
1911	William W. Campbell (1862–1923) findet die ersten Schnelläufer.
1912	Miß Leavitt findet die Perioden-Helligkeitsbeziehung.
1912	Slipher weist nach, daß das Leuchten gewisser Nebel auf reine Reflexion von Sternlicht zurückzuführen ist.
1913	Hertzsprung-Russell-Diagramm (siehe S. 379).
1913	Paul Guthnick (1879–1947) führte die lichtelektrischen Methoden in die Astrophotometrie ein.
1913	Shapley berechnet die Zustandsgrößen von 87 Bedeckungsveränderlichen.
1914	Adams und Kohlschütter finden Spektralkriterien zur Bestimmung der absoluten Helligkeit (spektroskopische Parallaxenmethode).
1914	Nicholson entdeckt den 9. Jupitermond.
1915	Einsteins allgemeine Relativitätstheorie.
1916	Arthur Stanley Eddington (1882–1944): Innerer Aufbau der Sterne.
1918	Shapleys Untersuchungen über die räumliche Verteilung der Kugelsternhaufen.

1918	Henry Draper-Katalog; enthält die Spektraltypen für 225 300 Sterne.
1918	Aufstellung des 100-inch(2,50 m)-Spiegels auf dem Mt. Wilson.
1919	Gründung der Internationalen Astronomischen Union (IAU).
1920	Saha entwickelt die Theorie der Ionisation in Sternatmosphären.
1920	Wolf beweist aus Sternzählungen die Existenz von Dunkelwolken und gibt eine Methode zu deren Entfernungsbestimmung.
1921	Bernewitz entdeckt die große Dichte des Siriusbegleiters (Weiße Zwerge).
1922	Duncan findet in dem Spiralnebel M 33 veränderliche Sterne, deren Typ er nicht erkennen kann.
1922	Hubble entdeckt, daß Emissionsnebel nur dann auftreten, wenn das Spektrum des beleuchtenden Sterns früher als B 1 ist.
1923	Hubble bestimmt die Entfernung zweier naher Spiralnebel mittels darin aufgefundener kurzperiodischer Veränderlicher zu 700 000 Lichtjahren. Damit wurde entschieden, daß Spiralnebel selbständige Sternsysteme sind.
1925	Oort und Lindblad finden die differentielle Rotation unseres Sternsystems, der Milchstraße.
1929	Hubble erkennt, daß die Rotverschiebung in den Spektren der Spiralnebel proportional der Entfernung ist.
1929	Marrison konstruiert die erste Quarzuhr.
1930	C. W. Tombaugh entdeckt Pluto.
1931	Lyot baut den ersten Koronographen.
1932	K. G. Jansky empfängt Radiostrahlen aus der Milchstraße bei einer Wellenlänge von 12 bis 14 m.
1932	Bernhard Schmidt (1879–1935) konstruiert den ersten komafreien Spiegel (Schmidt-Spiegel).
1935	Schlesinger „General Catalogue of Stellar Parallaxes".
1938	Göttinger spektralphotometrische Messungen (Kienle, Wempe, Straßl).
1938	Bethe-Weizsäcker-Zyklus der Energieerzeugung in Sternen.
1939	G. Reber bestätigt Janskys Entdeckung der Radiostrahlung.
1940	thermische Strahlung von Mond, Venus und Jupiter wird gefunden.
1940–1950	Bau des 200-inch-Teleskops auf dem Mt. Palomar.

1942	Hey entdeckt die galaktische Komponente der allgemeinen Radiofrequenzstrahlung bei einer Wellenlänge von 4–6 m.
1942	Southworth entdeckt die extragalaktische Komponente der Radiostrahlung.
1944	Radarecho an Meteoren wird beobachtet.
1945	Radarecho vom Mond festgestellt.
1945	van de Hulst weist darauf hin, daß im Raum eine Spektrallinie des neutralen Wasserstoffs bei 21 cm beobachtbar sein müßte.
1946	D. F. Martyn findet die Radiostrahlung der „gestörten" Sonne im Meter-Wellenlängenbereich (thermische Strahlung der Korona) sowie die Strahlung der ungestörten Sonne im Zentimeter-Bereich (aus der Chromosphäre).
1947	Ambarzumian findet Sternassoziationen.
1949	Ewen, Purcell und Westerhout finden die von van de Hulst vorhergesagte 21-cm-Linie.
1951	bereits über 100 diskrete Radioquellen bekannt.
1952	Walter Baade (1893–1960) weist nach, daß die Entfernungsskala für Spiralnebel bisher um den Faktor zwei zu klein angenommen worden war.
1952	Oort und van de Hulst lokalisieren die Spiralarme in unserem Sternsystem auf Grund von radioastronomischen Messungen.
1957	am 4. Oktober Start des ersten künstlichen Erdsatelliten Sputnik 1

MASSE

Astronomie und Astrophysik zählen zu den exakten Naturwissenschaften. Ebenso wie von der Physik erwartet man von der Astronomie absolute Strenge und Eindeutigkeit ihrer Aussagen, d. h. absolute Klarheit über die den Meßergebnissen und Gesetzen zugrunde liegenden *Größen.* — Da sich alles physikalische Geschehen in Raum und Zeit abspielt, sind zwei Grundgrößen, die *Länge* und die *Zeit* von vornherein gegeben. Eine dritte Grundgröße, die nicht schon durch Länge und Zeit definiert ist, muß noch hinzukommen. Diese Größe ist in der Physik und auch in der Astronomie die *Masse* (im technischen Maßsystem wird die Kraft als dritte Grundgröße benutzt). Alle anderen in der Physik vorkommenden Größen, wie etwa Geschwindigkeit, Beschleunigung, Energie usw., lassen sich auf diese drei Grundgrößen zurückführen; sie sind von diesen Größen abgeleitet. Diese abgeleiteten Größen werden alle als Potenzprodukte der drei Grundgrößen definiert. Zum Beispiel ist die Geschwindigkeit der in der Zeiteinheit zurückgelegte Weg, also der Quotient von Weg (Länge) durch Zeit.

$$\text{Geschwindigkeit} = \text{Länge/Zeit}$$
$$= \text{Länge pro Zeiteinheit}$$
$$= \text{Länge} \cdot \text{Zeit}^{-1}.$$

Die Beschleunigung ist definiert als Geschwindigkeitsänderung in der Zeiteinheit, also als Quotient der Geschwindigkeitsänderung durch die Zeit, in der die Änderung erfolgt; demnach

$$\text{Beschleunigung} = \text{Länge/Zeit}^2$$
$$= \text{Länge} \cdot \text{Zeit}^{-2}.$$

Wie aus den Beispielen ersichtlich ist in Potenzschreibweise

$$1/Q = Q^{-1} \text{ und entsprechend } 1/Q^2 = Q^{-2}.$$

Jeder Meßwert gibt durch die *Maßzahl* an, wieviel *Maßeinheit* in ihm enthalten ist. Deshalb gehört zur Angabe einer Maßzahl immer auch die Angabe der Maßeinheit. — Die Maßeinheit kann geändert werden; dann ändert sich aber auch die Maßzahl.

Zum Beispiel kann eine Längenangabe von 10 Meter geschrieben werden:

$$10 \text{ m} = 1\,000 \text{ cm} = 10\,000 \text{ mm} = 0.010 \text{ km}.$$

Da alle in Physik und Astronomie vorkommenden Größen durch die drei Grundgrößen dargestellt werden können, bedarf es nur einer Definition der Einheiten von Länge, Zeit und Masse, da sich alle anderen abgeleiteten Größen durch diese Einheiten definieren lassen.

Das *Normal der Länge* ist das Meter, dessen Definition auf Seite 160 gegeben wird. — Von dieser Normallänge sind, um unnötig große oder kleine Maßzahlen zu vermeiden, noch folgende Zehnerpotenzen als Längeneinheiten in Gebrauch:

1 Kilometer	km	$= 10^5$ cm	
1 Meter	m	$= 10^2$ cm	
1 Zentimeter	cm	$= 10^{-2}$ m	
1 Millimeter	mm	$= 10^{-1}$ cm	$= 10^{-3}$ m
1 Mikron	μ	$= 10^{-4}$ cm	$= 10^{-6}$ m
1 Nanometer	nm	$= 10^{-7}$ cm	$= 10^{-9}$ m
1 Angström	Å	$= 10^{-8}$ cm	

In der Astronomie werden drei Längeneinheiten benutzt, die nicht als Zehnerpotenzen des Meters gebildet sind. Es sind dies:

1 Astronomische Einheit AE	$= 1.496 \cdot 10^{13}$ cm
1 Parsec	pc	$= 3.086 \cdot 10^{18}$ cm
1 Lichtjahr	Lj	$= 9.460 \cdot 10^{17}$ cm

Die Definitionen der astronomischen Längeneinheiten werden auf Seite 370 gegeben.

Das *Normal der Zeit* wird durch die Erdrotation geliefert. Ausführlich werden die Zeiteinheit und ihre Definition sowie die größeren Zeitintervalle, wie mittlerer Sonnentag, Sterntag, tropisches Jahr usw., auf Seite 124 behandelt. Das *Normal der Masse* ist das in Paris aufbewahrte Urkilogramm. Es ist ein Körper aus Platin-Iridium, dessen Masse international als Masseeinheit 1 Kilogramm (kg) definiert ist. 1 kg, ursprünglich definiert als die Masse von 1 Liter $= 1\,000$ cm³ reinen Wassers bei 4° C, wiegt aber 0,999 973 kg und weicht somit geringfügig vom Urkilogramm ab.

Vom Kilogramm abgeleitet sind insbesondere die Einheiten:

1 Tonne	t	$= 10^3$ kg	
1 Gramm	g	$= 10^{-3}$ kg	
1 Milligramm	mg	$= 10^{-6}$ kg	
1 Gamma	γ	$= 10^{-9}$ kg	$= 10^{-6}$ g

Zehnerpotenzen von Maßeinheiten werden üblicherweise durch Vorsilben angegeben. So bedeutet:

Faktor		Vorsilbe	Zeichen
10^9	= 1 000 000 000	= Giga..	G
10^6	= 1 000 000	= Mega..	M
10^3	= 1 000	= Kilo..	k

Faktor		Vorsilbe	Zeichen
10^{-2}	= 0.01	= Zenti..	c
10^{-3}	= 0.001	= Milli..	m
10^{-6}	= 0.000 001	= Mikro.	μ

Trotz der verschieden großen Maßeinheiten läßt es sich in der Astronomie nicht immer vermeiden, daß die Maßzahlen sehr groß oder klein werden. So schreibt man auch die Maßzahlen oft als Zehnerpotenzen, z. B.

$$350\,000 = 35 \cdot 10^4$$
$$= 3.5 \cdot 10^5$$
$$= 0.35 \cdot 10^6$$

(gelesen werden die Zahlen: 35 mal 10 hoch 4, 3,5 mal 10 hoch 5 und 0,35 mal 10 hoch 6 oder 0,35 Millionen). Denn es ist:

10^1	= Zehn	10^6	= Million	10^{15}	= Billiarde
10^2	= Hundert	10^9	= Milliarde	10^{18}	= Trillion
10^3	= Tausend	10^{12}	= Billion	10^{24}	= Quadrillion

entsprechend:

10^{-1}	= Zehntel	10^{-3}	= Tausendstel
10^{-2}	= Hundertstel	10^{-6}	= Millionstel

Dimensionen einiger abgeleiteter Größen

Wie oben ausgeführt, lassen sich die in Astronomie und Physik vorkommenden Größen durch die drei Grundgrößen Länge (L), Zeit (T) und Masse (M) definieren. Für die von diesen Grundgrößen abgeleiteten Größen wird in der Tabelle das Potenzprodukt der Grundgrößen (die Dimension) gegeben.

Begriff	Dimension	Name der Maßeinheit
Fläche	L^2	
Volumen	L^3	
Periode	T	
Frequenz	T^{-1}	Hertz (Hz)

Begriff	Dimension	Name der Maßeinheit
Dichte	$L^{-3}M$	
Geschwindigkeit	LT^{-1}	
Beschleunigung	LT^{-2}	Gal
Impuls	LMT^{-1}	
Kraft	LMT^{-2}	dyn
Druck	$L^{-1}MT^{-2}$	Bar, Atmosphäre
Energie	$L^{2}MT^{-2}$	erg, Kilowattstunde (kWh)
Leistung	$L^{2}MT^{-3}$	Watt, PS
Wirkung	$L^{2}MT^{-1}$	

Einige Umrechnungsfaktoren

Geschwindigkeit	1 m sec $^{-1} = 3.6$ km h^{-1}
Druck	1013 mbar $= 760$ mm Hg $= 1$ atm
Energie	1 Wsec (Joule) $= 10^{7}$ erg $= 2.78 \cdot 10^{-7}$ kWh (weitere Umrechnungsfaktoren siehe auf Seite 33).
Temperatur	0 K $= 273,16° — C$ (K = Kelvin; 0 K $=$ absoluter Nullpunkt, Ende der thermodynamischen Temperaturskala)

Lichttechnische Einheiten

Einheit der Lichtstärke:	1 Hefner-Kerze (HK) 1 intern. Kerze $= 1.11$ HK 1 Neue Kerze (NK) $= 1.09$ HK 1 Candela (cd) $= 1.16$ Hk
Einheit des Lichtstroms:	Lumen, eine punktförmige Lichtquelle von 1 HK strahlt einen Lichtstrom von 4π Lumen in den Raum
Einheit der Beleuchtung:	Lux, 1 HK im Abstand von 1 m bewirkt eine Beleuchtung von 1 Lux
Einheit der Leuchtdichte:	1 Stilb (sb) $= 1$ HK cm^{-2} 1 sb $= 3.14 \cdot 10^{4}$ asb (Apostilb)

Zustandsgrößen

Meist werden die Zustandsgrößen der Sterne in Einheiten der entsprechenden Sonnenwerte angegeben. Zur Umrechnung in Einheiten des Zentimeter-Gramm-Sekunde-Systems benutze man die auf Seite 396 gegebenen Zustandsgrößen der Sonne.

PERIODENSYSTEM DER CHEMISCHEN ELEMENTE

Periode	Schale	Reihe	Gruppe I (a / b)	Gruppe II (a / b)	Gruppe III (a / b)	Gruppe IV (a / b)	Gruppe V (a / b)	Gruppe VI (a / b)	Gruppe VII (a / b)	Gruppe VIII (Gruppe VIIa)	Gruppe 0 (Gruppe VIIIb)	Anzahl
1	1 s	I	1 H Wasserstoff 1,008 — 1								2 He Helium 4,003 — 2	2
2	2 p / 2 s	II	3 Li Lithium 6,940 — 1	4 Be Beryllium 9,013 — 2	5 B Bor 10,82 — 1	6 C Kohlenstoff 12,011 — 2	7 N Stickstoff 14,006 — 3	8 O Sauerstoff 16,000 — 4	9 F Fluor 19,00 — 5		10 Ne Neon 20,183 — 6 / 2	8
3	3 p / 3 s	III	11 Na Natrium 22,990 — 1	12 Mg Magnesium 24,32 — 2	13 Al Aluminium 26,982 — 1 / 2	14 Si Silicium 28,09 — 2	15 P Phosphor 30,975 — 3	16 S Schwefel 32,066 — 4	17 Cl Chlor 35,457 — 5		18 Ar Argon 39,944 — 6 / 2	8
4	3 d / 4 s	IV	19 K Kalium 39,100 — 1	20 Ca Calcium 40,08 — 2	21 Sc Scandium 44,96 — 1 / 2	22 Ti Titan 47,90 — 2 / 2	23 V Vanadin 50,95 — 3 / 2	24 Cr Chrom 52,01 — 5 / 1	25 Mn Mangan 54,94 — 5 / 2	26 Fe Eisen 55,85 — 6 / 2; 27 Co Kobalt 58,94 — 7 / 2; 28 Ni Nickel 58,71 — 8 / 2		18
4	4 p / 3 d / 4 s	V	29 Cu Kupfer 63,540 — 10 / 1	30 Zn Zink 65,38 — 10 / 2	31 Ga Gallium 69,72 — 10 / 2 / 1	32 Ge Germanium 72,50 — 2	33 As Arsen 74,91 — 3	34 Se Selen 78,96 — 4	35 Br Brom 79,916 — 5		36 Kr Krypton 83,80 — 6 / 10 / 2	
5	4 d / 5 s	VI	37 Rb Rubidium 85,48 — 1	38 Sr Strontium 87,63 — 2	39 Y Yttrium 88,92 — 1	40 Zr Zirkonium 91,22 — 2	41 Nb Niob 92,91 — 4 / 1	42 Mo Molybdän 95,95 — 5 / 1	43 Tc Technetium (99) — 6 / 1	44 Ru Ruthenium 101,1 — 7 / 1; 45 Rh Rhodium 102,91 — 8 / 1; 46 Pd Palladium 106,4 — 10		18
5	5 p / 4 d / 5 s	VII	47 Ag Silber 107,880 — 10 / 1	48 Cd Cadmium 112,41 — 10 / 2	49 In Indium 114,82 — 1	50 Sn Zinn 118,70 — 2	51 Sb Antimon 121,76 — 3	52 Te Tellur 127,61 — 4	53 J Jod 126,91 — 5		54 Xe Xenon 131,30 — 6 / 10 / 2	
6	5 d / 6 s	VIII	55 Cs Cäsium 132,91 — 1	56 Ba Barium 137,36 — 2	57 La Lanthan 138,92 — 1 / 2 *)	72 Hf Hafnium 178,50 — 2 / 2	73 Ta Tantal 180,95 — 3 / 2	74 W Wolfram 183,86 — 4 / 2	75 Re Rhenium 186,22 — 5 / 2	76 Os Osmium 190,2 — 6 / 2; 77 Ir Iridium 192,2 — 7 / 2; 78 Pt Platin 195,09 — 9 / 1		32
6	6 p / 5 d / 6 s	IX	79 Au Gold 197,00 — 10 / 1	80 Hg Quecksilber 200,61 — 10 / 2	81 Tl Thallium 204,39 — 1	82 Pb Blei 207,21 — 2	83 Bi Wismut 209,00 — 3	84 Po Polonium (210) — 4	85 At Astat [210] — 5		86 Rn Radon [222] — 6 / 10 / 2	
7	6 d / 7 s	X	87 Fr Francium [223] — 1	88 Ra Radium [226,05] — 2	89 Ac Actinium [227] — 1 / 2 **)	104 Kurtschatovium	105 Ha Hahnium					

*) Lanthanide

Schale	Reihe														
6 s / 4 f		58 Ce Cer 140,13 — 2 / 2	59 Pr Praseodym 140,92 — 2 / 3	60 Nd Neodym 144,27 — 2 / 4	61 Pm Promethium (147) — 2 / 5	62 Sm Samarium 150,35 — 2 / 6	63 Eu Europium 152,0 — 2 / 7	64 Gd Gadolinium 157,26 — 1 / 7	65 Tb Terbium 158,93 — 2 / 9	66 Dy Dysprosium 162,51 — 2 / 10	67 Ho Holmium 164,94 — 2 / 11	68 Er Erbium 167,27 — 2 / 12	69 Tm Thulium 168,94 — 2 / 13	70 Yb Ytterbium 173,04 — 2 / 14	71 Lu Lutetium 174,99 — 2 / 14 / 1

**) Actinide

Schale	Reihe														
7 s / 5 f		90 Th Thorium 232,05 — 2 / 2	91 Pa Protactinium [231] — 2 / 2	92 U Uran 238,07 — 2 / 2	93 Np Neptunium [237] — 2 / 3	94 Pu Plutonium (242) — 2 / 4	95 Am Americium [243] — 2 / 5	96 Cm Curium [247] — 2 / 6	97 Bk Berkelium [247] — 2 / 7	98 Cf Californium (249) — 2 / 9	99 Es Einsteinium [254] — 2 / 9	100 Fm Fermium [253] — 2 / 10	101 Md Mendelevium [256] — 2 / 11	102 No Nobelium [254] — 2 / 12	103 Lr Lawrencium [257] — 2 / 14

Die Elemente mit den Mischungsverhältnissen ihrer Isotope

Die Tabelle enthält bis Atom-Nr. 92 nur die in der Natur vorkommenden Isotope und Reinelemente; anschließend die sogenannten Transurane.

Die *Massenzahl* ist das auf eine ganze Zahl abgerundete Isotopengewicht, bezogen auf das Gewicht des Kohlenstoffatoms als Einheit. Die Reihenfolge der angegebenen Massenzahlen entspricht der abnehmenden Häufigkeit. *Atomgewicht* ist das durchschnittliche Gewicht eines Atoms im Isotopengemisch, bezogen auf ^{12}C. Die Werte sind in dieser Tabelle auf 2 Dezimalstellen aufgerundet. Kursiv gedruckt: radioaktiv zerfallende Isotope.

Atom-Nr.	Element	Symbol	Atom-gew.	Massenzahlen der Isotope. In Klammern: prozentualer Anteil im natürlichen Isotopengemisch
1	Wasserstoff	H	1,01	1 (99,9855); 2 (0,0145)
2	Helium	He	4,00	4 (99,9999); 3 (0,0001)
3	Lithium	Li	6,94	7 (92,58); 6 (7,42)
4	Beryllium*	Be	9,01	9 (100)
5	Bor	B	10,81	11 (80,1); 10 (19,9)
6	Kohlenstoff	C	12,01	12 (98,892); 13 (1,108)
7	Stickstoff	N	14,01	14 (99,635); 15 (0,365)
8	Sauerstoff	O	16,00	16 (99,76); 18 (0,20); 17 (0,04)
9	Fluor*	F	19,00	19 (100)
10	Neon	Ne	20,18	20 (90,92); 22 (8,82); 21 (0,26)
11	Natrium*	Na	22,99	23 (100)
12	Magnesium	Mg	24,31	24 (78,60); 26 (11,3); 25 (10,1)
13	Aluminium*	Al	26,98	27 (100)
14	Silicium	Si	28,09	28 (92,2); 29 (4,7); 30 (3,1)
15	Phosphor*	P	30,98	31 (100)
16	Schwefel	S	32,06	32 (95,02); 34 (4,21); 33 (0,75); 36 (0,02)
17	Chlor	Cl	35,45	35 (75,8); 37 (24,2)
18	Argon	Ar	39,95	40 (99,60); 36 (0,34); 38 (0,06)
19	Kalium	K	39,10	39 (93,08); 41 (6,91); *40* (0,01)
20	Calcium	Ca	40,08	40 (96,96); 44 (2,07); 42 (0,64); 48 (0,18); [43 (0,145); 46 (0,0033)
21	Scandium*	Sc	44,96	45 (100)
22	Titan	Ti	47,90	48 (73,98); 46 (7,99); 47 (7,32); 49 (5,46); [50 (5,25)
23	Vanadin	V	50,94	51 (99,76); 50 (0,24)
24	Chrom	Cr	52,00	52 (83,76); 53 (9,5); 50 (4,3); 54 (2,38)
25	Mangan*	Mn	54,94	55 (100)
26	Eisen	Fe	55,85	56 (91,66); 54 (5,82); 57 (2,19); 58 (0,33)
27	Kobalt*	Co	58,93	59 (100)
28	Nickel	Ni	58,71	58 (67,8); 60 (26,2); 62 (3,66); 61 (1,25); 64 (1,1)
29	Kupfer	Cu	63,54	63 (69,09); 65 (30,91)
30	Zink	Zn	65,37	64 (48,9); 66 (27,8); 68 (18,6); 67 (4,1); 70 (0,6)
31	Gallium	Ga	69,72	69 (60,2); 71 (39,8)
32	Germanium	Ge	72,59	74 (36,6); 72 (27,4); 70 (20,6); 76 (7,7); 73 (7,7)
33	Arsen*	As	74,92	75 (100)
34	Selen	Se	78,96	80 (49,8); 78 (23,5); 82 (9,2); 76 (9,0); 77 (7,6); [74 (0,9)
35	Brom	Br	79,91	79 (50,54); 81 (49,46)
36	Krypton	Kr	83,80	84 (56,9); 86 (17,4); 82 (11,5); 83 (11,5); 80 (2,3); 78 (0,4)
37	Rubidium	Rb	85,47	85 (72,15); *87* (27,85)
38	Strontium	Sr	87,62	88 (82,5); 86 (9,9); 87 (7,0); 84 (0,6)
39	Yttrium*	Y	88,91	89 (100)
40	Zirkonium	Zr	91,22	90 (51,5); 94 (17,4); 92 (17,1); 91 (11,2); 96 (2,8)
41	Niob*	Nb	92,91	93 (100)
42	Molybdän	Mo	95,94	98 (23,75); 96 (16,5); 92 (15,86); 95 (15,7); 100 (9,62); 97 (9,45); 94 (9,12)

Atom-Nr.	Element	Symbol	Atom-gew.	Massenzahlen der Isotope. In Klammern: prozentualer Anteil im natürlichen Isotopengemisch
44	Ruthenium	Ru	101,07	102 (31,63); 104 (18,58); 101 (17,07); 99 (12,72); 100 (12,62); 96 (5,51); 98 (1,87)
45	Rhodium*	Rh	102,91	103 (100)
46	Palladium	Pd	106,4	106 (27,33); 108 (26,71); 105 (22,23); 110 (11,81); 104 (10,97); 102 (0,96)
47	Silber	Ag	107,87	107 (51,35); 109 (48,65)
48	Cadmium	Cd	112,40	114 (28,86); 112 (24,07); 111 (12,75); 110 (12,39); 113 (12,26); 116 (7,58); 106 (1,215); 108 (0,875)
49	Indium	In	114,82	115 (95,72); 113 (4,28)
50	Zinn	Sn	118,69	120 (32,97); 118 (24,01); 116 (14,24); 119 (8,58); 117 (7,57); 124 (5,98); 122 (4,71); 112 (0,95); 114 (0,65): 115 (0,34)
51	Antimon	Sb	121,75	121 (57,25); 123 (42,75)
52	Tellur	Te	127,60	130 (34,48); 128 (31,79); 126 (18,71); 125 (6,99); 124 (4,61); 122 (2,46); 123 (0,87); 120 (0,089)
53	Jod*	J	126,90	127 (100)
54	Xenon	Xe	131,30	132 (26,89); 129 (26,44); 131 (21,18); 134 (10,44); 136 (8,87); 130 (4,08); 128 (1,919); 124 (0,096); 126 (0,090)
55	Cäsium*	Cs	132,91	133 (100)
56	Barium	Ba	137,34	138 (71,66); 137 (11,32); 136 (7,81); 135 (6,59); 134 (2,42); 130 (0,101); 132 (0,097)
57	Lanthan	La	138,91	139 (99,911); 138 (0,089)
58	Cer	Ce	140,12	140 (88,48); 142 (11,07); 138 (0,250); 136 (0,193)
59	Praseodym*	Pr	140,91	141 (100)
60	Neodym	Nd	144,24	142 (27,11); 144 (23,85); 146 (17,22); 143 (12,17); 145 (8,30); 148 (5,73); 150 (5,62)
62	Samarium	Sm	150,35	152 (26,63); 154 (22,53); 147 (15,07); 149 (13,84); 148 (11,27); 150 (7,47); 144 (3,16)
63	Europium	Eu	151,96	153 (52,18); 151 (47,82)
64	Gadolinium	Gd	157,25	158 (24,87); 160 (21,90); 156 (20,47); 157 (15,68); 155 (14,73); 154 (2,15); 152 (0,20)
65	Terbium*	Tb	158,92	159 (100)
66	Dysprosium	Dy	162,50	164 (28,18); 162 (25,53); 163 (24,97); 161 (18,88); 160 (2,294); 158 (0,090); 156 (0,052)
67	Holmium*	Ho	164,93	165 (100)
68	Erbium	Er	167,26	166 (33,41); 168 (27,07); 167 (22,94); 170 (14,88); 164 (1,56); 162 (0,136)
69	Thulium*	Tm	168,93	169 (100)
70	Ytterbium	Yb	173,04	174 (31,84); 172 (21,82); 173 (16,13); 171 (14,31); 176 (12,73); 170 (3,03); 168 (0,135)
71	Lutetium	Lu	174,97	175 (97,41); 176 (2,59)
72	Hafnium	Hf	178,49	180 (35,24); 178 (27,13); 177 (18,50); 179 (13,75); 176 (5,20); 174 (0,18)
73	Tantal	Ta	180,95	181 (99,99); 180 (0,01)
74	Wolfram	W	183,85	184 (30,66); 186 (28,60); 182 (26,29); 183 (14,31);
75	Rhenium	Re	186,22	187 (62,93); 185 (37,07); 180 (0,135)
76	Osmium	Os	190,2	192 (41,0); 190 (26,4); 189 (16,1); 188 (13,3); 187 (1,64); 186 (1,59); 184 (0,018)
77	Iridium	Ir	192,2	193 (61,5); 191 (38,5)
78	Platin	Pt	195,09	195 (33,7); 194 (32,8); 196 (25,4); 198 (7,21); 192 (0,78); 190 (0,012)
79	Gold*	Au	196,97	197 (100)

Atom-Nr.	Element	Symbol	Atomgew.	Massenzahlen der Isotope. In Klammern: prozentualer Anteil im natürlichen Isotopengemisch	
80	Quecksilber	Hg	200,59	202 (29,80); 200 (23,13); 199 (16,84); 201 (13,22); 198 (10,02); 204 (6,85); 196 (0,146)	
81	Thallium	Tl	204,37	205 (70,50); 203 (29,50)	
82	Blei	Pb	207,19	208 (52,3); 206 (23,6); 207 (22,6); 204 (1,48)	
83	Wismut*	Bi	208,98	209 (100)	
84	Polonium	Po	...	*210*	
85	Astat	At	...	*218*	
86	Radon	Rn	...	*222*	
87	Francium	Fr	...	*223*	
88	Radium	Ra	...	*226*	
89	Actinium	Ac	...	*227*	
90	Thorium	Th	232,04	*232* (100)	
91	Protactinium	Pa	...	*231*	
92	Uran	U	238,03	*238* (99,274); *235* (0,72); *234* (0,006)	
93	Neptunium	Np	...	*231,... 240*	
94	Plutonium	Pu	...	*232,... 246*	244 hat 7,6 · 10⁷ Jahre Halbwertsz.
95	Americium	Am	...	*237,... 246*	243 hat 7950 Jahre Halbwertszeit
96	Curium	Cm	...	*238,... 249*	247 hat 4·10⁷ Jahre Halbwertszeit
97	Berkelium	Bk	...	*243,... 250*	247 hat 10⁴ Jahre Halbwertszeit
98	Californium	Cf	...	*244,... 254*	251 hat 800 Jahre Halbwertszeit
99	Einsteinium	Es	...	*246,... 256*	254 hat 480 Tage Halbwertszeit
100	Fermium	Fm	...	*250,... 256*	253 hat 5 Tage Halbwertszeit
101	Mendelevium	Md	...	*256*	256 hat 1,5 Stunden Halbwertszeit
102	Nobelium	No	...	*253,... 254*	254 hat 3 Sekunden Halbwertszeit
103	Lawrencium	Lw	...	*257*	257 hat 8 Sek. Halbwertszeit
104	Kurtschatowium	Ku	...	*260*	260 hat 0,3 Sek. Halbwertszeit
105	Hahnium	Ha		*260*	

Die Elemente 43 (Technetium = Tc) und 61 (Promethium = Pm) sind nur durch künstliche Erzeugung bekannt. Mendelevium heißt in unamtl. Berichten mitunter Mv.
* = Reinelement

LITERATUR

Dem breiten „Spektrum" der Benutzer dieses Handbuches entsprechend wurde das Literaturverzeichnis angelegt. Es weist allgemeine, einführende und auch sehr spezielle Fachliteratur zu den einzelnen Sach- und Forschungsgebieten nach. Die Bearbeiter sind sich — trotz der fast 600 aufgenommenen Titel — der bestehenden Lückenhaftigkeit (besonders in einzelnen Fachgebieten) wohl bewußt. Die Aufnahme bzw. die Nichtaufnahme eines Werkes in dieses Verzeichnis erfolgte nicht nach irgendwelchen qualitativen Gesichtspunkten. — Sollte der Benutzer ein ihm gut bekanntes Werk vergeblich in dieser Zusammenstellung suchen, so möge er bedenken, daß gerade d i e s e r fehlende Titel ihm ja nicht mehr nachgewiesen werden muß. Unter den aufgeführten Angaben möge er aber — hoffentlich — einen ihm unbekannten oder nicht genau bekannten Titel oder die nötigen bibliographischen Angaben zum Bestellen eines Werkes beim Buchhandel bzw. in der Bibliothek finden.

Im einzelnen ist noch zu sagen: Die Einteilung in Kapitel entspricht im großen und ganzen der Einteilung des Stoffes dieses Handbuches. Bei der Suche nach geeigneter weiterführender Literatur gehe man immer erst von den allgemeinen und zusammenfassenden Darstellungen bzw. den großen Handbüchern aus. Nur bei Fragen an die Grenz- und Randgebiete astronomischer Forschung oder bei der Suche nach Arbeitsmitteln sollte man direkt zum speziellen Werk greifen. Dieser Regel entsprechend wurde die Literaturzusammenstellung der zentralen Forschungsgebiete (Sonne, Sonnensystem, galaktische und extragalaktische Forschung) mehr kursorisch behandelt, während die zum wissenschaftlichen Arbeiten benötigten Werke (Tabellenbände, Ephemeriden, chronologische Tafeln, Atlanten, Kataloge usw.) ausführlicher aufgeführt wurden.

In den einzelnen Abschnitten sind die Titel rückschreitend chronologisch geordnet, so daß man die neueste Literatur an der Spitze findet. Die Angaben zu den einzelnen Titeln bringen alles, was man zur bibliographischen Feststellung und zum Bestellen eines Buches braucht. Veröffentlichungen, die vor dem Jahre 1945 erschienen sind, werden sicherlich nur noch antiquarisch oder in Bibliotheken greifbar sein; es wurde bei diesen Werken auf die Verlagsangabe verzichtet, angegeben wurden nur der bei Bibliotheksbestellungen benötigte Erscheinungsort und das Erscheinungsjahr.

Im deutschsprachigen Raum erscheint seit 1962 eine Monatszeitschrift, deren Aufgabe u. a. in der Darstellung der gegenwärtigen Forschungsziele, -methoden und -ergebnisse besteht. Diese Zeitschrift — Sterne und Weltraum (abgekürzt SuW) — erschien von 1962 bis 1971 im Verlag Bibliographisches Institut, seit 1972 im Verlag Sterne und Weltraum, Dr. H. Vehrenberg, 4000 Düsseldorf 14, Postfach 4065. Wegen der früheren Verlegerverbindung und da einer der Autoren dieses Handbuches seit Bestehen der Zeitschrift deren geschäftsführender Herausgeber ist, vor allem aber weil dem Benutzer dieses Literaturverzeichnisses die entsprechenden Zeitschriftenartikel leicht zugänglich sind, wurden hier Beiträge aus SuW, die jüngste Forschungsergebnisse darstellen, aufgenommen. Gerade wer über die jüngsten Entwicklungen in Astronomie und Weltraumforschung unterrichtet sein will — etwa über Einzelergebnisse der Mond- und Planetenforschung, über Neutronensterne oder Quasare —, der sollte zu den letzten Jahrgängen einer Zeitschrift greifen, die nicht in speziellen Facharbeiten, sondern im Stil dieses Handbuchs berichtet.

Die wenigen benutzten Abkürzungen verstehen sich meist von selbst. Es bedeutet:

Hg. = Herausgeber (Editor)

Verl. = Verlag

Verla. = Verlagsanstalt

Verlg. = Verlagsgesellschaft

Verlh. = Verlagshandlung

1. Allgemeine Abhandlungen, Gesamtdarstellungen

Allgemeinverständliche Darstellungen

Störig, H. J.: Knaurs Buch der modernen Astronomie. München/Zürich 1972. Droemersche Verla.

Lindner, H.: Physik im Kosmos. Köln 1971. Aulis-Verl.

Schütte, K.: Unser astronomisches Weltbild heute. Freiburg i. Br. 1971. Herder-Bücherei.

Bastian, H.: Astronomie. Berlin, Darmstadt, Wien 1970. Deutsche Buch-Gemeinschaft.

Krause, A./Fischer, C.: Himmelskunde für jedermann. Stuttgart [6]1970. Kosmos-Verl.

Moore, P.: Hallwag-Weltraumatlas. Bern und Stuttgart 1970. Hallwag-Verl.

Herrmann, J.: Gesetze des Weltalls. Stuttgart 1969. Kosmos-Verl.

Rohr, H.: Strahlendes Weltall. Zürich und Stuttgart 1969. Rascher-Verl.

Schatzmann, E. L.: Die Grenzen der Unendlichkeit. München 1968. Kindler-Verl.

Herrmann, J.: Sternfreunde fragen. Stuttgart 1966. Franckh'sche Verlh.

Grau, M.: Raum — Zeit — Ewigkeit. Das astronomische Weltbild heute. München 1965. Verl. J. Pfeiffer.

Bergamini, D. und die Red. von LIFE: Das Weltall. 1964 Time-Life International (Nederland) N. V.

Kühn, R.: Astronomie populär. München [2]1961. Nymphenburger Verlh. und Deutscher Taschenbuch Verl. 1964.

Schaifers, K.: Meyers Sternbuch für Kinder. Petra lernt den Himmel kennen. Mannheim 1964. Bibliographisches Institut.

Verhülsdonk, E.: Das kosmische Abenteuer. Frankfurt a. M. 1964. Verl. J. Knecht.

Kühn, R.: Die Himmel erzählen. München 1962. Droemersche Verla. Th. Knaur Nachf.

Pecker, J.-C.: Der Himmel. Köln 1961. Verl. M. DuMont Schauberg.

Herrmann, J.: Astronomie. Eine moderne Sternkunde. Gütersloh 1960. C. Bertelsmann Verl.

Werner, H.: Vom Polarstern bis zum Kreuz des Südens, Stuttgart [3]1960. G. Fischer Verl.

Becker, F.: Astronomie unserer Zeit. Stuttgart 1959. Reclam (Reclams Univ.-Bibl. 7868).

Becker, U.: Geheimnisse des Sternhimmels. Freiburg i. Br. 1958. Herder Verl.

Bürgel, B. H.: Aus fernen Welten. Berlin 1958. Ullstein Verl.

Hoyle, F.: Das grenzenlose All (Dt. Übers.). Köln 1957. Kiepenheuer und Witsch.

Thomas, O.: Astronomie. Tatsachen und Probleme. Salzburg [7]1956. Verl. „Das Bergland Buch".

A u f s ä t z e u n d V o r t r ä g e

Unsöld, A.: Sterne und Menschen. Berlin, Heidelberg, New York 1972. Springer-Verl.

Siedentopf, H.: Mensch und Weltall. Hg. H. Elsässer. Stuttgart 1966. Wissenschaftliche Verlg.

Siedentopf, H.: Gesetze und Geschichte des Weltalls. Tübingen 1961. J. C. B. Mohr (Tübinger Universitätsreden 12).

Das Universum. Unser Bild vom Weltall. Elf Beiträge führender amerikanischer Wissenschaftler. Hg. A. Bruzek. Wiesbaden 1960. Rheinische Verla.

Die neue Astronomie. 16 Vorträge. Hg. A. Bruzek. Wiesbaden 1960. Rheinische Verla.

Siedentopf, H.: Entwicklung im Weltall. München 1953. R. Oldenbourg Verl.

Kienle, H.: Atome, Sterne, Weltsysteme. Wiesbaden 1952. Verl. für angewandte Wissenschaften.

Astronomie, Astrophysik und Kosmogonie. Ein Sammelband. Hg. P. ten Bruggencate. Wiesbaden 1948. Dieterich'sche Verlh.

Kienle, H.: Vom Wesen astronomischer Forschung. Aufsätze und Vorträge. Berlin 1948. Aufbau-Verl.

E i n f ü h r u n g e n , L e h r b ü c h e r d e r A s t r o n o m i e u n d A s t r o p h y s i k

Meurers, J.: Allgemeine Astronomie. Eine Einführung in die Wissenschaft von den großen Massen und Räumen. Freiburg i. Br. 1972. Verl. Rombach.

Sautter, H.: Astrophysik I und II. Stuttgart 1972. G. Fischer-Verl. UTB Uni-Taschenbücher.

Pecker, J.-C.: Experimental Astronomy. Dordrecht/Holland 1970. D. Reidel Comp.

Voigt, H.-H.: Abriß der Astronomie I und II. Mannheim 1969. Bibliographisches Institut (Hochschulskripten).

Minnaert, M. G. J.: Practical Work in Elementary Astronomie. Dordrecht/Holland 1969. D. Reidel Comp.

Brück, H. A. and al.: The New Univers. London 1968. Iliffe Books Ltd.

Struve, O. u. a.: Astronomie. Einführung in ihre Grundlagen. (Dt. Übers.) Berlin ³1967. W. de Gruyter & Co.

Unsöld, A.: Der neue Kosmos. Heidelberg 1967. Springer Verl. (Heidelberger Taschenbücher 16/17).

Becker, F.: Einführung in die Astronomie. Mannheim ⁵1966. Bibliographisches Institut (BI-Hochschultaschenbücher 8/8a).

Baker, R. H.: Astronomy. New York 1964. Van Nostrand Co.

Kienle, H.: Einführung in die Astronomie. München 1963. R. Piper & Co.

Littrow, J. J. v.: Die Wunder des Himmels. Hg. K. Stumpff. Bonn ¹¹1963. Dümmler Verl.

Dufay, J.: Introduction à l'astrophysique. Paris 1961. A. Colm.

Pecker, J.-C./Schatzman, E.: Astrophysique générale. Paris 1959. Masson et Cie.

Ambarzumjan, V. A. u. a.: Theoretische Astrophysik. (Dt. Übers.) Berlin 1957. VEB Deutscher Verl. der Wissenschaften.

Ambarzumjan, V. A.: Das Weltall. Leipzig 1953. J. A. Barth Verl. (Große Sowjet-Enzyklopädie 3).

Siedentopf, H.: Grundriß der Astrophysik. Stuttgart 1950. Wissenschaftliche Verlg.

Waldmeier, M.: Einführung in die Astrophysik. Basel 1948. Verl. Birkhäuser.

Newcomb-Engelmann: Populäre Astronomie. Hg. W. Becker u. a. Leipzig ⁸1948. J. A. Barth Verl.

Strömgren, E./Strömgren, B.: Lehrbuch der Astronomie. Berlin 1933. Springer Verl.

Handbücher, Sammelwerke

Handbuch der Physik. Hg. S. Flügge. Bd. 50—54 Astrophysik I — V. Heidelberg 1958—1962. Springer Verl.

Berichte über die „IAU-Symposia". Hg. International Astronomical Union.

Stars and stellar systems. Hg. G. P. Kuiper/B. M. Middlehurst. Chicago 1960. The University of Chicago Press. (9 Bände.)

The solar system. Hg. B. M. Middlehurst/G. P. Kuiper. Chicago 1953—1966. The University of Chicago Press. (5 Bände.)

Vistas in Astronomy. Hg. A. Beer. Oxford 1955 ff. Pergamon Press. (Bisher 13 Bände.)

Jährlich erscheinende Bände

Annual review of astronomy and astrophysics. Hg. L. Goldberg u. a. Palo Alto, California 1963 ff.

Advances in astronomy and astrophysics. Hg. Z. Kopal. New York 1962 ff. Academic Press.

Transactions of the International Astronomical Union. New York. Academic Press.

Space research. Amsterdam 1960 ff. North-Holland Publishing Comp.

Bibliographie, Nachschlagewerke, Lexika und allgemeine Tabellen

Astronomischer Jahresbericht. Die Literatur des Jahres... Hg. Astronomisches Rechen-Institut in Heidelberg. Berlin. Verl. Walter de Gruyter & Co.

Mit dem Band 68, Literatur des Jahres 1968, wurde diese Bibliographie eingestellt und ersetzt durch:

Astronomy and Astrophysics Abstracts. Eine Publikation des Astronomischen Rechen-Instituts, Heidelberg. Vol. 1 (1969) . . . Berlin, Heidelberg, New York. Springer-Verl. Derzeitig erscheinen pro Jahr zwei Bände.

Weigert, A./Zimmermann, H.: ABC Astronomie. Hanau ³1971. Verl. Dausin.

Landolt-Börnstein: Zahlenwerte und Funktionen, Gruppe VI: Astronomie, Astrophysik und Weltraumforschung. Bd. I Astronomie und Astrophysik. Hg. H. H. Voigt. Berlin 1965. Springer Verl.

Müller, R.: Astronomische Begriffe. Mannheim 1964. Bibliographisches Institut (SuW-Taschenbuch 2).

Allen, C. W.: Astrophysical quantities. London ²1963. The Athlone Press.

Herrmann, J.: Tabellenbuch für Sternfreunde. Stuttgart 1961. Franckh'sche Verlh.

Stumpff, K.: Das Fischer Lexikon Bd. 4: Astronomie. Frankfurt a. M. 1957. Fischer Bücherei.

Müller, R.: Astronomisches ABC für jedermann. München ²1950. J. A. Barth Verl.

Astronomie und Öffentlichkeit, Berufsfragen usw.

Scheffler, H.: Das Studium der Astronomie. In: SuW 10 (1971): 47.

Blätter zur Berufskunde, Bd. 3 Berufe für Abiturienten: „Astronom". Bearb. A. Bohrmann. Bielefeld 1966. W. Bertelsmann Verl.

Bühler, H.: Gedanken über ein nicht vorhandenes Unterrichtsfach. In: SuW 4 (1965): 4.

Rohr, H.: Aus der Geschichte der „Schweizerischen Astronomischen Gesellschaft". In: SuW 3 (1964): 194.

Haffner, H.: 100 Jahre Astronomische Gesellschaft 1863—1963. In: SuW 2 (1963): 220.

Roth, G. D.: Das ist die Geschichte der „Vereinigung der Sternfreunde" (VdS). In: SuW 2 (1963): 183.

Denkschrift zur Lage der Astronomie. Im Auftrag der Deutschen Forschungsgemeinschaft. Hg. H. H. Voigt u. a. Wiesbaden 1962. F. Steiner Verl.

Kühn, R.: Astronomie und Öffentlichkeit. In: SuW 1 (1962): 5.

Für den Astronomieunterricht, Bildbände, Dia-Serien

Kunert, A.: Astronomie und Schule. Bücher für die Unterrichtsvorbereitung und Unterrichtsgestaltung. In SuW 11 (1972): 320 (zahlreiche Literaturangaben).

Eisenhuth, A. (Hg.): Das Weltall im Bild. Photographischer Himmelsatlas. Graz, Wien, Köln ²1971. Verl. Styria.

Vehrenberg, H.: Mein Messier-Buch. Düsseldorf ²1970. Treugesell Verl.

Bohrmann, A.: Wie funktioniert ein Planetarium? In: SuW 6 (1967): 12.

Wyler, R./Ames, G.: Lebendige Astronomie. Das große bunte Buch von Sonne, Mond und Sterne. (Dt. Übers. u. Bearb. H. Bühler.) Ravensburg ³1966. Otto Maier Verl.

Zimmermann, O.: Astronomische Aufgaben für den Physikunterricht. Mannheim 1966. Bibliographisches Institut (SuW-Taschenbuch 5, Lieferung durch Sterne und Weltraum-Verl. 4 Düsseldorf 14).

Sterne und Weltraum im Bild. 99 photographische Aufnahmen und 43 Seiten Text von J. Herrmann. Mannheim 1965. Bibliographisches Institut (SuW-Taschenbuch 3). Die Aufnahmen werden auch auf Kleinbildfilm geliefert. Durch Zerschneiden des Filmstreifens und Fassen der Kleinbildpositive kann eine Dia-Sammlung zusammengestellt werden. Lieferung erfolgt jetzt über Sterne und Weltraum-Verl. 4 Düsseldorf 14.

Farbige Lichtbildreihen des V-Dia-Verl. Heidelberg 1965. Die Sternwarte (13 Bilder); Die Sonne (14 Bilder); Die Erde als Planet (13 Bilder); Der Mond (11 Bilder); Die Planeten (14 Bilder); Kometen und Meteore (13 Bilder); Sternhaufen und galaktische Nebel (13 Bilder); Astronautik (16 Bilder).

Schaifers, K.: Meyers Sternbuch für Kinder. Petra lernt den Himmel kennen. Mannheim 1964. Bibliographisches Institut.

Aschenbrenner, K.: Blick zu den Sternen. Ein astronomisches Arbeitsbuch. Frankfurt a. M. 1962. Otto Salle Verl.

Corti, W. R./Müller, R.: Die Sonne. München 1962. Hanns Reich-Verl.

Penkala, E./Herrmann, J.: Wunder des Weltalls. Stuttgart 1961. Franckh'sche Verlh.

Astronomische Lichtbildreihe: Hg. Institut für Film und Bild in Wissenschaft und Unterricht. München 1957. (Gestirne I—IV: R 381—R384.)

Fladt, K./Seitz, H.: Astronomie. Zum Gebrauch an den oberen Klassen der höheren Schulen, für jüngere Studierende und zum Selbststudium. Stuttgart ²1957. Adolf Bonz & Co.

Kühn, R.: Himmel voller Wunder. München 1957. Hanns Reich-Verl.

Seitz, H.: Methode und Praxis des Unterrichts in der Himmelskunde. Heidelberg 1957. Quelle und Meyer.

Stucker, P.: Der Himmel im Bild. Zürich 1954. Büchergilde Gutenberg.

Astrologie

Baur, F.: Sternglaube — Sterndeutung — Sternkunde. Frankfurt a. M. 1965. Verl. J. Knecht.

Böttcher, H. M.: Sterne, Schicksal und Propheten. München 1965. Bruckmann K. G.

Freiesleben, H.-C.: Trügen die Sterne? Stuttgart 1963. Kreuz-Verl.

Herrmann, J.: Das falsche Weltbild. Astronomie und Aberglaube. Stuttgart 1962. Franckh'sche Verlh.

Reiners, L.: Steht es in den Sternen? Eine wissenschaftliche Untersuchung über Wahrheit und Irrtum der Astrologie. München 1951. Paul List Verl.

2. Beobachtungsverfahren und Instrumentenkunde

Beobachtungsverfahren

(Photographie, Spektroskopie, Radioastronomie u. a.)

Brodkorb, E.: Indirekte Astrofarbenphotographie durch subtraktive Farbmischung. In: SuW 11 (1972): 347.

Solf, J.: Interkontinentale Radiointerferometer. In: SuW 10 (1971): 162.

Behr, A.: Spektrographie von Emissionsnebeln mit dem Perot-Fabry-Interferometer. In: SuW 7 (1968): 92.

Purgathofer, A.: Die Anwendung der Bildverstärker in der Astronomie. In: SuW 7 (1968): 168.

Kraus, J. D.: Radio astronomy. New York 1966. McGraw-Hill Book Comp.

Mayer, U.: Astronomische Instrumente und Beobachtungsverfahren für weiche Röntgenstrahlung und extremes Ultraviolett. In: SuW 5 (1966): 65.

Mayer, U.: Astronomische Instrumente und Beobachtungsverfahren für das kurzwellige Ultraviolett. In: SuW 4 (1965): 224.

Dick, J.: Praktische Astronomie an visuellen Instrumenten. Leipzig 1963. J. A. Barth Verl.

Kühn, R./Pilz, F.: Die Fernsehtechnik in der Astronomie. In: SuW 2 (1963): 175.

Mehltretter, J. P.: Spektralphotometrie. In: SuW 2 (1963): 78.

Schürer, M.: Astrofarbenphotographie. In: SuW 2 (1963): 148.

Giddis, A. R.: Reflector antennas for radio and radar astronomy. Palo Alto, California 1961. Philco Corporation.

Thackeray, A. D.: Astronomical spectroscopy. London 1961. Eyre & Spottiswoode.

Vaucouleurs, G. de: Astronomical photography. London 1961. Faber and Faber.

Wellmann, P.: Radioastronomie. München 1957. Lehnen-Verl. (Dalp-Taschenbuch 340.)

Pawsey, J. L. /Bracewell, R. N.: Radio astronomy. Oxford 1955. Clarendon Press.
Lovell, B./Clegg, J. A.: Radio astronomy. London 1952. Chapman and Hall Ltd.

Fernrohre, Zusatz- und Auswertegeräte

Laustsen, S./Reiz, A. (Hg.): Auxiliary Instrumentation for Large Telescopes. Genf
1972. ESO/Cern.
Ingrao, H. C. (Hg.): New Techniques in Astronomy (Engl. Übers.). New York —
London — Paris 1971. Gordon and Breach.
Hachenberg, O.: Zur Einweihung des 100-m-Radioteleskops. In: SuW 10 (1971): 185.
Rohlfs, K.: Das 100-m-Teleskop des Max-Planck-Instituts für Radioastronomie in
Bonn. In: SuW 9 (1970): 140.
Loske, L. M.: Die Sonnenuhren. Berlin, Heidelberg, New York ²1970. Springer-Verl.
The construction of large telescopes. Hg. D. L. Crawford. London 1966. Academic
Press. (IAU-Symposium 27.)
Wenske, K.: Spiegeloptik. Entwurf und Herstellung astronomischer Spiegelsysteme.
Mannheim 1966. Bibliographisches Institut (SuW-Taschenbuch 7).
Miczaika, G. R./Sinton, W. M.: Tools of the astronomer. Cambridge Mass. 1961. Har-
vard University Press (Harvard books on astronomy).
Texereau, J.: Les télescopes du type Cassegrain. Paris 1958. Société Astronomique
de France.
Wood, F. B.: The present and future of the telescope of moderate size. Phila-
delphia 1958. The University of Pennsylvania Press.
Riekher, R.: Fernrohre und ihre Meister. Berlin 1957. VEB Verl. Technik.
King, H. C.: The history of the telescopes. London 1955. Charles Griffin & Co.
Maksutow, D. D.: Technologie der astronomischen Optik. (Dt. Übers.) Berlin
1954. VEB Verl. Technik.
Dimitroff, G. Z./Baker, J.: Telescopes and accessories. Philadelphia 1948. Blakiston
Company.
König, A.: Die Fernrohre und Entfernungsmesser. Berlin 1923.
Ambronn, L.: Handbuch der astronomischen Instrumentenkunde. Bd. 1 und 2. Berlin
1899.

3. Amateurastronomie

Beobachtungsanleitungen

Aktuelle Beobachtungshinweise, Beobachtungsmethoden für den Amateurastronomen,
Tips für die Astropraxis gibt die Monatszeitschrift Sterne und Weltraum (SuW).
Nemec, G.: Das Protuberanzenfernrohr als Hochleistungsinstrument. I — IX. In:
SuW 10 und 11 (1971—1972): 171 ff.
Roth, G. D.: Refraktor-Selbstbau. München 1971. Verl. Uni-Druck.
Staus, A.: Fernrohrmontierungen und ihre Schutzbauten. München ³1971. Verl. Uni-
Druck.
Wenske, K.: Spiegeloptik. Entwurf und Herstellung astronomischer Spiegelsysteme.
Mannheim 1967. Bibliographisches Institut (SuW-Taschenbuch 7, durch Verlag Sterne
und Weltraum, 4 Düsseldorf 14).

Roth, G. D. (Hg.): Handbuch für Sternfreunde. Berlin, Heidelberg, New York ²1967. Springer-Verl.

Roth, G. D.: Taschenbuch für Planetenbeobachter. Mannheim 1966. Bibliographisches Institut (SuW-Taschenbuch 4, durch Verlag Sterne und Weltraum, 4 Düsseldorf 14).

Brandt, R.: Himmelswunder im Feldstecher. Leipzig ⁷1964. J. A. Barth Verl.

Texereau, J./Vaucouleurs, G.: Astrofotografie für jedermann. Stuttgart 1964. Franckh'sche Verlh.

Wood, F. B.: Photoelectric astronomy for amateurs. New York 1963. Macmillan Comp.

Güntzel-Lingner, U.: Vorhersagen und Anleitung zum Beobachten von künstlichen Erdsatelliten. In: SuW 1 (1962): 149.

Mauder, H.: Beobachtung und Bearbeitung von Algol-Veränderlichen. In: SuW 1 (1962): 87.

Webb, T. W.: Celestial objects for common telescopes, Vol. I and II. New York 1962. Dover Public Inc.

Schroeder, W.: Praktische Astronomie für Sternfreunde. Stuttgart 1959. Franckh'sche Verlh.

Brandt, R.: Das Fernrohr des Sternfreundes. Stuttgart 1958. Franckh'sche Verlh.

Ingalls, A. G.: Amateur telescope making, 3 Bde. New York 1956. Scientific American, Inc.

Kutter, A.: Der Schiefspiegler. Biberach a. d. Riß 1953. F. Weichardt.

Gramatzki, H.: Hilfsbuch der astronomischen Photographie. Berlin 1930.

Gramatzki, H.: Leitfaden der astronomischen Beobachtung. Berlin 1928.

Hevelius. Handbuch für Freunde der Astronomie und kosmischen Physik. Hg. J. Plaßmann. Berlin 1922.

Astronomisches Handbuch. Theoretischer und praktischer Ratgeber für die Arbeit des Liebhabers der Himmelskunde. Stuttgart 1921.

4. Sphärische Astronomie, Positionsastronomie, Ortsbestimmung, Kartographie, Chronologie

Allgemeine Darstellungen, Lehrbücher

Schmeidler, F.: Die Grundbegriffe der Fehlerrechnung. In: SuW 9 (1970): 88.

Lederle, T.: Polschwankungen. In: SuW 6 (1967): 80.

Schmeidler, F.: Methoden und Probleme der Meridianastronomie. In: SuW 6 (1967): 56.

Dick, J.: Grundtatsachen der sphärischen Astronomie. Leipzig ²1965. J. A. Barth Verl.

Podobed, V. V.: Fundamental astrometry. Chicago 1965. The University of Chicago Press.

Kulikov, K. A.: Fundamental constants of astronomy. London 1964. Oldbourne Press.

Fedorov, Y. P.: Nutation and forced motion of the earth's pole. Oxford 1963. Pergamon Press.

Eichel, H.: Ortsbestimmung nach Gestirnen. Stuttgart 1962. Franckh'sche Verlh.

Smart, W. M.: Text-book on spherical astronomy. Cambridge Mass. ⁴1960. The University Press.

Danjon, A.: Astronomie générale. Astronomie sphérique et éléments de mécanique céleste. Paris ²1959. J & R. Sennac.

Waldmeier, M.: Leitfaden der astronomischen Orts- und Zeitbestimmung. Aarau 1958. Verl. H. R. Sauerländer & Co.

Stumpff, K.: Geographische Ortsbestimmung. Berlin 1955. VEB Verl. der Wissenschaften.

Schaub, W.: Vorlesungen über sphärische Astronomie. Leipzig 1950. Akademische Verlg.

Prey, A.: Einführung in die sphärische Astronomie. Wien 1949. Springer-Verl.

Graff, K.: Grundriß der geographischen Ortsbestimmung. Aus astronomischen Beobachtungen. Berlin ³1944. W. de Gruyter.

Becker, F.: Sphärische und praktische Astronomie. Bonn 1934.

De Ball, L.: Lehrbuch der sphärischen Astronomie. Leipzig 1912.

Ball, R.: A treatise on spherical astronomy. Cambridge Mass. 1908. The University Press.

Jahrbücher, astronomische Kalender, Tabellen

Der Sternhimmel ... Kleines astronomisches Jahrbuch für Sternfreunde. Hg. R. A. Naef. Aarau. Verl. H. R. Sauerländer & Co.

Nautisches Jahrbuch oder Ephemeriden und Tafeln für das Jahr ... zur Bestimmung der Zeit, Länge und Breite zur See nach astronomischen Beobachtungen. Hg. Deutsches Hydrographisches Institut, Hamburg.

Scheinbare Örter der Fundamentalsterne ..., enthaltend die 1535 Sterne des Vierten Fundamental-Katalogs (FK 4). Heidelberg. Astronomisches Rechen-Institut.

Astronomische Grundlagen für den Kalender ... Hg. Astronomisches Rechen-Istitut in Heidelberg. Karlsruhe. Verl. G. Braun.

The handbook of the British Astronomical Association ... Hg. C. Dinwoodie. Langholm, Dumfriesshire. British Astronomical Association.

Kalender für Sternfreunde ... Hg. P. Ahnert, Leipzig. J. B. Barth Verl.

The astronomical ephemeris for the year ... Issued by Her Majesty's Nautical Almanac Office, London; Nautical Almanac Office United States Naval Observatory, Washington. London. Her Majesty's Stationary Office.

Connaissance des Temps ou des mouvements célestes pour l'an ... à l'usage des astronomes et des navigateurs, publiée par Le Bureau des Longitudes. Paris. Gauthier-Villars & Cie.

Das Himmelsjahr. Sonne, Mond und Sterne im Jahre ... Zusammengestellt von M. Gerstenberger. Stuttgart. Franckh'sche Verlh.

Himmelskalender ... Ein astronomisches Jahrbuch für Österreich. Hg. H. Mucke, K. Mayrhofer. Wien. Verl. H. Mucke.

Schütte, K.: Index mathematischer Tafelwerke und Tabellen. München ²1966. R. Oldenbourg.

Interpolations and allied tables. Prepared by H. M. Nautical Almanac Office. London 1956. Her Majesty's Stationary Office.

Bauschinger, J.: Tafeln zur theoretischen Astronomie. Leipzig ²1934.

Wirtz, G.: Tafeln und Formeln aus Astronomie und Geodäsie. Berlin 1918.

Schorr, R.: Hilfstafeln der Hamburger Sternwarte. Hamburg 1916.

Sternkarten, Himmelsatlanten, Kartographie

Widmann, W./Schütte, K.: Welcher Stern ist das? Stuttgart 1972. Kosmos-Verl.

Schütte, K.: Jahreskarten. Stuttgart 1972. Kosmos-Verl.

Vehrenberg, H.: Atlas Stellarum (Ein photographischer Atlas des ganzen Himmels). Düsseldorf. Treugesell-Verl., 4 Düsseldorf 14.

Vehrenberg, H./Blank, D.: Handbuch der Sternbilder. Düsseldorf 1970. Treugesell-Verl.

Schaifers, K.: Atlas zur Himmelskunde. Mannheim 1969. Bibliographisches Institut.

Vehrenberg, H.: Atlas of Kapteyn's selected areas. Nord- und Südteil. Düsseldorf 1965. Treugesell Verl.

Vehrenberg, H.: Photographischer Stern-Atlas (Falkauer-Atlas). Südhimmel zwischen —14° Deklination und Südpol. 161 Sternkarten. Düsseldorf.

Vehrenberg, H.: Photographischer Stern-Atlas für den nördlichen Himmel zwischen Pol und 26° südlicher Deklination, 303 Sternkarten, Düsseldorf 1962. Treugesell Verl.

Wagner, K.-H.: Kartographische Netzentwürfe. Mannheim 1962. Bibliographisches Institut.

Widmann, W.: Drehbare Kosmos-Sternkarte. Stuttgart 1961. Franckh'sche Verlh.

Schurig, R./Götz, P.: Himmelsatlas (Tabulae caelestes). Hg. K. Schaifers. Mannheim ⁸1960. Bibliographisches Institut (BI-Hochschultaschenbücher 20/20a/20b).

Callatay, V.: Goldmanns Himmelsatlas. Bearb. W. Jahn. München 1959. Goldmann Verl.

Becvar, A.: Atlas eclipticalis 1950.0 Prag 1958. Verl. der Tschechoslowakischen Akademie der Wissenschaften.

Becvar, A.: Atlas coeli 1950.0 Prag 1956. Verl. der Tschechoslowakischen Akademie der Wissenschaften.

Kohl, O./Felsmann, G.: Atlas des gestirnten Himmels. Berlin 1956. Akademie Verl.

Scheffers, G./Strubecker, K.: Wie findet und zeichnet man Gradnetze von Land- und Sternkarten? Stuttgart ²1956. B. G. Teubner Verl.

Argelander, F. W.: Atlas des nördlichen gestirnten Himmels für den Anfang des Jahres 1855. Bonn ³1954. Dümmlers-Verl. (Karten zur Bonner Durchmusterung).

Sutter, H.: Drehbare Sternkarte „Sirius". Bern 1952. Verl. der Schweizerischen Astronomischen Gesellschaft.

Schönfeld, E.: Atlas der Himmelszone zwischen 1° und 23° südlicher Deklination für den Anfang des Jahres 1855 . . . Bonn ²1951. Dümmlers-Verl. (Karten zur südlichen Bonner Durchmusterung).

Beyer, M.: Stern-Atlas, enthaltend: alle Sterne bis zur 9ten Größe . . . Hg. K. Graff. Bonn 1950. Dümmlers-Verl.

Astronomische Chronologie, Zeitmessung

Astronomische Grundlagen für den Kalender . . . Hg. Astronomisches Rechen-Institut in Heidelberg. Karlsruhe. G. Braun Verl.
Erscheint für jedes Jahr schon mehrere Jahre voraus.

Baehr, U.: Kalenderreform. In: SuW 6 (1967): 28.

Ahnert, P.: Astronomisch-chronologische Tafeln für Sonne, Mond und Planeten. Leipzig ³1965. J. A. Barth Verl.

Decaux, B.: La mesure précise du temps. Paris 1959. Masson et Cie.

Guyot, E.: Dictionnaire des termes utilisés dans la mesure du temps. La Chaux-de-Fonds 1953. Chambre Suisse de L'Horlogerie.

Neugebauer, P. V.: Astronomische Chronologie Bd. I und II. Berlin 1929.

Wislicenus, W. F.: Der Kalender in gemeinverständlicher Darstellung. Leipzig ²1914.

Neugebauer, P. V.: Tafeln zur astronomischen Chronologie, Bd. I—III. Leipzig 1912 bis 1922.
Schram, R.: Kalendariographische und chronologische Tafeln. Leipzig 1908.
Wislicenus, W. F.: Astronomische Chronologie. Leipzig 1895.

5. Himmelsmechanik, Bahnbestimmung

Stiefel, E. L./Scheifele, G.: Linear and Regular Celestial Mechanics. Berlin, Heidelberg, New York 1971. Springer-Verl.
Siegel C. L./Moser, J. K.: Lectures on Celestial Mechanics. Berlin, Heidelberg, New York 1971. Springer-Verl.
Bucerius, H./Schneider, M.: Himmelsmechanik I und II. Mannheim 1966. Bibliographisches Institut (BI-Hochschultaschenbücher 143/143a und 144/144a).
Stumpff, K.: Himmelsmechanik I und II. Berlin 1959—1965. VEB Deutscher Verl. der Wissenschaften.
Brouwer, D./Clemens, G. M.: Methods of celestial mechanics. New York 1961. Academic Press.
Kurth, R.: Introduction to the mechanics of the solar system. London 1959. Pergamon Press.
Ryabov, Y.: An elementary survey of celestial mechanics. New York 1961. Dover Publications.
Smart, W. M.: Celestial mechanics. London 1960. Longmans.
Danjon, A.: Astronomie générale. Astronomie sphérique et éléments de mécanique céleste. Paris ²1959. J. & R. Sennac.
Siegel, C. L.: Vorlesungen über Himmelsmechanik. Berlin 1956. Springer Verl.
Happel, H.: Das Dreikörperproblem. Vorlesungen über Himmelsmechanik. Leipzig 1941.
Stracke, G.: Bahnbestimmung der Planeten und Kometen. Berlin 1929.
Bauschinger, J.: Die Bahnbestimmung der Himmelskörper. Leipzig ²1928.
Andoyer, H.: Cours de mécanique céleste, Bd. 1 und 2. Paris 1923—1926.
Poincaré, H.: Leçons de mécanique céleste, Bd. 1—3. Paris 1905—1910.
Charlier, C. V. L.: Die Mechanik des Himmels, Bd. 1 und 2. Leipzig 1902.
Moulton, F. R.: An introduction to celestial mechanics. New York 1902.
Poincaré, H.: Méthodes nouvelles de la mécanique céleste, Bd. 1—3. Paris 1892 bis 1899.
Tisserand, F.: Traité de mécanique céleste, Bd. 1—4. Paris 1889—1896.

6. Die Erde und ihr Mond

Erdkörper, Atmosphäre, Refraktion, Szintillation, Astroklima

Volland, H.: Erdmagnetische Variationen. In: SuW 11 (1972): 228.
Haurwitz, B.: Leuchtende Nachtwolken. In: SuW 11 (1972): 180.
Bosch, C. A. van den: Die Masse des Erde-Mond-Systems. In: SuW 11 (1972): 125.
Brosche, P.: Die Bremsung der Erdrotation. In: SuW 10 (1971): 38.
Giese, R.-H.: Erde, Mond und benachbarte Planeten. Mannheim 1969. Bibliographisches Institut (Hochschulskripten).

Gondolatsch, F.: Die Veränderung des Abstandes zwischen Erde und Mond. In: SuW 8 (1969): 80.

Schürer, M.: Satellitengeodäsie. In: SuW 7 (1968): 270.

Faust, H.: Die Zirkulation in der Erdatmosphäre als Funktion astronomischer Parameter. In: SuW 6 (1967): 128.

Marsden, B. G./Cameron, A. G. W.: The earth — moon system. New York 1966. Plenum Press.

Bates, D. R.: The planet earth. Oxford ²1964. Pergamon Press.

Baur, F.: Großwetterkunde und langfristige Witterungsvorhersage. Frankfurt a. M. 1963. Akademische Verlg.

Scheffler, H.: Der Einfluß der Szintillation auf astronomische Beobachtungen. In: SuW 2 (1963): 108.

Whipple, F. L.: Earth, moon and planets. Cambridge Mass. 1963. Harvard University Press.

Geiger, R.: Das Klima der bodennahen Luftschichten. Braunschweig ⁴1961. Friedr. Vieweg & Sohn.

Stumpff, K.: Die Erde als Planet. Berlin ²1955. Springer Verl. (Verständliche Wissenschaft 42).

Defant, A.: Ebbe und Flut des Meeres, der Atmosphäre und der Erdfeste. Berlin 1953. Springer Verl. (Verständliche Wissenschaft 49).

Jung, K.: Kleine Erdbebenkunde. Berlin ²1953. Springer Verl. (Verständliche Wissenschaft 37).

Kuiper, G. P.: The atmospheres of the earth and planets. Chicago ²1952. University of Chicago Press.

Solar-terrestrische Beziehungen

Carnuth, W.: Neues über solar-terrestrische Beziehungen. In: SuW 10 (1971): 196.

Baur, F.: Meteorologische Beziehung zu solaren Vorgängen. II. Teil Meteorologischer Nachweis von Strahlungsschwankungen der Sonne. Berlin 1967. Verl. Dietrich Reimer.

Dachs, J.: Die Helligkeit des Nachthimmels. In: SuW 6 (1967): 38.

Penselin, S.: Der van Allensche Strahlungsgürtel. In: SuW 5 (1966): 33.

Ortner, J./Maseland, H.: Introduction to solar terrestrial relations. Dordrecht-Holland 1965. D. Reidel Publishing Comp.

Pfotzer, G.: Die Polarlichtzone als Niederschlagsgebiet für Elektronen aus der Magnetosphäre. In: SuW 4 (1965): 100.

Baur, F.: Meteorologische Beziehung zu solaren Vorgängen, I. Teil Neufestsetzung der Epochen der Maxima und Minima der Sonnenflecken. Berlin 1964. Verl. Dietrich Reimer.

Baur, F.: Beziehung irdischer Erscheinungen zu Vorgängen auf der Sonne. In: SuW 2 (1963): 155.

Der Mond

Müller, O.: Ergebnisse der Apollo- und Luna-Mondflüge. In: SuW 12 (1973): 4.

Rükl, A.: Maps of Lunar Hemispheres. Dordrecht/Holland 1972. D. Reidel Comp.

Schmeidler, F.: Höhenmessungen auf dem Mond. In: SuW 10 (1971): 292.

Kopal, Z.: Physics and Astronomy of the Moon. New York, London [2]1971. Academic Press.

Zähringer, J.: Altersbestimmung an Mondgestein. In: SuW 9 (1970): 117.

Lowman, P. D.: Lunar Panorama. Feldmeilen/Zürich 1969. Weltflugbild-Verl.

Link, F.: Der Mond. Berlin, Heidelberg, New York 1969. Springer-Verl.

Kopal, Z.: Lumineszenz an der Mondoberfläche. In: SuW 5 (1966): 56.

Baldwin, R. B.: The moon — a fundamental survey. New York 1965. McGraw-Hill Book Comp.

Weil, N. A.: Lunar and planetary surface conditions. New York 1965. Academic Press.

Salisbury, J. W./Glaeser, P. E.: The lunar surface layer. New York 1964. Academic Press.

Baldwin, R. B.: The measure of the moon. Chicago 1963. University of the Chicago Press.

Klepesta, J./Luckas, L.: Mondkarte. Zweifarbige Reliefkarten. Stuttgart 1963. Franckh'sche Verlh.

Lohrmann, W. G.: Mondkarte in 25 Sektionen. Hg. P. Ahnert. Leipzig 1963. J. A. Barth Verl.

Güttler, A./Petri, W.: Der Mond. Heidelberg 1962. Heinz Moos Verl.

Nesmeyanov, A. N.: The other side of the moon. (Engl. Übers.) New York 1960. Pergamon Press.

Brown, E. W.: An introductory treatise of the lunar theory. New York 1960. Dover Publications (Nachdruck von 1896).

Link, F.: Die Mondfinsternisse. Leipzig 1956. Akademische Verlg.

7. Das Planetensystem

Allgemeine Schriften, Gesamtdarstellungen, über Ursprung und Entwicklung

Gondolatsch, F.: Die Astronomische Einheit. In: SuW 11 (1972): 298.

Sandner, W.: Planeten — Geschwister der Erde. Weinheim 1971. Verl. Chemie.

Gondolatsch, F.: Die Bestimmung der Massen der Großen Planeten. In: SuW 9 (1970): 178.

Dollfus, A.: Surfaces and Interiors of Planets and Satellites. London 1970. Academic Press.

Callaty, V. de/Dollfus, A.: Atlas der Planeten. München 1969. Goldmann-Verl.

Heintz, W.: Die Welt der Planeten. München 1966. W. Goldmann-Verl.

Herczeg, T.: Von der Entstehung der kleineren Himmelskörper im Sonnensystem. In: SuW 6 (1967): 86.

Müller, R.: Die Planeten und ihre Monde. Berlin 1966. Springer Verl. (Verständliche Wissenschaften 90).

Aarons, J.: Solar system radio astronomy. New York 1965. Plenum Press.

Gondolatsch, F.: Die Bewegungen der großen Planeten. In: SuW 4 (1965): 220.

Kotelnikow, W. A. u. a.: Fortschritte der Radarbeobachtungen der Planeten. In: SuW 4 (1965): 273.

Brandt, J. C./Hodge, P. W.: Solar system astrophysics. New York 1964. McGraw-Hill Book Comp.

Sadil, J./Pesek, L.: Die Planeten des Sonnensystems. Hanau 1964. Verl. Dausin.

Sharonov, V. V.: The nature of the planets. Jerusalem 1964. Israel Program for Scientific Translations.

Slipher, E. C.: A photographic study of the brighter planets. Washington D. C. 1964. National Geographic Society.

Herczeg, T.: Von der Entstehung der Planeten. In: SuW 2 (1963): 132.

Jastrow, R./Cameron A. G.: Origin of the solar system. New York 1963. Academic Press.

Whipple, F. L.: Earth, moon and planets. Cambridge, Mass. 1963. Harvard University Press.

Voigt, H.-H.: Radarecho im Sonnensystem. In: SuW 1 (1962): 193.

Moore, P.: Guide to the planets. London 1955. Eyre & Spottiswoode.

Kuiper, G. P.: The atmosphere of the earth and planets. Chicago ²1952. University of Chicago Press.

Urey, H. C.: The planets, their origin and development. Oxford 1952. University Press.

Die Großen Planeten in Einzeldarstellungen

Röhrig, O.: Zum Stand der Jupiter-Forschung. In: SuW 11 (1972): 266.

Blunck, J.: Gedanken zur Mars-Nomenklatur. In: SuW 10 (1971): 214.

Doebel, G.: Dem roten Planeten auf der Spur. Köln 1971. Verl. M. DuMont Schauberg.

Röhrig, O.: Fortschritte in der Erforschung der Venus durch Raumsonden. In: SuW 9 (1970): 192.

Grosser, M.: Entdeckung des Planeten Neptun. Frankfurt 1970. Suhrkamp-Verl.

Herrmann, J.: Pluto — Porträt eines fernen Planeten. In: SuW 5 (1966): 132.

Alexander, A. F. O'D.: The planet Uranus, a history of observation, theory and discovery. London 1965. Faber and Faber.

Carnuth, W.: Mars — unser roter Nachbar im Weltall. In: SuW 4 (1965): 54.

Ackermann, G.: Radiostrahlung des Jupiter. In: SuW 3 (1964): 278.

Sandner, W.: The planet Mercury. London 1963. Faber and Faber.

Slipher, E. C.: The photographic story of Mars. Cambridge, Mass. 1962. Sky Publishing Corp.

Moore, P.: The planet Venus. London ³1961. Faber and Faber.

Peek, B. M.: The planet Jupiter. London ²1958. Faber and Faber.

Antoniadi, E.-A.: La planète Mercure. Paris 1934.

Die Kleinkörper: Trabanten, Asteroide, Kometen, Meteore und Meteoriten

Eisenlohr, H.: Meteoritenfälle in Deutschland. I, II, III. In: SuW 10 (1971): 217, SuW 11 (1972): 5 und 216.

Kegel, W.: Plasma, der vierte Zustand der Materie. In: SuW 10 (1971): 298.

Rahe, J.: Die Kometen. In: SuW 10 (1971): 60.

Brandt, J. C.: Introduction to the Solar Wind. San Francisco 1970. Freeman Comp.

Ekrutt, J. W.: Die Identifikation Kleiner Planeten. In: SuW 9 (1970): 145.

Lüst, R.: Künstliche Plasmawolken. In: SuW 8 (1969): 4.

Krinov, E. L.: Giant Meteorites. Oxford 1966. Pergamon Press.

Sandner, W.: Trabanten im Sonnensystem. Die Monde der großen Planeten. Mannheim 1966. Bibliographisches Institut (SuW-Taschenbuch 6).

Boschke, F. L.: Erde von anderen Sternen. Der Flug der Meteorite. Düsseldorf 1965. Econ Verl.

Hawkins, G. S.: The physics and astronomy of meteors, comets and meteorites. New York 1964. McGraw-Hill Book Comp.

Katasev, L. A.: Photographic methods in meteor astronomy. Jerusalem 1964. Monson Press.

Mackin, Jr. R./Neugebauer, M.: The solar wind. Oxford 1964. Pergamon Press.

Vsekhsvyatskii, S. K.: Physical characteristics of comets. (Engl. Übers.) London 1964. Oldbourne Press.

Engelhardt, W. v.: Probleme der kosmischen Mineralogie. Tübingen 1963. J. C. B. Mohr (P. Siebeck).

Houten, C. van: Über den Rotationslichtwechsel der Kleinen Planeten. In: SuW 2 (1963): 228.

Parker, E. N.: Interplanetary dynamical processes. New York 1963. J. Wiley & Sons.

Richter, N. B.: The nature of comets. London 1963. Methuen & Co.

Zähringer, J.: Altersbestimmungen an Meteoriten. In: SuW 2 (1963): 224.

Lüst, Rh.: Kometenschweife und interplanetare Materie. In: SuW 1 (1962): 121.

Mason, B.: Meteorites. New York 1962. J. Wiley & Sons.

Roth, G. D.: The system of minor planets. London 1962. Faber and Faber.

Lewin, B. J.: Physikalische Theorie der Meteore und die meteoritische Substanz im Sonnensystem. (Dt. Übers.) Berlin 1961. Akademie Verl.

Krinov, E. L.: Principles of meteoritis. Oxford 1960. Pergamon Press.

Öpik, E. J.: Physics of meteor flight in the atmosphere. New York 1958. Interscience Publishers, Wiley & Sons.

Heide, F.: Kleine Meteoridenkunde. Berlin ²1957. Springer Verl. (Verständliche Wissenschaft 23).

Watson, F. G.: Between the planets. Cambridge, Mass. 1956. Harvard University Press.

Wurm, K.: Die Kometen. Berlin 1954. Springer Verl. (Verständliche Wissenschaft 53).

Hoffmeister, C.: Meteorströme. Meteoric currents. Weimar 1948. Verl. Werden und Wirken.

Hoffmeister, C.: Die Meteore. Ihre kosmischen und irdischen Beziehungen. Leipzig 1937.

8. Die Sonne

Allgemeine Abhandlungen, Gesamtdarstellungen

Malin, M. F.: The mystery of the sun. Salt Lake City, Utah 1965. Printers Inc.

Zarem, A. M./Erway, D. D.: Introduction to the utilization of solar energy. New York 1963. McGraw-Hill Book Comp.

Menzel, D. H.: Our sun. Cambridge, Mass. 1959. Harvard University Press.

Waldmeier, M.: Sonne und Erde. Zürich ³1959. Büchergilde Gutenberg.

Kiepenheuer, K. O.: Die Sonne. Berlin 1957. Springer Verl. (Verständliche Wissenschaft 68).

Waldmeier, M.: Ergebnisse und Probleme der Sonnenforschung. Leipzig ²1955. Akademische Verlg.

Gamow, G.: Geburt und Tod der Sonne. Basel 1947. Birkhäuser.

Sonnenatmosphäre und Korona / Strahlung und Spektrum der Sonne

Rakosch, K.: Die Rotation der Sonne. In: SuW 11 (1972): 68.

Macris, C. J. (Hg.): Physics of the Solar Corona. Dordrecht/Holland 1970. D. Reidel Comp.

Wiehr, E.: Messung von Magnetfeldern auf der Sonne. In: SuW 9 (1970): 65.

Bruzek, A.: H-Alpha-Strukturen in Fleckengruppen. In: SuW 7 (1968): 88.

Minnaert, M. G. J.: Probleme der Fraunhoferlinien. In: SuW 5 (1966): 191.

Moore, Ch. E. u. a.: The solar spectrum 2935 Å to 8770 Å. Second revision of Rowland's preliminary table of solar spectrum wavelengths. Washington D. C. 1966. U. S. Government Printing Office.

Robinson, N.: Solar radiation. Amsterdam 1966. Elsevier Publishing Comp.

The fine structure of the solar atmosphere. Hg. K. O. Kiepenheuer. Wiesbaden 1966. Franz Steiner-Verl. (Forschungsberichte 12).

Jager, C. de: The solar spectrum. Dordrecht/Holland 1965. D. Reidel Publishing Comp.

Kundu, M. R.: Solar radio astronomy. New York 1965. Interscience Publishers, Wiley & Sons.

Shklovskii, I. S.: Physics of the solar corona. Oxford 1965. Pergamon Press.

Aller, L.: Astrophysics. The atmosphere of the sun and stars. New York ²1963. The Ronald Press Comp.

Schröter, E.-H.: Die Sonnengranulation. In: SuW 2 (1963): 100 u. 127.

Thomas, R. N./Athay, R. G.: Physics of the solar chromosphere. New York 1961. Interscience Publishers.

Waldmeier, M.: Die Sonnenkorona. Basel 1957. Birkhäuser.

Unsöld, A.: Physik der Sternatmosphären. Mit besonderer Berücksichtigung der Sonne. Berlin ²1955. Springer Verl.

Sonnenaktivität

Rakosch, K.: Die Sonne — ein veränderlicher Stern?! In: SuW 10 (1971): 9.

Gleissberg, W.: Probleme der Sonnenfleckenvorhersage. In: SuW 9 (1970): 253.

Gleissberg, W.: 65 Jahre Schmetterlingsdiagramm der Sonnenflecken. In: SuW 8 (1969): 153.

Bruzek, A.: Sonneneruptionen. In: SuW 5 (1966): 228 u. 260.

Mattig, W.: Über die Physik der Sonnenflecken. In: SuW 4 (1965): 152.

Baur, F.: Meteorologische Beziehung zu solaren Vorgängen, I. Teil Neufestsetzung der Epochen der Maxima und Minima der Sonnenflecken. Berlin 1964. Verl. Dietrich Reimer.

Bray, R./Loughhead, R. E.: Sunspots. London 1964. Chapman & Hall.

Kiepenheuer, K. O.: Die magnetischen Erscheinungen auf der Sonne. In: SuW 3 (1964): 178.

Smith, H. J./Smith, E.: Solar flares. New York 1963. The Macmillan Comp.

Waldmeier, M.: The sunspot-activity in the years 1610—1960. Zürich 1961. Schuthess & Co.

Müller, R.: Sonnenforschung im Internationalen Geophysikalischen Jahr. München 1958. Verl. Oldenbourg.

Gleissberg, W.: Die Häufigkeit der Sonnenflecken. Berlin 1952. Akademie Verl.

Stetson, H. T.: Sunspots in action. New York 1947. Ronald Press Comp.

9. Physik der einzelnen Sterne

Sternatmosphären / Spektren der Sterne

Meadows, A. J.: Das Leben der Sterne. (Dt. Übers.) Weinheim 1972. Verl. Chemie.

Mihalas, D.: Stellar Atmospheres. San Francisco 1970. Freeman and Co.

Seitter, W. C.: Atlas für Objektiv Prismen Spektren. Bonn 1970. Dümmlers-Verl.

Griem, H. R.: Plasma spectroscopy. New York 1964. McCraw-Hill Book Comp.

Hellwege, K. H.: Einführung in die Physik der Atome. Berlin 1964. Springer Verl.

Schmidt, T.: Die ultraviolette Strahlung der Fixsterne. In: SuW 3 (1964): 128.

Aller, L.: Astrophysics. The atmospheres of the sun and stars. New York ²1963. The Ronald Press Comp.

Condon, E. U./Shortley, G. H.: The theory of atomic spectra. Cambridge, Mass. 1963. University Press.

Unsöld, A.: Physik der Sternatmosphären. Berlin ²1955. Springer Verl.

Morgan, W. W./Keenan, P. C./Kellman, E.: An atlas of stellar spectra. With an outline of spectral classification. Chicago 1942.

Rosseland, S.: Theoretical Astrophysics. Atomic theory and the analysis of stellar atmospheres and envelopes. Oxford 1936.

White, H. E.: Introduction to atomic spectra. New York 1934.

Payne, C. H.: Stellar atmospheres. Cambridge, Mass. 1925.

Innerer Aufbau / Energieerzeugung

Baschek, B.: Aufbau und Entwicklung von Sternen. In: SuW 10 (1971): 117.

Ruhm, H.: Die Energiequellen der Sterne. In: SuW 4 (1965): 5 u. 32.

Menzel, D. H. u. a.: Stellar Interiors. London 1963. Chapman & Hall.

Frank-Kamenetskii: Physical processes in stellar interiors. (Engl. Übers.) London 1962. Oldbourne Press.

Kopal, Z.: Figures of equilibrium of celestial bodies. Madison 1960. The University of Wisconsin Press.

Schwarzschild, M.: Structure and evolution of the stars. Princeton 1958. University Press.

Chandrasekhar, S.: An introduction to the study of stellar structure. New York 1957. Dover Publications.

Vogt, H.: Aufbau und Entwicklung der Sterne. Leipzig ²1957. Geest & Portig.

Aller, L.: Astrophysics. Nuclear transformations, stellar interiors and nebulae. New York 1954. The Ronald Press Comp.

Eddington, A. S.: Der innere Aufbau der Sterne. Berlin 1928. Springer Verl.

Vgl. Literatur zu „Sternentstehung und Entwicklung"

Sterne besonderen Typs

Kippenhahn, R.: Rußende Sterne. In: SuW 11 (1972): 32.

Hunger, K.: Helium-Sterne. In: SuW 11 (1972): 160.

Heintz, W. D.: Doppelsterne. München 1971. W. Goldmann-Verl.

Traving, G.: Kalte Sterne. In: SuW 10 (1971): 120.

Bascheck, B.: Supernovae. In: SuW 10 (1971): 189.

Biermann, L.: Pulsare und Neutronensterne. In: SuW 9 (1970): 220.

Feix, G.: Radioastronomie der Flaresterne. In: SuW 9 (1970): 40.

Glasby, J. S.: The Dwarf Novae. London 1970. Constable.

Hoffmeister, C.: Veränderliche Sterne. Leipzig 1970. J. A. Barth Verl.

Deinzer, W.: Weiße Zwerge, Neutronensterne und der Endzustand der Materie. In: SuW 8 (1969): 224.

Grewing, M./Priester, W.: Pulsare als rotierende Neutronensterne. In: SuW 8 (1969): 258.

Link, F.: Eclipse Phenomena in Astronomy. Berlin, Heidelberg, New York 1969. Springer Verl.

Kippenhahn, R./Weigert, A: Entwicklung in engen Doppelsternsystemen. In: SuW 6 (1967): 176.

Böhm-Vitense, E.: Magnetische Sterne. In: SuW 5 (1966): 8.

Underhill, A. B.: The early type stars. Dordrecht/Holland 1966. D. Reidel Publ. Comp.

Detre, L.: RR-Lyrae-Sterne. In: SuW 4 (1965): 157.

Kippenhahn, R./Weigert, A.: Warum pulsieren die Delta-Cephei-Sterne. In: SuW 4 (1965): 148.

Kippenhahn, R./Weigert, A.: Die Geschichte eines Delta-Cephei-Sterns. In: SuW 3 (1964): 173.

Elste, E. W.: Die Novae. In: SuW 2 (1963): 200.

Hunger, K.: T-Tauri-Sterne. In: SuW 2 (1963): 244.

Binnendijk, L.: Properties of double stars. A survey of parallaxes and orbits. Philadelphia 1960. University of Pennsylvania Press.

Kopal, Z.: Close binary systems. London 1959. Chapman and Hall.

Payne-Gaposchkin, C.: The galactic novae. Amsterdam 1957. North-Holland Publ. Comp.

Kopal, Z.: The computation of elements of eclipsing binary systems. Cambridge, Mass. 1950. Harvard University Press.

Kopal, Z.: An introduction to the study of eclipsing variables. Cambridge, Mass. 1946. Harvard University Press.

Russel, H. N./Moore, Ch. E.: The masses of the stars. Chicago [2]1946. The University of Chicago Press.

Aitken, R. G.: The binary stars. New York [2]1935. McGraw-Hill.

10. Das Milchstraßensystem

Allgemeine Darstellung / Struktur und Dynamik

Gondolatsch, F.: Anzeichen von Aktivität im galaktischen Zentrum. In: SuW 11 (1972): 64.

Aufgebauer, P./Brandt, L.: 50 Jahre Geschichte des Fixsternhimmels. In: SuW 11 (1972): 224.

Gondolatsch, F.: Die Sterne im galaktischen Zentralbereich. In: SuW 10 (1971): 158.

Schmidt, Th.: Astronomische Entfernungen. In: SuW 10 (1971): 88.

Gurzadyan, G. A.: Planetary Nebulae. Dordrecht/Holland 1970. D. Reidel Comp.

Schmidt, H.: Spektroskopische Parallaxen. In: SuW 9 (1970): 62.

Becker, W./Contopoulos, G. (Hg.): The Spiral Structure of our Galaxy. Dordrecht/Holland 1970. D. Reidel Comp.

Mihalas, D.: Galactic Astronomy. San Francisco 1968. Freeman and Comp.

Ogorodnikov, K. F.: Dynamics of stellar systems. (Engl. Übers.) Oxford 1965. Pergamon Press.

Gliese, W.: Sonnennahe Sterne. In: SuW 1 (1962): 97.

Chandrasekhar, S.: Principles of stellar dynamics. New York 1960. Dover Publications, Inc.

Plummer, H. C.: An introductory treatise an dynamical astronomy. New York 1960. Dover Publications, Inc.

Stellar populations. Hg. D. J. K. O'Connell S. J. Amsterdam 1958. North-Holland Publ. Co.

Bok, B. J./Bok, P. F.: The milky way. Cambridge, Mass. ³1957. Harvard University Press.

Kurth, R.: Introduction to the mechanics of stellar system. London 1957. Pergamon Press.

Kukarkin, B. W.: Erforschung der Struktur und Entwicklung der Sternsysteme auf Grundlage des Studiums veränderlicher Sterne. (Dt. Übers.) Berlin 1954. Akademie Verl.

Trumpler, R. J./Weaver, H. F.: Statistical astronomy. Berkeley 1953. University of California Press.

Becker, W.: Sterne und Sternsysteme. Dresden ²1950. Verl. Th. Steinkopff.

Pahlen, E. von der: Einführung in die Dynamik von Sternsystemen. Basel 1947. Birkhäuser.

Pahlen, E. von der/Gondolatsch, F.: Lehrbuch der Stellarstatistik. Leipzig 1937.

Bok, B. J.: The distribution of the stars in space. Chicago 1937.

Kataloge galaktischer und extragalaktischer Objekte

Catalogue of bright stars. Hg. D. Hoffleit. New Haven, Conn. 1965. Yale University Press.

Vaucouleurs, G. de/Vaucouleurs, A. de: Reference catalogue of bright galaxies. Austin,Texas 1964. The University of Texas Press.

Alter, G./Ruprecht, J.: Atlas of the open star clusters. Prag 1963. Verl. der Tschechoslowakischen Akademie der Wissenschaften.

Elsmore, B. u. a.: The positions, flux densities and angular diameter of 64 radio sources observed at a frequency of 178 Mc/s. London 1963. Memoires ot the Royal Astronomical Society. (Der Katalog ist bekannt unter der Abkürzung: 3 C = 3. Cambridge-Katalog.)

Fourth fundamental catalogue (FK 4). Hg. W. Fricke/A. Kopff. Karlsruhe 1963. Verl. G. Braun (Veröffentlichung des Astronomischen Rechen-Instituts).

Kukarkin, B. W. u. a.: Generalkatalog veränderlicher Sterne I u. II. Moskau ²1958.

Gliese, W.: Katalog der Sterne näher als 20 Parsec für 1950.0 Heidelberg 1957. Mitteilungen des Astronomischen Rechen-Instituts Serie A Nr. 8.

Wilson, R. E.: General catalogue of stellar radial velocities. Washington D. C. 1953. Carnegie Institution of Washington Publ.

Jenkins, L. F.: General catalogue of trigonometric stellar parallaxes. New Haven 1952. Yale University Observatory.

Geschichte und Literatur des Lichtwechsels veränderlicher Sterne. Hg. R. Prager/ H. Schneller. Berlin 1952—1957. Akademie Verl. 2. Ausgabe Bd. I—V.

Becvar, A.: Atlas Coeli. Skalanaté Pleso II. Katalog 1950.0 Prag 1951. Verl. der Tschechoslowakischen Akademie der Wissenschaften.

Boss, B. u. a.: General catalogue of 33 342 stars for the epoch 1950. Washington D. C. 1937.

Bergedorfer Eigenbewegungs-Lexikon. 2. Ausgabe. Der nördliche und südliche Sternhimmel. Hg. R. Schorr. Bergedorf 1936. Verl. der Hamburger Sternwarte.

Aitken, R. G.: New general catalogue of double stars within 129° of the north pole. Washington 1934.

Cannon, A. J./Pickering, E. C.: The Henry Draper catalogue. Cambridge, Mass. 1918. Harvard Observatory Annals.

Dreyer, J. L. E.: New general catalogue of nebulac and clusters of stars. London 1888. Memoires of the Royal Astronomical Society.

Sternhaufen

Gondolatsch, F.: Die Entfernungen der offenen Sternhaufen. In: SuW 3 (1964): 104.

Gondolatsch, F.: Das Farbenhelligkeitsdiagramm von Hyaden und Praesepe. In: SuW 3 (1964): 153.

Gondolatsch, F.: Dreifarbenphotometrie der offenen Sternhaufen. In: SuW 3 (1964): 225.

Shapley, H.: Star clusters. New York 1930.

Interstellare Materie

Schmidt-Kaler, Th.: Der Gum-Nebel. In: SuW 11 (1972): 220.

Giese, R.-H.: Interplanetarer Staub. In: SuW 10 (1971): 261.

Herbig, G. H.: Interstellarer Staub als Nebenprodukt der Sternentstehung. In: SuW 10 (1971): 4.

Appenzeller, I.: Die Beobachtung der interstellaren Magnetfelder. In: SuW 9 (1970): 112.

Scheffler, H.: Interstellare Absorptionslinien und galaktische Struktur. In: SuW 8 (1969): 180.

Behr, A.: Polarisation des Sternlichts. In: SuW 5 (1966): 28.

Kaplan, S. A.: Interstellar gas dynamics. Oxford 1966. Pergamon Press.

Schmidt, T.: Gasnebel. In: SuW 5 (1966): 80.

Scheffler, H.: Gas und Staub im interstellaren Raum. In: SuW 3 (1964): 253.

The distribution and motion of interstellar matter in galaxies. Hg. L. Woltjer. New York 1962. W. A. Benjamin Inc.

Hulst, H. C. van de: Light scattering by small particles. New York 1957. J. Wiley and Sons.

Aller, L. H.: Gaseous nebulae. London 1956. Chapman & Hall.
Dufay, J.: Nébuleuses galactiques et matière interstellaire. Paris 1954. Albin Michel.
Woronzow-Weljaminiw, B. A.: Gasnebel und Neue Sterne. (Dt. Übers.) Berlin 1953. Verl. Kultur und Fortschritt.
Wurm, K.: Die planetarischen Nebel. Berlin 1951. Akademie Verl.
Becker, W.: Materie im interstellaren Raum. Leipzig 1938. (Fortschritte der Astronomie 1.)

Entstehung und Häufigkeit der chemischen Elemente

Ruhm, H.: Entstehung der Elemente. In: SuW 5 (1966): 110.
Traving, G.: Die kosmische Häufigkeit der chemischen Elemente. In: SuW 5 (1966): 252.
Fowler, W. A./Hoyle, F.: Nucleosynthesis in massive stars and supernovae. Chicago 1965. University of Chicago Press.
Isotopic and cosmic chemistry. Hg. H. Craig. Amsterdam 1964. North-Holland Publ. Co.
Aller, L. H.: The abundance of the elements. New York 1961. Interscience Publishers.

Sternentstehung und Entwicklung

Solf, J.: Molekülwolken und Sternentstehung im interstellaren Raum. In: SuW 11 (1972): 302.
Elsässer, H.: Sternentstehung und Infrarotsterne. In: SuW 9 (1970): 173.
Mezger, P. G.: Neuere Beobachtungsergebnisse zum Problem der Sternentstehung. In: SuW 7 (1968): 70.
Cameron, A. G. W./Stein, R. F.: Stellar evolution. New York 1966. Plenum Press.
Kippenhahn, R./Weigert, A.: Der Sternhaufen M 007. In: SuW 5 (1966): 182.
Kippenhahn, R./Weigert, A.: Die Geschichte eines Delta-Cephei-Sterns. In: SuW 3 (1964): 173.
Baade, W.: Evolution of stars and galaxies. Hg. C. Payne-Gaposchkin. Cambridge, Mass. 1963. Harvard University Press.
Elsässer, H.: Von der Entstehung der Sterne. In: SuW 2 (1963): 8.
Hayashi, C. u. a.: Evolution of the stars. Kyoto 1962.
Burbidge, G. R. u. a.: Die Entstehung von Sternen durch Kondensation diffuser Materie. Berlin 1960. Springer Verl.
Cameron, A. G. W.: Stellar evolution, nuclear astrophysics and nucleogenesis. Chalk River 1957. Atomic energy of Canada.
Payne-Gaposchkin, C.: Stars in making. Cambridge, Mass. Harvard University Press.
Jordan, P.: Die Herkunft der Sterne. Stuttgart 1947. Wissenschaftliche Verlg.

Röntgen-, Gamma- und Kosmische Strahlung, Hochenergie-Astrophysik

Trümper, J.: Veränderliche kosmische Röntgenquellen. In: SuW 11 (1972): 127.
Ambarzumjan, V. A.: Nichtstationäre Erscheinungen in der Welt der Sterne und Galaxien. In: SuW 11 (1972): 334.
Pinkau, K.: Kosmische Röntgen- und Gammastrahlung. In: SuW 10 (1971): 221.

Greisen, K.: The Physics of Cosmic X-ray, γ-ray and Partical Sources. New York—London—Paris 1971. Gordon and Breach.

Ginzburg, V. L.: The Origin of Cosmic Rays. New York — London — Paris 1969. Gordon and Breach.

High-energy astrophysics. Hg. L. Gratton. New York 1967. Academic Press.

Schmidt, G.: Physics of high temperature plasma. New York 1966. Academic Press.

Chiu, H. Y.: Neutrino Astrophysics. New York 1965. Gordon and Breach.

Sandström, A. E.: Cosmic ray physics. Amsterdam 1965. North-Holland Publ. Co.

Ginzburg, V. L./Syrovatskii, S. I.: The origin of cosmic rays. Oxford 1964. Pergamon Press.

Alfvén, H./Fälthammar, C. G.: Cosmical electrodynamics. Oxford ²1963. Clarendon Press.

Wolfendale, A. W.: Cosmic ray. London 1963. G. Lewnes.

Chandrasekhar, S.: Hydrodynamic and hydromagnetic stability. Oxford 1961. Clarendon Press.

Dungey, J. W.: Cosmic electrodynamics. Cambridge 1958. University Press.

11. Sternsysteme, die Welt als Ganzes

Galaxien/Galaxien-Haufen

O'Connel, D. J. K. (Hg.): Nuclei of Galaxies. Amsterdam 1971. North-Holland Publishing Comp.

Tammann, G. A.: Cepheiden als Entfernungsindikatoren I und II. In: SuW 8 (1969): 28 und 54.

Arp, H.: Atlas of peculiar galaxies. Pasadena, California 1966. Publ. by California Institute of Technology.

Herrmann, J.: Entfernungsmessungen an außergalaktischen Objekten. In: SuW 4 (1965): 129.

Houten, C. van: Photometrie extragalaktischer Nebel. In: SuW 4 (1965): 170.

Baade, W.: Evolution of stars and galaxies. Hg. C. Payne-Gaposchkin. Cambridge, Mass. 1963. Harvard University Press.

Zwicky, F.: Catalogue of galaxies and of clusters of galaxies. Zürich 1963. Offsetdruck L. Speich.

Sandage, A.: The Hubble atlas of galaxies. Washington D. C. 1961. Carnegie Institution of Washington.

Shapley, H.: Galaxies. Cambridge, Mass. 1961. Harvard University Press.

Vogt, H.: Außergalaktische Sternsysteme und Struktur der Welt im Großen. Leipzig 1960. Akademische Verlg.

Vaucouleurs, G. de: L'exploration des galaxies voisines. Paris 1958. Masson et Cie.

Shapley, H.: The inner Metagalaxy. New Haven 1957. Yale University Press.

Vogt, H.: Die Spiralnebel. Heidelberg 1946. C. Winter Univ.-Verl.

Hubble, E.: Das Reich der Nebel. Braunschweig 1938.

Relativitätstheorie / Kosmologie

Elsässer, H.: Galaxien und Kosmologie. In: SuW 10 (1971): 123.

Biermann, L.: Fortschritte und Ziele der Kosmologie. In: SuW 9 (1970): 308.

Heckmann, O.: Theorien der Kosmologie. Berlin, Heidelberg, New York ²1969. Springer-Verl.

Kafka, P.: Neuere Entwicklungen in der Kosmologie. In: SuW 7 (1968): 64.

Alfvén, H.: Kosmologie und Antimaterie. Frankfurt 1967. Umschau-Verl.

Heckmann, O.: 150 Jahre Kosmologie. In: SuW 5 (1966): 276.

Born, M.: Die Relativitätstheorie Einsteins. Berlin 1965. Springer Verl. (Heidelberger Taschenbücher 1).

McVittie, G. C.: General relativity and cosmology. London ²1965. Chapman & Hall.

North, J. D.: The measure of the universe. A history of modern cosmology. Oxford 1965. Clarendon Press.

Gravitation and relativity. Hg. H. Y. Chiu/W. F. Hoffmann. New York 1964. W. A. Benjamin.

Mittelstaedt, P.: Das Uhrenparadoxon. In: SuW 3 (1964): 191.

Schmeidler, F.: Moderne astronomische Kosmologie. In: SuW 3 (1964): 80.

Landau, L. D./Rumer, J.: Was ist Relativität? Mosbach, Baden 1962. Physik Verl.

Schmeidler, F.: Alte und moderne Kosmologie. Berlin 1962. Duncker & Humblot.*

Vogt, H.: Die Struktur des Kosmos als Ganzes. Berlin 1962. Morus Verl.

Bondi, H.: Cosmology. Cambridge ²1961. University Press.

Meurers, J.: Das Alter des Universums. Meisenheim am Glan 1954. Westkultur Verl. A. Hain.

Jordan, P.: Schwerkraft und Weltall. Braunschweig ²1955. Friedr. Vieweg & Sohn.

Tolman, R. C.: Relativity, thermodynamics and cosmology. Oxford 1934.

Kopff, A.: Grundzüge der Einsteinschen Relativitätstheorie. Leipzig 1921.

Radiogalaxien / Quasistellare Objekte

Hey, J. S.: The Radio Universe. Oxford, New York 1971. Pergamon Press.

Schmidt, Th.: Die isotrope kosmische 3-Kelvin-Strahlung. In: SuW 9 (1970): 84.

Pleiderer, J./Priester, W.: Neuere Ergebnisse der Erforschung der Quasare. In: SuW 5 (1966): 200.

Gravitation theory and gravitational collapse. Hg. B. K. Harrison u. a. Chicago 1965. The University of Chicago Press.

Hoyle, F.: Galaxies, nuclei and quasars. New York 1965. Harper & Row.

Quasi-stellar sources and gravitational collapse. Hg. I. Robinson u. a. Chicago 1965. The University of Chicago Press.

Schmidt-Kaler, T.: Radiogalaxien. In SuW 3 (1964): 76.

Schmidt, T.: „Radiosterne". In: SuW 2 (1963): 136.

12. Weltraumforschung/Künstliche Erdsatelliten und Raumsonden

Schmidt, Th.: Astronomische Aspekte der Weltraumfahrt. In: SuW 10 (1971): 130.

Das große Projekt. Raumfahrt und Apollo-Programm (Hg.: Fa. *Carl Zeiss*, Oberkochen). Stuttgart 1971. Verl. Karl Weinbrenner & Söhne.

Puttkamer, J. v.: Raumstationen — Laboratorien im All. Weinheim 1971. Verl. Chemie.

Petri, W.: Weltraumfahrt. München 1970. Hanns Reich-Verl.

Bohrmann, A.: Bahnen künstlicher Satelliten. Mannheim ²1966. Bibliographisches Institut (BI-Hochschultaschenbuch 40/40a).

Giese, R. H.: Weltraumforschung I. Mannheim 1966. Bibliographisches Institut (BI-Hochschultaschenbuch 107/107a).

Haviland, R. P./House, C. M.: Handbook of satellites and space vehicles. Princeton 1965. D. Van Norstrand Comp.

Güntzel-Lingner, U.: Helligkeit und Lichtwechsel bei künstlichen Erdsatelliten. In: SuW 3 (1964): 228.

Koelle, H. H./Koelle, D: E.: Theorie und Technik der Raumfahrzeuge. Stuttgart 1964. Berliner Union.

Schmidt, T.: Die extraterrestrische Erforschung der ultravioletten Strahlung von Sonne und Sternen. In: SuW 3 (1964): 108.

Ducrocq, A.: Sieg über den Raum. Erdsatelliten und Monderoberung. / Der Mensch im Weltall. Reinbek b. Hamburg 1961 u. 1963. Rowohlt Taschenbuch-Verl.

Hoerner, S. v.: Die Grenzen der Weltraumfahrt. In: SuW 2 (1963): 56.

Sänger, E.: Raumfahrt heute — morgen — übermorgen. Düsseldorf 1963. Econ-Verl.

Stuhlinger, E. u. a.: Astronautical engineering and science. From Peenemünde to planetary space. New York 1963. McGraw-Hill Book Comp.

Braun, W. v. u. a.: Griff nach den Sternen. München 1962. Ehrenwirth Verl.

Gail, O. W./Petri, W.: Weltraumfahrt (Physik, Technik, Biologie). München 1958. Hanns Reich Verl.

Leben auf anderen Planeten

Doebel, G.: Der Mensch lebt nicht allein im All. Köln 1966. Verl. M. DuMont Schauberg.

Brosche, P.: Planeten bei anderen Sternen. In: SuW 3 (1964): 148.

Herrmann, J.: Leben auf anderen Sternen? Gütersloh 1963. Bertelsmann Verl.

Drake, F. D.: Intelligent life in space. New York 1962. Macmillan Comp.

Hoerner, S. v.: Telegraphie mit Lebewesen fremder Planeten. In: SuW 1 (1962): 9.

Ovenden, M. W.: Leben im Weltall? München 1961. Verl. Kurt Desch (Taschenbuch W 19).

Spencer-Jones, H.: Life on other worlds. London 1952. English Univers. Press.

13. Geschichte

Becker, F.: Geschichte der Astronomie. Mannheim ³1968. Bibliographisches Institut.

Ley, W.: Die Himmelskunde. Eine Geschichte der Astronomie von Babylon bis zum Raumzeitalter. Düsseldorf 1965. Econ-Verl.

Berry, A.: A short history of astronomy. From earliest times through the nineteenth century. New York 1961. Dover Publications (Nachdruck von 1898).

Pannekoek, I.: A history of astronomy. London 1961. George Allen and Unwin.

Zinner, E.: Astronomie. Geschichte ihrer Probleme. Freiburg im Breisgau 1951. Verl. K. Alber.

Zinner, E.: Geschichte der Sternkunde, Berlin 1931.

14. Zeitschriften

Astronautica Acta. Wien. Springer Verl.

Astronomy and Astrophysics. A European Journal. Berlin, Heidelberg, New York. Springer Verl.

Annales d'Astrophysique. Revue internationale bimestrielle publiée par le Centre National de la Recherche Scientifique et éditée par son Service d'Astrophysique (bis 1968).

Bulletin of the Astronomical Institutes of the Netherlands. Amsterdam. North-Holland Publishing Comp. (bis 1968).

L'Astronomie et Bulletin de la Société Astronomique de France. Rédaction: Observatoire de Juvisy (bis 1968).

Ciel et Terre. Bulletin de la Société Belge d'Astronomie, de Météorologie et de Physique du Globe. Uccle - Bruxelles.

Coelum. Proprietario e reponsabile: G. Horn-d'Arturo, Bologna.

Hemel en Dampkring. Orgaan van de Nederlandse Vereeniging voor Weeren Sterrenkunde en van de Vereeniging voor Sterrenkunde, Meteorologie, Geophysica en aanverwante wetenschappen in Belgie, Den Haag - Mariaburg - Antwerpen.

Icarus. International Journal of the Solar System. New York. Academic Press.

The Astrophysical Journal. Chicago, Ill. The University of Chicago Press.

Journal of Atmospheric and Terrestrical Physics. London. Pergamon Press.

Journal des Observateurs. Publié avec le concours du Centre National de la Recherche Scientifique et de l'Université d'Aix-Marseille, Marseille (bis 1968).

The Astronomical Journal. Published for the American Astronomical Society by the American Institute of Physics, Inc., New York.

The Journal of the British Astronomical Association. Printed and published for the Association by the Vincent-Baxter Press, Oxford.

Memoirs of the Royal Astronomical Society. London.

Mitteilungen der Astronomischen Gesellschaft. Hamburg.

Astronomische Nachrichten. Berlin. Akademie-Verl.

Monthly Notices of the Royal Astronomical Society. Published for the Royal Astronomical Society by Blackwell Scientific Publications, Oxford.

The Observatory. Herstmonceux Castle, Hailsham, Sussex, Royal Greenwich Observatory.

Orion. Zeitschrift der Schweizerischen Astronomischen Gesellschaft. Verl. Generalsekretariat SAG, Schaffhausen.

Planetary and Space Science. New York, Pergamon Press.

Publications of the Astronomical Society of the Pacific. San Francisco, California.

Space Science Reviews. Dordrecht, Holland. D. Reidel Publishing Comp.

Sky and Telescope. Published by Sky Publishing Corporation. Harvard College Observatory, Cambridge, Mass.

Die Sterne. Leipzig. Verl. J. A. Barth.

Sterne und Weltraum. Mannheim. Verl. Sterne und Weltraum, 4 Düsseldorf 14, Postfach 4065.

Der Sternbote. Monatsschrift für Österreichs Amateurastronomen, Wien.

Zeitschrift für Astrophysik. Berlin. Springer Verl. (bis 1968).

Weltraumfahrt. Zeitschrift für Astronautik und Raketentechnik. Frankfurt am Main, Umschau-Verl. (bis 1971).

Das größte Lexikon des 20. Jahrhunderts in deutscher Sprache

Meyers Enzyklopädisches Lexikon in 25 Bänden

1 Atlasband und 1 Nachtragsband

Neunte, völlig neu bearbeitete Auflage zum 150jährigen Bestehen des Verlages. Herausgegeben von der Lexikonredaktion des Bibliographischen Instituts.

Rund 250 000 Stichwörter und etwa 100 von den Autoren signierte enzyklopädische Sonderbeiträge auf etwa 22 000 Seiten mit durchgehend farbiger Bebilderung. 26 000 Abbildungen, transparente Schautafeln und Karten im Text, davon 6700 farbig. 360 farbige Kartenseiten, davon 100 Stadtpläne. Lexikon-Großformat 15,7×24,7 cm (Atlasband: Großformat 25,5×37,5 cm). Es erscheinen jährlich 3 Bände.

Einige Besonderheiten dieses Lexikons:

*Das größte Lexikon
Mit seinen 25 Bänden wird MEYERS ENZYKLOPÄDISCHES LEXIKON das größte Lexikon des 20. Jahrhunderts in deutscher Sprache sein.

*Ein Lexikon der Tradition
Auch das größte vollendete deutschsprachige Lexikon des 19. Jahrhunderts war ein „MEYER".

*Ein modernes Lexikon
Der „GROSSE MEYER" entspricht dem Informationsbedürfnis der 70er und 80er Jahre unseres Jahrhunderts.

*Das enzyklopädische Lexikon
In etwa 100 signierten Sonderbeiträgen nehmen prominente Wissenschaftler Stellung zu aktuellen Themen unserer Zeit.

*Jährliche Nachträge
Das neue Nachtragssystem, in dem einmal jährlich alle Stichwörter auf den neuesten Stand gebracht werden, garantiert Aktualität während der gesamten Erscheinungszeit.

*Das Vorauslexikon
Ein 8bändiges Vorauslexikon überbrückt den Zeitraum bis zur Fertigstellung des Lexikons.

*Die gediegene Ausstattung
Burgunderroter Halbledereinband mit Goldprägung und Goldschnitt.

*Der große Weltatlas
Er umfaßt 195 Kartenseiten und ein Register mit etwa 100 000 Stichwörtern.

*Das Lexikon für den gesamten deutschen Sprachraum
Auf die Belange der Schweiz und Österreichs wird in allen Bereichen besonderer Wert gelegt.

Bibliographisches Institut
Mannheim/Wien/Zürich